Frommer / Lieby

Druckgieß-Technik

Handbuch für die Verarbeitung von Metall-Legierungen

Zweite Auflage

Vollständig neu bearbeitet von

Obering. Gustav Lieby

Stuttgart

Band I

Grundlagen des Druckgießvorganges
Konstruktionsprinzipien der Druckgießformen
mit Ausführungsbeispielen

Mit 390 Abbildungen im Text und auf 3 Tafeln

Springer-Verlag Berlin Heidelberg GmbH 1965

Die erste Auflage erschien 1933 unter dem Titel:
Handbuch der Spritzgußtechnik

Ursprünglich erschienen bei Springer-Verlag, Berlin/Heidelberg 1965
Softcover reprint of the hardcover 2nd edition 1965

Library of Congress Catalog Card Number 65-13441

ISBN 978-3-662-11572-5 ISBN 978-3-662-11571-8 (eBook)
DOI 10.1007/978-3-662-11571-8

Additional material to this book can be downloaded from http://extras.springer.com

Titelnummer 1206

Vorwort zur zweiten Auflage

Schon beim aufmerksamen Lesen des Vorwortes zur ersten Auflage spürt man deutlich, wie sorgfältig und gewissenhaft das Buch seinerzeit von FROMMER bearbeitet worden ist. Sein Erscheinen im Jahre 1933 war mit den damals völlig neuen Erkenntnissen ein bedeutendes Ereignis, so daß das Buch größte Beachtung fand. Inzwischen ist es zur Grundlage der Druckgießtechnik geworden.

Es ist mir daher eine Ehre, dieses Werk weiterführen zu dürfen. Die in den letzten 30 Jahren auf dem Gebiete des Druckgießformenbaues, der Druckgießmaschinen und damit der Verfahrensarten sowie der Legierungstechnik erfolgte Entwicklung machte eine völlige Neubearbeitung des Buches notwendig. Ich habe mich auch bemüht, genauso sorgfältig wie FROMMER vorzugehen und die neuesten theoretischen Grundzüge mit hinein zu verarbeiten. Vor allen Dingen wurde aber großer Wert auf viele instruktive Beispiele aus dem umfangreichen Gebiet der Druckgießtechnik gelegt.

Im übrigen soll das Buch dem gleichen, schon von FROMMER festgelegten Zweck dienen. Auf vielen der angeführten Verfahrensarten und auch Bauweisen liegen Schutzrechte, so daß es sich allgemein empfiehlt, vor etwaiger Anwendung entsprechende Nachforschungen anzustellen, worauf ausdrücklich hingewiesen wird.

Durch die fortschreitende stürmische Entwicklung der Druckgießtechnik, insbesondere nach dem Kriege, hat sich eine Fülle von Stoff ergeben, so daß dieser zweckmäßig in 2 Bände aufgeteilt wurde. Der nun vorliegende Band I umschließt die beiden Hauptgebiete ,,Theoretische Grundlagen" und die ,,Druckgießform". Ihm folgt Band II mit den Hauptabschnitten ,,Druckgießmaschinen", ,,Schmelz- und Warmhalte-Einrichtungen", ,,Gebräuchliche Druckgußlegierungen" und die ,,Druckgießpraxis".

Allen meinen Freunden und Fachkollegen, die mir Anregungen und Mut zur neuen Herausgabe des Buches gegeben haben, besonders Herrn Dr.-Ing. PH. SCHNEIDER, Geschäftsführer des Vereins Deutscher Gießereifachleute, sei an dieser Stelle mein bester Dank ausgesprochen. Auch dem Springer-Verlag und seinen Mitarbeitern möchte ich hiermit meinen Dank abstatten.

Möge das neue Handbuch der Druckgießtechnik ebensoviel Freunde im In- und Ausland gewinnen wie die 1. Auflage des FROMMERschen Buches.

Stuttgart, im Januar 1965

Gustav Lieby

Aus dem Vorwort der ersten Auflage

Bei der Abfassung des vorliegenden Buches ist an alle technischen Kreise gedacht, die dem Druckgießverfahren Interesse entgegenbringen. Dem *Druckgußhersteller* soll es als Handbuch dienen, das die Unterlagen zur Behandlung der apparativen und der metalltechnischen Fragen des praktischen Betriebes enthält. Dem *Konstrukteur* von Druckgießapparaturen soll es einen Überblick bieten, nicht nur über die heute praktisch gebräuchlichen Konstruktionen, sondern darüber hinaus auch über die auf diesem Gebiete vorhandenen grundsätzlichen Möglichkeiten und über die leitenden Gesichtspunkte für die Auswahl und die Beurteilung der Konstruktionsprinzipien. Dem *Druckgußverbraucher* soll es eine Übersicht geben über das mit dieser Fertigungsmethode heute praktisch Erzielbare, über die normalen Eigenschaften der Druckgußerzeugnisse und über die bei der Konstruktion und bei der Verwendung von Druckgußteilen zu beachtenden Gesichtspunkte.

Die Rücksichten auf die Verschiedenartigkeit dieses Leserkreises mußten die Anlage des Werkes und die Art der Behandlung des Stoffes wesentlich beeinflussen. Einerseits durften bei einem Teil der Leser — außer den Grundlagen der technischen Allgemeinbildung — keinerlei sonderfachliche Vorkenntnisse vorausgesetzt werden, andererseits mußten alle für die Betriebs- und Konstruktionspraxis wesentlichen Einzelfragen mit derjenigen Ausführlichkeit behandelt werden, die durch die Bestimmung des Werkes als Handbuch für den Praktiker geboten schien. Wenn der erfahrene Fachmann die ausführliche Darlegung elementarer Grundlagen, der Nichtfachmann das weitgehende Eindringen in spezielle, seinen Interessenkreis überschreitende Einzelheiten störend empfinden sollte, so sei jeder von beiden mit Rücksicht auf die weiter umfassende Zwecksetzung des Buches um freundliche Nachsicht gebeten. Es sei dabei ausdrücklich bemerkt, daß alle ins einzelne gehenden Darlegungen dieses Werkes — auch soweit sie in theoretisches Gebiet hineinzureichen scheinen — ihren Ursprung aus praktischen Erfahrungen — zu einem wesentlichen Teile aus der Werkstatts- oder Beratungstätigkeit des Verfassers — genommen haben.

Im übrigen bin ich bei der Anlage des Buches davon ausgegangen, daß die Entwicklung der Druckgießtechnik noch nicht als abgeschlossen zu betrachten ist. In den letzten Jahrzehnten hat sich der Kreis der

Druckgußmaterialien von den Weichlegierungen bis zu den hochschmelzenden Leicht- und Schwerlegierungen und der Bereich der Erzeugnisse von kleinen untergeordneten Apparateteilen bis zu großen, beanspruchten Konstruktionsteilen von mehreren Kilogramm Stückgewicht erweitert. Parallel hiermit ging das Streben, die Güte der Druckgußstücke ständig zu steigern, insbesondere die Qualitätsstreuung erheblich einzuengen. Diese Entwicklung, die gerade in den letzten Jahren sehr lebhaft war, läßt noch weitere wesentliche Fortschritte erhoffen.

Bei dieser Sachlage konnte sich die Aufgabe des vorliegenden Buches nicht darauf beschränken, eine Darstellung der zur Zeit praktisch verwendeten Konstruktionen und Werkstoffe zu geben. Vielmehr habe ich mich bemüht, vor allem die grundsätzlichen Zusammenhänge aufzuzeigen, die auch für das Verständnis der weiteren Entwicklung von Wert sein dürften.

Zu diesen Grundlagen gehört an erster Stelle eine physikalische Betrachtung der *Druck-* und *Strömungsvorgänge* in den Gießmaschinen und Formen, die vielleicht geeignet ist, ein tieferes Verständnis der praktischen Vorgänge und Unterlagen für eine kritische Bewertung der verschiedenen Konstruktionsmöglichkeiten zu verschaffen. Ich habe versucht, diese physikalischen Überlegungen unter vereinfachenden Annahmen mit einem Mindestmaß an mathematischen Hilfsmitteln durchzuführen.

Um den Text mit den mathematischen Ableitungen nicht zu sehr zu belasten, sind diese für sich im Anhang zusammengefaßt, und der Text ist so gestaltet, daß er auch ohne Eindringen in die Herleitung der Formeln verständlich ist.

Bei der Besprechung der *Apparaturen* ist die Herausarbeitung der prinzipiellen Gesichtspunkte an Hand zahlreicher schematischer Darstellungen in den Vordergrund gestellt worden. Zur Veranschaulichung sind auch eine Anzahl von praktisch ausgeführten Gießmaschinen und Formen dargestellt, wobei jedoch bemerkt sei, daß die getroffene Auswahl kein Werturteil über die Güte dieser Konstruktionen im Vergleich zu anderen, nicht dargestellten in sich schließen soll.

In dem *materialkundlichen* Teil dieses Werkes wurde, entsprechend dem Leitgedanken, ein breiter Raum darauf verwendet, darzulegen, welche typischen Anforderungen das Druckgießverfahren an die Werkstoffe stellt.

Erwähnt sei, daß es mit Rücksicht auf die voraussichtliche Weiterentwicklung der Druckgießtechnik an manchen Stellen angebracht erschien, auch auf Vorschläge und Möglichkeiten hinzuweisen, die bisher keine praktische Bedeutung erlangt haben, die aber in Zukunft vielleicht einmal eine Rolle spielen können. Andererseits sind auch Versuche und

Vorschläge erwähnt, die in der Vergangenheit bereits erprobt und als unbrauchbar erkannt wurden, um für den Fall eines späteren Wiederauftauchens erneute Versuche zu ersparen.

Infolge der Eigenart des Stoffgebietes und des Fehlens einer durchgebildeten Terminologie fand ich mich gezwungen, an manchen Stellen selbst einige geeignet erscheinende Begriffe einzuführen bzw. gebräuchliche Ausdrücke in einem besonderen oder abgewandelten Sinne anzuwenden. Hier sei an erster Stelle auf den besonderen Gebrauch der Worte „Schwindung" und „Schwindmaß" im Text hingewiesen. Ferner habe ich den Ausdruck „Korrosion" in einem weiteren Sinne angewandt, der auch den sonst als „Erosion" bezeichneten mechanischen Angriff in sich schließt, da man in sehr vielen Fällen bei näherer Betrachtung den chemischen und den mechanischen Angriff doch nicht völlig einwandfrei auseinanderlegen kann.

Berlin, im Herbst 1932

Leopold Frommer

Inhaltsverzeichnis

Bezeichnungen

a	Abstand der Hauptschwerpunktsachse zu den einzelnen Schwerpunktsachsen } für Gl. (41)
a_1, a_2	Flächenschwerpunktsabstände } für Gl. (41)
a_t	Zur Abgabe freiwerdend. Teilbetrag der Erstarrungswärme u
A	Koeffizient des Moments $= \frac{2g}{\gamma}$ (Metall-Faktor)
A, B, C	Maße am Formrahmen [Gl. (41) und (42)]
b	Breite eines Querschnitts (für Berechng des Widerstandsmoments)
b_f	Formhohlraumtiefe, bzw. Wanddicke des Druckgußteiles
B_m	Metallabhängiger Wert; $B_m = \frac{A}{854\,c}$
c	spez. Wärmekapazität
c_m	mittlere spez. Wärme
c_1	spez. Wärme im festen Zustand
c_2	spez. Wärme im flüssigen Zustand
c_s	spez. Wärme des Stahles der Gießform
C	Strahlungszahl eines beliebigen Körpers $= \varepsilon \cdot C_s$
C_s	Strahlungszahl 4,96 kcal/m^2 des schwarzen Körpers
d	Anschnittstärke bzw. -dicke
d_h	Dicke der „vorgeeilten" Metallmassen
d_k	Druckkolben-Durchmesser
d_x	hydraulischer Durchmesser
D_w	verbleibende Wärmemenge im Druckgußteil beim Auswerfen
D	Durchmesser einer runden Formplatte
e_a	Breite bzw. Länge des Anschnitts
e_1	Abstand einer äußeren Kante von der Schwerpunktsachse
e_2	Abstand der äußersten Faser eines Querschnitts von der Hauptschwerpunktsachse
E	Elastizitätsmodul des Warmarbeitsstahles
E	Energie (in Abschnitt 2.331)
f	Anschnittquerschnitt bzw. Einströmquerschnitt
f_e	Entlüftungsquerschnitt
f_0	Druckkolbenfläche bzw. Druckraumquerschnitt
F	Oberfläche des Druckgußteiles bzw. die des Formhohlraumes
F	Ausflußquerschnitt einer aus einem Druckbehälter ausströmenden Flüssigkeit (Abschn. 2.121)
F_g	Oberfläche des Formhohlraumes mit Eingußsystem
F_p	Projektionsfläche des Formhohlraumes
F_1, F_2, F_3	Teile der Projektionsfläche F_p

F_w wärmeabgebende und wärmeaufnehmende Fläche
F_0 Oberfläche der wärmeabstrahlenden Formteile
F_1 Querschnitt eines Sackhohlraumes [in Abschnitt 2.121, 2.122, 2.132 und Gln. (3, 4, 5, 6 und 7) sowie 2.212]
g Erdbeschleunigung
G Gewicht des Druckgußteiles
G_f Gewicht der Gießform
G_s Gewicht des Druckgußteiles einschließlich Kreislaufmaterial
G_w spez. Gasentwicklung in Volumeneinheiten, bezogen auf die Berührungsfläche
h Höhe eines Querschnittes (auch Formplattenstärke)
h_a Hebelarm eines Kräftepaarmoments
h_g Druckkolbenhub für die Formfüllung
H Abstand des Druckkolbens bei $x = 0$ von der Auswerfformhälfte
J Gesamt-Trägheitsmoment
J_s Trägheitsmoment der Teilflächen J_1, J_2
k Koeffizient der thermischen Leitfähigkeit der Gießform
k_1, k_2, k_3, k_4 Dimensionslose Faktoren für die Errechnung des Anschnittquerschnittes f
k_w abgeführte Wärmemenge pro s
K Kraft
l Länge
l_a Hebelarm einer Normalkraft
l_0 Hebelarm einer resultierenden Kraft
l_1, l_2, l_3, l_4 Längen in verschiedenen Bildern
$\frac{l}{\alpha}$ Verhältnis der Mundstücklänge zum Durchgangsquerschnitt
L_{fl} Maß für erreichbare Spiralenlänge (bei Fließbarkeit)
m Masse
m Poissonsche Zahl (in Abschnitt 3.411)
m_0 Abstände von am Formrahmen angreifenden Kräften
M Erstarrungsmodul bzw. spez. Volumen des Gußstücks
M_b Biegemoment
n Anzahl der Güsse pro Minute
N Normalkraft (senkrechte Kraft auf eine Gleitfläche wirkend)
N_a Normalkraft bei Formteilen
n_0 Abstand von am Formrahmen angreifenden Kräften
p Arbeitsdruck, bzw. Flüssigkeitsdruck im Gießmetall in der Druckkammer
p_a spez. Gießdruck bzw. während der Formauffüllung im Anschnitt sich auswirkender Betriebsdruck
p_b Betriebsdruck bzw. statischer spez. Antriebsdruck
p_g wirklicher spez. Gießdruck, der in der Druckkammer benötigt wird, um p_a im Anschnitt zu erhalten
p_h Strömungsdruck während der Formfüllung (in der Stauzone)
p_n spez. Nachdruck, bzw. nach Beendigung der Formauffüllung zum Nachdichten einwirkender Betriebsdruck
p_0 Atmosphärendruck der Luft

p_e, p_l, p_r	durch den Gießdruck seitwärts wirkende Kräfte
P	Gegendruck $p_g \cdot F_p$ zu den Schließkräften (hauptsächlich Formzusammenhaltekraft)
P_1, P_2, P_3	Teile des Gegendruckes P (Seitenkraft)
P_s	durch p_g (spez. Gießdruck) entstehende Kraft auf ein bewegliches Formteil
P_w	Auflagerdrücke
P_z	erforderliche Kraft zum Kernziehen
q	Temperaturstrahlung eines beliebigen Körpers
q_s	größtmögliche Temperaturstrahlung eines schwarzen Körpers
Q	Formzusammenhaltekraft
Q_g	Wärmeinhalt durch das in die Druckgießform bei jedem Schuß einströmende Metall
Q_s	Schließkraft eines hydraulischen Kernzugzylinders
Q_w	minutliche Wassermenge des Kühlwassers
r_a	Außenradius
r_h	hydraulischer Radius
r_i	Innenradius
r_k	Wärmekapazitätsbelastung
r_w	Wärmewechselbeanspruchung
R	Sprengdruck durch den spez. Gießdruck (Resultierende Kraft)
R_s	Resultierende Seitenkraft
s	Wanddicke
S_{min}	abstrahlende Wärmemenge in der Minute
S_s	abstrahlende Wärmemenge in der Sekunde
S	abstrahlende Wärmemenge
t	mittlere Temperatur, auf die das Volumen erhitzt wird
t_a	gewünschte Anwärmtemperatur der Gießform
t_e	Temperatur der beginnenden Erstarrung
t_f	bleibende Betriebstemperatur der Gießform
t_{f_1}	Temperatur der Formfasson vor dem Schuß
t_{f_2}	Temperatur der Formfasson beim Auswerfen
t_g	Temperaturverteilung nach dem Schuß
t_h	Temperatur der Heizpatrone
t_e	Temperatur der die Gießform umgebenden Luft (Raumtemperatur)
t_r	Temperatur des ausgeworfenen Druckgußteiles
t_v	Temperaturverteilung vor dem Schuß
t_1	Schmelzpunkt, bzw. Liquiduspunkt des Metalls
t_2	Gießtemperatur des Metalls
T	Absolute Temperatur; sie beträgt genau — 273,15 °C; [Wird die absolute Temperatur als Nullpunkt angesehen, dann wird die thermodynamische Temperatur auch in Grad Kelvin (°K) T_K angegeben; Umrechnung in Grad Celsius (°C) t_C $t_C = T_K - 273{,}15$ oder $T_K = 273{,}15 + t_C$ d. h. die Temperaturdifferenzen in der Kelvin- und Celsius-Skala sind gleich.] In vielen Lehrbüchern wird für T_K allgemein nur T in den Gesetzen der Wärmelehre, vor allem in der Thermodynamik, geschrieben.
u	Umwandlungs- oder Erstarrungswärme (latente Wärme)

V	Volumen des Druckgußteiles, das man gleichsetzen kann (Schwindmaß) mit
V_c	Volumen des Formhohlraumes
V_e	Volumen der entwickelten Gase
V_f	Volumen des Formhohlraumes einschließlich Anschnittsystem
V_g	Volumen des Gießlaufs samt Anschnitt
V_l	Volumen der im Formhohlraum befindlichen Luft
V_m	Volumen der beiden Formplatten
V_r	Volumen des Druckkammer-Gießrestes
V_t	gesamtes Metallvolumen $V_c + V_g + V_r$
V_s	Gesamtvolumen der abzuführenden Gase
w	Ausflußgeschwindigkeit der Flüssigkeit im Druckgefäß bzw. Einströmgeschwindigkeit
w_a	wirkliche Einströmgeschwindigkeit im Anschnittquerschnitt
w_e	max. Ausströmgeschwindigkeit für die Entlüftung
w_h	Strömungsgeschwindigkeit des Druckwassers bzw. der Hydraulikflüssigkeit (in Abschnitt 3.316)
w_h	Geschwindigkeit der ablaufenden Halbstrahlen
w_s	Höchstwert der Ausflußgeschwindigkeit bzw. Einströmgeschwindigkeit
w_m	mittlere angenommene Einströmgeschwindigkeit im Anschnittquerschnitt (nach SHARP 15 m/s)
w_0	Druckkolbengeschwindigkeit
W	Widerstandsmoment eines Querschnittes
W_k	Wärmemenge durch Ausbreitung
W_s	Abgeleitete Wärmeleistung durch die Gießform
W_v	Zugeführte Wärmeleistung
W_z	Zusätzliche Wärmeleistung
x, x_1	Bezeichnungen für verschiedene Hubstellungen des Druckkolbens
α	Wärmeausdehnungskoeffizient
$\frac{l}{\alpha}$	Verhältnis der Mundstücklänge zum Durchgangsquerschnitt
α_s	Wärmeübergangszahl für Strahlung
α_w	Wärmeübergangszahl (Wärmeaustausch zwischen flüssigem Metall und Formwand)
α_1, α_2	Wärmeübergangskoeffizienten
β	Thermischer Ausdehnungswert
γ	spezifisches Gewicht (Wichte)
γ_f	spezifisches Gewicht des flüssigen Gießgutes [nur ausnahmsweise in Gl. (14c) und (15)]
δ	Temperaturunterschied zwischen Gießgut und Formwand
$\Delta\zeta$	Energieverlust bzw. Zunahme des Widerstandskoeffizienten bei größerer Mundstücklänge
Δ_l	Durchbiegung
Δ_t	Temperaturanstieg nach Beendigung der Formfüllung
Δ_{tw}	Temperaturdifferenz des Kühlwassers
ε	Strahlungs- oder Emissionsverhältnis
$\varepsilon =$	$\frac{\varphi t}{\Theta}$ = Wärmefluß an der Berührungsfläche zwischen Metall und Formwand (in Abschnitt 3.316c)
ζ	Summe aller Widerstandskoeffizienten durch die Metallführung (bezogen auf w)

ζ_a	Widerstandskraft durch Krümmer (bezogen auf Geschwindigkeit w_1)
ζ_b	Verlust während der Formauffüllung durch Krümmung des Zuflußquerschnittes vor dem Anschnitt
ζ_g	Widerstandskoeffizient am Anschnitt
ζ_{v0}	Widerstandskoeffizient bei ganz geöffnetem Ventil
η	dynamische Viskosität (im Abschnitt 2.333, b, 3.)
η	Wärmeäquivalent der kinetischen Energie des einströmenden Metalls
$\left.\begin{matrix}\eta_1\\ \eta_2\end{matrix}\right\}$	Isobaren /Linien mit gleichem Druck
ϑ	Temperaturunterschied des Gießgutes (liegt zwischen Liquidus und Solidus)
$\Theta =$	$\zeta + a_t \dfrac{u}{c\,\sigma}$ (dimensionsloser Beiwert)
λ	Wärmeleitfähigkeit des Metalls bzw. Wärmeleitzahl
λ_r	Reibungskoeffizient (Formel von Blasius)
ν	kinematische Viskosität des flüssigen Metalls
ϱ	Dichte (im Anhang I, 7. Abschnitt, ist ϱ ausnahmsweise das spezifische Gewicht der Druckflüssigkeit)
σ	„Gießzahl“ $= \dfrac{w}{\varepsilon}$ (in Abschnitt 3.316 c)
σ	Spannung (kp/pro Flächeneinheit)
σ_b	Biegebeanspruchung
σ_{p1}	spez. Flächenpressung auf die Formteilung ohne Berücksichtigung des Gegendruckes P
σ_{p2}	spez. Flächenpressung auf die Formteilung bei Berücksichtigung des Gegendruckes P
σ_r	positive radiale Spannung
σ_t	negative tangentiale Spannung (Zug)
σ_v	Spannung durch inneren Überdruck
τ	Zeit
τ_g	Füllzeit bzw. eigentliche Gießdauer
τ_l	„Anlaufzeit“ der stationären Ausflußgeschwindigkeit von 0 — 90% von w_s
τ_l'	mittlerer Zeitabstand zwischen w und w_s
τ_m	mittlere Füllzeit für den Formhohlraum (angegeben mit 0,06 s)
τ_n	Zeit in s für ein Arbeitsspiel
τ_n'	Zeitdauer der Nachverdichtung des Gußstücks
τ_v	Vorhubdauer für Auffüllung des Eingusses und der Gießläufe
τ_w	Verweilzeit
φ	Strahlquerschnitt
φ_t	Größe der Dimension Längenmaß durch Zeit $\dfrac{\alpha_w}{c\cdot\gamma}$ (im Abschnitt 3.316 c)
ψ	Temperaturanstieg nach Beendigung der Formfüllung bzw. beim Absinken der Einströmgeschwindigkeit auf 0

1. Einführung

Das Druckgießverfahren besteht darin, flüssiges Metall in eine genau gearbeitete, stählerne Dauerform unter so hohem Druck hineinzupressen, daß es die Form vollständig ausfüllt und saubere, scharfe, der Aussparung in der Form genau entsprechende Gußstücke ergibt. Dabei werden in ununterbrochener Aufeinanderfolge Gußstücke erzeugt, die untereinander in den Abmessungen mit ganz geringen Toleranzen übereinstimmen und glatte, saubere Oberflächen besitzen. Der Formhohlraum entspricht bis auf das Schwindmaß bereits den Abmessungen des Druckgußerzeugnisses. Bohrungen und Verzahnungen werden mit wenigen Ausnahmen mitgegossen, Gewinde in Sonderfällen, so daß die Gußstücke im allgemeinen ohne wesentliche Nacharbeit einbaufähig sein können.

Für dieses Gießverfahren mit Dauerformen wurde früher das Wort „Spritzguß" angewandt, welches das „Einspritzen des flüssigen Metalls in den Formhohlraum mit hoher Geschwindigkeit" kennzeichnen soll. Im Laufe der Zeit sind jedoch verschiedene Verfahrensarten für Druckguß entwickelt worden, so daß der Begriff „Spritzen" nicht mehr in allen Fällen zutrifft. Außerdem soll das Wort „Spritzguß" dem Gebiet der Kunststoffverarbeitung überlassen werden. Auch das Wort „Preßguß" wurde besonders für die Verarbeitung von Metallegierungen mit sogenannter kalter Druckkammer viel gebraucht. Da gegenüber den anderen Fertigungsverfahren der spanlosen Formung — wie Sandguß, Kokillenguß, Preßteile — Druckgußteile mit einem Werkstoffmindestaufwand und im allgemeinen so maßhaltig hergestellt werden können, daß außer der Entfernung des Eingusses und der Grate meist keine Nacharbeit mehr nötig ist, nannte man die Erzeugnisse des Druckgießverfahrens auch „Fertigguß". Der Ausdruck „Preßguß" ist unzweckmäßig, weil er zu falschen Vorstellungen über den Arbeitsvorgang und zu Verwechslungen mit den eigentlichen Preßverfahren führen kann. Der Ausdruck „Fertigguß" hat den Nachteil, sich nicht auf den Arbeitsvorgang, sondern auf eine Eigenschaft des Arbeitserzeugnisses zu beziehen. Demgegenüber gibt der Ausdruck „Druckguß" in anschaulicher Weise das wesentliche Kennzeichen des Arbeitsvorganges wieder, nämlich das Einbringen des Metalls in die Form mit Hilfe eines Gießdruckes.

Der Ausgangspunkt und zugleich die älteste Anwendung des Druckgießverfahrens war die Letterngießerei. Hierbei wurde zum ersten Male einem Gießverfahren die Aufgabe gestellt, in großer Auflage scharfkantige, saubere, austauschbare Gußstücke herzustellen, die der Form mit einer solchen Genauigkeit entsprechen mußten, wie sie in der damaligen Zeit sonst nirgends in Gießereien gefordert wurde. Die dazu verwandten Gießvorrichtungen unterschieden sich im Prinzip nicht wesentlich von der in Abb. 1a und b dargestellten Handgießpumpe. Als Gußmaterial dienten die bekannten Letternmetalle, Legierungen aus Blei, Zinn und Antimon.

Von der Letterngießerei wurde diese Fertigungsmethode rasch auf andere Fabrikationsgebiete übertragen, wobei als Gußmaterialien alsbald auch Zinnlegierungen von der Zusammensetzung der Lager-Weißmetalle verwandt wurden. Diese Zinnlegierungen erwiesen sich infolge ihrer niedrigen Gießtemperatur und ihrer sonstigen physikalischen und chemischen Eigenschaften als besonders leicht vergießbar und als vornehmlich geeignet zur Herstellung von Präzisionsteilen mit sehr geringen Abmaßen und Toleranzen.

Daher fand das Druckgießverfahren im Präzisionsapparatebau rasch ausgedehnte Anwendung; es blieb jedoch, solange nur Blei- und Zinnlegierungen vergossen werden konnten, auf die Herstellung solcher Teile beschränkt, die weder nennenswerten mechanischen Beanspruchungen noch erhöhten Temperaturen ausgesetzt werden. Jedoch bildeten seine fabrikatorischen Vorteile und der mit der Ausbreitung der Massenfertigung stets steigende Bedarf an Austauschteilen einen ständigen Anreiz, auch Legierungen von höherem Schmelzpunkt und größerer Festigkeit zur Druckgußverarbeitung heranzuziehen. Dem standen zunächst erhebliche technische Schwierigkeiten entgegen, die erst allmählich durch Vervollkommnung und Abänderung der Druckgießapparatur und durch Erweiterung der formbau- und gießtechnischen Erfahrungen überwunden werden konnten. Jede Erweiterung des Bereiches der Druckgußlegierungen brachte eine Fülle neuer Probleme und Aufgaben; die Geschichte der Entwicklung des Druckgießverfahrens ist zugleich die Geschichte der schrittweisen Überwindung der Schwierigkeiten, die sich seiner Ausdehnung auf Legierungen von immer höheren Schmelzpunkten und immer ungünstigeren Vergießeigenschaften entgegenstellten.

Die heute im Druckgießverfahren verwendeten Gußlegierungen lassen sich in drei Gruppen einteilen:

1. die niedrigschmelzenden Schwerlegierungen: Blei-, Zinn- und Zinklegierungen;
2. die hochschmelzenden Leichtlegierungen: Aluminium- und Magnesiumlegierungen;
3. die hochschmelzenden Schwerlegierungen: Kupfer- und Silberlegierungen, auch Eisenlegierungen.

Hierbei ist jede Legierung nach ihrem vorwiegenden Bestandteil benannt.

Unter diesen Legierungen kann der Gußstoff für jedes Stück entsprechend seinem Verwendungszweck und den geforderten physikalischen und chemischen Eigenschaften ausgewählt werden.

Im Vergleich zu dem bei *mechanischer* Massenherstellung bei normaler Sorgfalt Erreichbaren sind die Genauigkeit und Auswechselbarkeit der Druckgußstücke teilweise ebenso groß, bei den Zinnlegierungen noch größer. Bei diesen können die Abweichungen vom Sollmaß bei kleineren Stücken für bestimmte Abmessungen innerhalb $\pm$ 0,01 mm, manchmal sogar noch enger gehalten werden. Bei Zinkdruckguß sind die Mindesttoleranzen etwa 2mal, bei Aluminiumdruckguß sind sie etwa 4 mal so groß wie bei Zinndruckgußstücken von gleicher Gestalt.

Die Druckgußerzeugnisse sind daher, wie schon gesagt, für Massenfabrikation von vornherein besonders geeignet. Die Anwendung des Druckgießverfahrens kommt aber auch aus wirtschaftlichen Gründen nur für die Massenerzeugung mit sehr großen Stückzahlen in Betracht. Die Kosten der Gießformen sind sehr hoch; sie liegen für ein Druckgußstück mittlerer Größe zwischen 3000 und 8000 D-Mark und können bei großen oder besonders komplizierten Stücken noch wesentlich höher sein. Nun muß aber die Stückzahl eines Auftrages in jedem Fall mindestens so groß sein, daß sich die Herstellung eines so teuren Gießwerkzeuges bezahlt macht. Von welcher Stückzahl an die Druckgußfertigung lohnend wird, hängt in jedem Einzelfalle von der Art des zu erzeugenden Stückes ab. Je höher sich die Kosten seiner Herstellung bei einer anderen Fertigungsart stellen würden, bei desto kleineren Stückauflagen können bei Druckgußfertigung die Formherstellungskosten durch Ersparnisse an Fertigungskosten aufgewogen werden. Bei Stückauflagen von weniger als 1000 Stück dürfte Druckgußfertigung nur in Ausnahmefällen lohnend sein.

In bezug auf die Stückgröße und das Stückgewicht sind die Grenzen des in Druckguß Herstellbaren sehr weit. Im allgemeinen liegen die (im größten Querschnitt gemessenen) Hauptabmessungen der Druckgußstücke zwischen 5×5 mm und 1000×500 mm und die Stückgewichte bei niedrigschmelzenden Legierungen zwischen 0,5 g und 20 kg, bei Aluminiumlegierungen zwischen 1 g und 10 kg, bei Magnesiumlegierungen bis 15 kg, bei Kupferlegierungen (insbesondere Messing) zwischen 5 g und 5 kg. Es werden jedoch auch Stücke von größeren Abmessungen und weit höheren Stückgewichten in Druckguß hergestellt.

Die Arbeitsgeschwindigkeit beim Druckgießverfahren ist sehr verschieden je nach der Art der verwandten Apparatur und — bei gleicher Gießmaschine — des herzustellenden Gußstückes. Im allgemeinen liegt die Ausbringung aus einer Gießform etwa zwischen 600 Schuß[1] je Stunde

[1] Unter „Schuß" versteht man den eigentlichen Gießvorgang.

(bei Herstellung kleiner, einfacher Stücke mit weitgehend selbsttätigen Apparaturen) und 30 Schuß je Stunde (bei schwierigen Stücken und Handbetätigung); sie kann aber in Einzelfällen auch größer oder geringer sein (letzteres namentlich in solchen Fällen, wie Druckgußteile mit

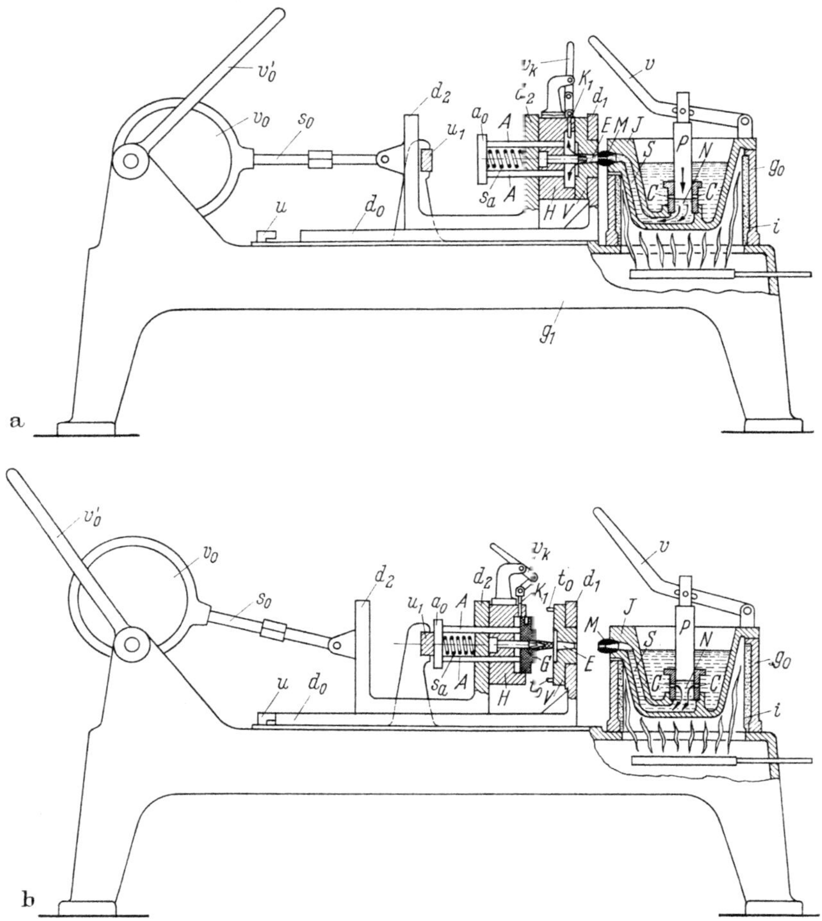

Abb. 1. Kolbengießmaschine mit Handbetätigung (veraltete Bauart)
a in Gießstellung, b zu Beginn des Auswerfens

Hinterschneidungen und etwa eine Herstellung in mehreren Gießoperationen).

Eine *Veranschaulichung* des Druckgießverfahrens ist in Abb. 1a und b an Hand einer besonders einfachen Apparatur — einer Kolbengießmaschine mit Handbetätigung — gegeben. In diesen Abbildungen bedeutet J einen von außen mit Gas beheizten Metallbehälter, der in seinem Innern eine „Druckkammer“ N enthält, deren Einlauföffnungen C durch den Druckkolben P so gesteuert werden, daß sie bei gehobenem Kolben (Abb. 1b) das Innere des Pumpenzylinders mit dem Metallbade verbinden. Vom unteren Ende der Pumpe führt ein Steigkanal S zum Gießmundstück M hin. Der Druckkolben P wird bei dieser Ausführung in einfachster Weise durch den Handhebel v betätigt. Der ganze Metallbehälter befindet sich innerhalb des Gehäuses g_0, das im Innern mit einem gegen Wärme isolierenden Futter i ausgekleidet ist und auf dem Maschinenrahmen g_1 aufruht. Auf dem gleichen Rahmen ist der Formträgerrahmen d_0 in einer Schlittenführung verschiebbar angeordnet. Bei der gezeichneten Konstruktion werden die Bewegung des Formträgerschlittens (die im folgenden als „Gesamtbewegung“ der Form bezeichnet wird) und die Öffnungs- und Schließbewegung der Form (im folgenden kurz als „Formschließbewegung“ bezeichnet) beide gemeinsam durch das Exzenter v_0 gesteuert, das mittels des Handhebels v'_0 betätigt wird.

In Abb. 1a ist die Form durch das in der Totlage befindliche Exzenter v_0 geschlossen und fest gegen das Gießmundstück M angedrückt. Der Druckkolben, der eben die Einlauföffnungen C des Pumpenzylinders abgesperrt hat, wird nach unten bewegt und drückt hierbei das Metall durch den Steigkanal S und das Mundstück M in die Form. Nach Beendigung der Formauffüllung wird der Druck auf das Metall noch so lange aufrechterhalten, bis das Metall in Einguß E erstarrt ist. Hierauf wird der Druckkolben P wieder in die in Abb. 1b gezeigte Stellung gehoben, wobei das Metall durch die Schlitze C aus dem Vorratsbehälter J in den Pumpenzylinder nachströmt. Der gesamte Formträgerschlitten wird durch Drehung des Exzenters v_0 im Gegenuhrzeigersinne vom Mundstück M abgezogen, bis er gegen den Anschlagbock u stößt. Durch weitere Drehung des Exzenters wird der auf dem Formträgerschlitten d_0 verschiebbare, die Auswerf-Formhälfte H tragende Schlitten d_2 zurückgezogen, so daß sich die Form öffnet. Dann wird der das Sackloch im Gußstück erzeugende, bewegliche Kern K_1 mittels des Kniehebels v_k aus dem Gußstück zurückgezogen. Hierauf wird die Auswerf-Formhälfte durch Weiterdrehen des Exzenters v_0 so weit zurückgezogen, daß die Auswerferplatte a_0 auf die (am Maschinenrahmen starr befestigte) Querleiste u_1 aufschlägt und so das Gußstück G aus der Form auswirft. Nun wird die Form gereinigt, wieder geschlossen und aufs neue in die in Abb. 1a gezeigte Stellung vorgeschoben und an das Mundstück angedrückt. Zugleich wird Kern K_1 wieder in die Gießstellung gebracht; die Auswerferstifte A werden durch die Feder s_a selbsttätig zurückgezogen. Darauf kann das Arbeitsspiel von neuem beginnen.

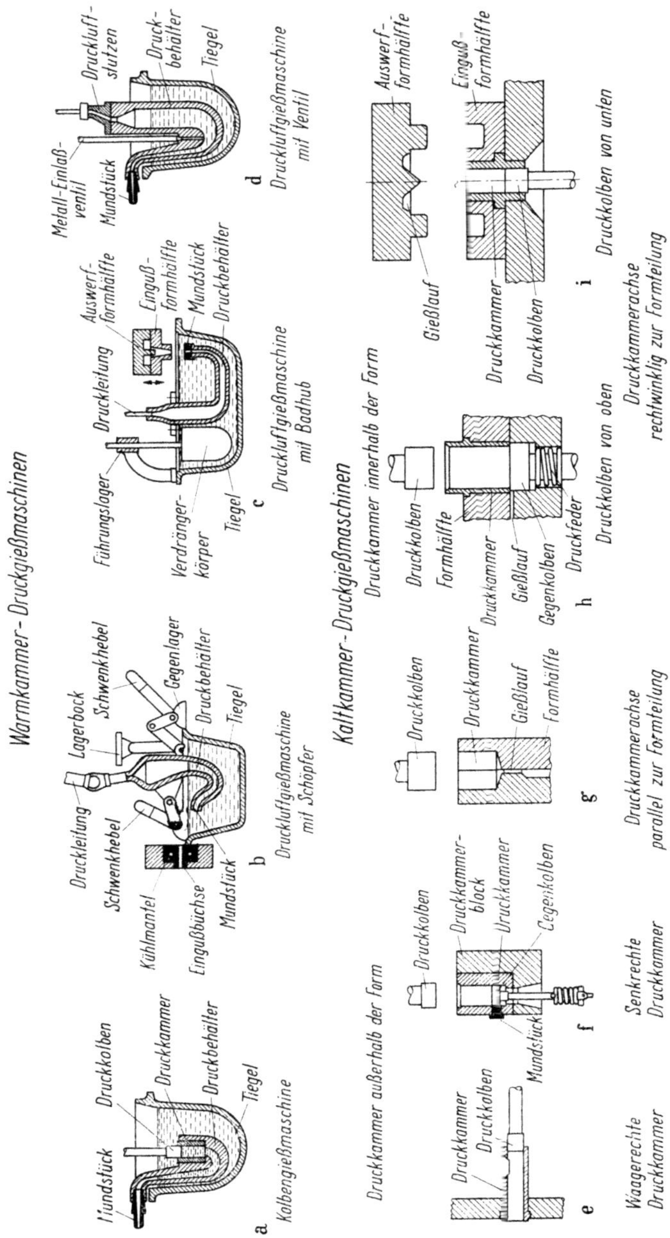

Abb. 2. Druckgießmaschinen, Elemente und Bezeichnungen

In dieser einfachsten Gestaltung der Druckgießapparatur sind alle Elemente des Verfahrens zu erkennen, auf die schon die obige Erklärung des Druckgießprozesses hinweist, nämlich:

1. die Gießform,
2. die Gießmaschine,
3. der Formträger,
4. das Gießmetall.

Diese Elemente werden später eingehend im einzelnen behandelt.

Vorab werden die Hauptarbeitsprinzipien der gebräuchlichsten Druckgießmaschinen nach der Einteilung und den Bezeichnungen des Fachausschusses DRUCKGUSS im Verein Deutscher Gießereifachleute durch Abb. 2 (VDG-Merkblatt) vorgestellt. Wie aus dieser Abbildung zu ersehen ist, sind die Druckgießmaschinenarten grundsätzlich in die zwei Hauptgruppen

1. Warmkammer-Druckgießmaschinen
2. Kaltkammer-Druckgießmaschinen

eingeteilt. Zu den einzelnen Arten wird folgendes bemerkt:

Warmkammer-Druckgießmaschinen. Das Hauptmerkmal ist die meist direkt im flüssigen Metallbad angeordnete Druckkammer. Auf jeden Fall wird diese bei Warmkammer-Maschinen mindestens auf Gießtemperatur des zu verarbeitenden Metalls gehalten. Das Schmelzgut muß vollkommen flüssig sein.

Bei *Kolbengießmaschinen* wird der Gießdruck mit Hilfe eines in der Druckkammer befindlichen Druckkolbens erzeugt. Die Füllung der Druckkammer erfolgt durch Kanäle, welche der Kolben in seiner Ruhelage freigibt.

Bei *Druckluftgießmaschinen* wird der Gießdruck durch ein unmittelbar auf das Gießmetall einwirkendes, komprimiertes Gas (Druckluft) erzeugt. Die Füllung der Druckkammer erfolgt bei Druckluftgießmaschinen mit Schöpfer durch ein bewegliches Organ, bei Druckluftgießmaschinen mit Badhub durch einen Verdrängerkörper, bei Druckluftgießmaschinen mit Ventil durch ein Metalleinlaßventil mit beweglichem Ventilkegel.

Kaltkammer-Druckgießmaschinen. Das Hauptmerkmal ist eine Druckkammer, welche nicht beheizt wird. Es ist möglich, das zu verarbeitende Gießmetall im teigigen Ausgangszustand zu verwenden. Durch hohe Drücke verflüssigt es sich dabei im Anschnitt und strömt mit entsprechender Geschwindigkeit in den Formhohlraum ein. Die Druckkammer ist also vom Schmelz- oder Warmhaltetiegel völlig getrennt.

Bei Ausführung Druckkammer außerhalb der Form sind aus Abb. 2 die waagrechte und senkrechte Anordnung der Druckkammer erkennbar. Bei letzterer ist ein Gegenkolben zum Abscheren des Metallrestes erforderlich.

Die Ausführung Druckkammer innerhalb der Form ist unterteilt in Druckkammerachse parallel zur Formteilung und Druckkammerachse rechtwinklig zur Formteilung.

Die Wirkungsweisen der Druckgießmaschinen sind aus den Prinzipbildern ohne weiteres ersichtlich. Die Füllung der Druckkammer erfolgt bei den Kaltkammer-Druckgießmaschinen durch Einschöpfen (von Hand durch Schöpflöffel oder mechanisch) oder durch Einsaugen (mit Niederdruck oder Vakuum). Es wird vom Fachausschuß DRUCKGUSS empfohlen, die Bezeichnungen der verschiedenen Elemente allgemein anzuwenden.

Diese Hinweise mögen zur Einführung genügen.

2. Der Einströmvorgang und die sich daraus ergebenden Richtlinien für die Arbeitsweise

2.1 Der Einströmvorgang

2.11 Der Druck

2.111 Die Aufgaben des Arbeitsdruckes

Die kennzeichnende Eigenschaft des Druckgießverfahrens, die Erzeugung sehr genauer, austauschbarer Gußstücke in großer Auflage, erfordert die Verwendung *stählerner Dauerformen.* Das Wärmeableitungsvermögen dieser Formen ist ein ganz unverhältnismäßig höheres als etwa das der Sandformen, so daß im allgemeinen die Formauffüllung in wesentlich kürzerer Zeit beendet sein muß.

Zugleich wird von Druckgußstücken vollkommene Scharfkantigkeit, überhaupt völlig genaue Ausfüllung aller noch so feinen Konturen des Formhohlraumes bei häufig sehr geringer Wanddicke gefordert.

Hiermit ist die Aufgabe gestellt, das Metall zur vollkommenen Ausfüllung von Formhohlräumen zu zwingen, die infolge ihrer Scharfkantigkeit, Dünnwandigkeit, Kompliziertheit und des hohen Wärmeleitvermögens des Formmaterials ihrer Ausfüllung einen besonders hohen Widerstand entgegensetzen.

Zur Lösung dieser Aufgabe muß das Metall bei der Erzeugung der Mehrzahl aller Druckgußteile mit so hoher Geschwindigkeit in die Form hineinströmen, daß es beim Durcheilen des Formhohlraumes trotz deren hoher Wärmeleitfähigkeit nicht übermäßig abgekühlt wird, so daß der (durch die Stauung des Metallstrahles im Formhohlraum verursachte) „Strömungsdruck“ (vgl. S. 41ff.) zur genauen Anpressung des Gießmetalls an die Formwandungen hinreicht und alle den Formhohlraum oft auf verschiedenen Wegen durcheilenden Metallmassen beim Zusammenfließen völlig miteinander verschmelzen.

Zur Nachverdichtung des erstarrenden Metalls (zwecks Vermeidung von Lunkern) hat man beim Druckguß nicht die Möglichkeit, in der Nähe der gefährdeten Gußstückmassen in der Gießform „Speicher" flüssigen Metalls (nach Art der verlorenen Köpfe bzw. „Speiser" in Sandformen) anzulegen; das Nachverdichten des Metalls muß vielmehr im allgemeinen vom Einguß her durch die ganze Gußstückmasse hindurch erfolgen.

Hierzu ist ein „*Verdichtungsdruck*" erforderlich, der zur Überwindung des Fließwiderstandes der breiigen Massen mitunter eine beträchtliche Größe haben muß.

Der Arbeitsvorgang beim Druckguß ist also gegenüber anderen Gießverfahren gekennzeichnet durch die Notwendigkeit einer hohen Einströmgeschwindigkeit und eines hohen, auf das Metall in der Form einwirkenden Druckes. Natürlich können beide Größen je nach der Art des Gießmetalls und des Gußstückes und je nach der Verfahrensart innerhalb weiter Grenzen liegen. Nur zur Kennzeichnung ihrer Größenordnung sei angegeben, daß bei Warmkammer-Druckgießmaschinen im allgemeinen die Einströmgeschwindigkeit zwischen etwa 50 und 150 m/s, der auf das Metall in der Druckkammer einwirkende Druck zwischen 50 und 250 kp/cm^2 liegt. Bei Kaltkammer-Druckgießmaschinen werden weit höhere Drücke (300—3000 kp/cm^2) verwandt. Bei letzteren kann die Einströmgeschwindigkeit durch die Einstellung einer entsprechenden Druckkolben-Geschwindigkeit in weiten Grenzen geregelt werden.

Ferner sei zur Veranschaulichung angegeben, daß bei Gußstücken üblicher Größe die zur Formauffüllung erforderliche Zeit bei Warmkammer-Druckgießmaschinen im allgemeinen zwischen einigen Hundertstel- und einigen Zehntelsekunden liegt. Dabei sei ausdrücklich bemerkt, daß innerhalb dieser Grenzen die Einströmungsdauer bei verschiedenen Gußstücken von gleichem Volumen je nach Art des Gußstückes und des Gießmetalls, je nach der Gestaltung des Anschnittes[1] der Form (namentlich der Größe des „Einströmquerschnittes") und je nach der Verfahrensart sehr verschieden sein kann.

Aus der Größenordnung der vorstehend angegebenen Zahlen folgert, daß sich solche Geschwindigkeiten und Drücke, wie sie beim Druckgießverfahren benötigt werden, nur dadurch erreichen lassen, daß das Metall durch ein besonderes Druckmittel (z. B. Kolben oder Druckluft) in die Form hineingepreßt wird. Dieses Druckmittel muß in der Druckkammer während der ganzen Dauer der Metallströmung und nach deren Beendigung bis zur Erstarrung des Eingusses auf das Metall einwirken. Im folgenden soll der statische spezifische Antriebsdruck, den die Kraft-

[1] Erklärung der Begriffe „Anschnitt" und „Einströmquerschnitt" später.

quelle zum Schusse auf das Druckmittel in der Druckkammer ausübt (bezogen auf den Querschnitt des Druckkammerspiegels), als „*Betriebsdruck*" bezeichnet und p_b genannt werden, während der Flüssigkeitsdruck, welcher dabei im Gießmetall in der Druckkammer herrscht, als „*Arbeitsdruck*" bezeichnet und p genannt wird[1]. In den meisten Fällen weicht der Arbeitsdruck vom Betriebsdruck nicht erheblich ab[2], so daß beide im nachstehenden oftmals stillschweigend gleichgesetzt werden. Der während der Dauer τ_g der Formauffüllung einwirkende Betriebsdruck soll als „Gießdruck" bezeichnet und p_g genannt, der nach Beendigung der Formauffüllung zwecks Nachverdichtung einwirkende Betriebsdruck soll als „Nachdruck" bezeichnet und p_n genannt werden. Alle hier eingeführten Drücke (p, p_b, p_g und p_n) sind stets als Überdrücke zu verstehen.

Der scheinbar einheitliche Vorgang der Druckeinwirkung auf das Gießmetall erfüllt, wie aus dem vorher Gesagten hervorgeht, in Wirklichkeit verschiedene Aufgaben: erstens teilt er dem Metall bei dessen Einströmung in den Formhohlraum die zur Vermeidung übermäßiger Abkühlungsverluste erforderliche „*Einströmgeschwindigkeit*" mit, zweitens übermittelt er dem Metall in dem Formhohlraum den zur Anpressung und Verdichtung benötigten „*Fülldruck*" und „*Verdichtungsdruck*". Die Unterteilung der Druckeinwirkung in der Form in die beiden letztgenannten verschiedenen Funktionen deckt sich aber im allgemeinen zeitlich durchaus nicht mit der durch die Begriffe „Gießdruck" und „Nachdruck" gegebenen Unterteilung der Druckeinwirkung in der Druckkammer der Gießmaschine.

2.112 Der Flüssigkeitsdruck des Gießmetalls in der Form

Der Flüssigkeitsdruck wird dem Metall in der Form auf zwei grundsätzlich verschiedene Arten mitgeteilt: erstens, während der Dauer der Einströmung, durch den hydrodynamischen Druck (Strömungsdruck p_h), zweitens, nach beendigter Formauffüllung, durch den Nachdruck p_n, der als statischer Druck durch Einguß und Anschnitt hindurch auf die Gußstückmassen einwirkt.

Wie im folgenden Abschnitt näher ausgeführt werden soll, setzt sich bei jedem Strömungsvorgang in der Form überall da, wo der Metallstrahl

---

[1] Der Unterschied zwischen Betriebsdruck und Arbeitsdruck wird gebildet durch die auf den Druckkammerquerschnitt bezogenen Reibungskräfte, Gewichte und Massenkräfte der beweglichen Massen (wobei Übersetzungsverhältnisse dadurch zu berücksichtigen sind, daß Gewichte und Reibungskräfte durch die entsprechenden Teilkräfte, Massen durch die sinngemäß reduzierten Massen ersetzt werden).

[2] Abgesehen von den in manchen Fällen beträchtlichen Massendrücken am Anfang und am Ende des Gießvorganges, die in den „Arbeitsdruck" mit eingehen.

gestaut oder scharf umgelenkt wird, ein Teil seiner Strömungsenergie in Druckenergie um. Der hierdurch erzeugte hydrodynamische Druck wirkt auf alle bereits ruhenden, noch nicht erstarrten, mit dem gestauten Metall in Flüssigkeitsverbindung stehenden Metallmassen während der ganzen Dauer der Formauffüllung ein. Er kann, wenn der Gießdruck bzw. die Druckkolbengeschwindigkeit und damit die Einströmgeschwindigkeit hoch genug gewählt sind, während dieser Zeit als Füll- und Verdichtungsdruck fungieren.

Andererseits kann nach Beendigung der Formauffüllung der Nachdruck[1] so lange auf die noch flüssigen Gußstückmassen als hydrostatischer Druck einwirken, bis das Metall im Anschnitt so weit erstarrt ist, daß es keinen hydrostatischen Druck mehr übertragen kann.

Demnach treten bei jedem Druckgießvorgang in der Form beide Arten von Druck nacheinander auf; dennoch kann man in zahlreichen Fällen von der Gestalt des Gußteiles abhängig nur eine von beiden vorwiegend zur Geltung bringen, wie später begründet wird.

Tatsächlich kann das Druckgießverfahren in sehr verschiedener Weise ausgeübt werden, je nachdem der „Verdichtungsdruck" vorwiegend aus der Einströmgeschwindigkeit des Metalls oder aus dem statischen Nachdruck oder aus beiden nacheinander bestritten werden soll (vgl. die Ausführungen über die verschiedenen Verfahrensarten, S. 55ff.). Es wird eine Aufgabe der nachfolgenden Abschnitte sein darzulegen, nach welchen Gesichtspunkten im Einzelfalle, entsprechend der jeweils vorliegenden Gießaufgabe (insbesondere der Gestalt des Gußstückes) die Auswahl zwischen den verschiedenen Verfahrensarten getroffen wird.

Ehe jedoch hierauf näher eingegangen werden kann, müssen zunächst die Strömungsvorgänge in der Form einer genaueren Untersuchung unterzogen werden.

Diesen Untersuchungen werden nun zunächst, um die Betrachtungen nicht zu verwirren als Gußstücke Körper von einfachster Gestalt zugrunde gelegt werden, insbesondere rechteckige Platten. Es sei schon an dieser Stelle bemerkt, daß der Geltungsbereich dieser Betrachtungen sich natürlich nicht auf solche Gußstücke beschränkt, sondern daß die dabei gewonnenen Ergebnisse sinngemäß auf alle Stücke anwendbar sind, die sich in den Hauptzügen ihrer Gestaltung dem Gestalttyp eines solchen „Plattenkörpers" nähern[2].

---

[1] Genügende Einwirkungsdauer des Betriebsdruckes in der Druckkammer vorausgesetzt.

[2] Einen Versuch einer solchen Anwendung siehe z. B. „Der Spritzguß" Werkstattstechnik 1926 Heft 4 und 6 auf S. 187ff. von Frommer, sowie die Arbeit „Formauffüllung bei Druckguß", Gießerei 1952 Heft 13, S. 311ff. von Lieby.

2.12 Die Strömungsvorgänge

Die oft beobachtete Tatsache, daß das Gießmetall bei manchen Stücken zunächst an den Formwänden entlangeilt und auf diese Art eine Außenhaut des Gußstücks erzeugt, bevor es beginnt, auch das Innere der Formhohlräume aufzufüllen, hatte früher zu der Vorstellung geführt, daß sich der Metallstrahl unmittelbar nach seinem Eintritt in die Form auf irgendeine Art und Weise teilt und, anstatt in der ihm durch den Anschnitt vorgeschriebenen Richtung weiterzueilen, an den Wänden entlangläuft. Eine anschauliche Darstellung von der Art, in der man sich diese Strömungsvorgänge häufig vorstellt, liefert Abb. 3, die einem Aufsatz in der Zeitschrift „Machinery"[1] entnommen ist. In dem betreffenden Aufsatz wird diese Art der Einströmung wie eine Selbstverständlichkeit angegeben. Es wird dort nicht näher erklärt, was den Metallstrahl veranlassen soll, beim Eintritt in die Form allen bekannten physikalischen Regeln zuwider seine Richtung zu ändern, ohne daß eine Kraft auf ihn einwirkt, die ihn dazu zwingt, und überdies auch noch Wirbelbewegungen von der in Abb 3 angegebenen Art zu vollführen.

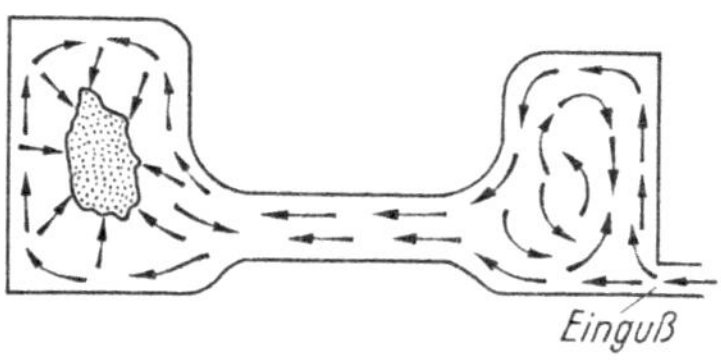

Abb. 3. Unzutreffende, ältere Darstellung des Strömungsverlaufes im Formhohlraum

Im folgenden soll versucht werden, die Strömungsvorgänge in der Form in einer solchen Art zu verfolgen, die mit den heutigen Kenntnissen auf dem Gebiet der Strömungslehre übereinstimmt. Freilich wird es auch hierbei gelegentlich notwendig sein, zu Hypothesen zu greifen, da die Strömungsvorgänge, namentlich in einer komplizierten Form, teilweise äußerst verwickelt sind, so daß zu ihrer exakten Verfolgung gegenwärtig unsere theoretischen Kenntnisse nicht ganz ausreichen. Indes soll versucht werden, soweit Voraussetzungen gemacht werden müssen, die nicht streng beweisbar sind, doch nur solche Hypothesen zu verwenden, die dem Stand der physikalischen Kenntnis zumindest nicht widersprechen, und deren Folgerungen durch richtig gedeutete Werkstattserfahrungen bestätigt werden.

Bevor in die Besprechung der Strömungsvorgänge in der Gießform selbst eingetreten wird, soll zunächst in kurzen Zügen einiges Grundsätzliche über Strömungsvorgänge bei reibungsfreien, idealen Flüssigkeiten ausgeführt werden, während die Abwandlungen, die die Vorgänge bei der wirklichen Strömung unter dem Einfluß der Reibungs- und Wirbelverluste erfahren, später an Hand der tatsächlichen Einströmung in die Form behandelt werden sollen. Im folgenden Abschnitt ist somit

[1] Bd. 29 Nr. 9, S. 715 Mai 1923 und TZ für praktische Metallbearbeitung Heft 19/20, 21/22 und 23/24, 1937 v. Brandt.

immer, soweit nicht ausdrücklich etwas anderes gesagt ist, ideale, verlustlose Strömung vorausgesetzt.

Über den Einströmvorgang wurden inzwischen verschiedene praktische Versuche durchgeführt. Mit Hilfe eines Zeitdehners ist die Auffüllung des Formhohlraumes bei einigen Varianten desselben gefilmt worden[1]. Über die daraus sich ergebenden Erkenntnisse, sowie über die bekannt gewordene Theorie von Barton, der auch noch die Veränderung der Temperatur bei verschiedenen Einströmgeschwindigkeiten berücksichtigt und über weitere theoretische Grundzüge beim Druckgießverfahren soll später berichtet werden.

2.121 Hydrodynamische Vorbegriffe

a) Stationäre und quasistationäre Strömungsvorgänge. Ein Strömungsvorgang, der zeitlich völlig konstant verläuft, d. h. bei dem Druck und Geschwindigkeit an jedem Punkte des Strömungsfeldes zeitlich konstant bleiben, wird als „stationäre Strömung“ bezeichnet. Die Vorgänge bei einer stationären Strömung können in einfacher Weise mittels der im Anhang I angegebenen *Bernoullischen* Gleichung rechnerisch verfolgt werden. Solche Strömungsvorgänge sind praktisch natürlich sehr selten und im Druckguß überhaupt nie gegeben. Man kann aber die für stationäre Strömung geltenden Betrachtungsweisen und Formeln oftmals auch auf zeitlich veränderliche Strömungsvorgänge anwenden. Dies ist immer dann gerechtfertigt, wenn die zeitlichen Veränderungen, z. B. der Drücke, nur so langsam erfolgen, daß ihnen die entsprechenden Veränderungen der Strömungsgeschwindigkeiten in Zeitabständen „nachfolgen“, die klein sind gegenüber der Zeitdauer, in der sich der Druck wesentlich ändert. Ein einfaches Beispiel hierfür ist im folgenden Abschnitt besprochen und im (unmaßstäblichen) Schaubild in Abb. 5b schematisch dargestellt. In solchen Fällen soll im folgenden der Strömungsvorgang der Einfachheit halber als „quasistationär“ bezeichnet werden. Dabei werden nun oftmals auch solche Strömungsvorgänge als „quasistationär“ betrachtet [und dementsprechend mittels der Gl. (1/2) im Anhang I rechnerisch behandelt], die, wie z. B. die Strömung des Metalls in einer Druckgießform, im ganzen in einer überaus kurzen Zeit verlaufen und innerhalb dieser Zeit sehr auffällige Veränderungen des Strömungsbildes aufweisen, die also von dem Bilde quasistationärer Strömungsvorgänge im eben definierten Sinne recht weit entfernt zu sein scheinen. Dabei ist jedoch zu beachten, daß die „Schnelligkeit“ oder „Langsamkeit“ der Veränderung von Strömungsvorgängen in diesem Zusammenhang stets im Verhältnis zu der Größenordnung der „Anlauf-

---

[1] Köster, Dr. W., und K. Göhring: „Über den Einström- und Füllvorgang bei Druckguß an Hand kinematographischer Aufnahmen“ aus ‚Der Spritz- und Preßguß‘, Gießereitechnische Hochschul-Vorträge, Düsseldorf: Gießerei-Verlag 1942.

zeiten" einzuschätzen ist, in denen die Veränderungen der Strömungsvorgänge den Veränderungen der Druckverhältnisse „nachfolgen". Unter diesem Gesichtspunkte können mitunter auch Strömungsvorgänge, die in Zehntel- oder Hundertstelsekunden von Anfang bis zu Ende verlaufen, in den einzelnen Zeitpunkten innerhalb ihres Ablaufes noch als „quasistationär" angesehen werden.

b) Ausfluß aus einem Druckgefäß (Ausflußformel, Anlaufzeit, Strahlgestalt). Es sollen nun die Strömungsvorgänge beim Ausfluß

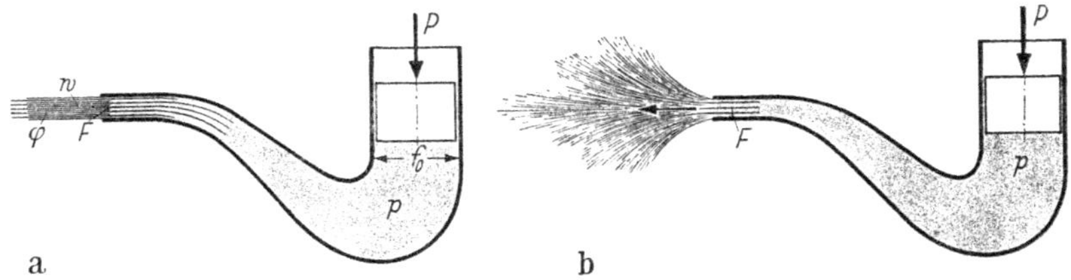

Abb. 4. Strahlgestalt beim Ausfluß aus Druckbehälter
a bei konstantem Überdruck p und stationärer Strömung: Strahl fließt parallel aus, b bei zeitlich steil ansteigendem Überdruck p: Strahl zerstiebt

einer Flüssigkeit aus einem kannenförmigen Druckbehälter (Abb. 4) betrachtet werden, dessen Druckraumquerschnitt f_0 sehr groß gegenüber seinem Ausflußquerschnitt F ist. Dabei ist hier, wie auch in allen folgenden Berechnungen und Strömungsbildern dieses Buches, eine solche Gestaltung der Ausflußmündung vorausgesetzt, daß eine Strahlkontraktion nicht in Betracht kommt.

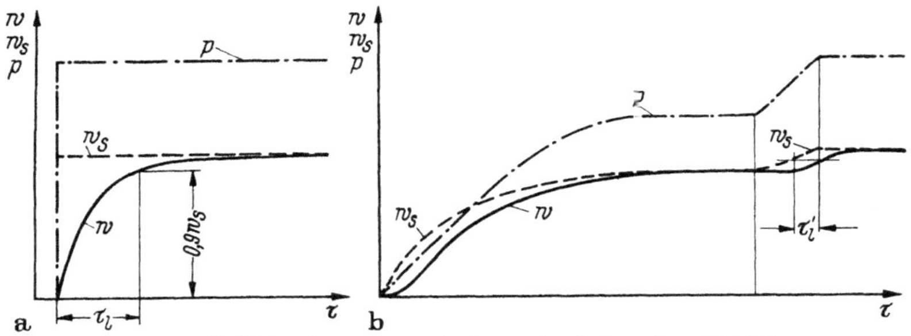

Abb. 5a. Zeitlicher Strömungsverlauf beim Ausfluß aus Druckbehälter
a bei konstantem Überdruck p, b bei zeitlich ansteigendem Überdruck p

Zuerst sei der Fall behandelt, daß auf die zunächst ruhende Flüssigkeit in dem Druckgefäß von einem bestimmten Zeitpunkt an ein gleichförmiger Überdruck p einwirkt (siehe Schaubild, Abb. 5a). Die Flüssigkeit gerät von Beginn der Druckeinwirkung an in eine zunächst beschleunigte Bewegung, wobei die Ausflußgeschwindigkeit w von 0 bis zu einem Höchstwert w_s ansteigt, den sie nach Eintritt des „stationären" Strömungszustandes erreicht. Diese „stationäre Ausflußgeschwindigkeit" beim Überdruck p ergibt sich unter Annahme idealer Strömung aus der BERNOULLIschen Gleichung sehr angenähert (vgl. Anhang I) zu:

$$w_s = \sqrt{2g\frac{p}{\gamma}}\,, \tag{1}$$

worin bedeuten: g die Erdbeschleunigung,
γ das spez. Gewicht der Flüssigkeit.

Theoretisch erreicht freilich die tatsächliche Ausflußgeschwindigkeit w diesen „stationären" Wert w_s erst nach unendlich langer Zeit. Indes nähert sich w dem Werte w_s schon in einer sehr kurzen Zeit so weit an, daß der Unterschied zwischen w und w_s praktisch vernachlässigt werden kann. Im folgenden wird die Zeitdauer, in der die Ausflußgeschwindigkeit w von Null bis auf 90% der stationären Ausflußgeschwindigkeit w_s anwächst, „Anlaufzeit" genannt und mit τ_l bezeichnet. Eine Berechnung dieser Anlaufzeit ist für einen besonders einfachen Fall unter angenäherten Annahmen im Anhang I durchgeführt. Wie diese Berechnung zeigt, ist die Größe der Anlaufzeit τ_l im vorliegenden Falle unter sonst gleichen Umständen vor allem von der Höhe des Überdruckes p und von dem Verhältnis

$$\frac{\text{Druckraumquerschnitt } f_0}{\text{Ausflußquerschnitt } F}$$

abhängig, und zwar derart, daß τ_l um so kleiner ist, je größer p und $\frac{f_0}{F}$ sind.

Es sei nun weiter die Ausströmung für den Fall behandelt, daß der auf die Flüssigkeit einwirkende Druck p nicht instantan in voller Höhe einsetzt und konstant bleibt, sondern sich zeitlich ändert. Ein solcher Fall ist in Abb. 5b schematisch veranschaulicht, in der folgende Größen in Abhängigkeit von der Zeit τ aufgetragen sind: Ein (willkürlich gewählter) Druckverlauf (strichpunktierte p-Kurve), ferner der diesem Druckverlauf entsprechende Verlauf der tatsächlichen Ausflußgeschwindigkeit (ausgezogene w-Kurve) und der Verlauf der „stationären" Ausflußgeschwindigkeit (gestrichelte w_s-Kurve), wobei w_s zu jedem Zeitpunkte diejenige Ausflußgeschwindigkeit bedeutet, die dem jeweiligen p bei stationärer Strömung gemäß Gl. (1) entsprechen würde. Hinsichtlich des Druckverlaufes ist vorausgesetzt, daß der Druck p von Null an allmählich bis auf einen Wert anwächst, auf dem er eine kurze Zeit verbleibt und hierauf nochmals ansteigt, bis er einen konstanten Höchstwert erreicht. Das Schaubild zeigt nun, daß solange p merklich ansteigt (solange also die Strömung beschleunigt ist), die Ausflußgeschwindigkeit w kleiner ist als w_s; nach dem Konstantwerden von p läuft die w-Kurve praktisch alsbald mit der w_s-Kurve zusammen. Man kann das gegenseitige Verhalten dieser Größen in einer ungenauen, jedoch hier wohl zulässigen Annäherung anschaulich dahin ausdrücken, daß bei jeder

Druckänderung die w-Kurve gegen die w_s-Kurve um einen gewissen mittleren Zeitabstand τ'_l „verschoben" ist, der auch wieder als „Anlaufzeit" bezeichnet werden könnte, oder mit anderen Worten: daß die Veränderung der Ausflußgeschwindigkeit der Druckänderung im Mittel um diesen Zeitabstand τ'_l „nachhinkt". Die Größenordnung dieser Anlaufzeit τ'_l erweist sich bei einer rechnerischen Nachprüfung als jeweils abhängig von der Größenordnung des Druckes p von der Steilheit des zeitlichen Druckanstieges und von dem Verhältnis $\frac{f_0}{F}$.

Beim Druckguß, bei dem während des eigentlichen Gießvorganges als „Ausflußquerschnitt" der „Einströmquerschnitt" f der Gießform und als Druckraumquerschnitt der Querschnitt f_0 der Druckkammer in Betracht kommen, ist die Anlaufzeit meistens von einer überaus geringen Größenordnung. Es wird daher im folgenden oftmals die Anlaufzeit ganz vernachlässigt und dementsprechend die Ausflußgeschwindigkeit stillschweigend ohne weiteres gleich dem „stationären" [dem jeweils herrschenden Überdrucke p nach der obigen Gl. (1) entsprechenden] Werte w_s angenommen, sofern nicht ausdrücklich anderes gesagt ist.

Die *Gestalt* des ausfließenden Strahls ist unmittelbar von dem zeitlichen Druck- und Strömungsverlauf abhängig. Ist der Überdruck p konstant und die Strömung stationär, so tritt der Strahl aus dem Hals eines Druckbehälters von der in Abb. 4 dargestellten Gestalt parallel aus (Abb. 4a). Das heißt: sämtliche Stromlinien verlaufen parallel in der durch das parallelwandige Mundstück gegebenen Richtung, und der Strahlquerschnitt φ ist gleich dem Ausflußquerschnitt F.

Nimmt der Arbeitsdruck p, und damit die Ausflußgeschwindigkeit w während der Ausströmung zu (Abb. 4b), so hat während der ganzen Dauer dieser Druckzunahme jedes aus dem Mündungsquerschnitt austretende Flüssigkeitsteilchen eine höhere Geschwindigkeit als das vor ihm ausgetretene. Es versucht also, dieses zu beschleunigen, so daß ein Stoßvorgang stattfindet, der um so heftiger verläuft, je rascher und höher der Arbeitsdruck p ansteigt. Dabei werden sowohl die gestoßenen als auch die stoßenden Flüssigkeitsteilchen verformt, so daß bei einem steilen zeitlichen Druckanstieg der Strahl, anstatt geradlinig weiterzueilen, unmittelbar am Ausflußquerschnitt nach allen Seiten auseinanderstiebt. In Abb. 4b ist versucht, hiervor ein (freilich nur schematisches) Bild zu geben.

Verringert sich der Flüssigkeitsdruck p, so daß sich die Flüssigkeitsbewegung im Druckbehälter verlangsamt, so tritt kein derartiges Zerstieben des Strahls ein. Vielmehr verringert der Strahl nur seinen Querschnitt, solange die Kohäsion der Flüssigkeit hinreicht, um das Zerreißen in einzelne Tropfen zu verhindern. Der Strahl wird dann während der Verzögerungsperiode gewissermaßen in die Länge gezogen.

c) Aufschlag eines stationären Freistrahls auf eine senkrechte Wand. Trifft ein stationärer Freistrahl auf eine zu seiner Achse senkrechte glatte Wand (*W* in Abb. 6a—c), so sind bezüglich des weiteren Strömungsverlaufs zwei Perioden zu unterscheiden

1. die Stoßperiode und
2. die Periode stationärer Abströmung.

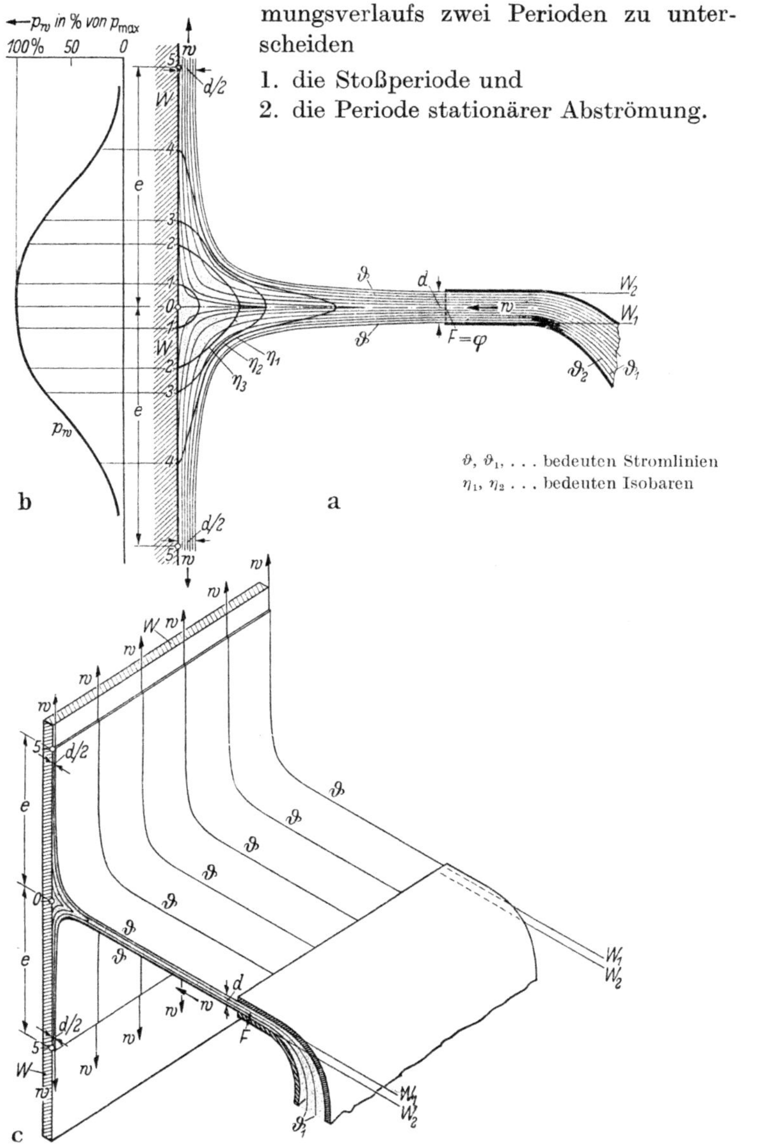

Abb. 6. Stationäres Abfließen eines idealen Freistrahles längs einer Wand bei zweidimensionaler Strömung

a Strömungsbild, b Wanddruckkurve, c Strahlbild in perspektivischer Darstellung

Die „*Stoßperiode*": Im ersten Augenblick, in dem die ersten aus dem Ausflußquerschnitt F ausgetretenen Flüssigkeitsteilchen auf die Wand W aufschlagen, erfährt der Strahl durch den Wanddruck eine plötzliche stoßartige Verzögerung. Während einer (natürlich nur sehr kurzen) Zeit verläuft die Strömung in der Nähe der Wand nicht stationär; die Stromlinien verändern von Augenblick zu Augenblick ihre Gestalt und ein Teil der Flüssigkeit spritzt von der Wand weg.

Die *Periode der stationären Abströmung längs der Wand:* Die „Stoßperiode" währt praktisch[1] nur eine äußerst kurze Zeit; schon bald nach dem Aufschlag hat sich der Strahl so weit deformiert, daß sich in der Umgebung der Aufschlagstelle o die Stromlinien nicht weiter verändern und der weitere Strömungsverlauf dort in stationärer Weise erfolgt (Abb. 6a—c).

Dabei erreicht jedes Flüssigkeitsteilchen in hinreichender Entfernung e von der Aufschlagstelle o wieder eine Strömungsgeschwindigkeit, die praktisch fast genau gleich der Mündungsgeschwindigkeit w ist, und mit der es längs der Wand abströmt. Der Strömungsverlauf, der sich bei der stationären Abströmung eines „zweidimensionalen" (unendlich breiten) Freistrahls an einer senkrechten Wand (bei reibungs- und verlustfreier Strömung) einstellt, ist in Abb. 6a und 6c veranschaulicht, und zwar zeigt Abb. 6a ein Strömungsbild, d. h. einen Schnitt durch den Strahl in einer „Stromlinienebene", während Abb. 6c einen Ausschnitt aus dem Strahlbilde in perspektivischer Darstellung zeigt[2]. Abb. 6b veranschaulicht die räumliche Verteilung des von der Flüssigkeit auf die Wand W ausgeübten Druckes p_w.

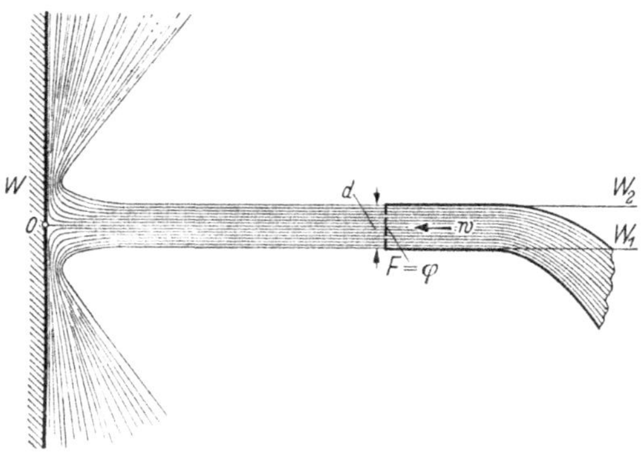

Abb. 7. Zerstieben eines wirklichen Freistrahls an der Wand während Dauerströmung infolge zu hoher Geschwindigkeit

Bei der *wirklichen* Strömung kann das Strömungsbild beim Aufschlag eines Freistrahls auf eine Wand dadurch eine wesentliche Abänderung

---

[1] Strenggenommen geht die Strömung erst nach einer unendlich langen Zeit in den stationären Zustand über.

[2] In diesen Strömungsbildern ist die Strömungsgeschwindigkeit bereits in den Punkten 5 mit w angegeben, während im strengen Sinne die umgelenkten Strahlen erst in unendlicher Entfernung vom Punkte o in allen Stromröhren die gleiche Geschwindigkeit w haben würden.

erfahren, daß bei Überschreitung einer bestimmten Geschwindigkeitsgröße während der ganzen Strömungsdauer ein teilweises Zerstieben des Strahls an der Aufschlagstelle stattfindet (s. Abb. 7). Dabei wird ein Teil der Flüssigkeit in unberechenbarer Weise in Form von Spritzern und Klecksen nach allen Richtungen hin weggeschleudert.

Von welcher Geschwindigkeitsgröße an dies merklich wird, bzw. ein wie großer Teil der ganzen Flüssigkeit bei einer bestimmten Strahlgeschwindigkeit in dieser Weise von der Wand W abspritzt, hängt ab von der Kohäsion, Elastizität und Zähigkeit der Flüssigkeit, von ihrer Adhäsion an der Wand und endlich von der Dicke d des Strahls.

d) Strömungsverlauf bei zweidimensionaler Umlenkung eines Strahls in einem rechteckigen Sackhohlraum. Trifft ein stationärer Freistrahl in einen rechteckigen Sackhohlraum vom Querschnitt F_1 (Abb. 8), so sind je nach dem Verhältnis des Strahlquerschnitts φ zum Hohlraumquerschnitt F_1 zwei Fälle zu unterscheiden:

a) Ist $\frac{\varphi}{F_1} > \frac{1}{4}$, so ist, wie sich leicht beweisen läßt[1] in dem Sackhohlraum keine stationäre Strömung entsprechend Abb. 8 möglich. Bei verlustloser Strömung erfolgt die Auffüllung des Hohlraums während der Stoßperiode von hinten nach vorn (entgegengesetzt der Strömungsrichtung des einlaufenden Strahls). Bei der wirklichen Strömung, bei der während der Stoßperiode starke Unregelmäßigkeiten auftreten, erfolgt die Auffüllung in unberechenbarer Weise unter heftigem Umherspritzen und Umherwirbeln der Flüssigkeit. Diese Erscheinungen treten um so stärker auf, je höher die Strahlgeschwindigkeit und je größer $\frac{\varphi}{F_1}$ ist.

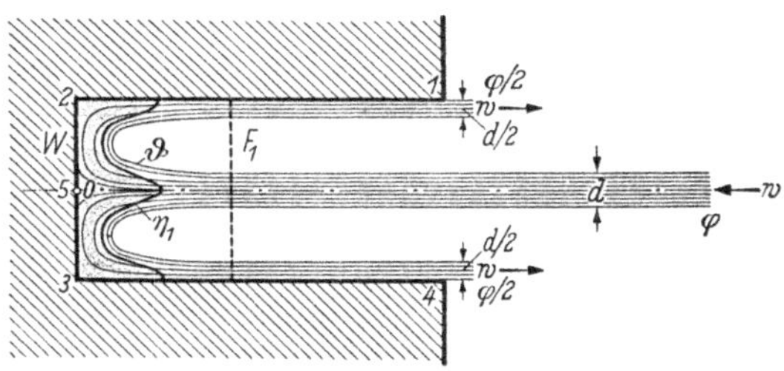

Abb. 8. Stationäres Abfließen eines idealen Freistrahls aus einem Sackhohlraum bei zweidimensionaler Strömung $\left(\frac{\varphi}{F_1} < \frac{1}{4}\right)$.

b) Ist $\frac{\varphi}{F_1} < \frac{1}{4}$, so tritt nach einer kurzen Stoßperiode auch in dem Sackhohlraum ein stationärer Strömungszustand ein, in welchem die Umlenkung des einlaufenden Strahls, seine Verteilung in zwei Halbstrahlen und die Umlenkung jedes Halbstrahls in den Ecken *2* bzw. *3* in ähnlicher Art und nach den gleichen Gesetzen erfolgt wie in Abb. 6a.

[1] Der Beweis ist im Anhang I, 3. Abschnitt, gegeben.

Abb. 8 gibt für zweidimensionale[1] Strömung (d. h. für einen unendlich breiten Strahl, entsprechend dem in Abb. 6a—c) ein ungefähres Bild des Strömungsverlaufs, wie er sich in diesem Falle einstellt. Im Grunde des Sackhohlraumes bildet sich ein gewisser Flüssigkeitsstau[2], der um so flacher ist, je kleiner $\frac{\varphi}{F_1}$ ist. Innerhalb dieses Staues ist die Strömungsgeschwindigkeit stark vermindert, jedoch nirgends[3] ganz aufgehoben. Längs der beiden Seitenwände *2—1* und *3—4* strömt die Flüssigkeit aus dem Stau heraus in zwei Halbstrahlen, deren jeder in einiger Entfernung vom Punkte *2* bzw. *3* praktisch den Querschnitt $\frac{\varphi}{2}$ $\left(\text{und die Dicke } \frac{d}{2}\right)$ und die Strömungsgeschwindigkeit w hat. Da aus dem Stau ebensoviel Flüssigkeit wieder heraus- wie hereinströmt, kann er sich nicht vergrößern. Bei reibungsfreier, idealer Strömung und einer Strömungsgeschwindigkeit, bei der der Einfluß der Schwerkraft vernachlässigbar ist, würde sich somit der Sackhohlraum überhaupt niemals vollfüllen, gleichviel, welche Lage im Raume er einnehmen würde. Dieser Strömungsvorgang erleidet freilich bei den praktisch gegebenen Verhältnissen, wie aus der täglichen Anschauung bekannt, erhebliche Abänderungen (und zwar infolge der Reibung und Wirbelbildung), auf die später eingegangen wird.

2.122 Die Einströmung des Metalls in die Druckgießform

a) Einguß, Anschnitt und Luftabführung. An Hand dieser Vorbemerkungen soll nun dazu übergegangen werden, die Einströmung des flüssigen Metalls in die Druckgießform zu betrachten. Beim Druckgießvorgang (s. Abb. 1 und 2) gelangt das Metall aus der Druckkammer N durch das Gießmundstück M und die Eingußöffnung der Gießform (die Eingußbohrung E, den Gießlauf E_s und den Anschnitt E_a in Abb. 10) hindurch in die Hohlform für das eigentliche Gußstück. Über die Gestaltung der Eingußöffnung (Eingußbohrung, Gießlauf und Anschnitt) wird später eingehend gesprochen. Die hier folgenden Untersuchungen der Strömungsvorgänge sollen auf den Fall des „bandförmigen" Anschnittes beschränkt werden, der im Druckguß ausgedehnte Anwendung findet.

Ein Beispiel hierfür bietet das Gußstück einfachster Gestalt, das in Abb. 9 in Ansicht, Schnitt und Perspektive, und dessen Gießform in

[1] Auf die grundsätzlich gleichartigen (nur hinsichtlich der Strahldicken abweichenden) Verhältnisse bei dreidimensionaler Strömung soll hier und im folgenden nicht besonders eingegangen werden.

[2] Unter einem Stau soll hier und im nachfolgenden immer eine gestaute Flüssigkeitsmenge verstanden werden.

[3] Abgesehen von den drei „Staupunkten" *2*, *3* und *5*.

Abb. 10 in einem senkrechten und einem waagrechten Schnitt schematisch dargestellt ist. In Abb. 9 bedeuten:

G das eigentliche Gußstück,
G_a das Anschnittmetall,
G_s den Gießlauf,
G_e den Eingußzapfen.

Der Anschnitt E_a der Gießform hat, wie ersichtlich, die Gestalt einer sehr kurzen, flachen Rinne, deren Tiefe einige Zehntelmillimeter beträgt, und deren Breite e_a sich fast über die ganze Formhohlraumbreite e_g erstreckt, so daß das Anschnittmetall G_a die Gestalt eines langgestreckten, sehr schmalen Bandes von sehr geringer Dicke d erhält. Die beiden parallelen Wandungen α und β des Anschnittes (s. auch Abb. 11 und 12) werden im folgenden als die „Hauptebenen des Anschnittes" (und auch des in den Formhohlraum einfließenden Metallstrahls) bezeichnet[1].

Bei den weiteren Untersuchungen soll der Gießvorgang dieses Gußstückes, d. h. der Strömungsverlauf

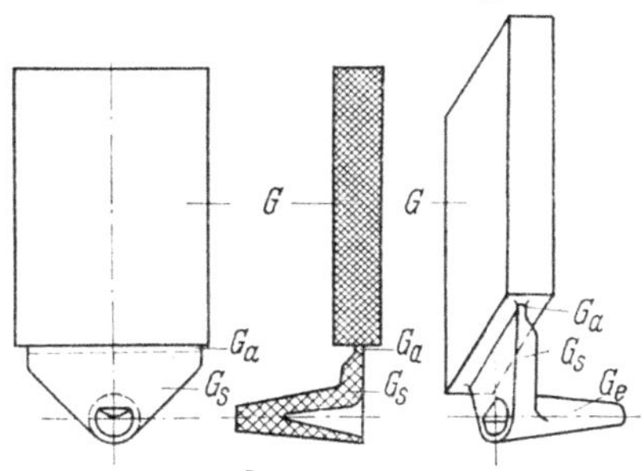

a b c

Abb. 9. Einfaches Gußstück mit Anguß (Eingußzapfen, Gießlauf und Anschnittmetall). Gußstück eng schraffiert, Anguß weit schraffiert

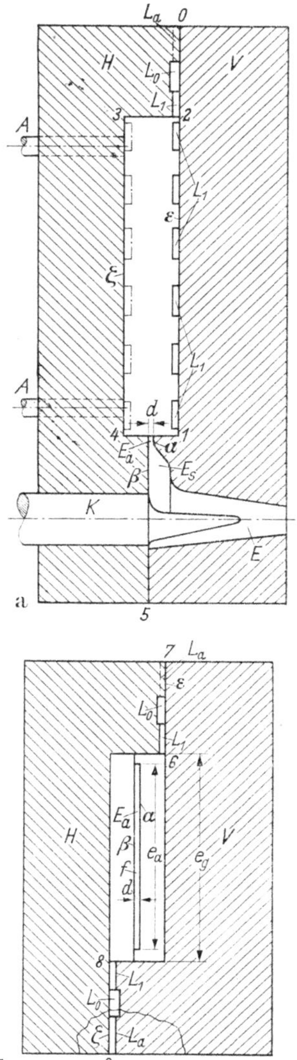

b

Abb. 10. Schemaskizze einer Druckgießform für das in Abb. 9 dargestellte Gußstück, zur Veranschaulichung von Einguß, Formteilung und Luftabführung
a Vertikalschnitt, b Horizontalschnitt

[1] Gelegentlich wird beim „schwachen, bandförmigen" Anschnitt in Anbetracht des (im Vergleich zu den Formfassonmaßen) geringen Abstandes d zwischen α und β einfach von „der Hauptebene" des Anschnittes gesprochen.

bei der Ausfüllung des in Abb. 10 dargestellten Formhohlraumes, betrachtet werden.

Dabei soll vorausgesetzt werden, daß die Luftabführung aus dem Formhohlraum, wie bei Druckguß vorwiegend üblich, in der Weise erfolgt, daß die Luft durch das einströmende Gießmetall selbst aus dem Formhohlraum durch Entlüftungskanäle hinausgedrängt wird. Die allgemeinen Grundsätze für die Anordnung und Ausbildung der Entlüftungskanäle in der Gießform werden später ausführlicher dargelegt. Für die hier betrachtete Form zeigt Abb. 10 schematisch die Anordnung der Luftabführungskanäle, die in die Formteilung (Trennfuge) (Ebenen ε und ζ) eingearbeitet sind und aus den Entlüftungsrinnen L_1, den diese aufnehmenden Sammelrinnen L_0 und den von L_0 ins Freie führenden Rinnen L_a bestehen. (Die Luftabführungskanäle, namentlich die Entlüftungsrinnen L_1, sind der Deutlichkeit halber übertrieben stark eingezeichnet[1].)

Dabei ist eine solche Art der Formteilung vorausgesetzt, die es gestattet, den Formhohlraum an seiner Oberseite sowie an seinen beiden Längsseiten (in Ebene ε und Ebene ζ) mit gegeneinander und gegen die „Hauptebenen" α und β des Anschnittes E_a versetzten Entlüftungsrinnen zu versehen.

Die Formteilung nach Abb. 10 erscheint auf den ersten Blick recht verwickelt und werkstattechnisch sehr ungünstig, namentlich für ein so einfaches Gußstück. Tatsächlich könnte man natürlich, wenn es sich wirklich nur um die Herstellung der in Abb. 9 dargestellten Rechteckplatte handelte, durch eine andere Lage und Gestaltung des Anschnittes die Art der Formteilung wesentlich vereinfachen. Die Formteilung nach Abb. 10 ist jedoch hier gewählt, um die nachfolgenden Betrachtungen dadurch, daß der Luftabfluß an beiden gegenüberliegenden Kanten gleichmäßig erfolgen kann, soweit als möglich zu vereinfachen. Überdies sei hier ausdrücklich daran erinnert, daß es sich bei diesen und allen nachfolgenden Betrachtungen ja nicht um die Rechteckplatte nach Abb. 9 an und für sich handelt, sondern daß sich diese Überlegungen auf alle die Gußstücke beziehen, deren Grundform sich dem Typus einer Rechteckplatte (bzw. eines aus derartigen Platten zusammengesetzten Körpers) nähert.

b) Die Strömungsvorgänge zu Beginn der Einströmung. Wenn in den in Abb. 10 dargestellten Formhohlraum, dessen Anschnitt E_a und Gießlauf E_s im Verhältnis zum Eingußzapfen E sehr breit sind, Metall

[1] In Wirklichkeit liegt die Dicke der Entlüftungsrinnen L_1 je nach den besonderen Verhältnissen zwischen einigen Hundertstel- und einigen Zehntel-Millimetern. In den weitaus meisten Gießformzeichnungen dieses Buches sind die Entlüftungskanäle überhaupt nicht angedeutet; sie sind immer in den Trennfugen in einer der Abb. 10 entsprechenden Art anzunehmen.

hineingedrückt wird, so lassen sich zeitlich zwei Phasen des Einströmungsvorganges unterscheiden, die sich im Strömungsverlaufe grundsätzlich voneinander abheben:

Strömungsverlauf zu Beginn der Einströmung. Im ersten Augenblick der Einströmung fließt das Metall aus der Mundstücköffnung M als kreisrunder Freistrahl mit hoher Geschwindigkeit aus (s. Abb. 11), durcheilt den Einguß E, ohne ihn sofort vollzufüllen, und verteilt sich beim Aufschlag auf den Verteilerzapfen K in dreidimensionaler Strömung nach allen Richtungen hin. Der obere Teil dieses Strahles wird an der Wand β

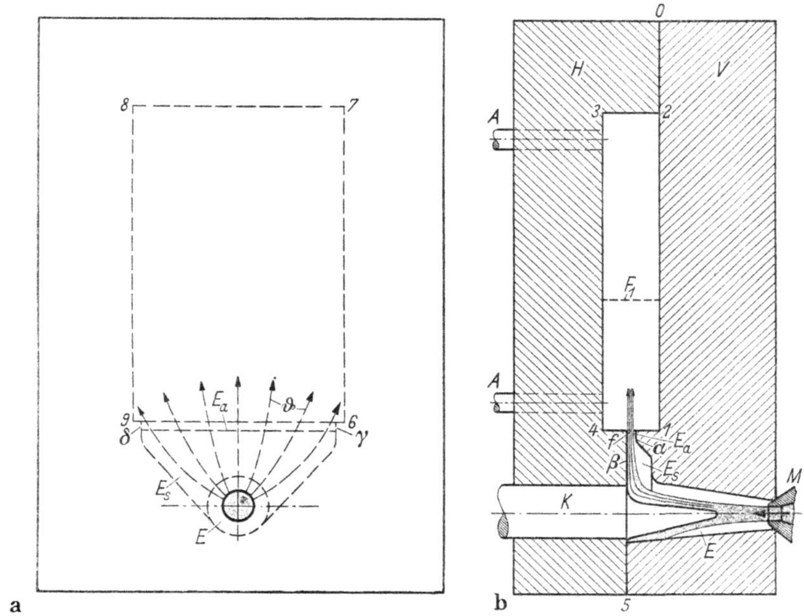

Abb. 11. Strömungsverlauf im Formhohlraum zu Beginn der Einströmung

nach oben hin umgelenkt. Er durchströmt den Gießlauf E_s in der in Abb. 11 angegebenen Weise, wobei die Stromlinien ähnlich verlaufen dürften wie die in Abb. 11 gestrichelt eingetragenen, mit ϑ bezeichneten Kurven. Der Strahl breitet sich also in diesem ersten Augenblick der Einströmung an seiner (zu α und β parallelen) „Hauptebene" nach beiden Seiten hin aus und schlägt in Richtung dieser Hauptebene auf die Formwandungen *6—7* und *9—8* auf, an denen Teile von ihm auch ein Stück entlanglaufen. Dabei ist die Geschwindigkeit, mit der das Metall in den Formhohlraum gelangt, sehr viel geringer als seine Ausflußgeschwindigkeit aus dem Mundstück, da die (von der Geschwindigkeit abhängigen) Strömungsverluste im Einguß während dieser Zeit sehr hoch sind.

Strömungsverlauf nach Vollfüllung des Gießlaufs. In der eben besprochenen Art kann die Strömung jedoch nur während einer sehr kurzen Zeit verlaufen, nämlich nur, solange der Metallstrom die Eingußöffnung (E, E_s und E_a) nicht über ihren ganzen Querschnitt hin ausfüllt. Nun beginnt aber die Eingußöffnung, sobald das erste Metall sie durcheilt hat, alsbald sich vollzufüllen, da durch den Anschnitt im ersten Augenblick weniger Metall abströmt, als durch die Mundstücköffnung zufließt, und zwar im Verhältnis um so weniger, je kleiner der Durchflußquerschnitt f des Anschnittes im Verhältnis zu dem des Gießmundstückes ist[1].

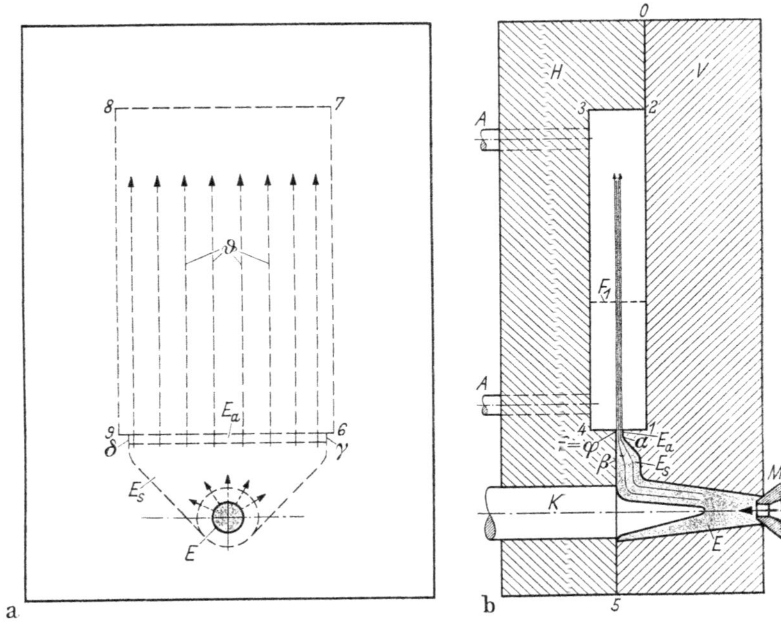

Abb. 12. Strahlgestalt nach Vollfüllung der Eingußöffnung

Von da an wird die Strömungsgeschwindigkeit des aus dem Mundstück ausfließenden Metalls im Gießlauf sehr stark verringert und zum Teil in Druck, zum anderen Teil durch Reibung (vornehmlich infolge der an den Erweiterungsstellen auftretenden Wirbel) in Wärme verwandelt. Von dem Augenblick an, in dem die Eingußöffnung vollgefüllt ist (Abb. 12), liegt der freie Ausströmquerschnitt (d. h. der Querschnitt, in dem der Metallstrahl zum Freistrahl wird) nicht mehr an der Mundstück-

[1] Daß in den Abb. 11 — 18 der Mündungsquerschnitt des Gießmundstückes M kleiner dargestellt ist als der Einströmquerschnitt f des Anschnittes, beruht natürlich nur auf der Unmaßstäblichkeit dieser schematischen Darstellungen, auf die hier ausdrücklich hingewiesen sei.

öffnung, sondern im Ausflußquerschnitt des Anschnittes, der im folgenden (unter dem Gesichtspunkte der Einströmung in die eigentliche Hohlform) meist „Einströmquerschnitt" genannt wird und in den Abbildungen einheitlich mit f bezeichnet ist[1]. Zur Veranschaulichung der weiteren Strömungsvorgänge kann man das gesamte Strömungssystem zwischen der Druckkammer und dem eigentlichen Formhohlraum (Steigkanal, Mundstückbohrung und Eingußöffnung) als einen einheitlichen Leitungsstrang von wechselndem Durchflußquerschnitt mit einem Mündungsquerschnitt f betrachten und auf dieses System die Kontinuitätsgleichung und die Bernoullische Gleichung anwenden [Gl. (1/1) und (1/2) Anhang I]. Dabei sind die Strömungsverluste in diesem Leitungsstrange wesentlich geringer als vor der Vollfüllung des Eingusses; sie können vernachlässigt werden, wenn der Einströmquerschnitt f gegenüber den Querschnitten von Mundstücköffnung, Eingußbohrung und Gießlauf klein ist, wie es bei Gußstücken mittlerer Größe bei richtiger Eingußgestaltung meistens der Fall ist[2]. In diesem Falle kann man näherungsweise so rechnen, als ob im Gießlauf die Strömungsgeschwindigkeit gleich Null und der hydrostatische Druck gleich dem Arbeitsdruck in der Druckkammer wäre. Die folgenden Betrachtungen sind in dieser Weise durchgeführt (wie in den Abb. 14 sinnbildlich durch Eintragung von p im Gießlauf angedeutet). Haben jedoch Teile des Leitungsstranges zwischen Druckkammer und Anschnitt Durchflußquerschnitte von derselben Größenordnung wie f, so ist die Berechnung dahin abzuwandeln, daß an Stelle des Arbeitsdruckes ein entsprechend den Strömungsverlusten reduzierter Druck in der Eingußöffnung anzunehmen ist. Bei Druckgießeinrichtungen, bei denen die Einströmgeschwindigkeit durch eine veränderliche, regelbare Kolbengeschwindigkeit des Druckkolbens (z. B. Kaltkammer-Druckgießmaschinen, waagrechte Druckkammer außerhalb der Form, Abb. 2e) „eingestellt" werden kann, ist für den im Gießlauf wirkenden spezifischen Druck ein entsprechend den Verhältnissen (z. B. regelbarer gedrosselter Druck der Preßflüssigkeit, welche den Druckkolben über einen Hydraulikkolben bewegt, oder nur teilweise Auswirkung vom hydraulischen Druck auf Druckkolben durch Mengenregelung, siehe Abschnitt „Weitere theoretische Grundzüge") zu bestimmender reduzierter Gießdruck anzunehmen. In jedem Falle aber ergibt sich als wesentliches Resultat, daß, sobald der Einguß vollgefüllt ist, das Metall aus dem Einströmquerschnitt f als ein *parallel gerichteter Freistrahl ausfließt, dessen Strömung mit hinreichender Annäherung als*

---

[1] Was in besonderem Maße für die Kaltkammer-Druckgießmaschinen zutrifft, bei denen ein Gießmundstück überflüssig geworden ist (bei Druckkammer außerhalb der Form mit waagrechter Druckkammer, Druckkammer innerhalb der Form bei den Ausführungen von Abb. 2). Der Einströmquerschnitt wird später als „Anschnittquerschnitt" bezeichnet. [2] s. Fußnote 1 S. 24.

„zweidimensional" betrachtet werden kann, und dessen Einströmgeschwindigkeit wesentlich größer sein sollte als die vor der Vollfüllung des Gießlaufs.

Auf die praktischen Folgerungen, die sich aus dieser tiefgehenden Verschiedenheit des Strömungsverlaufes vor und nach Vollfüllung der Eingußöffnung für die Gestaltung der letzteren ergeben, wird später eingegangen. Hier sei nur bemerkt, daß den weiteren Betrachtungen über den Strömungsverlauf in der Form diejenige Strahlgestalt zugrunde gelegt wird, die der Metallstrahl nach Vollfüllung des Eingusses hat[1]. Daher gelten diese Betrachtungen vornehmlich für solche Gußstücke, bei denen die Einströmung vor der Vollfüllung des Eingusses bedeutungslos ist.

c) Die Auffüllung des Formhohlraums bei idealer Strömung. Unter den im vorigen Abschnitt entwickelten Voraussetzungen soll nun der Verlauf der Strömungsvorgänge während der Auffüllung des eigentlichen Formhohlraums (zunächst wieder unter der Voraussetzung idealer Strömung) untersucht werden. Ebenso wie die Einströmung in einen Sackhohlraum (Abb. 8) verläuft auch die Auffüllung einer Hohlform bei idealer Strömung in grundsätzlich verschiedener Weise je nach dem Verhältnis des Strahlquerschnittes φ zum Hohlraumquerschnitt F_1.

a) $\frac{\varphi}{F_1} > \frac{1}{4}$: Ist $\frac{\varphi}{F_1} > \frac{1}{4}$, so kommt es überhaupt nicht zur Ausbildung eines stationären Strömungszustandes; vielmehr füllt sich der ganze Formhohlraum während der Stoßperiode auf. Bei vollkommen störungsfreier, idealer Strömung würde — unabhängig von der Strömungsgeschwindigkeit[2] — diese Auffüllung in gesetzmäßiger Weise von hinten nach vorn (entgegengesetzt der Richtung des einströmenden Strahls) erfolgen. Bei der wirklichen Strömung ist dagegen, wie weiter unten noch näher ausgeführt wird, eine einigermaßen regelmäßige Formauffüllung bei so großem Strahlquerschnitt nur bei sehr geringer Einströmgeschwindigkeit zu erwarten.

b) $\frac{\varphi}{F_1} < \frac{1}{4}$: Wenn der Anschnitt so schwach bemessen wird, daß der Strahlquerschnitt $\varphi < \frac{F_1}{4}$ ist, so sind drei Perioden des Strömungsverlaufes zu unterscheiden:

1. Eine sehr kurze Stoßperiode, während deren der Strahl erstmalig verzögert und an der Wand *2—3* in zwei Halbstrahlen umgelenkt wird,

---

[1] In Abb. 12 ist geradezu vorausgesetzt, daß dieser Strömungszustand schon erreicht ist, bevor noch der Metallstrahl erstmalig auf die Rückwand *2—3* des Formhohlraumes aufschlägt, daß also die Eingußöffnung sich in einem Bruchteil einer Hundertstelsekunde vollfüllt. Dies ist praktisch natürlich nur bei besonders günstigen Verhältnissen aller hierfür maßgebenden Größen zu erwarten.

[2] Wenn von der (beim Druckguß immer vernachlässigbaren) Schwerewirkung abgesehen wird.

die in den Ecken *2* bzw. *3* abermals umgelenkt und längs der Wände *2*→*1* bzw. *3*→*4* abgeleitet werden (s. Abb. 13).

2. Eine Periode gleichförmiger, quasistationärer Abströmung längs der Wände *2*→*1* und *3*→*4* bis zur Umlenkung in den Ecken *1* bzw. *4* und zur Begegnung der zwei Halbstrahlen mit dem einlaufenden Strahl (Abb. 13).

3. Die weitere Einströmung von der Begegnung der Halbstrahlen mit dem Einlaufstrahl an bis zur beendigten Formauffüllung.

Zu 1. *Die Stoßperiode.* Die Stoßperiode dauert um so kürzer und hat um so geringere Bedeutung, je dünner der Strahl ist. Da unter den praktisch gegebenen Verhältnissen bei hohen Strömungsgeschwindigkeiten der Strahl meistens sehr dünn bemessen wird, soll zunächst für den Fall $\frac{\varphi}{F_1} < \frac{1}{4}$ von einer weiteren Betrachtung der Stoßperiode abgesehen werden.

Zu 2. *Die gleichförmige Abströmung längs der Formwände.* Nach Beendigung der Stoßperiode bildet sich ein Strömungszustand aus, der fast genau dem zu Abb. 8 besprochenen gleicht.

An der Wand *2*—*3* bildet sich ein Stau, dessen Höhe von dem Verhältnis $\frac{\varphi}{F_1}$ abhängt. Aus dem Stau strömt in zwei Halbstrahlen längs der Wände *2*→*1* und *3*→*4* in gleichmäßiger, quasistationärer Abströmung ebensoviel Flüssigkeit heraus, wie durch den einlaufenden Strahl hineingelangt. Der Stau kann sich somit (ebenso wie in Abb. 8) zunächst nicht vergrößern; alles einlaufende Metall strömt längs der Formwände ab.

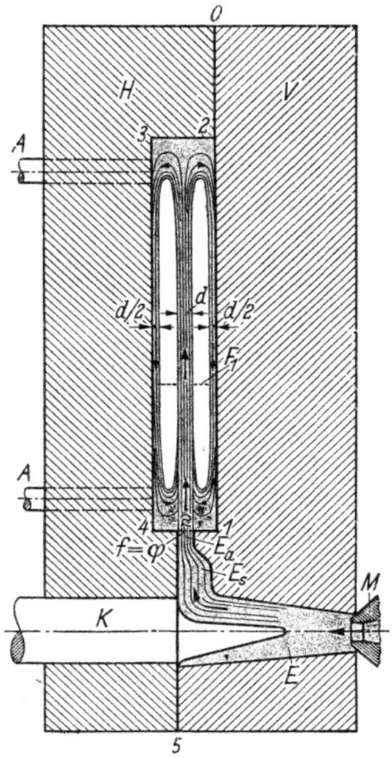

Abb. 13. Auffüllung des Formhohlraums bei idealer Strömung
Strömungsbild im ersten Augenblick des Zusammenfließens der umgelenkten Halbstrahlen mit dem Einlaufstrahl.

Zu 3. *Die Strahlbegegnung.* Dieser Strömungszustand dauert so lange, bis die beiden Halbstrahlen in den Ecken *1* bzw. *4* umgelenkt werden und wieder dem einlaufenden Strahl begegnen. In Abb. 13 ist das Strömungsbild gerade für den ersten Augenblick dieser Strahlbegegnung dargestellt. Die beiden Halbstrahlen werden von dem einlaufenden Strahl umgelenkt und wieder in den Formhohlraum hinein mitgerissen. Erst von jetzt an beginnen die beiden Stauzonen bei *2*—*3* und *1*—*4* zu wachsen und das Innere des Formhohlraums im eigentlichen Sinne aufzufüllen.

Diese Überlegungen zeigen, daß die so häufig in der Praxis beobachtete Eigenschaft des Metalls, „zunächst an den Formwänden entlangzulaufen", durchaus keine besondere, etwa für den Druckgießprozeß spezifische Eigentümlichkeit darstellt, zu deren Erklärung (wie in Abb. 3) Hypothesen aufgestellt oder dem Gießmetall Eigenschaften zugeschrieben werden müßten, für die sich keine physikalische Begründung geben läßt. Im Gegenteil ist dieses „An-den-Wänden-Entlanglaufen" in richtig vorgestellter Art und Weise eine Erscheinung, die man gerade auf Grund der einfachsten physikalischen Überlegungen zunächst erwarten muß.

In der Tat wäre es bei reibungs- und verlustfreier Strömung auf keinerlei Art zu vermeiden, daß eine in einen Formhohlraum einströmende Flüssigkeit von einem Strahlquerschnitt $\varphi < \frac{F_1}{4}$ zunächst an den Wänden entlangeilt, bevor sie das Innere des Hohlraumes auffüllt. Wenn die Gießmetalle ideale Flüssigkeiten wären, so wäre demnach (außer beim Vakuumdruckguß) auch das Einschließen großer Luftmengen innerhalb der Druckgußstücke auf keinerlei Art zu verhindern. Die Entlüftungsschlitze würden, wo sie auch immer angebracht wären, von dem zunächst an den Formwänden entlang eilenden Metall verschlossen werden, bevor die Luft aus dem Forminnern Gelegenheit zum Entweichen fände.

Glücklicherweise sind aber die wirklichen Gießmetalle keine idealen Flüssigkeiten und die Strömungsvorgänge mit Reibungs- und Wirbelverlusten behaftet. Nur diesen Umständen ist es zuzuschreiben, daß es unter den beim Druckgießverfahren gegebenen Verhältnissen (bei hohen Strahlgeschwindigkeiten und kurzen Strahlwegen) überhaupt möglich ist, eine Hohlform auszufüllen, ohne den größten Teil der Luft darin zu versetzen.

Da die oben besprochene Erscheinung (das primäre Entlangeilen des Metalls an den Wänden) bei idealer Strömung in der deutlichsten Ausprägung auftritt, ist sie auch bei der wirklichen Strömung um so eher zu erwarten, je mehr sich die Strömungsverhältnisse den idealen nähern. Und umgekehrt kann sie nur dadurch hintenangehalten werden, daß die Einströmung so geleitet wird, daß sich der Strömungsverlauf von dem idealen möglichst weit entfernt.

d) Die Auffüllung des Formhohlraumes bei der wirklichen Strömung mit Reibungs- und Wirbelverlusten. Bei der wirklichen Einströmung mit Reibungs- und Wirbelverlusten nimmt die Auffüllung der Form einen wesentlich verwickelteren Verlauf als bei der idealen. Man kann die dabei auftretenden Strömungsvorgänge *am Anfang der Formauffüllung* auch wieder in zwei Gruppen einteilen, je nachdem $\frac{\varphi}{F_1} > \frac{1}{4}$ oder $< \frac{1}{4}$ ist. Jedoch unterscheiden sich die Prozesse oberhalb und unterhalb dieses Wertes nicht so grundsätzlich voneinander wie bei der idealen Strömung, sondern sie gehen mit der Annäherung von $\frac{\varphi}{F_1}$ an $\frac{1}{4}$ allmählich ineinander über.

Bei fortschreitender Auffüllung verliert der Wert $\frac{\varphi}{F_1} = \frac{1}{4}$ bei der wirklichen Einströmung vollständig die Bedeutung eines Grenzwertes; die Grenze verschiebt sich, sobald der Formhohlraum bis zu einem bestimmten Grade aufgefüllt ist, ungefähr nach dem Werte $\frac{\varphi}{F_1} = \frac{1}{3}$ hin. Wenn trotzdem auch im nachstehenden die Strömungsvorgänge für $\frac{\varphi}{F_1} > \frac{1}{4}$ und $\frac{\varphi}{F_1} < \frac{1}{4}$ gesondert betrachtet werden, ist dies gemäß dem eben Gesagten nicht als scharfe Abgrenzung, sondern als Angabe ungefährer Größenordnungen zu verstehen.

a) $\frac{\varphi}{F_1} > \frac{1}{4}$: Ist $\frac{\varphi}{F_1} > \frac{1}{4}$ so füllt sich auch bei der wirklichen Einströmung zunächst ein Teil des Formhohlraumes während der Stoßperiode auf. Ist die Einströmgeschwindigkeit w des Metallstrahls groß, so erfolgt diese Auffüllung in äußerst unregelmäßiger Weise unter den heftigsten Wirbel- und Stoßvorgängen.

Infolgedessen wird die Strömungsenergie des in den hinteren[1] Teil des Formhohlraumes eintretenden Strahls fast vollständig aufgebraucht, so daß das Metall zum größten Teile in dem Stau verbleibt, der hierdurch rasch anwächst. Mit wachsendem Stau beruhigt sich der Strömungsvorgang immer mehr, sofern $\varphi < \frac{1}{3} F_1$ ist. Ist der Strahlquerschnitt von diesem für die weitere Auffüllung geltenden Grenzwerte hinreichend weit entfernt, so verläuft schließlich von einer gewissen Staulänge ab die weitere Einströmung ähnlich der im nächsten Abschnitt für $\varphi < \frac{1}{4} F_1$ beschriebenen. Ist $\frac{\varphi}{F_1} > \frac{1}{3}$, so verläuft bei hoher Einströmgeschwindigkeit die ganze Formauffüllung unter heftigem Spritzen, Klecksen und Zerstieben des Metalls.

Aus diesen Darlegungen folgt, daß man zur Vermeidung heftiger Unregelmäßigkeiten der Strömung bei Verwendung hoher Einströmgeschwindigkeit w (also hohen einwirkenden Gießdruckes p_g) den Strahlquerschnitt φ so bemessen muß, daß er von dem Werte $\frac{1}{4} F_1$ hinreichend weit entfernt bleibt. Aus weiter unten angegebenen Gründen geht man in Wirklichkeit bei hohem w mit dem Strahlquerschnitt φ unter die hierdurch gegebene Größenordnung meist noch wesentlich herunter.

Bei sehr geringer Einströmgeschwindigkeit sind die oben beschriebenen Strömungsunregelmäßigkeiten nicht zu erwarten. In diesem Falle

[1] Als „vorderer" und „hinterer" Teil des Formhohlraumes sind die dem Anschnitt näher oder von ihm weiter entfernt liegenden Teile bezeichnet.

füllt sich vielmehr, auch wenn $\frac{\varphi}{F_1} > \frac{1}{4}$, der Formhohlraum während der Stoßperiode in einigermaßen regelmäßiger Weise von hinten nach vorn auf.

b) $\frac{\varphi}{F_1} < \frac{1}{4}$: Wenn — wie bei hohen Strömungsgeschwindigkeiten im Druckguß praktisch vorwiegend üblich — der Anschnitt so schwach bemessen wird, daß der Strahlquerschnitt φ kleiner ist als $\frac{1}{4}F_1$, so verläuft die Auffüllung in wesentlich verwickelterer Art als in dem gleichen Falle bei idealer Strömung.

Zunächst, beim ersten Aufschlag des Metalls auf die Wand *2—3*, hat man wieder eine Stoßperiode, die mindestens so lange währt, bis die Umlenkung des Strahles an der Wand *2—3* und in den Ecken *2* und *3* erstmalig vollzogen ist.

Hierbei muß bei hoher Einströmgeschwindigkeit w in jedem Falle zunächst der Strahl zerstieben und die Strömung einen sehr unregelmäßigen Verlauf nehmen. Die Bedeutung dieser Stoßperiode für den ganzen Einströmungsvorgang hängt von der Strahldicke ab, da, je größer $\frac{\varphi}{F_1}$ ist, ein desto größerer Teil des Formhohlraumes in der Stoßperiode aufgefüllt wird und desto größere Unregelmäßigkeiten in der Strömung auftreten. Ist dagegen der Strahl sehr dünn, so hat die Stoßperiode nur geringe Bedeutung.

Nach Beendigung der Stoßperiode bildet die Strömung am hinteren Ende des Formhohlraumes einen Stau (Abb. 14a) dessen Länge nach dem oben Gesagten von $\frac{\varphi}{F_1}$ abhängt, und aus dem das Metall zunächst, ähnlich wie bei der idealen Strömung, in zwei an den Wänden *2→1* und *3→4* entlanglaufenden Halbstrahlen wieder herausströmt. Der wesentliche Unterschied des weiteren Strömungsverlaufes bei der wirklichen Strömung gegenüber der idealen liegt jedoch darin, daß die Geschwindigkeit w_h der ablaufenden Halbstrahlen von vornherein wesentlich geringer ist und während des Entlanglaufens an den Wänden *2→1* und *3→4* durch die Reibung noch weiter vermindert wird.

Fast unmittelbar nach der Umlenkung verändern die den Formwandungen zunächst benachbarten Stromlinien ihren Lauf, indem sie sich in den Ecken *2* und *3* von den Wandungen entfernen (Abb. 14a und 14b), so daß in diesen Ecken eine gewisse Menge „tote Flüssigkeit“ zurückbleibt, die nicht an der allgemeinen Strömungsbewegung teilnimmt, sondern Wirbelbewegungen in dem eingezeichneten Drehsinne vollführt. Diese Wirbel verzehren[1] einen Teil der Strömungsenergie des

[1] Dieser physikalisch ungenaue Ausdruck soll seiner Einfachheit halber auch im folgenden gebraucht werden.

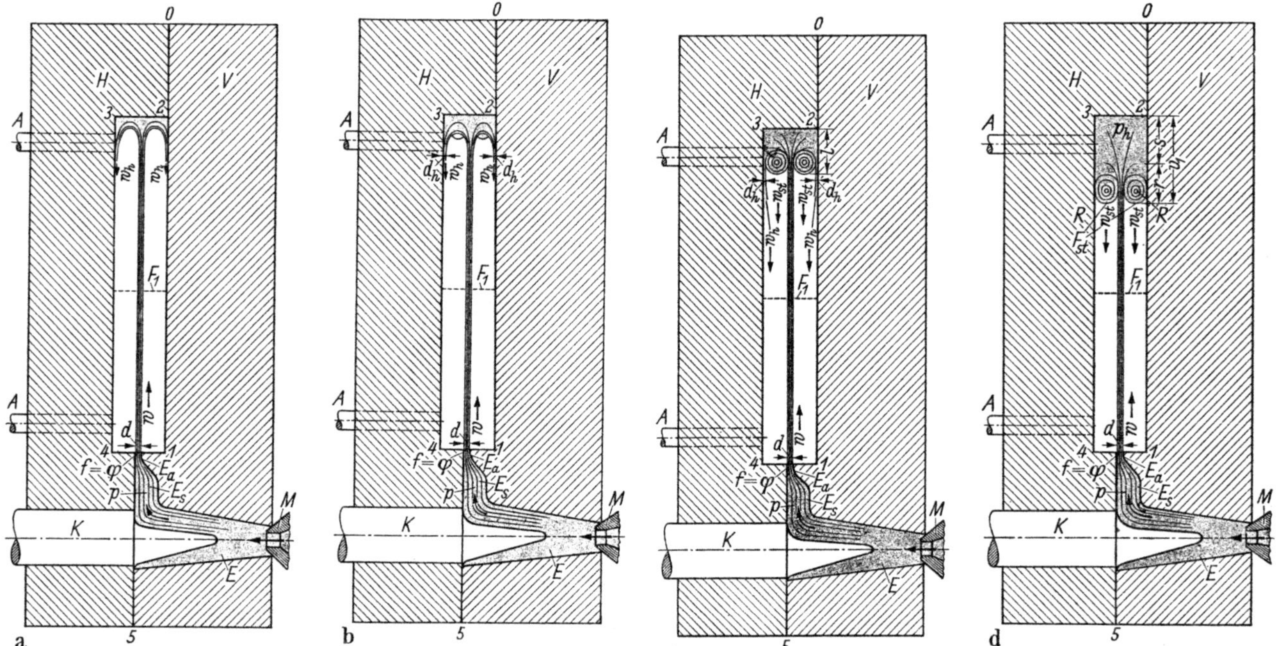

a Beginn der Auffüllung: Fast alles Metall läuft aus dem Stau wieder heraus.

b Die beginnende Wirbelwalzenbildung hält einen Teil des einlaufenden Metalls im Stau zurück. Der Stau wächst.

c Die Wirbel halten das gesamte einlaufende Metall im Stau zurück; das an den Formwänden voreilende Metall wird durch Wandreibung gebremst.

d Alles vorher an den Formwänden vorausgeeilte Metall ist vom Stau überholt. Stau füllt den Formhohlraum gleichmäßig mit Geschwindigkeit w_{st}.

Abb. 14. Auffüllung des Formhohlraums bei wirklicher Strömung.

Strömungsbilder in 4 verschiedenen Stadien der Auffüllung bei hoher Einströmgeschwindigkeit w und „schwachem, bandförmigem" Anschnitt (kleinem Einströmquerschnitt f).

einlaufenden Strahls, so daß die beiden Halbstrahlen den Stau bei *2* und *3* schon mit verminderter Strömungsenergie verlassen.

Während sie an den Wänden *2→1* und *3→4* entlanglaufen, wird ihre Strömungsenergie und damit ihre Geschwindigkeit noch weiter durch die Wandreibung vermindert, deren Einfluß in sehr wirksamer Weise durch die Zähigkeit bzw. Dickflüssigkeit[1] des flüssigen Metalls gesteigert wird.

Daher fließt bei der wirklichen Strömung aus dem Stau nicht ebensoviel Metall wieder heraus als hereinströmt. Infolgedessen treten die Stromlinien im Stau weiter auseinander (Abb. 14b); der Stau beginnt sich als Ganzes zu vergrößern. Hierbei bilden sich auch innerhalb des Staues zunächst kleine, mit wachsender Staulänge immer größer werdende Wirbel, die die Strömungsenergie des einlaufenden Strahls in immer stärkerem Maße aufzehren[2].

Somit wird der Teil des in den Stau hineinströmenden Metalls, der längs der Formwände *2→1* und *3→4* abfließt (voreilt) immer geringer, der Teil dagegen, der im Stau verbleibt und dabei den Formhohlraum über den ganzen Querschnitt hin auffüllt, immer größer, je mehr sich der Stau selbst vergrößert. Schließlich strömt von einer gewissen (von der Strahldicke d abhängigen) Staulänge l an (Abb. 14c) gar kein Metall aus dem einlaufenden Strahl mehr in die längs den Wänden ablaufenden Halbstrahlen hinein; von nun an verbleibt die gesamte in die Form einströmende Metallmenge im Stau, dessen Oberfläche sich nunmehr mit der Geschwindigkeit w_{st} über den ganzen Hohlraumquerschnitt hin vorwärtsbewegt.

Von diesem Augenblicke an eilen dem Stau an den Formwänden nur noch die Metallmassen voraus, die schon vorher, solange die bremsende Kraft der Turbulenzreibung im Stau noch geringer war, umgelenkt worden waren und nun infolge ihrer Trägheit weiterfließen. Diese Metallmassen sollen im folgenden als „vorgeeilt" bezeichnet werden.

Wenn, wie in dem hier behandelten Beispiel, die Wandungen *2→1* und *3→4* vollkommen glatt und dem Einlaufstrahl parallel sind, hängt das weitere Verhalten dieser vorgeeilten Metallmassen[3] vornehmlich von

---

[1] Die physikalische Definition des Begriffes „Zähigkeit" oder „Viskosität" gilt nur für völlig homogene Flüssigkeiten, während sie bei breiigen Gemengen (z. B. Legierungen innerhalb des Erstarrungsintervalls) wegen der verschiedenen Unstetigkeiten ihren strengen Sinn verliert. Dagegen kann auch in solchen Fällen der Begriff „Dickflüssigkeit" als Widerstand gegen einen ganz bestimmten Bewegungsvorgang (z. B. Ausfluß durch ein bestimmtes Ausflußrohr) technisch gut definiert werden. Da die Gießmetalle während der Formausfüllung vielfach als breiige Gemenge anzusehen sind, soll im folgenden unter „Zähigkeit" immer „Dickflüssigkeit" im eben definierten Sinne verstanden werden.

[2] Die Wirbel im Inneren des Staues sind durch Kreisförmige Stromlinien angedeutet.

[3] Bei einer gegebenen Einströmgeschwindigkeit w und gegebenen Temperaturen des einströmenden Gießmetalls und der Form.

ihrer Dicke d_h ab, die im wesentlichen durch die Dicke d des einlaufenden Strahls bestimmt wird.

Auf die beiden Halbstrahlen wirken von den Wandungen her die Reibung und die Abkühlung ein. Die Reibung verringert die Geschwindigkeit w_h der voreilenden Massen. Ihre Wirkung wird sehr wesentlich unterstützt durch die Abkühlung, die die Zähigkeit und damit die Größe der Reibungskraft erhöht.

Beide Einflüsse wirken um so stärker bremsend auf die Halbstrahlen ein, je geringer deren Dicke d_h ist. Bei den im Druckguß bei hohen Strömungsgeschwindigkeiten üblichen schwachen Anschnitten (bei denen d im allgemeinen einige Zehntel mm bis höchstens 1,8 mm beträgt[1]), sind auch die voreilenden Halbstrahlen nur sehr dünn. Ihre Geschwindigkeit w_h kann daher schon auf einer kurzen Strecke so weit vermindert werden, daß sie geringer wird als die Staugeschwindigkeit[2] w_{st}, so daß sie schließlich von dem Stau überholt werden. Sie dürfen bis dahin (bei richtiger Arbeitsweise) nur so weit abgekühlt sein, daß sie mit den heißen, noch vollkommen flüssigen Metallmassen des Staues zu einem einheitlichen Ganzen verschmelzen können. Ist diese Bedingung nicht erfüllt, werden also infolge von fehlerhafter Bemessung der Strahldicke und -geschwindigkeit oder der Arbeitstemperaturen die voreilenden Metallmassen stellenweise vorzeitig so weit abgekühlt, daß sie mit dem nachkommenden übrigen Gußmaterial nicht mehr vollständig verschmelzen können, so führt dies zur „Schieferung", d. h. zur Bildung dünner Blättchen an der Oberfläche des fertigen Gußstückes, die sich teilweise ablösen lassen, wodurch das Gußstück Ausschuß wird.[3]

Die Strecke, welche die primär vorgeeilten Metallmassen an den Formwandungen entlanglaufen, bis sie von dem Stau eingeholt werden, soll im folgenden als „Voreilung" (v_1 in Abb. 14d) bezeichnet werden.

Ist (bei hoher Einströmgeschwindigkeit w) die Dicke des einlaufenden Strahls d (und somit auch die der Halbstrahlen d_h) groß, so können die Vorgänge in verwickelterer Weise verlaufen. Zunächst ist die Einwirkung der Reibung und Abkühlung dann wesentlich schwächer, so daß die Halbstrahlen eine geringere Bremsung erfahren und die Voreilung in jedem Falle bedeutend größer ist als bei dünnem Strahl. Es ist aber auch möglich (und praktisch eigentlich immer zu erwarten), daß bei großer Strahldicke d_h nicht alles vorgeeilte Metall längs den Wandungen $2 \rightarrow 1$

[1] Siehe auch weitere Ausführungen über „Anschnitt".

[2] Unter der Staugeschwindigkeit soll diejenige Geschwindigkeit w_{st} (Abb. 14c bis d) verstanden werden, mit der die freie Oberfläche F_{st} des Staues in der Richtung von $2-3$ nach $1-4$ hin fortschreitet. Im Falle Abb. 14d ist im Mittel

$$w_{st} = w \cdot \frac{\varphi}{F_{st}}.$$

[3] Vgl. die weiteren Ausführungen über die „Schieferung" besonders im Abschnitt „Gebräuchliche Druckgußlegierungen", Band II.

und $3 \to 4$ weiterströmt, sondern ein Teil des Metalls von den Wandungen abspritzt, denn je dicker die Halbstrahlen sind, in desto stärkerem Maße treten in ihnen auch während des Ablaufens längs der Wandungen Turbulenzerscheinungen auf, die ein teilweises Auseinanderstieben des vorgeeilten Metalls bewirken können.

Sobald der Stau die vorgeeilten Halbstrahlen überholt hat, verläuft die weitere Formauffüllung nach Abb. 14d. Im vorderen Teile des Staues vollführt das Metall ziemlich regelmäßige Wirbelbewegungen, wobei vornehmlich zu beiden Seiten des Strahls zwei „Wirbelwalzen" R zur Ausbildung gelangen. Der Kern des Metallstrahls schießt tief in den Stau hinein, wobei seine Stromlinien in der dargestellten Art auseinandertreten.

Das Metall gibt jedoch den größten Teil seiner Strömungsenergie schon im vorderen Teile des Staues an die beiden Wirbelwalzen ab. Nur ein verhältnismäßig kleiner Teil der einströmenden Metallmassen gelangt in die weiter hinten liegenden Schichten des Staues, wo seine Geschwindigkeit durch Stoßvorgänge vollends aufgezehrt wird[1]. Offenbar dringt um so mehr Metall tiefer in den Stau hinein, je dicker der Einlaufstrahl ist.

Somit ist, strenggenommen, kein noch flüssiges Metallteilchen innerhalb des Staues vollständig in Ruhe, jedoch ist der Bewegungszustand in den verschiedenen Teilen des Staues sehr verschieden. Im vorderen Teile bildet die Strömung Wirbel von sehr großer Wirbelenergie, insbesondere in Gestalt der beiden Wirbelwalzen. Hinter den Wirbelwalzen sind die Wirbelenergie und die Strömungsenergie des flüssigen Metalls nur noch sehr gering, in tieferen Schichten des Staues werden sie vernachlässigbar klein.

Man kann sich daher den ganzen Stau in einem (zwar nicht streng richtigen, jedoch für praktische Zwecke hinreichend genauen) Anschauungsbilde in zwei Zonen unterteilt denken (Abb. 14d): in eine „Wirbelzone" (von der Länge r), in der die Strömungsenergie des Metallstrahls zum größten Teile abgebremst wird, und in eine „Stauzone" (von der Länge s), in der das Metall relativ in Ruhe ist und überall unter nahezu demselben hydrodynamischen Drucke p_k steht.

Ist der Strahlquerschnitt φ im Verhältnis zum Hohlraumquerschnitt F_1 hinreichend schwach, so wird die Strömungsenergie durch die Wirbelvorgänge vollständig aufgebraucht, so daß sich der Stau über den gesamten Hohlraumquerschnitt hin nahezu gleichmäßig fortbewegt (Abb. 14d). Da, wo der Strahl in den Stau hineinschießt, bilden sich die aus der Beobachtung wohlbekannten Einkerbungen; außerdem weicht das

[1] In den Strömungsbildern ist angenommen, daß die gesamte Metallmasse im Inneren des Staues noch dünnflüssig ist. Wenn das Gießmetall in der Form schon während der Einströmung teilweise erstarrt, ist nur die jeweils noch flüssige Gußstückmasse als Stau zu betrachten.

Metall auch von den Formwandungen zurück, da die Kohäsion der Gießmetalle größer ist als ihre Adhäsion an die Formwand[1].

In diesem Zusammenhange sei noch ein Umstand erwähnt, dessen Verständnis von Wichtigkeit ist, nämlich das Mitreißen von Luft durch den Metallstrahl in den Stau.

Jeder Flüssigkeitsstrahl führt beim Durcheilen der Luft eine an seiner Oberfläche anhaftende Luftgrenzschicht mit, deren Dicke mit der Länge und Geschwindigkeit des Strahls wächst. Strömt er in ein „Flüssigkeitsbecken" ein, so reißt er diese Luft ein bestimmtes Stück weit hinein. Nimmt der Flüssigkeitsdruck in dem Becken nach dessen freier Oberfläche hin ab, so wird hierdurch die Luft in Gestalt von Blasen alsbald wieder herausgetrieben.

Ein alltägliches Beispiel dieses Vorganges bietet die Einströmung eines Wasserstrahls in ein Glas. Man kann dabei deutlich beobachten, wie die mitgerissenen Luftblasen aus dem Wasser sofort wieder aufsteigen. Den Auftrieb liefert dabei die Abnahme des hydrostatischen Druckes (infolge der Schwere) nach oben hin.

Auch beim Druckguß wird die an dem Metallstrahl anhaftende Luftgrenzschicht ein Stück weit in den Stau hineingerissen. Die Wiederaustreibung der Luft aus dem Metallstau erfolgt jedoch in diesem Falle durch den Strömungsdruck[2]; die freie Oberfläche, durch welche die Luftblasen aus dem Metall entweichen müssen, ist die dem Anschnitt zugekehrte Oberfläche F_{st} des Staues (Abb. 14d).

Beim Druckguß können bei günstiger Strahlführung die Kräfte, die die Luft aus dem Stau wieder heraustreiben, der Größenordnung nach etwa 1000mal so groß werden wie diejenigen, die eine Luftblase im ruhenden Wasser an die Oberfläche treiben. Da die Zeitdauer der ganzen Formauffüllung nach Hundertstel- bis Zehntelsekunden rechnet, kann somit bei günstigem Strömungsverlauf die mitgerissene Luft hinreichend Zeit zum Entweichen finden.

Da die allermeisten in Druckguß hergestellten Teile besonders dünnwandig sind (denn darin liegt ja der Hauptvorteil des Druckgießverfahrens) ist zweifellos eine hohe Einströmgeschwindigkeit bei kleiner Anschnittdicke erforderlich, um brauchbare Gußstücke zu erhalten. Bei der Verarbeitung von Metallegierungen auf Kaltkammer-Druckgießmaschinen ist es jedoch in der Praxis zweckmäßiger, für die Füllverhältnisse des Formhohlraumes und damit die Geschwindigkeit im Anschnitt von der Kolbengeschwindigkeit des Druckkolbens auszugehen. Den Kolbenhub kann man leichter beobachten und Zeitverhältnisse messen,

---

[1] Wenigstens solange die Form unversehrt ist, d. h. solange sich das Gießmetall nicht „anlötet".

[2] Genauer gesprochen, durch das Gefälle (den Gradienten) des Strömungsdruckes.

als etwa vom spezifischen Gießdruck ausgehend Druck- und Geschwindigkeitsverhältnisse zu erfassen suchen. Es hat sich bei einfachen dickwandigen Gußstücken gezeigt, daß ein dichtes, porenfreies Gefüge auf Kaltkammer-Druckgießmaschinen vor allen Dingen durch eine verhältnismäßig langsame Formfüllung (nach SHARP: Einströmgeschwindigkeit im Anschnitt ca. 15 m/s) und nach deren Beendigung sehr hohen, schlagartig einwirkenden statischen Gießdruck bei starkem Anschnitt erzielt wird. [Durch diesen Tatbestand wird aber die hier beschriebene Theorie der Formauffüllung nicht beeinflußt. Sie soll auch im Sinne FROMMERS weitergeführt werden, denn das Fließen einer Flüssigkeit oder Schmelze ist ja nur durch einen gewissen auf diese einwirkenden Druck (und wenn es nur die Schwerkraft wäre) überhaupt möglich].

e) Die Begründung der Theorie des Einströmvorganges durch alltägliche Beispiele. Die im vorigen Abschnitt entwickelte Darstellung des Einströmvorganges, nach der das Gießmetall erst nach dem Aufschlag auf das hintere Ende des Formhohlraumes von dort her an den Formwänden entlang eilt, bis Reibung und Wirbel es daran hindern, wird durch zahlreiche Beobachtungen auf dem Gebiete der Hydrodynamik sowie der alltäglichen Erfahrung gestützt.

Strömt ein Wasserstrahl mit hoher Geschwindigkeit in ein glattwandiges Gefäß (z. B. ein Wasserglas), so schießt im ersten Augenblick ein Teil des Wassers längs der Wandungen wieder heraus; hierauf erst beginnt das Glas vollzulaufen, wobei die Strömungsvorgänge zu Anfang noch sehr unregelmäßig sind, sich jedoch mit zunehmender Auffüllung immer mehr beruhigen und schließlich unter Ausbildung bestimmter, regelmäßiger Wirbel an der Oberfläche einen ziemlich gleichmäßigen Verlauf nehmen.

Dieser leicht zu beobachtende Vorgang entspricht qualitativ in allen Abschnitten dem im vorstehenden dargestellten Prozeß der Formausfüllung. Wenn man anerkennt, daß für die Bewegung flüssigen Metalls grundsätzlich die gleichen Gesetze gelten müssen wie für die aller anderen wirklichen Flüssigkeiten, so kann man die Übertragung des eben beschriebenen Strömungsbildes auf die Formauffüllung beim Druckguß nicht von der Hand weisen.

In quantitativer Beziehung besteht allerdings zwischen schwach überhitzten flüssigen Metallen[1] und den sonst in der Strömungslehre untersuchten Flüssigkeiten (wie etwa Wasser oder Öl) ein sehr erheblicher Unterschied: die Zähigkeit (und damit die innere Reibung) ist bei Wasser oder Öl im Gebrauchszustande viel weniger mit der Temperatur veränderlich als bei den Gießmetallen, bei denen (wegen der Nähe der Gieß-

---

[1] Das Gießmetall wird beim Druckgießverfahren bei möglichst niedriger Temperatur vergossen.

temperatur am Schmelzpunkte) schon eine geringe Temperaturveränderung ein sehr beträchtliches Anwachsen der Zähigkeit[1] (unter Umständen bis zum vollständigen Festwerden) mit sich bringt. Dies begründet zwar keine prinzipielle Verschiedenheit der Gießmetalle von anderen Flüssigkeiten, erfordert jedoch quantitativ besondere Berücksichtigung bei der Übertragung allgemeiner Strömungsregeln auf den Gießprozeß in Abschreckformen. Die wichtigste Folge ist der im Vergleich zu anderen Flüssigkeiten weit stärkere Einfluß der Wandreibung auf Metallstrahlen von geringer Dicke.

Eilt ein dünner Metallstrahl (Abb. 14) an der viel kälteren[2] Formwand entlang, so wird er durch die Reibung verzögert und gleichzeitig abgekühlt. Durch die Abkühlung wächst seine Zähigkeit und damit die Verzögerung beim Weiterfließen. Hierdurch wird die Zeit, die das Metall zum Durchlaufen einer bestimmten Strecke braucht, und damit zugleich die weitere Abkühlung auf dieser Strecke vergrößert, wodurch die Zähigkeit abermals gesteigert wird. In dieser Weise wirken bei den Gießmetallen in einer Abschreckform Reibung und Abkühlung weit stärker als bei anderen Flüssigkeiten zusammen, eines immer die Wirkung des anderen steigernd. Dabei fällt noch besonders ins Gewicht, daß die der Formwand unmittelbar benachbarte Metallschicht stets mit Sicherheit an der Wand anhaftet. Diese äußerste Schicht erstarrt[3] während der Strömung des übrigen Metalls zu einem dünnen Häutchen, das mit der Formwand durch den Grat in den Fugen (besonders in der Trennfuge) mechanisch verklammert ist.

Die gesamte Strömungsbewegung eines an der Formwand entlanglaufenden Strahls erfolgt demnach als eine gegenseitige Verschiebung der einzelnen Strahlschichten. Die dabei auftretende Flüssigkeitsreibung erreicht bei dünnem Strahl nach dem oben Gesagten rasch einen sehr hohen Betrag. Demnach wird ein dünner Metallstrahl, der an einer vom Gießmetall noch nicht überströmten (also noch nicht erwärmten) Formwand entlangfließt, durch die gemeinsame Einwirkung der Reibung und Abkühlung schon auf einer verhältnismäßig kurzen Strecke gebremst.

Aus den vorstehenden Ausführungen ergibt sich, von welchen Faktoren die Länge der Strecke v_1 in Abb. 14d, also die Größe der „Voreilung“

---

[1] Bzw. der Dickflüssigkeit, vgl. Fußnote 1 S. 32.

[2] Die Differenz zwischen der Temperatur des Gießmetalls und der der Formwand beträgt zu Beginn der Einströmung:

bei Zinnlegierungen	etwa 100 °C
bei Zinklegierungen	etwa 200 °C
bei Aluminiumlegierungen	etwa 400 °C
bei Messing	etwa 500—600 °C.

[3] Dies tritt immer dann mit Sicherheit ein, wenn ein dünner Strahl an einer vom Gießmetall noch nicht überströmten, also noch kalten Formwand entlangfließt, wie es bei den voreilenden Halbstrahlen in Abb. 14a—c der Fall ist.

abhängt. Die Wärmemenge, die einem voreilenden Metallteilchen längs einer bestimmten Wegstrecke entzogen wird, ist um so kleiner, je größer seine Geschwindigkeit w_h ist (Abb. 14a—c) und je geringer die Differenz zwischen seiner Temperatur und der der Formwand ist. Ferner wird seine Zähigkeit durch einen bestimmten Wärmeentzug um so weniger gesteigert, je höher seine Temperatur über dem Schmelzpunkt liegt. Endlich wirken die Reibung und die Abkühlung am stärksten auf die der Formwand unmittelbar benachbarten Schichten; ihre bremsende Wirkung ist somit um so geringer, je größer die Dicke d_h der voreilenden Halbstrahlen ist. Die Geschwindigkeit w_h und Dicke d_h, sowie die Temperatur dieser Halbstrahlen in jedem Augenblick der Einströmung hängen aber unter sonst gleichen Umständen vor allem von der Geschwindigkeit w, der Dicke d und der Temperatur des einlaufenden Metallstrahls ab.

Somit ist in einer gegebenen Form bei einer bestimmten Gußlegierung die „Voreilung" um so größer, je größer die Einströmgeschwindigkeit w, die Dicke d und die Temperatur des einströmenden Metallstrahls sind und je höher die Formtemperatur liegt.

2.13 Die Druckverteilung in der Form

2.131 Die Druckverteilung bei idealer, wirbelfreier, stationärer Strömung

Die Druckverteilung kann bei idealer wirbelfreier Strömung aus dem Stromlinienbilde mittels der BERNOULLIschen Gleichung leicht ermittelt werden. In dieser Art ist für Abb. 6 die stationäre Druckverteilung im Stau rechnerisch ermittelt worden. Die Punkte gleichen Druckes sind durch die im Strömungsbild mit η_1, η_2, ... bezeichneten Isobaren (Linien gleichen Druckes) verbunden. Die Größe des Überdruckes auf jeder Isobare ist aus Abb. 6b ersichtlich, in welchem der Verlauf des Wanddruckes p_w längs der Wand W in Prozenten des höchsten, im Stau überhaupt möglichen Druckes $p_{\max}$ aufgetragen ist. Dieser maximale Überdruck, der als „Staudruck" bezeichnet wird, tritt im Aufschlagpunkte o auf; seine Höhe ergibt sich aus der BERNOULLIschen Gleichung [Gl. (1/2), Anhang I] zu

$$p_{\max} = \gamma \cdot \frac{u^2}{2g} \tag{2}$$

Er ist, wie man aus der Ausflußformel [Gl. (1)] erkennt, fast genau[1] gleich dem Gießdruck p_g, der in der Druckkammer auf die Flüssigkeit einwirken muß, um ihr die stationäre Ausflußgeschwindigkeit w zu erteilen.

Die Wanddruckkurve in Abb. 6b zeigt, daß der Wanddruck vom Aufschlagpunkte o aus nach beiden Seiten hin zunächst verhältnismäßig

[1] Unter den im Anhang I, 1. bis 6. Abschnitt eingeführten Vernachlässigungen.

langsam abnimmt. Innerhalb des ganzen von der Isobare η_2 begrenzten, dunkler gefärbten Staubereiches steht die Flüssigkeit unter einem Überdrucke, der größer ist als 75% des Gießdruckes p_g.

In ganz analoger Art sind die Isobaren in Abb. 8 ermittelt. In Abb. 8 steht innerhalb des durch die Isobare η_1 abgegrenzten Staubereiches die Flüssigkeit unter einem Überdrucke, der gleich oder größer ist als 75% des Gießdruckes p_g.

Außer der Höhe des Flüssigkeitsdruckes ist auch seine räumliche Verteilung von besonderer Wichtigkeit, da von dieser die Austreibung von Luft- und Gasblasen aus dem Metall während der Formauffüllung abhängt. In einer Flüssigkeit von räumlich veränderlichem Drucke wirkt auf jede Partikel je Volumeneinheit eine Kraft in der Richtung und von der Größe des Druckgefälles (Druckgradienten), d. h. des größten Druckabfalles je Längeneinheit[1] an der betreffenden Stelle. Sind die Druckgradienten überall in der Flüssigkeit nach der freien Oberfläche hin gerichtet, so werden hierdurch Fremdkörper von geringerem spezifischen Gewicht aus der Flüssigkeit ausgetrieben, und zwar um so schneller, je größer das Druckgefälle und je spezifisch leichter der Fremdkörper ist.

Da beim Druckguß[2] das Mitreißen einer Luftgrenzschicht in das gestaute Metall während der Einströmung nicht zu vermeiden ist, hängt die Dichtheit und Blasenfreiheit der Druckgußstücke wesentlich davon ab, ob bei der Zähflüssigkeit des Metalls und der geringen verfügbaren Zeit die Druckverteilung im Stau ein rechtzeitiges Heraustreiben dieser Luftblasen aus dem Metall gewährleistet. Daher soll jetzt die räumliche Druckverteilung während der Einströmung — zunächst wieder für reibungsfreie, ideale Strömung — untersucht werden. Dabei soll von dem durch die Schwerkraft verursachten Druckgefälle das für die Verhältnisse beim Druckguß unwesentlich ist, von vornherein abgesehen und die Betrachtung auf die Verteilung des Strömungsdruckes beschränkt werden.

In Abb. 15 sind das Strömungsbild[3] und die Druckverteilung dargestellt, die sich bei idealem Strömungsverlaufe bei der stationären Einströmung eines zweidimensionalen Freistrahls in einen Sackhohlraum ergeben.

Die mit ϑ_1, ϑ_2, ... bezeichneten Kurven stellen die Stromlinien dar, die Isobaren sind mit η_1, η_2, ... bezeichnet. Die Richtung des größten

---

[1] Diese Definition des Druckgradienten ist nur dann streng richtig, wenn die Längeneinheit und damit auch die Volumeneinheit unendlich klein gewählt werden.

[2] Außer beim Vakuum-Druckguß, siehe später.

[3] Das Strömungsbild und die Druckkurve in Abb. 15 sind absichtlich verzerrt gezeichnet. Um die Druckverteilung über die Länge des Staues hin deutlich zu machen, ist die letztere im Vergleich zu den übrigen Abmessungen vergrößert.

Druckgefälles (des Druckgradienten) steht in jedem Punkte auf der durch ihn gehenden Isobare senkrecht. Die Druckgradienten aller Punkte der Ebenen $A-B$ und $A'-B'$ liegen in diesen Ebenen und sind der Einlaufrichtung des Strahls parallel und entgegengesetzt gerichtet. Abb. 15b zeigt den Verlauf des Strömungsdruckes in der Ebene $A-B$ (bzw. $A'-B'$) über die Staulänge hin. Das Druckgefälle wächst vom hinteren Ende des Sackhohlraumes nach der freien Oberfläche F_{st} des Staues hin sehr erheblich; d. h. eine Luftblase wird mit um so größerer Beschleunigung aus dem Stau herausgedrängt, je näher sie seiner freien Oberfläche liegt[1]. Die hierbei auftretenden Beschleunigungen sind bei den im Druckguß üblichen Einströmungsgeschwindigkeiten sehr erheblich; bei den in Abb. 15 zugrunde gelegten Verhältnissen liegt das Druckgefälle im vorderen Teile des Staues in der Größenordnung von mehreren kp/cm² je Zentimeter (gegenüber dem Druckgefälle von 1 kp/cm² je 10 m in ruhendem Wasser).

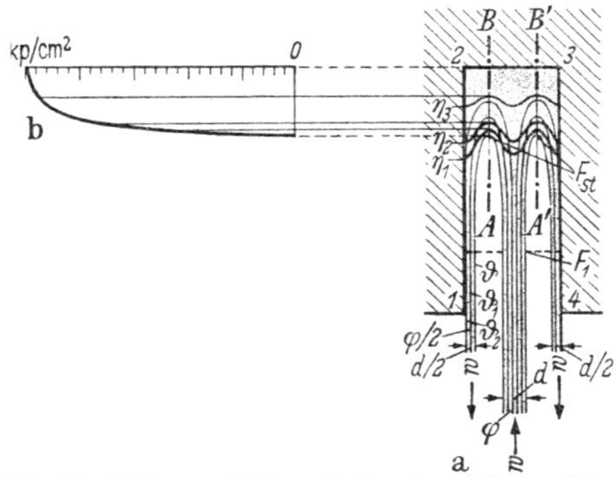

Abb. 15. Strömungsbild und Druckverteilung bei Umlenkung eines *idealen*, zweidimensionalen Freistrahls in einem Sackhohlraum
a Strömungsbild, b Druckverteilung in Schnittebene A-B

2.132 Die Druckverteilung bei der wirklichen Einströmung mit Reibungs- und Wirbelverlusten

Es soll nun die Druckverteilung bei der *wirklichen* Einströmung betrachtet werden. Dabei sollen die Untersuchungen wieder auf den Fall quasistationärer Strömungsvorgänge beschränkt werden, so daß also alle Stoßdrücke, wie sie bei zeitlichen Änderungen des Strömungszustandes auftreten können, außer Betracht bleiben. Nur erwähnt sei, daß solche Stoßdrücke Momentanwerte von sehr erheblicher, die Strömungsdrücke im quasistationären Zustand weit übertreffender Größenordnung erreichen können.

Im quasistationären Strömungszustande kann man sich, sobald die Wirbelbildung einsetzt und der Stau zu wachsen beginnt, nach dem früher Gesagten den Stau in zwei Zonen unterteilt denken (Abb. 14d,

[1] Bei idealer Strömung müßte eine solche Luftblase entweder von vornherein in der Flüssigkeit enthalten gewesen sein oder künstlich hereingebracht werden, da ein Mitreißen von Luft ins Innere hinein bei idealer stationärer Strömung nicht stattfinden würde.

16a und 16c): die Wirbelzone (von der Länge r) und die Stauzone (von der Länge s).

a) Der Druck in der Stauzone. Zunächst soll der Druck in der Stauzone untersucht werden. Der Druck verteilt sich über den beaufschlagten Querschnitt F_1 schon in mäßiger Tiefe sehr gleichmäßig. Man kann daher annehmen, daß der Strömungsdruck in der Stauzone über den Querschnitt hin nahezu konstant ist, so daß er aus dem Impulssatz leicht berechnet werden kann.

Wenn man voraussetzt, daß die gesamte einlaufende Flüssigkeit im Stau verbleibt (Abb. 14d und 16c), ergibt sich der gesamte Aktionsdruck P, den der Strahl vom Querschnitt φ und der Geschwindigkeit w auf den Stau ausübt, aus Gl. (1/3) im Anhang I mit den dort angegebenen Näherungen zu

$$P = \varphi \cdot \frac{F_1}{F_1 - \varphi} \cdot \frac{\gamma}{g} \cdot w^2 \tag{3}$$

Bei Annahme gleichmäßiger Druckverteilung über den Querschnitt F_1 ergibt sich der mittlere hydrodynamische Flüssigkeitsdruck p_h in der Stauzone (als Überdruck) zu

$$p_h = \frac{P}{F_1}\,; \tag{4}$$

somit ist

$$p_h = \frac{\varphi}{F_1 - \varphi} \cdot \frac{\gamma}{g} \cdot w^2 \tag{5}$$

Wenn, wie es bei Druckguß meistens der Fall ist, der Strahlquerschnitt φ im Vergleich zum Hohlraumquerschnitt F_1 sehr klein ist, so kann diese Formel mit hinreichender Annäherung zu dem Ausdruck

$$p_h = \frac{\varphi}{F_1} \cdot \gamma \cdot \frac{w^2}{g} \tag{6}$$

vereinfacht werden.

Wenn der Strahl, wie in den Beispielen der Abb. 16a und 16c vorausgesetzt, ohne alle Verluste[1] aus dem Anschnitt unmittelbar in den Stau gelangt, ist die Geschwindigkeit w, mit der er in den Stau hineinschießt, angenähert gleich[2]

$$w = \sqrt{2g \cdot \frac{p_g}{\gamma}} \tag{1a}$$

worin p_g den Gießdruck in der Druckkammer bezeichnet. Somit ist in diesem Falle der Strömungsdruck in der Stauzone angenähert

$$p_h = 2\,\frac{\varphi}{F_1}\,p_g \tag{7}$$

[1] Bei der wirklichen Strömung ist dies natürlich im strengen Sinne nie der Fall, da wenigstens im Anschnitt stets Verluste auftreten. Von diesen Anschnittverlusten soll jedoch im folgenden abgesehen werden.

[2] Gemäß Gl. (2/2) im Anhang I, 2. Abschnitt.

Bei komplizierteren Gußstücken, bei denen die Geschwindigkeit des Strahls vor dem Einschlag in den Stau durch Umlenkungen und Wandreibung verringert wird, ist der Strömungsdruck natürlich wesentlich geringer.

Der Strömungsdruck tritt in ähnlicher Weise überall auf, wo strömendes Metall in einem Sackhohlraum gestaut wird. Nun ist aber die ganze Aussparung einer Druckgießform nichts anderes als eine Anzahl von mehreren miteinander ein- oder mehrfach zusammenhängenden Sackhohlräumen, bei deren Auffüllung sich das Metall staut. Daher übt in jedem Teil der Hohlform, während dieser volläuft, das einströmende Metall auf das bereits gestaute einen Strömungsdruck in entsprechender Höhe aus. Dieser wirkt während der ganzen Dauer der Auffüllung in dem gestauten Metall als Flüssigkeitsdruck nach allen Seiten hin und hält zugleich das Metall in allen in die jeweilige Stauzone einmündenden, schon aufgefüllten Formhohlräumen unter dem gleichen Druck, soweit es noch flüssig ist. Wenn die Strömungsgeschwindigkeit groß genug ist, preßt dieser vom einströmenden Material ausgeübte Druck das Metall in alle Ecken und noch so feinen Aussparungen der Form hinein, auch wenn diese an einer zur Einströmrichtung parallelen Wandung liegen. Es ist notwendig, dies ausdrücklich auszusprechen, da man gelegentlich der Anschauung begegnet, der Strömungsdruck wirke in voller Höhe nur in der Einströmrichtung.

Die Größe dieses Strömungsdruckes im gestauten Metall kann bei einem verwickelten Gußstück während der Auffüllung verschiedener Formhohlräume sehr verschieden sein.

b) Die Druckverteilung in der Wirbelzone. Bei der wirklichen Einströmung unterscheidet sich die Druckverteilung im vorderen Teile des Staues (in der „Wirbelzone") sehr wesentlich von der idealen. Da der Druck in der Stauzone auf der Strecke s nur wenig abnimmt (Abb. 16), erfolgt fast der ganze Druckabfall[1] in der Wirbelzone auf der Strecke r. Der Strömungsdruck nimmt jedoch in diesem Falle vom Innern der Flüssigkeit nach außen hin nicht überall kontinuierlich ab in der Weise, daß das Druckgefälle an jedem Punkte unter allen Umständen nach der freien Oberfläche hin gerichtet wäre, wie bei der idealen Strömung. Die Druckverteilung erfährt vielmehr durch die Wirbel eine Komplikation, die jetzt näher erörtert werden soll.

Befindet sich ein Wirbel in einer Flüssigkeit, die außerhalb des eigentlichen Wirbelbereiches unter einem überall gleichmäßigen Drucke steht, so nimmt in dem Wirbelbereich der Druck von den äußeren Wirbelschichten nach der Wirbelachse hin beständig ab, so daß alle Druck-

[1] Dieser gesamte Druckabfall vom Strömungsdruck p_1 bis zum Atmosphärendruck ist wohl zu unterscheiden von dem Druckgefälle an jedem einzelnen Punkte, dem Druckgradienten.

gradienten nach der Wirbelachse hin gerichtet sind, in der somit ein Druckminimum herrscht.

Befindet sich jedoch der Wirbel (wie die Wirbelwalzen R und alle sonstigen, im gestauten Gießmetall auftretenden Wirbel) in einer Flüssigkeit, die (auch außerhalb der eigentlichen Wirbelbereiche) unter einem räumlich ungleichmäßigen Drucke steht, so bildet sich eine Druckverteilung aus, deren Verlauf aus den Abb. 16b und 16d ersichtlich ist, die den Druckverlauf in den Schnittebenen $A-B$ der Abb. 16a und 16c über die Strecken s und r hin darstellen[1].

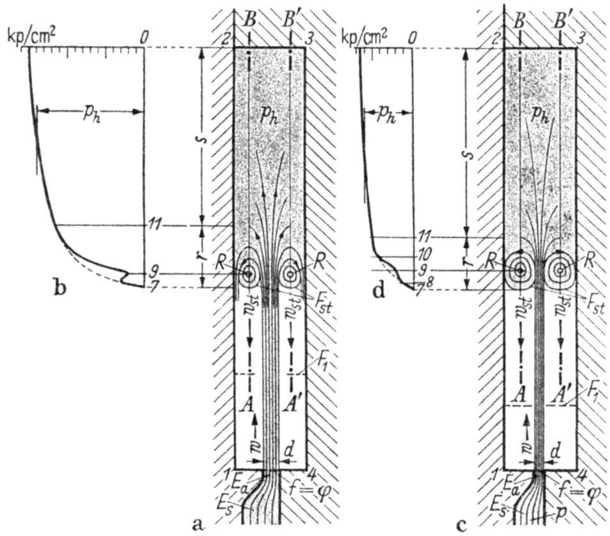

Abb. 16. Strömungsbild und Druckverteilung im Formhohlraum bei *wirklicher*, zweidimensionaler Einströmung mit hoher Geschwindigkeit w

a/b Bei starkem Anschnitt (großem Einströmquerschnitt f).
a Strömungsbild, b Druckverteilung in Schnittebene $A-B$

c/d Bei schwachem Anschnitt (kleinem Einströmquerschnitt f).
c Strömungsbild, d Druckverteilung in Schnittebene $A-B$.

Der Druck nimmt in diesem Falle vom Inneren der Flüssigkeit nach der freien Oberfläche F_{st} hin nicht mit stetig wachsendem Gefälle ab; die Kurve des Druckverlaufes erfährt vielmehr in den Wirbelbereichen eine Störung, die bei geringer Wirbelenergie eine „Einbeulung" der Druckkurve (Abb. 16d), bei hoher Wirbelenergie die Ausbildung eines relativen Druckminimums bewirken kann (Abb. 16b).

Im ersten Falle sind die Druckgradienten gegenüber der idealen Verteilung zwar auf der Strecke *10—9* stark vergrößert, auf der Strecke *9—8*

[1] In anderen, zu $A-B$ parallelen Schnitten kann der Druckverlauf wesentlich von dem in Abb. 16b und 16d dargestellten abweichen.

stark verringert, jedoch überall nach der freien Oberfläche F_{st} hin gerichtet, so daß sie etwaige Luftblasen aus dem Metall austreiben können.

Im zweiten Falle jedoch kann Luft, die einmal in das Wirbelinnere hineingelangt ist, nicht mehr daraus entweichen.

Somit bedeuten die Wirbel, die zur Verhinderung der Voreilung sehr nützlich sogar unentbehrlich sind, für die Austreibung der Luft aus dem Gießmetall eine Gefährdung. Erscheint mit Rücksicht auf den ersten Umstand ein vom idealen möglichst weit abweichender Strömungsverlauf als günstig, so ist im Hinblick auf den letzteren eine weitergehende Annäherung an die ideale Druckverteilung erwünscht. Es gilt also, bei der Leitung des Einströmvorganges die richtige Mitte zwischen diesen einander widersprechenden Anforderungen zu finden.

Die kinetische Energie der Wirbel pro Volumeneinheit ist um so größer, je größer die Strahlgeschwindigkeit und der Strahlquerschnitt sind.

In dem Stau besitzen die Wirbelwalzen *R*, die den größten Teil der Strömungsenergie des einlaufenden Strahls aufzehren, die größte Wirbelenergie. Wird bei hoher Strahlgeschwindigkeit auch der Strahlquerschnitt φ groß gewählt, so müssen sich in den Wirbelwalzen *R* Druckminima bilden, in die ein Teil der vom Einlaufstrahl mitgerissenen Luft hineingesaugt wird. Diese Luft verbleibt in den Kernen der Wirbelwalzen, durchwandert mit ihnen den Formhohlraum bis zur Vorderwand *1—4* und hilft so mit, im Gußstück die (bei zu stark angeschnittenen Stücken in der Praxis wohlbekannten) Luftblasen in der Nähe des Anschnittes zu bilden.

Die Wirbel, die der Einlaufstrahl in den hinteren Schichten des Staues verursacht, sind wegen ihrer geringeren Wirbelenergie von minderer Bedeutung. Haben sich jedoch dort zu Beginn der Einströmung durch heftige Stoßvorgänge stärkere, auch während der weiteren Auffüllung durch ihre Trägheit fortdauernde Wirbel gebildet, so wird die darin eingeschlossene Luft mit großer Wahrscheinlichkeit zurückgehalten, da bei dem geringen Gefälle des Strömungsdruckes in den hinteren Stauschichten jeder Wirbel von irgend beträchtlicher Energie mit Sicherheit ein relatives Druckminimum erzeugt.

2.2 Praktische Folgerungen aus der Betrachtung des Einströmvorganges

2.21 Die Bedeutung der Einströmungsgrößen für den Erfolg des Druckgießverfahrens

2.211 Strömungsdruck und statischer Nachdruck

Zur Erzielung brauchbarer Gußstücke muß das Metall mit einer gewissen Mindestgeschwindigkeit in die Form einströmen, in der Form unter einem Flüssigkeitsdrucke von einer bestimmten Höhe und räumlichen Verteilung stehen und den Formhohlraum in einer solchen Weise auffüllen, daß die darin befindliche Luft entweichen kann. Dabei hängen die mindestens erforderlichen Werte der Einströmungsgeschwindigkeit und des Druckes in der Form, außer von der Art der Gußlegierung[1], auch sehr wesentlich von den angewandten Arbeitstemperaturen ab; ein je höherer Arbeitsdruck — bei dem gleichen Gießmetall — angewandt wird, desto „kälter" kann das Metall vergossen und desto niedriger darf die Formtemperatur gehalten werden.

Der Flüssigkeitsdruck, der während der Einströmung als Strömungsdruck p_h, nach beendigter Auffüllung als statischer Nachdruck p_n, der wesentlich größer als p_h sein kann, auf das Gießmetall in der Form übertragen wird, hat drei Aufgaben zu erfüllen: Er muß

1. das Gießmetall zur vollständigen, genauen Formausfüllung zwingen,
2. die während der Auffüllung in das gestaute Metall hineingelangte Luft heraustreiben,
3. das Metall während der Erstarrung verdichten.

Von diesen drei Aufgaben muß die erste meistens, die zweite immer von dem Strömungsdruck erfüllt werden, während die dritte je nach der Gestalt des Gußstückes entweder dem Strömungsdruck oder dem statischen Nachdruck zukommen kann.

Der Widerstand des Gießmetalls gegen die scharfe Ausfüllung des Formhohlraumes ist um so größer, je größer im Augenblicke der Anpressung seine Zähigkeit bzw. Dickflüssigkeit ist, d. h. unter sonst gleichen Umständen: je weiter es bis dahin abgekühlt ist. Würde das Metall die Form während des Einströmens zunächst nur ungefähr ausfüllen und erst nach beendigter Einströmung durch den Nachdruck zur genauen und vollständigen Ausfüllung aller Ecken und Aussparungen gezwungen werden, so würden hierzu infolge der inzwischen erfolgten weitgehenden Abkühlung (namentlich des zuerst eingeströmten Metalls) bei den meisten Gußstücken so hohe und möglichst allseitig wirkende Drücke erforderlich sein, wie sie beim Druckguß für gewöhnlich nicht zur Verfügung stehen. Erfolgt dagegen die Anpressung bereits durch einen ausreichend bemessenen Strömungsdruck, der auf jedes Metallteilchen fast unmittelbar einwirkt, nachdem es an seinen Platz im Formhohlraum gelangt ist, so ist der Widerstand des Metalls gegen die scharfe Formausfüllung wesentlich geringer, so daß schon ein verhältnismäßig niedriger Strömungsdruck zur genauen Anpressung hinreicht.

Die Herausdrängung der in den Metallstau hineingelangten Luft aus dem Gießmetall kann überhaupt nur durch den Strömungsdruck erfol-

[1] Näheres hierüber in Abschnitt 3.316 und im Hauptabschnitt „Gebräuchliche Druckgußlegierungen" (Band II).

gen, da die Luftblasen aus dem gestauten Metall nur *während* der Einströmung und nur durch einen räumlich *ungleichmäßig* verteilten Druck hinausgedrängt werden können. Der statische Nachdruck, der erst nach beendigter Auffüllung, und dann auf alle noch flüssigen Gußstückmassen in gleicher Höhe, einwirkt, kann die in deren Innerem noch enthaltenen Luftblasen wohl auf ein kleines Volumen zusammendrücken, er kann sie jedoch nicht mehr heraustreiben.

Nur die *Verdichtung* des Metalls während der Erstarrung kann je nach der Gestalt des Gußstückes entweder durch den Strömungsdruck oder durch den statischen Nachdruck bewirkt werden. Maßgebend für die eine oder andere Möglichkeit ist es zunächst, ob bei der anwendbaren Gießgeschwindigkeit[1] die Gußstückmassen schon *während* der Formauffüllung zum großen Teile so weit erstarren, daß sie den statischen Nachdruck nicht mehr übertragen können, oder ob sie, abgesehen von den Außenhäutchen, im wesentlichen bis zur beendigten Auffüllung hinreichend dünnflüssig bleiben. Dies hängt nun einerseits von der Art des Gießmetalls und von den Arbeitstemperaturen, andererseits aber sehr wesentlich von der Gußstückgestalt ab. Zu den erstgenannten Faktoren, die in späteren Abschnitten noch eingehend behandelt werden, genüge hier der Hinweis, daß je nach den physikalischen Eigenschaften des Gießmetalls, dem Grade seiner Überhitzung bzw. Schmelztemperatur und der Höhe der Formtemperatur sowohl der Wärmeentzug während der Formauffüllung als auch dessen Einfluß auf die Fließfähigkeit bei verschiedenen Gußlegierungen unter sonst gleichen Umständen sehr verschieden sind. Außerdem ist noch ein möglicher Temperaturanstieg, der aus dem Verlust der kinetischen Energie der einströmenden Metallmassen entsteht, besonders am Ende der Formhohlraum-Auffüllung zu berücksichtigen[2]. Soweit die *Gußstückgestalt* in Betracht kommt, ist ein weitgehendes Erstarren der Gußstückmassen schon während der Formauffüllung vornehmlich zu erwarten bei dünnwandigen, sperrigen, verwickelten Gußstücken, bei deren Herstellung das Gießmetall beim Durcheilen der Form infolge zahlreicher Umlenkungen und großer Berührungsflächen mit den Formwandungen stark abgekühlt wird. Dagegen ist ein Flüssigbleiben der Hauptmassen bis zum Ende der Formauffüllung bei dickwandigen, massigen und klobigen Gußstücken möglich, bei deren Herstellung das Metall während der Einströmung nur einer verhältnismäßig geringen Abkühlung durch die Formhohlraumwände ausgesetzt ist.

---

[1] Die Größenordnung der *Gießdauer* kann im allgemeinen bei einem gegebenen Gußstück nicht beliebig variiert werden, da meistens der Einströmquerschnitt f und die Einströmgeschwindigkeit w in Abhängigkeit voneinander gewählt werden müssen, um ein Druckgußteil mit guter Dichte und befriedigenden physikalischen Eigenschaften zu erhalten.

[2] s. Abschnitt 2.3 „Weitere theoretische Grundzüge“.

Somit ist (bei gegebener Gußlegierung) vor allem die Gestalt eines Gußstückes dafür maßgebend, ob der statische Nachdruck überhaupt Gelegenheit finden kann, auf die Hauptmassen des Gußstückmetalls einzuwirken. Man kann geradezu, wie es oben schon geschehen war, die Druckgußstücke unter diesem Gesichtspunkte in dünnwandige, sperrige und starkwandige, klobige einteilen, wobei freilich praktisch immer die Art des Gießmetalls mit in Rechnung gezogen werden muß, da sehr wohl ein Gußstück von bestimmter Gestalt für eine Gußlegierung als „dünnwandig", für eine andere von besseren „Gießeigenschaften" (insbesondere größerer Erstarrungswärme[1] dagegen noch als „starkwandig" gelten kann. Soweit im folgenden die Einteilung in „dünnwandige, sperrige" und „starkwandige, klobige" Gußstücke angewandt wird, ist dies stets relativ zu den jeweils in Betracht kommenden Gußlegierungen zu verstehen.

Freilich haftet dieser Einteilung überhaupt eine gewisse Willkür an, zumal die in der Praxis vorkommenden Gußstücke alle möglichen Zwischenformen zwischen diesen beiden Grenztypen aufweisen; gleichwohl ist sie praktisch von sehr großer Bedeutung. Denn wie später gezeigt wird, kann das Druckgießverfahren je nach dem „Gestalttyp" des Gußstückes in verschiedenen Verfahrensarten ausgeübt werden.

Ferner hängt die Wirkungsmöglichkeit des statischen Nachdrucks außer von der Gestalt des Gußstückes auch von der Gestalt und Lage des Anschnittes ab; wenn der Nachdruck eine bestimmte Zeit lang auf die Gußstückmassen einwirken soll, muß der Anschnitt so bemessen sein, daß das darin befindliche Metall nach beendigter Einströmung noch eine Zeitlang insoweit flüssig bleibt, daß es einen hydrostatischen Druck übertragen kann. Ferner muß, wenn ein Gußstück aus mehreren massiven, durch schwachwandige Stege miteinander verbundenen Teilen besteht, der Anschnitt an alle diese Teile in hinreichender Stärke herangeführt werden, da sich der Nachdruck durch die schwachen, vorzeitig erstarrten Stege hindurch nicht fortsetzen könnte.

Nach dem Bisherigen ist die Wirksamkeit des statischen Nachdruckes auf eine ganz bestimmte Gruppe von Gußstücken, und auch bei diesen nur auf eine von den drei dem Flüssigkeitsdruck obliegenden Aufgaben (nämlich die Verdichtung) beschränkt, während für alles übrige nur der Strömungsdruck p_h in Betracht kommt.

Die Höhe des Strömungsdruckes ist in jedem Teile des Formhohlraumes, während dieser selbst ausläuft, von seinem Querschnitt sowie von der Geschwindigkeit und dem Querschnitt des ihn auffüllenden Strahls abhängig; nach beendigter Auffüllung eines Teiles des Formhohlraumes steht das Metall darin, solange es selbst noch flüssig ist,

[1] Näheres hierüber siehe Hauptabschnitt „Gebräuchliche Druckgußlegierungen" (Band II).

unter dem Strömungsdrucke des jeweils vollaufenden, mit ihm in Flüssigkeitsverbindung stehenden Teiles des Formhohlraumes. Der hydrodynamische Druck kann also in verschiedenen Teilen des gleichen Formhohlraumes während seiner Auffüllung und an ein und derselben Stelle zu verschiedenen Zeiten sehr verschieden sein. Je dünnwandiger und verwickelter ein Gußstück ist (je früher also jedes Metallteilchen, nachdem es gestaut worden ist, erstarrt), desto wichtiger ist für jeden Teil des Formhohlraumes die Höhe des Strömungsdruckes während seiner eigenen Auffüllung.

Da für ein bestimmtes Gußstück die Querschnitte der einzelnen Teile des Formhohlraumes fest gegeben sind, stehen als wählbare Größen zur Erzielung eines bestimmten Strömungsdruckes zunächst nur die Einströmgeschwindigkeit w und der den Strahlquerschnitt φ bestimmende Einströmquerschnitt f zur Verfügung. Daher müssen beide so bemessen werden, daß der Strömungsdruck in allen Teilen des Formhohlraumes zur Erfüllung der ihm gestellten Aufgaben hinreicht.

Es sei jedoch hier bereits angedeutet, daß (bei gegebener Gußlegierung) die Höhe des Strömungsdruckes in den verschiedenen Teilen des Formhohlraumes außer durch die Größen w und f auch noch durch die Metall- und die Formtemperatur beeinflußt wird, da die Abkühlungs- und Strömungsverluste des Metallstrahls beim Durcheilen der Form, und somit seine Geschwindigkeit und sein Querschnitt an jeder Stelle des Formhohlraumes in sehr beträchtlichem Maße von diesen Größen abhängig sind.

Es ist nun von grundsätzlicher Bedeutung für die beim Druckguß möglichen Verfahrensarten, daß normalerweise die für den Einströmungsverlauf maßgebenden Größen nicht frei wählbar sind, sondern nur in enger Abhängigkeit voneinander bemessen werden können. Auf den nahen Zusammenhang zwischen den erforderlichen Beträgen des Gießdruckes und der Arbeitstemperaturen, der später noch eingehender behandelt wird, ist soeben schon hingewiesen worden. Des weiteren ist es besonders wichtig, daß auch die Einströmgeschwindigkeit w einerseits, der Einströmquerschnitt f und die Anschnittdicke d andererseits gewöhnlich in der Weise voneinander abhängig sind, daß ein höherer Wert von w geringere Werte von d und f bedingt und umgekehrt. Dies folgt aus der Art und Weise, in welcher die Möglichkeit der Luftabführung sowie die zeitliche und örtliche Temperaturverteilung in der Gießform (und damit der Verlauf der Abkühlung des Gußkörpers und die thermische Beanspruchung des Formmaterials) von den Größen w, f und d abhängen. Diese Zusammenhänge sollen jetzt erst näher betrachtet werden, bevor praktische Richtlinien für die Strahlführung und die bei verschiedenen Gußstücktypen zu wählenden Verfahrensarten im einzelnen gegeben werden.

2.212 Einströmvorgang, Luftabführung und Wärmezustand der Gießform

Wenn, wie es in den meisten Fällen geschieht, die Luft während der Einströmung durch das Gießmetall aus der Form verdrängt werden muß, müssen Formteilung, Strahlführung und Entlüftungsschlitze in gegenseitiger Abhängigkeit so angeordnet werden, daß die Formhohlräume gesetzmäßig in einer solchen Reihenfolge aufgefüllt werden, daß jeder Entlüftungskanal erst nach vollständiger Auffüllung des Teiles der Hohlform, zu dessen Entlüftung er bestimmt ist, vom Metall überflutet wird.

Das Gelingen der Entlüftung hängt somit einerseits von der Formgestaltung, andererseits von dem Verlauf der Einströmung ab. Auch wenn der Formentwurf den Erfordernissen der Luftabführung entspricht, kann ein Einschließen von Luftblasen im Gußstück bewirkt werden:

a) durch Strömungsunregelmäßigkeiten, wobei Luft zwischen Schichten flüssigen Metalls versetzt wird;

b) dadurch, daß das Metall zunächst an den Wänden entlangläuft und die Entlüftungsschlitze vorzeitig abschließt;

c) durch ungünstige Druckverteilung im gestauten Metall, in deren Folge die vom Strahl hereingerissenen Luftblasen nicht vollständig ausgetrieben werden.

Ob und inwieweit diese Umstände während der Einströmung auftreten, hängt aber von der Lage, Größe und Gestalt des Einströmquerschnittes, von der Höhe der Einströmgeschwindigkeit sowie von der Form- und der Gießtemperatur ab.

Zu a) *Strömungsunregelmäßigkeiten.* Die wichtigsten Strömungsunregelmäßigkeiten treten während der Stoßperiode auf, deren Bedeutung von der Geschwindigkeit w des Einlaufstrahls und von dem Verhältnis seines Querschnittes φ zu dem Querschnitt F_1 des Formhohlraumes abhängt (vgl. 2.122b).

Zu b) *Das vorzeitige Entlanglaufen des Metalls an den Formwandungen.* In den weitaus meisten Fällen hat das Einschließen von Luftblasen in Druckgußstücken seine Ursache darin, daß das Metall bei falscher Bemessung der Einströmungsgrößen zunächst an den Formwandungen entlangläuft und die Entlüftungsschlitze abschließt, bevor es den Formhohlraum über den ganzen Querschnitt hin auffüllt. Dieses Entlanglaufen an den Wänden kann in zweierlei Art erfolgen: entweder, bei „quasistationärer" Einströmung, als „Voreilung", d. h. durch Umlenkung an der Hinterwand eines Sackhohlraumes in eine der Einlaufrichtung entgegengesetzte Richtung, oder, bei stoßartigem Anwachsen des Gießdruckes während der Einströmung durch Auseinanderstieben des Einlaufstrahls nach allen Seiten (Abb. 18).

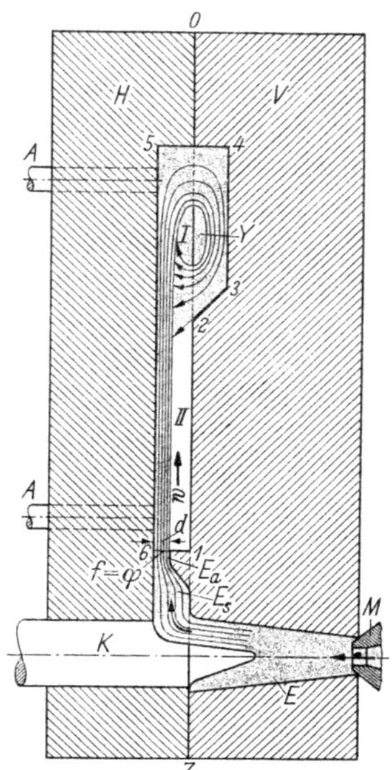

a

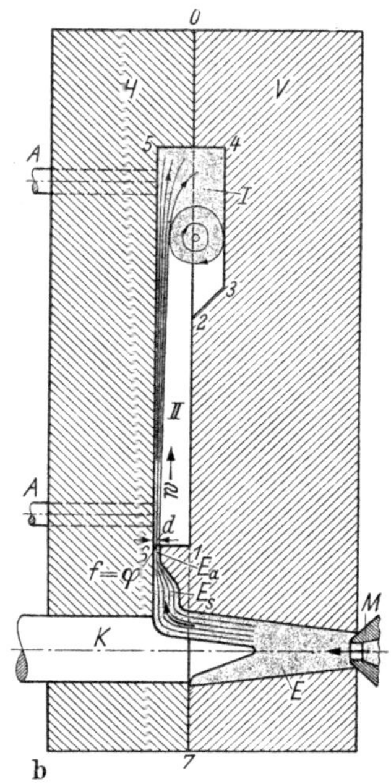

b

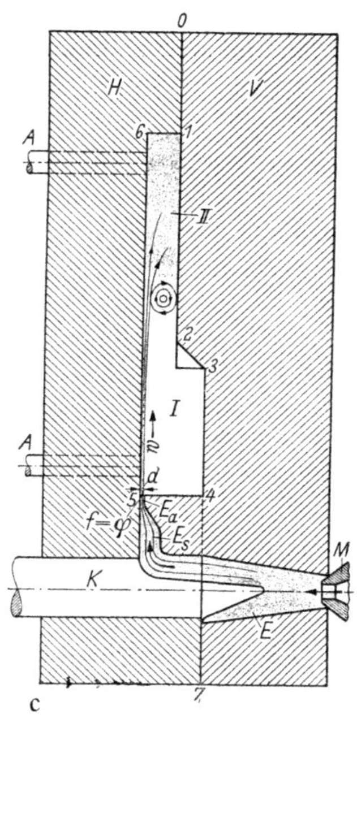

c

Abb. 17. Verschiedene Arten der Einformung für ein Gußstück

a Anschnitt zu stark, daher durch Voreilung Luft (*Y*) in *I* eingeschlossen.

b Anschnitt schwach; Hohlraum *I* wird ohne Lufteinschluß aufgefüllt.

a und b Ungünstige Art der Einformung; schon eine geringe Voreilung bewirkt Versetzen von Luft.

c Günstige Art der Einformung.

Über die „Voreilung“ ist in den vorhergehenden Abschnitten schon so ausführlich gesprochen worden, daß hier der Hinweis auf ihre praktische Bedeutung genügt. Ihr Betrag ist nach den früheren Ausführungen unter sonst gleichen Umständen um so höher, je größer die Geschwindigkeit w und die Dicke d des einlaufenden Strahls (und damit auch Geschwindigkeit w_h und Dicke d_h der voreilenden Strahlen) sind, je höher die Formtemperatur ist und je höher das Gießmetall überhitzt ist.

Je kürzer der aufzufüllende Sackhohlraum ist, eine desto geringere Voreilung reicht zur vorzeitigen Absperrung aller Entlüftungsschlitze hin, — desto wichtiger ist es also, die Voreilung durch richtige Bemessung der ihren Betrag bestimmenden Größen niedrig zu halten. Am gefährlichsten ist sie bei solchen Gußstücken, die infolge ihrer Gestaltung das längs den Formwänden voreilende Metall schon nach einer ganz kurzen Strecke in den Einlaufstrahl zurücklenken, wie dies bei dem in Abb. 17 vorausgesetzten Gußstück bei Einformung entsprechend Abb. 17a und 17b der Fall ist. Sind, wie in Abb. 17a, Geschwindigkeit w und Dicke d des Einlaufstrahls so bemessen, daß das längs den Wänden *4*→*3* und *3*→*2* ablaufende Metall bis nach *2* voreilt, bevor der Stau den Hohlraum *I* völlig ausgefüllt hat, so muß in dem Hohlraum *I* unvermeidlich Luft (*Y* in Abb. 17a) versetzt werden. — Dieser Lufteinschluß in *I* kann bei dieser Art der Einformung bei hoher Einströmgeschwindigkeit w nur dadurch vermieden werden, daß der Anschnitt so schwach bemessen wird (Abb. 17b), daß das primär voreilende Metall schon vom Stau überholt ist, bevor es nach *2* gelangt. Am günstigsten ist jedoch für ein Gußstück dieser Art die Einformung nach Abb. 17c.[1]

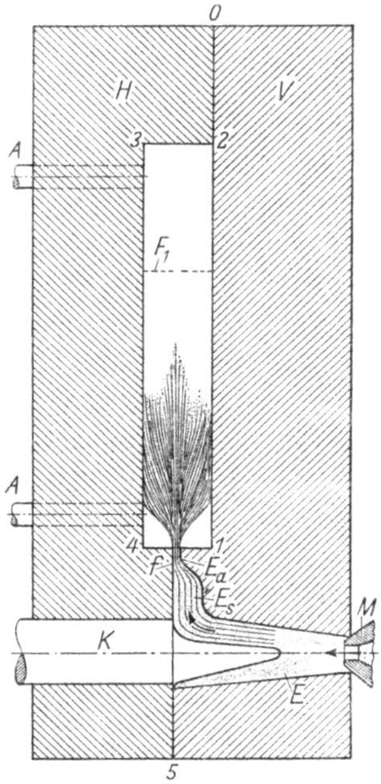

Abb. 18. Zerstieben des Strahls infolge raschen, starken Anwachsens des Gießdruckes p_g

Außer durch die Voreilung kann, wie eben schon erwähnt, ein vorzeitiges Abschließen der Entlüftungskanäle auch dadurch bewirkt werden, daß der Strahl unmittelbar nach dem Eintritt in die Form nach allen Seiten hin zerstiebt (Abb. 18). Dieses Zerstieben tritt immer dann ein, wenn während der Einströmungsdauer der Gießdruck p_g stoßartig

[1] Man darf sich aber nicht etwa dadurch verleiten lassen, den Anschnitt allgemein am dickwandigen Teil eines Gußstückes vorzusehen (vgl. „Formauffüllung bei Druckguß“ von G. Lieby, Gießerei, H. 13/1952, S. 311—315).

ansteigt, also der Strahl plötzlich stark beschleunigt wird, und hält während der ganzen Dauer der Beschleunigung an (s. 2.121 b und Abb. 4 b). Da es in ganz regelloser Art erfolgt, ist es nicht möglich, die Entlüftungskanäle so anzuordnen, daß sie mit Sicherheit davor geschützt sind, durch das auseinanderstiebende Metall verschlossen zu werden. Daher muß zur Sicherung der Luftabführung und zur Verhütung des „Klecksens" (siehe später) ein stoßartiges Anwachsen des Gießdruckes p_g während der Einströmungsdauer vermieden werden.

Zu c) *Ungünstige Druckverteilung im gestauten Metall.* Infolge der Wirbelbildung nimmt der Strömungsdruck über die Staulänge hin nicht kontinuierlich ab. Jeder Wirbel verursacht, wie schon ausführlich dargelegt, eine Unregelmäßigkeit der Druckverteilung, die, wenn die Wirbelenergie groß genug ist, zur Ausbildung eines relativen örtlichen Druckminimums im Wirbelinneren führen kann, so daß eine einmal in das Innere eines solchen Wirbels hineingelangte Luftblase darin verbleibt. Die Energie der Wirbelwalzen und der im Inneren des Staues gebildeten Wirbel ist aber unter sonst gleichen Umständen um so größer, je größer die Strahlgeschwindigkeit w und der den Strahlquerschnitt φ bestimmende Einströmquerschnitt f sind.

Bisher ist nur von dem Einschließen von Luft an und für sich und von den Mitteln zu seiner Vermeidung gesprochen worden. Jedoch hängt der Grad von Dichtheit, der bei der Fabrikation erzielt wird, nicht nur davon ab, wie viel oder wenig Luft während der Formauffüllung im Gießmetall eingeschlossen wird, sondern sehr wesentlich auch davon, welchen Raum diese Lufteinschlüsse im fertigen Gußstück schließlich einnehmen, d. h. unter welchem Druck das sie umgebende Gießmetall im Augenblicke seiner Erstarrung steht. Die Höhe dieses „Verdichtungsdruckes" ist aber (bei gegebenem Arbeitsdruck) in starkem Maße von der Größe des Einströmquerschnitts f und der Anschnittdicke d abhängig. Denn mit zunehmenden d und f wachsen (unter sonst gleichen Umständen) die Höhe des Strömungsdruckes [gemäß Gl. (5)[1]], sowie der Wirkungsbereich und die Einwirkungsdauer des Nachdruckes, weil ja das Gießmetall infolge der kürzeren Gießdauer bis zum Ende der Formauffüllung weniger weit abgekühlt wird und weil das dickere Anschnittmetall langsamer erstarrt.

Die vorstehenden Überlegungen ergeben zusammengefaßt, daß bei hoher Einströmgeschwindigkeit mit wachsender Anschnittdicke einerseits die Gefahr des Einschließens von Luft zunimmt, andererseits aber auch der „Verdichtungsdruck" wächst, unter dem die Lufteinschlüsse im Metall komprimiert werden. Daher können Gußstücke von besonders einfacher Gestalt (in deren Formhohlräumen der Einlaufstrahl nicht

[1] Da mit f zugleich der Strahlquerschnitt φ wächst.

viele Geschwindigkeit und Strömungsdruck herabsetzende Umlenkungen erfährt) sowie solche von durchweg erheblicher Wanddicke (die in allen Teilen unter der Einwirkung des Nachdruckes erstarren) bei hoher Einströmgeschwindigkeit mit zunehmender Anschnittdicke dichter ausfallen.

Fälle dieser Art sind u. a. gelegentlich bei systematischen Versuchen (bei der Herstellung von Probestäben für Festigkeitsprüfungen) beobachtet und auch in der Literatur beschrieben worden[1]. Derartige Ergebnisse dürfen aber keinesfalls wahllos verallgemeinert werden. Insbesondere gelten sie nicht für Druckgußstücke von verwickelterer Gestalt mit dünnwandigen, weiter ausspringenden Teilen, die beim Gusse infolge von (die Strömungsenergie mindernden) Umlenkungen des Metallstrahls nur unter geringem Strömungsdruck auslaufen und vom Nachdruck infolge vorzeitiger Erstarrung nicht erreicht werden. In derartigen Fällen ist zu erwarten, daß etwa eingeschlossene Luftmengen vorwiegend gerade nach den weit in die Formplatten einspringenden Sackhohlräumen hin gedrängt und dort von dem unter geringem Druck erstarrenden Gießmetall umschlossen werden, so daß sie große Blasen im Gußkörper erzeugen. Daher ergeben Gußstücke, die etwas komplizierter und nicht durchweg starkwandig sind, d. h. die überwiegende Mehrzahl aller Druckgußstücke überhaupt, bei hoher Einströmgeschwindigkeit mit zunehmender Dicke des Anschnittes (nach Überschreitung eines günstigsten Wertes von d) eine wachsende Undichtigkeit der ausspringenden Teile. Somit kann es als eine in den meisten Fällen gültige Regel ausgesprochen werden, daß es bei hoher Einströmgeschwindigkeit w zur Vermeidung von stärkerer Undichtheit meistens geboten ist, die Anschnittdicke d gering zu bemessen, während eine große Anschnittdicke im allgemeinen nur bei einer vergleichsweise geringen Einströmgeschwindigkeit am Platze ist.

Die gleiche Art der gegenseitigen Abhängigkeit der Einströmungsgrößen wird auch durch die Rücksicht auf den *Wärmezustand* der Gießform bedingt. Bei der Einströmung wird das Formmaterial an den vom Metallstrahl unmittelbar beaufschlagten Stellen stärker erwärmt als anderwärts, und zwar sind die Unterschiede um so größer, je größer die Geschwindigkeit und die Dicke des Metallstrahls sind. Nun sind aber stärkere örtliche Wärmestauungen in der Gießform sehr unerwünscht, da sie die Beanspruchung des Formmaterials stark erhöhen und am

[1] Eine von Russell u. Mitarbeiter [J. Inst. Met. 4, 239 (1928)] ausgeführte Forschungsarbeit hat ergeben, daß bei hoher Einströmgeschwindigkeit (quick pull) mit starkem Anschnitt druckgegossene Zerreißstäbe dichter ausfallen als mit schwachem Anschnitt gefertigte. Da es sich hierbei um ein Gußstück von einfachster Gestalt handelt, ist dieses Resultat nach den Darlegungen im Text durchaus verständlich.

Gußkörper infolge der Ungleichmäßigkeit der Abkühlung die Entstehung von Außenlunkern, unter Umständen auch von Schwindungsrissen, verursachen können[1]. Tatsächlich findet man in der Praxis bei zu stark angeschnittenen Gießformen und zu großer Einströmgeschwindigkeit gewöhnlich einen raschen Verschleiß der beaufschlagten Formteile, und die Gußstücke weisen meistens an den entsprechenden Stellen, nicht selten auch in der Nähe des Anschnittes, Einfallstellen (Außenlunker) auf, deren Bildung (als Folge der Wärmestauung) der hohe Verdichtungsdruck nicht verhindern kann.

Endlich sei erwähnt, daß, wenn Einströmgeschwindigkeit und Anschnittdicke beide zugleich groß sind, bei der Einströmung in der Gießform sehr hohe Stoßdrücke auftreten können, so daß zum Dichthalten der Form sehr große Schließkräfte erforderlich sind.

2.213 Die Strömungsverluste zwischen Druckkammer und Anschnitt

Es bleibt noch die Aufgabe, die Strömungsverluste, die das Metall vor dem Anschnitt (d. h. beim Durchfließen von Steigkanal, Mundstück und Eingußöffnung bei Warmkammer-Druckgießmaschinen) erleidet, zu betrachten, von deren Größe es ja abhängt, mit welcher Einströmgeschwindigkeit w das Metall bei einem gegebenen Gießdruck p_g in den Formhohlraum hineinströmt. Diese durch Reibung und Wirbelbildung verursachten Verluste hängen vornehmlich (und zwar angenähert quadratisch) von den Strömungsgeschwindigkeiten des Metalls in Steigkanal, Mundstückbohrung und Eingußöffnung ab. Hieraus ergibt sich, welche Bedeutung die Größe der Durchflußquerschnitte dieser Teile für den Strömungsverlauf hat, und ferner, wie wichtig die schon früher hervorgehobene Unterscheidung zwischen den Vorgängen vor und denen nach Vollfüllung der Eingußöffnung ist. Denn vor der Vollfüllung des Eingusses strömt das Metall aus dem Gießmundstück als Freistrahl mit hoher Geschwindigkeit[2] in den Einguß und fließt in diesem infolge seiner Trägheit weiter, wobei sich seine Geschwindigkeit durch Reibung und Wirbelbildung ständig vermindert. Diese Verluste sind infolge der großen Anfangsgeschwindigkeit des Metalls sehr beträchtlich, so daß das Metall während dieser ersten Strömungsphase mit erheblich verringerter Geschwindigkeit in den eigentlichen Formhohlraum einströmt, und zwar um so mehr, je mehr die Beschaffenheit der Eingußöffnung (durch Erweiterungen, Umlenkungen und Rauhigkeit der Wandungen) die Strömungsverluste begünstigt.

---

[1] Siehe auch Hauptabschnitt: „Gebräuchliche Druckgußlegierungen" (Band II).

[2] Da die Verluste im Steigkanal, dessen Querschnitt in der Regel ein Mehrfaches von dem der Mundstückbohrung ist, für gewöhnlich vergleichsweise gering sind.

Sobald die Eingußöffnung vollgefüllt ist, so daß der Metallstrom erst im Anschnitt zum Freistrahl wird, werden die Geschwindigkeiten in Steigkanal, Mundstück und Eingußöffnung von dem Verhältnis des Einströmquerschnittes f zu den Durchflußquerschnitten dieser Teile bestimmt. Sind die letzteren im Verhältnis zu f durchweg groß, so sind die Metallgeschwindigkeiten und auch die Strömungsverluste vor dem Anschnitt während der zweiten Strömungsphase nur gering, so daß in diesem Falle das Metall nach der Vollfüllung der Eingußöffnung mit hoher, gegenüber der idealen nur wenig verringerten Geschwindigkeit in den eigentlichen Formhohlraum einströmt. Wenn dagegen ein Teil des Leitungsstranges vor dem Anschnitt einen Durchflußquerschnitt von der Größenordnung des Einströmquerschnittes hat, so können dort auch nach der Vollfüllung der Eingußöffnung die Verluste eine beträchtliche Höhe erreichen.

Es ergibt sich also, zusammengefaßt, *daß die vor dem Anschnitt auftretenden Strömungsverluste vor der Vollfüllung der Eingußöffnung stets entscheidenden, nach dieser dagegen meistens* (abgesehen von dem am Ende des vorigen Absatzes erwähnten Falle) *nur einen weniger bedeutungsvollen Einfluß auf die Einströmgeschwindigkeit haben können.*

Den *Gießvorgang* können diese Strömungsverluste daher im Einzelfalle um so stärker beeinflussen, je größeren Anteil die erste Strömungsphase (die Einströmung vor Vollfüllung der Eingußöffnung) an der Auffüllung des eigentlichen Formhohlraumes hat. Natürlich ist es erwünscht, diesen Anteil, soweit immer möglich, zu beschränken. Seine Größe hängt aber im wesentlichen einerseits von dem Verhältnis des Einströmquerschnittes f zum Querschnitt der Mundstückbohrung, andererseits vom Verhältnis des Volumens der gesamten Eingußöffnung zum Volumen des eigentlichen Gußstückes ab. Und zwar wird offenbar während der ersten Strömungsphase ein um so kleinerer Teil des Formhohlraumes aufgefüllt, je kleiner der Einströmquerschnitt f gegenüber dem Mundstückquerschnitt[1], und je kleiner das Eingußvolumen im Vergleich zum Gußstückvolumen ist.

Hieraus ergeben sich für die Praxis die beiden nachstehenden, alternativen Folgerungen:

A. Wenn die Gußstückgestalt es zuläßt, soll man den Einströmquerschnitt f, die Mundstückbohrung und die Durchflußquerschnitte sowie das Volumen der ganzen Eingußöffnung so bemessen, daß die letztere sich in einer (gegenüber der ganzen Einströmungsdauer) äußerst kurzen Zeit vollfüllt (so daß die Auffüllung des Formhohlraumes zum wesentlichen Teile nach Vollfüllung der Eingußöffnung erfolgt), und daß ferner

[1] Beim Warmkammer-Druckgießverfahren; bei Kaltkammer-Druckgießmaschinen mit waagrechter Druckkammer ist der an die Druckkammer-Bohrung anschließende Querschnitt vor dem Übergang zu den Gießläufen gemeint.

während der Formauffüllung bei vollgefülltem Einguß die Strömungsgeschwindigkeiten vor dem Anschnitt durchweg klein gegenüber der Einströmgeschwindigkeit w sind. In diesem Falle kann man am ehesten darauf rechnen, daß die Strömungsverluste vor dem Anschnitt nur geringe Bedeutung haben werden.

B. Wenn ein Gußstück infolge seiner Gestalt zu einer solchen Bemessung und Gestaltung von Mundstückquerschnitt, Eingußöffnung und Anschnitt zwingt, bei der entweder die Formauffüllung zu einem erheblichen Teile vor der Vollfüllung des Eingusses erfolgt, oder auch bei vollgefülltem Einguß hohe Strömungsgeschwindigkeiten vor dem Anschnitt auftreten, so können die Strömungsverluste vor dem Anschnitt nur dadurch in erträglichen Grenzen gehalten werden, daß die Eingußöffnung mit ganz besonderer Sorgfalt (insbesondere durch Vermeidung oder möglichst sanfte Gestaltung von Umlenkungen und Erweiterungen und durch höchste Sauberkeit und Glätte der Wandungen) in einer strömungstechnisch möglichst günstigen Art ausgebildet wird.

Näheres hierüber wird später bei der Besprechung der Eingußgestaltung noch ausgeführt werden.

2.22 Richtlinien für die Bemessung der Einströmungsgrößen und für die Gestaltung des Druckverlaufes in der Gießmaschine – Die vier Verfahrensarten

2.221 Der Zusammenhang zwischen der Gestalt des Gußstückes und der Einströmgeschwindigkeit, dem Anschnitt und der Form- und Gießtemperatur

Aus den Darlegungen des vorhergehenden Abschnittes lassen sich wichtige Folgerungen für die Bemessung des Einströmquerschnittes f, der Einströmgeschwindigkeit w und der Form- und Gießtemperatur sowie für die wünschenswerte Gestaltung des Anschnittes der Gießform und des Druckverlaufes in der Gießmaschine ziehen.

Der *Gießdruck* muß bei Schußbeginn entweder sofort (,,schlagartig“) in der vollen, zur Formauffüllung erforderlichen Höhe auf das Gießmetall in der Druckkammer einwirken oder (sofern ein Druckmittel von zeitlich ansteigendem Druck verwandt wird[1]) so rasch anwachsen, daß er diese Höhe bis zum Beginn der Einströmung in den Formhohlraum erreicht; in dieser Höhe muß er bis zum Ende der Formauffüllung verbleiben. Die Forderung eines solchen Druckverlaufes ergibt sich daraus, daß das Gießmetall alsbald bei Beginn der Druckeinwirkung in Bewegung gerät[2], nach einer äußerst kurzen Zeit den Anschnitt erreicht und dann

[1] Vornehmlich ein pneumatisches Druckmittel.

[2] Außer bei den selten vorkommenden als veraltet anzusehenden Gießmaschinen mit Ausströmventil, die hier außer Betracht gelassen sind.

den Formhohlraum innerhalb einer zwischen einigen Hundertstel- und einigen Zehntelsekunden liegenden Zeit auffüllt. Setzt also der Gießdruck bei Schußbeginn nicht schlagartig oder äußerst steil ansteigend ein, so erfolgt die Formauffüllung unter zu geringem Druck und demgemäß mit zu geringer Einströmgeschwindigkeit („schleichend"), so daß das Gußstück mangelhaft wird. Ein Druckanstieg *während* der Formauffüllung aber kann wegen deren geringer Dauer überhaupt nur dann merklich wirksam werden, wenn er zeitlich sehr steil erfolgt, was jedoch wegen der damit verbundenen Strömungsunregelmäßigkeiten (namentlich wegen der Gefahr des „Klecksens") unerwünscht wäre (vgl. 2.212 und Abb. 18).

Hieraus ergibt sich als Ideal*verlauf* für den *Gieß*druck ein während der eigentlichen Formauffüllung konstanter Druck[1]; geringfügige Druckänderungen während der Gießdauer sind natürlich unschädlich. Über den für den *Nach*druck wünschenswerten Verlauf wird weiter unten noch gesprochen.

Hinsichtlich der *Höhe* des Gießdruckes ist zunächst daran zu erinnern, daß es nach den Darlegungen des vorigen Abschnittes mit Rücksicht auf die Luftabführung und den Wärmezustand der Gießform im allgemeinen nicht statthaft ist, die Einströmgeschwindigkeit w und die Dicke d des Einlaufstrahls beide zugleich hoch zu wählen. Vielmehr ist in den meisten Fällen eine *hohe Einströmgeschwindigkeit nur bei schwachem Anschnitt, ein kräftiger Anschnitt nur bei vergleichsweise geringer Einströmgeschwindigkeit zulässig.*

Die Voraussetzungen für die Entscheidung zwischen diesen beiden Möglichkeiten sind bei dünnwandigen, sperrigen Gußstücken andere als bei starkwandigen, klobigen; die Frage soll daher für die beiden Gußstücktypen gesondert behandelt werden.

a) Dünnwandige, sperrige Gußstücke. Bei dünnwandigen, sperrigen Gußstücken (d. h. im Sinne der obigen Definition: solchen, die schon während des Auslaufens zu erheblichem Teile erstarren) müssen alle Aufgaben des Flüssigkeitsdruckes in der Form vom Strömungsdruck erfüllt werden. Daher müssen Einströmgeschwindigkeit w und Einströmquerschnitt f unter Berücksichtigung ihrer wechselseitigen Abhängigkeit so gewählt werden, daß der Strömungsdruck hinreichend groß wird und zugleich die im vorstehenden besprochenen Schädigungen hintangehalten werden. Nun erfordern aber dünnwandige, sperrige Stücke schon mit

[1] Zur Erzielung einer besonders kurzen Anlaufzeit (vgl. 2.121 b) könnte es vorteilhaft erscheinen, wenn der Gießdruck bei Schußbeginn zunächst schlagartig in weit größerer Höhe einsetzen und dann alsbald auf die für die Formauffüllung erwünschte Höhe absinken würde. Praktisch kommt normalerweise eine solche Steuerung des *Betriebsdruckes* nicht in Betracht; jedoch kann der *Arbeitsdruck* infolge des zu Beginn der Formauffüllung auftretenden Stoßdruckes auch bei konstantem Betriebsdruck tatsächlich einen derartigen Verlauf nehmen.

Rücksicht auf die Abkühlung des Metalls beim Durchströmen der Form eine hohe Einströmgeschwindigkeit w, da nur bei raschem Durcheilen des Formhohlraumes jedes Metallteilchen noch mit einer zur genauen Anpressung durch den verfügbaren Strömungsdruck hinreichenden ,,Fließfähigkeit" an seinem Bestimmungsorte anlangt[1]. Zur Erzielung dieser hohen Einströmgeschwindigkeit muß einerseits der Gießdruck hoch, andererseits der Einströmquerschnitt f (zwecks Kleinhaltung der Anlaufzeit, der Vollfüllzeit des Eingusses und, nach deren Ablauf, der Strömungsgeschwindigkeiten vor dem Anschnitt) gering bemessen werden; andernfalls, bei großem f könnte die Einströmgeschwindigkeit zu Anfang oder auch (wegen großer Verluste vor dem Anschnitt) während der ganzen Dauer der Formauffüllung hinter ihrem stationären Idealwert weit zurückbleiben. Für die *Gestalt* des Anschnittes müssen die Rücksichten auf die Luftabführung und auf die Vermeidung übermäßiger lokaler Wärmestauungen in der Gießform im Vordergrunde stehen: Da beides von der Strahldicke d abhängt, muß der Anschnitt so ausgebildet werden, daß die Strahldicke d gering wird. Hieraus ergibt sich, daß bei dünnwandigen, sperrigen Gußstücken der Anschnitt am günstigsten gestaltet ist, wenn er die Gestalt einer breiten, flachen Rinne und somit das Anschnittmetall am Rohgußstück die Gestalt eines langgestreckten, dünnen Bandes hat, die bei allen bisherigen Betrachtungen vorausgesetzt ist (s. 2.122a).

Bei dieser Art des Anschnittes wird auch der Strömungsverlauf bei dünnwandigen (d. h. plattenförmigen oder in der Hauptsache aus Platten zusammengesetzten) Gußstücken im allgemeinen am übersichtlichsten. Tatsächlich wird in der Praxis ein großer Teil aller dünnwandigen Gußstücke in dieser Weise angeschnitten. Über andere Ausbildungsarten des ,,schwachen" Anschnittes wird später berichtet.

Der *Nachdruck* braucht bei dieser Arbeitsweise nicht höher zu sein als der Gießdruck. Infolge der raschen Erstarrung der dünnwandigen Gußstückteile und des schwachen Anschnittmetalls hat der Nachdruck bei der Herstellung schwachwandiger, sperriger Gußstücke nach dieser Verfahrensart in jedem Falle nur beschränkte Einwirkungsmöglichkeiten.

Somit wird diese Verfahrensart gekennzeichnet:

einerseits durch hohen (während Formauffüllung und Nachdruckzeit etwa gleichbleibenden[1] Betriebsdruck und damit durch hohe Einströmgeschwindigkeit des Gießmetalls,

andererseits durch ,,schwachen" Anschnitt der Gießform.

[1] Es verdient hervorgehoben zu werden, daß es hierfür vornehmlich auf die Geschwindigkeit der einzelnen Metallpartikeln ankommt, während es für den Gefügezusammenhang (d. h. für das vollständige Verschmelzen aller den Formhohlraum auf verschiedenen Wegen durcheilenden Metallmassen) wesentlich auf eine geringe Zeitdauer der *gesamten* Formauffüllung (und somit auf das Produkt $f \cdot w$) ankommt.

Diese Verfahrensart, die beim Druckguß in den meisten Fällen angewandt wird, soll im folgenden als **„Verfahrensart I"** bezeichnet werden (vgl. Abb. 19a).

b) Starkwandige, verwickelte Gußstücke. Bei starkwandigen, verwickelten Gußstücken, die bis zur Beendigung der Formauffüllung zum größten Teil flüssig bleiben, kann die Nachverdichtung zur Verhinderung der Lunkerbildung in manchen Fällen nicht durch den Strömungsdruck bewirkt werden, sondern nur durch den statischen Nachdruck. Damit dieser aber während einer hinreichenden Zeitdauer auf die Gußstückmassen in der Form einwirken kann, muß das im Anschnitt befindliche Metall während dieser Zeit insoweit fließfähig bleiben, daß es einen hydrostatischen Druck übertragen kann. Bei solchen Gußstücken, die einen Anschnitt von beträchtlicher Breite erfordern, kann ein längeres Flüssigbleiben des Anschnittmetalls nach beendeter Formauffüllung nur dadurch herbeigeführt werden, daß der Anschnitt eine über die bei Verfahrensart I üblichen Werte hinausgehende Dicke d erhält. Dies bedingt jedoch nach den bisherigen Ausführungen eine „geringe" Einströmgeschwindigkeit, damit der Stoßvorgang, die Voreilung und die Wirbelbildung trotz der hohen Werte der Dicke und des Querschnittes φ des Einlaufstrahls keine unzulässigen Störungen der Einströmung und kein Versetzen von Luft bewirken, und damit die vom Metallstrahl beaufschlagten Teile der Gießform keine übermäßige örtliche Erwärmung erfahren, die zu Formrissen und zu Außenlunkern und Schwindungsrissen im Gußstück führen könnte. Natürlich ist die Einströmgeschwindigkeit auch in diesem Falle noch immer sehr groß im Verhältnis zu der bei den Gießverfahren ohne Druckeinwirkung (z. B. beim Sand- oder Kokillenguß) angewandten; „gering" ist sie nur im Vergleich zu den bei Verfahrensart I gebräuchlichen Einströmgeschwindigkeiten.

Das Verfahren muß somit in diesem Falle anders sein als bei Verfahrensart I: Die Einströmgeschwindigkeit, und damit der Gießdruck, dürfen nur so hoch sein, daß sie eben an der unteren Grenze liegen, die durch die Abkühlung des Metalls bei Durchströmen der Form und durch den zur „Anpressung" an die Wände des Formhohlraumes erforderlichen Strömungsdruck gegeben ist. Nach beendigter Einströmung muß der Druck in der Druckkammer sprungartig auf einen höheren Betrag ansteigen und nun als Nachdruck durch den kräftigen Anschnitt hindurch auf die Gußstückmassen bis zu deren Erstarrung einwirken.

Die Anlaufzeit, die Vollfülldauer des Eingusses und die Strömungsverluste vor dem Anschnitt können bei dieser Arbeitsweise infolge des

[1] Oder wenigstens in gleicher Größenordnung, d. h. während der Formauffüllung ist der spez. Gießdruck automatisch kleiner als der Betriebsdruck, so daß sich am Ende der Formauffüllung trotzdem ein statischer Nachdruck ergibt, welcher allerdings in der Regel nicht bewußt wesentlich erhöht wird. (vgl. 3.316 c).

großen f beträchtliche Werte erreichen, was jedoch hier infolge der geringeren erforderlichen Einströmgeschwindigkeit weit weniger Bedeutung hat als bei Verfahrensart I.

Die hier beschriebene Verfahrensart, nämlich das Gießen mit mittlerem Anschnitt von verhältnismäßig großem Einströmquerschnitt, mit vergleichsweise geringer Einströmgeschwindigkeit und hohem Nachdruck soll im folgenden als **„Verfahrensart II"** bezeichnet werden (vgl. Abb. 19b). Sie wird im Vergleich zur Verfahrensart I seltener angewandt. Sie kommt im wesentlichen bei Warmkammer-Druckgießmaschinen mit Geschwindigkeitsantrieb, in Sonderfällen bei Kaltkammer-Druckgießmaschinen zur Verwendung. Verfahrensart II wird auch bei bestimmten Gußstücken angewandt, die auf Kolbengießmaschinen (Abb. 2a) gefertigt werden.

c) Starkwandige, verhältnismäßig klobige Gußstücke. Bei derartigen Teilen muß zur Verhinderung einer Lunkerbildung eine erhebliche Nachverdichtung auf die Gußstückmassen möglichst bis zur Erstarrung einwirken. Um das zu erreichen ist ein starker Anschnitt bei größtem statischem Nachdruck erforderlich. Dies bedingt wiederum eine große Dicke d des Anschnittes und eine sehr geringe Einströmgeschwindigkeit. Das Verfahren weicht daher sowohl von Verfahrensart I, als auch von Verfahrensart II erheblich ab. Die Einströmgeschwindigkeit und damit der Gießdruck während der Formauffüllung sind so nieder zu wählen, daß eine Abkühlung des Metalls im Formhohlraum vermieden wird. Nach Beendigung der Einströmperiode wird der Gießdruck sehr schnell und wesentlich erhöht, sodaß sich durch den sehr dicken Anschnitt hindurch der Nachdruck auf die Gußteilquerschnitte auswirkt. Da bei dieser Verfahrensart Gießdrücke von 1000 kp/cm² keine Seltenheit sind und die Erstarrung unter diesen hohen Drücken stattfindet, sind auch Qualitätssteigerungen erzielbar. Durch die verhältnismäßig langsame Formauffüllung hat die etwa im Formhohlraum befindliche Luft genügend Zeit zum Entweichen durch sinnvoll angelegte Luftabführungskanäle, wobei das einströmende Schmelzgut diese Verdrängung bewirkt. Dadurch ergibt sich vielfach auch eine Formauffüllung, die vom Anschnitt ausgehend verläuft (besonders bei „teigigem" Gießgut), wobei sich die Metallmassen im Formhohlraum immer weiter nach den entlegeneren Stellen vorschieben (ähnlich wie sie Brandt angenommen hat, vgl. Abb. 3). Diese Verfahrensart, die beim Druckgießverfahren in zunehmendem Maße angewandt wird, soll im folgenden als **„Verfahrensart III"** bezeichnet werden (vgl. Abb. 19c).

Auf Warmkammer-Druckgießmaschinen ist eine Herstellung dickwandiger, verhältnismäßig klobiger Gußstücke mit einigermaßen dichtem Gußgefüge kaum möglich. Man ist daher dazu übergegangen, solche Teile ausschließlich auf Kaltkammer-Druckgießmaschinen zu fertigen.

Diese Gießmaschinenart ermöglicht durch die Anwendung einer sogenannten „kalten“ Druckkammer hohe spezifische Gießdrücke, die bei Warmkammer-Druckgießmaschinen nicht zulässig sind, da die auf Gießtemperatur befindliche „warme“ Druckkammer einer sich daraus ergebenden Beanspruchung nicht gewachsen ist.

d) Sonderfälle. In Sonderfällen werden manchmal dickwandige Gußstücke in der Weise gegossen, daß ein starker Anschnitt und zugleich eine hohe Einströmgeschwindigkeit verwandt werden. Eine solche Arbeitsweise ist jedoch infolge der ernsten, grundsätzlichen Bedenken, die gegen sie bestehen (vgl. besonders 2.212), nur in Ausnahmefällen gerechtfertigt. Die Strömungsvorgänge bei der Formauffüllung verlaufen in diesem Falle (außer bei ganz besonders einfacher Gußstückgestalt) völlig regellos und unbeherrschbar. Dabei werden im Gußmaterial wohl stets reichliche Luftmengen eingeschlossen, so daß ein geringes Ausmaß der Porosität überhaupt nur dadurch zu erreichen ist, daß diese Lufteinschlüsse durch besonders hohe Verdichtungsdrücke auf ein kleines Volumen komprimiert werden. Dies ist aber mit hinreichender Sicherheit nur bei solchen Gußstücken zu erreichen, deren Gestalt es gestattet, in *allen* Teilen des Formhohlraumes während der Auffüllung hohe Strömungsdrücke zu erzielen und *sämtliche* flüssigen Gußstückmassen bis zur beendeten Erstarrung unter hohem statischen Druck zu halten. Hierdurch wird die Anwendbarkeit dieser Verfahrensart von vornherein beschränkt auf einfach gestaltete (wenig Strahlumlenkungen bedingende) Gußstücke von durchweg reichlicher Wanddicke, die keine schwächeren, weit ausspringenden Ansätze enthalten und deren Wandungen nur wenige Einsprünge oder Durchbrechungen aufweisen. Aber auch bei solchen Gußstücken kann diese Verfahrensart infolge der bei ihr unvermeidlichen Wärmestauungen in der Gießform mangelhafte Ergebnisse durch Entstehung von Außenlunkern (Einfallstellen) und von Warmrissen zeitigen. Ferner sind hoch komprimierte Lufteinschlüsse, auch wenn sie nur geringen Raum einnehmen, manchmal für das Gußstück schädlich, da sie nicht selten nachträglich (namentlich bei Erwärmung) das Gußmaterial auftreiben. Daher sollte man diese Verfahrensart nur in solchen Fällen anwenden, in denen sie unumgänglich ist.

Für den Druckverlauf folgt aus der besonders wichtigen Rolle der Nachverdichtung bei dieser Verfahrensart, daß man um so geringere Porosität erhalten wird, einen je höheren Nachdruck[1] man anwendet. Daher ist es erwünscht, wenn die Gießmaschine eine Steigerung des Nachdruckes über den Gießdruck hinaus gestattet (Abb. 19d). Liegt jedoch der angewandte Gießdruck sehr hoch, so kann es in manchen

[1] In Abb. 19 d ist diese Verfahrensart nur für Warmkammer-Druckgießmaschinen angenommen; sie ist aber auch für Kaltkammer-Maschinen mit wesentlich höherem Nachdruck p_n anwendbar.

Fällen schon hinreichen, wenn der Nachdruck in gleicher Höhe wie der Gießdruck bleibt. In jedem Falle aber muß der Nachdruck unbedingt bis zur beendeten Erstarrung des Eingußmetalls in unverminderter Höhe einwirken.

Die hier beschriebene seltene Verfahrensart, das Gießen mit starkem Anschnitt, hoher Einströmgeschwindigkeit und hohem Nachdruck wird im folgenden als **„Verfahrensart IV“** bezeichnet (vgl. Abb. 19d).

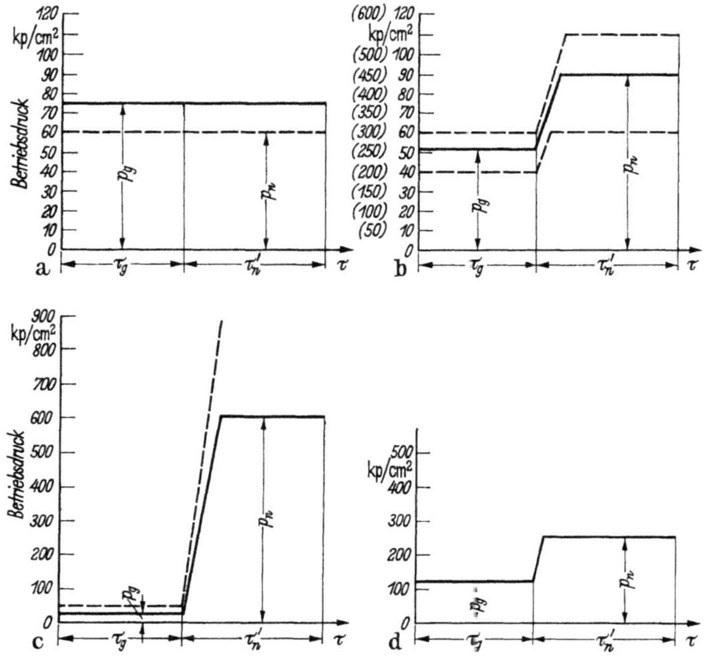

Abb. 19. Theoretisches Schaubild des zeitlichen Druckverlaufes bei den 4 Verfahrensarten des Druckgusses. (Die Größenordnungen der Drücke gelten für Gießmaschinen mit „*warmer*“ Druckkammer mit Ausnahme von Verfahrensart II, Klammermaße und Verfahrensart III, die für Kaltkammer-Druckgießmaschinen gelten.)

a Verfahrensart I. Hohe Einströmgeschwindigkeit und schwacher Anschnitt, kleiner Nachdruck (vorzugsweise für dünnwandige Stücke).

b Verfahrensart II. Mäßige Einströmgeschwindigkeit und mittelstarker Anschnitt, großer Nachdruck (für dickwandige Stücke auf Warmkammer-Druckgießmaschinen).

c Verfahrensart III. Geringe Einströmgeschwindigkeit und starker Anschnitt, größter Nachdruck (für dickwandige Stücke auf Kaltkammer-Druckgießmaschinen).

d Verfahrensart IV. Hohe Einströmgeschwindigkeit und mittelstarker Anschnitt, großer Nachdruck (für dickwandige Stücke in Sonderfällen).

Außer der Einströmgeschwindigkeit und dem Einströmquerschnitt sind auch die Metall- und die Formtemperatur von erheblicher Bedeutung für den Einströmungsvorgang. Wie schon ausgeführt wurde, werden die Reibungsverluste eines an der Formwandung entlangeilenden Metallstrahls in sehr starkem Maße durch die Abkühlung beeinflußt. Die Wärmeabgabe des Metalls an die Formwand ist abhängig von der

Differenz zwischen der Metall- und der Formtemperatur, sie wird also um so geringer, je wärmer die Gießform wird. Andererseits ist der Einfluß einer bestimmten Wärmeabgabe auf die Zähigkeit[1] des Metalls (und damit auf seine innere Reibung) um so geringer, je höher es über den Schmelzpunkt überhitzt ist und je größer seine spezifische Wärme und Schmelzwärme sind. Man kann also durch Erhöhung der Form- oder der Gießtemperatur oder beider zugleich die durch Abkühlung verursachten Strömungsverluste des Gießmetalls im Formhohlraum beträchtlich vermindern.

Diese „Abkühlungsverluste" sind für das Druckgießverfahren zugleich günstig und ungünstig: günstig insofern sie die Voreilung des Metalls in sehr wirksamer Weise zurückhalten, ungünstig, insofern sie den Strömungsdruck beim Auslaufen der vom Anschnitt entfernteren Teile des Formhohlraumes vermindern und überdies die Oberflächenzeichnungen[2] der Druckgußstücke verursachen, und endlich (wenn die Abkühlung des Metalls beim Durcheilen des Formhohlraumes zu groß ist) ein völliges, inniges Zusammenfließen der Gußstückmassen verhindern können. Daher gilt es, in jedem praktisch gegebenen Falle den angemessenen Mittelweg zu finden.

Dabei gilt als Richtlinie, daß man die Gießtemperatur des Metalls immer so niedrig halten und die Formtemperatur nur so hoch bemessen soll, wie eben notwendig ist, damit das Gußstück unter dem gegebenen Gießdruck[3] sauber ausläuft. Im allgemeinen können starkwandige und einfach gestaltete Stücke mit wesentlich niedrigerer Gießtemperatur druckgegossen werden als dünnwandige, verwickelte.

Die oft zu beobachtende Tatsache, daß Formen, die unter bestimmten Temperaturbedingungen gute Gußstücke ergeben, bei einer Steigerung der Formtemperatur plötzlich blasige Stücke liefern, kann in vielen Fällen zwanglos aus der Vergrößerung der Voreilung durch die Verminderung der Abkühlungs- und Reibungsverluste erklärt werden.

Nur erwähnt sei vorläufig, daß bei Bemessung der Form- und der Gießtemperatur nicht nur die Einströmvorgänge, sondern, und zwar sehr wesentlich, auch andere Faktoren berücksichtigt werden müssen. Bei der Metalltemperatur muß besonders beachtet werden, daß die Lunkerneigung sowie alle chemischen Einwirkungen auf das Gießmetall (Gasaufnahme, Oxydation, Eisenangriff) mit steigender Temperatur erheblich zunehmen. Die Formtemperatur wird (außer durch den schon erwähnten Zusammenhang mit der Oberflächenbeschaffenheit der Gußstücke) vornehmlich durch Rücksichten auf das Formmaterial einerseits

---

[1] Genauer: „Dickflüssigkeit" (vgl. Fußnote 1 S. 32).

[2] Siehe Abschnitt 9, Band II.

[3] Näheres über den Zusammenhang zwischen dem Gießdruck und den mindest erforderlichen Gieß- und Formtemperaturen (vgl. Band II.)

und das Verhalten des Gießmetalls während der Abkühlung andererseits bestimmt. Insbesondere ist zur Erzielung eines feinkörnigen Gefüges immer möglichst rasche Abkühlung und damit eine möglichst niedrige Gieß- und Formtemperatur erwünscht.

Diese Ausführungen zeigen schon, wie sehr in jedem Einzelfalle die erforderlichen Mindestwerte des Gießdruckes, der Gieß- und der Formtemperatur voneinander abhängen bzw. einander gegenseitig bedingen. Ganz allgemein können bei der gleichen Gußlegierung durch Steigerung des Gießdruckes die mindest erforderlichen Gieß- und Formtemperaturen sehr stark herabgesetzt werden. Ferner ist es nach dem Gesagten selbstverständlich, daß der zur Erzeugung eines bestimmten Gußstückes erforderliche Gießdruck unter sonst gleichen Umständen vornehmlich von den Eigenschaften der Gußlegierung, insbesondere von ihrer Schmelzwärme, abhängt. Näheres hierüber wird später ausgeführt.

Es sei noch erwähnt, daß die Grenzen, innerhalb deren die Form- und die Metalltemperatur mit Rücksicht auf den Einströmvorgang verändert werden können, in manchen Fällen ziemlich eng sind. Wenn sich (bei einem besonders ungünstigen Gußstück) die Notwendigkeit ergibt, die Abkühlungsverluste stark herabzusetzen, so soll man dies zweckmäßig immer zunächst durch Erhöhung der Formtemperatur (durch Verminderung der Formkühlung, u. U. auch durch Beheizung der Form) herbeizuführen suchen, und erst, wenn dies nicht ausreicht, auch die Temperatur des Gießmetalls steigern.

2.222 Anhaltswerte für die Einströmungsgrößen

Zahlenangaben über die zweckmäßige Größe der Einströmgeschwindigkeit und der Dicke des Anschnittes können nur in Form von Grenzwerten gegeben werden, da beide Werte sehr stark von der Wandicke, Gestalt der Gußstücke und der Art des Gießmetalls abhängen.[1] Lediglich zur Veranschaulichung der Größenordnungen seien im nachstehenden zunächst einige Richtwerte angegeben.

a) Für die Gießverfahren mit „warmer" Druckkammer gilt das folgende:

Verfahrensart I: Beim Gießen dünnwandiger, sperriger Stücke (mit hohem w und schwachem d) wird der Gießdruck p_g meistens in der Größenordnung zwischen 50 und 150 kp/cm² bemessen, entsprechend einer Größenordnung der Einströmgeschwindigkeit w von etwa 50—120 m/s. In manchen Fällen werden jedoch auch höhere Gießdrücke (bis zu 250 kp/cm²) angewandt. Die Dicke d des Anschnittes wird bei kleinen Stücken zwischen 0,3 und 0,5 mm, bei mittleren Stücken zwischen 0,5 und 1 mm bemessen und geht auch bei sehr großen Stücken selten über 1,8 mm hinaus. Der Nachdruck p_n weicht bei Verfahrensart I meistens

[1] s. auch Abschnitt 3.316 c.

von dem Gießdruck nicht erheblich ab, d. h. es erfolgt keine bewußte Druckerhöhung auf den Druckkolben.

Zwischen den angegebenen Grenzwerten können für jeden Einzelfall die geeigneten Werte nur durch die Erfahrung des Druckgußfachmannes nach der Größe und Gestalt der herzustellenden Gußstücke und der Art der Gußlegierung bestimmt oder durch systematisches Probieren gefunden werden. Daß dabei die Bemessung des Anschnittes mit besonderer Vorsicht vorgenommen werden muß, ist nach dem bisher Gesagten selbstverständlich, da namentlich ein zu starker Anschnitt meistens mangelhafte Gußstücke ergibt. Jedoch soll auch die Einströmgeschwindigkeit w, d. h. der Gießdruck p_g, nicht unnötigerweise übermäßig hoch gewählt werden. Denn mit p_g und w wachsen auch die Beanspruchungen der Druckkammer und der Gießform.

Verfahrensart II: Für die Herstellung dickwandiger Gußstücke mit „mäßiger" Einströmgeschwindigkeit, mittlerem Anschnitt und großem Nachdruck geht man mit dem Gießdruck p_g in manchen Fällen bis zu 15 kp/cm² bei der Formauffüllung herunter. Nach oben hin können keine zahlenmäßigen Grenzwerte angegeben werden, da hierbei die Verhältnisse von Fall zu Fall allzu verschieden sind.

Der Nachdruck p_n wird in diesem Falle gegenüber dem Gießdruck p_g meist stark erhöht; jedoch ist sein Betrag ebenfalls bei verschiedenen Gußstücken sehr verschieden. Nachdrücke bis zu 250 kp/cm² und darüber sind nicht selten.

Verfahrensart III: Diese Verfahrensart, nämlich geringe Einströmgeschwindigkeit, starker Anschnitt und größter Nachdruck, kann bei Warmkammer-Druckgießmaschinen im allgemeinen nicht angewandt werden. Die beheizte Druckkammer ist bei Gießdrücken über 250 kp/cm² den entstehenden Beanspruchungen bei der Verarbeitung von hochschmelzenden Leicht- und Schwermetall-Legierungen nicht mehr gewachsen, da Temperaturen von 800 bis über 1000 °C (etwa bei den Kupferlegierungen) auftreten können.

Verfahrensart IV: Bei Stücken, die mit starkem Anschnitt und mit hohem w gegossen werden, kann der Gießdruck p_g etwa in denselben Grenzen liegen wie bei Verfahrensart *I*. Jedoch ist es in diesem Falle oft angebracht, den Nachdruck p_n gegenüber p_g noch beträchtlich zu steigern.

b) Für die Gießverfahren mit „kalter" Druckkammer werden folgende Richtlinien angeführt:

Verfahrensart I kann zum Gießen dünnwandiger, sperriger Stücke ebenfalls angewandt werden. Zur Erzielung guter Resultate sind jedoch weit höhere Drücke als bei den Warmkammer-Druckgießmaschinen erforderlich. Die zu wählenden Drücke sind sehr stark von der zu vergießenden Druckgußlegierung abhängig. Hochschmelzende Legierungen, die im sogenannten „teigigen" Ausgangszustand (zwischen Solidus- und

Liquiduspunkt) verarbeitet werden, erfordern höhere Gießdrücke, als bei einer Verarbeitung im flüssigen Zustand (über dem Liquiduspunkt).

Die Gießdrücke liegen im allgemeinen zwischen 200 und 500 kp/cm². Bei letzteren ergibt sich eine Einströmgeschwindigkeit von 190 m/s bei einer Aluminium-Legierung (ideale, quasistationäre Strömung und entsprechende Druckkolbengeschwindigkeit vorausgesetzt). In der Praxis werden jedoch auch Gießdrücke von 1000 kp/cm² angewandt. Die Dicke d des Anschnittes wird in ähnlichen Abmessungen gewählt wie bei den Warmkammer-Druckgießmaschinen.

Verfahrensart II wird bei kalter Druckkammer seltener durchgeführt. Man geht auf Drücke von 20—50 kp/cm² bei der Formauffüllung herunter und wendet aber einen wesentlich höheren Nachdruck[1] p_n an. Dabei werden Werte von 1000—1500 kp/cm² angestrebt.

Verfahrensart III wird in zunehmendem Maße bei Kaltkammer-Druckgießmaschinen angewandt. Der eigentliche Gießdruck p_g wird dabei zur Erzielung einer „langsamen" Formauffüllung sehr nieder gewählt. Nach SHARP sollte eine Einströmgeschwindigkeit im Anschnittquerschnitt von 15 m/s nicht überschritten werden. Dies würde für eine Zn-Legierung theoretisch einen wirksamen Gießdruck von nur knapp 10 kp/cm² ergeben. Derartig geringe Einströmgeschwindigkeiten erfordern jedoch starke Anschnitte. Die Dicke d des Anschnittes kann 3 mm und darüber betragen. Auch rechteckige Anschnittquerschnitte an geeigneter Stelle des Formhohlraumes sind möglich.

Um eine Erstarrung der Gußstückmassen unter einem möglichst hohen Druck zu erreichen (sogenannte Hochdruck-Kristallisation) läßt man Nachdrücke[1] p_n von 1500—3000 kp/cm² und mehr einwirken, doch schwanken auch hier die Drücke je nach Gießmaschinenart und Druckgußwerkstoff sehr stark.

Die Anwendung von *Verfahrensart IV* bei Gießverfahren mit kalter Druckkammer erfolgt ebenfalls nur in Sonderfällen. Der Gießdruck ist in den gleichen Grenzen wie bei Verfahrensart I angegeben, jedoch ist meist ein sehr hoher Nachdruck[1] erforderlich, der bis 3000 kp/cm² betragen kann.

Es sind auch Verfahren bekannt geworden, bei denen die Anschnittdicke d während der Formauffüllung verändert wird (regelbarer Anschnittquerschnitt), so daß eine gewisse Kombination der geschilderten Verfahrensarten erzielt werden kann[2].

2.223 Der zeitliche Verlauf des Betriebsdruckes in der Gießmaschine

Der Druckguß kann somit grundsätzlich, je nach der Gußstückgestalt und der Ausbildung des Anschnittes, in vier verschiedenen Verfahrens-

[1] Dabei ist vielfach weniger die Höhe des Nachdruckes, als die zeitlich rasche, konstante Größe desselben sofort nach der Formauffüllung maßgebend (vgl. Band II). [2] z. B. DBP 1069341.

arten ausgeübt werden. Jede dieser vier Verfahrensarten bedingt nach dem Gesagten einen anderen Verlauf des Betriebsdruckes in der Gießmaschine.

In Abb. 19 sind die vier Verfahrensarten schematisch veranschaulicht. Die stark ausgezogenen Kurven stellen den idealen zeitlichen Druckverlauf bei vier für die betreffenden Verfahrensarten typischen Gießvorgängen dar; die Größenordnungen der Drücke gelten für Gießmaschinen mit „warmer" Druckkammer, mit Ausnahme von Verfahrensart III, die nur bei Kaltkammer-Druckgießmaschinen anwendbar ist.

In Abb. 19 bedeuten τ die Zeit, τ_g die Zeitdauer der Auffüllung des eigentlichen Formhohlraumes und τ_n' die Zeitdauer der Nachverdichtung des eigentlichen Gußstückes (von der Vollfüllung bis zur Erstarrung des Anschnittmetalls).

Natürlich ist die Einwirkungsdauer des Betriebsdruckes in der Gießmaschine nicht auf $\tau_g + \tau_n'$ beschränkt, vielmehr muß der Betriebsdruck schon vor Beginn von τ_g während der Zeit, während deren das Gießmetall bis an den Anschnitt der Form herangelangt, in der Druckkammer einwirken; ferner muß er in vielen Fällen (namentlich bei Kolbengießmaschinen zur Verhinderung des „Hohlsaugens" des Eingußzapfens) über τ_n' hinaus bis zur beendeten Erstarrung des Eingußzapfens aufrechterhalten werden; er kann jedoch nach Ablauf von τ_n' abfallen. In Abb. 19 ist der Verlauf des Druckes vor Beginn von τ_g und nach Ende von τ_n', der in den eigentlichen Formhohlraum nicht hineinwirkt, nicht mitgezeichnet.

Abb. 19a zeigt den idealen Verlauf des Betriebsdruckes für Verfahrensart I. Der Nachdruck p_n ist ebenso hoch wie der Gießdruck p_g und kann nur während der sehr kurzen Zeit τ_n' bis zur Erstarrung des Anschnittmetalls auf das eigentliche Gußstück einwirken.

Abb. 19b zeigt den idealen Druckverlauf für Verfahrensart II. Die Zeit τ_n', während deren der Nachdruck (bis zur beendigten Erstarrung des Anschnittmetalls) auf die Gußstückmassen einwirkt, ist bedeutend größer als im Falle der Abb. 19a.

In Abb. 19c ist der ideale Druckverlauf für Verfahrensart III dargestellt. Der Nachdruck p_n muß hier besonders lange durch diesen starken Anschnittquerschnitt hindurch bis zur völligen Erstarrung der Gußstückmassen einwirken.

Abb. 19d veranschaulicht den Druckverlauf bei Verfahrensart IV. Die Einwirkungsdauer τ_n' des Nachdruckes auf das eigentliche Gußstück ist auch hier größer als in Abb. 19a.

In den vier Abbildungen ist der Gießdruck entsprechend der früher begründeten Forderung als konstant angenommen. Die gestrichelten Kurven bezeichnen Anhaltswerte für die im allgemeinen üblichen Ober-

und Untergrenzen von Gieß- und Nachdruck, die jedoch gelegentlich weit über- bzw. unterschritten werden können.

Wie die Schaubilder in Abb. 19 zeigen, können die für alle möglichen, in der Praxis vorkommenden Gußstücke jeweils günstigsten Gestaltungen des Druckverlaufes eine große Mannigfaltigkeit zeigen. Für Gießdruck und Nachdruck können in den Einzelfällen alle zwischen den Ober- und Untergrenzen der Schaubilder liegenden Werte wünschenswert sein; ebenso kann die Einströmzeit τ_f alle möglichen Größen zwischen einigen Hundertstelsekunden und Zehntelsekunden[1] haben, während sich die Dauer τ_n' der Nachverdichtung bis zur Größenordnung einer Anzahl von Sekunden erstrecken kann.

2.3 Weitere theoretische Grundzüge

Bisher wurde im wesentlichen angenommen, daß es sich bei der Auffüllung des Formhohlraumes um ideale Flüssigkeiten handelt, es sind Reibungs-, Wirbel- und sonstige Energienverluste außer acht gelassen worden, der Wärmeinhalt und die Masse einer Schmelze wurden vernachlässigt und der Druckgieß-Vorgang unabhängig von den für die Verarbeitung angewandten Systemen betrachtet. Um nun ein den praktischen Ergebnissen besser entsprechendes Bild als durch die bisher angenommenen Vereinfachungen zu erhalten, wird versucht, unter Zuhilfenahme inzwischen durchgeführter wissenschaftlicher Arbeiten und Untersuchungen einen weiteren Einblick in die Druckgieß-Probleme zu geben.

2.31 Eigenschaften der im Druckgießverfahren verwendbaren metallischen Werkstoffe

Das sogenannte Schmelzen eines Werkstoffes, die isothermische Zustandsänderung, bei der ein Körper vom festen in den flüssigen Aggregatzustand übergeht, hat das Gießen von Metallen und deren Legierungen ermöglicht. Der umgekehrte Vorgang heißt Erstarren und vollzieht sich im Formhohlraum.

Das Ziel jedes Gießverfahrens ist das vollständige Ausfüllen einer den Konturen des herzustellenden Teiles entsprechenden Form. Dabei sollten in dem entstehenden Gußstück hervorragende Oberflächengüte, größte Genauigkeit, einwandfreies Gußgefüge und höchste physikalische Werte erreicht werden. Durch die Anwendung von Gießdrücken und einer genauestens gearbeiteten Gießform kommt man mit dem Druckgießverfahren an Idealwerte nahe heran.

[1] Entsprechend der Größe des herzustellenden Druckgußteiles schwankt die Einströmzeit, sie kann z. B. für ein sperriges Al-Druckgußteil mit einem Gewicht von 20 kg bei größerer Wanddicke bis etwa 0,2 Sekunden betragen.

Eine besonders wichtige Eigenschaft ist die Gießbarkeit von Metalllegierungen, die wiederum in die beiden wichtigsten Merkmale: Fließbarkeit und Schwindung unterteilt werden kann. Von folgenden fünf Punkten ist die Gießbarkeit abhängig:

1. vom *Metall*: Natur des Metalls oder der Metallegierung in bezug auf Gittertyp, spezifische Wärme, Schmelzwärme (latente Umwandlungs- bzw. Erstarrungswärme), Erstarrungsintervall, Erstarrungsgeschwindigkeit, Reinheit, Zähigkeit bzw. Dickflüssigkeit, Wärmeleitfähigkeit und Legierungskomponenten, welche Solidus- und Liquiduspunkt beeinflussen.

2. von den *Gießbedingungen*: Schmelz- oder Gießtemperatur, Einströmgeschwindigkeit in den Formhohlraum, Ausführung und Art des Gießlaufs, Lage, Zahl und Ausbildung des oder der Anschnitte, Strömungswege innerhalb des Formhohlraumes, Höhe und Art des Gießdruckes, Arbeitsgeschwindigkeit.

3. von der *Gießform*: Formwerkstoff (Wärmeleitfähigkeit, Temperaturleitfähigkeit, spezifische Wärme desselben), Anfangstemperatur des Formhohlraumes, Art der Einformung (Formteilung, Entlüftung, Kern- und Schieberanordnung), Oberflächenbeschaffenheit des Formhohlraumes, Wärmehaushalt und Wärmefluß während des Betriebes.

4. vom *Gußteil*: Gestaltung (dickwandig oder dünnwandig, verwickelt oder einfach), Gewicht und Größe, Verschiedenartigkeit der Querschnitte, Schwindungsverhältnisse (die einen Verzug auslösen können).

5. von der Berührung *Gußteil/Form*: Zustand der Oberfläche des Formhohlraumes, Art der verwendeten Schmiermittel und Schlichten, Eigenschaften der Metallegierung in bezug auf Schrumpfwirkung während der Erstarrung.

Die Gießbarkeit (im weiteren Sinne) kann nur experimentell untersucht und vergleichweise ermittelt werden. Die ***Fließbarkeit*** ist von A. PORTEVIN[1] als die Eigenschaft und Fähigkeit eines Metalls beim Schmelzen voll und ganz einen Formhohlraum auszufüllen definiert worden. Mit Hilfe eines spiralförmigen Formhohlraumes wird die noch erreichbare Länge bei verschiedenen Metallen unter gleichartigen Bedingungen ermittelt.

Bezeichnet man mit

L_{fl} = Maß für erreichbare Spiralenlänge
t_f = Form- oder Kokillentemperatur
t_1 = Schmelzpunkt des Metalls
c_m = mittlere spezifische Wärme des flüssigen Metalls
u = Umwandlungs- oder Erstarrungswärme (latente Wärme)

---

[1] Leçons à l'École supérieure de Fonderie, 1931.

ϱ = Dichte des Metalls (Masse je Volumeneinheit)
k = Koeffizient der thermischen Leitfähigkeit der Gießform

so erhält man als einfachsten Ausdruck der Fließbarkeit L_{fl}[1]

$$L_{fl} = k\,\varrho\,\frac{c_m\,(t_f - t_1) + u}{t_1 - t_f}$$

Dabei ist davon ausgegangen, daß die Fließbarkeit mit wachsender Form- oder Kokillentemperatur zunimmt, d. h. wenn $t_1 - t_f$ abnimmt. Die Fließbarkeit würde unendlich werden beim Grenzfall $t_1 = t_f$.

Die *Schwindung* ist stark metallabhängig. Auch Zusatzmetalle können bei Legierungen die Schwindung verändern. Gestalt und Gießtemperatur beeinflussen ebenfalls die Schwindung eines Gußteiles. Der Ausdruck „Schwindung" bedeutet in der Gießtechnik außer dem Vorgang des Zusammenziehens (kleiner werden) der Querschnittsmaße eines Körpers aus Metallen beim Erstarren auch eine Maßgröße, und zwar die prozentuale Maßabweichung des erkalteten Gußstückes von den Abmessungen des Formhohlraumes bei der Betriebstemperatur.

Beim Druckgießverfahren sind aber außer der Fließbarkeit und Schwindung auch noch andere Faktoren zu berücksichtigen, um brauchbare Gußteile zu erzielen. Zum Beispiel wird durch Anwendung entsprechend hoher Gießdrücke und der damit verbundenen schnellen Geschwindigkeitsfortpflanzung die Gießbarkeit wesentlich verbessert, so daß beim Druckguß sehr kleine Wanddicken und große Fließwege erzielt werden können. Zu einer guten Fließbarkeit muß sich auch ein gutes *Formfüllungsvermögen* gesellen[2].

Als Begleiterscheinungen beim Gießen und Erstarren sind auch bei Druckguß bis zu einem gewissen Grade (es liegen ja hier meist nicht genau die gleichen Verhältnisse wie beim sonstigen Formguß vor, da beispielsweise die Erstarrung unter einer gewissen Druckeinwirkung erfolgt und große Querschnitte und Stoffanhäufungen in der Regel nicht vorliegen) die Theorien[3] über Lunkern und Schrumpfen, Entwicklung von Gasen während der Erstarrung, Seigerungen, sowie über die Gefügeentstehung zu beachten.

2.311 Allgemeine Anforderungen

Die Druckgußverarbeitung stellt grundsätzlich andere Anforderungen an die verwendbaren metallischen Werkstoffe als andere Gießverfahren. Man kann deshalb keinesfalls aus der Bewährung einer Metall-

---

[1] Nach M. P. Bastien aus Revue de Métallurgie, Paris.

[2] Vgl. W. Patterson und R. Kümmerle: „Über das Fließ- und Formfüllungsvermögen der Metalle". Gießerei 46 (1959) H. 23, S. 897/904.

[3] Siehe z. B. aus dem „Handbuch der Gießerei-Technik", herausgegeben von Dr. F. Roll, Bd. I, Abschnitt ‚Metallkundliche Probleme des Gießereiwesens' von Dr. E. Scheil, Berlin/Göttingen/Heidelberg: Springer 1959.

legierung für Sand- oder Kokillenguß folgern, daß sie auch für Druckguß ohne weiteres brauchbar wäre. Ein ideales *Druckgußmetall* sollte folgende Forderungen erfüllen:

1. Das Metall soll sich ständig ohne Ausscheidungsvorgänge warm oder flüssig halten lassen, möglichst in Schmelzbehältern aus Grauguß oder Stahlguß.
2. Beim Strömen durch die Gießform bei hoher Pressung und großer Geschwindigkeit soll es auch bei kleinsten Querschnitten noch genügend dünnflüssig sein, um ein gutes homogenes Gußstück zu erhalten.
3. Im Metall dürfen auch unter höchsten Gießdrücken keine chemischen Reaktionen oder sonstigen Umwandlungen stattfinden.
4. Bei schroffer und oft ungleichmäßiger Abkühlung dürfen keine Seigerungen oder Lunker im Gußstück entstehen.
5. Verhinderte Schwindung in einem unnachgiebigen Formhohlraum darf bis zur Auswerftemperatur keine Risse und gefährlichen Spannungen im Gußstück auslösen.
6. Das Metall darf in flüssigem oder teigigem Zustand keine schädlichen Gase enthalten, besonders nicht solche, die als Metalloxyde gebunden vorkommen oder eine gewisse Lösungsfähigkeit in Metallschmelzen haben und dadurch zu Undichtigkeiten im Gußstück führen.
7. Die Metallegierung sollte ein gewisses Erstarrungsintervall aufweisen, um Nachspeisungen während der Formauffüllung zu ermöglichen, da ein Vergießen bei Temperaturen erheblich über der Liquiduslinie im allgemeinen schädliche Auswirkungen hat.
8. Für eine rasche Erstarrung ist im allgemeinen eine große Erstarrungsgeschwindigkeit erwünscht, die jedoch die Gefahr von Kaltschweiß- und unganzen Stellen in sich birgt, so daß bei dünnwandigen großflächigen Druckgußteilen eine kleinere Erstarrungsgeschwindigkeit Vorteile bringt (Erstarrungs-Geschwindigkeit ist bei Kühlung größer!).
9. Die Legierung soll maß-, gefüge- und möglichst auch korrosionsbeständig sein.

Die für Druckguß geeigneten *Standardlegierungen* sind genormt[1]. Diese genormten Metallegierungen sind unbedingt zu bevorzugen, da sie sich gerade für Druckguß bestens bewährt haben. Sonderlegierungen erfordern vor der Verwendung für Druckguß eine genaue Prüfung der vorstehend angeführten Eigenschaften und der notwendigen „Reckfähigkeit“ des Metalls. Dies geschieht am besten durch eine probeweise Verarbeitung und anschließend oft zeitraubende physikalische und chemische Prüfung. In den genormten Druckgußlegierungen steht jedoch eine große Anzahl hervorragender metallischer Werkstoffe zur Verfügung, die allen Ansprüchen gerecht werden können, so daß nicht genormte Legierungen nur auf wirkliche Sonderfälle beschränkt bleiben sollten.

[1] Näheres siehe Abschnitt 7: Gebräuchliche Druckgußlegierungen, Band II.

2.312 Ableitungen aus der Metallkunde

Die meisten im Druckgießverfahren verarbeitbaren Metallegierungen schmelzen und erstarren nicht bei einer bestimmten, gleichbleibenden Temperatur, sondern innerhalb eines Erstarrungsintervalles. Nur für Druckgußteile sehr selten verwendete „reine Metalle" und eutektische Legierungen haben eine bestimmte Schmelztemperatur, d. h., sie sind durch einen ausgesprochenen Schmelzpunkt gekennzeichnet.

Zeichnet man die Temperatur in Abhängigkeit von der Zeit auf, so erhält man eine Kurve, wie sie Abb. 20 beispielsweise für das *reine Metall Blei* zeigt. Man erkennt, daß das in den flüssigen Zustand erwärmte, sich dann langsam abkühlende Metall bei einem bestimmten Punkt, nämlich 327 °C, eine Zeitlang die gleiche Temperatur beibehält. Die Temperatur-Zeit-Kurve besitzt einen sogenannten *Haltepunkt*. Das gleiche gilt für die Erhitzungskurve. Hier wird dauernd Wärme zugeführt, wodurch die Temperatur immer weiter steigt. Nur im Haltepunkt erfolgt trotz Zuführung von Wärme kein Temperaturanstieg. Die Energie wird dabei zu einer Umwandlung des Gefüges benötigt. Man nennt diese die Umwandlungs- oder Erstarrungswärme (auch latente Wärme genannt).

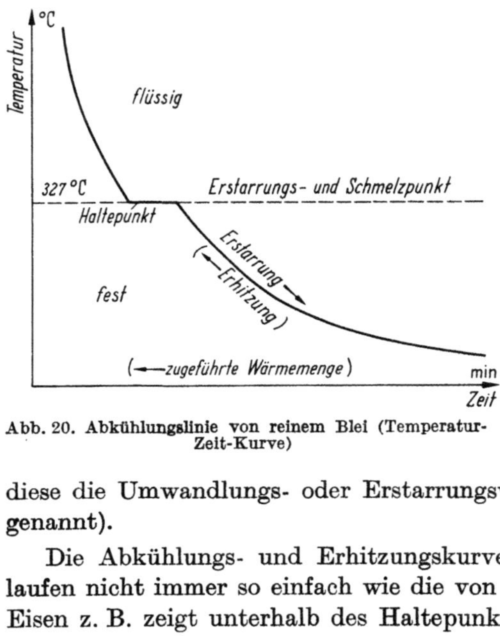

Abb. 20. Abkühlungslinie von reinem Blei (Temperatur-Zeit-Kurve)

Die Abkühlungs- und Erhitzungskurven eines reinen Metalls verlaufen nicht immer so einfach wie die von Blei. Die Kurve von reinem Eisen z. B. zeigt unterhalb des Haltepunktes, der zugleich der Erstarrungspunkt ist, noch weitere Haltepunkte; diese sind auf eine Änderung des Gitters, d. i. eine Änderung der Lage der Atome zueinander, zurückzuführen. In einem solchen Fall tritt das Metall in verschiedenen „Modifikationen" auf, die mit griechischen Buchstaben bezeichnet werden (z. B. α-, β-, γ-Eisen).

Trägt man für eine Zweistofflegierung die Temperatur in Abhängigkeit vom Mischungsverhältnis auf, so erhält man das wichtige *Zustandsschaubild* der Legierung. Am einfachsten werden die verschiedenen Begriffe bei der Betrachtung der Abkühlungslinien und des Zustandsschaubildes der *Blei-Antimon-Legierungen* klargelegt (Abb. 21).

In Abb. 21 sind die Kurvenstücke zur besseren Übersicht nebeneinander dargestellt. Die Abkühlungslinien von reinem Blei und reinem Antimon weisen bei 327° und 630 °C Haltepunkte auf. Bei den Legierungen tritt nun je nach dem Mischungsverhältnis nicht nur ein Haltepunkt, sondern auch ein „Knick" auf, der bedeutet, daß die Legierung in einem Temperaturintervall erstarrt. Nur eine Legierung (nämlich 13% Sb und 87% Pb) erstarrt und schmilzt wie ein reines Metall in einem einzigen Schmelzpunkt. Man nennt diese Legierung das „Eutektikum". Die Legierungen anderer Zusammensetzung sind entweder *untereutektisch* (mit weniger als 13% Sb) oder *übereutektisch* (mit mehr als 13% Sb, Rest Blei).

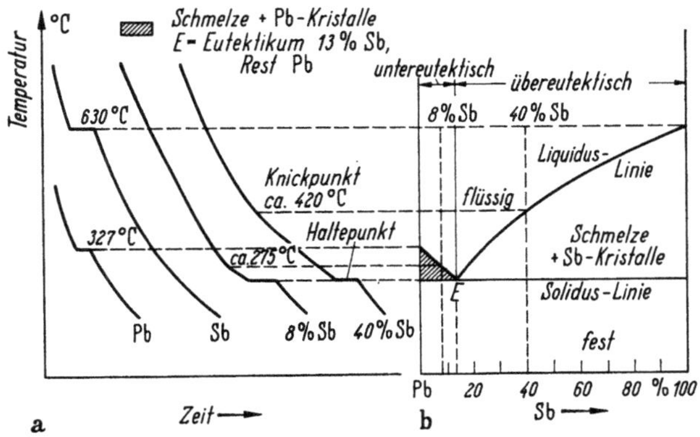

Abb. 21. a Abkühlungslinien von Blei-Antimon-Legierungen
b Zustandsschaubild der Blei-Antimon-Legierungen

Im Zustandsschaubild der Blei-Antimon-Legierungen ist die *Soliduslinie* die untere Grenztemperatur, bei der die Erstarrung beginnt, während die *Liquiduslinie* die obere Grenztemperatur anzeigt, bei der die betreffende Legierung flüssig wird. Der Punkt, an dem Solidus- und Liquiduslinie zusammenfallen, ist deutlich erkennbar. Die untereutektischen Legierungen bestehen in dem Gebiet zwischen Solidus- und Liquiduslinie aus Schmelze + Bleikristallen, die übereutektischen Legierungen jedoch aus Schmelze + Antimonkristallen. Im Sprachgebrauch bezeichnet man den Zustand der Legierung in diesen Gebieten auch als teigig. Tatsächlich hat man von der Verarbeitung gewisser hochschmelzender Legierungen in diesem teigigen Zustand im Druckgießverfahren Nutzen gezogen.

Bei den Zweistoff- oder sogenannten binären Legierungen läßt sich das Zustandsschaubild verhältnismäßig einfach darstellen. Wesentlich schwieriger ist dies bei den Dreistoff- oder ternären Legierungen. Man kann einen gewissen Überblick durch ein in einem Dreieck aufgebautes

Koordinatensystem gewinnen, jedoch ist dazu für kennzeichnende Punkte noch die Temperatur gesondert anzugeben. Sehr verwickelt wird die Übersicht bei mehr als zwei Legierungskomponenten zum Grundmetall, also bei Vier- und Mehrstofflegierungen.

Im flüssigen Zustand ist die Lage der Atome zueinander eine zufällige. Während des Erstarrens bilden sich bei den Metallen Kristallisationskeime oder -kerne, um die sich die Atome anordnen. Diese Anordnung ist bei jedem Metall verschiedener Art. Abb. 22 zeigt die Gittertypen für die Kristallisation der technisch wichtigsten Metalle. Innerhalb dieser Typen bestehen noch Abweichungen, wie beim kubischen Gittertyp aus Abb. 22 ersichtlich ist. Die wichtigsten Druckgießmetalle haben folgende Gittertypen:

Kupfer, Aluminium, Blei	= kubisch flächenzentriert
Zinn	= tetragonal raumzentriert
Zink, Magnesium	= hexagonal
Antimon	= rhomboedrisch

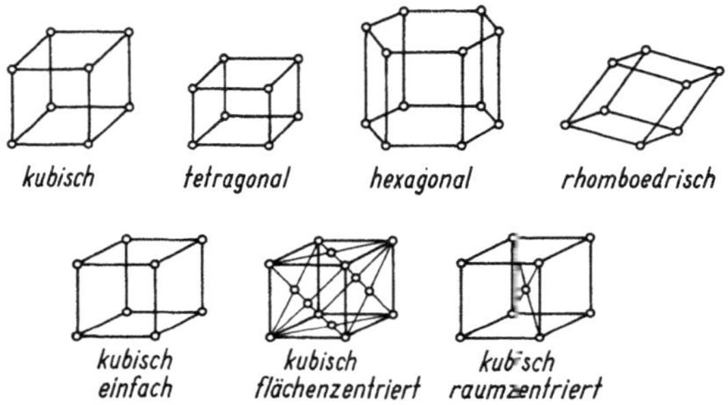

Abb. 22. Gittertypen, nach denen Metalle kristallisieren

Diese Metalle sind nach Kantenlänge geordnet aufgeführt, d. h. je kleiner die Kantenlänge ist, desto feinkörniger ist normalerweise das Gefüge. Die Beanspruchungsmöglichkeit einer Metallegierung hängt auch in gewissem Maße von ihrem Raumgitter und innerhalb des Gitters von der Kantenlänge, beim rhomboedrischen System noch vom Kantenwinkel ab.

2.313 Verarbeitungszustand

Der Verarbeitungszustand und die Verarbeitungstemperatur einer Druckgußlegierung hängen an erster Stelle von der Druckgieß-Maschineneinrichtung ab. Es ist nicht einerlei, ob die gleiche Legierung, falls eine wahlweise Verarbeitung überhaupt möglich ist, auf einer Warm- oder einer Kaltkammer-Druckgießmaschine verarbeitet wird.

Unter *Gießtemperatur* sei nun die Temperatur verstanden, mit der das flüssige Metall in den Gießlauf der Form einströmt. Man kann bei den *Warmkammer*-Druckgießmaschinen annehmen, daß die Gießtemperatur gleich der Metalltemperatur im Warmhalte- bzw. Schmelzbehälter ist, in dem sich auch meist die Druckkammer befindet. Bei der Warmkammerverarbeitung besteht unwillkürlich die Gefahr, eine zu hohe Gießtemperatur zu wählen, damit das oft sehr dünnwandige Druckgußteil noch „ausläuft“ und man ein einheitliches Gußstück ohne Kaltschweißstellen oder andere Fehler erhält. Die Gießtemperatur sollte man jedoch nicht unnötig hoch wählen, denn

a) die chemischen Einflüsse auf das Gießmetall steigen mit der Überhitzung;

b) Lunkerbildung und Warmrißneigung wird begünstigt;

c) die Abkühlung bis zur Auswerftemperatur wird verlangsamt, d. h., die Gießleistung nimmt ab;

d) die Kornfeinheit kann unter Umständen leiden;

e) die Gießeinrichtung verschleißt um so mehr durch Korrosion, je heißer die Schmelze ist;

f) bei Kolbenpumpen nimmt der Kolbenverschleiß mit steigender Temperatur des Gießmetalls rasch zu.

Die Gießtemperatur sollte möglichst genau auf oder etwas oberhalb der Liquiduslinie der Legierung liegen. Man kann sie aber bei Legierungen, deren Liquiduspunkt sehr hoch über dem Temperaturbereich der Erstarrung der Hauptmasse liegt, etwa unter dem Einfluß eines sehr geringen Gehalts eines hochschmelzenden Legierungsmetalls, zwischen Liquidus- und Soliduspunkt wählen, wenn dadurch keine schädlichen Einwirkungen auf die Schmelze eintreten. Auf jeden Fall muß die Gießtemperatur stets über dem Haltepunkt liegen, bei dem die „Hauptmasse“ der Legierung zu erstarren beginnt.

Bei *Kaltkammer*-Druckgießmaschinen lassen sich durch Anwendung sehr hoher Gießdrücke mit Metalltemperaturen, die zum Teil erheblich unter dem Liquiduspunkt der Legierung liegen, gute und völlig einheitliche Druckgußteile erzielen. Einige Legierungen, z. B. Messing, lassen bei Gießdrücken[1] von 1000 kp/cm^2 oder mehr manchmal sogar eine Verarbeitung unterhalb des Soliduspunktes zu. Infolge der hohen Eintrittsgeschwindigkeit des Metalls durch den Anschnitt in den Formhohlraum führt eine gewisse Düsenwirkung zu einer „Verflüssigung“ des Druckgußwerkstoffes. Dadurch ist die thermische Beanspruchung von Druckkammer, Druckkolben und Formwerkstoff, besonders bei den hochschmelzenden Schwermetallegierungen, erheblich geringer. Es leuchtet ein, daß reine Metalle und eutektische Legierungen für diese Art der Druckgußverarbeitung weniger geeignet sind, da der Zwischenzustand Schmelze + Kristalle fehlt.

Abb. 23 zeigt das Gefüge eines auf einer Kaltkammer-Druckgießmaschine hergestellten Druckgußteiles aus Aluminium-Silizium-Kupfer

[1] bzw. Nachdruck p_n

(Legierung Nr. 311), wobei a) das Gefügebild des Rohmetalls in Form einer Gußmassel und b) die Umwandlung des Gefüges durch die Druckgußverarbeitung darstellt.

Die rasche Erstarrung hat ein sehr feinkörniges Gefüge erzielt. Man kann bei dem Druckgußgefüge dieser Umschmelz-Aluminiumlegierung eine Neigung zur Bildung schwammigen Eutektikums feststellen, wahrscheinlich als Folge eines verhältnismäßig hohen Siliziumsgehaltes, während hüttenreine untereutektische Aluminiumlegierungen meist nur punktförmige Ausscheidungen zeigen.

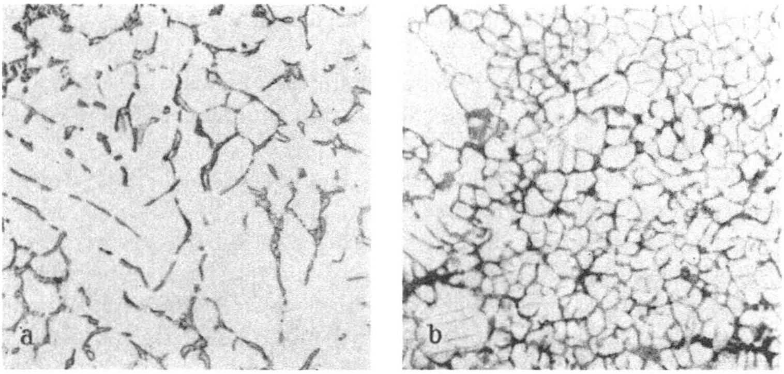

Abb. 23a u. b. Gefüge im Schliffbild von einer Aluminium-Silizium-Kupfer-Legierung

Während des Verarbeitungszustandes ist allgemein das Gießmetall verschiedenen Einwirkungen ausgesetzt, die seine Beschaffenheit verändern können. Die Schmelze kann durch im Metallbad befindliche unlösliche Oxyde, Schlacken und manchmal auch durch nichtmetallische Fremdbeimengungen mechanisch verunreinigt sein. Um etwaige chemische Reaktionen mit der atmosphärischen Luft abzuhalten, ist es beim Druckgießverfahren nicht ratsam, das Metallbad mit einer flüssigen oder pulverförmigen Schutzdecke abzuschirmen. Eine Legierung kann sich durch Herausoxydieren einer Komponente ändern, in besonders großem Ausmaß, wenn dieser Bestandteil bei der Verarbeitungstemperatur einen merklichen Dampfdruck hat, wie z. B. bei Aluminium-Magnesium-Legierungen das Magnesium oder bei Messing das Zink.

Auch die Eisenaufnahme von Aluminiumlegierungen in flüssigem Zustand ist in diesem Zusammenhang anzuführen. Eine schädliche Gasaufnahme der Druckgußlegierungen läßt sich im allgemeinen nicht feststellen. Wichtig ist die Verwendung einwandfreier, möglichst hüttenreiner Metalle und Legierungen. Umschmelzlegierungen müssen eine gründliche Regenerierung erfahren, und die Schmelze muß Gelegenheit zum Absetzen nichtmetallischer Verunreinigungen und etwa eingeschleppter Oxyde haben. Die Masseln müssen zur Druckgußverarbeitung in jeder Hinsicht von bester Beschaffenheit sein. Eine Reinigung des Metallbades während des Druckgießens ist mit verschiedenen Gefahren verbunden und unterbleibt am besten. Das Schmelzen unter *Luftabschluß* oder unter *Schutzgas*, also sauerstoffarmer, neutraler Gasatmosphäre, hat sich bei einigen metallischen Druckgußwerkstoffen bewährt.

Die mögliche Verarbeitung von *Eisenlegierungen* im Druckgießverfahren ist durch den sogenannten „Feinguß" (Modellausschmelzverfahren, Formmaskenverfahren) in den Hintergrund getreten. Betrachtet man zu dieser Frage das Eisen-Kohlenstoff-Schaubild, dann käme man, von der niedrigsten Schmelztemperatur von rd. 1150 °C ausgehend, auf einen Kohlenstoffgehalt von 4,3% (Eutektikum Ledeburit). Die normalen Gußeisensorten haben zwischen 3,3 und 3,6% C, und ihre Liquiduslinie verläuft zwischen 1220° und 1250 °C. Bei 4,3% C würde man einen höchstens für Sonderzwecke verwendbaren Hartguß erhalten.

Eine teigige Verarbeitung ist höchstens in dem Gebiet von 1,7 bis 4,3% C bei Temperaturen von etwa 1200 °C wahrscheinlich. Bei Stahlguß kommt man auf über 1400 °C. Derartig hohe Verarbeitungstemperaturen stellen besonders an den Baustoff für Druckkammer und Gießform außerordentlich hohe und bis heute nur für Sonderfälle erfüllbare Anforderungen.

2.32 Formauffüllung bei Druckguß

Die bereits in den Abschnitten 2.1 und 2.2 unter Zugrundelegung hydrodynamischer Gesetzmäßigkeiten betrachteten Strömungsvorgänge werden durch verschiedene Beispiele ergänzt. In der Praxis hat es sich gezeigt, daß selbst wenn der Eintritt des Metalls in den Formhohlraum als Freistrahl ausgebildet ist, der Ablauf der Formauffüllung bei verwickelten Teilen sehr schwierig zu verfolgen ist. Es wurden deshalb Einström- und Füllvorgang mit der Zeitlupe photographisch aufgenommen, um durch unmittelbare Anschauung die Wirklichkeit kennenzulernen[1]. Als Metall wurde vielfach das sogenannte WOODsche Metall (50% Bi, 25% Pb, 12,5% Sn, 12,5% Cd) und als Formmaterial hitzebeständiges Maxosglas[2] von etwa 20 mm Stärke verwendet.

2.321 Füllung einer Rechteckplatte

Die in Abb. 24 dargestellte Rechteckplatte wurde mit einer Warmkammer-Druckgießmaschine (ähnlich Abb. 1) mit einer Gießtemperatur

[1] Besonders von W. KÖSTER und K. GÖHRING in ihrer Arbeit: „Über den Einström- und Füllvorgang bei Spritzguß an Hand kinematographischer Aufnahmen". Die Gießerei, 28. Jahrg. H. 26.

[2] Hersteller: Fa. Gebr. Schott.

zwischen 75 und 125 °C und einem Gießdruck von 20 bis 60 kp/cm² gegossen. Dabei sind die drei aus Abb. 24 ersichtlichen Varianten der Anschnittverhältnisse

a) mit einer Eintrittsöffnung von 2 mm ∅ in der Mitte der Breitseite

b) mit einer Eintrittsöffnung von 2 mm ∅ in der Mitte des Höhender maßes Breitseite und einem Abstand von 5 mm von der Seitenwand

c) mit einer Eintrittsöffnung von 0,5 × 3,5 mm bandförmig in der Mitte der Breitseite

untersucht worden.

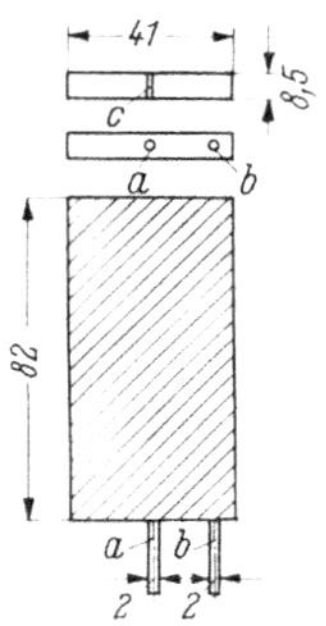

Abb. 24. Rechteckplatte mit Versuchs-Anschnitten

a) Der Freistrahl. Aus Abb. 25 ist eine Aufnahmefolge von einem Strahl zu ersehen, der ungehindert in einen Formhohlraum aus einer kreisrunden Öffnung fließt (entspr. Abb. 24a). Es ergibt sich, daß zunächst aus der Öffnung ein dünner Faden austritt, der sich rasch verdickt und nach sehr kurzer Zeit den Querschnitt der Austrittsöffnung besitzt. Sehr bald (nach Köster und Göhring zwischen 0,005 und

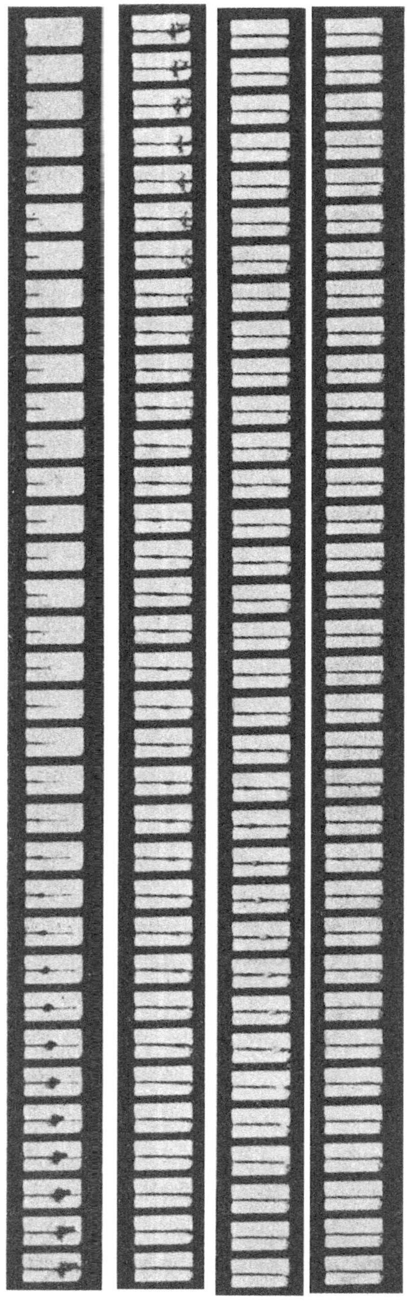

Abb. 25. Freistrahl, 3600 Bilder je Sekunde

0,006 s) bildet sich ein Knoten, der häufig kugelig, manchmal aber auch langgestreckt ist, sich mit dem Strahl fortbewegt und schließlich zerstiebt. Auf einen solchen ersten Knoten folgt in der Regel eine zweite Unregelmäßigkeit in Form einer länglichen Verdickung (nach weiteren 0,005 bis 0,006 s). Gelegentlich können auch noch weitere schwache Verdickungen auftreten, bis der Strahl aber dann ziemlich gleichmäßig ausströmt. Die Begrenzung dieses Freistrahles ist aus Abb. 26 zu ersehen.

Die Knotenbildung zu Beginn des Strahlaustritts kann auf eine ruckartige Gießdrucksteigerung zurückgeführt werden, welche eine plötzliche Zunahme der Strahlgeschwindigkeit bewirkt. Die ganz im Anfang des Ausströmens beobachteten Eigentümlichkeiten bzw. Unregelmäßigkeiten dürften zweifellos auch mit den Anlaufbedingungen bis zur Einstellung eines quasistationären Zustandes zusammenhängen.

Es konnte auch die jeweilige Geschwindigkeit des Strahls beim Einströmen in den Formhohlraum gemessen werden. Dabei wurde eine Mundstücklänge von 12 mm und eine solche von 134 mm Länge untersucht. Abweichend gegenüber Gl. (1)[1] der theoretischen Ausflußgeschwindigkeit

$$w_s = \sqrt{2g\frac{p}{\gamma}}$$

wurde festgestellt, daß die wirkliche Strahlgeschwindigkeit

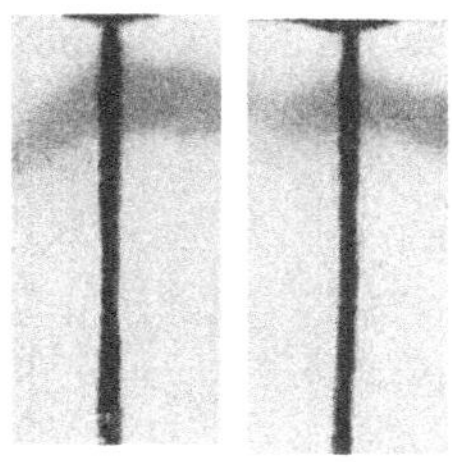

Abb. 26. Begrenzung eines Freistrahles

1. mit zunehmender Mundstücklänge, also erhöhter Reibung abnimmt (bei Mundstücklänge 12 mm ist sie noch 10—15% größer als bei Mundstücklänge 134 mm);

2. mit wachsendem Gießdruck wohl auch zunimmt, aber die prozentische Abnahme mit zunehmendem Gießdruck größer wird (bis 20 kp/cm² ist sie etwa 20%, bei 60 kp/cm² nur etwa 50% der theoretischen bei sonst gleichen Bedingungen).

Die Bedeutung des Luftwiderstandes innerhalb des Formhohlraumes ist aus den Versuchen von Köster und Göhring noch erwähnenswert. Es ergab sich bei einem mit einer Gummiplatte von 0,8 mm Stärke gegen das Entweichen der Luft abgedichteten Formhohlraum, daß die bei einem einheitlichen Gießdruck von 60 kp/cm² erzielte Geschwindigkeit

bei der entlüfteten Form zwischen 18 bis 20 m/s
bei der abgedichteten Form zwischen 8 bis 10 m/s

beträgt, also auf etwa die Hälfte absank. Alle Ermittlungen sind bei einer Metalltemperatur von 90 °C vorgenommen worden.

[1] s. Abschnitt 2.121 b „Ausfluß aus einem Druckgefäß“.

Außer der Gl. (1) wurde im Abschnitt 2.132a noch die Gl. (1a)

$$w = \sqrt{2g\frac{p_g}{\gamma}}$$

erwähnt, worin p_g der Gießdruck in der Druckkammer sein soll. Wie schon dargelegt, ergeben sich bei Anwendung dieser Gleichung nur angenäherte Werte, da die wirkliche Einströmgeschwindigkeit von den durch die Metallführung sich ergebenden Widerständen und damit von der Druckgießmaschinenart und der Druckgießform-Ausbildung abhängig ist. Bezeichnet man daher die wirkliche Einströmgeschwindigkeit im Anschnitt mit w_a, so kann man auch folgende Funktion[1] aufstellen:

$$w_a = \sqrt{\frac{2g\,p_g}{\gamma(1+\zeta)}} \tag{8}$$

worin ζ die Summe aller Widerstandskoeffizienten darstellt, bezogen auf die Geschwindigkeit w.

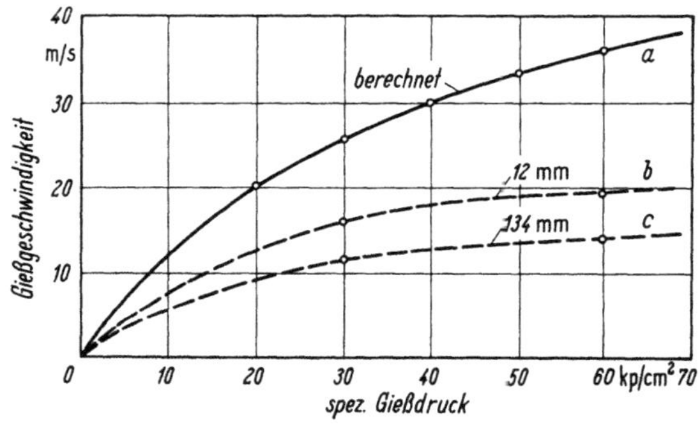

Abb. 27. Strahlgeschwindigkeit in Abhängigkeit vom Gießdruck

In Abb. 27 sind nun 3 Kurvenzüge dargestellt. Kurve *a* ist die mit Gl. (1a) bei den verschiedenen Gießdrücken errechnete theoretische Strahlgeschwindigkeit. Kurve *b* ist die Strahlgeschwindigkeit bei einer Mundstücklänge von 12 mm, es wurde für ζ 2,14 gewählt. Kurve *c* stellt die Strahlgeschwindigkeit bei einer Mundstücklänge von 134 mm dar bei einem ζ von 4,16. Die in den Kurvenzügen *b* und *c* kenntlich gemachten Punkte bei Gießdrücken von 30 und 60 kp/cm² sind gemessene Werte. Es ergibt sich bei Anwendung von Gl. (8) eine hinreichende Genauigkeit von 2 bis 4,5%. Die Geschwindigkeits-Unterschiede zwischen den Kurvenzügen *b* und *c* sind in diesem Fall nur Energieverluste, die durch eine größere Mundstücklänge bei *c* verursacht werden. Diese zusätzlichen Energieverluste entsprechen einer Zunahme des Widerstands-

[1] Nach B. Sachs aus ASTM Bulletin, Sept. 1953, S. 37.

koeffizienten von

$$\Delta\zeta = \lambda_r \left(\frac{l}{\alpha}\right) + 0{,}07$$

worin $\frac{l}{\alpha}$ das Verhältnis der Mundstücklänge zu dem Durchgangsquerschnitt darstellt. Die Zahl 0,07 ist die Energie, welche zur Bildung des

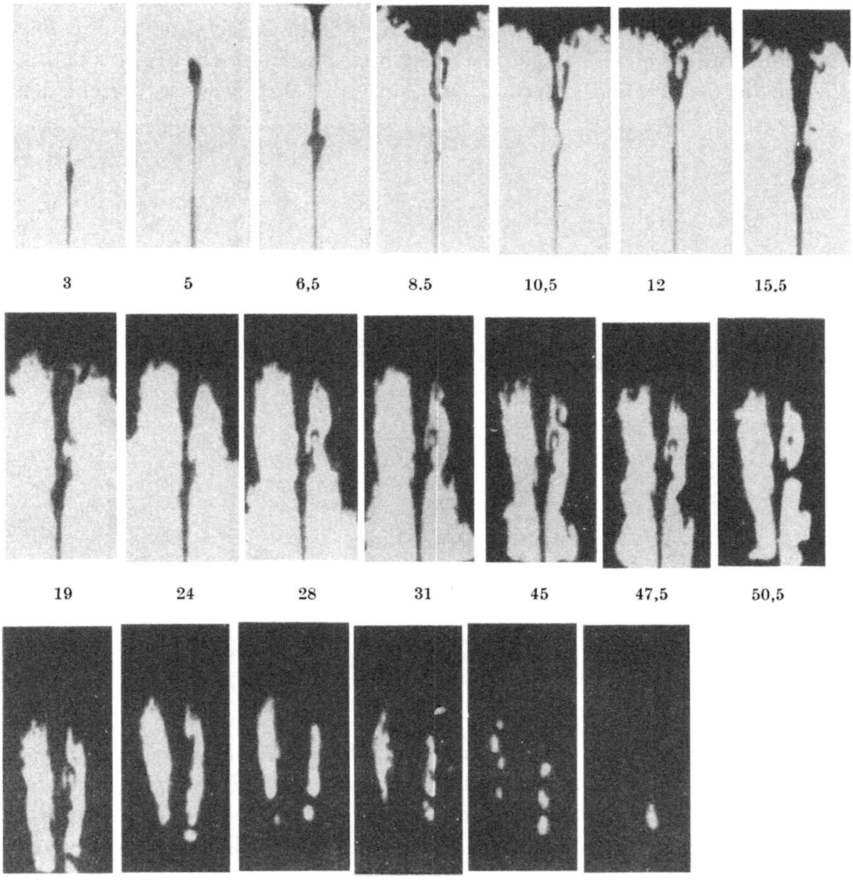

Abb. 28. Füllung einer Rechteckplatte. Kreisförmiger Anschnitt in der Mitte

Endgeschwindigkeitsprofils in einer Düse verbraucht wird[1]. Die REYNOLDSschen Zahlen für den Versuch mit dem 134 mm langen Mundstück lagen zwischen 20000 und 25000. Der Reibungskoeffizient λ_r ergibt sich

[1] Nach BRUNO ECK, Technische Strömungslehre, 6. Aufl. Berlin/Göttingen/Heidelberg: Springer 1961.

daher aus der Formel von Blasius[1] mit 0,029, also wird $\Delta\zeta = 2{,}02$ und $\zeta = 2{,}14 + 2{,}02 = 4{,}16$. Man hat damit eine Möglichkeit zur Bestimmung der wirklichen Strahlgeschwindigkeit w_a.

b) Die Füllung. Wie aus Abb. 28 ersichtlich, ist der Beginn der Füllung mit den beschriebenen Unregelmäßigkeiten eines Freistrahles behaftet. Zuerst wird aber eindeutig die dem Anschnitt gegenüberliegende Wand mit Metall angefüllt. Der Strahl durchwandert den Formhohlraum durch die Lage des Anschnittes bedingt als Freistrahl, bis er auf die Gegenwand auftrifft. Der Aufprall führt, wie die verschiedenen

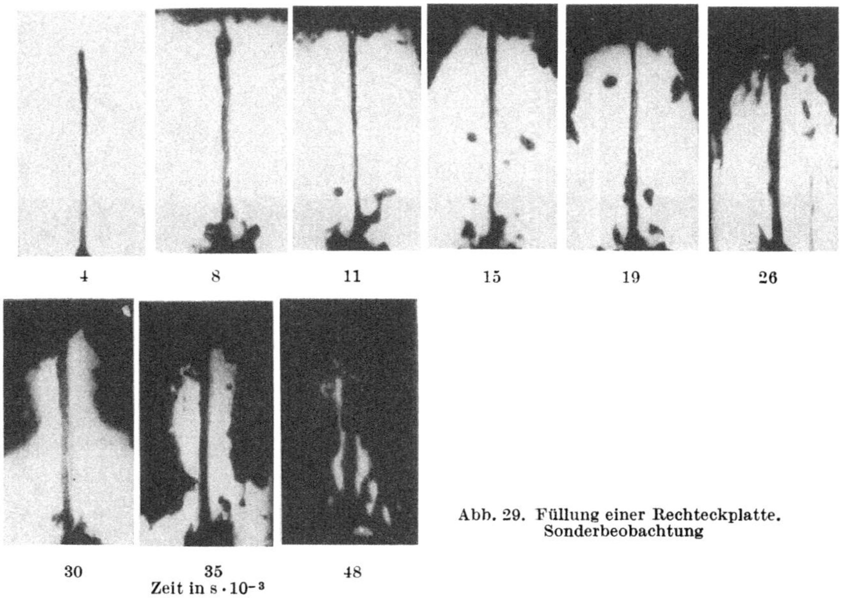

Abb. 29. Füllung einer Rechteckplatte. Sonderbeobachtung

Phasen der Abb. 28 zeigen, zu einer heftigen Wirbelbewegung und zu teilweisem Abspritzen des Metalls. Eine gewisse Beruhigung tritt ein, wenn das aus dem Aufstau nach beiden Seiten abströmende Metall die Plattenecken erreicht hat. Nach Auftreffen der abfließenden Seitenstrahlen auf die Schmalseite, in der sich der Anschnitt befindet, werden diese zum Einlaufstrahl hingelenkt und vereinigen sich rasch mit ihm. Der Rest des Formhohlraumes wird nun von zwei Seiten aufgefüllt. Die letzten Hohlräume, die mit flüssigem Metall aufgefüllt werden müssen, befinden sich ungefähr in der Mitte der Rechteckplatte zum Anschnitt hinwandernd.

In der Bildfolge 29 wird eine Sonderheit beobachtet. Vom Einlaufstrahl trennen sich kugelförmige Spritzer ab. Es ist dies eine zufällige

[1] Blasius, H.: Forsch. Ing.-Wes. 131 (1913).

Erscheinung, die nicht erwünscht ist, da sie zu sogenannten Kaltschweißstellen (Werkstofftrennungen im Gußstück) führen kann. Durch Unvollkommenheiten und kleinste Unterschiede in den Gießbedingungen ist es aber leider möglich, daß derartige Fälle auftreten können.

Der bandförmige Anschnitt in der Mitte der Breitseite ergibt die aus Abb. 30 ersichtliche Formauffüllung. Der bandförmige Querschnitt des Einlaufstrahls bleibt auch hier als Freistrahl gut erhalten. Leider konnte eine bandförmige Einströmöffnung quer zur Breitseite, wie im Druckguß zur Füllung derartiger Rechteckplatten allgemein üblich, nicht untersucht werden, da der Strahl das zur photographischen Aufnahme erforderliche Licht sofort ganz abgeblendet hätte. Die Aufteilung in zwei Halbstrahlen nach Auftreffen des Einlaufstrahls auf die Gegenwand ist hier nicht so ausgeprägt. Es wurde hier nicht beobachtet, daß

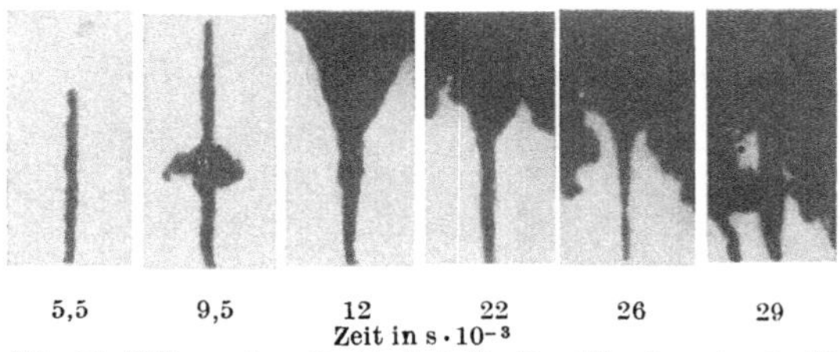

Abb. 30. Füllung einer Rechteckplatte. Bandförmiger Anschnitt

die Randstrahlen in den Einlaufstrahl zurückkehren, was auf den größeren Anschnittquerschnitt und auf die bei diesem Versuch geringere Formhohlraumlänge zurückgeführt werden kann.

Die nahe an die Längsseite hingerückte, kreisförmige Anschnittsöffnung ergab den aus Abb. 31 erkennbaren Ablauf des Füllvorganges. Der Strahl läuft zuerst die Längswand entlang und wird in der Ecke, wo er auf die Gegenwand auftrifft unter heftiger Wirbel- und auch Spritzerbildung umgelenkt. Schließlich gelangt er zur zweiten Ecke, wird wieder umgelenkt und läuft zuerst der anderen Längsseite als dünner Strahl entlang (siehe besonders Abb. 31, Aufnahme in 15×10^{-3} s). In der dritten Ecke wird er abermals umgelenkt; die Wirbelbildung ist durch den eingetretenen Reibungsverlust jedoch viel geringer geworden. Schließlich trifft er auch in diesem Falle zuletzt mit dem Einlaufstrom zusammen. Durch den Einlauf- und Rücklaufstrahl wird nun der Rest des Formhohlraumes aufgefüllt. Die Füllzeit lag zwischen 0,05 und 0,07 s. Durch Veränderung der Gießtemperatur in den Grenzen von 75 bis 125 °C konnte kein Einfluß auf die Strahlgeschwindigkeit und den Ablauf des Füllvorganges festgestellt werden.

Die Zeitlupenaufnahmen zeigen eindeutig, daß der Einströmverlauf sich grundsätzlich in der Art vollzieht, wie dies in den vorhergehenden Hauptabschnitten 2.1 und 2.2 unter Anwendung hydrodynamischer

Grundgesetze abgeleitet wurde. Es kann sogar in Wirklichkeit mit einer dem idealen Strömungsverlauf nahe kommenden Formauffüllung gerechnet werden. Allerdings ist dabei zu beachten, daß bei technischem Druckguß der Formbaustoff Stahl ist und nicht wie bei den Versuchen

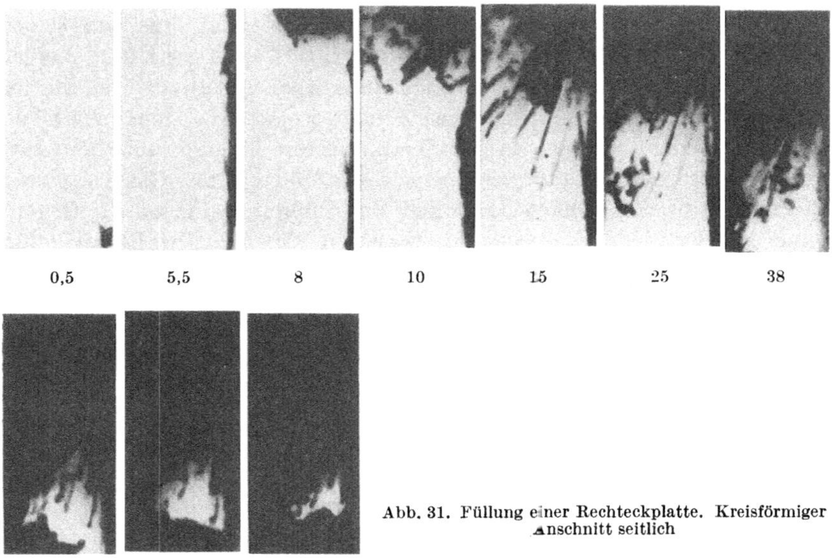

Abb. 31. Füllung einer Rechteckplatte. Kreisförmiger Anschnitt seitlich

aus Glas besteht, sowie meist mit einer wesentlich höheren Gießtemperatur gerechnet werden muß, wodurch der Temperaturunterschied zwischen Formfasson und Gießmetall viel größer wird.[1] Die Versuche haben gezeigt, daß ein mittleres Verhalten zwischen reibungsfreier Strömung und einer mit Reibungs- und Wirbelverlusten behafteten vorliegt.

2.322 Füllung einer U-Form

In Abb. 32 sind die beiden untersuchten U-förmigen Formhohlräume bzw. Gußteile dargestellt, und zwar

a mit rechteckiger Form und

b mit abgerundeter Form.

Die Eingußöffnung, jeweils in der Mitte eines Schenkels, wurde ebenfalls mit 2 mm ∅ ausgeführt. Das Mundstück besaß eine Länge von 10 mm.

Bei der *rechteckigen* Form trifft der einlaufende Strahl auf die gegenüberliegende Ecke. Diese Ecke wird mit Metall gefüllt, das die Weiter-

[1] Außerdem liegt vielfach das Stärkenmaß für ein Druckgußteil wesentlich unter 8,5 mm (z.B. nur 3 mm Wanddicke) als bei dieser untersuchten Rechteckplatte.

leitung des dauernd einlaufenden Metalls verhindert. Es fließt dann aus dem Stau sowohl Metall vorwärts in den kurzen Verbindungsschenkel, als auch wieder rückwärts in den Einströmschenkel hinein. Dieser ist zu etwa zwei Drittel von rückwärts gefüllt, wenn der vorlaufende Strahl die zweite Ecke erreicht hat. Nach der Umlenkung an dieser Ecke läuft der Strahl an der Außenseite des Schenkels entlang, wird aber bald abgelöst. Die Nachlieferung von flüssigem Metall in den zweiten Schenkel erfolgt immer langsamer. Dieser zweite Schenkel ist in keinem der angewandten Versuche ganz gefüllt worden. Aus Abb. 33 ist die Bildfolge der Füllung dieser Form ersichtlich.

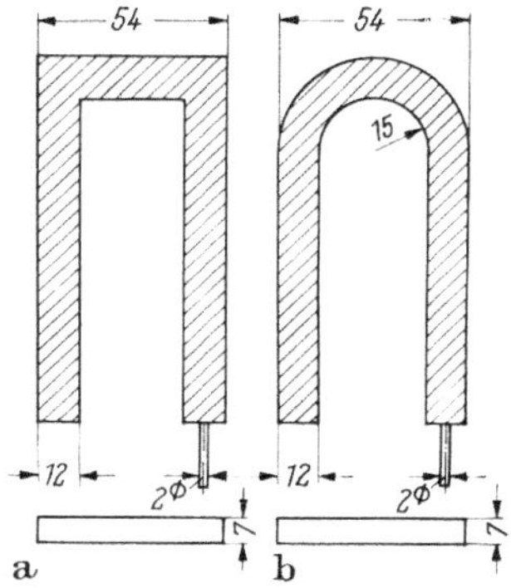

Abb. 32. U-förmiges Gußteil mit Versuchs-Anschnitten

Die Verhältnisse liegen bei der *abge-*

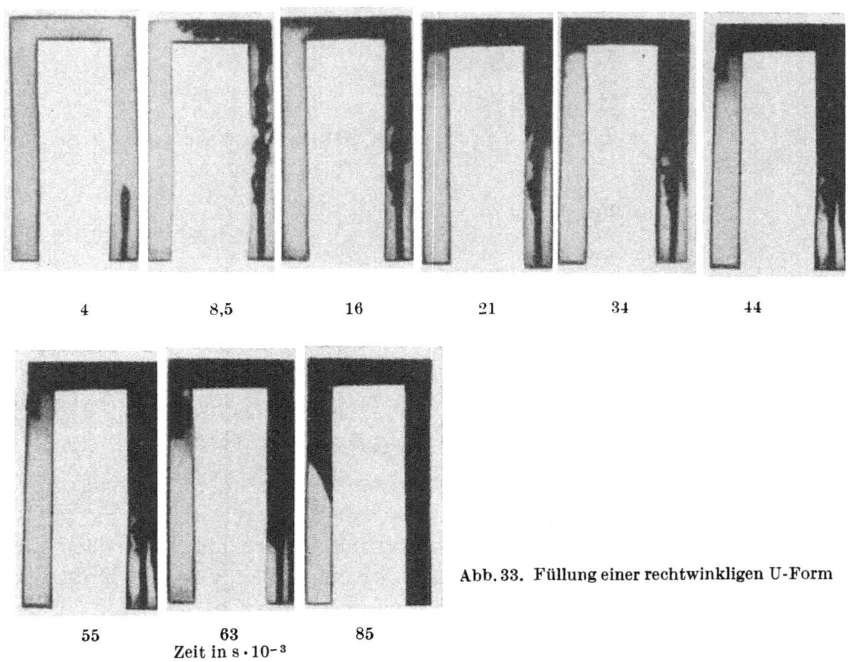

Abb. 33. Füllung einer rechtwinkligen U-Form

rundeten Form ganz anders, wie aus Abb. 34 entnommen werden kann. Ohne Einwirkung eines nennenswerten Staues und ohne größere Wirbelbildung erfolgt die Füllung im wesentlichen vom Ende des zweiten Schenkels her vollständig. Während die Geschwindigkeit des mit 15 bis

20 m/s einströmenden Strahls bei der Rechteckplatte an den Wänden auf 2,5 bis 4 m/s durch Reibung und Abkühlung herabgesetzt wurde, fand eine Geschwindigkeitsabnahme des Wandstrahls bei der abge-

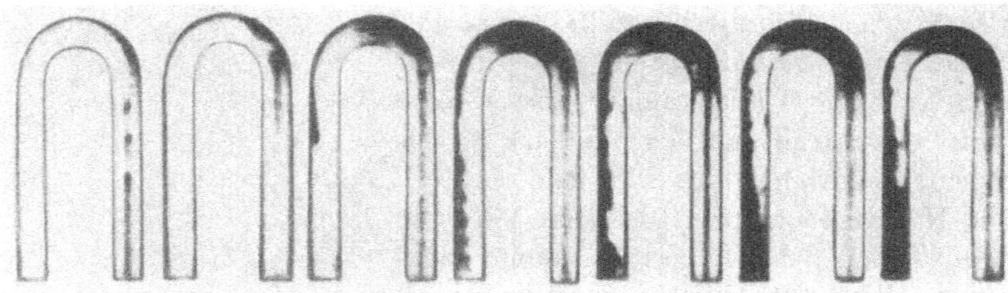

6 8,5 17 24 34 38 54

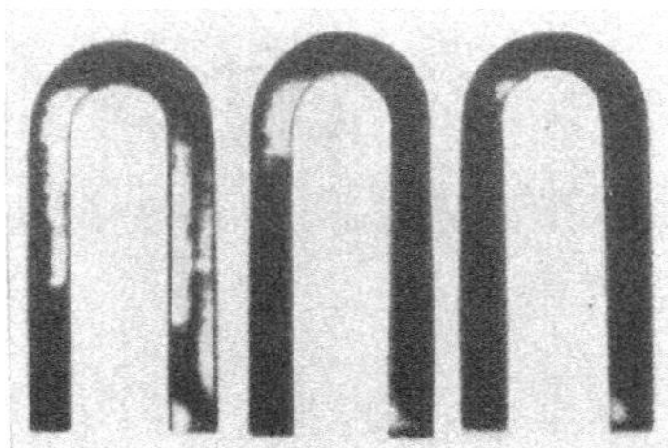

Abb. 34. Füllung einer abgerundeten U-Form

58 72 86
Zeit in $s \cdot 10^{-3}$

rundeten U-Form in dem abgewandten Schenkel nur auf 8,5 bis 9,5 m/s statt.

Aus diesen beiden Beispielen kann der Wert einer nach hydrodynamischen Gesichtspunkten erfolgten Formgestaltung entnommen werden.

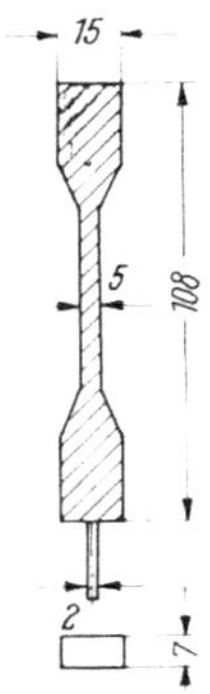

Abb. 35. Zerreißstab mit Versuchs-Anschnitt

2.323 Füllung einer Zerreißstabform

Aus Abb. 35 ist die Gestalt des untersuchten Zerreißstabes ersichtlich. Wie Abb. 36 zeigt wird der Formhohlraum wieder von hinten nach vorn entgegen dem Einlaufstrahl gefüllt. Der zurückfließende Strahl läuft beim Austritt aus der Einschnürung zwischen den beiden Stabköpfen dem Einströmstrahl genau entgegen. Es erfolgt eine Stauung des Rücklaufstrahls, die sich an der Einströmöffnung bemerkbar macht. Von letzterer erfolgt dann die Füllung des zweiten Kopfes. Zuletzt wird der Raum des Überganges vom Kopf zur Meßlänge gefüllt.

2.324 Beispiele aus der Praxis

Bisher wurde immer nur die Füllung eines Formhohlraumes betrachtet, wenn diese durch einen einzigen, zusammenhängenden Einlaufstrom erfolgt. Um eine vollkommene Füllung von verwickelten und großen Formhohlräumen zu ermöglichen, ist es aber manchmal nötig, zwei oder mehrere Anschnitte anzuordnen. Eine derartige Maßnahme bedarf besonderer Vorsicht und Beachtung von hydrodynamischen und formtechnischen Gesichtspunkten, um beim Zusammenfluß der Metallströme

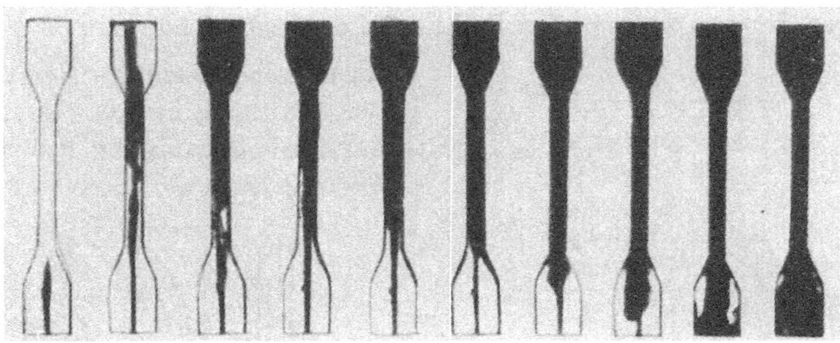

4 12 20 34 43 57 62 67 74 82
Zeit in $s \cdot 10^{-3}$

Abb. 36. Füllung einer Zerreißstabform

Gußfehler auszuschalten[1]. In der Regel sollte es vermieden werden, mehrere gegeneinander gerichtete Anschnitte vorzusehen, da durch eine solche Anschnittechnik immer die Gefahr von Lufteinschlüssen und sogenannten Kaltschweißstellen in der Gegend des Zusammenflusses der verschiedenen Metallströme am Druckgußteil besteht.

Im Abschnitt 2.121 wurden in d) zwei Fälle des Verhältnisses Strahlquerschnitt : Hohlraumquerschnitt behandelt. Ein ähnliches Verhältnis, das nicht exakt wissenschaftlich abgeleitet werden kann, sich aber aus Beobachtungen in der Praxis ergibt, ist nun das Verhältnis

$$\frac{\text{Anschnittstärke}}{\text{Formhohlraumtiefe}} = \frac{d}{b_f} \quad \text{(s. Abb. 37b)}$$

Der Einlaufstrahl führt nämlich eine gewisse Wellenbewegung[2] aus (hervorgerufen durch Luftreibung und sonstige Hemmungen beim Einströmen in den Formhohlraum). Um nun eine Wandberührung (Abb. 37b) sicher zu vermeiden, sollte (insbesondere bei $b_f > 5$ mm)

$$\frac{d}{b_f} \leqq \frac{1}{5}, \quad \text{d. h.} \quad d \leqq \frac{b_f}{5} \quad \text{sein} \tag{9}$$

[1] Näheres s. Abschnitt 3.3 „Grundlagen für den Entwurf der Druckgießform".

[2] Nach H. K. Barton, jedoch nur bei verhältnismäßig geringer Einströmgeschwindigkeit w.

Durch eine teilweise Wandberührung werden Metallpartikelchen an den Formwänden abgekühlt und vom Gießstrom weitergetragen. Es entsteht uneinheitliche Metallerstarrung und tritt eine unerwünschte starke Abnahme der Strahlgeschwindigkeit ein.

Je nach der möglichen Einformung, Gestalt und Größe des herzustellenden Druckgußstückes können die in Abb. 37 gezeigten drei Anschnittlagen auftreten. Im Fall *a* wird der Metallstrom an der Formoberfläche entlanggleiten und einen Teil seiner Wärme an die Form abgeben. Der bereits erwähnte Fall *b* ist zur Überwindung großer Entfernungen am günstigsten. Bei Fall *c* ist die Anschnittstärke $d > \frac{1}{3} b_f$, wodurch eine derartige Verstärkung der Wandberührung eintritt, daß der Einlaufstrom die Füllung des Formhohlraumes als eine wirbelnde

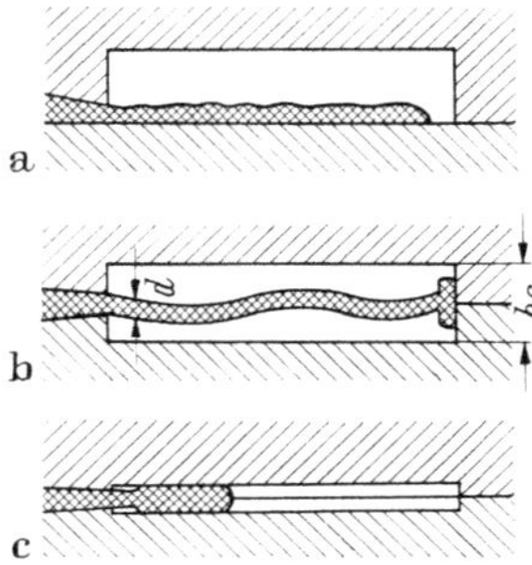

Abb. 37. Ausbildung des Metallstromes durch verschiedene Lagen der Anschnitte

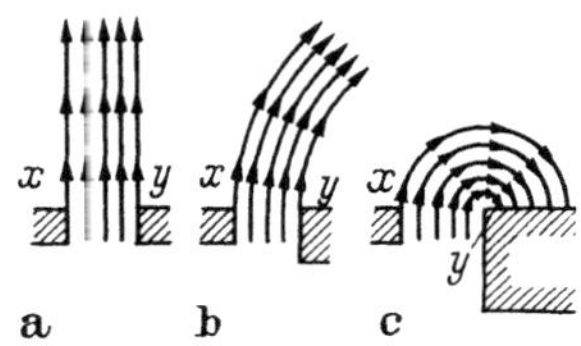

Abb. 38. Einfluß der Wandreibung auf die Strahlausbildung (nach BARTON)

Metallmasse ausführt. Diese letztere Art der Formfüllung ist oftmals charakteristisch bei besonders dünnwandigen Druckgußteilen und kann nur bei sorgfältiger Anlage der Formkonstruktion beherrscht werden.

In dem Formhohlraum einer Druckgießform können je nach Auftreffen des strömenden Metalls auf die Formwände Verhältnisse vorliegen, die Einflüsse der in Abb. 38 gezeigten Art auf die Strahlausbildung ausüben.[1] Der in Berührung mit der Formoberfläche kommende Metallstrom kühlt relativ rasch ab, so daß sich die Bewegung der Strömung stark auf die von der Formoberfläche entfernten Strömungsschichten verlagert. Das vorandringende Metall bewegt sich nach innen auf die

[1] Zur Erklärung von Abb. 38:
An Stellen von Querschnittserweiterungen kann eine Veränderung der Geschwindigkeit des Metallstromes eintreten. In Abb. 38a ist nun ein Teilstrahl dargestellt, der sich mit konstanter Geschwindigkeit über seinen gesamten Querschnitt fortbewegt. Durch einen äußeren Einfluß (z. B. Wandreibung im Formhohlraum, oder besondere Gestalt der Formfasson) auf einer Seite des Strahlquerschnittes wird die Geschwindigkeit des Strahls auf dieser Seite beeinflußt und damit die Gesamtströmung, und zwar wird der Strahl nach der Seite des auf ihn einwirkenden Einflusses abgebogen, wie in Abb 38b dargestellt. Es bildet sich ferner eine kreisförmige Strömung nach Abb. 38c dann aus, wenn die Strahlgeschwindigkeit auf einer Seite gleich Null werden sollte.

Formoberfläche zu und erkaltet hier (s. Abb. 39). Die nach vorwärts gerichtete Kraft wird durch die Richtungsänderung innerhalb der Strömung in einen auf die Formoberfläche wirkenden Druck umgewandelt. Im Druckguß ist die genaue Wiedergabe der Oberfläche des Formhohlraumes nicht eine Folge des hydrostatischen Druckes, sondern hängt von der kinetischen Energie des Gießstrahls ab. Naturgemäß ist der auf die Formoberfläche zur Wirkung kommende Druck proportional dem kinetischen Energieverlust, welcher wiederum abhängig ist von der Geschwindigkeit, mit welcher die Schmelze an den Formwänden abgekühlt wird.

Da Fall *a* aus Abb. 37 in der Praxis sehr oft gewählt werden muß, soll noch auf die Wichtigkeit einer richtig eingestellten Gießform-Temperatur allgemein hingewiesen werden. Es ist einleuchtend, daß durch kalte Formwände die Strömung entgegengesetzt beeinflußt wird. In Abb. 40 wird nun versucht, die Einwirkung verschiedener Gießform-Temperaturen auf den Metallstromfluß aufzuzeigen.

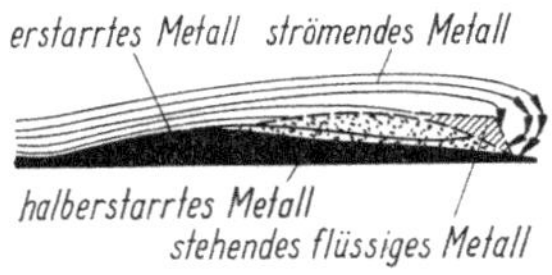

Abb. 39. Bewegung des Metallstromes auf der Formoberfläche (nach BARTON)

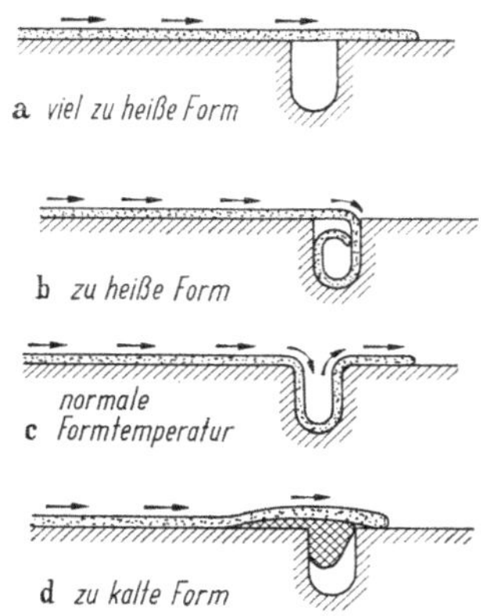

Abb. 40. Einfluß der Formtemperatur auf den Metallstrom (nach BARTON)

Bei *a*) zu hoher Formtemperatur gleitet der Strom ohne größeren Geschwindigkeitsverlust über die Formwände, so daß er nur einen geringen Druck auf diese ausübt. Tiefe Aussparungen im Formhohlraum werden nicht ausgefüllt. Bei größeren Ausbuchtungen und Wanddicken kann jedoch durch den statischen Enddruck (besonders bei Verfahrensart III) eine Auffüllung noch erfolgen. Bei nicht so großer Überhitzung der Formwände *b*) füllen sich tiefe Aussparungen im Formhohlraum nur unregelmäßig. Durch die Führung des Metallstromes können größere Lufteinschlüsse entstehen.

Bei normaler Formtemperatur *c*) erfolgt ein Ausfließen aller Teile des Formhohlraumes. Bei Beginn des Einlaufs erkaltet eine Schicht auf den Formwänden. Durch das nachfolgende flüssige Metall wird das erkaltete überschwemmt, zum Teil wieder aufgeschmolzen und fortgetragen. Dieser Vorgang kann sich andauernd bis zur völligen Auffüllung des Formhohlraumes wiederholen.

Bei zu niederer Formtemperatur *d*) bilden sich besonders in tiefen Aussparungen des Formhohlraumes erstarrte Metallpfropfen, die einen weiteren Zutritt flüssiger Schmelze völlig verhindern und daher zu einer unvollständigen Füllung führen.

An einem in Abb. 41 gezeigten Druckgußteil sollen nun verschiedene Einguß- und Anschnittlagen näher betrachtet werden.

Die Füllung des Formhohlraumes bei einer Eingußlage nach *a* (vgl. Abb. 42) ist zwar für den dickwandigen Teil des Druckgußstückes brauchbar, für die geringe Wanddicke jedoch völlig unzureichend. Der Metallstrahl kann beim Beginn der Formauffüllung den Zugang zu dem dünnen Teil abschließen. Erst gegen Ende der Formfüllung ist es möglich, daß auch in diesen Teil Material hineingedrückt wird, ein „Strömen"

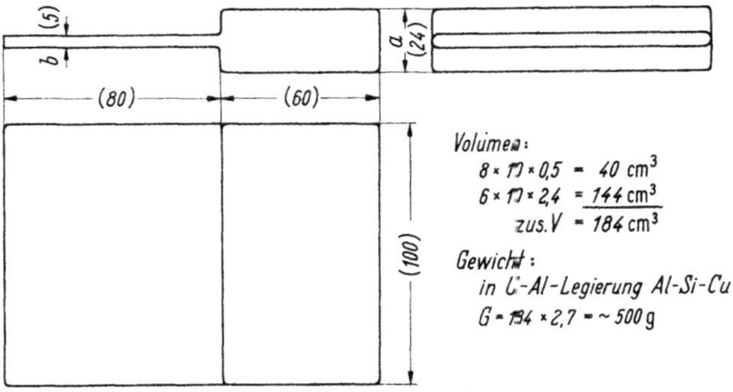

Abb. 41. Druckgußteil mit stark unterschiedlicher Wanddicke

findet jedoch nicht statt. Die Folge sind unganze Stellen, sogenannte Schlieren, Kaltschweißstellen und schlechtes Gußgefüge an dem dünnwandigen Teilstück. Durch Überhitzen des Druckgußwerkstoffes kann zwar eine Besserung erzielt werden, jedoch vielfach auf Kosten der Oberflächengüte und Festigkeit des Druckgußteiles. Der Anschnitt kann nun so verlegt werden, daß der eintretende Metallstrahl in die dünnwandigen Teile des Formhohlraumes einschießen kann (vgl. Ausführung *b*). Dies ist zwar theoretisch möglich, praktisch kann jedoch sehr leicht, besonders beim Anwachsen des Gießdruckes, der Metallstrahl zerstieben. Ferner ist kaum zu erwarten, daß sich das Metall bei der gegenüber *a* sehr geringen Wanddicke *b* in den verengten Querschnitt hineinzwängen läßt.[1] Am Übergang vom dicken zum dünnen Querschnitt entsteht ein Stau und damit wieder eine ungünstige Formauffüllung. Zweifellos ist eine wesentliche Besserung zu erreichen, wenn ein Übergang etwa durch eine Schräge (siehe strichpunktierte Linien in Abb. 42b) am herzustellenden Druckgußteil vorgesehen wird; die druckgußtechnische Forderung „keine plötzlichen Querschnittsveränderungen" wäre damit eingehalten.

[1] Vgl. Abb. 41.

Ersichtlich ist, daß bei verwickelten Druckgußteilen, bei denen durch die Gestaltung bedingt der Einguß nicht immer an der für die Auffüllung günstigsten Stelle angeordnet werden kann, nach gießtechnischen Gesichtspunkten durchgeführte Änderungen oft eine wesentliche Besserung bringen können.

Für ein solch ungleichmäßiges Teil, wie es in Abb. 41 dargestellt ist, kann die Eingußlage *c* (vgl. Abb. 42) als am günstigsten angesehen werden. Der Metallstrahl füllt durch den verengten Querschnitt hindurch zuerst den die große Wanddicke bildenden Teil des Formhohlraumes

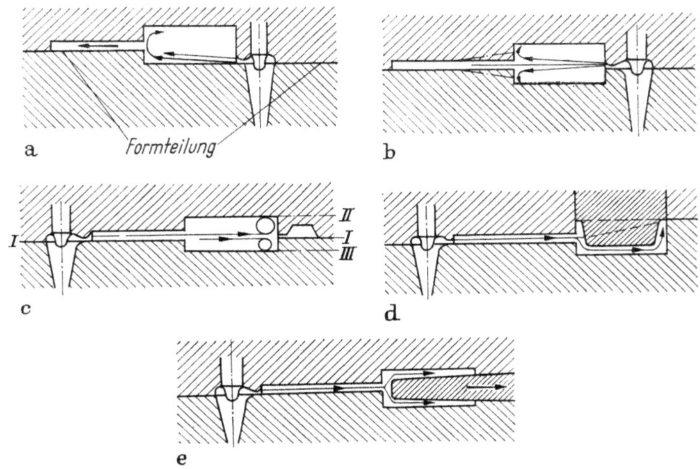

Abb. 42. Verschiedene Eingußlagen zur Füllung des Formhohlraumes von Druckgußteil nach Abb. 41

a *schlecht:* geringe Wanddicke läuft nicht aus, sie wird nicht von einem unmittelbaren Strahl gespeist
b *besser:* aber der Strahl kann in dem großen Formhohlraum zerstieben, wodurch Füllung der kleinen Wanddicke nur mangelhaft erfolgt
c *günstig:* es erfolgt zuerst die Auffüllung des großen Formhohlraumes, anschließend wird die geringe Wanddicke unmittelbar gespeist
d *günstige Eingußlage:* Materialanhäufung am Druckgußteil vermieden, gleichmäßige Wanddicken
e *günstige Eingußlage:* gute Entlüftung des Formhohlraumes durch beweglichen Kern bzw. Seitenschieber

auf; zum Schluß fließt auch die kleine Wanddicke *b* einwandfrei aus. Es ergibt sich ein gesundes Gußgefüge. Wichtig ist, Formteilung, Strahldicke, Strahlführung und Entlüftungsschlitze so anzuordnen, daß das einströmende Gießmetall die sich in dem Formhohlraum befindliche Luft einwandfrei verdrängt. Oft werden mit Vorteil sogenannte Durchfluß- oder Entlüftungssäcke angebracht (in Abb. 42 angedeutet). Gegenüber den beiden strichpunktiert gekennzeichneten Formteilungen erscheint die mittlere und in Abb. 42c ausgezogen dargestellte am besten, jedoch ist auch Formteilung I-II oder I-III brauchbar. Eine günstige Eingußlage bei verbesserter Gestaltung des herzustellenden Gußstückes ist aus den Teilbildern 42d und e ersichtlich. Bei der zweckmäßigen Einformung ist allerdings in diesen Fällen bei *d* ein Formteil für die vorgesehene Aussparung und bei *e* ein Seitenschieber in der Druckgießform notwendig. Zu berücksichtigen ist aber, daß sich zu dem großen Vorzug einer gleichmäßigen Wanddicke an allen Stellen des Druckgußteiles ein weiterer, nämlich der einer verbesserten Luftabführung aus dem Formhohlraum hinzugesellt, und dies besonders bei Ausführung *e*.

Aus den mit Abb. 42 gegebenen Beispielen ist zu entnehmen, daß es für die beste Lage des Eingusses keine allgemeingültige Regel gibt. Es ist aber bei Metall-Druckgußteilen im allgemeinen günstiger, den Anschnitt an die dünnste Stelle zu legen, als umgekehrt. Allerdings muß dabei die Gestalt des herzustellenden Stückes genügend berücksichtigt werden, und außerdem ist das für die Herstellung des Teiles angewandte Druckgießverfahren (Höhe des Gießdruckes, Druckmittel, Geschwindigkeit der Formauffüllung) von Bedeutung.

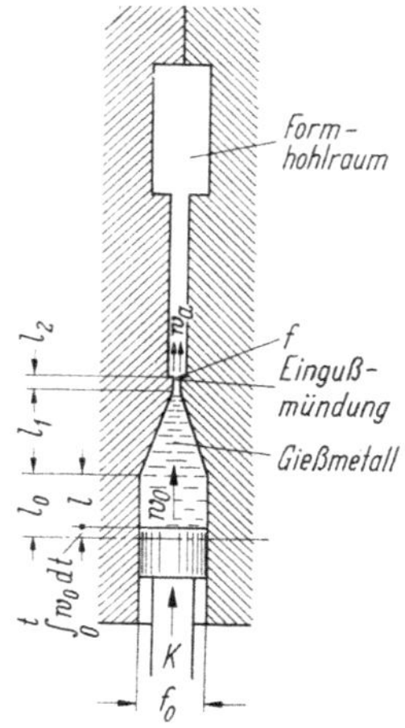

Abb. 43. Druckkammer, Einguß und Formhohlraum (schematisch)

Es ist interessant, für das in Abb. 41 dargestellte Teil die Füllzeit und im Zusammenhang hiermit die Einströmgeschwindigkeit des Druckgußmaterials bei einer mittleren spezifischen Pressung, so wie diese an Kaltkammer-Druckgießmaschinen angewandt wird, zu errechnen. Zu diesem Zweck werden Druckkammer, Einguß und Formhohlraum in der Form, wie in Abb. 43 schematisch dargestellt, und allgemein für die folgende Betrachtung vereinfachte Verhältnisse angenommen:

Die Anfangslage des Kolbens ist in Abb. 43 strichpunktiert angedeutet. In dieser Anfangslage soll der ganze Raum bis zur Eingußmündung f mit flüssigem Metall gefüllt sein. Auf den Kolben wirkt nun eine konstante Kraft $K = p \cdot f_0$ ein, wodurch das Gießmetall aus f in den Formhohlraum einzufließen beginnt. Nimmt man an, daß ein sogenannter statischer, spezifischer Gießdruck p_g von 500 kp/cm² während der Formfüllung auf das flüssige Metall in der Druckkammer einwirkt[1], dann ergibt sich unter Benützung von Gl. (8)

$$w_a = \sqrt{\frac{2g \quad p_g}{\gamma\,(1 + \zeta)}}$$

---

[1] Es ist bei Verfahrensart III in manchen Fällen nicht nötig, für die Formauffüllung einen derartigen hohen spezifischen Gießdruck anzuwenden. Zur Füllung des nach *d* und *e* (Abb. 42) geänderten Druckgußteiles ist bei kleinen Wanddicken jedoch Verfahrensart I und II günstiger.

Bei $\gamma = 2700$ kg/m³ (Wichte der Aluminium-Legierung) und $\zeta = 2{,}0$ ist

$$w_a = \sqrt{\frac{2 \cdot 9{,}81 \cdot 5\,000\,000}{2700\,(1+2)}} = 109 \text{ m/s}$$

Die theoretische Einströmgeschwindigkeit würde nach Gl. (1) betragen

$$w_s = \sqrt{2\,g\frac{p}{\gamma}} = \sqrt{2 \cdot 9{,}81\,\frac{5\,000\,000}{2\,700}} = \sim 190 \text{ m/s oder } 684 \text{ km/h}$$

Die Füllzeit oder eigentliche Gießdauer τ_g läßt sich nun bestimmen aus

$$\tau_g = \frac{V}{f \cdot w_a} \tag{10}$$

worin

V = Volumen des Druckgußteiles, das man mit dem Volumen des Formhohlraumes (Schwindmaß) gleichsetzen kann.
f = Anschnittquerschnitt und
w_a = wie bereits bekannt die wirkliche Einströmgeschwindigkeit bedeuten.

Angenommen, ein Anschnittquerschnitt von $f = 0{,}06 \cdot 8 = 0{,}48$ cm² wird zur einwandfreien Druckgußfertigung des Teiles nach Abb. 41 bei einem $V = 184$ cm³ benötigt, dann ergibt sich

$$\tau_g = \frac{184}{0{,}48 \cdot 10\,900} = 0{,}035 \text{ s}$$

Die Gießdauer erfährt durch den erforderlichen sogenannten Vorhub[1] noch eine gewisse Verlängerung; sie dürfte jedoch in diesem Beispiel bei etwa 0,04 s liegen.

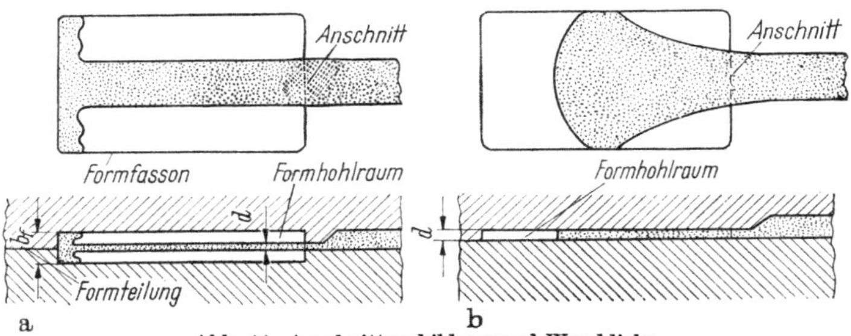

Abb. 44. Anschnittausbildung und Wanddicke

Schon aus Abb. 37 ist ersichtlich, daß zwischen der Anschnittstärke d und der Formhohlraumtiefe b_f Beziehungen vorhanden sind, welche den Verlauf der Formauffüllung beeinflussen[2]. Zweifellos übt auch die Anschnittausbildung einen beträchtlichen Einfluß aus, worüber im einzelnen

[1] Näheres s. Anhang I, insbesondere 2. Abschnitt b und 6. Abschnitt.
[2] Siehe auch Abschnitt 2.122d.

noch später berichtet wird[1]. Aus Abb. 44 ist zu erkennen, daß bei a die Auffüllung als Freistrahl erfolgt, während bei b, wenn $d = b_f$ geworden ist, die erste Phase der Einströmung durch die Form des Anschnittes wie angedeutet verlaufen dürfte. Bei sehr dünnwandigen Druckgußteilen, die noch dazu von verwickelter Gestalt sind, kann daher die Formauffüllung völlig anders verlaufen, wie die einfachen Beispiele Rechteckplatte, U-Form, Zerreißstab bei einer Einströmung durch Freistrahl zeigen. Es muß in diesen Fällen eine sehr rasche Formauffüllung angestrebt und daher Verfahrensart I angewandt werden. Auch bei verwickelten, dünnwandigen Druckgußteilen kann man aber bei Beachtung der hydrodynamischen Grundgesetze den Ablauf der Formfüllung, wenigstens in etwa, zum Voraus bestimmen und damit die bestmögliche Konstruktion der Gießform in bezug auf Eingußlage, Anschnittausbildung, Formteilung, Luftabführung festlegen.

2.33 Untersuchungen über den Druckgieß-Vorgang

2.331 Gießdruck und Temperatur des Druckgußmetalls

Nach Beendigung des Füllvorgangs, wenn die Geschwindigkeit des einströmenden Metalls auf Null herabsinkt, findet ein Temperaturanstieg statt, der durch die Funktion

$$\Delta t = \frac{m \cdot p_g A}{854\, c_m}$$

ausgedrückt werden kann. Hierin bedeuten, soweit nicht schon bekannt

$$\text{Masse } m = \frac{G}{g};$$

$$\text{Faktor } A = \frac{2\,g}{\gamma};$$

die Zahl 854 kommt vom Wärmeäquivalent (1 kcal = 427 mkp) und wird unter dem Bruchstrich mit der Zahl 2 multipliziert, also $2 \times 427 = 854$ (hervorgerufen durch die Gleichung von der Wucht $\frac{1}{2}\, m w^2$, die in obiger Funktion steckt);

c_m die mittlere spezifische Wärme der Druckgußlegierung bzw. falls bekannt, die der flüssigen Metall-Legierung.

Daraus kann weiter geschlossen werden, daß auch die bei der Formfüllung eintretende Abbremsung oder Verlangsamung der Metall-Geschwindigkeit zur Aufrechterhaltung der Gießtemperatur sehr wichtig ist, so daß dadurch das Ausfließen von entfernt gelegenen Teilen des Formhohlraumes unterstützt wird.

Die Wärmemenge, welche beim Verlieren von kinetischer Energie des Einströmstrahls frei wird, ist dem spezifischen Gießdruck direkt pro-

[1] Vgl. 3.3 „Grundlagen für den Entwurf der Druckgießform".

portional, denn aus Grundgleichung (1)

$$w_s = \sqrt{2g\frac{p}{\gamma}} \quad \text{folgert}$$

$$w_s^2 = \frac{2g}{\gamma}\cdot p \tag{1b}$$

d. h., da $\frac{2g}{\gamma}$ für ein bestimmtes Druckgußmetall konstant, daß der spezifische Gießdruck dem Quadrat der Einströmgeschwindigkeit proportional ist. Der von BARTON für den Ausdruck $\frac{2g}{\gamma}$ gewählte Buchstabe A, den er „Koeffizient des Moments" bezeichnet[1], den wir aber mit „Metall-Faktor" ausdrücken wollen, wird beibehalten, so daß man auch schreiben kann

$$A = \frac{2g}{\gamma} \quad \text{oder} \quad w_s^2 = p\cdot A$$

Aus dem dynamischen Grundgesetz

$P = m \cdot b$, d. h.

Kraft = Masse × Beschleunigung

ergibt sich bekanntlich die Wucht als Arbeit, die beim Abbremsen eines bewegten Körpers von der Geschwindigkeit w_s auf 0 entsteht zu

$$W = \frac{1}{2}\, m\, w_s^2$$

Diese Gleichung kann man nun mit den obigen Erkenntnissen (da $w_s^2 = p\cdot A$) auch ausdrücken mit

$$E_a = \frac{m\cdot p\cdot A}{2} \tag{11}$$

oder in Worten:

Die frei werdende Arbeit oder Energie E einer Metall-Legierung a ist gleich

$$\frac{\text{Masse} \times \text{spez. Gießdruck} \times \text{Metall-Faktor}}{2}$$

Da nun 1 kcal = 427 mkp sind, ergibt sich η als Wärme-Äquivalent von E für die Metallegierung a zu

$$\eta = \frac{m\,p\,A}{2\cdot 427} = \frac{m\,p\,A}{854} \quad \text{(kcal)} \tag{11a}$$

oder

$$\eta_a = \frac{p\,A}{854} \quad \text{(kcal)} \tag{11b}$$

wenn man von der Masse $m = 1$ ausgeht. Da nun $m = \frac{G}{g}$ oder $G = m\cdot g$ ist, ergibt Gl. (11b) die durch die Abbremsung auf Geschwindigkeit 0 frei werdende Wärmemenge für eine Metallmenge von $G = 9{,}81$ kg.

Mit Hilfe der spezifischen Wärme c (genauer spezifischen Wärmekapazität) ist man in der Lage, den Temperaturanstieg zu errechnen, der

[1] Nach H. K. BARTON, Zeitschrift „Metal Industry" 1952.

beim Absinken der Einströmgeschwindigkeit auf Null, also nach beendigter Formauffüllung entsteht. Der Temperaturanstieg ψ ist nämlich

$$\psi = \frac{\eta_a}{c}$$

Für η_a die Gl. (11b) eingesetzt ergibt

$$\psi = \frac{pA}{854\,c} \quad (°C)^* \tag{12}$$

Setzt man wiederum für den sogenannten Metall-Faktor A den Begriff $\frac{2g}{\gamma}$ ein, so erhält man

$$\psi = \frac{p \cdot 2g}{854\,c\gamma} = \frac{p \cdot g}{427\,c\gamma} \quad (°C)^* \tag{12a}$$

Man kann nun Gl. (12) für 1 kg Metall (indem ψ durch 9,81 dividiert wird) auch so schreiben:

$$\psi_1 = 0{,}0001202\; p\,\frac{A}{c}$$

Da nun A und c für eine gegebene Metallegierung konstant sind, ist es möglich, den Quotienten $\frac{A}{c}$ für ein bestimmtes Metall festzulegen und mit $\frac{1}{854 \cdot 9{,}81}$ zu multiplizieren. Bezeichnet man diesen nur metallabhängigen Wert mit B_m, dann ist nur B_m mit dem Gießdruck p zu multiplizieren, um den Temperaturanstieg zu erhalten, der aus dem völligen Verlust der Einströmenergie einer Metallmenge von 1 kg im Formhohlraum entsteht. Also

$$\psi_1 = p \cdot B_m \quad (°C/kg) \tag{12b}$$

In Tab. 1 sind für einige gebräuchliche Druckgußlegierungen die Werte für B_m angegeben. Danach ist $B_m = \frac{1}{427 \cdot c \cdot \gamma}$, so daß der Temperaturanstieg auch so geschrieben werden kann:

$$\psi_1 = \frac{p}{427 \cdot c \cdot \gamma} \quad (°C/kg).$$

Tabelle 1. *Konstante Werte für gebräuchliche Druckgußlegierungen*

Grundmetall	Wichte γ kg/m³	Metallfaktor A $\left(\frac{2g}{\gamma}\right)$	Mittl. spez. Wärme c_m kcal/kg °C	Wert B_m Gleichung 12b $\times 10^{-6}$
Aluminium	2700	0,007267	0,25	3,479
Magnesium	1800	0,0109	0,27	4,809
Zink	6800	0,002885	0,09	3,826
Kupfer (Messing 60 %Cu, 40% Zn) .	8500	0,002308	0,09	3,061

Für das in Abschnitt 2.324 gewählte Beispiel (Abb. 41) würde demnach der Temperaturanstieg bei einer Aluminiumlegierung

* Für eine Metallmenge von 9,81 kg.

$$\psi_{1(Al)} = 5000000 \cdot 3{,}479 \cdot 10^{-6} = \frac{5000000 \cdot 3{,}479}{1000000}$$

$$= 5 \cdot 3{,}479 = \sim 17{,}4\ ^\circ\mathrm{C/kg} \text{ und damit für } 500\,\mathrm{g}\ \frac{17{,}4}{2} \sim 8{,}7\ ^\circ\mathrm{C}$$

bei einer Magnesiumlegierung

$$\psi_{1(Mg)} = 5 \cdot 4{,}809 = \sim 24\ ^\circ\mathrm{C/kg}$$

betragen unter der Voraussetzung, daß der Gießdruck von 500 kp/cm² während bzw. im letzten Moment vor Beendigung der Formauffüllung erreicht wird[1].

Der Wärmeverlust an der Formoberfläche (Formwände) ist während der sehr kurzen Zeitdauer der Formauffüllung (sie beträgt bekanntlich nur einige hundertstel, höchstens zehntel Sekunden) und im Moment der Abbremsung (d. h. im Augenblick der beendeten Formauffüllung, wenn die Strömungsenergie in einen statischen Druck umgewandelt wird) vernachlässigbar klein. Aber schon während der Formauffüllung, etwa beim Auftreffen des Einströmstrahls auf eine Formwandung, findet ein Energieverlust mit Umwandlung in Wärme statt. Man kann dies ebenfalls rechnerisch erfassen, wenn die Geschwindigkeit w_s im Einlaufquerschnitt und beispielsweise die Geschwindigkeit w_h der ablaufenden Halbstrahlen (s. Abb. 14a) bekannt ist. In diesem Fall muß von der Grundgleichung

$$W = \frac{1}{2}\, m\, w_s^2 - \frac{1}{2}\, m\, w_h^2 \quad \text{(mkp)}$$

ausgegangen werden. Unter Zuhilfenahme von Gl. (11b)

$$\eta_a = \frac{pA}{854} \quad \text{da} \quad p \cdot A = w^2 \quad \text{ist, kann man schreiben}$$

$$\Delta\,\eta_a = \frac{w_s^2 - w_h^2}{854} \quad \text{(kcal)}\,* \tag{11c}$$

Schon im Anschnittquerschnitt kann demnach eine Erhöhung der Temperatur bewirkt werden. Daraus erklärt sich auch die mögliche Auffüllung eines Formhohlraumes auf einer Kaltkammer-Druckgießmaschine mit einer Metallegierung, deren Erwärmung nur zwischen Solidus- und Liquiduslinie liegt (also im Sprachgebrauch nur „teigig“ ist).

Außerdem ist aus diesen Betrachtungen die günstige Wirkung eines hohen Gießdruckes am Ende der Formauffüllung abzuleiten (Verfahrensart III). Ein hoher Gießdruck ist besonders vorteilhaft, wenn die Druckgußlegierung

a) einen genügend großen Erstarrungsbereich aufweist (Abstand zwischen Solidus- und Liquiduslinie),

---

[1] Weiteres über dieses Problem wird im Hauptabschnitt „Druckgießpraxis“, Bd. II, behandelt.

* Wiederum für die Masse $m = 1$, d. h. $G = 9{,}81$ kg. Für 1 kg muß demnach der errechnete Wert durch 9,81 geteilt werden.

b) eine kleine Umwandlungswärme (latente Wärme),
c) ein geringes spezifisches Gewicht und
d) eine hohe Wärmeleitfähigkeit besitzt.

Der in den Formhohlraum einströmende Metallstrahl enthält eine kinetische Energie, die proportional dem Quadrat seiner theoretischen Geschwindigkeit[1] ist, und man kann annehmen, daß diese Energie schließlich während der Eingießperiode in Wärme umgewandelt wird. Ein großer Teil dieser Wärme dient dazu, die Temperaturen der verschiedenen umgelenkten Füllstrahlen aufrecht zu erhalten[2]. Bei Beendigung der Strömung wird die Restenergie sofort in Wärme umgesetzt, wodurch bei günstigen Anschnittverhältnissen eine allgemeine Erhöhung der Temperatur des sämtlichen im Formhohlraum befindlichen Metalls hervorgerufen werden kann. Es erfolgt in diesem Falle eine Erstarrung unter Druck (d. h. der Nachdruck p_n kann sich auswirken) und man erzielt damit ein dichtes, gutes Gefüge des hergestellten Druckgußteiles.

2.332 Wärmemechanischer Zustand der Druckgießform

Die Druckgießform hat nicht nur die Aufgabe, dem einströmenden Metall in einem Formhohlraum eine ganz bestimmte Gestalt zu geben, sondern auch das Gußteil soweit erstarren zu lassen, daß es ohne Deformation ausgeworfen werden kann. Wie wir nun gesehen haben, kann zusätzlich zur Gießtemperatur noch eine weitere Temperaturzunahme durch hohe Gießdrücke eintreten. Die durch diese Maßnahmen im Formhohlraum befindliche Wärmemenge muß nun laufend bis zur sogenannten Auswerftemperatur des Druckgußteiles abgeführt werden.

Allen Warmarbeitswerkzeugen — zu denen auch Druckgießformen zu zählen sind — wird bei der Berührung mit dem erwärmten Arbeitsgut plötzlich Wärme zugeführt, die während jeden Arbeitsspieles wieder abgeführt werden muß, um eine zu hohe Erwärmung des Werkzeuges zu vermeiden. Die Formwände einer Druckgießform müssen beträchtlichen Drücken standhalten, um maßgenaue Abgüsse hergeben zu können. Aus diesem Grund wäre eine verhältnismäßig niedrige Formtemperatur erwünscht, da bekanntlich in der Wärme die Festigkeitseigenschaften auch von legierten Stählen stark absinken. Um aber die thermischen Wechselspannungen kleiner zu halten, ist eine möglichst hohe Formtemperatur anzustreben; also Gegensätze, die leider beim Druckgießverfahren auftreten. Und diese Gegensätze werden um so größer, je höher der Schmelzpunkt der zu vergießenden Legierung liegt.

---

[1] Und zwar nur der theoretischen Geschwindigkeit w_s und nicht von w_a, da Reibungs-, Wirbel- und Stoßverluste in Wärme umgewandelt werden.

[2] Die im Abschnitt 2.122d gemachten Ausführungen behandeln nur den hydrodynamischen Verlauf der Formauffüllung, zu denen nach diesen Erkenntnissen noch die thermodynamischen Verhältnisse hinzukommen.

Schon aus dieser kurzen Betrachtung geht hervor, daß die Fragen, welcher Formenbaustoff, welche Gestaltungsweise, welche Einbaufestigkeit, welche Oberflächenbehandlung ist zu wählen, von größter Wichtigkeit sind[1]. Es können für die Formteile, die mit dem flüssigen Metall in Berührung kommen, Stähle vom unlegierten Kohlenstoffstahl bis zu den höchstlegierten austenitischen Stählen Verwendung finden. Den auf-

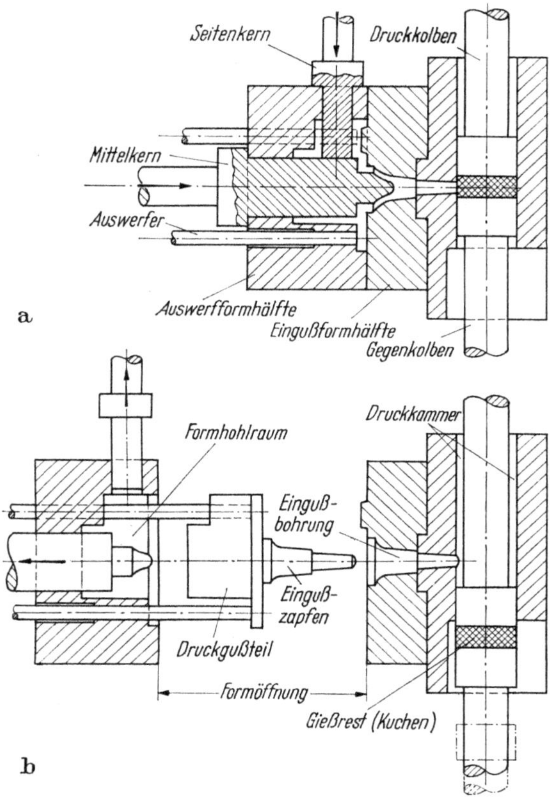

Abb. 45. Stellungen der Druckgießform
a Gießstellung, b Auswerfstellung

tretenden Beanspruchungen entsprechend kommt als Formbaustoff grundsätzlich ein geeigneter Warmarbeitsstahl in Betracht.

Aus Abb. 45 ist der Aufbau einer Druckgießform ersichtlich. Letztere ist auf einer Kaltkammer-Druckgießmaschine, Druckkammer außerhalb der Form, senkrechte Druckkammer (nach f,[2] Abb. 2) aufgespannt. Die Druckgießform ist in zwei Stellungen, und zwar a) Gießstellung und b) Auswerfstellung gezeigt.

[1] Näheres siehe Hauptabschnitt 3: „Die Druckgießform".

[2] jedoch mit Gießrest-Auswurf nach unten

Beschäftigt man sich mit der Aufgabe, den wärmemechanischen Zustand einer Druckgießform zu erforschen, dann kommt man zu dem Schluß, daß die Festlegung eines rechnerischen Verfahrens schwierig ist, obwohl die Einflüsse, von denen die Wärmeübertragung in Druckgießformen abhängen, nicht groß und ihre mathematischen Zusammenhänge verhältnismäßig einfach sind. Man kann annehmen, daß die Druckgießform während des Betriebes schließlich einen Zustand erreicht (bleibende Betriebstemperatur), bei dem

$$\text{Wärmezufuhr} = \text{Wärmeabgabe}$$

ist.

Die *Wärmezufuhr* setzt sich zusammen aus der Wärmemenge, die in der einströmenden Metallegierung enthalten ist und der Wärmemenge, welche infolge des Temperaturanstiegs durch den sich am Ende der Auffüllung auswirkenden meist erhöhten spezifischen Gießdruck entsteht.

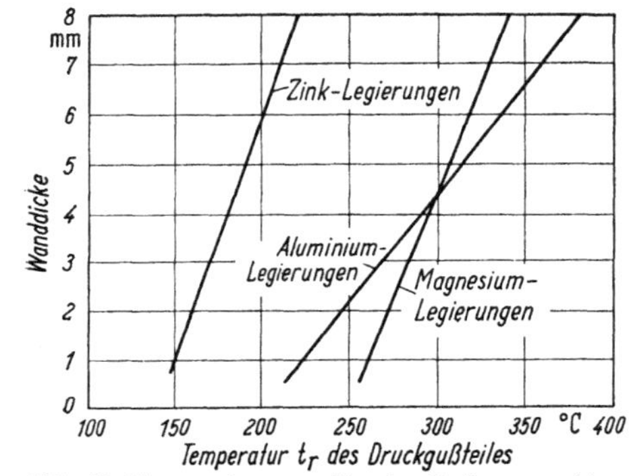

Abb. 46. Temperatur von Druckgußteilen verschiedener Legierungen beim Auswerfen in Abhängigkeit von der Wanddicke

Die *Wärmeabgabe* ist folgende: Ein Teil der zugeführten Wärme geht durch Strahlung und Fortpflanzungsübertragung von der Oberfläche der Gießform und des Gußstückes aus weg, ein weiterer Teil durch Ausbreitung auf die Aufspannplatten oder den Ständer der Druckgießmaschine bzw. auch durch eine vorgesehene Kühlung und der Rest verbleibt im Druckgußteil selbst im Augenblick des Auswerfens.

Diese letztere Rest-Wärmemenge läßt sich ziemlich genau bestimmen. Die Messung der Temperatur des Druckgußteiles sofort nach dem Auswerfen hat bei einer Versuchsreihe die in Abb. 46 dargestellten Verhältnisse ergeben. Die ermittelten Werte wurden als Gerade eingeordnet und als Hauptmerkmal dieser Funktion die verschiedenen Wanddicken der Teile zugrundegelegt. Man sieht, daß die Aluminiumlegierungen, vielleicht als Folge der besseren Wärmeleitfähigkeit, in diesem Punkt als wandstärkenempfindlicher wie die beiden anderen Druckgußwerkstoffe Zink- und Magnesiumlegierungen festgestellt wurden. Es handelt sich bei den Angaben um Durchschnittswerte, da die Gestalt und Größe des Gußteiles, sowie Schußzahl an der Druckgießmaschine usw. für die noch verbleibende Wärmemenge ebenfalls eine Rolle spielt. Man kann selbstverständlich bei einem bestimmten Druckgußteil etwa durch Eintauchen des Stückes gleich nach dem Auswerfen in eine Flüssigkeit durch die sich ergebende Temperaturerhöhung derselben eine genaue Wärmemessung vornehmen. Bei unseren Betrachtungen können jedoch die Werte nach Abb. 46 etwa für den Konstrukteur als ausreichend genau angesehen werden.

Die aufgestellte Bedingung

Wärmezufuhr = Wärmeabgabe

läßt sich also aufgliedern in

Wärmemenge durch die einströmende Metallegierung + Wärmemenge infolge Temperaturanstieg durch den spez. Gießdruck	=	Wärmemenge durch Abstrahlung (S) + verbleibende Wärmemenge im Druckgußteil beim Auswerfen aus der Gießform (D_w) + Wärmemenge durch Ausbreitung bzw. Übertragung (W_k)

oder im einzelnen ausgedrückt:

$$G_s\,[c_1 \cdot t_1 + c_2\,(t_2 - t_1)] + G_s \cdot u + \frac{G \cdot p_g}{427\,\gamma} = S + D_w + W_k \qquad (13)$$

Darin bedeuten für den Ausdruck links des Gleichheitszeichens

G_s = Gewicht des Druckgußteiles (kg) einschließlich Kreislaufmaterial (Einguß, Gießlauf, Entlüftungssäcke usw.)

G = Gewicht des Druckgußteiles (kg) (Entlüftungssäcke können vernachlässigt werden)

c_1 = mittlere spez. Wärme im festen Zustand (kcal/° kg)

c_2 = spez. Wärme im flüssigen Zustand (kcal/° kg)

t_1 = Liquiduspunkt der Metallegierung (°C) (bei teigiger Verarbeitung kann $t_1 = t_2$ gesetzt werden)

t_2 = Gießtemperatur der Metallegierung (°C)

u = Umwandlungs- oder Erstarrungswärme (latente Wärme) (kcal/kg)

p_g = spezifischer Gießdruck während der Form-Auffüllung (kp/m²)

γ = spezifisches Gewicht oder Wichte der Metallegierung (kg/m³)

Diese Gleichung gilt jeweils für die Zeitdauer eines Arbeitsspiels. Die beiden ersten Ausdrücke der linken Seite sind geläufig, der Ausdruck $\frac{G \cdot p_g}{427\,\gamma}$ ist vom dynamischen Grundgesetz

$$P = m \cdot b$$

Kraft = Masse mal Beschleunigung

abgeleitet, wie aus dem vorangegangenen Abschnitt 2.331 hervorgeht.

Man könnte den Ausdruck $\frac{G \cdot p_g}{427\,\gamma}$ auch anders schreiben, wenn der von Barton als „Koeffizient des Moments" gewählte Metallfaktor $A = \frac{2\,g}{\gamma}$

verwendet wird, nämlich

$$\eta = \frac{m\, p_g\, A}{854}$$

denn er ist identisch mit diesem η. Setzt man nämlich für $m = \frac{G}{g}$ und für $A = \frac{2g}{\gamma}$ in dieser Gleichung, dann erhält man

$$\eta = \frac{\frac{G}{g}\, p_g\, \frac{2g}{\gamma}}{854} = \frac{G\, p_g}{427\gamma}$$

Dieser zuletzt genannte Ausdruck erscheint einfacher und wird deshalb bei diesen Betrachtungen beibehalten.

Von den Ausdrücken der rechten Seite der Gl. (13) ist aus dem Vorhergesagten D_w ohne Schwierigkeiten zu bestimmen. Aus Abb. 46 können die Temperaturen des ausgeworfenen Druckgußstückes bei verschiedenen Wanddicken entnommen werden. Bezeichnet man diese Temperatur mit t_r, kann man schreiben

$$D_w = G_s \cdot c_1 \cdot t_r \quad \text{(kcal)}$$

Die Wärmemenge S, welche durch Abstrahlung weggeht, kann nur überschlägig bestimmt werden. Sie schwankt zudem mit dem Zustand der Formoberfläche. Bei einer neuen sauberen Form ist die Wärmeabstrahlung kleiner als bei einer Form mit im Gebrauch dunkler gewordener Oberfläche. Auch können durch Schmiermittel und Schlichten Ablagerungen auftreten, die andererseits die Abstrahlungsmenge wieder verringern.

In Anlehnung an das STEFAN-BOLTZMANNsche und KIRCHHOFFsche Gesetz kann man die durch Abstrahlung pro Minute weggehende Wärmemenge errechnen:

$$S_{\min} = F_0 \cdot \alpha_s\,(t_f - t_l)$$

Hierin sind

F_0 = Oberfläche der wärmeabstrahlenden Formteile (m^2)

α_s = veränderliche Größe, die von dem Zustand der wärmeabstrahlenden Oberfläche abhängig ist, ausgedrückt in Bruchteilen der Strahlung eines schwarzen Körpers; diese Größe kann als Wärmeübergangszahl für Strahlung gedeutet werden[1]

t_f = die bleibende (Betriebs-) Temperatur der Gießform (°C)

t_l = Temperatur der die Gießform umgebenden Luft (°C)

---

[1] Die Wärmeübergangszahl für Strahlung α_s kann man wie folgt bestimmen: Temperaturstrahlung senden Körper aus ihrem Energievorrat, den sie infolge ihrer erhöhten Temperatur haben, aus. Das KIRCHHOFFsche Gesetz besagt, daß

$$\frac{q}{A} = \text{konst.}$$

Der schwarze Körper besitzt die größtmögliche Temperaturstrahlung q_s unter allen Körpern und man kann für diesen $A = 1$ setzen. Für alle anderen Körper

Die Festlegung von F_0 ist schwierig, da durch Ausfräsungen, verwickelte Formfassonen und Schieber usw. Oberflächen-Unregelmäßigkeiten vorhanden sind, die zu Schwankungen in der Geschwindigkeit der Wärmeabstrahlung führen können.

---

ist A kleiner als 1. Wenn nun die Temperaturstrahlung eines beliebigen anderen Körpers mit q bezeichnet wird, kann man schreiben

$$\frac{q}{A} = q_s$$

Es ist demnach $q < q_s$. Man kann auch die Strahlung jedes Körpers in Bruchteilen der schwarzen Strahlung gleicher Temperatur angeben

$$q = \varepsilon q_s$$

und nennt ε = Strahlungs- oder Emissionsverhältnis.

Nach dem Gesetz von STEFAN-BOLTZMANN, das besagt, daß die von der Flächeneinheit eines Körpers ausgesandte Wärmestrahlung, summiert über alle Wellenlängen, proportional der 4. Potenz der absoluten Temperatur ist, ergibt sich

$$q = \varepsilon q_s = \varepsilon C_s \left(\frac{T}{100\ °K}\right)^4 = C \left(\frac{T}{100\ °K}\right)^4 \text{kcal/m}^2\,\text{h}$$

Es sind hierin

C_s = 4,96 kcal/m² h die Strahlungszahl des schwarzen Körpers

und $C = \varepsilon C_s$ die des wirklichen Körpers.

Aus nachfolgender Tabelle ist $q_s = C_s \left(\frac{T}{100\ °K}\right)$ kcal/m² h für verschiedene Temperaturen zu entnehmen:

t (°C)	T (°K)	q_s (kcal/m² h)
0	273	276
50	323	540
100	373	960
150	423	1587
200	473	2483
250	523	3711
300	573	5349
350	623	7473
400	673	10175

Nimmt man als Beispiel bei der Verarbeitung von Leichtmetall-Legierungen eine bleibende Betriebstemperatur von 250 °C an und eine Temperatur t_l von 50 °C für die die Druckgießform umgebende Luft, dann ergibt sich

$$\begin{aligned} q_s\,(\text{für } 250\ °C) &= 3711 \\ -\,q_s\,(\text{für } 50\ °C) &= 540 \\ \hline q_s &= 3171\ \text{kcal/m}^2\text{h} \end{aligned}$$

Bei einem $\varepsilon = 0{,}50$ wäre

$$q = 0{,}5 \cdot 3171 = 1585{,}5\ \text{kcal/m}^2\ \text{h}$$

und zwar bei einer Temperatur-Differenz $t_f - t_l$ von 200 °C. Für 1 °C wäre demnach

$$q\,(\text{für } 1\ °C) = \frac{1585{,}5}{200} = \sim 7{,}9\ \text{kcal/m}^2\ \text{h}\ °C$$

Und schließlich, da α_s eine Wärmeübergangszahl für Strahlung in der Minute bedeuten soll, erhält man

$$\alpha_s = \frac{7{,}9}{60} = 0{,}134\ \text{kcal/m}^2\ \text{min}\ °C$$

α_s kann man daher überschlägig für Druckgießformen zur Verarbeitung

von Zinklegierungen mit 0,1
von Leichtmetall-Legierungen mit 0,15
und von Kupferlegierungen mit 0,2 annehmen.

(Nach VDI-Wärmeatlas 1953 Ka 1 und ECKERT „Technische Strahlungsaustauschrechnungen“ VDI-Verlag 1937.)

Bei Gießformen mit gleichen Maßen und Flächenräumen, jedoch unterschiedlicher Gestalt können auch die Abstrahlungswärmemengen verschieden sein. Man kann aber annehmen, daß die sogenannte „wirksame" Oberfläche der wärmeabstrahlenden Formteile zwischen der Oberfläche, die alle Ansätze und Vertiefungen berücksichtigt und der Oberfläche liegt, die eine überspannte Haut besitzen würde, welche nur an den höchsten Punkten des Werkzeugs anliegt. Die etwa durch Abstrahlung aus dem Gußstück weggehende Wärmemenge ist so klein, daß sie vernachlässigt werden kann, zumal das Druckgußteil sofort nach Öffnen der Gießform ausgeworfen wird.

Da die Größe der Strahlungsabgabe auch von der Schußzahl abhängig ist, erhält man die Wärmemenge durch Abstrahlung, indem man die aufgestellte Gleichung durch n = Anzahl der Güsse pro Minute dividiert, also

$$S = \frac{F_0 \alpha_s (t_f - t_l)}{n} \quad \text{(kcal/Arbeitsspiel)}$$

Die Hauptgleichung

$$\text{Wärmezufuhr} = \text{Wärmeabgabe}$$

könnte man nun mit den gewonnenen Werten auch zunächst so schreiben

$$G_s [c_1 t_1 + c_2 (t_2 - t_1)] + G_s u + \frac{G\, p_g}{427\, \gamma} = \frac{F_0 \alpha_s (t_f - t_l)}{n} + G_s c_1 t_r + W_k$$

und daraus eine Gleichung, die komplizierter aussieht als sie in Wirklichkeit ist

$$W_k = G_s [c_1 t_1 + c_2 (t_2 - t_1) + u - c_1 t_r] + \frac{G\, p_g}{427\, \gamma} - \frac{F_0 \alpha_s (t_f - t_l)}{n} \quad (13\,\text{a})$$

d. h. W_k die Wärmemenge, die durch Ausbreitung bzw. Übertragung pro Arbeitsspiel weggeht, kann man daraus bestimmen. Ist diese Wärmemenge beispielsweise im Verhältnis zu der mit jedem Gießvorgang durch das flüssige Metall eingebrachten Wärmemenge groß, muß durch entsprechende Gestaltung und Kühlung für eine zusätzliche genügende Wärmeabführung Sorge getragen werden und umgekehrt.

(Wenn etwa durch eine zusätzliche Mundstückheizung noch Wärmemengen mindestens der Eingußformhälfte bei Warmkammer-Druckgießmaschinen zugeführt werden, wären diese noch mit zu berücksichtigen. Im allgemeinen muß jedoch die Maschinenkonstruktion so gestaltet sein, daß dies nicht der Fall ist.)

Man könnte sich auch einen rechnerischen Weg denken, bei dem statt der Wärmemenge durch Abstrahlung S die Wärmemenge durch Ausbreitung bzw. Übertragung W_k im einzelnen errechnet und dann mit Hilfe des Gleichgewichtszustandes Wärmezufuhr = Wärmeabgabe erstere, also S bestimmt wird. Dabei gibt es jedoch zum Teil recht schwierige mathematische Entwicklungen, die letzten Endes doch nicht genau genug sind, da die große Menge der Möglichkeiten eines Wärmeflusses durch Ausbreitung bzw. Übertragung, die bei einer Druckgießform vorhanden sind, nicht genügend berücksichtigt werden können.

Der Hauptwert einer Überprüfung des wärmemechanischen Zustandes einer Druckgießform liegt darin, daß der Form-Konstrukteur das voraussichtliche Betriebsverhalten einer neuen, erst zu entwerfenden Druckgießform vorausbestimmen kann, wenn er entsprechende Werte aus der Praxis dabei mitverwendet.

2.333 Analyse des Druckgießverfahrens

a) Druckgieß-Probleme. Um das mathematische Gerippe einer Arbeitstheorie für das Druckgießverfahren zu schaffen unter Berücksichtigung aller veränderlichen Größen, die in Wirklichkeit vorhanden sind, hat SACHS in verkürzter Form seine Dissertation hierüber veröffentlicht[1]. Diese Arbeit ist von so grundlegender Bedeutung, daß die wichtigsten Erkenntnisse daraus nachfolgend aufgeführt werden.

Ein befriedigendes Druckgußteil muß folgende Grundforderungen erfüllen:

1. Es muß eine glatte und saubere Oberfläche besitzen,

2. es muß eine große Genauigkeit mit schärfster Ausprägung der Formen aufweisen,

3. das Gußgefüge muß gesund sein, d. h. möglichst wenig Porosität enthalten,

4. gute mechanische und physikalische Eigenschaften der verwendeten Metallegierung müssen vorhanden sein.

Um diese Eigenschaften zu erhalten, muß, wie wir schon gesehen haben, die Geschwindigkeit des in den Formhohlraum eintretenden Metalls groß genug sein, um eine übermäßige Abkühlung zu verhindern, die durch den starken Wärmeentzug der stählernen Dauerform entstehen kann. Dies ist notwendig, damit die bei der Auffüllung von Formhohlräumen fast immer vorhandenen verschiedenen Metallströme und Verzweigungen bei Vollendung der Formfüllung zusammenfließen können. Eine scharfe Ausprägung der Formen entsteht durch das Vorhandensein eines spezifischen Gießdruckes bzw. der dadurch erzeugten kinetischen Energie während der Auffüllung des Formhohlraumes.

Dem gegenüber kann in einem Druckgußstück Porosität aus folgenden 3 Gründen entstehen:

a) durch Schwindung oder „Schrumpfen“ infolge des unterschiedlichen spezifischen Volumens des flüssigen Metalls bei der Liquidus-Temperatur und des erstarrten Metalls bei der Solidus-Temperatur;

[1] „An Analytical Study of the Die-Casting Process“ von B. SACHS, ASTM Bulletin, Sept. 1953.

b) durch im flüssigen Metall vorhandene aufgelöste Gase, die während des Erstarrungsvorganges frei werden;

c) durch die vor dem Gießvorgang im Formhohlraum befindliche Luft, welche durch das einströmende Metall eingeschlossen werden kann.

zu a) Bei der Betrachtung der Schwindungs-Porosität sind drei theoretisch abgegrenzte Erstarrungsgeschwindigkeiten anzunehmen, und zwar

1. eine unendlich langsame Erstarrung. Es entsteht keine Porosität und ein theoretisch einwandfreies Druckgußstück, dessen Volumen unmittelbar nach dem Erstarren kleiner als das des Formhohlraumes ist. Die Differenz wäre genau die der Volumina des flüssigen und erstarrten Metalls;

2. eine allmähliche und gleichmäßige Erstarrung von außen nach innen. Das Volumen des Gußstücks wäre unmittelbar nach dem Erstarren gleich dem Volumen des Formhohlraumes. Es entstünde aber ein größerer Hohlraum im Innern des Teiles;

3. eine sehr schnelle Erstarrung, d. h. das ganze Volumen würde theoretisch schlagartig erstarren. Das Volumen des Gußstückes wäre dann nach der Erstarrung ebenfalls gleich dem Volumen des Formhohlraumes. Die Schwindung würde sich in Form sehr kleiner, gleichmäßig verteilter Poren auswirken.

Die tatsächliche Erstarrungsgeschwindigkeit liegt zwischen diesen extremen Fällen. Sie ist abhängig von der Gießtemperatur und Zusammensetzung der verarbeiteten Metallegierung, der Beschaffenheit und Konstruktion der Gießform, der angewandten Schmiermittel bzw. Schlichten, sowie der Gestalt des herzustellenden Druckgußteiles.

Bei allen angewandten Verfahrensarten des Druckgießens erfolgt die Erstarrung des Gußstückes sehr schnell, da die Wärme, bzw. Temperaturleitfähigkeit der Formenstähle verhältnismäßig gut ist und durch eine geeignete Kühlung der Druckgießform eine rasche Erstarrungsgeschwindigkeit angestrebt wird. Es zeigen sich daher bei richtig gestalteten Druckgußteilen die Schwindungsvorgänge als fein verteilte, mikroskopisch kleine interkristalline Hohlräume, auch Poren oder Mikrolunker genannt. Dadurch werden weder die Qualität noch die Eigenschaften des Gußstückes beeinträchtigt.

zu b) Durch die schnelle Erstarrung des Druckgußstückes bleibt den im flüssigen Metall aufgelösten Gasen wenig oder überhaupt keine Zeit, während der Abkühlungsperiode frei zu werden. Diese Art der Porosität tritt daher bei der Druckgußfertigung viel seltener auf als bei anderen Gießverfahren (z. B. Sand- und Kokillenguß).

zu c) Bei Sandguß hat die Luft im Formhohlraum genügend Zeit um zu entweichen, während bei Druckguß die Formfüllung viel schneller vor sich gehen muß und Steiger, sowie sonstige luftabführende Konstruktionsweisen nur bedingt möglich sind. Das Druckgießverfahren läßt keine größeren Verbindungskanäle mit der atmosphärischen Luft zu, sondern das in den Formhohlraum eintretende Metall muß die Luft verdrängen. Die Anwendung von Vakuum bringt wohl eine Besserung, jedoch ist im Betrieb eine völlige Luftleere nicht erreichbar. Normalerweise kann die Luft nur durch die Formteilung, an den Kernen, Schiebern und Auswerfern der Gießform entweichen.

Dazu kommt noch, daß die Auffüllung verwickelter Formhohlräume so kompliziert ist, daß weder theoretische Kenntnisse, noch Versuchsergebnisse ausreichen, um genau vorauszusagen, welches Strömungsbild das Metall im Formhohlraum annehmen wird. Die Kenntnis der mutmaßlichen Formauffüllung ist durch die vorausgehenden Betrachtungen gegeben. Während sich jedoch der Formhohlraum mit flüssigem Metall füllt, können verschiedene Metallströme zusammenfließen und an ungünstigen Stellen die vorhandene Luft einschließen. Die Neigung Luft einzuschließen wird durch eine zu kleine Anzahl von Luftnuten in der Formteilung und durch die allmähliche Abnahme und Abschließung dieser Luftkanäle während der Metallauffüllung vergrößert.

Auch bei Sandguß entsteht während des Gießvorganges eine Druckzunahme im Formhohlraum. Sie ist jedoch gegenüber der bei Druckguß auftretenden gering. Die Gründe dafür sind folgende:

1. Die Luft im Formhohlraum nimmt Wärme aus dem eintretenden heißen Metall auf, und

2. die aus Sand bestehenden Formwände setzen dem Austritt von Luft und Gasen einen gewissen Widerstand entgegen.

Beim Druckgießverfahren ist die Druckzunahme gegenüber Sandguß enorm größer und ihre Bestimmung soll in diesem Abschnitt noch versucht werden.

b) Weg für die Problemlösung.

1. Betrachtung der Druckgießmaschinenarten. Die Arbeitsprinzipien der gebräuchlichen Druckgießmaschinenarten gehen bereits aus Abb. 2 hervor. Die zur Auffüllung eines Formhohlraumes erforderliche Geschwindigkeit des flüssigen Metalls erhält man aus der potentiellen Energie eines Antriebsmittels, und zwar

a) Druckluft, die unmittelbar auf das flüssige Metall in der Druckkammer einwirkt (s. Abb. 2b, c und d, sowie Abb. 47)

b) Druckluft oder eine Druckflüssigkeit, welche in einem Zylinder auf einen Kolben wirkt, der durch einen Plunger das flüssige Metall in der Druckkammer unter einen spezifischen Gießdruck setzt (s. Abb. 2a, e—i, sowie Abb. 48 und 49)

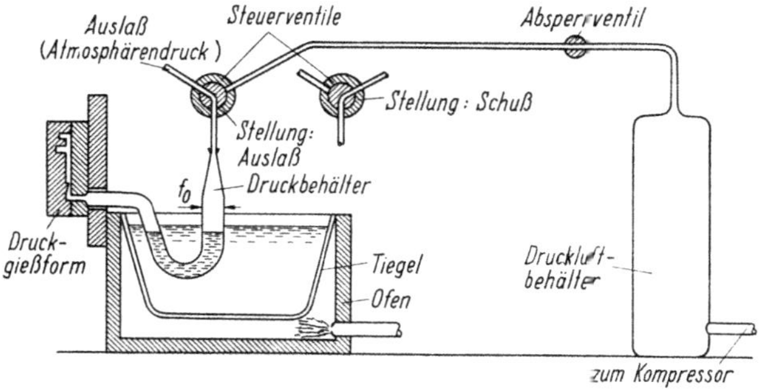

Abb. 47. Druckluftgießmaschine mit unmittelbarer Metall-Beaufschlagung (Warmkammer-Druckgießmaschine)

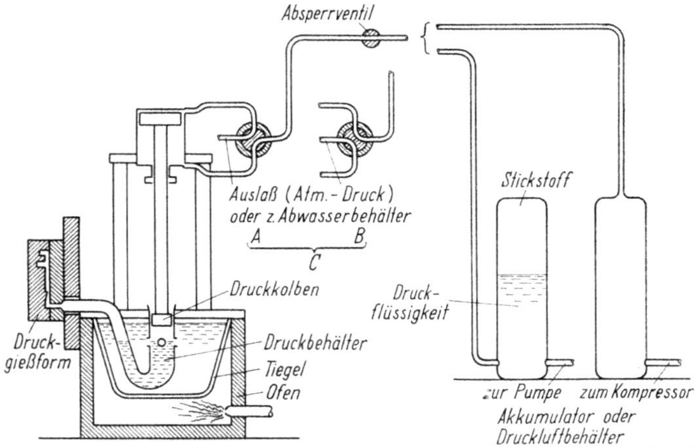

Abb. 48. Kolbengießmaschine mit Druckluft oder Druckflüssigkeit betätigtem Druckkolben (Warmkammer-Druckgießmaschine) A = Stellung: Auslaß, B = Stellung: Schuß, C = Steuerventile

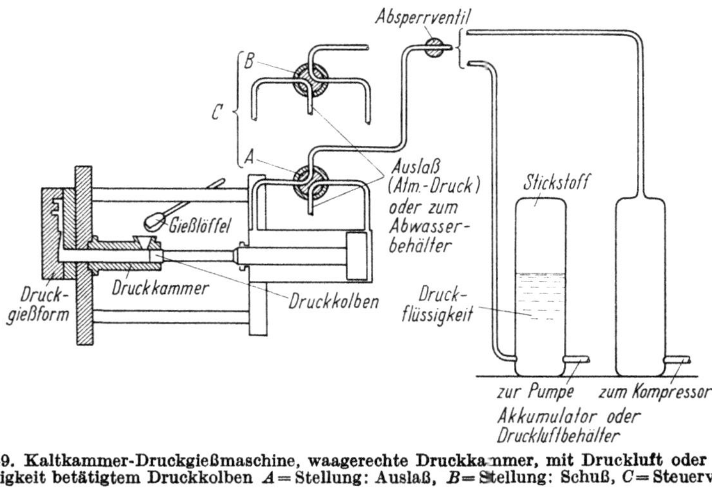

Abb. 49. Kaltkammer-Druckgießmaschine, waagerechte Druckkammer, mit Druckluft oder Druckflüssigkeit betätigtem Druckkolben A = Stellung: Auslaß, B = Stellung: Schuß, C = Steuerventile

Bei den Druckgieß-Einrichtungen sind nun 4 Faktoren, die gleichzeitig auf das Erzeugnis einwirken, zu berücksichtigen, nämlich

1. beim *Antrieb* (Druckflüssigkeit oder Druckluft)
   die Trägheitskräfte
   die Verluste
   der Einfluß der Steuerorgane
2. bei der *Rückführung* (Druckflüssigkeit oder Druckluft)
   die Trägheitskräfte
   die Verluste
   der Einfluß der Steuerorgane
3. beim *Druckgießmetall* (Metall in der Druckkammer oder im Druckbehälter)
   die Trägheitskräfte
   die Verluste
4. beim *Formhohlraum* (einschließlich Gießlauf)
   der Einfluß der Entlüftung

Auf den Grundgesetzen der Mechanik, Hydro- und Thermodynamik aufgebaut werden nun verschiedene Gleichungen unter Berücksichtigung der oben genannten Faktoren entwickelt. Dabei würde allerdings eine exakte dreidimensionale Betrachtung zu verwickelten nicht verwendbaren Lösungen führen. Es werden daher die 4 Faktoren als in einer Ebene wirkende Systeme betrachtet.

Eine derartige Vereinfachung ist bei angewandter Hydrodynamik gestattet, vorausgesetzt, daß die Geschwindigkeiten in der x-Richtung vorherrschen und daß dem Einfluß der verhältnismäßig geringen y- und z-Geschwindigkeitskomponenten durch die Einführung von Koeffizienten Rechnung getragen wird. Diese Voraussetzungen treffen beim Druckgießverfahren zu. Die entsprechenden Zahlenwerte sind in den Gleichungen in kp, m und Sekunden einzusetzen. Alle Drücke, die in den Gleichungen bzw. Berechnungen vorkommen, sind gemessene Größen, außer dem atmosphärischen Luftdruck, der mit p_{at} bezeichnet wird und absolut ist.

Der Vorgang der Erstarrung des Metalls im Formhohlraum wird, um eine Verwicklung der Betrachtungen zu vermeiden, bei den nachfolgenden mathematischen Entwicklungen außer acht gelassen.

2. Betrachtungen des Druckgießvorganges. Der Druckgießvorgang wird in verschiedene Zeitabschnitte unterteilt (dazu Abb. 50).

1. Zeitabschnitt:

Beim Betätigen des Steuerventils erfolgt eine Druckeinwirkung auf das vorher sich in Ruhe befindliche flüssige Metall. Während dieses Öffnungsabschnitts des Ventils oder Steuerschiebers verändert sich dessen Widerstand zwischen ∞ zur Zeit $\tau = 0$ und der Lage $x = 0$ bis zu ζ_{vo} bei ganz geöffnetem Ventil. Bei den meisten Kaltkammer-Druckgießmaschinen mit waagrechter Druckkammer erfolgt nun die Bewegung des Druckkolbens verhältnismäßig langsam. Dies wird vielfach durch eine aus Abb. 51 hervorgehende Bauweise des Antriebszylinders erreicht,

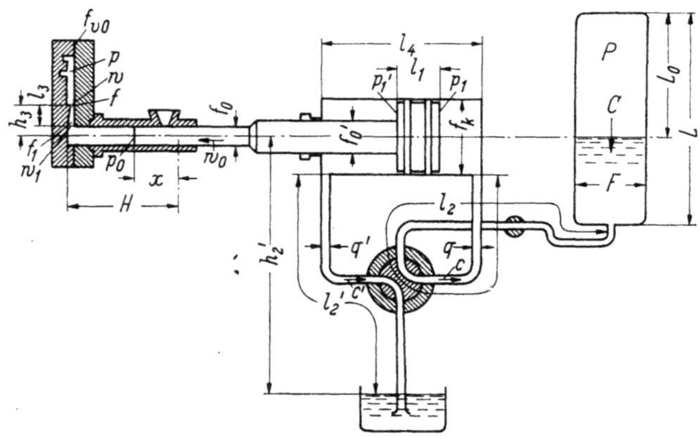

Abb. 50. Bezeichnungen an einer Kaltkammer-Druckgießeinrichtung

x = Kolbenhub in der Zeit τ, gemessen vom Ausgang $x = 0$, $\tau = 0$
F = Akkumulatorfläche
f_k = Arbeitskolbenfläche
f_0' = Arbeitskolbenstangen-Fläche
f_0 = Druckkolbenfläche
f_1 = Eintrittsfläche zum Gießlauf
= Austrittsfläche am Anschnitt
f_{v0} = Formentlüftungsfläche
q = Querschnitt der Antriebsrohrleitung
q' = Querschnitt der Rückführungsrohrleitung
P = spez. Druck im Akkumulator
p_1 = spez. Druck auf die Antriebskolbenfläche f_k
p_1' = spez. Druck auf die Kolbenfläche ($f_k - f_0'$)
p_0 = spez. Druck auf die Druckkolbenfläche f_0
p = Luftdruck im Formhohlraum
L = Länge des Akkumulators
L_0 = Höhe des Stickstoffs im Akkumulator bei $\tau = 0$
l_2 = Länge der Antriebsrohrleitung
l_2' = Länge der Rückführungsrohrleitung
l_1 = Kolbenlänge
l_3 = Gießlauflänge
l_4 = Zylinderlänge
h_2' = Höhe der Kolbenachse über Abwasserbehälterspiegel
h_3 = Höhe des Anschnittaustritts über der Kolbenachse
H = Abstand des Druckkolbens bei $x = 0$ von der Auswerfformhälfte
C = Geschwindigkeit der Antriebsflüssigkeit im Akkumulator
c = Geschwindigkeit der Antriebsflüssigkeit in der Antriebsrohrleitung
c' = Geschwindigkeit der Antriebsflüssigkeit in der Rückführungsrohrleitung
w_0 = Druckkolbengeschwindigkeit
w_1 = Geschwindigkeit des Metalls am Eintritt zum Gießlauf
w = Geschwindigkeit des Metalls am Austritt des Anschnitts

bei der in der Lage $x = 0$ die Zulaufleitung zum Zylinder fast vollkommen geschlossen ist, bis auf nur eine Nebenleitung mit sehr kleinem Durchflußquerschnitt. Diese Nebenleitung bildet einen weiteren Widerstand im Antriebssystem während des ersten Abschnitts, und zwar so lange, bis der Druckkolben die Lage $x = x_1$ erreicht hat (s. Abb. 52).

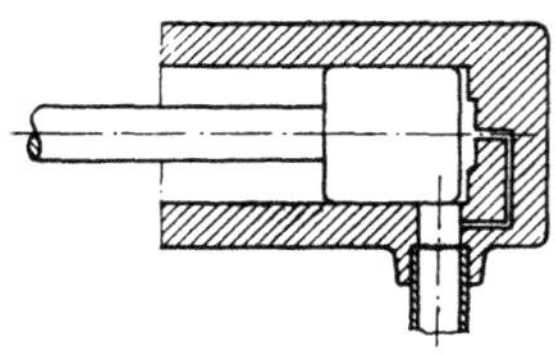

Abb. 51. Drossel-Leitung im Antriebs-Zylinder des Druckkolbens

Mit Hilfe von Abb. 52 und mit den Bezeichnungen

V_c = Volumen des Formhohlraumes
V_g = Volumen des Gießlaufes samt Anschnitt
V_r = Volumen des Druckkammer-Gießrestes und
V_t = Gesamtvolumen = $V_c + V_g + V_r$

kann man weiter ansetzen:

2. Zeitabschnitt:

$$\text{von}\begin{cases} x = x_1 \\ \tau = \tau_1 \\ w_0 = w_{01} \end{cases} \text{bis}\begin{cases} x = x_2 = H - \dfrac{V_t}{f_0} \\ \tau = \tau_2 \\ w_0 = w_{02} \end{cases}$$

3. Zeitabschnitt:

$$\text{von}\begin{cases} x = x_2 \\ \tau = \tau_2 \\ w_0 = w_{02} \end{cases} \text{bis}\begin{cases} x = x_2' = x_2 + \dfrac{V_g}{f_0} = H - \dfrac{V_t - V_g}{f_0} \\ \tau = \tau_2' \end{cases}$$

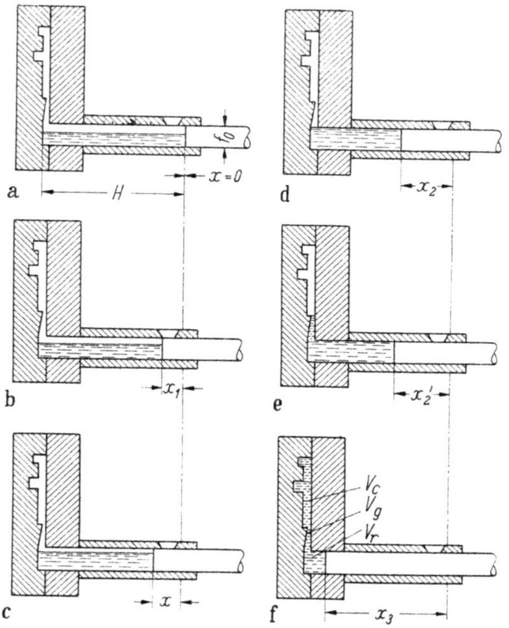

Abb. 52. Kolbenstellungen in der Druckkammer

4. Zeitabschnitt (eigentliche Füllung des Formhohlraumes)

$$\text{von}\begin{cases} x = x_2' \\ \tau = \tau_2' \end{cases} \text{bis}\begin{cases} x = x_3 = x_2' + \dfrac{V_c}{f_0} = H - \dfrac{V_t - V_g - V_c}{f_0} = H - \dfrac{V_r}{f_0} \\ \tau = \tau_3 \end{cases}$$

Der dritte Zeitabschnitt ist im Vergleich zu den anderen von außerordentlich kurzer Dauer. Deshalb wird er als zur Formfüllung gehörend gerechnet, so daß sich die Grenzbedingung des letzten Zeitabschnittes wie folgt ändert:

$$\text{von}\begin{cases} x = x_2 \\ \tau = \tau_2 \\ w_0 = w_{02} \end{cases} \text{bis}\begin{cases} x = x_3 = x_2 + \dfrac{V_g + V_c}{f_0} = H - \dfrac{V_t - V_g - V_c}{f_0} = H - \dfrac{V_r}{f_0} \\ \tau = \tau_3 \end{cases}$$

Den Druckgießvorgang kann man daher in drei Zeitabschnitte einteilen. Aus diesen Grundzügen heraus können mathematische Beziehungen zwischen den veränderlichen Größen abgeleitet werden. Die Ableitungen[1] selbst sprengen den Rahmen dieses Buches. Die sich ergebenden interessanten Endgleichungen sind im Formelanhang zusammengestellt[2].

Als Zahlenwerte für die verschiedenen Widerstände in den Steuerorganen und in Rohrleitungen wurden in den Gleichungen anerkannte Angaben aus der Literatur benutzt[3]. Der Widerstandskoeffizient ζ_{vo} ist nach Angaben einer bekannten Herstellerfirma von Hochdruckpumpen und Steuerorganen abgeleitet und festgelegt worden[4].

3. Auswirkung des Anschnitts und der Viskosität der Metallegierung. Für die Ermittlung des Widerstandskoeffizienten ζ_g am Anschnitt ist es

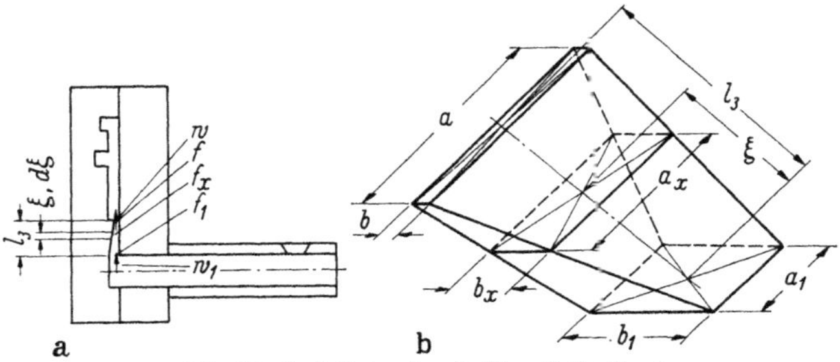

Abb. 53. Gestalt des Anschnitts mit Gießlauf

notwendig, einen geeigneten Ausdruck zu finden. Dabei sei angenommen, daß grundsätzlich der Gießlauf und Anschnitt wie aus Abb. 53 hervorgeht ausgeführt wird, was auch mit der Druckgießpraxis übereinstimmt. Man erkennt aus Abb. 53b, daß Seite a größer dargestellt ist als Seite a_1. Es gibt jedoch auch Ausbildungen, bei denen Seite a kleiner ist als a_1. Die nachfolgende Formel ist nun gültig für alle Werte von a und b. Es ist

$$\zeta_g = \frac{\lambda_r}{2} f_0^2 l_3 \left\{ \left(\frac{1}{a_1 b - a b_1}\right) [3(a-a_1)^2 (b-b_1) - 3(a-a_1)(b-b_1)^2] \times \right.$$
$$\times \ln \frac{a_1 b}{a b_1} - \frac{1}{(a_1 b - a b_1)^3} \left[\frac{(a-a_1)^3 - 2(a-a_1)^2 (b-b_1)}{a a_1} + \right.$$
$$\left. + \frac{2(a-a_1)(b-b_1)^2 - (b-b_1)^3}{b b_1} \right] + \frac{1}{(a_1 b - a b_1)^2} \times$$
$$\left. \times \left[\frac{(b-b_1)^2 (b+b_1)}{2 b^2 b_1^2} + \frac{(a-a_1)^2 (a+a_1)}{2 a^2 a_1^2} \right] \right\}$$

In dieser Gleichung ist λ_r eine Funktion der REYNOLDSschen Zahl

$$R_e = \frac{d_x w_x}{\nu}$$

---

[1] Siehe BRUNO SACHS „An Analytical Study of the Die Casting Process“ University Microfilms, Ann Arbor, Mich. (1952).

[2] Anhang I, 7. Abschnitt. [3] Siehe z. B. Abb. 54.

[4] Vickers, Inc. Division of Sperry Corp., Detroit.

wobei $d_x = 4 \frac{f_x}{u_x}$ bedeutet (d. i. der sogenannte hydraulische Durchmesser[1] des Querschnitts f_x
und ν = die kinematische Viskosität des flüssigen Metalls.

Die kinematische Viskosität ν ist dynamische Viskosität geteilt durch die Massendichte, also

$$\nu = \frac{\eta}{\varrho} = \frac{\eta \cdot g}{\gamma}$$

Die dynamische Viskosität η der Metalle und ihrer Legierungen dicht über ihrem Liquiduspunkt ist so groß wie die des Wassers[2]. Aus diesem Grund ist die kinematische Viskosität ν der Metalle, da sie eine größere Massendichte besitzen (0,01 cm² per s), sogar noch kleiner als diejenige des Wassers. Untersuchungen von SAITO und MATSUKAWA[3] ergeben eine kinematische Viskosität der eutektischen Aluminium-Siliziumlegierung (11,7% Si) von 0,01 cm²/s bei 580 °C (der genaue Schmelzpunkt liegt bei 577 °C) und 0,011 cm²/s bei 650 °C. Man kann also auch die kinematische Viskosität ν der Metalle gleich der des Wassers annehmen.

Die REYNOLDSschen Zahlen am Anschnitt während der Füllung des Formhohlraumes (3. bzw. 4. Zeitabschnitt) liegen bei einer kinematischen Viskosität der oben angegebenen Größenanordnung zwischen 1×10^5 und 4×10^5.

Mit der Formel von BLASIUS[4]

$$\lambda_r = 0{,}3164 \sqrt[4]{\frac{1}{R_e}}$$

ergibt sich λ_r zwischen 0,018 und 0,0125, während man bei der Anwendung der Formel von JACOB und ERK[5]

$$\lambda_r = 0{,}00714 + 0{,}614\ R_e^{-0{,}35}$$

ein λ_r zwischen 0,018 und 0,013 errechnet. Daraus ist ersichtlich, daß für die vorliegende Reihe der REYNOLDSschen Zahlen beide Formeln im

[1] Der sogenannte hydraulische Durchmesser d_x (vom hydraulischen Radius r_h ausgehend) dient als charakteristische Länge für die geometrische Anordnung einer Flüssigkeitsströmung in einer geschlossenen oder offenen Leitung, deren Querschnitt beliebig (also nicht kreisförmig) ist. Der hydraulische Radius r_h ist der Quotient des Querschnitts des Flüssigkeitsstromes f_x und des benetzten Umfanges u_x. Für den Kreisquerschnitt ergibt er sich $r_h = \frac{d_x}{4}$. Man kann auch schreiben $\frac{d_x}{4} = \frac{f_x}{u_x}$ oder $d_x = 4 \frac{f_x}{u_x}$ wie oben angegeben.

[2] GÜRTLER, W., und G. SACHS: Der metallische Werkstoff, Grundbegriffe der mechanischen Technologie der Metalle. Leipzig (1925), S. 3—5.

[3] SAITO, D., und T. MATSUKAWA: Mem. Coll. Engrg. Kyoto, Bd. 7, (1932) S. 49—114.

[4] BLASIUS, Mitteilungen Forschungsarbeiten, VDI, H. 131. „Das Ähnlichkeitsgesetz bei Reibungsvorgängen in Flüssigkeiten".

[5] JACOB und ERK: Mitteilungen Forschungsarbeiten, VDI, H. 267.

Tabelle 2. *Zusammenfassung der errechneten Gieß-*

Maschine	Anschnitt Dicke b mm	Anschnitt Fläche f mm²	C_0 $\frac{kg \cdot s^2}{m^2}$	A_0 $\frac{kg \cdot s^2}{m}$	C_2 $\frac{kg \cdot s^2}{m^2}$	A_2 $\frac{kg \cdot s^2}{m}$	Eingetretener Dauerzustand – Optimale Entlüftung $w_{0\,st}$ m/s	$\tau_3 - \tau_2$ s	f_{v0} mm²
	1	2	3	4	5	6	7	8	9
Kaltkammer-Maschinen (waagrechte Druckkammer)									
1	0,76	51,9	525	0,535	930	21,07	2,19	0,0390	11,0
	1,02	68,3	290	0,506	695	21,04	2,55	0,0335	12,7
	1,27	86,4	192	0,491	598	21,03	2,74	0,0311	13,7
	1,52	104,1	137	0,476	543	21,01	2,90	0,0295	14,5
1a	0,76	51,9	525	0,535	930	21,07	1,55	0,0510	9,6
	1,02	68,3	290	0,506	695	21,04	1,80	0,0475	9,9
	1,27	86,4	192	0,491	598	21,03	1,95	0,0438	10,7
	1,52	104,1	137	0,476	543	21,01	2,06	0,0415	11,3
2	0,76	51,9	525	0,535	3361	47,56	0,82	0,1065	4,55
	1,02	68,3	290	0,506	3126	47,53	0,85	0,1050	4,66
	1,27	86,4	192	0,491	3029	47,52	0,87	0,0985	4,77
	1,52	104,1	137	0,476	2973	47,50	0,88	0,0980	4,79
3	0,76	51,9	525	0,535	13120	128,70	0,524	0,1625	2,79
	1,02	68,3	290	0,506	12883	128,63	0,527	0,1620	2,81
	1,27	86,4	192	0,491	12786	128,62	0,530	0,1610	2,82
	1,52	104,1	137	0,476	12732	128,60	0,530	0,1610	2,82
4	0,76	51,9	525	0,535	6673	112,89	0,875	0,0975	4,30
	1,02	68,3	290	0,506	6439	112,86	0,89	0,0960	4,36
	1,27	86,4	192	0,491	6342	112,84	0,90	0,0950	4,42
	1,52	104,1	137	0,476	6288	112,83	0,91	0,0945	4,43
5	0,76	51,9	525	0,535	539	5,03	2,06	0,0415	11,3
	1,02	68,3	290	0,506	305	5,00	2,73	0,0313	15,1
	1,27	86,4	192	0,491	207	4,93	3,31	0,0258	18,2
	1,52	104,1	137	0,476	151	4,97	3,89	0,0220	21,4
6	0,76	51,9	525	0,535	623	5,95	1,91	0,0448	10,4
	1,02	68,3	290	0,506	389	5,92	2,41	0,0355	13,3
	1,27	86,4	192	0,491	290	5,91	2,82	0,0302	15,5
	1,52	104,1	137	0,476	235	5,89	3,00	0,0285	16,4
7	0,76	51,9	525	0,535	959	9,46	1,94	0,0440	10,3
	1,02	68,3	290	0,506	725	9,43	1,93	0,0378	12,0
	1,27	86,4	192	0,491	627	9,42	1,93	0,0357	12,8
	1,52	104,1	137	0,476	571	9,40	1,925	0,0341	13,3
Druckluft-Gießmaschinen mit unmittelbarer Metallbeaufschlagung (Warmkammer-									
8	0,76	51,9	1630	0,535	1637	0,79	0,85	0,0250	24,4
	1,02	68,3	903	0,506	910	0,76	1,13	0,0188	32,5
	1,27	86,4	600	0,491	607	0,745	1,39	0,0153	39,9
	1,52	104,1	416	0,476	423	0,73	1,67	0,0128	48,1
9	0,76	51,9	1630	0,535	1678	1,17	0,84	0,0254	24,0
	1,02	68,3	903	0,506	950	1,14	1,11	0,0192	31,9
	1,27	86,4	600	0,491	648	1,13	1,35	0,0158	38,7
	1,52	104,1	416	0,476	465	1,12	1,59	0,0134	45,5
10	0,76	51,9	1630	0,535	1960	2,17	0,78	0,0275	22,3
	1,02	68,3	903	0,506	1233	2,14	0,97	0,0218	28,0
	1,27	86,4	600	0,491	930	2,13	1,12	0,0191	32,1
	1,52	104,1	416	0,476	745	2,12	1,25	0,0170	36,1

Anmerkung: Die ungeraden Zahlen ergeben sich durch die Umrechnung auf

Vorübergehender Anfangszustand								
				Optimale Entlüftung				
							Geringste Porosität	
w_{01} m/s	w_{02}' m/s	τ_1 s	$\tau_2 - \tau_1$ s	$\tau_3 - \tau_2$ s	τ_3 s	f_{v0} mm^2	m %	⌀ einer einz. Pore $^1/_{1000}$ mm
10	11	12	13	14	15	16	17	18
4,25	4,60	0,0240	0,0187	0,0234	0,0661	42,0	$1,78 \times 10^{-15}$	0,18
	4,87			0,0205	0,0632	44,6		
	4,96			0,0191	0,0618	45,3		
	5,02			0,0186	0,0613	46,0		
3,02	3,32	0,0336	0,0265	0,0337	0,0938	30,2	$1,58 \times 10^{-13}$	0,80
	3,44			0,0289	0,0890	31,4		
	3,52			0,0271	0,0872	32,0		
	3,56			0,0261	0,0862	32,6		
1,28	1,33	0,0790	0,0671	0,0661	0,2122	12,1	$1,58 \times 10^{-13}$	0,80
	1,36			0,0641	0,2102	12,3		
	1,39			0,0632	0,2093	12,7		
	1,42			0,0600	0,2061	12,9		
0,79	0,83	0,1275	0,1120	0,1040	0,3435	7,56	$5,76 \times 10^{-15}$	0,26
	0,83			0,1040	0,3435	7,56		
	0,83			0,1040	0,3435	7,56		
	0,83			0,1040	0,3435	7,56		
1,31	1,40	0,0776	0,0640	0,0642	0,2058	12,8	$4,46 \times 10^{-16}$	0,11
	1,43			0,0610	0,2026	13,1		
	1,43			0,0605	0,2021	13,1		
	1,43			0,0600	0,2016	13,1		
9,75	8,82	0,0104	0,0075	0,0238	0,0417	80,6	$1,58 \times 10^{-13}$	0,80
	11,30			0,0172	0,0351	102,0		
	12,34			0,0124	0,0303	111,9		
	13,26			0,0111	0,0290	121,0		
6,06	4,84	0,0168	0,0131	0,0270	0,0569	44,1	$1,58 \times 10^{-13}$	0,80
	5,87			0,0212	0,0511	53,6		
	6,30			0,0183	0,0482	57,6		
	6,60			0,0164	0,0463	60,4		
4,10	3,59	0,0247	0,0206	0,0276	0,0729	32,8	$5,76 \times 10^{-15}$	0,26
	3,96			0,0241	0,0694	36,0		
	4,11			0,0225	0,0678	37,5		
	4,20			0,0216	0,0669	38,3		
Maschinen)								
17,5	1,74	0,0058	0,0012	0,0155	0,0225	64,0	$2,51 \times 10^{-7}$	94
	4,08			0,0115	0,0185	149,5		
	6,85			0,0089	0,0159	250,8		
	9,20			0,0073	0,0143	336,0		
7,31	1,68	0,0139	0,0030	0,0158	0,0327	61,4	$2,51 \times 10^{-7}$	94
	2,98			0,0116	0,0285	109,6		
	3,99			0,0095	0,0264	145,8		
	4,72			0,0080	0,0249	172,8		
2,87	1,42	0,0355	0,0 79	0,0173	0,0607	51,8	$2,51 \times 10^{-7}$	94
	1,91			0,0136	0,0570	70,2		
	2,19			0,0119	0,0553	79,9		
	2,36			0,0106	0,0540	86,4		

das metrische System.

wesentlichen gleiche Resultate ergeben. Für die in diesem Abschnitt angestellten Berechnungen wurde ein konstanter Durchschnittswert von $\lambda_r = 0{,}016$ verwendet.

Durch die Krümmung des Zuflußquerschnitts, die normalerweise vor dem Anschnitt vorhanden ist, entsteht ein weiterer Verlust während der Formauffüllung, der mit ζ_b bezeichnet wird und sich auf die Geschwindigkeit w_0 bezieht. Dieser Widerstandskoeffizient kann aus Abb. 54 entnommen werden, dem die Funktion

$$\zeta_b = \zeta_a \left(\frac{f_0}{f_1}\right)^2$$

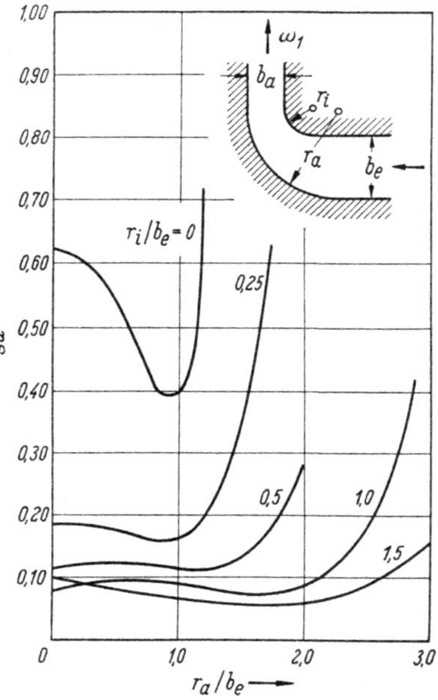

Abb. 54. Krümmungs-Widerstandskoeffizient ζ_a bezogen auf die Geschwindigkeit w_1

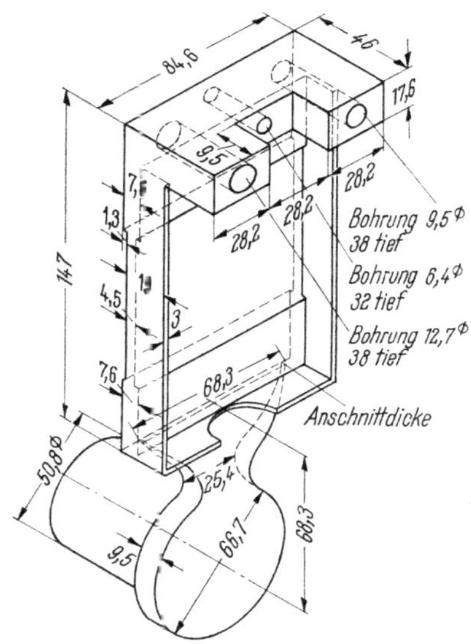

Abb. 55. Versuchs-Druckgußteil mit Einguß, Gießlauf und Anschnitt

nach Versuchen von NIPPERT[1] zugrundeliegt, wobei ζ_a der Widerstandskoeffizient der auf die Geschwindigkeit w_1 bezogenen Krümmung ist. Aus Abb. 54 ist ersichtlich, daß es für jeden Innenradius r_i auch einen bestmöglichen Außenradius r_a gibt. Je kleiner der Innenradius r_i ist, desto wichtiger ist diese Erkenntnis für die praktische Konstruktion von Gießlauf und Anschnitt (vgl. Abschnitt 3.316 „Der Anschnitt").

c) Versuchsergebnisse und Auswertungen. Aus Tab. 2 (S. 114/115) können die mit Hilfe der mathematischen Endgleichungen (siehe Anhang I, Abschnitt 7) errechneten Werte bei Anwendung einiger Druckgießmaschinenarten entnommen werden. Tab. 3 gibt die wichtigsten

[1] Aus BRUNO ECK: Technische Strömungslehre 6. Aufl., Berlin/Göttingen/Heidelberg: Springer 1961.

Abmessungen und Charakteristiken der eingesetzten Druckgießmaschinen Nr. 1—10 wieder. Als Versuchs-Druckgußstück wurde das in Abb. 55 dargestellte Teil verwendet. Es ist daraus auch die Eingußgestaltung zu ersehen. Die graphische Auswertung in Abb. 56 zeigt die Formfüllungszeit und die bestmöglichste Entlüftungsfläche in Abhängigkeit von der Anschnittdicke.

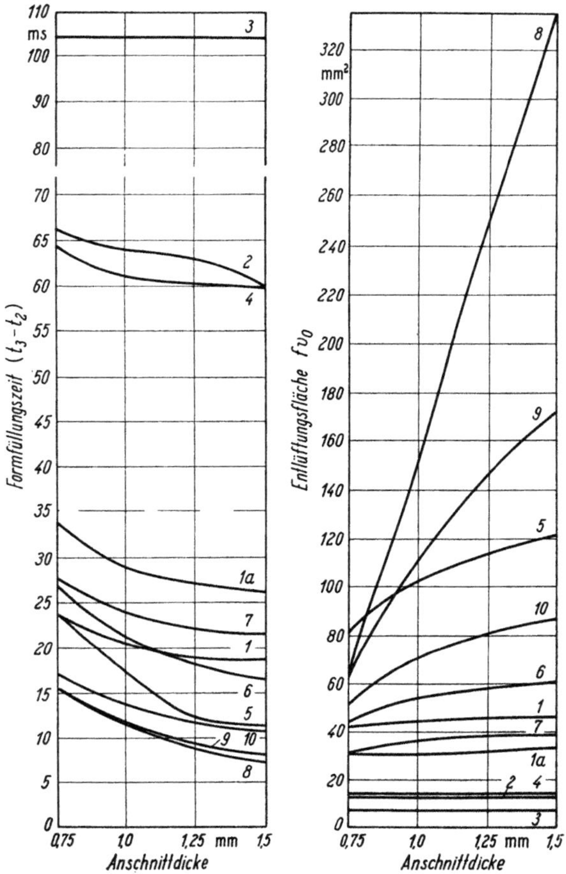

Abb. 56. Formfüllungszeit und bestmögliche Entlüftungsfläche als Funktion der Anschnittdicke

Die Versuche wurden unter einheitlichen wärmemechanischen Bedingungen in bezug auf Druckgießform und Metallegierung durchgeführt[1]. Als Metallegierung ist eine Aluminium-Siliziumlegierung (mit etwa 13% Si) verarbeitet worden (also ähnlich der GD-Al Si 12

[1] Vom Committee B-6 als ASTM-Testguß vorgeschlagen, ausgeführt vom Mechanical Engineering Department der Universität Columbia USA.

Tabelle 3. *Abmessungen und Charakteristiken von Druckgießmaschinen*

Maschine	Antriebsmittel	Spez. Druck im Vorratsdruckbehälter kp/cm²	Rohrleitungslänge Zuleitung m	Rohrleitungslänge Rückleitung m	Durchmesser Rohrleitung mm	Durchmesser Betätigungskolben mm	Durchmesser Kolbenstange mm	Durchmesser Kalt- oder Warmkammer mm	Gewicht vom Betätigungskolben, Kolbenstange und Plunger kg	Stat. spez. Druck auf das Metall kp/cm²	ζ	ζ'	Charakteristik C_1 $\frac{kp \cdot s^2}{m^2}$	Charakteristik A_1 $\frac{kp \cdot s^2}{m}$
	Kaltkammer-Druckgießmaschinen													
1	Hydrauliköl	140	3,96	3,96	50	102	70	50	38,6	560	52	48	406,0	20,6
1a	Hydrauliköl	70	3,96	3,96	50	102	70	50	38,6	280	52	48	406,0	20,6
2	Hydrauliköl	70	3,96	3,96	32	102	70	50	38,6	280	53.5	49.5	2835,3	47,1
3	Hydrauliköl	70	3,96	3,96	32	127	70	50	45,4	440	53.5	49.5	12590,4	128,3
4	Hydrauliköl	70	3,96	3,96	50	152	70	50	54,4	625	52.2	48.2	6148,8	112,5
5	Druckluft	70	3,96	3,96	50	102	70	50	38,6	280	52	48	14,0	4,5
6	Druckluft	70	3,96	3,96	32	102	70	50	38,6	280	53.5	49.5	98,1	5,4
7	Druckluft	70	3,96	3,96	32	127	70	50	45,4	440	53.5	49.5	434,3	8,9
	Warmkammer-Druckgießmaschinen (Druckluft-Gießmaschinen)													
8	Druckluft	35	3,96	—	50	—	—	102	—	35	52	—	6,8	0,25
9	Druckluft	35	3,96	—	32	—	—	102	—	35	53.5	—	47,8	0,64
10	Druckluft	35	3,96	—	19	—	—	102	—	35	56	—	329,4	1,64

Die ungeraden Zahlen ergeben sich durch die Umrechnung auf das metrische System.

nach DIN 1725 Bl. 2). Mit vier verschiedenen Anschnittdicken, und zwar 0,75 mm, 1 mm, 1,25 mm und 1,5 mm (entsprechend 0,03; 0,04; 0,05 und 0,06 Zoll) wurde gearbeitet, um die Auswirkungen einer Vergrößerung der Einflußöffnung[1] in den Formhohlraum zu erforschen.

Wie bereits aus Tab. 3 ersichtlich sind die Versuche auf folgende Druckgießmaschinenarten beschränkt worden:

1. Kaltkammer-Druckgießmaschine, Druckkammer außerhalb der Form, waagrechte Druckkammer (vgl. Abb. 2e)

a) Druckkolben-Betätigung mit einer Druckflüssigkeit (Mineralöl) Maschinen Nr. 1—4

b) Druckkolben-Betätigung mit Druckluft Maschinen Nr. 5—7

2. Warmkammer-Druckgießmaschine, Druckluftgießmaschine mit Ventil (unmittelbare Metallbeaufschlagung) (vgl. Abb. 2d), Maschinen Nr. 8—10

Es wurden auch einige gleiche Druckgießmaschinen, nur mit ver-

[1] bzw. des Anschnittquerschnitts

änderten Drücken oder Rohrleitungsquerschnitten für die Versuche eingesetzt (alles aus Tab. 3 zu ersehen).

Kurz zusammengefaßt ergeben die rechnerischen Ermittlungen und die Versuche folgende Erkenntnisse:

Porosität. Die kleinste Porosität m, die man auf den Versuchsmaschinen erhielt, ist aus Tab. 2 Spalte 17 ersichtlich. In Spalte 18 ist diese Porosität als einzige kugelförmige Pore angegeben. Diese Mindestporosität erhält man jedoch nur bei den besten Entlüftungsbedingungen, d. h. bei den in Spalte 16 (Tab. 2) angegebenen Entlüftungsflächen. Die größte Entlüftungsfläche, welche bei der Versuchs-Druckgießform praktisch möglich ist, beträgt $\sim 46{,}5\ \text{mm}^2$ (5×10^{-4} Quadratfuß). Die mit dieser Entlüftungsfläche entstehenden Porositäten m bei der Druckgießmaschine Nr. 10, sowie der Durchmesser einer einzigen kugeligen Pore und für 10, 20 und 50 kugelige Poren können aus Tab. 4 entnommen werden.

Tabelle 4. *Porosität und Anschnittdicke* (Maschine Nr. 10 aus Tab. 2)

Anschnitt-dicke mm	Porosität %	Durchmesser einer einzigen Pore mm	Poren-Durchmesser bei 10 St. mm	20 St. mm	50 St. mm
0,76	0,001	1,52	0,71	0,56	0,41
1,02	0,52	12,06	5,59	4,45	3,30
1,27	1,23	16,00	7,47	5,97	4,37
1,52	1,70	17,78	8,26	6,60	4,83

Die ungeraden Zahlen ergeben sich durch die Umrechnung auf das metrische System.

Bei Anwendung einer Anschnittdicke von 0,75 mm (0,03 Zoll) sind die hergestellten Druckgußstücke als brauchbar zu bezeichnen. Bei zunehmender Anschnittdicke entstehen schlechtere Gußteile (die Porosität wird größer). Die Porosität kann allerdings durch Abdrosseln des Luftventils (s. Abb. 47) bei Druckluftgießmaschinen mit unmittelbarer Metallbeaufschlagung auf Kosten einer längeren Formfüllungszeit etwas verringert werden (Zunahme von C_1). Allgemein ist die Abhängigkeit der Anschnittdicke bzw. -fläche auf die entstehende Porosität bei den Druckluftgießmaschinen viel größer als bei den hydraulisch betriebenen Kolbengießmaschinen, vornehmlich den Kaltkammer-Druckgießmaschinen, wie man ohne weiteres aus Tab. 2 entnehmen kann. Auch mit Preß- oder Druckluft betriebene Kolbengießmaschinen sind in diesem Punkt weniger empfindlich als Druckluftgießmaschinen mit unmittelbarer Metallbeaufschlagung. Man ist nun in der Lage, die höchstzulässige Anschnittfläche (im Hinblick auf die Porosität) mit Hilfe der Gleichungen zu errechnen.

Formfüllungszeit. Sie ist in Tab. 2 aus Spalte 14 $\tau_3 - \tau_2$ ersichtlich. Unter den hydraulisch betriebenen Kaltkammer-Druckgießmaschinen

(s. Tab. 3) erhält man mit Maschine Nr. 1 die kürzeste und mit Maschine Nr. 3 die längste Formfüllungszeit. Der Grund dafür liegt in dem Einfluß der Maschinencharakteristiken C_1 und A_1. Bei Maschine Nr. 3 ist keine größere Geschwindigkeit des Druckkolbens durch die gewählten Konstruktionsdaten der Maschine zu erzielen. Maschine Nr. 1a, bei welcher der gleiche statische Druck auf das Metall ausgeübt wird wie bei der Maschine Nr. 2 und die in ihrer Konstruktion genau der Maschine Nr. 2 gleicht bis auf die größeren Querschnitte der Rohrleitungen, füllt den Formhohlraum 2—2,3mal so schnell wie Maschine Nr. 2. Alle diese Erkenntnisse sind bei der Konstruktion von Druckgießmaschinen sehr wichtig und zu beachten.

Einfluß der Maschinenkonstruktion. Bei den luftbetätigten[1] Kaltkammer-Druckgießmaschinen (Maschinen Nr. 5, 6 und 7), bei den luftbetätigten[1] Warmkammer-Druckgießmaschinen (Kolbengießmaschinen) und den Druckluftgießmaschinen mit unmittelbarer Metallbeaufschlagung (Warmkammer-Druckgießmaschinen, Maschinen Nr. 8, 9 und 10) wirkt sich der Einfluß der Maschinencharakteristiken C_1 und A_1 viel weniger aus als bei den hydraulisch betätigten Druckgießmaschinenarten. Dies rührt davon her, daß die Maschinencharakteristik C_1 verhältnismäßig klein ist gegenüber der sogenannten Metallsystem-Charakteristik C_0, deren Einfluß auf Geschwindigkeit und Füllungszeit bei luftbetriebenen Maschinen vorherrschend ist.

Aus Sicherheitsgründen wurden die Druckluftgießmaschinen mit unmittelbarer Metallbeaufschlagung (Warmkammer-Druckgießmaschinen) nur mit einem statischen Druck von 35 kp/cm² (500 psi) betrieben. Trotz dieses kleinen spezifischen Gießdruckes ist aus Tab. 2 ersichtlich, daß etwa Maschine Nr. 10 den Formhohlraum noch rascher füllt (etwa 1,35mal schneller) als die schnellste Kaltkammer-Druckgießmaschine Nr. 1, bei der ein statischer, spezifischer Gießdruck von 550 kp/cm² (8000 psi) auf das Metall ausgeübt wird. Bei Maschine Nr. 10 erfolgt die Formfüllung etwa 3,7mal so rasch wie bei der Kaltkammer-Druckgießmaschine Nr. 4 mit einem statischen spezifischen Gießdruck von sogar 630 kp/cm² (9000 psi).

Ferner ist aus Tab. 2 zu ersehen, daß bei der größtmöglichen Entlüftungsfläche an allen untersuchten Druckgießmaschinen die tatsächliche Formfüllungszeit (Spalte 14, „Vorübergehender Anfangszustand" ‚Transient State') nur ungefähr 2/3 der für „Eingetretenen Dauerzustand" (‚Steady State', Spalte 8) berechneten Formfüllungszeit beträgt. Die erforderliche größtmögliche Entlüftungsfläche an der untersuchten Druckgießform beim Arbeiten auf hydraulisch betriebenen Kaltkammer-Druckgießmaschinen (Druckkammer außerhalb der Form, waagrechte Druckkammer) ist 2,7 bis 3,8mal größer als die für „Eingetretenen

[1] Gemeint ist die Betätigung des Druckkolbens.

Dauerzustand" berechneten Werte. Bei den mit Druckluft betriebenen Maschinen sind die Unterschiede zum Teil noch größer.

Formfüllungs- und Erstarrungszeit. Eine überaus wichtige Frage: In welcher Zeit muß die Füllung des Formhohlraums durchgeführt werden, damit ein befriedigendes Druckgußstück entsteht? Die Beantwortung dieser Frage ist im wesentlichen das Problem der Erstarrung des Metalls im Formhohlraum und der Temperaturverteilung in der Druckgießform als Funktion der Zeit des Druckgußkreislaufs.

Das in den Formhohlraum durch den Anschnitt mit einer bestimmten Gestalt einströmende Metall trifft schließlich auf die Formwandung oder einen Kern und bildet darauf eine Schicht, deren Stärke ungefähr die Hälfte der Anschnittdicke beträgt (vgl. auch Abb. 6 und 8). Soll nun eine gute Verschmelzung des Metalls erreicht werden (d. h. „Schicht-" oder „Streifen-"Bildung vermieden werden), so darf diese erste Schicht während der Formfüllung nicht vollkommen erstarren, ehe weiteres Metall sich darauf „ablagert". Andererseits kann während der Formfüllungszeit das Metall seine Wärme nur an die Wandungen des Formhohlraums abgeben. Die Temperatur des weiteren flüssigen Metalls, das vom Anschnitt her einströmt, muß daher mindestens so hoch wie die des Schichtmetalls an der Formwandung sein. Aus dieser Betrachtung folgert schließlich die Anforderung an die Formfüllungszeit, daß sie nicht länger sein darf als die Zeit, welche eine Schicht von der halben Dicke des Anschnitts zu ihrer Erstarrung benötigt.

Man kann nun die Erstarrungszeit der verschiedenen Druckgußlegierungen als Funktion einer Schichtdicke bestimmen und außerdem die erforderliche Formtemperatur festlegen[1].

Alle diese Angaben, Erkenntnisse und Versuchsergebnisse sollen dazu beitragen, den Konstrukteuren von Druckgießmaschinen und -formen, sowie dem Betriebsingenieur der Druckgießerei eine Hilfe zu geben, um schließlich weitere Fortschritte in der Druckgießtechnik zu erzielen.

3. Die Druckgießform

3.1 Einführung

Die Druckgießform wird stets so konstruiert, daß sie aus zwei (dem Ober- und Unterkasten beim Sandguß entsprechenden) den Formhohlraum enthaltenden Teilen besteht, die zum Gusse fest aneinandergepreßt und bei Warmkammer-Druckgießmaschinen mit der Eingußmündung

[1] Vgl. auch Abschnitt 3.3 „Grundlagen für den Entwurf der Druckgießform", besonders 3.316c.

an das Gießmundstück angedrückt, nach dem Abguß von ihm entfernt (mit Zwischen-Mundstück entfallen allerdings diese beiden Bewegungen, vgl. 4.211, Bd. II) und zur Freigabe des Gußstückes auseinandergebracht werden. Bei Gießformen für Kaltkammer-Druckgießmaschinen (waagrechte Druckkammer) entfällt das Mundstück, da hier unmittelbar das Metall in die Form gelangt. Die beiden Hauptteile der Form sollen im folgenden als „*Formhälften*" bezeichnet werden. Die Richtung, in der das Öffnen und Schließen der Form erfolgt, wird im folgenden als die „*Formenschließrichtung*", und die Öffnungs- und Schließbewegung selbst als die „*Formenschließbewegung*" bezeichnet.

Die Druckgießform wird mit hochgradiger Genauigkeit so hergestellt, daß die Formfasson bis auf das Schwindmaß den Abmessungen des Druckgußerzeugnisses entspricht, und zwar im allgemeinen ohne Bearbeitungszugaben[1]. Das Schwindmaß ist beim Druckguß nicht nur von der Gußlegierung, sondern — und zwar weit stärker als beim Sandguß — auch von der Gestalt der Gußstücke und von Betriebsfaktoren abhängig. Es ist daher nicht nur für verschiedenartige Gußstücke aus der gleichen Legierung verschieden, vielmehr weist nicht selten auch der gleiche Gußkörper an verschiedenen Stellen ein sehr verschiedenes Schwindmaß auf.

Alle Formteile einschließlich aller Bohrungskerne sind Dauerteile aus Eisen oder Stahl. Daher müssen alle Formelemente, die in ihrer Gießstellung der Entfernung des Gußstückes aus einer der beiden Formhälften im Wege stehen würden, in einer solchen Weise verschiebbar angeordnet sein, daß sie nach dem Abguß zur völligen Freigabe des Gußstückes zurückgezogen werden können. Diese „beweglichen" Formteile[2] bezeichnet man, soweit sie zur Erzeugung von Hohlräumen[3] im Gußstück dienen, als *Kerne*, soweit sie hauptsächlich Teile der Außenfläche des Gußstückes begrenzen (z. B. wie Teil *W* in Abb. 59) als *Schieber*.

Für die weiteren Hauptbestandteile einer Druckgießform werden die aus Abb. 57 hervorgehenden Bezeichnungen gewählt (vorgeschlagen vom Fachausschuß Druckguß im VDG).

Die Verteilung des Formhohlraumes auf die beiden Formhälften wird so vorgenommen, daß das Gußstück beim Öffnen der Form stets in der gleichen Formhälfte haften bleibt, in der eine *Auswerfvorrichtung* angeordnet ist. Diese besteht aus mehreren parallelen, auf einer gemeinsamen Sammelplatte befestigten sogenannten Auswerfern, die in der

[1] Nur wenn die bei Druckguß erzielbaren Genauigkeiten und Oberflächengüten nicht ausreichen, wird eine kleine Bearbeitungszugabe gewählt.

[2] Unter „*beweglichen*" Formteilen sollen im folgenden stets solche verstanden werden, die — wie Kerne, Schieber oder Auswerfer — *in einer Formhälfte relativ zu dieser beweglich* angeordnet sind.

[3] Unter „*Hohlräumen*" des Gußstückes sind hier und im folgenden stets konstruktiv vorgesehene Aussparungen (wie Bohrungen usw.) zu verstehen, während Undichtheiten (wie Poren oder Blasen) als „*Hohlstellen*" bezeichnet werden sollen.

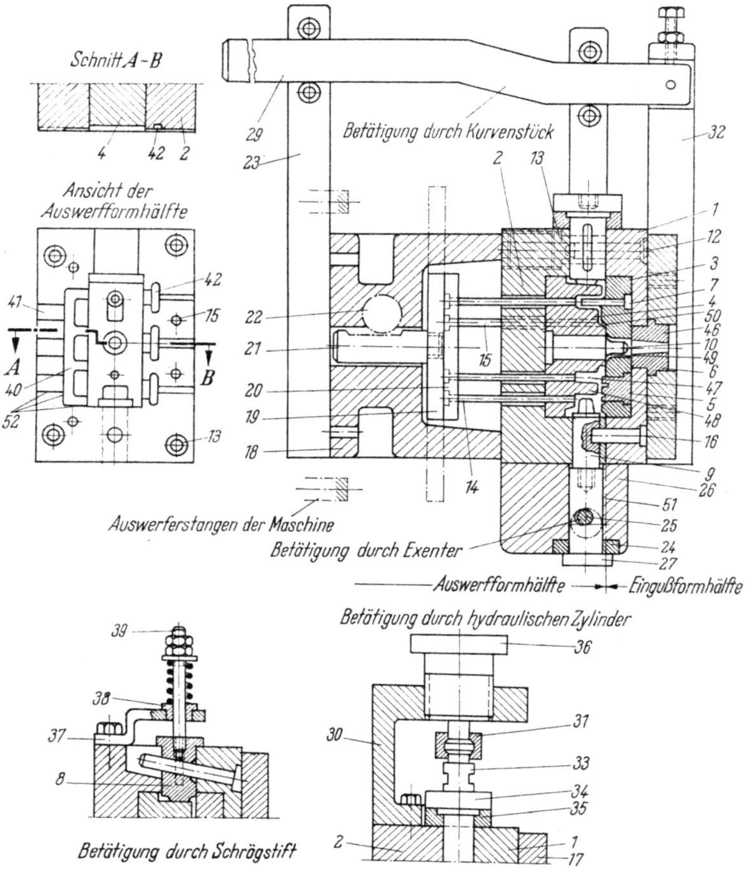

Abb. 57. Druckgießformen, Elemente und Bezeichnungen

Elemente

1 Formrahmen (Eingußseite)
2 Formrahmen (Auswerfseite)
3 Formplatte (Eingußseite)
4 Formplatte (Auswerfseite)
5 Formeinsatz, besonders schwer herzustellende Formteile
6 Eingußbüchse
7 Fester Kern
8 Seitenschieber
9 Beweglicher Kern
10 Verteilerzapfen
11 Schrägstift
12 Führungsstift
13 Führungsbüchse
14 Auswerfer
15 Rückstoßstifte
16 Verriegelung
17 Deckplatte
18 Auswerferkasten
19 Auswerferdeckplatte
20 Auswerferplatte
21 Auswerferführung
22 Ritzel
23 Lagerarm
24 Anschlagstück
25 Exzenter
26 Führungsstück
27 Kernverlängerung
28 Führungskeil
29 Kurvenstück
30 Konsole (Kernzughalter)
31 Kupplungsstück
32 Halter für Kurvenstück
33 Anschlußstück
34 Schieberdeckplatte
35 Schieberplatte
36 Kernzugzylinder
37 Kernsicherung
38 Führungsbüchse
39 Führungsbolzen
40 Entlüftungsnuten (innen)
41 Entlüftungsnuten (außen)
42 Entlüftungssack oder Überlauf

Bezeichnungen

46 Eingußzapfen
47 Formhohlraum
48 Formfasson
49 Gießlauf
50 Anschnitt
51 Formteilung
52 Entlüftungsgestaltung

Formplatte verschiebbar sind und in der Gießstellung mit ihren Stirnflächen in der Wandung der Formfasson liegen, nach dem Gusse aber vorgestoßen werden. Die die Auswerfvorrichtung enthaltende Formhälfte wird als „*Auswerfformhälfte*", die andere als „*Eingußformhälfte*" bezeichnet[1], da sie normalerweise die Eingußöffnung mit Gießlauf trägt.

Die Eingußöffnung, meist kurz „Einguß" genannt, kann entweder durch die eine Formhälfte — und zwar die Eingußformhälfte — hindurchgehen oder in der Formteilung (Trennfuge) zwischen den beiden Formhälften verlaufen. Einen Einguß der ersten Art bezeichnet man als *ungeteilten* (vgl. Abb. 129—140), einen solchen der zweiten Art als *geteilten Einguß* (Abb. 144).

Beim Gießvorgang übt das flüssige Metall, solange es unter Druck steht, auf die beiden Formhälften sowie auf alle in oder an dem Gußstück endenden beweglichen Teile (Kerne, Schieber und Auswerfer) Kräfte aus, die die Formhälften auseinanderzusprengen und die beweglichen Formteile aus dem Gußstück heraus- bzw. vom Gußstück wegzudrängen streben. Die „Sprengkräfte", deren Beträge von den Abmessungen des Gußstückes und von der Höhe des Flüssigkeitsdruckes abhängen, können schon bei kleineren Gußstücken sehr beträchtlich werden.

Ferner übt bei Warmkammer-Druckgießmaschinen das einströmende Metall auf die Gießform als Ganzes eine Kraft aus, die die Form vom Mundstück wegzudrücken sucht, deren Größenordnung jedoch wesentlich geringer ist.

Daher müssen in der Gießstellung sowohl die beiden Formhälften gegeneinander als auch die ganze Form gegen das Mundstück unter entsprechend hohen Vorspannungen verriegelt (bzw. angedrückt gehalten) und alle dem Flüssigkeitsdruck unterworfenen, in den Formhälften verschieblichen Teile unverrückbar gesperrt sein.

Zur Aufnahme der beiden Formhälften und zur Vermittlung und Führung der Formbewegungen dient ein an der Gießmaschine angeordnetes Einspanngestell, das als „Formträger" bezeichnet wird. Der Formträger kann in sehr verschiedener Art ausgebildet sein und ist vielfach ein Bestandteil der Druckgießmaschine.

3.11 Beschreibung einer Druckgießform

In Abb. 59 ist eine handbetätigte Druckgießform für das in Abb. 58 gezeigte Druckgußstück aus einer Zinklegierung dargestellt (Abb. 58 und 59 in Tasche am Schluß des Buches).

---

[1] Und zwar sollen im folgenden die Ausdrücke „Eingußformhälfte" und „Auswerfformhälfte" die gesamten Formhälften, d. h. die Formplatten nebst sämtlichen zugehörigen festen und beweglichen Teilen und deren Führungs- und Betätigungsmitteln bezeichnen.

Der Formträger, der als Stehbolzenrahmen-Formträger ausgebildet ist, besteht aus einem Rahmengestell, das von der Stirnplatte d_1, den an dieser starr befestigten Führungsbolzen b und dem mit diesen Bolzen starr verschraubten Verschlußstück d_3 gebildet wird, ferner aus der Verschiebeplatte d_2, die auf den Bolzen b verschiebbar geführt ist, und dem Kniehebelsystem v_f/s_f, das die Öffnungs- und Schließbewegung betätigt. Der Formträger ist mit den an d_1 und d_3 gelagerten vier Laufrollen r_0 auf dem an der Gießmaschine angeordneten Formträgerkonsol g_1 geradlinig verschiebbar angeordnet. Seine Bewegung gegen das Gießmundstück wird durch einen Kniehebel gesteuert, der im Formträgerkonsol gelagert ist und mittels der Schubstange s_g am Verschlußstück d_3 des Formträgers angreift.

Die Eingußformhälfte V ist an der Platte d_1 befestigt. Sie enthält die Eingußbüchse B mit der Eingußbohrung E, die als „ungeteilter Einguß" ausgebildet ist. An beweglichen Formteilen enthält die Eingußformhälfte Schieber W, der durch den Kniehebel v gesteuert wird, und den Kern K_1, der durch das Ritzel z_1 betätigt und durch den (mit Ritzel y_1 zu betätigenden) Sperriegel c_1 in der Gießstellung arretiert wird.

Die Formplatte H_p der Auswerfformhälfte ist mittels der Zwischenplatte m_1 mit dem Aufspannbock m verschraubt. Dieser ist an der Verschiebeplatte d_2 starr befestigt und ferner an den beiden Laufrollen r_h aufgehängt, die auf den beiden oberen Stehbolzen b laufen. Die Auswerfformhälfte enthält an beweglichen Teilen: den durch den Zahntrieb z_2 zu betätigenden Kern K_2 (der in der Gießstellung durch den Stift c_2 verriegelt wird), den Einguß-Verteilerzapfen K und die Kerne K_3, K_4, K_5, die mit K zusammen an der Kernplatte k_1/k_2 befestigt sind, ferner den durch die (an V befestigte) Leitkurve x betätigten Kern K_6 sowie die an der Auswerferplatte a_1/a_2 befestigten 7 Auswerfstifte, von denen 4 (A_1) an der Stirnfläche und 3 (A_2) an der inneren Bodenfläche des Gußstückes angreifen. Die Kernplatte wird durch die beiden Bolzen k_0, die Auswerferplatte wird durch den Bolzen a_0 im Aufspannbock m verschiebbar geführt. Die Bolzen k_0 und a_0 sind als Zahnstangen ausgebildet, in die die (durch Handhebel v_k bzw. v_a zu betätigenden) Trieblinge z_k bzw. z_a eingreifen, durch die die Bewegungen der Platten betätigt werden. Die Kernplatte wird durch die (mittels Handhebels v_y über Ritzel y_k angetriebenen) Sperriegel c_k in der Gießstellung arretiert. Der Haupthohlraum des Gußstückes wird durch den *starr* in der Formplatte H_p befestigten Einsatzteil („festen Kern") F_1 erzeugt.

Die Abb. 59c—e zeigen die geschlossene Form in der Gießstellung in Vertikalschnitt, Horizontalschnitt und Draufsicht. Unmittelbar nach dem Gusse wird die Form vom Gießmundstück M abgezogen, der Riegel c_1 gelöst, hierauf der Kern K_1 sowie der Schieber W zurückgezogen und die Form geöffnet (Abb. 59f), wobei die Leitkurve x den

Kern K_6 zurückzieht. Hierauf wird die Kernplatte durch Rückzug von c_k entriegelt; und mittels der Hebel v_k und v_2 werden die in der Auswerfformhälfte geführten Kerne K und K_2—K_5 aus dem Gußstück zurückgezogen, das nun durch Vorstoßen der Auswerfvorrichtung mittels z_a aus der Form entfernt werden kann. Abb. 59g zeigt die Form während des Auswerfens, etwa nach dem halben Vorstoßweg der Auswerfvorrichtung.

Nach dem Auswerfen des Druckgußteiles wird die Form von Grat gereinigt; hierauf wird die Auswerfvorrichtung in die Anfangslage zurückgeführt, die Kerne werden in die Gießstellung vorgestoßen, und die Sperriegel c_k und c_1 werden vorgeschoben. Dann wird die Form geschlossen und wieder an das Gießmundstück angedrückt, worauf ein neues Arbeitsspiel beginnen kann.

3.12 Grundsätzliches über den Formentwurf

In der vorstehend beschriebenen Art können durch Verteilung der Einformung auf zwei Formhälften mit Hilfe von in diesen verschiebbaren Teilen Formhohlräume für eine unbegrenzte Mannigfaltigkeit von Gußstücken erzeugt werden, die jedoch möglichst alle einer Grundbedingung genügen müssen: sie dürfen nur solche Einsprünge, Aussparungen und Hohlräume enthalten, aus denen massive, unzerstörbare Kerne zurückgezogen werden können.

Gußstücke, die dieser Grundbedingung nicht entsprechen, sind in dieser einfachen Art nicht herstellbar. Meistens können sie dennoch im Druckgießverfahren durch Anwendung besonderer Kunstgriffe erzeugt werden, die jedoch die Herstellung verteuern (vgl. Abschnitt 3.225).

In den weitaus meisten Fällen erfolgt die Entfernung eines Kernes aus dem Gußstück durch eine geradlinige Verschiebung (entweder des Kernes oder, bei „unbeweglichem“ Kern, des Gußstückes beim Auswerfen). Kerne, die hierdurch nicht frei zu bekommen sind, können jedoch mitunter durch andersartige Bewegungen entfernt werden, z. B. Kerne zur Erzeugung von Innengewinden durch Herausschrauben[1], Kerne von der in Abb. 341 und 342 dargestellten Gestalt durch eine Schwingbewegung.

Wenn ein Kern durch geradlinige Verschiebung aus der von ihm erzeugten Aussparung entfernbar sein soll, so muß diese in wenigstens *einer* Richtung frei von Hinterschneidungen sein. Die Richtung, in der der Kern „frei geht“, soll im folgenden als eine „mögliche Achsenrichtung“ des Kernes sowie der Aussparung des Gußstückes bezeichnet werden.

Zylindrische Bohrungen, überhaupt alle zylindrischen und prismatischen Hohlräume besitzen nur *eine* „mögliche“ Achsenrichtung (näm-

[1] Dies ist jedoch ohne besondere Kunstgriffe nur bei niedrigschmelzenden Legierungen möglich.

lich die Parallele zur Achsenrichtung des Hohlraumes, z. B. *1—1* in Abb. 60), verjüngte Hohlräume dagegen können eine Vielzahl von „möglichen Achsenrichtungen“ haben, aus denen die tatsächliche Richtung der Kernbewegung nach konstruktiven Gesichtspunkten ausgewählt wird. So ist z. B. in Abb. 61 für den vom Kern K_1 erzeugten Gußstückhohlraum jede in dem spitzen Winkel zwischen *2—2* und *3—3* liegende Richtung eine „mögliche Achsenrichtung“. *Die* Richtung, in der die Ablösung des Kernes von dem Gußstück tatsächlich erfolgt (d. h. bei beweglichen Kernen die Achsenrichtung des Kernschaftes, *1—1* in Abb. 60/61) wird im folgenden als die „Achse“ oder die „Richtung“ des Kernes schlechtweg bezeichnet werden, so daß in diesem Sinne auch bei Kernen von ganz unregelmäßiger Gestalt von ihrer „Richtung“ gesprochen wird. Unter einem „zur Formenschließrichtung parallelen Kern“ ist demnach entweder ein solcher zu verstehen, der parallel zu dieser

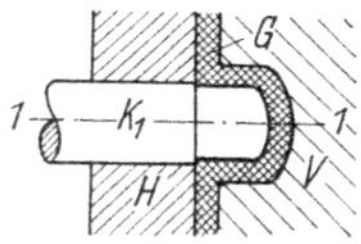

Abb. 60

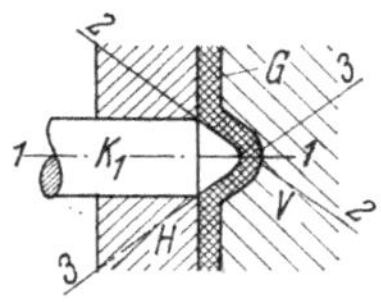

Abb. 61

Richtung verschiebbar ist, oder ein solcher, von dem das Gußstück beim Auswerfen durch eine zur Formenschließrichtung parallele Verschiebung abgestreift wird.

Damit das Gußstück beim Öffnen mit Sicherheit in der Auswerfformhälfte haftet, muß der Formhohlraum so auf beide Formhälften verteilt sein, daß möglichst viele das Gußstück festhaltende Formelemente in der Auswerfformhälfte angeordnet sind. Hierfür kommen besonders die großen Kerne in Betracht, auf die das Gußstück fest aufschrumpft, sowie die zur Formenschließrichtung nicht parallelen Kerne und Schieber, die das Gußstück infolge ihrer Lage festhalten. Daher bringt man diese Teile, soweit als möglich, in der Auswerfformhälfte unter, die somit im allgemeinen den größeren und verwickelteren Teil des Formhohlraumes und die Mehrzahl aller beweglichen Elemente enthält und im Vergleich zu der Eingußformhälfte die weitaus schwerere und kompliziertere Formhälfte darstellt.

3.2 Die Bestandteile der Druckgießform

Die Druckgießform im engeren Sinne, d. h. die Gesamtheit der das Gußstück umgrenzenden Teile, zerfällt in drei Bestandteile:

1. die Formplatten, evtl. mit Formrahmen (vgl. Abb. 310)
2. die Kerne und Schieber,
3. die Auswerfvorrichtung.

3.21 Die Formplatten

Die Hauptbestandteile einer kleinen bis mittleren Druckgießform sind die beiden Formplatten, in die der Formhohlraum eingearbeitet ist, an denen alle unbeweglichen Formteile befestigt und in denen alle beweglichen Formteile geführt sind. Man bezeichnet sie sinngemäß als Formplatte (Eingußseite) und als Formplatte (Auswerfseite) (V_p und H_p in vielen Abbildungen[1]). Die Formplatte (Eingußseite) wird meistens unmittelbar an der zugehörigen Formträgerplatte befestigt. Dagegen wird die Formplatte (Auswerfseite) an der sie tragenden Formträgerplatte stets mittels eines Aufspannbockes oder Auswerferkastens (m in vielen Abb.) befestigt, in dem die Platten für Kerne und Auswerfstifte und deren Betätigungsmittel angeordnet und geführt sind. Dieser Aufspannbock kann verschiedenartig gestaltet sein. Er kann entweder, aus dem vollen Material herausgearbeitet, aus einem Gußstück aus Eisen oder Stahl bestehen oder aus mehreren Teilen zusammengesetzt sein. Die Formplatte bzw. der Formrahmen kann am Aufspannbock oder Auswerferkasten in verschiedener Art befestigt werden. Wenn der letztere nicht zu lang ist (d. h. bei kurzen Kern- und Ausstoßwegen), kann die Befestigung durch Gewindebolzen erfolgen, die von hinten durch den Aufspannbock hindurchgehen und in die Formplatte eingeschraubt sind. Bei größerer Länge des Aufspannbockes kann die Befestigung zweckmäßig in der in Abb. 59 dargestellten Art mittels einer Zwischenplatte m_1, die mit der Formplatte und mit dem Aufspannbock verschraubt ist, erfolgen. In diesem Falle müssen Zwischenplatte und Aufspannbock seitlich hinreichend über die Formplatte bzw. den Formrahmen hinausragen. In keinem Falle darf jedoch die Formplatte von der Formteilung her mit dem Aufspannbock, auch nicht mit dem Formrahmen, verschraubt werden (vgl. Abb. 206).

Formeinsatzteile. Eine Formplatte kann entweder mit allen ihren aus- und einspringenden Teilen aus *einem* Stahlblock herausgearbeitet sein oder aus mehreren starr miteinander verbundenen Stücken bestehen (bzw. einige Formelemente als Einsatzteile enthalten, die starr mit ihr verbunden sind). Bei Formplatten, die komplizierte Aussparungen oder feste Kerne von größerer Länge oder verwickelter Gestalt enthalten, ist fast stets das letztere der Fall; namentlich die festen Kerne werden für gewöhnlich als Einsatzteile in die Formplatten eingebaut[2] (F_1 in Abb. 59).

---

[1] V_p und H_p sind nur in denjenigen Bildern eingetragen, deren Darstellungszweck eine Hervorhebung der Form*platten* innerhalb der Form*hälften* V und H erwünscht macht.

[2] In vielen schematischen Bildern dieses Abschnitts sind die Formplatten nebst allen mit ihnen starr verbundenen Teilen mit Ausnahme der Eingußbüchsen als ein einheitlicher Körper dargestellt und Einsatzteile nur insoweit kenntlich gemacht, als der Darstellungszweck es erfordert.

Bei der Entscheidung darüber, inwieweit Einsatzteile verwandt, und welche Teile der Formhohlraumbegrenzung als Einsatzteile ausgebildet werden sollen, ist in erster Linie auf die Herstellung der Form und auf ihr Verhalten im Betriebe Rücksicht zu nehmen. Daneben kommen auch die Gesichtspunkte der Auswechselbarkeit, des Aussehens der Gußstücke und manchmal der Luftabführung in Betracht.

Die mechanische Herstellung wird durch die Anordnung von Einsatzteilen meistens sehr erheblich vereinfacht. Oft können feste Kerne, deren Herausarbeitung aus dem vollen Material die größten Schwierigkeiten bereiten würde, ohne Mühe als Einsatzteile hergestellt und eingebaut werden. Ein besonders drastisches Beispiel hierfür bieten in Abb. 64 die Bohrungskerne *F* in der Eingußformhälfte. Auch in die Formplatten einspringende Vertiefungen erfordern, wenn sie als Sackhohlräume in das volle Material eingearbeitet werden müssen, manchmal sehr langwierige und kostspielige Bearbeitungsgänge, während sich ihre Herstellung sehr vereinfacht, wenn sie durch die Formplatte hindurchgearbeitet und durch Einsatzteile abgeschlossen werden. Hierfür gibt die Einformung des in Abb. 62 dargestellten Körpers ein Beispiel, die in Abb. 63a ohne, in Abb. 63b—e mit Verwendung eines Einsatzteiles *F* in verschiedenen Ausführungen dargestellt ist. Wenn die Kanten des Gußstückes völlig scharf sein müssen, so könnte der Formhohlraum ohne Anwendung eines Einsatzteiles durch Gravierarbeit und elektroerosiv[1] hergestellt werden. Bei manchen in die Formplatten einspringenden Hohlräumen ist es infolge ihrer Gestalt einfacher, sie statt nach hinten (d. h. in der Formenschließrichtung) nach einer Seite hin durchzuarbeiten und durch ein Einsatz- oder Ansatzstück seitlich zu begrenzen. Beispiele hierfür geben Teil F_1 und F_2 in Abb. 323 und Teil *F* in Abb. 343.

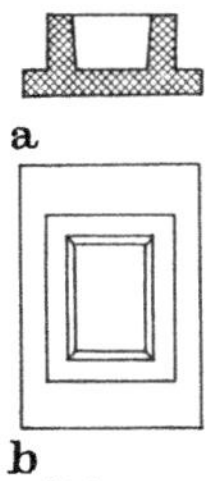

Abb. 62

Wenn die Gießform, wie es meistens der Fall ist, gehärtet werden muß, so ist auch der Einfluß der Warmbehandlung zu berücksichtigen. Je verwickelter und je unregelmäßiger ein Formteil gestaltet ist, desto größer ist die Gefahr, daß er sich beim Härten verzieht. Die Vermeidung derartiger Verziehungen ist aber bei den Formplatten besonders wichtig, da andernfalls die Formaussparung durch Schleifen nachgearbeitet werden muß, wodurch bei komplizierten Formen die Herstellung ganz unverhältnismäßig verteuert werden kann. Bevor man die Anordnung von Einsatzteilen oder die Zusammensetzung der Formplatten aus Teilstücken vorsieht, muß man prüfen, ob die einzelnen Teile dadurch eine verwickeltere oder einfachere Gestalt erhalten und demnach etwaige Gefahren der Warmbehandlung vergrößert oder verringert werden. Manchmal kann man bei wenig beanspruchten Formen die Härtegefahren

[1] s. Abschnitt 3.624

für die Formplatten dadurch umgehen, daß man alle dem Angriff des Gießmetalls stärker ausgesetzten Formteile als Einsatzteile ausbildet und härtet, während die eigentliche (nur die minder gefährdeten Teile der Formhohlraumbegrenzung enthaltende) Formplatte ungehärtet bleibt.

Die Anordnung von Einsatzteilen erfolgt oftmals auch zu dem Zwecke, bestimmte Formteile *auswechselbar* zu machen, die am stärksten

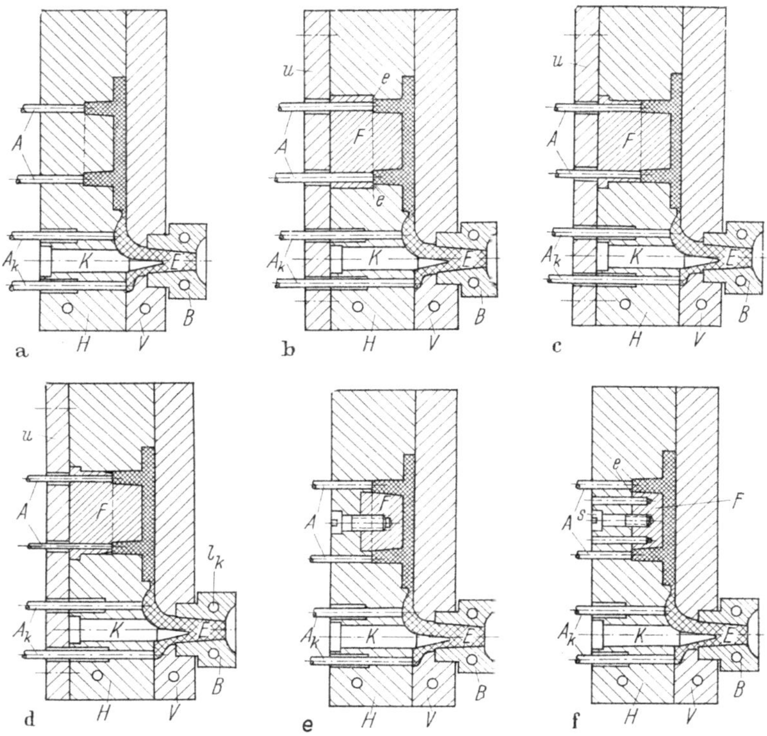

Abb. 63. Druckgießform für das in Abb. 62 dargestellte Gußstück mit verschiedenartiger Ausbildung der Formplatte *H*

a Formplatte *H* aus einem Stück; b Formplatte *H* mit Einsatzteil *F* in Anordnung für niedrigschmelzende Legierungen; c Weniger günstige Anordnung des Einsatzteiles *F*; d Konstruktion gemäß Abb. c nach längerem Gebrauch: thermische Beanspruchung hat Fuge zum Klaffen gebracht (übertrieben dargestellt); e Anordnung des Einsatzteiles *F* ohne Durchbrechung der Formplatte *H*; f Falsche, unzulässige Anordnung des Einsatzteiles *F*: Ein Nachlassen der Spannung der Schraube *s* bewirkt Klaffen der Fuge und Haftenbleiben von Grat

beansprucht werden und sich am raschesten abnutzen. Aus diesem Grunde werden oft die vom Metallstrahl unmittelbar beaufschlagten Formteile als Einsatzteile ausgebildet. Ebenso wird bei ungeteiltem Einguß die Eingußbohrung meistens (bei Formen für die Verarbeitung hochschmelzender Legierungen immer) ganz oder zum Teil in einen auswechselbaren Formteil, die „Eingußbüchse" (*B* in vielen Abbildungen) verlegt.

Endlich spricht manchmal auch die Rücksicht auf die Luftabführung für die Zusammensetzung der Formplatten aus Teilstücken. Dies wird später näher ausgeführt.

Im Betriebe kann die Zusammensetzung der Formplatten aus Teilstücken bei Formen für hochschmelzende Legierungen manchmal infolge der Gratbildung in den Fugen recht nachteilig sein. Fugen, die nicht durch eine hohe, ständig einwirkende Vorspannung geschlossen gehalten werden, beginnen nicht selten infolge der thermischen Wechselbeanspruchung des Formmaterials nach einiger Zeit zu klaffen (vgl. z. B. Abb. 63c/d). In solchen Fugen bildet dann das Gießmetall Grate, die namentlich an Stellen, die von heißem, noch ungebremstem Metall getroffen werden, tief eindringen und festhaften und so das Auswerfen des Gußstückes behindern. In Fugen, die zur Auswerfrichtung nicht parallel sind, muß der Grat unter Abreißen vom Gußstück haften bleiben; durch zurückbleibenden Grat können die folgenden Gußstücke beschädigt werden. Wenn versetzter Grat in den Weg des Einlaufstrahls hineinragt, so kann er eine Strahlablenkung verursachen, in deren Folge das Gußstück unsauber ausläuft. Ferner kann durch Gratreste u. U. undichtes Schließen der Form, Durchspritzen des Gießmetalls und damit eine empfindliche Störung verursacht werden. Daher muß jeder Grat stets sorgfältig aus der Form entfernt werden. Diese Reinigung, die bei fugenreichen, stark „gratenden" Formen sehr oft, meistens nach jedem Schusse vorgenommen werden muß, verursacht Zeitverlust und damit eine Verminderung der Gießleistung. Diese Übelstände werden um so stärker fühlbar, je höher die Gießtemperatur des Gießmetalls liegt[1] und je größer seine Festigkeit ist.

Formen für *Aluminiumdruckguß* sollen daher nur, soweit unbedingt notwendig, mit Einsatzstücken ausgeführt werden.

Die Einsatzteile sind, soweit irgend möglich, so anzuordnen, daß die an den Formhohlraum anschließenden Fugen unter ständiger Vorspannung stehen, so daß sie im Betriebe keinesfalls klaffen können (vgl. Abb. 63b). Bei Formen für Messingdruckguß ist dieses Klaffen jedoch infolge der starken Erwärmung der Form auch bei zweckmäßiger Bauweise nicht immer zu verhindern. Tritt es aber ein, so können die Gußstücke wegen der großen Festigkeit des Gießmetalls oftmals nur mit Gewaltmitteln aus der Form entfernt werden. Daher vermeidet man es bei Formen für Messingdruckguß nach Möglichkeit, überhaupt Einsatzteile in den Formplatten anzuordnen.

Auch das *Aussehen* der Gußstücke und die Kosten der erforderlichen Putzarbeit werden durch die Zusammensetzung der Formplatten aus Teilstücken beeinflußt, da jeder Grat durch Putzen entfernt werden muß und jede derartige Nacharbeit am Gußstück eine Markierung hinterläßt.

[1] Da die Fugen durch höhere thermische Wechselbeanspruchung der Form zu stärkerem Klaffen gebracht werden.

Die Putzarbeit wird am geringsten und das Aussehen des Gußstückes wird am wenigsten beeinträchtigt, wenn der Grat an den Kanten sitzt. Bei der Anordnung von Einsatzstücken ist auch hierauf Rücksicht zu nehmen.

Bei großen Druckgießformen wird vorzugsweise eine ähnliche wie die aus Abb. 57 hervorgehende Bauweise gewählt. Es werden also grundsätzlich in einen meist aus Stahlguß bestehenden Formrahmen die Formplatten eingesetzt. Eine derartige Formplatte kann auch hier selbstverständlich einstückig sein, sofern ein Herausarbeiten des Formhohlraumes günstig möglich ist. Vielfach werden aber bei sehr großen Formen selbst auch die Formplatten zusammengesetzt. Die Herstellkosten für diese nun kleineren Formteile und -platten etwa an Stelle einer großen Formplatte sind wohl etwas höher, da auch zusätzliche Kosten für die Einpaßarbeiten des Zusammensetzens entstehen. Eine derartige, folgerichtig zusammengesetzte Bauweise besitzt jedoch auch folgende Vorteile:

a) Große aus Qualitätsstählen geschmiedete Blöcke sind schwierig zu erhalten, da es meist an den erforderlichen großen Schmiedepressen mangelt. Sie können außerdem oft nicht in dem für Druckgießzwecke notwendigen Maße durchgeschmiedet werden.

b) Die im Betriebe auftretenden Wärmespannungen werden durch kleinere Formteile vermindert. Bei einem großen Stahlblock können die Temperaturunterschiede an verschiedenen Stellen ganz beträchtliche Spannungen auslösen, die u. U. eine vorzeitige Rißbildung bewirken.

c) Die Führung zwischen Einguß- und Auswerfformhälfte kann im Formrahmen erfolgen, der nicht gehärtet wird. Es ist damit jeglicher Härteverzug bei den wichtigen Führungsorganen ausgeschaltet.

Daraus geht hervor, daß man bei sehr großen Druckgießwerkzeugen oft andere Wege gehen muß als bei kleinen und mittleren Formen. Die Vorteile einer derartigen Konstruktion wiegen, je nach der Gestalt des herzustellenden Druckgußstückes, die Nachteile wieder auf. Es muß aber größte Sorgfalt in konstruktiver und fertigungstechnischer Hinsicht aufgewendet werden.

Der Zusammenbau einer Formplatte ist so vorzunehmen, daß jeder Einsatzteil leicht ausgebaut und ohne Paßarbeit wieder eingesetzt werden kann. Dies ist bei den Anordnungen nach Abb. 63b, c und e der Fall. Bei Ausführungen nach Abb. 63b und c, bei denen die Formplatte *H* vollständig durchbrochen und der Einsatzteil *F* von rückwärts her eingesetzt ist, erhalten die Formplatten eine recht unregelmäßige Gestalt, wodurch Verziehungen bei der Warmbehandlung begünstigt werden können. Daher werden manchmal größere Durchbrüche bei Formplatten, die gehärtet werden müssen, dadurch vermieden, daß die Einsatzteile, namentlich solche von größerem Querschnitt, nur um ein Stück in der Formplatte versenkt und von rückwärts her verschraubt werden (Abb. 63e). Hierdurch kann man in manchen Fällen auch bei verwickelten Formen eine verhältnismäßig einfache, günstige Gestaltung der Formplatten erzielen.

Die Ausführung nach Abb. 63b ist in zweifacher Hinsicht vorteilhaft: Sie ermöglicht es, den Einsatzteil *F* bei richtiger Bemessung seiner Länge mittels der Platte *u* dauernd unter Vorspannung an die Fuge *e* angedrückt zu halten und so die Gefahr eines Klaffens herabzumindern. Ferner wird bei dieser Ausführungsart die Stärke der Auswerfstifte *A* nur durch die Wanddicke des Gußkörpers begrenzt. Sie ist aber nur bei kleineren Formen anwendbar, da besonders bei der Verarbeitung hochschmelzender Legierungen trotz Vorspannung die Gefahr der Bildung eines unangenehmen „Quer"-Grates entstehen kann.

Bei den Ausführungen nach Abb. 63c und e ist ein ständiges Dichthalten der Fuge nicht gewährleistet. Auch wenn der Einsatzteil *F* bei der Herstellung stramm eingepaßt wird, kann infolge der dauernden Wärmebeanspruchung diese Spannung allmählich nachlassen und schließlich die Fuge klaffen, wie in Abb. 63d übertrieben dargestellt. Ferner müssen die Auswerfstifte *A* (zur Wahrung einer genügenden Materialstärke der Formplatten zwischen Auswerferbohrung und Einsatzfuge) wesentlich schwächer bemessen werden als die Gußstückwand, wodurch es in manchen Fällen unmöglich wird, die Auswerfer auf der Stirnfläche des den festen Kern umgebenden Gußmaterials angreifen zu lassen, oder man muß Auswerferaugen vorsehen.

Durchaus falsch ist es, einen Einsatzteil (wie z. B. *F* in Abb. 63f) stumpf auf die Formplatte aufzusetzen. Denn die hierdurch an der Grundfläche der Formfasson entstehende, zur Formenschließrichtung senkrechte Fuge *e* ist stets der Gefahr ausgesetzt, bei einem Nachlassen der Vorspannung der Schraube *s* zu klaffen, so daß sich darin Grat („Quer"-Grat) versetzen kann, der nur durch Auseinanderbau der ganzen Form entfernt werden kann. Ebenso ist es (namentlich bei Formen für hochschmelzende Legierungen) nicht angebracht, Einsatzteile (z. B. feste Kerne von kreisförmigem Querschnitt) selbst mit Gewindezapfen zu versehen und in die Formplatte einzuschrauben.

3.22 Die Kerne und Schieber

3.221 Feste und bewegliche Kerne

Alle Ansätze, Aussprünge und Lappen des Gußstückes, die eine Unterschneidung der Hohlform in einer der beiden Formhälften bedingen, erfordern unbedingt die Anordnung von beweglichen Schiebern (*W* in Abb. 59). Ebenso müssen sämtliche zur Formenschließrichtung nicht parallelen Gußstückhohlräume[1] unter allen Umständen durch

[1] D. h. solche, die keine zur Formenschließrichtung parallele „mögliche Achsenrichtung" besitzen.

bewegliche Kerne erzeugt werden. Dagegen verursachen die zur Formenschließrichtung parallelen Aussparungen des Gußstückes keine Unterschneidungen im Formhohlraum; sie können daher auch durch feste Kerne eingeformt werden, soweit die auftretenden Schrumpfkräfte nicht ein anderes erfordern. Das Gußstück muß beim Öffnen der Form sich aus der Eingußformhälfte ablösen und in der Auswerfformhälfte haften; beim Auswerfen muß es sich aus der Auswerfformhälfte entfernen lassen, beides, ohne eine Verbiegung oder sonstige Beschädigung zu erleiden. Dies bedingt, daß alle die Kerne, auf die es mit großer Kraft aufschrumpft — auch wenn sie zur Formenschließrichtung parallel sind —, beweglich ausgebildet und, soweit sie sich in der Eingußformhälfte befinden, vor dem Öffnen, soweit sie sich in der Auswerfformhälfte befinden, vor dem

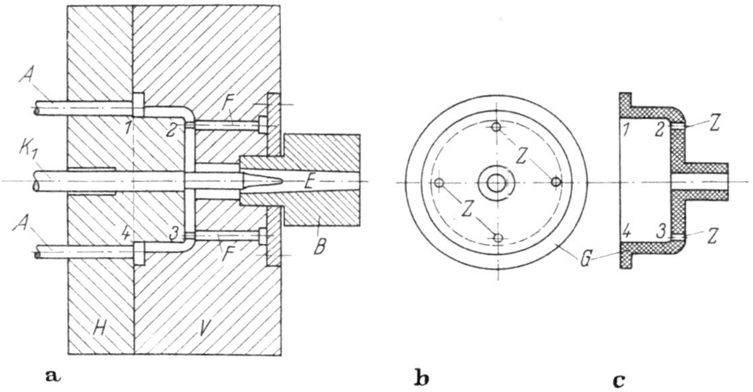

Abb. 64. Druckgießform mit festen Kernen (*F*) in der Eingußformhälfte, mit Gußstück
a Druckgießform, b/c Gußstück

Auswerfen aus dem Gußstück zurückgezogen werden. Durch diese Rücksichten wird die Möglichkeit zur Anwendung von „starren" Kernen erheblich eingeschränkt, und zwar in der Eingußformhälfte in weit stärkerem Maße als in der Auswerfformhälfte.

Kerne in der Eingußformhälfte. Im Augenblick der Formöffnung müssen die Kräfte, die das Gußstück in der Eingußformhälfte festzuhalten streben, wesentlich geringer sein als die, mit denen es in der Auswerfformhälfte haftet. Zur Verhütung von Verformungen darf das gewöhnlich noch plastische Gußmaterial nur geringe Scher- und Zugbeanspruchungen und nur äußerst kleine Biegungsbeanspruchungen erfahren. Die Kräfte aber, die zur Loslösung des Gußstückes aus der Eingußformhälfte erforderlich sind, müssen stets als Zugkräfte durch das Gußmaterial hindurch übertragen werden. Inwieweit dabei auch Biegungsbeanspruchungen auftreten, hängt ab von der Lage der Formteile in der Eingußformhälfte, an denen das Gußstück haftet (also namentlich der festen Kerne in der Eingußformhälfte) gegenüber den „Einspannstellen“ des Gußstückes in der Auswerfformhälfte (d. h. denjenigen Stellen, an denen das Gußstück in der Auswerfformhälfte festgehalten wird). Daher dürfen Kerne an beliebigen Stellen der Eingußformhälfte nur in dem Falle unbeweglich angeordnet werden, wenn sie so stark verjüngt sind, daß sie der Ablösung des Gußstückes überhaupt keinen merklichen Widerstand entgegensetzen. Solche Kerne in der Eingußformhälfte dagegen, die das Gußstück mit irgendwie nennenswerten Kräften festhalten, dürfen nur dann unbeweglich sein, wenn diese Kräfte nur gering sind und wenn das Auftreten schädlicher Biegungsbeanspruchungen beim Öffnen der Form durch die Lage der Kerne ausgeschlossen erscheint. Alle anderen Kerne in der Eingußformhälfte müssen beweglich ausgebildet sein und vor dem Öffnen zurückgezogen werden.

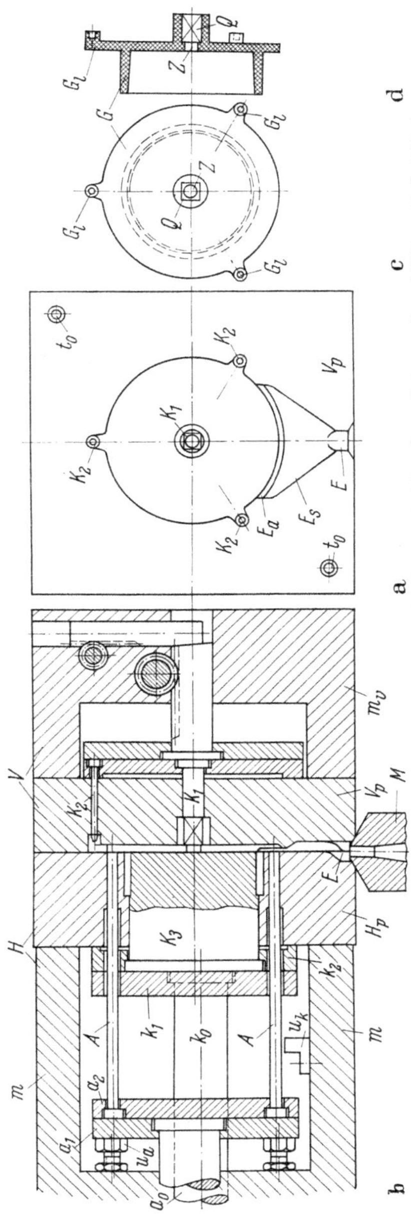

Abb. 65. Druckgießform mit durch Ritzelbetätigung *beweglichen* Kernen in Einguß- und Auswerfformhälfte, mit Gußstück
a Eingußformplatte in Ansicht, b Druckgießform im Längsschnitt (in Gießstellung), c/d Gußstück

Ein drastisches Beispiel für den Einfluß der Lage der Kerne auf ihre Ausbildung bieten die Abb. 64 und 65. In Abb. 64 sind die kleinen Kerne *F*, die die 4 zylindrischen Bohrungen *Z* (Abb. 64 b/c) erzeugen, starr in der Eingußformhälfte *V* befestigt, da sie unmittelbar gegenüber dem Rande des großen, festen Kernes der Auswerfformhälfte sitzen, der den Haupthohlraum *1—2—3—4* des Gußstückes begrenzt (mit der Auswerfformplatte *H* in einem Stück gezeichnet) und der die „Einspannstelle“ des Gußstückes in der Auswerfformhälfte darstellt. Dagegen sind in Abb. 65 die Kerne K_2, obwohl sie nur Bohrungen von ähnlicher Größe wie Z in Abb. 64b/c erzeugen, beweglich angeordnet, da sie an den 3 schwachen Lappen G_l des Gußstückes (Abb. 65c/d) angreifen, die bei starrer Anordnung der Kerne beim Öffnen verbogen werden würden. Ferner ist in Abb. 65 auch der Mittelkern K_1 beweglich ausgebildet, der zur Erzeugung des quadratischen Loches Q und der daran anschließenden zylindrischen Bohrung Z dient. Wenn er starr angeordnet wäre, würde das Gußstück beim Öffnen der Form zwar durch die starke Schrumpfung auf K_3 in der Auswerfformhälfte haften, jedoch würde sein Boden infolge der Festhaltung durch Kern K_1 nach vorn durchgebeult werden.

Genaue Normen für die Zulässigkeit fester Kerne in der Eingußformhälfte können natürlich hier nicht gegeben werden; die Entscheidung ist in jedem Einzelfalle in Anlehnung an die Erfahrung zu treffen. Dabei kommt es, außer auf die Gestaltung der Kerne, vornehmlich auf die Art des Gußmaterials an; bei hochschmelzenden Legierungen müssen infolge der größeren Schrumpfkräfte die Grenzen erheblich enger gezogen werden als bei niedrigschmelzenden.

Kerne in der Auswerfformhälfte. In der Auswerfformhälfte kann man in der Anordnung von festen Kernen viel weiter gehen als in der Eingußformhälfte, da die Loslösung des Gußstückes durch die Auswerfer erfolgt, in deren Anordnung man eine gewisse Freiheit hat. Zur Vermeidung von schädlichen Beanspruchungen des Gußstückes sollen die Auswerfer in unmittelbarer Nähe der „Einspannstellen" angreifen; somit soll jeder feste Kern, sofern er nicht besonders stark verjüngt ist, in möglichst geringem Abstande von einigen Auswerfstiften umgeben sein. Am günstigsten ist es, wenn diese auf die Stirnfläche des den Kern umgebenden Gußmaterials einwirken (wie A_1 in Abb. 59 und A in Abb. 63 und 64). Bei einer solchen Anordnung können auch größere, nur wenig verjüngte Hohlräume des Gußstückes durch starre Kerne eingeformt werden, ohne daß dieses beim Auswerfen der Gefahr einer Beschädigung ausgesetzt ist. Eine derartige Anordnung der Auswerfstifte ist jedoch nur in bestimmten Fällen möglich; nämlich nur dann, wenn die betreffenden Wandungen des Gußstückes selbst breit genug sind, um den Angriff von hinreichend starken Auswerfern zu gestatten, und wenn ferner die Anordnung der Auswerfer-Bohrungen in der Formplatte an diesen Stellen nicht durch die Nähe von Einsatzfugen unmöglich gemacht wird.

Solche Gußstückhohlräume, an deren Wandungsstirnflächen keine Auswerfer angreifen können, dürfen nur dann durch feste Kerne erzeugt werden, wenn sie so stark verjüngt sind, daß die Ablösung keinen nennenswerten Kraftaufwand erfordert. Andernfalls rufen die von den Auswerfstiften ausgeübten Kräfte im Gußstück Zug- und Scherspannungen und meistens auch Biegungsbeanspruchungen hervor. Daher sind

z. B. in den in den Abb. 65, 68 und 70 dargestellten Formen bewegliche Kerne zur Erzeugung der großen zylindrischen Hohlräume vorgesehen.

Vor allem hängt die Anwendungsmöglichkeit fester Kerne von der Art des Gußmaterials ab, insbesondere von der Größe seiner „Schrumpfkraft" sowie von einer etwa vorhandenen Neigung zu Schwindungsrissen.

Die Kraft, mit der ein Gußstück an einem Kern haftet, nimmt bei jedem Gußmaterial[1] mit fortschreitender Abkühlung stark zu. Bei manchen hochschmelzenden Gußstoffen wird die Schrumpfkraft im Verlauf der Abkühlung bis zum Augenblicke des Auswerfens so groß, daß dann zum Abstreifen der Gußstücke von starren Kernen zu hohe, die Form und die Auswerfer übermäßig beanspruchende Kräfte erforderlich wären. Daher sollten bei Formen für solche, zum „Kleben"[2] neigenden Legierungen alle Kerne beweglich angeordnet werden, damit sie sofort nach dem Guß zurückgezogen werden können, bevor noch das Material zu fest aufgeschrumpft ist.

Manche Legierungen erhalten, wenn sie auf Kerne aufschrumpfen, bei einer bestimmten Temperatur Schwindungsrisse. Die Formen für solche Gußstoffe sollten gleichfalls so gebaut werden, daß alle Kerne, die die Schwindung behindern, unmittelbar nach dem Guß zurückgezogen werden können, bevor sich das Gußstück auf die gefährliche Temperatur abgekühlt hat.

Wenn nach den dargelegten Grundsätzen ein Kern fest angeordnet werden *darf*, so ist noch zu prüfen, ob dies vorteilhaft ist, und zwar unter folgenden Gesichtspunkten:

Bewegliche Teile und ihre Führungen erfordern bei der Herstellung und Einpassung sowie bei der Wartung im Betriebe besondere Sorgfalt. Da sie der Gefahr ausgesetzt sind, zu vergraten und zu fressen, bedeuten sie stets eine Quelle möglicher Betriebsstörungen. Es kommt nun im Einzelfalle darauf an, ob ein beweglicher Kern in der Herstellung und im Betriebe größere Schwierigkeiten verursacht als die bei Anordnung eines festen Kernes erforderliche größere Zahl von Auswerfstiften. Bei größeren Kernen von *anderem als kreisrunden Querschnitt* wird dies stets zutreffen, da die genaue Einarbeitung einer nicht kreisrunden Führung weit schwieriger ist als die Herstellung und Einpassung einer Mehrzahl von kreiszylindrischen Auswerfstiften.

Ferner kann auch das *Aussehen des Gußstückes* durch die Anordnung von festen Kernen mittelbar beeinflußt werden. Die Auswerfstifte hinter-

---

[1] Eine Ausnahme würden solche Metalle bilden, die sich während der Abkühlung ausdehnen, wie z. B. Wismut. Unter den bei Druckguß üblichen Legierungen befindet sich jedoch keine, die diese Erscheinung zeigt.

[2] Dieses „Kleben" infolge von Aufschrumpfung ist wohl zu unterscheiden von einem durch „Anlöten" oder „Anfressen" verursachten Haften des Gußmaterials an Formwand und Kernen (siehe spätere Ausführungen).

lassen eine Markierung (die Auswerfermarken) am Gußstück, während die beweglichen Kerne sein Aussehen nicht beeinträchtigen. Bei unbeweglicher Anordnung der Kerne wird eine größere Zahl von Auswerfstiften benötigt, deren Verteilung in ziemlich engen Grenzen vorgeschrieben ist. Bei beweglicher Anordnung der Kerne sind vergleichsweise weniger Auswerfer erforderlich, in deren Verteilung man weitgehende Freiheit hat, so daß man sie an solchen Stellen angreifen lassen kann, an denen die Auswerfermarken nicht stören.[1]

Die Anwendung fester Kerne ist somit nur in einem beschränkten Umfange möglich und innerhalb dieses Bereiches nur in bestimmten Fällen vorteilhaft. Eine genauere Abgrenzung ihres Anwendungsgebietes, als sie in den vorstehenden Richtlinien enthalten ist, kann nicht gegeben werden, da zu viele Faktoren zu berücksichtigen sind. Von vorwiegender Bedeutung ist stets die Art der Gußlegierung; ganz allgemein können feste Kerne bei den niedrigschmelzenden Legierungen (namentlich bei Zinnlegierungen) in größerem Umfange angewandt werden als bei den hochschmelzenden. Es muß aber in jedem Einzelfalle die Entscheidung an Hand der Erfahrung getroffen werden.

Über die Ausbildung und den Einbau von festen Kernen ist im Abschnitt über „Formplatten" im Zusammenhang mit den Einsatzteilen im allgemeinen schon gesprochen worden. Wenn im folgenden von „Kernen" schlechtweg die Rede ist, sind darunter immer bewegliche Kerne zu verstehen.

3.222 Die Anordnung der beweglichen Kerne

Der Schaft eines beweglichen Kernes, d. h. der nicht in den Formhohlraum hineinragende, den eigentlichen Kern (K_1' in Abb. 66) tragende

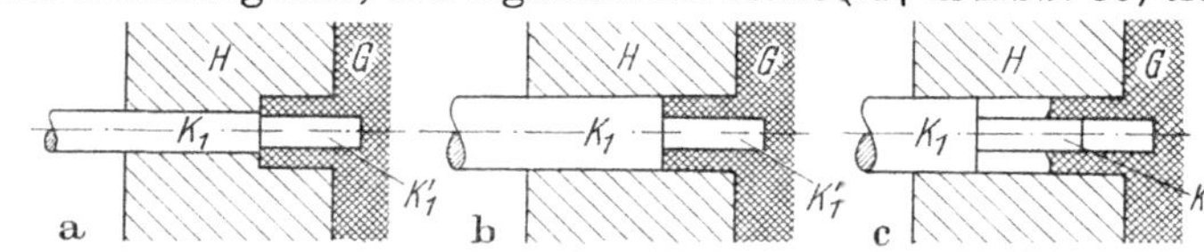

Abb. 66. Richtige und falsche Kerngestaltung
a (richtig). Beim Zurückziehen des Kernes hat Gußmaterial (*G*) ein Widerlager. b (falsch). Beim Zurückziehen des Kernes (Abb. c) kann Gußmaterial (*G*) sich ausstülpen oder ausbröckeln

Teil (K_1), muß den gleichen oder einen nur wenig größeren Querschnitt erhalten wie das Fußende[2] des Kernes, so daß die Stirnfläche des den Kern umgebenden Gußmaterials während des Kernrückzugs am Formmaterial als Widerlager anliegt. Meistens wird der Schaft ein klein wenig stärker als der Kern bemessen, so daß am Übergang eine schmale Schulter entsteht (Abb. 66a). Hierdurch wird zwischen dem eigentlichen Kern und der ihn führenden Bohrung (die im folgenden kurz als seine „Füh-

[1] Dasselbe trifft auch für Druckgießformen mit Abstreifplatte zu (vgl. Abb. 85 und insbesondere Abb. 312 und 315).

[2] D. h. diejenige Stelle, an der der Kern K_1' in den Schaft K_1 übergeht.

rung“ bezeichnet werden soll) in der zurückgezogenen Stellung ein kleiner Luftspalt geschaffen, so daß ein etwa am Kern infolge Anlötung anhaftender Belag von Gießmetall die Führung nicht beschädigt. Wenn der Absatz (wie es für diese Zwecke hinreicht) nur einige Zehntelmillimeter beträgt, ist diese Anordnung durchaus vorteilhaft. — Dagegen ist es sehr nachteilig, wenn der Kern gegen den Schaft stark abgesetzt ist, ganz besonders, wenn die Schulter (Abb. 66b/c) ebenso breit ist wie die Stirnfläche der den Kern umgebenden Gußstückwandung. Bei einer solchen Ausführung, die manchmal wegen ihrer leichten Herstellbarkeit angestrebt wird, findet das Gußmaterial an der Stirnfläche beim Kernziehen kein Widerlager, so daß es dabei dazu neigt, sich in der in Abb. 66c dargestellten Art auszustülpen oder auszubröckeln.

Die Forderung, den Schaft gegen den Kern, wenn überhaupt, nur ganz wenig abzusetzen, bedeutet bei Kernen von anderem als kreisrundem Querschnitt eine erhebliche Erschwerung der Formherstellung, da in diesem Falle auch der Schaft und die Führung keinen kreisförmigen Querschnitt erhalten können. Bei *kleinen*, nicht kreisrunden Kernen von geringer Länge und hinreichender Verjüngung kann jedoch der Schaft zur Erleichterung der Herstellung manchmal als Kreiszylinder ausgebildet werden, dessen Querschnitt der um den Kern umschriebene Kreis ist, wie beim Kern K_1 in Abb. 65a/b. Bei dieser Ausführung ist nur das auf den (in Abb. 65a ersichtlichen) Schultern des Schaftes von K_1 aufliegende Gußmaterial während des Kernziehens ohne Widerlager, so daß bei kleinen Abmessungen kein Durchstülpen zu befürchten ist. Bei großen Kernen wäre diese Konstruktion jedoch nicht statthaft.

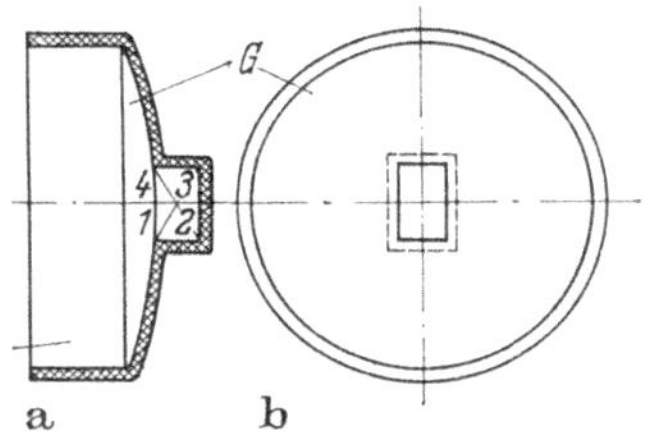

Abb. 67. Druckgußstück

Gußstücke mit Hohlräumen von stark abgesetztem Querschnitt (Abb. 67) sowie solche mit mehreren ineinanderliegenden Hohlräumen (Abb. 69) erfordern besondere Sorgfalt bei der Anordnung der Kerne. Wird die gesamte Aussparung durch einen einzigen Kern erzeugt, so liegt die Gefahr vor, daß das Gußstück während des Kernziehens mit seiner innen liegenden Aussparung (*1—2—3—4* in Abb. 67a und 69b), sofern diese nicht stark verjüngt ist, an dem Kern haften bleibt und in der in Abb. 71 dargestellten Art verformt wird.

Diesem Übelstande kann auf zweierlei Art vorgebeugt werden. Bei Erzeugung der gesamten Gußstückaussparung durch einen einzigen Kern (Abb. 68) kann man mehrere, durch diesen hindurchgehende Auswerfstifte A so anordnen, daß sie unmittelbar an dem den vorderen Kernansatz K_1' umgebenden Gußmaterial angreifen und diesem während des Kernziehens, während dessen die Auswerfvorrichtung feststeht, als Widerlager dienen.

Die zweite Methode besteht darin, die beiden Hohlräume durch zwei gesonderte Kerne (K_1 und K_2 in Abb. 70) zu erzeugen, von denen der

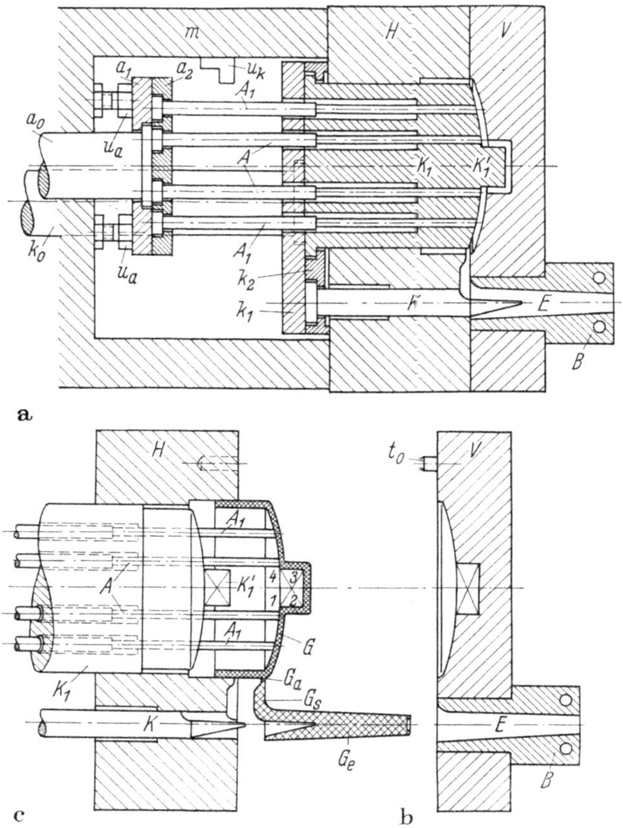

Abb. 68. Druckgießform für das in Abb. 67 dargestellte Gußstück (die Auswerfer *A* verhindern Einbeulen des Gußstückes beim Kernziehen.)
a Form geschlossen, b/c Form geöffnet, Kerne zurückgezogen, Gußstück halb ausgeworfen

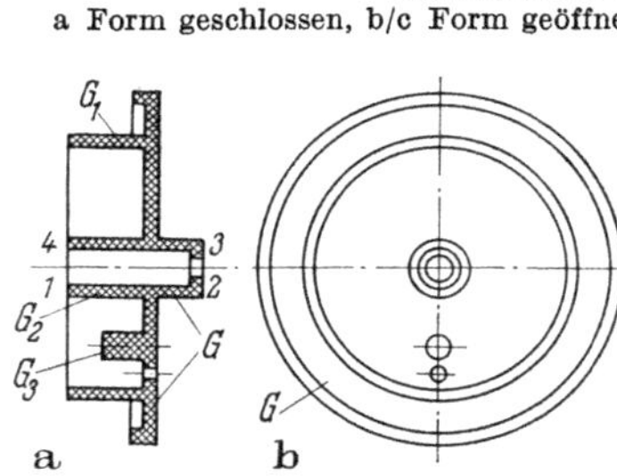

Abb. 69. Druckgußstück

innere (K_2) in dem äußeren (K_1) geführt ist. Während K_2 gezogen wird (Abb. 70 b), wird K_1 durch den Riegel c_1 in seiner Gießlage festgehalten, so daß sich das Gußstück nicht durch Haften des inneren hohlzylindrischen Teiles G_2 am Kern K_2 einstülpen kann. Hierauf wird, nachdem der Riegel c_1 mittels des Trieblings y_1 zurückgezogen ist, der Kern K_1 gezogen, wobei der äußere, zylindrische Teil G_1 des Gußstückes mit seiner Stirnfläche an der starren Formplatte anliegt. Bei der Konstruktion des

Riegels c_1 ist darauf zu achten, daß durch den Gießdruck auf Kern K_1 kein Biegemoment am Riegel auftritt. Bei größeren Kernen K_1 sind 2 gegenüberliegende Riegel c_1 anzuordnen.

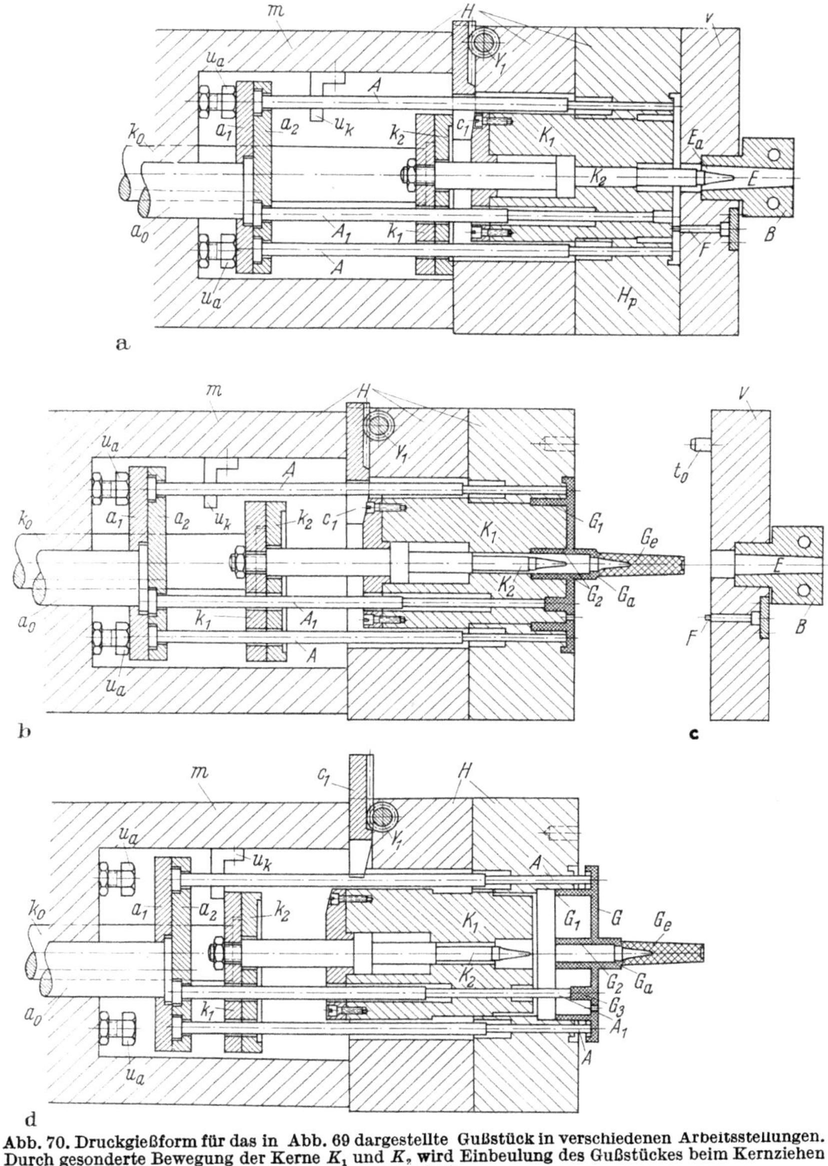

Abb. 70. Druckgießform für das in Abb. 69 dargestellte Gußstück in verschiedenen Arbeitsstellungen. Durch gesonderte Bewegung der Kerne K_1 und K_2 wird Einbeulung des Gußstückes beim Kernziehen verhindert

a Form geschlossen, b/c Form geöffnet, Kern K_2 zurückgezogen, d auch Kern K_1 zurückgezogen, Gußstück halb ausgeworfen

Bei der Auswahl zwischen beiden Methoden ist von ähnlichen Erwägungen auszugehen wie bei der Entscheidung über die Anwendung fester oder beweglicher Kerne. Bei der Einformung des in Abb. 67 dargestellten Gußstückes ist die erste Methode vorzuziehen, da es wegen des rechteckigen Querschnittes des Kernansatzes K_1' kostspielig wäre, diesen als selbständigen, in K_1 geführten Kern auszubilden, während es keine Schwierigkeiten macht, Auswerfstifte in seiner unmittelbaren Nähe anzuordnen. Dagegen ist für das in Abb. 69 dargestellte Gußstück die zweite Methode am Platze, und zwar nicht nur wegen des kreisförmigen Querschnittes von K_2, sondern auch deswegen, weil an der Stirnfläche des schwachwandigen Hohlzylinders G_2 keine Auswerfstifte angreifen können.[1]

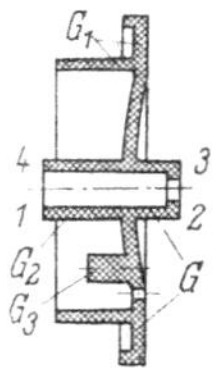

Abb. 71.

Jeder Kern sollte eine Verjüngung erhalten, die freilich nur sehr gering zu sein braucht. Gußstückbohrungen, die völlig genau zylindrisch sein sollen, müssen somit nachgerieben werden. Das Mindestmaß der gießtechnisch erforderlichen Verjüngung ist von dem Durchmesser des Gußstückhohlraumes und von der Art des Gießmetalls abhängig. Im Hauptabschnitt „Gebräuchliche Druckgußlegierungen" (Band II) sind hierfür Anhaltswerte angegeben.

Jeder Kern muß so konstruiert sein (vgl. zum Folgenden Abb. 59), daß seine Lage in der Gießstellung durch einen Anschlag genau bestimmt ist. Bei Einzelkernen wie K_1 erfolgt diese Wegbegrenzung gewöhnlich durch eine Anschlagschulter des Schaftes. Bei Kernen, die, wie K, K_3, K_4 und K_5, an einer gemeinsamen Sammelplatte k_1/k_2 befestigt sind, wird die Gießstellung durch Anlage der Sammelplatte an der Formplatte H_p (oder, in anderen Fällen, an Anschlägen derselben) gesichert, so daß die einzelnen Kerne glatte Schäfte erhalten können.

Ein Kern für eine durch das Gußstück hindurchgehende Bohrung kann entweder, wie K_5, mit seiner Stirnfläche stumpf an der Gegenformwand anliegen oder, wie K_3, mit seinem vorderen Ende in einer „Aufnahmebohrung" q gelagert sein. Das erste ist nur bei Kernen von geringer Länge oder kräftigem Querschnitt angängig, während lange und namentlich schwache Kerne bei nur einseitiger Lagerung der Gefahr ausgesetzt sind, verbogen zu werden. Die „Aufnahmebohrung" q wird zweckmäßig durch die Formplatte V_p hindurchgearbeitet, einmal um die Entfernung von Grat zu erleichtern und ferner wegen der günstigen Wirkung solcher „Kerndurchbrüche" auf die Luftabführung. Aus diesem letztgenannten Grunde werden manchmal auch Kerne, bei denen keine Verbiegung zu befürchten wäre, mit ihrem vorderen Ende in der Gegenformplatte gelagert.

Die Führungen der beweglichen Kerne müssen auch eine genügende Länge besitzen, damit sich eine sichere Lage in Gießstellung und bei der

[1] Es sei denn, daß Auswerferaugen möglich sind.

Kernbetätigung ergibt. Außerdem muß auch eine ausreichende „Abdichtung“ gegen etwaiges Eindringen von Gießmetall in die Führung vorhanden sein. Bei Ausführung der Führungsbohrungen in der Passung *H 7* können folgende Toleranzen gewählt werden:

bei der Verarbeitung von niedrigschmelzenden Schwerlegierungen *g* 6 — *f* 7

bei der Verarbeitung von hochschmelzenden Legierungen *f* 7 — *e* 8

Oftmals ist es bei Kernführungen, die allseitig im Formmaterial liegen, etwa nach Art von Abb. 72, vorteilhaft, (besonders bei der Verarbeitung von hochschmelzenden Legierungen) die Führungsbahn mit einer kleinen Neigung (etwa 1,5—2% je Fläche, d. h. auf 100 mm 1,5—2 mm Neigung) zu versehen. Es ergibt sich dadurch ein Freiwerden des Kernstempels, Verringerung der Freßgefahr und eine günstigere Entfernung von vielleicht doch in die Führungsbahn eingedrungenen Metall- bzw. Gratresten.

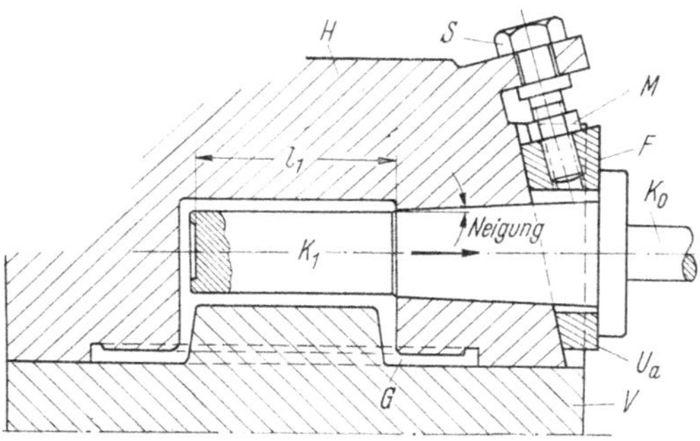

Abb. 72. Führung und Anschlag eines beweglichen Kerns

In Abb. 72 ist auch angedeutet, wie man zweckmäßig einen einstellbaren Anschlag für bewegliche Kerne gestalten kann. Das in einer Führungsbahn in der Auswerfformhälfte *H* gleitende Anschlagstück U_a kann mit Hilfe der Schraube *S* bewegt werden. Es ergibt sich damit eine Einstellbarkeit der Anschlagfläche *F*. Eine derartige Bauweise ist besonders ratsam, wenn an die Einhaltung der Kerntiefe l_1 besondere Anforderungen in bezug auf Genauigkeit gestellt werden. Die im Betrieb sich ergebende richtige Lage von *F* kann mit der Gegenmutter *M* festgehalten werden.

Eine Anzahl interessanter Kernausführungen und -betätigungen ist im Abschnitt 3.7 „Druckgießformen aus der Praxis“ aufgeführt.

3.223 Die Kernbetätigung

Die Kernbewegung ist im allgemeinen eine geradlinige Verschiebung in der Achsenrichtung des Schaftes. Bei Kernen für Innengewinde ist sie eine Schraubenbewegung, in Sonderfällen ist sie eine Schwingbewegung.

Die Anordnung von Gewindekernen ist in der Regel nur bei niedrigschmelzenden Legierungen zulässig, da bei hochschmelzenden Legierungen die Schrumpfkraft in der zum Herausschrauben erforderlichen Zeit zu groß würde. Daher können Innengewinde bei Aluminiumdruckguß nur in Sonderfällen mit Hilfe von zerlegbaren Kernen[1] mitgegossen werden. Bei Kernen mit schwingender Bewegung sind die Herstellung und die Zusammenpassung von Schaft und Führung recht kostspielig, so daß solche Anordnungen, wo möglich, durch Umgestaltung des Gußstückes vermieden werden sollen.

Der *Zeitpunkt* des Kernrückzuges innerhalb des Arbeitsspieles richtet sich nach der Lage des Kernes und nach der Art der Gußlegierung. Kerne in der Eingußformhälfte werden (wie nach den vorangegangenen Ausführungen selbstverständlich) grundsätzlich vor dem Öffnen der Form, jedoch meistens erst nach Abziehen der Form vom Gießmundstück bei Warmkammer-Druckgießmaschinen gezogen. Kerne in der Auswerfformhälfte werden gewöhnlich entweder während oder nach Ende der Formöffnungsbewegung gezogen. Es wird jedoch auch ein in der Auswerfformhälfte geführter Kern, dessen Schaft unmittelbar an dem Formhohlraum zwischen beiden Formplatten gelagert ist (wie Kern K_4 in Abb. 328b), zweckmäßig bereits bei noch geschlossener Form wenigstens angelüftet, damit während seiner Ablösung das ihn umgebende Gußmaterial an seiner ganzen Stirnfläche ein Widerlager hat[2]. Bei Gußlegierungen, die zum „Kleben" oder zur Warmrißbildung neigen, ist es mitunter, namentlich bei großen Formen, erforderlich, bestimmte, besonders gefährliche Kerne unmittelbar nach dem Schuß[3] zu ziehen oder wenigstens anzulüften. Dies ist aber für solche Kerne in der Auswerfformhälfte, die die Mitnahme des Gußstückes beim Öffnen lediglich durch Aufschrumpfung gewährleisten, wiederum nicht zulässig.

Kerne (vgl. zum Folgenden Abb. 59), die zur Formenschließrichtung nicht parallel sind, wie z. B. K_2 und K_6, müssen um ihre ganze Länge zurückgezogen werden, um die Entfernung des Gußstückes zu gestatten. Kerne dagegen, die zur Formenschließrichtung parallel sind, wie K_1, brauchen zur Freigabe des Gußstückes nur so weit zurückgezogen zu werden, daß durch ihre Verjüngung die Schrumpfung aufgehoben wird. Die Größe der hierzu erforderlichen Bewegung hängt natürlich von dem Grade der Verjüngung ab.

Die Organe zur Kernbetätigung müssen so ausgebildet sein, daß die beweglichen Kerne nach dem Guß sicher und rasch aus dem Druckgußstück herausgezogen und nach dem Auswerfen wieder in ihre Gießstellung gebracht und dort möglichst ohne zusätzliche bewegliche Elemente verriegelt werden können. Der Antrieb der geradlinigen Schieber- oder Kernbetätigung kann nun auf verschiedene Arten erfolgen.

---

[1] Vgl. Abb. 84, Formteilausführung 2d; evtl. auch nach Abb. 321.

[2] Bei Kernablösung nach dem Öffnen wäre die von der Eingußformhälfte begrenzte Hälfte ohne Widerlager, was zum Verziehen des Gußstückes führen könnte.

[3] Natürlich erst nach Entspannung der Druckkammer und nach genügender Erhärtung des Gußmaterials.

Fast alle modernen Druckgießmaschinen werden hydraulisch mit einer Druckflüssigkeit betrieben. Es ist deshalb naheliegend, auch die Kernbetätigung hydraulisch vorzunehmen. Abb. 73 zeigt den Aufbau eines hydraulischen Kernzugzylinders. In dem Zylinder *Z* befindet sich der Kolben *B*. Kernschaft und Kolbenstange werden mit einem Kupplungsring miteinander verbunden. Der Kernzugzylinder selbst ist mit einer Konsole (s. auch Teil 30 in Abb. 57) oder über ein Joch unter Zwischenschaltung von zweckmäßig gestalteten Bolzen an der Druckgießform befestigt. Die Druckflüssigkeit wird über eine Steuereinrichtung dem Kernzugzylinder entsprechend dem Arbeitsrhythmus, von der

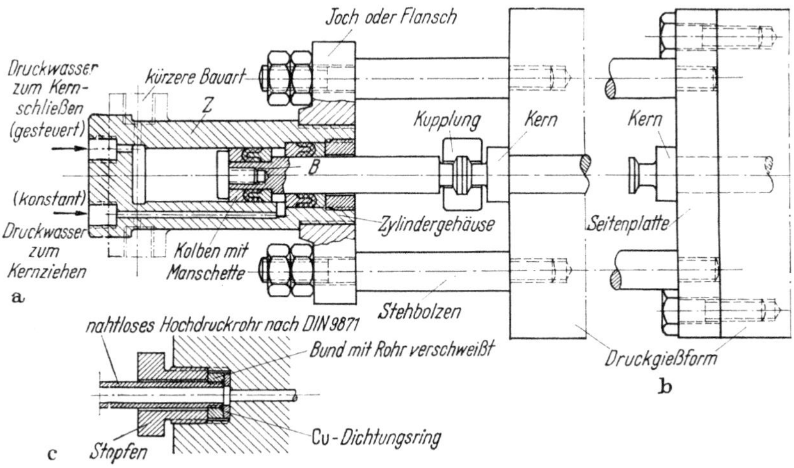

Abb. 78. Aufbau eines hydraulischen Kernzug-Zylinders (für Einfach-Steuerung)
a Schnitt durch den Kernzug-Zylinder an Druckgießform angebaut, b Form-Anbau mit Seitenplatte (für in der Teilebene liegenden Kern), c Verschraubung

Druckgießmaschine kommend, zugeführt. Eine derartige einfache und sichere Kernbetätigung ist in der Druckgießtechnik bei großem Kernhub vorherrschend.

Hydraulische Kernzugeinrichtungen sind getrennte Aggregate, die jeweils an die Druckgießform angebaut werden. Kernzugzylinder werden mit Zugkräften von 500, 1000, 2000, 3000, 5000, 10000, 15000, 20000 kp und auch verschiedenen Hüben gebaut. Bei dem in Abb. 73 gezeigten Kernzugzylinder ist nur das Druckmedium zum Kernschließen gesteuert. Man kann auch doppelt gesteuerte Zylinder vorsehen (Manschettenanordnung nach Abb. 311), wodurch größere Schließdrücke erzielt werden, so daß gesonderte Kernverriegelungen entfallen können. Die Schließkraft des Kernzugzylinders muß in diesem Falle größer sein als die sich durch den spez. Gießdruck auf die Projektionsfläche des beweglichen Formteils ergebende Kraft.

Bei großen Gießdrücken auf den Kern oder Schieber, die den hydraulischen Druck auf den Kolben des Kernzugzylinders überwiegen, sind

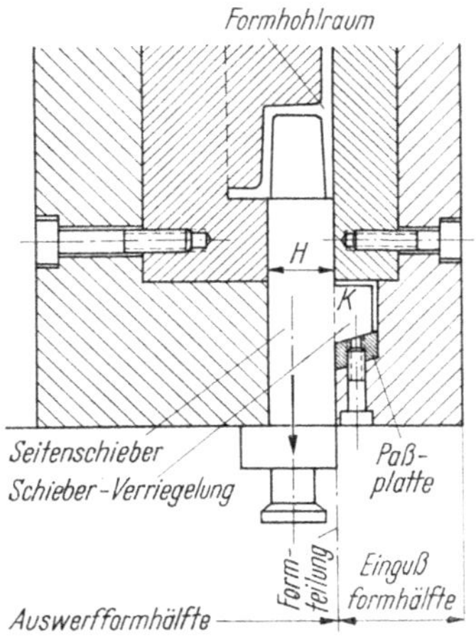

Abb. 74. Schieber mit Keil K in Gießstellung verriegelt

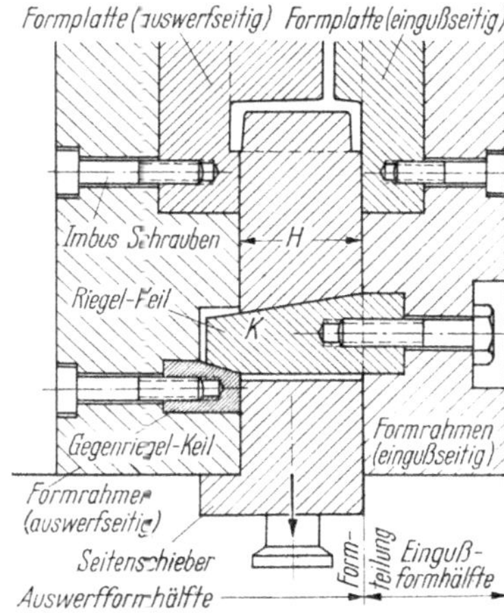

Abb. 75. Schieber mit entlastetem Keil K in Gießstellung verriegelt

zusätzliche Verriegelungen, etwa nach den Abb. 74 und 75, erforderlich. Die Keile K müssen den Gießdruck sicher aufnehmen. Bei Ausführung nach Abb 74 entsteht bei großer Kernhöhe H ein Kippmoment, das bei Ausführung nach Abb. 75 vermieden ist.

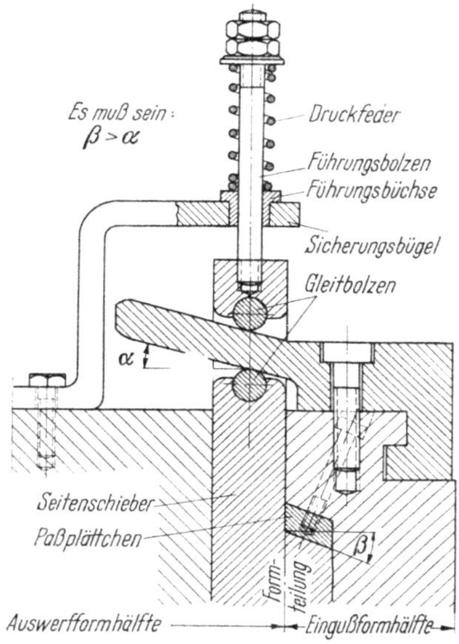

Abb. 76. Außenliegender Schrägfinger mit Seitenschieber und Feder-Sicherung

Die Kern- oder Schieberbetätigung kann auch vorzugsweise durch einen in der Eingußformhälfte (normalerweise feststehende Formhälfte) angeordneten Schrägstift (vgl. Abbildung 57), Schrägfinger (Abb. 76) oder eine schräg angeordnete Gabel (Abb. 77) erfolgen.

Die Neigung derartiger Betätigungsorgane sollte 15—20 Grad nicht übersteigen. Die Zugfeder muß den beweglichen Kern in der ausgefahrenen Stellung halten. Dadurch wird ein etwaiges Zurückgleiten des Kernes in die Formhälfte vermieden und das genaue Einführen des Betätigungsorgans beim Schließen der Druckgießform ist gewährleistet. Man kann auch, wie aus Abb. 78 hervorgeht, verschiedene Neigungswinkel bei Schrägfingern oder schräg angeordneten Gabeln vorsehen. Dadurch sind verschiedene Geschwindigkeiten der Kernbetätigung und auch verschiedene Kräfte erzielbar. Beim Lösen des Kernes aus dem Druckgußstück benötigt man die größte Kraft, deshalb kleine Neigung.

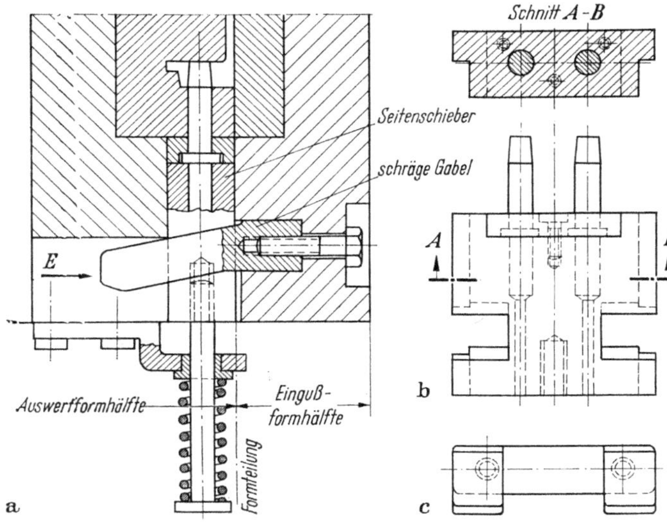

Abb. 77. Seitenschieber durch schräge Gabel beim Öffnen der Gießform betätigt
a Schnitt durch die Gießform-Partie, b Ansicht auf Seitenschieber in Pfeilrichtung *E*, c Ansicht auf schräge Gabel in Pfeilrichtung *E*

Führt man den Schrägfinger bei Beginn der Formöffnung gerade (also ohne Neigung) aus, dann ergibt sich eine Verzögerung des Kernzugs, die zum sicheren Haftenbleiben des Druckgußteiles in der Auswerfformhälfte oft erwünscht ist (vgl. Abb. 78).

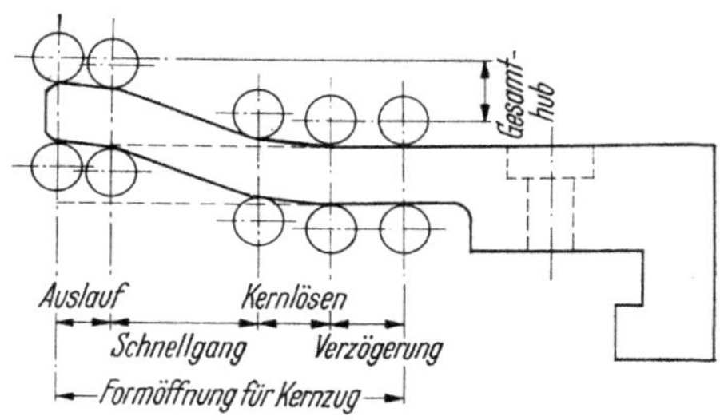

Abb. 78. Außenliegender Schrägfinger mit verschiedenen Abschnitten (verschiedene Neigungen)

Die Kern- oder Schieberbetätigung erfolgt hier selbsttätig beim Öffnen der Druckgießform. Man kann daher auf diese Weise nur in der beweglichen Formhälfte (Auswerfformhälfte) angeordnete bewegliche Kerne betätigen (es sei denn, daß man das Betätigungsorgan getrennt bewegt, was jedoch als umständlich angesehen werden muß). Diese Ausführungsart ist einfach und robust. Man kann die Betätigungselemente in beliebiger Richtung und beliebiger Zahl in einfachster Weise anordnen. Diese Bauweise wird daher im Druckgießformenbau oft angewandt. Große Hübe ergeben jedoch sehr lange Schrägstifte, so daß man über eine Hublänge von etwa 50 mm selten hinausgeht.

Aus Abb. 59 können folgende Antriebsarten entnommen werden:

a) durch Kniehebel oder Exzenter, Schieber W
b) durch Triebling und Zahnstange, Kern K_1
c) durch (direkt oder über Hebel) während der Formbewegung einwirkende Leitkurven, Kern K_6

Zu a) Beim Antrieb durch Kniehebel oder Exzenter bewirkt das Antriebsmittel gleichzeitig die Verriegelung in der Gießstellung. Für

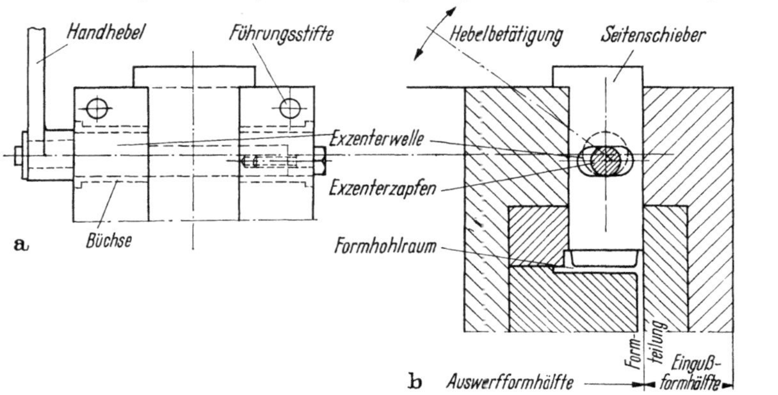

Abb. 79. Durch Exzenter bewegter und in Gießstellung verriegelter Seitenschieber
a Draufsicht auf die Auswerfformhälfte, b Schnitt durch die Exzenter-Betätigung in der Gießform

kleinere Kerne oder Schieber, die nur kurze Wege machen müssen, ist diese Art der Betätigung günstig. Bei längeren Hubwegen erfordern Kniehebel und Exzenter große Baulängen, die an der Druckgießform meistens nicht verfügbar sind. Ein durch Exzenter betätigter Schieber ist auch aus Abb. 79 ersichtlich. Durch die sich ergebende Übersetzung ist es möglich auch von Hand größere Schrumpfkräfte zu überwinden. Es sind aber nur sehr kurze Hübe ausführbar.

Zu b) Ein längerer Kern kann durch einen Triebling (Zahnrad) betätigt werden, der in eine in den Kernschaft eingearbeitete Zahnstange eingreift. Dabei müssen Kerne, die im Gußstück enden, durch besondere Mittel in der Gießstellung verriegelt werden. Dies kann je nach der Lage der Kerne in der Form in verschiedener Weise geschehen. In der Auswerfformhälfte geführte Kerne, die (wie z.B. K_2 und K_3 in Abb. 157 und 158) senkrecht (oder nahezu senkrecht) zur Formenschließrichtung stehen, können durch in der Eingußformhälfte befestigte Arretierstifte[1] oder -keile (c_2 bzw. c_3) verriegelt werden, die in der Gießstellung, bei geschlossener Form, in Arretieraussparungen (c_2' bzw. c_3' in Abb. 157e) der Kerne hineinragen, beim Öffnen der Form aber die Kerne freigeben.

[1] Arretierstifte sind verschleißanfällig, so daß Keilen der Vorzug zu geben ist.

Diese Verriegelung ist einfach und erhöht gleichzeitig die Betriebssicherheit, da die Form nur geschlossen werden kann, wenn die betreffenden Kerne richtig in ihrer Arbeitsstellung stehen. Sie ist jedoch nicht anwendbar für diejenigen Kerne in der Auswerfformhälfte, die zur Formenschließrichtung in erheblichem Maße schräg stehen; ebenso ist ihre Anwendung für Kerne nach Art von K_4 in Abb. 328, sowie für sämtliche Kerne in der Eingußformhälfte ausgeschlossen, weil diese, wie oben ausgeführt, vor dem Öffnen der Form zurückgezogen werden müssen. Solche Kerne müssen bei Zahnantrieb durch bewegliche Arretierstifte oder -nasen verriegelt werden, die selbst durch besondere Antriebsmittel (Kniehebel, Trieblinge oder hydraulisch) zu betätigen sind. In dieser Art wird in Abb. 59 der Kern K_1 in der Gießstellung durch den Sperriegel c_1 fixiert, der selbst durch den Triebling y_1 bewegt wird.

Zu c) Die Betätigung von Kernen, die zur Formenschließrichtung senkrecht (oder nur mäßig schräg) stehen, kann in manchen Fällen mittels Leitkurven unmittelbar von der Formbewegung abgeleitet werden. Ein Beispiel dieser Antriebsart für Kerne in der Auswerfformhälfte bietet Kern K_6 in Abb. 59. Der Kernschaft ist mit einem Gabelkopf versehen, der eine an der Eingußformhälfte befestigte Lasche x umgreift. In dem Gabelkopf ist eine Laufrolle r_k gelagert, die in einem Kurvenschlitz der Lasche x (der ,,Leitkurve") zwangsläufig so geführt wird, daß der Kern beim Öffnen der Form gezogen, beim Schließen in die Gießstellung vorgestoßen und in dieser festgehalten wird. Kerne in der Eingußformhälfte sowie solche Kerne in der Auswerfformhälfte, die bei noch geschlossener Form angelüftet werden müssen, können mit Hilfe von am Formträgerkonsol feststehenden Leitkurven durch die Gesamtbewegung der Form betätigt werden. Derartige Anordnungen sind weniger günstig und werden daher seltener angewandt.

Kerne, die zur Formenschließrichtung stark geneigt sind, sowie solche, zu deren Rückzug erhebliche Kräfte erforderlich sind, können wegen der Gefahr des Eckens oder Klemmens nicht durch *unmittelbar* einwirkende Leitkurven von der Formbewegung betätigt werden; vielmehr müssen in solchen Fällen Hebelübersetzungen zwischengeschaltet werden.

Die manchmal angewandte Betätigung einer geradlinigen Kernbewegung durch Gewindespindel ist nicht zweckmäßig, da sie zu lange aufhält. Die Verwendung des Spindelantriebes ist lediglich bei Gewindekernen berechtigt.

Kerne, die zueinander parallel sind, werden oftmals nicht jeder für sich angetrieben, sondern (wie z. B. K, K_3, K_4 und K_5 in Abb. 59) auf einer gemeinsamen Sammelplatte (k_1/k_2) befestigt, auf welche die Betätigungs- und Verriegelungsmittel (Triebling z_k und Sperriegel c_k) einwirken.

Weitere in der Praxis angewandte Kernbetätigungen gehen aus den Abb. 80—84 hervor.

Bei strahlenförmig angeordneten Kernen und Schiebern kann man deren gleichzeitige Bewegung durch eine drehbare Kurvenscheibe (Irisscheibe — s. Abb. 80) erhalten. Der Antrieb kann von Hand erfolgen, ist aber auch mit einem hydraulischen Kernzugzylinder (in Abb. 80 gestrichelt angedeutet) möglich.

Durch die Gestalt des herzustellenden Druckgußteiles bedingt sind manchmal auch Schwingbewegungen, wie aus Abb. 81 ersichtlich, vorteilhaft anwendbar. Der ausführbare Radius darf jedoch eine gewisse

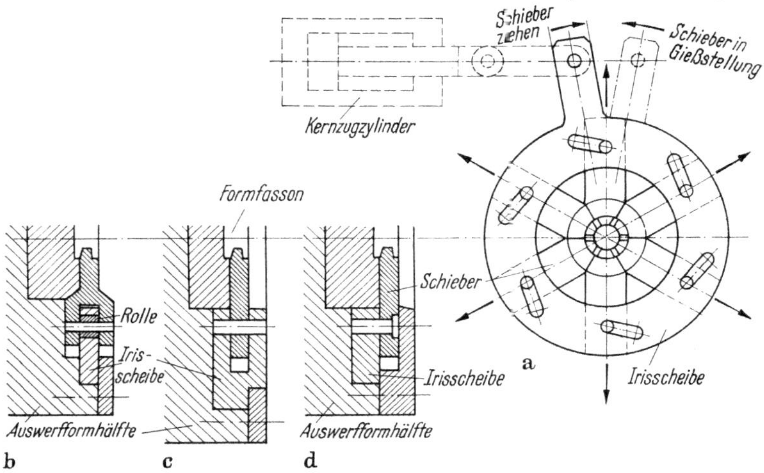

Abb. 80. Durch Irisscheibe strahlenförmig angeordnete Schieber betätigt
a Ansicht auf Kurvenscheibe (Irisscheibe) und Schieber, b Ausführung mit Rolle (gut), c Ausführung mit gegabelter Kurvenscheibe (brauchbar), d Ausführung mit einseitig in den Schiebern befestigtem Stift (weniger zu empfehlen)

Größe nicht unterschreiten und, es muß in der Druckgießform Platz für einen entsprechenden Drehzapfen *D* vorhanden sein. Kleinere Kreis- und Kurvenbewegungen sind wie in Abb. 82 dargestellt oft nur mit Hilfe eines Ritzels für die Kernbetätigung auszuführen.

Aus Abb. 82 erkennt man ferner, daß bei der Gestaltung folgende Gesichtspunkte zu beachten sind:

1. Hinterschneidungen müssen wegfallen.
2. Die Kernpartie muß innerhalb der Führungskurve liegen. Die geradlinigen Stücke am Auslauf und im Gehäuseinnern (*a*) sind zu entfernen.
3. Das Gußstück ist in der Größe beschränkt, es muß genügend Platz für die Führung des Kernes vorhanden sein, $l_1 \leqq l_2$.

Für das Eingießen von Gewinden sind Schraubenbewegungen der Gewinde-Kerne notwendig. Aus Abb. 84 können verschiedene Formausführungen mit Kernbetätigungen für das in Abb. 83 dargestellte Druckgußstück entnommen werden.

Bei der Herstellung von Druckgußteilen erscheint sehr naheliegend, Außen- und Innengewinde maßfertig zu gießen. Von dieser Möglichkeit kann jedoch nur in verhältnismäßig wenig Fällen mit wirklichem Vorteil

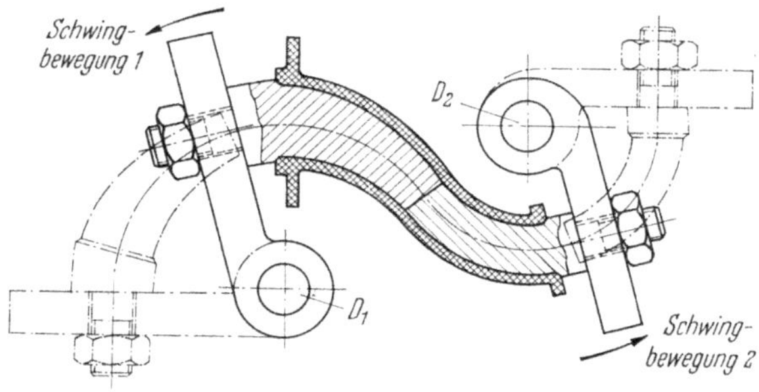

Abb. 81. Krümmer, Kernbetätigung durch Schwingbewegung

Gebrauch gemacht werden. Normalerweise ist das Mitgießen von Gewinden an einfachen Teilen durchführbar. Um die auftretenden form- und gießtechnischen Schwierigkeiten kennen zu lernen, sind in Abb. 84 Gießformausführungen für das in Abb. 83 dargestellte Teil angegeben. Man erkennt daraus:

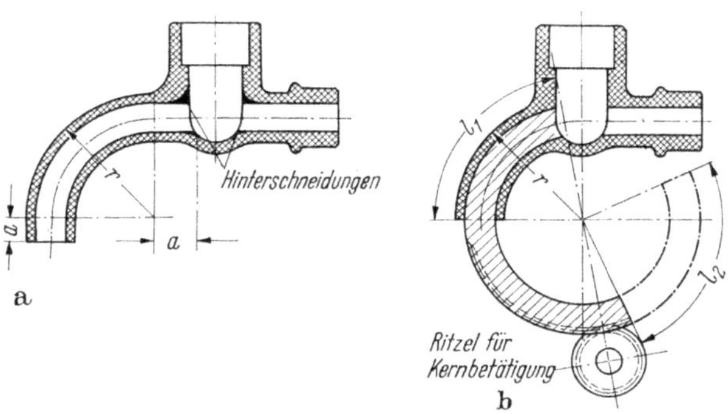

Abb. 82. Auslaufgehäuse, Kernbetätigung durch Ritzel

Um das einzugießende *Außengewinde* am genauesten und mit der geringsten Gratbildung zu erhalten, werden die Gewindegänge am besten in ein massives Formstück nach Abb. 84/1 a oder b gelegt. Bei der Gießformausführung 1 a wird der das Außengewinde bildende Formstempel nach jedem Schuß vor dem Auswerfen des Druckgußteils herausgedreht, nachdem er vorher in die Gießstellung gebracht wurde. (In manchen Fällen ist es möglich, nur durch Drehung des Formstempels das Druckgußteil mit dem gegossenen Gewinde aus dem Formhohlraum herauszuschrauben, wodurch eine Vereinfachung der Betätigungsvorrichtung erzielt wird. Es ist dabei eine Fixierung des Gußstücks erforderlich, damit nur eine axiale Verschiebung erfolgen kann. Das Außengewinde am Formstück F der Abb. 84/1 a kommt bei dieser Ausführung in Wegfall.) Diese Bewegungen erfordern einen verwickelten Antriebsmechanismus, für dessen Betätigung eine gewisse Zeit gebraucht wird. Die Anordnung nach 1 b vermeidet den Antriebsmechanismus in der Gießform. Das Druckgußstück wird nach dem Schuß entweder mit dem das Außengewinde tragenden Formteil ausgeworfen, oder es wird selbst aus der Gießform von Hand, oder mit Hilfe einer Zusatzeinrichtung herausgedreht. Im ersteren Falle

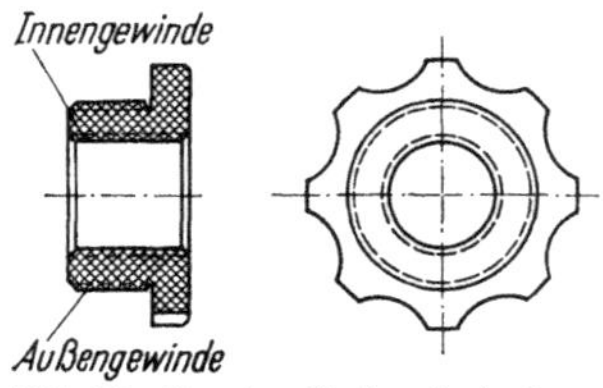

Abb. 83. Druckgußteil mit Außen- und Innengewinde

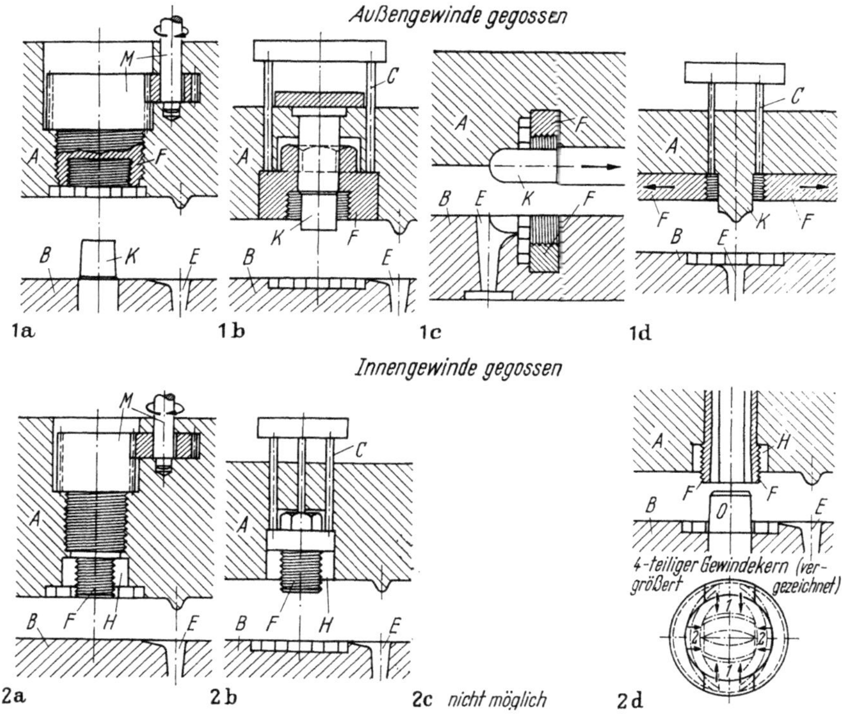

Abb. 84. Herstellung von Gewinden im Druckgießverfahren (verschiedene Formausführungen für Druckgußteil Abb. 83)

ist das Herausdrehen des Formteiles nachträglich am Gußstück erforderlich und das Einlegen des Gewindeformteils vor dem Schließen der Druckgießform. Die für das Eingießen des Gewindes notwendigen Betätigungen bedingen in vielen Fällen eine längere Zeit als für den nachträglichen Schneidvorgang notwendig ist. Das Aufschneiden des Gewindes auf den maßfertig gegossenen Außendurchmesser ist deshalb meist viel vorteilhafter und billiger. Um das Herausdrehen zu erleichtern, muß besonders bei den hochschmelzenden Legierungen eine geringe Verjüngung des Gewindes in Kauf genommen werden.

Das Mitgießen von Außengewinden ist am günstigsten vorzunehmen, wenn die Achse längs der Formteilungsebene liegt, oder das Gewinde mit Querschiebern gebildet werden kann (Abb. 84/1c und d). Die Gewindegänge werden dabei mit beweglichen Formteilen erzeugt, so daß durch nicht einwandfreien Formschluß und mangelhafte Führung der Formhälften oder Querschieber Ungenauigkeiten entstehen. Der in der Teilungsebene vorhandene Grat, sowie die meist sich ergebende Unrundheit des gegossenen Gewindes müssen oft durch Nachschneiden berichtigt werden.

Das Eingießen von *Innengewinden* stößt auf noch größere Schwierigkeiten, da das Druckgußmetall auf den Gewindekern aufschrumpft und das Herausdrehen große Kräfte erfordert. Die Druckgußfertigung eines Innengewindes kann nach Abb. 84/2a erfolgen. Der Innengewindekern muß dabei genau wie ein Gewindebohrer beim Schließen der Gießform in den Formhohlraum eingedreht und nach dem Schuß, wenn die Erstarrung des Gußstücks eingetreten ist, aus dem Werkstück herausgedreht werden. Man erkennt, daß insbesondere bei großen Gewindetiefen die Herstellungszeit ungünstig beeinflußt und damit der Stückpreis so erhöht wird, daß es in den meisten Fällen wirtschaftlicher ist, das Innengewinde nachträglich einzuschneiden. Bei eingegossenen Gewinden sind möglichst nicht mehr als 6 Gänge vorzusehen. Feingängige Gewinde lassen sich bei hochschmelzenden Metallegierungen nicht mitgießen, da beim Herausdrehen des Gewindekernes die Gänge schon durch die Schrumpfkräfte beschädigt werden können.

Bei der Gießformausführung nach 2b wird der Antriebsmechanismus für das Ein- und Ausdrehen des Gewindekerns in der Gießform vermieden. Es ist jedoch ein nachträgliches Herausschrauben am erstarrten Druckgußteil und das Einlegen des Kerns in die Gießform vor jedem Formschluß erforderlich. Bei den niedrigschmelzenden Schwermetall-Legierungen kann auch hier in manchen Fällen das Druckgußteil aus dem Gewindekern herausgeschraubt werden, wodurch der Antrieb gegenüber Ausführung 2a vereinfacht wird. Um das Eingießen von Innengewinden zu ermöglichen, sollte die Verjüngung mindestens in der gleichen Weise wie bei den übrigen Schrumpfflächen vorgesehen werden[1].

Bei den hochschmelzenden Schwermetall-Legierungen ist das Eingießen von Innengewinden im allgemeinen nicht möglich. Es müßte eine

[1] Angaben hierüber erfolgen später in Band II.

so große Konizität vorgesehen werden, um eine Beschädigung der Gewindegänge zu vermeiden, daß durch das Eingießen kein Vorteil erwächst. Nur mit Hilfe von mehrteiligen Kernen kann in manchen Fällen das Vorgießen großer Gewinde erfolgen (z. B. nach Abb 84/2d).

Das Mitgießen beider Gewinde des Druckgußteiles nach Abb. 83 würde in der Gießform zwei der in Abb. 84 angegebenen Mechanismen erfordern. Am besten erscheint für diesen Fall eine Kombination der Gießformausführung 1d mit 2a, 2b oder 2d. Wenn das Außen- und Innengewinde mit gleicher Steigung versehen werden kann, ist 1a mit 2a bei nur einem Antriebsmechanismus für kurze Gewindelängen möglich. Bei Anordnung des Innengewindekernes in der Formteilungsebene ist auch eine Paarung der Gießform-Ausführung 1c mit 2a, 2b oder 2d denkbar. Die noch weiter möglichen Kombinationen ergeben komplizierte Gießformen, bzw. 1b/2b zwei Einleg- und Schraubformstücke, so daß nur ausnahmsweise das Gießen von Außen- und Innengewinden am gleichen Druckgußteil ausführbar ist.

Ergänzend zu den verschiedenen Gießformausführungen von Abb. 84 ist noch folgendes zu erwähnen:

Bei 1a wird der Kerndurchmesser für das Innengewinde durch Kern *K* (in der Eingußformhälfte befestigt) gebildet. Das Druckgußteil ist bei der Formöffnung durch die Gewindegänge in der Auswerfformhälfte gehalten. Dann erfolgt das Herausdrehen von *F* mit dem Antriebsmechanismus *M*.

Der Kern *K* ist bei 1b in der Auswerfformhälfte angeordnet, damit das Gußstück bestimmt in der Auswerfformhälfte haften bleibt.

Aus 1c ist deutlich das 2teilige Formstück *F* ersichtlich, welches die Formfasson für die Gewindegänge trägt. Kernzug erfolgt erst bei geöffneter Form.

In die beiden Querschieber *F* ist bei 1d die Formfasson für die Gewindegänge eingearbeitet. Kern *K* ist ebenfalls mit der Eingußformhälfte verbunden.

2a entspricht im Aufbau 1a, nur wird hier das Innengewinde mitgegossen. Das Formteil *F* als Kern für dieses wird durch Antriebsmechanismus *M* nach der Formöffnung aus dem Druckgußteil herausgedreht.

Bei 2b, welches wie 2a aufgebaut ist, kann das Druckgußteil mit dem Formteil *F* durch die Auswerfer *C* ausgeworfen werden. Dabei ist nachträgliches Herausdrehen von *F* aus dem Gußstück erforderlich.

Eine parallele Ausführung zu 1c ist nicht möglich.

2d zeigt das Gießen eines Innengewindes mit 4teiligem Kern. Durch den Stempel 0 ergibt sich nach der Formöffnung der erforderliche Raum für die 4 Gewindekerne. Die Kernbewegungen erfolgen in der mit den Zahlen angegebenen Reihenfolge, worauf das Auswerfen des Druckgußteiles stattfindet. Auf diese Weise ist auch die Bildung einer Gewindeauslaufnute möglich. Nachteil: Große Gratbildung. Nachschneiden oder -strehlen unbedingt erforderlich.

3.224 Besondere Kern-Ausführungen und -Betätigungen

Bei tief in den Formhohlraum hineinragenden Kernen, die senkrecht oder nahezu senkrecht zu der Formteilung stehen, ist, um Deformationen am Gußteil sicher zu vermeiden, in manchen Fällen ebenfalls eine Kernbewegung erforderlich. Bei einem gesonderten Kernzug kann man diesen

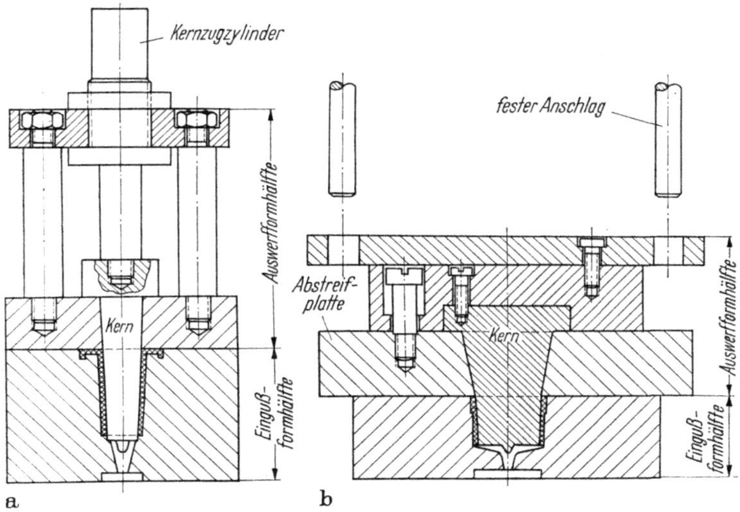

Abb. 85. Bewegliche Kerne senkrecht zur Formteilung
a Mit gesondertem Kernzug betätigt, b Mit der Formbewegung Druckgußteil abgestreift

etwa wie aus Abb. 85a hervorgeht mit einem hydraulischen Zylinderaggregat betätigen. Die Kernbewegung kann jedoch auch vorteilhaft mit der Formbewegung nach Abb. 85b verbunden werden, so daß eine gesonderte Kernbetätigung entfällt. Am Ende der Formöffnung bewirken die an der Druckgießmaschine angebrachten, feststehenden Anschlagstangen, daß die Bewegung der Formplatte aufhört, während nur noch der Kern weiterbewegt und damit aus dem Gußstück herausgezogen wird. Durch eine entsprechende Einstellung der Bewegung Abstreifplatte/Kern ist es auf diese einfache Weise möglich, große Hübe auszuführen bei wesentlich gedrängterer Bauweise wie bei der Anordnung nach Abb. 85a.

Der Einfachheit halber ist selbstverständlich anzustreben, senkrecht zur Formteilungsebene stehende Kerne nicht beweglich, sondern fest im Formhohlraum anzuordnen. Es müssen dann aber genügend Auswerfer an solchen Stellen des herzustellenden Druckgußstückes vorhanden sein, um das Teil ohne Deformation nach der Erstarrung bis zur Auswerftemperatur auswerfen zu können. Grundsätzlich ist jedoch bei einer derartigen Ausführungsart zu beachten, daß auch noch genügend Platz für das Herausnehmen des Druckgußteiles aus der geöffneten Gießform vorhanden ist, d. h. die Formöffnung muß die Herstellung von Druckgußteilen mit tief in den Formhohlraum hineinragenden festen Kernen auch gestatten (s. Abb. 86).

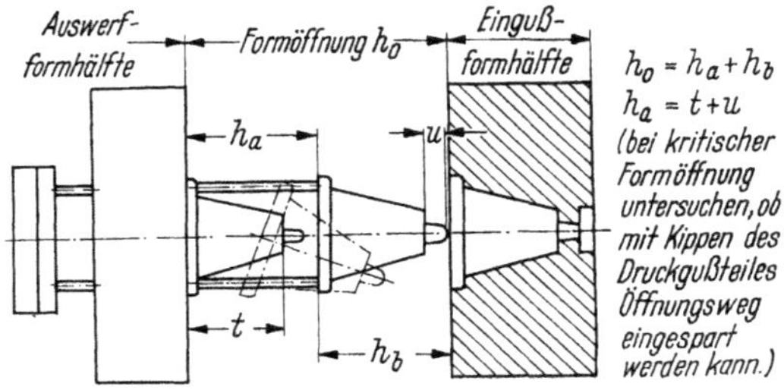

Abb. 86. Platzverhältnisse bei einer Druckgießform mit festen Kernen senkrecht zur Formteilungsebene

Bei tiefen Aussparungen, Bohrungen und sonstigen Ausnehmungen in Druckgußteilen sind in manchen Fällen ineinanderschiebbare Kerne erforderlich, um Deformationen durch große Schwindungs- oder Schrumpfkräfte zu vermeiden. Man kann diese Art der Kernbewegung auch Zwei- evtl. Mehrstufenzug

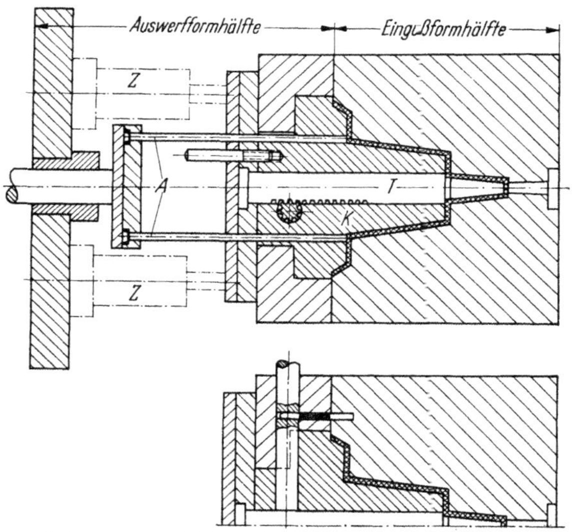

Abb. 87. Ineinanderschiebbarer Kern senkrecht zur Formteilungsebene
A Auswerfer, *T* beweglicher Kern, *K* fester Kern, *Z* Kernzugzylinder, statt Ritzel und Zahnstange

nennen. Aus Abb. 87 ist ersichtlich, daß der dünne, tief hineinragende Kern *T* vor dem Auswerfen gezogen wird. Diese Kernbewegung erfolgt nach Abb. 87 hydraulisch mit den beiden Kernzugzylindern *Z*, evtl. auch mit Ritzel und Zahnstange. Auch die Ausbildung als Auswerf- und Abstreif-Druckgießform (vgl. Abb. 315) ist möglich,

Durch das Einformen eines besonders gestalteten Gußteiles bedingt kann auch in der Formteilungsebene oder geneigt dazu eine geradlinige Kern- oder Schieberbewegung mehrstufig unterteilt werden. Aus Abb. 88 ist eine derartige Bauweise ersichtlich. Zuerst löst sich der innere Bohrungskern und erst nach Überwindung dessen Schwindungskraft erfolgt das Ziehen des größeren Kernes. Derartige zweistufige Kern- und Schieber-

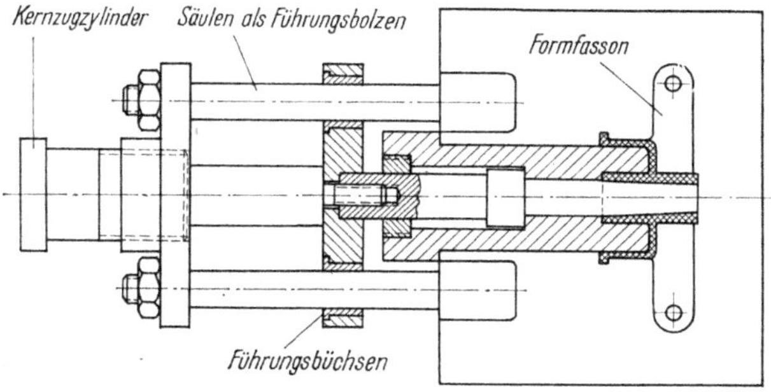

Abb. 88. Ineinanderschiebbarer Kern in der Formteilungsebene (Geradliniger Zweistufenzug)

bewegungen werden auch manchmal angewandt, wenn bestimmte genaue Partien eines Druckgußteiles ohne Gratnaht gegossen werden sollen und sich letztere durch die nötige Formteilung ergeben würde (vgl. Abb. 89).[1]

Kerne für ausgesprochen schräge oder im Raum zur Formteilungsebene geneigte Hohlräume — besonders für Bohrungen bestimmte Kerne

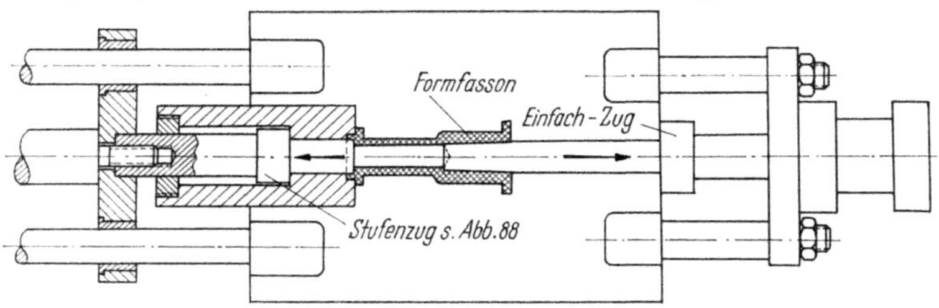

Abb. 89. Zweistufiger Kern- und Schieberzug

— müssen sicher vor dem Auswerfen des Druckgußstückes gänzlich zurückgezogen werden. Abb. 90 zeigt eine derartige Ausführungsform. Bei Ritzelbetätigung ist darauf zu achten, daß $l \geqq 4$ mal d ist, um Metallverstopfungen in der Zahnstange sicher zu vermeiden. Es können auch 2 oder mehr Kerne mit Hilfe eines einzigen Ritzels betätigt werden, wobei deren Bewegungsachsen nicht unbedingt parallel liegen müssen, da die Zahnstangenzähne auch schräg oder winkelig sein können. Eine hydraulische Kernbetätigung durch Zylinder Z wird jedoch im allgemei-

[1] Um eine senkrecht zur Formteilung entstehende Stirnflächen-Dichtung zu vermeiden, kann der den Einpaß tragende größere Kern in Abb. 89 auch kegelig abschließen.

nen, vornehmlich bei der Verarbeitung hochschmelzender Metallegierungen, bevorzugt.

Oft ist die Wahl der Formteilung, der ganze Aufbau einer Druckgießform von der Anordnung eines schrägen Stutzens mit Bohrung abhängig und ergibt verschiedene Ausführungsarten. Für das in Abb. 91a dargestellte Gußstück, das in Druckguß gefertigt werden soll, kann man verschiedenartig formtechnisch und in bezug auf die Kernanordnung den Formhohlraum gestalten. Die wichtigsten 12 Möglichkeiten sind in Abb. 92 dargestellt. Die endgültige Wahl hängt vielfach von der weiteren Gestalt des Teiles ab, von dem hier nur ein Ausschnitt gezeigt ist. Man kann ohne weiteres erkennen, daß z. B. Gestaltung Abb. 91c und d, nach Abb. 92a und b nicht möglich ist usw.

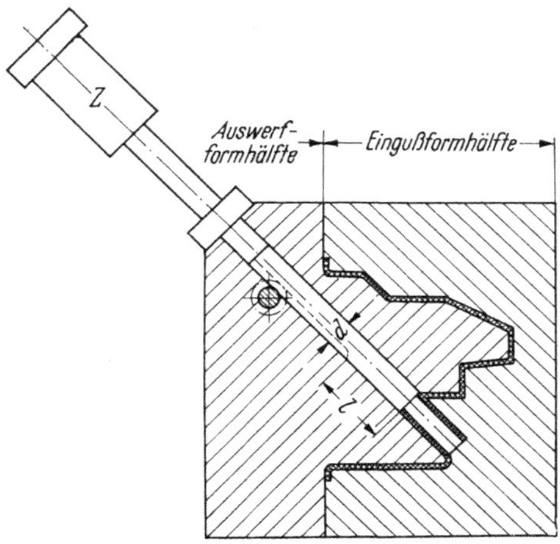

Abb. 90. Kernzug schräg (oder im Raum geneigt) zur Formteilungsebene

Bogenförmige Kernbewegungen sind ebenfalls in vielen Varianten anwendbar. Die Abb. 93—97 vermitteln derartige Anwendungsarten. Die Wirkungsweise dürfte ohne weiteres aus den Abbildungen hervorgehen. Die Ausführung nach Abb. 94 ist mit gewissen Mängeln behaftet, denn es muß mit losen Kernstücken gearbeitet werden. Bei der Aus-

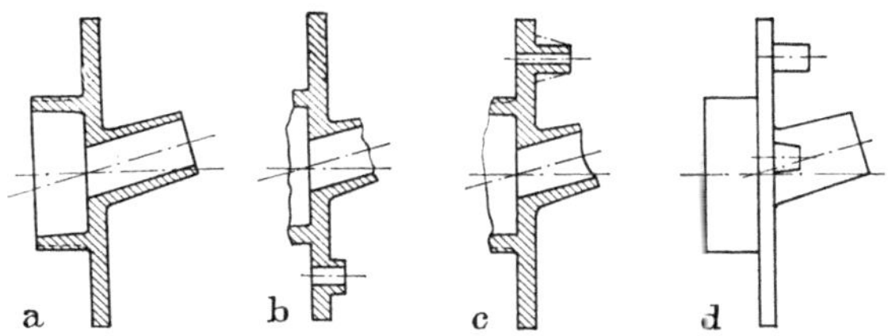

Abb. 91. Druckgußteil mit schrägem Rohransatz; formtechnisch a ausführbar, b noch ausführbar, c nicht ausführbar, d ganz ungünstig

führungsart nach Abb. 96 wird das Druckgußstück selbst durch eine entsprechende Drehbewegung aus dem Kern entfernt. Man wird jedoch bei größeren Schwindungskräften die Anwendung einer klappbaren Abstreifplatte nach Abb. 97 vorziehen.

Eine besonders interessante Bauweise eines klappbaren Kernes in Verbindung mit einem Zweistufenzug geht aus Abb. 98 hervor. Man ist

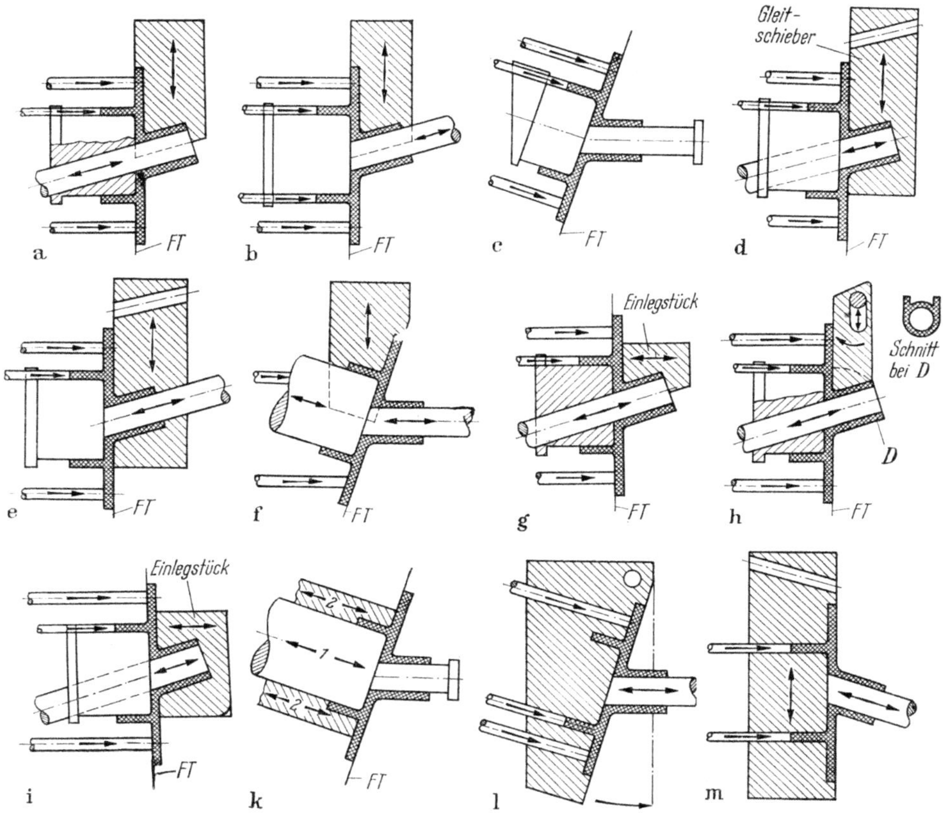

Abb. 92. 12 Möglichkeiten der Einformung, Kernzüge und des Auswerfens von Druckgußteil nach Abb. 91a

a Unterschnittene Hälfte des Rohransatzes außen durch Seitenschieber gebildet, schräger Kernzug in der Auswerfformhälfte
b Unterschnittene Hälfte des Rohransatzes außen durch Seitenschieber gebildet, schräger Kernzug in der Eingußformhälfte
c Formteilung nach Schräge des Rohransatzes gewählt, Druckgußteil schräg ausgeworfen
d Außenform des Rohransatzes liegt ganz in einem Gleitschieber, der mit der Formöffnung in der Schräge des Rohransatzes bewegt wird (Schrägfinger angedeutet), schräger Kernzug in der Auswerfformhälfte
e wie d, jedoch schräger Kernzug in der Eingußformhälfte
f Formteilung wie bei c, jedoch damit unterschnittene Partie am großen Stutzen durch Seitenschieber gebildet, großer Kernzug in Auswerfformhälfte geneigt
g Unterschnittene Hälfte des Rohransatzes außen durch ein Einleg-Formstück, welches am Druckgußteil verbleibt, gebildet, schräger Kernzug in der Auswerfformhälfte
h Unterschnittene Hälfte des Rohransatzes durch einschwingbares Formteil gebildet, formtechnische Änderung am Druckgußstück (Rippen am Rohransatz außen), schräger Kernzug in Auswerfformhälfte
i Ganze Außenfasson des Rohransatzes liegt in einem Einleg-Formstück, schräger Kernzug in der Auswerfformhälfte
k Formteilung ähnlich c und f, großer Kern und Büchse werden nacheinander vom Gußstück abgezogen
l Formteilung wie c, auswerfseitige Formplatte schwingend angeordnet, Auswerfen in Hauptrichtung
m Hauptfasson in der Auswerfformhälfte in eine gleitende Formplatte eingearbeitet (Schrägstift angedeutet), schräger Kernzug in der Eingußformhälfte

Einfachste formtechnische Anordnung ist c, die Anordnungen a, d und e sind den übrigen vorzuziehen, wenn es sich um ein Druckgußteil nach Abb. 91a handelt. Stellt Druckgußteil Abb. 91 nur ein Teil eines größeren Gußstücks dar, dann ist die Einformung auch von der übrigen Gestaltung abhängig. Die Formbewegung ist bei allen Möglichkeiten a—m horizontal (Hauptrichtung).

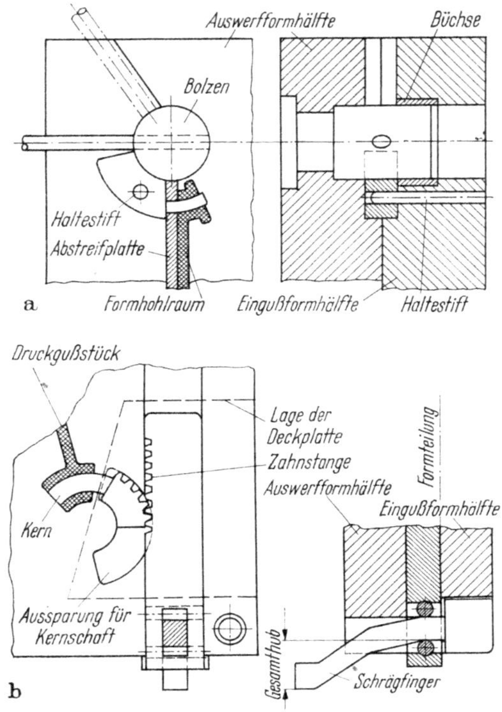

Abb. 93. Bogenförmige Kernbewegungen. a Handbetätigter Kern in der Formteilungsebene, b Mit Schrägfinger betätigter Kern (Betätigung auch durch Kernzugzylinder, der die Zahnstange bewegt, möglich)

Abb. 94/1 Gußteil mit Unterschneidung

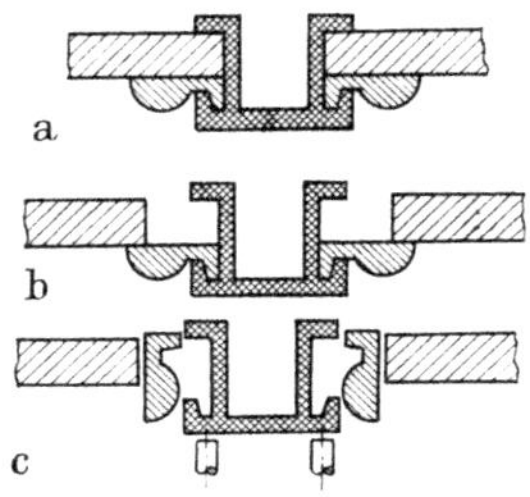

Abb. 94/2 Bildung der Unterschneidung mit gleitenden und Schlag-Kernen. a Gießstellung, b Gleitende Kerne bzw. Schieber gezogen, c Auswerfstellung

Abb. 94. Gleit- und Schlag-Kerne

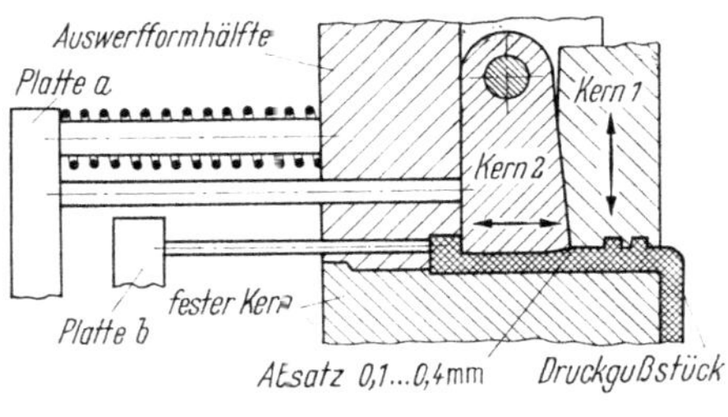

Abb. 95. Gleitkern mit schwenkbarem Klappkern. Nach Kernzug *1* erfolgt Schwenkung des Klappkerns durch Auswerferplatte *a*, dann Mitnahme von Auswerferplatte *b* und Auswerfen des Druckgußstücks

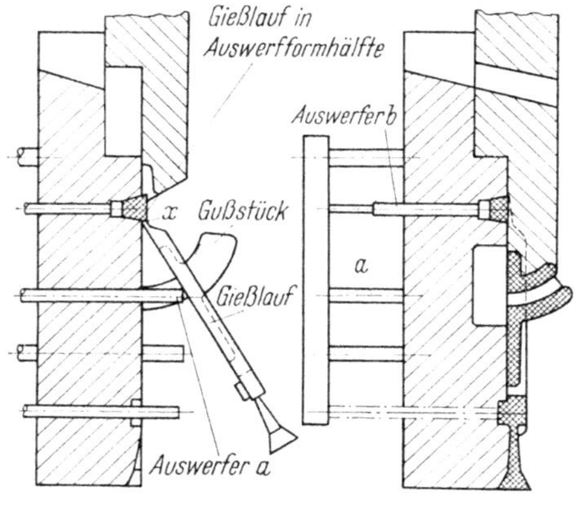

Abb. 96. Gußstück wird beim Auswerfen aus bogenförmigem Kern entfernt. Verzögerung von Auswerfer *b* gegenüber Auswerfer *a* (Zweistufen-Auswerfer). Dadurch Schwenken des Gußstücks um vorgesehene Kippkante (*x*, da hier schwach ausgebildet) und dann erst ganzes Auswerfen

damit in der Lage, Schaufelräder mit nach innen erweitertem Querschnitt (welcher eine Hinterschneidung darstellt) formtechnisch zu bilden. Die sich durch die beiden Kerne *1* und *2* ergebende Gratbildung muß allerdings in Kauf genommen werden.

Vereinzelt werden zur Bildung von hinterschnittenen Stellen im Druckgußstück auch sogenannte zusammenschiebbare Kerne angewandt. In Abb. 99 ist eine derartige Konstruktionsweise schematisch gezeigt. Es ist einleuchtend, daß durch solche Kernausführungen und -betätigungen die Gießleistung stark herabgemindert werden kann. Auch auf die oft beträchtliche Gratbildung im Innern des Gußstückes muß hingewiesen werden.

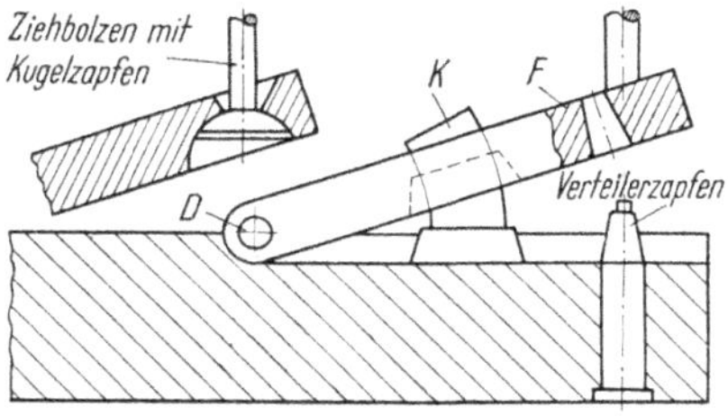

Abb. 97. Gußstück wird mit schwenkbarer Platte abgestreift. Schwenken der Platte *F* um Drehpunkt *D* und damit Abstreifen des Gußstücks vom bogenförmigen Kern *K*

Obwohl eine Ausbildung des Innenraumes an dem aus Abb. 100 hervorgehenden Gehäuse für eine Druckgußherstellung sehr ungünstig ist,

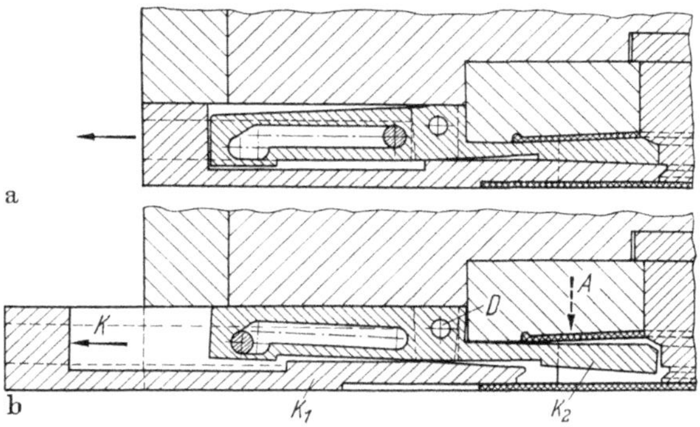

Abb. 98. Zweistufenzug mit klappbarem Kern.
K = Kernzugrichtung, *A* = Auswerfrichtung

kommen derartige Fälle vereinzelt vor. Es bleibt daher oft nichts anderes übrig, als im Gußstück verbleibende Kerne vorzusehen, wie es vielfach beim Kokillengießen angewandt wird. Die im Druckgußteil verbleibenden

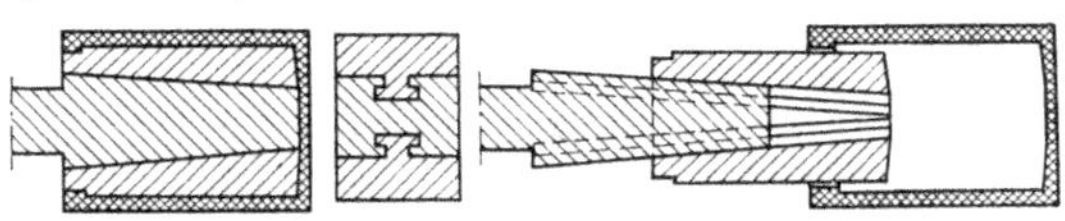

Abb. 99. Schema eines zusammenschiebbaren Kernes

Kerne können auch durch entsprechende Vorrichtungen nachträglich entfernt werden, um die Fertigung noch einigermaßen wirtschaftlich zu gestalten. Aus Abb. 100 ist ersichtlich, daß die durch Kern K_2 sich ergebende hinterschnittene Partie innerhalb der Gießform gebildet werden kann, wenn die genannten Verhältnisse eingehalten werden. Bei Kern K_3 hat man jedoch keine andere Wahl, als diesen im Gußstück zu belassen, das Druckgußteil auszuwerfen und hernach K_3 zu entfernen.

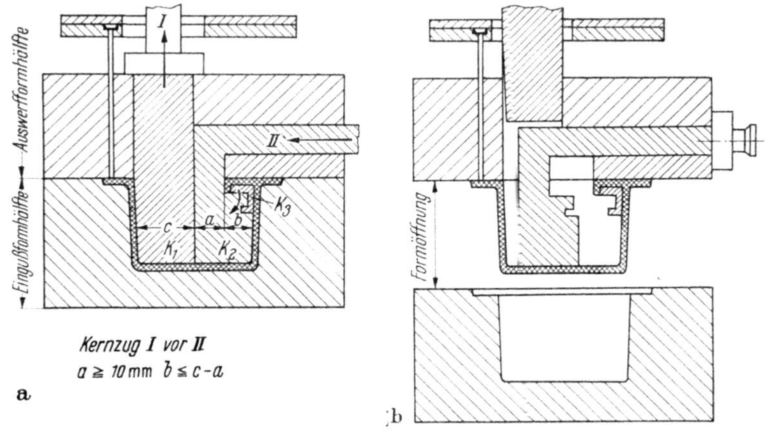

Abb. 100. Im Druckgußteil verbleibender Kern.
a Gießstellung, b Auswerfstellung

Auch bei den Überströmkanälen an Zweitakt-Leichtmetallzylindern kommt man vielfach nicht anders durch, als Teilkerne im Gußstück zu belassen und nachträglich zu entfernen, wie aus Abb. 101 ersichtlich.

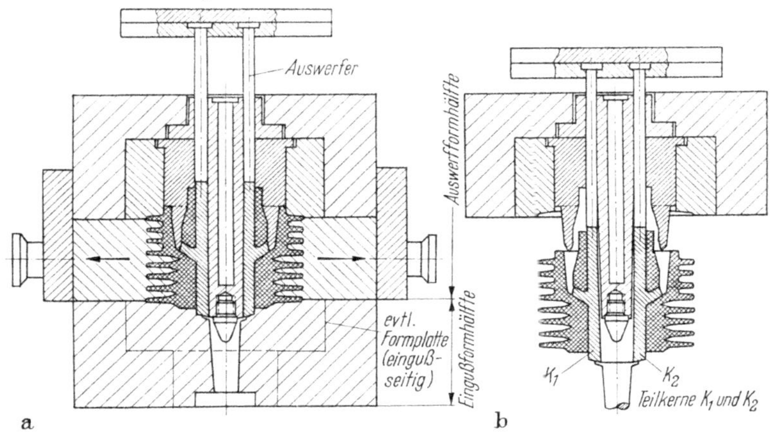

Abb. 101. Leichtmetall-Zylinder mit im Gußteil verbleibenden Teil-Kerne
a Gießstellung, b Druckgußteil ausgeworfen

In der Praxis sind auch schon gegenläufige Kerne angewandt worden, etwa wie aus Abb. 102 hervorgeht. Die beiden geriffelten Bohrungen in dem wannenartigen Druckgußteil sollen aus konstruktiven Gründen konisch sein und innen ihren größten Durchmesser aufweisen. In solchen Fällen können die Bohrungskerne nach innen gezogen werden. Für die Kernbetätigung sind selbstverständlich auch noch andere Bauweisen als aus Abb. 102 hervorgeht möglich.

Die gebrachten Beispiele von besonderen Kernausführungen und -betätigungen sind nur eine Auswahl und sollen die vielseitigen Möglichkeiten dieses Gebietes aufzeigen.

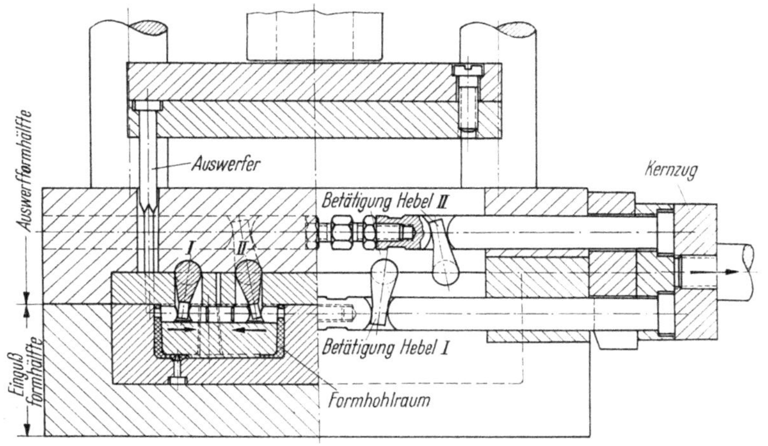

Abb. 102. Gegenläufige Kerne an einem wannenartigen Druckgußteil (Ausschnitt aus Vierfach-Gießform). Mit einem Kernzug werden durch die Hebelübersetzungen gleichzeitig 2 Kerne je Formfasson gegenläufig nach innen gezogen

3.225 Die Grenzen der Herstellbarkeit von Hohlräumen im Gußstück durch Kerne

Der Herstellung von Gußstückhohlräumen durch Kerne sind Grenzen gezogen

a) in bezug auf die Abmessungen,

b) in bezug auf die Gestalt.

Zu a) Die thermische und mechanische Beanspruchung eines Kernes wird mit abnehmendem Querschnitt immer ungünstiger. Kleine Kerne werden rascher und weitergehend enthärtet als große; sie unterliegen eher dem „Anlöten“ und Anfressen durch das Gießmetall und werden beim Zurückziehen leicht abgerissen. Bei Kernen für Sacklöcher von geringem Durchmesser, die frei in das Gußmaterial hineinragen, kommt dazu noch die Gefahr des Verbiegens, die bei gleichem Durchmesser um so größer ist, je länger der eigentliche Kern ist.

Unterhalb bestimmter, von der Art des Gießmetalls und der Länge der Bohrungen abhängiger Grenzdurchmesser[1] ist es nicht mehr wirt-

[1] Richtwerte siehe Hauptabschnitt „Gebräuchliche Druckgußlegierungen“ (Band II).

schaftlich, Bohrungen mitzugießen, da die Herstellungskosten des Gußstückes durch Kernstörungen stärker belastet werden als durch nachträgliches Einbohren in das Druckgußteil.

Trotzdem unterschreitet man diese Grenzen manchmal, wenn ein nachträgliches Bohren durch die Lage der Bohrung am Gußstück erschwert wird, oder aus Gründen der Luftabführung. Unterhalb gewisser Grenzen wird das Mitgießen von schwachen Bohrungen freilich auch *technisch* unmöglich[1].

Für derartige kleine Löcher, die nachträglich gebohrt werden müssen, gießt man mitunter die Zentrieransenkung mit (K_z in Abb. 103), so daß sie ohne Anreißen und ohne Bohrvorrichtung gebohrt werden können. Es werden dabei, namentlich bei Gußstücken aus hochschmelzenden Legierungen, die Bohrungen und Lochabstände nicht sehr genau, da sich ein nicht in einer Bohrbuchse geführter Bohrer in einem Druckgußstück schon infolge Mikrolunker verlaufen kann.

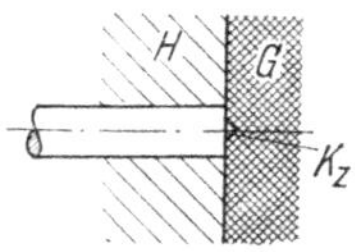

Abb. 103

Zu b) Die Grenzen, die der Herstellbarkeit von Hohlkörpern mittels massiver Kerne hinsichtlich der Gestalt der Hohlräume gesetzt sind, sind schon erwähnt worden. Körper mit hinterschnittenen oder gar völlig geschlossenen Hohlräumen (z. B. Hohlkugeln) die im Druckguß zunächst nicht herstellbar erscheinen, können durch Anwendung von Kunstgriffen gegossen werden, von denen hier dreierlei Methoden erwähnenswert sind:

1. die Benutzung zerlegbarer („zusammenklappbarer") Kerne (collapsible Cores),
2. die Herstellung in mehreren Gießoperationen,
3. die Anwendung zerstörbarer Kerne.

Zu 1. Zerlegbare Kerne: Dieses Verfahren besteht darin, den Kern für einen hinterschnittenen Hohlraum aus mehreren Teilstücken so zusammenzusetzen, daß eines von diesen geradlinig zurückgezogen werden kann und hierdurch die übrigen Teilstücke Raum gewinnen, so daß sie von den Hinterschneidungen freigemacht und gleichfalls entfernt werden können. Zwei Beispiele hierfür sind in Abb. 327 und 343 dargestellt.

Die Herstellung zerlegbarer Kerne ist teuer, ihre Handhabung im Betriebe ist meistens recht zeitraubend. Daher ist dieses Verfahren im allgemeinen kostspielig.

Zu 2. Herstellung in mehreren Gießoperationen: Dieses Verfahren kann auf zweierlei Art ausgeübt werden: Entweder das Gußstück wird im ersten Arbeitsgang mit solchen Hilfsaussparungen in seinen Wandungen hergestellt, die das Zurückziehen aller Kerne gestatten. Hierauf wird es zum zweiten Arbeitsgange in eine zweite Form eingelegt, in der die Hilfsaussparungen zugegossen werden (Abb. 328—331).

[1] s. Fußn. 1 S. 163.

Oder es werden zwei Teilstücke des Gußkörpers in zwei verschiedenen Gießformen, jedes für sich, hergestellt und beide gemeinsam in eine dritte Form eingelegt, in der sie mit einer sie verbindenden „Metallnaht“ umgegossen werden. Auf diese Art können auch Gußstücke mit völlig geschlossenen Hohlräumen hergestellt werden.

Bei beiden Verfahrensarten werden die Formen für den ersten Arbeitsgang so eingerichtet, daß die Gußteile an den „Nahtstellen“ mit (mitgegossenen) Einkerbungen versehen sind, an denen das im zweiten Arbeitsgange angegossene Metall fest haftet.

Beide Verfahrensarten stellen sich in der Anwendung recht teuer, da für jedes Gußstück mehrere mit höchster Präzision gearbeitete Gießformen und mehrere Gießoperationen erforderlich sind.

Zu 3. Auf dieses äußerst selten angewandte Verfahren soll hier nicht eingegangen werden. (Näheres darüber siehe U.S.A.-Pat. Nr. 1561287 und andere.)[1]

3.23 Die Auswerfvorrichtung

3.231 Die Anordnung und Bemessung der Auswerfer

Die Auswerfer haben gewöhnlich kreisförmigen Querschnitt, dessen Durchmesser in der Regel nicht unter 1,5 mm liegen soll und nur selten 16 mm übersteigt. Die Anwendung eines anderen als des Kreisquerschnittes, die die Herstellung unverhältnismäßig verteuert, ist nur in ganz seltenen Ausnahmefällen gerechtfertigt. Bei Formen für kleine hohlzylindrische Gußstücke, die keine für den Angriff von Auswerfern geeigneten Flächen besitzen, erfolgt das Auswerfen manchmal, wie in Abb. 104 dargestellt, durch eine bewegliche Hülse A_h, die den in diesem Falle feststehenden Kern F umgibt und zum Auswerfen vorgestoßen wird. Derartige „Auswerfhülsen“ sind in weit stärkerem Maße als Auswerfer der Gefahr des Fressens ausgesetzt. Sie sollen daher nur bei Formen für niedrigschmelzende Legierungen angewandt werden. Soll ein Gußstück von der in Abb. 104 dargestellten Art aus einer hochschmelzenden Legierung hergestellt werden, so muß man den Kern beweglich anordnen und durch am Gußstück angegossene Zapfen (entspr. G_1 in Abb. 107) Angriffsflächen für Auswerfstifte schaffen.

Das Grundgesetz für die Anordnung der Auswerfer wird, ebenso wie das für die Ausbildung der Kerne, durch die Forderung dargestellt, Biegungs-, Scher- und Zugbeanspruchungen des Gußmaterials soweit als möglich zu vermeiden. Damit keine großen Biegungsmomente entstehen, sollen, wie schon in Abschnitt 3.221 ausgeführt, die Auswerfer in nächster Nähe aller „Einspannstellen“ angreifen, an denen das Gußstück im Formhohlraum haftet. Sie sollen also vornehmlich in unmittelbarer Nähe

[1] Weitere Ausführungen in „Druckgießpraxis“ Band II.

der unbeweglichen Kerne angreifen, und zwar bei großen, wenig verjüngten Kernen am besten an den Stirnflächen der diese Kerne umgebenden

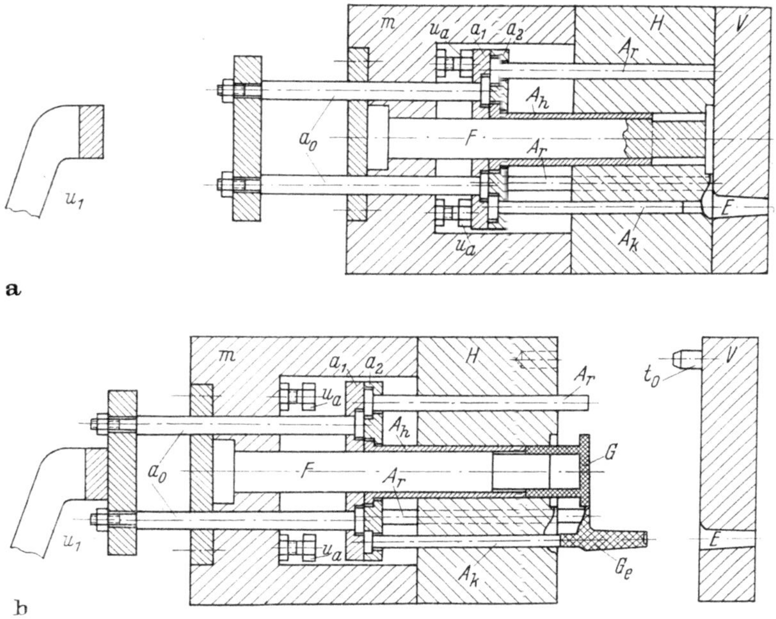

Abb. 104. Druckgießform mit Auswerfhülse (A_h)
a geschlossen, Gießstellung, b geöffnet, Gußstück halb ausgestoßen

Gußstückwandungen. Eine solche günstige Anordnung der Auswerfer ist z. B. in Abb. 63 dargestellt, während Abb. 105 das Gegenbeispiel einer falschen Anordnung zeigt, bei der das Gußstück der Gefahr ausgesetzt ist, beim Ausstoßen durch die Auswerfer A verbogen oder zerrissen zu werden.

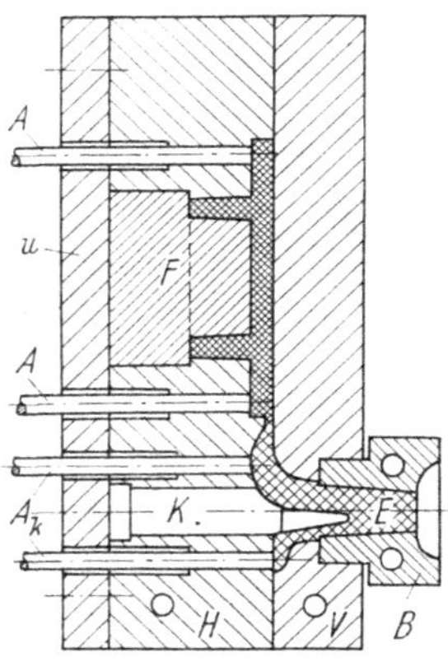

Abb. 105. Falsche Anordnung der Auswerfstifte

Ferner müssen Auswerfstifte an allen tiefer in die Formplatte hineinspringenden Teilen des Gußstückes angreifen, auch wenn diese keine durch starre Kerne erzeugten Bohrungen enthalten (siehe z. B. Zapfen G_3 und Auswerfer A_1 in Abb. 69/70). Andernfalls können solche Teile beim Auswerfen des Gußstückes abreißen und im Formhohlraum zurückbleiben, aus dem sie dann mitunter recht schwierig zu entfernen wären[1],

[1] Bei niedrigschmelzenden Legierungen kann man abgerissene, in der Form hängen gebliebene Gußstückteile meistens durch einen weiteren Schuß

während bei vorsorglicher Anordnung von Auswerfern derartige Störungen ausgeschlossen sind.

Gußstückhohlräume, die durch bewegliche Kerne erzeugt werden, stellen nur in dem in Abb. 68 veranschaulichten Falle besondere Anforderungen hinsichtlich der Anordnung von Auswerfern.

Bei der Anordnung der Auswerfer muß darauf gesehen werden, das Aussehen der Gußstücke durch die unvermeidlichen Auswerfermarken (vgl. Abschnitt 3.221) möglichst wenig zu beeinträchtigen. Daher muß man, soweit als möglich, die Auswerfer an solchen Stellen angreifen lassen, an denen die Auswerfermarken am wenigsten stören. Manchmal kann man einige oder alle Auswerfer außerhalb des eigentlichen Gußstückes am Einguß oder an eigens dazu mitgegossenen Ansätzen (G_1 in Abb. 107) anordnen.

Die Durchmesser der Auswerfer sind von ihrer Lage am Gußstück abhängig. Im allgemeinen ist es wünschenswert, sie reichlich zu bemessen, da kräftige Auswerfstifte haltbarer sind und sich weniger in das Gußstück hineindrücken als schwache. Der Druchmesser eines Auswerfers, der an einer in die Formplatte einspringenden Gußstückwandung (vgl. Abb. 63) oder einem sonstigen Gußstückansatz angreift, kann nicht größer sein als die Dicke dieser Wandung oder dieses Ansatzes. Oftmals muß er jedoch mit Rücksicht auf Kern oder Einsatzteile (z. B. in Abb. 63c oder 63e) noch wesentlich schwächer sein, damit zwischen seiner Führungsbohrung und der Fuge zwischen Kern bzw. Einsatzteil und Formplatte eine genügende Materialstärke übrigbleibt.

Aus wirtschaftlichen Gründen wurden die Auswerfer mit kreisrundem Querschnitt genormt. Die aus dem Normblatt[1] hervorgehenden Abmessungen sind zu bevorzugen. Die für eine bestimmte Formkonstruktion benötigte genaue Länge kann leicht durch Abtrennen eines entsprechend gewählten größeren Längenmaßes erzielt werden.

An schwachen Auswerfern wird meistens der Teil, der auch in der Auswerfstellung außerhalb der Führungsbohrung liegt, zur Erhöhung der Widerstandsfähigkeit verstärkt (z. B. A_1 und A_2 in Abb. 59).

Manche Gußstücke bieten durch ihre Gestalt keine Gewähr dafür, in welcher Formhälfte sie beim Öffnen haften bleiben. Ein Beispiel hierfür zeigt das in Abb. 106 dargestellte Gußstück. In solchen Fällen kann man die Haftung in der Auswerfformhälfte durch einige am Gußstück angegossene Schrumpfzapfen (G_1 und G_2 in Abb. 107) sichern, mit denen dieses in der Auswerfformhäfte H festschrumpft. Die Auswerfstifte A_1

---

zu einem vollständigen Gußstück ergänzen und dann durch Auswerfen entfernen. Bei Aluminiumlegierungen ist dies wesentlich schwieriger zu ereichen, da meistens keine Verschmelzung stattfindet.

[1] s. Anhang I, 17. Abschnitt, DIN 1530 „Auswerferstifte mit zylindrischem Kopf".

greifen unmittelbar an diesen Schrumpfzapfen G_1 an. Diese sind mit dem eigentlichen Gußstück nur durch schwache Plättchen verbunden, die aber ein noch genügend großes Widerstandsmoment aufweisen müssen, und können nach dem Auswerfen abgebrochen, evtl. abgefräst oder abgedreht werden.

In der gleichen Weise kann man auch einzelne Teile eines Gußstückes an der Formplatte (Auswerfseite) „festheften“ und dadurch verhindern, daß sie beim Öffnen in der Eingußformhälfte haften bleiben und verbogen werden.

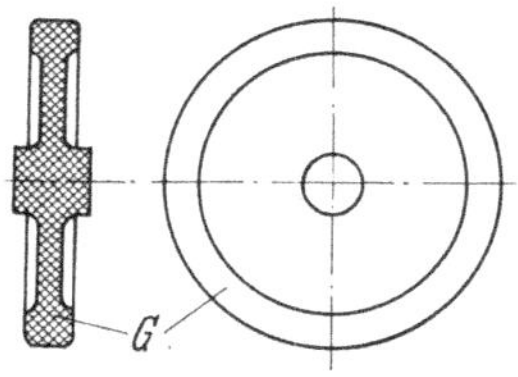

Abb. 106. Druckgußstück

Die Planflächen der Auswerfstifte bilden in den meisten Fällen einen Teil der Formfasson. Es ist deshalb wichtig, daß ihre Lage in der Gießstellung eindeutig festgelegt wird. Um auch während des Betriebes Regulierungen vornehmen zu können sind einstellbare Anschläge, wie sie z.B. aus den Abb. 65, 68 und 70 hervorgehen, vorteilhaft. Die Schrauben (durchweg u_a genannt) sind verstellbar und können durch die Gegenmuttern fixiert werden.

Als Führung für die Auswerferplatten ist eine möglichst zentral angeordnete Rundführung anzustreben. Es wird auch die Anordnung nach

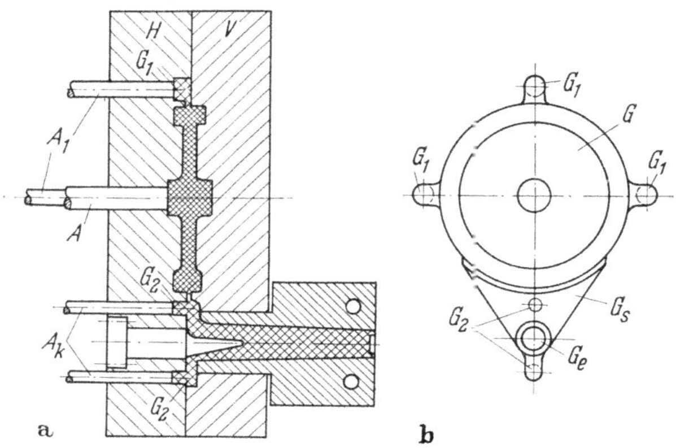

Abb. 107. Druckgießform für das Gußstück in Abb. 106, sowie Rohgußstück mit Eingußzapfen und Gießlauf
a Gießform mit Gußstück darin, b Rohgußstück in Ansicht

Abb. 108 gewählt, bei der die Stellung der Auswerfer durch an den Rückstoßstiften angebrachte Bunde fixiert wird. Abb. 109 zeigt eine Auswerfervorrichtung mit besonders vorgesehenen Führungsbolzen. Derartige Ausführungen sind erforderlich, wenn etwa eine zentrale Führung durch Kernzüge senkrecht zur Formteilung oder in der Auswerfformhälfte feststehende Kerne (wie aus Abb. 104 hervorgeht) unmöglich gemacht, mindestens erschwert wird.

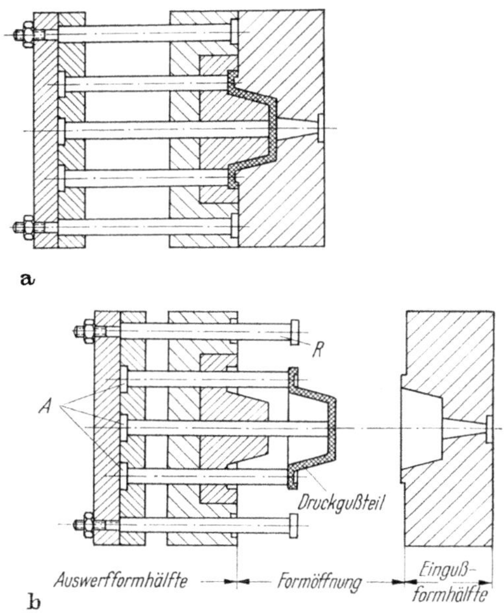

Abb. 108. Auswerferanordnung mit Anschlag an den Rückstoßstiften
a Gießstellung, b Auswerfstellung
A Auswerfer
R Rückstoßstifte

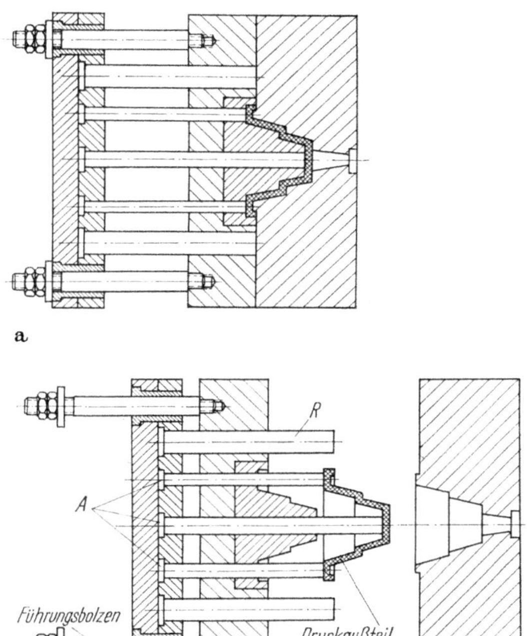

Abb. 109. Auswerfervorrichtung mit besonderen Führungsbolzen
a Gießstellung
b Auswerfstellung
A Auswerfer, *R* Rückstoßstifte

Das Auswerfen sehr dünnwandiger Druckgußteile kann nach der aus Abb. 110 hervorgehenden Art erfolgen. Um noch eine genügend große Angriffsfläche des Auswerfstiftes zu erhalten, wird dessen Durchmesser übermäßig groß gewählt. Eine weitere Verbesserung würde man erhalten, wenn bei der Gestaltung des Druckgußstückes gleich ein Rand

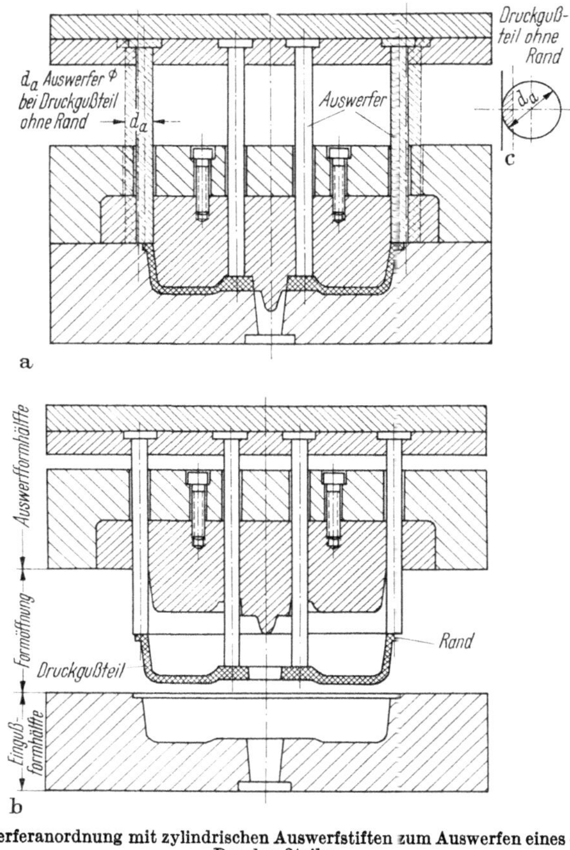

Abb. 110. Auswerferanordnung mit zylindrischen Auswerfstiften zum Auswerfen eines dünnwandigen Druckgußteiles
a Gießstellung, b Auswerfstellung, c Auswerfer-Angriffsfläche (vergrößert)

mit vorgesehen werden könnte. Die Anordnung von Flach- oder Segmentauswerfern, die selbstverständlich auch möglich wäre, verteuert nicht nur die Gießform, sondern kann auch zu Betriebsstörungen führen. Man geht deshalb bei derartigen dünnwandigen, gefäßartigen Teilen oft dazu über, eine Abstreifplatte nach Abb. 111 vorzusehen. Durch eine Anordnung von Abstreifplatten können zudem noch Auswerfermarkierungen am Druckgußteil vermieden werden.

An größeren Seitenschiebern sind in manchen Fällen ähnliche Organe wie Auswerfer erforderlich, die aber entsprechend ihrer Wirkungsweise besser „Haltestifte“ genannt werden sollen. Aus Abb. 112 geht der Sinn dieses Elements in der Druckgießtechnik ohne weiteres

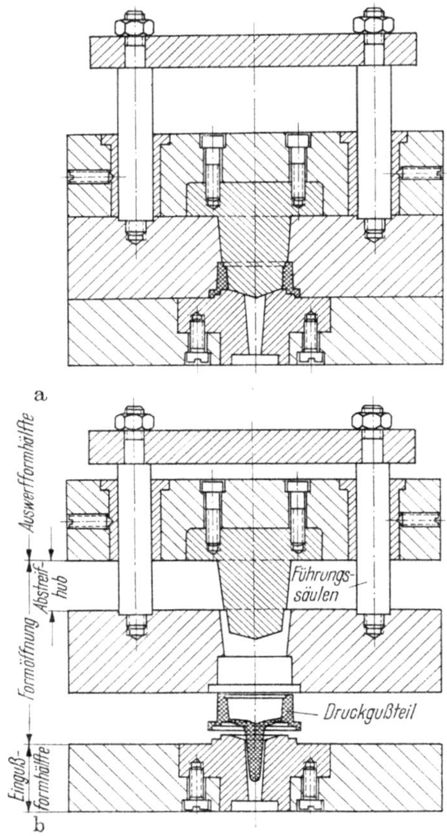

Abb. 111. Auswerferanordnung mit Abstreifplatte
a Gießstellung, b Auswerfstellung

hervor. Beim ersten Anzug des Seitenschiebers werden die Stifte durch die Federn (es können auch andere Organe sein) vorgedrückt und „halten“ die betreffende Partie des Druckgußteiles, d. h., sie bewahren sie vor evtl. auftretenden Deformationen.

Es ist auch möglich, Formteile zugleich als Auswerfer zu benutzen, wie aus Abb. 113 hervorgeht. Das Mittelteil des Kernes für einen Kolben wird hier als Auswerfer benützt, wobei durch Drehung um 90° des druckgegossenen Kolbens selbst nach dem Auswerfen die Hinterschneidung auf einfache Weise gebildet und das Gußstück freigemacht werden kann[1].

In der Praxis werden eine große Anzahl verschiedenartiger Auswerferausführungen und -anordnungen verwendet. Besonders sei auch das Zweistufenauswerfen erwähnt, mit dessen Hilfe der Einguß bzw. das Anschnittsystem vom Druckgußteil bereits in der Druckgießform abgetrennt werden kann. Dazu sind die Ausführungen des Abschnittes 3.7 „Druckgießformen aus der Praxis" zu beachten.

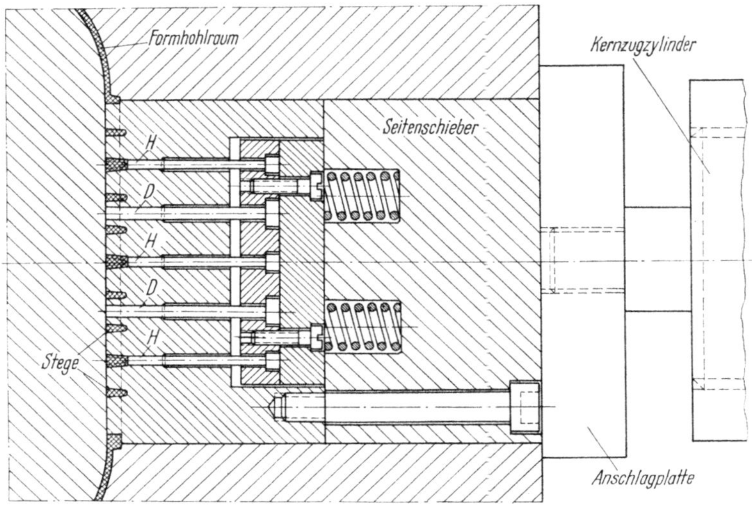

Abb. 112. Haltestifte an einem Seitenschieber (in einer gitterförmigen Partie eines größeren Druckgußteiles)
H Haltestifte, *D* Distanzstifte

3.232 Die Betätigung der Auswerfvorrichtung

Die Auswerfvorrichtung darf erst nach dem Zurückziehen der Kerne vorgestoßen werden, und sie muß zurückgezogen werden, bevor die vor den Auswerfstiften liegenden Kerne (z. B. K_1 in Abb. 328) in ihre Gießlage vorgeschoben werden. Da eine unzeitige Bewegung schwere Beschädigungen zur Folge haben kann, wird zweckmäßig eine Blockierung vorgesehen, die die richtige Aufeinanderfolge aller Bewegungen zwangsläufig sichert.[2]

Die Betätigung der Auswerfvorrichtung kann entweder von der Formbewegung abgeleitet oder durch besondere Antriebsmittel bewirkt werden. Für die erste Ausführungsart ist in Abb. 114 ein Beispiel dargestellt. Bei dieser Ausführung, die hauptsächlich für kleine Formen auf

[1] Bauweise patentrechtlich geschützt.
[2] Vgl. auch Abschnitt 3.354 Formsicherungen.

Winkelrahmen-Formträgern (vgl. Band II „Druckgießmaschinen") verwandt wird, erfolgt das Auswerfen dadurch, daß der Auswerfer-Führungsbolzen a_0 beim Öffnen der Form an einen Anschlagbock u_1 anstößt, der am Formträger (an d_0) starr, jedoch für verschiedene Gußstücke ein-

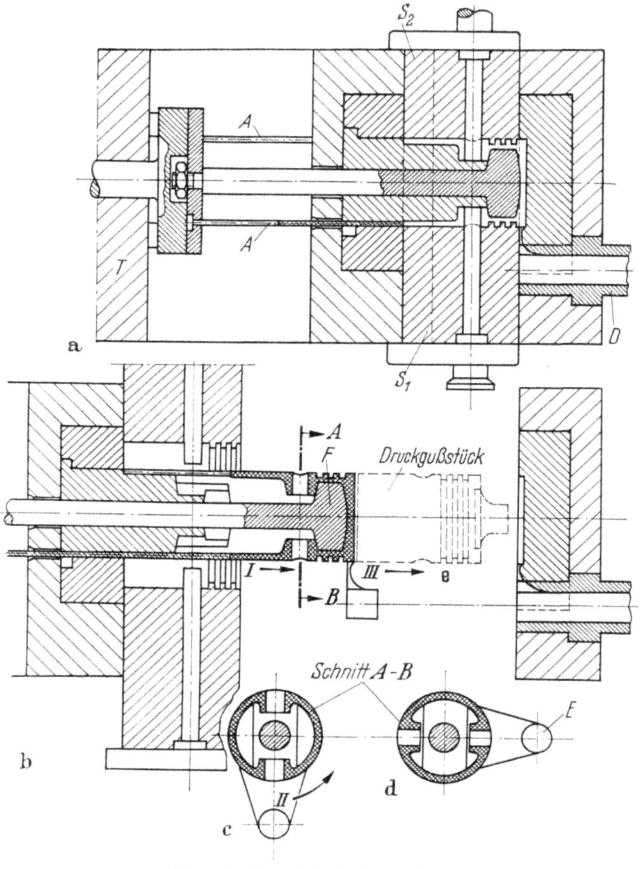

Abb. 113. Formteil als Auswerfer
a Druckgießform in Gießstellung, b Druckgießform in Auswerfstellung, c Schnitt $A-B$ durch Druckgußstück in ausgeworfenem Zustand (Pfeilrichtung I), d Schnitt $A-B$ durch Druckgußstück in gedrehtem Zustand (Pfeilrichtung II), e Lage des Druckgußstücks zur Entnahme aus der Gießform (Pfeilrichtung III, evtl. durch Zweistufen-Auswerfen oder von Hand)
A Auswerfer
D Druckkammer
E Eingußmetall
F Formteil als Auswerfer
S_1 Seitenschieber *1*
S_2 Seitenschieber *2*
T Auswerferkasten

stellbar, befestigt ist. Die Rückführung der Auswerfer in die Gießstellung erfolgt durch die Rückstoßstifte A_r. Diese sind — ebenso wie die Auswerfer A — an der Sammelplatte a_1/a_2 befestigt und durch die Formplatte H_p — jedoch außerhalb der Formfasson — hindurchgeführt. Sie sind so bemessen, daß ihre Stirnflächen mit den Dichtungsflächen der Formplatten in der Formteilung bündig sind, wenn die Auswerfstifte in der Gießstellung stehen. Diese Rückstoßstifte legen sich beim Schließen der Form gegen die Eingußformhälfte V an und bewirken so, daß sich die Auswerfer in der Formplatte H_p zurückschieben. Wenn die Form völlig geschlossen ist, kommt die Auswerfer-Sammelplatte gerade zur Anlage an die Anschläge u_a, die sie gegen den Druck des Gießmetalls abstützen.

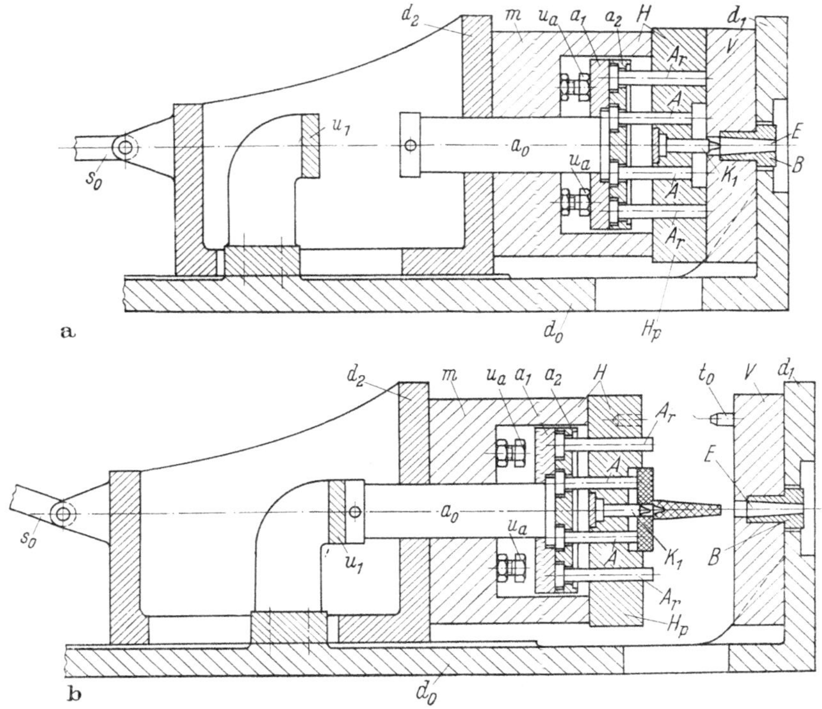

Abb. 114. Druckgießform auf Winkelrahmenformträger, deren Auswerfvorrichtung durch die Öffnungs- und Schließbewegung betätigt wird. a geschlossen, b geöffnet, Gußstück halb ausgeworfen

Früher erfolgte die Zurückführung der Auswerfer in die Gießstellung, statt durch starre Anschläge, durch eine Feder (s_a in Abb. 1). Diese Ausführung bietet jedoch keine Gewähr für sicheres Arbeiten, da die Rückbewegung der Auswerfer durch Fressen oder Vergraten manchmal Hindernisse erfahren kann, zu deren Überwindung die Federkraft nicht ausreicht. Wenn aber die Auswerfer während des Gusses merklich in die Form hineinragen, so kann dies eine Betriebsstörung zur Folge haben, die sehr großen Zeitverlust verursacht[1].

[1] Denn das Gießmetall haftet dann an den Auswerfstiften wie an Kernen. Beim Versuch des Auswerfens kann es aufgetrieben und dadurch u. U. das Gußstück in der Form vollends festgenietet werden, so daß zu seiner Entfernung die ganze Form auseinandergebaut werden muß.

Man kann diesen Mangel wohl durch Anordnung der bereits erwähnten Rückstoßstifte (vgl. Abb. 57, Teil 15) vermeiden. Bei Auswerfern, die jedoch knapp über seitlichen, beweglichen Formteilen sitzen, könnte auch hier eine Kollision eintreten, wenn die beweglichen Kerne oder Schieber bei noch geöffneter Gießform wieder in ihre Gießlage gebracht werden müssen.

Alle Konstruktionen, bei denen die Auswerfer durch die Formbewegung betätigt werden, sind dadurch gekennzeichnet,
daß das Auswerfen *während* der Öffnungsbewegung der Auswerfformhälfte erfolgt,
daß das Gußstück während des Auswerfens relativ zum Formträger stillsteht und
daß die Auswerfstifte vorstehen, solange die Form geöffnet ist.

Dies hat zweierlei praktische Folgen. Einmal wird bei topfförmigen Gußstücken, an deren Innenseite Auswerfer angreifen, ein großer Öffnungsweg erforderlich,[1] da die Gußstücke nach vorn von den Auswerfstiften abgestreift werden müssen, damit sie entfernt werden können. Zweitens muß die Kraft, die zur Ablösung der Gußstücke aus der Form erforderlich ist, gleichzeitig mit der zur Bewegung der Auswerfformhälfte H benötigten Kraft an dem gleichen Antriebsmittel aufgewandt werden. Dies bedingt bei großen Formen einen verhältnismäßig erheblichen Kraftbedarf, der berücksichtigt werden muß. Die Ableitung der Auswerfbewegung von der Formbewegung ist somit nicht in allen Fällen angebracht.

Die Betätigung der Auswerfbewegung durch besondere Antriebsmittel kann durch ein (meist durch Hebel oder Kurbel von Hand getriebenes) Ritzel erfolgen. Diese Antriebsart ist den meisten Abbildungen dieses Kapitels zugrunde gelegt (vgl. z. B. Abb. 59). Das Antriebsritzel z_a greift in eine Zahnstange ein, die in den Führungsbolzen a_0 eingeschnitten ist. Dieser ist in dem Aufspannbock m verschiebbar gelagert und dient zur Führung der an ihm befestigten Auswerferplatten a_1/a.

Auch hierbei werden manchmal Rückstoßstifte vorgesehen, um die Rückführung der Auswerfer in die Gießstellung unabhängig von der Aufmerksamkeit des Bedienungsmannes unter allen Umständen zu sichern. Dies ist namentlich dann am Platze, wenn alle Auswerfer in tief in die Formplatte einspringenden Formhohlräumen angeordnet sind, so daß es von außen nicht erkennbar ist, ob sie richtig in der Gießstellung stehen.

Bei Handbetätigung der Auswerfer durch ein besonderes Antriebsmittel erfolgt das Auswerfen in der Regel erst *nach Beendigung* der Öffnungsbewegung, wobei sich die Auswerfer (und das Gußstück) nicht nur relativ zur Auswerfformhälfte H, sondern auch relativ zum Formträger vorwärts bewegen und die Auswerfer sofort nach dem Auswerfen

---

[1] Vgl. Abb. 86.

bei geöffneter Form wieder in ihre Gießstellung zurückgezogen werden können. Infolgedessen braucht z. B. die in Abb. 59 dargestellte Gießform

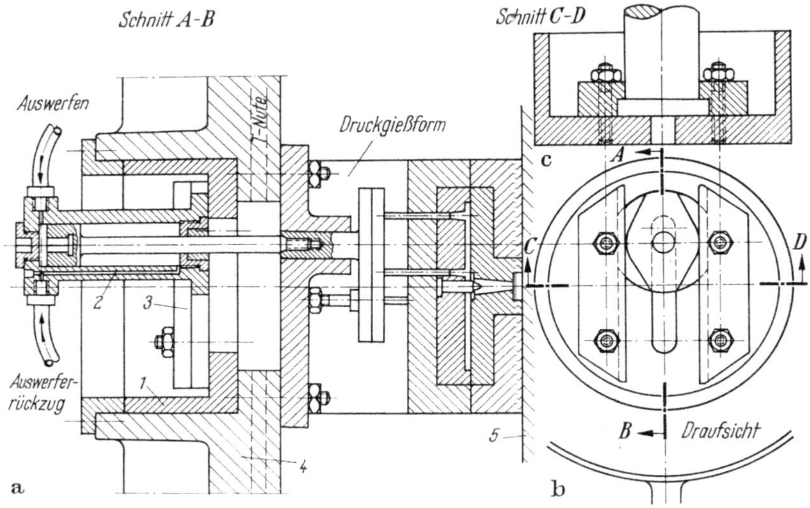

Abb. 115. Auswerfvorrichtung an Druckgießmaschine (nach DBP 889058).
1 Drehbare Scheibe, *2* Auswerfzylinder, *3* Verschiebeleisten, *4* Bewegliche Aufspannplatte und *5* Feste Aufspannplatte der Druckgießmaschine

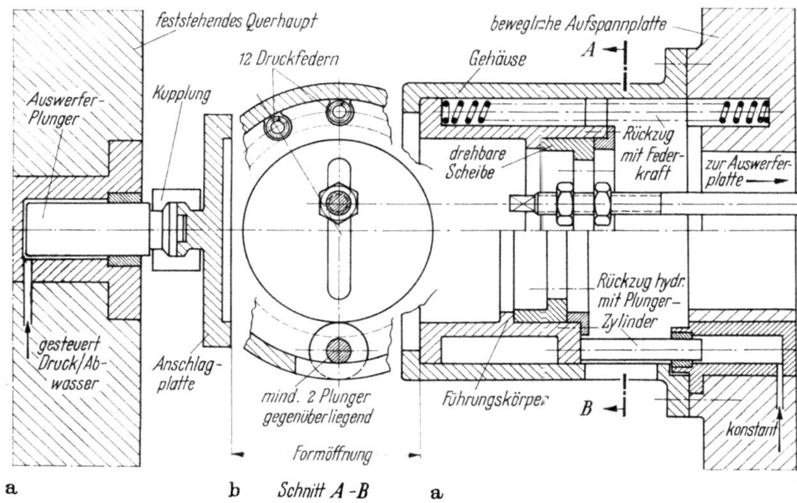

Abb. 116. Auswerf-Einrichtung mit feststehendem Auswerferplunger (in die Druckgießmaschine eingebaut).
a Hauptschnitt durch Auswerfeinrichtung mit Auswerferplunger, b Schnitt $A-B$ mit Ansicht auf drehbare Scheibe

zur Entfernung des Gußstückes nicht so weit geöffnet zu werden, wie es bei Betätigung der Auswerfer durch die Formbewegung erforderlich wäre.

Ferner braucht an dem Handhebel v_a zur Betätigung des Ritzels z_a nur so viel Kraft aufgewandt zu werden, als zur Loslösung des Gußstückes aus der Form erforderlich ist. Dieser Kraftbedarf kann durch Anordnung eines großen Übersetzungsverhältnisses niedriger gehalten werden.

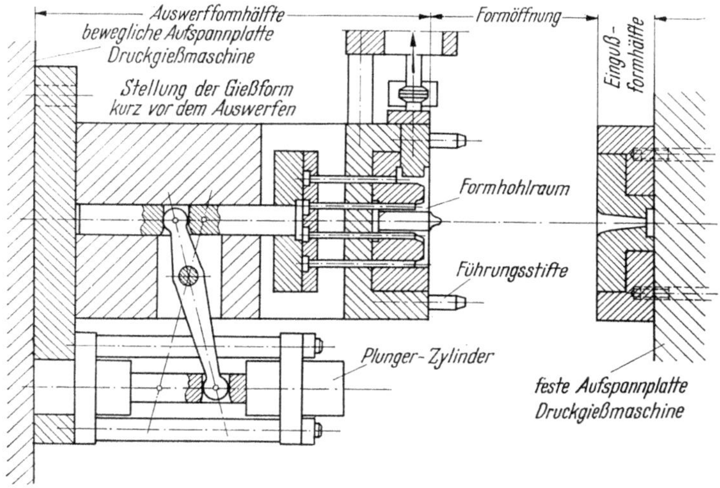

Abb. 117. **Auswerfer-Betätigung hydraulisch mit außenliegendem Zylinder-Aggregat und Hebelübersetzung**

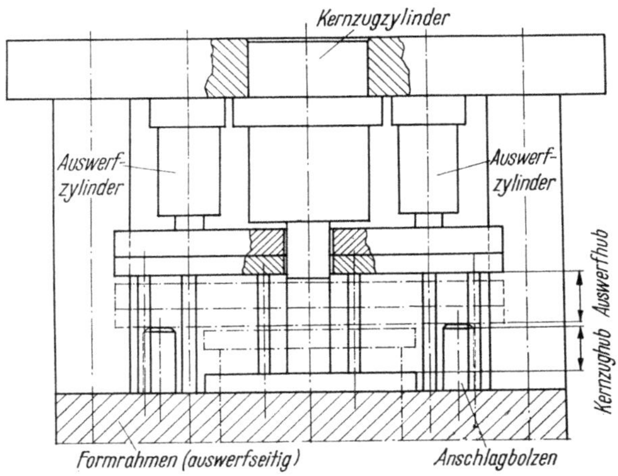

Abb. 118. **Auswerfer-Betätigung durch zwei hydraulische Kraftzylinder**

Die Betätigung der Auswerfer durch besondere Antriebsmittel ist an hydraulisch angetriebenen Druckgießmaschinen durch in den Steuerungsablauf eingebaute Auswerfervorrichtungen möglich. Diese können, wie aus Abb. 115 ersichtlich, für beliebige Druckgießformen verwendbar gleich in die Maschine eingebaut sein. Aus Abb. 116 geht eine andere Anordnung hervor, die es ebenfalls gestattet, den Angriffspunkt für die Auswerferkraft in der Mitte der Lage der Auswerfer vorzusehen, die ja je nach dem herzustellenden Druckgußstück und damit der Druckgießform verschieden sein kann. Statt der in Abb. 116 für das Rückstoßen der Auswerfer angebrachten Federn können auch hydraulisch betätigte Kolben in entsprechenden Zylindern eingebaut werden. In manchen Fällen ist es erforderlich, die Antriebsmittel unmittelbar in der Druckgießform vorzusehen. In Abb. 117 ist eine derartige Betätigung mit einem

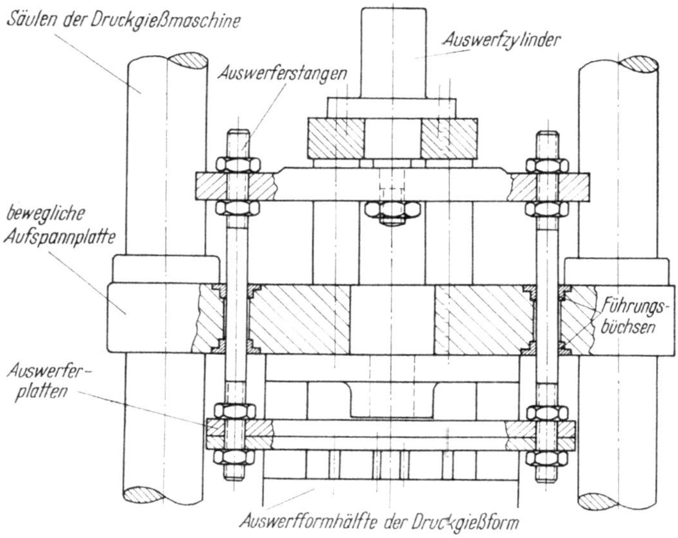

Abb. 119. Auswerfvorrichtung an der Druckgießmaschine mit Verbindungs- bzw. Auswerferstangen

hydraulischen Zylinderaggregat und Hebelübersetzung dargestellt. Auch die aus Abb. 118 hervorgehende Art mit zwei Zylindern kann bei komplizierten Druckgießformen notwendig werden. Um die bei der Ausführungsart nach Abb. 118 benützten zwei Zylinder durch einen einzigen in der Druckgießmaschine eingebauten hydraulisch betätigten Auswerferzylinder zu ersetzen, kann die Auswerfvorrichtung auch nach Abb. 119 ausgebildet sein, bei der zwei oder vier Auswerferstangen die Verbindung der Druckgießforn mit der Auswerfvorrichtung herstellen.

3.24 Die Führung der Druckgießform

Obwohl die Druckgießform als Ganzes innerhalb der Säulen oder Führungsbahnen der Druckgießmaschine (oder besser gesagt „Formhaltepresse") selbst schon geführt wird, sind zwischen der Einguß- und Auswerfformhälfte weitere Führungsorgane erforderlich. Von der Ausführung und Genauigkeit derselben ist das Zusammenpassen beider Formhälften abhängig und damit die erzielbare Toleranz von Maßen, die von der Formteilung durchschnitten bzw. beeinflußt werden.

In der Regel werden für kleine Druckgießformen zwei und für Druckgießformen mittlerer Abmessungen vier sogenannte Führungsstifte vorgesehen (s. Anhang I, 13. Abschnitt: „Führungsstifte"). Die Wahl des Durchmessers der Führungsstifte ist von der Formgröße und der Vielgestaltigkeit des Formhohlraumes abhängig. Aus Gründen der Stabilität und Genauigkeit dürfen die Durchmessermaße nicht zu klein gewählt werden. Die Anordnung innerhalb der Formhälften geht aus Abb. 120 hervor. Dabei wird die Ausführungsart nach a) bevorzugt. Es ist all-

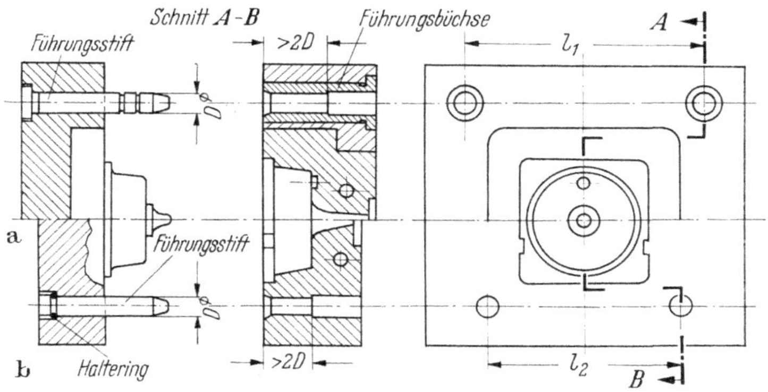

Abb. 120. Anordnung von Führungsstiften
a Ausführung mit Formrahmen, b Ausführung ohne Formrahmen

gemein ratsam, insbesondere bei symmetrischen Formfassonen, die aber trotzdem durch verschiedene Einzelheiten (etwa Augen und sonstige Ausbildungen) abweichen, die Lage der Führungsstifte nicht gleichmäßig anzuordnen. Maß l_1 wird zweckmäßig größer als l_2 ausgeführt oder eine sonstige asymmetrische Anordnung getroffen, um zu erreichen, daß beim jeweiligen Aufspannen der Druckgießform die absolut gleiche Lage vorhanden ist, und zwar immer diejenige, bei welcher die beiden Formhälften bei ihrer Herstellung zusammengepaßt wurden. Man kann das gleiche auch durch Wahl eines größeren Durchmessers eines Führungsstiftes erreichen.

Die Länge der Führungsstifte richtet sich nach der Ausdehnung der Formfasson in senkrechter Richtung zur Formteilungsebene. Bevor vorstehende Formpartien bei der Schließbewegung einander begegnen oder gar berühren, muß der Führungsstift in der Führungsbüchse sich befinden. Führungsstifte und -büchsen werden stets gehärtet.

Im Zusammenhang mit der vom Fachausschuß Druckguß im Verein Deutscher Gießereifachleute vorgenommenen Normung der Führungsstifte, Führungsbüchsen und Abstützbüchsen[1] wurden auch die Rohmaße von Warmarbeitsstählen für Druckgießformen[2] festgelegt. Dadurch wird eine Lagerhaltung bei den Edelstahlwerken begünstigt und dem Formenkonstrukteur gängige Abmessungen an Hand gegeben.

Bei großen Führungsstiftabständen l muß man bei einer Temperaturdifferenz zwischen Einguß- und Auswerfformhälfte (die meist, besonders bei Warmkammer-Druckgießmaschinen vorhanden sein kann) durch die dadurch hervorgerufene ungleiche Wärmedehnung ein verhältnismäßig großes Spiel Δ_s zwischen Führungsstift und Führungsbüchse geben. Das mindest erforderliche Spiel kann dem Schaubild

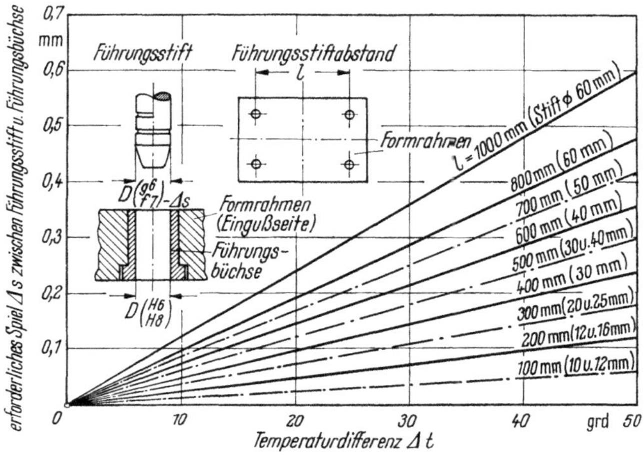

Abb. 121. Ermittlung des Führungsstift ⌀ und Führungsbüchsen ⌀ bei verschiedenen Temperaturdifferenzen zwischen Einguß- und Auswerfformhälfte

Abb. 121 entnommen werden. Ferner wird das Spiel durch Abnützungserscheinungen bei der dauernden Benutzung ebenfalls immer größer, so daß bei größeren Formabmessungen (etwa $l > 200$ mm) zusätzlich zu den Führungsstiften noch Paßbolzen, auch Paßrollen genannt[3], vorgesehen werden. Auch bei Formfassonen, die infolge ihrer Gestalt in einer Formhälfte durch den Gießdruck Seitenkräfte hervorrufen, sind Paßbolzen zu deren Aufnahme vorzusehen, da die Führungsstifte nicht geeignet sind solche aufzunehmen. Die Ausführung und Anordnung derartiger Paßbolzen ist aus Abb. 122 ersichtlich. Diese besitzen den großen Vorteil, daß sie die beiden Formhälften in der Gießstellung praktisch ohne Spiel fixieren und Seitenkräfte aufnehmen können. Die Führungsstifte geben daher den beiden Formhälften bei

[1] s. Anhang I, 13. bis 15. Abschnitt.

[2] s. Anhang I, 16. Abschnitt: „Schmiedemaße von Warmarbeitsstählen".

[3] Normvorschlag s. Anhang I, 18. Abschnitt.

Formschließbewegung lediglich eine Art Vorführung, während die genaue Lage durch die Paßbolzen am Ende der Formbewegung bewirkt wird. Die Paßbolzen können so angeordnet werden, daß eine Beeinflussung durch verschiedene Wärmedehnungen ausgeschlossen ist, wie aus Abb. 122 ohne weiteres entnommen werden kann. Um jegliches Klemmen oder Schaben während des Formschlusses zu vermeiden, sind die Paßbolzen an einer ihrer Stirnflächen um mindestens 0,5 mm abgesetzt. Eine mögliche Vereinheitlichung der Paßbolzen ist im Anhang angeführt (s. Anhang I „Paßbolzen").

Bei großen Druckgießformen kann man auch Führungsschienen etwa nach Abb. 123 vorsehen. Die Anordnung hat möglichst auch in den Symmetrieachsen zu geschehen, damit sich Wärmedehnungen durch vorhandene Temperaturdifferenzen auf

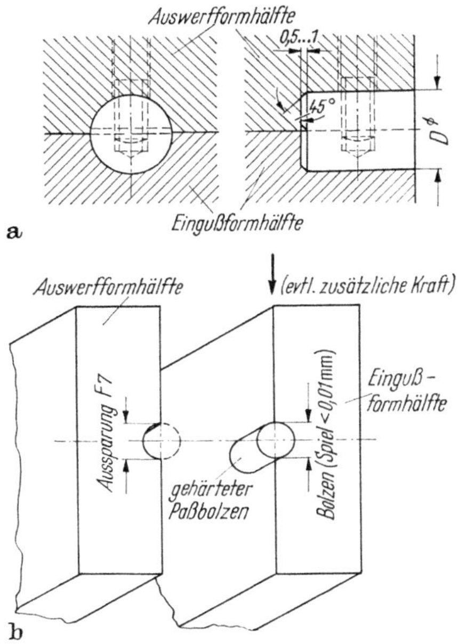

Abb. 122. Ausführung und Anordnung von Paßbolzen

a Gestaltung des Paßbolzens, Einbau in Druckgießform mit senkrechter Formbewegung, b Einbau in Druckgießform mit waagrechter Formbewegung

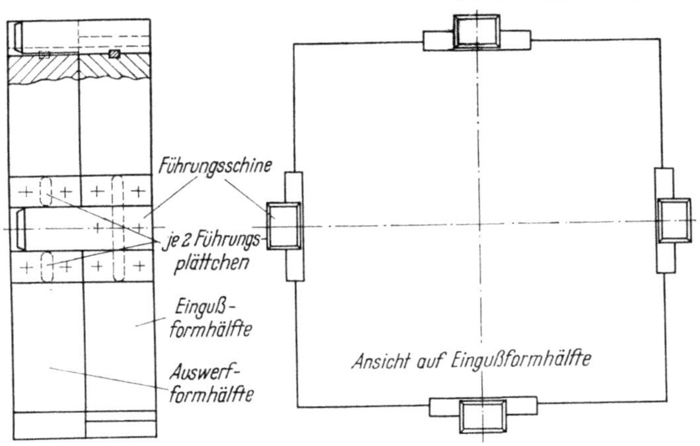

Abb. 123. Ausführung und Anordnung von Führungsschienen

die Führung nicht auswirken können. Die Formführung mit solchen Führungsschienen ist jedoch ebenfalls dem Verschleiß unterworfen und scheint gegenüber der Kombination Führungsstift + Paßbolzen teuerer zu sein.

Die Befestigung der Führungsstifte und Paßbolzen ist sowohl in der Auswerf-, als auch Eingußformhälfte möglich. Die Befestigung der Führungsstifte sollte in der Eingußformhälfte dann stattfinden, wenn große in die Auswerfformhälfte hineinragende Kernpartien eine möglichst

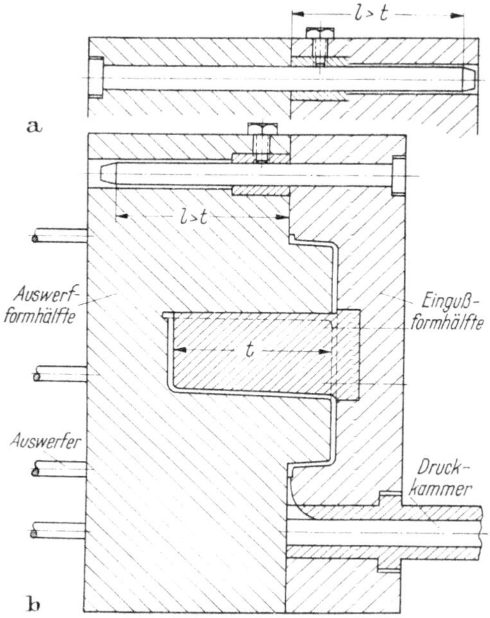

Abb. 124. Befestigung der Führungsstifte

Mindestführungslänge { bei kleinen Gießformen $l = t + 5$ (mm), bei großen Gießformen $l = t + 10$ (mm)

a Führungsstifte in Auswerfformhälfte befestigt, b Führungsstifte in Eingußformhälfte befestigt

frühzeitige Führung während der Formbewegung nötig machen, um die Eingußformhälfte nicht unnötig verstärken zu müssen (vgl. Abb. 124). Gleiche Gesichtspunkte sind im umgekehrten Falle für eine Befestigung in der Auswerfformhälfte maßgebend (vgl. auch Anhang I „Führungsstifte"). Führungsschienen sind meist in der Eingußformhälfte befestigt, wie auch aus Abb. 123 hervorgeht.

3.25 Schmierung beweglicher Formteile

Die engen Toleranzen, die man auch bei beweglichen Formteilen wie Kerne, Schieber, Auswerfer und Führungselemente an Druckgießformen einhalten muß, erfordern eine sorgfältige Gestaltung von Schmiereinrichtungen, mindestens aber müssen Schmiermöglichkeiten geschaffen werden. Gießdruck und hohe Temperaturen während des Betriebes machen eine gute Schmierung gleitender Teile notwendig, um ein Festfressen bei übergroßer Reibung sicher zu vermeiden.

Führungsstifte sind mit Nuten zur Aufnahme eines Schmiermittels, bestehend aus einem Gemisch dickflüssigen Öls mit kollodialem Grafit versehen. Das Schmiermittel läßt sich mit einem Pinsel auftragen.

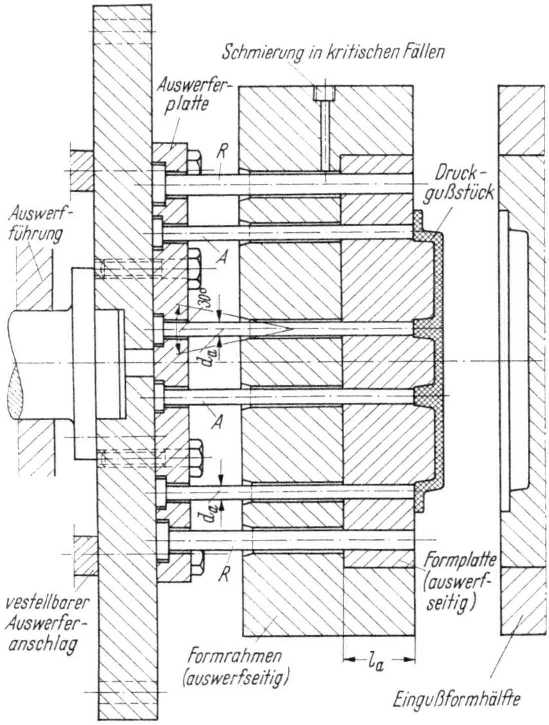

Abb. 125. Schmierung bei Auswerfern
A Auswerfer, *R* Rückstoßstifte

Bei Auswerfern dient das Freimachen der Führungsbahn in Richtung der Auswerferplatten (vgl. Abb. 65) nicht nur zur Verminderung der Reibung, sondern auch um eine Kammer für das Schmiermittel zu bekommen. Zweckmäßig erfolgt die Vergrößerung der Auswerferbohrung ab der Formplatte im Formrahmen, wie aus Abb. 125 ersichtlich. Die Auswerferbohrungen sind auch mit Senkungen bei ihrem Austritt aus dem Formrahmen zu versehen. Um das Durchdringen von Schmiermittel in den Formhohlraum zu vermeiden und noch eine genügende Führungslänge zu erhalten, ist $l_a \geqq 4\, d_a$ anzustreben.

Für bewegliche Kerne besonders mit Kreisquerschnitt sind in der Praxis die aus Abb. 126 ersichtlichen Schmiermaßnahmen gestaltet worden. Der Ablauf evtl. überschüssigen Schmierstoffes erfolgt durch die Bohrungen S. Auch hier gilt, daß die Abdichtungslänge l_k nicht zu klein gewählt und im allgemeinen $l_k \geqq 2\,d_k$ ausgeführt wird.

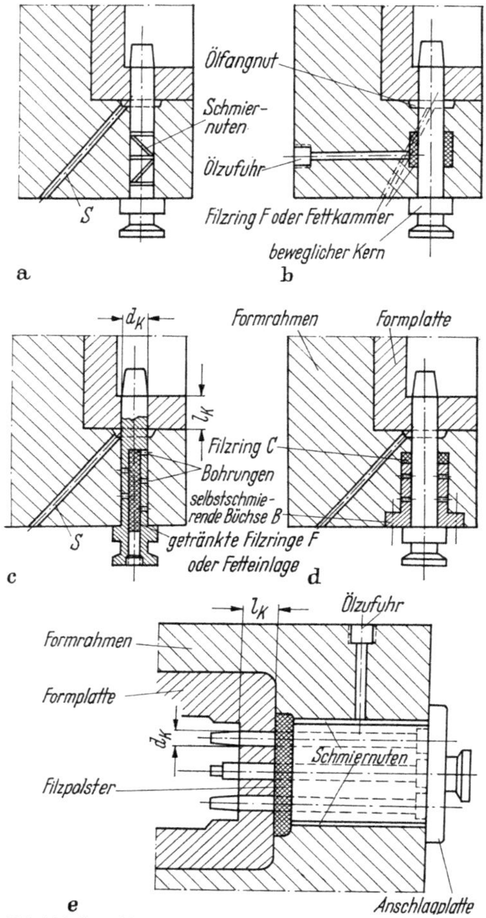

Abb. 126. Gestaltungen für die Schmierung beweglicher Kerne

a Ausführung mit Schmiernuten im Kern, b Ausführung mit getränktem Filzpolster oder Fettkammer F, wobei automatisch in gewissen Zeitabständen Schmierstoff zugeführt werden kann, c mit fettgetränkter Filzeinlage oder Fettkammer F, die im beweglichen Kern liegt, d mit selbstschmierender Büchse B (Sintermetall) und Filzring C zum Abstreifen des Fettes, e Ausführung mit mehreren Kernen mit Filzpolster zwischen Formplatte und Formrahmen, Schmiernuten im Schieber

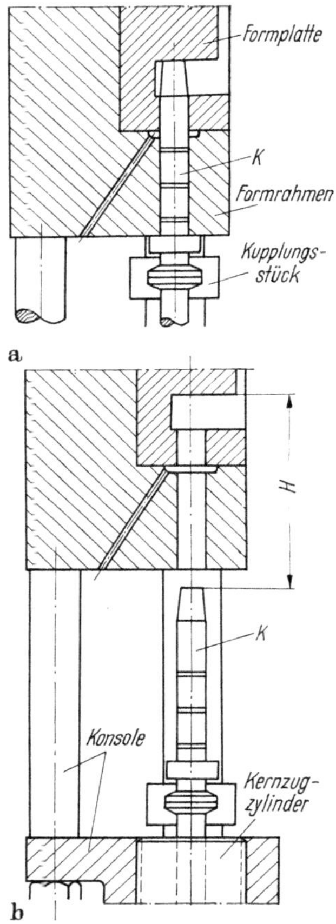

Abb. 127. Kernbewegung für Schmierzwecke

a Kern in Gießstellung, b Kern ausgefahren

In manchen Fällen ist es vorteilhaft, den Hub H (s. Abb. 127) so groß zu wählen, daß der Kern K vollständig frei liegt. Es ist dann (je nach Erfordernis, evtl. mechanisch) das Auftragen des Schmiermittels in einfacher Weise möglich. Gleichzeitig kann auch die in den Formhohlraum hineinragende eigentliche Kernpartie geschlichtet oder mit einem geeigneten sogenannten Schmiermittel von Zeit zu Zeit versehen werden[1]. Das Aufbringen derartiger Schmier- und Trennmittel auf die Formflächen kann auch selbsttätig in den Steuerungsablauf der Druckgießmaschine eingefügt mit Hilfe mechanisch, pneumatisch und elektropneumatisch gesteuerter Geräte in einstellbaren, entsprechend dosierten Mengen erfolgen.

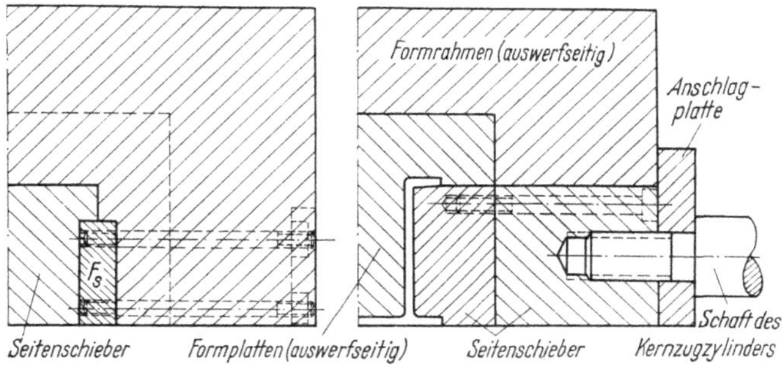

Abb. 128. Seitenschieber mit Führungskörper F_s aus Gußeisen oder selbstschmierendem Sintermetall

Bei Seitenschiebern von rechteckigem Querschnitt können bei größeren Druckgießformen Führungskörper F_s aus Gußeisen oder selbstschmierendem Sintermetall eingebaut werden, wodurch eine Schmierung während des Betriebes entfallen kann. Eine derartige Bauweise geht aus Abb. 128 hervor.

3.3 Grundlagen für den Entwurf der Druckgießform

3.31 Der Einguß

3.311 Allgemeines

Unter der Eingußöffnung, meistens kurz „Einguß" genannt, versteht man den in die Formplatten eingearbeiteten Hohlraum, der das Gießmetall aus dem Mundstück[2] aufnimmt und in den Formhohlraum für das eigentliche Gußstück hineinführt. Die Eingußöffnung kann in sehr verschiedener Art angeordnet und ausgebildet werden. Wichtigste und praktisch gebräuchliche Eingußarten sind in den schematischen Abb. 129 bis 145 zusammengestellt. Dabei ist durchweg, ebenso wie in den vorhergehenden Abbildungen, das eigentliche Gußstück durch enge, das Eingußmetall durch weite Kreuzschraffur kenntlich gemacht.

[1] Weitere Ausführungen hierüber erfolgen später (s. Band II „Druckgießpraxis").

[2] Bei Kaltkammer-Druckgießmaschinen auch unmittelbar aus der Druckkammer.

Die Eingußöffnung besteht in den meisten Fällen aus drei gewöhnlich der Gestalt nach deutlich unterscheidbaren Teilen: Der Eingußbohrung E[1], dem Gießlauf E_s und dem Anschnitt E_a, die die entsprechenden Teile des Angusses am Gußstück, nämlich den Eingußzapfen G_e, das Gießlaufmaterial G_s und das Anschnittmetall G_a einformen. Die Eingußbohrung E, deren Mündung beim Gusse am Mundstück M anliegt, leitet das Metall in den Gießlauf E_s, der es an die Stellen der Einformung heranführt, an denen die Einströmung in den eigentlichen Formhohlraum erfolgen soll. Die Verbindung zwischen dem Gießlauf E_S und dem Formhohlraum wird durch den Anschnitt E_a hergestellt. Bei Eingüssen dieser Art muß der Gießlauf über die ganze Anschnittbreite hin bis ganz dicht an den Formhohlraum herangeführt werden, damit der Strömungsweg durch den Anschnitt (wegen dessen meist sehr geringer Dicke d) sehr kurz wird, und ferner, damit das Anschnittmetall durch die Wärmeeinwirkung des Gießlaufmetalls vor einer zu raschen, die Nachdruckzeit zu sehr abkürzenden Erstarrung bewahrt wird. Bei den in den Abb. 138 bis 142 dargestellten Eingußarten geht die Eingußbohrung ohne Gießlauf unmittelbar in den Anschnitt über.

Das Eingußmetall ist gewissermaßen Abfall, der wegen der Verschlechterung beim Durchlaufen durch die Maschine dem Neumetall nur bis zu einem bestimmten Höchstsatz wieder zugegeben werden darf, dessen Betrag vom Grade der Verschlechterung abhängt, also für verschiedene Legierungen sehr verschieden ist (vgl. Abschnitt 8, Band II). Daher soll das Gewicht der Angüsse, namentlich bei „empfindlichen" Legierungen, gering gehalten werden, damit nicht Metallschrott in erheblicher Menge anfällt. Dies ist namentlich bei kleinen, leichten Gußstücken wichtig, da bei diesen das Gewicht der Angüsse in jedem Falle einen größeren, oft sogar den mehrfachen Teil vom Gewicht des Rohgußkörpers ausmacht als bei großen, schweren Stücken, bei denen somit dieser Rücksicht geringere Bedeutung zukommt

Das Gießmetall erfährt beim Durchfließen der Eingußöffnung eine Abkühlung, die unter sonst gleichen Umständen um so stärker ist, je länger der Strömungsweg durch den Einguß ist. Hierdurch und wegen der Rücksicht auf das Abfallgewicht ist es geboten, die Länge der Eingußöffnung in mäßigen Grenzen zu halten. In diesem Punkt besitzt die Kaltkammer-Druckgießmaschine mit waagrechter Druckkammer trotz gewisser metallurgischer Mängel, auf die später eingegangen wird, Vorteile gegenüber der Kaltkammer-Druckgießmaschine mit senkrechter, außerhalb der Gießform liegender Druckkammer. Bei Warmkammer-Druckgießmaschinen kann man allgemein das Kreislaufmetall am kleinsten halten.

---

[1] Welche allerdings bei Kaltkammer-Druckgießmaschinen mit waagrechter und senkrechter, innerhalb der Form liegender Druckkammer entfällt, bzw. zur Druckkammer zählt (vgl. Abb. 129 m/n und o/p; sowie Abb. 134, 135 und 136.)

Das den Einguß umgebende Formmaterial erfährt eine intensive Erwärmung durch die heiße, kompakte Metallmasse und — im vorderen Teil — durch das erwärmte Mundstück, an das die Eingußmündung beim Gusse unmittelbar angedrückt wird. Daher muß eine wirksame Eingußkühlung vorgesehen werden, damit das Formmaterial nicht übermäßig erwärmt wird, was zum „Anlöten“ des Gießmetalls führen würde, und ferner, damit die Erstarrungsdauer des Metalls im Einguß vermindert wird, wodurch die Arbeitsgeschwindigkeit steigt. Das Formmaterial am Einguß ist somit einer besonders großen thermischen Wechselbeanspruchung ausgesetzt, zu der an der Mündung noch die mechanische Beanspruchung durch den Dichtungsdruck hinzutritt.

Im allgemeinen hat bei Warmkammer-Druckgießmaschinen eine Form nur *eine* Eingußbohrung, deren Querschnitt in den weitaus meisten Fällen, wenigstens an der Mündung, kreisförmig ist[1]. Formen für ganz besonders große, dünnwandige Gußstücke von sperriger Gestalt, die von *einer* runden Eingußbohrung aus nicht vollgegossen werden können, erhalten manchmal zwei Eingußöffnungen. Solche Formen können natürlich nur auf Sondermaschinen abgegossen werden, die 2 Druckkammern enthalten.

Die Abdichtung der Eingußmündung gegen das Mundstück wird vorwiegend als Flächendichtung (Abb. 146a—d), seltener als Kantendichtung (Abb. 146e) ausgeführt.

Bei *Kantendichtung* ist wegen der Kleinheit der Anlageflächen nur eine geringe Dichtungskraft erforderlich. Auch ist die Gefahr einer (das Abdichten verhindernden) Verschmutzung durch anhaftende Fremdkörper (Gießmetallbröckchen oder -tröpfchen) gering. Dagegen ist die mechanische Beanspruchung sehr ungünstig, so daß die abdichtenden Teile einem raschen Verschleiß unterliegen. Daher ist Kantendichtung bei hochschmelzenden Legierungen (wobei die Dichtungsfläche des sehr heißen Mundstückes nach ganz kurzer Zeit verformt würde) nicht zweckmäßig; auch bei Anwendung für niedrigschmelzende Legierungen bedingt sie ein häufiges, sorgfältiges Nacharbeiten der Dichtungsfläche und -kante. Ferner erfordert die Kantendichtung ein besonders präzises Ausrichten der Gießform nach dem Mundstück, da sie nur abdichtet, wenn Mundstück- und Eingußachse genau fluchten. In jedem Falle ist Kantendichtung nur anwendbar, wenn Mundstück und Eingußbüchse aus warmfestem Stahl bestehen.

Flächendichtung ergibt eine weit geringere mechanische Beanspruchung des Mundstück- und Eingußmaterials, sie erfordert jedoch ein sorgfältiges Sauberhalten beider Dichtungsflächen. Je größer die Anlagefläche ist, um so geringer ist die mechanische Abnutzung, um so eher

[1] Auf die bei geteiltem Einguß gelegentlich angewandten Eingüsse mit länglicher Mündung (Abb. 144/2) wird später eingegangen.

129-137 Die Ausführungsarten des ungeteilten indirekten Eingusses in schematischer Darstellung

Eigentliches Gußstück (*G*) eng kreuzschraffiert, Eingußmetall weit kreuzschraffiert

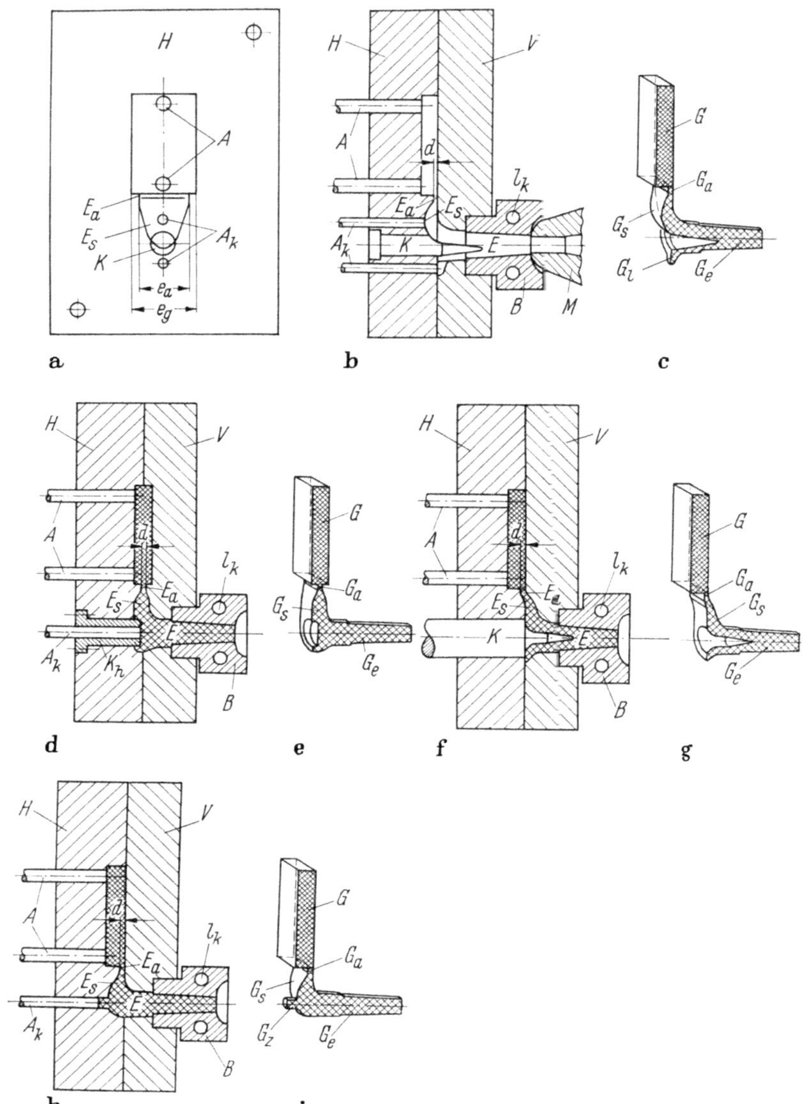

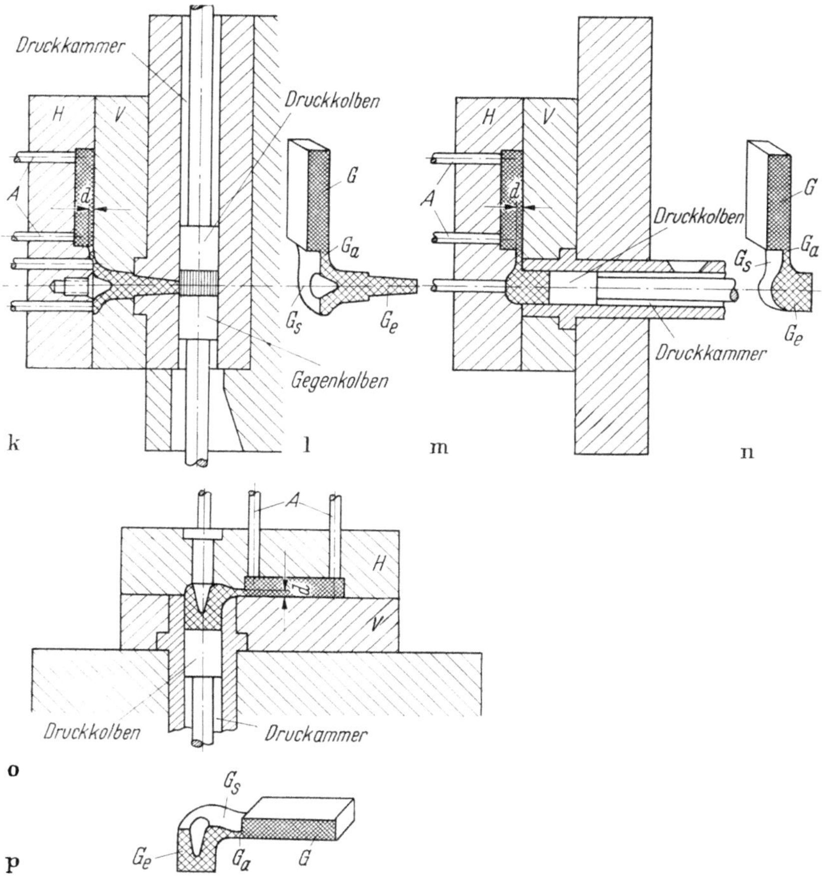

Abb. 129. Indirekter, außen liegender Einguß in sieben verschiedenen Ausführungen

a—c Mit abgeflachtem Verteilerkern (K), d/e Mit Schrumpfbüchse (K_h), f/g Mit unabgeflachtem Verteilerkern (K), h/i Mit Schrumpfzapfen (G_z), k/l Mit senkrechter Druckkammer und eingeschraubtem Verteilerkern, m/n Mit waagrechter Druckkammer, ohne Verteilerkern, o/p Mit senkrechter Druckkammer innerhalb der Druckgießform und Verteilerkern

a Auswerfformhälfte in Ansicht, b, d, f, h, k, m und o Längsschnitt durch geschlossene Druckgießform, c, e, g, i, l, n und p Druckgußstück mit Eingußmetall

Die Formhälften sind ohne Formrahmen bzw. ohne eingesetzte Formplatten der Übersichtlichkeit wegen dargestellt. Für die Verarbeitung hochschmelzender Metallegierungen (auch Zinklegierungen) sind in Formrahmen eingelassene Formplatten, welche den Formhohlraum beinhalten, jedoch bei größeren Druckgießformen oft zweckmäßig.

Ferner wurden die Verteilerzapfen massiv ausgebildet. Zur Fertigung größerer (und auch dickwandiger) Gußstücke werden vielfach die Verteilerzapfen mit einer Kühlbohrung (vgl. Abb. 210a) versehen, worauf ausdrücklich hingewiesen sei.

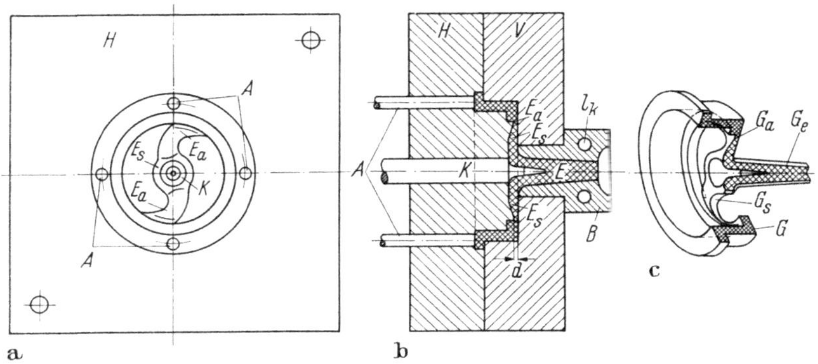

Abb. 130
a Auswerfformhälfte in Ansicl
b Längsschnitt durch geschlc sene Druckgie form,
c Druckgußstück mit Eingußmetall

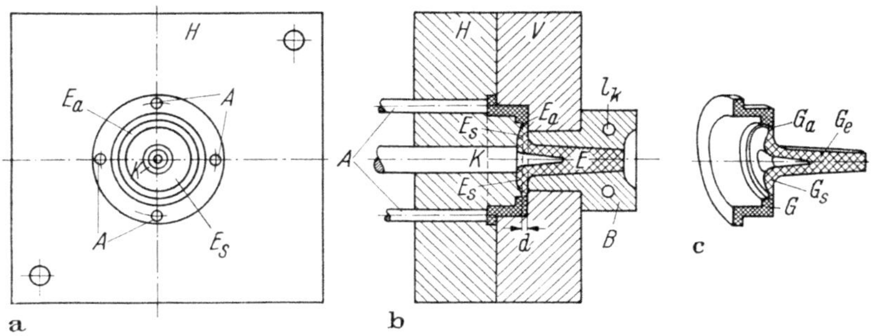

Abb. 131
a Auswerfformhälfte in Ansicl
b Längsschnitt durch geschlc sene Druckgie form,
c Druckgußstück mit Eingußmetall

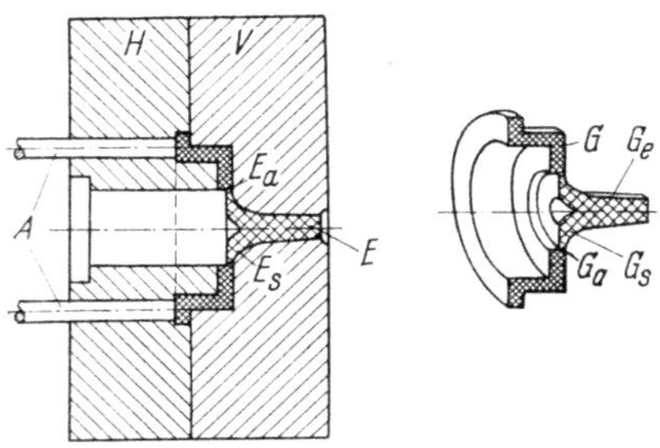

Abb. 132
a Längsschnitt durch geschlossene Druckgießform,
b Druckgußstück mit Eingußmetall

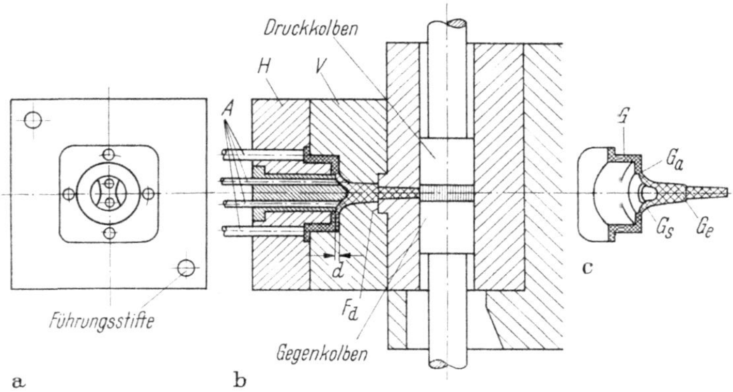

Abb. 133
a Auswerfformhälfte in A sicht,
b Längsschnitt durch schlossene Druckgieß form,
c Druckgußstück mit E gußmetall

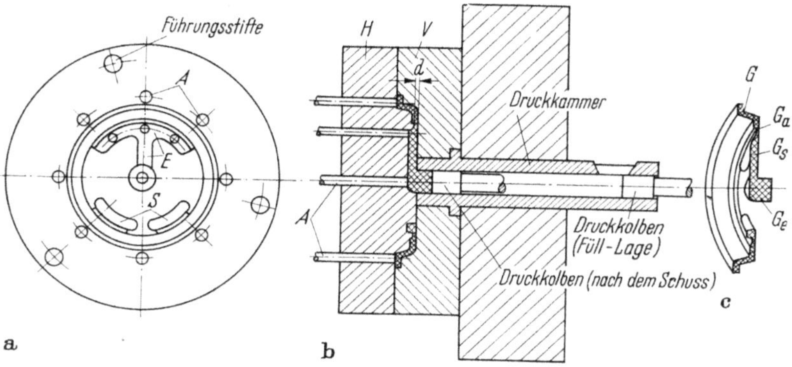

Abb. 134
a Auswerfformhälfte in Ansicht,
b Längsschnitt durch geschlossene Druckgießform,
c Druckgußstück mit Eingußmetall

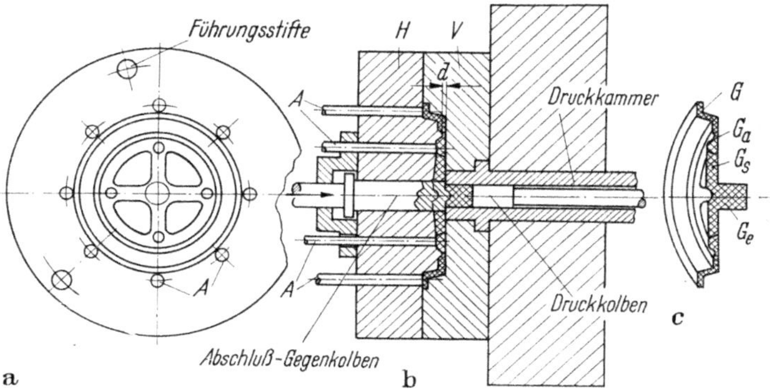

Abb. 135
a Auswerfformhälfte in Ansicht,
b Längsschnitt durch geschlossene Druckgießform,
c Druckgußstück mit Eingußmetall

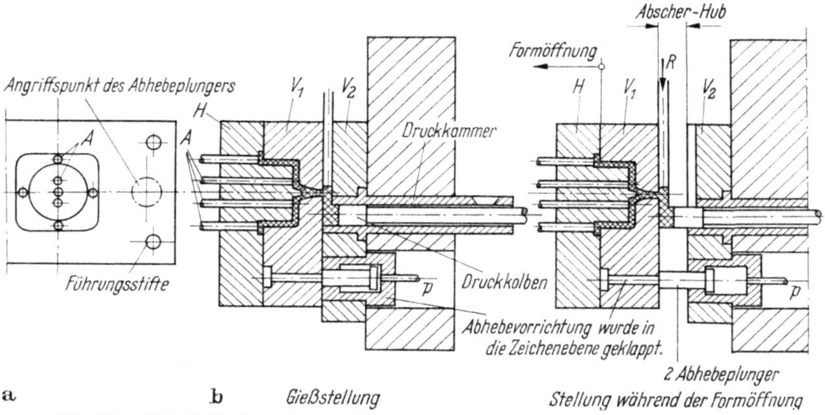

Abb. 136
a Auswerfformhälfte in Ansicht
b Längsschnitt durch Druckgießform

Abb. 130—136. Indirekter, innen liegender Einguß in sieben verschiedenen Ausführungen

Abb. 130. Mit speichenförmigen Gießläufen (stellenweiser Anschneidung)
Abb. 131. Mit Anschneidung auf ganzem Bohrungsumfang
Abb. 132. Mit Anschneidung auf ganzem Bohrungsumfang, ohne Verteilerkern
Abb. 133. Mit als Verteilerkern ausgebildetem Mittelkern und stellenweiser Anschneidung (auf einer Kaltkammer-Druckgießmaschine, senkrechte Druckkammer, außerhalb der Form, gefertigt)
Abb. 134. Mit besonderem Einguß- bzw. Anschnittsystem für Kaltkammer-Druckgießmaschine, waagrechte Druckkammer, außerhalb der Form
Abb. 135. Mit Ring-Einguß und Abschluß-Gegenkolben (für Kaltkammer-Druckgießmaschine, waagrechte Druckkammer, außerhalb der Form oder senkrechte Druckkammer, innerhalb der Form)
Abb. 136. Mit versetzter Druckkammer und Abscher-Hub (für Kaltkammer-Druckgießmaschine, waagrechte Druckkammer, außerhalb der Form)

V_1 bewegliche Eingußformhälfte (sie vollführt nur einen Teil-Hub), V_2 feste Eingußformhälfte, H Auswerfformhälfte (sie vollführt den ganzen Formöffnungshub), R Abscherschieber (Pfeilrichtung des Abscherens beim Übergang Eingußzapfen/Gießrest), p spez. hydr. Druck (evtl. mit Formbewegung gesteuert)

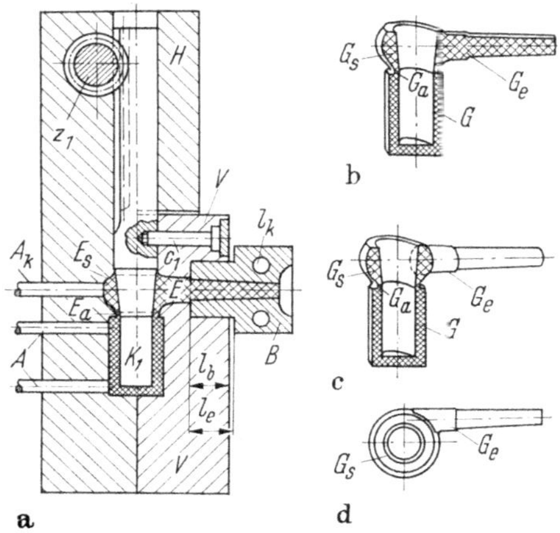

Abb. 137. Krageneinguß in zwei Ausführungen

a/b mit zentrischer Anordnung der Eingußbohrung
a Schnitt durch geschlossene Druckgießform,
b Druckgußstück mit Eingußmetall;

c/d mit seitlicher Anordnung der Eingußbohrung, Druckgußstück in Schnittperspektive und Draufsicht

Abb. 138-143 Die Ausführungsarten des ungeteilten direkten Eingusses in schematischer Darstellung

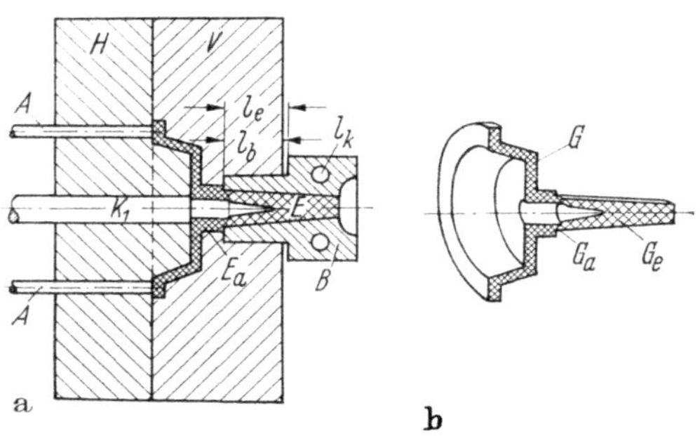

Abb. 138. Direkter Einguß, mit Verteilerkern

a Längsschnitt durch geschlossene Druckgießform,
b Druckgußstück mit Eingußzapfen

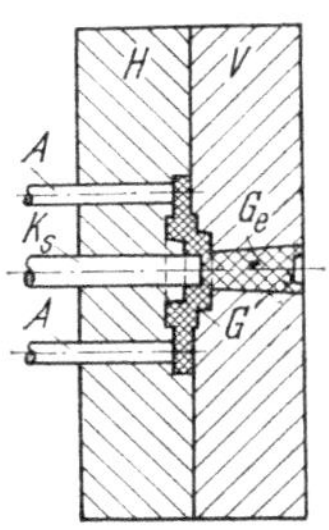

Abb. 139. Einguß mit Abscherkern (K_s)

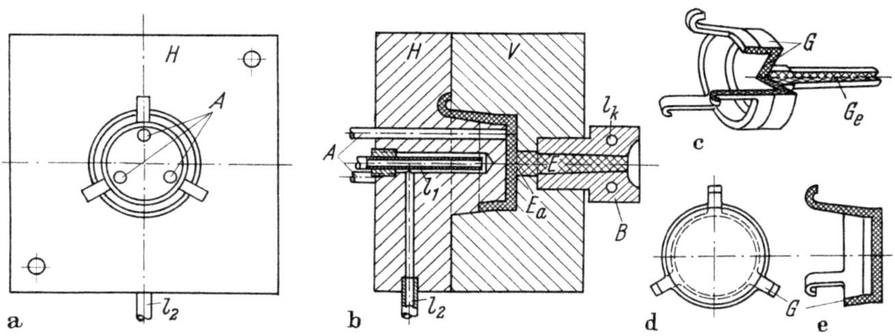

Abb. 140. Direkter Einguß, ohne Verteilerkern

a Auswerfformhälfte in Ansicht,
b Längsschnitt durch geschlossene Druckgießform,
c—e Druckgußstück mit Eingußzapfen in Schnittperspektive, Schnitt und Ansicht

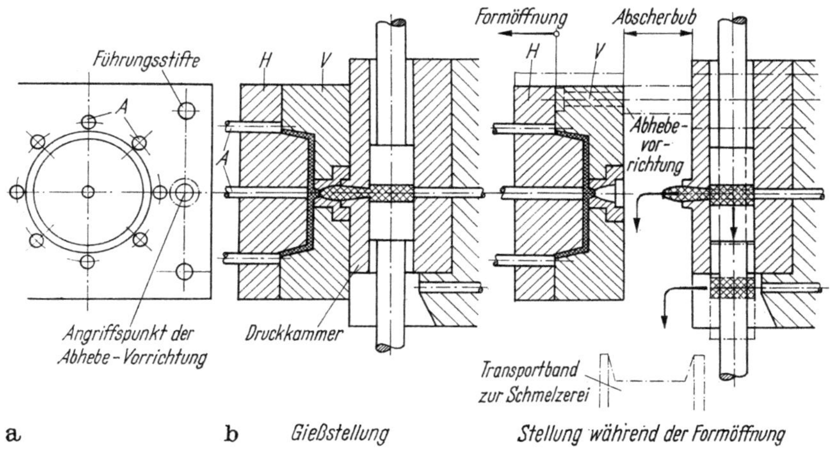

Abb. 141. Punktanguß bei senkrechter Druckkammer (für Kaltkammer-Druckgießmaschine nach Abb. 2 f mit automatischem Kreislaufmaterial-Auswurf)
a Auswerfformhälfte in Ansicht
b Längsschnitt durch Druckgießform

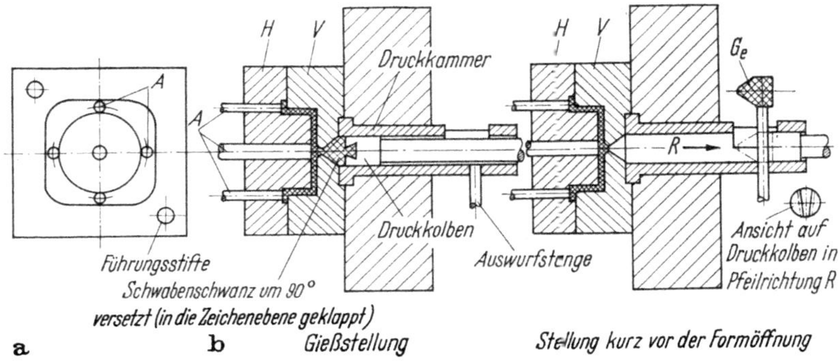

Abb. 142. Punktanguß bei waagrechter Druckkammer mit hinterschnittener Stirnfläche des Druckkolbens (für Kaltkammer-Druckgießmaschine nach Abb. 2e mit selbsttätigem Kreislaufmaterial-Auswurf)
a Auswerfformhälfte in Ansicht
b Längsschnitt durch Druckgießform

Diese Ausführungsart kann auch für den ungeteilten indirekten Einguß angewandt werden

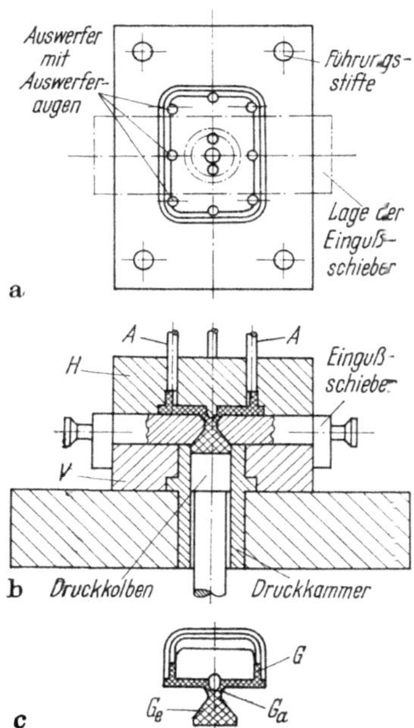

Abb. 143. Möglicher Einguß bei Kaltkammer-Druckgießmaschine, senkrechte Druckkammer, innerhalb der Gießform (mit Eingußschieber)
a Auswerfformhälfte in Ansicht
b Längsschnitt durch Druckgießform
c Druckgußstück mit Eingußmetall

Abb. 144-145 Geteilter Einguß in schematischer Darstellung

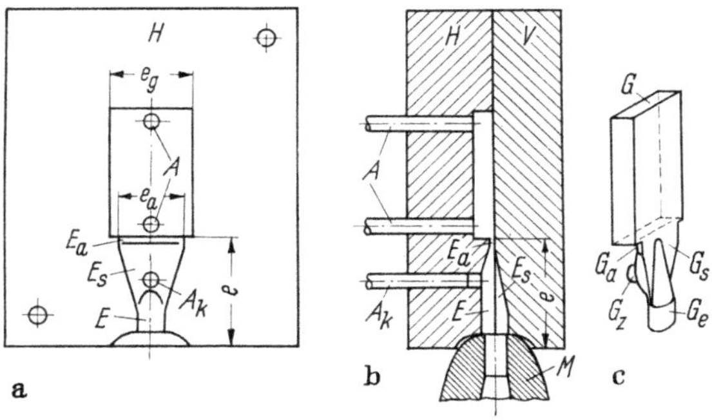

Abb. 144/1. Geteilter Einguß in normaler Ausführung

a Auswerfformhälfte in Ansicht
b Längsschnitt durch geschlossene Druckgießform
c Druckgußstück mit Eingußmetall

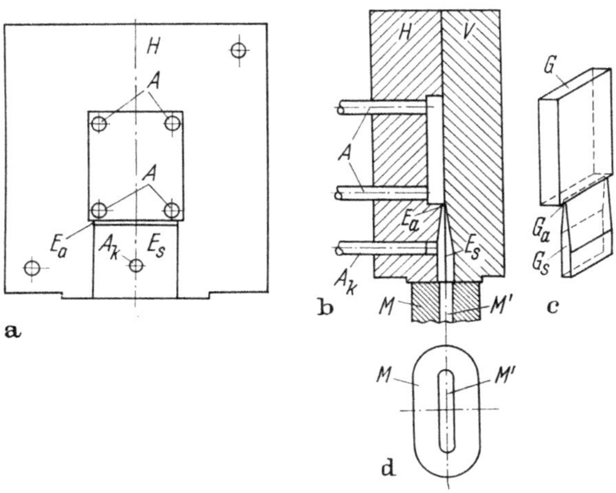

Abb. 144/2. Geteilter Einguß in Sonderausführung für längliche Gestalt der Mundstücköffnung (*M'*)

a Auswerfformhälfte in Ansicht
b Längsschnitt durch Druckgießform
c Druckgußstück mit Eingußmetall

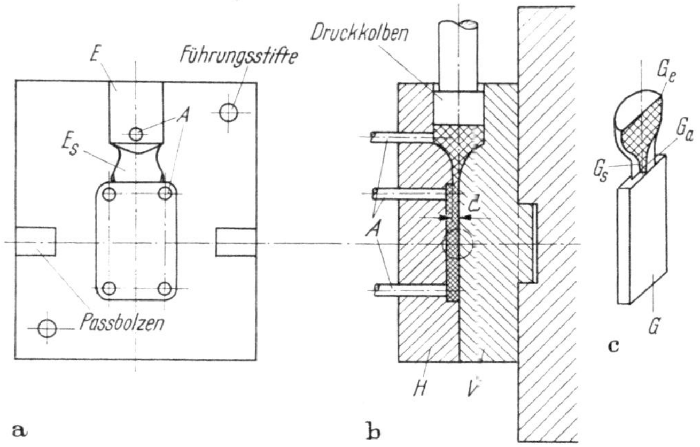

Abb. 145. Geteilter Einguß bei senkrechter Druckkammer, innerhalb der Gießform (in ähnlicher Weise auch bei waagrechter Druckkammer möglich)
a Auswerfformhälfte in Ansicht
b Längsschnitt durch Druckgießform
c Druckgußstück mit Eingußmetall

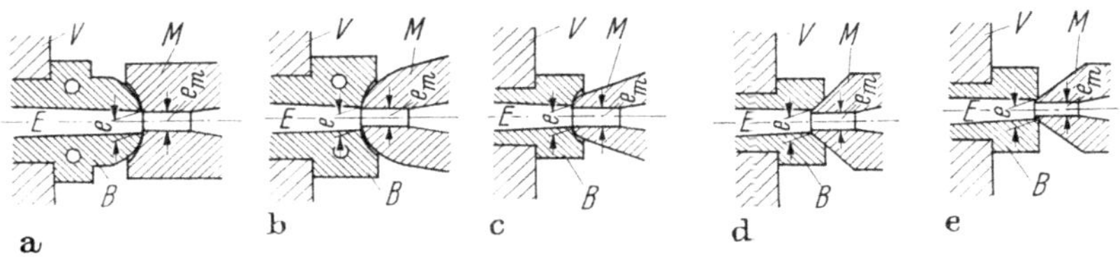

Abb. 146. Abdichtung zwischen Eingußbüchse (*B*) und Mundstück (*M*) in verschiedenen Ausführungsarten bei Warmkammer-Druckgießmaschinen

a Kugeldichtung mit Hohlfläche im Mundstück,
b—d Flächendichtung mit Hohlfläche in Eingußbüchse:
b Kugeldichtung,
c Globoiddichtung,
d Konusdichtung,
e Kantendichtung

kann es jedoch auch vorkommen, daß sich an eine der beiden Dichtungsflächen ein Gießmetallbröckchen oder -tröpfchen ansetzt, das die Abdichtung verhindert. Ferner nimmt auch die Anpreßkraft, mit der die Gießform an das Mundstück angedrückt werden muß, mit wachsender Größe der Anlagefläche zu. Im allgemeinen wird die Anlagefläche bei niedrigschmelzenden Legierungen wesentlich kleiner bemessen als bei hochschmelzenden.

Meistens wird die konvexe Dichtungsfläche am Mundstück (*M*), die konkave an der Eingußmündung angeordnet (Abb. 146b—d). Bei Apparaturen für hochschmelzende Legierungen trifft man manchmal die umgekehrte Anordnung (Abb. 146a), so daß der (mechanisch etwas ungünstiger beanspruchte) konvexe Teil an der kälteren (und daher widerstandsfähigeren) Eingußbüchse sitzt. Als Baustoff für Mundstück und

Eingußbüchse kommen bei Flächendichtung für hochschmelzende Legierungen nur hochlegierte Sonderstähle in Betracht.

Hinsichtlich ihrer *Gestalt* können die Dichtungsflächen als Kegelstümpfe (Abb. 146d) oder als Kalotten ausgebildet werden; im letzteren Falle können die Kalotten globoidförmig (Abb. 146c) oder kugelig (Abb. 146a/b) gestaltet sein. Konische Dichtungsflächen sind am leichtesten herzustellen und nachzuarbeiten, sie dichten jedoch — ebenso wie Kantendichtung — nur bei genau zentrischer Lage ab und können schon durch eine ganz geringe gegenseitige Verschiebung von Mundstück- und Eingußachse zum Klaffen gebracht werden. Bei Formen mit geteiltem Einguß hat die Konusdichtung den weiteren Nachteil, daß das Mundstück die beiden Formhälften auseinanderzusprengen strebt. Bei Kalottendichtung treten diese Nachteile nicht auf, wenn die Kalotten so gestaltet sind, daß sie an den Mündungskanten ebene (oder nahezu ebene) Stirnflächen besitzen und die konkave Kalotte einen etwas größeren Krümmungsradius hat als die konvexe. Die letztere (in den Abbildungen stark übertrieben veranschaulichte) Maßnahme ist auch zu dem Zwecke geboten, um zu gewährleisten, daß die Eingußkalotte mit ihrer *Mündungskante* abdichtend anliegt und nicht etwa nur mit ihren äußeren Zonen. Ein völlig genaues Zusammenpassen der beiden Dichtungsflächen, das eine abdichtende Anlage über ihre ganze Breite hin gewährleisten würde, könnte (auch bei Aufwand erheblicher Sorgfalt und Kosten bei der Herstellung) im Betriebe wegen der ungleichmäßigen Erwärmung von Mundstück und Einguß doch nicht ständig aufrechterhalten werden.

Der Durchmesser e_m der Mundstückbohrung muß bei Kantendichtung stets merklich kleiner sein als der Durchmesser e der Eingußmündung. Bei Flächendichtung dagegen braucht der Durchmesser e_m der Mundstückbohrung bei ungeteiltem Einguß nur wenig schwächer zu sein als e (lediglich zur Vermeidung eines „Nietkopfes" am Eingußzapfen bei nicht genau zentrischer Lage); bei geteiltem Einguß[1] kann e_m bei Flächendichtung ebenso groß wie e oder auch etwas größer gewählt werden. Diese Möglichkeit, eine plötzliche, merkliche Querschnittserweiterung in der Strömungsrichtung zu vermeiden, bedeutet strömungstechnisch einen wesentlichen Vorteil[2].

Das Mundstück verursacht um so weniger Betriebsstörungen (durch Einfrieren oder Verstopfung), je größer der Durchmesser e_m seiner Bohrung ist. Daher sollte e_m in keinem Falle bei Zinnlegierungen unter

[1] Ein „Nietkopf" am Eingußzapfen ist bei geteiltem Einguß nicht schädlich, da er in diesem Fall nicht, wie bei ungeteiltem Einguß, zum Haftenbleiben des Eingußzapfens in der Form führt.

[2] Plötzliche Querschnittserweiterungen in der Strömungsrichtung sind deshalb besonders schädlich, weil an der Übergangsstelle von größerer zu geringerer Strömungsgeschwindigkeit stets große Stoßverluste auftreten.

2,5 mm, bei Zinklegierungen unter 4 mm und bei hochschmelzenden Legierungen unter 9 mm gewählt werden, auch wenn die im folgenden erörterten strömungstechnischen Gesichtspunkte eine geringere Bemessung zulassen würden. Hierdurch werden bei ungeteiltem Einguß zugleich auch dei Untergrenzen für den Durchmesser e der Eingußmündung vorgeschrieben.

Den leitenden Gesichtspunkt für die Gestaltung der Eingußöffnung liefert die Aufgabe, das Gießmetall an den Anschnitt, dessen Lage und Gestalt durch das Gußstück bedingt werden, mit möglichst geringen Strömungsverlusten heranzuführen. In dieser Hinsicht sind, wie schon früher (2.213) ausgeführt wurde, je nach der Art des Strömungsverlaufes zwei Fälle zu unterscheiden:

A) Die Strömungsverluste vor dem Anschnitt können am ehesten dann geringgehalten werden, wenn die Auffüllung des Formhohlraumes im wesentlichen erst nach der Vollfüllung der Eingußöffnung erfolgt, und wenn dabei die Strömungsgeschwindigkeiten vor dem Anschnitt durchweg klein sind. Zur Herbeiführung dieser günstigsten Verhältnisse muß man die Durchflußquerschnitte vor dem Anschnitt (insbesondere Mundstück- und Eingußbohrung) groß gegenüber dem Einströmquerschnitt f bemessen, dabei aber die Eingußöffnung so gestalten, daß sie das geringste, zur Erfüllung ihrer Funktion eben ausreichende Volumen erhält (da dieses neben dem Mundstückbohrungs- und dem Einströmquerschnitt die Vollfülldauer des Eingusses bestimmt). Es soll also, sofern das Gußstück verschiedene, sonst gleichwertige Arten der Anschneidung zuläßt, diejenige davon gewählt werden, die im allgemeinen die geringste Erstreckung des Ausschnittes (e_a in Abb. 129a) und den kleinsten Einströmungsquerschnitt f ergibt; ferner soll die Eingußbohrung so nahe als möglich[1] an den Formhohlraum gelegt und die Dicke des Gießlaufes nur so groß bemessen werden, als es zur Gewährung hinreichender Durchflußquerschnitte, zur Vermeidung übermäßiger Abkühlung des strömenden Metalls und zu einer für den Nachdruck hinreichenden Warmhaltung des Anschnittmetalls eben notwendig ist. Wenn man diese Regeln für die *Bemessung* in ausreichendem Maße erfüllen kann, so darf man erwarten, daß die Strömungsverluste vor dem Anschnitt keine erhebliche Bedeutung haben, sofern die *Gestalt* der Eingußöffnung in strömungstechnischer Hinsicht nicht besonders ungünstig ist. Umlenkungen im Einguß sind in diesem Falle wohl unbedenklich, sofern sie hinreichend ausgerundet sind.

B) Bei manchen Gußstücken ist es jedoch nicht möglich, die vorstehenden Bedingungen so weitgehend zu erfüllen, daß die Strömungsgeschwindigkeiten im Einguß während der Formauffüllung durchweg gering sind. Dies kommt namentlich bei besonders dünnwandigen,

[1] Eine wärmemäßige Beeinflussung des Formhohlraumes durch das Eingußmetall ist jedoch herabzumindern; deshalb sind in der Praxis bei der Verarbeitung hochschmelzender Metallegierungen auch größere Abstände zulässig, ja geboten.

sperrigen Gußstücken von geringem Gewicht gelegentlich vor, nämlich dann, wenn solche Gußstücke große Fließwege im Eingußsystem und einen sehr ausgedehnten Anschnitt (und damit ein großes f sowie ausgedehnte Gießläufe) erfordern, während zugleich die Zuflußquerschnitte bzw. die Durchmesser der Mundstück- und Eingußbohrung mit Rücksicht auf das Abfallgewicht in mäßigen Grenzen gehalten werden müssen. Dabei ist es manchmal unvermeidlich, daß der Formhohlraum zu einem beträchtlichen Teile vor der Vollfüllung des Eingusses aufgefüllt wird,und daß auch nach der Enigußvollfüllung die Strömungsgeschwindigkeit in den Zuläufen erheblich ist. In solchen Fällen besteht das einzige Mittel, zur Kleinhaltung der Strömungsverluste darin, die *Gestaltung* mit größter Sorgfalt so vorzunehmen, daß sie zur Entstehung von Reibungs- und Wirbelverlusten möglichst wenig Anlaß gibt, so daß die *Widerstandszahl*[1] möglichst gering wird. Von besonderer Wichtigkeit ist dabei die Vermeidung von scharfen Umlenkungen und erheblichen Erweiterungen, sowie von Aussprüngen und sonstigen Strömungshindernissen in der Eingußöffnung, und ferner die größte Sauberkeit und Glattheit ihrer Wandungen.

Es stehen somit für die Eingußgestaltung sehr verschiedene Gesichtspunkte im Vordergrunde, je nachdem, ob für ein Gußstück der Fall A) oder B) in Betracht zu ziehen ist. Dies muß in jedem Einzelfalle bei der Auswahl der Eingußart für ein Gußstück im Auge behalten werden. Allerdings sind die Voraussetzungen für Fall A) nur selten so weitgehend gegeben, daß die Einströmung vor Vollfüllung des Eingusses *ganz* zu vernachlässigen wäre. Daher empfiehlt es sich bei jeder Eingußart, soweit als nur möglich für die Vermeidung von Strömungshindernissen zu sorgen und die Eingußwandungen sauber auszuführen, so daß auf jeden Fall eine geringe Widerstandszahl gewährleistet ist. Bei der Verarbeitung von Metallegierungen auf Kaltkammer-Druckgießmaschinen (besonders mit waagrechter Druckkammer) sind Strömungshindernisse im Eingußsystem bei langsamer Formfüllung und der Fertigung von nicht ausgesprochen dünnwandigen Druckgußteilen durch die angewandten hohen spezifischen Gießdrücke nicht so ausschlaggebend wie bei den Warmkammer-Druckgießmaschinen.

Der wichtigste und kennzeichnende Unterschied der verschiedenen, im folgenden zu behandelnden Eingußarten liegt darin, ob die Eingußöffnung als „ungeteilter Einguß" durch die Eingußformhälfte hindurchgeführt oder als „geteilter Einguß" in die Formteilung (Trennfuge) zwischen beiden Formhälften eingearbeitet ist.

3.312 Der ungeteilte Einguß

Beim ungeteilten Einguß ist der Eingußzapfen stets ein massiver oder hohler Kreiskegelstumpf, der entweder als „indirekter Einguß" gesondert vom eigentlichen Gußstück angeordnet (Abb. 129—137) oder als „direk-

[1] Im Sinne der Hydraulik.

ter Einguß" unmittelbar auf das Gußstück aufgesetzt sein kann (Abb. 138 bis 143). Bei Druckgießformen für Kaltkammer-Maschinen mit waagrechter Druckkammer und senkrechter Druckkammer innerhalb der Form tritt an Stelle des Eingußzapfens der Gießrest mit dem Durchmesser des Druckkolbens bzw. der Druckkammer (Abb. 129m/n und o/p).

Zur Vermeidung einer übermäßigen Länge des Mundstückes (vgl. Abb. 59, in Tasche) kann man den die Eingußbohrung enthaltenden Formteil (die „Eingußbüchse" *B*) ein Stück weit über die Vorderkante der Eingußformhälfte *V* hinausragen lassen.

Der Eingußzapfen ist (mit einziger Ausnahme beim „Punktanguß" und der selten angewandten Konstruktion mit Abscherkern, Abb. 139) von der Mündung nach der Formteilung hin konisch erweitert, so daß

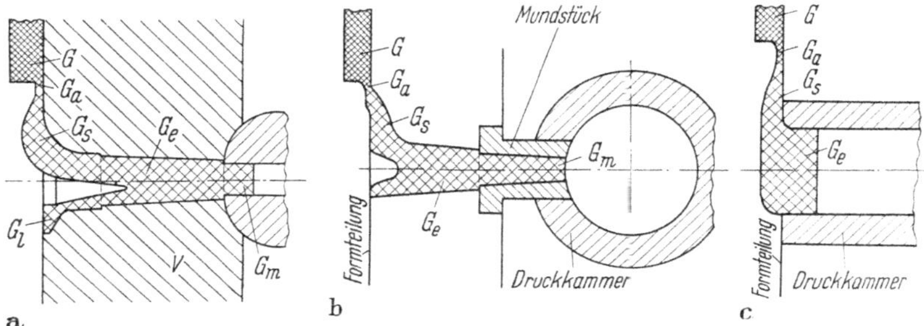

Abb. 147. Teil eines Druckgußstückes (*G*) mit Eingußmetall a bei Warmkammer-Druckgießmaschinen, b Kaltkammer-Druckgießmaschinen, senkrechte Druckkammer, außerhalb der Gießform, c bei Kaltkammer-Druckgießmaschinen, waagrechte Druckkammer, außerhalb der Gießform

er beim Öffnen der Form mit dem Gußstück zusammen aus der Eingußformhälfte nach hinten[1] zurückgezogen werden kann. Somit wird der zur Entfernung des Gußstückes erforderliche Öffnungsweg der Form von der Länge des Eingußzapfens beeinflußt. Diese Länge kann manchmal die der Eingußbohrung übersteigen, und zwar bei den Warmkammer-Druckgießmaschinen dadurch (Abb. 147a), daß infolge von zu niedriger Temperatur der Mundstückspitze auch in dieser nach dem Schusse Gießmetall erstarrt, das als zylindrischer Zapfen G_m vom Durchmesser der Mundstückbohrung vorn am eigentlichen Eingußzapfen G_e haftet. Ein ebenfalls schlank konischer Zapfen G_m entsteht bei den Kaltkammer-Druckgießmaschinen mit senkrechter außerhalb der Gießform liegender Druckkammer, dessen Länge von der Größe und Bauart der Druckkammer im Maschinenständer abhängig ist (Abb. 147b). Bei der Verarbeitung auf Kaltkammer-Druckgießmaschinen, waagrechte Druckkammer außerhalb der Gießform, entsteht dagegen das in Abb. 147c dargestellte Eingußmetall. Dies ist bei der Bemessung der Weglänge der Formenschließbewegung zu beachten.

[1] Von der Eingußmündung aus gesehen.

Indirekter Einguß. Der indirekte Einguß (Abb. 129—137) ist die im Vergleich zum direkten häufiger angewandte und bei mehrfacher Einformung die allein mögliche Ausbildungsart des ungeteilten Eingusses. Sein kennzeichnendes Merkmal besteht darin, daß das Metall im Gießlauf E_s eine Umlenkung um 90° erfährt. Nach der Lage der Eingußbohrung E gegenüber dem Formhohlraum für das eigentliche Gußstück kann man drei Anordnungsarten des indirekten Eingusses unterscheiden.

Bei Anordnungen nach Abb. 129, die grundsätzlich für Gußstücke jeglicher Gestalt anwendbar (wenn auch nicht immer gleich vorteilhaft) sind, sitzt die Eingußbohrung E außerhalb des Gußstückes; Gießlauf E_s und Anschnitt E_a liegen an der Formteilung und können an jede beliebige Stelle des äußeren Gußstückumfanges in der Formteilung herangeführt werden. Der Anschnitt kann in beliebiger Weise ausgebildet werden; in der Regel erhält er jedoch die Gestalt einer breiten kurzen Rinne, so daß das Anschnittmetall am Rohgußstück die Gestalt eines langgestreckten, schmalen Bandes hat („bandförmiger" Anschnitt).

Bei den Anordnungen nach den Abb. 130, 131 und 132, die nur für Gußstücke mit einer größeren, durchgehenden Aussparung anwendbar sind, wird der Eingußzapfen innerhalb dieser Aussparung angeordnet. Auch in diesem Falle liegen Gießlauf E_s und Anschnitt E_a an einer Trennfuge. Der Gießlauf kann entweder so gestaltet sein (Abb. 130), daß er das Gießmetall nur an einzelnen Stellen an den Umfang der Gußstückaussparung heranführt, oder er kann als Rotationskörper ausgebildet sein (Abb. 131 und 132), so daß das Gußstück auf dem ganzen Umfang seiner Aussparung angeschnitten wird. Diese „innen liegenden" indirekten Eingüsse werden insbesondere bei Gußstücken, deren Gestalt im wesentlichen der Grundform eines Ringkörpers oder kastenartigen Teiles nahekommt, oftmals mit Vorteil angewandt; sie gestatten jedoch keine mehrfache Einformung. Die bisher besprochenen Eingußarten erlauben, die Erstreckung des Anschnittes und seinen Querschnitt, d. h. den Einströmquerschnitt f, innerhalb weiter Grenzen zu bemessen, so daß seine Größe in jedem Einzelfalle nach gießtechnischen Gesichtspunkten zweckmäßig gewählt werden kann. Ebenso hat man auch weitgehende Freiheit zu zweckmäßiger Bemessung der Einguß- bzw. Zuflußquerschnitte.

Zur Loslösung des Eingußzapfens bzw. des Gießrestes bei Kaltkammer-Maschinen aus der Eingußformhälfte beim Öffnen ist ein bestimmter Kraftaufwand erforderlich, dessen Größe von der Art der Gußlegierung und von der Beschaffenheit der Eingußbohrung abhängt. Wenn diese Kräfte auf den Eingußzapfen von dem eigentlichen Gußstück her durch das dünne (beim Öffnen meistens noch plastische) Anschnittmetall G_a hindurch übertragen werden sollten, würde dieses, insbesondere bei Anordnungen nach Abb. 129 oder 130 (namentlich bei hochschmelzenden Legierungen) der Scher- und Biegungsbeanspruchung nicht gewachsen sein, sondern reißen. Dabei würde der Eingußzapfen in der Eingußformhälfte verbleiben und u. U. auch das Gußstück verbogen werden. Daher müssen besondere Mittel vorgesehen werden, um den Eingußzapfen beim Öffnen in der Auswerfformhälfte festzuhalten. Der indirekte, außenliegende Einguß nach Abb. 129 m/n macht eine Ausnahme, da hier angenommen wird, daß beim Öffnen der Gießform durch den Druckkolben der Gießrest wenigstens ein Stück weit beim Anhub „nachgeschoben" wird und damit der Eingußzapfen bzw. Gießrest in der Auswerfformhälfte haften bleibt.

Als ein derartiges Mittel wird nun meistens ein in die Eingußbohrung hineinragender „*Eingußverteilerkern*" (in verschiedenen Formzeichnungen, in denen er als besonderer Formteil ausgebildet ist[1] mit K bezeichnet) in der Auswerfformhälfte angeordnet, auf den der Eingußzapfen aufschrumpft. Dieser Verteilerkern kann entweder starr (Abb. 129a—c und k/l) oder beweglich[2] (Abb. 129f/g, 130 und 131) sein. Im ersten Falle werden zum Abstreifen des Eingußzapfens beim Auswerfen meistens einige an seiner Grundfläche oder am Gießlauf angreifende Auswerfstifte (A_k) angeordnet; hierzu wird bei außenliegendem Einguß der Eingußzapfen meistens am Fuße mit Lappen (G_l) als Angriffsflächen für die Auswerfstifte versehen.

Verteilerkern und Eingußbohrung müssen so gestaltet sein, daß der Durchflußquerschnitt an keiner Stelle gedrosselt ist. Wird dieser Forderung genügt und der Durchflußquerschnitt groß im Vergleich zum Einströmquerschnitt f bemessen, so ist die Anordnung eines Verteilerkernes nach Abb. 129a—c, 129f/g oder k/l bei Formen, deren Auffüllung im wesentlichen nach Vollfüllung des Eingusses erfolgt (Fall A auf S. 198) strömungstechnisch unbedenklich. Von diesen beiden Ausführungsarten ergibt die nach Abb. 129f/g ein festeres Aufschrumpfen des Eingußzapfens; günstigere Strömungsverhältnisse dagegen ergibt die Ausführung nach Abb. 129a—c, bei welcher der Verteilerkern auf der Durchflußseite bis unterhalb Mitte abgeflacht ist, so daß er die Gestalt einer Zunge (eines „Kegelhufes") hat.

Der Verteilerkern hat die Aufgabe, das strömende Metall zu verteilen bzw. umzulenken. Bei einer erforderlichen Richtungsänderung (meist 90°) ist ein Zerstäuben und Wirbelbildung zu vermeiden. Vielfach wird durch den Verteilerkern der zuerst kreisrunde Eingußquerschnitt allmählich in einen kreisringförmigen für die Verteilung in den Gießlauf umgewandelt. Durch die allseitige Umspülung mit flüssigem Metall ist der Verteilerkern sehr stark beansprucht. Er sollte aus diesem Grunde eine möglichst einfache Gestalt besitzen, leicht auswechselbar und zugänglich

---

[1] D. h. in denen er nicht, wie z. B. in Abb. 138, auf einen zur Erzeugung eines Gußstückhohlraumes dienenden Kern aufgesetzt ist.

[2] Vgl. auch z. B. Abb. 59, 68 und 70.

ausgebildet sein. (Aus den verschiedenen Bildern von Druckgießformen ist dies ohne weiteres zu entnehmen.)

Bei solchen Formen, die im Einguß Durchflußquerschnitte von gleicher Größenordnung wie f aufweisen bzw. zu erheblichem Teile vor der Vollfüllung des Eingusses aufgefüllt werden (Fall B auf S. 198/199) ist es zur Vermeidung jeglicher Querschnittsverengung bei Druckgießformen für die Verarbeitung von niedrigschmelzenden Schwermetall-Legierungen oft zweckmäßig, gemäß Abb. 129d/e anstatt eines Verteilerkernes eine ganz kurze Büchse (K_h) im Gießlauf anzuordnen, auf welche der Eingußzapfen aufschrumpft. Zum Ablösen dient ein durch die Büchse hindurchgehender Auswerfstift A_k. In manchen Fällen endlich wird auf jeden derartigen „Aufschrumpfkern" verzichtet und die Mitnahme des Eingußzapfens beim Öffnen durch andere Mittel bewirkt, z. B. dadurch (Abb. 129h/i), daß der Gießlauf mit Aussparungen für zylindrische Schrumpfzapfen G_z versehen wird, an deren Stirnflächen besondere Auswerfer (A_k) angreifen. Bei innenliegendem Einguß mit allseitiger Anschneidung wird bei Formen für Zinnlegierungen manchmal die Mitnahme des Eingußzapfens lediglich durch seine Haftung am Gußstück bewirkt (Abb. 132). In diesem Falle wird nur eine ganz kleine Verteilerspitze angeordnet, die lediglich zur sanften Umlenkung des Metallstromes dient.

Für Gußstücke, deren Gestalt dem Grundtypus eines Hohlzylinders[1] nahekommt, ist oftmals die in Abb. 137 dargestellte, eigenartige Eingußanordnung („Krageneinguß") sehr vorteilhaft. Dabei wird der Gießlauf E_s dicht neben dem eigentlichen Formhohlraum als ein kräftiger, den Bohrungskern K_1 umgebender Ringhohlraum („Kragen") angeordnet[2] und mit dem Formhohlraum durch einen ringspaltförmigen Anschnitt E_a verbunden. Die Eingußbohrung E kann bei einfacher Einformung unmittelbar auf den ringförmigen Gießlauf, und zwar entweder zentrisch, wie in Abb. 137a/b, oder seitlich versetzt, wie in Abb. 137c/d, aufgesetzt werden. Die letztere Anordnung ergibt eine geringere Beanspruchung des Formbaustoffes, da hierbei die senkrechte Beaufschlagung des Kernes vermieden und das Formmaterial vom Metallstrahl vorwiegend streichend berührt wird. Der von dem Gießlauf E_s umgebene Teil des Bohrungskernes K_1 wird zweckmäßig konisch ausgeführt, damit er, auch wenn er etwas schadhaft geworden ist, sich leicht vom Einguß bzw. Gußstück ablöst. Bei mehrfacher Einformung wird die Eingußbohrung gesondert angeordnet und mit den ringförmigen Gießläufen der einzelnen Form-

[1] Oder eines Hohlprismas, da der „Krageneinguß" grundsätzlich natürlich auch an Kernen von anderem als kreisförmigem Querschnitt angeordnet werden kann.

[2] Bei größeren Bohrungskernen K_1 bringt eine Unterbrechung des „Ringhohlraums", symmetrisch zum Einlauf angeordnet, bessere Ergebnisse, da diese Unterbrechung einen tangentialen Fluß des Gießmetalls im Gießlauf verhindert.

hohlräume durch längs der Formteilung verlaufende Kanäle verbunden (vgl. Abb. 328). Die Mitnahme des Eingußzapfens G_e beim Öffnen der Form muß bei Anordnungen nach Abb. 137a/b und 137c/d lediglich durch seine Haftung am Gießlauf G_s bewirkt werden. Wenn auch die Mitnahme des letzteren durch den Bohrungskern sicher gewährleistet ist, so besteht doch die Gefahr, daß der Eingußzapfen „in sich" reißt und der vordere Teil in der Eingußbohrung zurückbleibt. Daher muß zur Vermeidung dieser Gefahr bei dieser Eingußart besonders für eine ständige, tadellose Sauberhaltung der Eingußbohrung und für eine kräftige Eingußkühlung gesorgt werden.[1]

Die Anwendung dieser Eingußart ist auf solche Gußstücke beschränkt, die an einer unter strömungstechnischen Gesichtspunkten geeigneten Stelle einen längs der Trennfuge verlaufenden Formhohlraum besitzen, dessen Umfang die Ausbildung eines hinreichend großen Einströmquerschnittes gestattet, also vorwiegend auf Hohlkörper, die sich vornehmlich in der Achsrichtung ihres Haupthohlraumes erstrecken. Für solche Gußstücke von vorwiegend „rohrförmiger" Gestalt, die senkrecht zu dieser Achsrichtung weder stark abgesetzt sind noch längere Lappen oder Ansätze haben, ist der „Krageneinguß" meistens als eine geeignete Eingußart anzusehen (vgl. auch Ausführungen über die Lage des Anschnittes).

Der ungeteilte, indirekte Einguß erfordert bei den Kaltkammer-Druckgießmaschinen oft besondere Maßnahmen. So sind aus den Abb. 135 und 136 einige Gestaltungen ersichtlich. Die Ausbildung nach Abb. 134 setzt eine im Gußstück vorhandene genügend große, durchgehende Aussparung oder Bohrung voraus, während bei der senkrechten, außenliegenden Druckkammer (Abb. 133) eine zentrale Anschneidung in jeder nur denkbaren Weise möglich ist, ohne daß das „Vorlaufen" des Druckgußmetalls bereits beim Einschöpfen in die Druckkammer befürchtet werden muß.

Der direkte Einguß. Der direkte Einguß (Abb. 138—143) wird unmittelbar auf das Gußstück aufgesetzt, und zwar entweder so, daß der Anschnitt in der Verlängerung des Eingußzapfens liegt oder beim sogenannten „Punktanguß" durch einen bestimmten dahinterliegenden Querschnitt, so daß das Gießmetall vor seiner Einströmung in den eigentlichen Formhohlraum keine Umlenkung erfährt. In der Regel wird er über einer durchgehenden Bohrung des Gußstückes so angeordnet (Abb. 138), daß der Anschnitt E_a die Gestalt eines sehr kurzen, schwachwandigen Hohlzylinders erhält. Zu diesem Zwecke wird die Eingußbohrung E gegenüber einem in der Auswerfformhälfte sitzenden, durchgehenden Bohrungskern K_1 mit diesem fluchtend angeordnet und so bemessen, daß ihr Radius am Gußstück um die Spaltbreite d des Anschnittringspaltes größer ist als der des Kernes K_1. Auf diesem Kern

[1] Auch eine Kühlung des umspülten Bohrungskerns ist vorteilhaft.

sitzt eine Verteilerspitze, die so auszubilden ist, daß sie die Mitnahme des Eingußzapfens beim Öffnen sichert und dem Gießmetall bis an den Anschnitt heran einen reichlichen Durchlaßquerschnitt darbietet.

Bei dieser Eingußart hängt die Größe des Einströmquerschnittes f vornehmlich vom Durchmesser der angeschnittenen Bohrung ab, da auch hier normalerweise[1] die Spaltbreite d des Anschnittes gering gehalten werden muß. Darüber hinaus begrenzt dieser Bohrungsdurchmesser beim direkten Einguß (wegen der erforderlichen Verjüngung des Eingußzapfens) auch die Größe der Eingußmündung und der Mundstückbohrung, bzw. bei bestimmten Kaltkammer-Druckgießmaschinenarten sogar die Größe des Druckkammer-Durchmessers (vgl. Abb. 135, in bezug auf Anbindung nach Art der Abb. 138).

Daher ist auch der direkte Einguß nur für eine bestimmte Klasse von Gußstücken anwendbar, nämlich für solche, die an einer zur Anschneidung geeigneten Stelle eine zur Formenschließrichtung parallele, durchgehende Bohrung besitzen, deren Durchmesser die Ausbildung eines hinreichend großen Einströmquerschnittes und die Anwendung bei Warmkammer-Druckgießmaschinen eines Mundstückes, und bei Kaltkammer-Druckgießmaschinen einer Druckkammer von genügender Bohrung gestattet. Für derartige Gußstücke, namentlich für solche, deren Gestalt sich dem Typus eines nicht zu langen Rotationskörpers nähert, wird der direkte Einguß oftmals mit Vorteil angewandt; er ist in solchen Fällen meistens dem außenliegenden, indirekten Einguß vorzuziehen, sofern nicht mehrfache Einformung verlangt wird. Ein besonderer Vorteil dieser Eingußart liegt darin, daß (infolge des Fehlens eines eigentlichen Gießlaufes) die Vollfüllzeit der Eingußöffnung verschwindend gering ist und die Strömungsverluste vor dem Anschnitt sehr klein sind.

In manchen Fällen — bei Gußstücken, die infolge ihrer Gestalt keine andere Art der Anschneidung gestatten (Abb. 140) — wird der Eingußzapfen als Vollkegelstumpf unmittelbar auf das Gußstück aufgesetzt, so daß der Einströmquerschnitt f die Gestalt einer Kreis- oder Ellipsenfläche erhält. Die Mitnahme des Eingußzapfens aus der Eingußformhälfte erfolgt dabei lediglich durch seine Haftung am Gußstück. Es sei jedoch ausdrücklich erinnert, daß diese Ausführung immer bedenklich ist, sofern mit hoher Einströmgeschwindigkeit w gearbeitet wird. Meistens kann dabei nicht verhindert werden, daß im Gußstück Luftblasen enthalten sind. Daher ist mit dieser Eingußart eine hinreichende Dichtheit nur bei massigen, unkomplizierten, durchweg starkwandigen Gußstücken erzielbar, bei denen die Erstarrung gänzlich unter der Einwirkung eines hohen Nachdruckes erfolgen kann. Nur bei derartigen Gußstücken und nur bei Anwendung eines solchen hohen Nachdruckes ist diese Eingußart zulässig, jedoch können die Mängel bei Anwendung

[1] D. h. bei hoher Einströmgeschwindigkeit w.

des sogenannten „Punktangusses“ (z. B. Abb. 141 und 142) auf der Kaltkammer-Druckgießmaschine[1] weitgehend herabgemindert werden. Hier kann wieder — wenn auch örtlich begrenzt — der günstigste Einströmquerschnitt f bestimmt werden. Er braucht nicht nur ein „Punkt“ zu sein. Diese Eingußart wird bei „pfannenartigen“ Teilen mit Abmessungen über etwa 200 mm ⌀ mit Vorteil verwendet. Durch sie wird auch der Eingußzapfen bzw. Gießrest zugleich mit abgeschert, wie aus den Abb. 141 und 142 ohne weiteres ersichtlich. Dabei muß in jedem Falle die vom Metallstrahl beaufschlagte Stelle der Form intensiv gekühlt werden, um Wärmestauungen (und damit Außenlunker usw.) zu vermeiden (siehe Kühlwasserrohre l_1 und l_2 in Abb. 140).

Der Einguß mit Abscherkern. In Formen für niedrigschmelzende Legierungen wird die Eingußbohrung manchmal von der Mündung nach dem Anschnitt hin verjüngt, so daß der Eingußzapfen aus der Eingußformhälfte nach vorn entfernt werden muß (Abb. 139). In diesem Sonderfalle wird anstatt eines Verteilers ein scharfkantiger Abscherkern K_s vorgesehen, dessen Durchmesser genau gleich dem kleinsten Durchmesser des Eingußzapfens G_e ist. Der Abscherkern steht in der Gießstellung so weit von der Eingußformhälfte ab, daß er dem Metall einen schmalen Spalt von der Gestalt eines sehr kurzen Zylindermantels als Einströmquerschnitt freiläßt. Nach dem Gusse wird K_s (bei geschlossener Form) zunächst nach vorn bewegt, wobei er den Eingußzapfen abschert und nach vorn auswirft, (ein entsprechender Abreißhub vorrausgesetzt,) dann wird er aus dem Gußstück zurückgezogen, worauf die Form geöffnet und das Gußstück in der üblichen Weise entfernt werden kann.

Bei dieser Konstruktion darf der Kern K_s weder abgesetzt noch verjüngt sein, da er sonst nicht vorgestoßen werden könnte. Sie kommt somit nur für Gußstücke aus niedrigschmelzenden Legierungen mit verhältnismäßig kurzer Bohrung in Betracht.

Bei allen Ausführungsarten des ungeteilten Eingusses hängt die Betriebsbrauchbarkeit davon ab, daß die Loslösung des Eingußzapfens aus der Eingußformhälfte beim Öffnen der Form sicher gewährleistet ist. Bei schlechter Konstruktion und ungenügender Wartung ist das Reißen des Eingußzapfens im Anschnitt oder „in sich“ und das Hängenbleiben des abgerissenen Teiles in der Eingußformhälfte eine für den ungeteilten Einguß typische Betriebsstörung, die namentlich dann sehr lästig werden kann, wenn der Eingußzapfen in der Eingußformhälfte nicht nur mechanisch haftet, sondern stellenweise „angelötet“ ist. Dies kommt insbesondere bei den hochschmelzenden Leichtmetall-Legierungen, gelegentlich auch bei Zinklegierungen vor, und zwar infolge von zu geringer Härte oder ungenügender Kühlung des den Einguß enthaltenden

[1] Der Punktanguß ist jedoch auch auf der Warmkammer-Druckgießmaschine bei entsprechender Ausbildung der Gießform anwendbar.

Formmaterials, oder von zu hoher Temperatur des Gießmetalls, oder endlich von ungenügender Glätte der Eingußbohrung.

Die Vermeidung von Störungen gelingt nur bei richtiger Konstruktion und Herstellung und ständiger, sorgfältiger Überwachung und Wartung des Eingusses im Betriebe. Zunächst muß der Einguß hinreichend konisch bzw. bei direkt einmündender Druckkammer entsprechend sauber und glatt sein und mit den schon besprochenen Mitteln zur Festhaltung in der Auswerfformhälfte versehen werden. Ferner muß durch richtige Auswahl und Warmbehandlung des den Einguß enthaltenden Formmaterials dafür gesorgt werden, daß dieses zwar hinreichend hart ist, um „Anlöten" zu verhindern, jedoch dabei keine zu große Sprödigkeit besitzt, die die Entstehung von Haarrissen fördert. Weiter muß für eine gute Eingußkühlung gesorgt werden, und zwar nicht nur zur Verhinderung des „Anlötens", sondern auch deshalb, weil die Gefahr, daß der Eingußzapfen „in sich" reißt, um so geringer ist, je weiter er bis zum Öffnen der Form bereits abgekühlt ist. Daher werden bei Formen für hochschmelzende Legierungen nicht nur die Formplatten, sondern auch die Eingußbüchsen und auch die Druckkammer selbst gekühlt; sie erhalten zu diesem Zwecke gewöhnlich Kühlbohrungen (l_k in den verschiedenen Bildern), bei großen Abmessungen auch manchmal langgestreckte Kühlmäntel (l_m in Abb. 59), durch welche das Kühlmittel zirkuliert. Bei Formen für niedrigschmelzende Legierungen reicht die Kühlung der Formplatten gewöhnlich dazu aus, auch die Eingußkühlung mit zu bewirken, so daß die Eingußbüchsen selbst meistens keine Kühlbohrungen haben müssen.

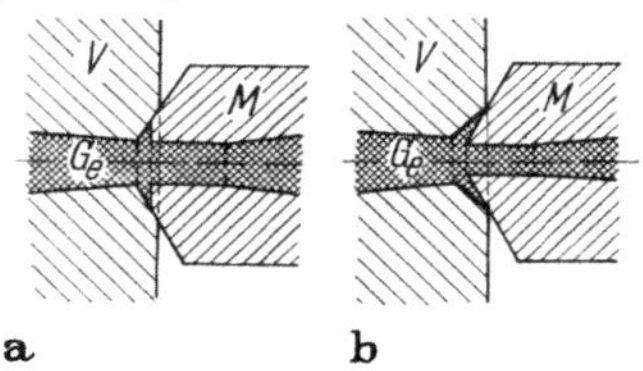

Abb. 148. „Nietkopfbildung" am Eingußzapfen (G_e) infolge fehlerhafter Anlage des Mundstückes (M) an Dichtungsfläche der Eingußmündung der Gießform (V)

Im Betriebe muß für gute Instandhaltung der Mündung und der Wandung der Eingußbohrung besonders bei Warmkammer-Druckgießmaschinen gesorgt werden. Ferner muß besonders darauf geachtet werden, daß die Eingußdichtung mit der *Mündungskante* am Mundstück anliegt. Wenn dies infolge zu großen Bohrungsdurchmessers des Mundstückes (Abb. 148a) oder infolge unrichtigen Zusammenpassens der Dichtungsflächen (Abb. 148b) nicht der Fall ist, so erhält der Eingußzapfen vorn einen Grat (einen sogenannten „Nietkopf"), durch den er beim Öffnen in der Eingußformhälfte festgehalten wird, so daß er abreißt.

Ein Hängenbleiben des Eingußzapfens kann ferner auch durch Unsauberkeit oder Rauhigkeit der Eingußbohrung bewirkt werden, die sich im Verlaufe des Betriebes einstellt. Bei niedrigschmelzenden Legierungen erhält die Wandung der Eingußbohrung allmählich einen rauhen Beschlag und, namentlich bei ungehärtetem Formmaterial, auch kleine Haarrisse, wodurch bei der geringen Warmfestigkeit dieser Metall-Legierungen bereits ein Abreißen des Eingußzapfens bewirkt werden kann. Bei hochschmelzenden Legierungen bilden sich in den Wandungen der Eingußbohrung schon nach kürzerer Benutzungsdauer infolge der hohen thermischen Wechselbeanspruchung des Formmaterials tiefere Risse, in denen der Metallgrat wie in Fugen haften kann.

Zur Behebung der im Betriebe eintretenden Schädigungen muß die Eingußbohrung öfters gesäubert, auch von Zeit zu Zeit nachgearbeitet werden; ebenso bedarf die Dichtungsfläche oder -kante an der Mündung öfterer Überholung.

Manchmal ragt die Eingußbüchse nur ein Stück weit in die Eingußformhälfte hinein[1], so daß sie nur das thermisch am stärksten beanspruchte vordere Stück der Eingußbohrung enthält, während der übrige Teil der Eingußbohrung mit dem Übergang zum Gießlauf in die Formplatte der Eingußformhälfte selbst eingearbeitet ist. In diesem Falle muß zur Vermeidung einer Gratbildung, die die Entfernung des Eingußzapfens erschweren würde, Vorsorge getroffen werden, daß die Eingußbüchse in der Gießstellung durch die Anpressung an das Mundstück bzw. die Druckkammer mit ihrer hinteren Stirnfläche fest an ihre Sitzfläche in der Eingußformhälfte angedrückt wird. Dies wird dadurch bewirkt, daß die Länge l_e des Paßteiles der Eingußbüchse etwas größer bemessen wird als die Länge l_b ihrer Aufnahmebohrung in der Formplatte, so daß der vordere Bund der Eingußbüchse keine Anlage hat (s. Abb. 137a, 138 auch 133 in bezug auf Dichtungfläche F_d).

Wenn dagegen die Eingußbüchse durch die Eingußformhälfte gänzlich bis zur Trennfuge bzw. Formteilung hindurchgeht (wie z. B. in Abb. 130b), so muß ihr in der Eingußformhälfte sitzender Paßteil ein klein wenig kürzer sein als dessen Aufnahmebohrung, damit die Eingußbüchse mit Sicherheit nur mit ihrem Bund vorn an der Eingußformhälfte anliegt. Würde sie anstatt dessen mit ihrer hinteren Stirnfläche an der Auswerfformhälfte anliegen, so würde die vom Mundstück ausgeübte Kraft die Formplatten auseinanderzudrücken streben. Durchgehende Eingußbüchsen haben den Vorteil, daß die gesamte Eingußbohrung in auswechselbarem Material liegt; dem stehen jedoch die Nachteile gegenüber, daß solche Eingußbüchsen auch die Aussparungen für den Übergang zum Gießlauf enthalten müssen[2] und daß die quer über den Gießlauf verlaufende Einsatzfuge nicht besonders günstig sein kann (vgl. 3.21). Trotzdem werden vielfach durchgehende Eingußbüchsen wegen Vermeidung jeglichen „Quergrates" bevorzugt.

[1] Bei manchen Konstruktionen nur so weit, wie es zur Zentrierung gerade notwendig ist (siehe z. B. Abb. 129 und 137).

[2] Vielfach können jedoch die Gießläufe ausschließlich in die Auswerfformhälfte gelegt werden, wodurch sich eine glatte bis zur Formteilung durchgehende Eingußbüchse ergibt.

3.313 Der geteilte Einguß

Beim geteilten Einguß ist bei Warmkammer-Druckgießmaschinen die Eingußbohrung in beide Formhälften (in jede einzelne als Rinne von halbkreisförmigem Querschnitt), der übrige Teil der Eingußöffnung entweder in beide oder häufiger nur in eine der beiden Formplatten eingearbeitet (Abb. 65 und 144/1). Bei der immer seltener werdenden Verarbeitung auf Kaltkammer-Druckgießmaschinen, senkrechte Druckkammer innerhalb der Gießform, ist die zweiteilige Druckkammer quasi als Eingußbohrung aufzufassen (vgl. Abb. 145). Der Gießlauf E_s ist gewöhnlich als gerade, sich nach beiden Seiten verbreiternde Fortsetzung der Eingußbohrung E ausgebildet, so daß das Metall ohne nennenswerte Umlenkung aus dem Mundstück bzw. der Druckkammer durch die Eingußöffnung in den Formhohlraum gelangt. Bei hohlzylindrischen Gußstücken kann der Gießlauf auch in einer der Abb. 137 entsprechenden Art als ein Ringhohlraum ausgebildet werden.

Beim Öffnen der Form muß der Anguß sich aus der Eingußformhälfte lösen und in der Auswerfformhälfte haften, aus der er dann mit dem Gußstück zusammen ausgeworfen wird. Wenn er in der Eingußformhälfte haften bleibt, kann hierdurch das Gußstück verbogen werden. Ein solches Hängenbleiben kann entweder dadurch bewirkt werden, daß das Gießmetall „anlötet", oder dadurch, daß die Eingußwandungen, infolge von Auswaschung oder von Rißbildung „unter sich gehende" Stellen enthalten, wie sie beim Vergießen hochschmelzender Legierungen mit der Zeit auftreten. Namentlich Längsrisse können ein Hindernis für die Ablösung des Eingußzapfens bilden. Um die Haftung des Eingußzapfens in der Auswerfformhälfte zu sichern, kann ein Schrumpfzapfen (G_z in Abb. 144/1) vorgesehen oder die betreffende Eingußrinne ein wenig unter sich gearbeitet werden. Das letztere Mittel ist jedoch mit Vorsicht anzuwenden, damit der Anguß beim Auswerfen keinen zu großen Widerstand leistet.

Die Verlegung der Eingußöffnung in auswechselbare Formeinsatzteile und deren Auswechslung sind beim geteilten Einguß nicht ganz so einfach wie beim ungeteilten. Denn dazu sind in diesem Falle *zwei* Einsatzstücke (für jede Formhälfte eines), und zwar in Gestalt von Klötzen oder Backen, erforderlich, die zur Vermeidung störender Gratbildung genau eingepaßt und mit Schrauben und Paßstiften in den Formplatten befestigt werden müssen.

Freilich hat die Anordnung auswechselbarer Eingußformteile beim geteilten Einguß nicht entfernt so große Bedeutung wie beim ungeteilten. Während bei diesem jede noch so kleine Beschädigung oder Unsauberkeit der Eingußbohrung zum Hängenbleiben des Eingußzapfens in der Eingußformhälfte führen kann, tritt diese Gefahr beim geteilten

Einguß erst bei sehr beträchtlicher Abnutzung der Eingußwandungen auf; auch dann veranlaßt sie keine Betriebsstörung, sondern allenfalls eine Beschädigung des betreffenden Gußstückes. Da ferner die Eingußöffnung beim Öffnen der Form freigelegt wird, kann sie meistens ohne Auseinanderbau gereinigt oder nachpoliert werden. Daher wird bei Formen mit geteiltem Einguß nicht selten auf die Anwendung auswechselbarer Eingußformteile verzichtet.

Die Abdichtung der Formplatten gegeneinander und die der Eingußmündung gegen das Mundstück bzw. die Druckkammer ist beim geteilten Einguß weniger zuverlässig als beim ungeteilten. Die Dichtungsflächen in der Formteilung, die das Durchspritzen des Gießmetalls verhindern sollen, sind in der Nähe der Eingußmündung sehr schmal, während dort das frisch aus dem Mundstück oder der Druckkammer kommende Metall die höchste Temperatur hat und unter hohem Druck steht. Somit genügt schon ein ganz geringes Klaffen der Formplatten an der Mündung, um das heiße Metall hindurchspritzen zu lassen. Wenn sich dabei ein Metallbelag auf den Formplatten „festlötet“ (was in der Nähe des Eingusses durchaus möglich ist), so kann dies beim nächsten Schusse zu weiterem Klaffen und stärkerem Hindurchspritzen führen, so daß nach kurzer Zeit die Dichtungsflächen einer gründlichen Überholung bedürftig werden. In der gleichen ungünstigen Richtung wirkt der durch den Druckkolben hervorgerufene Gießdruck, der bei einer Fertigung nach Abb. 145 in der Formteilungsebene ungünstige Kräfte erzeugt, so daß beide Formhälften in der Gießstellung entsprechend verkeilt sein müssen (erfolgt meist durch sogenannte Paßbolzen, vgl. Abb. 145). Gleichzeitig hat jedes Sperren der Formplatten die Folge, daß die Eingußmündung bzw. die Druckkammer eine genaue Kreisform verliert und nicht mehr völlig gegen das Mundstück und den Druckkolben abdichtet.

Nur erwähnt sei hier eine eigenartige, bei Warmkammer-Druckgießmaschinen und Formen für niedrigschmelzende Legierungen in Sonderfällen gelegentlich angewandte Ausführungsart des geteilten Eingusses (Abb. 144/2), bei der die Mundstücköffnung (M') und die Eingußmündung eine längliche, der Breite des Gußstückes entsprechende Gestalt erhalten. In diesem Falle muß das Mundstück mit einer breiten, ebenen Stirnfläche versehen werden, die zur Abdichtung stumpf an der gleichfalls ebenen Stirnfläche der Eingußmündung anliegt. Diese Ausführungsart ergibt eine strömungstechnisch besonders günstige Gestaltung der Eingußöffnung; sie hat jedoch den Nachteil, daß die Abdichtung zwischen Mundstück und Einguß wenig zuverlässig ist. Daher kommen derartige Ausführungen vornehmlich bei solchen Sonderanwendungen vor, bei denen mit sehr niedrigen Drücken gearbeitet wird, z. B. bei Setzmaschinen, bei denen der Gießdruck etwa 3—6 kp/cm² beträgt. Bei den eigentlichen Druckgießverfahren dagegen, bei denen der Gießdruck wesentlich höher liegt, kommt die Anwendung von länglichen Eingußmündungen nur ausnahmsweise in Betracht.

3.314 Gegenüberstellung des ungeteilten und des geteilten Eingusses

In strömungstechnischer Hinsicht ist bei „bandförmigem" Anschnitt die Gestaltung der Eingußöffnung beim geteilten Einguß im allgemeinen günstiger als beim ungeteilten. Diesem Umstande kommt bei solchen Formen, deren Auffüllung vornehmlich nach der Vollfüllung der Eingußöffnung und mit geringen Strömungsgeschwindigkeiten vor dem Anschnitt erfolgt (Fall A auf S. 198), keine ausschlaggebende Bedeutung zu; in solchen Fällen steht der ungeteilte Einguß bei richtiger konstruktiver Durchbildung dem geteilten *praktisch* nicht nach. Anders ist es bei Formen, deren Auffüllung zu einem beträchtlichen Teile vor der Vollfüllung des Eingusses erfolgt; für solche Formen ist oftmals ein geteilter Einguß vorzuziehen. Für ganz besonders schwierige Fälle dieser Art kann bei niedrigschmelzenden Legierungen mitunter die Ausführungsart nach Abb. 144/2 am Platze sein.

Die vom Schmelz- bzw. Warmhaltebehälter ausgestrahlte Hitze bei Warmkammer-Druckgießmaschinen wirkt bei Formen mit ungeteiltem Einguß vornehmlich auf die Eingußformhälfte und nur sehr wenig auf die Auswerfformhälfte. Diese (verhältnismäßig gleichmäßige, besonders bei Druckgießmaschinen mit senkrechter Formbewegung) Wärmezustrahlung zur Eingußformhälfte kann durch eine entsprechende Anordnung der Kühlung weitgehend ausgeglichen werden. Da sich ferner die Mehrzahl aller beweglichen Teile in der Auswerfformhälfte befindet, ist diese Art der Wärmebeanspruchung nicht ungünstig.

Bei Formen mit geteiltem Einguß ist die thermische Beanspruchung weit ungünstiger. Beide Formplatten sind an der Eingußseite der Wärmestrahlung vom Schmelzbehälter her ausgesetzt. Sie erfahren somit eine ungleichmäßige Erwärmung, die beim Vergießen hochschmelzender Legierungen das Entstehen von Verziehungen und das Fressen der beweglichen Teile in den Führungen begünstigen kann.

Die Länge des Eingußzapfens kann bei Formen mit ungeteiltem Einguß ein bestimmtes Mindestmaß nicht unterschreiten, da die Formträger-Stirnplatte (d_1 in Abb. 59) und die Maschinenplatte, auf der die Eingußformhälfte befestigt ist, eine gewisse Mindeststärke haben müssen, auch wenn die letztere gar keine Einformung trägt. Wenn ein Teil des Formhohlraumes in der Eingußformhälfte liegt, wird deren Dicke — und damit die Länge des Eingußzapfens — entsprechend größer. Wenn die Eingußformhälfte lange, schräg oder parallel zur Formenschließrichtung bewegliche Kerne enthält, kann sie so dick werden, daß der Eingußzapfen bei ungeteiltem Einguß eine übermäßige Länge erhalten würde, die mit Rücksicht auf das Abfallgewicht, auf den Hubweg der Formenschließbewegung und auf die erhöhte Gefahr des Haftenbleibens des Eingußzapfens in der Eingußformhälfte nicht zulässig wäre. Daher ist für derartige Formen der ungeteilte Einguß manchmal nicht anwendbar.

Bei geteiltem Einguß kann der Eingußzapfen im allgemeinen kürzer gehalten werden als bei ungeteiltem. Die Gesamtlänge des Eingusses hängt nur von der Breite (*e* in Abb. 144/1) der Dichtungsflächen in der Formteilung an der Eingußseite ab, nicht aber von der Dicke der Formplatten oder von den Abmessungen des Formhohlraumes und dessen Verteilung auf die beiden Formhälften. Eine übermäßige Eingußlänge könnte sich bei geteiltem Einguß nur dann ergeben, wenn die Form an der dem Einguß zugewandten Seite Kerne enthielte, die (weil nicht zur Formenschließrichtung parallel) um ihre volle Länge aus dem Gußstück zurückgezogen werden müßten und somit zu ihrer Führung eine erhebliche Verbreiterung der Formplatten an der Eingußseite bedingen würden; für derartige Fälle kommt jedoch ein geteilter Einguß nicht in Betracht.

Bei den *Kaltkammer-Druckgießmaschinen*, die fast ausschließlich zur Verarbeitung hochschmelzender Metallegierungen verwendet werden (höchstens noch mit einer Ausnahme der Magnesiumlegierungen), wird der geteilte Einguß kaum mehr benützt. Die Gründe dafür sind, daß jegliche Kräfte parallel zur Formteilung, die Verklemmungen und Versatz der beiden Formhälften hervorrufen können, völlig ausgeschaltet sind und vom Druckkolben ausgeübte Gießdrücke nur in der gleichen Richtung wie die Formschließkraft wirken. Dadurch ist selbst bei größten spezifischen Gießdrücken die Gewähr der zentrischen Aufnahme dieser Kräfte und damit die größte erzielbare Genauigkeit des herzustellenden Druckgußteiles vorhanden. Es ist einleuchtend, daß sich bei der waagrechten Druckkammer, außerhalb der Form (Abb. 2e), und senkrechten Druckkammer, innerhalb der Form (Abb 2g—i), bei entsprechender Wahl der Größe der Druckkammer sehr kleine Abfall- bzw. Kreislaufmengen ergeben.

Die Möglichkeiten der Kernanordnung sind durch die Rücksicht auf die Eingußlänge bei beiden Eingußarten beschränkt, und zwar bei jeder in anderer Weise. Formen mit ungeteiltem Einguß sollen in der Eingußformhälfte, parallel zur Formenschließrichtung, möglichst gar keine beweglichen Kerne haben oder höchstens solche, die nur ganz geringe Bewegungen erfordern; dagegen können nach allen anderen Richtungen hin bewegliche Kerne ohne jede Einschränkung vorgesehen werden. Formen mit geteiltem Einguß dürfen in beiden Formhälften an der Eingußseite keine senkrecht zur Formenschließrichtung beweglichen Kerne enthalten, während an allen anderen Seiten und nach allen anderen Richtungen hin vollständige Freiheit in der Anordnung beweglicher

Kerne besteht. Insbesondere können im Gegensatz zum ungeteilten Einguß in der Eingußformhälfte beliebig lange, parallel zur Formenschließrichtung bewegliche Kerne vorgesehen sein.

Diese Rücksichten auf die Kernanordnung geben manchmal den Ausschlag bei der Auswahl zwischen den beiden Eingußarten bei einer Verarbeitung auf Warmkammer-Druckgießmaschinen.

Der ungeteilte Einguß ist jedoch bei weitem vorherrschend, vor allen Dingen auch durch die zunehmende Anwendung der Kaltkammer-Druckgießmaschine, welche das Warmkammer-Druckgießverfahren in den allermeisten Fällen, besonders für die Verarbeitung hochschmelzender Metallegierungen, verdrängt hat.

3.315 Der Gießlauf

Durch den Gießlauf wird das flüssige Metall vom Einguß zu dem Anschnitt geleitet. Aus rein strömungstechnischen Erwägungen heraus ist es naheliegend, diesen so kurz wie möglich und aus Gründen der Einsparung von Kreislaufmaterial auch querschnittsmäßig so klein wie möglich auszubilden. Auch könnte man folgern, daß bei jedem Schuß nicht nur die im Eingußzapfen, sondern auch in den Gießläufen vorhandene Luft durch den Formhohlraum hindurch verdrängt werden müsse (mindestens teilweise), so daß kleine Querschnitte erwünscht sind. Diese Überlegungen sind jedoch nur bedingt richtig, denn

a) der Gießlauf muß seine flächenmäßige Gestaltung dem Anschnitt entsprechend erhalten und ist daher in diesem Punkt stark von der Anschnittechnik (s. 3.316) abhängig;

b) der Gießlauf muß während der Auffüllung des Formhohlraumes immer in der Lage sein, flüssiges Metall nachzubringen und darf daher erst zuletzt erstarren.

Aus diesen Gründen stehen die Forderungen a und b vor den oben angeführten. Allgemein richtet sich daher die Querschnittsgröße der Gießläufe und letztlich auch deren Gewicht nach der Art und Größe des herzustellenden Druckgußteiles.

Zu a) sind aus den Abb. 149 und 150 Gestaltungen der Gießläufe ersichtlich. Dabei ist das herzustellende Druckgußteil nach Abb. 149 dünnwandig, während es sich bei den Druckgußstücken der Abb. 150 um verhältnismäßig einfachere, mit größeren Wanddicken versehene Teile handelt. Die Anordnung der Formhohlräume bei mehrfacher Einformung wird bei der Kaltkammer-Druckgießmaschine mit waagrechter Druckkammer oft so vorgesehen, daß sämtliche Gießläufe niemals unmittelbar von oben her in den Formhohlraum einmünden, um ein „Vorlaufen“ des Metalls bereits beim Einfüllen in die Druckkammer zu vermeiden. Dieser wichtige Gesichtspunkt geht ohne weiteres aus Abb. 150 hervor.

Zu b) Allgemein sind schroffe Umlenkungen zu vermeiden. Dies wird bei Kaltkammer-Druckgießmaschinen nicht immer beachtet und ist von der Art des Formhohlraumes abhängig (vgl. die Gestaltungen nach

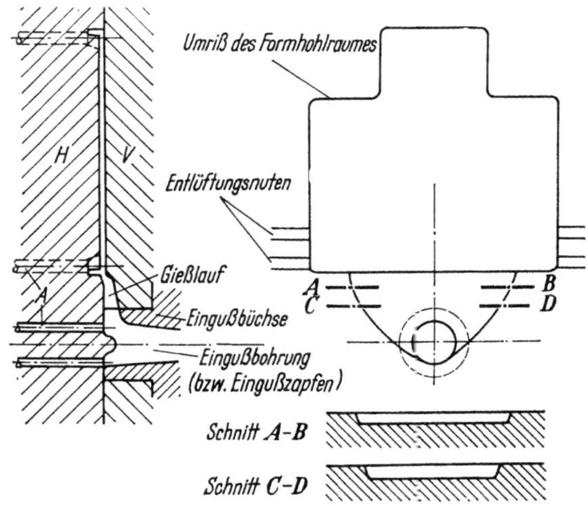

Abb. 149. Form des Gießlaufs bei einem plattenartigen Teil (bei Warmkammer-Druckgießmaschinen, bandförmiger Anschnitt vornehmlich für Verarbeitung von Magnesiumlegierungen)

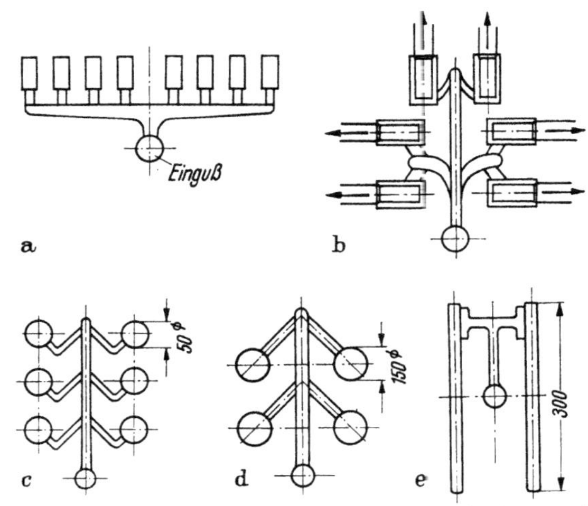

Abb. 150. Flächenmäßige Gestaltung des Gießlaufs bei mehrfacher Einformung (bei Kaltkammer-Druckgießmaschine, waagrechte Druckkammer, Al-Legierung)
a 8-fach-Form, b 6-fach-Form, c 6-fach-Form, d 4-fach-Form, e 2-fach-Form

Abb. 150b, c und d, die aus USA stammen). Als Form der Gießlaufquerschnitte sind die in Abb. 151 als günstig bezeichneten zu bevorzugen. Auch hier sind in den Ecken scharfe Kanten, welche die Rißbildung im Warmarbeitsstahl fördern, zu vermeiden.

In Abb. 152 sind die zu bevorzugenden Gießlauf-Querschnittsabmessungen im Verhältnis der Breite b zur Tiefe t angegeben. Da die

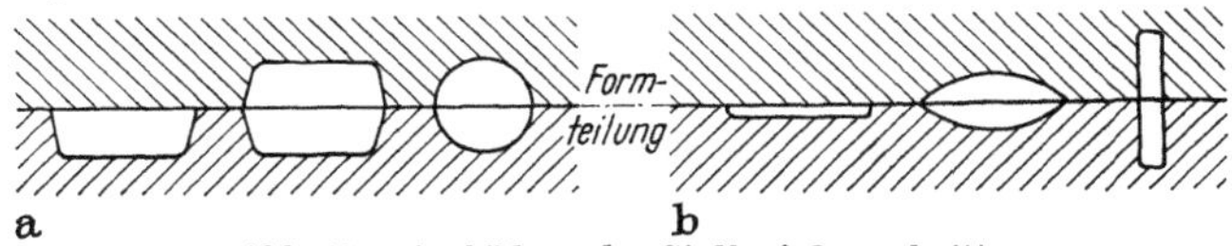

Abb. 151. Ausbildung der Gießlauf-Querschnitte
a günstig, b ungünstig

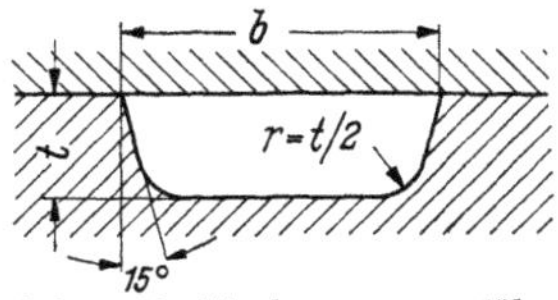

Abb. 152. Gießlauf-Querschnittsabmessungen (über 10 mm Breite b)
für niedrigschmelzende Schwermetallegierungen $t : b \geqq 1 : 4$,
für hochschmelzende Leichtmetallegierungen $t : b \geqq 1 : 3$,
für hochschmelzende Schwermetallegierungen $t : b \geqq 1 : 5$,
(jedoch möglichst nicht unter 1 : 1)

Magnesiumlegierungen von allen für das Druckgießverfahren in Betracht kommenden Metallen den kleinsten Wärmeinhalt pro Volumeneinheit aufweisen, ist hier das Verhältnis

$$t : b \geqq 1 : 2$$

anzustreben.

In manchen Fällen wird auch eine von der Regel abweichende flächenmäßige Gestaltung des Gießlaufs vorgenommen, wie aus Abb. 153 hervorgeht. In bezug auf das Wärmegleichgewicht ist Ausführung a noch brauchbar, Ausführung b jedoch ungünstig. Um nun eine Aufheizung zu bekommen, wird entweder ein sogenannter „Blindlauf" nach c oder die Ausbildung nach d gewählt. Durch derartige Gießläufe kann man Wärme auf die Gießform übertragen lassen. Blindläufe werden im allgemeinen schmal gehalten, aber dort, wo eine größere Wärmemenge übertragen werden soll, wesentlich vergrößert[1]. Die Maße eines Blindlaufs können auch etwa während der Produktion (besonders beim „Einlaufen" der Druckgießform) leicht abgeändert werden, bis der gewünschte Aufheizungszweck erreicht ist. Bei dieser Gelegenheit ist noch zu erwähnen, daß eine lange und schmale Gießform viel schwieriger auf dem Wärme-

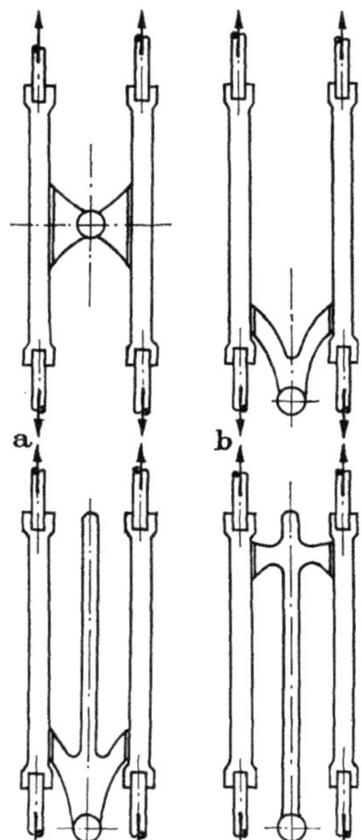

Abb. 153. Blinde Gießläufe für Aufheizungszwecke
a zentral liegender Einguß,
b Einguß an der Unterseite,
c Einguß mit Blindlauf,
d Gießlauf zur Erzielung eines besseren Wärmegleichgewichts

[1] Dies kann sowohl in der Breite als auch Tiefe geschehen.

gleichgewicht zu halten ist, als eine von runder oder quadratischer Gestalt.

Als Anhaltspunkt für die Bemessung der Tiefe eines Gießlaufes wird für *t* als Mindestmaß die doppelte Wanddicke des herzustellenden Druckgußstückes am Anschnitt angegeben, sofern diese unter 3 mm liegt; bei großen Wanddicken kann man bis auf das 1,5fache zurückgehen. Die Kanäle des Gießlaufes sollten möglichst durch Fräsen und nicht durch Ausmeißeln oder Ausschleifen hergestellt werden, um örtliche Überhitzungen und Überbeanspruchungen im Warmarbeitsstahl bei der Bearbeitung zu vermeiden.

Die Strömungsgeschwindigkeit des flüssigen Druckgußmetalls ist bei der Formfüllung in den Gießläufen wesentlich kleiner als im Anschnittquerschnitt. Folgende Geschwindigkeiten können als ausreichend bezeichnet werden, um das flüssige Metall an den Anschnitt heranzubringen (bezogen auf den „mittleren" Gießlaufquerschnitt):

bei Magnesiumlegierungen	15 bis 25 m/s
bei Zinklegierungen	10 bis 20 m/s
bei Aluminiumlegierungen	5 bis 15 m/s

Die höheren Werte sind für Warmkammer-Druckgießmaschinen, die niederen für die Kaltkammer-Druckgießmaschinen (ausgenommen nach Abb. 2f) zur Fertigung dickwandigerer Teile gedacht.

Die Querschnittsfläche des Gießlaufes sollte theoretisch bei der Einmündung in die Eingußbohrung bzw. Druckkammer am größten sein und zum Anschnitt hin laufend abnehmen. Im umgekehrten Fall besteht die Gefahr, daß bei den normalerweise in der Formteilungsebene liegenden Gießläufen zusätzlich Luft mit in den Formhohlraum gesogen wird, Turbulenz während der Formauffüllung eintritt und die Stetigkeit der Nachlieferung von flüssigem Metall unter einem erforderlichen spezifischen Gießdruck durch den Anschnittquerschnitt gefährdet ist. In der Praxis ist eine derartige Ausbildung leider nicht vorherrschend, da die Gestaltung der Gießläufe zu stark von den notwendigen Anschnitten (insbesondere bei großen Druckgußteilen) abhängig ist[1]. Als Regel kann man für noch zulässig annehmen, daß die Gießlaufquerschnitte zum Anschnitt hin

bei den Zinklegierungen gleichbleibend oder wesentlich zunehmend,
bei den Aluminiumlegierungen gleichbleibend oder geringfügig zunehmend,
bei den Magnesiumlegierungen gleichbleibend oder geringfügig abnehmend

ausgebildet werden. Vielfach wird kurz vor dem Anschnitt oder den Anschnitten eine Verstärkungsrinne als flüssiger Speicher für eine rasche

[1] Vgl. auch Ausführungen im Hauptabschnitt „Druckgießpraxis", Band II.

unvermittelte Metallzufuhr[1] angebracht. Bei Mehrfachformen mit voneinander abweichenden Formhohlräumen ist durch eine Abstimmung der Gießlaufquerschnitte eine gleichzeitige Auffüllung des Eingußsystems bis zu den Anschnitten anzustreben, damit die Formhohlräume in der kürzestmöglichen Zeit gefüllt werden können.

3.316 Der Anschnitt

Der Erfolg des Druckgießverfahrens hängt zum großen Teil von der Gestalt und Richtung des in den Formhohlraum einströmenden Metallstrahles ab. Daher ist die richtige Ausbildung und Anordnung des Anschnittes eine der wichtigsten Aufgaben beim Formenentwurf. Sie muß so vorgenommen werden, daß

der Formhohlraum vollständig und scharf ausläuft,

komplizierte und kostspielige Formteile nicht vorzeitig durch den Strahlaufschlag abgenützt werden,

der Einströmungsverlauf nicht örtliche Wärmestauungen in der Form in schädlichem Ausmaße bewirkt (vgl. 2.212),

die Luft aus dem Formhohlraum völlig entweichen kann,

die nachträgliche Entfernung des Angusses nur einfache, billige Arbeitsgänge erfordert,

bei hochschmelzenden Legierungen die Anschnittdicke *d* auf einfache Weise reguliert werden kann, da hier durch mögliche Ausschwemmungen Veränderungen eintreten können, und

das Aussehen des Gußstückes nicht beeinträchtigt wird.

Von größter Wichtigkeit ist die Ausbildung des Übergangs vom Gießlauf in den Anschnitt. Durch krasses Abbremsen des heißen strömenden Metalls entstehen hier Wärmestauungen und damit bei der Verarbeitung hochschmelzender Legierungen besonders große Beanspruchungen des Formenmaterials. Grundsätzlich muß daher gerade die Eingußpartie besonders stark gekühlt werden[2], da die großen Wärmemengen rasch abzuführen sind. Zweckmäßige Ausbildungen gehen aus Abb. 154/1 und 154/2 hervor, wobei allgemein zu beachten ist, daß keine zu schwachen Formpartien zwischen dem Formhohlraum und dem Gießlauf entstehen, die sich örtlich zu stark überhitzen können und deren Kühlung nahezu unmöglich ist.

a) Die Lage des Anschnittes. Damit das Gußstück scharf ausläuft, muß das Gießmetall hinreichend dünnflüssig und mit einer zur Anpres-

---

[1] Vgl. z. B. WILCOX, R. L.: „Die Anschnittechnik bei Zink-Druckgußstücken, eine Untersuchung der in Amerika üblichen Praxis", Giesserei 48. Jahrg. (1961), S. 339 bis 348 (insbesondere Bild 15a) und in gewissem Sinne auch Abb. 150a.

[2] s. Abschnitt: Formkühlung 3.34.

sung an die Formwände genügenden Strömungsenergie[1] in alle Teile des Formhohlraumes gelangen. Nun verursacht aber jede Umlenkung des mit hoher Geschwindigkeit fließenden Metallstrahls im Formhohlraum, d. h. hinter dem Anschnitt, große Verluste an Strömungsenergie. Daher muß der Anschnitt so gelegt werden, daß der Metallstrahl den Formhohlraum mit möglichst wenig Aufschlag und Umlenkungen durcheilt, daß er insbesondere in die größten, kompaktesten Partien unter möglichst geringer Ablenkung hineingelangt. Gestattet ein Gußstück im

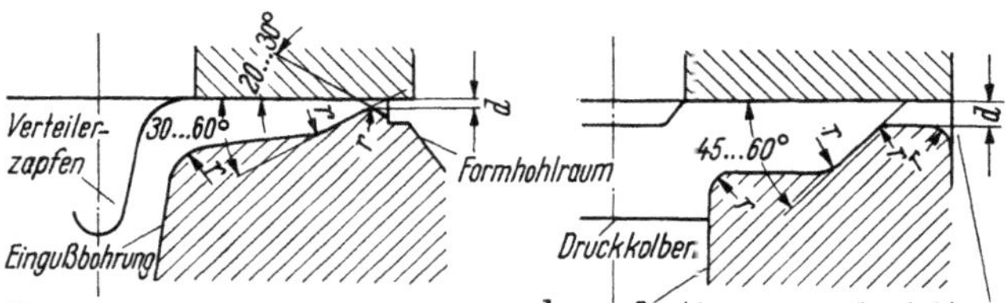

Abb. 154/1. Zweckmäßige Ausbildung des Übergangs vom Gießlauf zum Anschnitt
a bei Warmkammer-Druckgießmaschinen (im allgemeinen schnelle Formfüllung), b bei Kaltkammer-Druckgießmaschinen (im allgemeinen langsame Formfüllung)

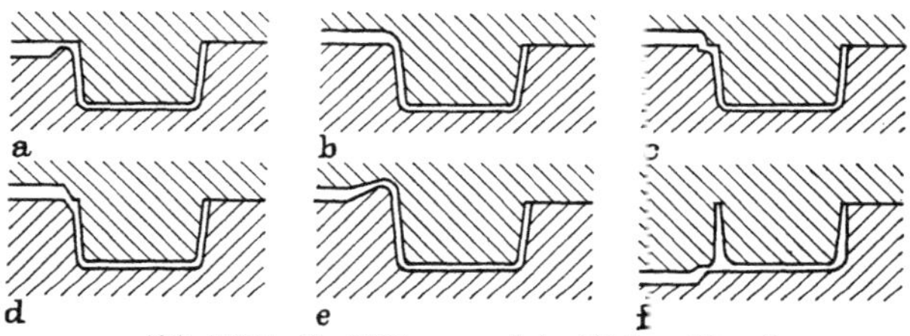

Abb. 154/2. Strahlführungen bei seitlichem Einguß
a Aufprall auf ein Formteil, ungünstige Formauffüllung, Eingußentfernung durch Abscheren, b Aufprall vermieden, Formauffüllung günstiger, Eingußentfernung nur durch Bearbeiten der Planfläche, c Aufprall nur teilweise, Formauffüllung verbessert, Eingußentfernung durch Abscheren möglich; d Formauffüllung günstig, Eingußentfernung verschlechtert, e günstige Strahlführung, Eingußentfernung wie bei b, f Formfüllung gut, formtechnisch schwierig, Aussehen unschön

Hinblick auf den Strömungsverlauf im Formhohlraum verschiedene Arten der Anschneidung, so verdient grundsätzlich diejenige den Vorzug, bei der die Erstreckung des Anschnittes am kleinsten wird. Denn je geringer die Anschnittbreite (e_a in Abb. 129a) ist, um so kleiner ist das Eingußvolumen (und damit einerseits das Abfallgewicht, andererseits die Zeitdauer bis zur Vollfüllung des Eingusses) und desto günstiger kann die Eingußöffnung in strömungstechnischer Hinsicht gestaltet werden.

Gegen die vorstehenden Grundregeln wird nicht selten verstoßen. Häufig wird der Metallstrahl in den Formhohlraum so hineingeführt, daß er in diesem erst schmale, ihn umlenkende Formhohlräume durchströmen

---

[1] Sofern diese Anpressung, wie es normalerweise der Fall ist, während der Einströmung selbst durch den Strömungsdruck erfolgt.

muß, bevor er in die kompakteren Teile des Formhohlraumes gelangt, oder daß er gleich bei seinem Eintritt senkrecht auf Gießformwandungen oder auf große Kerne aufschlägt, an denen er zerstiebt. Dies bringt außer der Gefahr unvollständigen Auslaufens oder einer Beeinträchtigung der Gußstückqualität[1] auch stets eine sehr hohe Beanspruchung des Form- bzw. Kernmaterials mit sich. Die vom Strahl unmittelbar getroffenen Stellen erhalten im Laufe der Zeit Haarrisse, die um so eher und in um so stärkerem Maße auftreten, je höher die Temperatur des Gießmetalls liegt. In Gießformen für Aluminiumdruckguß können unmittelbar beaufschlagte Wandungen und Kerne sehr bald Anfressungen erleiden, die wie Unterschnitte wirken und bei der Ablösung vom Gußstück dessen Oberflächen beschädigen. Daher müssen direkt beaufschlagte Kerne, namentlich in Formen für hochschmelzende Legierungen, häufig überholt und öfters ersetzt werden. Am günstigsten ist es unter dem Gesichtspunkte der Schonung des Formmaterials, wenn der durch den Anschnitt in den Formhohlraum einströmende Stahl, ohne auf *ausspringende* Formteile aufzutreffen, unmittelbar in diejenigen Sackhohlräume gelangt, in denen er gestaut wird, da hierbei seine lebendige Kraft während des größten Teiles der Einströmdauer *innerhalb* der Metallstaue vernichtet bzw. in Druckhöhe umgesetzt wird (vgl. besonders 2.132a).

Daher muß die direkte Beaufschlagung von Kernen, namentlich bei hochschmelzenden Legierungen, auch dann vermieden werden, wenn sie das Auslaufen der Form nicht beeinträchtigen würde. Hierzu muß entweder die Hauptebene des Strahles am Kern vorbeigeführt oder der Anschnitt (zur Schonung eines besonders empfindlichen Kernes) an der entsprechenden Stelle ausgespart werden (Abb. 161).

Ein Schulbeispiel einer falschen Anschneidung zeigt die in Abb. 156 dargestellte Druckgießform für das in Abb. 155 abgebildete Gußstück. Bei einer solchen Anschneidung[2] ist zu erwarten, daß der starkwandige, zylindrische Teil G_3 des Gußstückes nicht völlig ausläuft. Die in Abb. 157 dargestellte Art der Anschneidung ist insofern günstiger, als sie das vollständige Auslaufen des Gußstückes gewährleistet. Sie hat jedoch den Nachteil, daß die Kerne K_1 und K_3 vom Metallstrahl beaufschlagt werden (so daß sie, namentlich bei Aluminiumdruckguß, bald schadhaft werden), und daß der Anschnitt sich fast über die ganze Gußstücklänge erstreckt, so daß auch der Gießlauf eine ausgedehnte, strömungstechnisch wenig günstige Gestalt erhält. Abb. 158 zeigt die günstigste Art der Anschneidung dieses Gußstückes (mit „Krageneinguß"), bei der das durch den ringspaltförmigen Anschnitt einströmende Metall den größten Teil des Formhohlraumes geradlinig und ohne Aufschlag durcheilt. Auch ist bei

[1] Durch Bildung von Spritzkugeln („Klecksen").

[2] Die übrigens auch unter dem Gesichtspunkte der Luftabführung (vgl. später) und wegen der übermäßigen Länge der Eingußbohrung bedenklich wäre.

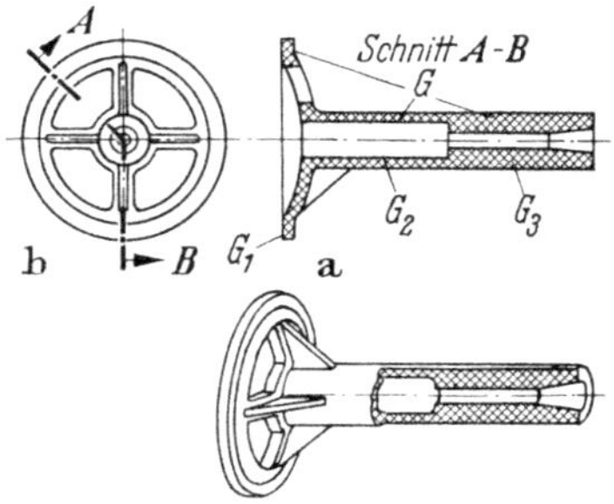

b a c

Abb. 155. Druckgußstück
a Längsschnitt, b Ansicht, c Schnittperspektive

Abb. 156—158. Druckgießform für das in Abb. 155 dargestellte Gußstück in drei verschiedenen Ausführungsarten mit zugehörigen Rohgußstücken

(Ältere Bauart)

(Eigentliches Gußstück eng schraffiert, Eingußmetall weit schraffiert.)

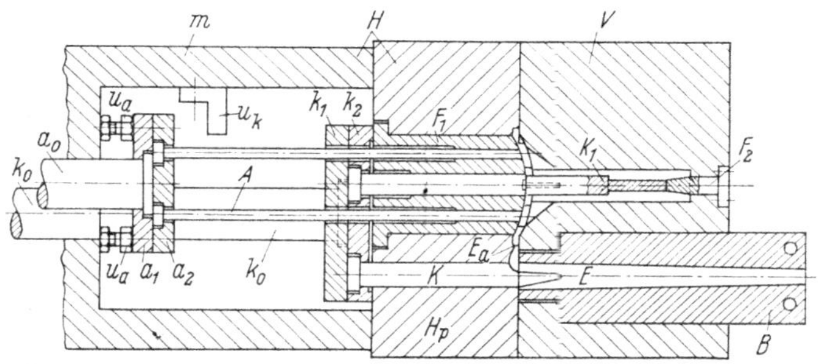

a

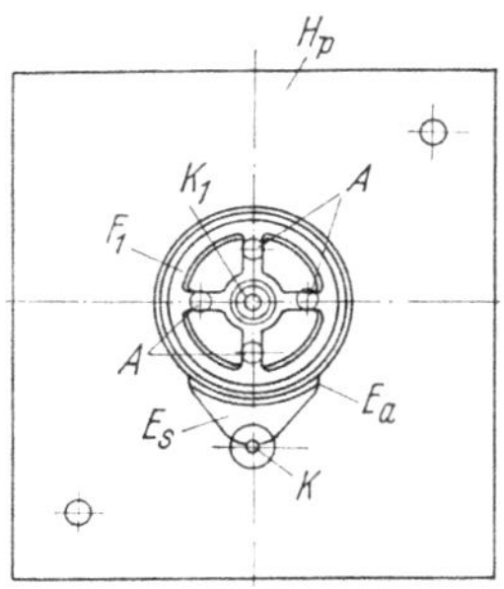

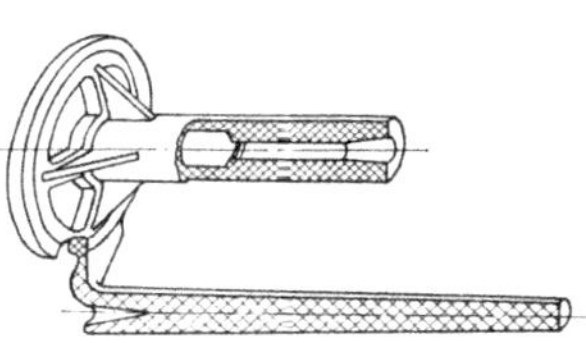

b c

Abb. 156. Falsche Art der Anschneidung

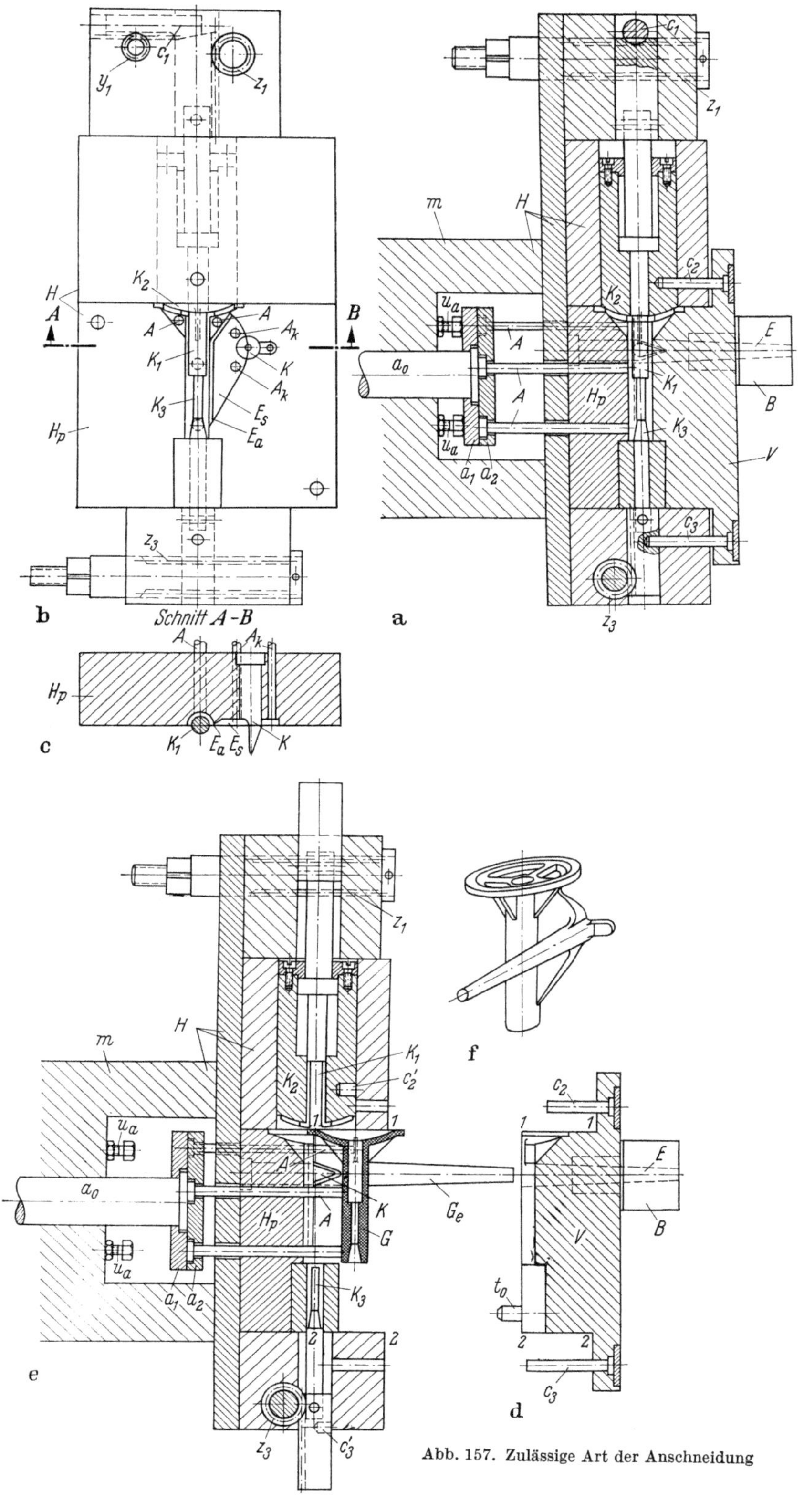

Abb. 157. Zulässige Art der Anschneidung

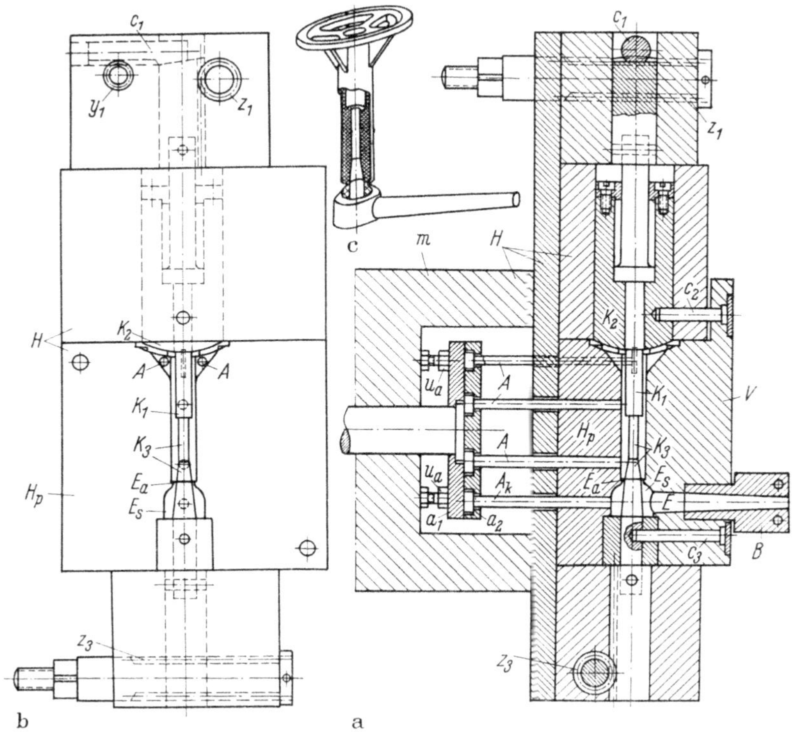

Abb. 158. Günstige Art der Anschneidung

Abb. 156. Mit bandförmigem Anschnitt am Flansch

a Längsschnitt durch geschlossene Form,
b Auswerfformhälfte in Ansicht,
c rohes Druckgußstück

Abb. 157. Mit bandförmigem Anschnitt längs Mantellinie und Rippe

a Längsschnitt durch geschlossene Form,
b Auswerfformhälfte in Ansicht,
c Schnitt A—B durch Auswerfformhälfte,
d–e Längsschnitt durch geöffnete Form während Auswerfens des Gußstückes
f rohes Druckgußstück

Abb. 158. Mit Ringspaltanschnitt (Krageneinguß)

a Längsschnitt durch geschlossene Form,
b Auswerfformhälfte in Ansicht,
c rohes Druckgußstück

dieser Art der Anschneidung, bei der Gießlauf und Anschnitt eine gedrängte Gestalt erhalten, eine raschere Vollfüllung der Eingußöffnung zu erwarten als bei der Ausführung nach Abb. 157.

Ein weiteres typisches Beispiel einer fehlerhaften Einformung zeigt die in Abb. 160 dargestellte Druckgießform für das Gußstück in Abb. 159, bei welcher der längs der Breitseite in den Formhohlraum einfließende Metallstrahl alsbald auf den Kern *F* aufschlägt. Abb. 161 zeigt das Gegenbeispiel einer Form für das gleiche Gußstück mit richtiger Anschneidung, bei welcher der Metallstrahl am Kern entlanggeführt wird, ohne ihn zu beaufschlagen, und zugleich Gießlauf und Anschnitt eine geringere Ausdehnung erhalten.

Zur Sicherung der Luftabführung muß der Anschnitt[1] im Zusammenhange mit der Anordnung der Formteilung und der Entlüftungskanäle so gelegt werden, daß das Gießmetall keine Luft in Sackhohlräumen versetzt, und daß es die Entlüftungskanäle im Laufe der Formauffüllung nur allmählich überflutet und erst am Ende der Einströmung völlig abschließt. Der Metallstrahl darf nicht in einer solchen Art in den Formhohlraum eingeleitet werden, die das vorzeitige Entlanglaufen an den Formwänden, die „Voreilung", begünstigt (vgl. 2.212).

Bei bandförmigem Anschnitt ist es vorteilhaft, die Einströmungsebene (d. h. die Hauptebene des einströmenden Strahles, vgl. 2.122a) gegen die (die Entlüftungskanäle tragende) Formteilung (Trennfuge) zu versetzen, damit der Metallstrahl bei seitlicher Ausbreitung die Entlüftungskanäle nicht vorzeitig abschließt. Wenn eine solche Versetzung aus Konstruktions- oder Preisgründen nicht ausführbar ist, darf zumindest der Anschnitt nicht ebenso breit wie das Gußstück gemacht werden (siehe z. B. Abb. 160b und 161b), damit der Metallstrahl nach Möglichkeit[2] von den Rändern der Formfasson in der Formteilung ferngehalten wird.

Von der Abtrennung des Eingusses bleibt *am Gußstück* stets eine Bearbeitungsmarke zurück, deren Lage für das Aussehen des fertigen Stückes von Bedeutung ist. Schwache, bandförmige Anschnitte, die an *Kanten* angeordnet sind, verursachen Marken, die verhältnismäßig wenig auffallen. Die Anschneidung der Innenkante einer Bohrung (nach Abb. 130, 131 oder 139) hinterläßt nach dem Entgraten überhaupt keine äußerlichen Kennzeichen. Dagegen macht sich die Anschnittmarke deutlich bemerkbar, wenn der Anschnitt *mitten durch eine Fläche* verläuft, besonders, wenn diese nicht eben ist.

Weitere Regeln für die zweckmäßige Lage des Anschnittes sind folgende:

---

[1] Außer bei Formen für Vakuum-Druckguß (vgl. später) [2] Vgl. 2.122b.

1. Die Strahlrichtung so legen, daß eine möglichst große Strecke als Freistrahl erreicht wird.

2. Anschnitt nach Möglichkeit an einer Hauptwand des Gußstückes vorsehen, von der aus die Füllung günstig erfolgen kann.

3. Eine zentrale Lage in oder am Formhohlraum eines herzustellenden, verwickelten Druckgußstückes ist immer besser als eine einseitige.

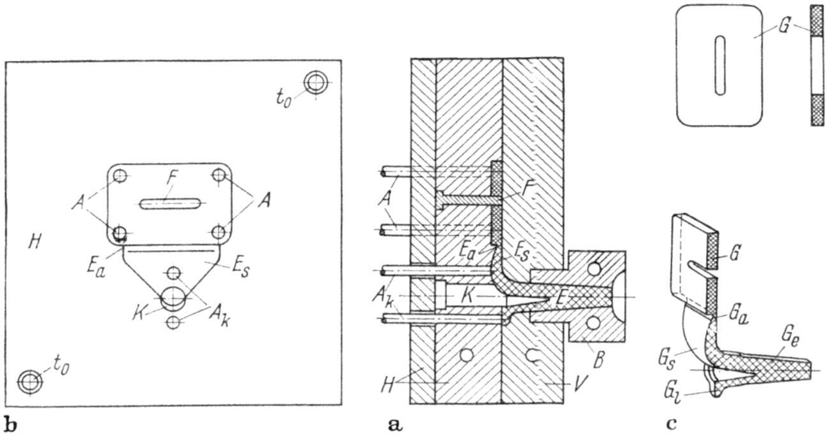

Abb. 160. Falsche Art der Anschneidung
a Längsschnitt durch Form, b Auswerfformhälfte in Ansicht, c rohes Druckgußstück in Schnittperspektive

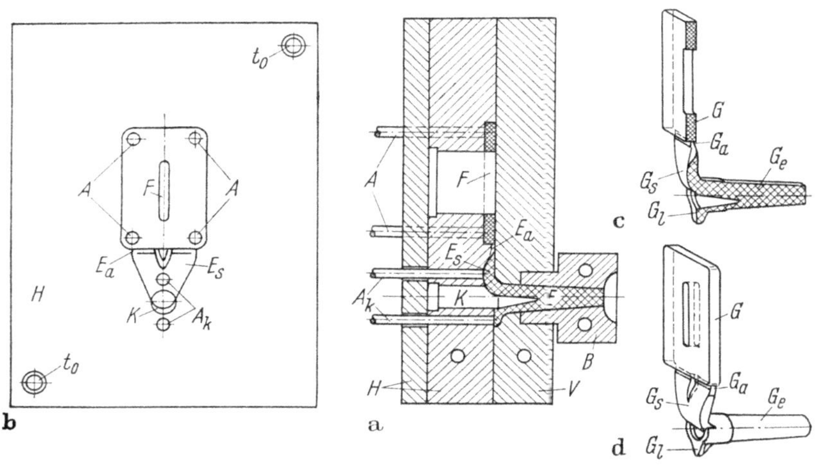

Abb. 161. Richtige Art der Anschneidung
a Längsschnitt durch Form, b Auswerfformhälfte in Ansicht, c/d rohes Druckgußstück in Schnittperspektive und in perspektivischer Ansicht

Abb. 160–161. Druckgießform für das in Abb. 159 dargestellte Gußstück in falscher und richtiger Ausführungsart mit zugehörigen Rohgußstücken

4. Etwa im Formhohlraum vorhandene Luft (besonders in Sackhohlräumen) muß durch das einströmende Metall verdrängt werden können.

5. Das einströmende flüssige Metall darf keine Wärmestauungen hervorrufen.

6. Nur *einen* Anschnitt anstreben. Bei mehreren Anschnitten darauf achten, daß die Ströme sich nicht behindern, bzw. im Formhohlraum zerstieben.

7. Ein dünner Anschnitt erfordert hohe Strömungsgeschwindigkeit und wird meist bandförmig bei dünnwandigen Gußstücken angewandt.

8. Bei einem dicken Anschnitt kann eine kleine Einströmgeschwindigkeit vorgesehen werden, bei hohem spezifischen Nachdruck (meist verwendeter Anschnitt bei Kaltkammer-Druckgießmaschinen, waagrechte Druckkammer).

9. Anschnitt nie in die Nähe besonders dünner und feiner Formfassonen aus Verschleißgründen legen.

10. Gußteile mit großen verrippten Flächen sollen so angeschnitten sein, daß die Strömung des Gießgutes entlang den Rippen gerichtet ist, wodurch Fließlinien und evtl. unganze Stellen an den Rippen vermieden werden.

11. Gekrümmte Gußstücke am besten so anschneiden, daß das in den Formhohlraum eintretende Metall um die Krümmung strömt, wobei der Anschnittstrahl bei dickeren Querschnitten auf die konkave und nicht konvexe Fläche aufprallt.

12. Ein möglichst unkompliziertes Einguß- und Anschnittsystem vorsehen, das mit einfachen herkömmlichen Mitteln vom Gußstück entfernt werden kann, ohne dessen Aussehen zu beeinträchtigen.

13. Verhältnismäßig lange, schmale Teile möglichst nicht in der Mitte sondern an einem Ende angießen.

14. Rohrförmige, hülsenartige Teile am besten an dem einen Ende entweder ringförmig (bei durchgehendem Kern) oder dachförmig (evtl. nur durch einige Arme) anschneiden.

Es handelt sich dabei nur um Regeln, die je nach Gestalt des zu fertigenden Druckgußteiles in der Praxis auch Ausnahmen unterworfen sind.

Bekanntlich ist das Druckgießen von glatten, plattenartigen Teilen besonders schwierig. Dies rührt davon her, daß der in den Formhohlraum eintretende Metallstrahl bei längeren Wegen Formwandberührungen ausgesetzt sein kann. Bei plattenartigen Teilen mit Aussparungen und Kernen muß das Metall innere Konturen umfließen; es entsteht eine Art Verdichtung, denn etwaige Wirbelungen, die beim Auftreffen auf Kerne sich bilden können[1], sind für die Qualität des Druckgußstückes nicht so

[1] Sofern die Kerne einen genügend großen Abstand vom Anschnitt haben (in der Regel $>$ 50 mm bei mittleren Druckgußteilen).

empfindlich wie Fließlinien und „blumige“ Stellen, die bei glatten Flächen entstehen können.

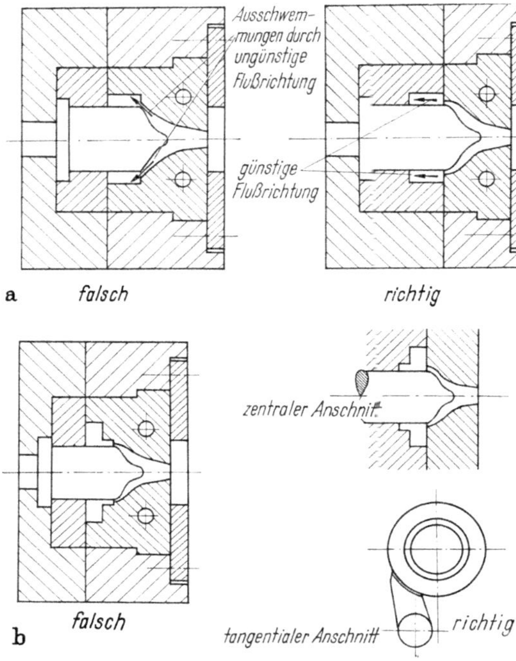

Abb. 162. Richtige und falsche Lage des Anschnittes
a Ring, b Ring mit starkwandigem Flansch

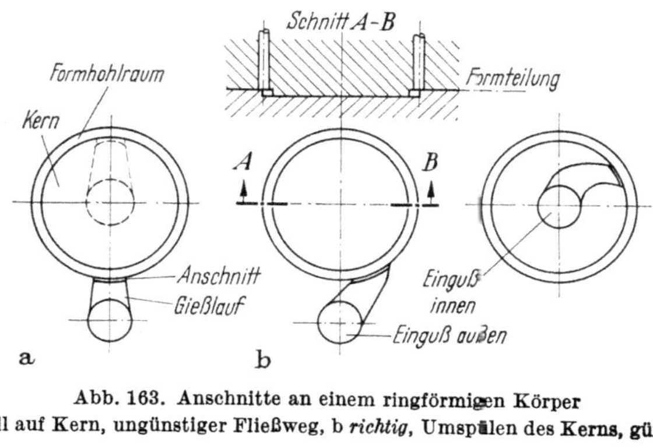

Abb. 163. Anschnitte an einem ringförmigen Körper
a *falsch*, Aufprall auf Kern, ungünstiger Fließweg, b *richtig*, Umspülen des Kerns, günstiger Fließweg

Wegen der Lage des Anschnittes bei Druckgußteilen mit stark unterschiedlichen Wanddicken vergleiche auch Abb. 42. Aus den Abb. 162 bis 164 gehen verschiedene Lagen von Anschnitten an einfachen Körpern in Falsch- und Richtig-Darstellungsweise hervor.

Da in der Druckgußfertigung napfförmige Teile Schwierigkeiten bereiten, wird die Lage des Anschnittes an einem derartigen Gußstück wie in Abb. 165 dargestellt näher untersucht. Es pflegen an derartigen Teilen größere poröse Zonen aufzutreten, da eine Entlüftung der Form hier sehr schwierig ist. Bei der üblichen, außenliegenden Anschneidung ergeben sich drei Anschnittsmöglichkeiten, und zwar einmal an der oberen Kante des Flansches, zum anderen an der unteren Kante desselben und endlich an einer Stelle, die zwischen Ober- und Unterkante liegt. Die letztere Möglichkeit dürfte in der Praxis kaum angewandt werden und ist nur der Vollständigkeit halber erwähnt. In Abb. 166 sind die drei vorgeschilderten Anschnittarten schematisch dargestellt. Bei

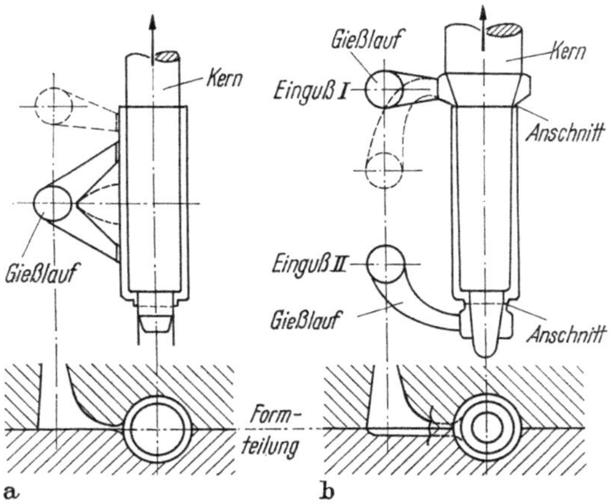

Abb. 164. Anschnitte an einem rohrförmigen Körper
a Mantelanschnitt, noch brauchbar, b Ringspaltanschnitt, vielfach besser

einer Anschnittweise gemäß Abb. 166a versucht das in die Form strömende Metall seine Richtung in der Ecke x zu ändern. Bei kalter Form kann dies bis zu einem gewissen Grade auch eintreten. Hat sich jedoch während der Produktion die Form auf ihre Gießtemperatur aufgewärmt, so wird die Formoberfläche in der Nähe des Anschnittes so heiß werden, daß der Metallstrom von dieser weggleitet und direkt auf den Kern aufprallt (vgl. auch Abb. 40). Es kommt hierbei zu Wirbelbildungen und die Strömung wird vorerst um den Kern erfolgen, den Flansch füllen und sich erst dann in den napfförmigen Hohlraum fortpflanzen. Die in diesem vorhandene Luft kann nun nicht mehr entweichen und wird im Gußstück eingeschlossen.

Ist der Anschnitt so gelegt, wie er in Abb. 166b gezeigt ist, so trifft der Gießstrahl direkt auf den Kern nahe der Grundlinie auf. Die Strömung ist hierbei gleichzeitig abwärts und aufwärts gerichtet. Das sich abwärts bewegende Metall füllt die Ecke zwischen Kern und Hohlraumoberfläche. Wenn das Metall den Punkt y erreicht hat, beginnt die Strömung dem Flansch zu folgen und die Formfüllung vollzieht sich wie im Falle a.

Liegt der Anschnitt an der unteren Kante des Flansches (Abb. 166c), so strömt das Metall an der Formen- und Kernoberfläche entlang, wobei die Art der Strömung jedoch abhängig ist von der Größe des Radius an der Grundlinie des Kernes. Ein großer Radius ist hier im Hinblick auf eine gute Formfüllung von Vorteil. Je tiefer das Teil im Verhältnis zu seinem Durchmesser ist, um so größer soll der Radius gewählt werden. Bei der letzten Anschnittart tritt also eine am Kern aufwärts und um denselben herum gerichtete Strömung auf. Die am Kern außen herum gerichtete Strömung ist am geringsten, wenn der Anschnitt nur einen kleinen Kreisbogen des Flansches umfaßt und vergrößert sich im gleichen Maße, in welchem der Anschnitt verbreitert wird. Wie aus Abb. 167a hervorgeht, in welchem der Metallstrom senkrecht auf die Kernoberfläche gerichtet ist, zeigt er nicht das Bestreben, sich seitlich auszubreiten. Trifft er jedoch tangential auf den Kern, wie Abb. 167b zeigt, dann fließt das Metall vorwiegend um den Kern herum.

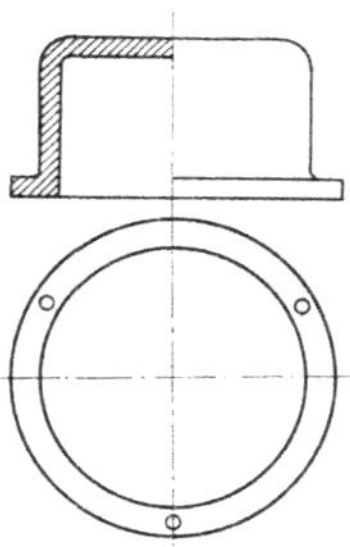

Abb. 165. Napfförmiges Gußteil mit Flansch

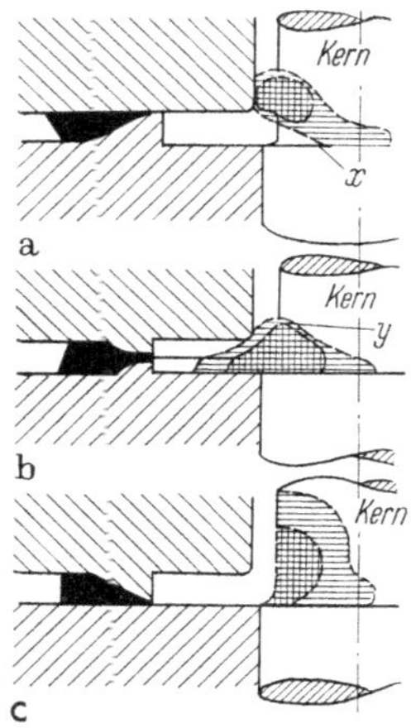

Abb. 166. Anschnittmöglichkeiten des Gußteiles nach Abb. 165 (nach BARTON)

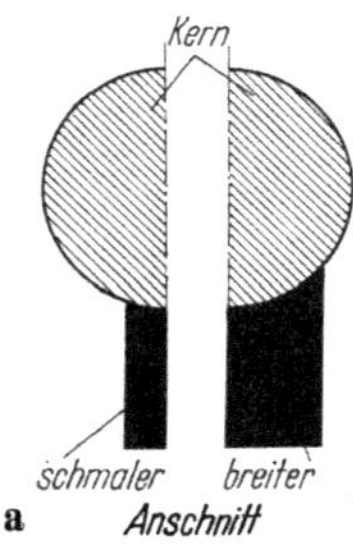

Abb. 167. Einfluß der Anschnittbreite auf das Umfließen des Kernes

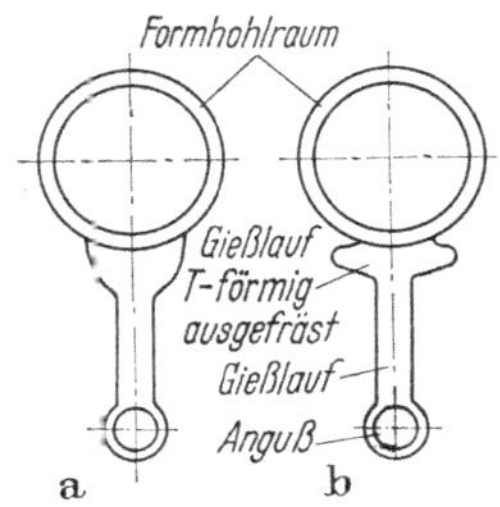

Abb. 168. Erweiterung des Anschnittes

Um nun das Metall, wie es erwünscht ist, am Kern aufwärts strömen zu lassen, bevor sich der Flansch gefüllt hat, ist es besser, einen Anschnitt von der kleinst möglichen Breite zu wählen und ihn auf die Kernmittellinie zu richten. Die Breite des Anschnitts soll dabei im allgemeinen die Breite des Zulaufs nicht überschreiten. Dort, wo ein breiterer Anschnitt erforderlich ist, soll er nicht wie in Abb. 168a, sondern wie in Abb. 168b angegeben verbreitert werden. Je größer der Durchmesser des Gußteiles ist, um so breiter kann der Anschnitt sein. Jedoch soll er nicht mehr als 30° des Kreisbogens umfassen.

Tangentialanschnitte, wie etwa in Abb. 163b dargestellt, sollten an allen napfförmig ausgebildeten Gußstücken vermieden werden. Sie sind jedoch vorteilhaft an ringförmigen Teilen mit kleinem Querschnitt, bei denen die Luft aus der Mitte entweichen kann. Bei großen Querschnitten

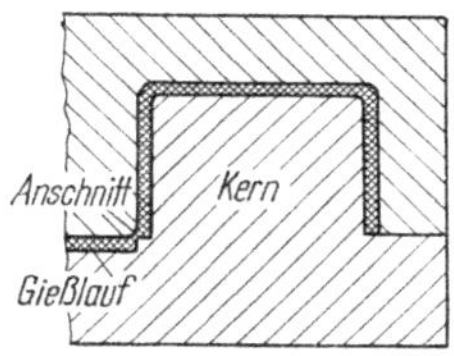

Abb. 169. Anschnitt an einem Gußteil ohne Flansch

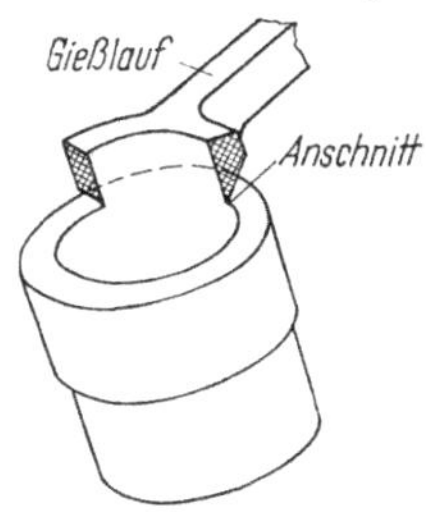

Abb. 170. Ringspaltanschnitt an stufenförmigem Teil

jedoch verursachen sie oft tiefe Lunker an der Innenfläche der Teile. Napfförmige Gußstücke ohne Flansch sind im allgemeinen mit geringerem Ausschuß herzustellen als solche mit Flansch. Dies ist darauf zurückzuführen, daß die Formfüllung bei den ersteren in einer wesentlich einfacheren Art verläuft. Das trifft allerdings nur zu bei Anschnitten, die entsprechend Abb. 169 ausgeführt sind. Durch den Anschnitt wird der Metallstrom zum gegenüberliegenden Ende des Formhohlraumes gedrückt und die Form füllt sich rückläufig zum Anschnitt zu auf. Dadurch sind die Schwierigkeiten in bezug auf die Abführung der Luft sehr vermindert. Die Anschnittbreite soll jedoch hierbei so klein wie möglich gehalten werden, um das Gußstück aus der Form ohne Schwierigkeiten auswerfen zu können.

Stufenförmig ausgebildete, längere Ringkörper sind infolge auftretender Wirbel an den Stufen gießtechnisch sehr empfindlich. In der Fertigung ist es vorteilhaft, derartige Teile so anzulegen, daß die Formteilungsebene mit der Kernachse parallel verläuft, wobei ein Ringspaltanschnitt Sorge trägt, daß der Metallstrom am abgestuften Kern entlangströmt (Abb. 170). In der gleichen Art können auch lange röhrenförmige Teile angeschnitten werden, vor allem, wenn ihre Länge das Vier- bis Fünffache des Durchmessers beträgt (Abb. 164). Bei gedrungenen Körpern kann der Anschnitt auf die Hälfte des Kernumfanges reduziert werden. Das Anschneiden von röhrenförmigen Gußteilen, wie es in Abb. 164a dargestellt ist, sollte im Hinblick auf eine gute Gußqualität vermieden werden (ausnahmsweise nur mit Anschneidung nach Abb. 179).

Tangentialanschnitte zum Füllen ringförmiger Körper können im Außen- und Innenumfang der Teile angelegt werden. Bei einem Innenanschneiden können zwei oder mehr Anschnitte, beim Außenanschneiden soll stets nur ein Anschnitt vorgesehen werden. Während für napfförmige Gußstücke, wie bereits erwähnt, Tangentialanschnitte nicht geeignet sind, sind diese jedoch anzuwenden für Teile, wie z. B. in Abb. 163 und 171 dargestellt.

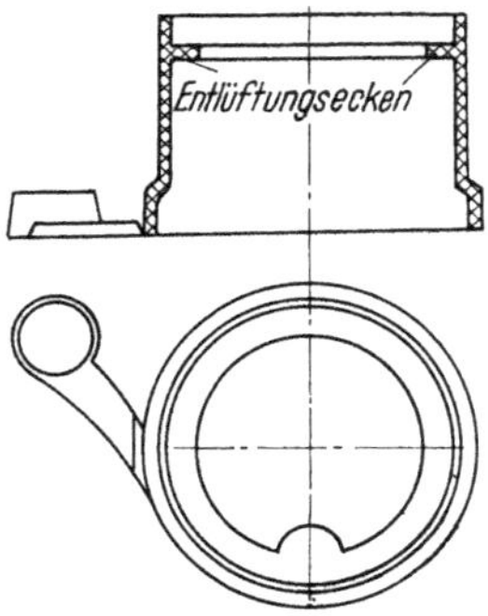

Abb. 171. Tangentialanschnitt

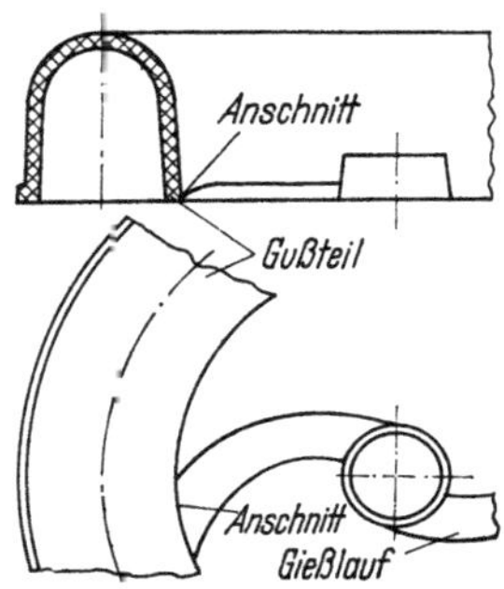

Abb. 172. Innerer Tangentialanschnitt bei Aluminium-Druckgußteilen

Das am Anschnitt tangential in die Form eintretende Metall wird spiralig um den Kern herum geleitet und füllt die Form allmählich[1] von unten nach oben, wobei es die Luft im Formhohlraum vor sich her schiebt, die an den bezeichneten Ecken entweichen kann.

Innere Tangentialanschnitte sollten bei der Verarbeitung von Zinklegierungen vermieden werden, da sie selten gute Ergebnisse bringen. Bei Aluminiumgußteilen, ähnlich Abb. 172, sind sie jedoch vorteilhaft anzuwenden. Die Formfüllung erfolgt hier ebenfalls spiralig, wie im vorherigen Beispiel beschrieben, bis das Metall über die Oberkante des Kernes strömt. Die Strömung ist hiernach unbeständig und, sofern die Wanddicke des Gußstückes größer als 4,5 mm ist, das Metall kann unregelmäßig nach außen gedrückt werden sowie die Luftabfuhr in der Teilungsebene behindern, wodurch sich auf dem Außendurchmesser Lufteinschlüsse bilden können.

Wenn derartiges an ähnlichen Gußteilen, die kleinere Wanddicken besitzen, auftritt, so bedeutet es meistens (unter Voraussetzung richtiger Metall- und Formtemperatur), daß die Anschnittfläche zu klein ist. Der

[1] „allmählich" nur innerhalb der sehr kurzen Zeit der Formauffüllung bei Druckguß.

Flächeninhalt des Anschnittes soll so sein, daß das Metall sich gleichmäßig über die Oberkante des Kernes ausbreiten und dann die Außenwand hinunterströmen kann, ohne daß sich das flüssige Metall in einzelne Ströme aufteilt.

Tangentialanschnitte sind nicht geeignet für flache oder weitgehend flache Gußstücke. Sie kommen nur dann voll zur Wirkung, wenn das einströmende Metall auf eine Formwandung auftreffen kann. Bei nur flüchtigem Streifen eines Kernes zerwirbelt der Metallstrom und es ergeben sich hierdurch Gußfehler verschiedenster Art.

Flache, ring- und rahmenförmige Gußteile bereiten oft größere Produktionsschwierigkeiten, besonders wenn eine Oberfläche verlangt wird,

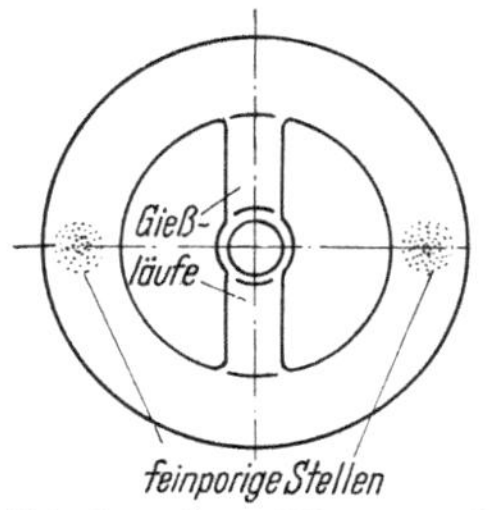

Abb. 173. Scheibe mit zwei Innenanschnitten

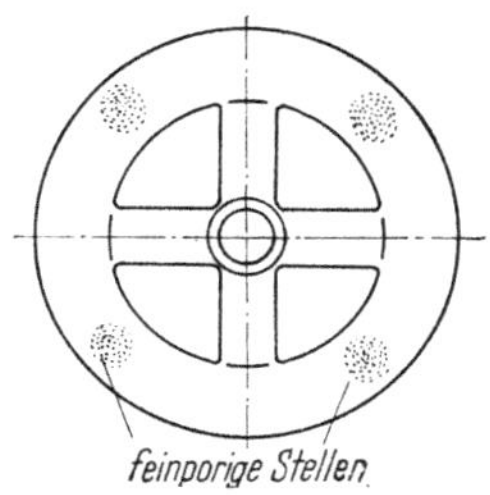

Abb. 174. Scheibe mit vier Innenanschnitten

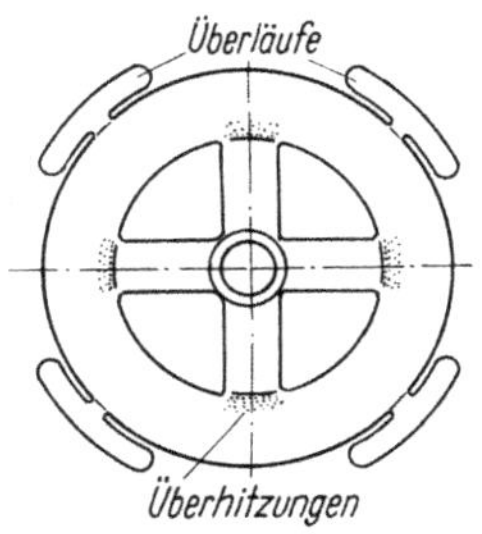

Abb. 175. Überläufe zwischen den Anschnitten

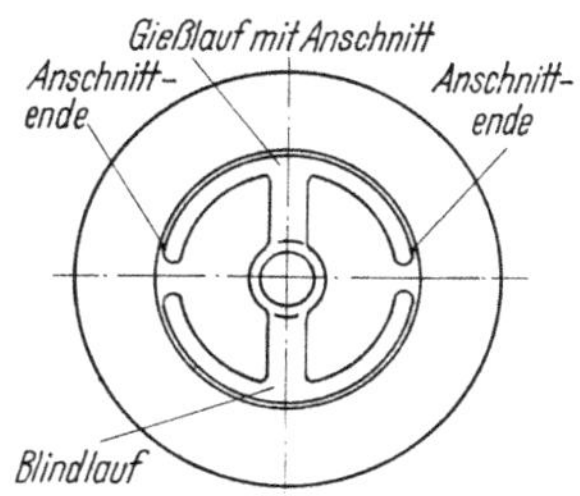

Abb. 176. T-förmige Zuläufe bei einem Anschnitt

die ein nachträgliches Galvanisieren der Teile ermöglichen soll. Als einfachster Fall soll die in Abb. 173 wiedergegebene Scheibe, die von der Mitte her angeschnitten ist, untersucht werden. Es handelt sich hier um ein vom Wärmegleichgewicht her betrachtet unausgeglichenes System, bei dem es, wie die praktischen Erfahrungen gezeigt haben, nur in der Nähe der Anschnitte zu sauberen, glatten Oberflächen kommt.

An den zwischen den Anschnitten liegenden Stellen, wo sich die Metallströme treffen, treten meistens Fließlinien, Poren und Schlieren auf. Der Versuch, zusätzliche Anschnitte vorzusehen, wie in Abb. 174, bringt zwar örtliche Verbesserungen, aber Gußfehler an vier Stellen des Teiles, dort, wo die Metallströme aufeinander treffen. Derartig angeschnittene Gießformen zeigen sich als sehr labil in der Produktion; nur bei Erhöhung der Gießtemperatur kann hier eine befriedigende Oberfläche erwartet werden. Es treten jedoch bald während der Fertigung Überhitzungen an bestimmten Stellen der Formfasson ein, die Feinporigkeit und unter Umständen Einfallstellen zur Folge haben. Durch Überlaufsäcke (Abb. 175) kann oft eine beträchtliche Verbesserung erzielt werden, aber durch die größere die Anschnitte durchfließende Metallmenge kann es in der Nähe derselben zu unangenehmen Überhitzungen kommen.

Bessere Ergebnisse bringen in derartigen Fällen T-förmige Zuläufe mit langen, dünnen Anschnitten (Abb. 176) und einem entsprechend ausgebildeten Blindlauf, der symmetrisch zum eigentlichen Zulauf angeordnet ist. Durch einen in dieser Art ausgebildeten Anschnitt ist eine gute Formfüllung und Formentlüftung gegeben, wobei der Blindlauf für ein befriedigendes Wärmegleichgewicht sorgt. Nach der praktischen Erfahrung sollten T-förmige Zuläufe nur für Gußteile aus Zinklegierungen von 1,5—3 mm Wandstärke angewandt werden. Eine Wandstärke von 3 mm darf nicht überschritten werden, sondern es sollte das Gußstück auf der nicht sichtbaren Seite verrippt werden, falls eine Verstärkung notwendig ist.

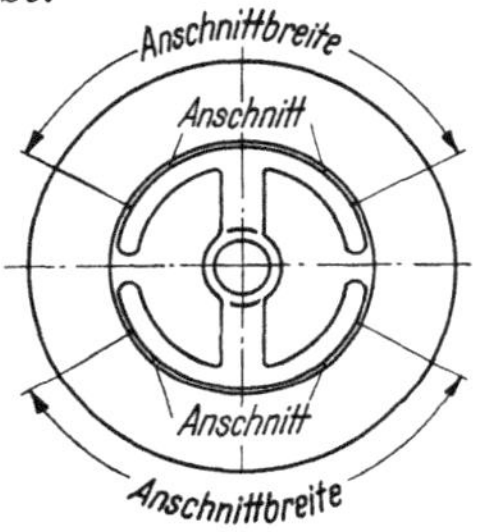

Abb. 177. T-förmige Zuläufe mit zwei Anschnitten

Abb. 178. Ringförmiger Innenanschnitt

Gußteile unter 1,5 mm Wanddicke, die von einer solchen Größe sind, daß sie einen Innenanschnitt gestatten, müssen jedoch anders angeschnitten werden. Es ist hier notwendig, auf den Blindlauf zu verzichten und auch an diesem einen Anschnitt vorzusehen (Abb. 177).

Zu Beginn der Fertigung sind üblicherweise die Anschnitte schmaler zu halten und erst durch praktische Gießversuche ist deren optimalste Breite zu ermitteln. Bei Wanddicken unter 1 mm ist es unter Umständen ratsam, einen kreisförmigen Zulauf zu wählen und das Gußteil am inneren Gesamtumfang anzuschneiden (Abb. 178).

Bei derartig dünnwandigen Teilen ist allerdings für eine gute Formentlüftung Sorge zu tragen. Dies geschieht, indem zusätzlich über dem gesamten Gießlauf-System gleichmäßig verteilt mehrere Auswerfer mit größerem Durchmesser angeordnet werden, durch welche die Luft entweichen kann. Im allgemeinen werden Gußteile mit einem Durchmesser von mehr als 150 mm von innen angeschnitten, da anderenfalls bei einem Außenanschnitt der Weg, welchen das Metall in der Form zurücklegen muß, zu lang wird.

b) Gestalt und Größe des Anschnittes. Nach der Gestalt lassen sich die folgenden verschiedenen Ausbildungsarten des Anschnittes unterscheiden:

1. der schwache bandförmige Anschnitt (Abb. 129, 130, 144, auch 171 und 172)
2. der schwache kreisringförmige Anschnitt (Abb. 131, 132)
3. der schwache ringspaltförmige Anschnitt (Abb. 137, 138)
4. der starke bandförmige oder ringspaltförmige Anschnitt
5. der Vollkegelanschnitt bzw. Anschnitt mit Vollkreisquerschnitt (Abb. 140)
6. der sogenannte Punktanguß (Abb. 141, 142)

Die Gestalt und die Querschnittgröße des Anschnittes haben, ebenso wie seine Lage, sehr großen Einfluß auf den Ablauf der Strömungsvorgänge bei der Formauffüllung und damit auf die Luftabführung und die Temperaturverteilung in der Gießform (vgl. 2.212). Durch die Rücksicht hierauf wird für jedes Gußstück nach seiner Gestalt und seinen Abmessungen die Gestaltung des Anschnittes schon bis zu einem gewissen Grade vorgeschrieben.

Die unter 1—3 genannten Anschnittarten haben das Kennzeichen gemeinsam, daß der Anschnitt ein schmaler Spalt ist, und daß somit das Gießmetall in den Formhohlraum als ein „*schwachwandiger*“ Strahl einströmt, der entweder plattenförmig (Fall 1 und 2) oder hohlzylindrisch (Fall 3) ist. Wie die Erfahrung ergeben hat (und im Hauptabschnitt 2 auch theoretisch zu begründen versucht wurde), ist beim Gießen mit hoher Einströmgeschwindigkeit diese „Schwachwandigkeit“ des Einlaufstrahles (also die Anwendung der „Verfahrensart I“ oder noch „II“) eine Vorbedingung für einen beherrschbaren Verlauf der Formauffüllung, der eine hinreichende Luftabführung und die Vermeidung schädlicher Wärmestauungen in der Form ermöglicht. Da die Verfahrensart I für viele Druckgußstücke anwendbar und für die Mehrzahl dünnwandiger Teile auch die vorteilhafteste ist, kann man für die weitaus meisten Druckgußteile eine der unter 1 bis 3 aufgeführten Anschnittarten als günstigste ansehen.

Die Ausbildung des Anschnittes als schmaler Spalt hat außer den strömungstechnischen noch die weiteren Vorteile, daß der Anschnitt mechanische Verunreinigungen wie ein Sieb zurückhält, und daß die Eingußabtrennung vergleichsweise wenig Arbeit erfordert. Die „Wanddicke“ des Strahles, bzw. die Spaltdicke d des Anschnittes, die im Einzelfalle zulässig ist, hängt ab von der Gestalt und den Abmessungen des Gußstückes, von der Art des Gießmetalls und von den anzuwendenden Gieß- und Formtemperaturen. Daher muß ganz allgemein bei der Beurteilung einer Anschnittdicke beachtet werden, daß die Begriffe „schwacher“

und „starker“ Anschnitt nur relative Bedeutung haben. Z. B. ist ein Anschnitt von 1,5 mm Dicke bei einem sehr großen, dickwandigen Gußstück noch ein „schwacher“ Anschnitt, der die Anwendung der Verfahrensart I gestattet, während er an einem kleineren Gußstück bereits als „starker“ Anschnitt wirken würde, der nur bei herabgesetzter Einströmgeschwindigkeit, d. h. bei Anwendung der Verfahrensart II, zulässig wäre. Ferner muß auch bei Herstellung des gleichen Gußstückes aus verschiedenartigen Gußlegierungen die Anschnittdicke in der Regel variiert werden. Endlich erfordert das gleiche Gießmetall in solchen Fällen, in denen es besonders „kalt“ vergossen werden muß, gewöhnlich einen stärkeren Anschnitt als in anderen Fällen, in denen eine höhere Gießtemperatur zulässig ist. Unter Berücksichtigung dieser Abhängigkeiten kann als Richtwert angegeben werden, daß die Dicke *d* eines „schwachen“ Anschnittes für Verfahrensart I meistens zwischen 0,3 und 1 mm liegt und auch bei sehr großen Stücken nur selten 1,8 mm überschreitet. Bei der Verarbeitung auf Warmkammer-Druckgießmaschinen ist Verfahrensart I vorherrschend. Bei Kaltkammer-Druckgießmaschinen, Druckkammer außerhalb der Form, waagrechte Druckkammer, sind allgemein Verfahrensarten II und III bevorzugt[1], während bei der senkrechten Druckkammer die Verfahrensarten I, II und IV je nach Gestalt und Metallegierung des herzustellenden Druckgußstückes angewandt werden. Die Verfahrensarten gehen ineinander über, so daß eine genauere Abgrenzung nicht angegeben werden kann. Die Größe der Einströmgeschwindigkeit ist bei allen Kolbengießmaschinen in erster Linie von der Druckkolben-Geschwindigkeit abhängig. Im einzelnen sei über die Anschnittsarten 1 bis 6 das Folgende ausgeführt:

Zu 1. „Bandförmiger“ Anschnitt: Die Ausbildung des Anschnittes als kurze, flache, breitgestreckte Rinne, bei welcher das Anschnittmetall am Rohgußstück die Gestalt eines schmalen, dünnen, langgestreckten Bandes erhält, ist für die meisten Gußteile brauchbar. Für unregelmäßige, verwickelte Gußstücke von geringer Wanddicke und sperriger Gestalt ist sie häufig, für mehrfache Einformung ist sie (neben dem „Krageneinguß“) die einzig mögliche Art der Anschneidung. An der Einmündung des Anschnittes in das Gußstück wird zweckmäßig eine kleine Hohlkehle oder Abschrägung vorgesehen.

Die Abtrennung des Angusses und das Nachputzen gestalten sich sehr einfach und billig. Der Anguß kann von Hand abgebrochen werden, wobei die Hohlkehle verhindert, daß der Bruch in das eigentliche Gußstück hinein verläuft. Der zurückbleibende Grat wird durch einige Feilenstriche, besser durch ein Schnitt- oder Räumwerkzeug entfernt.

Der eigentliche Anschnitt kann z. B. auch die aus Abb. 179 ersichtliche Gestalt aufweisen. Man kann dadurch die Richtung des in den Form-

[1] falls höhere Druckkolben-Geschwindigkeiten möglich (ca. > 5 m/s), kann auch Verfahrensart I angewandt werden.

hohlraum einströmenden Strahles beeinflussen, um eine gute Auffüllung zu erreichen. Für die zu wählende Anschnittdicke d ist bereits unter 2.324 unter dem Gesichtspunkt möglichst lange Fließwege zu bekommen die Regel $d \leqq \frac{b_f}{5}$ angegeben, worin b_f die Tiefe des Formhohlraumes (bzw. die Wanddicke des Druckgußteiles) bedeutet. Für die Praxis ergeben jedoch errechnete Werte aus dieser Regel allgemein ein zu kleines d. Die Anschnittdicke d ist, wie später[1] dargelegt wird, vom Erstarrungsmodul M und der Druckgußlegierung abhängig.

Zu 2. Der kreisringförmige Anschnitt kann als ein (freilich nur begrenzt anwendbarer) Sonderfall des bandförmigen Anschnittes betrachtet werden. Bei dieser Konstruktion muß darauf geachtet werden, die Trennfuge bzw. Formteilung gegen den Anschnitt zu versetzen, da andernfalls der Metallstrahl gleich zu Beginn der Einströmung sämtliche Entlüftungskanäle abschließen würde. Die Entfernung des Angusses erfolgt durch Ausbohren.

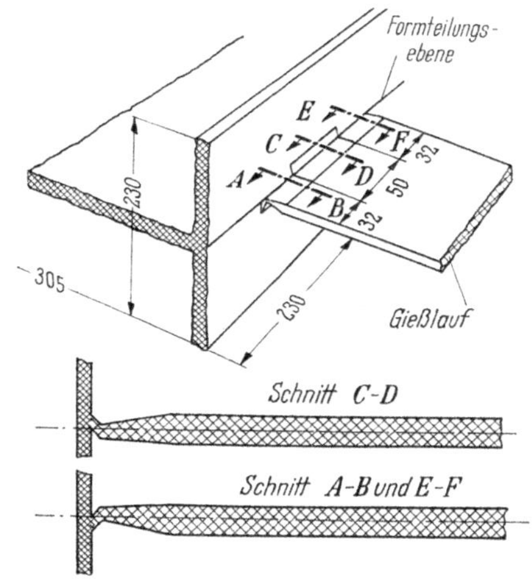

Abb. 179. Anschnittechnik bei einem großen Aluminium-Druckgußstück (Lenkung des Metallflusses in beide Hälften). Auf diese Art können beliebig viele „Einströmrichtungen" von einem Anschnitt aus erreicht werden, ohne daß sich die verschiedenen Ströme vorzeitig treffen und damit behindern

Zu 3. Die Anwendung des *Ringspaltanschnittes* ist auf besondere Typen von Gußstücken begrenzt, deren Gestalt die Vorbedingungen für die Anwendung des „direkten Eingusses" oder des „Krageneingusses" liefert. Die Entfernung des Angusses erfolgt im allgemeinen durch Abstechen, wobei eine schmale, saubere Schnittfläche entsteht, die meistens nicht störend wirkt.

Zu 4. Dickwandige, klobige Gußstücke, die nach Verfahrensart II und III gegossen werden, erhalten für diesen Fall[2] einen starken bandförmigen oder ringspaltförmigen Anschnitt, der eine längere Einwirkungsdauer des Nachdruckes ermöglicht. Dabei liegt die Spaltdicke d des Anschnittes im allgemeinen in der Größenordnung zwischen einem und einigen Millimetern; ihre Größe ist im Einzelfalle nach der Größe und Wanddicke des Gußstückes, sowie nach der Art des Gießmetalls und den anzuwendenden Arbeitstemperaturen zu bemessen.

[1] Vgl. Abschnitt c dieses Kapitels, bes. Abb. 184.

[2] Nur für diesen Fall, d. h. nur, wenn die Form auf einer für Verfahrensart I und III geeigneten Maschine abgegossen wird.

Über die Strömungsvorgänge bei starkem Anschnitt ist schon ausführlich gesprochen worden. Dabei kann bei richtiger Wahl der Einströmgeschwindigkeit und genügender Höhe und Einwirkungsdauer des Nachdruckes ein dichtes Gefüge erzielt werden.

Die Angüsse müssen bei dickem bandförmigem Anschnitt durch Absägen entfernt werden. Dabei bleibt eine unsaubere Fläche zurück, die noch weiterer Nacharbeit bedarf. Die Abtrennung des Angusses verursacht somit bei dieser Anschnittart beträchtlich höhere Kosten.

Zu 5. Die Verwendungsmöglichkeiten des *Anschnittes mit Vollkreisquerschnitt* sind bereits unter 2.221 d behandelt worden. Seine Anwendung ist nur sehr selten angebracht; in den weitaus meisten Fällen ist davor zu warnen. Der massive Eingußzapfen muß abgesägt oder abgestochen werden, wobei eine deutlich sichtbare Marke zurückbleibt.

Zu 6. Beim sogenannten *Punktanguß* ist man ähnlichen Einschränkungen unterworfen wie beim Anschnitt mit Vollkreisquerschnitt. Man kann ihn daher nur für gleichförmige, kreisrunde platten- oder pfannenartige Teile empfehlen, da die Strahlrichtung gegeben ist und nur die Anschnittgröße variiert werden kann.

c) Rechnerische Grundlagen in der Anschnittechnik. Lage, Gestalt und Größe des Anschnittes sind ausschlaggebend für das Gelingen, die Qualität und Oberflächenbeschaffenheit eines Druckgußteiles. Es ist daher wichtig, auch aus den Grundgesetzen abgeleitete, rechnerische Grundlagen in der Anschnittechnik anzuwenden, um die Zusammenhänge klarer zu erkennen.

Unter 2.223 wurden nun bereits Betrachtungen über die Zeitdauer der Auffüllung des Formhohlraumes angestellt. Die Füllzeit τ_g ist eine wichtige Größe für die Bestimmung des Anschnittquerschnittes (oder Einströmquerschnittes) f. Grundsätzlich ist im Interesse einer vollständigen und intensiven Luftverdrängung (auch bei Vakuumanwendung erforderlich, da praktisch ein 100%iges Vakuum nicht erreicht werden kann) eine langsame Formfüllung und um eine gute, einwandfreie Verschmelzung zu erreichen (Erstarrungsdauer) eine schnelle Formauffüllung erwünscht, leider einander entgegengesetzte Forderungen.

Durch die Abkühlung des in den Formhohlraum eintretenden Metallstrahles wird ferner die Strömung entgegengesetzt beeinflußt. Das erste einströmende Gießgut kann in einer verhältnismäßig dicken Schicht erstarren, welche nach dem Anschnitt zu immer dünner wird. Die aus dem Anschnittquerschnitt nachfolgende Schmelze überschwemmt dann sozusagen das erstarrte Gießgut und dieses wird von der Oberfläche weggedrückt. Der Druck des Metalls vor der erstarrten Schicht auf die Formoberfläche kann so beträchtlich sein, daß die bereits abgelagerten Schichten abgehoben werden können. Es ist nun möglich, daß dieses abgehobene Gießgut von dem nachdringenden heißen Metall zum Teil wieder aufgeschmolzen und fortgetragen wird, während sich noch weiter vom Anschnitt entfernt neue erstarrte Schichten auf der Formoberfläche bilden. Auf diese Weise können auf dem Druckgußteil Kaltschweißstellen und starke Fließlinien entstehen. Um diese unangenehme Fehlererscheinung zu vermeiden, müssen die Dicke des in den Formhohlraum einströmenden Strahles, dessen Richtung und Geschwindigkeit (und damit die Formfüllungszeit), sowie die Formtemperatur bestens aufeinander abgestimmt sein.

In Abb. 19 sind theoretische Schaubilder des zeitlichen Druckverlaufs in der Druckkammer dargestellt. Der durch ein sogenanntes Hydrauliskop[1] an einer Kaltkammer-Druckgießmaschine, waagrechte Druckkammer, aufgenommene tatsächliche Druckverlauf geht aus Abb. 180 hervor. Dabei interessiert für die Berechnung des Anschnittquerschnittes nur der Abschnitt c, die Zeit τ_g zum Füllen des eigentlichen Formhohlraumes.

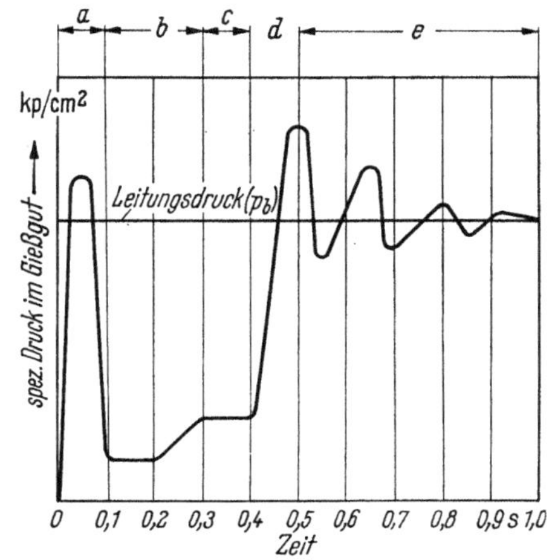

Abb. 180. Druckverlauf während des Füllvorgangs einer Druckgießform bei hydraulisch betriebener Kaltkammer-Druckgießmaschine, waagrechte Druckkammer (Herstellung eines großen Druckgußteiles aus einer Aluminiumlegierung). a Beschleunigung des Druckkolbens, b Ausfüllen des Eingusses und der Gießläufe unter sehr niedrigem Druck, c Füllen des Formhohlraums, d Plötzliches Ansteigen des Drucks nach beendigter Füllung des Formhohlraums (Druckkolben kommt zum Stillstand), e Druckwellen nach dem Gießvorgang, hervorgerufen durch die federnden Säulen der Druckgießmaschine (Auslauf der Druckwellen sollte möglichst rasch erfolgen)

Bei Betrachtung der Druckkurve Abb. 180 fällt auf, daß der hydraulische Enddruck im Antriebszylinder über dem Leitungsdruck der Hydraulikanlage liegt. Die Ursache für diesen Druckanstieg ist in der kinetischen Energie der durch die Auslösung des Schusses in Bewegung gesetzten Druckwassersäule zu suchen[2]. Je länger diese ist, desto höher kann momentan der Enddruck über dem Leitungsdruck liegen, denn zu letzterem kommt der Staudruck $\frac{\varrho}{2}\, w_h^2$ hinzu, worin ϱ die Dichte des Hydraulikmediums (kg s²/m⁴) und w_h die Strömungsgeschwindigkeit der Druckflüssigkeit (m/s) ist.

Lediglich der Vollständigkeit halber sei noch bemerkt, daß auch die Vorlaufgeschwindigkeit und der Vorlaufdruck und damit die Anlaufzeit (bis zum Erreichen des Anschnittes) für ein gutes Gelingen wichtig sind, was besonders bei den hohen spezifischen Gießdrücken, die bei der Kalt-

[1] Vgl. Bauer, A. F., Aluminium 32 (1956) H. 7, S. 398—407.

[2] Zur Vermeidung dieser schädlichen Druckwellen kann jedoch eine entsprechende Bauweise des Schußaggregates einer Druckgießmaschine beitragen. (Weiteres in Band II.)

kammer-Druckgießmaschine, waagrechte Druckkammer außerhalb der Form, angewandt werden, zu beachten ist. Der Formhohlraum wird bekanntlich nicht durch den hydraulischen Enddruck, sondern durch weit niederere Drücke gefüllt.

Nach SHARP[1] soll der günstigste Zeitwert τ_g für das Füllen des Formhohlraumes bei 0,2 s liegen. Für die Einströmgeschwindigkeit im Anschnitt w_a sind 15 m/s nicht zu überschreiten*, da sonst mit ungenügendem Auslaufen des Formhohlraumes, mit Kaltschweißstellen im Gußstück und durch Wirbelbildungen mit Fließlinien auf der Oberfläche der Gußteile gerechnet werden müßte. Diese Angaben dürften jedoch nur für eine Verarbeitung auf Kaltkammer-Druckgießmaschinen, waagrechte Druckkammer, und für keine zu dünnwandigen Druckgußteile (Wanddicke > 3 mm) zutreffen; dabei kann es sich nur am kompakte, verhältnismäßig einfache Druckgußstücke handeln, bei denen ein ausnahmsweise starker Anschnitt (mit nahezu quadratischem Querschnitt) zulässig ist.

Mit den Bezeichnungen

f Anschnittquerschnitt (mm²)
e_a Breite des Anschnitts (mm)
d Dicke des Anschnitts (mm)
V Volumen des Druckgußteiles (cm³)
τ_g Füllzeit des Formhohlraumes (s)
w_a Strömungsgeschwindigkeit im Anschnitt (m/s)

ergibt sich allgemein

$$f = e_a \cdot d = \frac{V}{\tau_g\, w_a} \quad (\text{mm}^2) \tag{14}$$

[1] Vgl. RICHTER, F., Metall 7 (1953) H. 13/14, S. 520—525.

* Interessant ist es nachzuprüfen, welcher wirksame spez. Gießdruck der Angabe von SHARP von 15 m/s Geschwindigkeit im Anschnittquerschnitt entsprechen würde.

Aus Gl. (8) ergibt sich

$$p_g = \frac{w_a^2\,\gamma\,(1+\zeta)}{2\,g}$$

Nimmt man für $\zeta = 4{,}16$, wie in Abschnitt 2.321 a bereits erläutert, auch hier an, so erhält man unter Zugrundelegung einer Aluminiumlegierung (für die auch die Angaben von SHARP gemacht sein dürften)

$$\text{für } w_a = 15 \text{ m/s} \quad p_g = \frac{15^2 \cdot 2700\ (1+4{,}16)}{2 \cdot 9{,}81} = 16 \text{ kp/cm}^2$$

$$\text{für } w_a = 30 \text{ m/s} \quad p_g = \frac{30^2 \cdot 2700\ (1+4{,}16)}{2 \cdot 9{,}81} = 64 \text{ kp/cm}^2$$

$$\text{für } w_a = 60 \text{ m/s} \quad p_g = \frac{60^2 \cdot 2700\ (1+4{,}16)}{2 \cdot 9{,}81} = 256 \text{ kp/cm}^2$$

Bei der jeweils angenommenen doppelten Geschwindigkeit erhöht sich p_g um das Vierfache, da w_a in der Gleichung im Quadrat steht. Der Gießdruck zur Erreichung von 15 m/s ist als sehr klein anzusehen.

Würde man für γ nur 2,5 wählen (bzw. 2500 kp/m³) — da das spezifische Gewicht mit steigender Temperatur fällt — ergäben sich noch niedrigere spezifische Gießdrücke.

und mit den Angaben nach SHARP in den oben angegebenen Abmessungen eingesetzt

$$e_a \ d = \frac{V}{0{,}2 \cdot 15} = \frac{V}{3} \quad (\mathrm{mm}^2) \qquad (14a)$$

oder

$$e_a = \frac{V}{3\,d} \quad (\mathrm{mm}) \qquad (14b)$$

Für die Anschnittdicke d sind je nach Größe und Gestaltung des Druckgußteiles zu wählen:

bei Zinklegierungen	$d = 0{,}4$ bis 1,5 mm
bei Leichtmetall-Legierungen	$d = 0{,}5$ bis 2 mm
bei Kupferlegierungen	$d = 0{,}8$ bis 2,5 mm,

wobei die kleineren Werte im allgemeinen für dünnwandigere und die größeren Werte für dickwandigere Teile zu wählen sind. Allerdings muß darauf hingewiesen werden, daß diese Anschnittdicken in der Regel eine wesentlich höhere Strömungsgeschwindigkeit im Anschnitt bedingen, als von SHARP angegeben (vgl. in diesem Zusammenhang Tab. 8).

A. K. BELOPUCHOW hat nun auf Grund von Untersuchungen[1] in einer Arbeit* die rechnerische Ermittlung des Anschnittquerschnitts f erweitert. Er nimmt dazu noch das spez. Gewicht γ_f des flüssigen Gießgutes (g/cm³) und verschiedene dimensionslose Faktoren k, nämlich

k_1 abhängig von der Wanddicke und Gestalt

k_2 abhängig von dem spez. Gießdruck in der Druckkammer p_n

k_3 abhängig von den physikalischen Eigenschaften der Druckgußlegierung (Schmelztemperatur, Dünnflüssigkeit bzw. Formfüllungsvermögen usw.)

k_4 abhängig von den Wanddicken-Unterschieden („Massivität" des Gußstückes)

Der Anschnittquerschnitt errechnet sich nun, wie bei SHARP mit

$$f = \frac{G}{\gamma_f \, w_a \, \tau_g} \quad (\mathrm{mm}^2) \qquad (14c)$$

worin man G, das Gewicht des Druckgußteiles in g einsetzen kann. Die günstigste Strömungsgeschwindigkeit ergibt sich zu

$$w_a = k_1 \cdot k_2 \cdot w_m \ (\mathrm{m/s})$$

worin w_m wiederum 15 m/s ist.

Die günstigste Füllzeit kann man wie folgt bestimmen

$$\tau_g = k_3 \cdot k_4 \cdot \tau_m \quad (\mathrm{s})$$

wobei für $\tau_m = 0{,}06$ s angegeben wird.

---

[1] Im Gießerei-Laboratorium der Moskauer Technischen Hochschule „N. E. Baumann" unter Leitung von N. N. RUBZOW durchgeführt (1954).

* Aufsatz: „Füllen der Formen und Berechnung der Anschnittsysteme bei Druckguß", russ. Fachzeitschrift „Gießereibetrieb" Nr. 7/58.

Man erhält schließlich die erweiterte Gleichung

$$f = \frac{G}{\gamma_f \underbrace{(k_1 k_2 w_m)}_{w_a} \underbrace{(k_3 k_4 \tau_m)}_{\tau_g}} \tag{15}$$

Wertangaben für die Faktoren k_1 bis k_4 können aus Tab. 5 entnommen werden. Aus Tab. 6 sind die auf Grund dieser Angaben errechneten Füllzeiten und Strömungsgeschwindigkeiten zu entnehmen.

Tabelle 5. *Wertangaben für die Faktoren $k_1 - k_4$*

k_1	Wanddicke des Druckgußteils
0,75	> 8 mm
1,00	4 bis 8 mm
1,25	1 bis 4 mm
k_2	Spezifischer Gießdruck p_n (kp/cm²)
3	bis 200
2	200 bis 400
1	400 bis 600
0,8	600 bis 800
0,6	800 bis 1000
0,4	> 1000
k_3	Druckgußlegierung
1,2	Blei- und Zinnlegierungen
1,0	Zinklegierungen
0,9	Aluminiumlegierungen
0,8	Magnesium- und Kupferlegierungen
k_4	Wanddicken
1	gleichmäßig
1,5	ungleichmäßig

Tabelle 6. *Errechnete Werte für Füllzeit und Strömungsgeschwindigkeit*

Druckgußlegierung	Füllzeit τ_g (s) gleichmäßige Wanddicke	Füllzeit τ_g (s) ungleichmäßige Wanddicke
Blei- und Zinnlegierungen	0,072	0,108
Zinklegierungen	0,06	0,09
Aluminiumlegierungen	0,054	0,081
Magnesium- und Kupferlegierungen	0,048	0,072

Spez. Gießdruck p_n (kp/cm²)	Strömungsgeschwindigkeit w_a (m/s) bei Wanddicken von 1 bis 4 mm	4 bis 8 mm	> 8 mm
bis 200	56	45	34
200 bis 400	37,5	30	22,5
400 bis 600	18,75	15	11,25
600 bis 800	15	12	9
800 bis 1000	11,25	9	6,75
> 1000	7,5	6	4,5

Betrachtet man die bei den verschiedenen Gießdrücken errechneten Strömungsgeschwindigkeiten, dann kommt man zu der Meinung, daß es gerade umgekehrt sein muß wie von BELOPUCHOW angegeben, nämlich daß bei höheren Gießdrücken auch größere Strömungsgeschwindigkeiten zu erzielen sind. Auch bei hohen, rechnerisch auf Grund des Leitungsdrucks sich ergebenden Gießdrücke kann eine verhältnismäßig kleine Strömungsgeschwindigkeit durch Verluste und vor allem durch eine bewußte Drosselung eintreten. Es ist nun in der Praxis sehr schwierig,

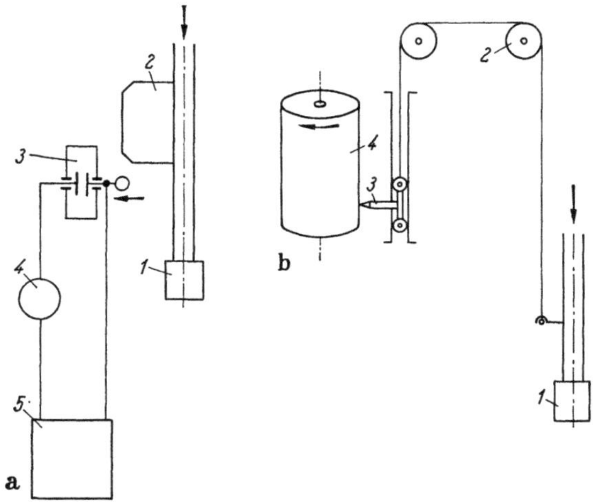

Abb. 181. Geräte zur Ermittlung der Druckkolben-Geschwindigkeit (schematisch)
a Gerät zur Ermittlung der Druckkolben-Geschwindigkeit mit elektrischer Stoppuhr: *1* Druckkolben, *2* Kurvenstück, *3* Schalter, 4 Stromquelle, *5* Uhr;
b Gerät zur Ermittlung der Druckkolben-Geschwindigkeit mit Trommel und Schreibstift: *1* Druckkolben, *2* Umlenkrollen, *3* Schreibstift, *4* Trommel mit Papier

die während der Formfüllung herrschenden Druckverhältnisse in der Druckkammer zu erfassen. Zur Betrachtung der Formfüllungsverhältnisse ist es daher einfacher, die Geschwindigkeit des Druckkolbens, bzw. den Zeitraum, in dem sich der Kolbenhub vollzieht, zu beobachten und zu messen. Man erhält auf diese Weise viel genauer die Strömungsgeschwindigkeit im Anschnitt (etwa bei gegebenem f), da diese direkt von der Geschwindigkeit des Druckkolbens abhängig ist.

Verhältnismäßig einfache Geräte zur Messung der Geschwindigkeit des Druckkolbens gehen aus Abb. 181 hervor. Man kann jedoch auch auf photographischem Wege etwa die Zeit für den Druckkolbenhub messen und hieraus die Geschwindigkeit ableiten.

Ein Weg-Zeit-Diagramm, aufgenommen mit dem Gerät nach Abb. 181b geht aus Abb. 182 hervor. Dabei gilt die Vorhubdauer τ_v für die Auffüllung des Eingusses und der Gießläufe bis zum Anschnitt, während die Gießdauer τ_g die eigentliche interessierende Füllzeit des Formhohlraumes ist.[1]

Mit den Bezeichnungen aus Abb. 183 kann man ansetzen

$$w_0 \cdot f_0 = w_a \cdot f$$

daraus

$$w_0 = \frac{w_a \cdot f}{f_0} \quad \text{bei einem ermittelten } w_a \tag{16}$$

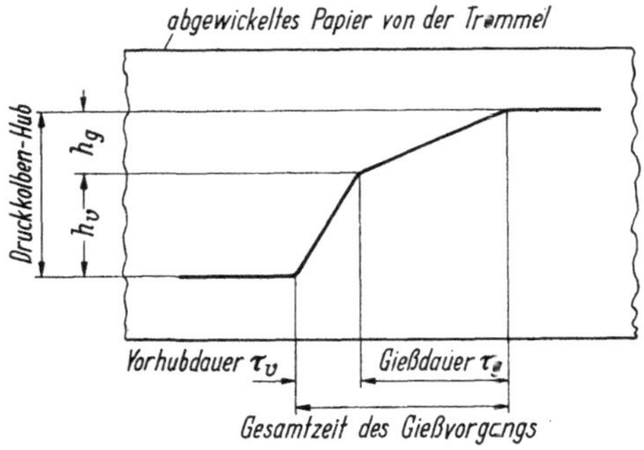

Abb. 182. Weg-Zeit-Diagramm mit dem Gerät Abb. 181 b aufgezeichnet

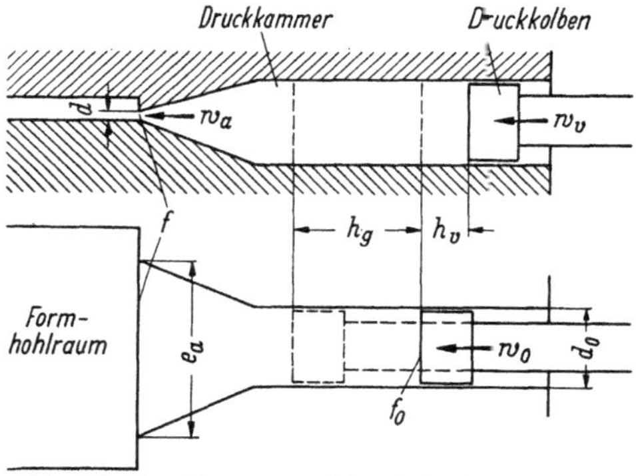

Abb. 183. Druckkammer und Anschnitt (schematisch)

[1] In der Diplomarbeit von H. E. Hilger, TH Aachen[2] (1960) wurde eine Versuchseinrichtung benützt, die über eine Druckmeßdose, Dehnungsmeßbrücke, Oszilloscript eine Ablesegenauigkeit von 5/1000 s gestattete. Aus dieser Arbeit geht auch die Wichtigkeit des „Druckaufbaues" bei Kaltkammer-Druckgießmaschinen hervor.

Daraus ist ferner ersichtlich, daß die Füllzeit eines Formhohlraumes für ein Druckgußteil strenggenommen nicht aus den bekannten Formeln errechnet werden kann, wenn für p_g der spezifische Gießdruck eingesetzt wird, der sich aus dem statischen Leitungsdruck auch nach Einkalkulierung der Verluste errechnet.

Es müßten für die zu verwendende Druckgießmaschine für verschiedene Stellungen des hydraulischen Schußventils Druckkurven zur Verfügung stehen, aus denen der wirkliche Leitungsdruck entnommen und der spezifische Gießdruck in der Druckkammer daraus ermittelt werden kann.

[2] Ein Auszug aus dieser Diplomarbeit wurde in der Gießerei, 48. Jahrg. H. 9 (Mai 61) veröffentlicht.

Ferner ist $w_0 = \frac{h_g}{\tau_g}$ und da $h_g = \frac{V}{f_0}$ ist

kann man auch schreiben

$$w_0 = \frac{V}{f_0 \tau_g} \tag{17}$$

Bezeichnet man f = Anschnittquerschnitt (mm²)
d = Dicke des Anschnittes (mm)
e_a = Breite des Anschnittes (mm)
d_k = Druckkolbendurchmesser (cm)
h_g = Druckkolbenhub für die Formfüllung (cm)

als gegebene Größen, kann man auch schreiben

$$w_a = \frac{V}{\tau_g f} \quad \text{und da } V = \frac{\pi d_k^2}{4} \cdot h_g, \text{ sowie } f = d \cdot e_a$$

wird

$$w_a = \frac{\pi d_k^2 h_g}{4 \tau_g d e_a} \tag{18}$$

Beispiel: angenommen d = 0,6 mm
e_a = 80 mm
d_k = 5 cm
h_g = 6 cm
τ_g = 0,06 s

dann ergibt sich $w_a = \frac{\pi \cdot 5^2 \cdot 6}{4 \cdot 0{,}06 \cdot 0{,}6 \cdot 80} \cong 41$ m/s

Allgemein gültige Gesetzmäßigkeiten für die Anschnittechnik haben Diepschlag und Czikel[1] abgeleitet. Dabei war es notwendig, neben den Gesetzen der Massenströmung auch die der Wärmeströmung zu berücksichtigen und aus der Beziehung, welche beiden Strömungsvorgängen *zugleich* gerecht wird, alle anderen Unbekannten zu ermitteln.

Es werden folgende Bezeichnungen eingeführt:

$$M = \frac{V}{F}$$

worin V das Flüssigkeitsvolumen bzw. Volumen des herzustellenden Gußstücks und F dessen Oberfläche bzw. die des Formhohlraumes ist, woraus sich M als Erstarrungsmodul bzw. das sogenannte spez. Volumen des Gußstücks (mittlere Wanddicke)* ergibt;

$$\delta = t_2 - t_f$$

---

[1] Diepschlag, E., und J. Czikel, Die Gieß- und Anschnittechnik in den Gießereien, Verlag: Wilh. Knapp, Halle.

* Man erkennt drei verschiedene Bezeichnungen für einen Begriff. Der Quotient $\frac{V}{F}$ wird als „spezifisches Volumen" wohl am treffendsten bezeichnet. Nachdem jedoch dieser Ausdruck bei uns kaum gebräuchlich ist, wird dafür die vom Fachausschuß „Anschnitt- und Steigertechnik" im VDG vorgeschlagene Bezeichnung Erstarrungsmodul M gewählt.

Über verschiedene vereinfachte Bestimmungen von M für die Praxis s. Anhang I.

worin t_2 die Gießtemperatur der Metallegierung, t_f die eingestellte, bleibende (Betriebs-)Temperatur der Gießform bzw. genauer des Formhohlraumes ist und damit δ dessen Temperaturunterschied (zwischen Gießgut und Formwand);

$$\vartheta = t_2 - t_e$$

worin t_2 wie oben und t_e die dem zulässigen Grenzbetrag an fester Phase in der Legierung entsprechende Temperatur ist. Sie liegt zwischen den Temperaturen der beginnenden (Liquidus) und beendeten (Solidus) Erstarrung und kann aus den zuständigen Abkühlungskurven bzw. Zustandsschaubildern entnommen werden. ϑ kann man daher als den Temperaturunterschied des Gießgutes bezeichnen;

$$\zeta = \frac{t_2 - t_e}{t_2 - t_f} = \frac{\vartheta}{\delta}$$

welches das Verhältnis der beiden oben angeführten Temperaturdifferenzen darstellt.

Es wird die Gleichung

$$\tau = \frac{V}{F} \cdot \frac{c\,\gamma}{\alpha_w} \cdot \frac{\vartheta + a_t \frac{u}{c}}{\delta} \tag{19}$$

aufgestellt, worin ϑ = Gießzeit, c = spez. Wärme des vergossenen Metalls, γ = dessen Wichte (spez. Gewicht), α_w = Wärmeübergangszahl (Wärmeaustausch zwischen flüssigem Metall und Formwand), a_t = der zur Abgabe freiwerdende Teilbetrag der Erstarrungswärme u darstellen.

Die Gleichung kann man auch schreiben

$$\tau = M \frac{c\,\gamma}{\alpha_w} \left(\zeta + a_t \frac{u}{c\,\delta}\right)$$

Außerdem wird mit

$$\Theta = \zeta + a_t \frac{u}{c\,\delta}$$

als einem dimensionslosen Beiwert Gl. (19) wie folgt vereinfacht

$$\tau = M \frac{\Theta}{\varphi_t} \tag{20}$$

worin $\varphi_t = \frac{\alpha_w}{c\,\gamma}$ eine Größe von der Dimension Längenmaß durch Zeit ist. Ihr kommt eine ähnliche Bedeutung wieder sog. Temperaturleitzahl $\frac{\lambda}{c\,\gamma}$ zu; da sie aber den Wärmeübergang kennzeichnet, kann man für sie die Bezeichnung „Temperaturübergangszahl“ wählen.

Aus Gl. (20) geht hervor, daß die Gießzeit von der Größe des Erstarrungsmodul M (oder des spez. Volumens M), also von der sog. „mittleren Wanddicke“, den kalorischen Bedingungen während des Gießens, die durch den Kennwert Θ erfaßt werden, sowie von den spez. Eigenschaften des Gießgutes und der Gießform, die gemeinsam in der Temperaturübergangszahl φ_t ihren Ausdruck finden, abhängt.

Die TORICELLIsche Gleichung gilt für die Massenströmung. Das durch einen Querschnitt f fließende Flüssigkeitsvolumen V ist direkt von der im Durchflußquerschnitt herrschenden Strömungsgeschwindigkeit w und von der Zeit τ, während welcher sich dieser Vorgang abspielt abhängig. Es ist

$$\frac{V}{\tau} = f \cdot w \quad \text{oder} \quad \frac{G}{\gamma \cdot \tau} = f \cdot w \tag{21}$$

Die Berechnung der Gießleistung $\frac{V}{\tau}$ ist aber auch um den Wärmeflußbedingungen eines Gußstückes gerecht zu werden

$$\frac{V}{\tau} = F \frac{\varphi_t}{\Theta} \quad \text{(20a)} \quad \text{[aus Gl. (20) abgeleitet]}$$

Da der Quotient $\frac{\varphi_t}{\Theta}$ den Wärmefluß an der Berührungsfläche zwischen Metall und Formwand kennzeichnet, kann man diesen mit

$$\frac{\varphi_t}{\Theta} = \varepsilon \quad \text{bezeichnen.}$$

Aus den Beziehungen zwischen den vereinfachten Gln. (20a) und (21) wird die allgemeine Doppelgleichung

$$f \cdot w = \frac{V}{\tau} = F \cdot \varepsilon \tag{22}$$

aufgestellt. Diese Formel bringt zum Ausdruck, daß die Zeit, in der das Metallvolumen den Formhohlraum füllt, diejenige nicht überschreiten darf, die eine nicht mehr zulässige Abkühlung des Gießgutes hervorruft. Es wird durch die Gleichung das Gleichgewicht zwischen den Bedingungen der Massenströmung und den Gestzmäßigkeiten der Wärmeströmung zum Ausdruck gebracht.

Man kann nun noch die Proportion der Flächen bilden

$$\frac{F}{f} = \sigma = \frac{w}{\varepsilon} \tag{23}$$

wobei für σ, eine dimensionslose Zahl, die Bezeichnung „Gießzahl" gewählt wird. Aus Gl. (23) folgt

$$\sigma \cdot f = F \tag{23a}$$

eine einfache Beziehung zwischen dem Anschnittquerschnitt f und der Gußstückoberfläche F. Außerdem folgt

$$\sigma \cdot \varepsilon = w \tag{23b}$$

also eine gegenseitige, unmittelbare Abhängigkeit der Geschwindigkeit der Massenströmung von der Geschwindigkeit der Wärmeströmung.

Als wichtigste Folgerung ergibt sich hieraus, daß es Aufgabe des Gießereifachmannes sein muß, die Gießbedingungen in bezug auf Massen- und Wärmeströmung so zu wählen, daß die Gießzahl σ möglichst groß ausfällt. Diese Bedingung wird erfüllt, wenn w groß und ε klein ist. Das Gußstück sollte also mit der größtmöglichen, eben noch zulässigen

Strömungsgeschwindigkeit im Anschnitt bei gleichzeitiger weitgehendster Drosselung der Wärmeströmung gegossen werden. Dies gilt allerdings bei Druckguß nur für die kurze Zeitdauer der Formfüllung. Die nachfolgende Erstarrung kann rasch erfolgen, um die Gießleistung nicht unnötig zu verringern.

Bereits im Abschnitt 2.333c) wurde erwähnt, daß das in den Formhohlraum einströmende Metall schließlich auf die Formwandung auftrifft und dort nicht sofort erstarren darf. Es wird weiter gefolgert, daß die Formfüllungszeit nicht länger sein darf als die Zeit, welche eine Schicht von der halben Dicke des Anschnittes, also $\frac{d}{2}$, zu ihrer Erstarrung benötigt, um eine gute Verschmelzung zu einem Qualitäts-Druckgußstück zu bekommen.

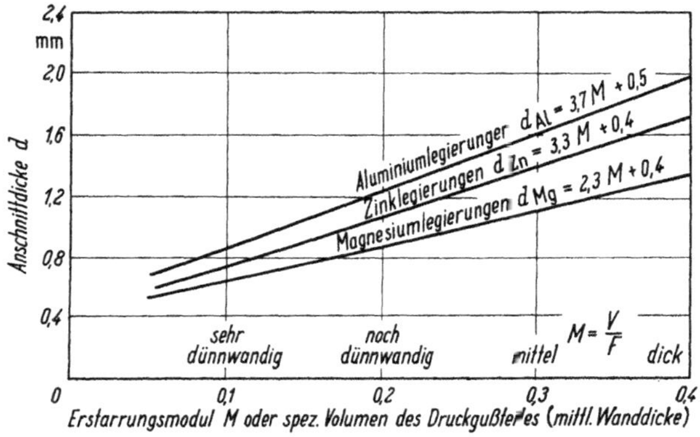

Abb. 184. Zusammenhänge zwischen d und M

Von dieser Forderung ausgehend soll nun nachfolgend versucht werden, eine einfache Bestimmung des Anschnittquerschnitts für ein bestimmtes Druckgußstück durchzuführen. Dabei wird zunächst zur Ermittlung der zweckmäßigen Anschnittdicke d von dem sog. Erstarrungsmodul M (spez. Volumen) des herzustellenden Gußstückes (wie bereits erwähnt) $M = \frac{V}{F}$ ausgegangen[1].

[1] In diesem Zusammenhang ist die von W. Koppe in seiner in den Technisch-Wissenschaftlichen Beiheften der Zeitschrift „Gießerei“ erschienenen Arbeit „Die Erstarrungsgleichung von Sandguß“ (H. 28/1960, S. 1535—1543) gebrachte Erstarrungsgleichung für beliebige Guß- und Formstoffe interessant. Er bezeichnet diese als „klassische“ Lösung und geht von der erweiterten Fourierschen Gleichung aus, die in einem zusätzlichen Glied das Freiwerden der latenten Wärme berücksichtigt:

$$\frac{d\vartheta}{d\tau} = \frac{1}{c \cdot \varrho} \cdot \frac{1}{dS} \cdot \frac{d}{dx}\left(\lambda \cdot dS \cdot \frac{d\vartheta}{dx}\right) + \frac{\Phi}{c \cdot \varrho}$$

Darin ist Φ die Wärmemenge, die je Zeit- und Volumeneinheit an der Grenzfläche Metall/Formstoff frei wird. Das Ergebnis ist nun eine Gleichung, welche die

Aus Abb. 184 gehen nun die Zusammenhänge zwischen der Anschnittdicke d und dem Erstarrungsmodul M hervor. Man kann beim Vorliegen eines bestimmten M das benötigte d direkt in der graphischen Darstellung ablesen. Außerdem wurden die Gleichungen der als Geraden für die 3 wichtigsten Druckgußlegierungs-Gruppen bestimmten Linienzüge nach empirischen Werten wie folgt bestimmt:

für Aluminiumlegierungen $d_{\mathrm{Al}} = 3{,}7\,M + 0{,}5$ (mm)
für Zinklegierungen $d_{\mathrm{Zn}} = 3{,}3\,M + 0{,}4$ (mm)
für Magnesiumlegierungen $d_{\mathrm{Mg}} = 2{,}3\,M + 0{,}4$ (mm)

---

thermischen Größen von Gießmetall und Formstoff und die Zeit τ mit der Dicke x der bereits erstarrten Schicht verbindet:

$$\frac{b_F}{b_{ML}} \cdot \frac{e^{-u^2}}{1 + \frac{b_F}{b_{MS}} \cdot G(u)} \cdot (\vartheta_E - \vartheta_F^0) - \frac{e^{-v^2}}{1 - G(v)}$$

$$(\vartheta^0{}_M - \vartheta_E + \vartheta_F^0) = \frac{\sqrt{\pi}}{2} \cdot \frac{L_S \cdot \varrho_M}{b_{ML}} \cdot \frac{x}{\sqrt{\tau}}$$

ϑ_E ist die Erstarrungstemperatur des Gießmetalls. Die Indices $M\,L$ und $M\,S$ beziehen sich auf den flüssigen (L) und festen (S) Zustand des Metalls. Die Größen u und v sowie $G(u)$ und $G(v)$ sind selbst Funktionen von x und τ. Die Erstarrungszeit entspricht der Zeit, in der die Schicht x die halbe „Dicke" des Gußstücks annimmt. (!) Gießt man ohne Überhitzung, dann erhält man nach Umformen die vereinfachte Beziehung:

$$\tau \cdot \left[\frac{e^{-u^2}}{1 + \frac{b_F}{b_M} \cdot G(u)}\right]^2 = \left[\frac{\sqrt{\pi} \cdot L_S \cdot \varrho_M}{2 \cdot \delta_E \cdot \sqrt{\lambda_F \cdot c_F \cdot \varrho_F}}\right]^2 \cdot x^2$$

wobei diese Gleichung exakt nur graphisch lösbar ist. Ferner kann nur die Zeit der Erstarrung damit bestimmt werden; die folgende Abkühlung entzieht sich der Berechnung. Der Erstarrungsvorgang wird durch das Wachsen einer Schale mit glatter Wand gekennzeichnet, deren innere Fläche in jedem Zeitpunkt erfaßbar sein muß. Aus der Gleichung läßt sich noch ableiten, daß der Temperaturabfall in der bereits erstarrten Schicht beliebig sein darf.

Da der letzte Punkt ein wesentlicher Vorteil dieser Lösungsart ist, können die übrigen Nachteile besonders dann in Kauf genommen werden, wenn sich die thermischen Eigenschaften des Formstoffs denen des Gießmetalls nähern oder sie gar erreichen, wie es bei Kokillenguß und auch bei Druckguß der Fall sein dürfte.

Als charakteristisch für Druckguß ist allerdings das große Verhältnis b_F/b_M, nämlich das Wärmediffusionsvermögen von Formstoff b_F und Gießmetall anzusehen. Also umgekehrt wie bei Sandguß.

Ebenfalls kennzeichnend ist die bezüglich der Wanddicke sehr kleine Erstarrungszeit. Der Wert $\frac{x}{\sqrt{\tau}}$ ist also groß.

Nimmt man an, daß $\frac{b_F}{b_M} \cdot G(u) \approx 5$ (geschätzt)

und $e^{-u^2} \approx 1$ (nach ATTERTON. D. V.: J. Iron Steel Inst. 174/1953, S. 201/11) dann würde die oben genannte 3. Gleichung schließlich zu

$$\tau = \left[\frac{3\sqrt{\pi} \cdot L_S \cdot \varrho_M}{\vartheta_E \cdot \sqrt{\lambda_F \cdot c_F \cdot \varrho_F}}\right]^2 \cdot x^2$$

Ferner sind in Tab. 7 die verschiedenen Füllzeiten τ_g in Abhängigkeit von der Anschnittdicke d zu finden, wobei erstere außer von der

Tabelle 7. *Füllzeit τ_g in Abhängigkeit von Anschnittdicke d* [1]

Anschnittdicke d (mm)	Füllzeit τ_g (s) bei Zinklegierungen: Warmkammer-Druckgießmaschine	Zinklegierungen: Kaltkammer-Druckgießmaschine, Druckkammer waagrecht	Zinklegierungen: Kaltkammer-Druckgießmaschine, Druckkammer senkrecht	Aluminiumlegierungen: Warmkammer-Druckgießmaschine (Druckluft)[2]	Aluminiumlegierungen: Kaltkammer-Druckgießmaschine, Druckkammer waagrecht	Aluminiumlegierungen: Kaltkammer-Druckgießmaschine, Druckkammer senkrecht	Magnesiumlegierungen: Warmkammer-Druckgießmaschine, Kolben-gieß-maschine	Magnesiumlegierungen: Warmkammer-Druckgießmaschine, Druckluft-gieß-maschine	Magnesiumlegierungen: Kaltkammer-Druckgießmaschine, Druckkammer waagrecht	Magnesiumlegierungen: Kaltkammer-Druckgießmaschine, Druckkammer senkrecht
0,4	0,018	0,03	0,024	(0,02)	0,036	0,03	0,016	0,012	0,024	0,018
0,6	0,02	0,034	0,03	(0,025)	0,042	0,034	0,018	0,014	0,03	0,02
0,8	0,024	0,04	0,036	(0,03)	0,05	0,04	0,02	0,016	0,035	0,024
1,0	0,03	0,035	0,042	(0,035)	0,06	0,045	0,024	0,02	0,042	0,03
1,2	0,035	0,06	0,05	(0,04)	0,075	0,06	0,03	0,025	0,05	0,035
1,4	0,04	0,07	0,06	(0,05)	0,09	0,07	0,035	0,03	0,06	0,04
1,6	0,045	0,08	0,07	(0,06)	0,105	0,08	0,04	0,035	0,07	0,045
1,8	0,05	0,09	0,08	(0,07)	0,12	0,09	0,045	0,04	0,08	0,05
2,0	0,06	0,1	0,09	(0,08)	0,14	0,1	0,05	0,045	0,09	0,06

worin z. T. abweichend zu den Bezeichnungen in diesem Buch, nämlich mit den Bezeichnungen von W. Koppe bedeuten:

τ = Erstarrungszeit
π = 3,14
L_S = Schmelzwärme des Gießmetalls (latente)
ϱ_M = spezifisches Gewicht des Gießmetalls
ϑ_E = Erstarrungstemperatur des Gießmetalls
λ_F = Wärmeleitfähigkeit des Formstoffs
c_F = spezifische Wärme des Formstoffs
ϱ_F = spezifisches Gewicht des Formstoffs
x = halbe Dicke des Gußstücks (die halbe Wanddicke).

In dieser Gleichung tritt nur die latente Schmelzwärme auf, da nur die Erstarrung betrachtet wird. Statt des Verhältnisses $M = \frac{V}{F}$ enthält die Gleichung die halbe Dicke (x) des Gußstücks (bzw. der betrachteten Platte).

[1] Beim Vergleich mit den in Abb. 56 angegebenen Füllzeiten in Abhängigkeit von der Anschnittdicke ist festzustellen, daß die in Tab. 7 angegebenen Zeiten allgemein etwas länger sind. Dies rührt davon her, daß für die rechnerische Erfassung des Anschnittquerschnitts bei der Verschiedenartigkeit der Druckgußteile ein gewisser Durchschnitt genommen werden mußte. Außerdem sind die Ermittlungen, welche Abb. 56 zugrunde liegen, an dem gleichen Druckgußstück gemacht worden, woraus sich auch die kürzer werdenden Füllzeiten bei größeren Anschnittdicken erklären lassen. Tab. 7 versucht die bei einer gewählten Anschnittdicke zweckmäßigste Füllzeit des Formhohlraums zu vermitteln, wobei Verfahrensart I im allgemeinen zugrunde gelegt ist.

Ferner wird noch darauf aufmerksam gemacht, daß bei den theoretischen Gleichungen und in Abb. 53 für die Anschnittdicke die Bezeichnung b (da veränderlich b_1, b_2 usw., s. Abb. 53) beibehalten wurde, während sonst die Anschnittdicke mit d benannt wird.

[2] Werte in Klammern, denn Aluminiumlegierungen werden nur noch in Sonderfällen auf Warmkammer-Druckgießmaschinen verarbeitet.

Druckgußlegierung auch noch davon abhängig sind, ob eine Verarbeitung in einer Warmkammer- oder Kaltkammer-Druckgießmaschine stattfindet. In Tab. 8 sind die zulässigen Strömungsgeschwindigkeiten w_a im Anschnitt für die 3 wichtigsten Druckguß-Metallegierungsgruppen in Abhängigkeit von der Druckgießmaschinenart und dem Erstarrungsmodul M angegeben.

Den genannten Angaben liegt eine Gießtemperatur, die mindestens auf der Liquiduslinie liegt (besser noch etwa 20 °C darüber, falls möglich) und ein maximaler Fließweg von < 500 mm zugrunde, da die Anschnittgestaltung in der Praxis außer von der Gestalt des Formhohlraumes auch von diesen Faktoren abhängig ist.

Gang der Bestimmung:

Nach Gl. (14) ist bekanntlich

$$f = \frac{V}{\tau_g \cdot w_a} \quad (\text{mm}^2)$$

V ist bekannt und wird in cm³ in die Gleichung eingesetzt; M wird auf Grund der Angaben des herzustellenden Druckgußteiles errechnet[1]; mit M kann aus Abbildung 184 die Anschnittdicke d ermittelt werden; mit d erhält man aus Tab. 7 die Füllzeit τ_g und schließlich kann die Strömungsgeschwindigkeit w_a aus Tab. 8 entnommen werden, so daß mit d auch die Anschnitt-

[1] Verschiedene vereinfachte Bestimmungen von M sind im Anhang I angegeben.

Tabelle 8. *Zulässige Strömungsgeschwindigkeiten w_a im Anschnitt*[1]

Metall-legierungen	Strömungsgeschwindigkeit w_a im Anschnitt (m/s)																						
	Kaltkammer-Druckgießmaschinen											Warmkammer-Druckgießmaschinen											
	waagrechte Druckkammer					senkrechte Druckkammer						Kolben-Gießmaschinen						Druckluft-Gießmaschinen					
	M[2] = 0,1	M = 0,15	M = 0,2	M = 0,25	M = 0,3	M = 0,05	M = 0,1	M = 0,15	M = 0,2	M = 0,25	M = 0,3	M = 0,05	M = 0,1	M = 0,15	M = 0,2	M = 0,25	M = 0,3	M = 0,05	M = 0,1	M = 0,15	M = 0,2	M = 0,25	M = 0,3
Zn	80	70	60	50	45	120	100	90	80	70	65	100	80	70	60	50	45	140	120	110	100	90	85
Al	110	100	90	80	75	150	130	120	110	100	95	—	—	—	—	—	—	190	160	145	130	120	110
Mg	140	130	120	110	115	180	160	150	140	130	125	160	140	130	120	110	105	240	200	185	170	150	140

[1] Auf Grund neuerer Erkenntnisse aufgestellt; man sieht, daß diese Angaben leider von Tab. 6 (russische Arbeit) erheblich abweichen. Ein unmittelbarer Vergleich ist allerdings nicht möglich, da die Abhängigkeit von M in Tab. 6 nicht eindeutig vorliegt.

[2] Da laut Anhang I, 8. Abschnitt bei gleichmäßig dünnwandigen Druckgußteilen gesetzt werden kann

$$M = \sim \frac{\text{Wanddicke}}{2} \quad (\text{cm})$$

ergibt sich die Wanddicke zu $\sim 2\,M$ (cm); bei einem M von 0,1 ist also z. B. die Wanddicke $\sim 0{,}2$ cm = 2 mm.

breite e_a errechnet werden kann[1], da

$$e_a = \frac{f}{d} \quad \text{(mm) ist.}$$

Zahlenbeispiel:

Angenommen: Ein Druckgußteil aus einer Magnesiumlegierung mit einem Volumen $V = 500\ \text{cm}^3$ (ergibt bei einem plattenartigen Teil mit einer Wanddicke von 2,5 mm eine Fläche in der Formteilungsebene von $\frac{500}{0{,}25} = 2000\ \text{cm}^2$, also etwa mit den Abmessungen von 400×500 mm) und mit einem Erstarrungsmodul (spez. Volumen) $M = 0{,}125$, soll auf einer Warmkammer-Druckgießmaschine (Kolbengießmaschine) hergestellt werden.

Es ergeben sich $d = 0{,}6$ mm; $\tau_g = 0{,}018$ s;
$w_a = 140$ m/s (für $M = 0{,}1$)

und damit

$$f = \frac{V}{\tau_g\, w_a} = \frac{500}{0{,}018 \cdot 140} \cong 200\ \text{mm}^2$$

und

$$e_a = \frac{f}{d} = \frac{200}{0{,}6} \cong 330\ \text{mm};$$

der im Anschnittquerschnitt wirksame Gießdruck p_a wäre in diesem Falle [vgl. Gl. (2)]

$$p_a = \frac{\gamma \cdot w_a^2}{2g} = \frac{1800 \cdot 140^2}{2 \cdot 9{,}81} \cong 180\ \text{kp/cm}^2$$

Würde das gleiche Druckgußstück aus einer Aluminiumlegierung auf einer Kaltkammer-Druckgießmaschine mit senkrechter Druckkammer hergestellt werden, ergibt sich folgendes:

$d = 0{,}9$ mm; $\tau_g = 0{,}04$ s;
$w_a = 130$ m/s;

und damit

$$f = \frac{500}{0{,}04 \cdot 130} \cong 96\ \text{mm}^2;$$

$$e_a = \frac{96}{0{,}9} \cong 106\ \text{mm};$$

$$p_a = \frac{2700 \cdot 130^2}{2 \cdot 9{,}81} \cong 235\ \text{kp/mm}^2$$

[1] Falls die so errechnete Anschnittbreite e_a am gegebenen Formhohlraum von der festgelegten Lage des Eingusses aus nicht untergebracht werden kann, ist die aus gießtechnischen Erwägungen heraus noch größtmögliche Anschnittbreite zu wählen, ohne die Anschnittdicke d wesentlich zu vergrößern (Vergrößerung höchstens um 25% vor der Ausfallmusterherstellung vornehmen). An das richtige d muß man sich in solchen Fällen zweckmäßig durch Erprobung der neuen Gießform herantasten. Auf der anderen Seite kann die Anschnittbreite auch aus mehreren Teilstücken zusammengesetzt sein (verschiedene Angußarme, insbesondere bei verwickelten, sich räumlich weit erstreckenden Druckgußteilen).

Es ist in diesem Zusammenhang interessant, die für die Herstellung der Mg-Druckgußteile notwendige Geschwindigkeit des Druckkolbens während der Formfüllung zu bestimmen.

Bezeichnet man den Querschnitt des Druckkolbens mit f_0 und die Druckkolbengeschwindigkeit mit w_0, so kann man setzen

$f_0 \cdot w_0 = f \cdot w_a$ und daraus

$$w_0 = \frac{f}{f_0} \cdot w_a$$

Bei einem angenommenen Druckkolben-Durchmesser d_k von 80 mm ergibt sich

$$f_0 = \frac{d_k^2 \pi}{4} = \frac{80^2 \pi}{4} = 5026\,\text{mm}^2$$

und mit $f = 200\,\text{mm}^2$ und $w_a = 140$ m/s aus dem Beispiel erhält man

$$w_0 = \frac{200}{5026} \cdot 140 \cong 5{,}5\,\text{m/s}\,.$$

Für die Herstellung des gleichen Al-Druckgußteiles auf einer Kaltkammer-Druckgießmaschine, senkrechte Druckkammer, mit gleichem Druckkolben-Durchmesser werden nur benötigt

$$w_0 = \frac{96}{5026} \cdot 130 \cong 2{,}5\,\text{m/s}\,.$$

Die aus Abb. 184 hervorgehenden Zusammenhänge zwischen d und M gelten für Druckgußteile mit möglichst gleichmäßigen Wanddicken, mit kleinen und mittleren Abmessungen. Bei

a) Wanddicken-Schwankungen größer als 2mal die kleinste Wanddicke,

b) großflächigen Druckgußteilen, die eine Ausdehnung von mehr als 2500 cm² in der Formteilungsebene aufweisen,

c) Druckgußteilen, die eine Längenausdehnung von etwa 1000 mm überschreiten,

d) Druckgußteilen, welche auf einer Kaltkammer-Druckgießmaschine mit waagrechter, außerhalb der Gießform liegender Druckkammer (nach Abb. 2e) hergestellt werden,

e) Druckgußteilen mit umlaufenden dickeren Rändern (bzw. Wulsten), die einen außenliegenden Einguß bedingen

wird ein Zuschlag von 25% zu der aus Abb. 184 auf Grund eines vorliegenden Erstarrungsmoduls M ermittelten Größe der Anschnittdicke d empfohlen.

Nachfolgend noch eine Berechnungweise[1], wie sie im Betrieb vereinzelt vorgenommen wird. Der Anschnittquerschnitt f wird aus der Zeitdauer, die zur Füllung des Formhohlraumes notwendig ist, und aus

[1] Vgl. v. REIMER: Druckguß. München: C. Hanser-Verlag 1959.

der Zeitdauer, die das Metall benötigt zu erstarren, wie folgt berechnet:

$$f = \frac{F_g \alpha_w (t_2 - t_f) V}{G c (t_2 - t_e) w_a}$$

und da $G = V \cdot \gamma$, kann man auch schreiben

$$f = \frac{F_g \alpha_w (t_2 - t_f)}{\gamma c (t_2 - t_e) w_a} \qquad (24)$$

Um f in cm^2 zu erhalten muß man einsetzen:

F_g = Oberfläche des Formhohlraumes einschließlich Eingußsystem in cm^2
α_w = Wärmeübergangszahl in cal/cm^2 s °C
t_2 = Gießtemperatur in °C
t_f = Temperatur der Gießform (genauer des Formhohlraumes) in °C
V = Rauminhalt des Formhohlraumes in cm^3
G = Gewicht des Abgusses in g
c = spez. Wärme der Metallegierung in cal/g °C
t_e = Temperatur der beginnenden Erstarrung in °C
w_a = Geschwindigkeit im Anschnitt in cm/s
γ = Wichte des Gießmetalls in g/cm^3

Der mit dieser Formel ermittelte Anschnittquerschnitt soll jedoch nur für verhältnismäßig dickwandige Druckgußstücke (über 3 mm) Gültigkeit haben.

Nur der Vollständigkeit halber sei noch angeführt, daß als Faustregel auch das Verhältnis $\frac{\text{Gußvolumen}}{\text{Anschnittquerschnitt}}$ benützt wird. Bei

den Zn-Legierungen soll es	350—500,	bei
den Al-Legierungen	450—600	und bei
den Mg-Legierungen	250—400	betragen.

Diese Angaben sind jedoch nur aus der Praxis heraus entstanden und berücksichtigen dazu in keiner Weise die Gestaltung des Druckgußteiles.

Die aufgezeigten rechnerischen Grundlagen in der Anschnittechnik stellen nur einen Versuch dar, um auf diesem schwierigen Gebiet dem Gießereifachmann Anhaltswerte zu geben. Bei der Vielfalt der herzustellenden Druckgußteile ist eine Festlegung der Bestwerte durch Gießversuche (evtl. bei der Ausfallmusterherstellung) leider nicht zu umgehen.

3.32 Die Luftabführung

Die Luftabführung aus dem Formhohlraum erfolgt beim Druckgießverfahren in den weitaus meisten Fällen lediglich durch Verdrängung durch das Gießmetall. In geringem Umfange finden auch Druckgießverfahren mit Luftabsaugung Anwendung. Diese Absaugung kann in verschiedener Art erfolgen: entweder der Formhohlraum wird vor jedem Schusse, nachdem die Form geschlossen (und bei Warmkammer-Druckgießmaschinen an das Mundstück herangedrückt worden ist), mit einer Vakuumleitung verbunden, die die Luft teilweise oder ganz absaugt[1], oder die ganze Form befindet sich während der gesamten Arbeitsdauer in einem abgeschlossenen, ständig luftleer gehaltenen Raum. Näheres über die Apparatur und die Arbeitsweise dieser Verfahren wird später ausgeführt.

Die an der Gießform zur Entlüftung vorzusehenden Maßnahmen richten sich nach der Art der Luftabführung, wobei die folgenden vier Fälle zu unterscheiden sind:

1. Verdrängung der gesamten Luft durch das Gießmetall bei jedem Schuß.
2. Teilweise Absaugung, teilweise Verdrängung der Luft bei jedem Schuß.
3. Vollständige Absaugung der Luft vor jedem Schuß.
4. Ständiges Arbeiten der Gießform im luftleeren Raum.

3.321 Die Luftabführung durch Verdrängung

Damit das Gießmetall die Luft vollständig aus der Form[2] verdrängen kann, müssen von *den* Stellen des Formhohlraumes, nach denen das Metall die Luft hindrängt, Entlüftungskanäle abgehen, die ins Freie führen. Um dies zu ermöglichen, muß die Einströmung in den Formhohlraum so geleitet werden, daß das Metall die einzelnen Teile des Formhohlraumes in einer berechenbaren Reihenfolge und Richtung auffüllt, und daß die Anlegung von Entlüftungsnuten an den hiernach gegebenen Stellen formbautechnisch möglich ist.

Man hat in dieser Beziehung beim Druckguß nicht entfernt soviel Freiheit wie etwa beim Sandguß. Da das Metall trotz des hohen Gießdruckes nicht durch die Entlüftungsschlitze hindurchspritzen darf, müssen diese so gestaltet sein, daß zwar Luft hindurchströmen kann, das Metall dagegen entweder gar nicht hineinfließt oder in ihnen erstarrt, bevor es sie durchlaufen kann.

Demnach können die Luftabführungskanäle nur flache Schlitze oder besser Nuten von sehr geringer Dicke sein, die natürlich nicht ins volle Material eingearbeitet, sondern nur in den Fugen zwischen benachbarten Formteilen angeordnet werden können.

Die Möglichkeiten für ihre Anordnung werden weiter dadurch eingeschränkt, daß der in ihnen entstehende Metallgrat die Entfernung des Gußstückes aus der Form nicht hindern darf und selbst nach jedem

[1] Ob teilweise oder vollständige Absaugung stattfindet, hängt von der Konstruktion der Gießmaschine ab.

[2] Auch die Luft, die sich im Einguß und in den Gießläufen (bei Warmkammer-Druckgießmaschinen auch im Mundstück und teilweise in dem Kanal des Druckbehälters) befindet, muß vielfach durch den Formhohlraum hindurch verdrängt werden.

Schusse entfernbar sein muß, da die Entlüftungskanäle sonst nach wenigen Schüssen verstopft sein würden. Aus diesem Grunde sind auch sogenannte „Quergrate" (vgl. Abb. 185) im Formhohlraum nach Möglichkeit zu vermeiden.

Außer der normalen im Formhohlraum befindlichen Luft können noch Gase entstehen, die entweder im einströmenden flüssigen Metall bereits enthalten sind oder aber durch die bei Druckguß verwendeten Trenn- bzw. Schmiermittel gebildet werden. Auch entsteht erfahrungs-

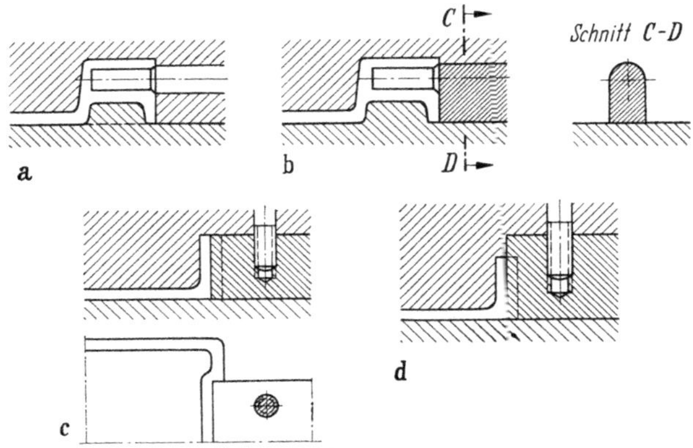

Abb. 185. Umgehung von Quergrat

a Quergrat durch beweglichen Kern, b ohne Quergrat durch Änderung des beweglichen Kerns (bis zur Formteilung durchgezogen), c Quergrat durch Formeinsatz, d ohne Quergrat durch Änderung des Formeinsatzes (über die Formfasson hinaus verlängert)

Ausführung b und d gießtechnisch günstiger, wenn auch formtechnisch schwieriger ausführbar

gemäß bei Beginn der Einströmung eine Volumenzunahme der im Formhohlraum befindlichen Luft infolge der Berührung mit dem erhitzten Gießgut.

Man kann nun auch für die Dimensionierung des Entlüftungsquerschnitts mathematische Zusammenhänge[1] aufstellen. Das Gesamtvolumen der abzuführenden Gase V_s setzt sich zusammen aus der im Formhohlraum befindlichen Luft V_l und dem Volumen der entwickelten Gase V_e. Es ist demnach

$$V_s = V_l + V_e \tag{25}$$

wobei unter V_l auch das Volumen des Eingusses und der Gießläufe fällt. Bei Berücksichtigung der Druckverhältnisse $\frac{p_0}{p_g}$ sowie der thermischen Ausdehnung, die das Luftvolumen infolge der Berührung mit dem flüssigen Druckgußmetall erleidet, läßt sich das zu verdrängende Luftvolumen nach

$$V_l = \frac{p_0}{p_g} \cdot V_f\ (1 + \beta\, t) \tag{25a}$$

[1] Nach Diepschlag-Czikel: Die Gieß- und Anschnittechnik in den Gießereien, Verlag von W. Knapp, Halle.

berechnen, worin sind

β = thermischer Ausdehnungswert
t = mittlere Temperatur, auf die das Volumen erhitzt wird
V_f = Volumen des Formhohlraumes einschließlich des Eingußsystems
p_0 = Normaldruck (atm. spez. Druck, normalerweise 1 kp/cm²)
p_g = spez. Gießdruck in der Druckkammer.

Die Berechnung des Volumens der entwickelten Gase kann gleichfalls unter Berücksichtigung der Druckverhältnisse nach

$$V_e = \frac{p_0}{p_g} \cdot G_w \cdot F_g \tag{25b}$$

vorgenommen werden, worin, sofern noch nicht bekannt

G_w = spez. Gasentwicklung in Volumeneinheiten, bezogen auf die Berührungsfläche
F_g = Größe der Gußstückoberfläche einschließlich Eingußsystem

sind. Insgesamt beträgt also das aus der Gießform abzuführende Luft-Gas-Volumen, wenn man für $p_0 = 1$ kp/cm² annimmt

$$V_s = \frac{V_f(1+\beta) + G_w F_g}{p_g} \tag{26}$$

Unter Zugrundelegung einer maximalen Ausströmungsgeschwindigkeit w_e für die Entlüftung kann nun unter Berücksichtigung der Füllzeit τ_g die Berechnung des Entlüftungsquerschnitts f_e nach der Toricelli-schen Gleichung

$$f_e = \frac{V_s}{w_e \tau_g} \tag{27}$$

vorgenommen werden.

Wählt man das unter 3.316c gewählte Beispiel eines Druckgußteiles aus einer Aluminiumlegierung bei einem Anhaltswert von $w_e = 500$ m/s und $V_s = 500 + 100 = 600$ cm³ sowie $\tau_g = 0{,}04$ s, dann ergäbe sich

$$f_e = \frac{V_s}{w_e \tau_g} = \frac{0{,}0006}{500 \cdot 0{,}04}\,(\mathrm{m}^2) = \frac{0{,}0006}{20} = 0{,}00003\,\mathrm{m}^2 = 0{,}3\,\mathrm{cm}^2 = 30\,\mathrm{mm}^2.$$

Eine starke Entlüftung — auch durch Entlüftungs- und Überlaufsäcke hindurch — kann sich nur vorteilhaft auswirken. Sie vermindert vor allen Dingen den beim Schuß durch eine gewisse Komprimierung der dort vorhandenen atmosphärischen Luft sich einstellenden Gegendruck und begünstigt damit eine rasche Füllung des Formhohlraumes. Aus diesem Grunde ist auch vorgeschlagen worden, den Entlüftungsquerschnitt so groß wie den Anschnittquerschnitt zu wählen, also

$$f_e = f$$

Man kann diesen Vorschlag anstreben. Bei Vakuum-Anwendung tritt dieser Gesichtspunkt allerdings erheblich zurück.

Die Entlüftungskanäle zerfallen nach ihrer Lage in der Form in drei Guppen:

a) Entlüftungsnuten in der Formteilung und in sonstigen Trennfugen (L_1)

b) Entlüftungsnuten in den Fugen zwischen unbeweglichen und beweglichen Formteilen (L_2),

c) Entlüftungsnuten in den Fugen zwischen starr verbundenen Formteilen (L_3).

Diese verschiedenen Arten von Entlüftungsnuten sind in Abb. 187a bis i veranschaulicht. Es zeigen schematisch: Abb. 187a eine Gießform für das in Abb. 186 dargestellte Gußstück[1] im Längsschnitt, Abb. 187d/e die Eingußformhälfte und Abb. 187b/c die Auswerfformhälfte in Schnitt und Ansicht, Abb. 187f—h den unbeweglichen Kern F_1 und Abb. 187i den Schnitt $A—B$ durch den Schaft des Kernes K_1 in stark vergrößertem Maßstabe. Die Dicke der Entlüftungsnuten ist in allen diesen Abbildungen der Deutlichkeit halber stark übertrieben. In den übrigen Formzeichnungen dieses Kapitels sind die Entlüftungsnuten fast durchweg fortgelassen.

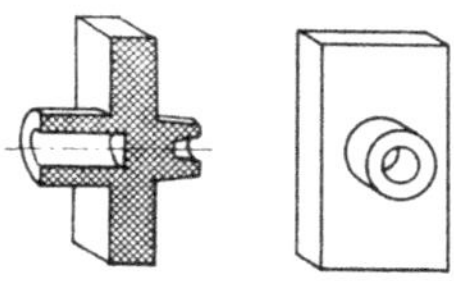

Abb. 186. Druckgußstück[1] in Ansicht- und Schnittperspektive

Zu a) Die Entlüftung durch die Formteilung. Die primitivste Art der Luftabführung durch die Formteilung besteht darin, daß die Form durch schwache Zwischenlagen zwischen den Formhälften (in der Stärke von einigen Hundertstelmillimetern) verhindert wird, vollständig zu schließen. Der so geschaffene Spalt gibt der Luft reichlich Gelegenheit zum Entweichen. Diese Methode ist jedoch bei Formen mit geteiltem Einguß überhaupt nicht zulässig und auch bei Formen mit ungeteiltem Einguß trotz ihrer Einfachheit nicht empfehlenswert, weil dabei das Gußstück in der Formenschließrichtung dicker wird, ferner weil die Form dabei stark vergratet und weil bei unvorsichtiger Bemessung der Zwischenlagen das Metall nach allen Richtungen hindurchspritzen kann.

Die richtige und im Betriebe bewährte Art der Entlüftung besteht darin, daß flache Nuten in eine oder beide Formplatten eingearbeitet werden, die von dem Umfange des Formhohlraums (und zwar von den durch den Strömungsverlauf vorgeschriebenen Stellen aus) nach dem Rande der Formplatten bzw. des Formrahmens hinführen. Die Formplatten werden beim Schließen fest abdichtend zusammengepreßt, so daß die Luft nur durch die vorgeschriebenen Kanäle entweichen kann. Zweckmäßig werden die Entlüftungswege nicht geradlinig vom Form-

[1] Dieses den Formen in den Abb. 187, 192 und 198 zugrunde gelegte Gußstück ist der besseren Übersichtlichkeit der Formdarstellung wegen als Körper einfachster Gestalt gewählt. Die daran gezeigten Entlüftungsmethoden gelten natürlich in sinngemäßer Übertragung für Körper von jeglicher Gestalt.

hohlraum ins Freie geführt, sondern so angeordnet, daß etwa hineinfließendes Metall, bevor es aus der Form herausspritzen kann, erst mehrere Umlenkungen durchlaufen muß, wobei es in der Regel erstarrt.

Die Ausbildung der Entlüftungsnuten in Abb. 187 gibt hierfür ein Beispiel. Die sehr flachen Nuten L_1 führen vom Formhohlraum zunächst

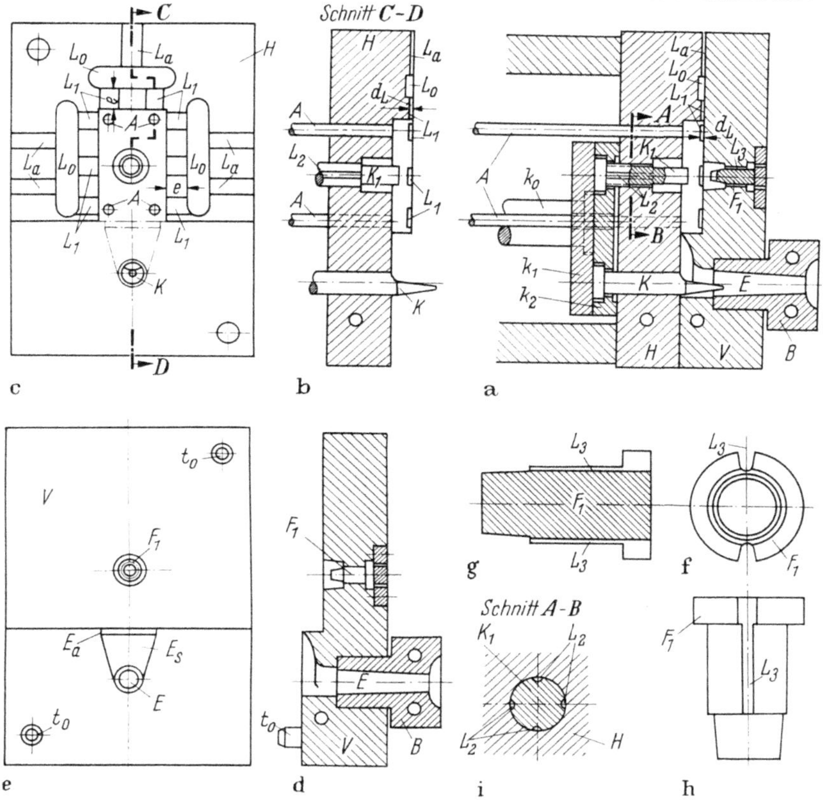

Abb. 187. Druckgießform für das in Abb. 186 dargestellte Gußstück mit eingezeichneten Luftabführungskanälen für Luftabführung durch Verdrängung (gebräuchlichste Arbeitsweise)
(Die Dicke der Entlüftungsnuten ist stark übertrieben.)
a Geschlossene Form im Schnitt $C—D$, b Auswerfformhälfte im Schnitt $C—D$, c Auswerfformhälfte in Ansicht, d Eingußformhälfte im Mittelschnitt (fester Kern F_1 ungeschnitten), e Eingußformhälfte in Ansicht, f—h fester Kern F_1 in Längsschnitt und 2 Ansichten, i Teilschnitt $A—B$ durch Auswerfformhälfte (siehe Abb. a) und Kern K_1 (stark vergrößert)

in die tieferen Sammelrinnen L_0, die durch die (gegen die Nuten L_1 versetzten) Nuten L_a mit der Außenluft verbunden sind. Eine solche Anordnung bietet der Luft reichliche Abzugsmöglichkeit und gibt zugleich die größte Sicherheit gegen das Herausspritzen von Metall.

Wenn die Formteilung abgesetzt gestaltet ist, dürfen die Entlüftungsnuten grundsätzlich nur in den zur Formenschließrichtung senkrechten

„Stirnflächen", keinesfalls aber in den zur Formenschließrichtung parallelen „Schiebeflächen" der Formteilung angeordnet werden.

Die Tiefe der Entlüftungsnuten L_1 (d_L in Abb. 187) liegt im allgemeinen zwischen einem Zehntel- und einigen Hundertstelmillimetern. Sie wird durch die Rücksicht auf die Gefahr des Herausspritzens von Metall begrenzt; freilich sind ihre höchstzulässigen Abmessungen sehr verschieden, je nach dem Gießmetall, dem Gießdruck und, für verschiedene Kanäle in der gleichen Form, je nach ihrer Lage. Entlüftungsnuten, deren Mündungen das Metall erst nach längeren und verwickelten Wegen durch den Formhohlraum (also schon abgekühlt und mit verringerter Geschwindigkeit) erreicht, können wesentlich stärker gehalten werden als solche, zu denen das Metall heiß und mit hoher Geschwindigkeit (bzw. hohem Strömungsdruck) gelangt. Daneben sind auch die Breiten der Dichtungsflächen in der Formteilung, besonders aber die Abstände e (Abb. 187c) der Sammelrinnen L_0 vom Umfang des Formhohlraumes von Einfluß, da die Erstarrung des hindurchlaufenden Metalls durch eine größere Weglänge begünstigt wird.

Als Anhaltswert kann man für die Luftnuten in der Formteilungsebene angeben, daß sie eine Tiefe von 0,05 bis 0,15 mm und eine Breite von 10 bis 20 mm haben (bei kleinen Teilen nur etwa 5 mm). Gegen den Rand der Formhälften können sie weniger tief, dafür aber breiter gehalten werden, um ein Durchspritzen von flüssigem Metall sicher zu verhindern. Die Luftnuten können bei gleicher Breite auf dem Grund auch konisch bis zur Außenkante Formhälfte verlaufen, etwa derart, daß bei größeren Gießformen die Tiefe am Formhohlraum 0,5 mm und am Formhälftenrand nur 0,1 bis 0,15 mm beträgt, falls eine derartige Ausbildung fertigungstechnische Vorteile bringt.

Die Grundsätze für die Anordnung und Verteilung der Entlüftungsnuten über den Umfang des Formhohlraumrandes ergeben sich aus dem Strömungsverlauf. Je später ein Entlüftungskanal vom Gießmetall überflutet wird, desto wirksamer ist er für die Luftabführung. Im Falle der Abb. 187 werden (bei dem in Abb. 14 vorausgesetzten Einströmungsverlauf) die längs der beiden Seitenwände angeordneten Kanäle während der Formauffüllung allmählich[1] vom Metall abgedeckt, zuletzt die dem Einguß zunächstliegenden. Dagegen werden die an der Oberseite des Formhohlraumes (gegenüber dem Anschnitt) liegenden Kanäle gleich zu Beginn vom Metall beaufschlagt; sie können also zur Entlüftung nur ganz am Anfang der Einströmung beitragen, indem sie die Luft, die der Einlaufstrahl vor sich herschiebt, entweichen lassen. Derartige Kanäle haben aber in anderer Hinsicht recht große Bedeutung. Sie bewirken, daß auch der vom Anschnitt am weitesten entfernte Sackhohlraum, bevor sich das Metall in ihm staut, erst einen Augenblick lang von

[1] Vgl. Fußnote 1 auf S. 230.

strömendem Metall durchflossen und dabei auf die zur Erzielung sauberer Gußstücke erwünschte Temperatur „aufgeheizt" wird. Ferner nehmen diese Kanäle das zuerst durch den Formhohlraum hindurchgeströmte Metall auf, das am stärksten abgekühlt und „matt" ist, das also, wenn es im eigentlichen Formhohlraum verbliebe, am ehesten Unsauberkeiten im Gußstück verursachen könnte. Tatsächlich kann man in der Praxis sehr oft beobachten, daß Druckgießformen, die an den vom Anschnitt am weitesten entfernten Enden der Sackhohlräume kräftige „Entlüftungskanäle" enthalten, wesentlich sauberere Gußstücke ergeben als Formen, bei denen diese fehlen.

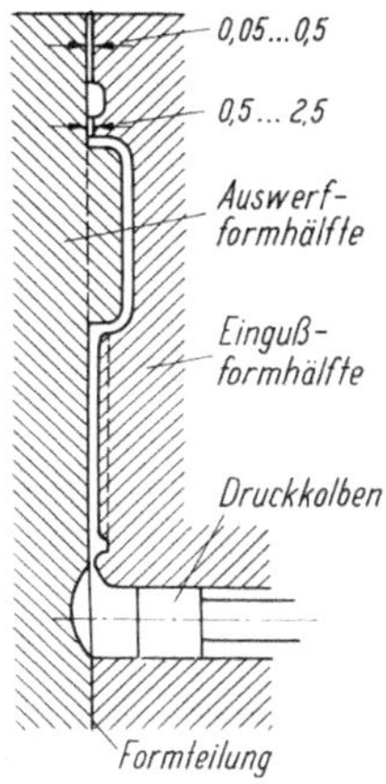

Abb. 188a. Formhohlraum mit Entlüftungssack bzw. „Überlauf"

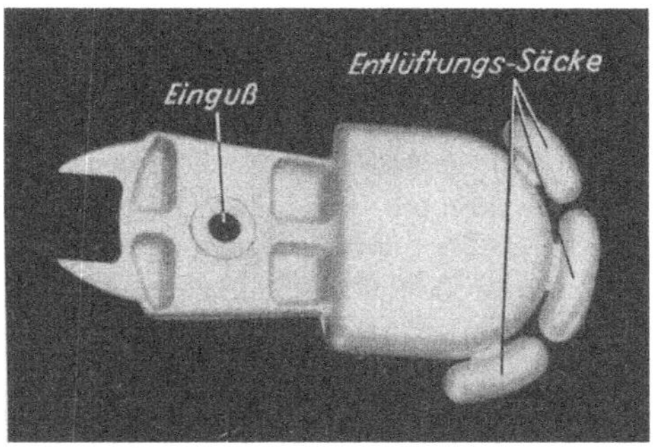

Abb. 188b. „Entlüftungs-Säcke" bzw. „Überläufe" an einem Magnesium-Druckgußteil

Die Entlüftungsnuten in der Formteilung werden nach jedem Schusse beim Öffnen der Form vollständig freigelegt. Der in ihnen entstehende Grat kann somit die Entfernung des Gußstückes niemals hindern. Er kann nach jedem Schusse selbst vollständig entfernt werden, so daß diese Entlüftungskanäle nicht verstopft werden. Sie können kräftiger gehalten werden als an irgendeiner anderen Stelle der Form. Auf diesen Ursachen beruht ihre überwiegende Bedeutung für die Entlüftung.

Aus den Sammelrinnen (L_0 in Abb. 187) sind die „Entlüftungssäcke", auch „Durchflußsäcke" oder kurz „Überläufe" genannt, entstanden. Diese bewirken, daß an besonders gefährdeten bzw. entlegenen Stellen des Formhohlraumes das strömende Metall eine gute Entlüftung vorfindet und deshalb formgetreu ausläuft. Es ergibt sich dadurch ein besseres Gefüge und höhere Festigkeit der betreffenden Gußstückpartien. Auch kann durch diese Maßnahme bei der Verarbeitung von Magnesium-Legierungen die Warmrißgefahr herabgemindert werden[1]. Aus Abb. 188a und b geht die Anlage derartiger Entlüftungssäcke bzw. „Überläufe" hervor.

[1] Vgl. G. Lieby: „Druckguß aus dem leichtesten Nutzmetall", Gießerei (1960) H. 9, S. 232.

Ebenfalls eine Art „Entlüftungssäcke" sind sogenannte „Abschreckplatten", die in der Regel mit einem verhältnismäßig tiefen, schmalen längeren Entlüftungskanal mit dem Formhohlraum verbunden werden[1]. Die profilierte Ausbildung der Abschreckplatten mit geringer Wanddicke (1,5 bis 2,5 mm) ergibt einen großen Wärmeentzug mit kleiner Fläche, während der Formhohlraum für das eigentliche Gußstück auf der optimalen Formtemperatur gehalten werden kann. Die Hohlform der Abschreckplatte kann auch mit einer Vakuumleitung verbunden sein, da die Länge und Gestaltung (etwa viele Umlenkungen durch eckige Rinnen) der Abschreckplatte in Strömungsrichtung ein Eindringen von Metall auch bei hoher Geschwindigkeit durch vorzeitige Erstarrung verhindert. An einem verwickelten Formhohlraum sind auch mehrere Abschreckplatten möglich, womit eine wirksame Entlüftung bei der Formauffüllung ohne und mit Unterdruck erreicht wird.

Zu b) Die Luftabführung durch die Fugen zwischen beweglichen und starren Formteilen. Bewegliche Formteile — Kerne, Schieber und Auswerfer — können durch ihre Fugen zur Entlüftung mit beitragen. Der bewegliche Formteil kann entweder mit etwas Spiel (bei Auswerfstiften von mindestens 0,02 mm) in seine Führung eingepaßt werden, so daß ein äußerst dünner, ringspaltförmiger Entlüftungsschlitz entsteht, oder er kann mit ganz schwachen Rinnen (L_2 an Kern K_1, Abb. 187a, b und i) versehen werden, so daß in der Fuge Kanäle von segment- oder möndchenförmigem Querschnitt entstehen, die vom Formhohlraum nach außen führen.

Derartige Entlüftungsrinnen an beweglichen Teilen sind freilich nur dann zulässig, wenn die Sicherheit besteht, daß in ihnen kein Metallgrat entsteht. Daher dürfen solche Entlüftungsnuten nur an Kernen vorgesehen werden, die so liegen, daß das Gießmetall erst nach starker Abkühlung und mit erheblich verminderter Geschwindigkeit an die Mündungen der Nuten gelangt. Hierfür kommen somit vorwiegend Kerne in engen Sackhohlräumen, die sich tief in die Formfasson hinein erstrecken, in Betracht. Zur Entlüftung derartiger Teile des Formhohlraums aber, aus denen die Luft meistens nicht nach der Formteilung hin verdrängt wird, können die Entlüftungsnuten in Kernfugen oft wertvolle Dienste leisten.

Die richtige Anordnung und Dimensionierung solcher Entlüftungsrinnen erfordert große Geschicklichkeit und Erfahrung. Werden sie zu schwach ausgeführt, so sind sie unwirksam. Werden sie zu stark bemessen, oder sitzen sie an ungeeigneten Stellen (an die das Metall noch heiß und mit großer Strömungsenergie gelangt), so stiften sie weit mehr Schaden als Nutzen. Das Metall schießt dann in die Rinnen hinein und bleibt darin

[1] Nach USA-Patent Nr. 3006043 und weitere Patente, sowie Patentanmeldungen in mehreren Ländern.

haften, wodurch die beweglichen Teile zum Festlaufen gebracht und die Führungen beschädigt werden, so daß die Form bald unbrauchbar wird. Da die Führungsfugen beim Öffnen der Form nicht freigelegt werden, kann ein darin haftender Grat nur nach Ausbau der betreffenden beweglichen Teile entfernt werden. In der Regel darf die Tiefe dieser Rinnen die Größenordnung von Hundertstelmillimetern nicht überschreiten.

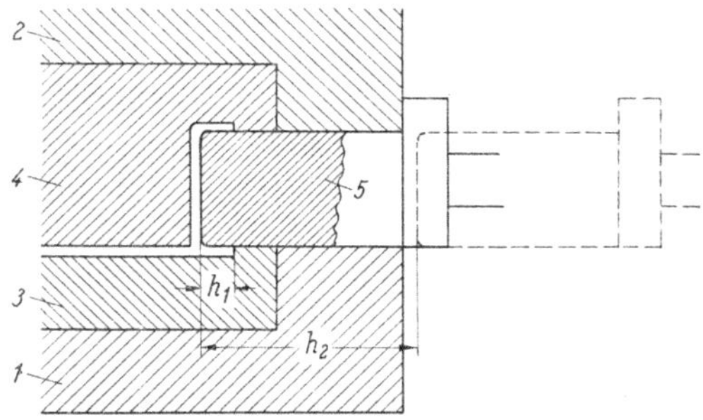

Abb. 189. Hubvergrößerung wegen Gratentfernung
1 Formrahmen (Eingußseite), *2* Formrahmen (Auswerfseite), *3* Formplatte (Eingußseite), *4* Formplatte (Auswerfseite), *5* Seitenschieber mit Anschlagplatte

Somit ist die Anwendbarkeit der Entlüftungsspalte in *Führungsfugen* sowie auch ihre entlüftende Wirkung in manchen Fällen begrenzt.

Zur besseren Gratentfernung bei beweglichen Kernen und vor allem bei Seitenschiebern kann man sich auch durch Vergrößerung des Hubes dieser beweglichen Formteile helfen, wodurch die Gratreste freigelegt werden. Statt nur des erforderlichen Hubes h_1 wählt man beispielsweise den über den Formrahmen hinausreichenden Hub h_2, wie aus Abb. 189 hervorgeht. Allgemein ist es aus den genannten Gründen gut, den Hub nicht zu knapp zu bemessen. Er braucht selbstverständlich nicht immer so groß zu sein, wie in Abb. 189 dargestellt und genügt oft, wenn er wenigstens 20 bis 30 mm über das erforderliche Maß hinausgeht.

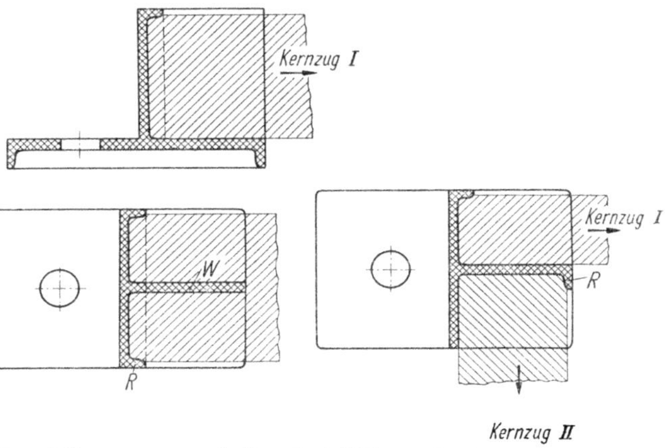

Abb. 190. Umgestaltung wegen ungünstiger Luftabführung (für dünnwandige, großflächige Druckgußteile besonders zu beachten)

Um eine gute Luftabführung und damit gesundes Gußgefüge und tadellose Oberflächenbeschaffenheit des herzustellenden Druckgußteiles zu erreichen, ist sogar in manchen Fällen eine Umgestaltung, wie aus Abb. 190 ersichtlich, vorzunehmen. Bei der mit *W* bezeichneten Wand läßt im Formhohlraum die Luftabführung zu wünschen übrig. Es ist daher zweckmäßig, die Rippe *R* zu entfernen und zwei Schieberzüge vorzusehen, die ganz andere Möglichkeiten der Entlüftung ergeben. Oftmals werden im Formhohlraum nur zum Zwecke der Entlüftung bewegliche Formteile angeordnet. Dieser Gesichtspunkt ist besonders bei großflächigen, dünnwandigen Druckgußteilen sehr wichtig.

Kerne, die im Druckgußteil durchgehende Bohrungen ergeben, sollen im Gegenformteil möglichst geführt werden. Zweckmäßig ist es, die Führungsbohrung so anzuordnen, daß sie zugleich auch die Entlüftung verbessert (vgl. z. B. Kern K_1 in Abb. 201).

Eine wirksame Entlüftung kann auch durch die Fugen von „Kerndurchbrüchen" herbeigeführt werden (*q* in Abb. 59). In derartigen „Aufnahmefugen" können kräftigere Luftspalte angebracht werden als in den Führungsfugen; denn der Kern strebt, den etwa entstehenden Grat mitzunehmen, sofern die Aufnahmebohrung *q* sowie der in diese hineinragende Teil des Kernes hinreichende Konizität besitzen. Ferner werden die Aufnahmebohrungen beim Öffnen der Form jedesmal freigelegt, so daß ein etwa darin haften bleibender Grat nach jedem Schusse entfernt werden kann. Daher stellen solche „Kerndurchbrüche" manchmal ein sehr wertvolles Hilfsmittel für die Entlüftung dar.

Zu c) Entlüftungsschlitze zwischen starr verbundenen Formteilen. Auch die Fugen zwischen starr verbundenen Formteilen, insbesondere die Fugen an Einsatzteilen (F_1 in Abb. 187) können durch eingearbeitete Entlüftungsrinnen (L_3) zur Luftabführung beitragen. Es gelten jedoch hierfür alle Einschränkungen, die im vorigen Absatz für die Entlüftung durch Führungsfugen angegeben worden sind. Insbesondere muß auch hier durch zweckmäßige Anordnung, Ausbildung und Bemessung der Entlüftungsrinnen vorgesorgt werden, daß diese nicht vergraten, da sie andernfalls alsbald unwirksam werden.

Im allgemeinen ist auf diese Art der Luftabführung am wenigsten Verlaß. Sie hat daher immer nur eine allenfalls unterstützende Bedeutung. Gleichwohl ist sie manchmal zur Entlüftung ungünstig liegender Teile des Formhohlraumes unentbehrlich, so daß man mitunter Einsatzstücke eigens dazu in die Formplatten einsetzt, um entlüftende Fugen zu schaffen.

An im Formhohlraum befindlichen Sackwänden, wie sie oft auch bei aus dem Gußteil herausragenden Lappen entstehen, ergeben manchmal auch konische Luftnuten, sogenannte „Luftspickel" (um mit den Worten der Druckgießer zu sprechen) eine wirksame Luftabführung.[1] Man muß je-

[1] Anwendung jedoch nur in Ausnahmefällen und nur bei Druckgießformen für Warmkammer-Maschinen.

doch peinlich darauf achten, daß etwa austretendes Metall an der offenen Seite (vgl. Abb. 191) günstig entfernt werden und niemals Klemmungen oder sonstige Hemmnisse hervorrufen kann.

Aus der überwiegenden Bedeutung der Luftabführung durch die Formteilung ergeben sich zwei Folgerungen:

1. Die Entlüftungsnuten in der Formteilung dürfen nicht zu schwach bemessen werden. (Die obere Grenze für ihre Tiefe wird durch die Rücksicht auf die Gefahr des Durchspritzens von Metall bestimmt.)

2. Die Formteilung ist, soweit möglich, so zu gestalten, daß ihre „Stirnflächen“ (s. 3.332) alle größeren Teile des Formhohlraumes berühren.

Gegen die erste Forderung wird in der Praxis sehr oft verstoßen. Tiefe Entlüftungsnuten ergeben starken Grat, der durch Nacharbeit entfernt werden muß, also Kosten verursacht und Bearbeitungsmarken hinterläßt. Um beides zu vermeiden, werden die Entlüftungsnuten oft zu schwach bemessen oder gar ganz fortgelassen. Dies ist jedoch nicht angebracht, da die Vorsorge für die Erzielung möglichst dichter Gußstücke allen anderen Rücksichten vorangehen sollte. Die Gestaltung der Formteilung wird im nächsten Abschnitt behandelt werden.

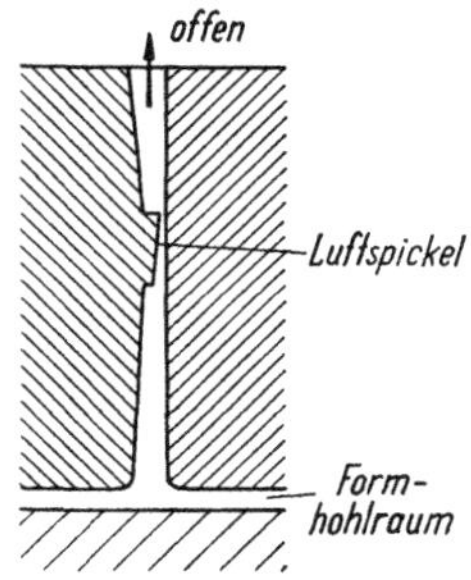

Abb. 191. „Luftspickel“ an einer Zwischenwand

In diesem Zusammenhange sei noch kurz auf die Bedeutung des Luftvolumens vor dem Anschnitt hingewiesen. Bei jedem Schuß muß die gesamte Luftmenge, nicht nur aus dem eigentlichen Formhohlraum, sondern aus dem oberen Teil des Steigkanals, der Mundstückbohrung (bei Warmkammer-Druckgießmaschinen) und der Eingußöffnung durch die Entlüftungsnuten hinausgedrängt werden. Hieraus wurde manchmal der Schluß gezogen, daß die Gießapparatur unter Hintansetzung anderer konstruktiver Gesichtspunkte im Interesse der Luftabführung vor allem so konstruiert werden müßte, daß das Luftvolumen vor dem Anschnitt besonders gering würde. Dazu ist jedoch zu bedenken, daß, während die Luft aus den Hohlräumen vor dem Anschnitt verdrängt wird, zu ihrer Ableitung noch die Gesamtheit aller Entlüftungsnuten und -schlitze zur Verfügung steht. Freilich ist es gleichwohl aus den früher[1] angegebenen Gründen meistens angebracht, das *Einguß*volumen so gering als möglich zu bemessen.

3.322 Die Luftabführung durch teilweise Absaugung

In Abb. 192 ist das Schema einer Form mit teilweiser Absaugung dargestellt. Der Formhohlraum ist durch die Entlüftungsrinnen L_1 über die Sammelrinnen L_0 und die Ableitungsrinnen L_a mit der Vakuumrinne L_v

[1] Vgl. 3.311 Allgemeines über den Einguß.

verbunden, die bei geschlossener Form durch die sie umgebenden breiten Dichtungsflächen fest gegen die Außenluft abgedichtet wird. Die Vakuumrinne L_v kann durch das Absperrorgan x mit einer Vakuumleitung l_v verbunden werden, die zur Luftpumpe führt.

Da bei diesem Verfahren zu Beginn der Einströmung des Metalls die Luft aus der Form nur teilweise abgesaugt ist[1], muß ein Teil der in der Form verbliebenen (verdünnten) Luft von dem Gießmetall durch die Entlüftungsnuten L_1 hinausgedrängt werden. Daher müssen diese, ebenso

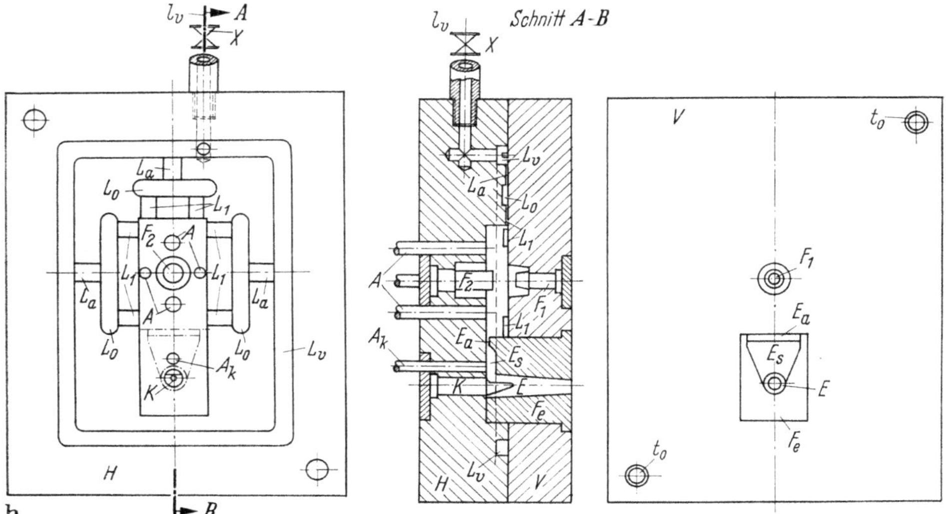

Abb. 192. Vakuum-Druckgießform für Arbeitsverfahren mit teilweiser Absaugung, teilweiser Verdrängung der Luft für das in Abb. 186 dargestellte Gußstück
(Die Dicke der Entlüftungsnuten ist stark übertrieben.)
a Geschlossene Form im Schnitt A—B, b Auswerfformhälfte in Ansicht, c Eingußformhälfte in Ansicht

wie bei Formen ohne Absaugung, unter Rücksichtnahme auf die Strömungsvorgänge und den zeitlichen Ablauf der Formauffüllung angeordnet werden.

Jedoch dürfen die Formen, im Gegensatz zu denen ohne Absaugung nur die in die Vakuumrinne L_v mündenden Entlüftungsnuten in der Formteilung enthalten, während alle anderen (ins Freie führenden) Fugen von Einsatzteilen oder beweglichen Formteilen möglichst dicht gepaßt werden müssen, um die Wirkung der Absaugung nicht zu beeinträchtigen.

Die durch eine Anwendung von Unterdruck (Vakuum) zur Entlüftung des Formhohlraumes sich ergebenden Vorteile sind kurz zusammengefaßt folgende:

---

[1] Vgl. auch spätere Ausführungen unter Hauptabschnitt 4, Band II.

1. Die Luftverdrängung durch das einströmende Metall mit den damit verbundenen Unstetigkeiten auf dem Fließweg kommt teilweise oder ganz in Fortfall.

2. Der durch eine gewisse Komprimierung der vorher im Formhohlraum befindlichen Luft durch die notwendige rasche Formauffüllung sich einstellende Gegendruck ist wesentlich kleiner, bzw. nicht mehr vorhanden, wodurch

3. die Füllzeit verkürzt und sehr gleichmäßig wird.

4. Der Wärmeverlust pro Volumeneinheit wird während des Füllvorgangs stark verringert (durch die Vorteile Punkt 1, 2 und 3), so daß kleinere Wanddicken am Druckgußteil und größere Fließwege im Formhohlraum möglich sind.

5. Die Lage des Anschnittes ist nicht mehr so kritisch.

6. Lunkerbildung im Druckgußstück durch Lufteinschlüsse wird herabgemindert oder ganz behoben.

7. Die Oberflächenbeschaffenheit des Druckgußteiles wird günstig beeinflußt und die Gratbildung vermindert.

8. Der Korrosionswiderstand der unter Vakuum druckgegossenen Teile ist größer als der von normal hergestellten Druckgußstücken.

Vermutlich kann durch Vakuum auch die Lebensdauer der Druckgießform verlängert werden[1]. Am ehesten dürfte dies jedoch beim Arbeiten der Druckgießform im evakuierten Raum zutreffen (vgl. 3.324).

Wenn trotz dieser Vorzüge die Vakuumanwendung seit der Veederschen Druckgießmaschine (USA-Patent 658 596 von 1900) erst seit etwa 1955 wieder auflebt, so liegt es an den z. T. noch vorhandenen Schwierigkeiten, ein entsprechendes Vakuum durch Absaugung vor jedem Schuß zu erzeugen und der sich dadurch einstellenden gewissen Verkomplizierung des Druckgießvorgangs, der Druckgießeinrichtungen und Gießformen.

Nachdem die Luftabführung durch teilweise Absaugung in der Druckgießtechnik wieder mehr ins Blickfeld getreten ist[2], werden nachfolgend zwei in USA erprobte Verfahren angeführt.

Die Vakuumanwendung unter Zuhilfenahme einer geschlossenen, mit der Formbewegung verbundenen Haube, in der während der Zeit, in welcher die Form in Gießstellung sich befindet, die gesamte Druckgießform mit den Auswerf- und Kernbewegungsorganen in dem Haubenraum an eine Luftpumpe oder Vakuumkessel angeschlossen wird, ist schon verschiedentlich angewandt und patentiert[3] worden. Die Abdich-

---

[1] Vgl. 3.411.

[2] Allerdings unter der etwas irreführenden Bezeichnung „Vakuumdruckguß“; vgl. H. Wälti: „Vakuumdruckguß“, Gießerei (1960) H. 9, S. 235—240.

[3] Vgl. DBP 892670; Nelmor (USA) hat diese Ausführungsart wieder erneut aufgegriffen.

tung des verhältnismäßig großen Raumes ist nicht einfach. Auch die Evakuierung erfordert eine große Vakuumpumpe, selbst wenn man nur auf ein Vakuum von 60—80 Torr kommen will. Das „Hauben"-Verfahren ist jedoch für die Druckgußfertigung kleinerer Teile durchaus brauchbar.

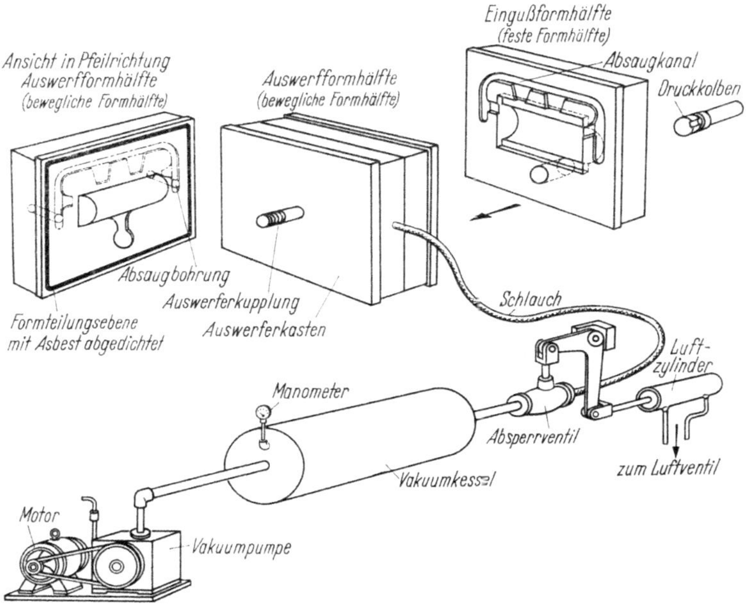

Abb. 193. Schematische Darstellung des Ohse-Verfahrens

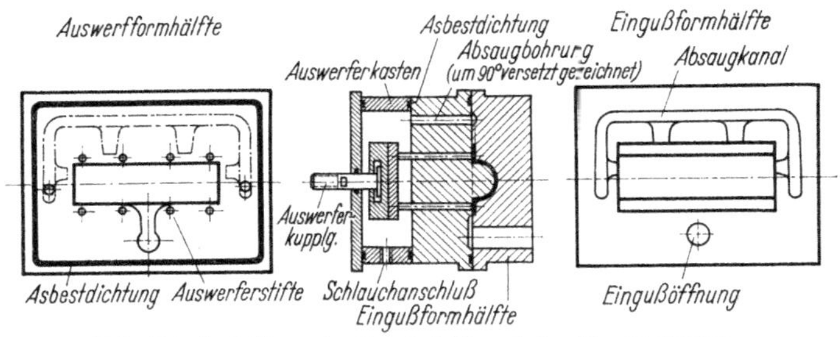

Abb. 194. Ausbildung der Druckgießform beim Ohse-Verfahren

In Abb. 193 ist das OHSE-Verfahren, benannt nach dem Erfinder CHARLES W. OHSE von der New England Die Casting Co., New Haven, Conn., schematisch dargestellt. Die dazu erforderlichen Einrichtungen lassen sich auch an vorhandene Druckgießmaschinen üblicher Bauart anbringen.

Der Arbeitskreislauf einer Kaltkammer-Druckgießmaschine beim OHSE-Verfahren ist folgender:

1. Die Maschine schließt, und das flüssige Metall wird in die Druckkammer eingebracht.

2. Der Schuß wird ausgelöst.

3. Die Maschine ist mit einer besonderen hydraulischen Steuerung für verlangsamte Anfangs-Druckkolbengeschwindigkeit ausgerüstet. Der Druckkolben bewegt sich zuerst langsam vorwärts, bis der Kolbenkopf an der Einfüllöffnung der Druckkammer vorbeigegangen ist. In diesem Punkt wird ein einstellbarer Endschalter betätigt und der Druckkolben vorübergehend stillgesetzt. Gleichzeitig wird das Vakuumsteuerventil geöffnet und das Vakuum gezogen, wodurch die Gießform und die Druckkammer evakuiert werden.

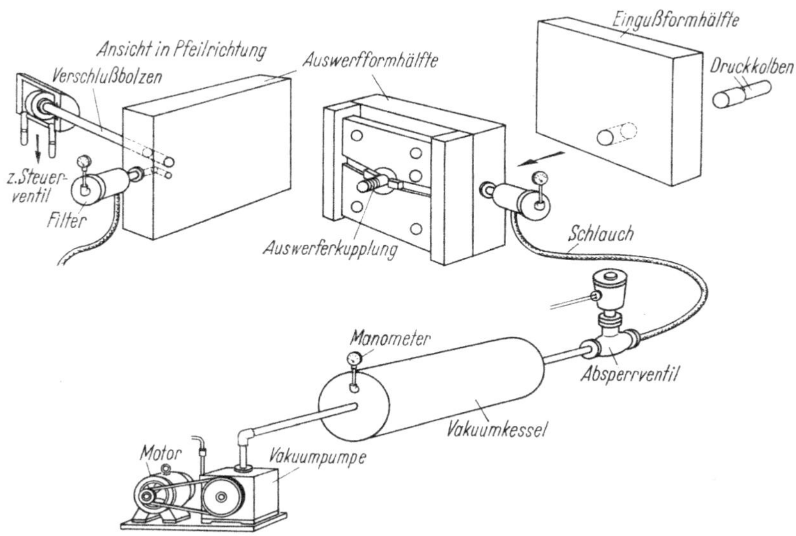

Abb. 195. Schematische Darstellung des Morton-Verfahrens A

4. Nach Freigabe durch das Zeitrelais bewegt sich der Druckkolben mit der eingestellten Schußgeschwindigkeit weiter und vollendet den Eingießvorgang unter Aufrechterhaltung des Vakuums.

5. Unmittelbar vor Erreichen der Druckkolben-Endlage wird das Vakuumsteuerventil wieder geschlossen. Der genaue Zeitpunkt des Abstellens des Vakuums ist wiederum durch eine Schaltuhr gesteuert und wird beim Einfahren des Werkzeuges experimentell bestimmt.

6. Nach Ablauf der Formenschließzeit öffnet die Maschine, und das Druckgußstück wird ausgeworfen.

Die Ausbildung der Druckgießform geht aus Abb. 194 hervor.

Das von Morton Manufacturing Co., Omaha, Nebr., entwickelte Verfahren ist in schematischer Darstellung aus Abb. 195 zu entnehmen.

Verfahren A ist für Kaltkammer-Druckgießmaschinen mit Handschöpfung gedacht, während beim Verfahren B auch das flüssige Metall in die

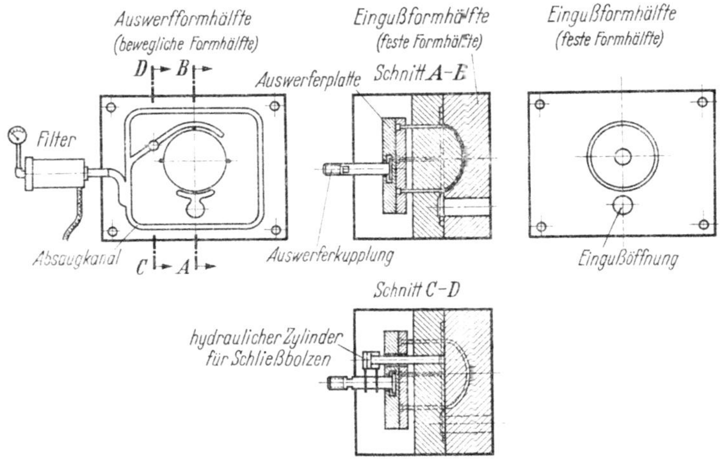

Abb. 196. Gießformauslegung im Falle eines Einfachwerkzeuges

Druckkammer gesaugt wird. Die Abb. 196 und 197 zeigen die Gießformauslegung bei einer Einfach- und Mehrfachform.

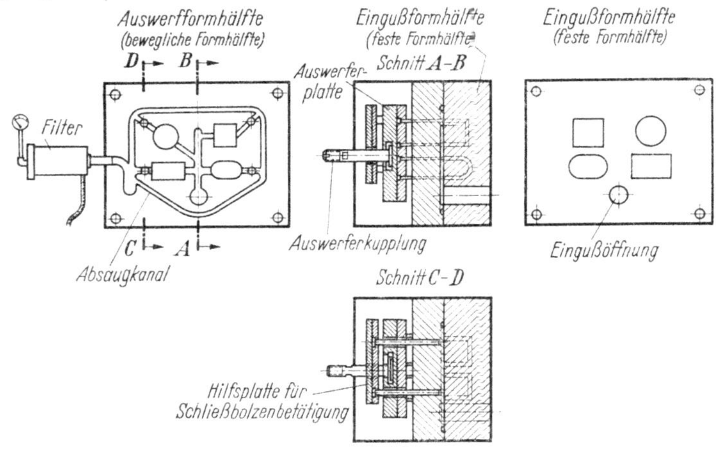

Abb. 197. Gießformauslegung im Falle eines Mehrfachwerkzeuges

Der Arbeitskreislauf einer Kaltkammer-Druckgießmaschine ist wie folgt:

1. Die Maschine schließt, und das flüssige Metall wird in die Druckkammer gebracht.

2. Der Schuß wird ausgelöst, und gleichzeitig wird

a) das Vakuumsteuerventil geöffnet und der gesamte Formhohlraum evakuiert;

b) bewegt sich der Druckkolben mit der eingestellten Schußgeschwindigkeit vorwärts und schließt kurz vor Erreichen seiner Endlage einen Endschalter, der den hydraulischen Hilfszylinder betätigt und damit die Schließbolzen in Schließstellung bringt. Das Vakuum ist dann nur noch im großen Vakuumkanal (bzw. Absaugekanal) wirksam, der somit als Dichtung dient und die Formhohlräume gegen den Überdruck von außen abschließt.

3. Nach Ablauf einer mit dem Auslösen des Schusses in Gang gesetzten Uhr wird das Vakuumsteuerventil wieder geschlossen und der Rest des Arbeitskreislaufes in normaler Weise beendigt.

Morton verzichtet gegenüber Ohse auf die verlangsamte Anfangsgeschwindigkeit mit Druckkolbenstillstand und vernachlässigt etwa noch nachgesogene Luftmengen aus der Druckkammer. Es entfällt jedoch eine Abdichtung in der Formteilung (vgl. Abb. 196 und 197). Durch den außen umlaufenden Vakuumkanal wird der atmosphärische Luftdruck abgehalten in den Formhohlraum zu gelangen, so daß ein brauchbares Vakuum über die Zeit der Formfüllung aufrecht erhalten werden kann. Seitenschieber werden zweckmäßig durch Schrägführungen betätigt, damit sie innerhalb des Vakuumkanals bleiben. Bei bis nach außen gehenden Schiebern wird vorgeschlagen, den Vakuumkanal um den Schieberquerschnitt herumzuführen.

Bei diesen Verfahren wird allerdings nur ein grobes Vakuum erreicht. Die erzielbare Luftverdünnung liegt im Bestfalle nur bei etwa 60 Torr, wird aber als ausreichend und güteverbessernd angesehen.

Im Schrifttum[1] findet man Angaben, wonach bei Zink-Druckguß ein Unterdruck von 0,5 ata ausreichend sei, um optimale Werte und die angeführten Vorteile zu erreichen. Bei den Leichtmetall-Legierungen (besonders bei den Aluminiumlegierungen) muß jedoch beim Schmelzen und Warmhalten auf eine möglichst geringe Gasaufnahme des flüssigen Metalls geachtet werden. Die größten Erfolge bei der Druckgußverarbeitung unter Vakuumanwendung erzielt man durch eine wirksame Entgasung der zu einem Gießvorgang benötigten Metallmenge.

Um gratarme (evtl. sogar gratfreie) Druckgußteile zu erhalten, wird vorgeschlagen, durch sogenannte Schock-Absorber Druckspitzen nach der Formfüllung abzubauen. Ein derartiges Verfahren nach Hodler arbeitet meist zusammen mit Vakuumanwendung. Diese und weitere

---

[1] Vortrag „Praktische Erfahrungen mit dem Vakuumdruckgießen" von D. Morgenstern, Euclid 32, Ohio, USA, auf der Internationalen Druckgußtagung 1963 in München.

Möglichkeiten, Vakuum für Druckgußzwecke zu benützen, werden später unter dem Hauptabschnitt 4 ‚Die Druckgießmaschine' (Band II) behandelt.

3.323 Vollständige Absaugung vor jedem Schuß

In Abb. 198 ist eine Gießform schematisch dargestellt, die vor jedem Schusse vollständig evakuiert wird. Dieses Verfahren ist im allgemeinen nur für niedrigschmelzende Legierungen anwendbar. Der Formhohlraum ist durch die Rinnen L_1 mit der Vakuumrinne L_v verbunden, die durch das Absperrorgan x mit der Vakuumleitung l_v verbunden werden kann, die zur Luftpumpe führt. In diesem Falle brauchen die Nuten L_1 nicht unter Rücksichtnahme auf die Strömungsvorgänge bei der Formauffüllung angeordnet zu werden. Sie müssen lediglich so gelegt und bemessen werden, daß kein Metall in die Vakuumleitung gelangen kann.

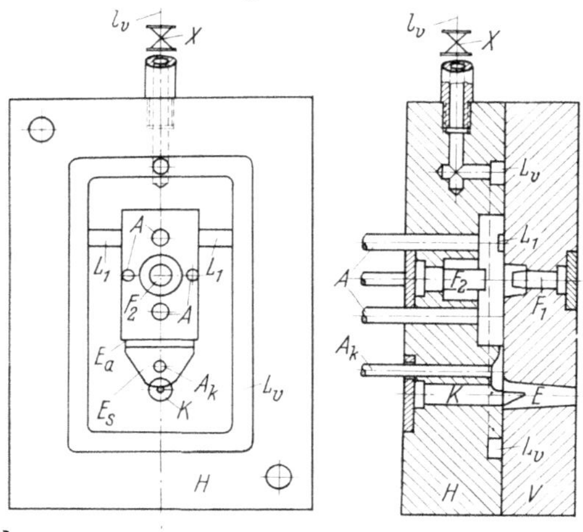

Abb. 198. Vakuum-Druckgießform für Arbeitsverfahren mit vollständiger Absaugung vor jedem Schuß für das in Abb. 186 dargestellte Gußstück. (Die Dicke der Entlüftungsnuten L_1 ist stark übertrieben.)
a Geschlossene Form im Schnitt, b Auswerfformhälfte in Ansicht

Im übrigen müssen alle Fugen natürlich vollständig abdichten. Dies ist eine Voraussetzung für die Brauchbarkeit dieses Verfahrens. Man kann, wie etwa aus Abb. 194 hervorgeht, auch hier Dichtungsorgane in der Formteilung vorsehen. Das Verfahren ist teuer und oft nicht besonders wirtschaftlich, da wenigstens ein mittleres Vakuum (1—10 Torr, s. Abb. 199) erzielt werden sollte. Diese Forderung beeinträchtigt meist die Gießleistung. Auch Auswerfer und sonstige bewegliche Formteile müssen in ihrer Gießlage einwandfrei abgedichtet sein.

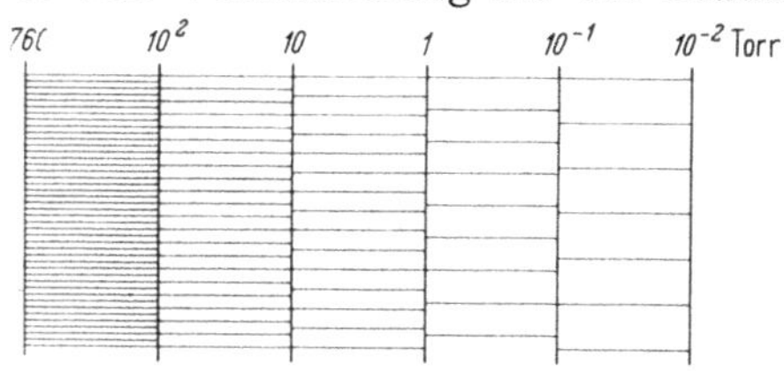

Abb. 199. Vakuum-Bereiche für Druckguß

Eine nahezu vollständige Absaugung vor jedem Schuß kann auch durch den Einsatz von 2 Vakuumpumpen[1] erzielt werden. Um den Form-

[1] Bauweise ist zum Patent angemeldet.

hohlraum herum liegen 2 Vakuumrinnen, eine kleinere innere, durch die der Formhohlraum durch entsprechend gestaltete Verbindungsnuten evakuiert wird (bis zu 1 Torr herunter), und die größere äußere, welche etwa eindringende atmosphärische Luft durch ein Vakuum von 20—30 Torr abhält. Zweckmäßig werden die wassergekühlten Ventile gleich an die Außenkante der Formrahmen gelegt, um den zu evakuierenden Raum so klein wie irgend möglich zu halten. Zur Entlüftung der äußeren Rinne wird eine etwa 3 mal so starke Vakuumpumpe benötigt, als zur Evakuierung der inneren Rinne mit dem Formhohlraum.

3.324 Formen im evakuierten Raume

Formen, die in einem abgeschlossenen, ständig luftleeren Raume arbeiten, brauchen überhaupt keine Entlüftungskanäle zu besitzen.

3.33 Die Anordnung des Formhohlraumes

3.331 Die Lage des Formhohlraumes zur Formenbewegungsrichtung

Bei der Einformung eines Gußstückes geht man zunächst von dem Bestreben aus, die Form möglichst einfach zu gestalten. Eine Gießform ist in bezug auf die Herstellung und Wartung um so einfacher, je weniger bewegliche Teile sie enthält, namentlich solche, deren Führungen einen anderen als kreisförmigen Querschnitt haben. Daher versucht man zunächst, den Formhohlraum so anzuordnen,

daß seine Wandungen in beiden Formhälften in der Formenbewegungsrichtung keine größeren Unterschneidungen aufweisen, um größere Schieber zu ersparen, und

daß große Gußstückhohlräume von anderem als kreisförmigem Querschnitt zur Formenbewegungsrichtung parallel[1] liegen, damit sie soweit möglich, durch unbewegliche Kerne erzeugt werden können.

In den meisten Fällen wird die Lage des Formhohlraumes zur Formenbewegungsrichtung durch diese Forderungen schon vorgeschrieben oder mindestens auf wenige Anordnungsmöglichkeiten beschränkt. Für die meisten Gußstücke gibt es nur einige wenige Richtungen (für manche sogar nur eine einzige), die unter diesem Gesichtspunkt als Formenschließrichtungen[2] in Betracht kommen.

Bei der Einformung sind nicht nur Herstellungs-, sondern auch gießtechnische Rücksichten, vornehmlich auf den Anschnitt und die Entlüftung, zu beachten, denen, soweit erforderlich, gegenüber der Rücksicht auf Einfachheit der Konstruktion der Vorrang zu geben ist.

---

[1] In dem in Abschnitt 3.12 definierten Sinne.

[2] Unter Formenbewegungs- und -schließrichtung ist selbstverständlich der gleiche Vorgang, nämlich das Schließen und Öffnen der Gießform gemeint.

Ein bandförmiger oder kreisringförmiger Anschnitt muß stets so liegen, daß seine Hauptebene (in dem in 2.122a definierten Sinne) zur Formenschließrichtung nicht parallel ist, da andernfalls der Anschnitt in einer „Schiebefläche“ liegen würde. Daher muß der Formhohlraum so gelegt werden, daß die Ebene, in der (nach den in 3.314 entwickelten Grundsätzen) die Anschneidung erfolgen soll, eine zur Formenschließrichtung winkelige (vorzugsweise senkrechte) Lage erhält. Ferner ist es mit Rücksicht auf die Einströmungsvorgänge und — vornehmlich — auf die Luftabführung meistens geboten, die Einformung so vorzunehmen, daß der größte Querschnitt des Gußstückes in der Formteilung liegt.

Die schon in 3.316a erörterten Formkonstruktionen zeigen ein Beispiel dafür, in welcher Weise diese Rücksichten auf die Anschneidung und auf die Luftabführung eine wesentlich verwickeltere Formgestaltung bedingen, als sich beim Formenentwurf unter alleiniger Rücksicht auf konstruktive Einfachheit gemäß den beiden obigen Richtlinien ergeben würde.

Außer gießtechnischen Erwägungen können auch Rücksichten auf die Maßtoleranzen und auf das Aussehen der Gußstücke die Art der Einformung bestimmen. Ganz allgemein können die zur Formteilung senkrecht stehenden Gußstückabmessungen[1] nicht in so engen Toleranzen gehalten werden wie die Abmessungen in den anderen Richtungen; denn die Form schließt nicht bei allen aufeinanderfolgenden Güssen gleich dicht, sondern sie „klafft“ stets beim Schusse ein wenig, und zwar um einen Betrag, dessen Größe einerseits von der „Steifigkeit“ des Formträgers und Formverschlusses (von der Größe der Formenschließkraft), andererseits von der Höhe des Arbeitsdruckes und der Querschnittsgröße des Gußstückes in der Formteilung und endlich von der Sorgfalt bei der Reinigung und Instandhaltung der Form abhängt. Bei sorgfältiger Arbeitsweise liegt der Betrag des Klaffens normalerweise zwischen einigen Hundertstel- und etwa zwei Zehntelmillimetern.

Ferner können sich die beiden Formhälften auch in seitlicher Richtung gegeneinander versetzen, und zwar um Beträge, die meistens in der Größenordnung von mehreren Hundertstelmillimetern liegen, denn die Führungsstifte, welche die gegenseitige seitliche Lage der Formhälften sichern, müssen mit Rücksicht auf die ungleichmäßige Wärmeausdehnung von Einguß- und Auswerfformhälfte in ihren Führungsbohrungen ein gewisses Spiel haben, dessen Größe außer von den Gußstückabmessungen wesentlich von der Höhe der Gießtemperatur abhängt.

Daher sind Gußstücke, bei denen bestimmte Abmessungen in besonders engen Toleranzen gehalten werden müssen, so einzuformen, daß diese Abmessungen parallel zur Formteilung liegen und nur durch Form-

[1] D. h. die Abstände zwischen Punkten, die beiderseits der Formteilung liegen (z. B. Abstand d_f in Abb. 201).

teile begrenzt werden, die sämtliche in der gleichen Formhälfte (möglichst fest) angeordnet sind. Zur Veranschaulichung der zweiten Forderung dienen die Abb. 201 und 202, die schematisch zwei Einformungsarten des in Abb. 200 dargestellten Gußstückes zeigen. Wenn das Abstandsmaß d_z der beiden Bohrungen Z_1 und Z_2 besonders genau eingehalten werden muß und die Bohrung Z_1 in G_1 genau zentrisch liegen soll, so ist die vom formbautechnischen Standpunkte aus nächstliegende Einformung nach Abb. 201 trotz ihrer konstruktiven Einfachheit nicht zulässig[1]. Vielmehr ist in diesem Falle die Einformung nach Abb. 202 so vorzunehmen, daß die beiden Kerne F_1 und K_1 sowie der Formhohlraum für G_1 sämtlich in der gleichen Formhälfte (in diesem Fall in der Eingußformhälfte) liegen, trotz der Gründe, die sonst bei ungeteiltem Einguß gegen die Anordnung von beweglichen Kernen in der Eingußformhälfte sprechen.

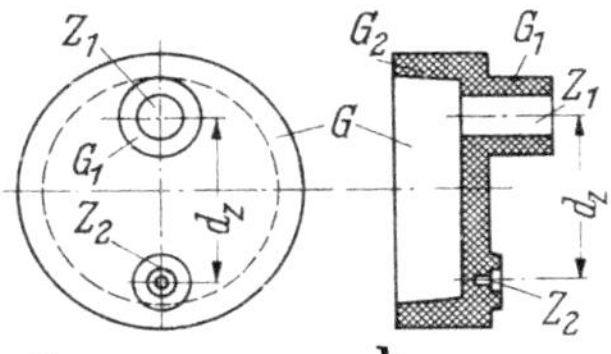

a b

Abb. 200. Druckgußstück

Nicht nur die Aufnahme etwa auf die Auswerfformhälfte wirkender zusätzlicher seitlicher Drücke, sondern auch eine Vergrößerung der

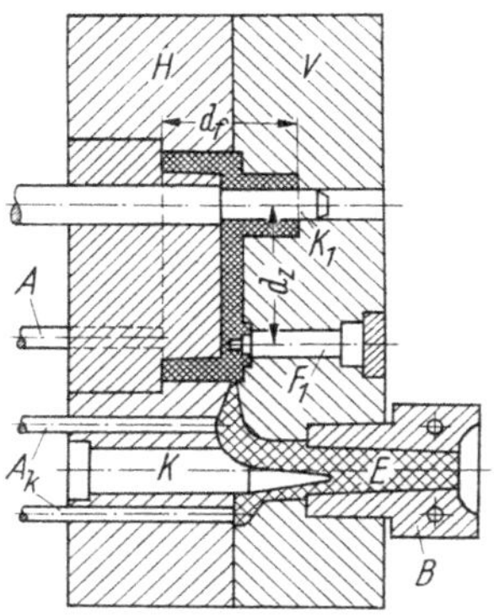

Abb. 201. Handlichere Bauart, bedingt jedoch größere Toleranz für d_z und gewährleistet nicht genau zentrische Lage[1] der Bohrung Z_1 in G_1

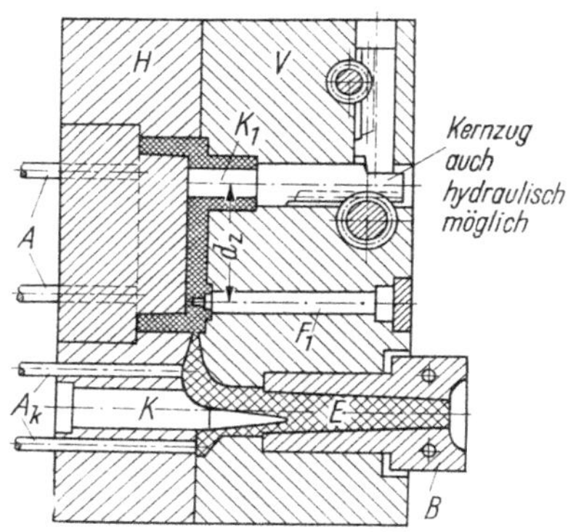

Abb. 202. Weniger handliche Bauart, ermöglicht jedoch engere Toleranz für d_z und genau zentrische Lage der Bohrung Z_1 in G_1

Abb. 201—202. Druckgießform für das in Abb. 200 dargestellte Gußstück, in 2 verschiedenen Ausführungsarten

erzielbaren Genauigkeit bei Maßen, die durch beide Formhälften begrenzt sind, wird durch die Anordnung von gehärteten Paßbolzen erreicht. Wie aus Abb. 203 ersichtlich, werden derartige Paßbolzen immer in der Mitte

[1] Denn der Kern K_1 muß in der Aufnahmebohrung der Eingußformplatte V ein (dem Spiel der Formplatten-Führungsstifte entsprechendes) Spiel haben, um bei einer möglichen seitlichen Versetzung der Formplatten gegeneinander nicht zu klemmen.

der Formhälften vorgesehen, so daß Wärmedehnungen ausgeschaltet sind. Durch Paßbolzen kann das bei den Führungsstiften immer erforderliche und durch Abnützung immer größer werdende Spiel im Gießzustand völlig ausgeschaltet werden. Ein Paßbolzen von 20 mm ∅ ergibt nämlich selbst bei einem Klaffen der beiden Formhälften von 0,5 mm (evtl. durch Gratreste) nur ein seitliches Spiel von knapp 0,02 mm. Bei größer dimensionierten Paßbolzen ist dieses Spiel bei geschlossener Form noch kleiner. Durch Paßbolzen kann also eine Milderung der Verhältnisse in Abb. 201 erreicht werden.

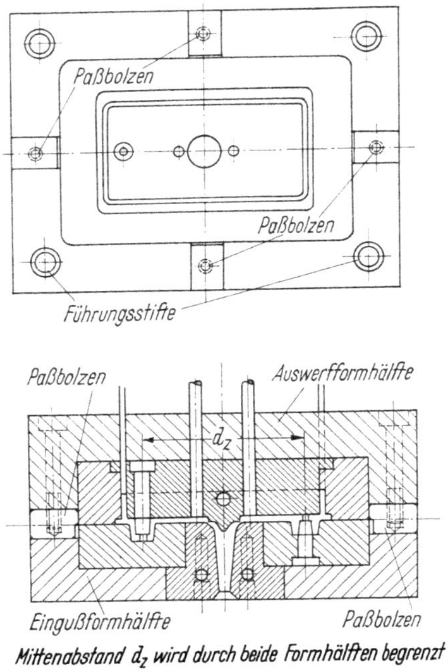

Abb. 203. Anordnung von Paßbolzen zur Vergrößerung der erzielbaren Genauigkeit bei Maßen, die durch beide Formhälften begrenzt werden

3.332 Die Gestaltung der Formteilung

Die Verteilung der Einformung auf die beiden Formhälften (d. h.: die Ausbildung der Formteilung) wird durch die Lage des Formhohlraumes zur Formenschließrichtung schon bis zu einem gewissen Grade bestimmt, und zwar durch die Forderung der Vermeidung von Unterschneidungen. Diese Forderung gestattet jedoch meistens bei gleicher Lage des Formhohlraumes zur Formenschließrichtung noch verschiedenartige Ausführungen der Formtrennung.

Bei der Gestaltung der Formteilung ist wieder von den gießtechnischen Gesichtspunkten einerseits und von den Rücksichten auf die Herstellung der Form und auf ihr Verhalten im Betriebe andererseits auszugehen und in vielen Fällen auch der Einfluß auf das Aussehen des Gußstückes in Rechnung zu stellen.

Zunächst muß die Einformung so auf die beiden Formhälften verteilt werden, daß die das Gußstück festhaltenden Formelemente soweit als möglich in der Auswerfformhälfte untergebracht werden, um bei der Formöffnung die Ablösung des Gußstückes aus der Eingußformhälfte und seine Haftung in der Auswerfformhälfte zu sichern.

Die Anschneidung kann — abgesehen vom direkten Einguß — nur in der Formteilungsebene erfolgen. Die Formteilung muß daher so verlaufen, daß sie die zur Anschneidung (vom strömungs-technischen

Gesichtspunkte aus) geeigneten Stellen in sich enthält. Ferner muß[1] die Formteilung so ausgebildet sein, daß ihre Stirnflächen[2] alle größeren Teile des Formhohlraumes an den Stellen berühren, von denen die Entlüftungskanäle ausgehen sollen. Endlich soll, wenn möglich, die Einströmungsebene[3] gegen die Partien der Formteilung versetzt sein, welche die wichtigsten Entlüftungsnuten tragen, so daß diese dagegen geschützt sind, bei einer seitlichen Ausbreitung des Strahles vorzeitig abgesperrt zu werden[4]. Beispiele für eine solche sinngemäße Versetzung sind in Abb. 187, 192 und 204a dargestellt. Dagegen zeigt Abb. 204b eine unzweckmäßige Gestaltung der Formteilung, bei der lediglich die am

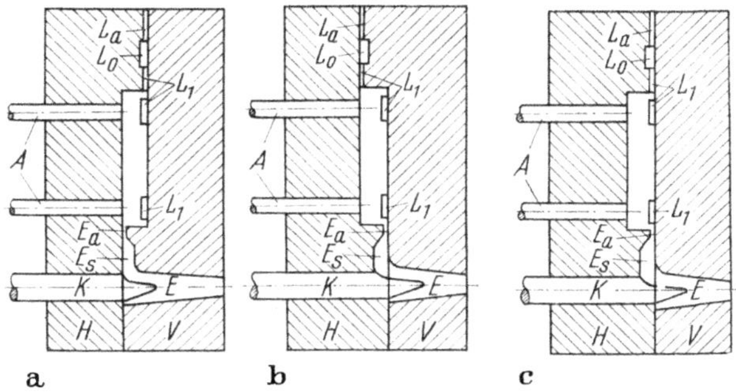

a Formteilung zweckmäßig abgesetzt — b Formteilung unzweckmäßig abgesetzt — c Formteilung glatt

Abb. 204. Gegenseitige Lage von Anschnitt (E_a) und Entlüftungsnuten (L_1) bei drei verschiedenen Ausführungen der Formteilung (Formteilung ist stark ausgezogen)

oberen Ende des Formhohlraumes befindlichen Entlüftungskanäle L_1 gegen den Anschnitt versetzt sind, die gleich zu Beginn der Einströmung verschlossen werden können.

Durch diese Forderungen wird schon bei einfachen Gußstücken eine abgesetzte Gestalt der Formteilung bedingt. Bei verwickelteren Gußstücken, die sich beträchtlich nach allen drei Dimensionen hin erstrecken, könnte zur Erfüllung dieser Forderung eine überaus komplizierte Gestaltung der Formteilung notwendig werden.

Dem stehen jedoch die Rücksichten auf die Formherstellung und den Druckgußbetrieb entgegen. Zur Erzielung eines dichten Schließens müssen die Dichtungsflächen vollständig und tadellos zusammenpassend gearbeitet sein und während des Betriebes nach jedem Schusse völlig vom Grat gereinigt werden. Beides verursacht um so mehr Arbeit und Kosten, je verwickelter die Formteilung gestaltet ist. Das Zusammenpassen von mehrfach abgesetzten Dichtungsflächen erfordert bei der

[1] Außer bei Formen für Vakuumdruckguß.
[2] Vgl. die nachfolgenden Ausführungen, S. 276 u. 277.
[3] D. h.: die Hauptebene des Anschnittes, vgl. 2.122a. [4] Vgl. auch 2.122b.

Herstellung sehr langwierige Anpaßarbeiten, und zur Entfernung des Grates aus der Form im Betriebe muß jede Stufe und jede Kante der Dichtungsflächen einzeln gereinigt werden, was bei verwickelter Gestaltung der Formteilung infolge der Unübersichtlichkeit große Aufmerksamkeit und einen fühlbaren Zeitverlust bedingt. Unter diesen Gesichtspunkten ist es am günstigsten, die Formteilung völlig in einer Ebene anzuordnen, wobei das Zusammenpassen der Dichtungsflächen durch einfaches Planschleifen der beiden Formplatten vollständig gewährleistet ist und zur Reinigung der Form nur wenige einfache Verrichtungen erforderlich sind, oder diese sogar völlig automatisch erfolgen kann. Daher wird in der Praxis nicht selten auf die Versetzung des Anschnittes gegen die Formteilung verzichtet (Abb. 204c). In diesem Falle kann jedoch ein vorzeitiges Abschließen der Entlüftungskanäle, vor allem beim Arbeiten auf Warmkammer-Druckgießmaschinen, nur dadurch verhindert werden (vgl. 3.316a), daß die Breite e_a des Anschnittes merklich geringer bemessen wird als die Breite e_g des Formhohlraumes.

Die Gestalt der Formteilung beeinflußt ferner — infolge der Gratbildung — die Kosten der Entgratung und das Aussehen der Gußstücke. Soweit möglich, versucht man die Formtrennung so vorzunehmen, daß das Entgraten nur billige Arbeitsgänge erfordert und möglichst wenig Spuren hinterläßt. Wenn die Formteilung keinen zu komplizierten Verlauf hat, kann der Grat oftmals durch eine Stanzoperation entfernt werden. Die Bearbeitungsmarken fallen (ebenso wie beim Anschnitt) am wenigsten ins Auge, wenn die Formteilung längs der Kanten des Gußstückes verläuft.

Zwischen den verschiedenen, einander teilweise widersprechenden Anforderungen, die im vorstehenden dargelegt sind, muß von Fall zu Fall ein geeigneter Mittelweg für die Gestaltung der Formteilung gefunden werden.

Oft kann durch Anwendung von Kunstgriffen allen Ansprüchen auf einfache Art genüge getan werden. Bei manchen Formen (vgl. Abb. 192) kann der Anschnitt durch einen in die Eingußformhälfte eingesetzten Eingußklotz (F_e) gegen die Entlüftungsschlitze versetzt werden, ohne daß die Formteilung abgesetzt zu werden braucht.

Mitunter wird eine Absetzung der Formteilung auch dadurch erforderlich, daß die Form solche zur Formenschließrichtung senkrechte Kerne enthält, zu deren Führung und Aufnahme die eine Formplatte die andere umgreifen muß. Die in 3.316a aufgezeigten Abb. 157 und 158 geben hierfür Beispiele.

Wenn es die Gestalt des Gußstückes gestattet, soll die Formteilung zur Erleichterung der Zusammenpassung grundsätzlich so ausgebildet werden, daß sie nur aus zueinander rechtwinkligen Ebenen besteht. Von diesen sollen im folgenden (vgl. Abb. 157d/e) die zur Formenschließrichtung senkrechten (z. B. *1—2*) als „Stirnflächen", die zur Formenschließrichtung parallelen (z. B. *1—1* und *2—2*) als „Schiebeflächen" bezeichnet werden. Es muß besonders sorgfältig darauf geachtet werden, daß die *Schiebeflächen* tadellos abdichtend zusammenpassen; denn während eine Undichtheit der Stirnflächen nur bewirken kann, daß etwas Metall hindurchspritzt, kann eine Gratbildung zwischen den Schiebeflächen dazu führen, daß diese beim Öffnen der Form „fressen" und schadhaft werden. Während aber schadhafte Stellen an den Stirnflächen meistens durch leichtes Nacharbeiten ausgebessert werden können, sind

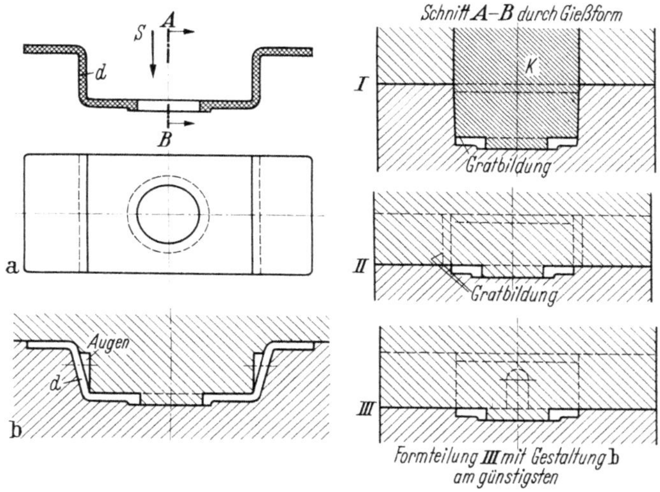

Abb. 205. Gratbildung an einem Lagerstück

Beschädigungen an den Schiebeflächen kaum wieder gut zu machen. Demnach ist es selbstverständlich, daß Anschnitt und Entlüftungsschlitze grundsätzlich nur über Stirnflächen und keinesfalls über Schiebeflächen geführt werden dürfen. Bei Vorhandensein von Schiebeflächen ist es immer angebracht, Paßbolzen (vgl. Abb. 203) vorzusehen.

Im allgemeinen muß man bereits bei der Gestaltung von Druckgußteilen darauf achten, daß Schiebeflächen in der Gießform vermieden werden können. Auch die Entgratung der an Schiebeflächen angrenzenden Gußstückpartien ist umständlicher und erfordert weitere Arbeitsgänge. Aus den angeführten Gründen kann es daher möglich werden, daß auch eine zur Formteilungsebene geneigte Teilung Vorteile bringt trotz schwieriger Formherstellung. Aus Abb. 205 geht dieser Gesichtspunkt durch die Umgestaltung eines Lagerstücks hervor.

Die Dichtungsflächen in der Formteilung dürfen nichts enthalten, was zum Festhaften des Grates führen könnte. Insbesondere ist es unzulässig, Verschraubungen von der Formteilung her vorzunehmen (wie bei Einsatzteil *F* in Abb. 206a), da sich bei gelegentlichem „Anlüften" der Form beim Schuß an den Schraubenköpfen ein Metallgrat festsetzen könnte, der schwer zu entfernen wäre. Daher müssen Verschraubungen grundsätzlich von den Außenseiten der Formplatten her vorgenommen werden (Abb. 206b).

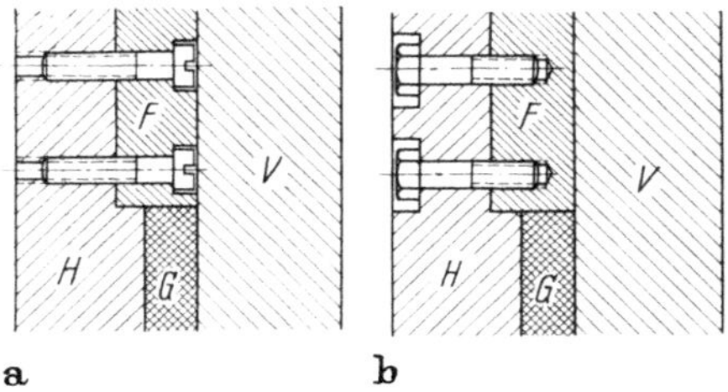

Abb. 206. Falsche und richtige Verschraubung eines Einsatzteiles (*F*) in Formplatte (*H*) a falsch, b richtig

Nur *die* (in den Formzeichnungen mit t_0 bezeichneten) Führungsstifte[1], die das Zusammenpassen der beiden Formhälften gegeneinander sichern, und deren Führungsbohrungen sind in den Dichtungsflächen der Formteilung anzuordnen. Sie müssen jedoch so weit vom Formhohlraum und von den Entlüftungskanälen entfernt sein, daß der Metallgrat sie nicht erreicht. Darüber hinaus sind sogenannte Schmutzaussparungen um die Führungsstifte bzw. -büchsen herum, wie aus Abb. 207 ersichtlich, in der Formteilung vorzusehen.

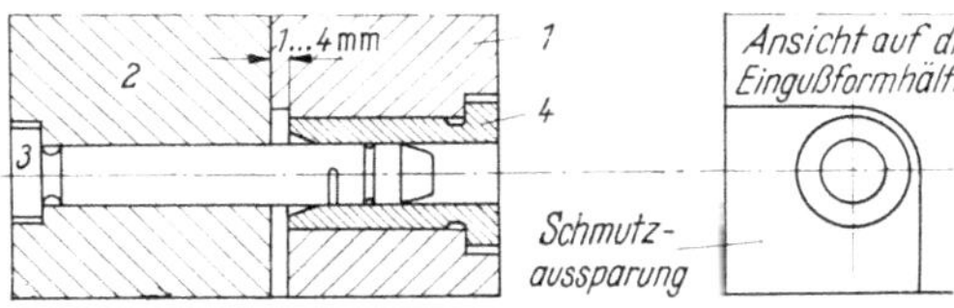

Abb. 207. Schmutzaussparung an Führungsstiften
1 Eingußformhälfte, *2* Auswerfformhälfte, *3* Führungsstift, *4* Führungsbüchse

3.333 Einfache und mehrfache Einformung

Eine Druckgießform kann entweder, als Einfachform, nur *eine* Formfasson oder, als Mehrfachform, mehrere von der gleichen Eingußöffnung aus gespeiste Formhohlräume enthalten. Formen für große und verwickelte Stücke werden meistens als Einfachformen ausgeführt, während für kleine und verhältnismäßig unkomplizierte Gußstücke die mehrfache Einformung nicht selten ist, und zwar sowohl die Anordnung von mehreren verschiedenen als auch die von mehreren untereinander gleichen Formhohlräumen in derselben Gießform. Die Möglichkeit der Mehrfacheinformung hängt formbautechnisch außer von der Größe auch von der Gestalt der Gußstücke ab, insbesondere von den erforderlichen Kernbewegungen (wie ohne weiteres aus Abb. 208 zu ersehen).

Aus Abb. 208 erkennt man:

Besitzt das Gußstück keinen oder nur einen Kernzug, können nach a beliebig viel Teile in einer Form untergebracht werden. Die Anzahl richtet sich nach der Größe und Gestalt des Gußstücks, sowie der zur

[1] und vielfach Paßbolzen, vgl. Abb. 203.

Verfügung stehenden Gießeinrichtung. Bei zwei im rechten Winkel, oder schräg angeordneten Kernzügen ist eine Vierfachform möglich (Abb. 208b). Zwei entgegengesetzt notwendige Kernzüge lassen normalerweise nur ein Zweifachwerkzeug zu. Es können aber mehrere Teile nach der gestrichelten Anordnung c vorgesehen werden. Die äußeren Gußstücke werden in diesem Falle nicht mehr direkt vom Einguß gespeist, deshalb nur bedingt möglich! Gußstücke mit 3 Kernzügen können mit einer Zweifachform noch hergestellt werden (Abb. 208d), während 4 Kernzüge nach e in der Regel nur ein Einfachwerkzeug zulassen.

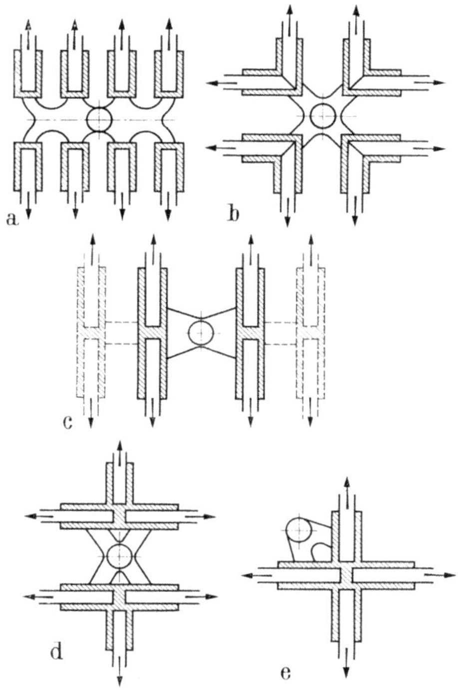

Abb. 208. Anordnung der Kernzüge bei Mehrfachformen

Aus einer Mehrfachform wird je Schuß eine Mehrzahl von Gußstücken ausgebracht, die an einem gemeinsamen Einguß hängen (vgl. Abb. 209). Infolgedessen ist der Metallabfall je Gußstück geringer, als es bei Einzeleinformung der betreffenden Teile der Fall wäre. Ferner ist auch das „Rohgußvolumen je Schuß" entsprechend größer und damit unter sonst gleichen Umständen der Durchsatz des Gießmetalls durch die Gießmaschine rascher.

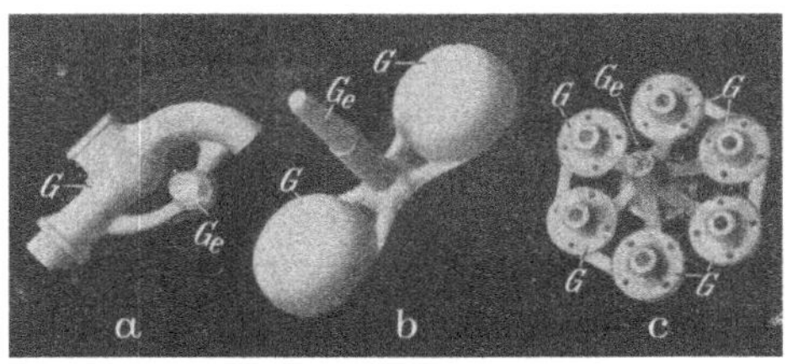

Abb. 209. Drei Rohgußstücke mit Eingußmetall als Beispiele für einfache, zweifache und sechsfache Einformung. (G_e: Eingußzapfen, G: eigentliches Gußstück)
a Hahngehäuse, aus Einfachform, b Fahrradglocken, aus Zweifachform, c 6 Gußstücke aus Sechsfachform gegossen

Es ist jedoch eine starke Abhängigkeit nicht nur von der Gestalt des Druckgußstückes, sondern auch von der Druckgießmaschinenart vorhanden[1]. Auf schnelllaufenden Druckgießautomaten ist es beispielsweise ohne weiteres möglich, auch sehr kleine Teile aus Zinklegierungen (z. B. Reißverschlußschieber) wirtschaftlich aus Einfachformen zu fertigen. Dadurch wird eine größere

[1] vgl. auch Band II „Druckgießpraxis".

Gleichmäßigkeit der Druckgußteile untereinander und damit in vielen Fällen auch eine höhere Genauigkeit erzielt. Bei mehreren gleichen Fassonen in einer Gießform können nämlich Abweichungen auftreten, die bei Druckgußteilen mit besonderen Genauigkeitsansprüchen sehr unangenehm sich auswirken.

Die *Schußzahl je Zeiteinheit* wird durch die Mehrfacheinformung im allgemeinen verringert, und zwar wegen der größeren Zahl von Bedienungsgriffen, wegen des größeren Gewichtes der Gießform[1] und wegen des Brachliegens *aller* in der gleichen Gießform befindlichen Formfassonen, während eine einzelne von ihnen repariert wird.

Daher wird die *Stückzahl* der Ausbringung je Zeiteinheit bei mehrfacher Einformung im Vergleich zur Einzeleinformung nicht im selben Verhältnis vervielfacht wie die Anzahl der Formfassonen. Auch sind die Lohn- und Betriebsunkosten je Arbeitsstunde bei Mehrfachformen im allgemeinen höher als bei Einfachformen. Doch kann die Mehrfacheinformung in vielen Fällen eine beträchtliche Verringerung der eigentlichen Gießkosten bringen.

Die gesamten *Herstellungskosten* je Gußstück werden hierdurch immer dann ohne weiteres herabgesetzt, wenn die in einer Gießform eingeformten Gußstücke untereinander verschieden sind (so daß jedes von ihnen bei Einzeleinformung eine besondere Gießform für sich erfordern würde) und sämtliche in der gleichen Stückzahl herzustellen sind. Dagegen ist es immer bedenklich, verschiedene Gußstücke, die in sehr verschiedenen Auflagen gebraucht werden, zusammen in einer Gießform einzuformen; denn in diesem Falle muß die Form, sobald sie die den kleineren Auflagen entsprechende Schußzahl geleistet hat, nach Abblockung der nicht mehr erforderlichen Einformungen zur Auslieferung der in größeren Stückzahlen benötigten Teile weiter benutzt werden, wobei sie im allgemeinen nicht mehr rationell arbeiten wird. Verschiedene Fassonen in einer Gießform (z. B. ein Satz Teile für ein bestimmtes Gerät) bergen ferner die Gefahr eines ungleichen Ausschußanfalles in sich, so daß man immer mehr den Zug zum Verlassen dieser Art der Mehrfacheinformung feststellen muß, besonders wenn die verschiedenen Teile unter sich sehr ungleich sind.

Die mehrfache Einformung des *gleichen* Gußstückes in einer Gießform ist nur bei sehr großen Stückauflagen wirtschaftlich vorteilhaft. Die Herstellungskosten einer Mehrfachform sind selbstverständlich höher als die einer Einfachform. Daher ist bei Aufträgen von beschränkten Stückzahlen (für deren Herstellung die Lebensdauer einer Einfachform hinreichen würde) auch der Formkostenanteil größer, mit dem jedes einzelne Gußstück zu belasten ist. Dieser Formkostenanteil fällt um so mehr ins Gewicht, je komplizierter ein Gußstück ist und in je geringerer Stückzahl es hergestellt wird. Die Wirtschaftlichkeit der Mehrfacheinformung

[1] und auch der damit oftmals erforderlichen größeren Gießmaschine

des gleichen Gußstückes hängt somit in jedem Einzelfalle davon ab, ob die Ersparnis an Gießkosten den Mehraufwand an Formkosten überwiegt. Dies ist im allgemeinen um so eher der Fall, je einfacher ein Gußteil und in je größerer Stückzahl es herzustellen ist.

Eingußmäßig ist jeder Formhohlraum bei Mehrfachformen für sich zu behandeln (z. B. für die Berechnung des Anschnittquerschnitts). Zur Festlegung der erforderlichen Druckgießmaschinen- und Druckkammergröße sind alle mit einer Gießform herzustellenden Druckgußteile zusammen zu berücksichtigen.

3.34 Die Formkühlung

3.341 Konstruktive Maßnahmen

Die Temperatur der Gießform muß während der Arbeitsdauer in bestimmten Grenzen gehalten werden. Wenn die Form zu kalt ist, erhalten die Gußstücke eine unsaubere, sogenannte „blumige" Oberfläche; bei warmrissigem Gußmaterial können überdies Schwindungsrisse entstehen, wenn sich das Gußstück infolge zu niedriger Formtemperatur auf die „gefährliche Temperatur" abkühlt, bevor die Kerne zurückgezogen werden können. Wenn die Form zu heiß wird, beginnt das Gußmaterial an den Formwandungen anzulöten, die beweglichen Teile fressen in den Führungen und die Maße der Formfasson verändern sich (infolge der Wärmeausdehnung) über den dem Schwindmaß zugrunde gelegten Betrag hinaus. Die Grenzen, zwischen denen die mittlere Formtemperatur schwanken darf, liegen natürlich für die verschiedenen Gußstoffe sehr verschieden (Anhaltswerte s. Tab. 9).

Tabelle 9. *Günstige Formtemperaturen*[1]

Druckgußmetall	bei Warmkammer-Druckgießmaschinen °C	bei Kaltkammer-Druckgießmaschinen °C
Zinklegierungen		
ZnAl 4 (Z 400)	180 bis 200	170 bis 190
ZnAl 4 Cu 1 (Z 410)	200 bis 220	180 bis 200
Aluminiumlegierungen		
AlSi 7÷13	—	250 bis 280
AlMg 6÷9	280 bis 300	240 bis 270
AlSiCu (311)	300 bis 320	230 bis 260
Magnesiumlegierungen		
MgAl 6÷9	280 bis 300	240 bis 260
Kupferlegierungen		
CuZn 36÷42	—	320 bis 350

[1] Gemeint sind die Betriebstemperaturen in der Formfasson nach dem Schuß, da während des Schusses die Temperatur, besonders in der Nähe des Eingusses, stark ansteigen kann, d.h. die Temperatur der Formmaterialzone, welche nur ganz geringen Temperaturschwankungen ausgesetzt ist, so daß die Betriebstemperatur praktisch als gleichbleibend angesehen werden kann (vgl. 3.411, Abb. 232).

Zur Innehaltung der richtigen Temperaturen im Betriebe müssen Formen für hochschmelzende Legierungen stets, Formen für niedrigschmelzende Legierungen bei hohen Gießleistungen auch gekühlt werden. Zu diesem Zwecke erhalten die Formplatten, manchmal auch die größeren Kerne (vgl. Abb. in 3.7), Kühlbohrungen, an die die Zu- und Ableitungen für das zirkulierende Kühlmittel angeschlossen werden. Bei Formen für hochschmelzende Legierungen wird auch die Eingußbüchse stets mit einer eigenen Kühlleitung versehen.

Bei dem Ziel, eine möglichst gleichmäßige Temperatur der Druckgießform, insbesondere aller mit dem flüssigen Metall in Berührung kommender Formteile, zu gewährleisten, ist es oft schwierig, die durch den laufenden Druckgießvorgang überhitzten Stellen zu finden. Man kann nun zwischen die Formhälften ein mit Kobalt präpariertes Papier (bzw. Folie) legen und die geschlossene Form einige Sekunden darauf einwirken lassen, so daß sich das Temperaturfeld darauf abzeichnet. Auf diese Weise werden die besonders intensiv zu kühlenden Partien sichtbar und man kann die Kühlung danach festlegen bzw. verbessern. An tiefen und verwickelten Stellen der Formfasson kann die Betriebstemperatur auch mit Thermochromstiften bestimmt werden.

Es ist zweckmäßig bei allen Druckgießformen für die Verarbeitung von Metallegierungen mindestens eine Kühlung der Eingußpartien vorzusehen, wie aus Abb. 210 ersichtlich. Am Einguß ist immer eine besonders starke Wärmebelastung vorhanden, so daß gerade hier für eine gute Kühlung gesorgt werden muß, um Wärmestauungen und Überhitzungen zu vermeiden. Kerne und Formteile in der Nähe von dickwandigen Stellen, oder die in größere Formhohlräume hineinragen, erfahren ebenfalls eine erhöhte Wärmezufuhr, ohne daß die Wärme günstig abfließen kann. Auch dort muß eine intensive Kühlung eingebaut werden, selbst wenn dadurch die Wechselfestigkeit des Warmarbeitsstahles stark beansprucht wird.

Kühlbohrungen an der Peripherie des Formrahmens und auch an den Formplatten dürfen nicht mit der Kühlung der Eingußpartien gleichgeschaltet sein, sondern müssen einen davon getrennten Kühlstrom besitzen. Eine zu starke Kühlung der vom Formhohlraum außenliegenden Stellen kann starke Wärmespannungen zur Folge haben, die größte Stahlblöcke sprengen können (Gefahr der Spannungsrißbildung im Formenstahl). In der Regel ist es besser, mehrere im Durchmesser kleinere Kühlbohrungen bis zu etwa 6mm ⌀ für kleinere und 10 mm ⌀ für größere Formen bei schnellem Kühlmitteldurchfluß vorzusehen, als im Querschnitt größere Bohrungen, auch wenn die Kühlmittelmenge dann gedrosselt wird[1].

[1] Vgl. auch Ausführungen im Abschnitt 3.411.

Die Kühlbohrungen müssen von den Wandungen des Formhohlraumes so weit entfernt sein, daß keine durchgehenden Risse auftreten, durch die das Kühlmittel in den Formhohlraum hineingelangen kann. Wie große Abstände hierzu erforderlich sind, hängt außer vom Formmaterial und von der Gußlegierung vor allem von der Art des Kühlmittels ab. Bei Wasserkühlung (enthärtetes Wasser möglichst mit einem Rostschutz-

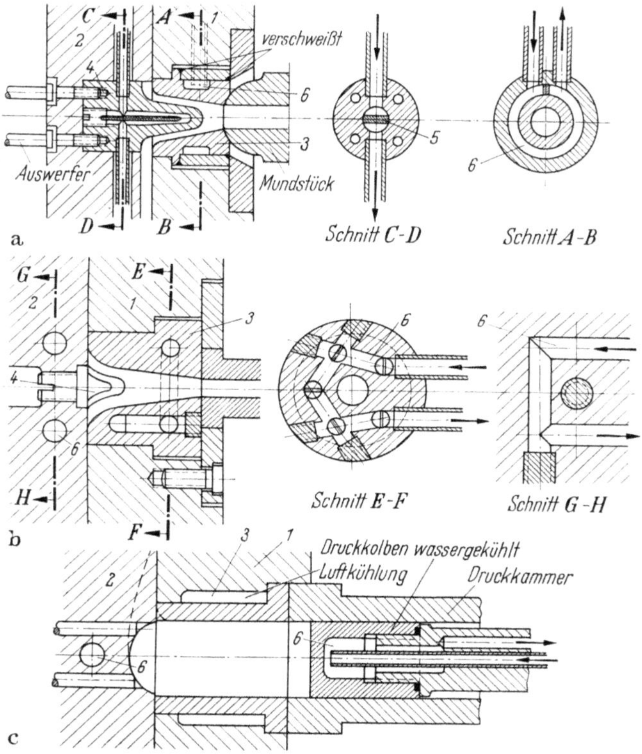

Abb. 210. Kühlung des Eingusses
a bei Warmkammer-Druckgießmaschinen, b bei Kaltkammer-Druckgießmaschinen senkrechte Druckkammer, c) bei Kaltkammer-Druckgießmaschinen waagrechte Druckkammer
1 Eingußformhälfte, *2* Auswerfformhälfte, *3* Eingußbüchse, *4* Verteilerzapfen, *5* Scheidewände, *6* Kühlkanäle

mittel) soll zwischen dem Kanal und der metallberührten Formwand des Formhohlraumes möglichst eine Wanddicke von 20 bis 25 mm, mindestens jedoch 10 mm (nur bei Kernen und Formeinsätzen) vorhanden sein.

Tief in das Gußstück hineinragende Kernpartien, die an 5 Formflächen vom flüssigen Metall umströmt werden, erfordern beim Druckgießen von Leichtmetall- und Kupferlegierungen eine besonders intensive Kühlung. Derartige Kerne können von ihrer Befestigungsseite her so hohl gefräst werden, wie es die Kern- bzw. Formkonturen erlauben. Diejenigen Stellen, die zu starken Überhitzungen neigen, werden mit Bohrungen (bei schwächeren Kernen bis zu 6 mm ∅ herunter) versehen. In die Ausfräsung wird nun ein vorgefertigtes Kühlsystem aus Stahlrohren eingelegt und der verbliebene Hohlraum mit einer Kupferlegierung (z. B. Messing) ausgegossen[1]. Dabei ist streng darauf zu achten, daß keine Lufteinschlüsse oder Lunker entstehen, welche die Wärmeableitung beeinträchtigen und zu Wärmestauungen führen können. Auch durch die mit der Kupferlegierung ausgegossenen Bohrungen kann die Wärme günstig abfließen. Da bei kleinen Bohrungen das Ausgießen Schwierigkeiten bereitet, können diese auch mit stramm passenden bis zum Ende durchgehenden Kupferbolzen vor dem Ausgießen versehen werden. Die Kühlung erfolgt mittelbar durch das im Rohrsystem fließende Kühlmittel zu dem Formbaustoff über die ausgegossene Kupferlegierung mit bester Wärme- und Kälteleitfähigkeit. Eine derartige Bauweise hat den Vorzug eines gleichmäßigen Wärmeentzugs und daß bei auftretenden Temperaturwechselrissen das Kühlmedium (etwa Wasser) nicht in den Formhohlraum austreten kann. Die Wanddicke Formbaustahl/ausgegossene Kupferlegierung kann hier kleiner gewählt werden (bis 4—5 mm herunter bei Kernen und stark wärmebeanspruchten Formpartien).

Als Kühlmittel kann Wasser, Öl oder niedrig gespannte Druckluft Verwendung finden. Wasserkühlung wirkt weit intensiver als Luftkühlung und erlaubt daher meistens ein wesentlich rascheres Arbeiten. Allerdings sind bei Wasserkühlung die Temperaturdifferenzen innerhalb des Formmaterials (und damit die thermischen Spannungen) größer. Daher müssen die Kühlbohrungen bei Wasserkühlung, einen größeren Abstand von den Formwandungen haben als bei Luftkühlung, um allzu schroffe Temperaturgefälle zu vermeiden, die zu vorzeitiger Rißbildung führen könnten. Undichtheiten der Kühlleitung, besonders aber Formrisse, die von den Kühlbohrungen zum Formhohlraum verlaufen, können bei Wasserkühlung große Unzuträglichkeiten im Betriebe zur Folge haben. Wenn Wasser in den Formhohlraum gelangt und ein Wassertropfen von flüssigem Metall eingeschlossen wird, so kann er explosionsartig verdampfen und das Gießmetall mit Heftigkeit heraus- bzw. bei Warmkammer-Maschinen in die Druckkammer zurückschleudern und hierdurch schwere Unfälle und Zerstörungen verursachen. Dies kann übrigens bei unsorgfältiger Arbeitsweise auch (ohne daß Formrisse vorhanden sind) dadurch herbeigeführt werden, daß bei Arbeitsanfang vorzeitig, bevor die Form auf die richtige Temperatur durchwärmt ist, die Kühlung angestellt wird. Dabei kann die Form stellenweise unter die Raumtemperatur abgekühlt werden, so daß sich auf ihr Wasser aus der

[1] Nach einem Vortrag auf der Internationalen Druckgußtagung München 1963 von G. Serwe: „Das Druckgießen von Magnesium im Volkswagenwerk“.

Atmosphäre niederschlägt, das dann beim Schusse mit dem Gießmetall in Berührung kommen kann.

Man kann die Wasserkühlung dauernd während des Betriebes laufen lassen, muß aber dann während der Pausen dafür Sorge tragen, daß die Kühlung abgestellt wird. Beim Druckgießen von hochschmelzenden Metallegierungen ist es bei größeren Teilen vorteilhaft, das Wasser jeweils beim Schließen der Form ein- und beim Auswerfen des Gußstückes auszuschalten. Auch ist es zweckmäßig, die Kühlung mit auf 30—40 °C vorgewärmtem Wasser durchzuführen (Kühlwasserbehälter evtl. mit Heizanlage versehen).

Der Einbau von Meßinstrumenten (Thermometer) für die Temperatur des Wassereinlaufs, des Wasserablaufs und der Oberfläche der Formfasson hat sich bewährt. Damit kann der Druckgießer die Kühlleistung

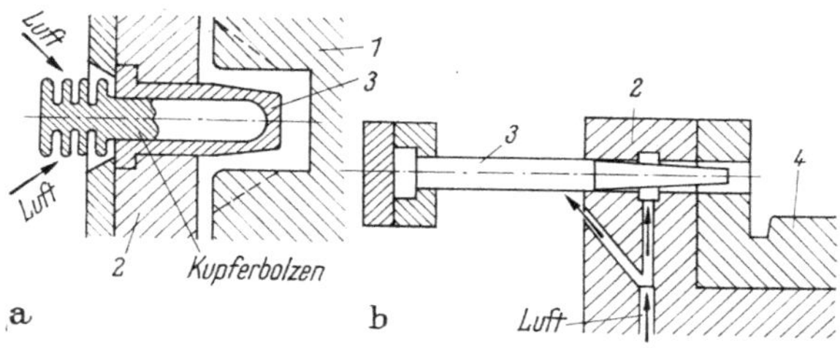

Abb. 211. Luftkühlung an Formteilen
1 Eingußformhälfte, *2* Auswerfformhälfte, *3* Kern, *4* Formplatte

regulieren (durch Verkleinern oder Vergrößern des Wasserdurchlaufs). Es gibt auch automatisch arbeitende Einrichtungen für diesen Zweck[1]. Von einem Thermostaten ausgehend kann man auch eine einfache Auf- und Zuregulierung anbringen. Mit einer geregelten Flüssigkeitskühlung und -heizung besteht die Möglichkeit, Formteile während des Betriebes auf einer bestimmten, eingestellten Temperatur zu halten.

In Ausnahmefällen (besonders bei der Verarbeitung niedrigschmelzender Metallegierungen) kann auch eine Luftkühlung mittels Kühlrippen oder durch Anblasen mit Druckluft nach Abb. 211a und b erfolgen. Auch feste Kerne aus Berylliumkupfer mit Kühlrippen sind bei Druckgießformen für Zinklegierungen schon verwendet worden.

Zu Beginn der Arbeit muß die Form zunächst angewärmt werden[2], um

---

[1] Z. B. „Thermistor" der Firmen A. Kenrick and Sons Ltd., West Bromwich und Rushton Organisation Ltd., London; siehe Aufsatz: „Kontrolle und Regulierung der Formtemperatur", ‚Metal-Industry' Nr. 5 vom 31. 1. 1958, S. 89—91.

[2] Dieses Anwärmen kann entfallen, wenn Formen-Heiz- und -Kühlgeräte mit entsprechend ausgelegten Kanälen in der Gießform eingesetzt werden. Derartige Geräte bauen verschiedene Spezialfirmen. Man ist damit in der Lage, eine gewünschte Formtemperatur einzustellen, die das betreffende Gerät bringt, wobei lediglich beim Arbeitsbeginn eine kurze Zeitspanne bis zum Erreichen dieser Temperatur abzuwarten ist. (Weiteres s. „Druckgießpraxis" Band II.)

anfängliche Fehlgüsse zu vermeiden, und vor allem, um das Formmaterial vor einem zu schroffen Temperaturwechsel zu schützen, der beim Hineingießen in eine kalte Form auftreten und namentlich bei hochschmelzenden Legierungen das Entstehen von Formrissen begünstigen würde. Bei Druckgießmaschinen mit senkrechter Formbewegung kann man die Form mitunter durch die Strahlung vom Schmelzbehälter her anwärmen, indem man sie bei abgestellter Kühlung eine Weile in der Gießstellung stehen läßt. Sonst muß die Anwärmung meistens, bei Druckgießmaschinen mit horizontaler Formbewegung immer, mittels eines Handbrenners (einer ,,Pistole") durch eine Gasflamme erfolgen, mit der die Innenseiten der geöffneten Form bei abgestellter Kühlung sanft bestrichen werden. Ein derartiger Handbrenner soll zweckmäßig an jeder Gießmaschine vorhanden sein.

Besser ist der Gleichmäßigkeit wegen eine Vorwärmung der Gießform in einem Kammerofen. Auch die aufgespannte Form kann mit Hilfe einer mit einer elektrischen Heizung versehenen, übergestülpten Haube gleichmäßig auf die gewünschte Formtemperatur vor dem betriebsmäßigen Arbeiten gebracht werden. Man kann ferner ähnlich wie in der Kunststoffindustrie üblich mit Wärmeplatten, elektrisch beheizten Rahmen- oder Ringheizkörpern arbeiten. Die erforderliche Wärmemenge zum Vorwärmen hängt von

a) der Eisenmasse (bzw. dem Gewicht) der Gießform
b) der gewünschten Vorwärmtemperatur
c) den Abstrahlungsverlusten der Form und
d) der Erwärmungszeit

ab. Beim Vorwärmen ist Abstrahlwärme möglichst durch eine zweckentsprechende Isolierung zu vermeiden (evtl. mit Asbestplatten). Überschlägig ist die zugeführte Wärmeleistung W_v in kcal/h

$$W_v = c_s \cdot G_f (t_a - t_l) + \alpha_1 F_0 \left(\frac{t_a - t_l}{2} - t_l\right) \tag{28}$$

oder wenn man beide Seiten mit t der gewünschten Erwärmungszeit in h multipliziert

$$t\,W_v = \left[c_s \cdot G_f (t_a - t_l) + \alpha_1 F_0 \left(\frac{t_a - t_l}{2} - t_l\right)\right] t \tag{28a}$$

Dividiert man den Wert $t\,W_v$ durch 860, dann erhält man die elektrische Wärmeleistung in kW.

In den Gleichungen sind

c_s = spez. Wärme des Stahles der Gießform in kcal/kg °C
G_f = das Gewicht der Gießform in kg
t_a = gewünschte Anwärmtemperatur in °C
t_l = Raumtemperatur in °C

α_1 = Wärmeübergangskoeffizient zu Gießform in kcal/m² °C h
F_0 = Wärmeanstrahlende Fläche der Gießform in m²

Bei guter Isolierung kann α_1 mit 15 kcal/m² °C h eingesetzt werden. Für c_s ist mit 0,12 kcal/kg °C zu rechnen.

3.342 Wärmezufuhr

In seltenen Fällen, doch bei sehr dünnwandigen, sperrigen Stücken, ist statt einer Kühlung eine ständige Wärmezufuhr erforderlich, um die Form auf der notwendigen Betriebstemperatur zu halten. Früher erfolgte dies in der Weise, daß an der Gießform ein ständig auf sie einwirkender Gasbrenner befestigt war. Heute geht man immer mehr dazu über, diese zur wichtigen, gleichmäßigen Betriebstemperatur fehlende Wärmemenge der Gießform elektrisch zuzuführen. Zu dem Zweck haben sich Heizpatronen nach DIN 44921 bewährt. Diese werden in entsprechende Bohrungen in der Gießform stramm eingepaßt, damit die erzeugte Wärme ohne wesentlichen Temperaturabfall an das Stahlmaterial der Form übergeführt wird. Aus Abb. 212 ist die Außenform einer derartigen Heizpatrone ersichtlich, die in den Durchmessern $d = 12{,}5$; 16; 20; 24 und 32 mm genormt sind.

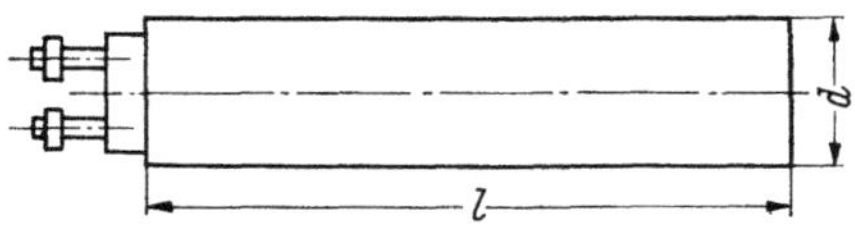

Abb. 212. Heizpatrone nach DIN 44 921

Es gibt auch Heizpatronen mit Schraubanschluß zur besseren Montage und Demontage. Der Einbau geht aus Abb. 213 hervor.

Die erforderliche Wärmeübergangsfläche zwischen der Heizpatrone und dem Gießformkanal kann aus

$$W_z = \alpha_2 \cdot F_w \, (t_h - t_a)$$

mit

$$F_w = \frac{W_z}{\alpha_2 (t_h - t_a)} \qquad (29)$$

bestimmt werden. Hierin sind

W_z = Zusätzliche Wärmeleistung in kcal/h
α_2 = Wärmeübergangskoeffizient zwischen wärmeabgebender und wärmeaufnehmender Fläche F_w in kcal/m² °C h
t_h = Temperatur der Heizpatrone in °C.

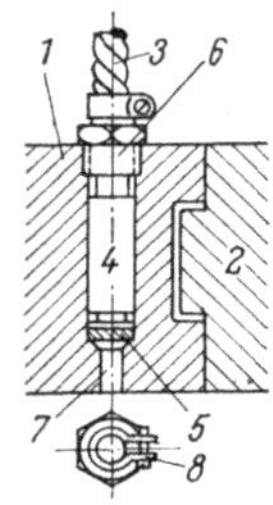

Abb. 213. Heizpatrone mit Schraubanschluß
1 zu beheizende Formhälfte, *2* Formhälfte, *3* Kabel, *4* Heizpatrone, *5* Scheibe, *6* Verschraubung, *7* Bohrung für das Ausstoßen der Patrone, *8* Kabelklemme mit Schraubnippel

Für α_2 kann man bei elektrischer Wärmepatrone/Eisen 20 bis 50 kcal/m² °C h ansetzen; t_h, d. h. die mit einer Heizpatrone erzeugte Temperatur liegt zwischen 300 bis 450 °C.

3.343 Verweilzeit des Druckgußteiles im Formhohlraum

Bereits im Abschnitt 2.332 wurde ein rechnerischer Weg gezeigt, um zu den abzuführenden Wärmemengen beim Betriebszustand einer Druckgießform zu kommen. Grundsätzlich ist man nun bestrebt, eine große Gießleistung zu erzielen. Die Höchstleistung ist außer von der Gestalt des Druckgußstückes einerseits abhängig von

den Wärmemengen, die durch den Druckgießvorgang in den Formhohlraum bei jedem Schuß gebracht werden, im einzelnen von der spez. Wärme c_1, der Umwandlungs- oder Erstarrungswärme u des Druckgußmetalls und der Wärmemenge, die durch das Absinken der kinetischen Energie entsteht,

und andererseits von

der schnellen Abführung dieser Wärmemengen, beeinflußt durch die Wärmeleitfähigkeit λ des Druckgußmetalls, der Wärme- oder Temperaturleitfähigkeit des Formenstahls, den Wärmeübergangszahlen vom Metall zur Formfasson sowie der Strahlung und nicht zuletzt einer wirksamen Kühlung.

Um Vergleiche anstellen zu können ist die Wärmemenge je Volumeneinheit, wie aus Tab. 10 hervorgeht, maßgebend. Man erkennt, daß diese bei den Magnesiumlegierungen am geringsten ist, woraus die höchste erzielbare Gießleistung bei Verwendung dieses leichtesten Nutzmetalls als Gießgut folgert.

In diesem Zusammenhang ist die Bestimmung der Zeit, in welcher das neu hergestellte Druckgußstück im Formhohlraum verweilen muß, um so zu erstarren, daß es ohne Deformation ausgeworfen werden kann, sehr wichtig. Es wird zunächst der bereits in 2.332 eingeschlagene Weg mit der sogenannten Auswerftemperatur t_r (s. Abb. 46) des Druckgußteiles gewählt. Die Zeit, welche benötigt wird, um t_r zu erreichen (und damit die Verweilzeit) kann man wie folgt bestimmen:

$$\text{Verweilzeit } \tau_w = \frac{\text{Wärmemenge durch den Druckgießvorgang } (Q_g) - \text{verbleibende Wärmemenge im Druckgußteil } (D_w)}{\text{abgeleitete Wärmeleistung durch die Gießform } (W_s) + \text{abgehende Wärmeleistung durch Strahlung } (S_s)}$$

$$= \frac{Q_g - D_w}{W_s + S_s} \; \frac{\text{kcal}}{\text{kcal/s}} \; (\text{s}) \qquad (30)$$

Auf Grund von 2.332 ist Q_g, D_w und S als bekannt anzusehen, nämlich

$$Q_g = G_s[c_1 t_1 + c_2(t_2 - t_1) + u] + \frac{G p_g}{427\gamma} \quad \text{(kcal)}$$

$$D_w = G_s c_1 t_r \quad \text{(kcal) und}$$

$$S_{\min} = F_0 \alpha_s (t_f - t_l) \quad \text{(kcal/min), sowie}$$

$$S_s = \frac{F_0 \alpha_s (t_f - t_l)}{60} \quad \text{(kcal/s)}$$

Tabelle 10. *Physikalische Eigenschaften und Wärmeinhalt der gebräuchlichsten Druckgußmetalle (reine Metalle) und Legierungen*

Reine Metalle	Zink	Magnesium	Aluminium	Kupfer
Wichte in kg/dm³	7,14	1,74	2,70	8,96
Schmelzpunkt (oberer) in °C	419	650	658	1083
Mittlere spezifische Wärme im festen Zustand in kcal/kg°C	0,095	0,250	0,234	0,11
Schmelzwärme (latent) in kcal/kg	24,1	46,5	92,4	42
Mittlere spezifische Wärme im flüssigen Zustand in kcal/kg °C	0,125	0,266	0,25	0,155
Frei werdende Wärmemenge beim Abkühlen auf °C (wenn Gießtemperatur 50 °C über Schmelzpunkt)	200	300	350	500
a) in kcal/kg	51	147,3	177	114
b) in kcal/dm³	365	270	478	1021
Druckguß-Metall-Legierungen	**GD-ZnAl 4**	**GD-MgAl 8 Zn 1**	**GD-AlSi 10 (Cu)**	**GD-CuZn 40 (Ms 60)**
Wichte in kg/dm³	6,64	1,82	2,7	8,5
Gießtemperatur in °C	430	680	700	950
Auswerftemperatur[1] in °C	180	300	300	400
Mittlere spezifische Wärme von Gießtemperatur bis zur Auswerftemperatur in kcal/kg °C	0,102	0,255	0,24	0,12
Frei werdende Wärmemenge[2] beim Abkühlen von Gießtemperatur auf Auswerftemperatur				
a) in kcal/kg	49,6	143,4	188,4	108
b) in kcal/dm³	329	261	509	918

[1] Für Zn-, Mg- und Al-Legierungen ist für die Auswerftemperatur Abb. 46 zugrunde gelegt (angenommene Wanddicke etwa 4 mm).

[2] Bei der Errechnung wurde auch die frei werdende Schmelzwärme des Gießmetalls berücksichtigt, jedoch nicht die durch die Bremswucht erzeugte Wärmemenge, welche zu stark von der Einströmgeschwindigkeit w_a bzw. dem angewandten spez. Gießdruck p_g abhängig ist.

Für W_s kann man angenähert setzen:

$$W_s = F\,\alpha_w \left(\frac{t_2 + t_r}{2} - \frac{t_{f1} + t_{f2}}{2}\right) \qquad \text{(kcal/s)}$$

worin

F = Oberfläche des Formhohlraumes (der Formfasson) (m²)
α_w = Wärmeübergangszahl vom Gießgut zur Formwand in kcal/m² s °C
t_{f1} = Temperatur der Formfasson vor dem Schuß (°C)
t_{f2} = Temperatur der Formfasson beim Auswerfen (°C)
die übrigen Bezeichnungen sind aus 2.332 bekannt.

Dies ergibt nun in Gl. (30) eingesetzt

$$\tau_w = \frac{G_s\,[c_1\,t_1 + c_2\,(t_2 - t_1) + u - c_1\,t_r] + \dfrac{G\,p_g}{427\,\gamma}}{F\,\alpha_w \left(\dfrac{t_2 + t_r}{2} - \dfrac{t_{f1} + t_{f2}}{2}\right) + \dfrac{F_s\,\alpha_s\,(t_f - t_l)}{60}} \quad \text{(s)} \tag{31}$$

Für α_w kann als Mittelwert etwa 0,3—0,5 kcal/m² s °C = 0,03—0,05 cal/cm² °C angenommen werden[1].

Wird nach der Errechnung τ_w gemäß der Schußzahl n zu lang, muß durch Verbesserung der Kühlung (quasi ebenfalls rasche Abführung der Wärmemengen durch die Form) eine kürzere Verweilzeit (in manchen Betrieben auch Erstarrungszeit benannt) angestrebt werden.

Die Verweilzeit τ_w schwankt im allgemeinen zwischen einigen Zehntel- und einigen Sekunden, je nach Größe, verwendeter Metallegierung und Gestalt des Druckgußstückes. Sie kann aber auch für große Teile mittlerer Wanddicke über 10 s betragen.

Die praktische (und damit beste) Bestimmung der abgeführten Wärmemengen durch das Kühlwasser kann durch Messen des Temperaturunterschiedes beim Ein- und Auslauf für die Gießformkühlung und der etwa in einer Minute durchfließenden Wassermenge erfolgen. Bezeichnet man die Temperaturdifferenz des Kühlwassers mit Δt_w und die minutliche Wassermenge mit Q_w, dann ist die abgeführte Wärmemenge je Sekunde k_w

$$k_w = \frac{Q_w \cdot \Delta t_w}{60} \quad \text{(kcal/s, wenn } Q_w \text{ in kg eingesetzt wird)} \tag{32}$$

Bei ungenügender Kühlwirkung ist durch Anbringen weiterer Kühlkanäle, besonders an überhitzten Stellen der Formplatten, und evtl. Vergrößerung der minutlichen Wassermenge für eine Verbesserung Sorge zu tragen. Eine rasche Erstarrung ist vielfach erwünscht, da sie zu einem sehr feinen Korn, besonders an den Außenzonen der Wandungen des Druckgußstückes führt; sie darf jedoch nicht so weit getrieben werden,

[1] Bei allen Gleichungen ist peinlich darauf zu achten, daß alle Werte in den gleichen Maßen eingesetzt werden (setzt man z. B. einen Wert in *m* ein, dann müssen alle in der Gleichung vorkommenden Längenmaße in *m* eingesetzt werden usf.). Die genannten Maßangaben stellen nur Vorschläge dar zur Bedeutung des betreffenden Wertes.

daß die optimale Erstarrungsgeschwindigkeit der verarbeiteten Metalllegierung wesentlich überschritten wird. Es sind also auch hier Grenzen gesetzt, um ein gewisses Gleichgewicht zu erhalten.

3.35 Einige Einzelheiten der Formkonstruktion

3.351 Allgemeine Gesichtspunkte

Die Gießform muß so zusammengesetzt werden, daß jeder einzelne Teil zum Zwecke der Überholung leicht ausgebaut und ohne Anpaßarbeit wieder eingesetzt werden kann. Größere Formen, namentlich solche in kraftbetätigten Formträgern, müssen so angeordnet werden, daß jede Formhälfte für sich ohne Auseinanderbau des Formträgers entfernbar ist.

Die gegenseitige Lage aller Teile, soweit diese nicht einer in dem anderen geführt sind, muß durch Paßstifte gesichert werden; die Befestigungen aller Teile müssen zwar im Betrieb zuverlässig, aber doch leicht lösbar ausgeführt werden. Verschraubungen sollen grundsätzlich nicht zu schwach gewählt werden. Sie sollen so angeordnet sein, daß die Gewinde nicht an stark erwärmten Stellen liegen, und daß die Köpfe bzw. Muttern leicht zugänglich sind, jedoch davor geschützt sind, durch herausspritzendes Metall umgossen zu werden.

Alle aneinander anliegenden Teile sollen grundsätzlich ohne Nachhilfe von Justierblechen zusammengepaßt sein, da solche (sonst im Präzisionsbau nicht seltenen) Behelfe an Druckgießformen unvermeidlich Störungen herbeiführen würden.

Alle beweglichen Teile, Kerne, Schieber und Auswerfer müssen so angeordnet werden, daß sie bei ungleichmäßiger Erwärmung der Form keine Zwängung erfahren. Jeder bewegliche Teil darf somit nur in der Formwandung selbst geführt sein (vgl. Abb. 214a), während er in den übrigen Teilen der Form, durch die er hindurchgeht, Spiel haben muß. Wenn ein beweglicher Formteil seinen Antrieb von einem Element erhält, das selbst außerhalb der eigentlichen Formwandung geführt wird, so muß er mit diesem Antriebselement „pendelnd“ verbunden werden, d. h. so, daß er eine gewisse Bewegungsfreiheit behält, um den Wärmeverschiebungen der Formplatte folgen zu können. Dies gilt ganz besonders für die Befestigung der Auswerfer und der Kerne an den Sammelplatten, wofür Abb. 214a das Beispiel einer richtigen, Abb. 214b das Gegenbeispiel einer falschen Anordnung zeigt. In Abb. 214a sind die Kerne K und K_1 in der Auswerfformplatte H_p geführt; die Kernsammelplatte k_1/k_2 ist durch die Bolzen k_0 in dem Aufspannbock m geführt. Die Kerne sind mit beträchtlichem seitlichen Spiel in die Sammelplatte k_1/k_2 eingesetzt. Die Auswerfstifte A, die gleichfalls in der Formplatte H_p geführt sind, gehen durch die Kernsammelplatte mit reichlichem Spiel hindurch und sind in die (durch Bolzen a_0 gleichfalls in dem Aufspannkasten m geführte) Auswerfersammelplatte a_1/a_2 ebenfalls mit reichlichem seitlichen Spiel eingesetzt.

Wenn die Formplatte H_p sich im Betriebe stärker erwärmt und somit sich stärker ausdehnt als die Sammelplatten, so können bei dieser Anordnung die Kerne sowie die Auswerfer mit der Formplatte mitgehen.

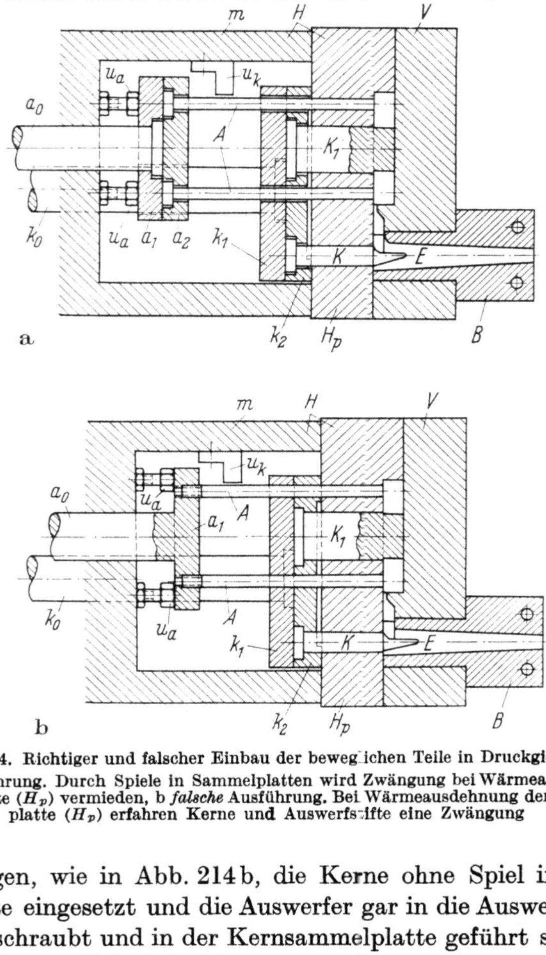

Abb. 214. Richtiger und falscher Einbau der beweglichen Teile in Druckgießform
a *Richtige* Ausführung. Durch Spiele in Sammelplatten wird Zwängung bei Wärmeausdehnung der Auswerfformplatte (H_p) vermieden, b *falsche* Ausführung. Bei Wärmeausdehnung der Auswerfformplatte (H_p) erfahren Kerne und Auswerfstifte eine Zwängung

Wenn dagegen, wie in Abb. 214b, die Kerne ohne Spiel in die Kernsammelplatte eingesetzt und die Auswerfer gar in die Auswerfersammelplatte eingeschraubt und in der Kernsammelplatte geführt sind, müssen die beweglichen Teile bei der Erwärmung der Form eine Zwängung erleiden, wodurch ihre Bewegung erschwert und das Fressen begünstigt wird. Dieser Fall tritt im Betriebe nicht selten ein, da die Notwendigkeit der „pendelnden Befestigung“ bei der Konstruktion und dem Bau der Formen oft außer acht gelassen wird. Beim Auftreten von Klemmungen wird dann häufig versucht, die beweglichen Teile dadurch leichter gangbar zu machen, daß man ihnen in den Formplatten selbst mehr Spiel gibt.

Dies ist jedoch ein Mißgriff, durch den die Form mitunter vollends zugrunde gerichtet wird, da die zu lose gewordenen Führungen im Betriebe völlig vergratet werden. Im übrigen sei zu Abb. 214b noch darauf hingewiesen, daß die Befestigung eines Formelementes durch unmittelbares Einschrauben in der bei den Auswerfstiften *A* gezeigten Art, auch abgesehen von der Wärmeverziehung, schon deshalb unzweckmäßig ist, weil dabei keine zuverlässige Zentrierung zu erreichen ist.

Die Größe des erforderlichen seitlichen Spieles der beweglichen Kerne und Auswerfer in den Sammelplatten hängt von den Abmessungen der Form und von der Art der Gußlegierung (Gießtemperatur und Wärmeinhalt) ab. In Formen für niedrigschmelzende Legierungen brauchen die Spiele nur sehr gering zu sein (jedoch $> 0{,}1$ mm je Fläche), während sie bei Formen für hochschmelzende Legierungen in der Größenordnung von einigen Zehntelmillimetern, zweckmäßig $> 0{,}5$ mm je Fläche, liegen müssen. Ihre richtige Bemessung, die jeweils nur nach der Erfahrung vorgenommen werden kann, ist eine Voraussetzung für störungsfreien Betrieb und lange Lebensdauer der beweglichen Teile und ihrer Führungen.

Unter der Zugrundelegung, daß an einer neuen Druckgießform alle genauen Bohrungen, Hohlräume und Aussparungen mit *H 7* (JSA-Passung) ausgeführt werden, können als Toleranzen für die verschiedenen Formteile in den Formplatten folgende Anhaltswerte gegeben werden:

Passungen nach JSA für

feste Kerne	bei niedrigschmelzenden Metalleg.	j 6
	bei hochschmelzenden Metalleg.	h 6
bewegliche Kerne	bei niedrigschmelzenden Metalleg.	g 6
	bei hochschmelzenden Metalleg.	f 7
Auswerfer	bei niedrigschmelzenden Metalleg.	f 7
	bei hochschmelzenden Metalleg.	e 8

Besondere Sorgfalt erfordert die Passung der beweglichen Formteile in den Formplatten. Diese muß so dicht sein, daß kein Metall in die Fugen hineinspritzt, darf jedoch kein Festlaufen oder Fressen herbeiführen. Dabei ist zu beachten, daß die Passung im Betriebszustande eine andere ist als im kalten Zustande. Im allgemeinen erhalten die beweglichen Teile, namentlich die vom Metall umgossenen Kerne, soweit sie keine eigene Kühlung haben, im Betriebe infolge der schlechteren Wärmeableitung eine höhere Mitteltemperatur und damit auch eine größere Wärmeausdehnung als die gekühlten Formplatten. Daher können Formteile, die im kalten Zustande einwandfrei beweglich sind, im Betriebe, namentlich bei hochschmelzenden Legierungen, alsbald festlaufen, wenn ihr Spiel nicht unter Berücksichtigung dieser Temperaturunterschiede bemessen ist. Hieraus erklärt es sich auch, daß richtig gepaßte, jedoch ungenügend entlüftete Formen bei Betriebsbeginn, solange die Fugen der noch losen, beweglichen Teile merklich zur Entlüftung beitragen, dichtere Güsse ergeben als im laufenden Betriebe, nachdem die Führungsfugen durch das „Wachsen“ der beweglichen Teile verengt sind.[1]

Wenn eine Formplatte sehr dick ist (vgl. z. B. H_p in Abb. 59), so führt man die in ihr verschiebbaren Teile zweckmäßig nicht in der ganzen Bohrungslänge, um die Möglichkeiten des Festklemmens oder Fressens einzuschränken. Freilich darf die Führungslänge auch nicht zu gering sein, da sonst die Gefahr besteht, daß die Führungsfuge nicht abdichtet. Das Hindurchspritzen von Metall durch die Führungsfuge kann aber sehr lästige Betriebsstörungen zur Folge haben, namentlich wenn der Kern hinter der Führung eine Zahnstange trägt und das Metall in die Zahnlücken eindringt.[2]

Damit die gegenseitige Lage der beiden Formhälften (s. Abb. 59) durch die Führungsstifte (t_0) in der Formteilung ohne Zwängung ausgerichtet werden kann, sollte nur die Auswerfformhälfte (H) an der sie tragenden Formträgerplatte (d_2) unverrückbar angebracht, die Eingußformhälfte (V) dagegen am Formträger (an d_1) durch *Anklemmen* befestigt werden, so daß sie nach der Auswerfformhälfte ausgerichtet werden kann (oder umgekehrt, wie z. B. bei Kaltkammer-Druckgießmaschinen üblich).

Die Herstellung der Form wird erleichtert und ihre Haltbarkeit wird erhöht, wenn solche Ecken und Absätze des Formhohlraumes, die in das volle Form- und Kernmaterial eingearbeitet werden, nicht völlig scharf sein müssen, sondern wenigstens ganz kleine Hohlkehlen erhalten können. In manchen Fällen ist die Einarbeitung einer Formfasson in das volle Material ohne kostspielige Gravierarbeit technisch überhaupt nur möglich, wenn kleine Hohlkehlen zulässig sind. Scharfe Querschnittsübergänge an abgesetzten Kernen ohne jedwede Auskehlung verursachen Kerbwirkungen, die namentlich bei langen, schwachen Kernen das Abreißen der Kerne bewirken können. Schon durch sehr kleine Radien wird die Widerstandsfähigkeit solcher Kerne beträchtlich erhöht. Ebenso haben kleine Abrundungen an Formkanten, durch die Hohlkehlen an dem Gußstück erzeugt werden, gewöhnlich die Folge, auch die Gußstücke gegen Rißgefahr widerstandsfähiger zu machen.

Dagegen sind Abrundungen sehr unerwünscht in solchen Ecken der Formfasson, die durch zwei Formeinsatzteile oder durch eine Formplatte und ein Einsatzteil gebildet werden. Werden an solchen Stellen Abrundungen gefordert, so werden hierdurch die Einsatzteile verwickelter.

---

[1] Eine Verbesserung wird durch konische Führungsbahnen erreicht (vgl. Abb. 72).

[2] Die gleichen wie in 3.25 genannten Anhaltswerte gelten auch für die Führungslängen in bezug auf die Abdichtung gegenüber dem flüssigen Metall.

3.352 Kern- und Auswerferbefestigungen

Da die zweckmäßige Befestigung fester Kerne und Einsätze, beweglicher Kerne und Schieber, sowie der Auswerfer je nach Lage und Ausführung solcher Formteile oft Schwierigkeiten bereitet, soll dieses Problem gesondert behandelt werden.

Feste Kerne und Formeinsätze (z. B. Pos. 5 und 7 in Abb. 57) müssen bekanntlich besonders sorgfältig in die Formplatten eingepaßt sein, damit der metallische Druckgußwerkstoff nicht in die vorhandenen Fugen eindringen kann und damit die Gratbildung fördert und das Aussehen des Druckgußstückes beeinträchtigt. Man wählt daher grundsätzlich für die Einpaßflächen Querschnitte, die sich durch Bohren, Drehen und Schleifen sehr maßgenau herstellen lassen. Selbst wenn der in den Formhohlraum hineinragende Teil des Kernes eine verwickelte, unregelmäßige Gestalt hat, wird man daher in den meisten Fällen zum einpassen in die Formplatten einen kreisrunden Querschnitt vorsehen, wie in Abb. 215 angegeben.

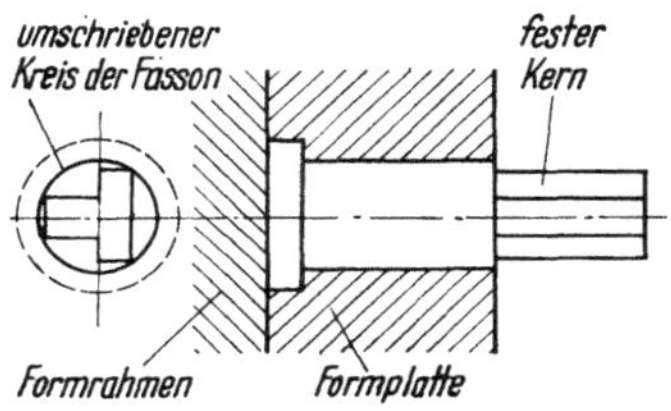

Abb. 215. Fester Kern mit Fasson-Querschnitt

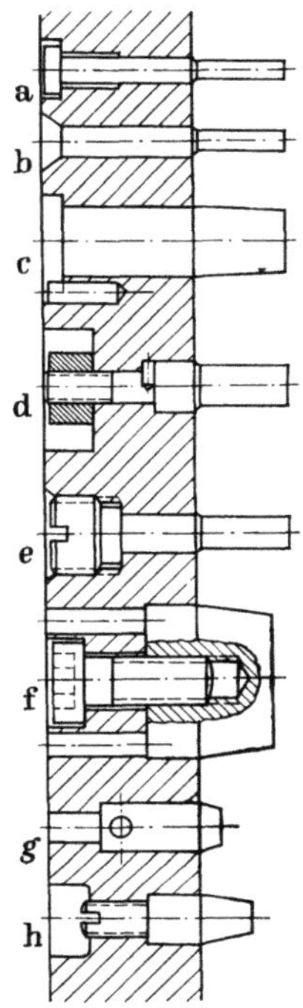

Abb. 216. Befestigung fester Kerne in der Formplatte

In Abb. 216 sind verschiedene mögliche Befestigungen von festen Kernen mit kreisrundem Querschnitt gezeigt, wobei der Ausführung mit Bund der Vorzug zu geben ist. Die Ausführungen d und f sind besonders für größere Kerne geeignet. Die beiden Bohrungen bei Ausführung f sind zum Herauspressen des Kernes gedacht. Die beiden Ausführungen g und h sollten nur in Sonderfällen gewählt werden, und zwar g nur bei kleinen Schrumpfkräften und h, wenn aus Platzgründen keine der anderen Kernbefestigungen mehr möglich erscheint.

Dünne, lange und feine Kerne unterliegen einem größeren Verschleiß, können während des Betriebes leicht beschädigt werden oder verbiegen sich, so daß ein schnelles Auswechseln günstig ist. Es sollte daher das Demontieren und Einsetzen eines neuen Kernes in vielen Fällen möglich sein, ohne daß die Druckgießform von der Maschine genommen werden muß. In Abb. 217 sind nun einige Bauweisen dargestellt, welche die Richtung für die Befestigung derartiger Kerne aufzeigen sollen.

In Abb. 217a ist eine Eingußformhälfte mit einem empfindlichen, festen Kern *6* gezeigt. Die Befestigung der Eingußformhälfte auf der Maschinenplatte erfolgt entweder mit Hilfe der Gewinde *F* oder Nuten *G*. Es ist normalerweise ohne Schwierigkeiten möglich, die Eingußformhälfte von der Maschine zu nehmen, während das Ausbauen der Formplatten aus dem Formrahmen oft nicht leicht zu bewerkstelligen ist. Man wählt deshalb für rasch auswechselbare Kerne die Ausbildung mit Kernstopfen *7*.

Abb. 217 b ,c und d zeigt Konstruktionen, die ein Auswechseln empfindlicher Kerne in der Auswerfform-

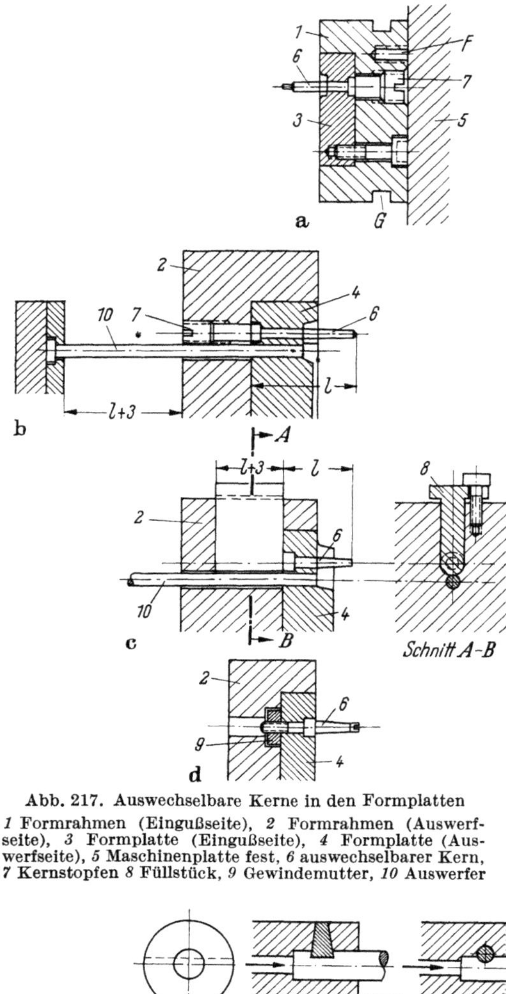

Abb. 217. Auswechselbare Kerne in den Formplatten
1 Formrahmen (Eingußseite), *2* Formrahmen (Auswerfseite), *3* Formplatte (Eingußseite), *4* Formplatte (Auswerfseite), *5* Maschinenplatte fest, *6* auswechselbarer Kern, *7* Kernstopfen *8* Füllstück, *9* Gewindemutter, *10* Auswerfer

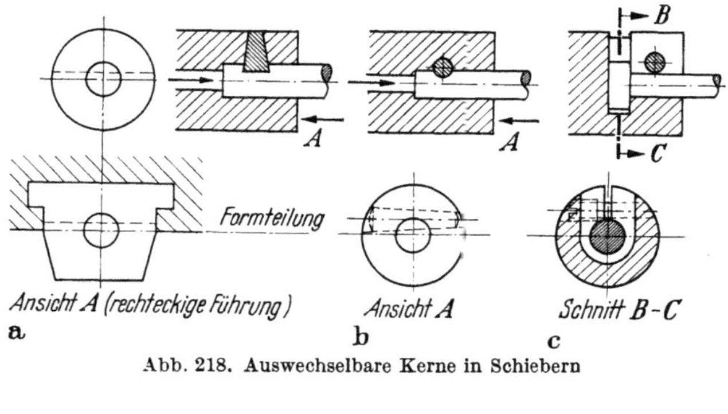

Abb. 218. Auswechselbare Kerne in Schiebern

hälfte ermöglichen. Die Wirkungsweise dürfte ohne weiteres aus den Darstellungen hervorgehen. Man erkennt, daß der erforderliche Platz, um ein Herausnehmen des Kernes zu ermöglichen, etwas größer als l sein muß. Es ist deshalb angegeben $l + 3$ mm. Ausführung d ist nur in Ausnahmefällen anzuwenden (Kern *6* wird in diesem Falle verlängert und mit einem Schlitz zum Einschrauben versehen; Das Schlitzende muß in eingeschraubtem Zustand wieder abgeschliffen werden).

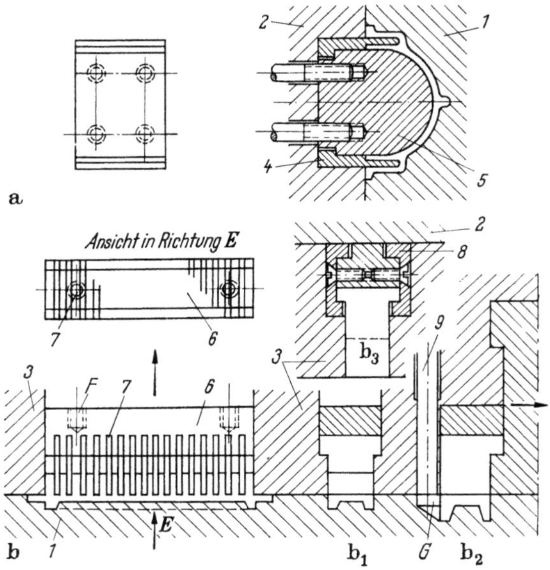

Abb. 219. Steg- und Schlitz-Formteile und deren Befestigung in der Formplatte
1 Eingußformhälfte, *2* Auswerfformhälfte, *3* Formplatte (Auswerfseite), *4* Steg-Formeinsatz, *5* Formeinsatz, *6* Schlitzeinsatz, *7* Schlitz-Plättchen, *8* Halte-Platten, *9* Auswerfer, *F* Gewinde zum Herausziehen, *G* Auswerferlappen

Das Problem der raschen Auswechselbarkeit taucht oft auch bei in größeren Schiebern befestigten, empfindlichen Kernen auf. Aus Abb. 218 gehen entsprechende Konstruktionen hervor. Die Ausführung a zeigt die Befestigung mit einem Keil, b mit einem konischen Stift und c mit Ausfräsung und Stift und dürfte für den gedachten Zweck besonders vorteilhaft sein. Die Entfernung der Kerne aus den Schiebern erfolgt in den angegebenen Pfeilrichtungen. Bei dem rechteckigen Schieber nach a ist der Keil in der unteren Hälfte eingearbeitet.

Dünne Stege und Plättchen, die entsprechende Schlitze im Druckgußteil bilden, müssen als Formeinsätze ausgeführt werden, denn

1. wäre die Bearbeitung aus dem Vollen unmöglich und unwirtschaftlich und

2. eine Auswechselbarkeit nicht gegeben.

Die beiden Stege Pos. 4 in Abb. 219a können günstig mit dem Mitteleinsatz mit befestigt werden. Durch die Ausbildung des Schlitzeinsatzes Abb. 219 nach b_1, b_2 oder b_3 wird eine gute Befestigung der dünnen Plättchen *7* erreicht. Eine Ausbildung nach b_2 ermöglicht sogar ein Auswechseln etwa defekt gewordener Schlitzplättchen auf der Maschine. Das Ausfahren des Schlitzeinsatzes (oder „Rechen") geschieht in der an-

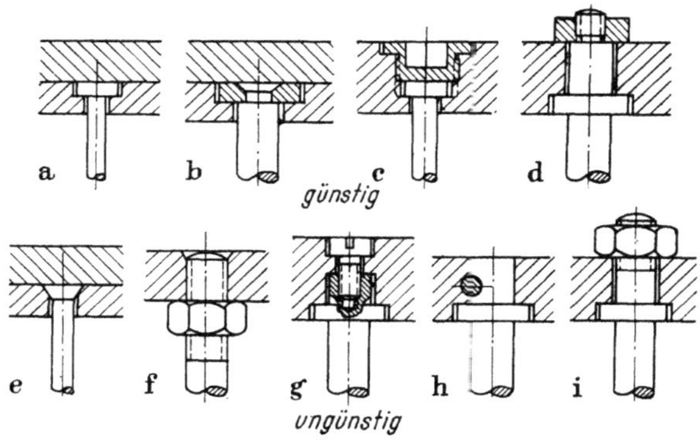

Abb. 220. Befestigung von Auswerfstiften

gegebenen Pfeilrichtung. Die Bauweise nach b_3 hat den Vorteil, daß die Plättchen gesondert durch die Halteplatten *8* auf dem Schlitzeinsatz festgehalten werden.

Auswerfer und auch bewegliche Kerne, die in einer Sammelplatte gefaßt werden, dürfen in letzterer wie bereits erwähnt nicht festgemacht werden, sondern müssen entsprechend den Wärmedehnungen des den Formhohlraum bildenden Stahlmaterials seitlich verschiebbar sein, ohne ihre axiale Richtung zu stören. Deshalb sind die in Abb. 220 als ungünstig bezeichneten Befestigungsarten nicht vorzusehen. Für Fassonauswerfer und Fassonstempel zeigt Abb. 221 eine günstige Bauweise für die Befestigung in einer Sammelplatte.

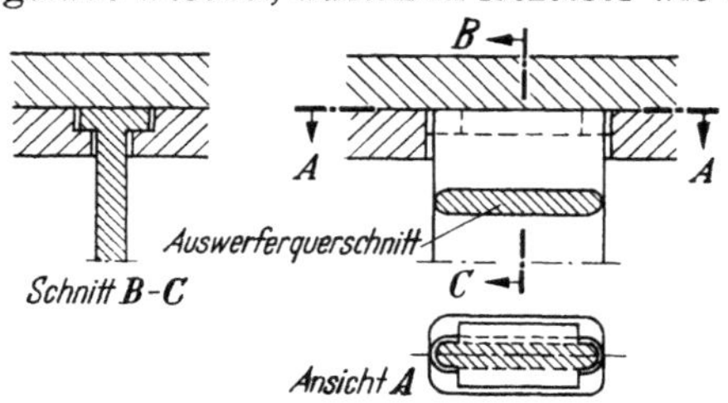

Abb. 221. Befestigung eines Fasson-Auswerfers in der Auswerferplatte

3.353 Gießformen mit auswechelbaren Formteilen

Gleiche Druckgußteile, jedoch mit verschiedenartigen Bohrungen können, falls die Abnahmemenge keine gesonderten Gießformen zuläßt, mit Hilfe *einer* Druckgießform hergestellt werden. In Abb. 222 ist z. B. die Druckgießform für einen Lagerschild mit verschiedenen Bohrungsausführungen dargestellt. Bei c wurde auch die Formplatte *E* (Eingußseite) ausgewechselt. Dies ist in Ausnahmefällen zulässig, und zwar immer dann, wenn nur die eingußseitige Formplatte (evtl. auch nur bestimmte Einsätze in dieser) gewechselt werden muß. Man kann dann die Auswechslung vornehmen, ohne die Gießform von der Druckgießmaschine abzuspannen. Bei allen Formkonstruktionen mit Auswechselteilen ist darauf zu achten, daß der Wechsel keinen zu großen Zeitverlust verursacht. Müssen in Ausnahmefällen sowohl in der einguß- als auch auswerfformseitigen Formplatte Auswechslungen vorgenommen werden, sind oft konstruktive Maßnahmen erforderlich, die nur die Montage der zusammengehörenden Formteile ermöglichen, um die Fertigung nicht gewünschter Gußstücke auszuschalten.

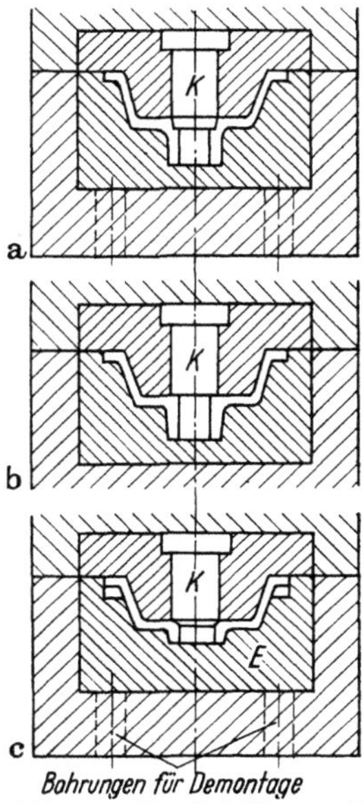

Abb. 222. Druckgießform mit auswechselbaren Einsätzen a mit abgesetztem Kern, b mit glattem Kern, c mit kürzerer Nabe und Augen am Flansch

Auch die Herstellung von Gußstücken, die aus einem Grundteil und einem Zusatzteil ähnlich Abb. 223 bestehen, ist aus einer Druckgießform mit Auswechselformteilen möglich. Aus der Darstellung kann ohne weiteres gefolgert werden, daß bei der Druckgußfertigung des Grundteils der Formhohlraum für das Zusatzteil abgedeckt ist. Auf diese Weise können die verschiedenartigsten Gestaltungen für das Zusatzteil gewählt werden. Allerdings muß gleich bei der Gestaltung des Druckgußstückes auf diese Fertigungsart Rücksicht genommen werden.

Grundsätzlich kommt jedoch eine Druckgußherstellung mit Hilfe von auswechselbaren Formteilen nur für kleinere Mengen in Betracht (im allgemeinen unter 10000 Stück Gesamtabnahme).

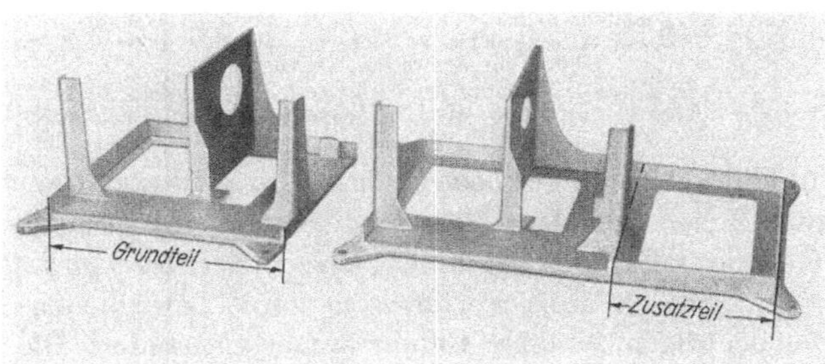

Abb. 223. Gestelle aus einer Druckgießform mit Auswechsel-Formteilen hergestellt

3.354 Formsicherungen[1]

Bei verwickelten Druckgußteilen, die zu ihrer Herstellung in der Gießform Seitenschieber oder sonstige bewegliche Kerne benötigen, ist es in vielen Fällen nicht zu umgehen, daß Auswerfer unmittelbar über einem beweglichen Formteil angeordnet werden müssen (vgl. in Abb. 224 beweglicher Kern *6* und Auswerfer *14*). Es besteht daher die Gefahr, daß bei nicht ganz folgerichtigen Bewegungen (besonders beim schnellen

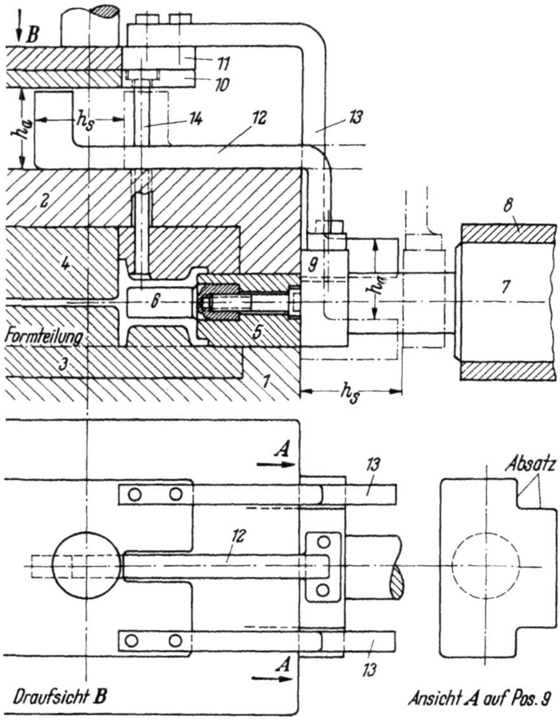

Abb. 224. Formsicherung Seitenschieber/Auswerfer (mechanische Ausführung)
1 Formrahmen (Eingußseite), *2* Formrahmen (Auswerfseite), *3* Formplatte (Eingußseite), *4* Formplatten (Auswerfseite), *5* Seitenschieber, *6* Kern, *7* Kernzugzylinder, *8* Flansch, *9* Anschlagplatte, *10* Auswerferplatte, *11* Auswerferdeckplatte, *12* Sicherungsbügel für bewegl. Kern, *13* Sicherungsbügel für Auswerfen, *14* Auswerfer.
——— Kern in Gießstellung, Auswerfer gesichert, Kernzug frei
—·—·— Kern gezogen, Auswerfer frei, Kernzug in Gießstellung gesichert

Arbeiten) eine Kollision der beweglichen Formteile stattfinden kann mit oft beträchtlichen Schäden. Nicht selten wird eine Druckgießform aus diesem Grunde „zusammengefahren", wie sich der Druckgießer ausdrückt.

Da grundsätzlich auch Formfassonen mit beweglichen Formteilen Auswerfer benötigen, ist diese Gefahr immer vorhanden. Die Auswerfer-

[1] Es wird nochmals darauf hingewiesen, daß gerade über dieses Gebiet noch Schutzrechte laufen können.

bewegung darf erst stattfinden, wenn die Seitenkerne restlos gezogen, d. h. in ihrer Endstellung angelangt sind und umgekehrt. Bei komplizierten Druckgießformen ist daher der Einbau von sogenannten Sicherungen[1] erwünscht.

Aus Abb. 224 geht nun die mechanische Ausführung einer derartigen Formsicherung mit Sicherungsbügeln hervor. Man erkennt die mechanische Abriegelung der Auswerferplatten durch den mit der Kernbewegung gekoppelten Sicherungsbügel *12* und die der Kernbewegung (wenn etwa die Auswerfer noch nicht zurückgezogen wären und die Kernbewegung in die Gießstellung würde schon einsetzen) durch die Sicherungsbügel *13*. Um im Ernstfall keine unzulässigen Kippmomente zu erhalten, sind Anschlagplatten für Seitenschieber mit Absätzen und Auswerferplatten mit Aussparungen zu versehen. Die dargestellte Sicherungseinrichtung ist besonders bei hydraulischer Betätigung von Seitenschieber und Auswerfer, mechanisch gesteuert von der Maschine (evtl. mit Nockenwelle) zu empfehlen. Der kleine Mehraufwand für die Formsicherung lohnt sich in den allermeisten Fällen.

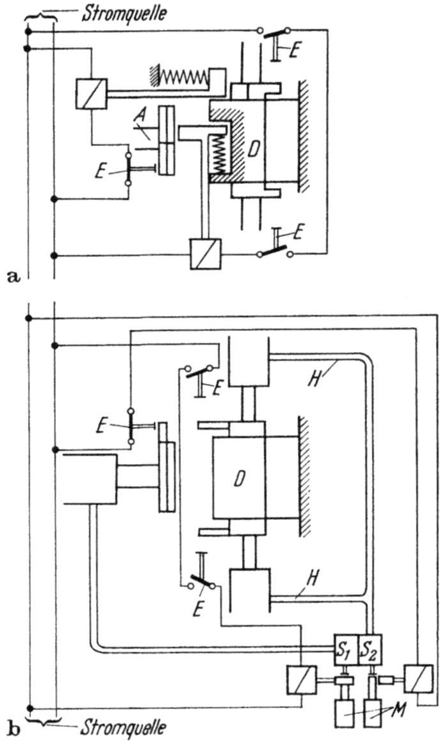

Abb. 225. Formsicherungen Seitenschieber/Auswerfer (mit Hilfe des elektr. Stroms)
a elektrisch mit Sicherungsbügel, b elektro-hydraulisch in Steuerung einwirkend

Um bei mehreren seitlichen Kernbewegungen eine Vereinfachung zu erzielen, können Formsicherungen auch mit Hilfe des elektrischen Stromes, wie aus Abb. 225a und b schematisch ersichtlich, ausgeführt werden. Mit *D* ist die Druckgießform bezeichnet, während *A* die Auswerfereinrichtung darstellen soll. Die mit *E* bezeichneten, durch die Bewegungen der Seitenschieber oder Auswerfer betätigten Organe sind an den betreffenden Stellen angeordnete Endschalter.

[1] Es gibt auch Sicherungen für die Druckgießmaschine selbst, die später behandelt werden.

Bei der Ausbildung nach Abb. 225a sind ebenfalls noch Sicherungsbügel vorhanden. Obwohl dadurch gegenüber b die Formkonstruktion verteuert wird, haben Sicherungsbügel den Vorteil, daß eine direkte Absicherung erfolgt, d. h. daß auch bei einem Versagen der Steuerungseinrichtung oder deren Organe noch abgesichert wird.

Bei der Ausbildung nach Abb. 225b wirkt die Sicherungseinrichtung der Gießform auf die Steuerung der Druckgießmaschine ein. S_1 ist die Steuerung für die Auswerfbewegung, S_2 die für die Kernzüge und H die schematisch dargestellten Hydraulikleitungen. Der Stromkreislauf für die Kerne wirkt auf S_1 und der für die Auswerfer auf S_2 ein. Wenn die Verriegelung der Steuerung durch M (evtl. Magnete) einwirkt, ist eine Betätigung der Steuerschieber oder -ventile nicht möglich (im gezeichneten Falle bei S_1, d. h. die Auswerferbewegung, ist gesperrt, da sich die beweglichen Formteile noch in der Gießstellung befinden). Bei mehreren Seitenschiebern schaltet man die Endschalter E hintereinander, so daß der Strom erst fließen und damit die Sicherungsspule betätigen kann, wenn der letzte in seiner Endstellung angelangt ist. Es ist auch ohne weiteres möglich, den durch die Formsicherung sozusagen freigegebenen Strom direkt in den auf die eigentlichen, elektrisch betätigten Steuerorgane M einwirkenden Strom einzufügen, wodurch eine weitere Vereinfachung der Formsicherung erzielt werden kann.

3.355 Einheitsdruckgießformen

Um die Druckgießform wirtschaftlich herstellen zu können, hat es nicht an Versuchen gefehlt, sogenannte Einheitsformen, bei denen eine möglichst große Zahl von Grundelementen für alle nur denkbaren Formfassonen verwendet werden können, zu konstruieren. Man ist dabei von dem Gedanken ausgegangen, verschiedene Gießformgrößen zu normen und in diese Formrahmen jeweils Formplatten einzusetzen, deren äußere Abmessungen immer gleich und sogar evtl. untereinander auswechselbar sind. Der Stahlformenbauer braucht dann nur noch die Formfassonen in die Formplatten einzuarbeiten, während die übrigen Formteile in größeren Stückzahlen in einer Serienfertigung wesentlich billiger, als in der üblichen Einzelfertigung, hergestellt werden. In USA gibt es z. B. Fabriken, die als Spezialität derartige Einheitsformen bauen[1].

Leider können nur verhältnismäßig einfache Teile mit solchen Einheitsdruckgießformen gefertigt werden. Schon bei beweglichen Kernen, besonders bei Seitenschiebern, können sich Schwierigkeiten einstellen. Die Gestalt der Druckgußstücke ist eben so vielen Varianten unterworfen, daß man für verwickelte Teile die Gießform in Einzelanfertigung bauen

[1] Z. B. die Firma DME Detroit Mold Eng. Co., Detroit 12, Mich.; vgl. auch Anhang I, 20. Abschnitt.

muß und höchstens dazu genormte Elemente wie Führungsstifte, Auswerfer, Stehbolzen, Säulen und Kernzugeinheiten verwenden kann.

Trotzdem gibt es viele einfachere Gußteile, für die Einheitsdruckgießformen anzuwenden sind. Aus Abb. 226 gehen Vorschläge für Einheitsformen hervor. Die Formplatten in der Eingußformhälfte sind mit *F*, die in der Auswerfformhälfte mit *E* bezeichnet. Die Eingußbüchsen *A* sind verschiedenartig ausgelegt, nur um die Ausführung a für Kaltkammer-Druckgießmaschinen, senkrechte Druckkammer; Ausführung b für Kaltkammer-Druckgießmaschinen, waagrechte Druckkammer und

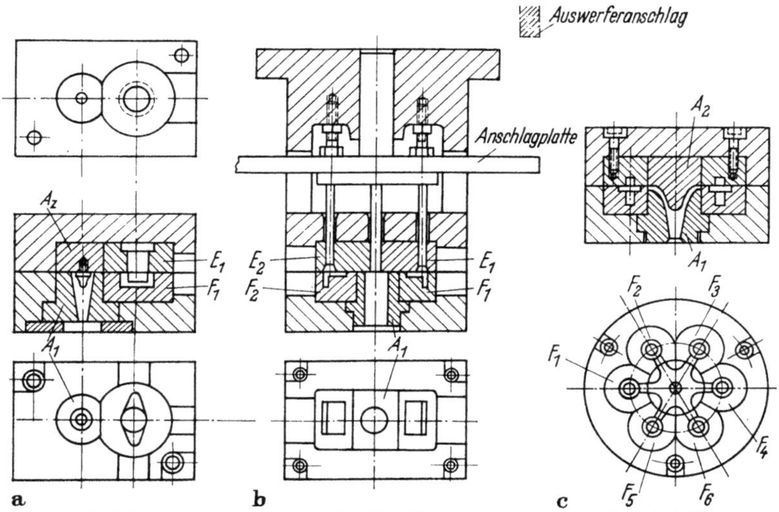

a Einfach-Form (runde Formplatten)
b Zweifach-Form (rechteckige Formplatten)
c Sechsfach-Form (runde Formplatten)

Abb. 226. Vorschläge für Einheits-Druckgießformen

Ausführung c für Warmkammer-Druckgießmaschinen beliebiger Bauart zu zeigen.

In Abb. 227 ist nochmals die Eingußformhälfte für 4 Formplatten in ähnlichem Aufbau wie in Abb. 226b (jedoch 4fach) gezeigt. Man kann auch in der Formteilungsebene entsprechende Entlüftungsmaßnahmen vorsehen. Die seitlichen Aussparungen sind, falls notwendig, für kleinere seitliche Kerne gedacht (auch in Abb. 226 angedeutet). Auch die Gußstücke mit Einguß sind in Abb. 227 dargestellt. Die Gießläufe werden durch die vorgeschriebene Lage der Formplatten bedingt bei Herstellung der Gußstücke aus Einheitsformen oftmals verhältnismäßig lang, was in Kauf genommen werden muß.

Auch Einheitsformaufbauten können mit Vorteil bei der Formkonstruktion verwendet werden. Bereits aus Abb. 226b geht ein derartiger Aufbau hervor. Es ist zweckmäßig, die Auswerferplatten in der

Mitte zu führen, um Klemmungen im Betrieb zu vermeiden. Aus Abb. 228 sind noch 2 weitere Ausführungsvorschläge zu ersehen. Der Auswerfer-

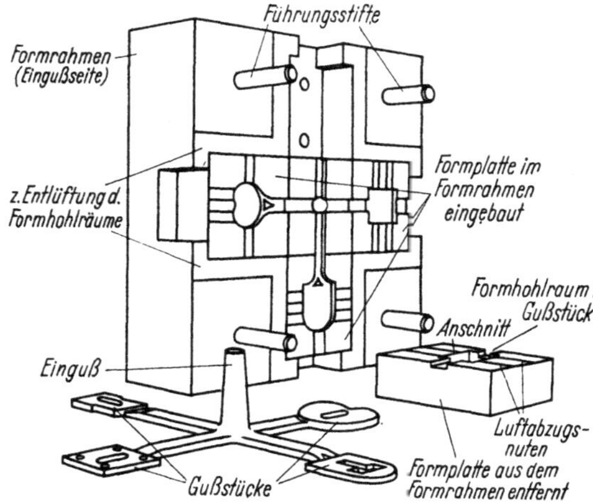

Abb. 227. Einheitsform, bestehend aus Formrahmen mit vier auswechselbaren Formplatten

kasten bei a ist in Stahlguß gedacht. Bei Warmkammer-Druckgießmaschinen kann auch Gußeisen verwendet werden (weil kleinere Schließdrücke). Die Anordnung der Auswerferplatte über den Kernplatten bei Ausführung b hat den Vorteil, daß Auswerfer auch in Kernpartien angeordnet werden können, was sich in der Praxis als günstig und oft notwendig erwiesen hat, um Deformationen am Gußstück beim Kernziehen zu vermeiden. Die Bauweisen nach Abb. 228 sind für hydraulisch betätigte Druckgießmaschinen, bei denen auch die Auswerfervorrichtung mit hydraulischer Einrichtung bewegt wird, was gegenüber dem Anschlagen am Ende der Formbewegung durch feststehende Auswerferstangen der Druckgießmaschine (vgl. Abb. 57) bei verwickelten Teilen vorzuziehen ist.

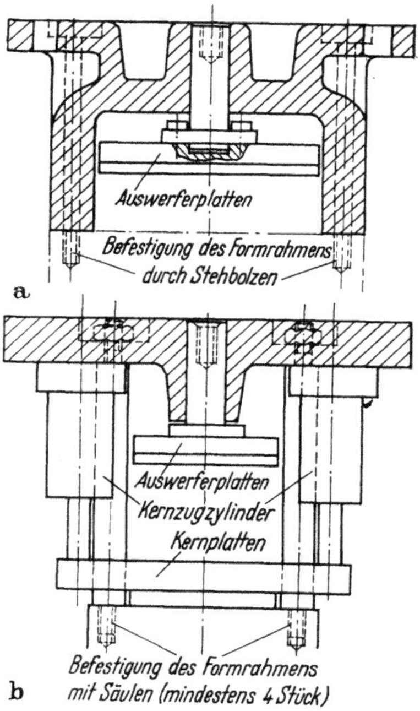

Abb. 228. Vorschläge für Einheits-Formaufbauten
a Auswerferkasten für hydraulisch betätigte Auswerfvorrichtung, b Formaufbau für hydraulisch betätigte Auswerfvorrichtung und hydraulischen Kernzug senkrecht zur Formteilung

Eine zusammengesetzte Einheitsdruckgießform, wie sie in USA verwendet wird, ist aus Abb. 229 zu entnehmen. In Baukastenweise wird hier für einfachere Gußteile die Druckgießform aus vielen genormten Formteilen zusammengesetzt.

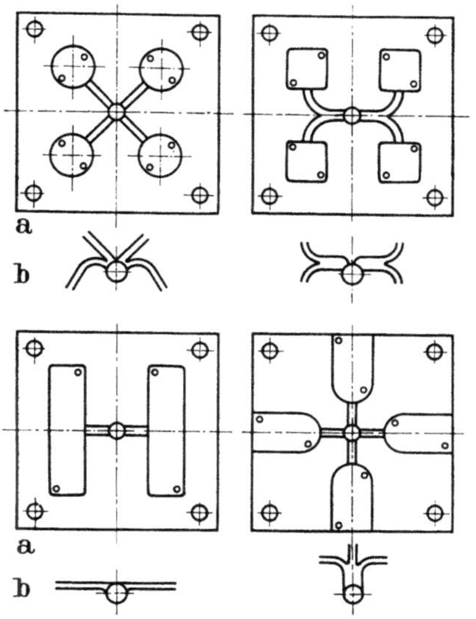

Abb. 229/1

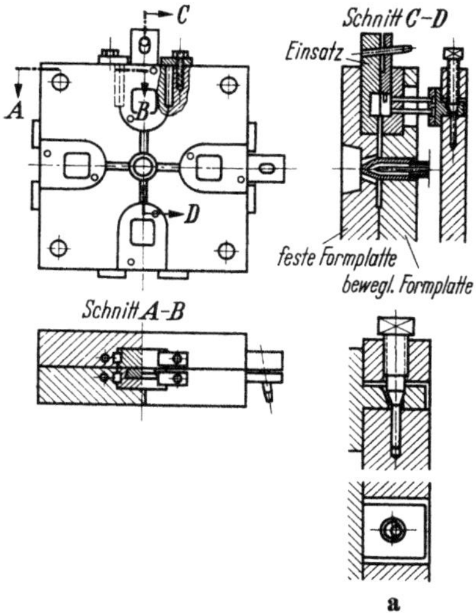

Abb. 229/2

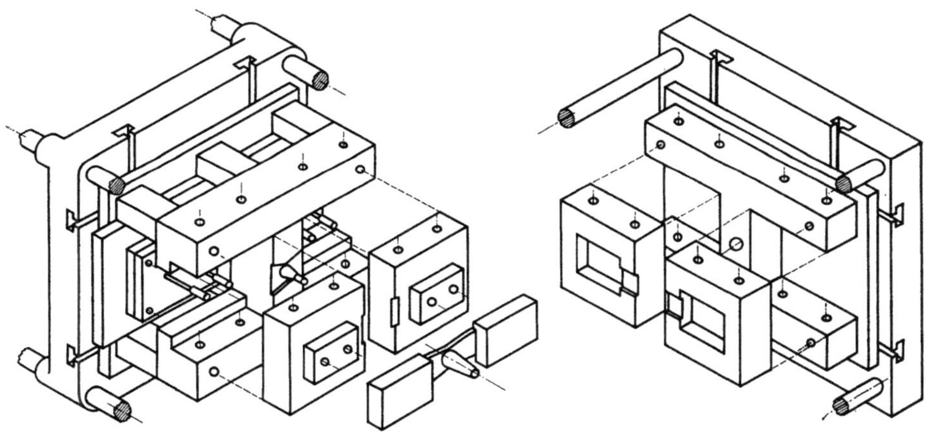

Abb. 229/3

Abb. 229. Zusammengesetzte Einheitsform (nach OEEC-Studienbericht Nr. 155)

Abb. 229/1. Vier Formrahmen mit zentralem Einguß zum Anbringen von zwei bzw. vier Formhohlräumen. a Einguß für Warmkammer-Druckgießmaschinen [Abb. 2a—d (u. für f möglich)], b Einguß für Kaltkammer-Druckgießmaschine, waagrechte Druckkammer (Abb. 2e)

Abb. 229/2. Formrahmen mit vier eingesetzten Formplatten. Kernbewegung durch Schrägstift; Schnitt *C—D* zeigt die Auswerferbefestigung; in Schnitt *A—B* ist die Befestigung der Formplatten dargestellt. Die Auswerfer werden in für jede Formplatte vorgesehenen Auswerferplatten untergebracht (in a ist die Befestigung einer solchen Einheit vergrößert dargestellt)

Abb. 229/3. Einheitsform für zwei Formhohlräume (parallelperspektivisch gezeichnet). Links: Auswerfformhälfte; rechts: Eingußformhälfte

3.36 Gießformen für Druckgußstücke mit eingegossenen Einlagen

Der Anwendungsbereich der Druckgußfertigung wird erheblich erweitert durch die Möglichkeit, Einlagestücke aus einem anderen als dem Gußmaterial in die Druckgußstücke einzugießen (vgl. auch Band II, Abschnitt 9.3). Dabei muß vor jedem Schusse das zugehörige Einlagestück in die Druckgießform eingelegt werden; zu diesem Zwecke muß die Gießform außer der Formfasson für das Gußstück noch Aussparungen enthalten, welche die Einlagestücke aufnehmen, sie in der richtigen Stellung zum Formhohlraum festhalten und so dicht passend umschließen, daß das Gießmetall nur die in den eigentlichen Formhohlraum hineinagenden Teile der Einlagestücke umfließt.

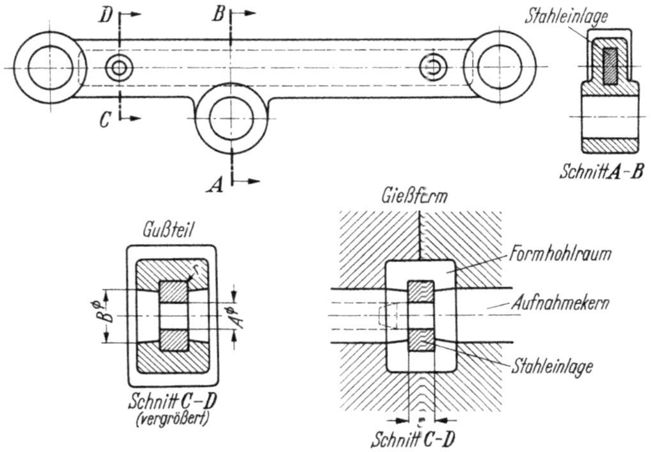

Abb. 230. Hebel mit eingegossener Stahleinlage

Ein Beispiel hierfür bietet die in Abb. 330 dargestellte Druckgießform. In diesem Falle besteht zwar das Einlagestück (der Gußkörper G_1) aus demselben Material wie die Gußlegierung, dies bedeutet jedoch formbautechnisch (d. h. für die Anordnung der Aussparungen zur Aufnahme der Einlagestücke) keinen Unterschied gegenüber solchen Fällen, in denen die Einlagestücke aus Fremdmaterial bestehen. Einige Gußstücke mit Einlagen von der letzteren Art werden später (in Band II) behandelt.

Auch zur Erhöhung der Festigkeit können beispielsweise Stahleinlagen in Druckgußteile eingegossen werden. In Abb. 230 ist ein Hebel mit einer derartigen Stahlseele gezeigt. Im Schnitt C—D ist in vergrößertem Maßstab die Zentrierung und Festhaltung der einzugießenden Stahleinlage dargestellt. Ferner geht daraus die Gießformausführung hervor.

Durch das Einlegen der Eingießteile wird die Gießleistung beeinflußt und besteht erhöhte Unfallgefahr. Grundsätzlich sind deshalb Fremdmetalleinlagen mit Hilfe von Zangen, Einlegevorrichtungen und ähnlichen Werkzeugen[1] in den Formhohlraum vor dem Schuß so einzubringen, daß die Bedienung mit den Händen überhaupt nicht in den Gefahrenbereich gelangt. Eine vollautomatische Zufuhr ist überall dort anzustreben, wo sie besonders für einfachere Einlagen (wie Büchsen, Stifte usw.) vorgenommen werden kann. In Abb. 231 ist die automatische Zufuhr von Büchsen in einer Druckgießform dargestellt. Oft ist es vorteilhafter, das Magazin M statt nach a_1 nach a_2 auszubilden. Das Eingießteil B muß bei zurückgezogenem Kern K_1 sicher in die Lage gelangen, in der es vom

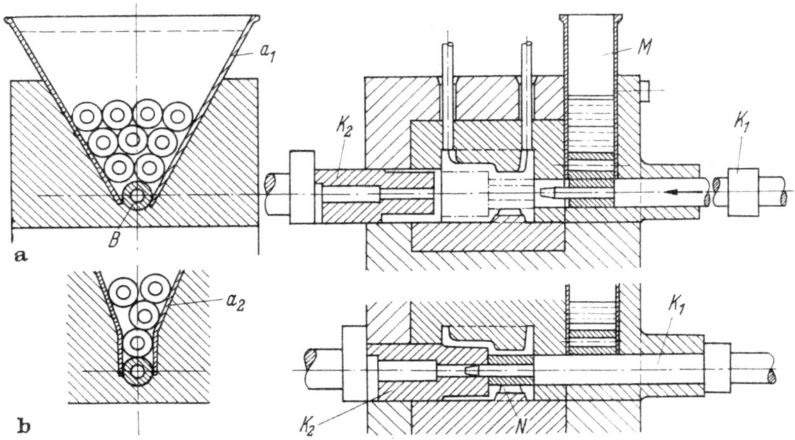

Abb. 231. Automatische Zuführung von Eingießteilen (Büchsen)
a Während der Kernbewegung in Gießstellung, b Kerne in Gießstellung

Aufnahmekern bei der Bewegung in die Gießstellung aufgenommen und zentriert wird. Oftmals kann die Kernbewegung K_2 vor der von K_1 erfolgen, wodurch eine größere Sicherheit für die Gießlage des Eingießteiles vorhanden ist. Der Büchse B darf im Formhohlraum keine Gelegenheit zum Verkanten gegeben werden. Man beachte deshalb die Gießformausführung bei N. Das Magazin ist immer so anzuordnen, daß die Eingießteile in senkrechter Richtung der Lage B zustreben.

3.4 Formenbaustoffe

3.41 Die Anforderungen an das Formmaterial

Die Baustoffe der den Formhohlraum begrenzenden Formteile, d. h. der Formplatten, der Formeinsätze, der Kerne und der Auswerfer, die zusammengefaßt als „Formmaterialien" bezeichnet werden sollen, erfahren im Betrieb Beanspruchungen von dreierlei Art:

1. eine thermisch-mechanische Wechselbeanspruchung durch den bei jedem Arbeitsspiel auftretenden Temperaturwechsel,

[1] Z. B. Anwendung von Handhebelsaugern, Pinzetten, Magnetzangen.

2. chemisch-physikalische (z. T. auch mechanische) Einwirkungen des flüssigen Gießmetalls,

3. stellenweise mechanische Beanspruchungen durch die Kräfte, die zur Ablösung festgeschrumpfter Gußstückteile aufgewandt werden müssen.

Die Stärke und die relative Bedeutung dieser drei Einwirkungen sind bei verschiedenen Gußlegierungen je nach deren thermischen, chemischen und mechanischen Eigenschaften sehr verschieden. Allgemein gilt jedoch, daß das Formmaterial mit steigender Gießtemperatur in stark wachsendem Maße angegriffen wird, und zwar vornehmlich durch die unter 1. genannte thermisch-mechanische Wechselbeanspruchung, die um so mehr in den Vordergrund tritt, je höher die Gießtemperatur der Gußlegierung liegt. Daher soll von dieser Beanspruchung zuerst gesprochen werden.

3.411 Die thermisch-mechanische Wechselbeanspruchung

Zur Veranschaulichung diene Abb. 232. Es zeigt Abb. 232a das Schema einer (aus Eingußformhälfte *V* und Auswerfformhälfte *H* bestehenden) Druckgießform; in Abb. 232b ist die Temperaturverteilung im Querschnitt *I-II* der Auswerfformplatte *H* unmittelbar vor dem Guß (stark ausgezogene Kurve t_v) und unmittelbar nach dem Guß (ebenfalls stark ausgezogene Kurve t_g) qualitativ dargestellt. Die Temperaturschwankungen, die das Formmaterial beim Arbeitsspiel erfährt, sind naturgemäß in den unmittelbar an den Formhohlraum liegenden Schichten am stärksten, sie nehmen in den vom Formhohlraum weiter entfernten Schichten mit wachsendem Abstande ab. Von einer gewissen Zone ab, für deren Abstand vom Formhohlraum neben zahlreichen anderen Faktoren auch die Lage der Kühlbohrungen l_1 und l_2 maßgebend ist, schwankt die Temperatur des Formmaterials während des Arbeitsspiels nur so wenig, daß sie praktisch als gleichbleibend angesehen werden kann. Es werde angenommen, daß diese Zone in Abb. 232a durch die strichpunktierte Linie *9—8—7—10* gegeben sei, daß also das gesamte, links von dieser Linie befindliche Formmaterial während des ganzen Arbeitsspieles keine nennenswerten Temperaturschwankungen und daher auch keine thermischen Maßänderungen erfährt.

Um nun die Wirkung der Temperaturschwankungen in dem rechts von *9—8—7—10* liegenden Bereich des Formmaterials zu veranschaulichen, werde das durch die Punkte *3*, *4*, *7* und *8* abgegrenzte Teilstück dieses Bereiches betrachtet. Vor dem Guß ist das Temperaturgefälle im Formmaterial mäßig (Kurve t_v in Abb. 232b). Während des Gusses und unmittelbar darauf steigt die Temperatur in einer dünnen Schicht der Formwand durch die Berührung mit dem flüssigen Metall jäh an, so daß sich eine Temperaturverteilung nach Art der Kurve t_g in Abb. 232b herausbildet, und zwar ist der Temperaturanstieg $t_{g1} - t_{v1}$ in der äußersten Formwandschicht um so größer und das Temperaturgefälle im Formmaterial um so steiler, je höher die Gießtemperatur der Gußlegierung ist. Während das Gußmaterial erstarrt, gleichen sich die Temperaturgefälle aus; nach dem Auswerfen des Gußstückes kühlt sich das Formmaterial wieder ab, bis es — vor Beginn des nächsten Arbeitsspieles — wieder die durch die Kurve t_v dargestellte Temperaturverteilung aufweist.

Diese Temperaturschwankungen haben nun, wie leicht ersichtlich, eine mechanische Wechselbeanspruchung der äußersten Formwandschichten zur Folge. Unmittelbar nach dem Guß würde z. B. das Teilstück *3—4—7—8* des Formmaterials, wenn es sich unbehindert ausdehnen könnte, infolge seiner Temperaturverteilung (Kurve t_g) die in Abb. 232c gestrichelt eingezeichnete Gestalt annehmen. Da es jedoch durch das umgebende Formmaterial an jeder Ausdehnung in Richtung *3→4* oder *4→3* verhindert wird, kann es nur nach vorn (d. h. in der auf *3→4* senkrechten Richtung) wachsen. Es nimmt daher die in Abb. 232a und d dargestellte Gestalt *3′—4′—7—8* an. Entsprechendes gilt auch für die übrigen Formelemente, so daß der ganze Formhohlraum *1—2—3—4—5—6* unmittelbar nach dem Guß die in Abb. 232a eingezeichnete Gestalt *1′—2′—3′—4′—5′—6′* hat. Dabei treten in den äußersten (dem Formhohlraum nächsten) Wandungsschichten Druckspannungen auf (in Abb. 232d durch die beiden Druckpfeile symbolisch angedeutet).

Wenn nun die Gestaltänderung des Formelementes *3—4—7—8* bei der Erwärmung völlig elastisch verlaufen wäre, so würde dieses Formelement bei der

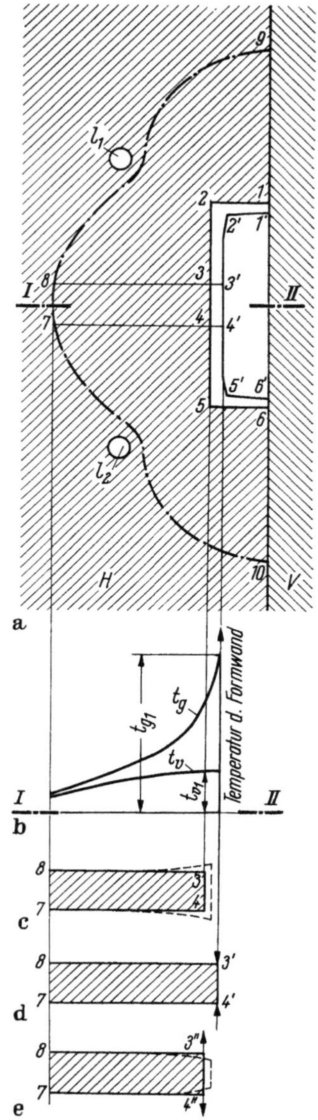

Abb. 232. Veranschaulichung der thermisch-mechanischen Wechselbeanspruchung des Formmaterials
a Schema einer Druckgießform, b Schaubild der Temperaturverteilung im Schnitt *I—II* der Formplatte *H* unmittelbar *vor* dem Guß (t_v) und *nach* dem Guß (t_g), c—e Teilstück *3-4-7-8* der Formplatte *H* zu drei verschiedenen Zeitpunkten des Arbeitsspiels: c unmittelbar *vor* dem Guß, d unmittelbar *nach* dem Guß, e nach dem Auswerfen, abgekühlt

nachfolgenden Abkühlung (nach dem Auswerfen des Gußkörpers) zwanglos wieder zu seiner ursprünglichen Gestalt *3—4—7—8* zurückschrumpfen und sich hierbei entspannen[1]. Wenn aber bei der Gestaltänderung des Teilstückes *3—4—7—8* zu *3'—4'—7—8* die Elastizitätsgrenze in den vorderen Schichten überschritten wird, so würde das Formelement bei der Abkühlung von t_g auf t_v, wenn es sich selbst überlassen wäre, sich zu der in Abb. 232e gestrichelt eingezeichneten Gestalt zusammenziehen. Da es aber wegen seines Zusammenhanges mit dem umgebenden Formmaterial sich nicht in Richtung *3'→4'* oder *4'→3'* zusammenziehen kann, so vermag es sich nur in der auf *3'—4'* senkrechten Richtung zu verkürzen. Es nimmt daher bei der Abkühlung auf t_v die in Abb. 232e dargestellte Gestalt *3''—4''—7—8* an, wobei in den vordern Schichten Zugspannungen auftreten (durch zwei Zugpfeile angedeutet).

Auch wenn diese Zugspannungen erheblich geringer sind als die statische Zerreißfestigkeit, so daß das Formmaterial ihnen zunächst gewachsen ist, so kann doch die Wechselbeanspruchung, die sich täglich — je nach der Arbeitsgeschwindigkeit — mehrere hundert oder mehrere tausend Male wiederholt, allmählich zur Ermüdung des Materials führen, in deren Folge zunächst in der am stärksten beanspruchten Oberflächenschicht des Formmaterials feine Risse (Haarrisse) auftreten, die sich mit der Zeit immer mehr vergrößern, verbreitern und vertiefen. Durch das Eindringen von Gießmetall in die Risse wird die Ungleichmäßigkeit der Temperaturverteilung und damit die Wechselbeanspruchung wesentlich verstärkt; hierdurch wird die Rißbildung fortschreitend beschleunigt, so daß schließlich die Oberfläche der Formfasson von einem Netzwerk von Haarrissen durchzogen ist.

Am Gußstück markieren sich die Haarrisse durch erhabene Äderchen, die zunächst äußerst fein sind, so daß sie nicht stören, mit der fortschreitenden Abnutzung des Formmaterials jedoch immer gröber werden, bis diese Temperaturwechselrisse schließlich so hohe Gußputzkosten bedingen, daß eine Neuanfertigung der betreffenden Formteile oder auch der ganzen Form wirtschaftlich geboten wird. Durch diese Grenze, deren Lage im Einzelfalle u. a. auch von den jeweiligen Ansprüchen an die Sauberkeit der Gußstücke abhängt, wird normalerweise[2] die „Lebensdauer" einer Druckgießform bestimmt.

[1] Bis auf die geringen Spannungen, die auch in diesem Falle noch infolge der örtlichen Verschiedenheit der Temperaturen t_v übrig bleiben würden.

[2] Natürlich werden oftmals Teile einer Druckgießform vor der Absolvierung dieser „natürlichen Lebensdauer" durch Beschädigungen anderer Art unbrauchbar, z. B. durch Wandungskorrosion. Bei manchen hochschmelzenden Legierungen (z. B. Kupferlegierungen) ist es für direkt beaufschlagte Formteile geradezu der Regelfall, daß ihre Lebensdauer nicht durch die Haarrißbildung, sondern vielfach durch Anfressung begrenzt wird. Man kann sich aber durch Auswechslung der betr. Formteile helfen.

Die Größe der thermischen Wechselbeanspruchung eines gegebenen Formmaterials hängt ab: in erster Linie von der Gießtemperatur der Gußlegierung, des weiteren von deren Wärmeinhalt[1], von der Größe und Gestalt der Gußstücke und vom Arbeitstempo. Die Höhe der Gießtemperatur ist maßgebend für die höchste, in den äußersten Formwandschichten auftretende Temperatur (t_{g1}); Wärmeinhalt, Gußstückgewicht

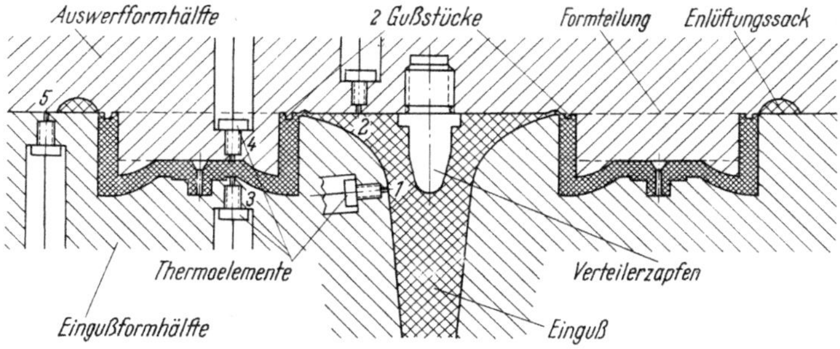

Abb. 233. Druckgießform mit Thermoelementen

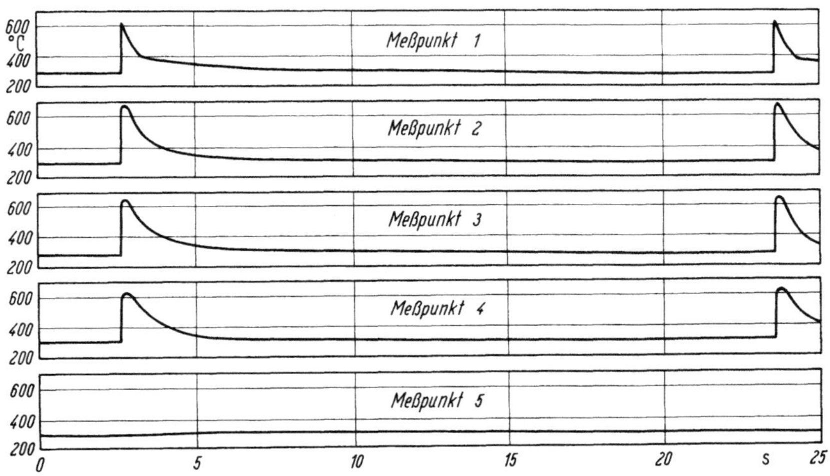

Abb. 234. Meßergebnisse (Auswahl) an Druckgießform nach Abb. 233

und Arbeitsschnelligkeit sind bestimmend für die je Zeiteinheit abzuführende Wärmemenge und somit (im Verein mit der Gußstückgestalt) für die Temperaturgefälle im Formmaterial und für dessen Abkühlung zwischen zwei Schüssen (d. h. für t_{v1}). Je rascher — unter sonst gleichen Umständen — das Arbeitstempo ist, desto höher ist die mittlere Formtemperatur und desto steiler ist das Temperaturgefälle im Formmaterial,

[1] Genauer gesprochen: von der Wärmemenge, die das Gießmetall (je Volumeneinheit) während seines Verweilens in der Gießform an das Formmaterial abgibt.

desto geringer ist jedoch die zeitliche Temperaturschwankung in den dem Formhohlraum zunächst liegenden Formwandschichten.

Durch eingehende Versuche[1] wurde die Richtigkeit dieser Gedankengänge bestätigt. Thermoelemente in eine Druckgießform nach Abb. 233 an den kenntlich gemachten Meßpunkten 1 bis 5 eingebaut, ergaben die in Abb. 234 graphisch dargestellten Meßergebnisse. Die höchste Temperaturspitze trat bei Meßpunkt 2 auf, während sich bei Meßpunkt 5 eine nahezu gleichmäßig bleibende Formtemperatur um 300 °C einstellte.

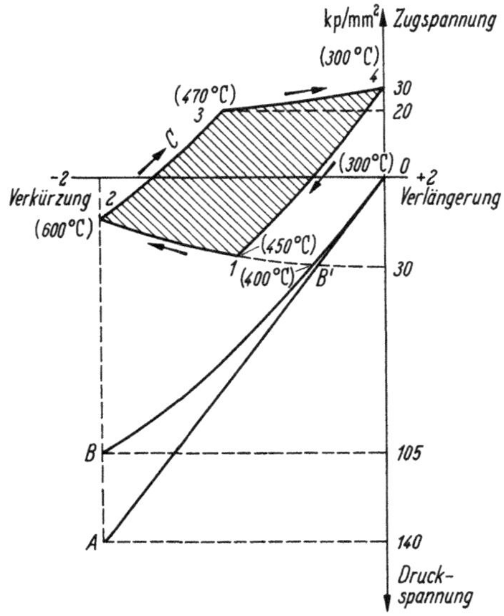

Abb. 235. Spannungs-Dehnungs-Schaubild für ein Oberflächenelement der Druckgießform (nach E. MICKEL)

(Mit der Druckgießform nach Abb. 233 wurde die Magnesiumlegierung Mg Al 9 auf einer Warmkammer-Druckgießmaschine bei den Versuchen verarbeitet.) Weiter ist bemerkenswert, daß die Gießtemperatur während des Schusses an der Stelle 2 des Aufpralls auf eine Formwand um 40 bis 70 °C überschritten wird. Diese Temperaturerhöhung läßt sich mit Reibung, aber auch durch die bereits im Abschnitt 2.332 erwähnte Umwandlung der Abbremswucht des flüssigen Metalls in Wärme erklären. Außerdem ist die hohe Geschwindigkeit des Temperaturanstiegs um über 300 °C in weniger als 0,001 s $\left(\frac{1}{1000}\,\mathrm{s}\right)$ überraschend. Daraus können Schlüsse über die große Beanspruchung des Formenmaterials durch einen derartig kurzzeitigen großen Wärmesprung gezogen werden.

Das Problem der *Wärmespannungen* ist nun vom festigkeits-mathematischen Standpunkt aus sehr schwierig zu behandeln. E. MICKEL hat ein einzelnes, von seinem Zusammenhang herausgenommenes Formteilchen betrachtet und das in Abb. 235 gezeigte Spannungs-Dehnungs-Schaubild entwickelt. Demnach erhält man die auf der Oberfläche der Formfasson entstehende Spannung mit dem Wert

$$\sigma = -\frac{m\,E}{m-1}\,\alpha\,(t_{\max} - t_{\min}) \quad (\mathrm{kp/cm^2}) \tag{33}$$

wobei das Minuszeichen aussagen soll, daß es sich um eine Druckspannung handelt.

---

[1] Vgl. E. MICKEL: „Beanspruchung der Druckgießformen im Betrieb", VDI-Zeitschrift, Bd. 87, H. 23/24.

In dieser Gleichung sind

m = POISSONsche Zahl $\left(\text{für Warmarbeitsstahl etwa } \frac{10}{3}\right)$

E = Elastizitätsmodul des Warmarbeitsstahles (etwa $2{,}2 \cdot 10^6$ kp/cm²)

α = Wärmeausdehnungskoeffizient des Warmarbeitsstahles ($11-13 \cdot 10^{-6}$ cm/cm °C)

t_{max} = höchste gemessene Oberflächen-Formtemperatur (°C)

t_{min} = niederste gemessene Oberflächen-Formtemperatur (°C)

Bei t_{max} 600 °C und t_{min} 300 °C würde die rechnerische Spannung σ rund 140 kp/mm² sein. Eine derartig hohe Spannung übersteigt auf die Dauer das Arbeitsvermögen der besten Stähle.

In Wirklichkeit darf man das Formteilchen nicht aus dem Zusammenhang herausgenommen allein betrachten. Alle Dehnungen setzen sich in Spannungen um, solange sie unter der Fließgrenze bleiben und in plastische Formänderungen, wenn diese Grenze überschritten wird. Solange Druckspannungen auftreten, solange also die Oberfläche wärmer ist als die darunter liegende Stahlmasse, können Trennungen nicht eintreten. Gefährlich wird es erst, wenn die Fläche des Formhohlraumes gegenüber der Stahlmasse auskühlt und wenn nur die Oberfläche schrumpft, so daß also an der Oberfläche Zugspannungen auftreten. Besonders kritisch wird es, wenn diese Zugspannungen so groß werden, daß sie die Zugfestigkeit (in der Wärme) des Warmarbeitsstahles überschreiten. Es treten dann Trennungen auf, die als Temperaturwechselrisse bezeichnet werden.[1]

[1] In einem Bericht unter dem Titel „Corrosion — Fatigue in two hot work die steels" (Modern Casting, 1960) berichten D. N. WILLIAMS, M. L. KRON, R. M. EVANS und R. J. JAFFEE Ergebnisse über Versuche zur Erforschung der Temperaturwechsel-Rißempfindlichkeit von Warmarbeitsstählen. Dabei wurden folgende Funktionen aufgestellt:

Lebensdauer in der Größe der Lastwechsel $N = \frac{1000}{S^2}$ worin S die plastische (bleibende Dehnung) bedeutet; sowie die Beziehungen in atmosphär. Luft:

$\log N = 2{,}721 - 1{,}927 \log S + 0{,}223 \log F + 0{,}012 \log T$; in $N_2 + H_2$-Atmosphäre:

$\log N = 4{,}949 - 2{,}046 \log S + 0{,}121 \log F - 0{,}652 \log T$

was in etwa bedeutet, daß ohne Luftzutritt die 3fache Lebensdauer erreicht werden kann. In den Beziehungen sind F = Frequenz $\left(\frac{\text{Lastwechsel}}{\text{Minute}}\right)$, T = Temperatur (°F).

Es bestehen Zweifel, ob die Versuchsergebnisse auf Grund der von WILLIAMS und Mitarbeiter gewählten Versuchsdaten und -einrichtungen auch tatsächlich auf Druckgießformen übertragen werden können.

Aus der ersten Funktion wäre zu folgern, daß die Lebensdauer um so höher liegt, je niedriger die plastische Dehnung ist. Letztere würde man durch Härtung auf sehr hohe Festigkeitswerte erhalten. Schon dieses Ergebnis steht im Widerspruch zu den praktischen Erfahrungen der letzten 30 Jahre.

Aus diesem Grunde werden in deutschen Edelstahlwerken weitere Forschungen unter Anwendung der Hochfrequenz-Induktionsbeheizung durchgeführt, die bestimmt zu gegebener Zeit einen tieferen Einblick in die schwierige Beanspruchungsart geben, welche bei Druckgießformen in Wirklichkeit vorliegt.

Die Temperaturwechselrisse können auch als eine Art Korrosionsermüdung des Formbauwerkstoffes betrachtet werden.[1] Zweifellos wird die durch die ständigen thermischen Wechselspannungen an den Formfassonflächen hervorgerufene Ermüdung durch gleichzeitige Oxydation bei den hohen Temperaturen beschleunigt, was durch Untersuchungen in atmosphärischer Luft und sauerstofffreier Umgebung als zutreffend

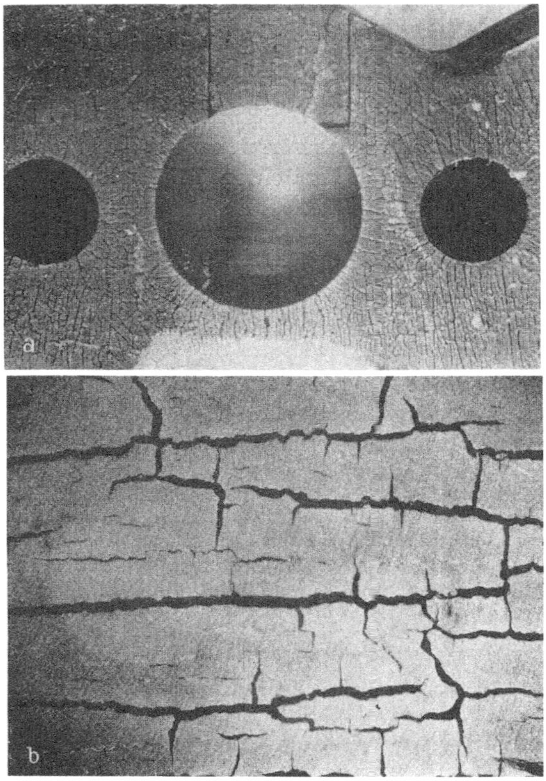

Abb. 236. a Formfläche mit starker Temperaturwechsel-Rißbildung, b Vergrößerter Ausschnitt aus a

bestätigt wurde (vgl. Fußnote 1, S. 313). Daraus kann man folgern, daß durch Vakuumanwendung die Lebensdauer der Druckgießform (der Formplatten) verlängert werden kann.

In Abb. 236 sind Teile einer Druckgießform mit starker Temperaturwechsel-Rißbildung gezeigt. Bei a ist die Oberfläche der Formfasson in 1,5facher Vergrößerung zu sehen, während in b ein Ausschnitt aus a in

---

[1] Nach einem Vortrag auf der Internationalen Druckgußtagung München 1963 von R. C. Cornell, Jackson, Michigan, USA.

20facher Vergrößerung vermittelt wird, aus dem auch feinste Haarrisse ersichtlich sind.

Ein Abbau der kritischen Spannungen ist denkbar, wenn

1. bei der Formwerkstoffauswahl

a) es einen Warmarbeitsstahl geben würde, dessen Elastizitätsgrenze so hoch liegt, daß die bei Druckguß auftretenden, eigenartigen Wechselbeanspruchungen noch unterhalb dieser Elastizitätsgrenze bleiben, d. h. daß keine bleibenden Dehnungen auftreten. Kommt man nämlich in das Gebiet über die Elastizitätsgrenze hinaus, in welchem der Werkstoff zu „fließen" beginnt, dann können mit der Zeit die sich ausbildenden bleibenden Dehnungen die gefürchtete Rißbildung einleiten.

b) die Warmstreckgrenze des Formmaterials verhältnismäßig nieder und seine Warmfestigkeit hoch ist[1], d. h. die Rißunempfindlichkeit eines Stahles wäre demnach um so größer, je größer der Unterschied zwischen Streckgrenze und Zugfestigkeit ist. Man kann dies durch das sogenannte Streckengrenzenverhältnis $= \frac{\text{Streckgrenze}}{\text{Zugfestigkeit}}$ kennzeichnen, bei den im Druckgußbetrieb auftretenden Formtemperaturen. Je kleiner das Streckgrenzenverhältnis eines Formmaterials ist, desto größere Unempfindlichkeit gegen Temperaturwechselrisse würde es besitzen. Im ungünstigsten Fall, wenn Streckgrenze und Zugfestigkeit zusammenfallen, beträgt es 1.

Das Streckgrenzenverhältnis läßt sich z. B. durch Legierungszusätze oder durch die Einbaufestigkeit und im Zusammenhang damit durch die Wärmebehandlung des Formenstahles beeinflussen.

c) der Wärmeausdehnungskoeffizient so klein wie möglich gehalten werden könnte. Leider läßt sich die Wärmedehnungszahl bei den üblichen, erprobten Formenstählen weder durch Legieren, noch durch sonstige Maßnahmen merklich beeinflussen.

d) die Wärmeleitfähigkeit möglichst groß gehalten werden könnte. Die schlagartig zugeführte Wärme sollte sehr rasch verteilt und in größere Tiefen geleitet werden. Dieser Vorgang wird besser mit Temperaturleitfähigkeit bezeichnet, welche ist

$$\text{Temperaturleitfähigkeit} = \frac{\text{Wärmeleitfähigkeit}}{\text{spez. Wärme} \times \text{spez. Gewicht}}.$$

Demnach erhält man eine große Temperaturleitfähigkeit, wenn die Wärmeleitfähigkeit möglichst groß, spez. Wärme und spez. Gewicht jedoch möglichst klein sind. Durch zweckmäßige Wahl der Legierungszusätze läßt sich das Wärme- bzw. Temperaturleitvermögen von Warmarbeitsstahl verbessern.

---

[1] Nach M. Hiller: „Formenbaustähle für Druckgießwerkzeuge und Kokillen" Gießerei 44 (1957) H. 6, S. 141–149.

e) das Formmaterial eine hohe Wärmewechselfestigkeit bei gleichzeitig hoher Zeitfestigkeit aufweist.

f) eine hohe Dämpfungsfähigkeit vorhanden ist.

g) das Formmaterial eine geringe Oberflächen- und Korrosionsempfindlichkeit bei Dauerwechselbeanspruchung besitzt.

2. beim Bau der Druckgießform

a) eine zweckentsprechende Anordnung der Kühlkanäle getroffen wird, so daß keine Wärmestaus, aber umgekehrt auch keine zu kalten Stellen in der Formfasson auftreten.

b) die Formfasson eine dichte, gleichmäßige, nicht orientierte Oberflächenbeschaffenheit aufweist (evtl. Verdichtung der Oberfläche).

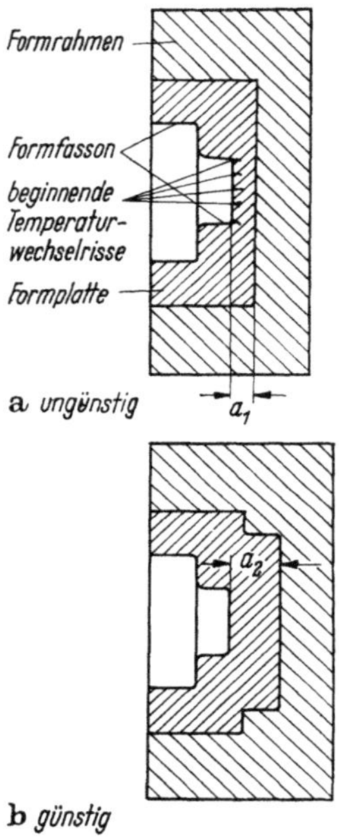

Abb. 237. Formplatten-Ausbildung
a *ungünstig*, Temperaturwechsel-Rißbildung beginnt vorzeitig an der schwächsten Stelle a_1 der Formplatte, b *günstig*, Formplatte hat gleichmäßige Dicke, a_2 wurde vergrößert

c) Formplatten und Formeinsätze eine genügend große Masse besitzen und vor allem keine zu dünnen Stellen aufweisen (vgl. Abb. 237).

d) bei der Lage des Anschnitts die im Abschnitt 3.316 aufgeführten Regeln beachtet werden.

3. im Betriebe

a) die Gießtemperatur so niedrig wie möglich gehalten wird.

b) eine hohe Mitteltemperatur der Gießform angestrebt wird, um die Temperaturdifferenz $t_{max} - t_{min}$ so klein wie möglich zu halten.

c) eine gleichmäßige, sanfte Kühlung vorgenommen wird und

d) ein gleichmäßiges, flottes Arbeitstempo eingehalten wird.

Man könnte auch daran denken, die Höhe der Wärmespannungsspitze (ausgedrückt durch t_{max}) durch eine *starke Kühlung* herabzudrücken. Dies gelingt leider nicht, denn dadurch sinkt nur die allgemeine Formtemperatur (etwa bei Meßpunkt 5 in Abb. 233 oder im Innern des Stahlblocks) merklich, während sich die Spitzentemperatur nicht wesentlich vermindert, wie aus Abb. 238 zu ersehen ist[1]. Im Gegenteil erhöht sich dadurch $t_{max} - t_{min}$ und fördert damit die Temperaturwechsel-Rißbildung. Leider läßt sich

[1] Aus Abb. 234 kann man nämlich entnehmen, daß nach jedem Schuß (nach jeder Wärmespannungsspitze) die Temperatur ungefähr auf diese allgemeine Formtemperatur absinkt.

in manchen Fällen die starke Kühlung von Kernen und tief in den Formhohlraum hineinragenden Formteilen nicht vermeiden, da sonst die Gießleistung der Druckgießform zu stark absinken würde. Derartige hochbeanspruchte Formteile sind als Verschleißteile nach Möglichkeit auswechselbar auszubilden, damit von deren Lebensdauer nicht die der ganzen Gießform abhängig wird.

Aus Abb. 238 kann auch abgeleitet werden, daß die thermische Beanspruchung einer Druckgießform nicht nur durch die Menge und Art des Gießmetalls, die sie im Laufe einer bestimmten Zeit verarbeitet hat, gegeben ist. Die Gießfolge ist dabei auch ein wesentlicher Faktor. Bei einer Druckgießform mit höherer Schußzahl wird die Wärme viel gleich-

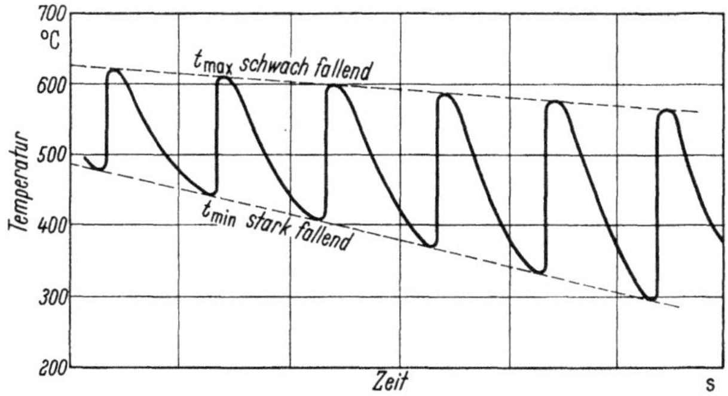

Abb. 238. Auswirkung einer starken Formkühlung bei der Druckgußverarbeitung einer Aluminiumlegierung

mäßiger angeboten und abgeleitet als in einer Form mit langsamer Schußfolge bei großen Abgußgewichten. Das schnell arbeitende Gießwerkzeug wird im Betrieb durchgreifend wärmer (größeres t_{min}) und damit der Temperaturwechsel nicht so schroff und nicht so kritisch wie bei langsamer arbeitenden Gießformen, wo das Wärmeangebot stoßweise und besonders groß, aber in erheblichen zeitlichen Abständen erfolgt.

In Sonderfällen ist die Formfasson auch schon als eine Art dünne Haut (in Blechstärke) ausgebildet worden. Dieser Haut müßte aber die Möglichkeit gegeben werden, daß sie sich beliebig oft und ohne Überbeanspruchung ausdehnen und wieder zusammenziehen kann, wobei die Wärmeabführung zu einem Problem wird. Auch die Unterstützung und Befestigung dieser hautartigen Formfasson bei den hohen spez. Gießdrücken ist schwierig. Dieser Weg, der vielleicht bei der Verarbeitung von sehr hochschmelzenden Metallen gegangen werden muß, soll daher nur erwähnt werden.

Über die *Tiefenwirkung* hat E. Miyoshi[1] bei einem Warmarbeitswerkzeug, daß regelmäßig wiederkehrenden Erwärmungen ausgesetzt

[1] E. Miyoshi: „Über die Temperaturverteilung in Matritzen zu Singer-Strang ressen“ (Fuso Metals 1950, Nr. 4).

ist, rechnerische Ermittlungen angestellt und diese durch Temperaturmessungen am Werkzeug auch stichprobenweise praktisch überprüft. Da derartige Verhältnisse auch bei Druckgießformen vorliegen, wird in Abb. 239 das Ergebnis gezeigt, ohne auf die Annahmen, welche der Berechnung zugrunde gelegt wurden, näher einzugehen. Man erkennt, daß die Temperaturschwankungen in größeren Abständen von der Formhohlraum-Oberfläche immer mehr abnehmen. Auch werden mit zunehmender Betriebsdauer die Temperaturen durchgreifend höher, denen durch eine Kühlung entgegengewirkt werden muß. Hieraus ergibt sich auch die Erkenntnis, daß durch Vorwärmen beim Arbeitsbeginn die Beanspruchung der Formplatten durch Temperaturwechsel wesentlich abgebaut werden kann.

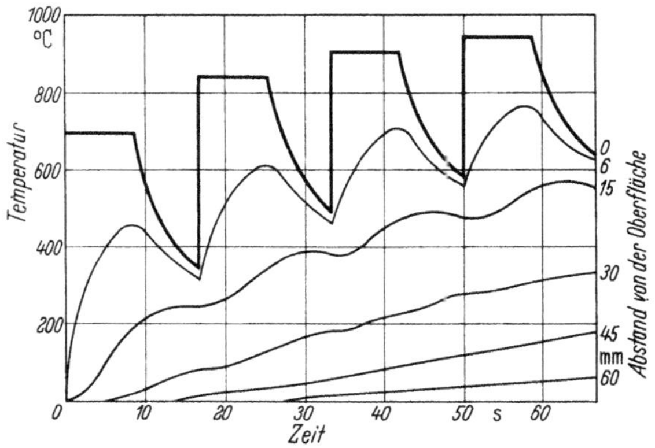

Abb. 239. Temperatur-Zeitkurven eines Warmarbeitswerkzeuges bei periodischer Erhitzung in verschiedenen Abständen von der Oberfläche (nach E. MIYOSHI)

Bestimmte *Zonen der Formfasson* sind besonders rißanfällig. Normalerweise entstehen Temperaturwechselrisse zuerst in der Nähe des Eingusses, da über diese Partien nahezu das gesamte zu dem Gußstück benötigte Metallvolumen fließt. Das Wärmeangebot ist hier je Flächeneinheit am größten und die Abschreckwirkung oft sehr schroff. Wie bereits angeführt ist die Oberfläche von Kernen und sonstigen vorspringenden Teilen der Formfasson, die vom Metall umflossen werden, ebenfalls besonders gefährdet. Es kann auch Punkte erhöhter Spannung auf Grund der Gestalt des Formhohlraumes geben. Dazu gehören auch diejenigen Stellen, die sich in der Nähe eines Kühlkanals befinden, besonders wenn die Wanddicke zwischen Oberfläche der Formfasson und der etwa wasserführenden Bohrung zu klein bemessen wird. Ferner ergeben ungleiche Dicken der Formplatten (vgl. Abb. 237) an deren dünnen Stellen Gebiete erhöhter Spannungen durch den Temperaturwechsel, die zu vermeiden sind.

In der Praxis zeigt es sich überraschenderweise, daß im allgemeinen bei der Verarbeitung hochschmelzender Metallegierungen auch bei dünnwandigen Gußteilen Temperaturwechsel-Rißbildungen bevorzugt an größeren Flächen auftreten. Der Grund dafür dürfte auch in der Schwierigkeit liegen, eine größere Fläche der Formfasson ohne Kratzer und eine gewisse Richtung in der Bearbeitung (durch Riffeln, Schleifen usw.) auszuführen. Der Mechanismus der Rißbildung ist von der Gestalt der Oberfläche abhängig. Obwohl sich unter gleichen Umständen Temperaturwechselrisse an vertieften Oberflächen im Formhohlraum früher bilden als an erhabenen, vertiefen sich letztere viel rascher, da die Spannungen in den unmittelbar unter der Fassonoberfläche liegenden Schichten in diesem Fall dazu neigen, die einmal gebildeten Risse zu öffnen. Leider dehnen sich einmal aufgetretene Temperaturwechselrisse verhältnismäßig rasch (bei Aluminiumlegierungen kann dies schon nach 8000 bis 10000 Schuß sein) auch auf andere nicht so gefährdete Stellen der Formfasson aus, die in der Lage gewesen wären, noch eine wesentlich längere Betriebsdauer auszuhalten. Aus dieser Tatsache heraus ergibt sich, wie wichtig es ist, den Beginn der Temperaturwechsel-Rißbildung zu bekämpfen.

Um eine Möglichkeit des Vergleichs und ein ungefähres Bild über die *Wärme*-Beanspruchungen des Formmaterials zu erhalten, werden zwei Begriffe[1] eingeführt, und zwar

a) als Maß für die Wärme-Wechselbeanspruchung

$$r_w = \frac{Q_g \cdot \tau_n}{F_e} \quad \left(\frac{\text{cal} \cdot \text{s}}{\text{cm}^2}\right) \quad \text{und} \tag{34}$$

b) als Maß für die Wärme-Kapazitätsbelastung

$$r_k = \frac{Q_g}{V_m \cdot \tau_n} \quad \left(\frac{\text{cal}}{\text{cm}^3 \cdot \text{s}}\right) \tag{35}$$

In diesen Gleichungen sind, soweit noch nicht bekannt:

Q_g = Wärmeinhalt durch das in die Druckgießform bei jedem Gießvorgang einströmende Metall [nach Gl. (13a)]

$$Q_g = G_s\left[c_1 t_1 + c_2 (t_2 - t_1) + u\right] + \frac{G p_g}{427 \gamma} \quad (\text{cal})$$

τ_n = Zeit in Sekunden für ein Arbeitsspiel (s)

F_e = Fläche des Formhohlraumes mit Eingußsystem (cm^2)

V_m = Volumen der beiden Formplatten der Druckgießform (cm^3)

Zu a) Wie bereits ausgeführt ist die Wärmebeanspruchung pro Flächeneinheit um so größer, je größer Q_g und aber auch je größer τ_n ist (bei großem τ_n stoßweises Wärmeangebot).

---

[1] Diesen ist die gesamte Wärmemenge des in die Gießform einströmenden Metalls zugrundegelegt, also ohne Abzug der im Druckgußstück verbleibenden Restwärmemenge, um eine vereinfachte Ermittlung von Vergleichswerten zu ermöglichen.

Bei der Annahme[1] eines Druckgußteils quadratischer Grundfläche mit der Kantenlänge 1 cm, dessen Höhe (Wanddicke) jedoch variabel gestaltet ist, ergeben sich die in Abb. 240 graphisch dargestellten Werte von r_w. Eine Beanspruchung zwischen

$$r_w = 2000 \text{ bis } 3000 \left(\frac{\text{cal s}}{\text{cm}^2}\right)$$

kann man dabei als eine gewisse Grenze ansehen. Darüber hinaus sollte man eigentlich nicht gehen, um eine noch brauchbare Gießleistung bei zulässiger Wärme-Wechselbeanspruchung zu erzielen.

Aus Abb. 240 kann man weiter ersehen, wie hoch die Wärme-Wechselbeanspruchung bei der Druckgußverarbeitung von Kupferlegierungen über den Al-, Zn- und Mg-Legierungen liegt. Eigentlich dürfte man bei

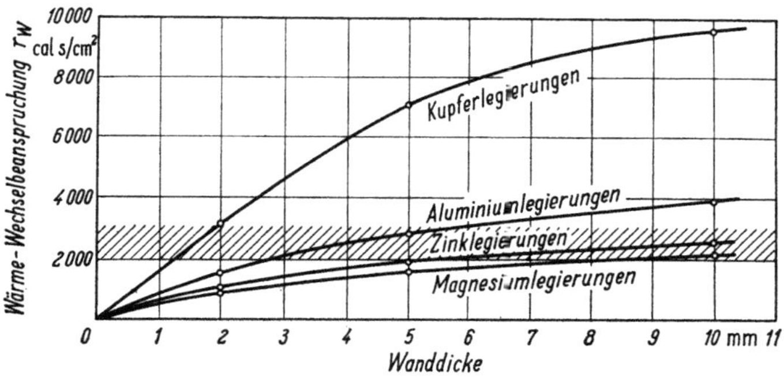

Abb. 240. Abhängigkeit der Wärme-Wechselbeanspruchung von der Wanddicke

den Kupferlegierungen nicht über eine Wanddicke von 2 mm, bei den Aluminiumlegierungen nicht über 6 mm, von der Wärmebeanspruchung her gesehen hinausgehen. Kleine Wanddicken sind bei Druckguß unter allen Umständen zu bevorzugen. Leider werden vielfach Druckgußteile viel zu dickwandig gestaltet, was sich auch auf die Lebensdauer der Druckgießform ungünstig auswirkt.

Zu b) Es wurde ebenfalls schon angeführt, daß Formplatten, Formeinsätze und Kerne eine genügend große Masse (richtiger gesagt Volumen) aufweisen sollten, um große Wärmemengen in der Zeiteinheit abführen zu können. Darüber gibt nun die Wärme-Kapazitätsbelastung r_k Aufschluß. Die Grenze kann man mit

$$r_k = 0{,}5 \text{ cal/cm}^3 \text{ s}$$

angeben, so daß man aus Gl. (35) heraus auch ansetzen kann

$$\text{erforderliches } V_m = \frac{2 Q_g}{\tau_n} \quad (\text{cm}^3) \tag{35a}$$

---

[1] Weitere Annahmen sind die in Tabelle 10 genannten Werte für c_1 und c_2 und u, jedoch ohne $\frac{p_g}{427\,\gamma}$, sowie einer gleichbleibenden Gießleistung von $\tau_n = 30$ s, (das sind 120 Schuß/h).

Dabei ist als V_m das Volumen beider Formplatten (also einguß- und auswerfseitig) anzusehen. Der genannte Grenzwert ist zu unterschreiten, wobei nach unten, bzw. bei V_m nach oben, keine Grenze gesetzt ist, d. h. man kann entsprechend den Platzverhältnissen und der Ausbildung der Formfasson genügend starke Wanddicken des Formmaterials anordnen.

Beispiele:

1. plattenartiges Teil mit den Abmessungen 10×30 cm, Wanddicke 0,3 cm, Gewicht $G \cong 330$ g Aluminiumlegierung

$$Q_g = 86\,000 \text{ cal}, \quad \tau_n = 50 \text{ s}$$

$$V_m = \frac{2 \cdot 86\,000}{50} = 3440 \text{ cm}^3$$

Angenommen: äußere Maße der Formplatten 16×36 cm ergibt gesamte Formplattenstärke

$$h = \frac{3440}{16 \cdot 36} = \sim 6{,}0 \text{ cm}$$

gewählt wird jedoch je 50 mm Stärke der Formplatten = 10 cm Gesamtstärke

2. das gleiche Gußstück aus einer Kupferlegierung bei $\tau_n = 60$ s, ergibt

$$G = 1080 \text{ g}$$
$$Q_g = 220\,000 \text{ cal}$$
$$V_m = \frac{2 \cdot 220\,000}{60} = \sim 7330 \text{ cm}^3$$

ergibt gesamte Formplattenstärke $h = \dfrac{7330}{16 \cdot 36} = \sim 13$ cm also pro Formplatte mindestens 65 mm stark.

Kurz zusammenfassend kann man die Temperaturwechsel-Rißbildung allgemein als Folge einer Oberflächenbeanspruchung eines metallischen Werkstoffes durch schroffe Temperaturwechsel, die sich periodisch oder auch in unregelmäßigen Zeitabständen wiederholen, ansehen. Dadurch können Risse auftreten, die sich bei gleichmäßiger angenähert zweiaxialer Spannungsverteilung als feinmaschiges Netz über die thermisch belastete Oberfläche hinziehen. Voraussetzung hierzu ist allerdings, daß die Höhe der erzeugten Wärmespannungen die Elastizitätsgrenze überschreitet und damit plastische Verformungsvorgänge an der Oberfläche auftreten können, welche bei der Abkühlung die in der Oberflächenschicht auftretenden Zugspannungen bis zur Rißbildung erhöhen.

Welche *Materialeigenschaften* für die Lebensdauer eines Formbaustoffes maßgebend sind, kann aus den vorstehenden Betrachtungen leicht gefolgert werden. Da die Größe der Wechselbeanspruchung der Randschichten vornehmlich von dem Ausmaß der *plastischen* Deformation abhängt, ist zusammenfassend nochmals angeführt bei gegebener Gußlegierung die *Lebensdauer eines Formbaustoffes um so größer, je kleiner sein Wärmeausdehnungskoeffizient und je höher seine Elastizitätsgrenze und seine „Wechselfestigkeit"* in den in Betracht kommenden Temperaturbereichen sind.

Die Zugspannungen in den Randschichten des Formmaterials haben bei Formen für höher schmelzende Legierungen außer Haarrissen noch die weitere Folge, daß allmählich Formeinsatzstücke nach Art des Teiles *F* in Abb. 241 an ihrer Oberfläche ein wenig zusammenschrumpfen, während das umgebende Material der Formplatte dazu neigt, von der Einsatzfuge wegzuschrumpfen, (vgl. Abb. 241 b). Das letztere tritt auch dann ein, wenn ein Einsatzstück, wie F_1 in Abb. 241 c/d, den Formhohl-

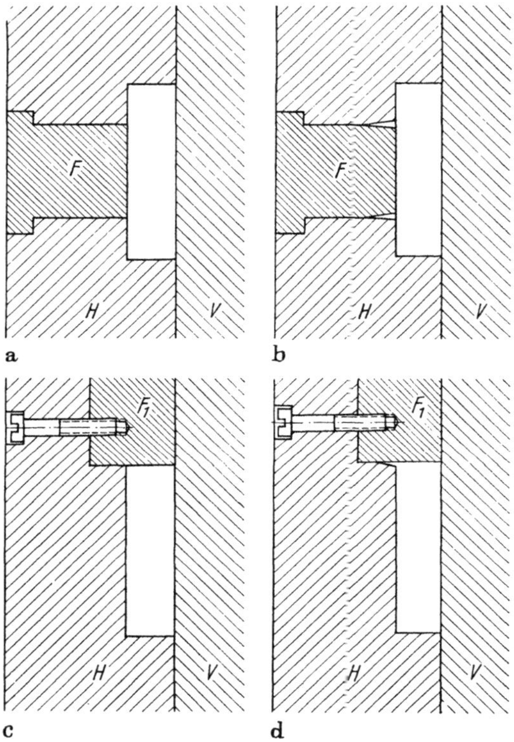

Abb. 241. Zwei Beispiele für Klaffen von Einsatzfugen infolge oberflächlicher Schrumpfung des Formmaterials (Klaffen ist übertrieben dargestellt)

a Druckgießform in unversehrtem Zustande, b nach längerer Benutzung, c Druckgießform mit seitlichem Einsatzstück in unversehrtem Zustande, d nach längerer Benutzung

raum seitlich begrenzt. Hierdurch werden die Einsatzfugen, auch wenn die Einsatzstücke ursprünglich stramm eingepaßt waren, allmählich zum Klaffen gebracht. Ein derartiger Fall ist auch in Abb. 63 c/d dargestellt, und in dem zugehörigen Text sind die Folgerungen besprochen, die sich daraus für die zweckmäßigste Art des Einbaues von Formeinsätzen ergeben.

3.412 Die chemisch-physikalischen und mechanischen Einwirkungen des flüssigen Gießmetalls

Chemisch-physikalische Einwirkungen des flüssigen Gießmetalls auf das Formmaterial, die stellenweise zum „Anlöten" des Gußmaterials an die Formwand führen können, kommen in erster Linie bei Eisen angreifenden Legierungen, also vornehmlich bei den Aluminiumlegierungen, aber auch bei den Kupferlegierungen in Betracht.

Stark begünstigt wird der Angriff des Formmaterials durch eine lebhaftere Strömungsbewegung des Gießmetalls, die zu den chemischen noch sehr wirkungsvolle mechanische Einflüsse hinzufügt. Daher treten Anfressungen des Formbaustoffes immer zunächst an den Stellen der Formfasson auf, die das Gießmetall bei der Einströmung unmittelbar beaufschlagt oder in geschlossenem Strahle überströmt. Aus dem gleichen Grunde bedeutet ein undichtes Schließen der Form eine Gefährdung des Formmaterials, denn wenn Gießmetall in größeren Mengen zwischen den Formplatten hindurch ins Freie hinausspritzen kann, so durchströmt es den Formhohlraum während einer im Vergleich zur normalen Gießdauer längeren Zeit mit hoher Geschwindigkeit und hoher Temperatur, wodurch meistens an einzelnen Stellen Anlötungen oder Ausschwemmungen bzw. Anfressungen verursacht werden. Ferner sind die Arbeitstemperaturen von wesentlicher Bedeutung; je heißer das Gießmetall vergossen wird und je höhere Temperaturen die Formwand annimmt, desto eher ist sie der Gefahr ausgesetzt, korrodiert zu werden.

Nur erwähnt sei, daß manchmal Gußlegierungen, die unterhalb ihrer Liquidustemperatur vergossen werden müssen, beim Druckgießen auf Kaltkammermaschinen das Formmaterial besonders stark korrodieren, obwohl sie an und für sich Eisen nicht erheblich angreifen. In solchen Fällen ist die Korrosion darauf zurückzuführen, daß die in dem Metallstrahl suspendierten Primärausscheidungen nach Art eines Sandstrahlgebläses mechanisch auf die beaufschlagten Formwände einwirken.

Die *Widerstandsfähigkeit* eines Formbaustahles gegen Korrosion durch das flüssige Metall hängt wesentlich von seiner Härte ab. Sämtliche Formbaustähle werden im weichen Zustand eher korrodiert als im gehärteten bzw. vergüteten Zustande, was angesichts der teilweise mechanischen Natur der Korrosionsvorgänge leicht verständlich ist. Im Falle von Gußlegierungen, die Eisen stark angreifen, kommt es natürlich vornehmlich auf die chemisch-physikalische Widerstandsfähigkeit des Formbaustoffes gegen das flüssige Gießmetall an. Ferner spielt in diesem Zusammenhang auch die Sauberkeit der Formoberfläche eine Rolle, da Formteile, die mit größter Sorgfalt feinstbearbeitet sind, weniger leicht angegriffen werden als solche mit rauherer Oberfläche. Im Betriebe ist es, wie oben schon angedeutet, vornehmlich wichtig, durch ausreichende gleichmäßige Formkühlung und durch Vermeidung jeglicher unnötigen

Überhitzung des Gießmetalls dafür zu sorgen, daß die Formwandung keine unzulässig hohen Temperaturen annimmt.

Manchmal wird die Oberfläche der Formfasson mit einem isolierenden Schutzüberzug versehen, um das Anbacken des Gußmaterials zu verhindern oder auch, um (durch Verlangsamung des Wärmeabflusses) die Oberflächenzeichnung der Gußstücke zu verringern. Ein derartiger Schutzfilm, der natürlich nur äußerst dünn sein darf, kann z. B. durch Abbrennen der Formteile in Öl erzeugt werden. Ein weiteres Mittel zur Vermeidung des Anlötens besteht darin, die Formaussparungen und Kerne von Zeit zu Zeit einzufetten. Hierdurch wird zugleich das Entfernen der Gußstücke aus der Form wesentlich erleichtert. Jedoch darf von diesem Mittel nur ein äußerst sparsamer Gebrauch gemacht werden, da das Fett bei der Berührung mit dem Gießmetall teilweise verdampft und hierdurch nach jedem Einfetten die nächstfolgenden Güsse blasig werden. Zu reichlicher Gebrauch von Fett, zu dem manche Gießer zwecks Erleichterung und Beschleunigung der Arbeit neigen, ist nicht selten die Ursache eines wesentlichen Teiles der Ausschußproduktion.

Bezüglich der Lösungsneigung von Formbaustählen in flüssigen Aluminiumlegierungen[1] wurde festgestellt, daß die Höhe der Einbaufestigkeit keine Rolle spielt, jedoch sich ein Einfluß der Oberflächenbeschaffenheit bemerkbar macht. Die geringste Neigung liegt vor, wenn die Oberfläche oxydiert, die größte, wenn die Oberfläche nitriert ist. Durch zu hohe Gießtemperaturen wird (z. B. bei AlMg7 oberhalb 700 °C) die Lösungsneigung gesteigert.

3.413 Die mechanischen Beanspruchungen beim Kernziehen und Auswerfen

Erhebliche mechanische Beanspruchungen beim Freimachen des Gußstückes können beim Vergießen von kräftig schrumpfenden Legierungen vornehmlich an Kernen und Auswerfstiften auftreten. Manche Aluminiumlegierungen sowie auch Messing üben so starke Schrumpfkräfte aus, daß nicht selten beim Kernziehen lange, dünne Kerne im Schaft abreißen oder bei größeren Kernen die Kernziehvorrichtungen beschädigt werden (z. B. die Zähne von Kernzahnstangen und Kernzugritzel ausbrechen) oder Auswerfstifte gestaucht oder verbogen werden. Derartige Schäden treten natürlich am ehesten dann auf, wenn ein Kern nicht hinreichend verjüngt ist, oder wenn das Kernziehen oder Auswerfen zu spät erfolgt, nachdem sich das Gußstück schon zu weitgehend abgekühlt hat (vgl. auch Abschnitt 3.5, besonders Kräfte beim Kernziehen),

---

[1] SCHÖNERT, K.: „Beitrag zur Verschleißbeanspruchung von Druckgießformen", Gießerei 48 (1961) H. 9, S. 257—260.

oder wenn ein Kern oder eine Formfassonwand eine Anfressung erhalten hat, die beim Kernziehen bzw. Auswerfen wie ein Unterschnitt wirkt.

3.414 Formmaterial und Formherstellung

Für die mechanische Bearbeitung ist es vornehmlich erwünscht, daß der Formbaustoff nicht allzu schwierig schneidbar ist und nicht dazu neigt, zu „schmieren" oder unsaubere, „filzige" Schnittflächen zu ergeben, da andernfalls die saubere Einarbeitung einer komplizierteren Formfasson übermäßige Kosten verursachen würde. Hinsichtlich der Warmbehandlung, die ja in den meisten Fällen notwendig ist, kommt es vor allem darauf an, daß beim Härten keine unberechenbaren Gestaltsänderungen oder gar Härterisse auftreten. Wenn eine Stahlsorte, bei der Härteverziehungen zu befürchten sind, als Formbaustoff verwendet wird, so darf die Form in weichem Zustande nicht fertig gemacht, sondern nur so weit vorgearbeitet werden, daß sie nach dem Vergüten noch eine zum Ausgleich der Härteverziehungen ausreichende Bearbeitungszugabe besitzt. Die Fertigbearbeitung muß in diesem Falle durch Schleifen erfolgen, wodurch sich die Formherstellung beträchtlich verteuert. Durch Funken-Erosion (s. Abschn. 3.6) ist auch eine Bearbeitung gehärteter Formteile möglich geworden.

3.42 Gebräuchliche Formbaustähle

Als Warmarbeitsstähle — und damit auch für die Druckgußverarbeitung geeignet — wird jene Gruppe von Edelstählen bezeichnet, die insbesondere für Werkzeuge bestimmt sind, die zur Warmverarbeitung anderer Metalle dienen. Die spezielle Eignung für diesen Zweck wird durch *Legierungszusätze* erzielt, von welchen die bekanntesten Wolfram, Molybdän, Vanadium und Chrom sind. Auch andere Metalle, z. B. Nickel, Silizium, Kobalt usw., verbessern die Warmeigenschaften, jedoch sind ihre Wirkungen in dieser Richtung im Vergleich zu den Hauptlegierungen bei dem hier betrachteten Verwendungsgebiet meist nur von untergeordneter Bedeutung.

Es ist üblich, die Warmarbeitsstähle nach bestimmten Eigenschaften zu beurteilen, welche sich im Laboratorium verhältnismäßig leicht bestimmen lassen. Dies sind vor allem die Anlaßbeständigkeit und die Warmfestigkeit oder die Warmstreckgrenze.

Die *Anlaßbeständigkeit* ist jene Eigenschaft, welche die Neigung des Stahles kennzeichnet, durch Erhitzen auf höhere Temperaturen mehr oder weniger an Härte zu verlieren. Ihre Kenntnis ermöglicht eine Beurteilung, wieweit ein Stahl gegenüber den Einflüssen einer längeren Erwärmung auf höhere Temperaturen widerstandsfähig ist. Im allgemeinen ist es so, daß der Stahl, der eine höhere Erwärmung verträgt, als besser beurteilt wird. Wesentlich dabei ist natürlich auch die Ausgangshärte des betreffenden Stahles, also diejenige Härte, die der Stahl beim Abschrecken aus der Härtetemperatur annimmt.

Die *Warmfestigkeit* wird gekennzeichnet durch jene Spannung, die bei höheren Temperaturen zur Trennung des Stahles führt. Sinngemäß ist die *Warmstreckgrenze* diejenige Spannung, bei der das Fließen des Stahles beginnt. Nebenbei sei bemerkt, daß dieser Wert bei höheren Temperaturen nur schwierig bestimmt werden kann. Man hat deshalb die sogenannte 0,2-Grenze eingeführt. Diese ist jene Spannung, bei welcher der Stahl eine bleibende Dehnung von 0,2% erfährt. Sie kann verhältnismäßig einfach bestimmt werden und liegt etwas unter dem, was als Warmstreckgrenze bezeichnet wird.

Eine weitere wesentliche Eigenschaft der Warmarbeitsstähle ist die *Wärme-* oder besser *Temperaturleitfähigkeit*. Ein Stahl ist um so besser gegen Temperaturwechsel beständig, je größer seine Wärmeleitfähigkeit ist.

Untersuchungen[1] haben ergeben, daß bei vakuumerschmolzenen Formenbaustählen eine höhere Lebensdauer der Druckgießformen vorhanden ist.

3.421 Einfluß der Legierungselemente

Der *Kohlenstoffgehalt* schwankt bei den gebräuchlichen Stählen zur Druckgußverarbeitung hochschmelzender Metallegierungen zwischen 0,30 und 0,50%. Alle technisch angewandten Stahllegierungen enthalten Kohlenstoff, der die Härtbarkeit erst ermöglicht. Die Legierungselemente, welche zur Verbesserung der Wärmeeigenschaften den Edelstählen zugesetzt sind, können nur durch den Kohlenstoff wirksam werden. Eine einwandfrei durchgeführte Wärmebehandlung ist jedoch unerläßlich, um ein gleichmäßiges Gefüge zu erhalten. Ein Kohlenstoffgehalt über 0,5% macht den Warmarbeitsstahl für Druckgußzwecke im allgemeinen zu spröde.

In Abb. 242 sind die Ergebnisse der Untersuchungen von HOHAGE, VÖLKER und v. TINTI über 3 wichtige Zusatzmetalle gezeigt.

Die Wirkung des *Wolframs* ist folgende: Härteannahme und Anlaßbeständigkeit steigen bis etwa 5% rasch an, dann langsam bis etwa 8 bis 10%. Darüber hinaus reichende Zusätze bringen keinen Gewinn mehr. Die Warmstreckgrenze nimmt ständig zu bis zu den Gehalten von 12%, die bei den Versuchen erfaßt wurden. Die Wärmeleitfähigkeit wird durch den Wolframzusatz allerdings stark verschlechtert, und zwar um so mehr, je höher der Legierungsgehalt ist.

Hieraus, insbesondere aus dem, was zur Anlaßbeständigkeit gesagt wurde, ist ohne nähere Erklärung leicht verständlich, weshalb sich in der

---

[1] „Vacuum Melted Steel Doubles Die Life", STEEL, Febr. 1963, S. 101.

Praxis eigentlich nur zwei Typen von Wolframstahl behauptet haben, und zwar die mit etwa 9% W, entsprechend Stoffnummer 2581, und die mit etwa 4,5% W, entsprechend Stoffnummer 2567. Diese Stähle werden außerdem noch mit gewissen Zusätzen von Vanadium legiert.

Beim *Molybdän* sind die Auswirkungen auf die Warmeigenschaften praktisch die gleichen wie beim Wolfram. Allerdings genügt ein wesentlich geringerer Zusatz, um die gleiche Wirkung hervorzurufen, und zwar, wie aus den Kurven in Abb. 242 hervorgeht, etwa ein Drittel der bei Wolfram benötigten Menge. Die Härteannahme verbessert sich bis zu

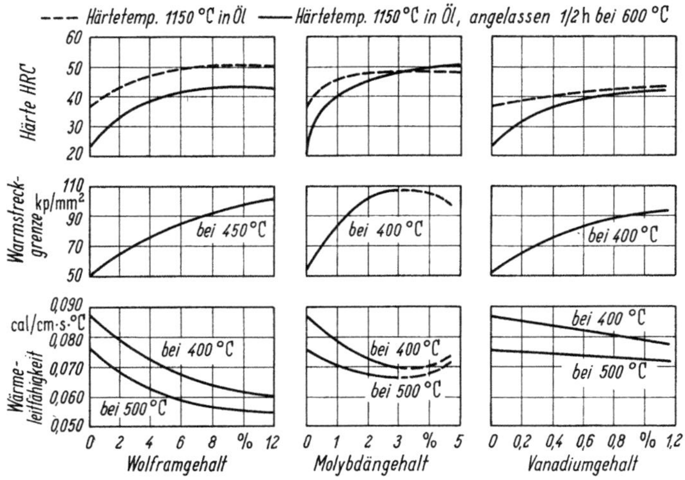

Abb. 242. Einfluß der Legierungselemente Wolfram, Molybdän und Vanadium auf die Härteannahme, die Warmstreckgrenze und Wärmeleitfähigkeit von Warmarbeitsstählen

Legierungsgehalten von etwa 2% und kann durch weiteren Molybdänzusatz kaum mehr erhöht werden. Die Anlaßbeständigkeit steigt bis zu Gehalten von etwa 2% rasch, dann weiter bis 5% verhältnismäßig langsam. Auffallend ist, daß die genannten Verfasser bei Molybdängehalten über etwa 3,5% eine Neigung zur Ausscheidungshärtung gefunden haben.

Die Warmstreckgrenze steigt schon bei verhältnismäßig geringen Molybdänzusätzen rasch an, erreicht bei etwa 3% einen Höchstwert und fällt dann wieder leicht ab. Ähnlich liegt es mit der Wärmeleitfähigkeit, die bis zu 3% Mo stark abfällt, um bei höheren Zusätzen eine Neigung zur Vergrößerung aufzuweisen. Dazu muß festgehalten werden, daß bei dem günstigsten Molybdängehalt von 3%, der wirkungsgemäß etwa 9% W entspricht, die Wärmeleitfähigkeit wesentlich günstiger liegt als bei den vergleichbaren Wolframstählen, eine Tatsache, aus der die bekannte Rißunempfindlichkeit der Molybdänstähle weitestgehend erklärt werden kann.

Vanadium wirkt praktisch in derselben Weise wie Wolfram und Molybdän, und zwar schon in geringen Mengen. Die Verbesserung der Warmeigenschaften ist allerdings nicht ganz so groß. Bei diesen Untersuchungen fällt auf, daß im Gegensatz zu der mitgeteilten Wirkung des Molybdäns bei Vanadium keine Neigung zur Ausscheidungshärtung gefunden wurde.

Es sei darauf hingewiesen, daß die in der Praxis eingeführten Stähle keineswegs nur mit einem der genannten Elemente legiert sind. Außer einem normal vorhandenen Gehalt an *Chrom* werden die Stähle mindestens mit zwei typischen Metallen legiert, und zwar entweder Wolfram und Vanadium oder Molybdän und Vanadium, manchmal verwendet man sogar Wolfram, Molybdän und Vanadium.

Als weiteres bekanntes Element zur Verbesserung der Warmeigenschaften wird *Kobalt* verwendet. Die Wirkung dieses Metalls beruht auf anderen Erscheinungen als bei den bisher behandelten Legierungszusätzen. Im Gegensatz zu diesen ist es kein Karbidbildner, es bewirkt eine Verbesserung der Warmfestigkeit der Grundmasse. In Einzelfällen wird es zusätzlich zu den besprochenen Legierungsmetallen dort verwendet, wo es auf allerhöchste Eignung der Warmarbeitsstähle ankommt.

Die drei Hauptlegierungselemente Wolfram, Molybdän und Vanadium sind in den Warmarbeitsstählen *Karbidbildner*. Sie treten im geglühten Zustand, in dem der Stahl verarbeitet wird, als mehr oder weniger komplexe Verbindungen mit dem Kohlenstoff auf. Als solche verhalten sie sich zunächst passiv und können nur zur Wirkung gebracht werden, wenn sie durch Anwendung einer genügend hohen Härtetemperatur, einem richtigen Abschreckverfahren und einer zweckmäßigen Anlaßbehandlung in der Grundmasse gelöst und anschließend daran — gegebenenfalls in submikroskopischer Verteilung — zur Ausscheidung gebracht werden.

Darüber hinaus haben die einzelnen Legierungsmetalle noch verschiedene spezifische Wirkungen. Wolframstähle enthalten ziemlich große Mengen an Karbiden, weil bei ihnen zum Erzielen einer bestimmten Wirkung verhältnismäßig viel Wolfram aufgewandt werden muß. Diese Karbide verbessern, auch wenn sie, wie bereits erwähnt, nur in submikroskopischer Verteilung zur Ausscheidung gebracht werden, das *Verschleißverhalten*, also den Widerstand gegen Abnützung.

Solche Stähle sind daher, z. B. gegen das Auswaschen durch den Gießstrahl, verhältnismäßig beständig. Durch die eingelagerten Karbide, die in gewissem Sinne als Fremdkörper wirken, sind die Wolframstähle allerdings auch ziemlich rißempfindlich bei Temperaturwechsel-Beanspruchung.

Molybdän verbessert die *Härteeigenschaften*. Es vermindert die kritische Abkühlungsgeschwindigkeit. Molybdänstähle können daher auch in großen Abmessungen an Luft gehärtet werden. Sie haben eine besondere Eignung für Warmbadhärtung, und die Verzugsgefahr bei formschwierigen Teilen ist geringer als bei Wolframstählen.

Vanadium verbessert — allerdings nur zusammen mit den bereits erwähnten Metallen — die *Anlaßbeständigkeit* viel mehr, als in Abb. 242 zum Ausdruck kommt; das aber nur unter der Voraussetzung, daß die Härtetemperatur genügend hoch gewählt wird. Die bereits erwähnte Neigung zur Ausscheidungshärtung kann nicht immer als positiv beurteilt werden. Sie verlangt eine besonders sorgfältige Wärmebehandlung, wenn mögliche unangenehme Folgen vermieden werden sollen.

Formbaustähle können auch *Nickel*, *Silizium* und *Mangan* enthalten. Ihre Wirkung durch Verbesserung der Härteeigenschaften und auch Wärmefestigkeiten wird aber im allgemeinen durch die anderen bereits in Warmarbeitsstählen eingebrachten Legierungsmetalle überdeckt. Die Entwicklung führte zuerst zu den mit Wolfram legierten Stählen, während jetzt mit Chrom-Molybdän legierte Stähle immer mehr bevorzugt werden, da sie eine bessere Temperatur-Leitfähigkeit besitzen.

3.422 Stähle für Druckgießformen

Im Anhang ist ein Auszug der Stahleinsatzliste[1] für hochbeanspruchte Teile von Druckgießformen und Druckgießmaschinen gebracht, die vom Fachausschuß Druckguß im Verein Deutscher Gießereifachleute und vom Verein Deutscher Eisenhüttenleute aufgestellt worden ist. In dieser Liste ist eine Anzahl von Warmarbeitsstählen angeführt, die für die genannten Zwecke empfohlen und erprobt wurden. Diese Stahleinsatzliste soll dazu beitragen, Fehlgriffe bei der Auswahl von Stählen für Druckgießzwecke zu vermeiden.

Metallberührte Teile von Druckgießformen für Zinn- und Bleilegierungen werden gewöhnlich aus Kohlenstoffstahl mit nicht zu hohem C-Gehalt hergestellt. Druckgießformen zur Verarbeitung von Zinklegierungen für mäßige Stückgewichte und begrenzte Stückzahlen können gleichfalls aus Kohlenstoffstahl hergestellt werden, während Formen für schwere Zinkdruckgußstücke und für hohe Stückzahlen zweckmäßig aus niedriglegierten Sonderstählen gefertigt werden. Von den hierfür geeigneten Stahlarten seien als Beispiele angeführt:

Niedriglegierter Chrom-Molybdän-Vanadium-Stahl mit

0,45% C, 0,3% Si, 1,5% Cr, 0,7% Mn,
0,7 % Mo, 0,3% V (Stoffnummer 2323)
für mittlere Beanspruchungen, ferner

[1] Siehe Anhang I, 11. Abschnitt. Maßgebend ist jedoch immer die neueste Ausgabe der Stahleinsatzliste.

Chrom-Molybdän-Stahl mit

0,06% C, 0,2 % Si, 4,0% Cr, 0,3% Mn
0,5 % Mo (Stoffnummer 2341)

für höhere Beanspruchung, mit dem Vorzug, daß dieser Stahl kalteinsenkbar ist.

Druckgießformen zur Verarbeitung von Aluminium- und Magnesiumlegierungen für große Stückzahlen und für schwere Gußstücke müssen aus hochlegierten Sonderstählen hergestellt werden. Hierfür werden vornehmlich zwei Stahlarten angeführt:

a) Die wolframhaltigen Warmarbeitsstähle der Stoffnummern 2567, 2581 und 2662, von denen letzterer die chemische Zusammensetzung (Richtwerte) hat:

0,3% C, 0,2% Si, 0,3% Mn, 2,5% Cr,
0,3% V, 9 % W, 2 % Co

Bei diesen Stählen können durch die dauernde thermische Wechselbeanspruchung mit der Zeit Temperaturwechselrisse mit einem weitmaschigen Netz entstehen. Die Temperaturleitfähigkeit der wolframlegierten Stähle ist nicht so gut wie die der wolframfreien bzw. -armen. Die Temperaturwechselrisse dringen tief in das Innere hinein, so daß die Gefahr des Abbröckelns auftreten kann[1]. Wie bereits erwähnt, bewirken jedoch Wolfram und Kobalt eine Verbesserung des Verschleißverhaltens, so daß diese Stahlart auch heute noch für größte Wärmebeanspruchung verwendet wird.

b) Die wolframfreien, vor allem neben *Chrom* mit *Molybdän* legierten Warmarbeitsstähle der Stoffnummern 2343, 2365 und 2606, letzterer allerdings noch mit einem Wolframzusatz von 1,5%.

Bei den wolframfreien Stählen ist das einmal gebildete Temperaturwechselrißnetz engmaschig, wobei der Beginn der Rißbildung im allgemeinen später wie bei den Wolframstählen eintritt. Eine Lebensdauer von 200000 bis 300000 Schuß der Gießform bei der Verarbeitung von Aluminium- oder Magnesiumlegierungen ist zu erreichen.

In Tab. 11 ist eine Auswahl härtbarer Warmarbeitsstähle nach Legierungs- und Leistungsgruppen zusammengestellt[2]. Für die Druckgußverarbeitung von Kupferlegierungen kommen daraus nur die für ein höchstes Leistungsvermögen kenntlich gemachten Stähle in Betracht.

Zu der Stahlauswahl muß noch erwähnt werden, daß die Stahlwerke außer den mit Stoffnummern bezeichneten Normalstählen auch Spezialstähle für Druckgießzwecke — meist aber nur mit kleineren Abwand-

[1] Vgl. G. Lieby: „Mängel und Fehler bei der Herstellung und im Betrieb von Druckgießformen", Gießerei 1958 H. 3, S. 60—64.

[2] Aus H. Briefs: „Metallkundliche Überlegungen an Formenstählen für die Druckgußindustrie", Gießerei 1957, H. 20, S. 588—593.

Tabelle 11.
Auswahl härtbarer Warmarbeitsstähle nach Legierungs- und Leistungsgruppen

Stahlgruppe	Richtanalyse in % C	Cr	Mo	Ni	V	W	Co		Leistungsvermögen normal	hoch	höchst	Werkstoff-Nr.
W	0,35	1,0	—	—	0,20	2,0	—	—	+			2541
	0,45	1,0	—	—	0,20	2,0	—	—	+			2542
	0,35	1,0	—	—	0,20	3,8	—	—		+		2564
	0,30	2,5	—	—	0,50	4,3	—	—		+		2567
	0,30	2,5	—	—	0,35	9,0	—	—			+	2581
	0,30	2,5	—	—	0,25	9,0	2,0	—			+	2662
Mo	0,40	1,8	0,2	—	—	—	—	+ 1,3 Mn	+			2311
	0,50	1,5	0,8	—	0,30	—	—	—		+		2323
	0,40	5,3	1,3	—	0,50	—	—	—		+		2343
					(1,0)							(2344)
	0,30	2,8	2,8	—	0,50	—	—	—		+	(+)	2365
MoW	0,40	1,4	0,5	—	0,80	0,5	—	—		+		2603
	0,40	5,5	1,5	—	0,30	1,5	—	—		+		2606
	0,30	1,2	1,4	—	0,25	2,3	2,3	—			+	—
NiMo	0,55	0,7	0,3	1,7	0,10	—	—	—	+			2713
	0,55	1,1	0,5	1,7	0,10	—	—	—		+		2714
	0,55	1,1	0,7	1,7	0,10	—	—	—		+		2744
	0,40	1,3	0,25	4,0	0,10	—	—	—		+		2766

lungen — herstellen. Die Entwicklung ist noch in vollem Flusse und in der Druckgußindustrie herrscht über die „besten Formbaustähle" keine einheitliche Meinung. Oft stellt es sich heraus, daß nicht allein die Legierungszusätze, sondern vor allem auch die Herstellungs- und Behandlungsart im Stahlwerk und die Wärmebehandlung bei der Neuanfertigung und im Betriebe einer Druckgießform für die Güte und Lebensdauer ausschlaggebend sind. So ist man zu der Erkenntnis gelangt, daß vielfach auch niedrig legierte Stähle hauptsächlich ihrer besseren Temperaturleitfähigkeit wegen für Druckgießformen zur Verarbeitung von Aluminium- und Magnesiumlegierungen verwendet werden können. Ein derartiger Stahl mit der chemischen Zusammensetzung (Richtwerte) wird angeführt:

0,45% C 0,6% Si, 0,4% Mn, 1,4% Cr
0,45% Mo, 0,8 %V, 0,5% W.

Für die Druckgußverarbeitung von Rein-Aluminium, das bekanntlich stark zum Kleben neigt, aber für elektrotechnische Zwecke gebraucht wird, wird auch der Stahl der Werkstoffnummer 2090 oder 2092 mit einer Einbaufestigkeit von 120—140 kp/mm^2 empfohlen.

Zur Druckgußverarbeitung von Kupferlegierungen hat sich auch ein Warmarbeitsstahl mit folgender Richtanalyse bewährt:

0,3% C, 0,25% Si, 0,3% Mn, 1,5% Cr,
0,6% Mo, 0,1% V, 5,2% W, 4,8% Co.

Tabelle 12. *Formenstähle für hochschmelzende Legierungen in ihrer Entwicklung zu verminderter Temperaturwechsel-Rißneigung*

Richtanalyse in % C	Cr	Mo	Ni	V	W	Co	Werkstoff-Nr.
0,3	2,5	—	—	0,4	9,0	—	2581
0,3	2,5	—	—	0,3	9,0	2,0	2662
0,3	1,5	—	—	0,4	5,0	3,0	Noch nicht festgelegt, da Sonderentwicklung
0,3	1,2	1,4	—	0,25	2,3	2,3	
0,3	2,8	2,8	—	0,6	—	2,2	
0,3	2,0	2,5	2,5	0,35	1,0	—	

Eine Entwicklungsrichtung für Formbaustähle für hochschmelzende Legierungen mit verminderter Temperaturwechsel-Rißneigung ist aus Tab. 12 zu entnehmen.

Grundsätzlich kann man folgern, daß rasch arbeitende Druckgießwerkzeuge eine höhere mittlere Formtemperatur, aber ein kleineres

Tabelle 13. *Ausbringzahlen in Abhängigkeit vom Druckguß-Werkstoff und Formstahl*

Gießwerkstoff		Unlegierter C-Werkzeugstahl	Niedrig legierter Chromwerkzeugstahl	Chrom-Molybdän-Werkzeugstahl	Chrom-Wolframstahl niedrig legiert	Chrom-Wolframstahl hoch legiert
Blei- u. Zinnlegierungen	Ausbringzahl der Gießform	200000 u. mehr	500000 u. mehr	—	—	—
Zinklegierungen	Mögliches Auftreten der ersten Haarrisse bei Stückzahl	10000	50000	200000	—	—
	Ausbringzahl der Gießform	40000 u. mehr	200000	1500000 u. mehr	—	—
Aluminiumlegierungen	Mögliches Auftreten der ersten Haarrisse bei Stückzahl	—	—	20000	10000	15000
	Ausbringzahl der Gießform	—	—	100000 u. mehr	40000	80000 u. mehr
Magnesiumlegierungen	Mögliches Auftreten der ersten Haarrisse bei Stückzahl	—	—	20000	15000	20000
	Ausbringzahl der Gießform	—	—	150000 u. mehr	50000	100000 u. mehr
Kupferlegierungen	Mögliches Auftreten der ersten Haarrisse bei Stückzahl	—	—	3000	—	3000
	Ausbringzahl der Gießform	—	—	10000	—	10000 u. mehr

Temperaturintervall ($t_{max} - t_{min}$) aufweisen und deshalb für diese ein höher legierter Warmarbeitsstahl, bei dem die Temperaturwechsel-Rißempfindlichkeit nicht an erster Stelle steht, angebrachter erscheint als umgekehrt.

Aus Tab. 13 können die Ausbringzahlen in Abhängigkeit vom Druckgußwerkstoff und Warmarbeitsstahl entnommen werden.

Für den Formrahmen sind in der Stahleinsatzliste die Stoffnummern 1740 und 2311 angegeben, doch können hierfür auch St. 70.11 und Stahlguß (evtl. mit 1% Ni) verwendet werden.[1]

3.423 Grundsätzliches über Wärmebehandlung

Jedes Formmaterial muß vor Beginn seiner Bearbeitung normalgeglüht („normalisiert") sein, so daß es völlig spannungsfrei ist. Vor Beendigung der Bearbeitung empfiehlt es sich, noch eine zweite Glühung etwa nach dem Schruppen vorzunehmen, um Spannungen, die infolge der Schneidbearbeitung etwa entstanden sind, zu beseitigen und hierbei auftretende Verziehungen bei der restlichen Bearbeitung vor dem Härten noch ausgleichen zu können. Diese Entspannung erfolgt im Glühofen bei Temperaturen von 550 bis 600 °C, wobei die Formteile vor Oberflächenreaktionen, wie Ent- und Aufkohlung sowie Verzunderung geschützt werden müssen (etwa durch Einpacken in Holzkohleasche oder in ausgebrannten gesiebten Koks oder unter Schutzgas). Die Abkühlung hat möglichst langsam zu erfolgen, am besten indem man die Werkstücke im Ofen beläßt und diesen erkalten läßt. Ein zu schnelles Abkühlen würde neue Spannungen hervorrufen. Bei Beachtung dieser Vorsichtsmaßregeln ist es in vielen Fällen möglich, die Form durch spanabhebende Bearbeitung im weichen Zustande so weit fertigzustellen, daß nach dem Härten keine nennenswerte Spanabnahme durch Schleifen erforderlich ist. Natürlich muß in diesem Falle beim Einarbeiten der Formfasson die beim Härten und Anlassen zu erwartende Größenänderung des Stahles in Rechnung gezogen werden.

Von entscheidender Bedeutung für die Brauchbarkeit einer Druckgießform ist die sorgfältigste, sachgemäße Durchführung der Warmbehandlung. In erster Linie kommt es darauf an, die richtigen Temperaturen beim Härten anzuwenden.

Die Erwärmung auf Härtetemperatur muß so erfolgen, daß kein wesentlicher Temperaturunterschied zwischen Werkzeugoberfläche und Werkzeugkern entsteht. Um ein gleichmäßiges, durchgreifendes Erwärmen zu gewährleisten, darf der Ofenraum im Vergleich zum Werkzeug nicht zu klein sein. Der Erwärmungsvorgang erfolgt zweckmäßig in mehreren Stufen, wie aus Abb. 243 hervorgeht, welches die Temperaturen

[1] Vgl. auch Anhang I, 20. Abschnitt.

und die Zeiten des Warmarbeitsstahles Stoffnummer 2343 veranschaulicht. Diese Angaben vermittelt das betreffende Stahlwerk, von dem die Druckgießerei ihre Edelstähle bezieht, und es ist peinlichst auf die Einhaltung dieser Werte zu achten.

Die erforderlichen Zeiten sind auch von der Größe der Formteile abhängig. Die Temperaturen mißt man am sichersten, indem die Meßstelle in das Innere des Formteils gelegt wird (Bohrung im Formteil vor-

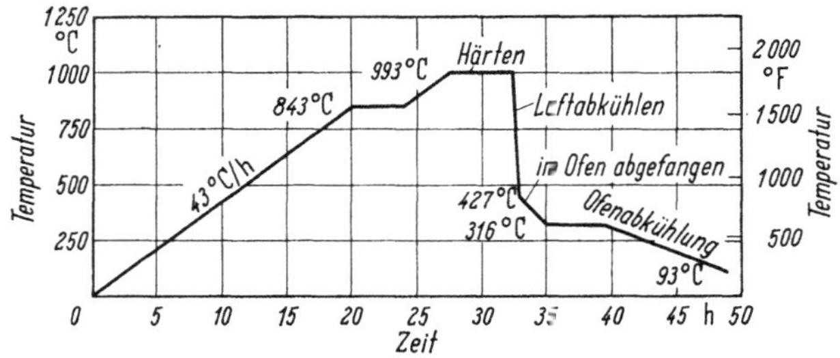

Abb. 243. Härten des Molybdänstahles 2343 (nach amerikanischen Angaben)

sehen). Man sieht, daß die einwandfreie Wärmebehandlung größte Sorgfalt und große Erfahrungen erfordert.

Auch für das Abschrecken werden genaue Angaben von den Stahlwerken gegeben. Es kann in Öl, freier Luft, Gebläsewind oder in einem Warmbad erfolgen. Der Vorteil der Warmbadhärtung liegt darin, daß die Temperaturspannungen von den durch die Gefügeumwandlung verursachten Spannungen getrennt werden. Die Härtetemperatur ist bei Warmarbeitsstählen viel höher als bei gewöhnlichen Kohlenstoffstählen. Dies ist notwendig, damit die durch die Legierungsmetalle entstandenen Karbide restlos in Lösung gebracht werden. Dabei muß man allen Vorgängen während der Wärmebehandlung genügend Zeit lassen, um eine volle Wirkung zu erzielen.

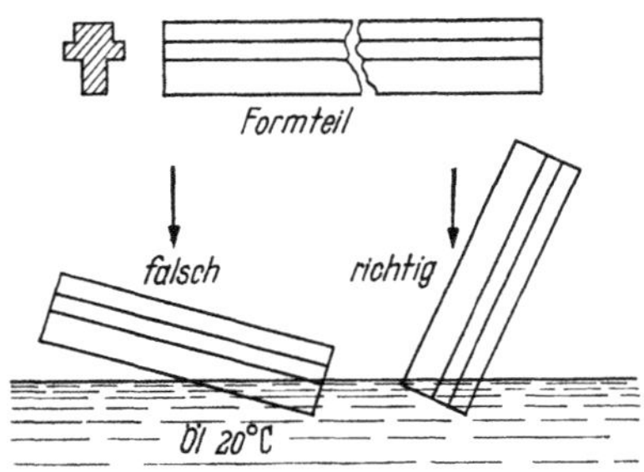

Abb. 244. Richtige und falsche Abschreckstellung

Die Art und Weise wie die Formteile beim Abschrecken in das Kühlmittel eingetaucht werden ist von großer Bedeutung. Auch unterschiedliche Querschnitte sollen beim Abschrecken gleichmäßig erkalten. Ganz allgemein kann man angeben, daß lange Teile senkrecht, hohle Teile mit der Höhlung nach oben und ungleichmäßig dicke Teile mit der dickeren Seite zuerst eingetaucht werden müssen. In Abb. 244 ist eine richtige und falsche Abschreckstellung gezeigt. Beim Abschrecken an der Luft sind ebenfalls entsprechende Maßnahmen erforderlich, um ein gleichmäßiges Erkalten zu erreichen (dünne Querschnitte zuerst vor Luftstrom schützen und erst wenn bei den dickeren Querschnitten die Erkaltung fortgeschritten ist auch die dünneren vom Luftstrom bestreichen lassen).

Nachfolgend sind die häufigsten Fehler beim Härten von Werkzeugstahl, deren Ursachen und Behebung aufgeführt[1] (s. S. 336 und 337).

Das gehärtete Formteil kann beträchtliche Spannungen aufweisen. Diese können oft ohne ersichtlichen Grund auch nach längerer Zeit nach dem Härten zu Rissen führen. Die gehärteten Teile sind deshalb sofort nach dem Härten ohne vorheriges längeres Lagern anzulassen, bzw. zu entspannen. Durch das Anlassen wird die Zähigkeit und Elastizität des Werkzeugs erhöht und seine Härte vermindert. Das Anlassen darf keinesfalls schnell erfolgen und geschieht meist in einem Salzbad-Luftumwälz-

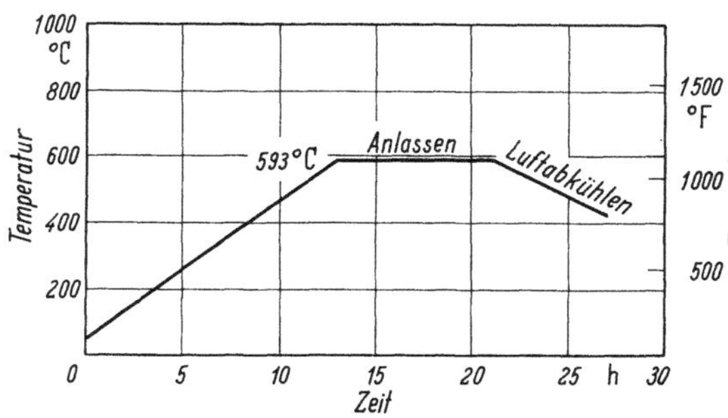

Abb. 245. Anlassen des Molybdänstahles 2343 (nach amerikanischen Angaben)

oder auch gas- bzw. ölgeheizten Ofen. Aus Abb. 245 können die Temperaturen in Abhängigkeit von der Zeit für das Anlassen eines Warmarbeitsstahls Stoffnummer 2343 entnommen werden.

Beim Anlassen von Warmarbeitsstählen besteht eine gesetzmäßige Beziehung zwischen Anlaßtemperatur und Anlaßzeit. Diese ist so groß, daß z. B. eine Absenkung der Anlaßtemperatur um nur 12,5 °C eine Verdoppelung der Anlaßzeit im Hinblick auf die gleiche Festigkeit verlangt. Das Anlassen ist eine für die Leistung des Formbaustahles entscheidende Wärmebehandlung und sollte möglichst in einem doppelten Anlassen durchgeführt werden. Das zweite Anlassen geschieht im allgemeinen mit einer um 30 bis 50 °C niedrigeren Anlaßtemperatur gleich im Anschluß an das erste Anlassen.

Die Formfasson einer Druckgießform sollte im Dauerbetrieb nur eine Temperatur annehmen, die mindestens 100 °C unter der mit den üblichen Anlaßzeiten von 2—4 Stunden gewählten Anlaßtemperatur liegt, um eine genügende Anlaßbeständigkeit zu erreichen. Für diese Spanne wurde das Wort „Sicherheitsspanne", also ein auch für den Praktiker einpräg-

[1] Es können mehrere Fehler gleichzeitig auftreten. Aus W. Haufe: „Verhütung und Beseitigung häufig auftretender Härtefehler" Industrieanzeiger, 78. Jahrgang (1956) Nr. 26, S. 357—359.

Härtefehler	Folgen	Behebung
Werkzeug wurde nicht bis auf die richtige Härtetemperatur erwärmt	Keine oder nur ungenügende Härteannahme, Feile greift an. Bruch ähnlich dem des ungehärteten Stahles	Nach kurzem Ausglühen Härtung bei richtiger Temperatur wiederholen
Werkzeug wurde zu hoch erwärmt („überhitzt“)	Genügende Härteannahme, Feile greift nicht an; häufig Härterisse, starkes Verziehen, Ausspringen beim Arbeiten. Bruch fein- bis grobkörnig, glänzend	Werkzeuge mit Härterissen sind meist unverwendbar. Werkzeug ausglühen, bei stärkerer Überhitzung überschmieden und nochmals ausglühen und dann bei richtiger Temperatur härten
Werkzeug wurde sehr stark überhitzt („verbrannt“)	Genügende Härteannahme, Feile greift nicht an, Reißen beim Härten, Ausspringen beim Arbeiten. Bruch grobkörnig, stark glänzend	Ein verbranntes Werkzeug kann nicht mehr verwendbar gemacht werden
Werkzeug wurde während des Erwärmens an der Oberfläche entkohlt (zu geringe Bearbeitungszugabe hat die gleichen Folgen)	Scheinbar ungenügende Härteannahme. Feile greift an der Oberfläche an, unter der weichen Oberfläche häufig gute Härte. Im Bruch außen oft flußeisenartiger Rand, darunter der Härtung entsprechendes Härtekorn	Entfernen der entkohlten Schicht durch Überschleifen. Bei tiefer Entkohlung Werkzeug ausglühen, genügend überarbeiten und neu härten
Werkzeug wurde zu rasch, nicht durchgreifend und ungleichmäßig erwärmt	Ungleichmäßige Härte, Feile greift stellenweise an, Werkzeug reißt leicht, Ecken springen schalenförmig ab. Bruch ungleichmäßig, meist gleichzeitig ungehärtetes, richtig gehärtetes und überhitztes Korn	Ausglühen und nochmaliges richtiges Härten
Werkzeug wurde nicht genügend kräftig abgelöscht (Ablöschmittel zu warm, isolierende Dampfschicht)	Ungenügende Härteannahme, besonders an großen Flächen, Feile greift stellenweise an. Im Bruch nur an Kanten richtig gehärtet, sonst ungehärtetes Korn	Nach Ausglühen Härtung unter kräftigerem Abschrecken und entsprechendem Bewegen oder mittels Sprudels wiederholen

Härtefehler	Folgen	Behebung
Werkzeug wurde in einem für den vorliegenden Stahl oder Zweck zu milden Härtungsmittel (z. B. Öl, Luft) abgeschreckt	Ungenügende, meist ungleichmäßige Härteannahme, Feile greift stellenweise an. Bruch an den weichen Stellen ähnlich dem des ungehärteten Stahles	Härtung nach Ausglühen in einem kräftigeren Ablöschmittel wiederholen.
Werkzeug wurde in einem für den vorliegenden Stahl oder Zweck zu kräftigen Härtungsmittel (z. B. Salzwasser) abgeschreckt	Gute Härteannahme, Feile greift nicht an, Härterisse, starkes Verziehen, Werkzeug ist spröde. Bruch zeigt tiefe, oft durchreichende Härtung	Bei den noch verwendbaren Werkzeugen Sprödigkeit durch stärkeres Anlassen mildern oder Werkzeuge ausglühen und richtig härten
Zu schnelle Erwärmung beim Anlassen	Spannungsrisse, meist mit Anlauffarben	Meist unverwendbar. Sonst ausglühen, aufarbeiten, neu härten und vorsichtig anlassen.

samer Begriff, vorgeschlagen. Wird also ein Formteil, z. B. aus dem Warmarbeitsstahl Stoffnummer 2567 mit 2—4 h 650 °C auf etwa 140 kp/mm² angelassen, so sollte es im Dauerbetrieb oberflächlich nicht wärmer als 550 °C werden.[1]

In Abb. 246 ist die Zugfestigkeit von Warmarbeitsstählen in Abhängigkeit von der Anlaßtemperatur gezeigt. In diesem Zusammenhang taucht auch die Frage der bestmöglichen Einbaufestigkeiten auf, die in der Stahleinsatzliste angegeben sind. Eine höhere Einbaufestigkeit bedeutet zwangsläufig eine niedrigere Anlaßtemperatur und umgekehrt. Beim Arbeiten sollte die Anlaßtemperatur keinesfalls (auch nicht stoßweise) über-

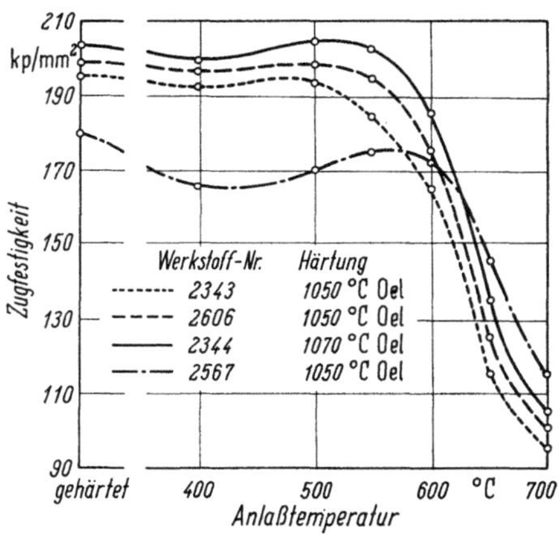

Abb. 246. Zugfestigkeit von Warmarbeitsstählen bei Raumtemperatur in Abhängigkeit von der Anlaßtemperatur (Anlaßzeit 2 h)

[1] Nach H. Briefs: „Härtbare Werkzeugstähle für Druckgießformen" aus Broschüre Druckguß, Vulkan-Verlag Dr. W. Classen, Essen, Haus der Technik (Vortragsveranstaltung 17. 10. 61); daraus sind auch sogenannte Anlaßhauptkurven (von den Stahlwerken erhältlich) zu entnehmen.

schritten werden (t_{max}), da sonst ein örtlicher Festigkeitsabfall eintreten, der ein frühzeitiges Auswaschen der Formfasson mit sich bringen kann. Bei dem mehrfach erwähnten Stahl Werkstoffnummer 2343 wird beispielsweise in USA eine Verwendungshärte von 46 Rc-Einheiten empfohlen, was einer Einbaufestigkeit von etwa 155 kp/mm² entspricht. Kerne, Formeinsätze und Auswerfer erhalten in der Regel eine höhere Einbaufestigkeit als die Formplatten. Es wird auch ein sogenanntes Daueranlassen zur Leistungssteigerung der Warmarbeitsstähle empfohlen, d. h. es erfolgt nach einer bestimmten abgegossenen Menge (z. B. bei Leichtmetall-Legierungen nach 20000 Schuß) ein wiederholtes Anlassen, und zwar möglichst bevor die Druckgießform bis zur nächsten Gießserie auf Lager genommen wird. Aus Tab. 14 können die bei entsprechender Wärmebehandlung erzielbaren Einbaufestigkeiten von einigen gebräuchlichen Warmarbeitsstählen für Druckgießformen entnommen werden.

Als Wärmebehandlung wird bei Warmarbeitsstählen noch die sogenannte Zwischenstufenvergütung, auch isotherme Härtung genannt, vorgenommen. Das Abschrecken erfolgt hier in einem Zwischenbad (meist Salzbad) mit einer Temperatur von 280 bis 360 °C und das Formteil verbleibt dort solange, bis es diese Temperatur angenommen, so daß die Gefügeumwandlung sich völlig vollzogen hat. Bei Anwendung einer Zwischenstufenvergütung sind genaue Vorschriften vom Stahlwerk anzufordern, da das Umwandlungsverhalten stark von der Herstellungsweise des Stahles abhängig ist.[1]

Bei nicht zu verwickelten Formfassonen hat man in der Praxis öfter die Erfahrung gemacht, daß eine verhältnismäßig niedrige Einbaufestigkeit, die bei etwa 130 kp/mm² liegt, den Beginn von Temperaturwechselrissen wesentlich hinauszögern kann (insbesondere bei der Druckgußverarbeitung von Magnesiumlegierungen). Diese Beobachtung ist wohl auf die geschmeidigere Formoberfläche zurückzuführen, welche der Wechselbeanspruchung längere Zeit Widerstand leisten kann.

Warmarbeitsstähle sollten vom Rohblock her eine vier- bis fünffache Durchschmiedung haben, damit eine etwa vorhandene Orientierung des

---

[1] Für Druckgießformen zur Herstellung sehr maßgenauer Teile werden auch Warmarbeitsstähle verwendet, die vom Formhersteller nicht gehärtet zu werden brauchen. Der Stahl wird vom Stahlwerk für Formen zur Verarbeitung von Zink-Legierungen mit einer Festigkeit von ca. 125 kp/mm², Leichtmetall-Legierungen mit einer Festigkeit von ca. 140 kp/mm² angeliefert. Trotzdem ist noch eine brauchbare Zerspanbarkeit bei weitgehender Unempfindlichkeit gegen Temperaturwechsel, befriedigende Warmfestigkeit und geringe Klebeneigung vorhanden. Allerdings muß bei der Anfertigung der Formfasson mit einem Mehraufwand an Lohn (+ 20 bis 30%) gerechnet werden. Für eine derartige Verfahrensweise hat sich ein Warmarbeitsstahl mit der Richtanalyse 0,4% C, 5,0% Cr, 1,5% Mo und 1,1% V (entspricht nahezu Werkstoff-Nr. 2344) als besonders geeignet erwiesen.

Tabelle 14. *Behandlungsvorschriften zur Erzielung bestimmter Einbaufestigkeiten bei Warmarbeitsstählen*

Stahl	Werkstoff Nr.	Warmbehandlung Weichglühen Temperatur (°C)	Härten Temperatur (°C)	Härten Härtemittel	Härten Härteannahme (kp/mm²)	Anlassen Temperatur (°C)	Anlassen Einbaufestigkeit[1] (kp/mm²)
1	2311	710–750	830–870	Öl	200	500 550 600	145 135 120
2	2323	740–780	880–950	Öl	210	550 600 650	160 145 125
3	2343	760–810	980–1040	Öl Luft	200	600 650 700	180 140 100
4	2365	720–740	1000–1100	Öl Luft	190	600 650 700	185 160 110
5	2564	760–800	960–1000	Wasser	180	550 600 650	150 145 135
			1000–1050	Öl	150	550 600 650	160 155 145
6	2567	740–780	1050–1100	Öl Luft	180	600 650 700	175 155 115
7	2581	750–780	1080–1150	Öl Luft	180 150	600 650 700	175 160 120
8	2584	760–780	1150–1200	Öl Luft	240 210	600 650 700	230 190 125
9	2606	740–780	980–1050	Öl Luft	200 180	600 650 700	170 125 100
10	2662	780–800	1100–1150	Öl Luft	180 150	600 650 700	175 155 120

Gefüges aufgehoben wird. Eine Einzelschmiedung von größeren Formplatten wirkt sich auf das Betriebsverhalten der daraus hergestellten Druckgießform günstig aus.

3.424 Zusätzliche Oberflächenbehandlung

Schon vor der Wärmebehandlung muß die Formfasson eine tadellose Oberflächenbeschaffenheit besitzen und sollte keine Feilenstriche oder

[1] Nur Richtwerte, da diese sehr stark von der Ausführung des Anlaßvorgangs abhängig sind.

sonstige Riefen aufweisen. Der Stahlformenbauer sagt, sie muß einwandfrei „geriffelt“ oder poliert sein, denn kleinste Vertiefungen können den Anlaß zu Beginn einer Temperaturwechsel-Rißbildung geben.

Durch das Anlassen entsteht eine Anlaßhaut (Eisenoxydulschicht), die möglichst nicht mehr abgearbeitet werden sollte, da sie die Klebeneigung[1] verringert. Diese Anlaßhaut muß jedoch entweder mit einer weichen Bürste und Öl gereinigt oder besser noch durch *Druckstrahl-Läppen*[2] geglättet werden. Das Druckstrahl-Läppen beruht darauf, daß ein Gemisch aus Wasser und Läppmittel einer Spritzdüse unter hydraulischem Druck zugeführt wird. In der Düse erfolgt eine Mischung und Beschleunigung des Wasser-Läppkorngemisches durch Druckluft, so daß der Strahl mit großer Geschwindigkeit (etwa 400 m/s) die Düse in Richtung des zu behandelnden Werkstückes verläßt.

Es hat sich gezeigt, daß mit Hilfe des Druckstrahl-Läppens eine feine, samtartige Oberfläche der Formfasson entsteht, die Standzeit der Druckgießform erhöht, dem hergestellten Druckgußteil eine gute Oberflächenbeschaffenheit verliehen und dazu die Nachbearbeitungszeit der Formteile nach dem Anlassen wesentlich verkürzt wird. Wie aus Abb. 247 hervorgeht, besteht eine Abhängigkeit der Läppkorngröße zur Rauhigkeit der vorhandenen und erzielbaren Oberfläche, d. h. wenn das Läppkorn im Verhältnis zur Anfangsrauhigkeit zu klein ist, läßt sich keine Wirkung erzielen. Zur Behandlung der Druckgießformen kann ein verhältnismäßig feines Korn verwendet werden.

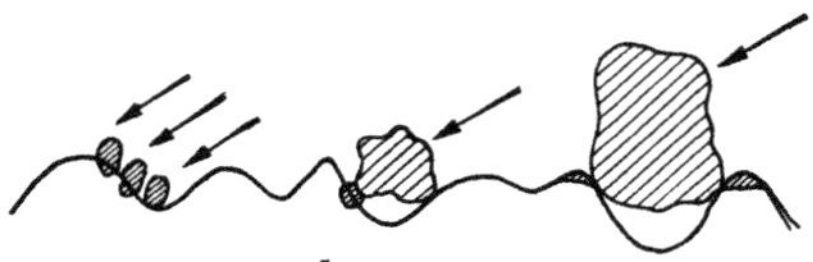

Abb. 247. Läppkorngröße und Rauhigkeit beim Druckstrahl-Läppen (stark vergrößert dargestellt). a zu klein, b richtig, c zu groß

Die durch das Druckstrahl-Läppen erzielte Oberflächenschicht ist auch zum Einbrennen eines geeigneten Druckguß-Trennmittels sehr günstig. Zu diesem Zweck wird die Formfasson mit dem Trennmittel (oder Öl) mehrmals bestrichen und abgebrannt. Derartige isolierende Überzüge auf den Formflächen können das Temperaturgefälle ($t_{\max} - t_{\min}$) zwischen Oberflächenhaut und tieferliegendem Formstoff-

[1] Das sogenannte „Kleben“ des Druckgußwerkstoffes an den Formwänden rührt oft auch von messerdünnen Anschnitten und hoher Einströmgeschwindigkeit her. Man kann sich den Beginn des Klebens so vorstellen, daß zunächst das Metall in feinen Kügelchen in den Formhohlraum „gespritzt“ wird und diese Kügelchen mit der Formfläche eine mechanische Bindung eingehen. Daraus folgert, daß derartige Erscheinungen hauptsächlich in der Nähe des Anschnittes auftreten. Eine regelmäßige Anwendung von Schmier- oder Trennmitteln kann das Kleben — jedoch nicht die Erosion (Auswaschen) des Stahlmaterials — verhindern bzw. einschränken.

[2] In Deutschland werden Druckstrahl-Läppanlagen von verschiedenen Firmen hergestellt.

material herabmindern und damit zu einer längeren Lebensdauer der Druckgießform beitragen.

Das *Nitrieren*, ein Einlagern von harten Nitriden in die Oberflächenschicht der Formfasson, wodurch die darunter liegende Stahloberfläche geschützt werden soll, bringt besonders bei beweglichen Formteilen wie Kerne, Schieber und Auswerfer Vorteile. Die letzteren neigen nicht mehr so zum „Fressen".

Das Nitrieren erfolgt in besonderen Salzbädern[1] oder in einem gasförmigen Ammoniakstrom, wobei im letzteren größere Nitriertiefen erreicht werden können. Die Nitrierschicht ist sehr dünn (normalerweise nur einige Hundertstelmillimeter stark) und spröde, so daß sie notfalls öfters erneuert werden muß. Es wird auch empfohlen, die Formteile nach dem Nitrieren 2 bis 3 Stunden ohne Luftzutritt auf einer Temperatur von etwa 680 °C zu halten und langsam erkalten zu lassen, bevor sie zum Einsatz gelangen.

Eine Abart des Nitrierens ist das Pastennitrieren oder Nilotieren. Es gelangt hier eine stickstoffabgebende Paste zur Anwendung, die auf die Formfasson in einer Stärke von etwa 2 bis 4 mm aufgetragen wird. Dann erfolgt unter Luftabschluß (Formteil in ausgebrannten, gesiebten Koks oder Meilerholzkohlenasche mit 3—4 mm Körnung verpackt) eine Erhitzung auf 500 bis 560 °C, wobei die Nitriertiefe in 4 Stunden etwa 0,004 mm, in 8 Stunden 0,008 mm beträgt. Gerade die nicht zu tiefe Nitrierschicht wird beim Nilotieren als Vorteil angesehen, da sie beim Temperaturwechsel im Betrieb nicht so gerne abplatzt.

Das *Hartverchromen*, eine galvanisch auf die Formfasson aufgebrachte Hartchromschicht, bewährt sich besonders für kleinere, hochbeanspruchte Kerne und Formeinsätze. Die Verchromung ist verhältnismäßig schwierig durchzuführen und teuer, da sie für komplizierte Formfassonen Sonderanoden bedingt. Man kann jedoch für hochbeanspruchte Formteile auch das Diffusionsverchromen anwenden. Nach der Verchromung ist es vorteilhaft, das Formteil bei einer Temperatur von 150 °C langzeitig zu erwärmen. Dadurch fällt die Härte von 900 HV (Vickers-Härte) auf etwa 750 HV herunter, wodurch das Haften der Chromschicht auf dem Warmarbeitsstahl bei den Betriebsbeanspruchungen verbessert wird. Bezüglich der Schichtdicke sollte man nicht unter 20 μ heruntergehen, aber sie auch nicht stärker als 40 μ wählen.

Auch das *Phosphatieren* wird für die Formfasson, nicht aber für bewegliche Formteile, als Oberflächenbehandlung empfohlen. Der Phosphatüberzug bewirkt vor allem eine gute Haftfähigkeit des immer wieder aufzutragenden Trenn- bzw. Schmiermittels an den Formwänden.

---

[1] Können von Degussa geliefert werden.

Eine weitere Oberflächenimprägnierung ist für beanspruchte Formteile in dem *Sulf-Inuz-Verfahren*[1] gegeben. Es besteht darin, daß die Stahlteile in eine Schmelze aus Cyaniden und Schwefelverbindungen bei Temperaturen von 500 bis 600 °C gebracht werden, wobei Stickstoff, Schwefel und Kohlenstoff in die Oberfläche eindiffundieren. Mit derartig behandelten Formteilen sind sowohl in bezug auf Lebensdauer als auch Verschleiß Erfolge erzielt worden.

3.425 Weitere mögliche Werkstoffe für Druckgießformen

Oberflächengehärtetes Gußeisen mit einem Nickelzusatz von etwa 1,5% wurde schon für die Druckgußverarbeitung von Zink- und Aluminiumlegierungen verwendet. Der Verschleißwiderstand ist jedoch gering, so daß man über 5000 Schuß als Lebensdauer bei Aluminiumlegierungen nicht hinausgehen kann. Auch die Verwendung von legiertem Gußeisen mit Kugelgraphit ist bei kleineren Leistungen denkbar[2]. Die Temperaturwechsel-Rißneigung ist bei Gußeisen verschwunden, jedoch sind scharfe Kanten, vorstehende, dünne Partien unmöglich, da sie bald abbröckeln können.

Nickellegierungen, die Kobalt, Chrom und Molybdän enthalten, haben sich für verwickelte Kerne bei der Druckgußverarbeitung von Aluminiumlegierungen bewährt[3]. Sie scheinen insbesondere als Formbaustoff für hochschmelzende Druckgießmetalle (z. B. Kupferlegierungen) geeignet zu sein. Allerdings ist das Einsenken von Formhohlräumen in die Formplatten wegen der dabei auftretenden starken Rißbildung kaum durchführbar.

Gesinterte Formteile aus Wolframkarbid sind ebenfalls möglich. Die Anwendung und Erprobung von Wolframkarbid eröffnet Aussichten für die vermehrte Druckgußverarbeitung von hochschmelzenden Schwermetall-Legierungen.

Auch aus Molybdän wurden schon Formteile für Druckgießwerkzeuge erprobt. Sintermolybdän besitzt eine gute Widerstandsfähigkeit gegen Temperaturwechsel, eine hohe Warmfestigkeit, eine hohe Wärmeleitfähigkeit und geringe Wärmeausdehnung, einen hohen Schmelzpunkt und eine befriedigende Bearbeitbarkeit, so daß Molybdän als Werkstoff für Formteile sehr zukunftsreich sein kann. Kerne aus Molybdänlegierungen[4] verziehen sich nicht, werden durch das strömende Metall nicht

[1] Nähere Auskunft durch Degussa erhältlich.

[2] Vgl. in diesem Zusammenhang auch die interessanten Ausführungen in der Arbeit von W. Patterson und Döppe, R.: „Gußeisen als Werkstoff für Formgußkokillen", Gießerei 50 (1963), H. 8, S. 226–234.

[3] Nach Untersuchungen der Druckguß-Forschungsgesellschaft in den USA.

[4] Vgl. R. W. Burmann: „New Die Casting Cores show long Life" Precision Metal Molding, Juni 1962; sowie H. Braun: „Metallisches Molybdän" „Metall", 16. Jg. (1962) H. 7 und 10, S. 646–655 und 990–997. Diese Arbeit vermittelt einen Überblick über Molybdän und Molybdänlegierungen.

ausgewaschen und neigen nicht zum Kleben gegenüber Aluminiumlegierungen an den Formwänden (auch an Schrumpfflächen).

Beryllium-Kupfer, eine Dreistofflegierung mit 0,5 bis 3% Be, geringen Mengen Kobalt oder Nickel und als Hauptmetall Kupfer, hat sich bereits für die Druckgußverarbeitung von Zinklegierungen bewährt, wobei Schußzahlen von über 200000 erreicht worden sind. Das Material ist härtbar und eine Rockwellhärte von 45 bis 55 Einheiten kann erreicht werden. Die Formteile können auch unter Anwendung geringer spezifischer Drücke gegossen werden, so daß an spanabhebender Bearbeitung eingespart wird. Beryllium-Kupfer läßt sich auch gut hartverchromen.

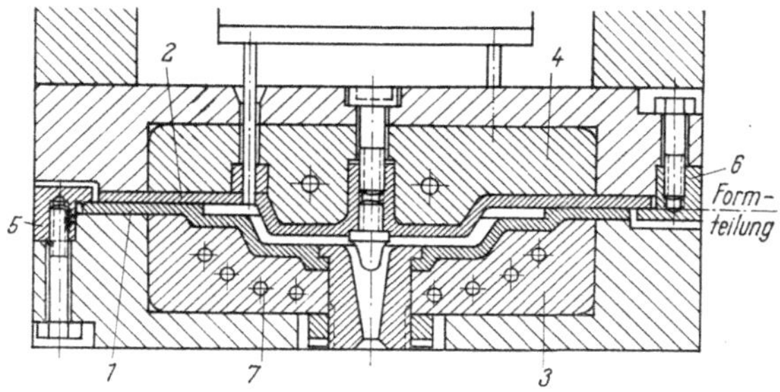

Abb. 248. Druckgießform in Misch-Bauweise

1 Formhaut (eingußseitig), *2* Formhaut (auswerfseitig), *3* Beryllium-Kupfer (eingußseitig) *4* Beryllium-Kupfer (auswerfseitig), *5* Pratzen (eingußseitig), *6* Pratzen (auswerfseitig), *7* Kühlbohrungen

Das Material besitzt naturgemäß eine ausgezeichnete Temperaturleitfähigkeit. Um die letztere für Druckgießformen so wichtige Eigenschaft ausnützen zu können, wird in Abb. 248 eine Bauweise in Mischkonstruktion[1] vorgeschlagen. Die verhältnismäßig dünne Materialstärke des Warmarbeitsstahles, der den Formhohlraum umschließt, kann sich beim Temperaturwechsel ausdehnen und durch seine Anlage an das darunter liegende Beryllium-Kupfer oder eine andere Kupferlegierung wird eine gute Wärmeabführung erreicht. Die Befestigung der sogenannten Formhaut ist so gewählt, daß sie sich in Richtung der Formteilung etwas ausdehnen und wieder zusammenziehen kann.

Durch die Anwendung der Funkenerosion[2] zur Bearbeitung der Formfasson ist auch die Verwendung gewisser austenitischer, naturharter Stähle als Formbaustoff in den Bereich der Möglichkeit getreten. Wärmeschockversuche[3] haben ergeben, daß der austenitische 18/8-Cr-Ni-Stahl bis etwa 600 °C den üblichen niedrig legierten Stählen überlegen ist, darüberhinaus aber auch rißanfälliger wurde.

---

[1] Diese Ausführung ist patentrechtlich geschützt. [2] Vgl. Abschnitt 3.6.

[3] Rädeker, W.: „Rißbildung in niedrig legierten Stählen durch schroffen Temperaturwechsel“, Stahl und Eisen 74 (1954) S. 929—943.

3.5 Beanspruchungsprobleme bei Druckgießformen

Um eine Druckgießform richtig gestalten, vorteilhaft herstellen, einwandfrei wärmebehandeln und gut instand halten zu können, ist die Kenntnis der auftretenden Kräfte und Beanspruchungen unbedingt erforderlich. Nachstehend soll daher versucht werden, einige wichtige *Beanspruchungsprobleme* aufzuzeigen.

Es wird dabei der Hauptwert auf eine mögliche rechnerische Erfassung der vielfältigen Beanspruchungsarten gelegt, denn nur dann kann der Formenkonstrukteur mit erarbeiteten Erkenntnissen etwas anfangen.

3.51 Betrachtung der äußeren Kräfteeinwirkungen

3.511 Kräfte durch den Schließdruck

Bei den meisten Druckgießmaschinen entfernt sich nach dem Gießvorgang die Auswerfformhälfte von der feststehenden Eingußformhälfte. Die Trennfläche dieser beiden Hauptbestandteile einer Druckgießform ist die Formteilung, die von der Gestalt des herzustellenden Gußstückes, also vom Formhohlraum abhängig ist.

Erste Grundbedingung ist, daß der sogenannte *Formzusammenhaltedruck* Q stets größer sein muß als der Gegendruck P, der sich durch den wirksamen spezifischen Gießdruck mal der beaufschlagten Fläche des Formhohlraumes berechnen läßt. Also muß $Q > P$ sein, wobei sich gleich die Frage erhebt, um wieviel Q größer gewählt werden sollte, um ein sicheres Zusammenhalten der Druckgießform während des Schusses zu gewährleisten. Als untere Grenze kann man annehmen, daß

$$Q \geqq \frac{5}{4} P \quad \text{oder} \quad Q \geqq 1{,}25\, P$$

sein sollte.

Als *spezifischen Gießdruck* kann man bei dieser Bedingung für die Metallegierungen den in der Druckkammer etwa über einen hydraulisch betätigten Druckkolben erzeugten spezifischen Gießdruck zugrunde legen, wobei sich durch die Reibungsverluste eine weitere Sicherheit einstellt[1]. Bezeichnet man mit F_p die Projektionsfläche des Formhohlraumes, mit p_g den spezifischen Gießdruck, so ergibt sich

$$P = p_g \cdot F_p$$

wenn die Symmetrieachse oder besser der Flächenschwerpunkt der Formfasson in ihrer Projektion mit der Wirkungslinie von Q normalerweise der

[1] Da sich der spez. Gießdruck p_g bzw. ein Nachdruck p_n nur am Ende der Formauffüllung in seiner ganzen Höhe nach den Gesetzen der Hydraulik auswirkt, wobei der gesamte Formhohlraum mit vollständig flüssigem Metall gefüllt angenommen wird, was in Wirklichkeit selten zutrifft, ist bei allen Kräfte- und Festigkeitsberechnungen mit p_g (bzw. p_n) eine zusätzliche Sicherheit enthalten.

Maschinenmitte, zusammenfällt, wie es in Abb. 249 der Fall ist. Man kann demnach die aufgestellte Hauptbedingung auch schreiben

$$Q = 1{,}25 \cdot p_g \cdot F_p \tag{36}$$

Diese Bedingung ist einfach zu erfüllen, wenn Einguß- und Formhohlraumfläche eine gemeinsame Symmetrieachse haben, die mit der Wirkungslinie der Formzuhaltekraft Q zusammenfällt. Oftmals ist es jedoch, durch Eingußlage, Maschinenbauweise und Anordnung von Seitenkernen bedingt, nicht möglich, die Symmetrieachse oder die Flä-

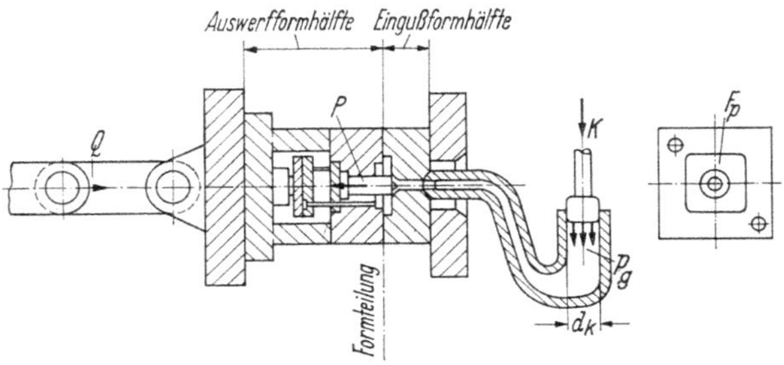

Abb. 249. Druckgießform, bei der Formsprengkraft P mit der Wirkungslinie der Formzusammenhaltekraft Q zusammenfällt

chenschwerpunktachse des Formhohlraumes genau in die Wirkungslinie von Q zu bringen. Die Folge davon sind ungünstige Momente, welche die Druckgießform zum Klaffen bringende Kräfte hervorrufen können. Ein besonders ungünstiger Einbau ist aus Abb. 250 zu ersehen. Die Gleichgewichtsbedingung in bezug auf Punkt a (Kippkante) ist

$$Q \cdot l_0 = P_1 (l_0 + l_1) + P_2 (l_0 + l_2)$$

oder da

$$P_1 = p_g \cdot F_1 \quad \text{und} \quad P_2 = p_g \cdot F_2 \quad \text{ist}$$

$$Q \cdot l_0 = p_g F_1 (l_0 + l_1) + p_g F_2 (l_0 + l_2)$$

$$Q = \frac{p_g [F_1 (l_0 + l_1) + F_2 (l_0 + l_2)]}{l_0}$$

Bei einer solchen Anordnung ist es einleuchtend, daß die Momentwirkung durch Vergrößerung der Formhälften an der Eingußseite um die Kippkante a vermindert werden kann, denn l_0 wird dadurch größer, d. h., da l_0 in obiger Gleichung im Nenner steht, wird Q kleiner, und aus Punkt a wird a'.

Man ist nun auch in der Lage, etwa die Größe von l_0 bei einer vorliegenden Anordnungsweise zu bestimmen, wenn die Mindestforderung $Q = 1{,}25\, P$ eingehalten werden soll. Aus der Grundgleichung für die Gleichgewichtsbedingung (vgl. Abb. 250) heraus kann man auch schreiben

$$Q = \frac{P_1 l_0}{l_0} + \frac{P_1 l_1}{l_0} + \frac{P_2 l_0}{l_0} + \frac{P_2 l_2}{l_0} = P_1 + \frac{P_1 l_1}{l_0} + P_2 + \frac{P_2 l_2}{l_0}$$

und daraus

$$Q - P_1 - P_2 = \frac{P_1 l_2 + P_2 l_2}{l_0} \quad \text{und} \quad l_0 = \frac{P_1 l_1 + P_2 l_2}{Q - P_1 - P_2}$$

oder da

$$P_1 = 1{,}25\, p_g F_1 \quad \text{und} \quad P_2 = 1{,}25\, p_g F_2 \quad \text{ist,}$$

$$l_0 = \frac{1{,}25\, p_g (F_1 l_1 + F_2 l_2)}{Q - 1{,}25\, p_g F_1 - 1{,}25\, p_g F_2}$$

Diese Gleichung kann auch geschrieben werden

$$l_0 = \frac{1{,}25\, p_g (F_1 l_1 + F_2 l_2)}{1{,}25\, p_g \left(\frac{Q}{1{,}25\, p_g} - F_1 - F_2\right)}$$

und damit schließlich

$$l_0 = \frac{F_1 l_1 + F_2 l_2}{\frac{Q}{1{,}25\, p_g} - F_1 - F_2} \tag{37}$$

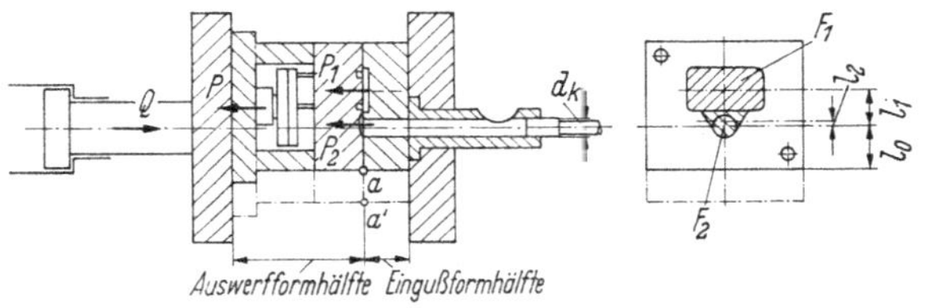

Abb. 250. Druckgießform, bei der wohl Kraft-Wirkungslinie der Druckgießeinrichtung, aber nicht Q mit P zusammenfällt

Mit dieser Gleichung ist man in der Lage, ein unbedingt benötigtes l_0 zu errechnen. Man kann dabei für Q den Schließdruck der für die Herstellung eines Druckgußteiles vorgesehenen Maschine einsetzen.

Bei großflächigen Seitenschiebern, die durch Verriegelungskeile in ihrer Gießlage gehalten werden, können weitere Kippmomente auftreten, die nicht nur die Druckgießform zusätzlich beanspruchen, sondern auch die Größe der Formzusammenhaltekraft Q stark beeinflussen. Hierfür sei in Abb. 251 eine weitere in der Praxis öfters vorkommende Anordnung betrachtet.

Der Einguß ist dabei in einer Bohrung des Druckgußstückes vorgesehen. Die Wirkungslinie von Q fällt bei diesem Beispiel nicht mit der Mundstückmitte zusammen. Die Projektionsfläche des Formhohlraumes wird unterteilt in F_1, F_2 und F_3. Zunächst sind die Verhältnisse am Seitenschieber zu betrachten, wobei angenommen sei, daß der gesamte Seitendruck durch den Verriegelungskeil aufzunehmen ist. Die durch den spezifischen Gießdruck sich ergebende Seitenkraft P_3 wird durch eine gleich große am Verriegelungskeil wirkende Kraft aufgenommen. Dem dadurch entstehenden Kräftepaar mit dem Moment $P_3 \cdot h_a$ wirkt die Führung des Seitenschiebers in Gießstellung entgegen, d. h. das Kräftepaarmoment $P_3 \cdot h_a$ wird schließlich durch $N_a \cdot l_a$ aufgenommen. Man kann daher ansetzen, daß

$$P_3 \cdot h_a = N_a \cdot l_a$$

ist und daraus

$$N_a = \frac{P_3 \cdot h_a}{l_a}$$

Die Gleichgewichtsbedingung, wiederum auf Punkt a bezogen, ist nun folgende:

$$Q\, l_0 = P_1 (l_0 + l_1) + P_2 (l_0 + l_2) + N_a (l_0 + l_3)$$

und daraus

$$Q = \frac{P_1 (l_0 + l_1) + P_2 (l_0 + l_2) + N_a (l_0 + l_3)}{l_0}$$

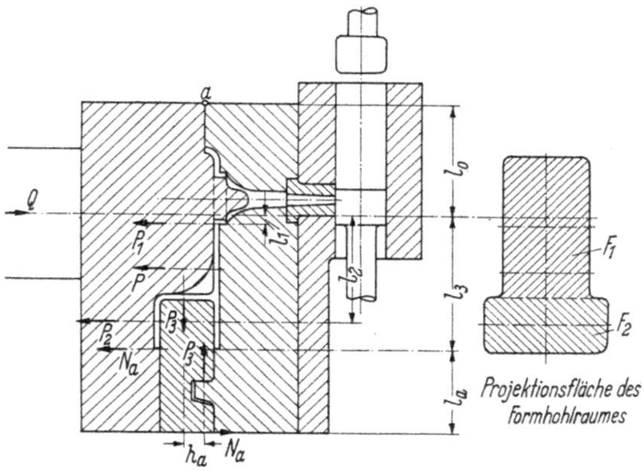

Abb. 251. Druckgießform mit großflächigem Seitenschieber und außerhalb des Schwerpunkts der Projektionsfläche des Formhohlraumes wirkender Formzusammenhaltekraft Q

Nach einigen Umwandlungen erhält man schließlich wiederum unter der Voraussetzung, daß

$$Q = 1{,}25\, P = 1{,}25\, p_g\, F \quad \text{ist}$$

$$l_0 = \frac{F_1 l_1 + F_2 l_2 + F_3 l_3 \dfrac{h_a}{l_a}}{\dfrac{Q}{1{,}25\, p_g} - F_1 - F_2 - F_3 \dfrac{h_a}{l_a}} \tag{38}$$

Diese Beispiele dürften den wichtigsten Anwendungsfällen entsprechen. Man ist in der Lage, durch Aufstellen der Gleichgewichtsbedingung jede denkbare Anordnung — auch etwa mit mehreren Seitenschiebern — folgerichtig rechnerisch zu erfassen, um jeweils die aufgestellte Grundbedingung $Q \geqq 1{,}25\, P$ zu erfüllen.

Aus diesen Betrachtungen geht hervor, daß besonders unangenehme Momente auftreten, die eine zusätzliche Sprengkraft entgegen Q auslösen, wenn

1. die Flächenschwerpunktsachse des gesamten Formhohlraumes nicht mit der Wirkungslinie der Formzusammenhaltekraft Q zusammenfällt und

2. großflächige Seitenschieber durch einseitig in einer der Formhälften der Druckgießform angeordnete Verriegelungskeile abgesichert werden.

Deshalb ist es vorteilhaft, durch konstruktive Maßnahmen besonders Punkt 1 abzuschwächen, ja möglichst ganz unwirksam zu machen. Daraus ergibt sich die Forderung, bei einer Druckgießmaschine die Druckgießeinrichtung zu der Formhaltepresse so verstellbar zu machen, daß sie stufenlos entsprechend dem Formhohlraum und damit der Schwerpunkt der Projektionsfläche des gesamten Formhohlraumes genau auf die Wirkungslinie der Formzusammenhaltekraft eingestellt werden kann.

3.512 Kräfte durch bewegliche Formteile

Bei dem in Abb. 74 dargestellten Seitenschieber wird dieser in der Gießstellung durch einen Keil verriegelt, d. h. die durch den spezifischen Gießdruck p_g sich ergebende Kraft P_s wirkt letzten Endes auch auf den Keil. In Abb. 252 sind die Kräfte an dem Seitenschieber dargestellt. Es sei angenommen, daß die Schieberbewegung durch einen hydraulischen Kernzugzylinder erfolgt, dessen Schließkraft Q_s wesentlich kleiner wie P_s ist. Grundsätzlich ist nun anzustreben, daß Q_s im Flächenschwerpunkt der durch den spezifischen Gießdruck p_g beaufschlagten Schieberfläche (in der Projektion) $a \times b$ angreift. Die Beachtung dieses Grundsatzes kann bei der Konstruktion von Druckgießformen in den allermeisten Fällen ohne weiteres erfolgen.

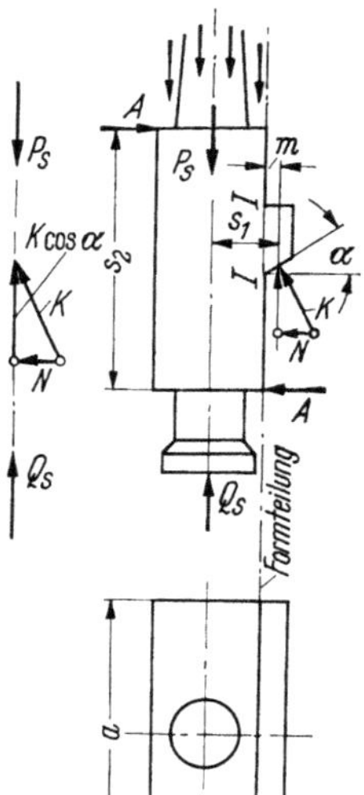

Abb. 252. Kräfte an dem Seitenschieber nach Abb. 74

Aus Abb. 252 (besonders aus dem in die Wirkungslinie gebrachten Kräfteplan) folgert

$$P_s = p_g \cdot a\, b$$

Die Gleichgewichtsbedingung lautet

$$P_s = Q_s + K \cdot \cos\alpha$$

daraus

$$K = \frac{P_s - Q_s}{\cos\alpha}$$

und da man auch sicherheitshalber schreiben kann

$$1{,}25\ P_s = Q_s + K \cdot \cos\alpha$$

ergibt sich

$$K = \frac{1{,}25\ P_s - Q_s}{\cos\alpha} \tag{39}$$

ferner ist

$$N = K \cdot \sin\alpha = \frac{(1{,}25\ P_s - Q_s)\sin\alpha}{\cos\alpha}$$

und da $\frac{\sin\alpha}{\cos\alpha} = \tan\alpha$ ist, ergibt sich

$$N = (1{,}25\ P_s - Q_s)\tan\alpha \qquad (39\text{a})$$

Zu beachten ist noch, daß durch den seitlichen Angriff von K die Führung des Schiebers in der Gießstellung das Moment $K \cdot \cos\alpha \cdot s_1$ aufzunehmen hat, und zwar ist

$$K\cos\alpha \cdot s_1 = A \cdot s_2$$

Bei Seitenschiebern nach der Bauweise der Abb. 74 ist auch diese Nachrechnung zweckmäßig, um keine zu großen Kantenkräfte A zu erhalten. Je größer s_2 gewählt wird, um so kleiner ist A.

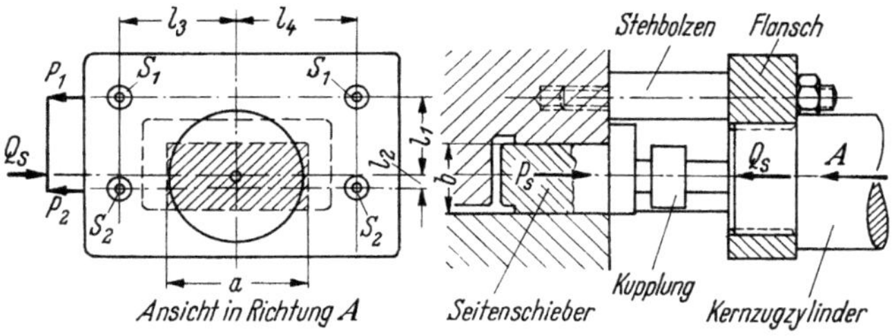

Abb. 253. Kräfte durch den hydraulischen Kernzugzylinder

Außerdem muß der Keil selbst auf Biegung an dem gefährdeten Querschnitt I-I nachgerechnet werden, und zwar mit dem Biegemoment $K\cos\alpha$ als Kraft und m als Hebelarm.

Rein kräftemäßig ist es besser, die Schließkraft Q_s des hydraulischen Kernzugzylinders so groß zu wählen, daß sie P_s überwiegt, d. h. daß

$$Q_s \geqq 1{,}25\ P_s \quad \text{oder} \quad Q_s \geqq 1{,}25\ p_g\, a\, b \quad \text{ist.}$$

In diesem Falle kann jegliche Keilverriegelung entfallen. In Abb. 253 ist eine derartige Ausführung dargestellt. Zunächst folgert dann

$$Q_s = P_1 + P_2 \qquad (40)$$

außerdem muß sein $P_1\, l_1 = P_2\, l_2$

daraus $P_2 = \frac{P_1\, l_1}{l_2}$ ergibt in obige Gleichung eingesetzt

$$Q_s = P_1 + \frac{P_1\, l_1}{l_2} = P_1\left(1 + \frac{l_1}{l_2}\right)$$

und hieraus

$$P_1 = \frac{Q_s}{1 + \frac{l_1}{l_2}} \qquad (40\text{a})$$

und

$$P_2 = \frac{Q_s}{1 + \frac{l_2}{l_1}} \tag{40b}$$

Die einzelnen Kräfte auf die Stehbolzen, nach denen deren Beanspruchung zu errechnen ist, betragen bei symmetrischer Anordnung (d. h. $l_3 = l_4$), die unbedingt angestrebt werden sollte,

$$S_1 = \frac{P_1}{2} \quad \text{und} \quad S_2 = \frac{P_2}{2}$$

Bei asymmetrischer Anordnung sind die einzelnen Kräfte, die auf die Stehbolzen kommen, entsprechend den Hebelarmen (Abstände l_3 und l_4) zu bestimmen.

Beim Kernzug treten die Kräfte in entgegengesetzter Richtung auf und die Stehbolzen S sind nur auf Druck beansprucht.[1] Diese Kräfte sind bei beweglichen Formteilen, die hydraulisch in ihrer Gießlage abgesichert werden, im allgemeinen viel kleiner. Bei langen Stehbolzen kann höchstens eine Nachrechnung auf Knickung angebracht sein.

Diese angeführten Beispiele sollen aufzeigen, wie die Bestimmung der an einer Druckgießform auftretenden Kräfte erfolgen kann.

3.52 Festigkeitsmäßige Beanspruchungen

3.521 Beanspruchungen an der Formfasson

Durch das Ausfüllen des Formhohlraumes mit flüssigem Metall unter einem spezifischen Gießdruck entstehen zunächst innere Kräfte, die von der Gießform sicher aufgenommen werden müssen. Da man besonders bei großen Gießwerkzeugen immer mehr dazu übergegangen ist, die eigentliche Formfasson aus in einen Formrahmen eingesetzten Formplatten zu bilden (Abb. 254), werden diese inneren Kräfte auf den Formrahmen übertragen, der deshalb äußerst gestaltfest ausgebildet sein muß. Die Genauigkeit des Druckgußteiles ist letztlich also auch von der Starrheit des Formrahmens abhängig.

Die bei einer Druckgießform auftretenden festigkeitsmäßigen Beanspruchungen seien daher an der in Abb. 254 dargestellten Form aufgezeigt. Dabei wird angenommen, daß sich der spezifische Gießdruck entsprechend den hydrostatischen Grundgesetzen nach allen Seiten gleichmäßig auswirkt. Im Formhohlraum wirken bei diesem verhältnismäßig einfachen Teil kurz nach dem Auffüllen die Kräfte p_z und p_e und senkrecht dazu p_l und p_r.

---

[1] Während der kurzen Zeitspanne des Schusses werden allerdings die Stehbolzen entlastet, da sie theoretisch dann nur noch durch eine Kraft $Q_s - P_s$ beansprucht sind. Die Stehbolzen müssen jedoch so dimensioniert werden, daß Q_s sicher aufgenommen wird (besonders in den Gewinden).

Betrachtet man den *eingußseitigen Formrahmen,* so werden die Kräfte p_e durch Anpressen auf den Formrahmen übertragen. Da dieser Formrahmen allgemein auf der Maschinenplatte völlig aufliegt und bei Berücksichtigung der auftretenden Temperaturen eine Pressung von

600 kp/cm² bei St 60.11 und Stahlguß sowie

800 kp/cm² bei St 70.11 und auch niedriglegierten Baustählen

für den Formrahmen zulässig ist, ist eine Nachrechnung auf noch zulässige Pressung nur bei Gießdrücken, die über 800 kp/cm² liegen, notwendig.

Bei dem *auswerfseitigen Formrahmen* ist jedoch eine genauere Festigkeitsberechnung unerläßlich. Vielfach geht man zweckmäßig so vor, daß man zuerst in einem Entwurf die Abmessungen festlegt und dann die auftretenden Beanspruchungen nachrechnet. Mit den Bezeichnungen in Abb. 255 soll eine solche Rechnung als Beispiel gebracht werden. Durch den spezifischen Gießdruck p_g entsteht der Sprengdruck

$$R = A\,B\,p_a$$

oder da $p_a = p_g$ angenommen werden kann

$$R = A\,B\,p_g$$

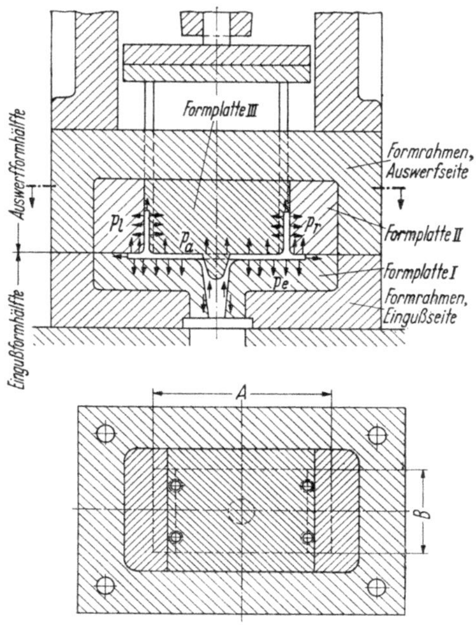

Abb. 254. Druckgießform für plattenförmiges Teil mit zwei hochstehenden Wänden

Bei der Symmetrie der Projektionsfläche des Formhohlraums kann man sich zur Bestimmung der sogenannten Auflagerdrücke P_w die resultierende Kraft R genau in der Mitte angreifend denken, und so wird damit

$$P_w = \frac{R}{2}$$

Der gefährdete Querschnitt durch die sich ergebende Biegung des Formrahmens liegt zweifellos bei $A-B$. Der in der Ebene $A-B$ (Schnitt $A-B$) vorhandene Querschnitt muß demnach der auftretenden Biegebeanspruchung gewachsen sein. Das größte Biegemoment in diesem gefährdeten Querschnitt ist nach Abb. 255d

$$M_b = \frac{R}{2}\,m_0 - \frac{A}{2}\,B\,p_g\,\frac{A}{4} \quad \text{oder da} \quad \frac{A}{2}\,B\,p_g = \frac{R}{2}$$

$$M_b = \frac{R}{2}\left(m_0 - \frac{A}{4}\right)$$

Da nun $\sigma_b = \frac{M_b}{W}$ ist, muß über das Trägheitsmoment J des Querschnittes $A-B$ das Widerstandsmoment mit $\frac{J}{e_2}$ bestimmt werden, wenn e_2 den Abstand der äußersten Faser des gefährdeten Querschnittes von der Hauptschwerpunktsachse darstellt.

Bei einem zusammengesetzten Querschnitt mit parallelen Schwerpunktsachsen gilt der Satz:

Das gesamte Trägheitsmoment ist gleich dem Trägheitsmoment der einzelnen Teilflächen, bezogen auf die eigene Schwerpunktsachse zuzüglich Flächeninhalt der Teilflächen mal Abstand der Hauptschwerpunktsachse zu den einzelnen Schwerpunktsachsen im Quadrat, d. h.

$$J = J_s + F\,a^2$$

Die nun erforderliche Schwerpunktsbestimmung geschieht mit Hilfe von Abb. 255e, denn es ist

$$F_1\,b + 2\,F_2\,c = F\,e_1$$

und daraus

$$e_1 = \frac{F_1\,b + 2\,F_2\,c}{F}$$

wobei F die Gesamtfläche ist.

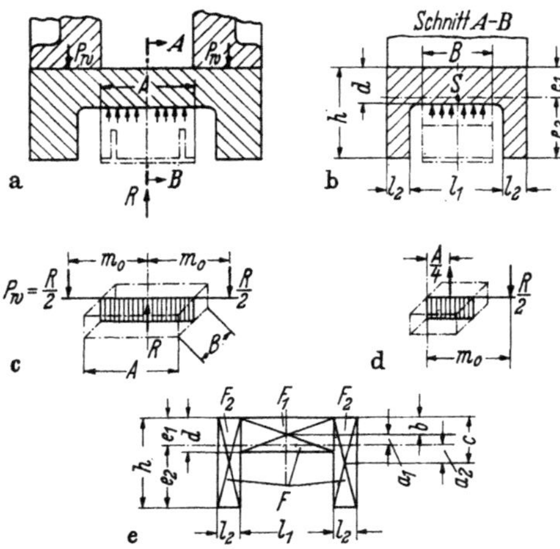

Abb. 255. Kräfte durch den spezifischen Gießdruck am Formrahmen

Mit e_1 ist auch $e_2 = h - e_1$ bestimmbar. Nun läßt sich das gesamte Trägheitsmoment J errechnen:

$$J = J_1 + F_1\,a_1^2 + 2\,(J_2 + F_2\,a_2^2)$$

denn

$$J_1 = \frac{l_1\,d^3}{12} \quad \text{und} \quad J_2 = \frac{l_2\,h^3}{12}$$

und schließlich das Widerstandsmoment

$$W = \frac{J}{e_2} = \frac{J_1 + F_1 a_1^2 + 2\,(J_2 + F_2 a_2^2)}{e_2}$$

und man kann dann auch schreiben

$$\sigma_b = \frac{M_b}{W} = \frac{\frac{R}{2}\,e_2\left(m_0 - \frac{A}{4}\right)}{J_1 + F_1\,a_1^2 + 2\,(J_2 + F_2\,a_2^2)} \tag{41}$$

wobei im Formrahmen noch vorhandene Aussparungen, Schwächungen durch etwaige Seitenkerne und Auswerferdurchbrüche nicht berücksichtigt sind.

Durch Einsetzen von Zahlen (vgl. Abb. 256) ergibt sich für das Gesamtträgheitsmoment $J = 10720\ \text{cm}^4$, für das Widerstandsmoment $W = 840\ \text{cm}^3$, für das maximale Biegemoment — bei einem spezifischen Gießdruck $p_g = 300\ \text{kp/cm}^2$ — $M_b = 560000$ cmkp und für die Biegebeanspruchung $\sigma_b = 670\ \text{kp/cm}^2$. Als noch zulässig bei der für eine Druckgießform erforderlichen Gestaltfestigkeit kann man eine auf diese Art errechnete Biegebeanspruchung Fall II nach C. Bach von

400 kp/cm² bei St 60.11 und Stahlguß sowie
max. 600 kp/cm² bei St 70.11 und auch niedriglegierten Baustählen

bezeichnen, so daß zweckmäßig bei dem Formrahmen nach Abb. 256 noch eine kleine Verstärkung vorgenommen wird etwa derart, daß man

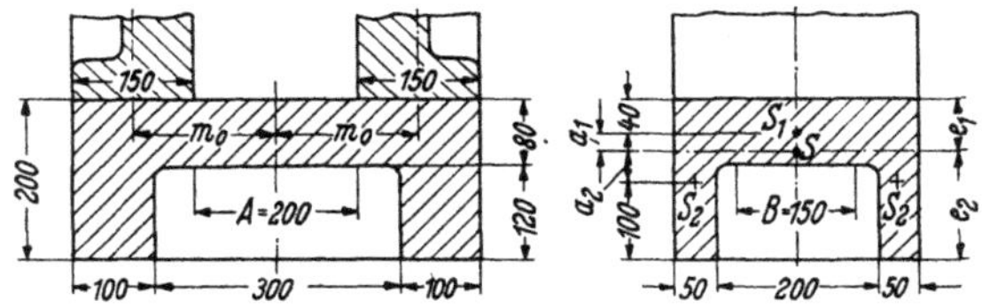

Abb. 256. Beispiel der Nachrechnung eines Formrahmens

h von 200 auf 220 mm und d von 80 mm auf 100 mm vergrößert[1] und mit diesen Werten dann eine neue Rechnung durchführt. Man wird damit feststellen, daß die Biegebeanspruchung bestimmt kleiner als 600 kp/cm² wird.

Selbstverständlich kann man auch M_b *max.* durch entsprechende Ausbildung des Auswerferkastens kleiner halten. Eine gute Zugänglichkeit zu den Auswerfern während des Betriebes ist jedoch unerläßlich, so daß die dargestellte Ausführung mit gewissen Abwandlungen in der Praxis zutrifft.

Bei Anordnung der Formplatten nach Abb. 254 entstehen durch den spezifischen Gießdruck die seitwärts wirkenden Kräfte p_r und p_l. Während sich diese Kräfte in der Formplatte III aufheben (diese wird dadurch nur auf Druck beansprucht), unterliegt über den Formplatten II der Formrahmen einer weiteren Beanspruchung. Hierfür sollen die Verhältnisse nach Abb. 257 angenommen werden. Die *Milderung* durch Formplatte II vernachlässigt man der Einfachheit halber. Außerdem sei angenommen, daß die Verbindungsstege V nicht vorhanden seien. In der Praxis trifft dies auch vielfach durch vorgesehene Aussparungen für Seitenschieber usw. zu. Man kann nun die Biegebeanspruchung verhältnismäßig einfach ausrechnen, denn

$$M_b = R_s\, n_0 = B\, C\, p_g\, n_0$$

Da der gefährdete Querschnitt I (s. Schnitt A—B in Abb. 257) rechteckig ist, hat er das Widerstandsmoment

$$W = \frac{b\, h^2}{6}$$

[1] Vgl. Abb. 255.

und da

$$\sigma_b = \frac{M_b}{W}$$

ist, kann man auch schreiben

$$\sigma_b = \frac{6\,B\,C\,p_g\,n_0}{b\,h^2} \tag{42}$$

Die Nachrechnung nach Abb. 257 ergibt ein σ_b von 580 kp/cm² und ist für St 70.11 und niedriglegierte Baustähle noch zulässig. Bei nicht angebrachter seitlicher Aussparung, d. h., wenn die Verbindungsstege V vorhanden sind und vielleicht nur durch Bohrungen für Schrauben geschwächt werden, sind bei St 60.11 und Stahlguß bis 800 kp/cm² zulässig, wenn diese vereinfachte Rechnungsweise gewählt wird. Fehlen jedoch die Verbindungsstege V, so ist zu prüfen, ob der gefährdete Querschnitt nicht bei II liegt, da dort das Biegemoment größer ist.

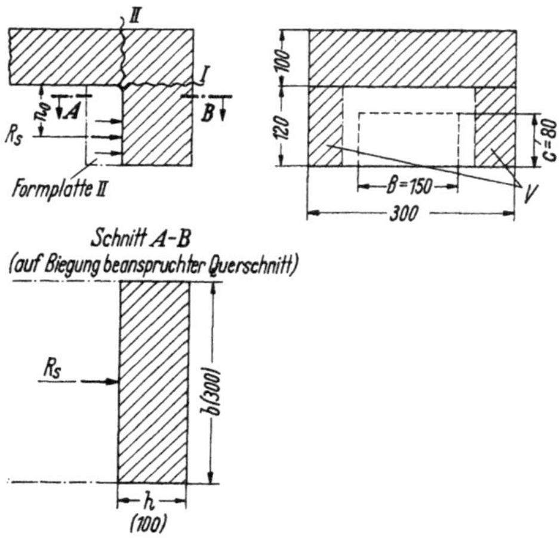

Abb. 257. Seitliche Kräfte am Formrahmen bei zusammengesetzter Formfasson

Die Biegebeanspruchung kann man noch herabsetzen, indem man die beiden Formplatten II mit der mittleren Formplatte III zusammenschraubt. Meist fehlt jedoch der entsprechende Platz, um genügend starke Schrauben vorsehen zu können.

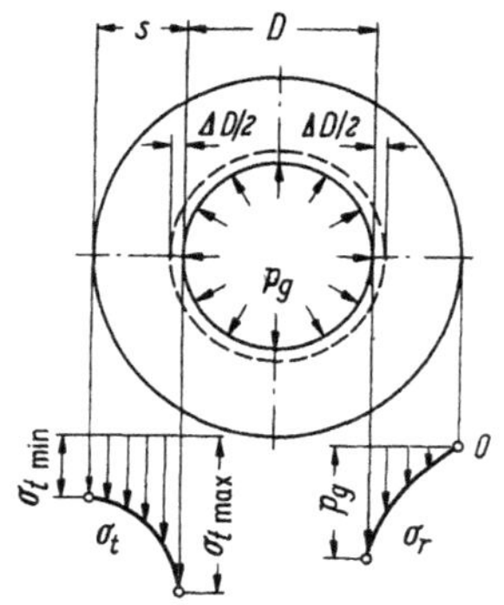

Abb. 258/1. Spannungen bei runden Formplatten

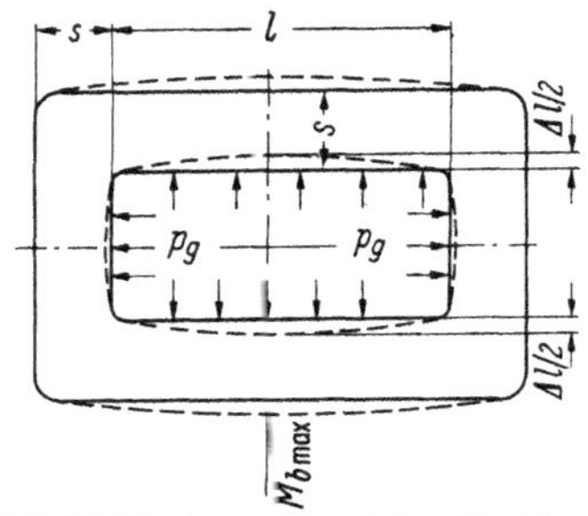

Abb. 258/2. Spannungen bei rechteckigen Formplatten

Für die Durchführung von Überschlagsberechnungen an geschlossenen, runden und rechteckigen Formplatten (vgl. Abb. 258/1 und 258/2) nimmt man an, daß diese ohne Boden ausgeführt sind. Die Formplatten stehen dann unter der Wirkung eines inneren Überdruckes, hervorgerufen durch den spezifischen Gießdruck p_g, welcher positive radiale Spannungen (σ_r) — eine Stauchung — und negative tangentiale Spannungen (σ_t) — Zug — verursachen. Der schematische Verlauf der Spannungen geht bei einer runden Formplatte aus Abb. 258/1 hervor. Die radialen Spannungen haben ihren Höchstwert an der Innenkante der ringförmigen Formplatte und sind hier gleich dem inneren Überdruck (p_g). Auch die tangentialen Spannungen erreichen ihren Höchstwert an der Innenkante. Die radialen Spannungen sind an der Außenkante gleich Null, während die tangentialen Spannungen außen ein Minimum aufweisen. Die Werte der Spannungen können nun wie folgt bestimmt werden (vgl. Abb. 258/1):

$$\sigma_{r\,\max} = p_g\,; \qquad \sigma_{r\,\min} = 0\,;$$

$$\sigma_{t\,\max} = -\,p\,\frac{1+\left(\frac{D+2s}{D}\right)^2}{1-\left(\frac{D+2s}{D}\right)^2}\,; \qquad \sigma_{t\,\min} = -\,p\,\frac{2}{1-\left(\frac{D+2s}{D}\right)^2}\,; \tag{43}$$

Die zu erwartende Vergrößerung des Durchmessers D kann wie folgt berechnet werden:

$$\Delta D = \frac{2\,s}{E}\,(p_g + 0{,}3\,\sigma_{t\,\max}) \tag{44}$$

worin E der Elastizitätsmodul des Warmarbeitsstahles ist (kann mit $E = 21\,000$ kp/mm² eingesetzt werden).

Bei rechteckigen Formplatten nach Abb. 258/2 wird angenommen, daß die vier Punkte an den Ecken ihre Lage nicht ändern. Es ist dann

$$\sigma_{b\,\max} = \frac{p_g}{4}\cdot\left(\frac{l}{s}\right)^2 \tag{45}$$

und die Durchbiegung an der langen Seite

$$\Delta\,{}^{l}/_{2} = \frac{p_g \cdot l^4}{6{,}7\cdot 10^5\cdot s^3} \tag{46}$$

(In dieser Gleichung ist E gleich mit 21000 kp/mm² eingesetzt worden.)

Beispiel:

Rechteckige Formplatte mit Innenmaßen von 100×200 mm. Wanddicke $s = 50$ mm; spez. Gießdruck 200 kp/cm² = 2 kp/mm²

$$\sigma_{b\,\max} = \frac{2}{4}\left(\frac{200}{50}\right)^2 = 8\ \text{kp/mm}^2$$

Der Höchstwert der Durchbiegung ist

$$\Delta\,{}^{l}/_{2} = \frac{2\cdot 200^4}{6{,}7\cdot 10^5\cdot 50^3} = 0{,}039\ \text{mm}$$

Man sieht, daß trotz des verhältnismäßig kleinen spez. Gießdrucks und der beträchtlichen Wandstärke $s = 50$ mm hohe Werte sich ergeben. Sie sind in diesem Beispiel gerade noch zulässig.

Bei am Formrahmen anliegenden Formplatten (entspr. Abb. 314) kann dessen Wandstärke s_r mit berücksichtigt werden. Rechteckig ausgesparte Formplatten mit Boden ergeben eine höhere Biegesteifigkeit wie gerechnet. Vorausgesetzt, daß der Boden mindestens die Wandstärke s aufweist, kann man überschlägig nur die Hälfte der errechneten Durchbiegung annehmen.

Diese Beispiele mögen für die Ermittlung der rein festigkeitsmäßigen Beanspruchungen genügen. Hier soll nur der grundsätzliche Gang solcher Berechnungen gezeigt werden. Bei komplizierten Druckgießformen ist auch der Formrahmen von vielseitiger Gestalt. Besonders bei hohen spezifischen Gießdrücken (es sei bemerkt, daß der in den Beispielen angeführte spezifische Gießdruck von 300 kp/cm² und 200 kp/cm² verhältnismäßig niedrig ist) kann man sich bei den auftretenden großen Kräften nicht mehr auf das „Gefühl" verlassen, sondern eine Nachrechnung in dem angedeuteten Sinn muß als unerläßlich bezeichnet werden. Dabei können auch zusammengesetzte Beanspruchungen (etwa gleichzeitig Biegung, Zug und Druck, auch Verdrehung) je nach den Verhältnissen auftreten. Man darf bei diesen Berechnungen die bei Druckguß erforderliche Gestaltfestigkeit nicht übersehen, denn davon ist letztlich auch die erzielbare Genauigkeit am Druckgußteil selbst abhängig.

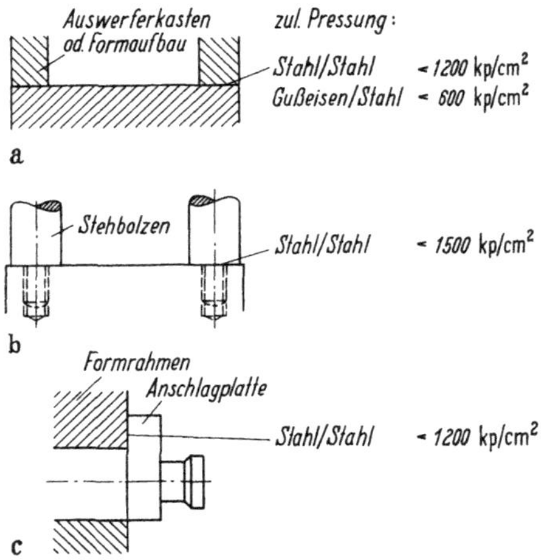

Abb. 259. Zulässige Pressungen an Druckgießformen

3.522 Flächenpressungen

Die bei Druckgießformen entstehenden Flächenpressungen sind in gewissen Grenzen zu halten, um Deformationen und damit letzten Endes Ungenauigkeiten an den herzustellenden Gußstücken sicher zu vermeiden. In den in Abb. 259 angegebenen 3 Fällen sind die genannten Beanspruchungen, denen Fall II nach C. Bach (schwellende Belastung) zugrunde gelegt wurde, nicht zu überschreiten. Besonders in den Ausführungen nach a und b (Abb. 259) können, hervorgerufen durch den Schließdruck der Druckgießmaschine, große Flächenpressungen auftreten, die durch entsprechende Gestaltung in den zulässigen Grenzen gehalten werden müssen. Im Falle Abb. 259c treten größere Flächenpressungen zwischen Anschlagplatte und Formrahmen nur bei Betätigung durch hydraulische

Kernzugzylinder auf, wenn das bewegliche Formteil durch den hydraulischen Druck in seiner Gießlage gehalten wird.

Es erhebt sich die Frage, wie groß die Pressungen in der Formteilungsebene am besten gewählt werden.

Zunächst ist zu unterscheiden in
spezifische Flächenpressung auf die Formteilung (ohne Berücksichtigung des Gegendruckes $P = p_g \cdot F_p \cdot \sigma_{p1}$)
und spezifische Flächenpressung auf die Formteilung (bei Berücksichtigung des Gegendruckes $P = p_g \cdot F_p \cdot \sigma_{p2}$)

Außerdem ist nach Abb. 260:

$$A_0 = a_1 \cdot b_1; \quad A_1 = \overbrace{a_1 \cdot b_1}^{(A_0)} - \overbrace{a_3 \cdot b_3}^{(F_p)}; \quad A_2 = a_2 \cdot b_2 - a_3 \cdot b_3$$

und $F_p = a_3 \cdot b_3$ (Projektionsfläche des Formhohlraumes, wie bereits unter 3.511 angegeben).

Allgemein ergibt sich

1. bei großen Dichtflächen eine kleinere spezifische Flächenpressung, gegen Herausspritzen von flüssigem Metall sicherer, Gratreste bewirken — falls diese nicht sorgfältig entfernt werden — kaum Beschädigungen in der Formteilung, jedoch nicht so große Sicherheit gegen das „Anlüften" der Gießform;

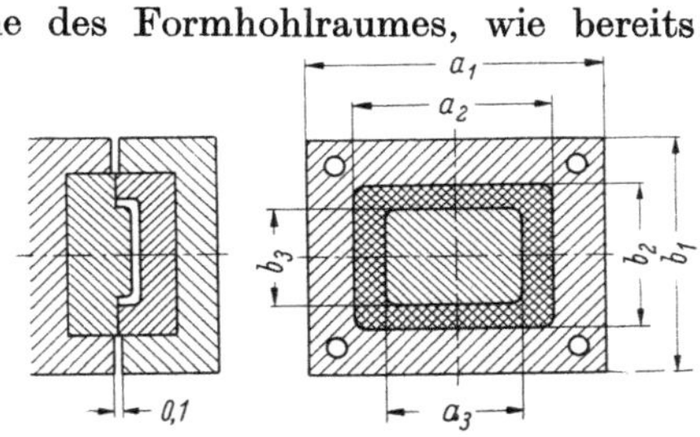

Abb. 260. Pressungen in der Formteilungsebene (Bezeichnungen)

2. bei kleineren Dichtflächen eine höhere spezifische Flächenpressung, jedoch gegen Herausspritzen von flüssigem Metall durch den kürzeren Weg nicht so sicher, ferner können durch Gratreste usw. infolge der höheren Flächenpressung Beschädigungen in der Formteilung eintreten, jedoch gut gegen „Anlüften" der Gießform.

Bei der Fertigung von Druckgußteilen, welche in bezug auf Maße, die durch die Formteilung durchschnitten werden, nicht so empfindlich sind, wird man daher größere Dichtflächen wählen. Wenn jedoch Maße, welche durch die Formteilung beeinflußt werden, verhältnismäßig genau eingehalten werden müssen, kann eine höhere Flächenpressung durch das Abschleifen der Formrahmen um etwa 0,05 mm (bei großen Druckgießformen bis zu 0,2 mm) gegenüber den Formplatten erzielt werden, da in diesem Fall nur die Formplatten anliegen (vgl. Abb. 260, es entsteht ein Spalt zwischen den Formrahmen von etwa 0,1 mm).

Es ist nun, wenn Q als Formschließkraft eingesetzt wird

$$\text{im Fall 1} \quad \sigma_{p1} = \frac{Q}{A_1} \quad (\text{kp/cm}^2)$$

$$\text{im Fall 2} \quad \sigma_{p1} = \frac{Q}{A_2} \quad (\text{kp/cm}^2)$$

Für σ_{p1} wird empfohlen nicht über 500 kp/cm² hinauszugehen. Ferner ist

$$\text{im Fall 1} \quad \sigma_{p2} = \frac{Q - P}{A_1} \quad (\text{kp/cm}^2)$$

$$\text{im Fall 2} \quad \sigma_{p2} = \frac{Q - P}{A_2} \quad (\text{kp/cm}^2)$$

Für σ_{p2} kann man folgende Werte annehmen:

bei einem $p_g < 100$ kp/cm²

als kleinster Wert 20 kp/cm²; als größter Wert 60 kp/cm²

bei einem p_g von 100 bis 300 kp/cm²

als kleinster Wert 40 kp/cm²; als größter Wert 120 kp/cm²

bei einem $p_g > 300$ kp/cm²

als kleinster Wert 60 kp/cm²; als größter Wert 240 kp/cm²

d. h. also, daß man unter etwa 20 kp/cm² für σ_{p2} im allgemeinen nicht gehen sollte.

Als wichtiges Maß gegen „Herausspritzen" kann man auch den Abstand zwischen Außenkante Formhohlraum und Außenkante Formrahmen ansehen. Dieser Abstand sollte als Anhaltswert bei kleinen Druckgießformen nicht unter 20 mm, bei größeren nicht unter 40 mm liegen. Die Austrittstiefe des Metalls ist außer von dieser Weglänge noch von der Formtemperatur, vom Wärmeinhalt der Druckgußlegierung und von deren Werten für Oberflächenspannung und innere Zähigkeit abhängig. Am empfindlichsten gegen Herausspritzen sind die Aluminiumlegierungen, dann folgen die Zink- und Magnesiumlegierungen.

Weiter kann man ansetzen, da $A_1 = A_0 - F_p$ ist im Fall 1 (der als Normalfall angesehen wird)

$$\sigma_{p2} = \frac{Q - P}{A_0 - F_p} \quad \text{und daraus}$$

$$A_0 = \frac{Q - P}{\sigma_{p2}} + F_p \quad (\text{cm}^2) \qquad (47)$$

Beispiel:

Formhohlraum 350× 200 mm, Druckgießmaschine mit 300 Mp Schließdruck, spez. Gießdruck $p_g = 250$ kp/cm²
gewählt $\sigma_{p2} = 100$ kp/cm²
demnach $F_p = 35 \cdot 20 = 700$ cm² $P = 250 \cdot 700 = 175000$ kp

$$\text{und damit } A_0 = \frac{300000 - 175000}{100} + 700 = 1950 \text{ cm}^2$$

gewählt wird 540× 360 als Außenmaße der Druckgießform, ergibt

$$A_0 = 54 \cdot 36 = 1944 \text{ cm}^2$$

Nachrechnung auf σ_{p1}

$$\sigma_{p1} = \frac{Q}{A_0 - F_p} = \frac{300000}{1944 - 700} \cong 240 \text{ kp/cm}^2$$

also zulässig.

3.523 Schrumpfkräfte

Die beim Kernziehen zu überwindenden Kräfte können je nach dem Druckgießmetall, der aufschrumpfenden Fläche und der Wanddicke sehr groß werden. In Abb. 261 sind verschiedene Querschnittsformen des Kernes K angegeben. Für den Konstrukteur ist es nun wichtig, die erforderliche Kraft P_z zum Ziehen des Kernes K zu kennen, besonders wenn die Kernbetätigung mit einem hydraulischen Kernzugzylinder erfolgt, wie es in den allermeisten Fällen bei größeren Hüben ausgeführt wird. Durch das erstarrende Metall (bis zur Auswerftemperatur t_r) entsteht eine Art Schrumpfverbindung zwischen Kern und Druckgußwerkstoff, welche in Abb. 261 dargestellt ist und die es zu lösen gilt.

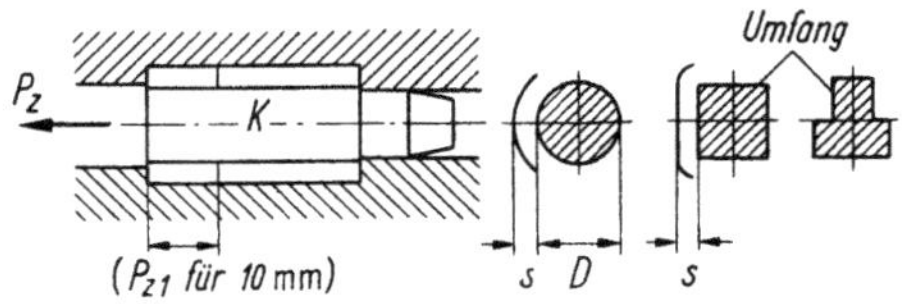

Abb. 261. Kernzug-Maße

Mit Hilfe der linearen Wärmeausdehnung vom Soliduspunkt der Druckgußlegierung bis zur Auswerftemperatur kann man Δl bestimmen. Es wird dafür in der Literatur[1] für 100 mm Länge und 1 °C Temperaturzunahme in 1/1000 mm (μ) angegeben: für Zink 3,0 μ, für Aluminium

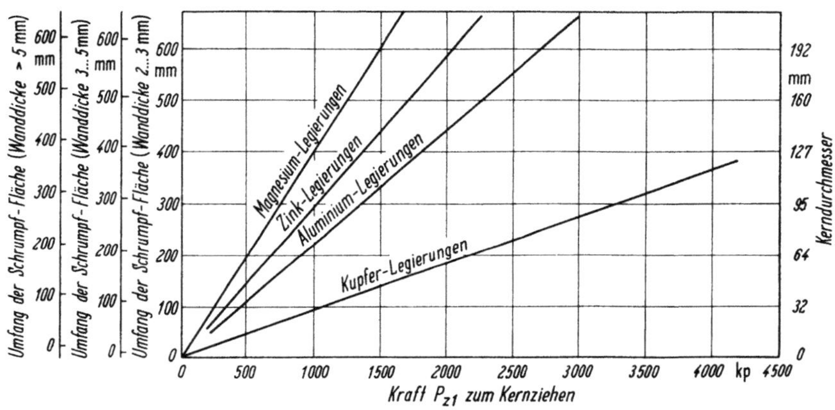

Abb. 262. Kräfte zum Kernziehen für 10 mm lange Kerne

2,3 μ, für Magnesium 2,5 μ und für Kupfer 2,7 μ. Hieraus sind verschiedene Wege zur Bestimmung der „Haftkraft" möglich. In Abb. 262 ist nun die erforderliche Kraft P_{z1} zum Kernziehen in Abhängigkeit vom Umfang der Schrumpffläche für einige Wanddicken und den wichtigsten Druckgußlegierungen für 10 mm Länge angegeben. Für größere Längen kann durch entsprechende Multiplikation die Kernzugkraft P_z ermittelt

[1] LEINWEBER, P.: „Passung und Gestaltung", Berlin: Springer 1941, und „Toleranzen und Lehren", Berlin: Springer 1943.

werden. Dabei ist aber zu berücksichtigen, daß bei über 50 mm langen oder tiefen Kernen nur noch die Hälfte der aus Abb. 262 zu bestimmenden Kraft P_z benötigt wird, also

$$P_z = 5\,P_{z1} + (l - 5)\,\frac{P_{z1}}{2}$$

(wenn l = aufschrumpfende Kernlänge in cm bedeutet), da die Kraft P_z nur für den ersten Anhub benötigt wird. Außerdem ist eine Mindestneigung (Konizität) je Fläche von 0,5% (also 0,5 mm auf 100 mm Länge), bei Kupferlegierungen von 1%, den Werten aus Abb. 262 zugrunde gelegt.

Zur überschlägigen Bestimmung der beim Kern- oder Schieberzug zu überwindenden Schrumpfkräfte kann man auch annehmen, daß die Aufschrumpfung auf gut polierte Kernflächen beträgt:

bei den Zink- und Magnesiumlegierungen (einseitige Neigung 0,5% ∼ 20′)	etwa 75 kp/cm²
bei den Aluminiumlegierungen (einseitige Neigung 1% ∼ 40′)	etwa 100 kp/cm²
bei den Kupferlegierungen (einseitige Neigung 2% ∼ 1° 10′)	etwa 200 kp/cm²

Als Reibungszahl μ_m (Druckgußwerkstoff/Stahl) für den ersten Anhub werden angegeben

für Zink- und Leichtmetall-Legierungen $\mu_m = 0{,}25$
für Kupferlegierungen $\mu_m = 0{,}35$

Die erforderliche Kraft zum Ziehen eines Kernes errechnet sich damit zu

$$P_z = \mu_m\,N_s$$

wenn N_s die aus der Oberfläche des mit dem Druckgußwerkstoff in Berührung kommenden Kernes und den genannten Werten errechnete Aufschrumpfkraft (eine Art Normalkraft N_s) ist. Diese Bestimmungsart ist in der Praxis entstanden und dürfte für aufschrumpfende Kernlängen l bis etwa 250 mm anwendbar sein.

Die gleich großen Kräfte sind auch beim Auswerfen durch aufschrumpfende feste Kerne und sonstige Partien der Formfasson zu überwinden. Dabei darf der Druckgußwerkstoff keine übermäßigen Belastungen erfahren, die Deformationen oder gar Risse hervorrufen. Aus Abb. 263 kann die Höchstbelastung von Auswerfern entnommen werden. Es wurde für Aluminium- und Kupferlegierungen 5 kp/mm², für Zinklegierungen 4 kp/mm² und für Magnesiumlegierungen 3 kp/mm² als noch zulässige Flächenbelastung angenommen.

Um die Kräfte zum Ziehen von Kernen und Schiebern herabzumindern und auch ausnahmsweise planparallele Kernflächen ausführen zu können, ist die Einwirkung von Ultraschall auf die beweglichen Formteile während der Gußstückerstarrung denkbar. Die Schwingungsfrequenz liegt bei Ultraschall bekanntlich oberhalb 20000 Hz[1], wodurch eine gewisse Loslösung des Formteiles vom Druckgußwerkstoff erzielt werden kann. Die Ultraschallwellen können von einem auf das betreffende Formteil einwirkenden Schallkopf erzeugt werden.

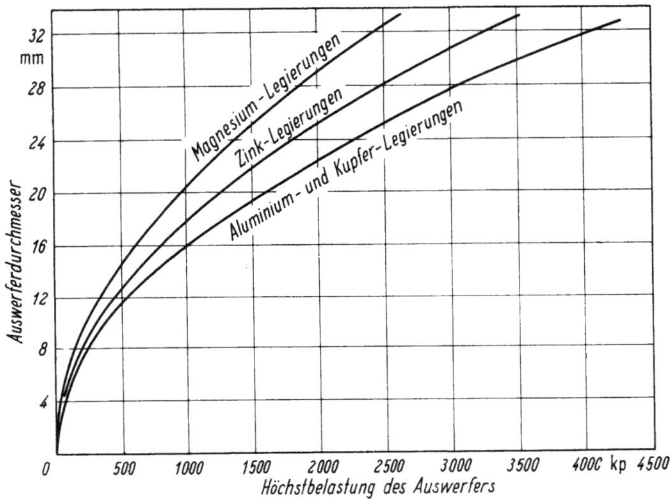

Abb. 263. Belastbarkeit von Auswerfern

3.6 Werkzeuge und Einrichtungen für die Formherstellung

Nicht nur die Konstruktion, sondern auch die Herstellung einer Druckgießform ist ein sehr wichtiges Gebiet der Druckgießtechnik, denn die gute, einwandfreie Ausführung der Gießform ist ausschlaggebend für das Gelingen des Druckgießverfahrens überhaupt. Die Druckgießform ist sozusagen eine Sondermaschine für sich, nur zur Fertigung eines bestimmten, meist sehr verwickelten Teiles. Es sollen daher nachfolgend die wichtigsten Werkzeuge und Einrichtungen für die Formherstellung und einige Arbeitsgänge aus dem Formenbau angeführt werden.

Die zunehmende Anwendung des Druckgießverfahrens hat es mit sich gebracht, daß die Berufsbezeichnung Stahlformenbauer entstanden ist. Im Berufsbild[2] des Stahlformenbauers ist als Arbeitsgebiet angegeben:

[1] 1 Hz = 1 Schwingung in der Sekunde.

[2] Herausgegeben von der Arbeitsstelle für betriebliche Berufsausbildung, Bonn; zu beziehen durch W. Bertelsmann Verlag KG. Bielefeld.

Tabelle 15. *Berufsausbildungsplan für Stahlformenbauer*

Grundforderungen	1. Lehrhalbjahr	2. Lehrhalbjahr	3. Lehrhalbjahr	4. Lehrhalbjahr	5. Lehrhalbjahr	6. Lehrhalbjahr	7. Lehrhalbjahr
Anreißen und Messen, Körnen	Erklärung der gebräuchlichsten Meßzeuge. Die Noniusteilung. Anwendung derselben bei Meßzeugen. Handhabugen der Anreißwerkzeuge, wie Winkel Bandmaß, Körner, Reißnadel, Winkelmesser		Anreißen von Bohr- und Dreharbeiten, Umgang mit Endmaßen sowie Ausrichtungsarbeiten mit der Meßuhr. Prüf- und schwierigere Meß-Arbeiten. Arbeitsvorbereitung und Werkzeug-Ausgabe		Anreißen von Werkstücken mit Endmaßen	Selbständiges Anreißen von Formen für Metalle, Kunststoffe und Gummi sowie selbständige Herstellung einfacher Formen und deren Zusammenbau	
Feilen	Erklärung der Feilenarten. Handhabung der Feilen. Einfache Feilübungen (Hammer und einfache Schablonen)		Schlichten und Einpassen von Schiebern und Einsätzen sowie Kurven und Kurvenfenstern			Feinste Einpaßarbeiten. Glätten und Fertigmachen der Formfasson nach dem Fräsen oder Kopieren	
Sägen	Sägen von Hand mittels Bogensäge	Sägen an Sägemaschinen, wie hydraulische Kaltsäge, Bandsäge und Kreissäge					
Bohren		Bohren einfacher Werkstücke unter Verwendung von Aufspannvorrichtungen. Besprechen der Unfallverhütungs-Vorschriften	Bohren von Wasserkühlungskanälen und tiefen Kernlöchern			Mitarbeit am Lehrenbohrwerk	Selbständiges Arbeiten am Koordinaten-Lehrenbohrwerk
Schleifen	Erklärung einfacher Schleifmaschinen zum Scharfschleifen von Werkzeugen, Besprechen der Unfallverhütungs-Vorschriften			Winkligschleifen von Schiebern, Formeneinsätzen, Kurven auf der Flächenschleifmaschine. — Schleifen einfacher Formkerne und Auswerfer auf der Rundschleifmaschine. Werkzeuge, besonders Fräser, Bohrer und Drehstähle schleifen		Selbständiges Schleifen von abgesetzten Formteilungen und schwierigen Formeinsätzen. Arbeiten an der Lochschleifmaschine und evtl. Projektions-Formschleifen	
Gewindeschneiden	Gewindeschneiden mit Gewindebohrer und Schneideisen. — Bohren und Gewindeschneiden von Grundlöchern			Schneiden von Feingewinden auf der Drehbank unter Beachtung vorgeschriebener Toleranzen			

Reiben		Einfache Reibarbeiten		Reibarbeiten in Lagern und Formteilen unter Beachtung vorgeschriebener Toleranzen			
Richten		Richten einfacher Werkstücke. Ermittlung von aufgetretenen Spannungen und deren Beseitigung. Richten von durch Härten verzogenen Führungsstiften, Auswerfern, Rückstoßstiften, kleinen Kernen					Gießform-Montage und -Demontage
Drehen		Einfache Dreharbeiten, wie Bohrbüchsen, Körner, Durchschläge und Auswerfer		Zentrieren von Wellen. Aufspannen und Ausrichten von einfachen Werkstücken. Drehen einf. Formteile, Gewindeschneiden, Ausdrehen von Büchsen und Lagern		Drehen von schwierigen Formteilen und Formfassonen	
Fräsen			Aufspannen einfacher Werkstücke, Fräsen von senkrechten u. waagrechten Flächen	Fräsen von Keilnuten und Fräsarbeiten mit dem Teilkopf. Kopierfräsen einfacher Formteile und Fassonen		Selbständiges Fräsen von Zahnstangen und Ritzeln, Formeinsätzen und Kernen auf der Senkrecht-Fräsmaschine bzw. Universal-Werkzeugfräsmaschine. Arbeiten an der Funken-Erosionsmaschine, Einsenkpresse, evtl. Ultraschall-Bohrmaschine, falls vorhanden	
Hobeln		Hilfeleistung bei Hobelarbeiten	Hobeln einzelner Flächen		Aufspannen und Ausrichten größerer Werkstücke. Bearbeiten von waagrechten und senkrechten Flächen	Selbständiges Hobeln von Nuten, Schlitzen und Fassonhobeln	
Meißeln und Sticheln	Erklärung der einzelnen Meißelsorten und ihre Handhabung	Auskreuzen einfacher Bohrarbeiten. Fassonmeißeln, Vormeißeln von Vertiefungen, einfache Stichelarbeiten		Vormeißeln an Formecken, Kernen und Einsätzen. Vorsticheln an Formecken und Kernen			Schwierigere Meißel- und Stichelarbeiten an Formfassonen
Weich- und Hartlöten		Weich- und Hartlöten				Einfachere Schweißarbeiten, falls Einrichtung vorhanden	
Warmbehandlung	Schmieden von einfachen Werkzeugen, wie Meißel, Schraubenzieher. Warmbiegen und Stauchen, Schmieden von Bohr- und Drehstählen, Kurven und Hebeln			Glühen, Härten und Anlassen kleinerer Werkzeuge, wie Meißel, Schraubenzieher. Härten und Anlassen von Bohrbüchsen, Gleitbolzen und Fräsern		Härten und Anlassen von Schieberformteilen und Spezialfräsern, auch kleineren Formplatten	

Herstellen von Dauerformen oder Gesenken aus Stahl und Metall für das Gießen (Kokillen- und Druckguß), Schmieden oder Pressen von Stahl, Metall und organischen sowie anorganischen Massen.

Herstellen der zugehörigen Hilfseinrichtungen.

Betriebsfertigmachen der Formen oder Gesenke.

Herstellen von Kontrollehren.

Pflegen und Instandhalten der Werkzeuge, Geräte und Maschinen.

Die Fertigkeiten und Kenntnisse eines Stahlformenbauers müssen daher sehr vielseitig sein. Es ist ein sehr interessanter, aussichtsreicher Beruf, der allerdings außer Sorgfalt, Pünktlichkeit und Gründlichkeit auch hohes technisches Können und räumliches Denken verlangt. Die Herstellung einer Druckgießform erfordert neben modernsten Werkzeug- und Sondermaschinen auch hochqualifizierte Werkzeugmacher: den Stahlformenbauer, dem ein gewandter, tüchtiger Werkzeugfräser zur Seite stehen muß. Nachfolgend wird in Tab. 15 zur Übersicht ein bewährter Berufsausbildungsplan für Stahlformenbauer gebracht. Neben der praktischen Berufsausbildung muß der Stahlformenbauer-Lehrling eine gute gewerbliche Berufsschule besuchen (Pflicht) und am betrieblichen Werkstatt-Unterricht teilnehmen, um auch gediegene theoretische Kenntnisse zu erarbeiten.

3.61 Spanende Bearbeitung

Leider steht die spanende Bearbeitung infolge der Einzelanfertigung einer Druckgießform immer noch an erster Stelle. Bis eine Druckgießform fertiggestellt ist sind viele Arbeitsgänge an den verschiedensten Werkzeugmaschinen erforderlich.

3.611 Wichtige Werkzeugmaschinen

Eine Formenbauwerkstätte benötigt die folgenden Werkzeugmaschinen:

1. Sägen:

Hubsäge, Metallbandsäge (besonders zum Aussägen von Schablonen usw. geeignet), Metallkreissäge mit Sägeblätter oder Trennscheiben.

2. Drehbänke:

Spitzendrehbänke verschiedener Größen, auch eine Kleinstdrehbank für Feinstarbeiten, Plandrehbank, evtl. Karusselldrehbank.

3. Bohrmaschinen:

Säulenbohrmaschinen verschiedener Größen, Ständerbohrmaschine, Auslegerbohrmaschine, Waagrechtbohrwerk, Lehrenbohrwerk (s. Abb. 264) für verschiedene Fassonarbeiten und besonders für Bohrungen mit sehr genauen Mittenabständen.

4. Fräsmaschinen:

Waagrechtfräsmaschine, Senkrechtfräsmaschinen verschiedener Größen, evtl. Langfräsmaschine bei Herstellung großer Druckgießformen, Universal-Werkzeugfräsmaschinen (vgl. Abb. 265), Nachformfräsmaschine (nach Abb. 266) — möglichst ausgerüstet mit Modellfräseinrichtung —, automatisch arbeitende Kopierfräsmaschine, mindestens jedoch größere Senkrechtfräsmaschine mit Kopiereinrichtung, Graviermaschine möglichst mit Vorrichtung zum Gravieren nach Zeichnung.

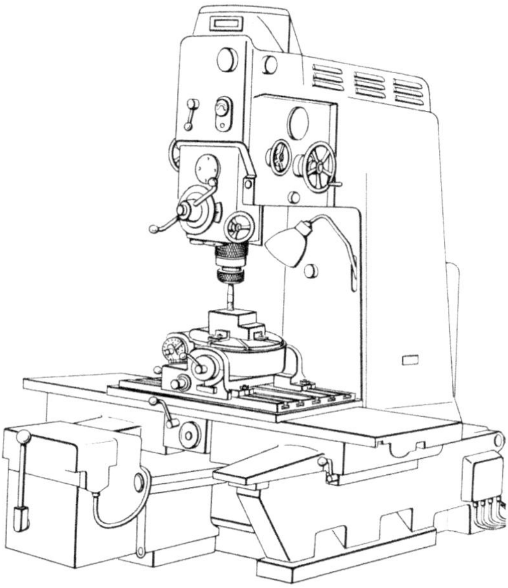

Abb. 264. Lehrenbohrwerk zum Fertigen sehr genauer Mittenabstände von Bohrungen (nach dem Koordinaten-Prinzip). Es lassen sich Bohrungsabstände mit Meßeinrichtungen bis 0,001 mm Genauigkeit einstellen

5. Hobelmaschinen:

Kurzhobelmaschinen — möglichst mit Einrichtung zum Kopierhobeln —, Langhobelmaschine, evtl. Senkrechtstoßmaschine, Feilmaschine (besonders für Durchbrüche).

6. Schleifmaschinen:

Rundschleifmaschinen verschiedener Größen, Flächenschleifmaschine mit senkrechter und waagrechter Schleifspindel (Maschine mit waagrechter Schleifspindel s. Abb. 267), Innenschleifmaschine für Bohrungen, Koordinaten-Lochschleifmaschine (vgl. Abb. 268) für genaue Schleifarbeiten am gehärteten Formwerkzeug, evtl. Projektions-Formschleifmaschine (für Profile aller Art nach Zeichnung, Arbeitsgenauigkeit 5 μ), Werkzeugschärf-Schleifmaschine für schneidende Werkzeuge (für Fräser,

Spiralbohrer, Reibahlen usw.), z. B. Stiehelschleifmaschine (nach Abb. 269) oder Universal-Werkzeug-Schleifmaschine (nach Abb. 270).

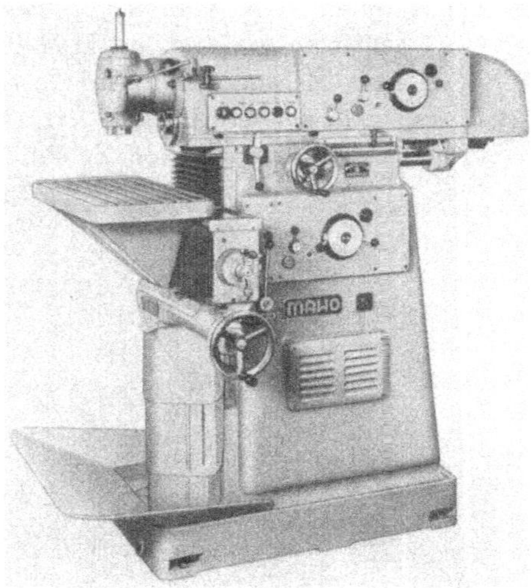

Abb. 265. Universal-Werkzeugfräsmaschine (Fabrikat Hahn und Kolb)

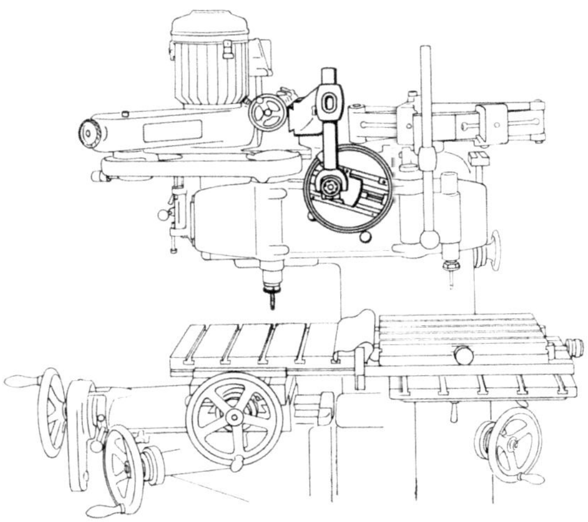

Abb. 266. Universal-Nachformfräsmaschine mit Modellfräseinrichtung (stärker ausgezogen), (Fabrikat Deckel, München, Type KF)

7. Gewindeschneid-Einrichtungen:

für Drehbänke, Bohrmaschinen und Schleifmaschine, evtl. Gewindefräsmaschine.

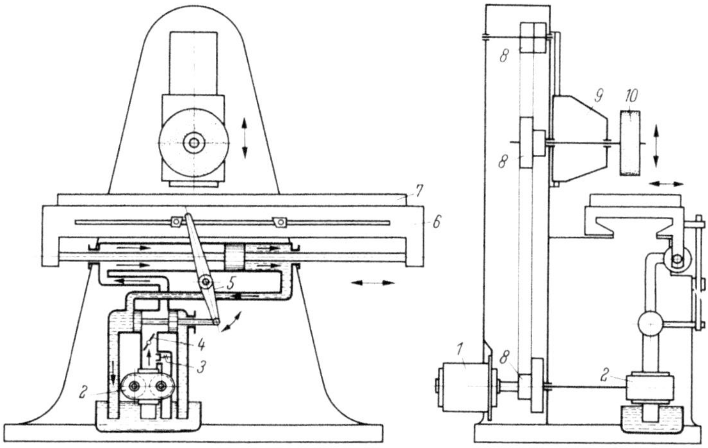

Abb. 267. Flächen-Schleifmaschine mit hydraulischem Vorschubantrieb (schematisch)

1 Elektromotor für Hauptantrieb. *2* Zahnradpumpe für Hydraulikmedium, *3* Höchstdruckventil, *4* Drosseleinrichtung, *5* Hebel für den Steuerschieber, *6* Längstisch, *7* Quertisch, *8* Schleifscheibenantrieb (auch mit Keilriemen oder Getriebe möglich), *9* Führungsschlitten für Schleifspindel, *10* Schleifscheibe (waagrechte Schleifspindel)

Abb. 268. Koordinaten-Lochschleifmaschine (Fabrikat Hauser AG. Biel/Schweiz, Type 2 S) zum Ausschleifen genauer Bohrungen in gehärtetem Warmarbeitsstahl

8. Prüfeinrichtungen:
außer den üblichen Schieblehren, Mikrometer, Endmaße, Haarlineal, Winkel, Meßuhren, Anreiß- und Tuschierplatten, auch Meßmikroskop, Optischer Profilprojektor, Optische Meßeinrichtungen an Werkzeugmaschinen.

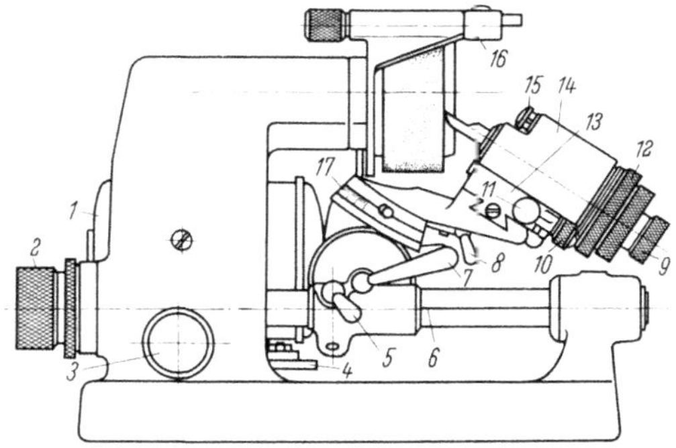

Abb. 269. Stichel-Schleifmaschine, (Fabrikat Deckel, München) (schematische Darstellung)

1 Elektrischer Antriebsmotor, *2* Feinstellschraube für Verstellung des Teilkopf-Werkzeugträgers, *3* verstellbare Anschlagschraube, *4* Motorfußplatte, *5* Knebel für das Senkrechtschwenklager des Teilkopf-Werkzeugträgers, *6* Längsstrichmarke, *7* Knebel für die Schwenkfeststellung des Teilkopf-Werkzeugträgers, *8* Knebel für die Feststellung des Teilungsringes, *9* Spannzangenschraube, *10* Schraube für die Feinverstellung des Längsschlittens, *11* Druckschraube für die Feinverstellung des Längsschlittens, *12* Teilskalentrommel, *13* Querschlitten, *14* Längsschlitten, *15* Rastknopf zur Arretierung des Zangenlagers im Teilkopf, *16* Abrichtevorrichtung, *17* Skala für die Kreisverstellung

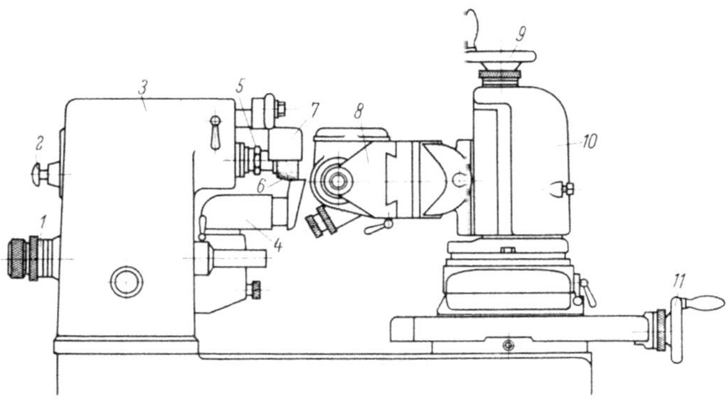

Abb. 270. Universal-Werkzeug-Schleifmaschine (Fabrikat Deckel, München) (schematische Darstellung)

1 Feinstellschraube für Verstellung des Teilkopf-Werkzeugträgers bei Ansatz einer Stichelschleif-Vorrichtung, *2* Rastbolzen zur Arretierung der Schleifspindel, *3* Schleifspindelstock, *4* Schwenkbarer Saugstutzen der Staubabsauge-Vorrichtung, *5* Schleifspindel, *6* Schleifscheibe, *7* Schutzhaube für Schleifscheibe, *8* Teilkopfschlitten für die Werkstückbefestigung, *9* Handrad zur Senkrechtverstellung des Werkzeugträgers, *10* Werkzeugträger, *11* Handrad für die Waagrechtbewegung des Werkzeugträgers

9. Montageeinrichtungen:
Montagetische (möglichst heb- und schwenkbar), Hebezeuge aller Art (bis 25 t), Richt- und Montagepressen, Druckgießmaschinen-Attrappen mit Bewegungseinrichtung.

10. Sondermaschinen und Einrichtungen:
Einsenkpresse (mindestens mit 500 t Druck), Funken-Erosionsmaschine (s. Abb. 271), evtl. Ultraschall-Bohrmaschine, Formenwaschanlage der Reparaturabteilung.

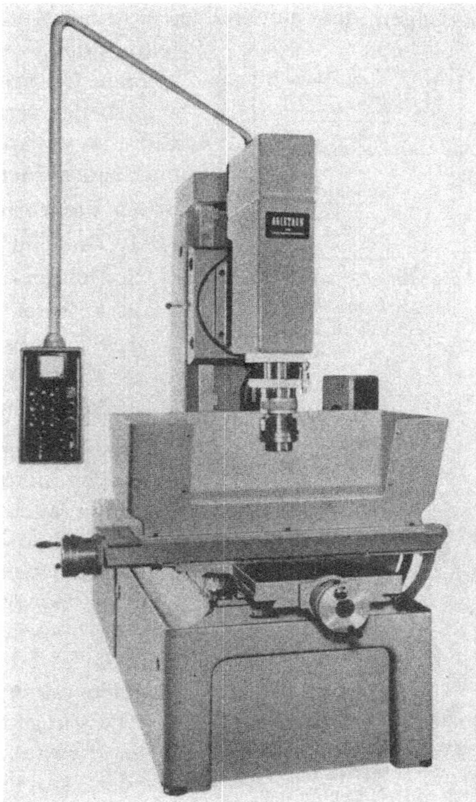

Abb. 271. Funken-Erosionsmaschine ausgerüstet als Werkzeugmaschine mit Anbau-Optik (Fabrikat AGIE AG, Losone-Locarno/Schweiz)

Aus Abb. 272 ist ein Werkzeugmaschinen-Aufstellungsvorschlag für eine Formenbauwerkstätte ersichtlich. Bei größeren, einer Druckgießerei angegliederten Werkzeugmachereien (bei etwa über 100 Beschäftigten) hat sich die Einrichtung einer gesonderten Abteilung für die Instandhaltung der Druckgießformen bewährt. Während der Arbeitszeit der eigentlichen Druckgießerei sind immer Werkzeugmaschinen für sofort zu erledigende Reparaturarbeiten freizuhalten, um keine zu großen Ausfallzeiten zu bekommen. Die Druckgießwerkzeuge sind nach Erledigung eines Serienauftrags zu „richten", d. h. wieder gießfertig zu machen und gut eingefettet (Rostschutz) auf Lager zu nehmen. Die Lagerhaltung der Druckgießformen wird daher zweckmäßig auch dem Abteilungsleiter des Werkzeugbaues unterstellt.

Die direkte Leitung des Formenbaues wird am besten einem tüchtigen Meister übertragen, dem ein Stellvertreter zur Seite steht. Für die Verteilung der verschiedenen Aufgaben werden Gruppen gebildet, für die Vorarbeiter verantwortlich sind. Die Einteilung kann wie folgt vorgenommen werden:

Je ein Vorarbeiter für

1. Dreherei und Hobelmaschinen
2. Bohren und Schleifen
3. Fräserei
4. Schraubstockarbeiten und Montage
5. Formeninstandhaltung.

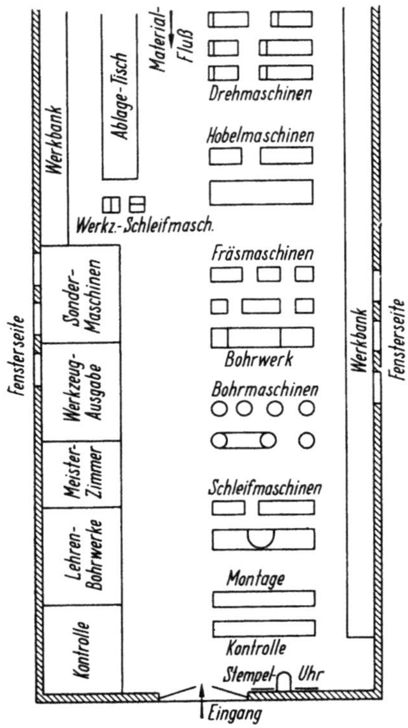

Abb. 272. Werkzeugmaschinen-Aufstellungsvorschlag für eine Formenbau-Werkstätte

Die Anfertigung von Druckgießformen im Akkord birgt verschiedene Gefahren (auch die der Unzufriedenheit) in sich, da eine genaue Vorauskalkulation nicht ohne weiteres möglich ist, sondern nur mehr oder weniger vorausgeschätzt werden kann. Es ist daher höchstens eine Art Prämiensystem, falls man sich davon eine Leistungssteigerung verspricht, zu befürworten. Im übrigen wird es bei der Anweisung, Durchführung und Überwachung der in einem Formenbau vorkommenden, oft sehr schwierigen Arbeiten in erster Linie auf die Tüchtigkeit und Initiative der Vorgesetzten ankommen.

Die Vorkalkulation der Formkosten und auch die Vorausbestimmung der Fertigungszeit auf dem Schätzwege erfolgt am besten in dem für die einzelnen Baugruppen einer Druckgießform die Zeiten von einem erfahrenen Planer festgelegt werden[1]. Man kann die so ermittelten Unterlagen evtl. als Grundlage für eine Prämie, am besten Gruppenprämie, verwenden. Im Schrifttum sind auch Verfahren zur Vorausbestimmung von

[1] Weitere Einzelheiten sollen in Band II gebracht werden.

Fertigungszeiten für Gießwerkzeuge[1] angegeben worden, die auf einer großen Zahl von Nachkalkulationen, Erfahrungen und der Anwendung mathematisch-statistischer Methoden basieren.

3.612 Werkzeuge des Stahlformenbauers

In Tab. 16 sind die vielseitigen Werkzeuge der Erstausstattung eines Stahlformenbauers angegeben. Dabei können aus den Abb. 273/1 bis 273/5 die verschiedenen Werkzeuge, wie Gesenkmeisel, Handstichel, Feilen, Riffel- und Stielfeilen ersehen werden.

Es ist das natürliche Bestreben vorhanden, die Feilarbeit immer mehr durch Maschinenarbeit zu ersetzen, aber zur Nacharbeit ist sie nach wie vor vielfach unentbehrlich. Im Formenbau werden hauptsächlich die durch Fräsen (z. B. an der Universal-Werkzeugfräsmaschine, Nachform- oder Kopierfräsmaschine) vorgearbeiteten Flächen sauber geglättet und paßfähig gemacht. Für den Stahlformenbauer kommen daher in den meisten Fällen nur Feilen mit der Hiebteilung schlicht (Hieb-Nr. 3), doppelschlicht (Hieb-Nr. 4) und feinschlicht (Hieb-Nr. 5 bis 10) in Be-

Tabelle 16. *Werkzeug-Erstausstattung eines Stahlformenbauers*

Schlosserhammer	. . . .	DIN 1041 100; 300; 500; 1500 g
Paranathammer	. . . .	Größe 1 und 3 110 und 430 g
Graveurhammer	1 Stück	150 g
Flachmeißel	10 Stück	
Kreuzmeißel	3 Stück	
Gesenkmeißel	9 Stück	(vgl. Abb. 273/1)
Handstichel mit Heft	8 Stück	(vgl. Abb. 273/2)
Flachschaber	2 Stück	
Feilen mit Heft	19 Stück	(vgl. Abb. 273/3)
Riffelfeilen	32 Stück	(vgl. Abb. 273/4)
Stielfeilen	12 Stück	(vgl. Abb. 273/5)
Stielfeilkloben	1 Stück	
Feilkloben	1 Stück	
Dreikantschaber	2 Stück	(vgl. Abb. 273/1)
Ölsteine	3 Stück	
Durchschläge	5 Stück	
Körner	2 Stück	
Reißnadel	1 Stück	
Spitzzirkel	1 Stück	
Schraubenzieher	3 Stück	Schneidenbreite 5; 8; 12 mm
Gabelschlüssel	. . . .	SW 6—32
Inbusschlüssel	. . . .	SW 6—17
Steckschlüssel	. . . .	SW 17—32
Flachzange	1 Stück	
Fühlerlehre	1 Stück	
Winkel flach	1 Stück	
Winkel mit Anschlag	1 Stück	
Haarlineal	1 Stück	
Rohrzange	1 Stück	
Drehstahl	5 Stück	

[1] Z. B. J. STRASSER: „Die Leistungsprämie im Formenbau", Fachvortrag Nr. 9 auf der Internationalen Druckgußtagung 1963 in München.

tracht. Bei gröberen Fassonarbeiten können auch Riffelraspeln[1] angewandt werden.

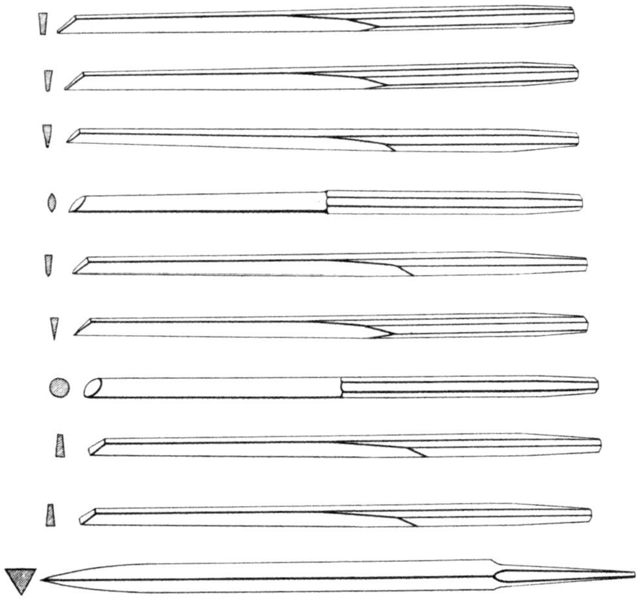

Abb. 273/1. Gesenkmeisel und Dreikantschaber (ohne Heft).

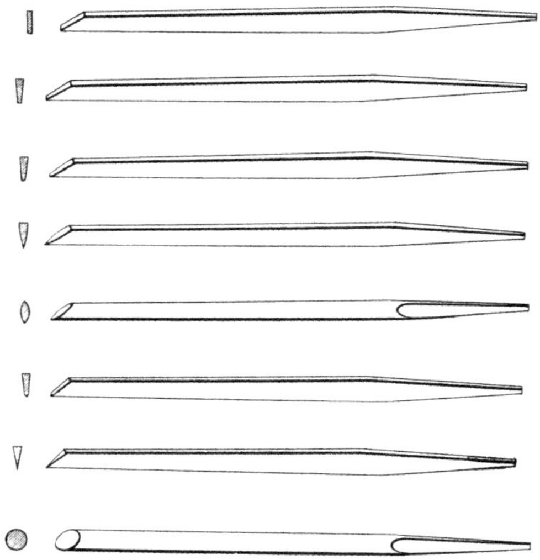

Abb. 273/2. Handstichel (ohne Heft dargestellt)

[1] Können evtl. von Firma O. Steuerwald, Weinheim-Bergstraße oder Firma Dick, Eßlingen/N. bezogen werden, wie alle Feilwerkzeuge für Stahlformenbauer.

Zur Erleichterung für die Handarbeiten dienen rotierende und oszillierende Feilen. Für den sogenannten „letzten Schliff“ an der Formfasson können leichte, handliche Kleinst-Druckluftschleifer („Schleifgriffel“) eingesetzt werden. Derartige Kleinst-Druckluftschleifer

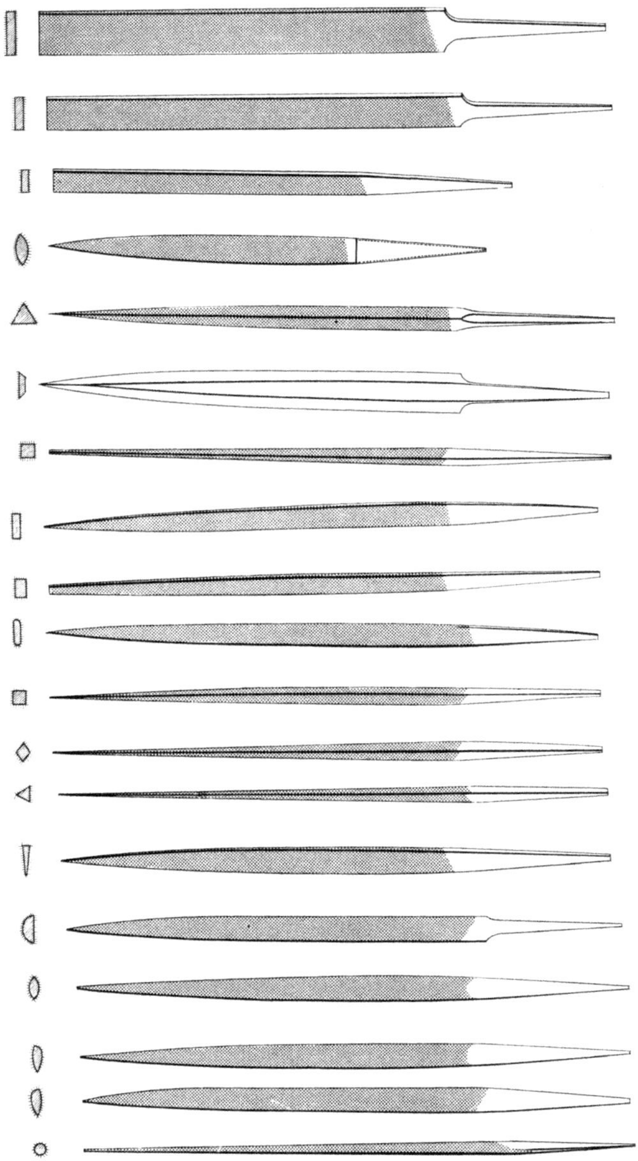

Abb. 273/3. Feilen (ohne Heft dargestellt)

haben Drehzahlen von über 50000 Umdr./min bei einem Gewicht von nur 220 bis 240 g. Besonders zur Bearbeitung von Durchbrüchen können auch Feilmaschinen gute Dienste tun. Für die Fertigbearbeitung von Formfassonen werden auch Hartmetallfräser, von einer biegsamen Welle angetrieben und von Hand geführt, eingesetzt. Auch Spezialfeilen in

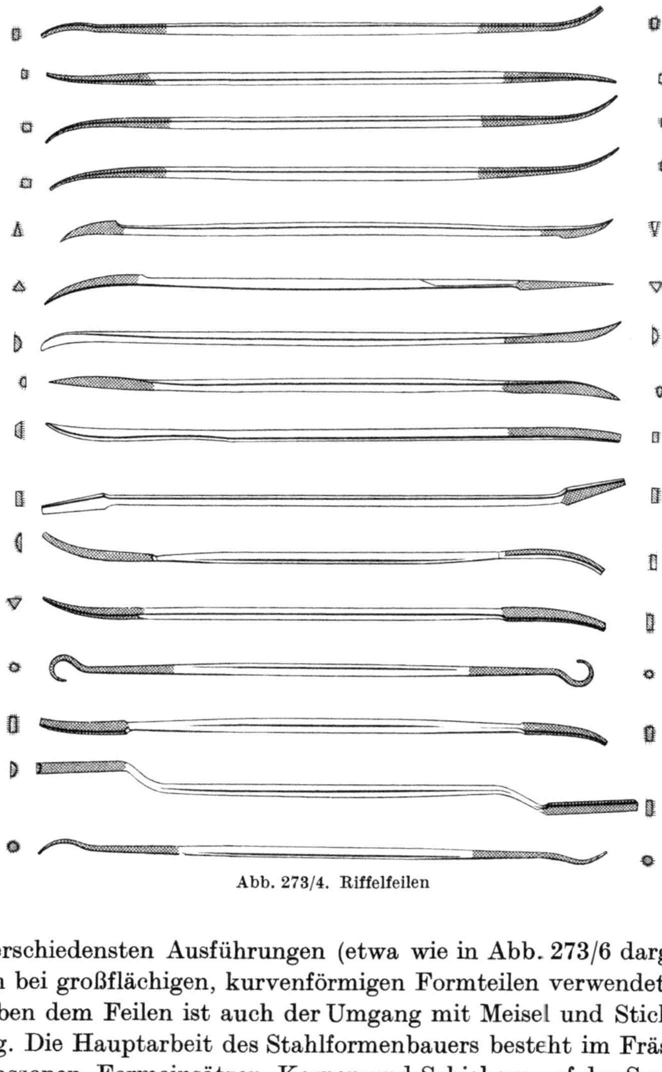

Abb. 273/4. Riffelfeilen

den verschiedensten Ausführungen (etwa wie in Abb. 273/6 dargestellt) werden bei großflächigen, kurvenförmigen Formteilen verwendet.

Neben dem Feilen ist auch der Umgang mit Meisel und Stichel sehr wichtig. Die Hauptarbeit des Stahlformenbauers besteht im Fräsen von Formfassonen, Formeinsätzen, Kernen und Schiebern auf der Senkrecht-Fräsmaschine, bzw. Universal-Werkzeug-Fräsmaschine. In manchen Betrieben fräst der für den Bau einer bestimmten Druckgießform verantwortliche Stahlformenbauer die anfallenden feinen Fräsarbeiten selbst. In anderen, meist größeren Formenbau-Werkstätten sind dafür, wie schon erwähnt, besondere Werkzeugfräser eingesetzt. Von der Genauigkeit und Güte der Fräsarbeit an der Universal-Werkzeugfräsmaschine ist mindestens die Zeit für das Fertigmachen durch den Stahl-

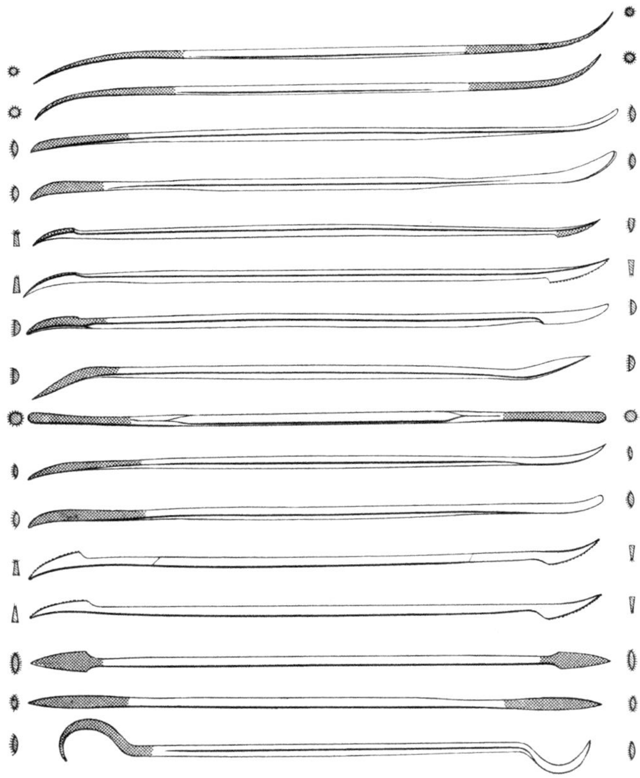

Abb. 273/4. Riffelfeilen

formenbauer abhängig. Daher ist eine gute Zusammenarbeit im Formenbau oberstes Gebot.

Selbstverständlich sind an den verschiedenen Werkzeugmaschinen noch eine Menge Werkzeuge und Zubehör notwendig, die jedoch zu der betreffenden Maschine gehören und auf diese abgestimmt sein müssen. Für besondere Arbeiten müssen auch Hilfswerkzeuge, Schablonen, Aufspannvorrichtungen usw. durch den Stahlformenbauer zwischendurch angefertigt werden, die seine schwierige Arbeit erleichtern.

Auch an den Drehbänken können nur ausgesuchte Fachkräfte tätig sein. Die Arbeiten am Koordinaten-Lehren-Bohrwerk, an den Nachform-

und Kopierfräsmaschinen erfordern ebenfalls große Sachkenntnis und Pünktlichkeit.

Außer dem Einpassen und Zusammenpassen kann auch der Zusammenbau einer Druckgießform nur von Hand durchgeführt werden. Durch zweckentsprechende Hebezeuge und Montagevorrichtungen kann man jedoch auch diese Arbeiten erleichtern.

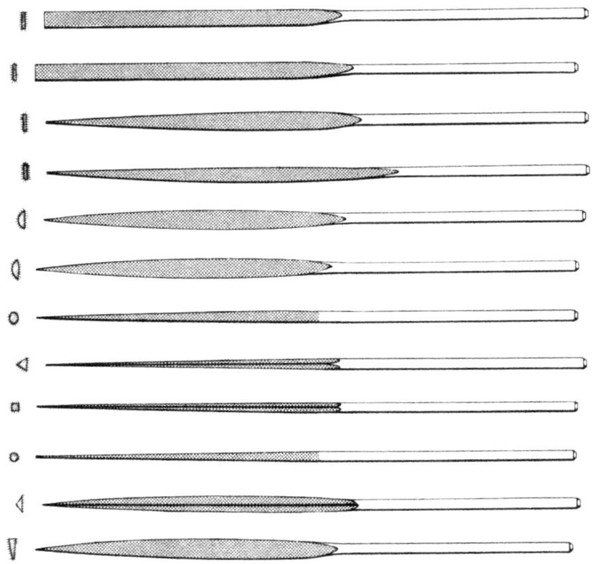

Abb. 273/5. Stielfeilen

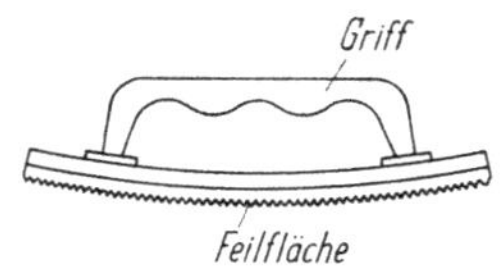

Abb. 273/6. Spezialfeile zum Bearbeiten großer Formflächen

3.613 Einige Arbeitsgänge

Im Folgenden werden einige Arbeitsgänge aus dem Gebiet der spanenden Herstellung von Druckgießformen herausgegriffen.

a) Erste Arbeiten. Nach der Stückliste der Werkzeugzeichnung wird das Rohmaterial bereitgestellt. Bei großen Druckgießformen sind Formrahmen und auch Formplatten meist Einzelschmiedestücke. Das Bearbeiten der großen Planflächen erfolgt durch Hobeln und der Stirnflächen in der Regel durch Fräsen mit Messerköpfen oder Walzenfräser auf einer größeren Fräsmaschine. Nun kann das sogenannte „Verstiften", d. h. das Anbringen der Führungsstifte und Führungsbohrungen in dem Formrahmen erfolgen. Diese Arbeit kann entweder auf dem Lehrenbohrwerk oder einer Säulenbohrmaschine ausgeführt werden. An beiden Formrahmen gemeinsam (in verstiftetem Zustand) werden nun genau im Winkel die beiden Ausgangsflächen gefräst. Durch Kenntlichmachung dieser Ausgangsflächen wird in der betreffenden Ecke ein Zeichen angebracht (vgl. in Abb. 274 das eingeschlagene Pluszeichen sowohl im Formrahmen eingußseitig als auch im Formrahmen auswerfseitig). Von diesen Ausgangsflächen aus erfolgt die weitere Bearbeitung. Sämtliche Maße werden von den Ausgangsflächen aus gemessen.

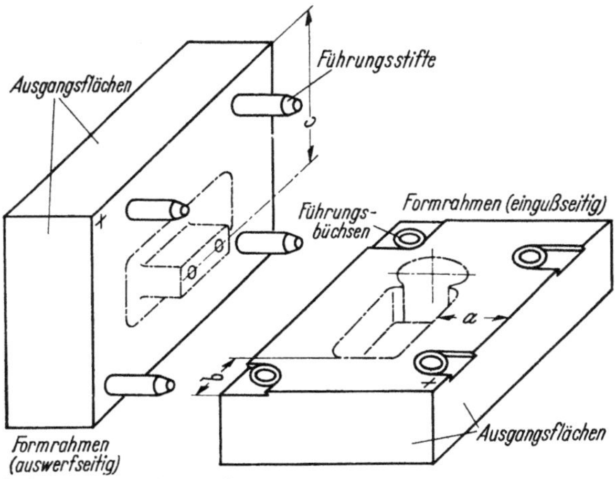

Abb. 274. Ausgangsflächen für alle Maße bei der Druckgießform-Fertigung

Die Aufnahme für die Lehrenbohrwerksarbeiten, auf der Universal-Werkzeugfräsmaschine, auf der Nachformfräsmaschine erfolgt an den Ausgangsflächen. Für die Bearbeitung der Formplatten wird in gleicher Weise verfahren. Auch diese besitzen an den entsprechenden Seiten Ausgangsflächen (siehe Maße *a* und *b* in Abb. 274). Man kann auf diese Art die Formteile sogar unabhängig voneinander fertigen. Da die Maße von einer gemeinsamen Basis aus gemessen werden, passen die Teile auch zusammen, wenn die maßliche Ausführung in Ordnung ist.

b) Drehen einer Formfasson. Obwohl man Formfassonen in der aus Abb. 275 hervorgehenden Art heute auch durch Nachformfräsen mit Hilfe einer einfachen Schablone herstellen kann, soll die für einen tüchtigen Werkzeugdreher klassische Art des Drehens derartiger Formhohlräume vorgeführt werden. Früher gab es nämlich keine Nachform-Fräsmaschinen in der jetzt zur Verfügung stehenden immer mehr vervollkommneten Ausführung, so daß man auf normale Werkzeugmaschinen zurückgreifen mußte. Die beiden Formplatten 1 und 2 werden in verstiftetem Zustand (durch die Paßstifte 5) auf den an einer Planscheibe angebrachten Aufspannwinkel gelegt. Formplatte 1 wird durch die Schrauben 3, Formplatte 2 durch die Pratzen 4 mit dem Aufspannwinkel befestigt. Es kann durch Lösen der Pratzen 4 während der Dreharbeiten Formplatte 2 abgehoben werden, damit der Dreher den Fortgang seiner Arbeiten beobachten und auch messen kann. Die Hauptarbeit muß der Dreher „nach Skala" ausführen. Zur Erleichterung kann das Drehen auch nach einer Schablone, die den Support führt, vorgenommen werden.

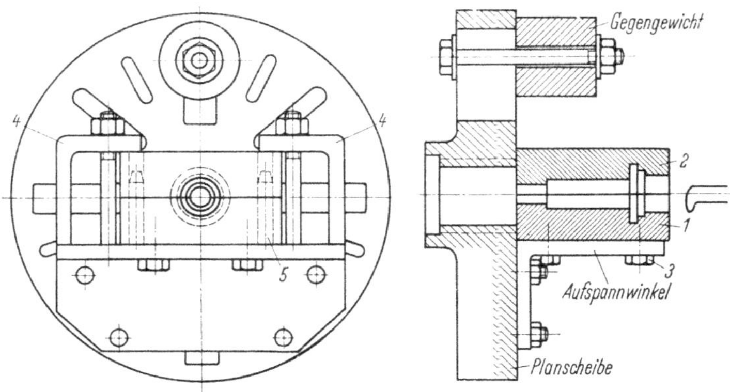

Abb. 275. Bearbeiten einer Formfasson auf der Drehbank

c) Fräsen von Formfassonen. Viele Formfassonen sind aus geometrischen Grundformen zusammengesetzt, so daß die Fräsarbeiten auf der Universal-Werkzeug-Fräsmaschine durch Steuern der Bewegungen von Hand nach Anriß auf der Formplatte ausgeführt werden können. Aber auch verwickelte Formen kann ein geübter Werkzeugfräser auf diese Weise durch Fräsen erzeugen.

Die Fräswerkzeuge werden unter dem Gesichtspunkt der zu bildenden geometrischen Form ausgewählt, bzw. sind der geometrischen Aufgabe entsprechend neu herzustellen (vgl. Abb. 276a). Besonders wichtig ist dabei, daß die Werkzeuge kurz und kräftig gehalten werden. Beim seitlichen Fräsen schafft der sogenannte Kordelfräser in der Zeiteinheit die meisten Späne weg. Man kann bei härterem Warmarbeitsstahl auch mit Hartmetallfräsern arbeiten, die eingelötete Hartmetallschneiden mit zylindrischen oder kegeligen Mantellinien besitzen.

Beim Vorfräsen (Abb. 276b) braucht man ein kräftiges Spannfutter. Auch wird gewöhnlich das Vorfräsen auf einer anderen, großen Fräsmaschine durchgeführt. Es ist nicht ratsam, auf einer für das Fertigfräsen von Formfassonen vorgesehenen Fräsmaschine auch Schrupparbeiten (Vorfräsen) auszuführen. Die Fräser werden mit zylindrischen Schäften im Fräsfutter eingespannt. Das letztere muß eine lange Hülse besitzen, damit es die beim Fräsen auftretenden Seitenkräfte sicher aufnehmen kann und der Fräser mit einer größeren Haftfläche sicher im Futter gehalten wird.

Beim Fertigfräsen (Abb. 276c) sind möglichst glatte, riefenfreie Flächen anzustreben, damit die Nacharbeit so klein wie möglich gehalten werden kann. Es ist noch anzuführen, daß Fräser mit gedrallten Schneiden ruhiger arbeiten als solche mit achsparallelen Schneiden. Dabei richtet sich die Frage ob Linksdrall oder Rechtsdrall nach der Arbeitsaufgabe. Je nachdem wie die Späne abzuführen sind kann die Drallrichtung gewählt werden; bei einem rechtslaufenden Fräser, der auf dem Grunde eines Formhohlraumes arbeitet und die Späne nach oben anzuheben sind, ist daher Rechtsdrall günstiger.

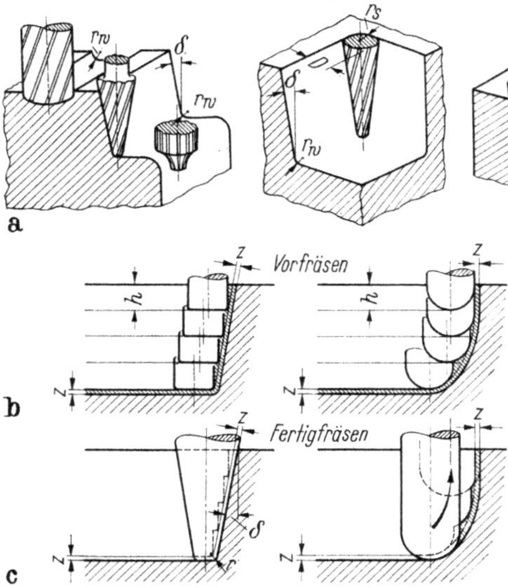

r_w Radius am Fräser-Ende
r_s Radius und Halbmesser entsprechend Formfasson
$D = 2r_s$
δ Neigung der Formfläche

Abb. 276. Vor- und Fertigfräsen von Formfassonen
a Beziehungen zwischen Fräser und Formhohlraum, b Vorfräsen, c Fertigfräsen: *h* Frästiefe (oder -höhe), *z* Materialzugabe für das Fertigfräsen

Für die Leistungsfähigkeit der Formfräser ist ihr richtiger Anschliff ausschlaggebend. Zum Schleifen stehen heute Fräserschleifmaschinen zur Verfügung, die universell gebaut sein müssen, da sowohl für den Freiflächenschliff als auch für den Spanflächenschliff bei gedrallten Formfräsern verschiedene Bedingungen erfüllt sein müssen. In größeren Formenbau-Werkstätten ist es zweckmäßig, zwei Fräserschleifmaschinen anzuschaffen, von denen die eine für das Schleifen des Freiwinkels und die andere für das des Spanwinkels eingerichtet ist.

d) Nachformen von Hand. Das kennzeichnende Übertragungsmittel der handgeführten Nachformfräsmaschine, mit der Raumformen eines Modells in gleicher Größe, verkleinert oder vergrößert, herausgearbeitet werden können, ist der in Abb. 277 gezeigte Pantograph. Es verhalten sich die Strecken $DE:DF$ wie $DE':DF'$ und damit $E:E'$ wie $F:F'$. Der Pantograph ist ein sehr genau gearbeitetes Gelenkgetriebe, das auf der Grundlage geometrischer Ähnlichkeits- und Kongruenzsätze aufgebaut ist.[1] Dadurch wird eine mathematisch genaue Übertragung von Raumformen ermöglicht. Zum Vorfräsen können auch optische Tastgeräte mit Leuchtpunktanzeige an der Maschine angebracht werden, die eine erhöhte Spanabnahme bei größeren Fräswerkzeugen zulassen.

Das Nachformen von Hand erfolgt am besten auf einer Universal-Nachformfräsmaschine mit Modellfräseinrichtung (vgl. Abb. 266). Hierbei werden die Bewegungen von Hand gesteuert und durch Bezugsformstücke (Schablonen oder Modelle) begrenzt. Die Modellfräseinrich-

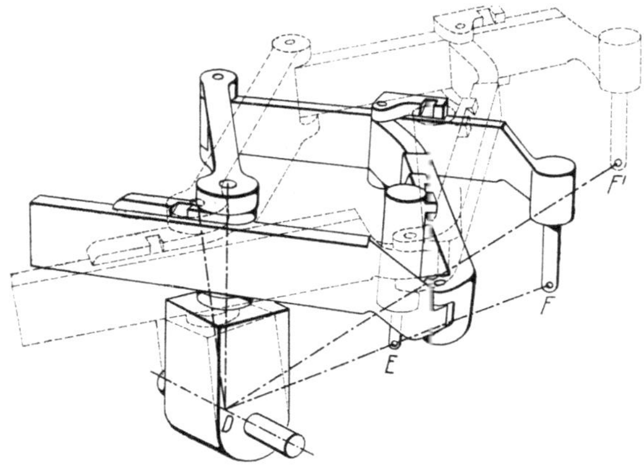

Abb. 277. Der Pantograph als von Hand geführtes Übertragungsmittel von Nachformfräsmaschinen

tung erleichtert dabei die Steuerung ganz entscheidend. Sie besteht bei dem bekannten Fabrikat ‚Deckel' im wesentlichen aus einem Kurbeltrieb, der den Werkzeugschlitten der Maschine und damit das Fräswerkzeug führt. Durch entsprechende Ein- und Verstellung der Elemente dieses Kurbeltriebs kann man Rundfräsen, Geradfräsen, ebene und schräg im Raum liegende Flächen, ovale Formen, verwundene Flächen, schräg im Raum liegende Grundformen, kurz alle räumlichen Gebilde durch Fräsen erzeugen.

Bei Formhohlräumen, die in ihren senkrechten Querschnitten geometrisch einfach sind, läßt sich der Fräser von der Modellfräseinrichtung in dem gewünschten Umriß führen, ohne daß ein Bezugsformstück (Schablone) benötigt wird. Der Werkzeugschlitten kann durch die Kurbelscheibe mit einstellbarem Halbmesser E halbkreisförmig geführt werden. Ferner ist die Achse dieser Kurbelscheibe schwenkbar. In waagrechter Stellung kann man eine in senkrechter Ebene liegende Kreisform erzeu-

[1] Aus Abb. 277 ist E' nicht sichtbar. E' ist die Lage von E in der gestrichelten Lage des Pantographen.

gen, in senkrechter Stellung ergibt sich die Kreisform in einer waagrechten Ebene des zu fräsenden Formteiles. Mit einer beliebig dazwischen liegenden Schräglage der Kurbelscheibe lassen sich elliptische Formfassonen herstellen. Für diese Art des Nachformfräsens wurde der

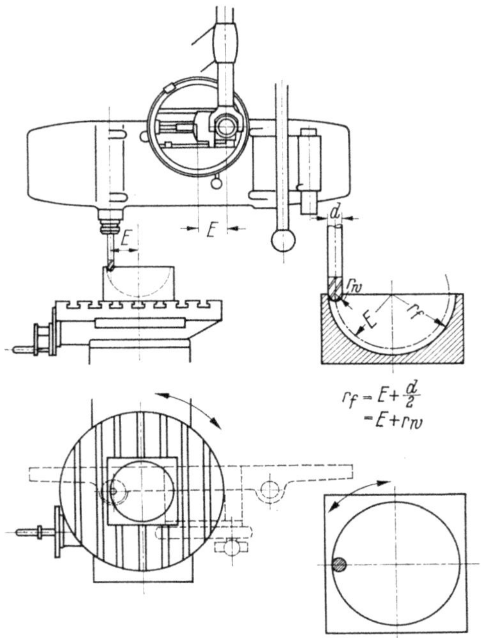

Abb. 278. Geometrisches Erzeugen einer hohlen Kugelform auf der Universal-Nachformfräsmaschine Type KF der Firma Deckel, München

Ausdruck „geometrisches Erzeugen" geprägt (Abb. 278), da es an der Werkzeugmaschine ähnlich erfolgt wie auf dem Reißbrett bei der Anfertigung einer geometrischen Zeichnung.

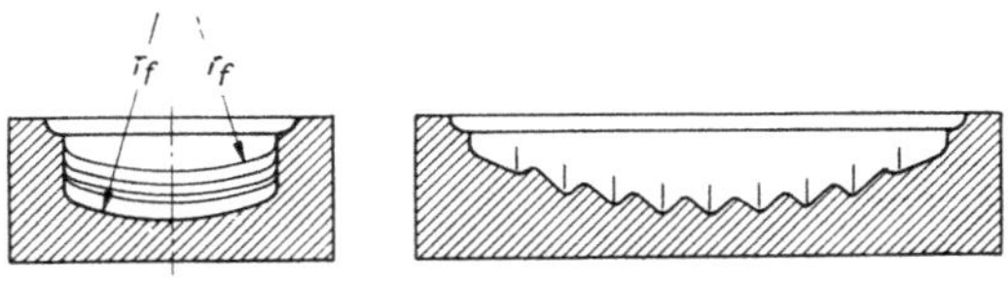

Abb. 279/1. Formfasson für eine Leuchtengehäuse-Form

Das Nachformfräsen einer Formfasson nach Abb. 279/1 wird in Abb. 279/2 schematisch gezeigt. Die Fasson der Leuchtengehäuseform besitzt immer den gleichen Radius r_f. Lediglich in senkrechter Richtung verändert der Radius r_f in allen Querschnitten seine Lage. Das Fräsen kann bei gleichbleibendem Einstellmaß E der Kurbelscheibe mit Hilfe einer dem Längsquerschnitt der Fasson entsprechenden Schablone durch die beiden Zustellbewegungen Z und Z_1 erfolgen.

Als Schablonenmaterial ist 3 mm starkes Zinkblech wegen seiner guten Bearbeitbarkeit sehr geeignet. Selbstverständlich kann auch Aluminium, Messing und bei mehrfach zu verwendenden Schablonen Stahl angewandt werden. Schablonen aus Astralon oder Plexiglas haben den Vorteil, daß durch Aufkleben der maßgenauen Zeichnung das Anreißen erspart wird. Es ist auch möglich, Schablonen, deren Konturen sich aus geometrischen Grundformen zusammensetzen, mit Hilfe der Modellfräseinrichtung nach den Zeichnungsmaßen zu fräsen. Die Schablonenkontur darf keine Unebenheiten aufweisen und ist nach dem Fräsen sorgfältig auszufeilen bzw. zu glätten.

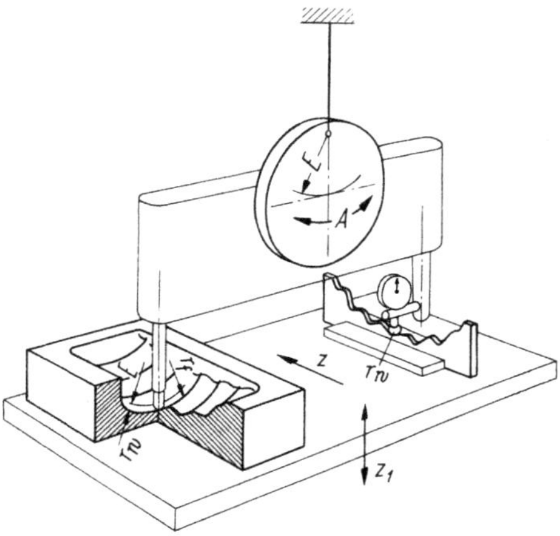

Abb. 279/2. Fräsen der Formfasson entsprechend Abb. 279/1

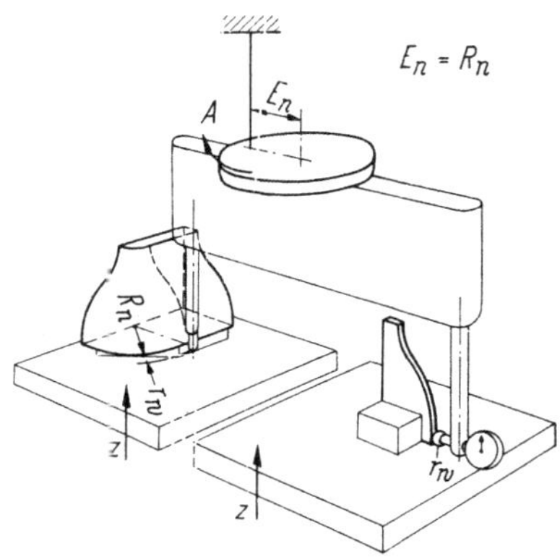

Abb. 280. Fräsen einer profilierten Rundung an eine profilierte Fläche

In Abb. 280 ist das Nachformfräsen einer profilierten Rundung an einem profilierten geradflächigen Formstück schematisch dargestellt. Die Kurbelscheibe der Modellfräseinrichtung liegt horizontal (waagrecht). Auf dem Arbeitstisch ist das Werkstück aufgespannt und auf dem Modelltisch ist die Schablone so befestigt, daß eine Tastvorrichtung, bestehend aus Arm und Meßuhr bei den Arbeitsbewegungen A frei mitgehen kann. Die Fühlerspitze der Meßuhr besitzt den Radius r_w des Fräsers. Die parallel zum Werkstück aufgespannte Schablone wird so ausgerichtet, daß bei Beginn des Fräsens der Taster der auf den Wert 0 eingestellten Meßuhr an derselben Stelle der Schablone liegt, die am Werkstück vom Fräser berührt wird.

Das Einstellmaß E_n der Kurbelscheibe erfährt bei jeder Zustellbewegung Z von Werkstück und Schablone eine Vergrößerung oder Verkleinerung immer in der Weise, daß die Meßuhr wieder den Wert 0 anzeigt. Nachdem erfolgt die Arbeitsbewegung A des Fräsers.

Diese Art und Weise des Nachformfräsens von Hand kann auch vorteilhaft zur Herstellung von Kopiermodellen für das automatische Nachformen angewandt werden[1]. Auch lassen sich damit günstig Gießformen für kalthärtende Kunstharztypen herstellen.

e) Selbsttätiges Nachformen (Kopieren) nach Bezugsformstücken (Modellen). Die einfachste Art des selbsttätigen Nachformens ist die, daß die Nachformfräsmaschine in nebeneinander gelegten Zeilen über das Modell tastet und so durch den Werkzeugfräser die Formfasson im Werkstück erzeugt wird (s. Abb. 281). Da die Umrisse der Formfassonen aber in vielen Fällen nicht rechteckig sind, der Fräser jedoch immer die gleiche Zeilenlänge durchfährt, wird an den schmalen Umrißstellen Zeit verloren. Dieser Mangel kann mit Umrißschablonen behoben werden,

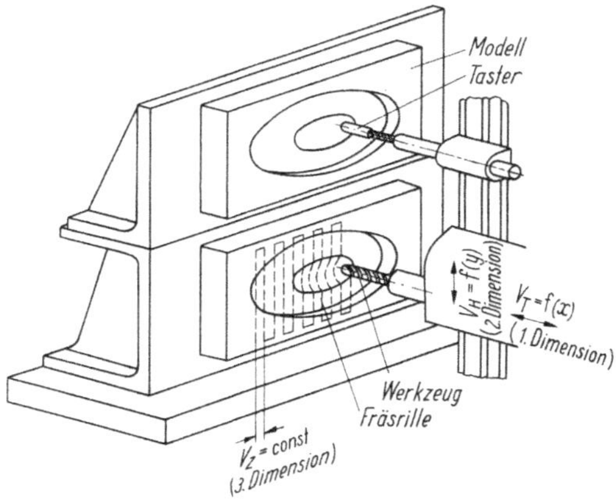

Abb. 281. Nachformvorgang an einer Formfasson auf einer Nachform-Fräsmaschine
1. und 2. Dimension: elektrisch oder hydraulisch-mechanischer Regelkreis, *3. Dimension:* gleichmäßiger Zeilensprung

bei denen gegen das Werkstück isolierte Kontaktstücke angebracht sind, die bei Berührung durch den Taster die Zeilenumschaltung auslösen.

Aus Abb. 282/1 ist der unveränderte Längsanschlag ersichtlich. Man kann auch, um Umrißschablonen zu sparen, mit veränderlichem Längsanschlag nach Abb. 282/2 arbeiten. Es ist auch möglich, nach Abb. 283 einen unveränderten Tiefenanschlag anzuwenden, durch den jeweils nach dem Fräsen einer Zeile weitergeschaltet wird.

Neben dem Zeilenfräsen, mit dem man an sich jede Fasson — jedoch mit den bereits erwähnten Zeitverlusten — automatisch herausarbeiten kann, gewinnt das Kontur- oder Umrißfräsen immer mehr an Bedeutung.

---

[1] Vgl. die Schrift: „Die Modellfräseinrichtung der Nachformfräsmaschine KF und ihre Anwendung bei der maschinellen Fertigung von Modellen" von Fa. Fr. Deckel, München, Abt. Technische Mitteilungen.

Dazu sind Dreidimensionalfühler notwendig, wobei die Abtastmethode gewählt werden kann. Beim eigentlichen Raumfräsen werden durch den Fühler, je nachdem in der 1., 2. oder 3. Dimension gearbeitet wird, Steuerungsbefehle an das Werkzeug erteilt. Die Marschrichtung kann

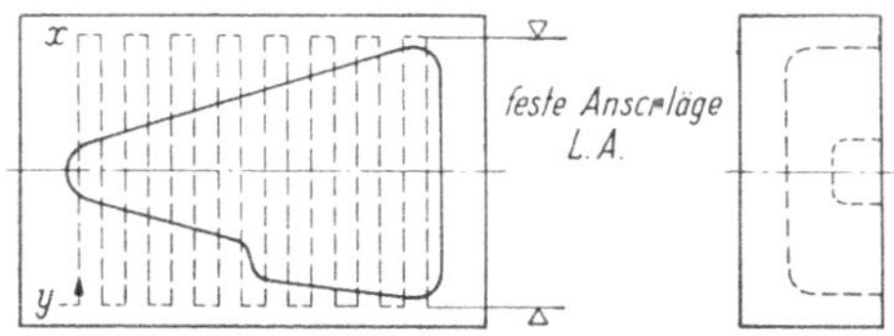

Abb. 282/1. Der Fräsweg beim vollautomatischen Nachformfräsen: Richtungsumkehr und Zeilenkommando durch *unveränderte* Längsanschläge L. A.

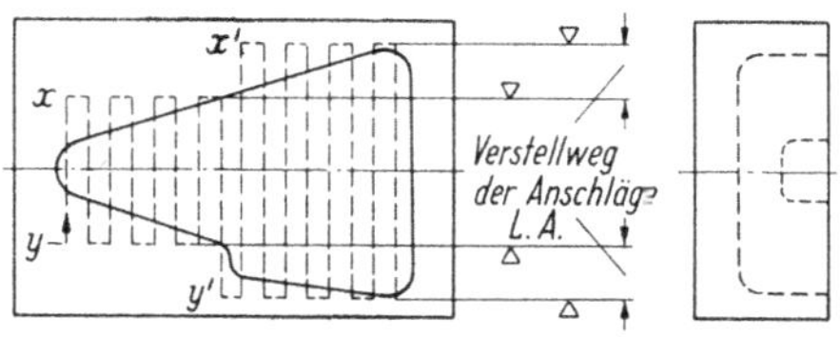

Abb. 282/2. Der Fräsweg beim vollautomatischen Nachformfräsen: Richtungsumkehr und Zeilenkommando durch *veränderte* Längsanschläge L. A.

durch Vorwahl festgelegt werden. Der Tastvorgang soll in allen drei Dimensionen zugleich selbsttätig verlaufen. Aus Abb. 284 sind die Bewegungsfolgen beim Innenkontur-Nachfräsen und deren Umschaltung durch Quadrantenwahl ersichtlich.

Bei der Herstellung von Druckgießformen ist das automatische

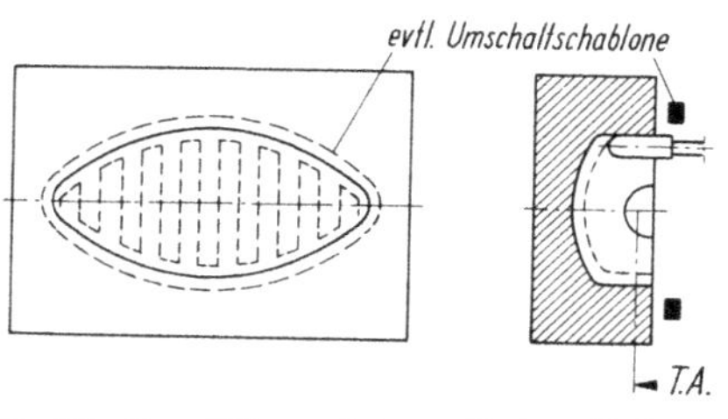

Abb. 283. Der Fräsweg beim vollautomatischen Nachformfräsen: Richtungsumkehr und Zeilenkommando durch *unveränderten* Tiefenanschlag T.A.

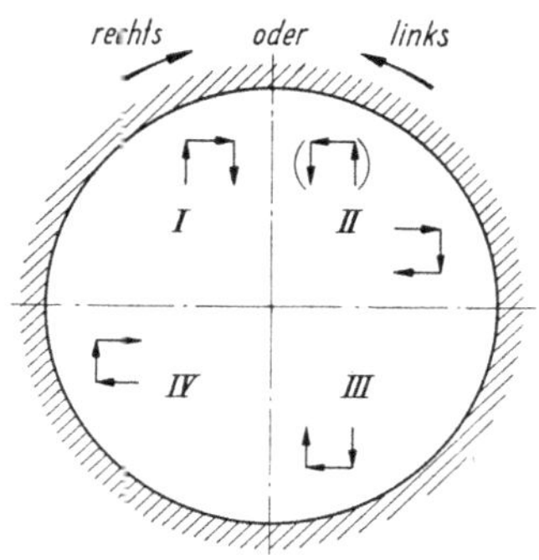

Abb. 284. Bewegungsfolgen beim Innenkonturnachfahren und deren Umschaltung durch Quadrantenwahl

Nachformen nach Modellen normalerweise nur bei Folgewerkzeugen wirtschaftlich. Ferner spielen dabei auch die Kosten für das Kopiermodell eine Rolle, so daß oft das Arbeiten auf einer Nachformfräsmaschine, die von Hand geführt wird, vorzuziehen ist. Bei schwierigen, größeren und verwickelten Formfassonen können jedoch beträchtliche Einsparungen erzielt werden, nachdem es nun gelungen ist, die Selbsttätigkeit der

Steuerung einer automatischen Nachformfräsmaschine zu beherrschen, so daß sie mehrere Stunden ohne Bedienung arbeiten kann.

Ein sehr interessantes Zusatzgerät zum Kopierfräsautomaten ist die hauptsächlich zum Kopierfräsen von Formfassonen entwickelte Spiegelbild-Kopiereinrichtung. Diese ermöglicht ein Fräsen der Formhohlräume unter Verwendung eines gerade zur Verfügung stehenden Werkstückes. Da sich beide Hälften mit demselben Modell gleichzeitig im Zeilenverfahren oder 360°-Umlaufkopieren herstellen lassen, ergibt sich nicht nur eine beträchtliche Zeiteinsparung, sondern auch ein sehr genaues Übereinstimmen beider Formhälften.

3.614 Herstellung von Nachformmodellen

Wie schon angeführt, ist es mit einer Universal-Nachformfräsmaschine mit Modellfräseinrichtung möglich, Modelle mit vielgliedrigen Raumformen maschinell nach den Zeichnungsmaßen herzustellen. Als Werkstoff können Kunststoffmassen[1] verwendet werden. Für größere Modelle haben sich auch Steinmodellmassen[2] bewährt, die kalt vergießbar (mit Wasser angemacht) und im gehärteten Zustand raumbeständig und widerstandsfähig sind.

Vielfach wird aber zur Festlegung der genauen Raumform ein Urmodell angefertigt, aus dem man die Umrisse des herzustellenden Druckgußstückes ersieht. Nachformmodelle sind nun Umkehrungen vom Urmodell. Unter Verwendung von kaltaushärtenden Kunstharzen[3] können auch von weniger stabilen Gips-, Holz- oder Plastilinmodellen durch Abgießen widerstandsfähige Nachformmodelle gefertigt werden. Das Urmodell enthält dann zweckmäßig bereits die notwendigen Schwindmaße.

Das Abgießen erfolgt ähnlich wie bei Sandguß in einem aus Holzbrettern hergestellten Formkasten (s. Abb. 285). Bei größeren Abmessungen ist statt des reinen Gießens eine Art Grundierung mit Hinterfüttern vorteilhaft. Da jedoch die Kunstharze als reine und modifizierte kalthärtende Epoxydharze außerordentlich fest an fast allen Werkstoffen haften, ist eine Vorbehandlung des Urmodells zur Aufhebung dieser Haftung erforderlich. Je nach dem Werkstoff des Urmodells sind dazu verschiedene Produkte[4] notwendig.

Da die Herstellung eines Urmodells in den meisten Fällen viel einfacher ist als seine Umkehrung, ist die Fertigung von Nachformmodellen aus sog. Gießharzen (Kunstharzmassen) sehr wirtschaftlich. Es entsteht

---

[1] Z. B. „Trolon" der Dynamit AG in Troisdorf.

[2] Z. B. „Stonex" von Dr. F. Raschig GmbH, Ludwigshafen/Rh.

[3] Z. B. „Araldit" der CIBA AG in Basel.

[4] Beschreibung in der Arbeitsvorschrift „Kopierfräsmodelle aus Araldit" CIBA AG.

auf diese Weise ein hochwertiges Nachformmodell mit harten, jedoch nicht spröden Oberflächen, das hohe Anforderungen an Oberflächengüte und Formgenauigkeit erfüllt.

Gießharze bilden eine selbständige Werkstoffgruppe innerhalb der Kunststoffe. Epoxyd-, Polyester- und Polyurethanharze finden als Gießharze immer weitere Verbreitung, wobei die beiden ersteren in kalt- und warmhärtendem Zustand verwendet werden können. Aus der Gruppe der Polyaetheracetade wird noch auf ein weiteres flüssiges, heißhärtendes Gießharz hingewiesen (z. B. Handelsname Ultralon T u. S). Auch gewisse Dispersionsmassen von PVC in Weichmacher (z. B. Vestolit 50 A) zählen zur Werkstoffgruppe der Gießharze und sind bis etwa 70 °C in ausgehärtetem Zustand beständig.

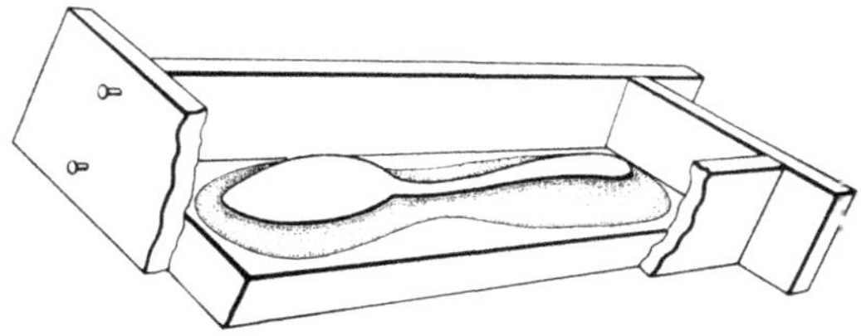

Abb. 285. Nachform-Modell mit unebener Teilfläche im Formkasten

3.62 Spanlose Bearbeitung

Die spanlose Fertigung von Formfassonen für Druckgießformen gewinnt zunehmend an Bedeutung. Man ist dabei noch mehr in der Lage, auf maschinelle Bearbeitung überzugehen, so daß besonders für den gleichzeitigen oder nachfolgenden Bedarf von mehreren gleichen Druckgießwerkzeugen die Formkosten wesentlich gesenkt werden können. Aus diesem Grunde wird unter dieser Rubrik auch der Stoffabtrag durch Funkenerosion und Ultraschall behandelt, obwohl diese Verfahren nicht als spanlos bezeichnet werden können.

3.621 Schmieden

Gemeint ist nicht das mehrmalige Durchschmieden der Blöcke, die normalerweise dem Formenbau in prismatischen Abmessungen angeliefert werden, sondern mindestens das Vorschmieden des Formhohlraumes, wodurch nicht nur an Schrupparbeitszeit gespart, sondern auch die Gefügestruktur verbessert wird. Aus Abb. 286 geht hervor, daß obwohl der Schmiedeverlauf vereinfacht gewählt ist, sehr viel Zerspanungsarbeit eingespart werden kann. Für diese Schmiedearbeit lohnen sich auch einfache Gesenke. Leider findet aber das Vorschmieden der Formfassonen wenig Gegenliebe in den Stahlwerken, die im allgemeinen nur auf das Schmieden rechteckiger Blöcke eingerichtet sind.

Durch Anwendung des sogenannten Warmhämmerns[1] könnte man

[1] Derartige Feinschmiedemaschinen werden z. B. von den Rollschen Eisenwerken, Bern (Schweiz) hergestellt.

noch weiter gehen und die Formfassonen mit verhältnismäßig geringen Bearbeitungszugaben schmieden, da beispielsweise bei warmgehämmerten Stücken eine Toleranz von ± 0,3 mm ohne weiteres möglich ist.

3.622 Kalt- und Warmeinsenken

Im Schmiedehandwerk ist es schon seit Jahrhunderten geläufig, eine verwickelte Vertiefung in einem Stahlblock dadurch zu erzeugen, daß man das positive Stück des Hohlraumes ausarbeitet, härtet und als „Pfaffen" in den glühend gemachten Block einschlägt. Aus dieser handwerklichen Herstellungsweise heraus ist das Einsenkverfahren entstanden.

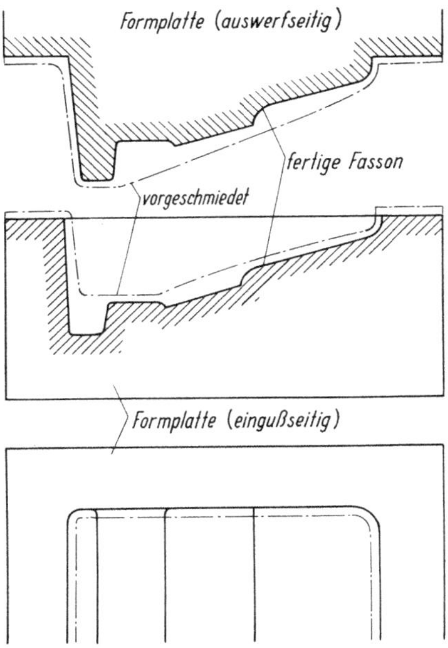

Abb. 286. Vorschmieden von Fassonen in Formplatten

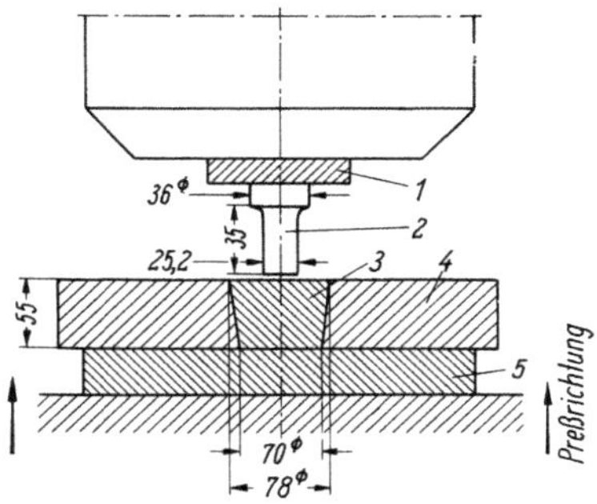

Abb. 287. Schema der Werkzeuganordnung beim Kalteinsenken

Das Kalteinsenken wurde aus dem Prägen entwickelt und zuerst bei der Herstellung von Münzen und Schmuckgegenständen angewandt. In großem Umfang fand das Verfahren in den Jahren um 1920 herum bei der Herstellung von Preßformen für Kunststoffknöpfe Eingang. Während aber nur Kaltarbeitsstähle eingesenkt wurden, ist man nun dazu übergegangen, auch Warmarbeitsstähle einzusenken.

Der beim Kalteinsenken übliche Werkzeugeinbau ist schematisch in Abb. 287 wiedergegeben. Die allseitig bearbeitete und an der Senkfläche geschliffene Matrize (*3*) wird in einem Aufnahmering (*4*) gehalten. Die Vergütungsfestigkeit dieses Ringes beträgt etwa 125 kp/mm². Die Unterlegplatte (5), die den Prägedruck aufzunehmen hat, wird auf eine Festigkeit von etwa 200 kp/mm² gehärtet. Der Senkstempel (*2*) liegt auf einer Grundplatte (*1*) auf, die zur Aufnahme des Prägedruckes auf eine Festigkeit von ebenfalls 200 kp/mm² gehärtet ist. Der Senkstempel darf keinesfalls durch eine Schraubverbindung befestigt werden. Die Auflagefläche ist nach dem Härten sauber zu schleifen, um durch sattes Aufliegen eine Biegebeanspruchung auszuschließen und ein Aufsprengen des Senkstempels zu vermeiden.

Für den Einsenkvorgang wird eine ölhydraulische Presse benötigt, die meist mit geschlossenem Stahlgußrahmen ausgebildet ist und deren Wirkungsweise aus Abb. 288 hervorgeht[1].

Einsenkpressen werden bis zu einem Druck von 2000 Mp serienmäßig hergestellt. Die Einsenkgeschwindigkeit wird durch die Regelung der Fördermenge der Hochdruckstufe der Druckflüssigkeitspumpe bestimmt. Erfahrungsgemäß ist die Einsenkgeschwindigkeit während des Einsenkens konstant und möglichst niedrig zu halten (max. 0,05 mm/s). Um Anrisse an der Oberfläche zu vermeiden, wird eine Einsenkgeschwindigkeit von 0,005 bis 0,01 mm/s empfohlen.

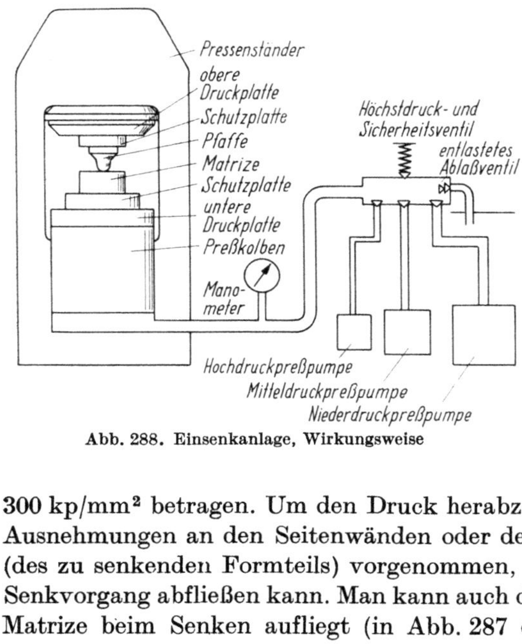

Abb. 288. Einsenkanlage, Wirkungsweise

Der für den Senkstempel zulässige spezifische Druck darf äußerst 300 kp/mm² betragen. Um den Druck herabzumindern, werden vielfach Ausnehmungen an den Seitenwänden oder der Bodenfläche der Matrize (des zu senkenden Formteils) vorgenommen, in die der Werkstoff beim Senkvorgang abfließen kann. Man kann auch die Druckplatte, auf der die Matrize beim Senken aufliegt (in Abb. 287 die Unterlegplatte 5), mit einer Bohrung zur Aufnahme des abfließenden Stahlmaterials versehen.

Zwischen Senkstempel und Matrize entsteht bei den hohen Drücken eine sehr große Reibung. Öl ist dabei als Schmiermittel ungeeignet. Die Verkupferung des Senkstempels und Schmieren der Matrizenoberfläche mit Molybdänsulfid (z. B. Molykote) hat sich bewährt.

Für die Arbeitsweise werden zwei Verfahren angewandt:

1. Es wird mit einer möglichst niederen, konstanten Einsenkgeschwindigkeit ohne Rücksicht auf den sich ergebenden Flächendruck am Senkstempel gefahren, bis die gewünschte Tiefe erreicht ist.

[1] Einsenkpressen stellt beispielsweise in verschiedenen Größen die Firma Sack & Kiesselbach, Maschinenfabrik GmbH, Düsseldorf-Rath, her.

2. Man stellt auf einen bestimmten, niedrigen spezifischen Einheitsdruck, z. B. 180 kp/mm² ein. Wird nun unter dieser Kraft mit der Zeit kein weiteres Eindringen des Senkstempels mehr festgestellt, wird entlastet, die Matrize zwischengeglüht, so daß alle Spannungen und Verfestigungen entfernt werden. Der Einsenk- und Glühvorgang wird nun solange wiederholt, bis die gewünschte Einsenktiefe erzielt ist.

Bei der zweiten, umständlicheren Art paßt man sich gewissermaßen dem Verfestigen des Werkstoffes an. Nach jedem Glühen ist ein Säubern und Nachpolieren der Matrizenoberfläche notwendig.

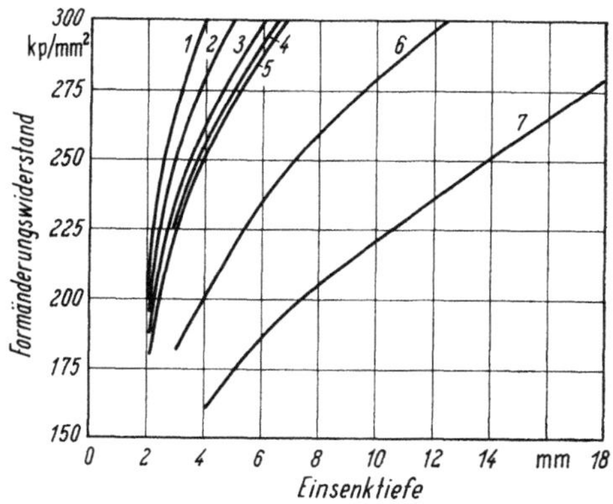

Abb. 289. Einsenkkurven gebräuchlicher Warmarbeitsstähle (vgl. Tabelle 17)

Das Kalteinsenken von Warmarbeitswerkzeugen wurde von W. HAUFE[1] genauer untersucht. Mit den aus Tab. 17 hervorgehenden Warmarbeitsstählen wurden Einsenkversuche durchgeführt, deren Ergebnisse aus Abb. 289 hervorgehen. Neben dem Stahl Nr. 7 läßt sich demnach der Warmarbeitsstahl Werkstoffnummer 2365 wesentlich besser als die übrigen Stähle einsenken.

Aus Tab. 18 ist die Zusammensetzung und Wärmebehandlung bewährter Stähle für Senkstempel ersichtlich. Der Senkstempel muß eine möglichst geringe Oberflächenrauhigkeit und gute Politur aufweisen. Die 12%igen Chromstähle besitzen bei einer Härte von 64 HRC eine hohe Druck- und Verschleißfestigkeit. Bei erhöhter Zähigkeit wird Chrom-

Tabelle 17.

Zusammensetzung der bei den Einsenkversuchen verwendeten Warmarbeitsstähle

Stahl Nr.	SNr.	Bezeichnung nach Stahl und Eisen	Zusammensetzung (Richtwerte) in %								Brinellhärte
			C	Si	Mn	Cr	Mo	Ni	V	W	HB
1	2713	55 NiCrMoV 6	0,55	0,3	0,6	0,7	0,2	1,7	0,1	—	252
2	2581	30 WCrV 34 11	0,30	0,2	0,3	2,5	—	—	0,4	9,0	223
3	2603	45 WCrVMoW 58	0,45	0,6	0,4	1,5	0,5	—	0,8	0,5	220
4	2567	30 WCrV 17 9	0,30	0,2	0,3	2,5	—	—	0,6	4,5	215
5	2343	40 CrMoV 21	0,40	1,0	0,4	5,5	0,9	—	0,5	—	212
6	2365	32 CrMoV 33	0,30	0,2	0,4	3,0	2,75	—	0,5	—	187
7	—	—	0,07	0,25	0,30	5,0	—*	—	—	—	115

[1] HAUFE, W.: „Das Kalteinsenken als Herstellungsverfahren von Druckgießformen" Gießerei 46 (1959) H. 13. S. 353—361.

* Kann bis 0,5% Mo enthalten.

Tabelle 18.
Zusammensetzung und Wärmebehandlung bewährter Stähle für Senkstempel

Stahl Nr.	Härte-temperatur °C	Anlaßtemperaturen in °C für Einbauhärten (in HRC) 64	62	60	58	56	54
2090 (2,0% C; 12,0% Cr)	960/980 Öl	150	230	320	400	500	520
2721 (0,5% C; 1,4% Cr; 0,2% Mo; 3,3% Ni)	820/840 Öl	—	—	100	160	200	250

Nickelstahl Werkstoffnummer 2721 oder Chrom-Wolfram-Stahl Werkstoffnummer 2550 empfohlen.

Ein Arbeitsbeispiel ist in Abb. 290/1 dargestellt. Das Kalteinsenken ist im allgemeinen günstiger durchzuführen, wenn es nicht auf einen

Abb. 290/1. Kaltgesenkter, noch nicht bearbeiteter Matrizeneinsatz aus Molybdänstahl 2365 zur Herstellung einer mehrfach ausgelegten Zinkdruckgießform für Rasierapparate und der zugehörige Senkstempel

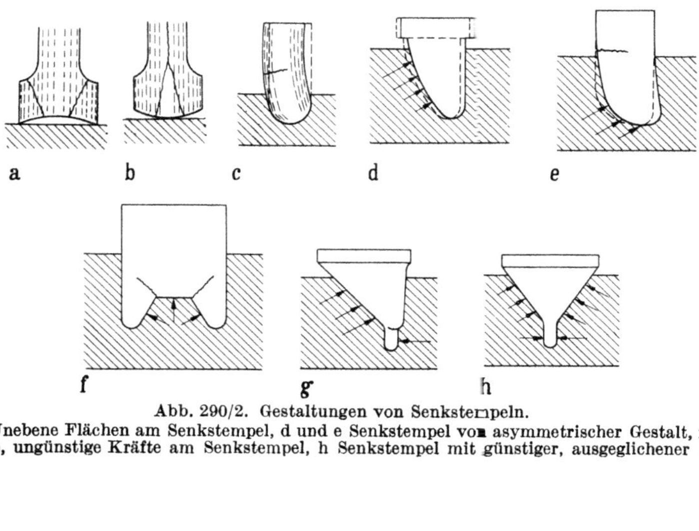

Abb. 290/2. Gestaltungen von Senkstempeln.
a bis c Unebene Flächen am Senkstempel, d und e Senkstempel von asymmetrischer Gestalt, f und g Seitliche, ungünstige Kräfte am Senkstempel, h Senkstempel mit günstiger, ausgeglichener Gestalt

großen Stahlblock, sondern auf eine kleinere Formplatte (oder Formeinsatz) angewandt wird.

In Abb. 290/2 sind falsche Gestaltungen von Senkstempeln (auch Prägestempel genannt) und sich daraus ergebende Schäden veranschaulicht, und zwar zeigen

a bis c Schäden durch unebene Oberfläche des Senkstempels;

d und e Gestaltungsformen mit asymmetrischen Seitenwänden am Senkstempel ergeben einseitige Kräfte, welche zu Maßabweichungen und Beschädigungen führen können;

f und g derartige Gestaltungen der Senkstempel bewirken beim Kalteinsenken ebenfalls ungünstige seitliche Kräfte, die den Stempel sprengen können bzw. Risse verursachen;

h eine allseitig ausgeglichene Gestalt des Senkstempels, die am günstigsten für das Kalteinsenken ist.

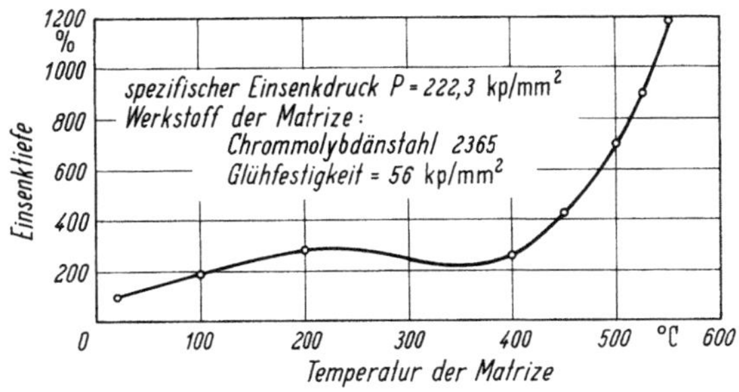

Abb. 291. Einfluß der Werkstücktemperatur von 20 bis 550 °C auf die Einsenktiefe bei gleichem Druck

Wie durch Erwärmen der Matrize die Einsenktiefe bei gleichem Druck ansteigt ist aus Abb. 291 zu ersehen. Für große Einsenktiefen ist demnach eine Erwärmung auf 450 bis 550 °C empfehlenswert, so daß eine Art Warmeinsenken entsteht. Eine Verzunderung des Werkstückstahles kann man beispielsweise durch Arbeiten unter einem Schutzgas vermeiden.

Das Einsenkverfahren ist besonders dann wirtschaftlich, wenn mehrere Formfassonen gleichzeitig (z. B. bei Mehrfach-Druckgießformen) oder laufend angefertigt werden müssen. In vielen Fällen ist es auch möglich, den Senkstempel leichter, genauer, billiger und mit besserer Oberflächengüte herzustellen als den Formhohlraum. Das Einsenken kann man daher für Formfassonen bis zu einer Flächenausdehnung von etwa 50 cm² mit Vorteil zur Erzeugung von Formhohlräumen einsetzen.

Auch das sogenannte *elektrolytische Senken* kann zur Erzeugung von Formfassonen angewandt werden. Dieses beruht auf einer anodischen

Abtragung des Materials. Es können dazu größere Senkmaschinen[1] mit beachtlichen Abtragsleistungen (z. B. etwa 1,6 cm^3 je 1000 A/min, bei einem Vorschub von 0,5—15 mm/min) verwendet werden. Der erforderliche Gleichstrom wird mit einem Silizium-Gleichrichter umgeformt (max. 15 V, 10000 A). Als Elektrolyt dient eine Kochsalzlösung, die mit einer Pumpe im Kreislauf geführt wird. Die Elektrodenwerkzeuge sind aus Kupfer gefertigt. Die Genauigkeit des Verfahrens wird durch die Stromverteilung und damit die Stromdichte beeinflußt. Allerdings eignet es sich jedoch nur zum Erzeugen geometrisch verhältnismäßig einfacher Formhohlräume, ohne Kanten, Gravuren oder sonstigen örtlichen Erhebungen, da zwischen Elektrode und Werkstück (Anode und Kathode) ein laminarer Fluß des Elektrolyten von an jedem Punkt konstanter Stärke unter größerem Druck (10 bis 20 atü) durchgepreßt werden muß. Damit wird das elektrolytische Senken auf das Gebiet schwer bearbeitbarer Sonderwerkstoffe beschränkt, worauf ausdrücklich hingewiesen sei.

3.623 Gießen

Auch die Gießverfahren selbst können zur wirtschaftlichen Herstellung von Druckgießformen herangezogen werden. Bei größeren Gießformen ist es ratsam, die Formrahmen mit vorgegossenen Aussparungen für die Formplatten und Ausnehmungen für Seitenschieber aus Stahlguß (etwa GS-52 oder GS-60) zu verwenden. Auch für die Formaufbauten (Auswerferkasten) kann Stahlguß eingesetzt werden. Für die Formfasson bringt das Gießen in vielen Fällen ebenfalls Vorteile.

a) Sandguß. Es wurde schon erwähnt, daß Gußeisen oberflächengehärtet oder legierter Sphäro-Grauguß für kleinere Stückzahlen als Formstoff für Druckguß verwendbar ist. Die Formplatten können in Sandguß hergestellt werden, wobei größere Formhohlräume vorgegossen sind. Bei der Verwendung von Gußeisen als Formbaustoff besteht heute auch die Möglichkeit des Härtens und Anlassens, wobei Brinellhärten HB von 230—320 kp/mm^2 bei Kugelgraphitguß erreicht werden können* Dadurch wäre die Anwendung etwa von nickel-magnesiumbehandelten kugelgraphitischen Gußeisen als Werkstoff für Druckgießformen (Formplatten) gegeben.

---

[1] Anläßlich des 11. Aachener Werkzeugmaschinen-Kollogiums am 14./15. 7. 62 wurde erstmalig in Europa eine große elektrolytisch (nicht funkenerosiv) arbeitende Horizontal-Senkrechtmaschine für metallische Werkstoffe, vornehmlich auf Eisenbasis, mit einer Anschlußleistung von 270 kVA vorgestellt. Die Pumpenleistung des im Kreislauf geführten Elektrolyten beträgt bei dieser Maschine 350 l/min bei 10 atü.

* Vgl. H., Borchers, und Haberl, G.: „Über die Wärmebehandlung von Gußeisen mit lamellarer und sphärolithischer Graphitausbildung", Gießerei, Techn. wissenschaftliche Beihefte Nr. 30, Okt. 1960, S. 1679—1693.

Bei großen Druckgießformen ist das Herausarbeiten eines tiefen Formhohlraumes etwa aus einer geschmiedeten Platte (beispielsweise mit den Abmessungen 1500 × 1000 × 500 mm) ein Problem und dazu noch sehr teuer. Für derartig große Formen wurde deshalb legierter Stahlguß schon eingesetzt. Man hat mit warmfestem Stahlguß nach DIN 17 245 Bl. 1 und 2 ganz zufriedenstellende Erfahrungen gemacht. In der großen Formplatte können gleich Aussparungen, um eine gleichmäßige Wanddicke des Stahlgußstückes zu erreichen (was sich auch für die Wärmedehnung als günstig erweist!) und evtl. Kühlkanäle oder Gestaltungen für eine Heizung vorgesehen werden (vgl. Abb. 292). Die Fasson des Formhohlraumes ist mit einer Bearbeitungszugabe von < 10 mm vorgegossen, wodurch an Fertigbearbeitungszeit wesentlich eingespart wird.

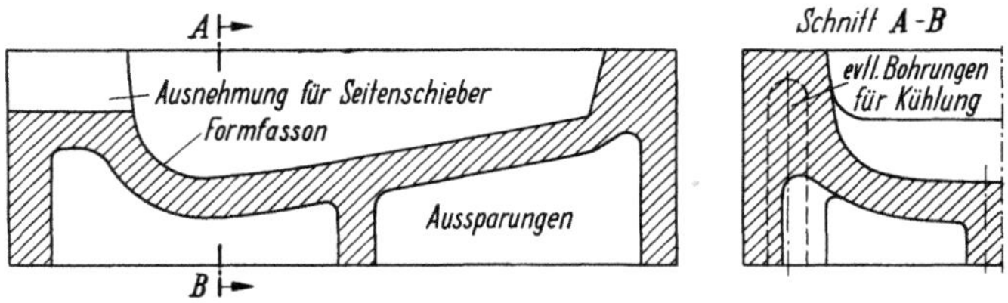

Abb. 292. Große Formplatte aus Stahlguß

Vielleicht ist es in der Zukunft sogar möglich, derartige Formteile aus einem für Druckguß geeigneten Warmarbeitsstahl auch terminlich günstig als Stahlgußteil herzustellen.

b) Feinguß. Durch die in den letzten Jahren aufgetretenen Forderungen nach höherer Maßgenauigkeit und Oberflächengüte hat sich eine Tendenz zur Verwendung feinerer Korngrößen für den Formstoff durchgesetzt, woraus sich zahlreiche spezielle Formverfahren entwickelt haben. Einige seien nach der zunehmenden Genauigkeit geordnet angeführt:
Croningverfahren, Croning Glass Cast-Verfahren, Shaw-Verfahren, Quecksilber-Ausschmelzverfahren, Modellausschmelz-Verfahren.

Formplatten oder Formeinsätze können mit der vollständigen Formfasson (Maßabweichungen $\pm$ 0,2 mm) in einem dieser Verfahren gegossen werden. Die Formfasson bedarf nach dem Gießen nur noch einer geringen Nacharbeit.

Leider sind die Feingießverfahren im allgemeinen nur für größere Stückzahlen wirtschaftlich, da wie aus Abb. 293 hervorgeht, einige Formeinrichtungen und Arbeitsgänge notwendig sind, bis das Gußstück vorliegt. Beim Modellausschmelz-Verfahren muß nämlich zuerst eine Metallform (meist aus Weichmetall) angefertigt werden, mit deren Hilfe z. B. das Wachsmodell unter geringen Drücken (etwa 1 kp/cm²), bei Verwendung von Kunststoffen das Modell unter höheren spezifischen Drücken in einer Art Spritzgießmaschine hergestellt werden kann. Das Kunststoff- bzw. Wachsmodell wird hierauf mit dem Einguß — ebenfalls aus Kunststoff oder Wachs — versehen und mit einem hitzebeständigen Überzug umgossen, der an der Luft getrocknet wird. In diesem Zustand erfolgt das Einformen des Modells ohne Formteilung in einem feinkörnigen Formstoff. Die so erhaltene Form mit Modell und Einguß wird nun in einen Trockenofen gebracht, wo unter einer Temperatur von 700 bis 900 °C die Form gebrannt wird und gleichzeitig das Modell ausschmilzt. Nach einigen Stunden ist dann die Form gießfertig.

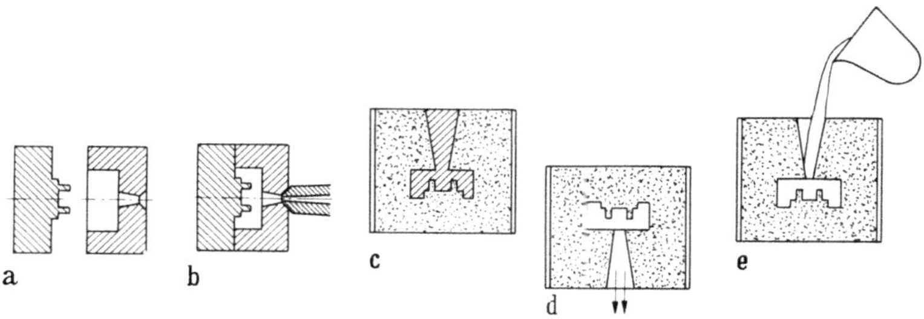

Abb. 293. Herstellen eines Formteiles im Modellausschmelz-Verfahren mit Kunststoff- oder Wachsmodell (schematisch dargestellt).
a Anfertigen einer Metallform, b Spritzgießen des Wachsmodells, c Einformen des Wachsmodells ohne Formteilung in einen feinkörnigen Formstoff, d Brennen der Form in einem Trockenofen, dadurch Ausschmelzen des Wachsmodells, e Gießen des Formteiles einer Druckgießform

Das Gießen kann nun wie beim Sandguß ohne Druck erfolgen. Man kann aber auch Zentrifugalguß anwenden (in dem die Form in eine Drehbewegung versetzt wird) und dadurch mit geringen Drücken von 0,2 bis 0,4 kp/cm² gießen. Die Anwendung von Vakuum während des Gusses ist besonders vorteilhaft.

Das SHAW-Verfahren[1] scheint für kleine Stückzahlen und daher auch für die Fertigung von Formteilen in Feinguß besonders geeignet zu sein. Der bei diesem Verfahren verwendete Formstoff besteht aus einer Mischung von Sillimanit oder ähnlichen, hochfeuerfesten Stoffen in verschiedenen Körnungen, die mit einer vorhydrolisierten Lösung auf der Basis von Äthylsilikat zu einem frei fließenden Brei angerührt werden. Diesem Brei wird ein basischer Beschleuniger zugesetzt, so daß die Masse unter Freiwerden von Alkohol geliert, und zwar in einer je nach Größe und Zeit beliebig einstellbaren Zeit, welche der Menge des zugegebenen Beschleunigers proportional ist. Der Formstoff muß deshalb für jede Form gesondert angesetzt werden.

Der auf das Modell gegossene Brei erstarrt dort innerhalb weniger Sekunden. Nach dem Abheben des Modells müssen die Formhälften

[1] Nach seinem englischen Erfinder so benannt, ist in Deutschland unter DBP 924840 (1952) geschützt.

unter einen Abzug gebracht werden, da beim Gelieren Alkohol frei wird, der an der Formoberfläche diffundiert und dort verdunstet. Auch ein Abflammen der Formhälften ist erforderlich. Außerdem muß die Form zur Entfernung der letzten Reste von Alkohol und Feuchtigkeit unmittelbar vor dem Gießen in einem Glühofen etwa eine Stunde lang auf 800 bis 1000 °C erhitzt werden. Das Gießen selbst erfolgt in der gleichen Weise wie bei Sandguß.

Als Modellwerkstoffe können grundsätzlich alle Materialien und Metalle, die auch für Sandguß gebräuchlich sind, verwendet werden. Die Auswahl des Modellwerkstoffes richtet sich nach der Formgebung und angestrebten Maßgenauigkeit des Abgusses. Die besten Ergebnisse werden mit polierten Metallmodellen erzielt.

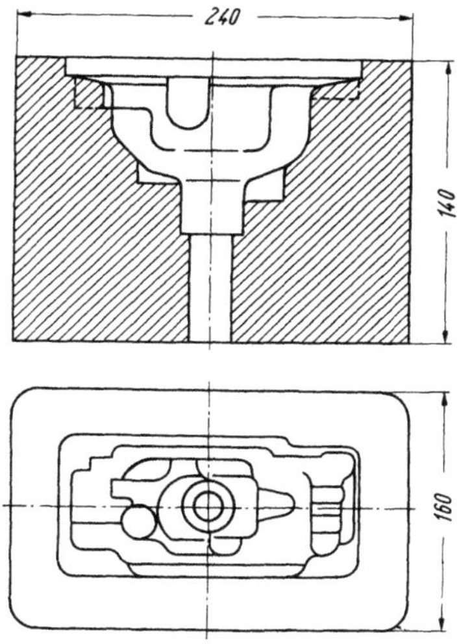

Abb. 294. Formplatte in Feinguß nach dem Shaw-Verfahren hergestellt (Gewicht etwa 35 kg)

Eine nach dem Shaw-Verfahren gegossene Formplatte nach Abb. 294 aus dem Warmarbeitsstahl Stoffnummer 2606 mit der Richtanalyse
0,35% C; 1,00% Si; 0,30% Mn;
5,00% Cr; 1,50% Mo; 0,30% V; 1,5% W
zeigte beim Druckgießen von Aluminiumlegierungen gute Ergebnisse, so daß ein Herstellen komplizierter Formteile in Feinguß empfohlen werden kann.

Alle Legierungen, die vergießbar sind, können im Feinguß verarbeitet werden. Selbst Nickel- und Molybdänlegierungen bereiten keine Schwierigkeiten. Nachteilig ist nur, daß die Formteile für Druckgießwerkzeuge nur einmal, oder ausnahmsweise in sehr kleinen Stückzahlen, gebraucht werden und deshalb beim Feingießen nicht so erwünscht sind. Die Vorteile der Herstellung von Formplatten, Formeinsätzen, verwickelten Kernen und Schiebern in Feinguß sind jedoch bei komplizierten Fassonen so groß, daß sich eine größere Druckgießerei überlegen muß, ob sie ihrem Formenbau nicht eine Feingießerei angliedert, die in der Lage ist, die benötigten Formteile in Einzelanfertigung kurzfristig zu gießen.

c) Druckguß. Die Herstellung von Formeinsätzen aus Kupferlegierungen (vornehmlich Si- und Al-Bronzen) für Druckgießformen vorzugsweise zur Verarbeitung von Zinklegierungen wurde ebenfalls schon in Druckguß vorgenommen. Diese Herstellungsart ist jedoch nur in Ausnahmefällen und bei bestimmter Gestaltungsweise des Formhohlraumes angebracht, da die erforderliche Druckgießform viel zu teuer ist und die Formteile für Druckguß ungünstig starke Querschnitte aufweisen.

3.624 Elektro-erosiver Stoffabtrag

Eine grundlegende Änderung in der Bearbeitung von Stählen aller Art wurde durch den elektro-erosiven Stoffabtrag herbeigeführt. Bei diesem Bearbeitungsverfahren, das auch Funkenerosion genannt wird, entfallen mechanische Krafteinwirkungen, wobei die Elektrizität die Kraftquelle darstellt, sondern die elektrische Energie wird selbst zur wirkenden Kraft und bearbeitet den Stahl. Die Erkenntnis, daß der Funkenüberschlag (d. h. eine nicht stationäre elektrische Entladung) von der negativen Elektrode (Kathode) weniger Material als von der positiven Elektrode (Anode) abträgt, wurde zum Herstellen bestimmter geometrischer Hohlräume und Formen erstmals im Jahre 1940 benützt.

Das Verfahren besteht darin, daß zwischen einer Formelektrode und dem zu bearbeitenden Werkzeugblock eine elektrische Spannung vom Energiespeicher ausgehend zwischen etwa 40 und einigen hundert Volt gelegt wird, während sich beide unter einer isolierenden Flüssigkeit (z. B. Petroleum) befinden. Dadurch kommt es zum Überschlag elektrischer Funken, die ungewöhnlich hohe Temperaturen erzeugen, so daß kleinste Metallteilchen zum Verdampfen gebracht werden. Zum Zwecke des Abtragens erfolgen aufeinanderfolgend, zeitlich voneinander getrennte, nicht stationäre elektrische Entladungen, vorwiegend aus Energiespeichern. Die durch die dauernde Funkenbildung abgetragenen Stahlteilchen (meist winzige Kügelchen) werden durch die immer bewegte Flüssigkeit aus dem zwischen Elektrode und Werkstück entstehenden Bearbeitungsspalt geschwemmt und gleichzeitig abgekühlt. Die dielektrische Flüssigkeit hat auch die Aufgabe, allgemein unerwünschte Wärmewirkungen zu verhindern.

Auf einige Verfahrensarten, für die in Abb 295/1 bis 4 die Prinzipschaltbilder dargestellt sind, wird kurz eingegangen.

Abb. 295/1: Beim Lichtbogenverfahren sind die beiden Elektroden Werkzeug und Werkstück über einen Widerstand mit der Stromquelle verbunden. Die Werkzeugelektrode hängt an einem Schwingkopf, der ein kontinuierliches Auf- und Abschwingen der Elektrode bewirkt, so daß diese immer wieder das Werkstück berührt und beim Abheben der Lichtbogen zündet.

Abb. 295/2: Ein zusätzlicher Kondensator liegt beim Kippkreisverfahren im Stromkreis. Im Gegensatz zum Lichtbogenverfahren entstehen hier, wie bei sämtlichen reinen Funkenverfahren, kurzzeitig aufeinanderfolgende Funkenüberschläge.

Abb. 295/3: Das Agietronverfahren ist ein mit Wechselstrom gespeistes Schwingkreisverfahren, mit dem sehr hohe Funkenfrequenzen erzeugt werden können.

Abb. 295/4: Im Schwingkreisverfahren werden zusätzlich zur Kapazität noch Induktivitäten in den Stromkreis geschaltet.

Alle vier Verfahren sind mit Abwandlungen in Werkzeugmaschinen verschiedener Fabrikate im Gebrauch. Mit den Lichtbogenverfahren erzielt man jedoch keine guten Oberflächen, so daß es nur noch als Desintegrator zum Entfernen abgebrochener Gewindebohrer und zu ähnlichen Reparaturarbeiten angewandt wird.

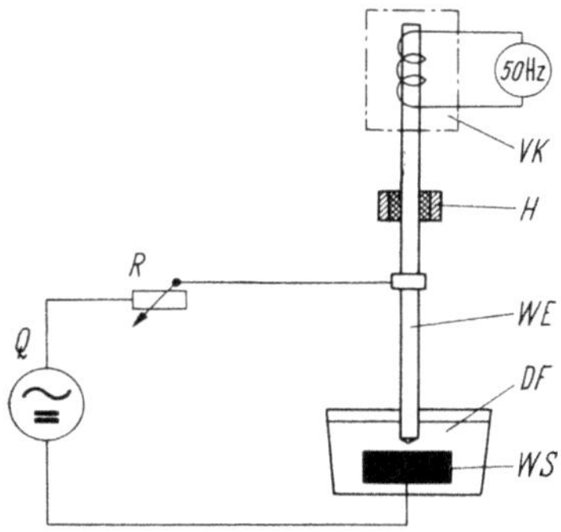

Abb. 295/1. Prinzipschaltbild des Lichtbogenverfahrens
VK Schwingkopf
H Führung
WE Werkzeug-Elektrode
DF Dielektrische Flüssigkeit
WS Werkstück

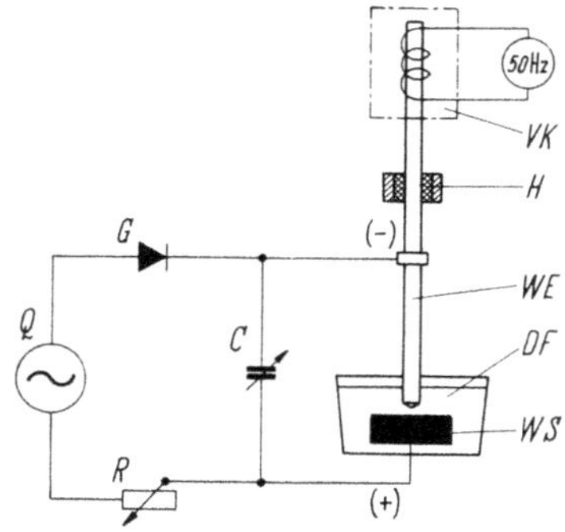

Abb. 295/2. Prinzipschaltbild des Kippkreisverfahrens

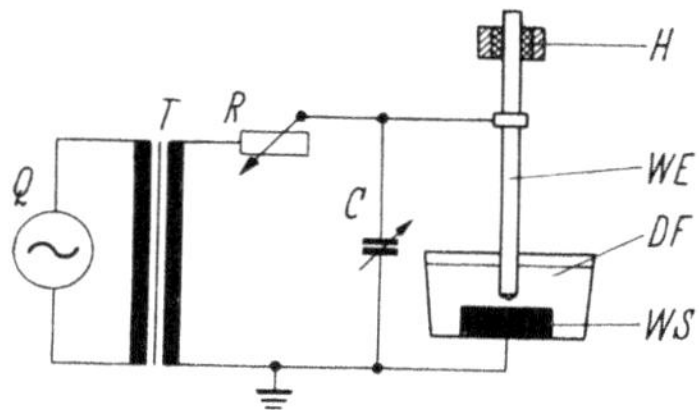

Abb. 295/3. Prinzipschaltbild des Agietron-Verfahrens

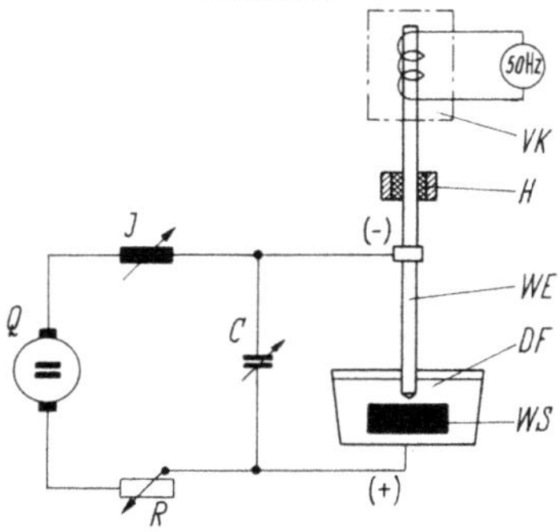

Abb. 295/4. Prinzipschaltbild des Schwingkreisverfahrens

Da der Arbeitsvorgang aus einer Folge von statisch über die zu bearbeitende Fläche verteilten Entladungsimpulsen besteht, wird praktisch immer das gesamte zu bearbeitende Profil abgetragen. Flächen, die funkenerosiv bearbeitet wurden, zeigen einander überlappende, kraterförmige Mulden mit unregelmäßigen Formen ohne Richtung. Durch Wahl der elektrischen Größen ist die Oberflächenrauhigkeit in weiten Grenzen einstellbar. Sie kann beim Schlichten auf 0,5 bis 3 μ maximaler Rauhtiefe heruntergehen.

In Abb. 296 ist eine schematische Darstellung des Materialabtrags durch Funkenerosion gezeigt. Beim Schwingkreisverfahren soll ein elektrischer Wirkungsgrad von etwa 90% erzielt werden. Für die Funkenfolge wird eine Frequenz von bis 100000/s angegeben. Die im Funken herrschenden Temperaturen sollen 10000 bis 25000 °C betragen.

Es ist zweckmäßig, den Kippkreis für das Schruppen und den Schwingkreis bzw. Funkenerosions-Werkzeugmaschinen mit nach dem Impulsverfahren arbeitenden, volltransistorisierten Generatoren für das Schlichten einzusetzen, falls zwei dieser Verfahrensarten vorhanden. Beim Schlichtvorgang wird möglichst mit kurzzeitig auf die Werkstückoberfläche auftretenden Funken gearbeitet, um punktförmige Materialverdampfungseffekte zu erzielen und die Bildung einer größeren Gefügeumwandlungszone zu vermeiden.

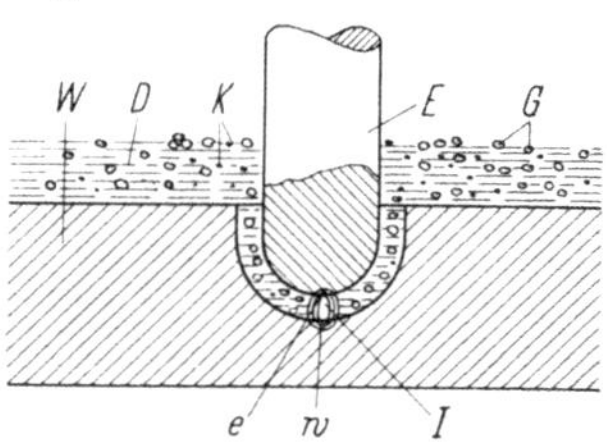

Abb. 296. Schematische Darstellung des Materialabtrags durch Funkenerosion.

E Elektrode, *e* Elektrodenverschleiß, *I* Ionisierungskanal, *G* Gasblasen, *W* Werkstück, *w* Materialabtrag Werkstück, *D* Dielektrikum, *K* Metallpartikel

Bei der Funkenerosions-Werkzeugmaschine (vgl. Abb. 271 und 297) handelt es sich um eine Präzisions-Werkzeugeinrichtung. Es können damit vergüteter oder gehärteter Stahl und Sonderlegierungen sowie auch Hartmetalle funkenerosiv bearbeitet werden. Die Einstellung des richtigen Abstandes zwischen Elektrode und Werkstück erfolgt vollautomatisch. Die Arbeitsspindel der Maschine besitzt ein Spannfutter zur Aufnahme der Werkzeugelektrode. Der Vorschubweg der Elektrode wird durch einen Tiefenanschlag begrenzt, wobei die Abschaltung der Maschine mit Hilfe von Endschalter oder genau arbeitenden Fühlereinrichtungen erfolgt. Für die Arbeitsflüssigkeit ist nicht nur eine Filtereinrichtung erforderlich, sondern auch ein Thermostat, der bei zu großer Erwärmung die Weiterbearbeitung einstellt bzw. die elektrische Stromzufuhr abschaltet.

Abb. 297. Ausschnitt aus der Funkenerosions-Werkzeugmaschine: Arbeitsspindel, Spannfutter, Werkzeugelektrode und aufgespanntes Werkstück (Formplatte)

Da bei der elektro-erosiven Materialbearbeitung immer ein Spalt zwischen Werkzeugelektrode und Werkstück vorhanden ist[1], muß bei Durch-

[1] Der Spalt zwischen Werkzeugelektrode und Werkstück sowie der Elektrodenverschleiß konnte durch Einführung von nach dem Impulsverfahren arbeitenden, volltransistorisierten Generatoren gegenüber den Schwingkreisgeneratoren um praktisch eine Zehnerpotenz gesenkt werden, vgl. Gießerei 51 (1964) Heft 9, S. 255 bis 260, TRAUBE: „Herstellung von Formen durch elektroerosive Bearbeitung." Eine nach diesem Verfahren arbeitende Maschine konnte erstmals anläßlich der 8. Europäischen Werkzeugmaschinen-Ausstellung 1963 in Mailand gezeigt werden.

brüchen die Abmessung der Elektrode kleiner gehalten werden. Je nach Arbeitseinstellung bewegt sich dieser Spalt bei etwa 10 μ beim Feinschlichten und 200 bis 300 μ beim Schruppen. Daraus geht hervor, daß bei der Herstellung von Fassonen oder Sackhohlräumen mehrere Elektroden anzuwenden sind, um eine maßgenaue Ausführung zu erhalten. Die Elektrodenabnützung bei einem Durchbruch ist aus Abb. 298 ersichtlich. Der Verschleiß wirkt sich an den Spitzen und Vorsprüngen einer Elektrode am stärksten aus. Bei der Bearbeitung von Stählen weisen Elektroden aus Kupfer-Wolfram-Verbundwerkstoff den geringsten Verschleiß auf. Diese sind allerdings nur durch Verdichten und Sintern zu einer Werkzeugelektrode zu formen. Es finden deshalb in der Hauptsache Kupfer (möglichst Elektrolytkupfer 99,96% Cu) und Kupferlegierungen als Elektrodenwerkstoff Verwendung. Kupfer ist dabei dem Messing stark überlegen. Bei Zinklegierungen, die ebenfalls als Werkstoff für Elektroden in Betracht kommen, ist der Verschleiß das Doppelte bis Dreifache wie bei Kupfer.

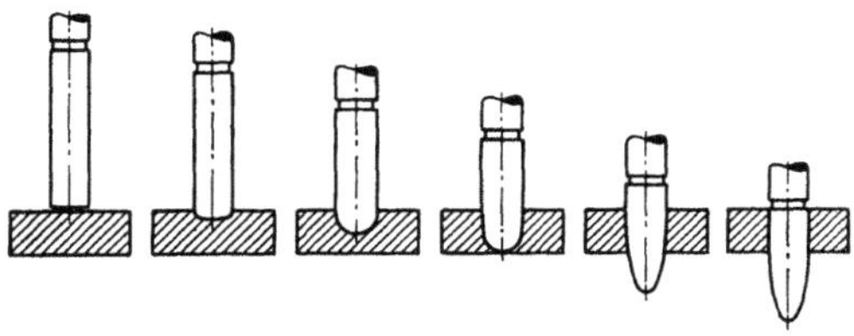

Abb. 298. Elektrodenabnutzung beim elektroerosiven Stoffabtrag (schematisch)

Aus Abb. 298 ist zu ersehen, daß sich die zuerst eckige Form der Elektrode elliptisch verzerrt. Will man umgekehrt ein genau halbrundes Profil einarbeiten, dann ist — um nur mit einer Elektrode auszukommen — ein elliptisches Profil notwendig, das entsprechend dem relativen Querschnitts- bzw. Volumenverschleiß der Elektrode[1] berechnet werden kann. Der Vorgang der Verzerrung geht aus Abb. 299 schematisch hervor.

Um das Problem der Anfertigung von mehreren Werkzeugelektroden verschiedener Abmessungen zu umgehen, kann man auch, etwa auf Grund vorhandener Werkzeuge, mehrere mit denselben Maßen angefertigte Elektroden aus Kupfer durch Abätzen in 50%iger Salpetersäure auf das gewünschte Untermaß bringen. Bei verwickelten Formfassonen kommt man jedoch im allgemeinen mit 2 gleichen Elektroden durch, wovon die eine zum Schruppen und die andere zum Feinschlichten verwendet wird. Die Schruppelektrode ist bei kurvenförmigen Fassonen so abgenützt, daß der Materialabtrag durch die zum Schlichten bestimmte Elektrode gerade richtig wird. Es muß jedoch betont werden, daß die Bearbeitungsweise bzw. die richtige Gestaltung der Elektroden in erster Linie von der zu erzeugenden Formfasson abhängig ist. Beim Feingießen und einer nachfolgenden elektro-erosiven Bearbeitung der Formfasson

[1] s. z. B. H. J. SCHULZ: „Die Werkzeugherstellung mit Funkenerosionsmaschinen" Gießerei 45 (1958), S. 615—623.

zum Feinschlichten ergibt sich praktisch überhaupt kein Elektrodenverschleiß.

Für durchgehende Innenprofile für Schnitt- und Stanzwerkzeuge, Ziehringe und Sinterpreßmatrizen usw. ist die Elektrodenherstellung am einfachsten und erfolgt meist durch spanende Bearbeitung. Der Verschleiß der Werkzeugelektrode kann bei Durchbrüchen dadurch ausgeglichen werden, daß die Elektrodenlänge ein Vielfaches der Durchbruchtiefe beträgt (vgl. auch Abb. 298).

Werkzeugelektroden können selbstverständlich auch auf Nachformfräsmaschinen hergestellt werden (vgl. 3.614). Die Elektrode stellt jedoch bei Druckgießformen den Positivformhohlraum dar, den sie herausarbeiten muß. Für Durchbrüche in Abgratschnitt-Werkzeugen kann man als Elektrode das Druckgußteil aus einer Zink- oder Aluminiumlegierung verwenden. Derartige Elektroden sind billig, so daß ein größerer Verschleiß in Kauf genommen werden kann. Man erhält dadurch die genaue Kontur des zu entgratenden Druckgußteils, da dieses selbst als Werkzeugelektrode dient.

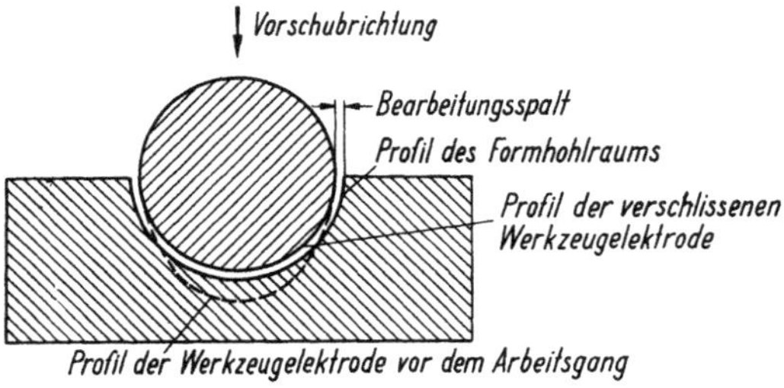

Abb. 299. Schema der „korrigierten Werkzeugelektrode“

Um die Anfertigung der Elektroden für Einzelwerkzeuge zu vereinfachen, sind bei Vorhandensein eines Modells noch verschiedene Wege der spanlosen Fertigung möglich; einige werden angeführt:

a) Abdrücke nach dem Modell in Kunststoff. In diese Negativform Metall- oder Metall-Legierungs-Pulver pressen[1]. (Auf diese Weise könnten Wolfram-Kupfer-Verbundkörperelektroden hergestellt werden, wobei anschließend gesintert wird.)

b) Unter Verwendung des vorhandenen Modells werden Abdrücke aus Kunststoff, Wachs, Paraffin usw. angefertigt. Diese Abdrücke werden auf galvanischem Weg mit einer leitfähigen Schicht versehen.

c) Aufspritzen von Kupfer auf ein vorhandenes genaues Werkzeug. Bei einem vorhandenen Positivmodell erfolgt der Weg wieder über einen Kunststoffabdruck. Das Spritzen mit Hilfe der üblichen Metallspritzeinrichtungen unter Verwendung von Draht oder Pulver muß in den ersten Schichten sehr langsam geschehen, um ein dichtes Gefüge und geringste Schrumpfung zu erhalten. Die Flächen, auf die gespritzt wird, sind mit einem Trennmittel zu versehen. Die gespritzte Kupferschicht (etwa 5—8 mm stark) ist mit niedrigschmelzenden Metallen zu hintergießen (Bleilegierungen, Zinklegierungen). Im allgemeinen genügt ein gut

[1] DBP 956161 (1957).

leitender Überzug bei den Werkzeugelektroden, da die hochfrequenten Impulse nur in der Außenhaut stattfinden.

Die beim elektro-erosiven Stoffabtrag verwendete Arbeitsflüssigkeit hat verschiedene Aufgaben zu erfüllen. Als besonders brauchbar wurden Kohlenwasserstoffe mit hoher Durchschlagfestigkeit befunden. Im Funkenspalt knackt und prasselt es während des Abtragvorgangs, so daß bei Verwendung von reinem Petroleum Gase und Dämpfe entstehen können. Um ein Entzünden dieser an den heißen Erosionsabfällen zu vermeiden, muß die Abtragstelle mindestens 15 mm unter dem Flüssigkeitsspiegel liegen. Ein Gemisch aus Trafoöl und Petroleum ist nicht so leicht entflammbar wie reines Petroleum und wird deshalb besonders als dielektrische Flüssigkeit empfohlen.

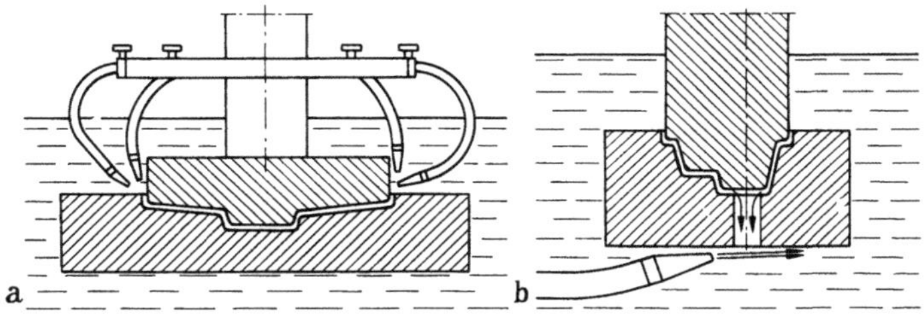

Abb. 300. Spülen beim elektro-erosiven Stoffabtrag.
a Druckspülung an mehreren Stellen, b Freispülen durch Sogwirkung

Die gefilterte Flüssigkeit muß bei Werkzeugelektroden unmittelbar an die Abtragstelle dauernd zugepumpt werden. Es genügt nicht, die Flüssigkeit nur zu fluten. Bei rohrförmigen Elektroden wird die Flüssigkeit einfach durch die Bohrung mit einem Druck von etwa 2 kp/cm^2 gepreßt. Bei Senkelektroden für Sackhohlräume kann außer der Schwingbewegung (von der Maschine kommend) die Spülwirkung im Spalt durch eine oder mehrere Düsen ganz nahe an den Abtragstellen verstärkt werden (etwa wie in Abb. 300a dargestellt). Bewährt hat sich auch das Freispülen durch Sogwirkung (s. Abb. 300b), bei welchem aber wenigstens eine Bohrung durch die Formfasson vorhanden sein muß. Damit der Flüssigkeitsspiegel während des Arbeitens nicht unter das zulässige Maß absinkt, sind in die Maschinen eingebaute Überwacher von Vorteil, welche den Generator abschalten, wenn der vorgeschriebene Füllstand im Behälter unterschritten wird.

Das zu bearbeitende Werkstück ist in üblicher Weise auf den Arbeitstisch der Funkenerosions-Werkzeugmaschine fest aufzuspannen. Die Werkzeugelektrode wird hierauf durch Meßuhren und sonstige an der Maschine vorhandene Einstellvorrichtungen in die richtige Lage gebracht, damit der Funkenabtrag an der gewünschten Stelle erfolgt.

Tabelle 19. *Bearbeiten von Formfassonen* (nach SCHULZ)

Spanen (Werkzeug von Form und Geometrie weitgehend unabhängig, vom Werkstoff und Zustand abhängig)		
Arbeitsgang	erforderliche Anlage oder Werkzeuge	Nachteile
Anreißen	Anreißplatte, Anreißwerkzeuge	Genauigkeitsgrenze menschliche Unzulänglichkeit
Fräsen	Universal-Werkzeugfräsmaschine (Form erzeugen, Sonderfälle: runde und zylindrische Formen drehen)	Beschränkung in der Geometrie, Bedienung der Maschine
	Nachform-Fräsmaschine (Form nachbilden)	formabhängige Spanleistung
Schlosserarbeit	Feile, Schaber, Handschleifmaschine, Schmirgelhölzer, gehärtete Stempel oder Kerne	hohe Bearbeitungszeit, menschliche Unzulänglichkeit
Härten	Ofen mit genauer Temperatur-Meßeinrichtung, Abschreckbäder	Spannungen, Rißbildung, Maßänderung

Erodieren (Funkenverfahren) Werkzeug von Form und Geometrie abhängig, vom Werkstoff und Zustand weitgehend unabhängig)		
Arbeitsgang	erforderliche Anlage oder Werkzeuge	Vorteile
Einrichten	Funkenerosionsmaschine	hohe Genauigkeit durch Vorrichtungen, wenig abhängig vom Bedienungsmann
funkenerosiv bearbeiten	Funkenerosionsmaschine (Form abbilden)	automatisch, keine Beschränkung in der Geometrie, hohe Abbildungsgenauigkeit
		Abtragsleistung weitgehend formunabhängig
Nacharbeit	Entfällt normalerweise	Nur in Sonderfällen erforderlich, geringer zeitlicher Aufwand. Formunabhängige Verfahren wie Strahl- oder Polierläppen anwendbar
Härten	Ofen mit genauer Temperatur-Meßeinrichtung, Abschreckbäder	vor der Bearbeitung, daher Härteverzug ohne Einfluß, geringste Rißgefahr

Beim Feinschlichten ist eine Genauigkeit innerhalb der Toleranzen von 0,01 bis 0,03 mm zu erzielen. Bei durchgehenden Bohrungen wurde beispielsweise eine Rundgenauigkeit beim Eintritt von 0,05 mm und beim Austritt von 0,02 mm gemessen. Es ist also möglich, Formfassonen maßgenau, fix und fertig nach dem Funkenerosionsverfahren in Formplatten einzuarbeiten.

Bei sehr komplizierten, größeren Formhohlräumen können einzelne Partien mit Teilelektroden bearbeitet werden. Dies ist besonders günstig, wenn es sich darum handelt, bereits gefräste und gehärtete Werkzeuge zu ändern oder sehr schwierig herzustellende Vertiefungen auf diese Weise ergänzend zu erzeugen.

Selbst das erosive Bearbeiten von Zahnrädern, Gewinden und das Schleifen sind möglich geworden, was eine große Arbeitserleichterung bei Hartmetallen bedeutet. Auch das elektro-erosive Werkzeugschleifen[1]

Abb. 301/2

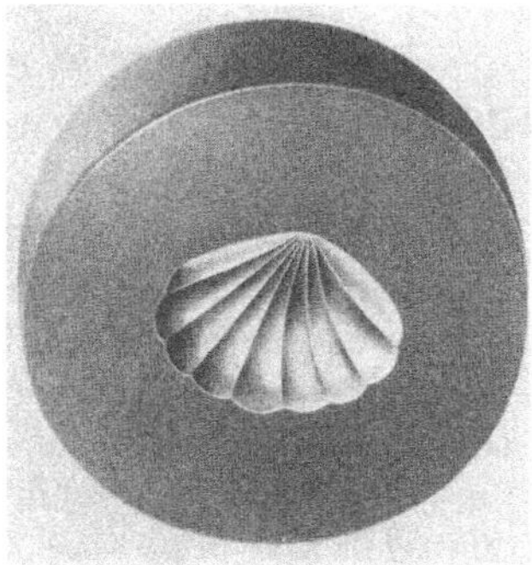

Abb. 301/3

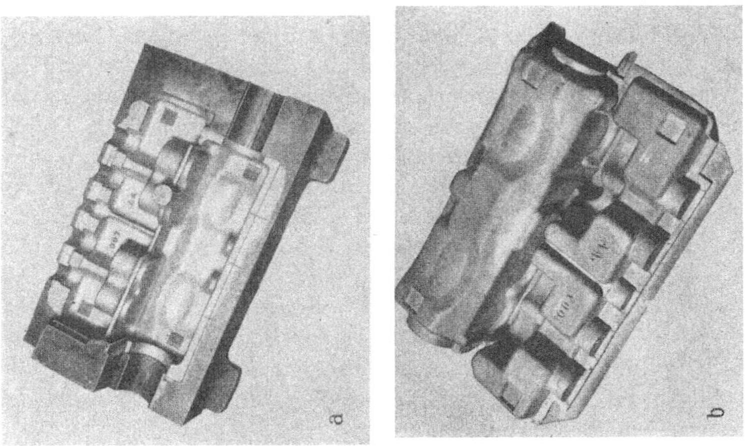

Abb. 301/1

Abb. 301/1—3. Verschiedene funken-erosiv erzeugte Formfassonen (Delisle und Ziegele, Stuttgart). 1a Formfasson für ein Gehäuse, 1b dazugehörige Werkzeugelektrode (vergrößert dargestellt), 2 Formfasson (Kegelrad) mit Elektrode, 3 Scharf ausgeprägte Fasson

hat an Bedeutung gewonnen. Die Vorzüge liegen vor allen Dingen in der Profilbearbeitung von Hartmetallen und damit auch bei gehärteten Formteilen oder solchen aus Nickellegierungen.

In Tab. 19 ist die spanende Bearbeitung von Formfassonen der durch

[1] Vgl. P. Kips: „Das funkenerosive Schleifen“. technica (Birkhäuser-Verlag, Basel) 12. Jg. (1963), S. 235—238.

Erodieren gegenübergestellt. Aus Abb. 301 sind elektro-erosiv hergestellte Fassonen für Druckgießwerkzeuge ersichtlich.

Die Anwendung des Funkenerosionsverfahrens zusammen mit anderen Verfahren der spanenden und spanlosen Bearbeitung ist besonders für die Zukunft dazu ausersehen, die Herstellung einer Druckgießform zu verbilligen. Die bisherigen Erfahrungen liegen auch darin, daß die Haltbarkeit (Lebensdauer) höher liegt als bei in anderen Verfahren hergestellten Druckgießformen.

3.625 Weitere Verfahren

a) Galvanoplastik. Galvanoplastisch hergestellte Hartnickel-Kobalt-Formen und Formplatten sowie Formeinsätze[1] werden für die Kunststoffverarbeitung vereinzelt verwendet. Auf einem geeigneten Modell werden Überzüge auf galvanischem Wege erzeugt, welche vom Modell gelöst die Formfasson darstellen. Den bei Druckguß auftretenden Beanspruchungen sind derartig hergestellte Formen nur für die Verarbeitung niedrig schmelzender Schwermetallegierungen gewachsen. Außerdem dürfte diese Verfahrensart nur für kleinere Teile in Frage kommen.

b) Ätzgravieren. Für gewisse, flache, sehr verwickelte Formfassonen kann das in der Besteckindustrie schon seit Jahrzehnten angewandte Ätzgravieren auch bei Druckgießformen Vorteil bringen. Zuerst muß ein Urmodell (den Positiv-Formhohlraum darstellend) angefertigt werden. Als Werkstoff hierfür eignet sich am besten zähharter, unlegierter Werkzeugstahl, der warmbehandelt wird und eine Härte von 60 bis 62 HRC aufweist. Das Urmodell nützt sich beim Ätzgravieren nicht ab, so daß damit beliebig viele Werkzeuge abgeformt werden können.

Auf die zu ätzende Formplatte wird nun ein aus verschiedenen Wachsarten, Vaseline, Maschinenöl und Kienruß[2] bestehender Ätzgrund mit einem Pinsel aufgetragen. Der Ätzgrund muß die Eigenschaft besitzen, am glatten Urmodell haftenzubleiben und sich von der Formplatte leicht abzulösen. Bei kleineren, flachen Formplatten werden diese, bevor das nachfolgende Anpressen erfolgt, in einen Führungsrahmen eingesetzt. Das in einer Presse (Handspindelpresse genügt) befestigte Urmodell wird nachdem langsam auf die roh vorgearbeitete Formplatte aufgesetzt und angedrückt, so daß an den erhabenen Stellen der Ätzgrund verdrängt wird und am Urmodell haftenbleibt.

Über die so vorbehandelte Formplatte wird ein zugerichteter, innen mit Asphaltlack bestrichener Holzrahmen gesteckt und die Unterseite mit einer Dichtungsmasse abgedichtet. Die Ätzflüssigkeit, die eingefüllt wird, besteht aus gleichen Teilen konzentrierter Salzsäure und Wasser.

---

[1] z. B. nach dem Verfahren der London und Scandinavian Metallurgical Co. Limited, London.

[2] (im Schwelverfahren künstlich hergestellt aus harzreichem Holz).

Durch dieses Ätzmittel werden nur die blanken Stellen des Werkstückes (also die nicht mehr mit einem Ätzgrund versehenen Partien) angegriffen und Material abgetragen. Nach einer Einwirkungsdauer von 15 Minuten kann je nach dem Grad der Unebenheit mit dem Abtragen einer Schicht bis 0,2 mm gerechnet werden.

Die eigentliche Ätzung sowie der beschriebene Arbeitsgang des Anpressens wird nun so lange wiederholt, bis die gewünschte Tiefe erreicht ist, wobei die letzten Ätzungen nur noch einige Sekunden dauern, um eine glatte Oberfläche zu erreichen. Dazwischen muß die Deckschicht auf dem Urmodell und der Formplatte mit Terpentinöl sauber entfernt sowie das Werkstück in frischem Wasser gespült und abgebürstet werden.

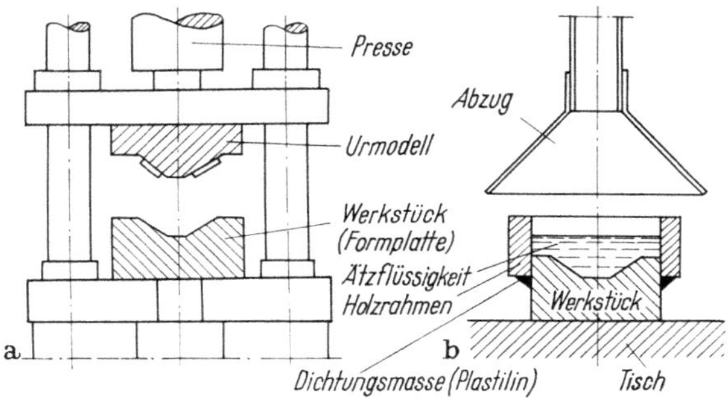

Abb. 302. Ätzgravieren von feinen Fassonen.
a Anpressen, b Ätzen

In Abb. 302a ist das Anpressen und in Abb. 302b das Ätzen von Formfassonen gezeigt, wobei beim letzteren die Unfallverhütungsvorschriften (Abzug) einzuhalten sind. Bei der Anwendung des Ätzgravierens für feine Fassonen werden große Einsparungen an Arbeitszeit erzielt. Die beschriebenen Arbeitsgänge können von angelernten Hilfskräften durchgeführt werden, wenn eine laufende Überwachung durch eine Fachkraft gegeben ist.

Auch neue Verfahren wurden entwickelt[1], nach denen die Formfasson elektrochemisch erzeugt wird. Die Arbeitsweise ähnelt dem elektrochemischen Polieren. Derartige Verfahrensarten werden allerdings im Druckgießformenbau noch verhältnismäßig wenig angewandt und es muß abgewartet werden, ob sie die vorherrschende spanabhebende Bearbeitung aus wirtschaftlichen Gründen verdrängen können.

c) Sintern. Für die Herstellung kleinerer Formteile (bis etwa 500 g Gewicht) kann auch das Sinterverfahren herangezogen werden. Das Verfahren besteht darin, daß Metallpulver gepreßt und dann gesintert

[1] z. B. von der Standard Improvement Forge Company, Cleveland/Ohio, 970 East 63 Street, USA.

wird, wobei Teile, die eine höhere Festigkeit und Zähigkeit haben sollen, ein zweites Mal gepreßt (Nachverdichtung) und einer zweiten Sinterung unterzogen werden.

Es gibt verschiedene Sinterstahlsorten, die eine Zugfestigkeit bis 75 kp/mm² bei einer Dehnung von 3 bis 5% aufweisen und die durch Einsatzhärtung wärmebehandelt werden können. In Abb. 303 ist das Arbeitsprinzip eines Preßwerkzeugs zum Verpressen von Eisenpulver gezeigt.

Nach dem Pressen ist zur Ausbildung einer zusammenhängenden Struktur von ausreichender Festigkeit eine Wärmebehandlung bei höherer Temperatur erforderlich, die als Sinterung bezeichnet wird. Die Sinterung wird meist kurz unterhalb des Schmelzpunktes aller im Preßling vorhandenen Metalle vorgenommen. Es bildet sich dadurch keine Schmelze, so daß Verunreinigungen ausgeschlossen sind.

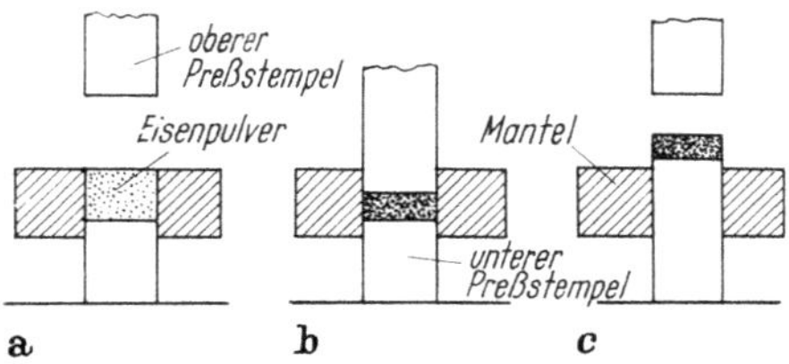

Abb. 303. Arbeitsprinzip eines Werkzeugs zum Verpressen von Eisenpulver.
a Füllstellung, b Preßstellung, c Ausstoßstellung

Die herstellbare geometrische Fasson unterliegt Begrenzungen, die sich von der Konstruktion und Arbeitsweise ableiten lassen. Bei Maßen senkrecht zur Preßrichtung lassen sich größere Genauigkeiten wie bei Maßen in Preßrichtung einhalten. Bei ersteren sind noch Toleranzen von 9 μ, bei den zweiten Maßgruppen solche bis 12 μ einhaltbar.

Formeinsätze, die nach dem Sinterverfahren hergestellt wurden, besitzen auch eine tadellose Oberflächenbeschaffenheit, so daß sie ohne jede weitere Nacharbeit in die Druckgießform eingebaut werden können. Die Entwicklung der Herstellung von gesinterten Formteilen steht noch am Anfang. Sie bietet Aussichten für eine künftige Verwendung besonders verschleiß- und wärmefester Werkstoffe, so daß auch die Druckgußverarbeitung von Eisenlegierungen in den Bereich der Möglichkeit gerückt werden kann.

d) Ultraschall. Durch Ultraschall kann man bei besonders hoher Leistungsdichte Werkstücke bearbeiten, d. h. Material in gezielter Weise abtragen. Dabei werden feinste Körner eines mit einer Flüssigkeit gemischten zugeführten Schleifmittels — häufig wird dazu Borkarbid verwendet — durch das in Ultraschallschwingungen erregte Werkzeug selbst in derartige Schwingungen versetzt. Diese schwingenden Schleifkörner meißeln oder schleifen nun in feinster Arbeit aus dem Werkzeug Konturen heraus, die den Abmessungen des Werkzeugs genau entsprechen. Auf diese Weise können auch kleine Formfassonen in Warmarbeitsstahl hineingearbeitet werden (vgl. Abb. 304).

Das eigentliche Werkzeug aus einer nickelhaltigen Stahl-Sonderlegierung wird an den sogenannten „Bohrrüssel“, der aus einem Werkstoff hoher Zerreißfestigkeit (meist Monel, eine Ni-Cu-Legierung mit 67% Ni) besteht, angelötet. Leider kann hier eine Schraubenverbindung nicht gewählt werden, weil sich damit Leistungsdichten von mehreren 100 Watt/cm² nicht mehr einwandfrei übertragen lassen. Es ist vorteilhaft, das Schleifmittel im Kreislauf zu verwenden. Eine derartige Einrichtung geht aus Abb. 305 hervor. Die Frequenz der Ultraschwingungen liegt zwischen 20 und 30 kHz (20000 bis 30000 Schwingungen in der Sekunde).

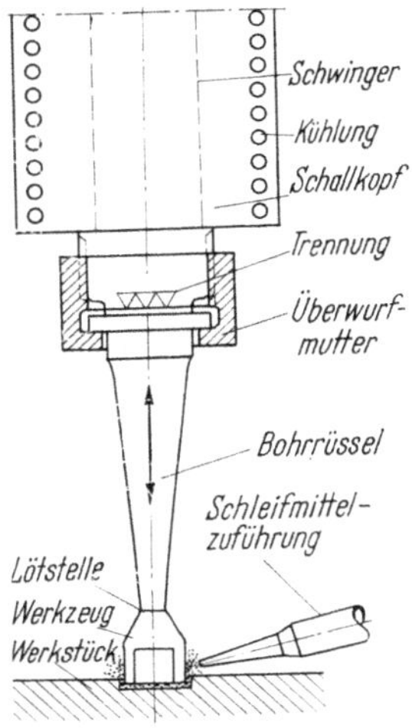

Abb. 304. Ultraschall-Bearbeitung mit einem an einem Bohrrüssel befestigten, schwingenden Werkzeug

Ultraschall-Bohrmaschinen, mit denen man auch kleinere Formfassonen fertigen kann, werden bereits serienmäßig hergestellt[1]. Wie der Name aussagt, werden hauptsächlich Bohrungen damit gefertigt. Da jedoch der „Bohrer“ nicht rotiert, kann man jede beliebige Kontur in

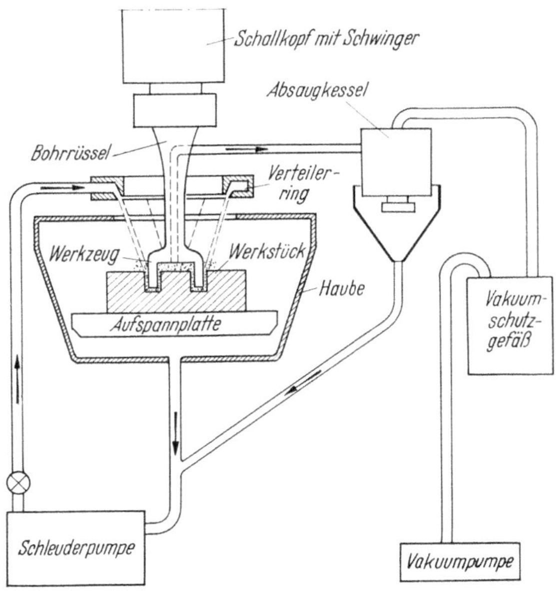

Abb. 305. Kreislauf der Schleifmittel-Lösung mit Absaugeinrichtung bei der Ultraschall-Bearbeitung (schematisch)

[1] z. B. von der Fa. Dr. Lehfeldt & Co. GmbH, Heppenheim, die Ultraschall-Bohrmaschine DIATRON.

das Material hineinbohren. Die Abtragsleistung beträgt bei Warmarbeitsstahl 2 bis 8 mm^3/min und liegt gegenüber dem funkenerosiven Abtrag viel niedriger (hier sind Leistungen beim Schruppen von mehreren 100 mm^3/min möglich). Während jedoch das Funkenerosionsverfahren nur die Bearbeitung elektrisch leitfähiger Stoffe zuläßt, kann man mit Ultraschall auch Glas, Porzellan, keramische Stoffe aller Art, Edelsteine, ja selbst Diamant bearbeiten. Die einhaltbare Genauigkeit liegt bei 10 bis 20 μ; sie hängt davon ab, ob das Werkzeug streng linear schwingt. Hervorzuheben ist die hohe Oberflächengüte bei Anwendung des Ultraschallverfahrens, denn es sind Rauhigkeiten von nur 1 μ und weniger zu erzielen. Es wurde deshalb schon vorgeschlagen, auf der Funkenerosionsmaschine vorzuarbeiten und mit Ultraschall die Endbearbeitung vorzunehmen, wenn derartige Oberflächengüten verlangt werden (ist allerdings bei Formfassonen für Druckgießformen nicht unbedingt erforderlich).

Die Anwendung von Ultraschall im Druckguß-Formenbau setzt also ebenfalls genaue Werkzeuge voraus und steht noch am Anfang einer fortschreitenden Entwicklung. Besonders für die Bearbeitung spröder und harter Materialien (Hartmetalle, Karbide) und bei gehärteten Werkzeugen besitzt dieses Verfahren bei kleineren Abmessungen der Formpartien bedeutende Vorzüge.

e) Panzerung (Auftragschweißung). Durch die Anwendung einer Aufpanzerung erhält man bei niedrig legierten Stahlsorten eine hochlegierte Oberschicht, die je nach Verwendungszweck hohe Prozentsätze an Chrom, Wolfram, Mangan, Molybdän, Vanadium oder Kobalt besitzt. Das durch Auftragschweißung mit Hilfe einer entsprechenden Elektrode (Draht) aufgepanzerte Werkzeug kann nach dem Ausglühen wie ein massives Stück bearbeitet werden. Die Dicke der Schicht beträgt im fertig bearbeiteten Zustand 4 bis 8 mm je nach Größe des Formhohlraumes. Es sind Oberflächenbeschaffenheiten und Genauigkeiten zu erzielen, die jedem Anspruch gerecht werden.

Obwohl die Panzerung bei Fließpreßwerkzeugen und Ziehringen[1] mit großem Erfolg angewandt wird, sind bei Druckgießformen die Ergebnisse nicht eindeutig. Eine wichtige Voraussetzung für guten Erfolg ist die einwandfreie Durchführung der Auftragschweißung, die unbedingt porenfrei ausfallen muß. In Abb. 306 ist die mögliche Panzerung einer Formplatte bzw. gleich eines Formrahmens gezeigt.

Für Warmverformungswerkzeuge wird eine Elektrode, die im Kern einen Stahl mit folgender Richtanalyse hat, empfohlen:

0,35% C, 0,70% Si, 0,40% Mn, 2,50% Cr, 4,50% W und 0,70% V.

---

[1] Vgl. A. BURKHARDT: „Beiträge zur spanlosen Formgebung von Metallen". Stuttgart: Dr. Riederer-Verlag 1949, Abschnitt III Panzerung von Werkzeugen.

Beim Auftragschweißen ist der Grundwerkstoff auf 700 bis 800 °C vorzuwärmen, um eine gute Verbindung mit der Panzerung zu erhalten. Nach dem Schweißen werden die Werkzeuge weichgeglüht und etwaiger Zunder durch Sandstrahlen entfernt. Hierauf erfolgt die Bearbeitung. Die Panzerung kann nun entsprechend ihrer Zusammensetzung gehärtet und angelassen werden. Eine zu harte Panzerung ist für Warmarbeitswerkzeuge nicht günstig, so daß man nicht über eine Rockwellhärte von 40 bis 42 HRC hinausgeht.

Es sind auch Panzerungen, die durch das Metallspritzverfahren — auch „Flammspritzen" genannt — erzeugt werden, bekannt geworden[1].

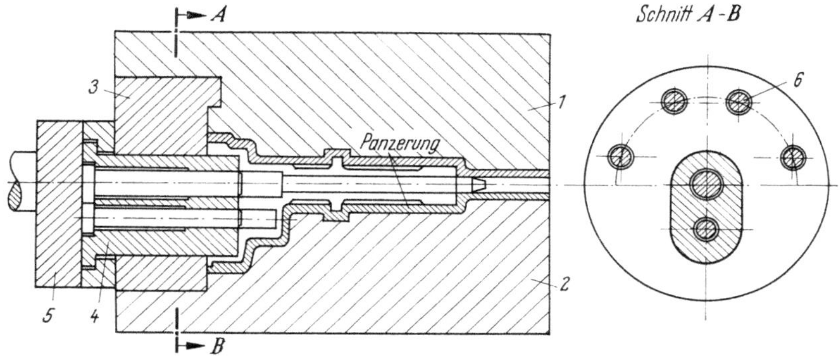

Abb. 306. Panzerung an einer Druckgießform
1 Formrahmen (Eingußseite), *2* Formrahmen (Auswerfseite), *3* Führungsstück, *4* beweglicher Kern, *5* Deckplatte, *6* Befestigungsschrauben

Man kann mit Hilfe von Modellen (bzw. nur Schablonen bei einfachen Konturen) einen gespritzten Überzug aus Warmarbeitsstahl herstellen[2] und diesen in den Formrahmen einbetten.

Vielleicht werden im Laufe der Zeit auch noch andere Verfahren für die Durchführung einer Panzerung mit Erfolg angewandt.

f) Elektronenstrahl. Mit Hilfe des Elektronenstrahls als thermisches Werkzeug ergeben sich neue, noch nicht übersehbare Möglichkeiten einer Fertigung durch Feinstbearbeiten[3]. Feinste Bohrungen und Durchbrüche lassen sich bereits in die härtesten Materialien einbringen, nachdem es gelungen ist, Elektronenstrahlen so zu konzentrieren und zu steuern, daß sie wie ein Werkzeug gehandhabt werden können. Ein scharf gebündelter, elektronenoptisch gesteuerter Elektronenstrahl überragt an Energiedichte, Beweglichkeit und Präzision alle bisher bekannten Wärme-

[1] z. B. mit Flammspritzgeräten für Metalle der Firma H. Biel, Neuffen (Württbg.).

[2] Vgl. z. B. Zeitschrift „The Iron Age" H. 28, Sept. 1950.

[3] Vgl. H. Droscha: „Elektronenstrahl als thermisches Werkzeug". VDI-Nachrichten März 1961. Bearbeitungsmaschinen baut Firma Carl Zeiss, Oberkochen.

quellen, so daß dadurch eine völlig neue Art der Stahl- und Metallbearbeitung sich eröffnen kann. Es ist durchaus möglich, daß eine derartige Methode auch für die Herstellung von Druckgießwerkzeugen in Zukunft bedeutende Vorteile bringt.

3.63 Nachbehandlung und Prüfung

3.631 Nachbehandlung der Formfasson

Da sich die kleinste Oberflächenrauhigkeit der Formfasson auf das Druckgußstück überträgt, ist eine hervorragende Oberflächengüte Grundbedingung zur Erzielung guter, maßgenauer Abgüsse und einer größtmöglichen Lebensdauer des Gießwerkzeugs. Druckgußteile, die nachträglich galvanisch behandelt werden, erfordern einen besonders hohen Gütegrad der Oberfläche des Formhohlraumes. Bei der Herstellung von Druckgußteilen aus Zinklegierungen, die mit einem hochglänzenden galvanisch aufgebrachten Fremdmetallüberzug versehen werden müssen, ist die Nachbehandlung von der Oberflächenbeschaffenheit der Formfasson abhängig. Die Teile müssen bei verwickelten Konturen schon mit sehr glatter Oberfläche aus der Gießform kommen, damit sie nur noch zu glänzen sind. Keinesfalls dürfen Schleifarbeiten an den Druckgußteilen notwendig werden. Die Flächen der Formhohlräume bei einer solchen Forderung müssen ebenfalls tadellos glatt sein und nach bestimmten Schußzahlen immer wieder nachbehandelt werden.

Bei der Mehrzahl der Druckgußstücke ist jedoch eine hochglänzende Oberfläche nicht vorgeschrieben, sondern möglichst ebene, saubere Flächen, maßgenau und mit kleinster Oberflächenrauhigkeit. Dies bedeutet, daß die Oberflächen des Formhohlraumes mindestens die gleiche Beschaffenheit aufweisen müssen, aber nicht „glänzend“ zu sein brauchen. Von großer Wichtigkeit ist in diesem Zusammenhang die Frage der Bearbeitungsspuren. Die von den bekannten Bearbeitungsverfahren herrührenden, nebeneinanderliegenden und gerichteten Bearbeitungsspuren sind bekannt. Sie werden lediglich feiner und nicht so tief, wenn etwa statt gefräst oder feingedreht geschliffen wird. Jegliche Bearbeitungsspuren, selbst sogenannte ,,ungerichtete“, auch vom Riffeln oder einer anderen Feinstbearbeitung von Hand herrührende feinste ,,Striche“ auf den Formflächen sind unbedingt zu vermeiden. Es hat sich nämlich gezeigt, daß die Haarrißbildung immer von derartigen Riefen in den Flächen der Formfasson ausgeht. Die Entfernung von vorhandenen Bearbeitungsspuren kann leider in den allermeisten Fällen nur von Hand durch den Stahlformenbauer in einer Art ,,Läppen“ der Flächen erfolgen. Man kann diese Arbeit auch mit Handläppen (oder scherzhaft mit ,,Fummeln“) bezeichnen. Nach der Begriffsbestimmung des AWF ist Läppen ein Arbeitsverfahren, bei dem Werkstück und Werkzeug (in unserem Falle nur Werkzeug) ohne zwangsläufige Führung beider Teile unter Verwendung lose aufgebrachter Schleifmittel und bei fortwährendem Richtungswechsel aufeinander gleiten. Bei gut geläppten Flächen liegt die erzielbare Rauhtiefe zwischen 0,1 und 0,5 μ. Nur durch eine derartige ungerichtete Feinstbearbeitung können Bearbeitungsspuren zum Verschwinden gebracht werden (vgl. Abb. 307).

Nachdem selbst das Schaben mechanisch vorgenommen werden kann, ist in dieser Richtung ebenfalls eine Erleichterung möglich. Ein mechanisiertes Schabegerät läßt sich mit Hilfe eines angebrachten Schleifklotzes in einen Handschleifer mit hin- und hergehendem kleinen Schleifstein verwandeln. Ein derartiges Werkzeug hat sich auch zum fachgerechten Glätten der Formfasson von Druckgießformen bewährt.

Um Zeit für diese Nachbearbeitung zu sparen, kann man elektrische und pneumatische Feil-, Polier- und oszillierende Handmaschinen einsetzen. Die Hauptarbeit des Glättens der Oberflächen muß aber vielfach von gelernten Fachkräften von Hand geleistet werden. Diese kann auch mit Poliertuch und Tonerdepulver erfolgen und erfordert große Erfahrung und Sachkenntnis. Das elektrolytische Polieren der Formfasson wird vereinzelt angewandt, hat aber nicht den erwarteten Erfolg gebracht. Die Formplatte mit dem Formhohlraum ist dabei Anode in einem Elektrolyten.

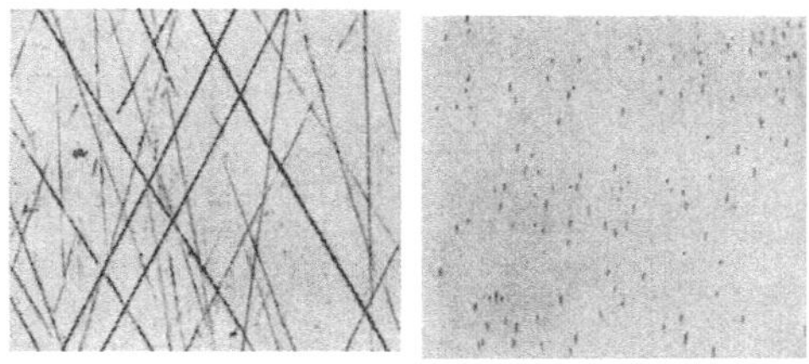

Abb. 307. Oberflächen mit ungerichteten Bearbeitungsspuren; *links* sich kreuzende Bearbeitungsspuren, *rechts* nur einzelne Bearbeitungsnarben

Bei Formhohlräumen, die funkenerosiv oder durch Ultraschall erzeugt wurden, kann die oben angeführte Nacharbeit meist entfallen. Der große Vorteil dieser Verfahren für die Einarbeitung von Formfassonen liegt darin, daß keine Bearbeitungsspuren im genannten Sinne auftreten können und die Flächen eine ungerichtete Struktur aufweisen.

Aus dem gleichen Grunde wird die Leistung und Lebensdauer einer Druckgießform günstig beeinflußt, wenn die Flächen des Formhohlraumes durch Druckstrahl-Läppen behandelt werden. Es ist aber keinesfalls so, daß dadurch Bearbeitungsriefen geglättet, d. h. entfernt werden können. Nur wenn die Formflächen vor dem Druckstrahl-Läppen eine gute Oberflächenbeschaffenheit aufweisen, stellt sich der geschilderte Erfolg ein. Das Druckstrahl-Läppen kann sofort nach der letzten Wärmebehandlung des Warmarbeitsstahls vorgenommen werden, wodurch etwaige Verzunderungen, ohne die vorhandene Eisenoxydulschicht zu verletzen, auf einfache Weise und zeitsparend entfernt werden. Die erzielbare Rauhtiefe bei der Strahl-Läppbearbeitung ist auch von der Vorbearbeitungsrauhtiefe abhängig und beträgt bei der üblichen Verwendung von Siliziumkarbid feinster Körnung (SiC 10) bei einer Ausgangsrauhigkeit von 1 bis 2 μ äußerst 0,5 bis 1 μ. Für die Fläche des Formhohlraumes ist nicht die Rauhtiefe maßgebend, sondern die Gleichmäßigkeit der Flächenstruktur, so daß je nach Größe der Gießform auch Rauhtiefen von 4 bis 5 μ zulässig sein können. Aus Abb. 308 geht die Wirkungsweise einer Druckstrahl-Läppanlage schematisch hervor.

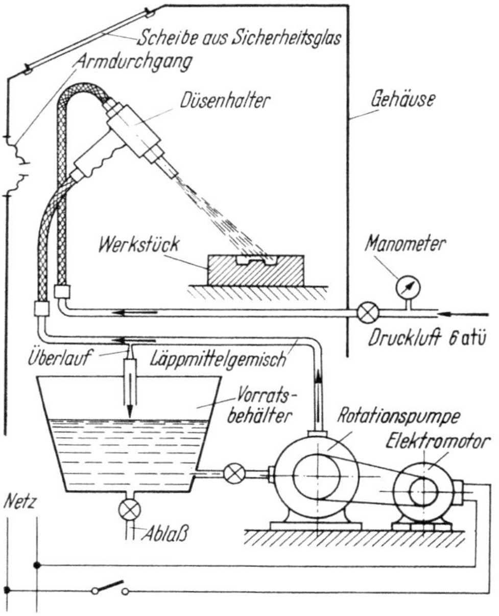

Abb. 308. Druckstrahl-Läppanlage mit Pumpensystem (schematisch)

Bei flachen Formhohlräumen wird bei großen Flächen durch gewöhnliches Sandstrahlen (mit Quarzsand) eine Verbesserung der Oberflächenbeschaffenheit des gefertigten Druckgußteiles erreicht. Auch die Klebeneigung wird damit bei den Aluminiumlegierungen allgemein verringert. Dazu wurde eine Theorie entwickelt, die besagt, daß sich in den durch das Sandstrahlen auf den Formflächen gebildeten unendlich vielen, gleichmäßig verteilten, winzigen Vertiefungen nach dem Schuß noch Luft befindet und so ein Polster zwischen Metall und Formwand geschaffen ist. Außer den genannten Vorteilen stellt sich dabei auch noch eine bessere Loslösung des Gußstücks aus dem Formhohlraum beim Auswerfen ein. Die Körnung des Sandes darf daher nicht zu fein sein und richtet sich nach der Größe der Druckgießform. Senkrecht zur Formteilungsebene (also in Bewegungsrichtung der Auswerfformhälfte) stehende Flächen des Formhohlraumes dürfen jedoch nicht gestrahlt werden, da sonst das Auswerfen des Druckgußteils erschwert wird.

Wie bereits erwähnt, ist die Oberfläche des Formhohlraumes vor Inbetriebnahme der Druckgießform zu imprägnieren. Zu diesem Zweck werden die Flächen mehrmals mit einem pastenförmigen Formentrennmittel bestrichen und eingebrannt[1].

[1] Ein altes Rezept besagt: Die Formfasson wird mit einem Brei aus 10 Teilen Grafitpulver, 10 Teilen Rindstalg und 1 Teil Leinöl angestrichen, hierauf in der Ofenkammer langsam auf etwa 300 °C erwärmt, wobei der Anstrich zu einem gleichmäßigen Überzug anbrennt. Heute sind jedoch sogenannte Gleitlacke auf Molybdändisulfidbasis evtl. mit Wolframkomponenten mit Vorteil anwendbar.

Sämtliche beweglichen Formteile (Auswerfer, Kerne, Schieber) sind mit einem Schmiermittel zu versehen, welches bei den auftretenden Temperaturen seine Schmierfähigkeit behält. Am besten sind hierfür Hochtemperaturfett oder Hochleistungsschmiermittel auf Molybdändisulfidbasis geeignet, die in die vorgesehenen Schmierorgane gebracht werden.

Weitere mögliche Nachbehandlungen, die besondere Überzüge auf die Fassonflächen betreffen, wurden bereits im Abschnitt 3.424 angeführt.

3.632 Prüfung der Druckgießform

Es ist zweckmäßig, bereits die Rohstahlblöcke vor der Bearbeitung auf Fehlerfreiheit zu prüfen. Dafür hat die Werkstoffprüfung mit Ultraschall nach dem Impulsverfahren die breiteste Anwendung erfahren. Diese Prüfung kann selbstverständlich auch durch das Stahlwerk erfolgen, so daß sie bei der Formenbau-Werkstätte entfallen kann.

Die maßliche Überprüfung des Formhohlraumes erfolgt am einfachsten, indem man einen Abguß aus Schwefel, Kunststoff oder Wachs anfertigt. An diesem können die Maße oft viel besser wie an der Formfasson abgenommen werden. Gegenüber den Maßen der Produktzeichnung müssen die Formmaße um das Schwindmaß[1] größer sein und es empfiehlt sich, für den Formenbau eine sogenannte Schwindmaßzeichnung zu erstellen. Besondere Sorgfalt ist der Überprüfung der Abrundungsradien an Kernpartien zu widmen, da scharfe Ecken Kerbwirkungen verursachen, die sich am Druckgußteil durch Risse auswirken können. Alle beweglichen Formteile müssen auch das erforderliche Spiel besitzen, und eine Prüfung hierauf ist vor der Inbetriebnahme einer Druckgießform unerläßlich.

Nicht nur bei einer neuen Druckgießform, insbesondere für die Verarbeitung hochschmelzender Metallegierungen, sind die Formteile auf ihre Einbaufestigkeit zu überprüfen, sondern laufend (möglichst nach jeder Gießperiode), um sie gegebenenfalls durch eine Warmbehandlung erneut anzulassen bzw. zu entspannen. Das Druckgießwerkzeug muß nach dem Abbau von der Maschine sorgfältig gereinigt werden. Dazu können Waschanlagen zur Erleichterung Anwendung finden. Auch eine wiederholte Säuberung und Oberflächenverbesserung durch Druckstrahl-Läppen ist zu empfehlen.

Die Druckgießformen sind mit Gewinden für kräftige Transportösen oder Aufhängevorrichtungen zu versehen. Die Anfräsungen (Schmutzaussparungen) an den Führungsstiften werden vielfach auch zum Auseinanderheben der beiden Formhälften benützt, indem mit keilartigen Werkzeugen (Blechen, Meißel) dazwischengegriffen wird. Um Beschädigungen bei dieser schlechten Art des Auseinanderbaues zu vermeiden,

---

[1] Über Schwindung siehe auch Ausführungen in Band II

werden Abhebschrauben nach Abb. 309 empfohlen. An der dem Gießer zugewandten Seite ist die Bezeichnung des mit der Gießform herzustellenden Gußstückes und der zu verwendenden Gießmaschinenart einzugravieren oder einzuschlagen (Zeichen 8—10 mm hoch).

Die Herstellung der ersten Probeabgüsse (Ausfallmuster) kann man dem Formenbau angliedern, ist aber in der Regel bereits eine Angelegenheit der eigentlichen Druckgießerei. Hier hat auch die erste Erprobung der Druckgießform zu erfolgen, die leider aus Zeitnot oft vernachlässigt wird. Wenn man es sich leisten kann, die Erprobung einer neugebauten Gießform einer gesonderten Versuchsabteilung zu übertragen, so sollte man das tun. Eine einwandfrei und sorgfältig ausprobierte Druckgießform gibt erfahrungsgemäß im Betrieb zu viel weniger Beanstandungen und Schwierigkeiten Anlaß als ein Gießwerkzeug, das gleich in die Serienfertigung genommen werden muß.

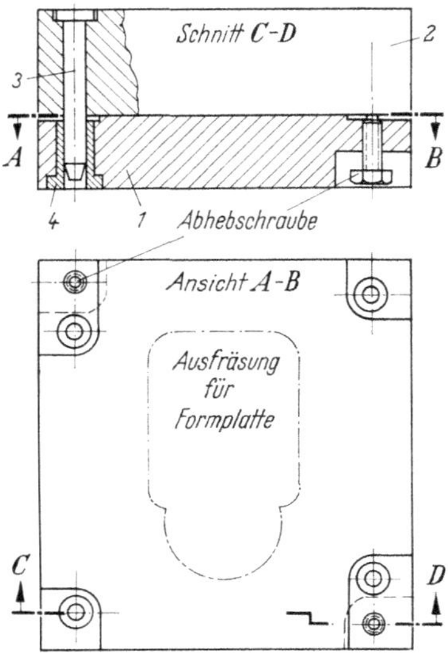

Abb. 309. Abhebschrauben an Formrahmen. *1* Formrahmen (eingußseitig), *2* Formrahmen (auswerfseitig), *3* Führungsstifte, *4* Führungsbüchsen

Das Anlegen einer Leistungskartei, die für jede Druckgießform eine Kontrollkarte enthält, ist bei einer wirtschaftlichen Betriebsführung unerläßlich. Diese Kontrollkarte (auch Formenkarte genannt) sollte mindestens folgendes enthalten:

Datum der Fertigstellung der Druckgießform, Einfach- oder Mehrfachwerkzeug, Zeichnungsnummer und Werkstoff etwa einzugießender Einlagen, erforderliche Sicherungen beim Betrieb der Gießform;

Maschinenart, evtl. genaue Type, für welche die Druckgießform gebaut ist, Art und Menge der Kernzüge (ob mechanisch oder hydraulisch betätigt), erforderlicher Öffnungsweg der Gießform, vorgesehener Auswerferhub, Verschleißteile, Druckgießprogramm hinsichtlich der verschiedenen Metallegierungen, Gewicht und größte Wanddicke des herzustellenden Druckgußteiles, besondere Oberflächenbehandlung bei Auswerfern und Kernen (ob nitriert, verchromt usw.);

Warmarbeitsstahltyp, Herkunft, Abmessung, Daten über Härten und Anlassen, Einbaufestigkeit in kp/mm², Vorwärmtemperatur, vorkalkulierte und erreichte Schußzahl/h, Oberflächenbeschaffenheit der Formfasson nach jeder Gießserie, Zwischenentspannen, Nacharbeit, sonstiges betriebliches Verhalten;

zweckmäßig werden auf der Karte auch die bei jeder Gießserie hergestellten Stückzahlen vermerkt, so daß man mit einem Blick ein Bild über den derzeitigen Leistungsstand hat.

Nur mit Hilfe einer derartigen Kontrollübersicht lassen sich eindeutige Schlüsse über das Leistungsverhalten des verwendeten Warmarbeitsstahles, der angewandten Gestaltungsweise, der eingeführten Behandlungsweisen und etwa aufgetretener Fehlerquellen ziehen, die schließlich zur Erweiterung des Erfahrungsschatzes eines Werkes dienen. Derartige Karteien stellen auch unschätzbare Unterlagen im Sinne der großzahlenmäßigen Auswertung sowie der Weiterentwicklung dar.

Grundsätzlich sind Druckgießformen sofort nach jeder Gießserie bzw. nach der Reinigung mit Rostschutzölen oder -fetten gegen Feuchtigkeit zu schützen. Die Lagerung derartig kostbarer Werkzeuge ist nur in trockenen, im Winter geheizten Räumen vorzunehmen. Es ist auch ratsam, die äußere Gestalt der Gießform so zu wählen, daß eine Stapelung möglich ist. Bei Verwendung von geeigneten Hubstaplern sind im Lagerraum Laufkrane und Hebezeuge entbehrlich. Es muß nur dafür Sorge getragen werden, daß die Stapel wenigstens von einer Seite gut zugänglich sind.

3.7 Druckgießformen aus der Praxis

Nachfolgend werden grundsätzliche Formaufbauten sowie einige Druckgießformen aus der Praxis für Warmkammer- und Kaltkammer-Druckgießmaschinen behandelt. Dadurch soll eine Übersicht über die Vielfalt der Ausführungsmöglichkeiten gegeben werden.

Die Konstruktion einer Druckgießform wird vom herzustellenden Druckgußteil ausgehend begonnen. Dieses wird zuerst aufgezeichnet und sozusagen um dasselbe herum die Gießform aufgebaut. Etwaige aus der Formkonstruktion sich ergebende Änderungen werden in der Produkt- oder Gegenzeichnung genauestens festgehalten.

3.71 Grundsätzliche Formaufbauten

Die Konstruktionsweisen der Druckgießformen kann man in bezug auf ihren Aufbau in einige grundsätzliche Gestaltungen einteilen, die vorab beschrieben werden.

1. Auswerf-Druckgießform

Aus Abb. 310 ist eine Druckgießform ersichtlich, bei welcher das Druckgußstück mit Hilfe von Auswerfstiften nach dem Erstarren von der auswerfseitigen Formplatte abgehoben wird. Es handelt sich bei diesem Formaufbau um die einfachste Ausführungsart, die allgemein anzustreben ist. Weitaus die meisten Druckgußteile werden auch auf diese Weise gefertigt.

Außer den Auswerfstiften A sind noch Rückstoßstifte R angeordnet. Letztere sind besonders beim Auswerfen von Hand (durch Ritzel) wichtig, denn sie bringen beim Formschluß die Auswerfer automatisch wieder in ihre Gießstellung zurück. Auch beim Auswerfen während der Formöffnung mit Hilfe sogenannter feststehender Auswerferstangen an der Druckgießmaschine müssen Rückstoßstifte vorgesehen werden. Die Lage der Rückstoßer liegt außerhalb des Formhohlraumes. Sie sind mit der Formteilung bündig. Durch 2 Muttern M kann man die axiale Lage der Auswerfstifte einregulieren.

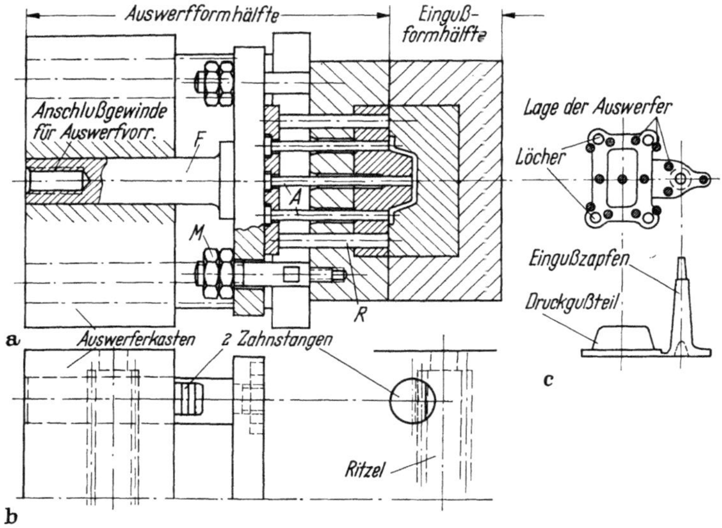

Abb. 310. Auswerf-Druckgießform (für Kaltkammer-Druckgießmaschine Abb. 2f). a Ausführung mit hydr. betätigtem Auswerfen, b Ausführung für Handauswerfen, c Druckgußteil mit Einguß

Beim Auswerfen durch Ritzelbetätigung können wie aus Abb. 310 hervorgeht, auch 2 Zahnstangen vorgesehen werden. Eine mittige Führung der Auswerferplatten ist immer vorzuziehen, da hier Verklemmungen während des Betriebs weitgehend ausgeschaltet sind. Die Führungssäule F wird zweckmäßig über einen Flansch (große Auflagefläche) mit den Auswerferplatten verbunden. Durch das Anschlußgewinde in der Auswerferführung wird die Verbindung mit der hydraulischen Auswerfervorrichtung der Druckgießmaschine hergestellt.

2. Kernzug-Druckgießform

Die Druckgießform arbeitet ohne Auswerfer (siehe Abb. 311). Sämtliche Schrumpfstellen werden aus dem hergestellten Druckgußteil durch einen Kernzug in der Gießform entfernt, so daß mit Hilfe einer Zange (an dem Eingußzapfen fassend) die Teile leicht aus der geöffneten Gießform entnommen werden können. Auch selbsttätige Entnahmevorrichtungen, z. B. mechanisch oder mit Druckluft arbeitend, sind möglich.

Bei tief in den Formhohlraum hineinragenden, dünnen und verwickelten Kernen ist es manchmal angebracht, diese mit einem zwischen dem auswerfseitigen Formrahmen und der Formaufspannplatte angeordneten hydraulischen Kernzugzylinder unmittelbar nach dem Erstarren des Druckgußstückes zu ziehen. Auswerfermarkierungen auf dem Gußstück

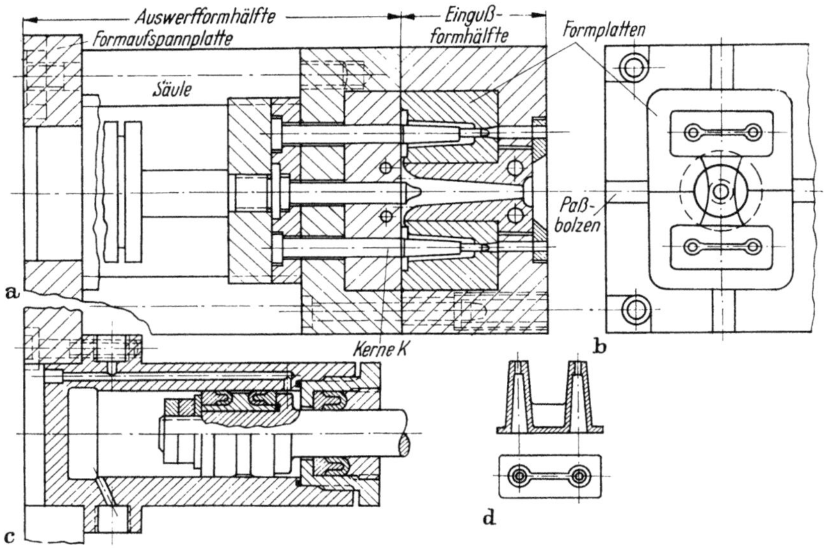

Abb. 311. Kernzug-Druckgießform (für Warmkammer-Druckgießmaschine Abb. 2a). a Schnitt durch Druckgießform, b Draufsicht auf Eingußformhälfte, c hydr. Kernzugzylinder (doppelt gesteuert), d Druckgußteil

werden dadurch gänzlich vermieden. Auch wird dadurch die größtmögliche Ebenheit der Auflagefläche erreicht, da etwa von Auswerfern herrührende Deformationen am Gußstück ausgeschaltet sind.

Die Kernstempel *K* sind in Abb. 311 durchgehend angeordnet, d. h. in der eingußseitigen Formplatte gelagert. Eine derartige Ausführung sollte man nach Möglichkeit bevorzugen, da außer der besseren Fixierung gegenüber „fliegenden" Kernen auch eine gute Luftabführung erreicht und oftmals die Entgratung erleichtert wird. Bei besonderen Genauigkeitsansprüchen sind Paßbolzen, auch Paßrollen genannt, wie in der Draufsicht auf die Eingußformhälfte angedeutet, in den Symmetrieachsen der Druckgießform vorzusehen (vgl. Abb. 122 und 203).

Der dargestellte Kernzugzylinder (*c* in Abb. 311) besitzt zur Abdichtung Nutringmanschetten, wobei auch Dachmanschetten anwendbar sind (aus Kern- oder Chromleder, neuerdings auch aus Kunststoffarten), und ist in dieser Bauweise für druckwasser-hydraulischen Betrieb (außer Mineralölemulsionen) auch für sogenannte „Öl-in-Wasser-Emulsionen“ geeignet.

Die Steuerung der Hydraulikflüssigkeit erfolgt am besten über das Steuerkommando der Druckgießmaschine. Die Schieber- oder Ventilsteuerung für einen derartigen Kernzugzylinder kann jedoch auch mit der Formbewegung betätigt werden (nach einem gewissen, einstellbaren Öffnungsweg werden die Kerne gezogen und umgekehrt beim Schließen der Form wieder in ihre Gießlage gebracht).

3. Abstreif-Druckgießform

Diese Druckgießform besteht außer den beiden Formrahmen noch aus dem sogenannten Grundkörper (vgl. Abb. 312). Der letztere bleibt

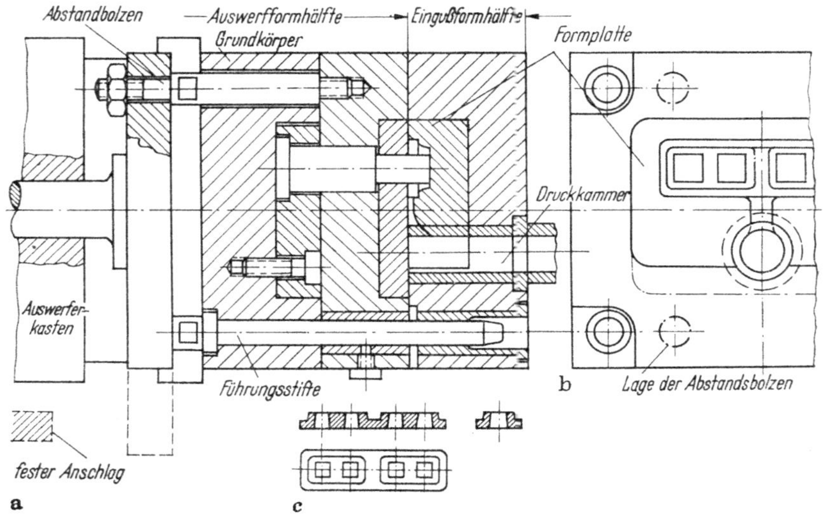

Abb. 312. Abstreif-Druckgießform (für Kaltkammer-Druckgießmaschine Abb. 2e). a Schnitt durch Druckgießform, b Draufsicht auf Eingußformhälfte, c Druckgußteil
——— (ausgezogen) mit hydr. Auswerfvorrichtung betätigt.
– – – (gestrichelt) mit festem Anschlag bei der Formöffnung betätigt.

fest mit dem Auswerferkasten verbunden, während der auswerfseitige Formrahmen entweder durch die Auswerfervorrichtung der Druckgießmaschine über die Abstandsbolzen betätigt oder durch den festen Anschlag am Ende der Formöffnung aufgehalten, das Druckgußteil von den Kernen „abstreift“. Die Wirkungsweise geht auch aus Abb. 111 hervor.

Dadurch ergeben sich ähnliche Vorteile wie bereits unter Punkt 2 angeführt. Es ist die Umkehrung der Wirkungsweise einer Kernzug-Druckgießform. Man benützt die Öffnungskraft der Druckgießmaschine zur Überwindung der Schrumpfkräfte, kann aber auch die Auswerfereinrichtung dazu benützen.

Die Formteilung in der Auswerfformhälfte muß glatt und eben sein bzw. darf keine solche Gestaltung aufweisen, die Schrumpf- oder Haftstellen verursacht, damit das Druckgußstück leicht abgehoben werden kann, da bei dieser Ausführungsart Auswerfer ebenfalls fehlen.

4. Zweistufen-Auswerf-Druckgießform

Um das nachträgliche Entfernen des Eingußsystems bzw. der Gießläufe vom Druckgußteil zu vermeiden, wurde das Zweistufen-Auswerfen entwickelt. Es wird entweder zuerst das Druckgußteil vor dem Gießlauf oder aber zuerst der Gießlauf vor dem Druckgußstück ausgeworfen. Aus Abb. 313/1 können die verschiedenen Möglichkeiten entnommen werden.

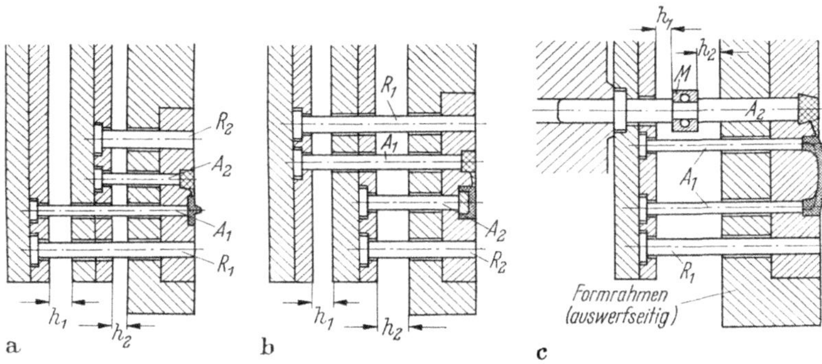

Abb. 313/1. Möglichkeiten des Zweistufen-Auswerfens.
a Druckgußteil wird *vor* dem Gießlauf ausgeworfen, b Druckgußteil wird *nach* dem Gießlauf ausgeworfen, c Druckgußteil wird *vor* dem Gießlauf ausgeworfen (Mitnahme durch Anschlagmuffe *M*)

Druckgußteile mit kleinen Schrumpfkräften in der Auswerfformhälfte werden vor dem Eingußsystem ausgeworfen, da diese bei umgekehrter Reihenfolge im Formhohlraum nicht genügend haften und durch die Gießlauf-Abscherkraft deformiert würden. Druckgußteile mit tief in die Auswerfformhälfte hineinragender Fasson bzw. mit großen dortigen Schrumpfkräften werden nach dem Eingußsystem ausgeworfen, da diese beim ersten Auswerfvorgang absolut sicher in der Auswerfformhälfte haftenbleiben. In den Fällen *a* und *c* nach Abb. 313/1 kann der Querschnitt der Gießläufe mit kleinen Hinterschneidungen (schwalbenschwanzförmig) ausgebildet werden, um die Haftung des Gießlaufs in der Auswerfformhälfte während des Auswerfens des Druckgußteiles zu erhöhen.

Um das Zweistufen-Auswerfen anwenden zu können, ist es notwendig, die Gießläufe grundsätzlich in der Auswerfformhälfte anzuordnen.

Die Anschnittdicken sind so klein wie möglich zu halten, damit die Trennung vom Gußstück sicher und gratfrei erfolgen kann. Keinesfalls darf eine Beschädigung des Gußstückes durch das Abscheren eintreten. Der kleinste Querschnitt der Verbindung Gießlauf zum Gußteil (Anschnitt) ist daher nicht unmittelbar am letzteren, sondern etwas entfernt davon zu wählen (eine kleine Fase oder Rundung am Übergang zum Druckgußteil anbringen).

In Abb. 313/2 ist eine Zweistufen-Auswerf-Druckgießform dargestellt. Sie besitzt die Auswerferplatten A_1 (erste Stufe) und A_2 (zweite Stufe)

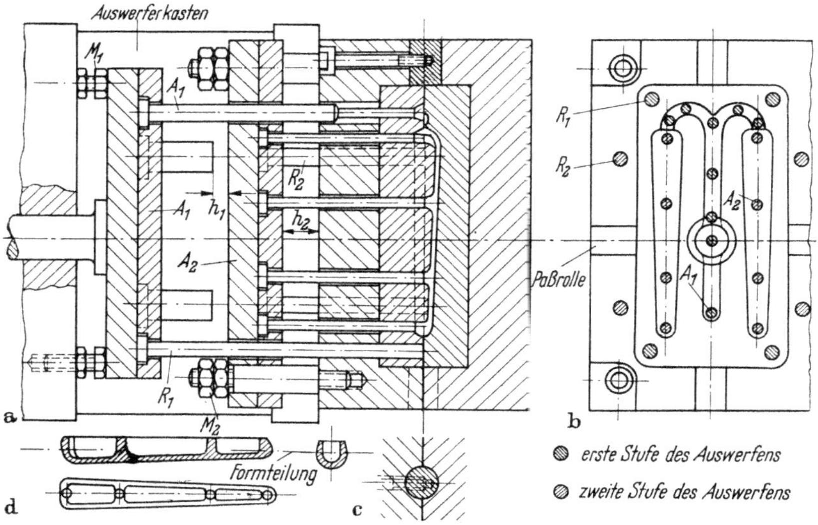

Abb. 313/2. Zweistufen-Auswerf-Druckgießform (für Kaltkammer-Druckgießmaschine Abb. 2e)
a Schnitt durch Druckgießform, b Draufsicht auf Eingußformhälfte mit Gießlauf, Auswerfer und Rückstoßstifte, c Paßrollen bzw. Paßbolzen zur Fixierung, d Druckgußteil (300 mm lang)

mit jeweils Auswerfern auf den Gießläufen und dem Druckgußteil sowie entsprechende Rückstoßstifte (R_1 und R_2). Das Eingußsystem ist mit dem Auswerferweg h_1 ausgeworfen. Über die Anschlagbolzen werden danach die Auswerferplatten A_2 in Bewegung gesetzt; es erfolgt das Auswerfen des Druckgußteiles über Hub h_2. Die einstell- und einregulierbaren Anschläge der beiden Auswerferplattenpaare geschehen durch Anschlagschrauben und Muttern (M_1 und M_2).

Der Querschnitt der Druckgußteile nach Abb. 313/2 d macht es notwendig, daß die Formteilung die Fasson durchschneidet. In einem solchen Falle werden zweckmäßig außer den Führungsstiften noch Paßrollen oder Paßbolzen (s. c) angeordnet.

Das Zweistufen-Auswerfen ist besonders bei kleineren Teilen, die in großen Stückzahlen herzustellen sind, wirtschaftlich. Die Auswerfbewegung darf nicht zu schnell erfolgen. Man kann durch entsprechende Anordnung von Auffangbehältern gleich die Abgüsse von den Eingüssen trennen. Es ist selbstverständlich auch denkbar, daß etwa der erste Auswerfhub durch festen Anschlag und der zweite durch die Auswerfvorrichtung der Druckgießmaschine bewirkt wird, so daß die Zeit zwischen beiden Bewegungen besser einstellbar ist.

5. Auswerf- und Kernzug-Druckgießform

Besonders empfindliche, dünnwandige und größere Druckgußstücke mit tiefen in der Auswerfformhälfte vorhandenen Kernpartien erfordern zweckmäßig die Kombination von Auswerfen und Kernziehen. Eine derartige Druckgießform wird in Abb. 314 gezeigt. In dieser Bauweise kön-

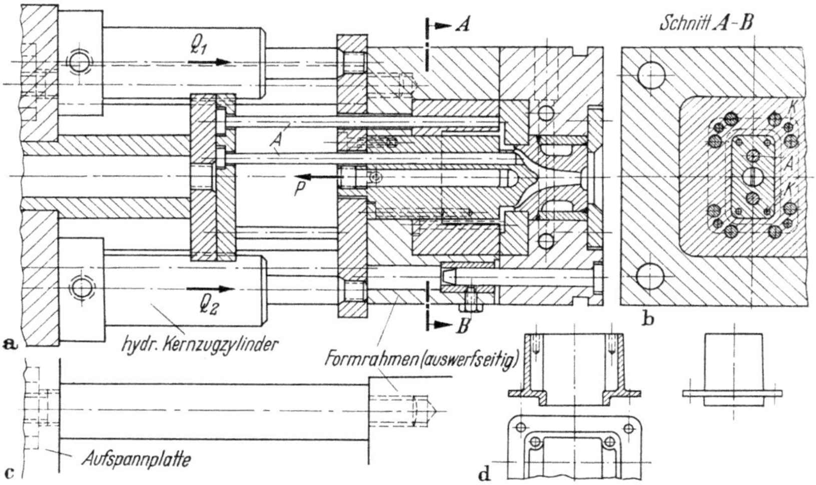

Abb. 314. Auswerf- und Kernzug-Druckgießform (für Warmkammer-Druckgießmaschine Abb. 2d). a Schnitt durch Druckgießform, b Schnitt $A-B$, c Säulen zwischen Aufspannplatte und Formrahmen, d Druckgußteil

nen die verwickeltsten Teile mit größtmöglicher Genauigkeit, Oberflächengüte und Gußdichte in Druckguß gefertigt werden. Durch den beweglich angeordneten Mittelkern wird eine verbesserte Luftabführung erreicht.

Diese Bauweise gestattet das Ziehen empfindlicher Kerne bei noch geschlossener Gießform, so daß durch die sich dadurch ergebenden einwandfreien Anlage- und Abstützflächen ein Reißen des Druckgußstückes verhindert wird. Besonders bei der Fertigung von Druckgußteilen aus Magnesiumlegierungen und vereinzelt auch aus Aluminiumlegierungen mit hohem Magnesiumgehalt ist dieser Gesichtspunkt oft auch bei Seitenschiebern wichtig.

Das Kernziehen senkrecht oder nahezu senkrecht zur Formteilung erfolgt sicher vor dem Auswerfen, so daß die Auswerfer das Druckgußstück ohne größeren Kraftbedarf behutsam aus dem Formhohlraum schieben. Ordnet man 2 hydraulische Kernzugzylinder symmetrisch zur auftretenden Kernzugkraft an (wie in Abb. 314 geschehen,) dann ergibt sich als Vorteil, daß die Lage der Auswerfer beliebig sein kann, d. h. man besitzt die Möglichkeit, diese so vorzusehen, daß ein absolut gleichmäßiges Auswerfen ohne Verkanten gewährleistet wird.

Die Schließkräfte der beiden Kernzugzylinder sind so groß zu wählen, daß sie die durch den spezifischen Gießdruck hervorgerufene Gegenkraft sicher aufnehmen. Dadurch werden Kernverriegelungen entbehrlich, die besonders bei senkrecht zur Formteilung beweglichen Kernen schwierig — mindestens nur mit größerem Kostenaufwand — anzuordnen sind. Es muß also sein

$$Q_1 + Q_2 \geqq 1{,}25\ P$$

bzw. entsprechend Gl. (36)

$$Q_1 + Q_2 \geqq 1{,}25\ p_g \cdot F_p\ .$$

Um Platz zu sparen, werden die Kolbenstangen der Kernzugzylinder direkt in die Schieber-Anschlagplatte eingeschraubt. Die Verbindungselemente (meist Säulen) müssen entsprechend den auftretenden Kräften dimensioniert werden.

Bei Gießformen für Warmkammer-Druckgießmaschinen läßt sich die Bauweise nach Abb. 314 sehr günstig auch für größere Abmessungen der Gußstücke anwenden.

6. Auswerf- und Abstreif-Druckgießform

Man kann nun auch das Auswerfen mit dem Abstreifen für die Fertigung empfindlicher, nicht zu dünnwandiger Gußstücke verbinden, wie aus der Druckgießform nach Abb. 315 hervorgeht. Dabei können die Führungsstifte gleich als Führung für den auswerfseitigen Formrahmen, der am Ende der Formöffnung durch feste Anschläge aufgehalten wird,[1] benützt werden. Die zu überwindenden Schrumpfkräfte sind damit in die Formöffnungskraft der Druckgießmaschine gelegt. Wiederum ist es aber auch möglich, statt der festen Anschläge die Auswerferstangen für das Abstreifen zu benützen. In diesem Falle können die Auswerferstangen fest mit dem auswerfseitigen Formrahmen verbunden sein, denn die Abstreifbewegung erfolgt dann als gesonderter Arbeitsgang nach beendigter Formöffnung (für die eigentliche Auswerfbewegung wird dann allerdings eine weitere Betätigungseinrichtung, entsprechend gesteuert, benötigt). Nach dem Abstreifen werden die Auswerfer A betätigt, die

[1] Wichtig ist dabei die Hubeinstellung (für h, bedingt durch die richtige Lage der festen Anschlagstangen), damit nicht die gesamte Öffnungskraft der Druckgießmaschine von den in der Gießform befindlichen Anschlagschrauben bei jedem Arbeitsspiel aufgenommen werden muß.

das Druckgußteil aus der Formfasson der Formplatte (auswerfseitig) auswerfen. Es ist zu beachten, daß der Auswerferhub genügend groß gewählt wird, da dieser auch den Abstreifhub h beinhaltet.

Der Grundkörper, welcher mit dem Auswerferkasten fest verbunden ist, führt den normalen Öffnungsweg der Druckgießform aus. Der eigentliche Formrahmen (auswerfseitig) bleibt während des kleinen Formöffnungsweges h am Ende der Formbewegung stehen bzw. bewegt sich damit bei geöffneter Form beim „Abstreifen" auf die Eingußformhälfte zu (Trennebene $T-T$). Zum Zurückführen der Auswerfer können auch Rückstoßstifte R angeordnet sein.

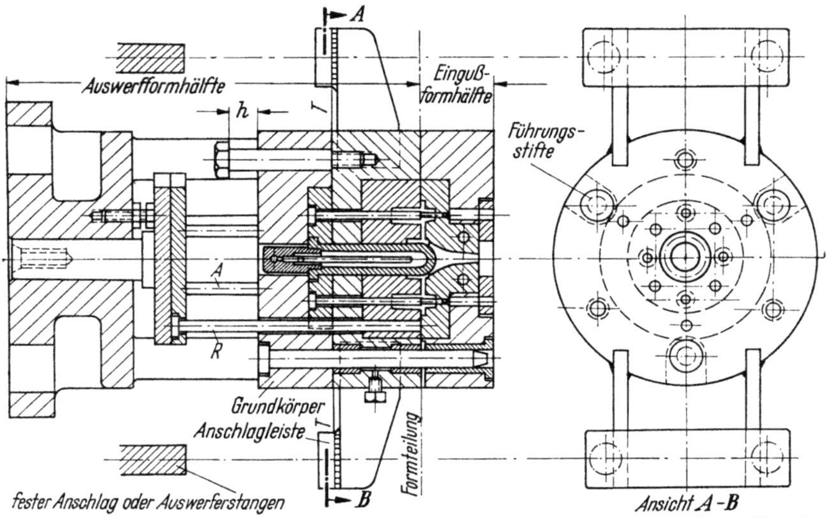

Abb. 315. Auswerf- und Abstreif-Druckgießform (für Kaltkammer-Druckgießmaschine Abb. 2f)

Bei Druckgußteilen mit kreisrunder Außenkontur können, wie aus Abb. 315 ersichtlich, auch die Druckgießform und ihre Elemente kreisrund ausgeführt werden.

7. Druckgießform mit hydraulisch betätigten Seitenschiebern

In Abb. 316/1 sind 2 Seitenschieber gezeigt, von denen der großflächige und tief in die Auswerfformhälfte hineinragende durch einen sogenannten „entlasteten" Keil (vgl. auch Abb. 75) und der kleinflächige und weniger tief in die Auswerfformhälfte hineinragende durch einen normalen Keil in der Gießlage verriegelt werden. In all den Fällen, in denen die Schließkraft der Kernzugzylinder nicht ausreicht, die durch den spezifischen Gießdruck auf die Projektionsfläche des beweglichen Formteils auftretende Gegenkraft zu überwinden, sind auch bei hydraulisch bewegten Kernen und Schiebern Verriegelungsorgane notwendig.

Außer den unmittelbar auf das Druckgußteil wirkenden Auswerfern können bei kastenartigen Teilen nach Abb. 316/1 vorsichtshalber noch Auswerfer *A* außerhalb, jedoch nahe des Fassonrandes vorgesehen werden. Durch die verhältnismäßig langen, teilweise schräg verlaufenden Seitenwände kann nämlich eine Unterstützung der Auswerfer-Angriffsfläche erforderlich werden, die durch nachträgliches „Anbinden" der Auswerfer gemäß Abb. 316/2 geschehen kann. Diese Maßnahme wird im

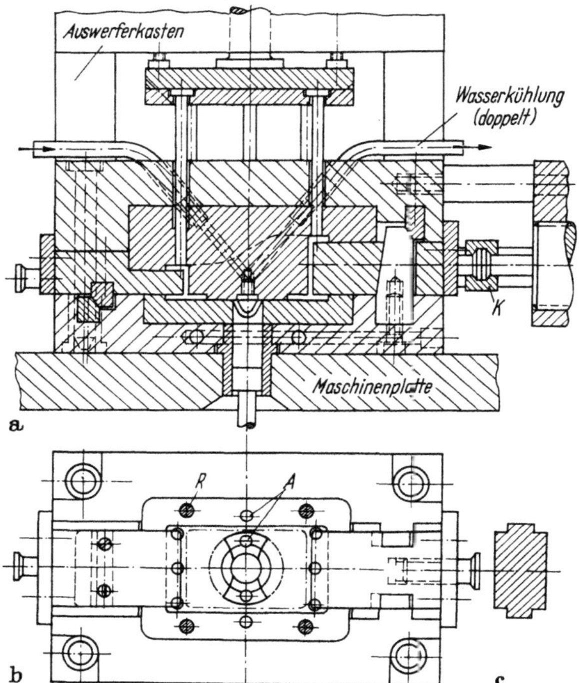

Abb. 316/1. Druckgießform mit hydraulisch betätigten Seitenschiebern (für Kaltkammer-Druckgießmaschine Abb. 2i)
Schnitt durch Druckgießform, b Eingußformhälfte mit Seitenschiebern, c Schieberquerschnitt

allgemeinen erst nach dem Erproben der neuen Druckgießform durchgeführt. Es ist aber vorteilhaft, entsprechende Erwägungen bereits bei der Konstruktion des Gießwerkzeuges vorzunehmen, um erhebliche Kosten einzusparen, wenn erst nachträglich noch zusätzliche Auswerfer in den gehärteten Formplatten notwendig werden. Sollte es sich zeigen, daß das Anbinden vorgesehener, an den Konturen liegender Auswerfer nicht erforderlich ist, dann ist es nicht wesentlich, wenn diese ohne Funktion mitlaufen. Auch ein Stillsetzen derartiger Auswerfer ist selbstverständlich jederzeit möglich, um das Entfernen von sogenannten „Auswerferlappen" am Druckgußteil zu vermeiden. Aus Abb. 316/2a ist ersichtlich, daß bei großen Schrumpfkräften evtl. eine Rippe am Auswerferlappen zur Vergrößerung des Widerstandsmomentes erforderlich werden kann. Bei Druckgußteilen mit nicht ausreichenden Schrumpfflächen in der Auswerfformhälfte können in Ausnahmefällen unterschnittene Auswerfstifte nach Abb. 316/2b an Auswerferlappen angreifend bewirken, daß sie in der Auswerfformhälfte besser festgehalten werden.

In der Druckgießform nach Abb. 316/1 sind auch Rückstoßstifte *R* angeordnet. Der Schaft des Kolbens im hydraulischen Kernzugzylinder wird in der Regel mit dem Seitenschieber durch ein Kupplungsstück *K* verbunden, dessen Ausbildung aus Abb. 316/3 entnommen werden kann. Die Kühlung des Mittelkernes der Druckgießform erfolgt durch 2 nebeneinanderliegende Kühlbohrungen.

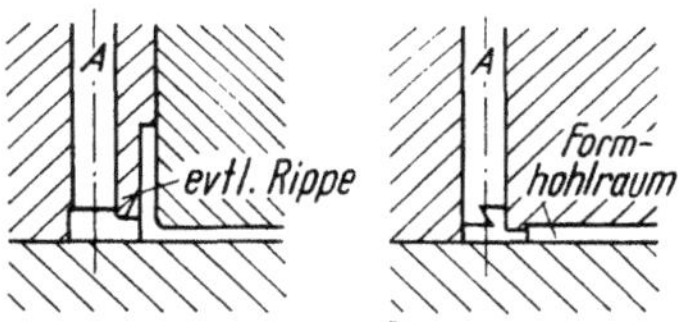

Abb. 316/2. Auswerflappen an Druckgußteilen. a „angebunden", evtl. mit Rippen, b mit Unterschneidung

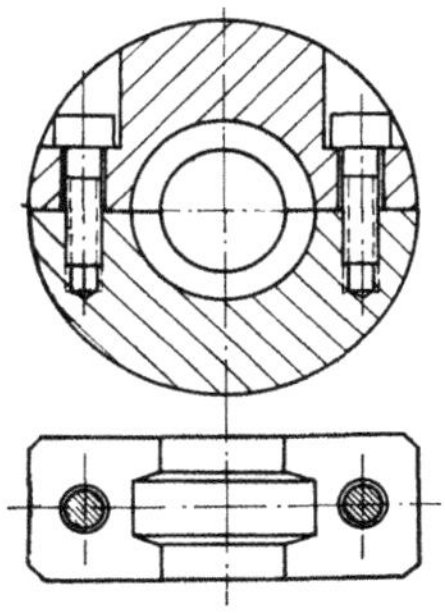

Abb. 316/3. Zweiteiliges Kupplungsstück für Kernzuganschluß (*K* in Abb. 316/1)

Bei Gießformen mit Seitenschiebern kann es selbstverständlich je nach Gestalt des herzustellenden Druckgußstückes erforderlich werden, daß ein „Nur"-Auswerfen nicht genügt und die bereits beschriebenen Formaufbauten senkrecht zur Formteilung zusätzlich anzuwenden sind. Dies gilt auch für die nachfolgenden Ausführungsarten.

8. Druckgießform mit mechanisch betätigten Kernzügen (Schrägstifte)

Bei der in Abb. 317/1 dargestellten Druckgießform können die Seitenschieber gleich beim ersten Öffnungsweg gezogen, d. h. aus dem Gußteil herausbewegt werden. Das Druckgußstück bleibt durch genügend große in der Auswerfformhälfte befindliche Schrumpfflächen trotzdem in der auswerfseitigen Formplatte haften. Dies ist jedoch nicht immer der Fall, so daß seitliche, bewegliche Kerne beim ersten Formöffnungsweg das Druckgußteil aus der Eingußformhälfte sozusagen herausheben müssen. Man kann hier Schrägstifte mit Verzögerungshub (vgl. Abb. 317/2) verwenden. Auch beim Zweistufen-Auswerfen kann eine derartige Verzögerung eines seitlichen Kernzugs erforderlich werden, die bei hydraulischen Kernzügen durch eine entsprechende Steuerung auf einfache Weise bewirkt wird. Der Einfachheit halber werden jedoch seitliche Kernzüge bei kurzen Hüben gerne mit Schrägstiften automatisch und zeitlich sicher bei der Formbewegung betätigt.

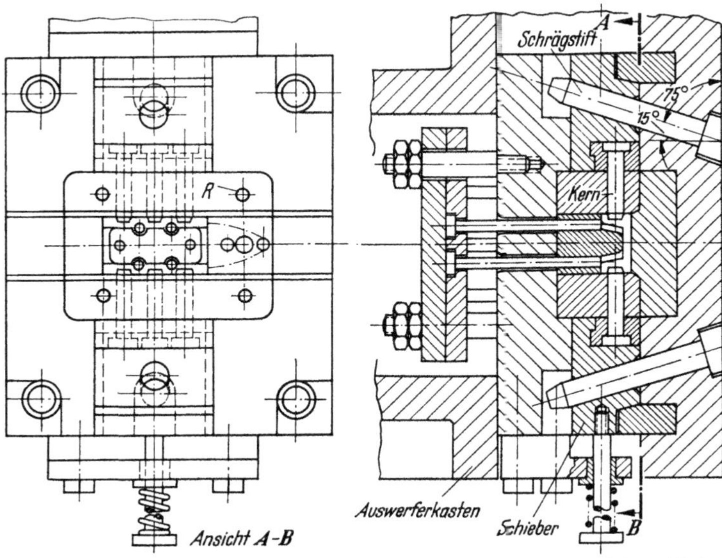

Abb. 317/1. Druckgießform mit mechanisch betätigten Kernzügen (Schrägstifte)

Bei Schrägstiften mit Verzögerungshub sind längere Stifte als üblich erforderlich. Es ergeben sich die aus Abb. 317/2 ersichtlichen Verhältnisse. Der Verzögerungshub h_v kann vom Spiel ausgehend durch die Senkrechte bis zum Schnitt mit dem Stift leicht bestimmt werden. Um keine zu ungünstigen Verhältnisse zu erhalten, ist Winkel α allgemein nicht größer als 20° zu wählen. Je kleiner Winkel α gewählt wird (z. B. 5°), desto günstiger sind die Kraftverhältnisse, vornehmlich beim ersten Anzug, bei dem die Loslösung des Kerns aus dem erstarrten Druckgußmetall stattfindet. Allgemein muß der Schrägstift, im besonderen der mit Verzögerungshub, stark genug dimensioniert werden. Bezeichnet man mit P die zu überwindende Schrumpfkraft, dann setzt man zweckmäßig nach Abb. 317/2 an

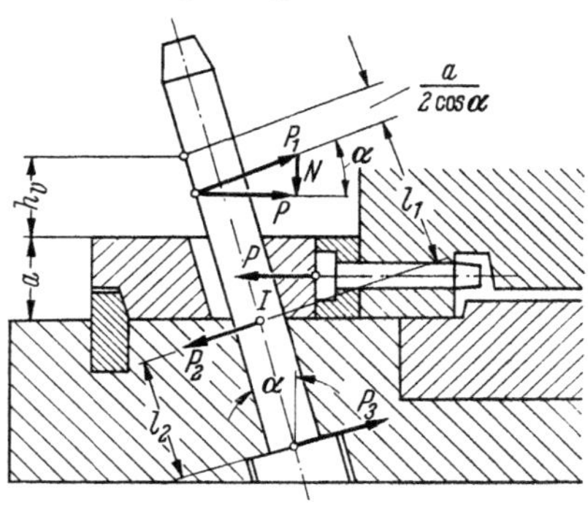

Abb. 317/2. Schrägstift mit Verzögerungshub

$$P_1 = \frac{P}{\cos \alpha}.$$

Mit dem Moment $P_1 \cdot l_1$ ist der Querschnitt I auf Biegung nachzurechnen. Man kann auch die Kantenkräfte P_2 und P_3 wie folgt bestimmen

$$P_1 \cdot (l_1 + l_2) = P_2 \cdot l_2 \quad \text{daraus} \quad P_2 = \frac{P_1 \cdot (l_1 + l_2)}{l_2}$$

$$P_1 \cdot l_1 = P_3 \cdot l_2 \quad \text{daraus} \quad P_3 = \frac{P_1 \cdot l_1}{l_2}.$$

Die Kraft N wirkt auf die Führung des Schiebers.

Schrägfinger mit verschiedenen Neigungswinkeln (vgl. Abb. 78) sind bei Verzögerungen vorteilhafter einzusetzen als Schrägstifte, jedoch im allgemeinen teuerer.

Die weiteren aus Abb. 57 hervorgehenden mechanischen Kernzüge (Betätigung durch Exzenter und Betätigung durch Kurvenstück) werden nur noch selten angewandt, so daß auf ihre eingehendere Behandlung im Rahmen der grundsätzlichen Formaufbauten verzichtet wird.

9. Druckgießform mit seitlichen, beweglichen Backen

Bei äußeren Unterschneidungen am Druckgußteil, die verhältnismäßig großflächig, aber kurzhubig sind, haben sich Backenausführungen

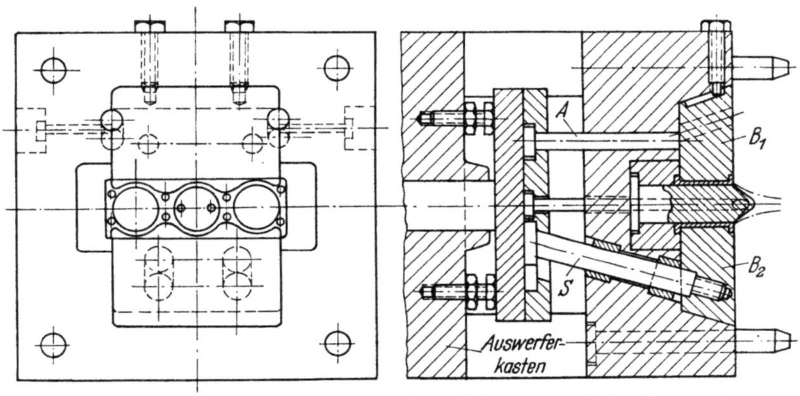

Abb. 318. Druckgießform mit seitlichen, beweglichen Backen (2 Ausführungen)

gemäß Abb. 318 bewährt. In Abb. 318 sind aus instruktiven Gründen zwei verschiedene Ausführungen an einer Druckgießform gezeigt. In der Praxis wird selbstverständlich nur die eine oder andere Art gewählt.

Die Führung der Backen B_1 geschieht durch zwei am Formrahmen befestigte runde Bolzen. Die Betätigung der Backen kann durch eine Art Auswerfstifte A erfolgen. Die Hubbegrenzung besorgen Anschlagschrauben.

Die Backen B_2 werden unmittelbar über die Auswerferplatten betätigt, wobei die schräg angeordneten Bolzen S im Formrahmen durch

Büchsen geführt sind. In der Auswerferplatte muß eine entsprechende Aussparung für die Seitenbewegung von S vorgesehen sein. Um diese wichtige seitliche Bewegung zu erleichtern, kann man den Kopf der Führungsbolzen S auf Rollen gleiten lassen. Auch hier muß der Führungsbolzen stabil und überdimensioniert ausgebildet werden.

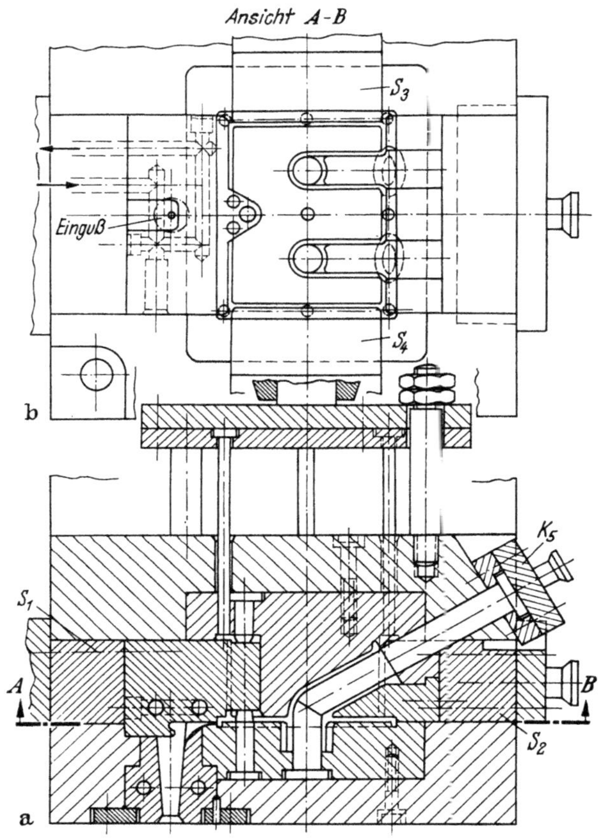

Abb. 319. Druckgießform mit Schieberzügen und schrägem Kernzug
a Schnitt durch Druckgießform, b Ansicht $A-B$ auf Auswerfformhälfte

Druckgießformen mit Backen haben den Vorzug, daß die Seitenschieber nicht bis zu den Außenkanten des Formrahmens durchgezogen werden müssen. Man erhält demnach um den Formhohlraum herum eine glatte, nicht unterbrochene Fläche, was besonders bei mehrfacher Einformung und Anwendung von Vakuum sehr wichtig ist (vgl. Abschnitte 3.322 und 3.323).

10. Druckgießform mit Schieberzügen und schrägem Kernzug

In Abb. 319 ist eine Druckgießform mit vier seitlichen, hydraulisch betätigten Schieberzügen (S_1 bis S_4) und einem schrägen Kernzug (K_5) dargestellt. Bei dieser Anordnung sind die Kernzugzylinder so auszulegen, daß deren Schließkräfte die Gießkräfte überwiegen, so daß Verriegelungen entbehrlich werden. Dadurch ergeben sich auch die bereits unter Punkt 5 geschilderten Vorteile, nämlich daß bewegliche Kerne und Schieber bei geschlossener Gießform gezogen werden können, da in der Eingußformhälfte eingebaute Verriegelungen eine derartige oft wichtige Betätigungsweise verhindern können. Kernzugzylinder sind in der Regel getrennte Aggregate, die jeweils an die Druckgießform vor Beginn einer neuen Gießserie angebaut werden.

Als Besonderheit ist hier der Einguß unter einem Schieber liegend angeordnet. Auch die Lage des Anschnitts ist zu beachten, der so vorgesehen ist, daß sich der Formhohlraum durch eine Hauptfläche des Druckgußteiles auffüllen kann.

Die Anordnung der Auswerfer kann bei der Gestaltungsart des Druckgußteiles nur über den Schieberzügen liegend vorgesehen werden. Es sind daher sogenannte Formsicherungen (vgl. Abschnitt 3.354) bei hydraulischer Betätigung unerläßlich, die aber in Abb. 319 nicht dargestellt sind. An kleineren Druckgießformen können Schieberzüge auch mit beidseitig angeordneten Schlitzkurven (vgl. Abb. 361) betätigt werden, wodurch Formsicherungen u. U. entbehrlich sind.

Bei größeren, verwickelten und dünnwandigen Druckgußstücken sind oft Kernzüge senkrecht zur Formteilung in der Auswerfformhälfte (bei in der Eingußformhälfte befindlichen Formteilen für tiefe Schrumpfflächen auch ausnahmsweise dort) erforderlich, um Deformationen beim Auswerfen (bzw. Öffnen der Gießform) am Druckgußteil sicher zu vermeiden.

11. Druckgießformen für Gußteile mit Gewinden

Für das bereits in Abb. 83 dargestellte Druckgußteil mit einem Außen- und Innengewinde zeigt Abb. 320 die Druckgießform, wobei die Formausführungen 1d und 2a von Abb. 84 verwendet wurden. Die beiden das Außengewinde bildenden Seitenschieber werden statt mit Schrägstiften durch innenliegende Schrägfinger (aus den Abb. 76 und 78 gehen außenliegende Schrägfinger hervor) mit einer kleinen Verzögerung (Spiel s in Abb. 320) betätigt. Die Verzögerung ist nötig, um das Teil sicher aus der Eingußformhälfte herauszuheben, da auch hier Schrumpfkräfte vorhanden sind und der Gewindekern K wegen der Halterung an der Außenfläche des Bundes bei geschlossener Druckgießform herausgedreht werden muß. Letzteres erfolgt durch einen Getriebe-Elektromotor über die in Abb. 320 dargestellten Zahnräder. Durch den Steuermechanismus der Druckgießmaschine (in Abb. 320 durch eine Nockenwelle N) wird der Motor eingeschaltet, während ein Endschalter, nachdem Gewindekern K aus dem Gußstück herausgedreht ist, das Ausschalten besorgt. Bei andersgearteten Druckgußteilen, bei denen durch ihre Gestalt eine Sicherung gegen Verdrehen in der Auswerfformhälfte vorhanden ist, kann das Einschalten des Motors evtl. ebenfalls mittels eines Endschalters während oder am Ende der Formöffnungsbewegung erfolgen. Der Gewindekern K soll möglichst langsam, mit Drehzahlen < 60 pro Minute, herausgedreht werden.

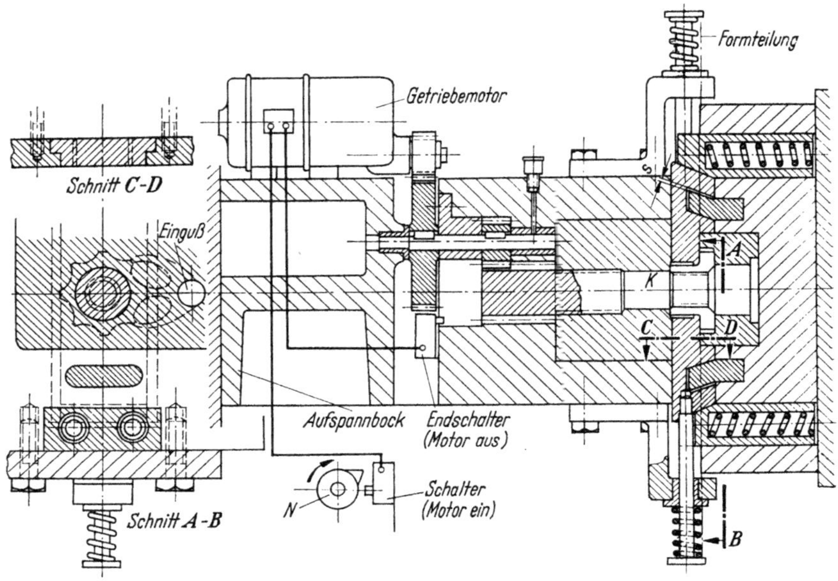

Abb. 320. Druckgießform für ein Teil mit Außen- und Innengewinde (nach Abb. 83)

Interessant ist noch die in Abb. 320 angewandte Sicherung der Gewindeseitenschieber in ihrer Gießstellung. Die Sicherungskeile sind unter Federdruck axial beweglich angeordnet. Dadurch wird erreicht, daß selbst wenn die beiden Formhälften klaffen (hervorgerufen durch Gratreste, Klemmungen usw.) immer die genau gleiche Lage der Schieber vorhanden ist. Eine derartige Konstruktion ist bei allen Druckgußteilen mit genaueren Maßen, die durch bewegliche Formteile gebildet werden, zu empfehlen. Selbstverständlich können die das Gewinde formenden Seitenschieber auch durch hydraulische Kernzugzylinder betätigt werden.

In Abb. 321 ist eine andere Art für das Eingießen größerer Innengewinde (geeignet auch für Leichtmetallegierungen), in diesem Falle ein Rundgewinde, gezeigt. Das Gewindekernstück G besitzt einen durchgehenden Schlitz mit der Breite m, in den das Gewindeformteil T eingreift. Dieses wird bei geöffneter Gießform in Pfeilrichtung I aus dem Gewinde des Druckgußteiles heraus (siehe strichpunktierte Lage) bewegt. Das Gußstück wird hierauf mit dem Gewindekernstück (jedoch ohne *T*) ausgeworfen. Hierauf wird *G* durch Herausdrehen (von Hand oder Bohrmaschine) aus dem hergestellten Druckgußstück entfernt. Das Gewindekernstück besitzt durch den Schlitz eine Art Federung, so daß zum Entfernen des Formteiles keine so großen Kräfte benötigt und damit die

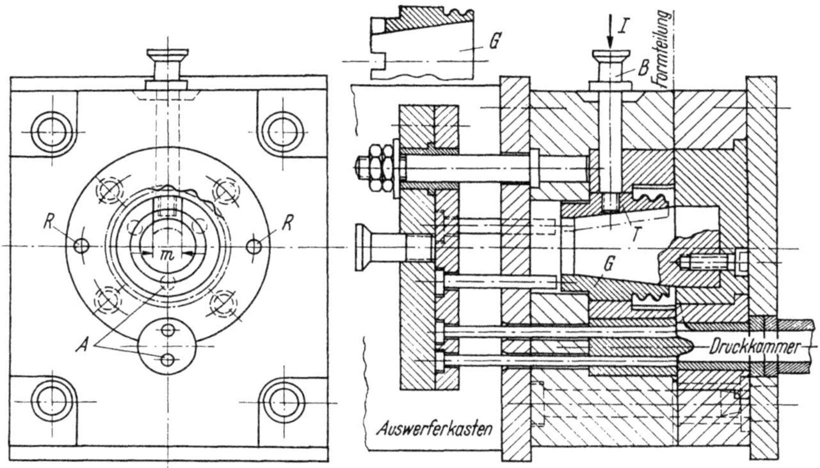

Abb. 321. Druckgießform für Mutter mit Innen-Rundgewinde
A Auswerfer, *R* Rückstoßstifte, *G* Gewinde-Kernstück, *T* Gewinde-Formteil, *B* Bewegungsbolzen für *T*

Gewindegänge weniger beschädigt werden. Allerdings entsteht im Gewinde durch *T* eine Gratnaht, die evtl. durch Nachschneiden (nur bei Gewinden mit Feintoleranz) zu entfernen ist. Diese Ausführungsart der Gießform ist besonders für Rundgewinde mit Grobtoleranz geeignet.

12. Formplatteneinbau

Die verschiedenen Einbaumöglichkeiten von Formplatten in Formrahmen gehen aus Abb. 322/1 hervor. Der geringste Aufwand an Warmarbeitsstahl wird durch Einbau a erzielt. Die spanabhebende Bearbeitung der Aufnahmeaussparung für die Formplatte im Formrahmen ist jedoch bei dieser Ausführungsart nicht einfach, sofern eine zylindrische Gestaltung der Formplatte nicht möglich ist. Doch wird diese Einbau-Möglichkeit bei der Mehrzahl der Druckgießformen allgemein bevorzugt.

Beim Einbau b wird kaum an Formenstahl eingespart, denn es ist ein verhältnismäßig großer Verschraubungsbund notwendig. Um die Formhöhe so niedrig wie möglich zu halten, wird bei tiefen Formfassonen diese Ausführungsart gewählt.

Der Einbau c erfordert an der Formplatte nur einen kleinen Haltebund. Allerdings wird eine Deckplatte benötigt, welche die Formhöhe vergrößert.

Um an Bearbeitung einzusparen, wird auch die Formplatte einfach auf den Formrahmen nach d aufgesetzt. Es ist jedoch hier eine gute Fixierung der beiden Formteile durch größere Paßstifte (mindestens 2) erforderlich.

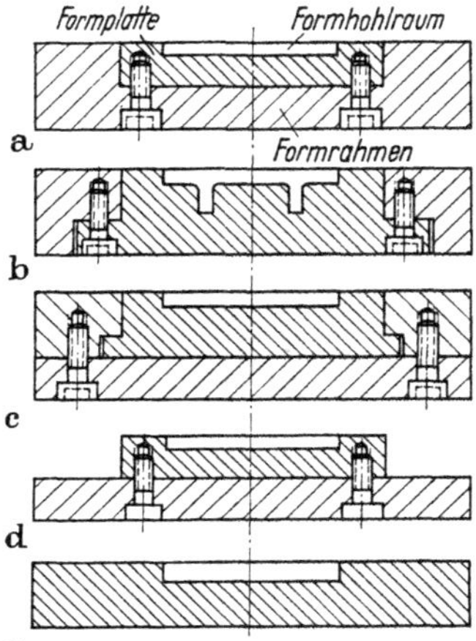

Abb. 322/1. Verschiedene Einbau-Möglichkeiten von Formplatten in Formrahmen.
a Formplatte eingelassen, b Formplatte durchbrochen, c Formplatte durchbrochen mit Deckplatte, d Formplatte aufgesetzt, e ohne Formrahmen

Schließlich wird nach Ausführung e die den Formhohlraum beinhaltende Formplatte einstückig, also ohne Formrahmen, ausgeführt. Die Bearbeitung ist am einfachsten geworden, jedoch wird bei größeren Druckgießformen verhältnismäßig viel hochwertiges und teueres Stahlmaterial gebraucht. Die Führungsstifte muß man in diesem Fall im gehärteten Warmarbeitsstahl anordnen, was bei verschiedenem Härteverzug zwischen Einguß- und Auswerfformhälfte zu Schwierigkeiten führen kann. Doch wird bei billigen sowie vorvergüteten Formstählen, insbesondere zur Verarbeitung von Zink-, Zinn- und Bleilegierungen und bei kleineren Druckgießformen vornehmlich diese Ausführung, welche früher allein üblich war, gewählt.

Da die Einbaumöglichkeit nach Abb. 322/1a vorherrscht, sind in Abb. 322/2 die Eckenausbildungen dargestellt. Um Kerbwirkungen zu

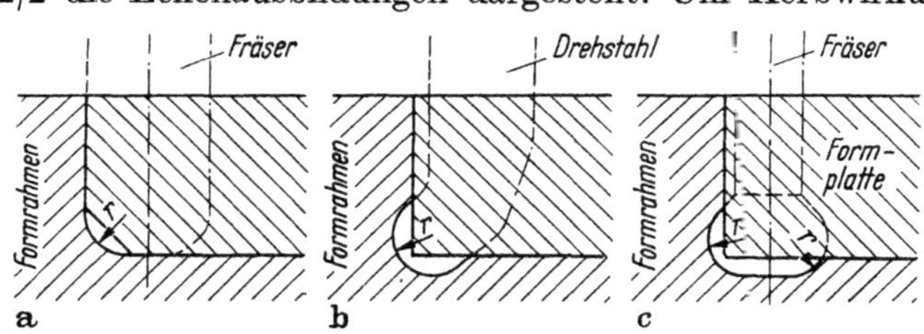

Abb. 322/2 Ecken-Ausbildungen bei eingelassenen Formplatten (Ausführung a in Abb. 322/1)

vermeiden, werden Abrundungen bevorzugt. Eine solche erfordert nach a eine Abschrägung oder evtl. eine etwas größere Abrundung als Radius *r* an der Formplatte. Die Ausführung nach b ist vornehmlich bei zylindrischen Formplatten oder -einsätzen möglich. Man kann aber auch eine Ausbildung nach c bei rechteckigen oder sonst profilierten Formplatten oder -einsätzen wählen, die allerdings eine zusätzliche Fräsoperation im

Formrahmen erforderlich macht, sofern diese Freisparung nicht gleich mitgegossen werden kann, z. B. bei Stahlguß. Eine möglichst umlaufende Aussparung im Boden hat noch den Vorteil, daß Späne und Schmutz beim Reinigen sich evtl. dort ansammeln können und die Formplatten sauber am Formrahmen anliegen.

3.72 Gießformen für Warmkammer-Druckgießmaschinen

1. Druckgießform für Mischkammerrohr

In Abb. 323 ist eine Druckgießform zur Herstellung von Venturirohren dargestellt, die für Mischkammern von Gasmaschinen bestimmt sind. Es zeigen: Abb. a die Auswerfformhälfte *H* in Ansicht auf die Formteilung (alle Kerne in Gießlage), Abb. b die geschlossene Gießform im Längsschnitt, die Abb. c und d die Auswerfformhälfte *H* und die Eingußformhälfte *V* im Lichtbild (auseinandergebaut und um etwa 90° gegen die Lage in Abb. 323a gedreht), die Abb. e—i einige Kerne und einen Schieber in Einzeldarstellungen und die Abb. j—m das Druckgußstück in zwei Ansichten, im Längsschnitt und im Lichtbild.

Der Formhohlraum erstreckt sich in beiden Formhälften über die ganze Breite der eigentlichen Formplatten, so daß ihre Herstellung (namentlich die Einarbeitung der Formfassonen der beiden Flanschen) keine Schwierigkeiten bietet. Den seitlichen Abschluß des Formhohlraumes bilden zwei zu beiden Seiten der Auswerfformplatte befestigte Blöcke F_1 und F_2, die so weit vorspringen, daß sie bei geschlossener Form auch die Eingußformplatte abdichtend umgreifen.[1] Diese Blöcke dienen zugleich zur Führung der beiden Kerne K_1 und K_3 (die in der Gießstellung zusammenstoßen und so den durchgehenden, nach beiden Seiten konischen Haupthohlraum des Gußkörpers erzeugen) und der kleinen Kerne K_2 und K_4, die die Bohrungen der beiden Gußstückflanschen formen. Der Kern K_1 und die beiden Kerne K_2 sind an einer Sammelplatte k_1 befestigt, die an einem verschiebbaren Halter k_0 sitzt, dessen Führungsteil eine Zahnstangenverzahnung trägt. In gleicher Weise sind die Kerne K_3 und K_4 an der von dem Halter k_0' getragenen Sammelplatte k_1' befestigt. Die Bewegungen dieser beiden Kerngruppen werden mittels Handkurbeln v und v' durch die beiden Trieblinge z_k und z_k' betätigt, die in die Verzahnungen von k_0 bzw. k_0' eingreifen. Die Kerne K_5 und K_7 sind in zwei hohlzylindrischen Hülsen geführt, die an der Auswerfformplatte befestigt sind und von der Eingußformhälfte in der Gießstellung dicht umschlossen werden. Diese beiden Kerne werden durch die Kniehebel v_1 und v_2 betätigt, die auch die Verriegelung in der Gießstellung

[1] Dadurch ergeben sich allerdings „Schiebeflächen", die bei Druckgießformen für Kaltkammer-Maschinen zu vermeiden sind.

bewirken. Gleichfalls durch einen Kniehebel v_3 wird der Schieber K_6 gesteuert, der die flache Aussparung an der Außenseite des einen Gußstückflansches erzeugt.

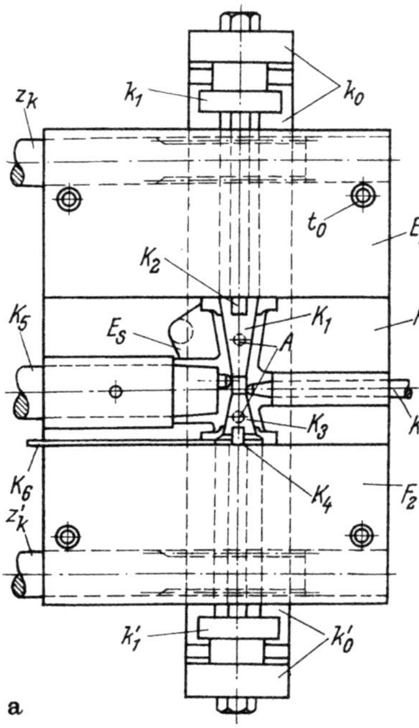

a

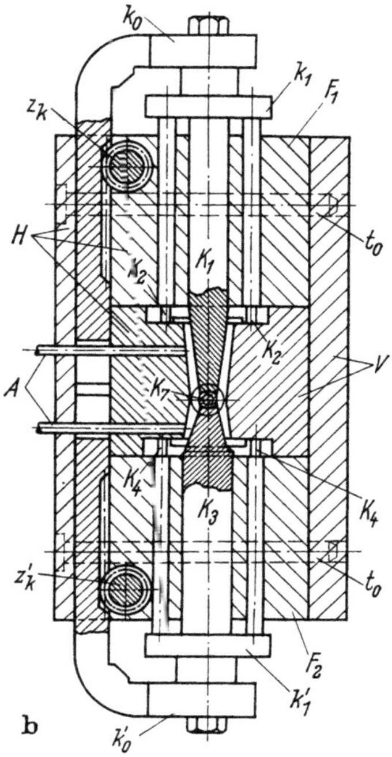

b

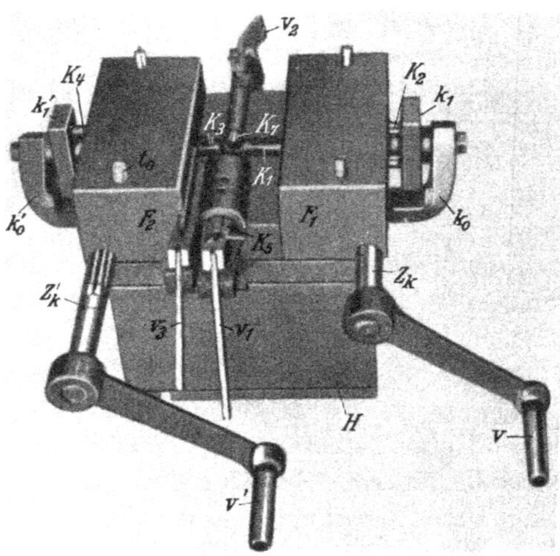

d

(zu Abb. 323)

c

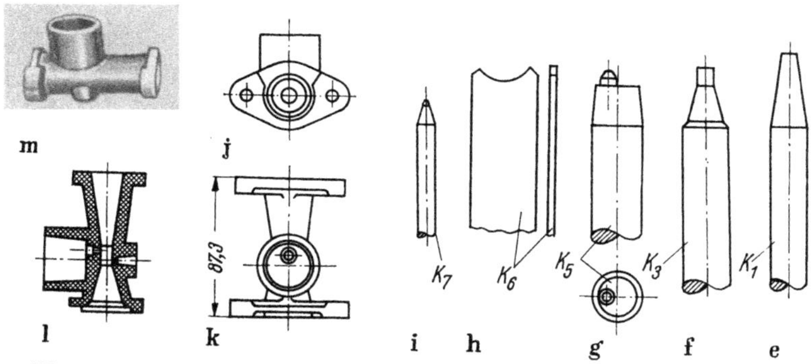

Abb. 323a—m. Druckgießform für Mischkammerrohr mit Druckgußstück (Ältere Bauart).[1]
a Auswerfformhälfte in Ansicht (Kerne in Gießstellung), b Schnitt durch geschlossene Druckgießform, c Lichtbild der Auswerfformhälfte, d Lichtbild der Eingußformhälfte, e bis i Teilzeichnungen der Kerne und des Schiebers, j bis m Mischkammerrohr in Ansicht, Draufsicht, Schnitt und Lichtbild

Der Einguß ist ungeteilt. Die Eingußbohrung E und der Gießlauf E_s (die in Abb. 323b, da vor der Schnittebene liegend, nicht zu sehen sind) sind in Abb. 323d zu erkennen. Zur Entfernung des Gußstückes aus der Form dienen die beiden Auswerfstifte A, die in der üblichen Art betätigt werden können.

2. Druckgießform für Zahlenrollenkäfig

Abb. 324a—c zeigt eine Druckgießform zur Herstellung eines Zahlenrollenkäfigs aus Zinklegierung, der in Abb. 324d—f als Rohgußstück mit Eingußmetall und in Abb. 324g—i ohne Eingußmetall dargestellt ist. Die Fertigung dieses Körpers im Druckgießverfahren ohne Anwendung zerlegbarer Kerne wird nur dadurch ermöglicht, daß die 5 „Gitterstäbe" des Käfigs solche Profile haben, die durch 5 radial verschiebbare, in der Gießstellung aneinanderstoßende Kerne begrenzt werden können.

Der Formhohlraum ist völlig in der Auswerfformhälfte H angeordnet, und zwar in der Formplatte H_p und der mit dieser verschraubten Platte F_1. In die Platte H_p sind fünf radiale Schlitze eingearbeitet, die zur Aufnahme und zur Führung der Kerne K_1, K_2, K_3, K_4 und K_5 dienen; die Platte F_1 schließt diese Kernführungsschlitze nach oben hin ab. Zur Steuerung der vier Kerne K_1, K_2, K_3 und K_4 dienen zwei auf zylindrischen Absätzen von H_p drehbar gelagerte Kulissenscheiben x_1 und x_2, die mit den beiden Distanzstücken u_1 und u_2 und dem Handhebel v_1 zu einem starren, auf H_p drehbaren Rahmen verschraubt sind. Die beiden Kulissenscheiben enthalten in kongruenter Anordnung je 4 Kurvenschlitze, in welche die in den Kernen K_1, K_2, K_3 und K_4 sitzenden Führungsstifte s_1, s_2, s_3 und s_4 eingreifen. Die Kurvenschlitze sind so angeordnet, daß die vier Kerne K_1—K_4 aus der Gießlage (Abb. 324a/b) durch eine Linksdrehung des Handhebels v_1 in die Ruhelage zurückgezogen werden

[1] Bild c, d und m sind aus Machinery 29, 430 (1923) entnommen.

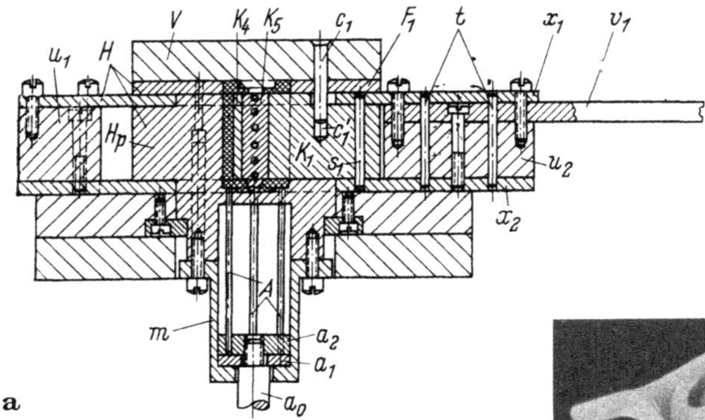

a

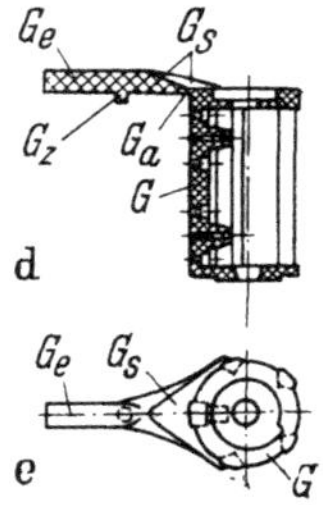

d

e

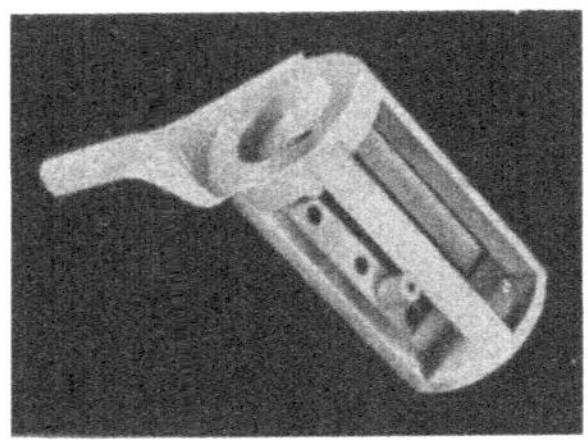

f

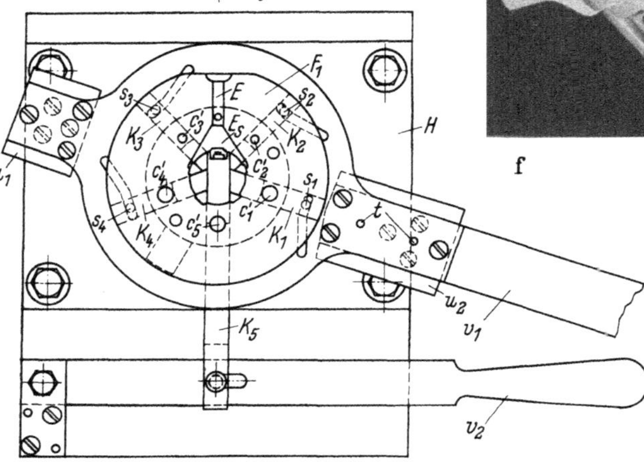

b

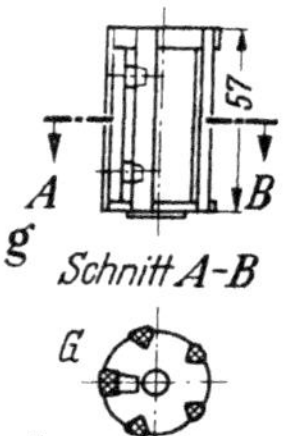

g

h

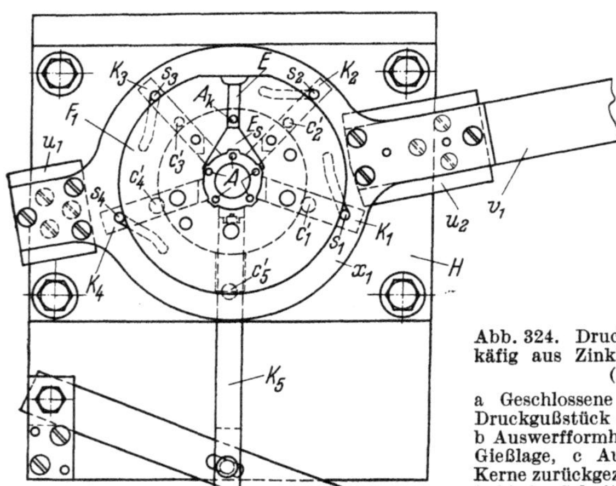

c

i

Abb. 324. Druckgießform für Zahlenrollenkäfig aus Zinklegierung mit Druckgußstück (Ältere Bauart).

a Geschlossene Gießform mit inliegendem Druckgußstück (kreuzschraffiert) im Schnitt, b Auswerfformhälfte in Ansicht, Kerne in Gießlage, c Auswerfformhälfte in Ansicht, Kerne zurückgezogen, d bis f Zahlenrollenkäfig (roh) in Schnitt, Draufsicht und Lichtbild, g bis i Zahlenrollenkäfig (fertig) in Ansicht, Schnitt und Lichtbild

(Abb. 324c). Der Kern K_5, der einen bedeutend längeren Weg zurücklegen muß, wird durch einen besonderen Handhebel v_2 betätigt. Zur Verriegelung der fünf Kerne in der Gießlage dienen fünf in der Eingußformhälfte befestigte Paßstifte $c_1, c_2 \ldots c_5$, die bei geschlossener Form in Paßbohrungen $c_1', c_2' \ldots c_5'$ der Kerne eingreifen.[1]

Der Einguß ist als „geteilter Einguß" in der Formteilung angeordnet.

Zum Auswerfen dienen 6 Auswerfstifte, von denen 5 Stifte A am eigentlichen Gußstück und ein Stift A_k am Gießlauf angreifen. Diese 6 Stifte sind an einer im Bock m geführten Auswerfer-Sammelplatte a_1/a_2 befestigt, die mit einem Bolzen a_0 verschraubt ist, an dem das Betätigungsmittel der Auswerfbewegung angreift.

3. Druckgießform für Zahlenrolle

Abb. 325a—l zeigt ein typisches Beispiel einer Druckgießform zur Herstellung von Zahlenrollen. Das Druckgußstück — ein Skalenring aus Zinklegierung, der auf seinem Umfange 10 erhabene Ziffern (0—9) trägt — ist in Abb. 325m—p wiedergegeben.

Der Formhohlraum für den Ziffernkranz ist in der Auswerfformhälfte H untergebracht, der übrige Teil des Formhohlraumes ist in die Eingußformhälfte V eingearbeitet. Der Innenraum des kappenförmigen Gußstückes wird durch den unbeweglichen Kern F_1 erzeugt, der starr in der Auswerfformplatte H_p befestigt ist; die Nabenbohrung wird durch den kleinen, unbeweglichen Kern F_2 erzeugt, der zentrisch in F_1 sitzt. Die Ziffern auf dem Umfange des Gußkörpers werden durch 10 Schieber K_0 abgeformt, die in der Auswerfformhälfte radial verschiebbar angeordnet sind und von denen jeder außer der Formfasson einer Ziffer auch die der zugehörigen Teilstriche enthält. Jeder Schieber K_0 ist durch einen Stift t an einem Halter k befestigt (Abb. k/l), so daß er, wenn erforderlich, leicht ausgewechselt werden kann. Die Schieber K_0 sind in 10 radialen Nuten der Formplatte H_p geführt (s. Abb. f/g); zur Führung der Halter k sind in die mit H_p verschraubte Platte F_3 10 Nuten eingeschnitten (s. Abb. h/i), welche die Fortsetzung der Schlitze in H_p bilden, jedoch tiefer sind als diese, entsprechend der größeren Dicke der Halter k. Den rechten Ab-

[1] Eine Verriegelung durch Paßstifte, die auch aus vorhergehenden Abb. ersichtlich ist, wurde allgemein verlassen, worauf ausdrücklich hingewiesen sei. Einige instruktive Beispiele dieser Art von Frommer (mit „Ältere Bauart" kenntlich gemacht) sind jedoch beibehalten worden, da sie in sehr anschaulicher Weise Gießform-Gestaltungen schildern und dadurch Einblick in die wichtige Arbeit des Formen-Konstrukteurs vermitteln. Gegenüber der Ritzelbetätigung besitzen Schrägstifte und Schrägfinger große Vorteile, denn sie können genügend stark dimensioniert werden und somit gleichzeitig oft die Verriegelung mit bewirken. Außerdem erfolgt die Betätigung beweglicher Formteile automatisch mit dem Öffnen und Schließen der Gießform. Bei größeren Hüben ist, wie bereits erwähnt, die Kern- und Schieberbewegung mit Hydraulikzylindern vorherrschend.

schluß der Kernführungen bildet die auf F_3 festgeschraubte kreisringförmige Scheibe F_4.

Die 10 radialen Schieber K_0 werden (ebenso wie die Kerne K_1—K_4 der Form in Abb. 324) gemeinsam durch zwei Kulissenscheiben x_1 und x_2 gesteuert, die starr miteinander verschraubt und auf den Platten F_3 und F_4 der Auswerfformhälfte drehbar gelagert sind. Jede der beiden untereinander gleichen Kulissenscheiben enthält 10 schräge Schlitze, mit denen die Führungsstifte s der Kernhalter k im Eingriff stehen, so daß durch Drehen des Handhebels v_1 sämtliche Schieber aus der Gieß-

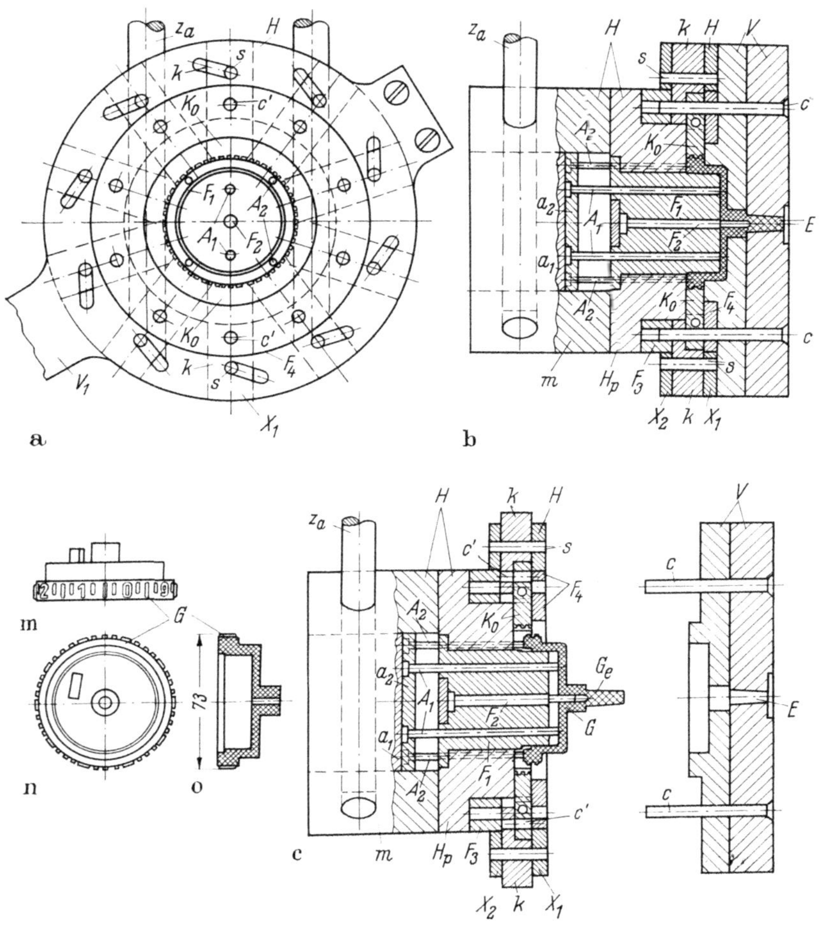

Abb. 325 a–p. Druckgießform für Zahlenrolle aus Zinklegierung mit Druckgußstück (Ältere Bauart). a Auswerfformhälfte in Ansicht, Schieber in Gießlage, b geschlossene Form im Schnitt, c Schnitt durch geöffnete Form, Gußstück halb ausgeworfen (Eingußzapfen G_e durch weite Kreuzschraffur gekennzeichnet), d Eingußformhälfte im Lichtbild, e Auswerfformhälfte im Lichtbild, f/g Auswerfformplatte, h/i Führungsplatte für Schieber-Halter, k/l Zahlenschieber nebst Halter, m bis p Zahlenrolle (Skalenring) in zwei Ansichten, Schnitt und Lichtbild

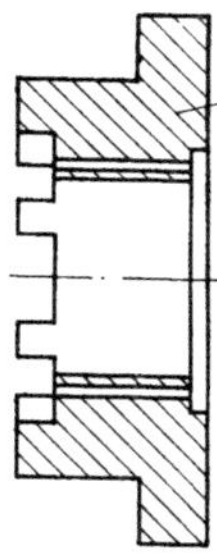

f

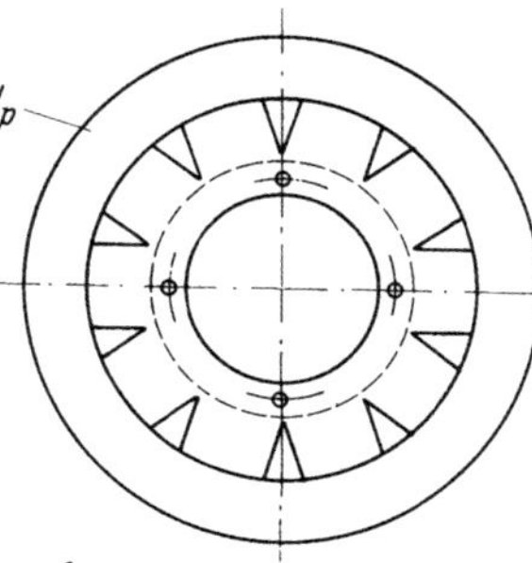

g

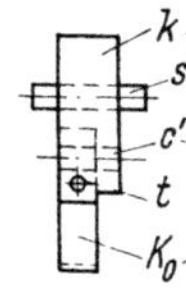

k

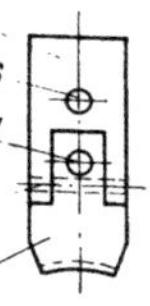

l

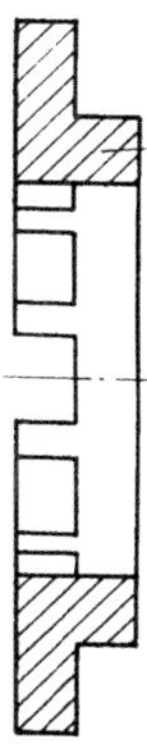

h

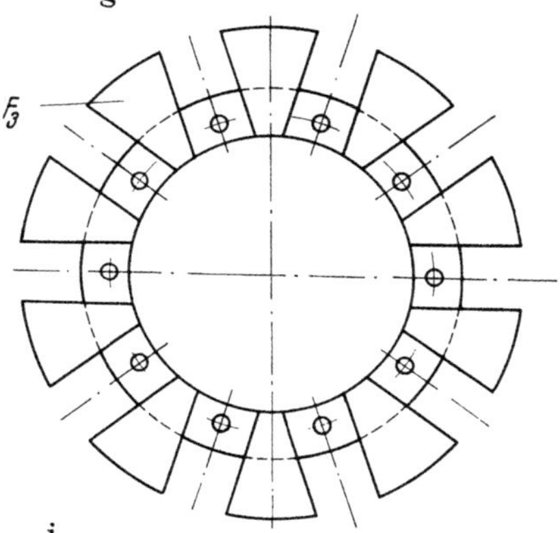

i

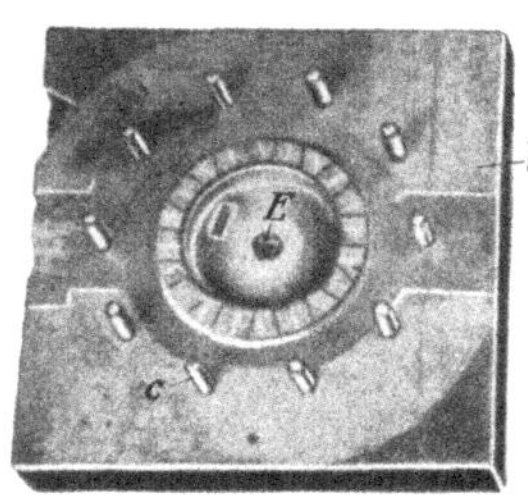

d

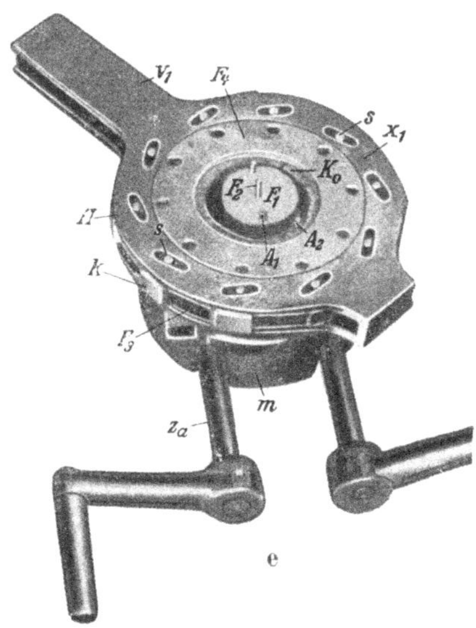

e

p

(zu Abb. 325)

lage (Abb. 325a/b) in die Ruhelage (Abb. 325c) zurückgezogen werden, in der sie das Gußstück zum Auswerfen freigeben. Die Verriegelung der 10 Schieber K_0 in der Gießstellung wird durch 10 in der Eingußformhälfte sitzende Paßstifte c bewirkt, die bei geschlossener Form in die Paßbohrungen c' der Schieber K_0 und der Kernhalter k eingreifen.

Die Gießform ist mit einem ungeteilten, „direkten" Einguß versehen; die Eingußbohrung E sitzt zentrisch vor der Formfasson für die Nabe. Die Eingußbüchse und das von ihr abgeformte Stück des Eingußzapfens sind in Abb. 325 fortgelassen; der Eingußzapfen ist also in Wirklichkeit länger als das in Abb. 325c dargestellte Stück G_e.

Zum Auswerfen sind 6 Auswerfstifte vorgesehen, von denen 2 Stifte A_1 am Boden des Gußkörpers und 4 Stifte A_2 an der Seitenfläche des Ziffernkranzes angreifen. Sämtliche Stifte sind an der kreisrunden Auswerfersammelplatte a_1/a_2 befestigt, die durch Triebling z_a betätigt werden kann.

Druckgießformen von der eben beschriebenen Art, die eine größere Anzahl von radial verschieblichen, durch ein gemeinsames Steuermittel zu betätigenden Kernen oder Schiebern enthalten, werden auch „Sternformen" genannt. Formen dieser Bauart können zur Herstellung aller Arten von Gußkörpern verwandt werden, die auf ihrem Umfange eine größere Anzahl von Typen, Ziffern oder sonstigen, in der Auswerfrichtung „unter sich gehenden" Ausformungen enthalten. Sie dienen somit vornehmlich zur Herstellung von Zahlenrollen, Typen- oder Stempelrädern und Skalenringen, wie sie für Zählwerke aller Art, für Druckpressen, Registrierkassen, Rechen- und sonstige Büromaschinen verwandt werden. Die Gießformen für diese verschiedenen Arten von Gußkörpern unterscheiden sich grundsätzlich nur durch die Ausführung der Einformungen für die Typen in den Schiebern K_0, da Stempelräder spiegelbildliche und erhabene Typen erhalten müssen, während Zahlenrollen für Zählwerke Ziffern in Normalschrift erfordern, die jedoch wahlweise erhaben oder versenkt sein können[1]. Ferner müssen bei Typen- und Stempelrädern sowie bei Zahlenrollen für mehrstellige Zähler die Typen senkrecht zur Rollenachse stehen, während sie bei dem in Abb. 325 m bis p gezeigten Skalenring parallel zur Rollenachse angeordnet sind.

Sternförmig zu verschiebende Kerne bzw. Formteile können auch mit Hilfe innenliegender Schrägfinger automatisch mit der Formbewegung betätigt werden. Die Verriegelung kann günstig so erfolgen, daß die Schrägfinger aus einem Stück als ein in der Eingußformhälfte befestigter Ring gestaltet sind. Der Gießformaufbau wird dadurch einfacher und betriebssicherer als die in der Abb. 325 dargestellte ältere

---

[1] Versenkte Ziffern oder Buchstaben am Gußstück bedingen höhere Formkosten als erhabene, da das Herausarbeiten erhabener Typen aus den Schiebern K_0 kostspieliger ist als das Eingravieren versenkter Typen in die Schieber.

Bauart, welche jedoch die Grundzüge eines derartigen Werkzeugs geschichtlich wiedergibt.

4. Herstellung einer Zahlenrolle mit hinterschnittener Bohrung mittels zusammenklappbarer Kerne

Die in Abb. 326 gezeigte Zahlenrolle stellt infolge der Gestaltung ihrer Nabenbohrung besondere Ansprüche an die Fertigung. Sie enthält nämlich in der Bohrung einen angegossenen axialen Federkeil (G_1) und eine Ringnut (G_2), die sich von der einen Seite des Federkeiles bis zur anderen erstreckt. Da diese Ringnut nicht geschlossen ist, kann sie nicht nachträglich eingedreht, sondern sie muß mitgegossen werden; dies ist, da die Ringnut die Bohrung hinterschneidet, z. B. mittels mehrteiliger und „zusammenklappbarer" Kerne möglich.

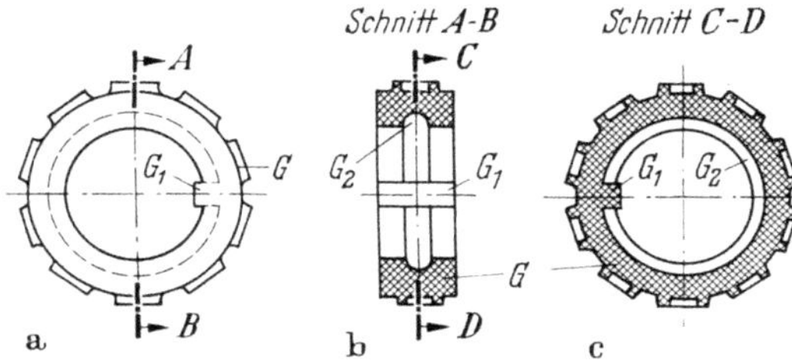

Abb. 326. Zahlenrolle mit angegossenem Federkeil (G_1) und Ringnut (G_2)

In Abb. 327 ist das zur Herstellung von Bohrung und Ringnut dienende Kernaggregat dargestellt und seine Betätigung veranschaulicht. Es setzt sich zusammen aus dem mehrfach abgesetzten, massiven Hauptkern K_1 (Abb. e/f), dem aus 4 Teilstücken K_3, K_4, K_5 und K_6 bestehenden Kernring (Abb. c/d), der die Ringnut erzeugt, und dem Teilkern K_2 (Abb. a/b), der den vorderen Teil der Nabenbohrung abformt und auch als ein mit einer Formhälfte starr verbundener Kern ausgebildet sein kann. Die Teilstücke K_3, K_4, K_5 und K_6 haben ringstückförmige Absätze, die zusammen einen zylindrischen Paßbund des Kernringes ergeben, der genau in eine hohlzylindrische Eindrehung des Teilkernes K_2 hineinpaßt. Hierdurch wird der Kernring in der Gießstellung zusammengehalten. Der Hauptkern K_1, der Teilkern K_2 und das Teilstück K_6 des Kernringes haben rechteckige Aussparungen, die im zusammengebauten Zustand miteinander fluchten, so daß das Kernaggregat eine durchgehende axiale Nut enthält, welche den Federkeil G_1 der Zahlenrolle abformt.

In Abb. 327g ist das Kernaggregat[1] in zusammengebautem Zustande dargestellt, und zwar eingezeichnet in ein fertiges Gußstück (ohne Eingußmetall) in derselben Stellung, in der es sich unmittelbar nach dem Schusse im Rohgußstück befindet. Die Abb. 327h—o zeigen, in welcher

[1] Im Hauptabschnitt „Druckgießpraxis" werden in Band II noch andere Möglichkeiten für die Bildung von Hinterschneidungen erläutert.

Aufeinanderfolge die einzelnen Kerne bzw. Kernstücke aus dem Gußkörper entfernt werden. Zuerst wird das Gußstück von dem Hauptkern K_1 frei gemacht und mitsamt den im Gußkörper verbleibenden Teilkernen aus der Form ausgeworfen. Hierauf kann der Kern K_2 entfernt werden, so daß sich im Gußstück nur noch der „zusammenklappbare" Kernring befindet, der aus den Teilstücken K_3—K_6 besteht (Abb. i/k). Von diesen wird zunächst das Teilstück K_3, das von zwei parallelen Flächen begrenzt ist, so weit nach innen geschoben, bis es aus der Ringnut völlig heraus ist

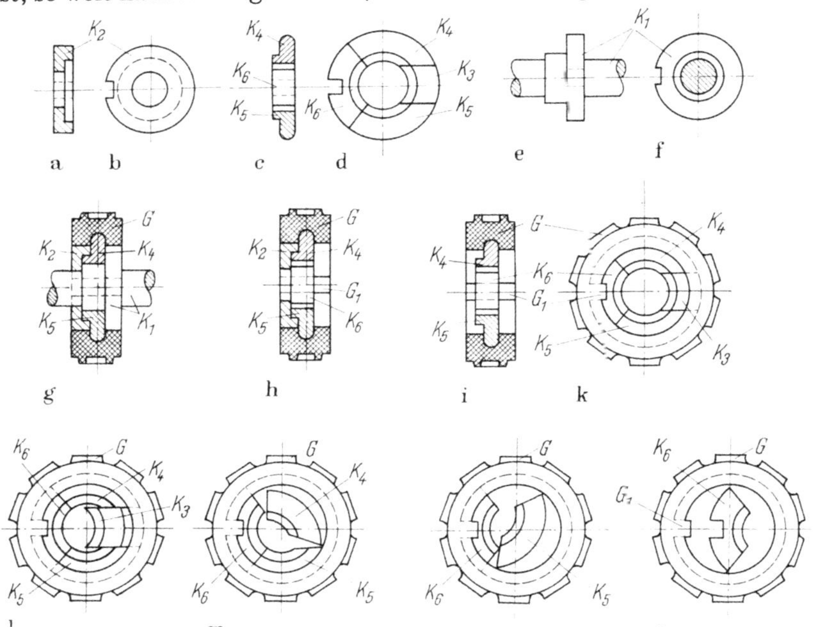

Abb. 327. Kernaggregat der Druckgießform zur Herstellung der in Abb. 326 dargestellten Zahlenrolle. a/b Teilkern K_2, c/d „zusammenklappbarer" Kernring aus 4 Teilstücken K_3, K_4, K_5 und K_6 zur Erzeugung der Ringnut G_2 der Zahlenrolle, e/f massiver Hauptkern K_1 g fertiges Gußstück (ohne Eingußmetall) mit inliegendem Kernaggregat, h bis o Veranschaulichung der stückweisen Entfernung der Kerne aus dem Gußkörper

(Abb. 327l), so daß es entfernt werden kann. Dann werden nacheinander auch die Teilstücke K_4, K_5 und K_6 in der in Abb. 327m, n und o gezeigten Art aus der Ringnut herausgezogen und aus dem Gußkörper entfernt. Zum nächsten Gusse müssen die Kerne wieder zu dem in Abb. 327g dargestellten Aggregat zusammengebaut werden.

Im übrigen ist die (hier nicht dargestellte) Druckgießform zur Herstellung dieser Zahlenrolle, ebenso wie die im vorhergehenden Abschnitt besprochene, als „Sternform" ausgebildet; die Schieber zur Einformung der Zahlen sind in der gleichen Art angeordnet und können ebenso betätigt werden wie bei Abb. 325 beschrieben. Da die Betätigung der zerlegbaren Kerne, das Zusammenbauen vor dem Schusse und das stückweise Entfernen aus dem Gußstück recht zeitraubend sind, ist die Ausbringung je Zeiteinheit aus einer derartigen Form natürlich wesentlich geringer als die aus einer Form nach Abb. 325, die nur massive Kerne enthält.

5. Herstellung von Tonarmen für Sprechmaschinen in zwei Gießoperationen

Das in Abb. 331 dargestellte Druckgußstück, ein Tonarm aus Zinklegierung für eine Sprechmaschine, ist in *einer* Gießoperation in Druckguß nicht herstellbar. Auf den ersten Blick erscheint es überhaupt unmöglich, einen derartig gestalteten Körper ohne Anwendung von zerstörbaren Kernen zu gießen. Die Erzeugung des U-förmigen Gußstückhohlraumes mittels unzerstörbarer Kerne, und damit die Fertigung dieses Gußkörpers im Druckgießverfahren, wird jedoch durch einen Kunstgriff ermöglicht, nämlich durch die Herstellung in *zwei* Gießoperationen[1].

In der ersten Gießoperation wird das in Abb. 329 wiedergegebene „Primärgußstück" G_1 erzeugt, das an dem stärkeren Ende des langen konischen Tubus eine Hilfsöffnung Z hat, die es ermöglicht, den Kern K_1, der den konischen Innenraum erzeugt, herauszuziehen. Ferner unterscheidet sich das Primärgußstück von dem Fertiggußstück G in Abb. 331 dadurch, daß seine Wandungen in der Nähe der Hilfsöffnung Z schwächer sind und schmale Ringwülste R tragen, die zur Verklammerung des in der zweiten Operation herumzugießenden Metalls dienen.

Die Herstellung dieses Primärgußstückes im Druckgießverfahren verursacht keinerlei Schwierigkeiten. Die hierzu dienende, in Abb. 328a bis c dargestellte Druckgießform enthält zwei Einformungen, so daß mit jedem Schuß zwei Stücke gegossen werden. Die Formhohlräume sind auf die Eingußformhälfte V und die Auswerfformhälfte H symmetrisch verteilt; sämtliche beweglichen Kerne sind in der Auswerfformhälfte gelagert. Zu diesem Zwecke sind in der Auswerfformhälfte neben der die Einformungen enthaltenden Platte H_p drei Kernführungsblöcke (1 Block m_2 und 2 Blöcke m_3) angeordnet, die über H_p hinaus vorspringen und die Eingußformplatte V_p umgreifen. Die Auswerfformplatte H_p und die drei Kernführungsblöcke sind gemeinsam auf einer Grundplatte m_1 befestigt. In dem Block m_2 sind die beiden langen Kerne K_1 gelagert, die die konischen Haupthohlräume der Primärgußstücke erzeugen und gemeinsam durch Ritzel z_1 betätigt werden. Die Blöcke m_3 dienen zur Lagerung der Kerne K_2, K_3 und K_4, die die Hohlräume der Stutzen der Gußstücke abformen. Die Kerne K_2 sind an der Stirnfläche entsprechend dem Profil von K_1 konkav ausgearbeitet, so daß sie in der Gießstellung

[1] U.S.A.-Patent Nr. 1302958 der Doehler Die-Casting Co. Brooklyn, N. Y. Vgl. auch Machinery 29 (1923) S. 869.

Abb. 328 — 331 Herstellung eines Tonarmes aus Zinklegierung in zwei Gießoperationen (Druckgießformen älterer Bauart)

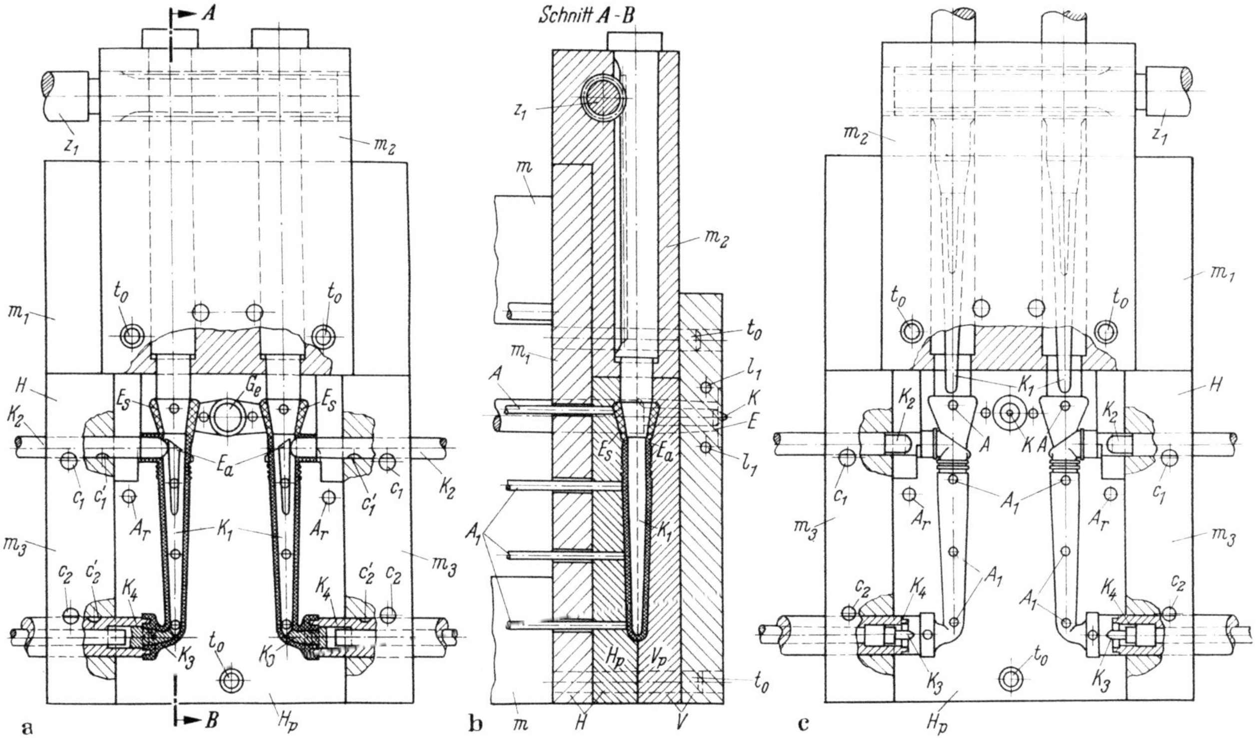

Abb. 328a Abb. 328b Abb. 328c

Abb. 328. Druckgießform für die erste Gießoperation. a Auswerfformhälfte in Ansicht mit inliegenden (geschnittenen) Druckgußstücken, Kerne in Gießlage, b geschlossene Form mit inliegendem Druckgußstück im Schnitt $A-B$, c Auswerfformhälfte in Ansicht, Kerne zurückgezogen

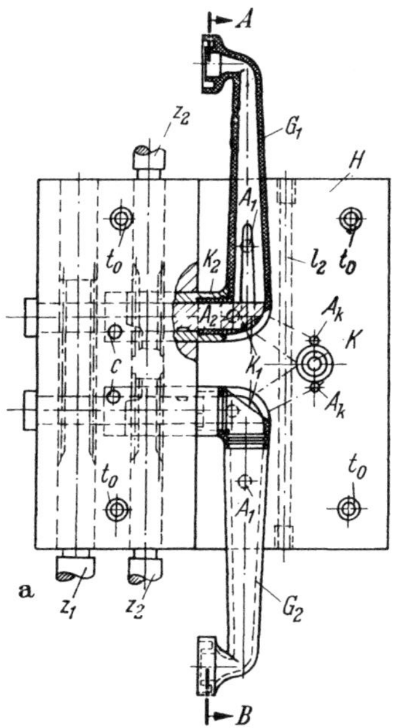

Abb. 330a

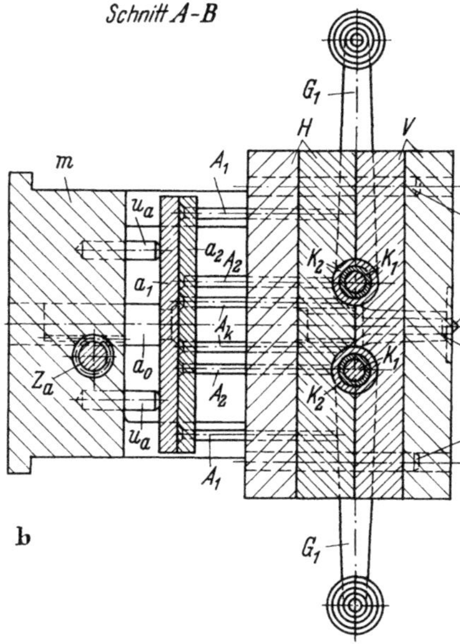

Abb. 330b

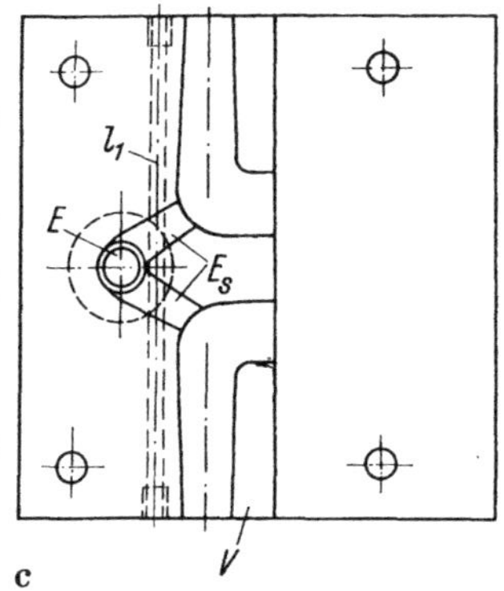

Abb. 330c

Abb. 330. Druckgießform für die zweite Gießoperation. a Auswerfformhälfte in Ansicht mit eingelegten Primärgußstücken, Kerne in Gießlage, b geschlossene Druckgießform mit eingelegten Primärgußstücken im Schnitt $A-B$, c Eingußformhälfte in Ansicht

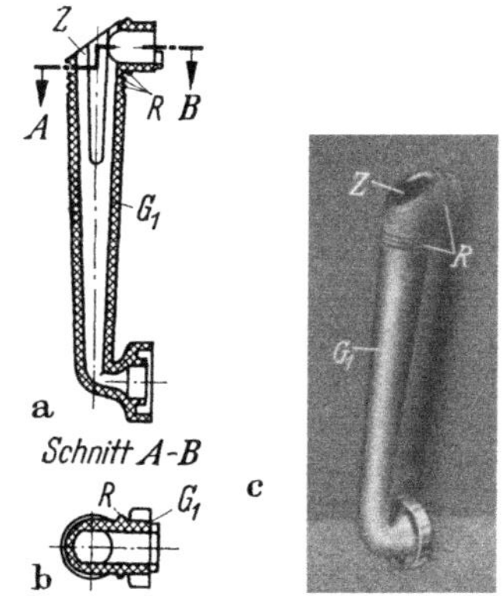

Abb. 329

Abb. 329. Aus der in Abb. 328 dargestellten Form (in der ersten Operation) gegossenes Gußstück („Primärgußstück“)

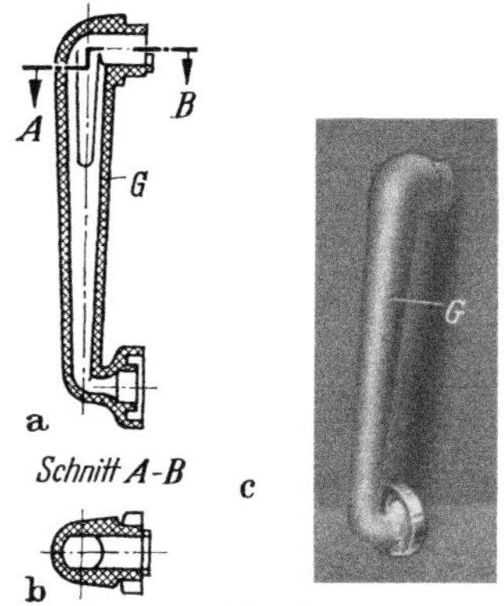

Abb. 331

Abb. 331. Tonarm aus Zinklegierung, in der in Abb. 330 dargestellten Form (in der zweiten Operation) fertiggestellt.

dicht an den Mantelflächen der Kerne K_1 anliegen, diese umgreifend. Die Kerne K_3 stoßen in der Gießlage mit ihren unter 45° geneigten Stirnflächen stumpf gegen die ebenfalls unter 45° geneigten Stirnflächen der Kerne K_1. Die Hülsenkerne K_4, die die Kerne K_3 umgeben und die äußeren Ringhohlräume der Gußstückstutzen erzeugen, sind unabhängig von den Kernen K_3 beweglich. Infolge dieser Unterteilung können die inneren Kerne K_3 zurückgezogen werden, während die Hülsenkerne K_4 noch in ihrer Gießlage stehen und somit dem Gußmaterial ein Widerlager bieten, so daß es sich nicht einbeulen kann (vgl. Abb. 68—70). Die Hilfsmittel zur Betätigung und Verriegelung dieser Kerne sind in den Abbildungen nicht mitgezeichnet.

Der Einguß ist ungeteilt und als „Krageneinguß" ausgebildet. Von der Eingußbohrung E gelangt das Gießmetall durch zwei in die Eingußformplatte V_p eingearbeitete Kanäle zu den beiden ringwulstförmigen Gießläufen E_s, die die Kerne K_1 umgeben und durch die ringspaltförmigen Anschnitte E_a mit den beiden Formhohlräumen verbunden sind. In Abb. 328a, die die Auswerfformhälfte mitsamt den inliegenden Rohgußstücken zeigt, sind der Eingußzapfen G_e und die Metallzuführungen zu den Ringwulstgießläufen E_s in Ansicht, das Metall in E_s dagegen im Schnitt dargestellt und durch weite Kreuzschraffur gekennzeichnet, während die (gleichfalls geschnittenen) eigentlichen Gußstücke durch enge Kreuzschraffur hervorgehoben sind.

Zum Auswerfen sind 12 Auswerfstifte vorgesehen, von denen je 4 Stifte A_1 am eigentlichen Gußstück und 4 Stifte A am Eingußmetall angreifen. Die Auswerfstifte sind an einer (nicht mitgezeichneten) Auswerfersammelplatte befestigt, die in dem (in Abb. 328b angedeuteten) Auswerferkasten m angeordnet ist und in der üblichen Weise betätigt wird. Außer den Auswerfstiften sind an der Auswerfersammelplatte auch die Auswerfer-Rückstoßstifte A_r und endlich die Blockierungsstifte c_1 und c_2 befestigt. Diese liegen hinter den Kernen K_2 und K_4 und bewirken, daß die Auswerfvorrichtung nur vorgestoßen werden kann, wenn sich die Kerne in der zurückgezogenen Lage befinden, in der die Aussparungen c_1' und c_2' der Kerne K_2 bzw. K_4 mit den Führungsbohrungen für die Blockierungsstifte c_1 bzw. c_2 fluchten. Umgekehrt können auch die Kerne nicht vorgestoßen werden, bevor die Auswerfvorrichtung zurückgezogen ist. Durch diese Blockierung wird eine Beschädigung der Auswerfstifte durch falsche zeitliche Aufeinanderfolge der Betätigungen verhindert.[1]

Zur zweiten Gießoperation werden die Primärgußstücke G_1 in die in Abb. 330a—c dargestellte Druckgießform eingelegt, die zwei Formaussparungen enthält, deren Gestalt genau der des Fertiggußstückes G

[1] Derartige „Blockierungen" sind nicht mehr üblich. Die aus 3.354 ersichtlichen Formsicherungen arbeiten viel zuverlässiger.

angepaßt ist. Diese Aussparungen füllen die Primärgußstücke G_1 mit Ausnahme jener Stellen in der Nähe der Hilfsöffnung Z, an denen die Wandung von G_1 schwächer ist als die von G, völlig aus, so daß die Primärgußstücke bei geschlossener Form von den Formwandungen abdichtend umschlossen und unverrückbar festgehalten werden. In die Gußstückstutzen werden die Kerne K_1 hineingeschoben, die so gestaltet sind, daß sie an den Innenwandungen der Primärgußstücke abdichtend anliegen und somit die langen, konischen Gußstückhohlräume gegen das anzugießende Metall absperren. An deı der Hilfsöffnung Z des Primärgußstückes zugewandten Seite hat jeder dieser Kerne K_1 die Gestalt, die der Innenwandung des zu erzeugenden Fertiggußstückes entspricht. Auf jedem Kern K_1 ist ein Hülsenkern K_2 geführt, der über den Stutzen des Primärgußstückes geschoben wird, den er abdichtend umschließt. Die Stirnseite des Hülsenkernes K_2 dient zur Einformung der Schulter am Stutzen des Fertiggußstückes, die hierdurch sauber und gratfrei erhalten wird. Die beiden Innenkerne K_1 werden gemeinsam durch Triebling z_1 betätigt, während jeder der beiden Hülsenkerne K_2, unabhängig vom anderen und von seinem Innenkern K_1, durch einen besonderen Triebling z_2 betätigt wird. Die Vorrichtungen zur Verriegelung der Kerne sind in den Abbildungen fortgelassen.

Der Einguß ist ungeteilt; das Gießmetall gelangt von der Eingußbohrung E durch zwei in die Eingußformhälfte eingearbeitete Rinnen E_s (die Gießläufe) zu den beiden eigentlichen Formhohlräumen für die zweite Gießoperation. Diese erstrecken sich, wie aus den vorstehenden Ausführungen hervorgeht, nur über die nächste Umgebung der Hilfsöffnungen Z der Primärgußstücke. Sie werden einerseits von den Wandungen der Formaussparungen und der Kerne K_1 und von den Stirnflächen der Hülsenkerne K_2 andererseits von den Wandungen der Primärgußstücke begrenzt.

Durch die Ausfüllung dieser Formhohlräume beim Schusse entstehen die Abb. 331 entsprechenden Gußstücke G. Das Gießmetall, das die Hilfsöffnung verschließt und die benachbarten Teile des Primärgußstückes G_1 umfließt, wird mit diesem durch die mechanische Verklammerung sowie stellenweise auch durch Verschmelzung fest zu einem Ganzen verbunden.

Die Auswerfvorrichtung enthält 6 Auswerfstifte, von denen je 2 Stifte an jedem Gußstück und 2 Stifte A_k am Eingußmetall angreifen. Die Auswerfstifte sind an der durch Triebling z_a zu betätigenden Auswerfersammelplatte a_1/a_2 befestigt, an der außerdem 2 Blockierungsstifte c sitzen, die in derselben Art wie im Falle von Abb. 328 eine unrichtige Aufeinanderfolge der Kern- und der Auswerfbewegungen verhindern.

Obwohl Tonarme nach Abb. 331 überholt sind, zeigt die geschilderte Fertigungsart die Möglichkeit der Ausführung einer unumgänglichen

Hinterschneidung an ähnlich gestalteten Druckgußteilen. Zerstörbare, zusammenklappbare und ineinanderschiebbare Kerne bedeuten immer eine beträchtliche Leistungs- und Qualitätsminderung, welche in manchen Fällen durch eine Herstellung in zwei Gießoperationen verbessert werden kann.

6. Druckgießform für einen Deckel

In Abb. 332 ist eine einfache Druckgießform zur Herstellung eines Deckels aus einer Zinklegierung auf einer Warmkammer-Druckgießmaschine gezeigt.

Das Druckgußstück wird durch die Auswerfer *A* ausgeworfen. Zur Rückführung der Auswerfer sind die Rückstoßstifte *R* vorgesehen. Der

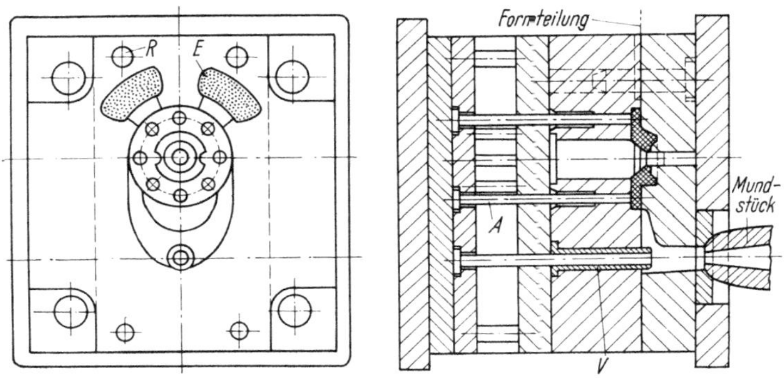

Abb. 332. Einfache Druckgießform zur Herstellung eines Deckels

Verteilerzapfen *V* besitzt eine Bohrung, in welcher ein Auswerfstift gleitet. Diese Ausführung ist zur Vereinfachung in der Regel nur bei der Verarbeitung niedrigschmelzender Metallegierungen zulässig, da bei hochschmelzenden Legierungen eine Überhitzung eintreten kann, wodurch Freßgefahr besteht.

Es ist ein außenliegender doppeltangenialer Anschnitt angebracht. Um ein zufriedenstellendes Gußgefüge zu bekommen, sind am Rande des Formhohlraumes 2 Entlüftungssäcke *E* angeordnet, die mit einer Nute von nur 0,1 mm Tiefe mit dem Gußstück verbunden sind. Derartige Entlüftungssäcke werden vorzugsweise an Stellen der Formfasson vorgesehen, an denen zwei oder mehrere Füllströme zusammenstoßen, wodurch Luftwirbel entstehen können. Durch die Entlüftungssäcke ist die Möglichkeit einer vermehrten Entlüftung an derartigen kritischen Stellen gegeben.

Die Bauweise ist ohne Formrahmen, also nach Abb. 322/1e, ausgeführt.

7. Druckgießform für eine Wanne

Eine dünnwandige Wanne kann entweder mit einer Kernzug- oder Abstreif-Druckgießform hergestellt werden. In Abb. 333 ist die erstere dargestellt. Der Verteilerzapfen V muß in diesem Fall mit abgezogen werden.

Die Betätigung des Kernzugs kann mit Hilfe eines normalen Kernzugzylinders Z_1 erfolgen. Durch die Hebelanordnung H wird jedoch der Mittelkern beim Formschluß automatisch wieder in seine Gießlage gebracht, so daß der Kernzug auch mit einem sogenannten Differential-Plunger Z_2 vorgenommen werden kann. Aus Abb. 333c kann man den schematischen Aufbau eines Differential-Plunger-Zylinders entnehmen, der den Vorteil besitzt, daß keine innenliegenden Manschetten vorhanden sind.

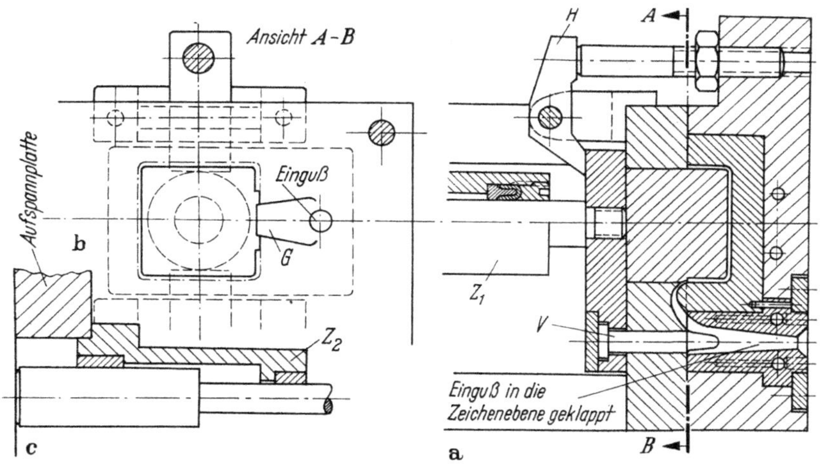

Abb. 333. Druckgießform für eine Wanne.
a Schnitt durch Druckgießform, b Teilansicht $A-B$ (Auswerfformhälfte), c Schema eines Differential-Plungers

Über die Hebelanordnung H kann auch bei kräftiger Ausbildung der sich durch den beweglichen Mittelkern ergebende Schließdruck aufgenommen werden. Man ist damit in der Lage, bei nicht ausreichendem hydraulischem Druck eines Kernzugzylinders die noch erforderliche Kraft über die Druckgießmaschine zu erhalten.

Um eine günstige Formfüllung bei der Verarbeitung von Magnesiumlegierungen zu erreichen, ist eine entsprechende Führung des Gießlaufs G vorgesehen. Auch die seitliche Begrenzung des Gießlaufs ist zu beachten, welche bewirkt, daß im Boden der Wanne keine Wirbel und damit Schlieren entstehen.

8. Druckgießform für Lagerplatte

Die aus Abb. 334 hervorgehende Lagerplatte besitzt 2 nahe beieinanderliegende Bohrungen in verschiedener, jedoch nur wenig geneigter Achsrichtung. Aus Platzgründen ist es nicht möglich, sowohl für Kern

K_1 als auch für K_2 je einen Kernzugzylinder vorzusehen. Man kann nun eine aus Abb. 334 ersichtliche Konstruktionsweise wählen, bei der Kern K_1 unmittelbar hydraulisch und Kern K_2 mittelbar über eine Kniehebelanordnung gezogen wird.

Die Lagerplatte wird durch Auswerfstifte A ausgeworfen, Der geteilte Einguß E bietet bei derartigen plattenartigen Teilen den kürzesten Weg von Mundstück bis zum Formhohlraum und das kleinste anfallende Kreislaufmaterial.

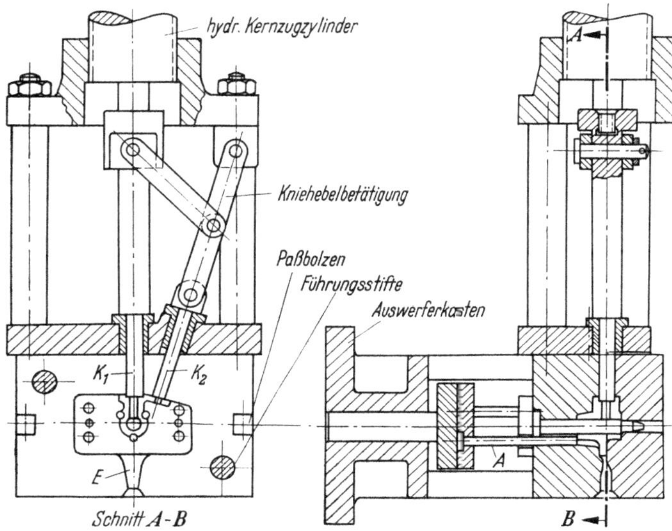

Abb. 334. Druckgießform für Lagerplatte (geteilter Einguß)

9. Druckgießform für Laufrad

Bei Laufrädern tritt das Problem der Verbreiterung des Querschnitts zu der Achse hin auf, so daß der gesamte Laufradkanal eine Hinterschneidung darstellt (s. Abb. 335). Um eine Druckgußherstellung derartiger Laufräder zu ermöglichen, wird oft eine parallele Ausbildung gewählt, so daß die Breite B des Laufradkanals gleichbleibend ist (sie müßte sich, um eine Druckgußfertigung zu ermöglichen, sogar nach innen um die erforderliche Neigung verkleinern, was strömungstechnisch sehr ungünstig ist). Man hat nun in der Praxis den Ausweg gewählt, eine Deckscheibe D vorzusehen und nur den Grundkörper mit den in axialer Richtung offenen Schaufeln in Druckguß herzustellen, während die Deckscheibe meist aus Blech gefertigt und mit dem Gußkörper verschraubt oder vernietet werden muß.

Durch Anwendung eines bereits in Abb. 98 gezeigten Zweistufen-Kernzuges ist es möglich, derartige Hinterschneidungen zu erzeugen und das Laufrad einstückig in Druckguß herzustellen. Die Druckgießform zur Fertigung des Laufrades nach Abb. 335 ist in Abb. 336 dargestellt. Man erkennt die radiale Anordnung der Kernzüge für die 8 Laufradkanäle. Wegen der Größe des erforderlichen Kernzughubes ist es nicht mehr angebracht, Schrägstifte oder Schrägfinger für die Kernbetätigung zu verwenden, sondern jeder Kern wird gesondert durch einen hydraulischen Kernzugzylinder bewegt.

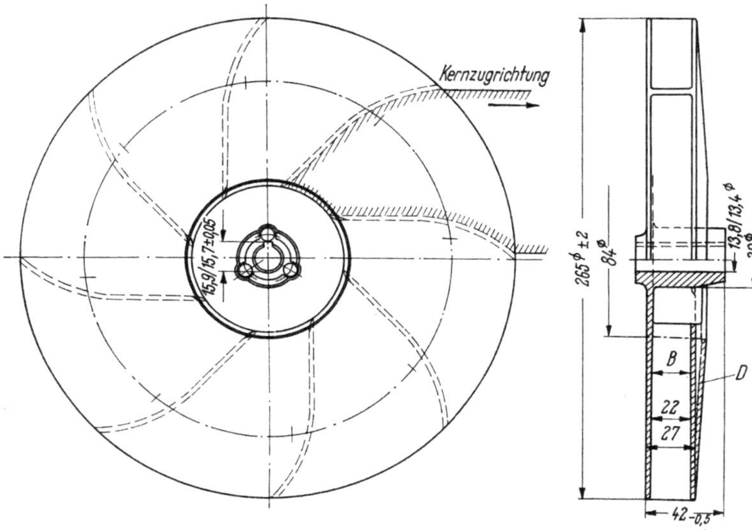

Abb. 335. Laufrad aus GD-Mg Al 9 (Magnesiumlegierung)

Die auf der Nabe vorgesehenen 3 Auswerfstifte genügen, um das gesamte Laufrad nach der Erstarrung aus dem Formhohlraum auszuwerfen, da die nach den Kernzügen noch verbleibenden Schrumpfkräfte in der Auswerfformhälfte geringfügig sind. Der zentrale, ungeteilte, direkte Einguß ergibt die kleinsten Fließwege und eine gleichmäßig verlaufende Formauffüllung. Der übrige Aufbau ist als Auswerf-Druckgießform gestaltet.

10. Druckgießform für Kondensatorwanne

Wie aus Abb. 102 hervorgeht, sind auch Kernzüge nach innen möglich. Bei der aus Abb. 337 ersichtlichen Kondensatorwanne, die mit der Druckgießform nach Abb. 338 hergestellt wird, ist diese Art der Kernbetätigung angewandt.

Die Druckgießform ist als Vierfachwerkzeug ausgebildet. Mit Hilfe nur eines einzigen Kernzugzylinders Z werden 8 Kerne nach verschiedenen Richtungen betätigt. Dies erfolgt über die beiden Stangen S_1 und

S_2, welche sinngemäß über die Achsen 1, 2, 3 und 4 durch Hebel die Kernzüge bewirken. Wie aus dem Grundriß der Druckgießform hervorgeht, sind Auswerfer mit rechteckigem Querschnitt verwendet.

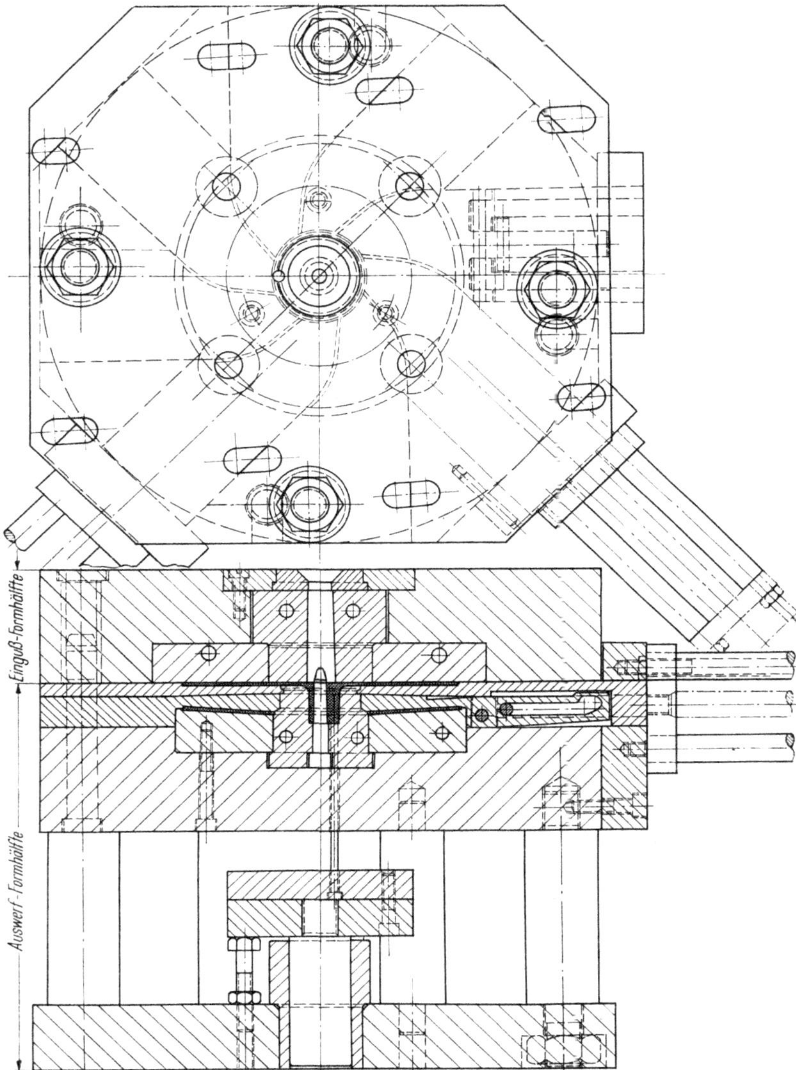

Abb. 336. Druckgießform für Laufrad nach Abb. 335 unter Zweistufenzug-Verwendung (s. Abb. 98)

11. Druckgießform für Rahmen

Aus Abb. 339 geht der Hauptschnitt mit Stückliste einer Druckgießform zur Herstellung eines Rahmens zum Instrumentenbrett eines Personenkraftwagens hervor. Das Druckgußteil mit den aus dem Hauptschnitt ersichtlichen Hauptabmessungen des Querschnittes besitzt eine Länge von etwa 400 mm. Als Werkstoff hat sich für derartige Teile das leichteste Nutzmetall, die Magnesiumlegierungen (GD-Mg Al 8 Zn 1), bewährt. Das Teil wird mit Hilfe der Druckgießform nach Abb. 339 auf einer Warmkammer-Druckgießmaschine mit einer Wanddicke von nur 2 mm hergestellt. Die Druckgießform ist so gebaut, daß auch eine Fertigung auf einer Kaltkammer-Druckgießmaschine nach Abb. 2f möglich ist.

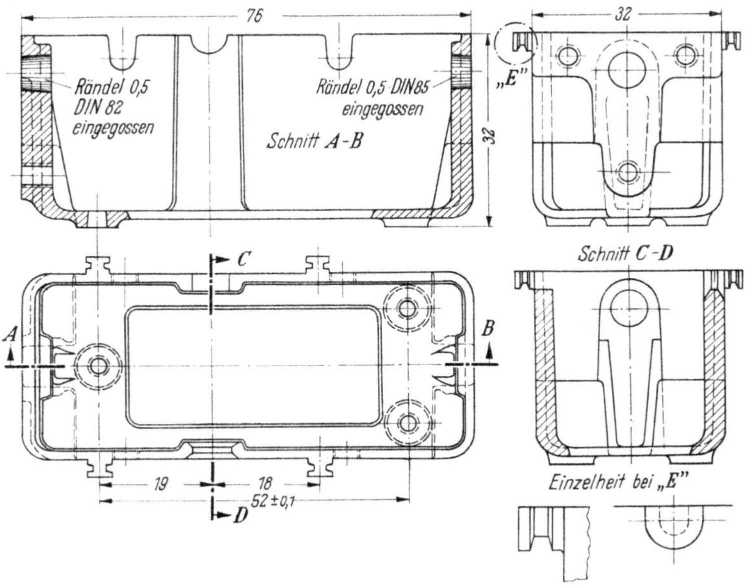

Abb. 337. Kondensatorwanne (Magnesiumlegierung)

Man erkennt im grundsätzlichen Aufbau eine Auswerf-Druckgießform, bei der die Auswerferbetätigung hydraulisch über an der Druckgießmaschine vorgesehene Auswerferstangen, die in die Bohrungen *B* der Auswerferplatten eingreifen, erfolgt. Das Druckgußteil wird übrigens noch durch einen Abstreifkörper (Pos. 12, in der Stückliste als „Abstreifplatte" bezeichnet) mit den Auswerferplatten verbunden zusätzlich mit ausgeworfen bzw. von Kernpartien abgestreift. Um Verwindungen beim Auswerfen zu vermeiden und aus formtechnischen Gründen werden die Kerne der drei größeren Bohrungen (zur Aufnahme von Instrumenten im Druckgußstück) durch einen schräg angeordneten Kernzugzylinder gezogen, solange die Gießform noch geschlossen ist. Der Einguß ist in einer zentralen Bohrung des Gußteiles vorgesehen. Wichtige Stellen der Formfasson werden stark wassergekühlt. Die Scheidewand in der Kühlbohrung des Mittelkernes, auf den das Metall vom Einguß kommend über den Verteilerzapfen aufprallt, ist deutlich zu erkennen.

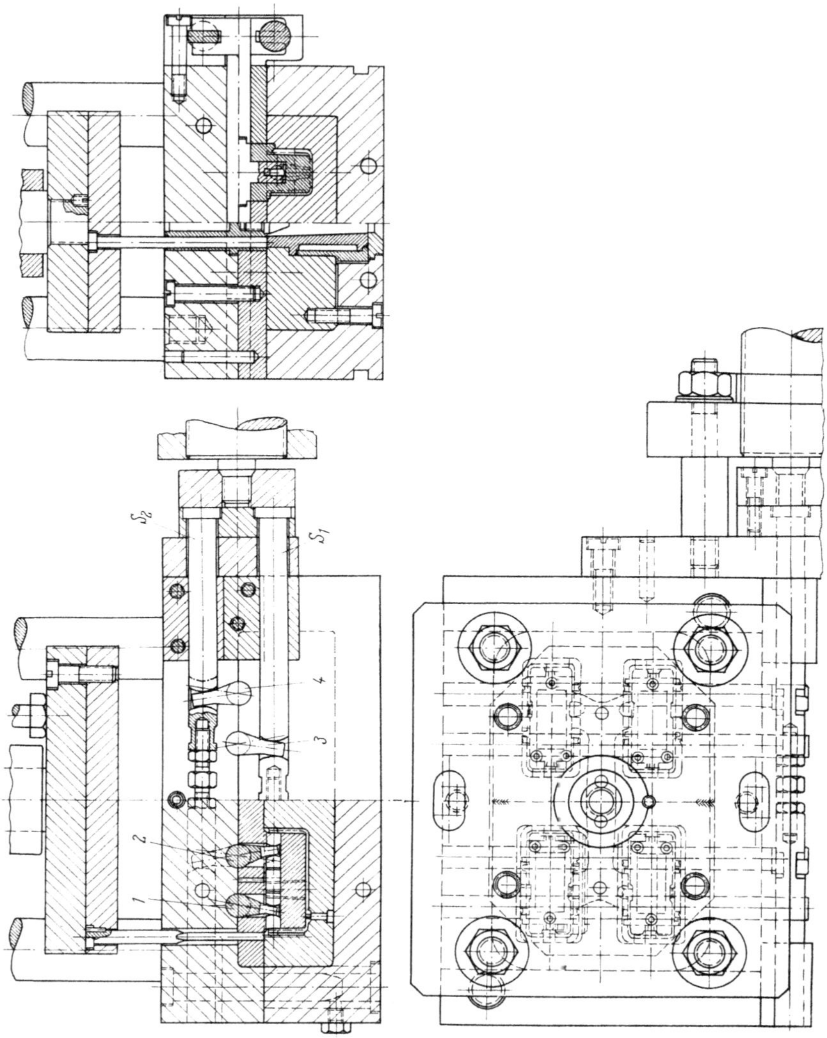

Abb. 338. Druckgießform für Kondensatorwanne nach Abb. 337 (s. auch Abb. 102)

12. Druckgießform mit großem Kernzug

Bei der Druckgußfertigung großer Teile sind oft Kerne mit großen Abmessungen und auch langen Hüben zu bewegen. Eine günstige Einrichtung zur Betätigung und Führung derartiger Kerne an Druckgießformen ist aus Abb. 340 zu entnehmen[1].

Zwischen der Auswerfformhälfte *1* und der Eingußformhälfte *2* befindet sich das Druckgußstück *3* mit dem axial beweglichen Kern *4*, dessen Flansch *5* gegen die Stirnflächen *6* und *7* der Formhälften anliegt.

Am Kern *4* sind beiderseitig der Längsmittenebene Lageransätze *8* zur Aufnahme von Achsbolzen *9* und *9'* für Laufrollen *10* und *10'* vorgesehen, wobei diese Laufrollen in gewissem Abstand voneinander angeordnet sind, und zwar eine an der Außenseite und die andere an der Innenseite der Lageransätze *8*.

Eine U-förmige Traverse *11*, die von Seitenarmen *12* und einem diese verbindenden Querarm *13* gebildet wird, ist mittels Kopfschrauben mit der Auswerfformhälfte *1* verschraubt. Zwischen dem Querarm *13* der Traverse *11* und der Auswerfformhälfte *1* erstrecken sich in Achsrichtung des Kernes *4* beiderseitig je zwei Laufschienen *14* und *14'* für die Laufrollen *10* und *10'* in einer solchen Anordnung, daß ihre Gleitflächen *15* und *15'* der Höhe nach um das Maß des Laufrollendurchmessers zueinander versetzt liegen.

In der Mitte des Querarmes *13* der Traverse *11* ist ein Lagerbock *16* angebracht, in den ein Kernzugzylinder *17* mit einem Gewindeteil *18* eingeschraubt ist. Im Kopfteil *19* des Kernzugzylinders sind Gewindebohrungen *20* und *21* für Anschlußstutzen der Druckflüssigkeitsleitungen vorgesehen. Die Gewindebohrung *20* geht in den zum Ende des Zylinderhohlraumes *22* führenden Kanal *23* über, während die Gewindebohrung *21* in den Zylinderhohlraum im Bereich des Kopfteiles *19* einmündet.

Der Arbeitskolben *24* steht über die Kolbenstange *25* mit dem vorderen Teil *26* des Kernes *4* in kraftschlüssiger Verbindung.

Die Kernausbohrung *27* ist etwas größer bemessen als der Durchmesser des Kernzugzylinders *17*, so daß dieser beim Zurückziehen des Kernes in dessen Bohrung hineinragt. Hierdurch erweist sich die Kernzug- und -führungseinrichtung in vorteilhafter Weise als raumsparend und erfordert geringsten Materialaufwand.

3.73 Gießformen für Kaltkammer-Druckgießmaschinen

1. Druckgießform für Saugmundstück eines Staubsaugers

Die in Abb. 341a—e dargestellte Druckgießform, die zur Herstellung des in Abb. 341f—i gezeigten Saugmundstückes aus Aluminiumlegierung dient, bietet ein interessantes Beispiel für die Anwendung eines formenbautechnischen Kunstgriffes. Der Innenraum des Saugmundstückes hat eine so verwickelte Gestalt, daß es auf den ersten Blick unmöglich er-

[1] Vgl. DBP 1054669.

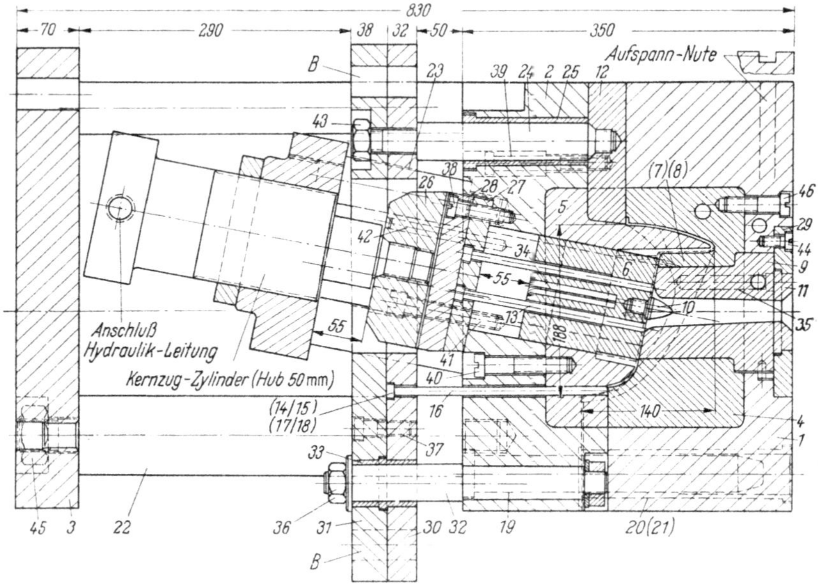

Pos.	Stück	Bezeichnung	Werkstoff	Bemerkung
46	8	Zylinderschrauben M 20		
45	4	Sechskantmuttern M 36		
44	3	Zylinderschrauben		
43	4	Sechskantmuttern		
42	4	Paßstifte	St 70.11	
41	10	Inbusschrauben		
40	8	Zylinderschrauben		
39	2	Zylinderschrauben		
38	2	Zylinderschrauben		
37	20	Zylinderschrauben		
36	2	Sechskantmuttern mit Unterlegscheiben M 24	DIN 934	
35	4	Kühlbohrungen mit Scheidewänden	Cu-Blech	
34	1	Wasserkühlung mit Scheidewand	Cu-Blech	
33	2	Führungsbüchsen	GG-22	
32	2	Auswerferführungen	St 60.11	
31	1	Auswerferdeckplatte	St 60.11	
30	1	Auswerferplatte	St 60.11	
29	1	Eingußscheibe	St 60.11	
28	1	Auswerferdeckplatte	St 60.11	
27	1	Auswerferplatte	St 60.11	
26	1	Kernzugplatte	St 60.11	
25	2	Führungsbüchsen	GG-22	
24	2	Betätigungsbolzen	St 60.11	
23	4	Kernzugsäulen	St 60.11	
22	4	Säulen	St 60.11	
21	2	Führungsbüchsen	165 CrV 4 6 (2201)	ölgehärtet, geschliffen
20	2	Führungsbüchsen	165 CrV 4 6 (2201)	ölgehärtet, geschliffen
19	4	Führungsstifte 40 ⌀ × 300	58 CrV 4 (2242)	ölgehärtet, geschliffen
18	2	Auswerfer 10 ⌀	X30WCrV53 (2567)	härten, schleifen

Pos.	Stück	Bezeichnung	Werkstoff	Bemerkung
17	2	Auswerfer 10 ⌀	X 30 WCrV 5 3 (2567)	härten, schleifen
16	2	Auswerfer 12 ⌀	X 30 WCrV 5 3 (2567)	härten, schleifen
15	2	Auswerfer 12 ⌀	X 30 WCrV 5 3 (2567)	härten, schleifen
14	2	Auswerfer 10 ⌀	X 30 WCrV 5 3 (2567)	härten, schleifen
13	2	Auswerfer 10 ⌀ (fest)	X 30 WCrV 5 3 (2567)	härten, schleifen
12	1	Abstreifplatte	X 37 CrMoW 5 1	wärmebehandelt
11	1	Eingußplatte	X 28 CrMoV 3 3	wärmebehandelt
10	1	Verteilerzapfen	X 28 CrMoV 3 3	wärmebehandelt
9	1	Eingußbüchse	X 28 CrMoV 3 3 (2365)	wärmebehandelt
8	1	Kern	X 37 CrMoW 5 1	wärmebehandelt
7	1	Kern	X 37 CrMo W 5 1	wärmebehandelt
6	1	Kern (beweglich)	X 37 CrMoW 5 1	wärmebehandelt
5	1	Formplatte (auswerfseitig)	X 37 CrMoW 5 1	wärmebehandelt
4	1	Formplatte (eingußseitig)	X 37 CrMoW 5 1 (2606)	wärmebehandelt
3	1	Form-Aufspannplatte	St 60.11	
2	1	Formrahmen (Auswerfseite)	St 70.11	
1	1	Formrahmen (Eingußseite)	St 70.11	

Abb. 339. Druckgießform (Hauptschnitt) für Rahmen zum Instrumentenbrett für Personenkraftwagen mit Hauptabmessungen und Stückliste (Druckgießform zur Verarbeitung von Leichtmetall-Legierungen wahlweise auf einer Warmkammer- und Kaltkammer-Druckgießmaschine mit senkrechter, außerhalb der Form liegender Druckkammer nach Abb. 2f)

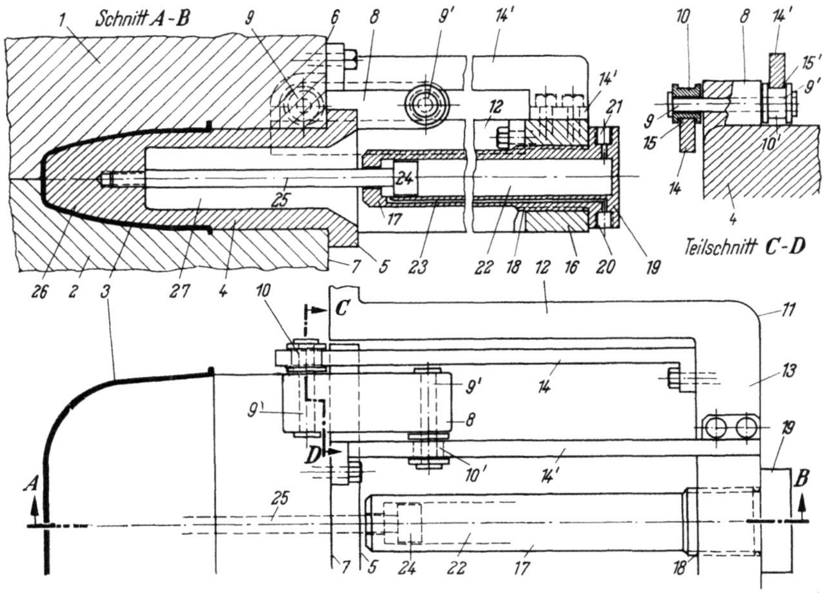

Abb. 340. Einrichtung zur Betätigung und Führung großer Kerne an Druckgießformen

scheint, ihn durch unzerstörbare Kerne zu erzeugen. Diese Schwierigkeit wird durch die hier dargestellte, eigenartige Kernunterteilung und -bewegung überwunden.

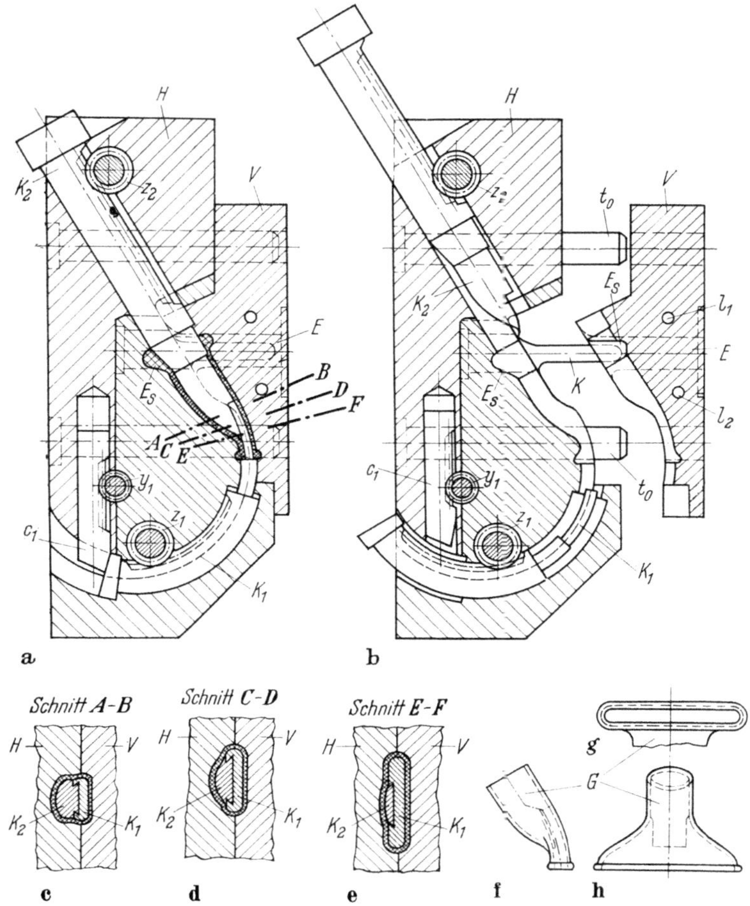

Abb. 341. Druckgießform für Staubsauger-Saugmundstück aus Aluminiumlegierung mit Druckgußstück (Ältere Bauart).
a Längsschnitt durch geschlossene Form mit inliegendem Gußkörper (Angußmetall kreuzschraffiert, eigentliches Gußstück eng kreuzschraffiert), b Längsschnitt durch geöffnete Form (Kern zurückgezogen), c bis e drei Teilschnitte durch geschlossene Form, f bis i Saugmundstück in drei Ansichten und Lichtbild

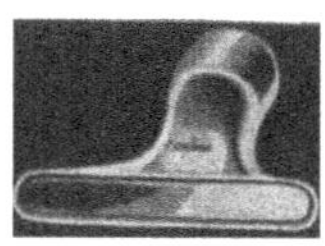

i

Der Formhohlraum ist auf die Eingußformhälfte V und die Auswerfformhälfte H so verteilt, daß er in beiden Formhälften frei von Unterschneidungen ist, wodurch allerdings eine ziemlich verwickelte Gestalt der Formteilung bedingt wird (siehe Abb. 341 b). Der Innenraum des

Gußstückes wird durch die beiden Kerne K_1 und K_2 erzeugt, die in der Gießstellung fest aneinander anliegen und durch Schwalbenschwanz miteinander verbunden sind. Der Kern K_1, der die breite Mündung des Saugmundstückes abformt, ist kreisbogenförmig gekrümmt, so daß seine durch Ritzel z_1 zu betätigende Bewegung auf einer Kreisbahn verläuft. Der Kern K_2, mit dessen Verzahnung das Ritzel z_2 in Eingriff steht, ist in schräger Richtung geradlinig verschiebbar. Abb. 341 b zeigt die Kerne in zurückgezogener Stellung. Zur Überführung in die Gießlage wird zunächst der Kern K_2 und dann erst der Kern K_1 vorgeschoben, wobei sich die in die Unterseite von K_1 eingearbeitete Schwalbenschwanznut über eine an die Oberseite von K_2 angearbeitete bogenförmige Schwalbenschwanzführungsleiste schiebt (s. Abb. 341 c—e). Hierauf wird mit Hilfe des Ritzels y_1 der Riegel c_1 vorgestoßen, wodurch der Kern K_1 (und damit infolge der Schwalbenschwanzverbindung auch der Kern K_2) in der Gießstellung verriegelt wird. Zur Freigabe des Gußkörpers ist zunächst der Kern K_1 und dann erst der Kern K_2 zurückzuziehen.

Der Einguß ist ungeteilt und als „Krageneinguß" ausgebildet. Von der Eingußbohrung E, die hinter dem Kern K_2 liegt, ist in Abb. 341 a/b nur das in der Eingußformplatte selbst liegende Stück (gestrichelt) nebst dem Verteilerkern K eingezeichnet, während das Mundstück für eine Kaltkammer-Druckgießmaschine, senkrechte Druckkammer (Abb. 2f) in den Abbildungen fortgelassen wurde. Mit der Eingußbohrung E ist der Gießlauf E_s verbunden, der in Gestalt einer Ringwulst (eines „Kragens") den Schaft des Kernes K_2 umgibt und durch einen ringspaltförmigen Anschnitt mit dem Formhohlraum verbunden ist. In Abb. 341 a ist das Angußmetall, das den ringwulstförmigen Gießlauf E erfüllt, durch Kreuzschraffur gekennzeichnet, während das eigentliche Gußstück durch enge Kreuzschraffur hervorgehoben ist.

Zur Kühlung dienen die Bohrungen l_1 und l_2, durch welche das Kühlmittel zirkuliert.

2. Druckgießform für Teekannenausguß

Ein weiteres Beispiel eines Gußkörpers, der infolge seiner Gestalt zunächst für Druckgußfertigung ungeeignet erscheinen könnte, ist der in Abb. 342 d—g dargestellte Teekannenausguß aus Aluminiumlegierung, dessen S-förmiger Innenraum von beiden offenen Enden aus gesehen Hinterschneidungen aufweist. Auch in diesem Falle wird die Aufgabe dadurch gelöst, daß der „unter sich gehende" Gußstückhohlraum durch 2 Kerne erzeugt wird, die in der Gießstellung zusammenstoßen und die, jeder für sich, durch Bewegungen auf kreisbogenförmigen Bahnen nach entgegengesetzten Richtungen aus dem Gußkörper entfernbar sind. Konstruktiv ist jedoch die Anordnung der „schwingbaren" Kerne in diesem Falle ganz anders durchgebildet als die des Kernes K_1 in Abb. 341.

Die beiden kreisrunden Formplatten V und H_p sind mit tiefen Aussparungen versehen, welche die für die Kernbewegungen erforderlichen Räume schaffen, so daß von jeder Formplatte nur ein Teil, und zwar eine Insel von recht unregelmäßiger Gestalt, bis zur Formteilung vor-

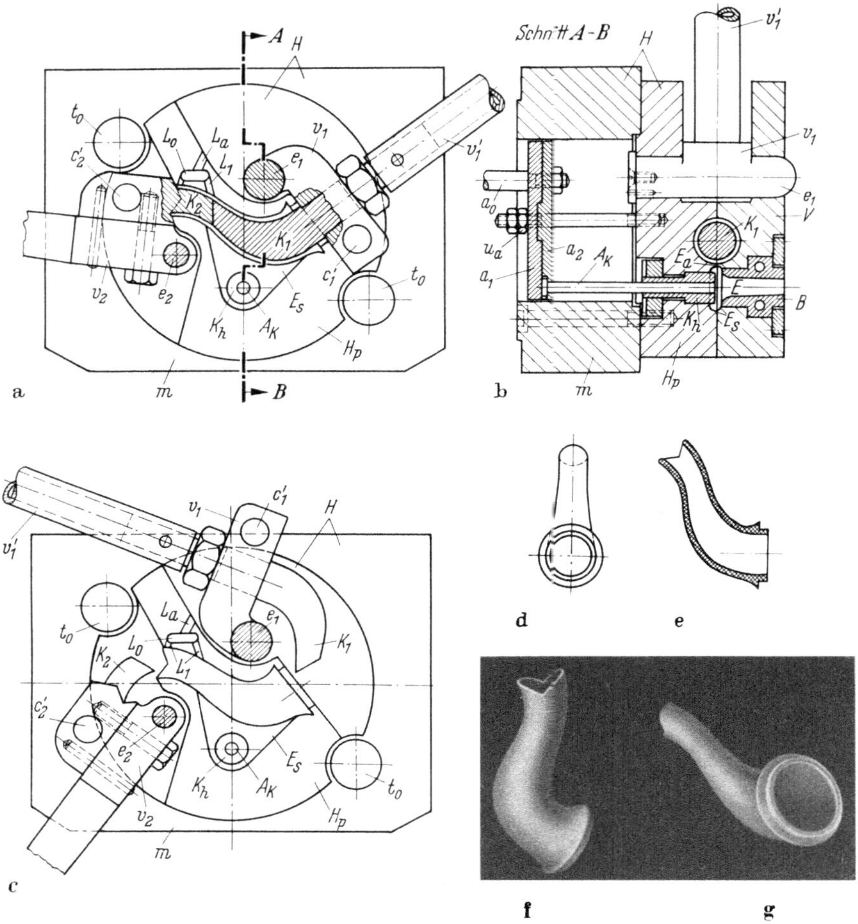

Abb. 342. Druckgießform für Teekannenausguß aus Aluminiumlegierung mit Druckgußstück. a Auswerfformhälfte in Ansicht, Kerne (geschnitten) in Gießlage, b geschlossene Form im Schnitt $A-B$, c Auswerfformhälfte in Ansicht, Kerne zurückgezogen, d bis g Teekannenausguß in Ansicht, Schnitt und zwei Lichtbildern; Abb. a bis e: 1/4 der natürlichen Größe

ragt. Diese beiden Inseln enthalten den Formhohlraum, der nach beiden Seiten hin frei durchgearbeitet ist.

In den zurückliegenden Teilen der Auswerfformplatte H_p sind zwei Bolzen e_1 und e_2 drehbar gelagert, die die Drehzapfen der beiden Kernbewegungen bilden. Der Zapfen e_1 ist mit einem Hebel v_1 starr verbunden, an dem der Kern K_1 und der Betätigungshebel v_1' befestigt sind. Auf dem Zapfen e_2 sitzt ein Hebel v_2, an dem der Kern K_2 festgeschraubt ist. In der Gießstellung passen der Hebel v_1 und die Schultern von K_2 abdichtend an die Seitenflächen der den Formhohlraum enthaltenden Inseln der Formplatten, so daß sie die Formfasson seitlich abschließen. Die Verriegelung der Kerne K_1 und K_2 wird durch zwei in der Eingußformhälfte befestigte (in Abb. 342b nicht sichtbare) Sicherungsbolzen bewirkt, die in der Gießstellung in die Arretierbohrungen c_1' und c_2' des Hebels v_1 und des Kernes K_2 eingreifen. Die Eingußformhälfte enthält zwei Bohrungen, die bei geschlossener Gießform den Drehzapfen e_1 und e_2 als vordere Lager dienen. Die Ausrichtung der beiden Formhälften gegeneinander wird durch zwei Führungsstifte t_0 bewirkt. Der Einguß ist ungeteilt. Zur Mitnahme des Eingußzapfens beim Öffnen ist anstatt eines massiven Verteilerkerns ausnahmsweise eine Schrumpfbüchse K_h vorgesehen (vgl. Abb. 129d/e und Abb. 332); zum Auswerfen dient ein durch K_h hindurchgehender Auswerfstift A_k, der an der Auswerfer-Sammelplatte a_1/a_2 befestigt ist.

Die Luftabführung erfolgt durch die flachen Nuten L_1, welche in die durch L_a mit der Außenluft verbundene Sammelrinne L_0 einmünden.

3. Druckgießform mit zusammenklappbarem Kernaggregat für Ventilatorgehäuse

Das in Abb. 343a/b dargestellte Ventilatorgehäuse aus Aluminiumlegierung für Staubsauger bietet ein weiteres Beispiel eines Gußkörpers, der nur mittels zusammenklappbarer Kerne herstellbar ist, da sein Hohlraum die Öffnungen in den Seitenwänden hinterschneidet.

Der Formhohlraum ist auf beide Formhälften verteilt. Um die Einformung des schrägen Ausflußstutzens G_1 des Gehäuses zu erleichtern, ist die Auswerfformplatte aus zwei Stücken zusammengesetzt, nämlich aus der Platte H_p und dem Ansatzstück F. Dieses schließt mit seiner geneigten Oberfläche die Formfasson für Stutzen G_1 unten ab, die in den Platten V und H_p frei nach unten hindurchgearbeitet ist. Ferner dient das Ansatzstück F zur Führung des schrägen Kernes K_8, der den Hohlraum des Ausflußstutzens G_1 erzeugt. Dieser Kern wird mittels Ritzel z_1 betätigt; zur Fixierung seiner Arbeitsstellung ist er mit einer Anschlagscheibe c_3 starr verbunden, die in der Gießlage an dem Ansatzstück F anliegt und bei geschlossener Form durch einen an der Eingußformplatte V befestigten Sperriegel c_4 unverrückbar in dieser Stellung festgehalten wird.

Das Kernaggregat zur Erzeugung des „unter sich gehenden“ Haupthohlraumes des Gußkörpers besteht aus dem zylindrischen Hauptkern K_0 und dem K_0 umgebenden Kernring, der sich aus 7 Teilstücken K_1, K_2, K_3 ... K_7 zusammensetzt. Der Hauptkern K_0 ist an der Kernsammel-

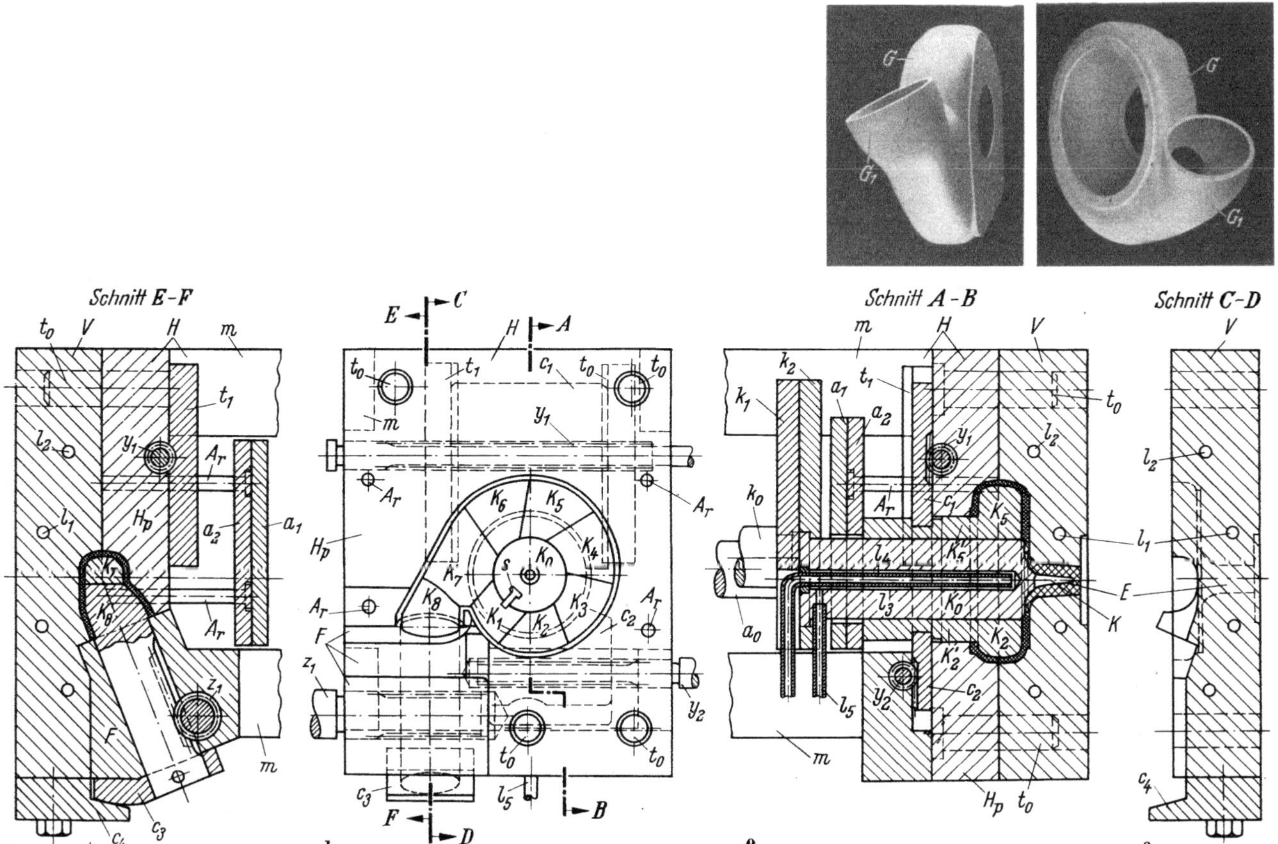

Abb. 343. Druckgießform mit zusammenklappbarem Kernaggregat für Ventilatorgehäuse aus Aluminiumlegierung mit Druckgußstück (Ältere Bauart). (rd. 1/5 der natürlichen Größe) a/b Ventilatorgehäuse eines Staubsaugers in zwei Lichtbildern, c bis f Druckgießform: c geschlossene Form, nach $E-F$ geschnitten, d Auswerfformhälfte in Ansicht, e geschlossene Formhälfte im Schnitt $A-B$, f Eingußformhälfte, nach $C-D$ geschnitten

platte k_1/k_2 befestigt, die in der üblichen Art durch ein am Bolzen k_0 angreifendes Steuerungsmittel betätigt wird. Auf der Stirnfläche des Hauptkernes sitzt der Verteilerzapfen K, der in die zentrisch angeordnete Eingußbohrung E hineinragt. Die Teilstücke K_1—K_7 sind zur Führung mit langen Schäften (K_2' und K_5' in Abb. e) versehen, die im zusammengebauten Zustande eine außen abgesetzte Hülse mit einer umlaufenden Ringnut ergeben. Die Lage des Kernringes gegenüber dem Hauptkern K_0 wird durch einen in K_0 sitzenden Federkeil s gesichert, der in eine Nut des Teilstückes K_1 eingreift. Die Verriegelung des Kernringes in der Gießlage wird durch zwei plattenförmige Sperriegel c_1 und c_2 bewirkt, die mittels der Trieblinge y_1 und y_2 betätigt werden und in ihrer vorgeschobenen Stellung in die Ringnut der aus den Führungsschäften K_1'—K_7' bestehenden Hülse eingreifen.

Nach dem Gusse werden zunächst die Sperriegel c_1 und c_2 und der Hauptkern K_0 zurückgezogen, und das Gußstück wird mitsamt dem in ihm befindlichen Kernring ausgeworfen. Hierzu sind keine Auswerfstifte erforderlich, da die Auswerfer-Sammelplatte a_1/a_2 selbst unmittelbar auf das Kernringaggregat einwirkt; daher sind an dieser Sammelplatte lediglich 4 Rückstoßstifte A_r befestigt. Nach dem Auswerfen wird zuerst das Teilstück K_1 (ebenso wie das Teilstück K_3 in Abb. 327 l) in radialer Richtung nach innen geschoben, so daß es von der Unterschneidung frei wird und entfernt werden kann. Hierauf werden die übrigen Teilstücke des Kernringes nacheinander in der gleichen Art entfernt wie im Falle der Abb. 327.

Zur Kühlung ist außer den Kühlbohrungen l_1 und l_2 der Formplatte auch ein Kühlmittellauf in dem Hauptkern K_0 vorgesehen, der aus der Bohrung l_3, dem in l_3 zentrisch angeordneten Zuflußrohr l_4 und dem Abflußrohr l_5 besteht.

4. Druckgießform für Winkelstücke und Muttern

Mit der in Abb. 344/1 (in Tasche) ersichtlichen Druckgießform für eine Kaltkammer-Druckgießmaschine, senkrechte Druckkammer (Abb. 2f) wird ein Satz Druckgußteile, nämlich je 2 Winkelstücke verschiedener Ausführung und 2 Überwurfmuttern, gleichzeitig gefertigt. Die seitlichen je 2 Kerne werden hydraulisch mit Kernzugzylinder gezogen. Es handelt sich um eine Auswerf-Druckgießform, bei der mit sogenannten Auswerfhülsen gearbeitet wird. Außer der in Abb. 344/1 gezeigten Anordnung gibt es noch Segmentauswerfhülsen und reine Segmentauswerfer (vgl. Abb. 344/2).

In Abb. 344/2 sind 3 Auswerferanordnungen an Naben gezeigt, ohne daß wie bei Auswerfstiften Augen erforderlich werden, die Nabe in ihrer Außenkontur also kreisrund bleiben kann. Die normale Auswerfhülse (wie beispielsweise bereits in Abb. 104 dargestellt) ist aus a zu entnehmen. Die Schlitze S haben nur den Zweck, die Sicht und evtl. Schmierung während des Betriebes zu vereinfachen.

Die in b gezeigte Segmentauswerfhülse ist verhältnismäßig teuer in ihrer Herstellung und umständlich in Montage und Austausch. Um letzteres zu vereinfachen, ist eine Deckplatte D mit Zapfen und ein halbteiliger Ring R vorgesehen. Die Segmentauswerfhülse ist an der Angriffs-

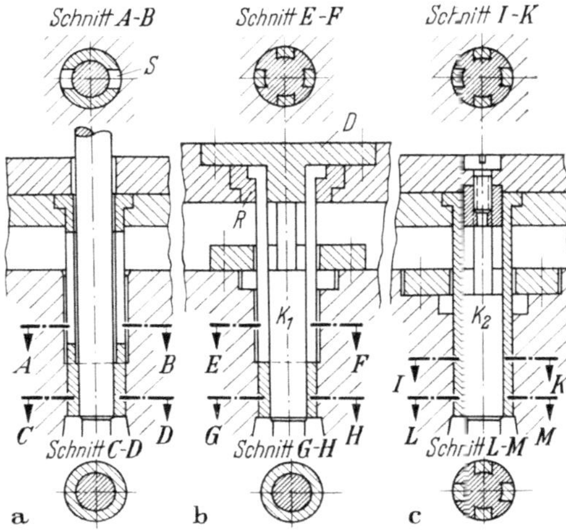

Abb. 344/2. Auswerfhülsen und Segmentauswerfer
a Auswerfhülse mit Schlitz, b Segmentauswerfhülse, c Segmentauswerfer.

fläche am Druckgußteil kreisringförmig (Schnitt G—H), während der Auswerfplatte zu Segmente (gezeichnet sind vier, es können aber beliebig viele sein) durch den Kern K_1 hindurchgehen (Schnitt E—F).

In c sind normale, durchgehende Segmentauswerfer dargestellt. Die Führungsbahnen werden, um die sich ergebenden Durchbrüche zu vereinfachen, ganz in den Kern K_2 hineingearbeitet.

Auswerfhülsen sind nur dann anzuordnen, wenn es keinen anderen Weg mehr gibt. Da eine Temperaturdifferenz zwischen Kern und Hülse während des Betriebes herrscht und nur ein sehr kleines Spiel vorhanden sein darf (wegen der Gefahr des Eindringens von Metall höchstens 0,02 bis 0,03 mm pro Fläche bei Leichtmetallegierungen, bei Zinklegierungen noch darunter), sind die Gleitflächen nach der Wärmebehandlung zu läppen. Dies erfolgt bei Bohrungen mit einem umlaufenden Kupferbolzen, bei Außenflächen mit einem geschlitzten Ring unter Zuhilfenahme einer Mischung von Läppulver (meist Elektrokorund, Siliziumkarbid oder Chrom- und Eisenoxyd) feinster Körnung und Läppflüssigkeit (Schneidöl, Petroleum, Talg).

Wie bei den Auswerfern allgemein hat sich auch bei Auswerfhülsen das Nitrieren bewährt. In der Stahleinsatzliste für Druckgießformen[1] sind als Einbauhärten für Auswerfer HB 375 bis 455 als Richtwerte angegeben. Bei Auswerfhülsen werden diese zweckmäßig auf 546 bis 645 (entspricht 55—60 RC) erhöht.

Auf Grund gemachter Erfahrungen sind Segmentauswerfer den Auswerfhülsen vorzuziehen. Segmentauswerfer können durch Zerschneiden einer Auswerfhülse gefertigt werden und besitzen ein ähnliches Betriebsverhalten wie Auswerfstifte.

Die übrigen in der Druckgießform nach Abb. 344/1 vorgesehenen Auswerfer sind außerhalb des Formhohlraums angeordnet, so daß sie über Auswerferlappen (vgl. Abb. 344/1f) die Druckgußstücke auswerfen.

5. Druckgießform für Wassermessergehäuse

Zur Druckgußherstellung eines Wassermessergehäuses aus einer Kupferlegierung ist die aus Abb. 345/1 (in Tasche) hervorgehende Druckgießform gebaut worden. Es sind 2 schrägliegende Kernzüge erforderlich. Der Einguß ist ungeteilt und als „Krageneinguß" ausgebildet. Abb. 345/2 (in Tasche) zeigt das Druckgußstück mit dem Eingußsystem. Der Aufbau eines drucköl-hydraulischen Kernzugzylinders (*Z* aus Abb. 345/1) mit Angabe der verwendeten Materialien ist aus Abb. 345/3 ersichtlich.

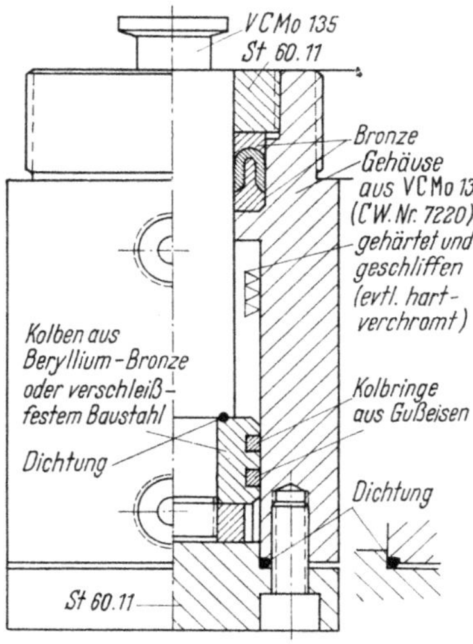

Abb. 345/3. Aufbau eines drucköl-hydraulischen Kernzugzylinders (*Z* aus Abb. 345/1)

6. Druckgießform für Lüfterhaube

Die in Abb. 346 dargestellte Druckgießform weicht von dem sonst üblichen Aufbau ab. Es handelt sich um eine Abstreif-Druckgießform, bei der entsprechend der kreisrunden Außenkontur des herzustellenden Druckgußstückes, einer Lüfterhaube aus einer Aluminiumlegierung, nahezu sämtliche Formteile ebenfalls kreisrund gestaltet sind.

Der aus Stahlguß bestehende Abstreifkörper *S* gleitet auf dem Aufspannbock *C*. Zur Verbesserung der Gleiteigenschaften ist eine Bronzebüchse *B* vorgesehen. Man kann auch 2 Bronzebüchsen mit der Höhe *m* (wie gestrichelt angedeutet) zur Verringerung der Reibflächen anordnen,

[1] s. Anhang I, 11. Abschnitt.

wodurch ein größerer Schmierraum entsteht. Am Ende der Formöffnung wird der Abstreifkörper durch feste oder mit der Auswerfvorrichtung der Druckgießmaschine verbundene Anschläge vorgestoßen und streift damit das Druckgußteil vom Mittelkern K ab. Letzterer ist ausnahmsweise mit einer Luftkühlung ausgestattet.

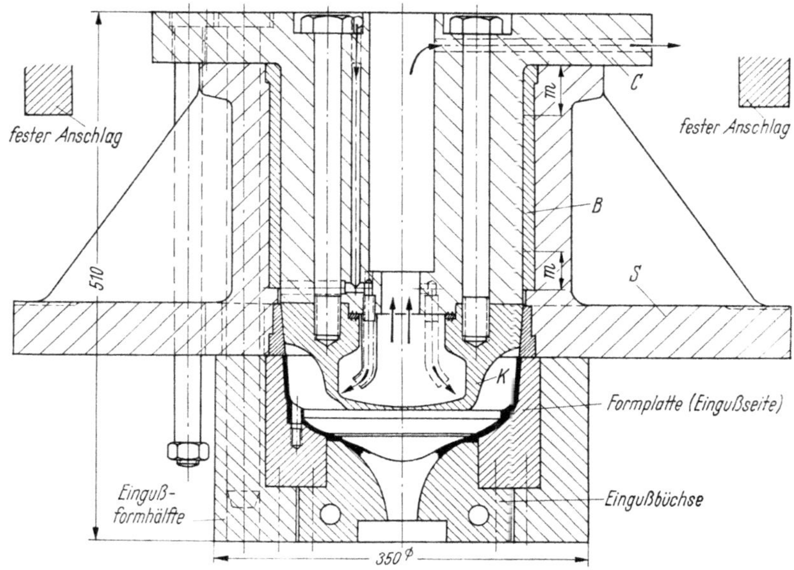

Abb. 346. Druckgießform (Hauptschnitt) für Lüfterhaube

7. Druckgießform für Grundplatte (mit Formverriegelungen)

Aus Abb. 347/1 geht eine Druckgießform für eine größere Grundplatte hervor. Um eine zusätzliche Formenschließkraft zu erhalten, können bei Gießformen für großflächige Druckgußteile sogenannte Formverriegelungen angebaut werden, wie Abb. 347/1 zwei Ausführungsarten (V_1 und V_2) zeigt. Diese Formverriegelungen haben den Vorteil, daß die durch den spezifischen Gießdruck entstehenden Sprengkräfte, oder ein Teil davon, unmittelbar innerhalb der Gießform aufgenommen werden (und nicht erst über die Säulen der Druckgießmaschine). Man kann mit Hilfe dieser Bauart großflächige Gußteile auch auf einer Druckgießmaschine erzeugen, die mit ihrem Schließdruck sonst nicht ausreichen würde, das betreffende Teil herzustellen. Die Anwendung von Formverriegelungen ist bei Vorhandensein von Seitenschiebern beschränkt, besitzt aber bei Grundplatten, wie aus Abb. 347/1 ersichtlich, oft große Vorteile.

Die beiden Ausführungsarten von Formverriegelungen werden selbstverständlich normalerweise nicht an derselben Druckgießform angewandt, sondern je nach der Konstruktion oder den Platzverhältnissen wird entweder V_1 oder V_2 vorgesehen. Lediglich um beide Arten

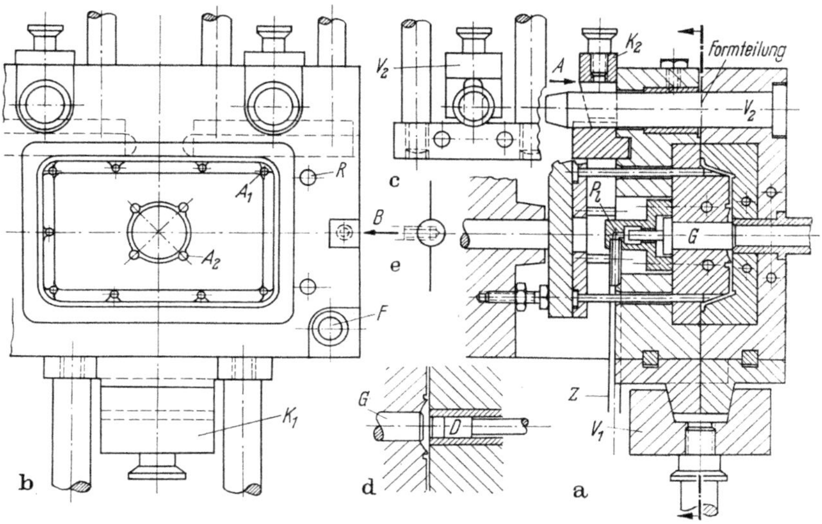

Abb. 347/1. Druckgießform für Grundplatte (mit Formverriegelungen).
a Hauptschnitt durch die Druckgießform, b Ansicht auf die Auswerfformhälfte, c Ansicht *A*, d Stellung von Gegenkolben *G* beim Schuß, e Paßbolzen, Ansicht *B*

zu zeigen, ist im Hauptschnitt durch die Druckgießform nach Abb. 347/1 unten V_1 und oben V_2 dargestellt.

Die Formverriegelung V_1 ist besonders wirksam, da sie über eine größere Fläche ausgebildet und besonders stabil gestaltet werden kann. Der bewegliche Keilbacken K_1 kann bei großen Kräften auch geschlossen (also mit Seitenwänden versehen) ausgeführt sein. Die gleiche Formverriegelung wird auf jeweils 2 gegenüberliegenden Außenseiten der Druckgießform angeordnet. Aus Abb. 347/2a sind die Kraftverhältnisse zu entnehmen. Da während des Gießvorganges dauernd Kraft P_1 wirkt, ist der Winkel α im allgemeinen $> 6°$ zu wählen, damit man noch oberhalb der Selbsthemmung liegt. Bei einer verhältnismäßig kleinen Kraft P_1 (durch einen Hydraulikzylinder erzeugt) entsteht somit eine große Formzusammenhaltekraft Q_1. Ohne

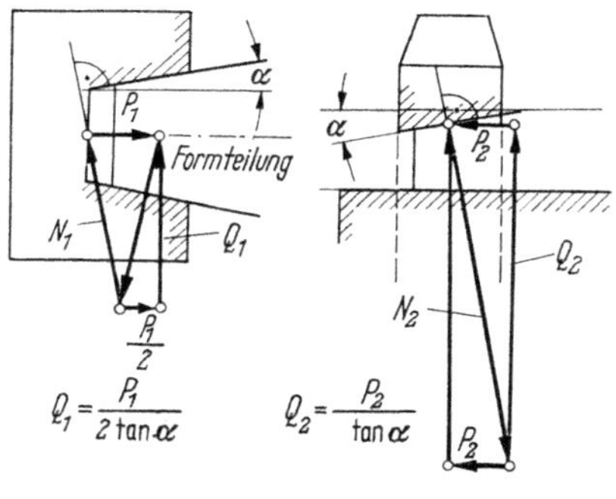

Abb. 347/2. Kräfte an den Formverriegelungen nach Abb. 347/1

Berücksichtigung der Reibungsverhältnisse erhält man

$$Q_1 = \frac{P_1}{2 \tan \alpha}.$$

Die Betätigung des Keilbackens K_1 hat nach dem Formschluß bzw. vor der Formöffnung zu erfolgen. Sie wird zweckmäßig mit hydraulischen Kernzugzylindern, von der Druckgießmaschine aus gesteuert, bewirkt.

Bei der Formverriegelung V_2 ist der Durchmesser des Bolzens ausschlaggebend für die erzielbare Schließkraft. Die Keilschieber K_2 werden ebenfalls möglichst hydraulisch betätigt. Man verwendet diese Verriegelungsart, wenn durch Seitenschieber gehindert, etwa nur noch die vier Ecken der Druckgießform für eine derartige Verriegelung frei sind. Die Kräfte sind in Abb. 347/2b dargestellt. Man erhält die pro Bolzen zu erzielende Schließkraft zu

$$Q_2 = \frac{P_2}{\tan \alpha}.$$

Die Bolzen sind symmetrisch zur Projektionsfläche des Formhohlraumes anzuordnen, damit die durch den spezifischen Gießdruck entstehende Sprengkraft gleichmäßig aufgenommen werden kann.

Die Formverriegelung V_1 ist der von V_2 in der Regel vorzuziehen.

Bei der Druckgießform Abb. 347/1 ist der Einguß zentral innenliegend mit einem Abschlußgegenkolben G vorgesehen. Letzterer wird durch einen Plunger in seiner Abschlußlage gehalten. Die Zuführungsleitung Z zu dem Plungerraum P_l kann nun ein gesteuertes oder konstantes Druckmittel enthalten. Beim Schuß öffnet der Gegenkolben im ersteren Falle ohne weiteres die Gießläufe, im zweiten Falle muß der Gießdruck, durch den Druckkolben D erzeugt, den Plungerdruck zum gleichen Zweck sicher überwinden.

Bei größeren Druckgießformen, bei denen die Führungsstifte weit auseinanderliegen, ist die Anordnung von Paßbolzen (Abb. 347/1e) zu empfehlen. Mit A_1 sind die Auswerfstifte auf dem Druckgußstück, mit A_2 auf der Eingußpartie und mit R die Rückstoßstifte kenntlich gemacht.

8. **Druckgießform für Lagerkörper** (in vier Ausführungen)

In manchen Fällen läßt es sich leider nicht vermeiden, Kern- oder Schieberzüge in der Eingußformhälfte anzuordnen. Bei dem aus Abb. 348/1 hervorgehenden Lagerkörper wäre auch ein bis zur Formteilung heraufgezogener Schieber, welcher den seitlichen Bohrungskern trägt, denkbar, so daß der Schieberzug mit der Auswerfformhälfte verbunden werden könnte. Eine derartige Fassonausführung ergibt jedoch zusätzliche Gratbildung und u. U. unschöne Versätze am Druckgußteil. Deshalb ist es oft vorteilhafter, nur den Bohrungskern in der Eingußformhälfte zu betätigen. Dies bedingt allerdings, daß der Kern bereits vor der Formöffnung aus dem Gußstück entfernt (gezogen) wird, da sonst das Gußstück oder gar die Formfasson beschädigt werden würde.

Abb. 348/1 a zeigt nun, wie der Kernzug K_1 in einfacher Weise durch einen an der Eingußformhälfte befestigten Kernzugzylinder bewirkt wird. Die Steuerung, in den Arbeitsablauf der Druckgießmaschine eingebaut, muß so ausgelegt sein, daß der Kernzug sicher vor der Öffnung der Gießform erfolgt. Die senkrecht zur Formteilung vorhandenen Kerne werden mit Hilfe einer Auswerf- und Kernzug-Druckgießform aus dem

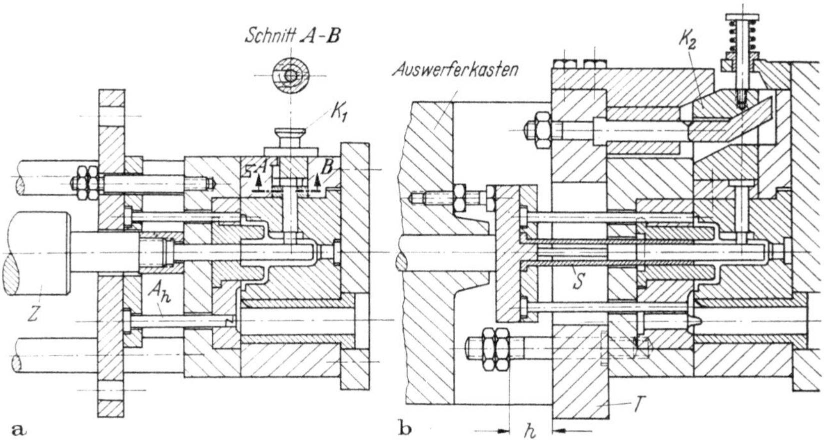

Abb. 348/1. Druckgießform für Lagerkörper (mit Kernzug in der Eingußformhälfte).
a Auswerf- und Kernzug-Druckgießform, Kernzug in Eingußformhälfte mit hydr. Kernzugzylinder,
b Auswerf-Druckgießform, Kernzug in Eingußformhälfte durch Formöffnung in 2 Stufen

Gußstück entfernt, d. h., der lange Mittelkern wird mit einem Kernzugzylinder Z gezogen, und danach erfolgt das Auswerfen. Als Besonderheit ist der über der Druckkammer angeordnete Auswerfer A_h mit einer kleinen Hinterschneidung versehen, um das Haftenbleiben des Metallrestes in der Auswerfformhälfte zu unterstützen.

Zur Veranschaulichung eines möglichen Kernzugs in der Eingußformhälfte ohne hydraulische Mittel diene Abb. 348/1 b.

Mit der Platte T ist ein Keil fest verbunden, der beim ersten Formöffnungsweg (ohne daß sich die Gießform öffnet, da dies erst nach Absolvierung von Hub h, nämlich Mitnahme der auswerfseitigen Formplatte durch Anschlag an entsprechende Stehbolzen, möglich ist) den Kernzug in der Eingußformhälfte vornimmt. Nachdem öffnet sich erst die Druckgießform, wie aus Abb. 348/1 b ohne weiteres gefolgert werden kann.

Das Druckgußteil wird nun ausgeworfen. Auf der Nabe müssen Segmentauswerfer S angeordnet sein, falls Auswerferaugen unzulässig sind.

Der Ausführungsart a ist in bezug auf Kernbetätigung in der Eingußformhälfte der Vorzug zu geben, wobei selbstverständlich statt des Kernzugs senkrecht zur Formteilung auch eine Abstreifplatte, wie in Abb. 348/2a dargestellt, möglich ist. In diesem Falle erfolgt über Hub h_a die Abstreifung und dann das Auswerfen.

Aus Abb. 348/2b und c geht eine vereinfachte Ausführungsart mit Kernauswerfer hervor, die jedoch nur bei kleineren Herstellmengen zu

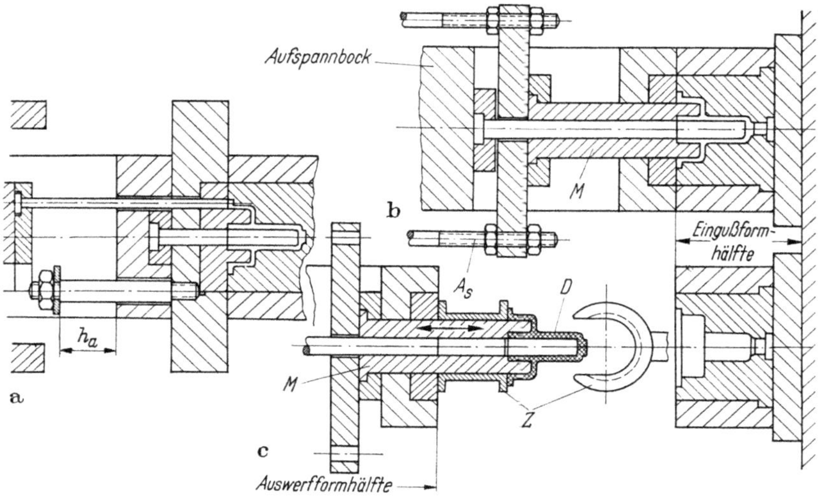

Abb. 348/2. Druckgießform für Lagerkörper (ohne Kernzug in der Eingußformhälfte). a Auswerf- und Abstreif-Druckgießform, b Druckgießform mit Kernauswerfer in Gießstellung, c dito in Auswerfstellung mit Zwischenstück

empfehlen ist. Der Kern M ist am Auswerfer angeschlossen. Das Auswerfen geschieht über die an der Auswerfvorrichtung befestigten Auswerferstangen A_s der Druckgießmaschine (vgl. dazu auch Abb. 119). Das Freimachen des Gußstücks von der nach dem Auswerfen noch verbliebenen Kernpartie erfolgt mit Hilfe eines zwischen Druckgußstück D und Formteilung geschobenen Zwischenstücks Z, indem der Auswerferkern M wieder zurückgezogen wird (also in die Gießstellung geht).

9. Druckgießform für Deckel mit Kühlrippen

Kerne oder Schieber können auch mit einem an der Druckgießform (Eingußformhälfte) befestigten, geführten Schräglineal S betätigt werden, wie Abb. 349 zeigt. Damit lassen sich größere Wege wie bei Schrägstiften und auch Schrägfingern erzielen, da durch die vorhandene Führung Winkel α, falls erforderlich, auf etwa 30° vergrößert werden kann. Diese Art der Betätigung von beweglichen Formteilen wird jedoch immer seltener, da in der Regel bei größeren Hüben der hydraulischen Bewegung der Vorzug gegeben wird.

Der Einguß ist unter einem Seitenschieber *K* vorgesehen, damit man mit dem Anschnitt unmittelbar in eine Hauptfläche des herzustellenden Gußstücks kommt. Die Kühlrippen werden durch gegenseitig verriegelte Einzeleinsätze gebildet (vgl. Schnitt *A*—*B*). Dadurch wird nicht nur das Ausfräsen dieser verhältnismäßig dünnen Gußrippen erleichtert, sondern auch die Luftabführung aus dem Formhohlraum gerade an diesen kritischen Stellen beim Gießvorgang durch die nun vorhandenen Teilungsflächen begünstigt. In dem Formrahmen nach außen verlaufende Entlüftungsbohrungen, welche in die Teilungsflächen einmünden, ver-

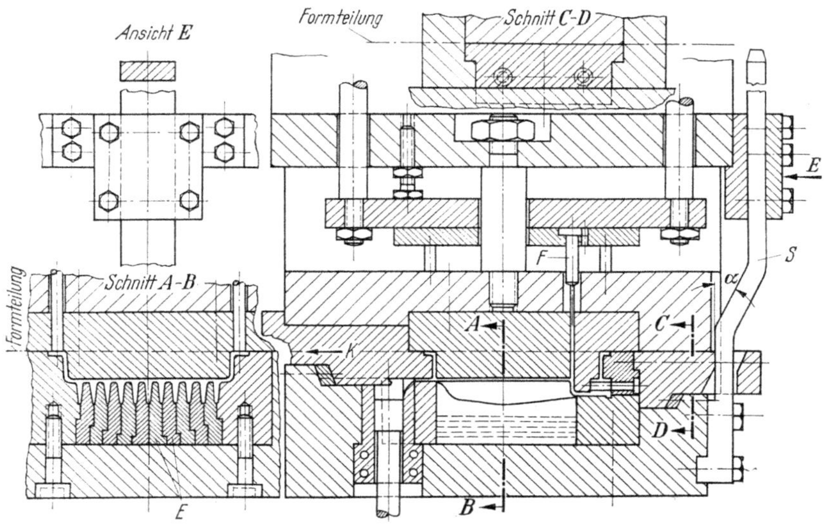

Abb. 349. Druckgießform für Deckel mit Kühlrippen (Betätigung eines Seitenschiebers durch geführtes Schräglineal)

bessern die Luftverdrängung in den dünnen Rippen-Hohlräumen. Auf der Zwischenwand sind Auswerfer *F* mit Rechteckquerschnitt angeordnet, die evtl. aus einem runden Auswerfstift herausgearbeitet werden können.

Bei Betätigung des Seitenschiebers *K* durch einen hydraulischen Kernzugzylinder sind Formsicherungen (s. Abb. 224 und 225) angebracht, die allerdings bei mechanischer Betätigung (durch Schrägstifte, Schrägfinger und Schräglineal) entfallen können.[1]

10. Druckgießformen für Flanschen (mit gekrümmten Kernstücken)

Die Anwendung einer klapp- oder schwenkbaren Abstreifplatte (vgl. Abb. 97), welche durch die Formbewegung betätigt wird, ist in der Druckgießform nach Abb. 350/1 verwirklicht. Auf diese Weise wird das

[1] Da mechanisch die Schieberbetätigung in der Regel sicher vor der Auswerferbewegung durchgeführt ist.

Druckgußstück selbst automatisch mit der Formöffnung aus dem Kern *K* entfernt und kann der Abstreifplatte entnommen werden. Es ist allerdings erforderlich, die mit *D* kenntlich gemachte Stelle der Formfasson mindestens senkrecht zur Formteilung durchzuziehen, um eine Unterschneidung zu vermeiden.

Bei der Druckgießform Abb. 350/2 wird das Gußstück von einem feststehenden gekrümmten Teilkern *F* bei der Entnahme aus der

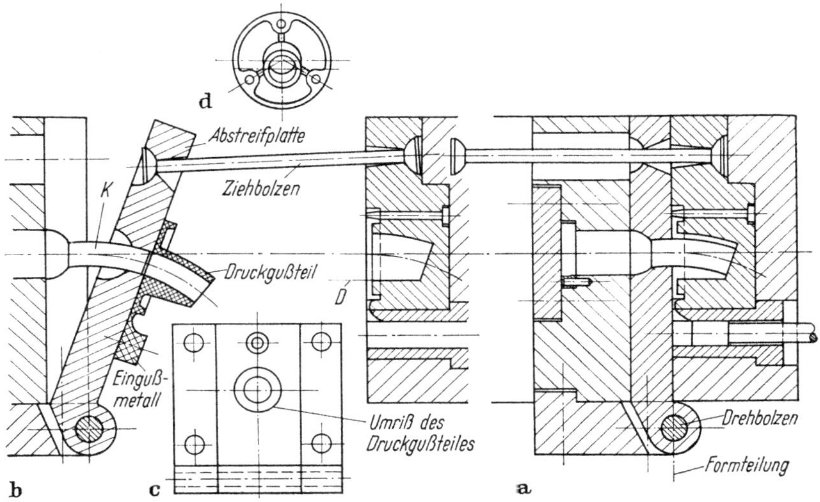

Abb. 350/1. Druckgießform für Flansch mit gekrümmtem Kanal (Druckgußstück wird mit schwenkbarer Platte abgestreift, vgl. auch Abb. 97).
Druckgießform in Gießstellung (Hauptschnitt), b Druckgießform geöffnet, Teil abgestreift, c Draufsicht auf Auswerfformhälfte (verkleinert gezeichnet), d Draufsicht auf das Druckgußteil

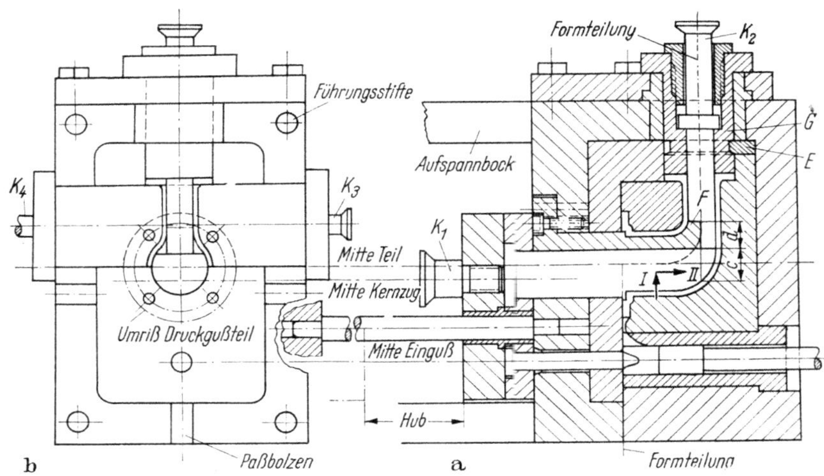

Abb. 350/2. Druckgießform für Krümmer mit 2 Flanschen (Druckgußstück wird von Kernstück wegbewegt).
a Hauptschnitt, b Draufsicht auf Auswerfformhälfte

geöffneten Druckgießform wegbewegt. Nach dem Entfernen der Kerne durch die Kernzüge K_1 und K_2, letzterer in einem Zweistufenzug[1], wird das Druckgußteil in den Pfeilrichtungen I und dann II bewegt (meist von Hand, indem der Angußrest bzw. Eingußzapfen mit einer Zange gefaßt wird), da die gesamte Formfasson durch die Schieberzüge K_3 und K_4 freigelegt worden ist und diese Bewegungen des Gußstückes möglich wurden. Es ist erforderlich, daß

$c > d$ ausgeführt wird.

Auch bei dieser Druckgießform ist es angebracht, außer den Führungsstiften noch Paßbolzen oder Paßrollen in der Formteilung vorzusehen, wie in Abb. 350/2b angedeutet ist.

11. Druckgießform für Kappe

(Möglichkeiten zur Bildung von Hinterschneidungen)

An verschiedenen Konstruktionsbeispielen für die Druckgießform werden in Abb. 351 an dem gleichen Gußstück vier Möglichkeiten zur Bildung von Hinterschneidungen gezeigt.

In Abb. 351/1 wird die Hinterschneidung durch lose, im Gußstück verbleibende Kernteile (Ansteckteile) gebildet.

Die Entfernung aus dem Druckgußteil kann zweckmäßig mit einer Vorrichtung nach b erfolgen. Die Ansteckteile müssen jedesmal vor dem Schließen der Gießform in den Formhohlraum eingebracht, d. h. auf den Mittelkern aufgesteckt werden.

Abb. 351/2 vermittelt die Bildung der Hinterschneidung mit 2 Schiebern in der Eingußformhälfte, die sich vor der Formöffnung, entgegengesetzt wie sonst üblich, nach innen bewegen und so die hinterschnittene Stelle freilegen.

Bei Abb. 351/1 ist die herzustellende Kappe mit einem Verstärkungsrand ausgebildet, so daß wegen der größeren Angriffsfläche kreisrunde Auswerfer, bündig mit der Formteilung, möglich sind. Eine Kappe ohne Verstärkung erfordert jedoch Segmentauswerfer, wie aus Abb. 351/2 hervorgeht, da sonst Eindrückgefahr wegen zu kleiner Angriffsfläche der Auswerfer besteht. Dieser Gesichtspunkt ist besonders bei größeren Schrumpfkräften schon bei der Gestaltung des Druckgußteiles zu beachten.

In Abb. 351/3 wird die Hinterschneidung durch schwenkbare Klappkerne K gebildet. Die Gestaltung dieser Kerne erfordert größte Sorgfalt. Beim Öffnen der Druckgießform werden die Kerne durch das Gußstück ausgeklappt. Beim Schließen der Gießform dagegen bringt eine am Kern in der Auswerfformhälfte angebrachte Gleitbahn die Klappkerne wieder in

---

[1] wobei der erste Anzug evtl. bei noch geschlossener Gießform ausgeführt werden kann, da hier durch die Keilverriegelung E das Formteil G festgehalten wird, so daß die Stirnfläche des Flansches (Druckgußstück) als Widerlager wirkt.

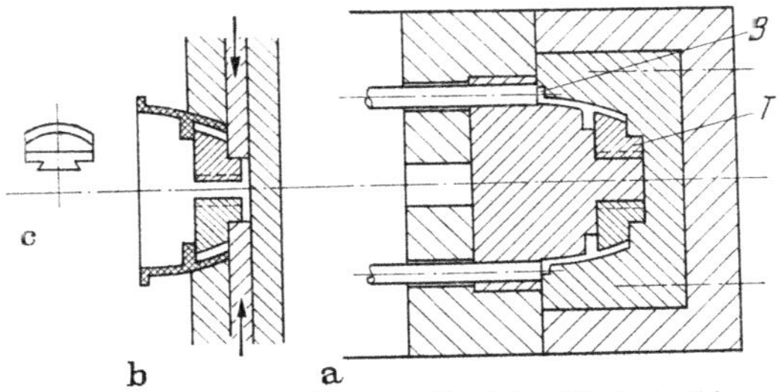

1) *mit im Druckgußteil verbleibenden Kernteilen (Ansteckteile)*

a Hauptschnitt, b Entfernung der Ansteckteile aus dem Druckgußstück, c Draufsicht auf Ansteckteil

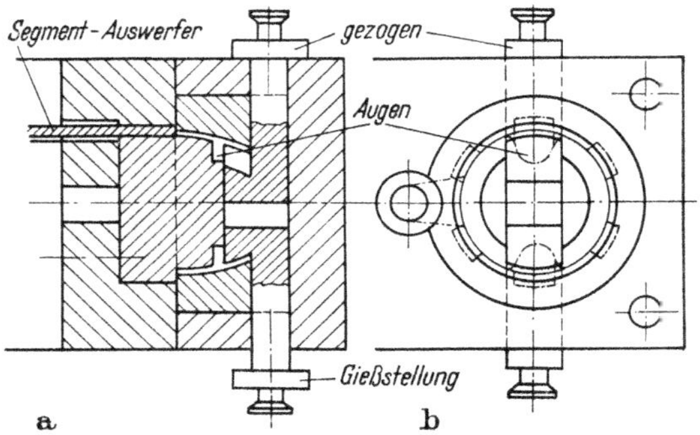

2) *mit Schiebern in der Eingußformhälfte*

a Hauptschnitt, b Draufsicht auf Eingußformhälfte

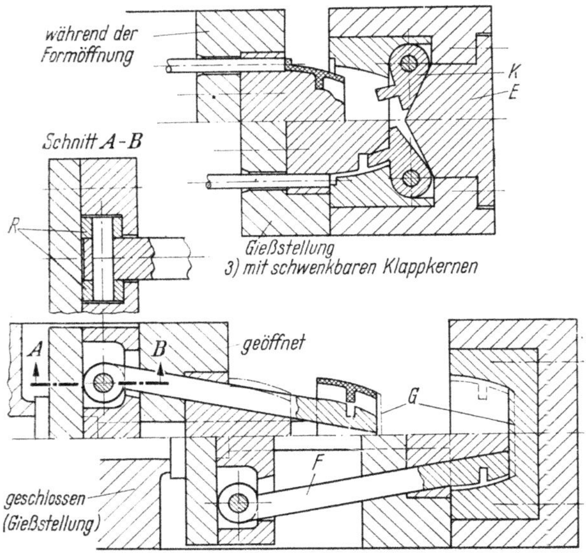

3) *mit schwenkbaren Klappkernen*

4) *mit schräg zur Formöffnung betätigten Auswerf-Formteilen*

Abb. 351/1—4. Druckgießform für Kappe (Möglichkeiten zur Bildung von Hinterschneidungen)

Gießstellung, wo sie gleichzeitig arretiert sind. Nachteilig sind die erforderlichen Spalte, in die beim Schuß flüssiges Metall eindringen kann. Es wird deshalb der Einsatz *E* durchgehend ausgebildet, damit während des Betriebes durch Ausbau desselben eine evtl. notwendige Reinigung auf einfache Weise möglich ist.

Die vierte Ausführung mit schräg zur Formteilung betätigten Auswerf-Formteilen ist aus Abb. 351/4 zu ersehen. Bei dieser geht mit dem Auswerfen gleichzeitig das die Hinterschneidung bildende Kernstück aus dem Druckgußstück nach innen heraus und gibt damit das Teil frei. Man kann das Gleiten der Formteile *F* durch Rollen *R* in der Auswerferplatte erleichtern (siehe Schnitt *A*—*B*). Diese Ausführungsart für Bildung von hinterschnittenen Stellen im Gußstück dürfte wohl die eleganteste und zweckmäßigste sein, ergibt aber meist größere Gratbildung.

12. Druckgießformen mit Punktanguß

Bereits im Abschnitt 3.316b und in den Abb. 141 und 142 wurde auf die Möglichkeit der Anwendung eines sogenannten „Punkt"-Angusses hingewiesen. Bei schüssel-, wannen- und plattenartigen Teilen ist man genötigt, den Einguß außenliegend anzuordnen. Dies ergibt große und einseitige Druckgießformen (und zwar nicht nur in bezug auf die Gestaltung, sondern auch bezüglich des Wärmegleichgewichts) und man sollte zweckmäßig eine Zweifachform vorsehen. Letzteres ist aber in den meisten Fällen bei Abmessungen über 200×200 mm in der Formteilungsebene unwirtschaftlich, da man zur Fertigung eine zu große Druckgießmaschine benötigt, die bei erhöhten Formkosten doch keine Stückpreisermäßigung zu bringen vermag, besonders bei Mengen unter 10000 Stück. Bei derartigen Teilen kann man oft vorteilhaft den Punktanguß beim Bau der Druckgießform anwenden.

In Abb. 352/1 ist nun eine Formkonstruktion für eine Druckgießmaschine mit waagrechter Druckkammer (nach Abb. 2e) und in Abb. 352/2 eine solche für eine Druckgießmaschine mit senkrechter Druckkammer (nach Abb. 2f) mit Punktanguß gezeigt.

Diese Druckgießformen sind für die Verarbeitung von Leichtmetalllegierungen gebaut worden[1] und haben sich gut bewährt. Wie aus den Abbildungen ersichtlich, wird gleichzeitig der Einguß vom Druckgußstück entfernt. Nur eine kleine Marke bleibt am Gußteil sichtbar. Zu beachten ist, daß der Abstand *m* zwischen der Düse und dem vollen Eingußquerschnitt nicht zu groß ausgeführt wird. Der kleinste Durchmesser des Eingusses liegt bei den Aluminiumlegierungen bei 3,5 mm. Sofort nach dem Einfüllen des Metalls in die Druckkammer hat der Gießvor-

[1] Nach W. Rubisch: „Der Punktanguß auch bei Aluminiumdruckguß". Gießereitechnik 3. Jg. (1957) H. 9, S. 198/199.

gang zu erfolgen, damit der kleine Querschnitt der Düse nicht „einfrieren“ kann.

Bei Druckgießmaschinen mit waagrechter Druckkammer (Druckgießform nach Abb. 352/1) schiebt der Druckkolben beim ersten Form-

Abb. 352 Druckgießformen mit Punktanguß (für Druckgießmaschinen nach Abb. 2e und f, S. 6)

1 Auswerferplatte, *2* Auswerfformhälfte, *3* Auswerfer, *4* Druckgußteil, *5* Anschlagmuttern, *6* Eingußformhälfte, *7* Eingußzapfen, *8* Führungssäulen, *9* Säulenhalteplatte, *10* Maschinenaufspannplatte, *11* Entlüftungsnuten, innen, *12* Entlüftungsnuten, außen, *13* Mitnehmer in Abb./2 und Säulenführungsböcke in Abb./1, *14* Punktangußbüchse, *15* Mundstück, in Abb./2 und Druckkammer in Abb./1, *16* Druckkammer, *17* Säulenführungsböcke, *18* Mitnehmerlaschen, *19* Führungsstifte (Pos. 16 bis 19 in Abb. 352/2

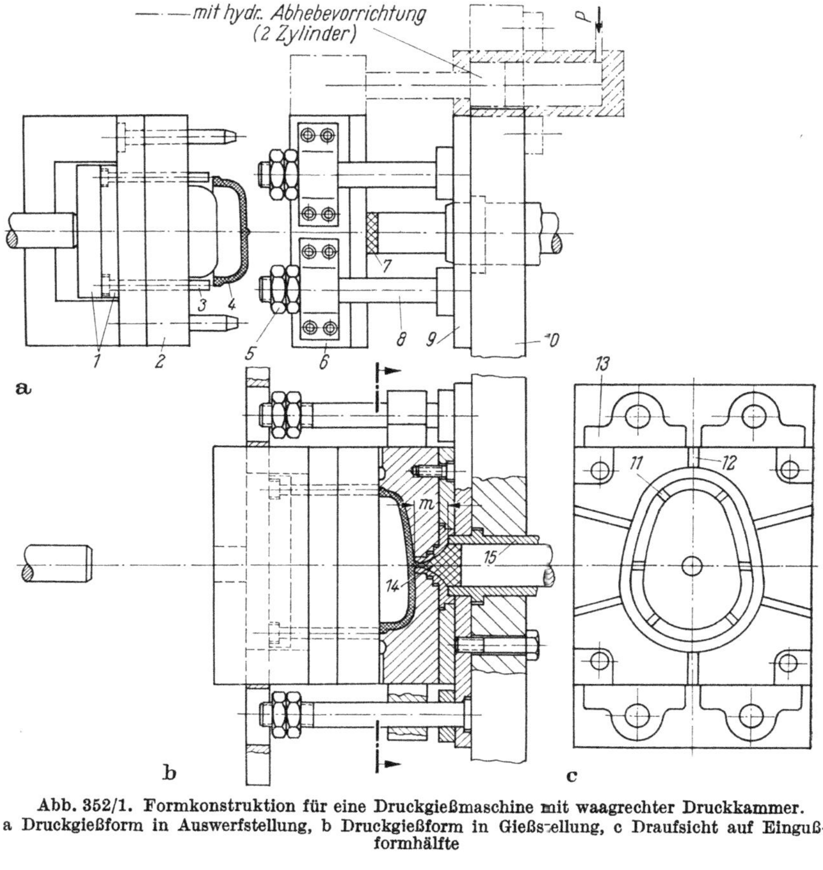

Abb. 352/1. Formkonstruktion für eine Druckgießmaschine mit waagrechter Druckkammer. a Druckgießform in Auswerfstellung, b Druckgießform in Gießstellung, c Draufsicht auf Eingußformhälfte

öffnungsweg den Angußrest mit. Die Eingußformhälfte bleibt durch die einstellbaren Muttern auf den Führungssäulen stehen, wodurch beim Weiterlaufen der Auswerfformhälfte durch genügend große Schrumpfkräfte (bei anderen Teilen wie gezeichnet evtl. noch durch Seitenschieber unterstützt) die selbsttätige Entfernung des Eingusses vom Druckgußteil erfolgt. Da bei Druckgießmaschinen mit senkrechter Druckkammer (Druckgießform nach Abb. 352/2) eine Unterstützung durch den Druckkolben entfällt, wird zur ersten Mitnahme des Eingußzapfens ein seitlicher Bohrungskern vorgesehen (in Abb. 352/2, Mitnehmer, Teil 13), der erst nach der Mitnahme gezogen wird. Statt der in Abb. 352/2 angedeuteten

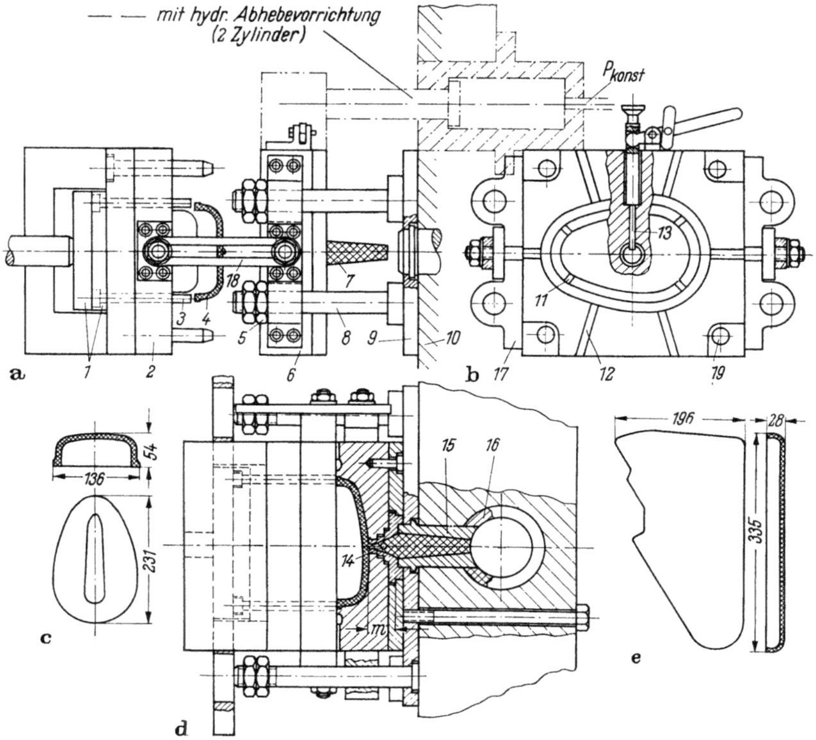

Abb. 352/2. Formkonstruktion für eine Druckgießmaschine mit senkrechter Druckkammer. a Druckgießform in Auswerfstellung, b Draufsicht auf Eingußformhälfte, c Druckgußteil, d Druckgießform in Gießstellung, e weiteres für Punktanguß geeignetes Druckgußstück

Betätigung dieses Bohrungskernes im Einguß durch einen Hebel von Hand kann selbstverständlich auch ein entsprechend gesteuerter Kernzugzylinder (Anschluß in Abb. 352/2 eingezeichnet) Verwendung finden.

Die Entfernung des Kreislaufmetalls aus der Eingußformhälfte kann durch einen leichten Schlag auf Angußrest oder Eingußzapfen erfolgen. Man kann diese Maßnahme auch automatisch durch einen Hebel ausführen, wobei dieses zum Wiedereinschmelzen bestimmte Material in einen Behälter oder auf ein Transportband fällt.

Mit dem Punktanguß gefertigte Druckgußteile weisen im allgemeinen keine so ausgeprägten Fließlinien auf wie beim außenliegenden Einguß. Beim Punktanguß erfolgt eine gleichmäßige Füllung des Formhohlraumes von einer zentralen Stelle aus, wobei eine Regulierung des Anschnittquerschnitts auf den Bestwert in einfacher Weise möglich ist.

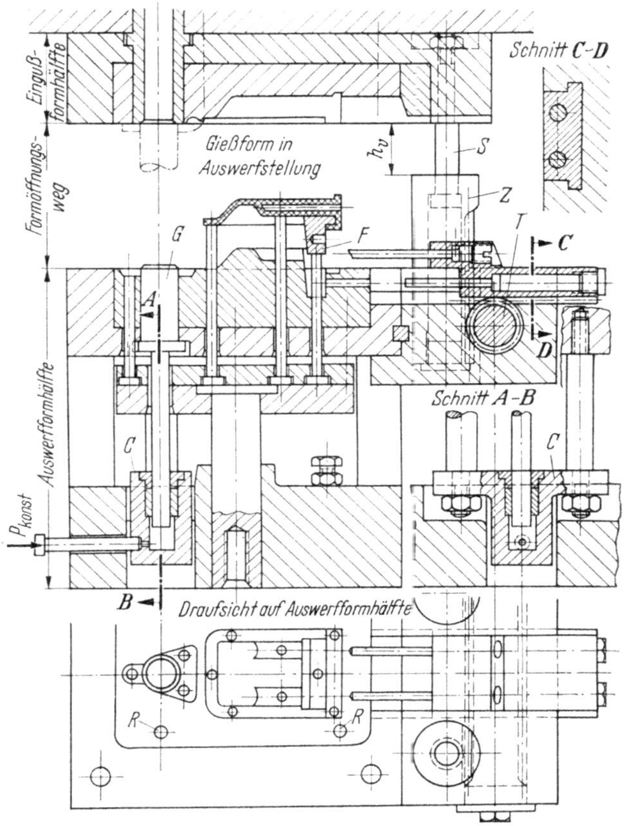

Abb. 353. Druckgießform für Deckel (für Druckgießmaschine Abb. 2h, S. 6)

13. Druckgießform für Deckel

Für eine Kaltkammer-Druckgießmaschine, Druckkammer innerhalb der Form, Druckkolben von oben (nach Abb. 2h), wird in Abb. 353 eine Druckgießform für einen Deckel gezeigt. Es handelt sich dabei um eine Druckgießmaschine mit senkrechter Formbewegung, und zwar erfolgt die Formöffnung nach unten. Damit beim Einbringen des flüssigen Metalls in die Druckkammer kein Vorlaufen in die Gießläufe möglich ist, muß man einen Abschlußkolben G vorsehen. Dieser öffnet erst, wenn der in der Druckkammer durch den Druckkolben erzeugte Gießdruck über den Gegendruck im Plungerzylinder C ansteigt.

Die Druckgießform ist in der Auswerfstellung dargestellt. Zur Bildung einer Hinterschneidung im Druckgußteil erkennt man das Ansteckteil F, welches beim Auswerfen im Gußstück verbleibt und nachträglich daraus entfernt wird. Um ein kontinuierliches Arbeiten zu erreichen, werden mindestens 2, besser noch 3 oder 4 solcher Ansteckteile hergestellt. Das Ansteckteil wird in seiner Gießstellung durch einen Seitenkern fixiert.

Ausnahmsweise wird in Abb. 353 die mechanische Betätigung eines Seitenschiebers durch Ritzel verwendet. Die Ritzelbewegung erfolgt selbsttätig mit der Formbewegung. Beim ersten Formöffnungsweg über den Hub h_v verbleiben die Kerne noch im Gußstück. Erst nachdem die in der Eingußformhälfte befestigten Bolzen S in den beiden Zahnstangengehäusen Z anschlagen, wird bei der weiteren Formöffnung das Ritzel T betätigt und die Seitenkerne gezogen. Die Schieberbetätigung besitzt damit eine Verzögerung, die bewirken soll, daß das Druckgußteil bestimmt in der Auswerfformhälfte bei der Formöffnung haftenbleibt.

Aus der Draufsicht auf die Auswerfformhälfte kann die Anordnung der Auswerfer entnommen werden. Mit R sind die Rückstoßstifte bezeichnet.

14. Druckgießformen mit Entgraten der Abgüsse

Das selbsttätige Abtrennen der Gießläufe mit dem Auswerfen des Druckgußteiles aus der Gießform wurde bereits in 3.71 unter 4. beschrieben (vgl. Abb. 313/1 und 313/2). Man kann nun noch weiter gehen und gleich mit dem Gießvorgang das Entgraten der soeben gefertigten Druckgußstücke durchführen.

In Abb. 354/1 ist eine Vierfach-Druckgießform dargestellt, bei welcher nach Drehung der Abstreifplatte (D) das Entgraten der 4 Druckgußteile bei einer zweiten Schließbewegung der Gießform vorgenommen wird. Der Arbeitsablauf ist folgender:

Nach dem Schuß und der erforderlichen Verweilzeit wird die Druckgießform geöffnet. Hierauf erfolgt das Auswerfen. Zuerst werden über Hub h_1 die Gießläufe mit Eingußzapfen von den Gußstücken (Formfassonen F) abgetrennt. Nach Mitnahme der Platte P werden nun die Gußteile über den Bund aus den Kernen K abgestreift (über Hub h_2). Danach erfolgt das Drehen der Abstreifplatte D um 45°, wodurch die Druckgußteile auf die Entgratdurchbrüche E (in der Eingußformhälfte) bzw. vor die Entgratstempel G (in der Auswerfformhälfte befestigt) zu liegen kommen. In der darauffolgenden zweiten Schließbewegung der Gießform werden die 4 Druckgußstücke mit den Entgratstempeln durch die Entgratdurchbrüche gedrückt und damit entgratet. Die Form öffnet sich wieder. Die Abstreifplatte D wird zurückgedreht. Ein neuer Gießvorgang kann eingeleitet werden.

Während des Schusses liegen die Entgratstempel in der Öffnung des Entgratdurchbruches (s. Abb. 354/1 a). Die Drehung der Abstreifplatte kann von Hand, aber auch selbsttätig über einen hydraulischen oder pneumatischen Zylinder B mit Ausgleichhebeln erfolgen (s. Abb. 354/1 b). Um die Drehung zu ermöglichen sind für die Auswerfer Schlitze S in dem auswerfseitigen Formrahmen vorzusehen. Für die beiden Stellungen müssen entsprechende Bohrungen L_1 und L_2 in der Auswerfformhälfte für die Führungsstifte angebracht werden.

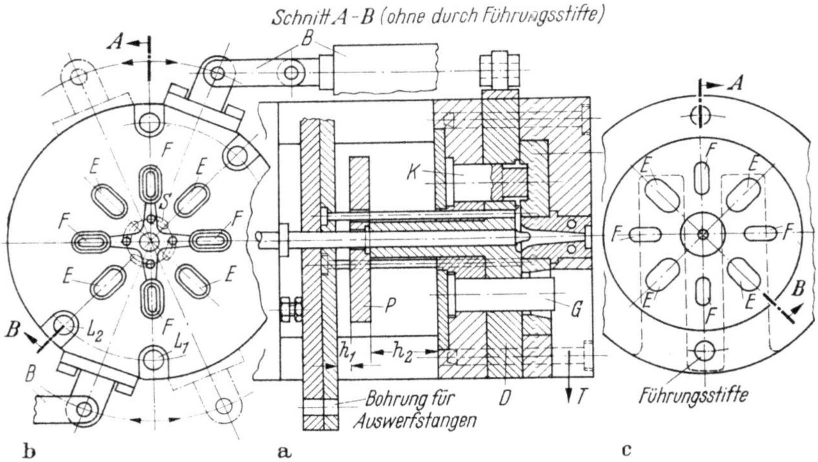

Abb. 354/1. Druckgießform mit Entgraten der Abgüsse (durch Drehung der Abstreifplatte Entgraten bei der 2. Schließbewegung).
a Hauptschnitt $A-B$ durch die Druckgießform, b Draufsicht auf die Auswerfformhälfte, c Draufsicht auf die Eingußformhälfte. F = Formfasson, E = Entgratschnitt

Die Ausführungsart nach Abb. 354/1 erfordert 2 volle Öffnungs- und Schließbewegungen der Druckgießform bzw. der Druckgießmaschine. Außerdem können nur bestimmte, verhältnismäßig einfache Umrisse des herzustellenden Druckgußteiles mit diesem Verfahren gegossen und entgratet werden. Die aus Abb. 354/2 ersichtliche Druckgießform mit Entgratschnitt hebt derartige Beschränkungen zum Teil auf. Ebenfalls bei einem zweiten Schließvorgang erfolgt die Entgratung, nachdem die Eingußformhälfte so geradlinig verschoben wurde, daß beim Auswerfen des Druckgußstückes dieses gleichzeitig durch den Entgratdurchbruch gedrückt werden kann.

Die erste Formöffnung (Pfeilrichtung I, h) braucht nur so groß zu sein, daß ein Verschieben der Eingußformhälfte (Pfeilrichtung II, a) erfolgen kann. Hierauf wird die Gießform wieder geschlossen (Pfeilrichtung III, b). Beim Auswerfen (Pfeilrichtung IV, b) wird die Außenkontur des Gußstückes entgratet. Zum Abschneiden des Anschnittes kann auch ein messerartiges Einsatzstück *E* mit nachfolgenden Räumzähnen (nach g) angeordnet werden. Bei empfindlichen Formfassonen ist es auch möglich, durch Bewegen der Umrißformplatte *F* (s. Abb. 354/2f) die Entgratung auszuführen und danach auszuwerfen, so daß das Teil durch die Öffnung *H* fallen kann. Man kann bei diesem Verfahren statt eines Freischnittes auch einen Entgratschnitt mit Auswerfer vorsehen (in Abb. 354/2a strichpunktiert bei *C* angedeutet, Entgratung erfolgt in Richtung *R*).

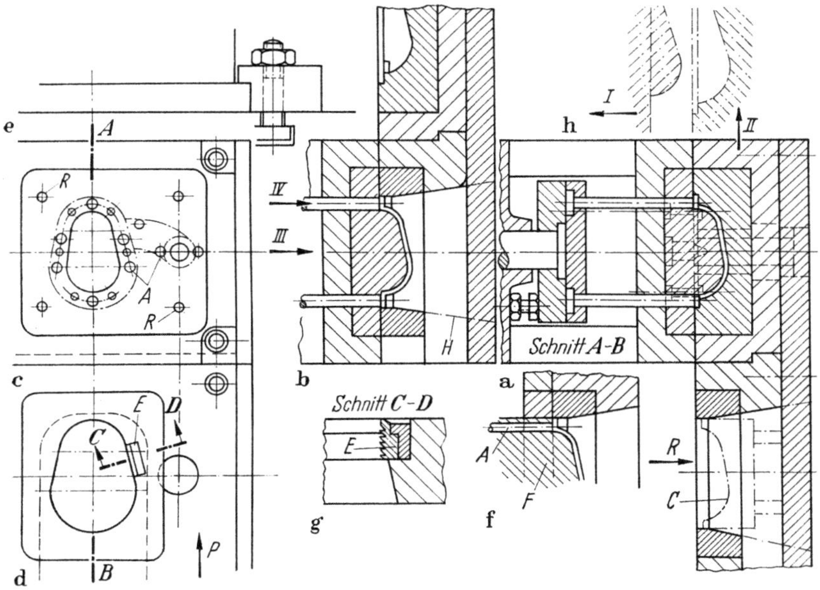

Abb. 354/2. Druckgießform mit Entgratschnitt (durch Verschieben der Eingußformhälfte).
a Hauptschnitt durch die Druckgießform in Gießstellung, b Hauptschnitt durch die Druckgießform beim Entgraten, c Draufsicht auf Auswerfformhälfte, d Draufsicht auf Entgratschnitt in Richtung *R*, e Ansicht in Richtung *P* auf Eingußformhälfte mit Entgratschnitt, f Teilschnitt beim Entgratvorgang mit Umrißformplatte *F*, g Schnitt *C*—*D* im Entgratschnitt, h Formöffnung vor dem Verschieben der Eingußformhälfte. *A* = Auswerfer, *F* = Umrißformplatte, *E* = Einsatzstück, *R* = Rückstoßstifte

Abb. 354/2e zeigt die Anordnung der Eingußformhälfte, damit diese günstig geradlinig verschoben werden kann. Diese Maßnahme kann ebenfalls mit einem Zylinderaggregat vorgenommen werden.

Mit *A* sind in Abb. 354/2c die Auswerfer und mit *R* die Rückstoßstifte bezeichnet.

Das Entgraten der Außenkontur gleich nach dem Guß noch in der Gießform hat große Vorteile, da das Gußstück noch nicht erkaltet ist. Außerdem werden Kreislaufmetall, Entlüftungssäcke, Grate usw. nicht durch die sonstigen Bearbeitungswerkstätten transportiert, sondern gleich an der Erzeugungsstätte entfernt und zum Wiedereinschmelzen gebracht. Die Anwendung ist jedoch auf für das Druckgußstück geeignete, meist hochschmelzende, verhältnismäßig spröde Legierungen beschränkt, damit der Grat auch abgeschert (nicht nur umgebogen) wird.

15. Aufbau einer Druckgießform für Sechszylinder-Motorblock

Aus Abb. 355 geht der Aufbau einer großen Druckgießform für Sechszylinder-Motorblock hervor. Um einen Motorblock in Druckguß überhaupt herstellen zu können, sind besondere Gestaltungsrichtlinien, wie keine Hinterschneidungen, Vermeiden von dicken Querschnitten und Wandungen, Anordnen aller Bohrungen so, daß sie vorgegossen werden können usw., zu beachten. Ein Sechszylinder-Motorblock wurde in USA aus einer Aluminiumlegierung mit 11—13% Si, 0,6% Cu, 1,5% Fe mit einem Gewicht von etwa 20 kg in Druckguß hergestellt.

Aus der Literatur[1] ist zu entnehmen, daß die Formfasson der Druckgießform aus zahlreichen Formeinsätzen besteht, die vorteilhaft gestaltet und eingepaßt sind (vgl. Abb. 355a). Dadurch ergeben sich verschiedene Vorteile wie leichte Auswechselbarkeit, günstige Durchführung evtl. notwendig werdender Änderungen, kleinere Formteile können gut und gleichmäßig dreidimensional durchgeschmiedet werden, außerdem wird die Bearbeitung der Formteile erleichtert. Allerdings muß durch diese Maßnahme eine größere Gratbildung — besonders bei längerer Betriebsdauer der Gießform — in Kauf genommen werden.

Die Druckgießmaschine, mit welcher derartig große Motorblöcke gegossen wurden, besitzt einen Schließdruck von 2000 Mp, einen Säulenabstand von 183 × 183 cm und einen Säulendurchmesser von 30,5 cm. Bei großen Druckgießformen ist die Überwachung der Formtemperatur bei allen wichtigen Teilen der Gießform von großer Bedeutung, um einheitliche Abmessungen bei gleichbleibender Werkstoffgüte am Druckgußteil zu erzielen. Zu diesem Zweck sind Thermoelemente eingebaut, welche die Temperaturen an Prüfgeräten zur genauen Überwachung anzeigen. Aus Abb. 355 gehen auch die zahlreichen für sich unabhängigen Wasserkühlungen hervor, die zur Einstellung eines guten Wärmegleichgewichtes bei einer solch großen Druckgießform dienen.

Leider sind zur Führung der beiden Formhälften Führungsschienen nach Abb. 123 und auch Paßbolzen nicht möglich, da die Mitten durch bewegliche Schieber verbaut sind. Die genaue Fixierung der Form in der Gießstellung ist jedoch durch die umlaufenden Keilleisten *L* gegeben, so daß die gewählten Führungsstifte in den Ecken in den Führungs-

---

[1] Bauer, A. F.: „Sechszylinder-Motorblock in Aluminium-Druckguß". Aluminium 32 (1956) H. 7, S. 398—407.

büchsen entsprechendes Spiel haben können und für eine Art Vorführung beim Schließen der Gießform genügen.

Die Druckgießform besitzt ein Gesamtgewicht von etwa 30 t und eine in der Formteilungsebene gemessene Diagonale von 2130 mm, was etwa den in Abb. 355 angegebenen Hauptabmessungen entspricht.

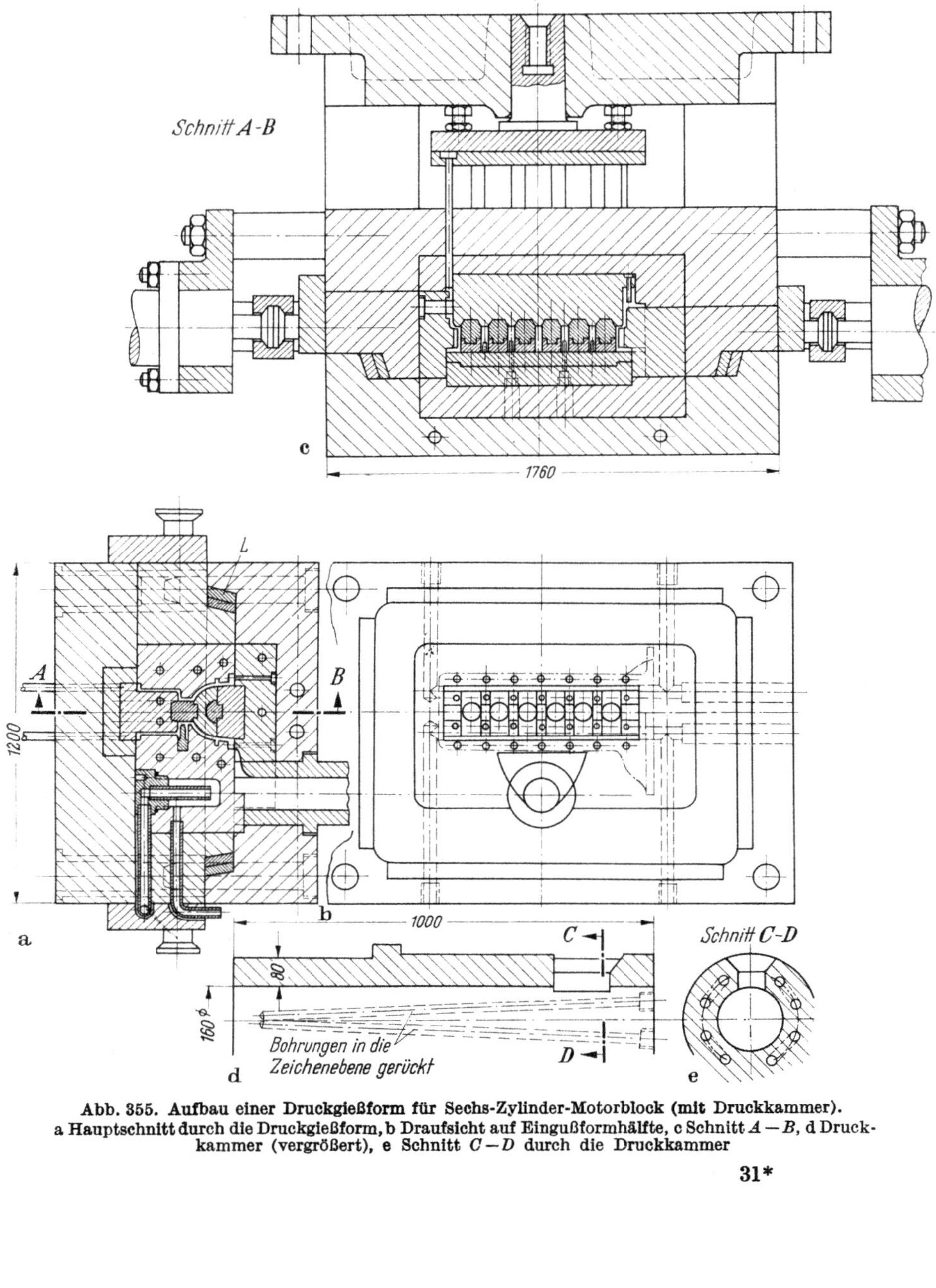

Abb. 355. Aufbau einer Druckgießform für Sechs-Zylinder-Motorblock (mit Druckkammer). a Hauptschnitt durch die Druckgießform, b Draufsicht auf Eingußformhälfte, c Schnitt $A-B$, d Druckkammer (vergrößert), e Schnitt $C-D$ durch die Druckkammer

Besondere Sorgfalt muß auch der Ausbildung der bis zur Formteilung durchgehenden Druckkammer gewidmet werden. Sie ist deshalb in Abb. 355d vergrößert dargestellt. Nimmt man das Gewicht des Motorblocks einschließlich Kreislaufmetall mit 26 kg und den Druckkolbendurchmesser mit 160 mm an, dann ergibt sich der erforderliche Kolbenhub

$$h_g = \frac{26000 \cdot 4}{2{,}7\,\pi\;16^2} = 48\ \text{cm} = 480\ \text{mm}$$

unter der Annahme, daß die Druckkammer ganz mit flüssigem Metall gefüllt werden kann. Dies ist bei einer waagrechten Druckkammer nicht möglich. Man kann mit einer Füllung von etwa $^3/_4$ rechnen, so daß man einen Kolbenhub

$$h_g = \frac{480 \cdot 4}{3} \cong 640\ \text{mm} \quad \text{erhält.}$$

Ein Kolbenhub von etwa 850 mm in einer 1000 mm langen Druckkammer wird zu wählen sein.

In der bereits genannten Literaturstelle ist angegeben, daß das flüssige Metall mit einem spezifischen Gießdruck von 422 kp/cm² mit einem wassergekühlten Druckkolben in den Formhohlraum gepreßt wird. Die Wandstärke der Druckkammer, in Abb. 355d mit 80 mm angegeben, ist daher nachzurechnen. Es wird dazu die auf Grund der Hypothese der größten Gestaltänderungsarbeit[1] entwickelte Formel für den offenen Zylinder gewählt:

$$\sigma_v = p_g \frac{\sqrt{1 + 3\left(\frac{d_a}{d_i}\right)^4}}{\left(\frac{d_a}{d_i}\right)^2 - 1},$$

worin d_a = Außendurchmesser der Druckkammer in cm
und d_i = Innendurchmesser der Druckkammer in cm
einzusetzen sind. Demnach ergibt sich

$$\sigma_v = 422 \cdot \frac{\sqrt{1 + 3\left(\frac{32}{16}\right)^4}}{\left(\frac{32}{16}\right)^2 - 1} = 422 \cdot \frac{\sqrt{1 + 3 \cdot 16}}{4 - 1} = 422 \cdot \frac{7}{3}$$

$$= \sim 980\ \text{kp/cm}^2, \text{ also noch zulässig.}$$

Auch für die Druckkammer ist eine Wasserkühlung[2] zur raschen Wärmeabführung der bei jedem Schuß durchzuschleusenden großen Metallmengen zu empfehlen (es soll eine Gießleistung von 30—40 Zylinderblöcken in der Stunde möglich sein), die in Abb. 355d und e angedeutet

---

[1] Vgl. Dubbels Taschenbuch für den Maschinenbau, 12. Aufl. (2 Bde.). Berlin/Göttingen/Heidelberg: Springer 1963.

[2] bzw. Überwachung mit einem Kühlgerät, vgl. S. 285 Fußnote 2; in diesem Falle jedoch mit über die Druckkammer gestülpten Kühlmanschetten.

ist. Man kann, um die Kühlwirkung herabzumindern, in den Bohrungen auch Kupferrohre vorsehen. Die Temperatur der Druckkammer ist bei derartig großen Aggregaten ebenfalls laufend zu überwachen[1], damit gegen ein zu hohes Ansteigen entsprechende Maßnahmen (Einregulieren der Kühlung) getroffen werden können.

16. Druckgießform für Gehäuse mit Kernzugzylindern

Die aus Abb. 356 ersichtliche Druckgießform besitzt nach allen 4 Seiten Kernzüge. Die Größe der Gießform geht aus der mitphoto-

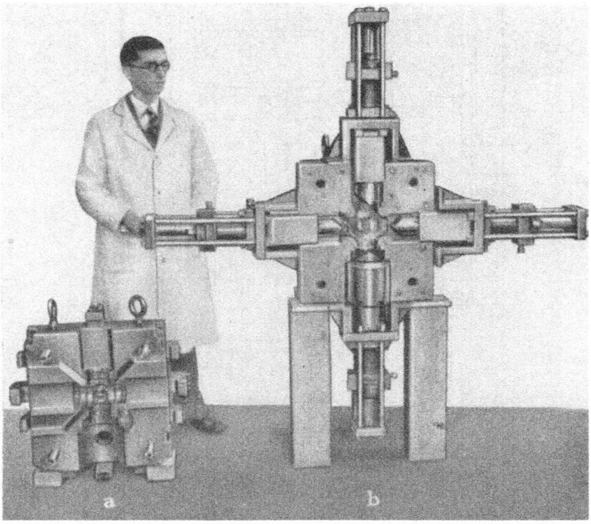

Abb. 356. Druckgießform für Gehäuse mit 4 seitlichen Kernzügen (mit Plunger-Zylindern). a Eingußformhälfte, b Auswerfformhälfte

graphierten Person hervor. In a ist die Eingußformhälfte dargestellt, während b die Auswerfformhälfte mit den angebauten Kernzugzylindern zeigt.

Kernzugzylinder nach Art der Abb. 311c haben den Nachteil, daß im Zylinderinnern unkontrollierbare Leckverluste eintreten können. Außerdem erfordert die Zylinderwand eine tadellose Oberflächenbeschaffenheit (bei Verwendung von Druckwasser bzw. Öl-in-Wasser-Emulsionen ist sogar ein Hartverchromen zu empfehlen). Diese Nachteile werden bei den Kernzugzylinderkonstruktionen Abb. 357 ausgeschaltet. Bei der Druckgießform Abb. 356 sind Plungerzylinder nach Abb. 357a verwendet. Um an Baulänge einzusparen, ist im Zylindergehäuse 1 eine ringförmige Ausdrehung angebracht, in die der Plunger 2 beim Kern-

[1] Vgl. A. F. Bauer: „Temperaturüberwachung beim Druckgießverfahren". Aluminium 34 (1958) H. 11, S. 648—651.

schließen hineinragt (Lage strichpunktiert in Abb. 357a eingezeichnet). Das Kernziehen erfolgt über die Traverse und 4 Zugstangen.

In Abb. 357b und c sind noch 2 weitere Ausbildungsarten von Plungerzylindern gezeigt, bei denen eine Umleitung der Kräfte über Zugstangen vermieden ist. Bei der Ausführung b ist das Zylindergehäuse einstückig; bei der Ausführung c dagegen besteht es aus 2 Teilen, die durch

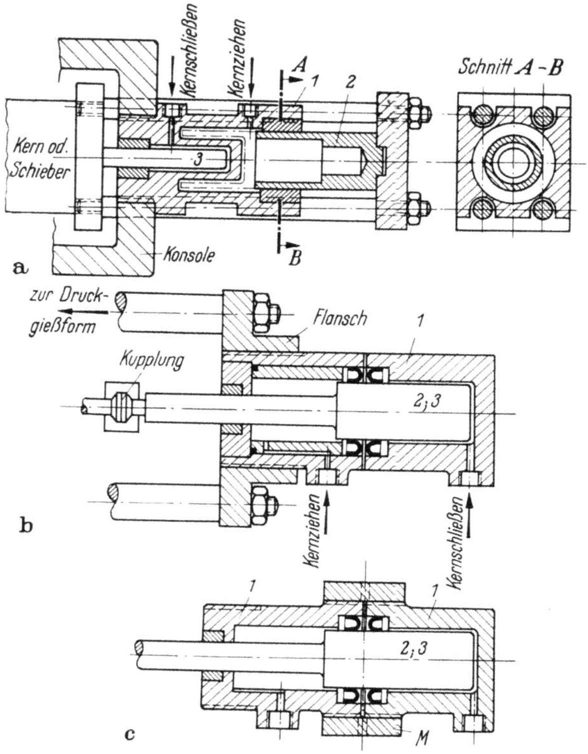

Abb. 357. Ausbildungsarten von Plunger-Zylindern zur Kern-Betätigung. (Ausführung b und c nach DBP 871 952)
a Plunger-Kernzugzylinder in raumsparender Bauweise mit Zugstangen, b u. c Plunger-Kernzugzylinder ohne Zugstangen
1 Zylindergehäuse, *2* Plunger für Kernziehen, *3* Plunger für Kernschließen

die Mutter *M* zusammengehalten werden. Zwischen den Abdichtungsmanschetten führen dünne Bohrungen oder Schlitze nach außen, so daß das Undichtwerden eines Elementes sofort festgestellt werden kann. Eine Gleitfläche im Zylinderinnern entfällt bei diesen Ausbildungsarten, die allerdings eine größere Baulänge als Kernzugzylinder nach Abb. 311c aufweisen. Selbst bei ölhydraulischem Betrieb einer Druckgießmaschine[1]

[1] Weiteres im Hauptabschnitt 4, Band II.

(oder mit Wasser-in-Öl-Emulsionen) ist die Verwendung von Plungerzylindern anzustreben.

17. Weitere Druckgießformen (Photos)

Abb. 358 zeigt eine Druckgießform für ein Gestell aus einer Aluminiumlegierung. Verschiedene Kernzüge sind erforderlich, die alle durch Schrägstifte betätigt werden.

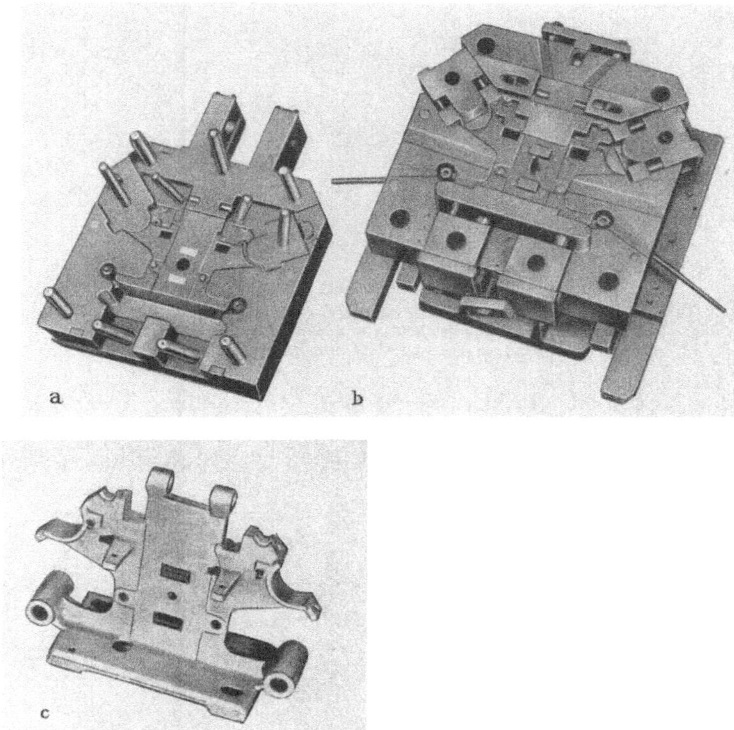

Abb. 358. Druckgießform für Gestell mit Kernbetätigung durch Schrägstifte (Photo). a Eingußformhälfte, b Auswerfformhälfte, c Druckgußstück (Gestell)

Mit der aus Abb. 359 hervorgehenden Druckgießform werden 2 verschiedene, jedoch gleichartige und zusammengehörende Teile gegossen. In Abb. 359a ist die Auswerfformhälfte, in b die Eingußformhälfte dargestellt. Auch hier werden die erforderlichen seitlichen Kernbetätigungen durch Schrägstifte bewirkt.

Aus Abb. 360 ist links die Eingußformhälfte und rechts die Auswerfformhälfte für ein Büromaschinengehäuse ersichtlich. Es handelt sich um ein verhältnismäßig dünnwandiges Gußstück, daher die verzweigte

Eingußgestaltung. Auch die Entlüftungssäcke bzw. Überläufe an der Außenkontur der Formfasson sind zu beachten.

Eine zweckmäßige Betätigung der Seitenkerne und -schieber bei kleineren Druckgießformen geht aus Abb. 361 hervor. Die Seitenschieber

Abb. 359. Druckgießform mit zwei Formhohlräumen (mit daraus hergestellten Druckgußteilen auf der Auswerfformhälfte liegend) (Müller oHG, Wallau/Lahn).
a Auswerfformhälfte, b Eingußformhälfte

besitzen Zapfen oder Rollen, welche in der Gießstellung in seitlich übergreifenden, U-förmig ausgebildeten Platten mit Schlitzen zu liegen kommen. Mit der Formbewegung werden die beweglichen Formteile

Abb. 360. Druckgießform für ein Büromaschinen-Gehäuse (Metallwerk Karl Leibfried, GmbH Böblingen)

betätigt, wobei bei stabiler Ausbildung der Betätigungsorgane Keilverriegelungen entbehrlich sind. Es können bei der Gestaltung der Schlitze beliebige Ausführungen (z. B. gerade, leicht geneigt, stark geneigt oder kurvenförmig ähnlich, wie bereits in Abb. 78 für außenliegende Schräg-

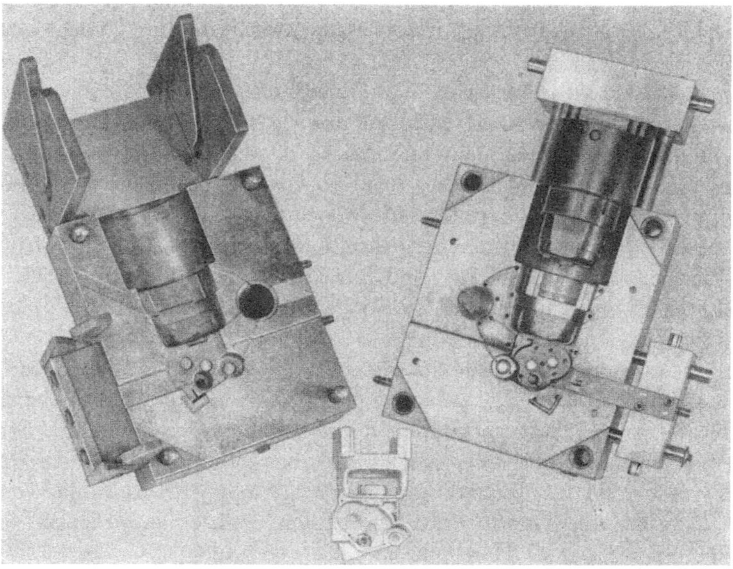

Abb. 361. Druckgießform für ein Motor-Gehäuse (Erich Herrmann & Co. KG. Grötzingen b/Karlsruhe)

Abb. 362. Große Druckgießform für Motorhaube zu einem Dieselschlepper beim Zusammenbau (Mahle-Werk GmbH, Fellbach)

finger angegeben) gewählt werden. Die Kraftübertragung ist einwandfrei und gleichmäßig durch die symmetrische Anordnung der Übertragungsorgane.

In Abb. 362 wird eine große Druckgießform für eine Motorhaube zu einem Dieselschlepper beim Zusammenbau gezeigt. Nicht nur nach der Seite, sondern auch senkrecht bzw. leicht geneigt zur Formteilung sind größere Schieberzüge notwendig, die mit hydraulischen Kernzugzylindern betätigt werden. Diese Druckgießform wiegt einschließlich aller Kernzüge etwa 25 t. Die daraus hergestellte Motorhaube mit den Außenabmessungen 1250 mm lang, 480 mm breit und 725 mm hoch aus GD-Mg Al 8 besitzt nur eine Wanddicke von 2,2 bis 2,5 mm und ein Gewicht von etwa 8 kg.

Die Einteilung der Druckgießformen in solche für Warmkammer- und Kaltkammer-Druckgießmaschinen erfolgte lediglich der Übersichtlichkeit wegen. Selbstverständlich können alle angegebenen Konstruktionseinzelheiten, sofern sie nicht verfahrensabhängig sind, sowohl bei Druckgießformen für Warmkammer- als auch für Kaltkammer-Druckgießmaschinen angewandt werden. Bei den ersteren kommen lediglich niedrigere spezifische Gießdrücke zur Auswirkung.

Außer den gezeigten Beispielen gibt es noch eine Menge interessanter Konstruktionen von Druckgießformen. Der grundsätzliche Aufbau, auch einer Druckgießform für ein sehr verwickeltes Gußstück, kann jedoch aus den gebrachten Konstruktionsbeispielen entnommen werden. Zahllose Teile, die im Druckgießverfahren wirtschaftlich hergestellt werden können, bedingen aus verfahrenstechnischen Gründen mehrere Teilungen in der Gießform, die jedoch mit Hilfe beweglicher Formteile mit unendlich vielen Gestaltungsweisen, sogenannten Schiebern, bewirkt werden, so daß derartige Gießwerkzeuge auch unter dem Begriff „mehrteilige Druckgießformen" laufen.

Allgemein ist noch zu erwähnen, daß sämtliche Angaben über Kaltkammer-Druckgießmaschinen, waagrechte Druckkammer außerhalb der Form (nach Abb. 2e, S. 6), auch für die Kaltkammer-Druckgießmaschinen mit senkrechter Druckkammer innerhalb der Form (nach Abb. 2h und i, S. 6) gelten. Die letzteren Kaltkammer-Druckgießmaschinen werden nur seltener verwendet, wobei allerdings für größere Einheiten eine Zunahme der Kaltkammer-Druckgießmaschinen mit senkrechter Druckkammer innerhalb der Form, Druckkolben von unten (nach Abb. 2i, S. 6), als Vertikal-Druckgießmaschinen (und damit mit senkrechter Formbewegung) für die Zukunft zu erwarten ist.

Anhang I

Bezeichnungen für Abschnitte 1 bis 6

Querschnitte

f_x Querschnitt einer Stromröhre an beliebiger Stelle,

f_0 die dem Druckmittel ausgesetzte Flüssigkeitsoberfläche in der Druckkammer (bei Kolbenpumpen: der Kolbenquerschnitt),

f_{spalt} tatsächlicher
f_{sp} „wirksamer“ (reduzierter)
} Ringspaltquerschnitt zwischen Druckkolben und Laufzylinder bei Kolbengießpumpen,

F Ausflußquerschnitt eines beliebigen Druckgefäßes (vgl. Abb. 4),

f Einströmquerschnitt der Druckgießform (Querschnitt des Anschnittes),

φ_1 Querschnitt eines stationären Freistrahles
φ_2 Querschnitt eines von der Aufschlagstelle abfließenden Strahles
} in sehr großer Entfernung von Aufschlagstelle (vgl. Abb. I/1),

F_1 Querschnitt eines vom Freistrahl beaufschlagten Sackhohlraumes (vgl. Abb. 15),

f_k Querschnitt des Antriebskolbens
q Querschnitt der zum Antriebszylinder führenden Druckwasserleitung
} bei hydraulisch betätigten Kolbengießpumpen (vgl. Abb. I/3 und I/4).

Druckgrößen (Überdrücke)

p_x hydrostatischer Druck in f_x

p_h Mittelwert des Druckes in der in einem Sackhohlraum gestauten Flüssigkeit (vgl. Abb. 16),

p in Flüssigkeit in der Druckkammer herrschender Überdruck (= Arbeitsdruck, vgl. 2.111 und 4.221),

p_b Betriebsdruck (vgl. 2.111 und 4.221),

p_g Gießdruck
p_n Nachdruck
} (vgl. 2.111 und 4.221),

p^i_g Initialwert des Gießdruckes zu Beginn der Formauffüllung,

p_r Mittelwert des bei Vollfüllung der Form vom Druckkolben ausgeübten Stoßdruckes („Bremsdruck“), bezogen auf Bremsweg h_r (vgl. 4.222, Bd. II),

p_z Druck im Druckwasserzylinder
p_k Druck im Akkumulator
} bei hydraulisch betätigten Kolbengießpumpen (vgl. Abb. I/3 und I/4).

Geschwindigkeiten

w_x Strömungsgeschwindigkeit in f_x

w_1 Geschwindigkeit eines stationären Freistrahls
w_2 Geschwindigkeit eines von Aufschlagstelle abfließenden Strahles
} in sehr großer Entfernung von Aufschlagstelle (vgl. Abb. I/1,

w wirkliche Momentangeschwindigkeit eines aus einem Druckgefäß ausfließenden Strahles (im besonderen: Einströmgeschwindigkeit des Metallstrahles in die Form),

w_s stationäre Ausflußgeschwindigkeit aus Druckgefäß (vgl. 2.121 b),

w_{st}	Auffüllungsgeschwindigkeit eines Sackhohlraumes (= mittlere Geschwindigkeit der Oberfläche der gestauten Flüssigkeit, vgl. Abb. 16),	
w_0	bei Kolbengießpumpen: Momentangeschwindigkeit des Druckkolbens, bei Druckluftgießmaschinen: Momentangeschwindigkeit des Flüssigkeitsspiegels in Druckkammer,	
w_g	Druckkolbengeschwindigkeit während Formauffüllung („Gießgeschwindigkeit"),	im quasistationären Strömungszustande,
w_n	Druckkolbengeschwindigkeit nach beendeter Formauffüllung („Nachziehgeschwindigkeit"),	
w_{spalt}	wirkliche Ausflußgeschwindigkeit aus Ringspalt zwischen Kolben und Laufzylinder,	
c	Momentangeschwindigkeit des Druckwassers bzw. allgemein der Druckflüssigkeit in Zuleitung zum Antriebszylinder (vgl. Abb. I/4),	
$w^i{}_0$	Initialgeschwindigkeit des Druckkolbens	zu Beginn der Auffüllung des Formhohlraumes.
w_i	Initialgeschwindigkeit des aus Anschnitt in Formhohlraum einströmenden Metallstrahles	
$w^i{}_x$	Initialgeschwindigkeit des Metalls in belieb. Querschnitt f_x des Eingußkanals	
c_i	Initialgeschwindigkeit des Druckwassers in Zuleitung zum Antriebszylinder	

Zeitgrößen, Kräfte, Hubwege, sonstige Größen

τ	Zeit, von Beginn der Druckeinwirkung an gerechnet,
τ'	Zeit, von Beginn der Auffüllung des Formhohlraumes an gerechnet,
τ_l	„Anlaufzeit" (= Zeit, in welcher bei konstantem Überdruck die Strömungsgeschwindigkeit auf 90% der stationären steigt),
P	die vom Freistrahl auf beaufschlagten Körper ausgeübte Aktionskraft,
K	die auf Druckkolben einwirkende Antriebskraft,
G_0	Gewicht des Druckkolbens samt den Gewichten der mit dem Kolben starr verbundenen Konstruktionsteile,
h_v	Vorhub (= Weg der dem Druckmittel ausgesetzten Flüssigkeitsoberfläche in Druckkammer von Ruhelage bis zum Beginn der eigentlichen Formauffüllung, vgl. 4.221, Bd. II),
h_r	„Bremsweg" des Druckkolbens nach Vollfüllung der Form (vgl. 4.222, Bd. II),
γ	spezifisches Gewicht der im Druckgefäß enthaltenen Flüssigkeit (des Gießmetalls),
γ_w	spezifisches Gewicht des Druckwassers bzw. allgemein der Druckflüssigkeit,
g	Erdbeschleunigung.

1. Allgemeine Grundlagen

In den nachstehenden Berechnungen werden die folgenden, für inkompressible Flüssigkeiten geltenden, grundlegenden Beziehungen benutzt:

a) Kontinuitätssatz: In einer Stromröhre[1] ist

$$f_x \cdot w_x = \text{konst.} \tag{1/1}$$

b) Bernoullische Gleichung. Nach dieser Gleichung, die die Anwendung des ersten Hauptsatzes auf Strömungsvorgänge darstellt, ist —

[1] D. h. in einem ringsum von Stromlinien begrenzten Flüssigkeitsbereich.

unter Vernachlässigung der geodätischen Höhenunterschiede[1] und aller Reibungsverluste — bei *stationärer* Strömung in jeder Stromlinie

$$\frac{p_x}{\gamma} + \frac{w_x^2}{2g} = \text{konst.} \tag{1/2}$$

Durch entsprechende Zusatzglieder kann die Bernoullische Gleichung zur Anwendung auf nicht stationäre Strömung[2] und auf Reibungsströmung[3] erweitert werden.

c) Impulssatz: Der Impulssatz stellt die Anwendung der Newtonschen Grundgleichung der Mechanik auf Strömungsvorgänge dar[4]. Er gilt auch für Reibungsströmung. Für den in Abb. I/1 dargestellten Sonderfall (Beaufschlagung einer festen Wand durch einen Freistrahl) folgt aus dem Impulssatz, daß bei stationärer Strömung die auf die Wand ausgeübte Kraft sich berechnet zu

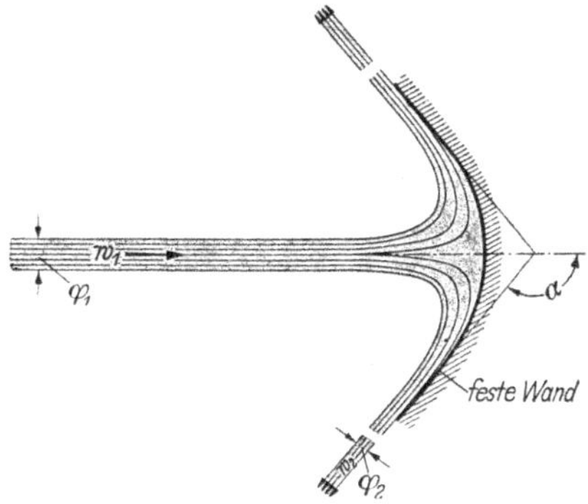

Abb. I/1. Umlenkung eines stationären Freistahls an einer festen Wand

$$P = \frac{\gamma}{g}\left(\varphi_1 \cdot w_1^2 - \sum \varphi_2 \cdot w_2^2 \cdot \cos\alpha\right). \tag{1/3}$$

2. Ausfluß einer inkompressiblen, reibungsfreien Flüssigkeit aus einer Druckkammer

(vgl. hierzu 2.121 b)

a) Stationärer Strömungszustand

Bei konstantem Überdruck p (vgl. Abb. 4a und 5a) ergibt sich aus Gl. (1/1) und (1/2) die stationäre Ausflußgeschwindigkeit[5]

$$w_s = \frac{\sqrt{2\,g\,\frac{p}{\gamma}}}{\sqrt{1 - \left(\frac{F}{f_0}\right)^2}}. \tag{2/1}$$

[1] Diese Vernachlässigung ist bei Berechnung von Druckgießvorgängen wegen der Größe der auftretenden Druck- bzw. Geschwindigkeitshöhen stets zulässig.

[2] Über die allgemeine Form der Bernoullischen Gleichung für nicht stationäre, reibungs- und wirbelfreie Strömung siehe z. B. „Hütte", neueste Auflage.

[3] Ein Beispiel hierfür bietet Gl. (4/16 a).

[4] Näheres über den Impulssatz kann versch. Fachbüchern über Hydraulik entnommen werden.

[5] Hier und im folgenden ist eine solche Gestalt der Ausflußmündung vorausgesetzt, bei der keine Strahlkontraktion in Betracht kommt.

Wenn f_0 gegen F sehr groß ist, gilt mit genügender Annäherung

$$w_s = \sqrt{2\,g\,\frac{p}{\gamma}}\,. \tag{2/2}$$

Wenn es sich um die Einströmung des Gießmetalls aus der Druckkammer in die Druckgießform handelt, ist für F der „Einströmquerschnitt" f des Anschnittes der Gießform zu setzen, der gegen den Druckkammerquerschnitt f_0 stets sehr klein ist. Daher kann für diesen Fall immer die Näherungsformel (2/2) verwendet werden.

b) Anlaufvorgang

Es soll der zeitliche Anstieg der Ausflußgeschwindigkeit w für das in Abb. I/2 starklinig gezeichnete Druckgefäß berechnet werden. Dieses stellt eine schematische Vereinfachung des aus Druckkammer und Einguß bestehenden Systems dar, so daß die Ausflußöffnung f dem „Einströmquerschnitt" der Druckgießform entspricht. Zur weiteren Vereinfachung wird angenommen, daß der Kolben ideal dicht paßt und masselos ist, ferner werden die Reibung, sowie alle Höhenunterschiede und alle auf Achse 1—1 senkrechten Geschwindigkeitskomponenten vernachlässigt.

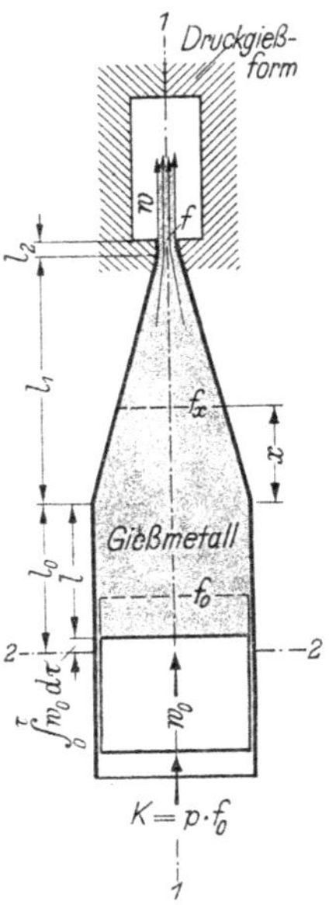

Abb. I/2

1. Zunächst wird vorausgesetzt, daß das Gefäß in der Anfangslage (in welcher die Kolbenoberkante in Höhe 2—2 steht) bis zur Ausflußmündung f mit flüssigem Metall gefüllt ist.

Wenn zur Zeit $\tau = 0$ auf den Kolben plötzlich ein konstanter Überdruck p einzuwirken beginnt (vgl. Abb. 5a), so beginnt das Metall sofort in beschleunigter Bewegung aus f auszufließen. Dabei lautet die Energiebilanz für den Zeitabschnitt von τ bis $\tau + d\tau$:

$$p \cdot f_0 \cdot w_0 \cdot d\tau = \frac{\gamma}{g} \cdot \Big\{ f_0 \cdot l \cdot w_0 \cdot \frac{dw_0}{d\tau} \cdot d\tau + \int\limits_{x=0}^{x=l_1} f_x \cdot dx \cdot w_x \cdot \frac{dw_x}{d\tau} \cdot d\tau + $$
$$+ f \cdot l_2 \cdot w \cdot \frac{dw}{d\tau} \cdot d\tau + \frac{1}{2} \cdot f_0 \cdot w_0 \cdot d\tau\,(w^2 - w_0^2) \Big\}\,. \tag{2/3}$$

Aus Gl. (2/3) folgt unter Heranziehung der Kontinuitätsgleichung (1/1) und der stationären Ausflußformel (2/2) nach einigen Umformungen

$$\frac{dw}{d\tau} = \frac{1}{2} \cdot \frac{w_s^2 - w^2 \cdot \left\{1 - \left(\frac{f}{f_0}\right)^2\right\}}{l \cdot \frac{f}{f_0} + l_1 \cdot \sqrt{\frac{f}{f_0}} + l_2}\,, \tag{2/3a}$$

und wenn näherungsweise $1 - \left(\frac{f}{f_0}\right)^2 \approx 1$ und $l \approx l_0$ gesetzt wird[1],

$$\frac{dw}{d\tau} = \frac{1}{2} \cdot \frac{w_s^2 - w^2}{l_0 \cdot \frac{f}{f_0} + l_1 \cdot \sqrt{\frac{f}{f_0}} + l_2}, \tag{2/3b}$$

$$\tau = \frac{l_0 \cdot \frac{f}{f_0} + l_1 \cdot \sqrt{\frac{f}{f_0}} + l_2}{w_s} \cdot \ln \frac{w_s + w}{w_s - w}. \tag{2/4}$$

Hieraus ergibt sich die „Anlaufzeit" τ_l, nach deren Ablauf $w = 0{,}9\, w_s$ ist (vgl. 2.121b), zu

$$\tau_l = \frac{l_0 \cdot \frac{f}{f_0} + l_1 \cdot \sqrt{\frac{f}{f_0}} + l_2}{w_s} \cdot 2{,}944. \tag{2/4a}$$

Setzt man, etwa entsprechend praktischen Verhältnissen beim Aluminiumdruckguß, $l_0 = 15$ cm, $l_1 = 20$ cm, $l_2 = 2$ mm, $\frac{f}{f_0} = \frac{1}{100}$, $p = 350$ kp/cm² und $\gamma = 2540$ kp/m³, so erhält man

$$w_s = \sqrt{2g\frac{p}{\gamma}} = 164 \text{ m/s} \quad \text{und} \quad \tau_l = 0{,}00041 \text{ s}.$$

Die Anlaufzeit ist somit, insbesondere bei verhältnismäßig hohen spez. Gießdrücken, von geringerer Größenordnung als die Gießdauer, die unter den angenommenen Verhältnissen für ein Gußstück von 100 g Gewicht bei einem Einströmquerschnitt $f = 0{,}4$ cm² etwa 0,01 s betragen würde.

2. Es wird nunmehr der Fall betrachtet, daß das Gießmetall, wie es praktisch stets der Fall ist, in der Ruhelage nicht bis zum Anschnitt reicht, sondern an diesen erst nach einem „Vorhub" h_v des Kolbens herankommt. In diesem Falle kann man über den gesamten Vorhub h_v eine summarische Energiebilanz aufstellen. Diese lautet, wenn die zu Beginn der Auffüllung des Formhohlraumes herrschenden Momentangeschwindigkeiten durch den Index i gekennzeichnet werden:

$$p \cdot f_0 \cdot h_v = \frac{\gamma}{2g} \cdot \left\{ f_0 (l_0 - h_v) \cdot w_0^{i2} + \int_{x=0}^{x=l_1} f_x \cdot dx \cdot w_x^{i2} + f \cdot l_2 \cdot w_i^2 \right\}.$$

Hieraus ergibt sich der Initialwert w_i, der Einströmgeschwindigkeit des Gießmetalls in den Formhohlraum zu

$$w_i = w_s \cdot \sqrt{\frac{h_v \cdot \frac{f_0}{f}}{(l_0 - h_v)\frac{f}{f_0} + l_1 \cdot \sqrt{\frac{f}{f_0}} + l_2}}. \tag{2/5}$$

---

[1] Dies ist zulässig, da $\frac{f}{f_0}$ gegen 1 stets sehr klein ist und der Kolbenweg $l_0 - l = \int w_0 \cdot d\tau$ während der ganzen Anlaufzeit gegenüber den Größen, neben denen er additiv auftritt, vernachlässigbar klein ist.

Während der Auffüllung des Formhohlraumes stimmt die Energiebilanz für ein Zeitelement mit Gl. (2/3) überein. Aus dieser erhält man (nach entsprechenden Umformungen und Vereinfachungen wie im vorigen Abschnitt) durch Integration und Einsetzung des Initialwertes w_i zum Zeitpunkt Null die Gleichung

$$\tau' = \frac{(l_0 - h_v) \cdot \frac{f}{f_0} + l_1 \cdot \sqrt{\frac{f}{f_0}} + l_2}{w_s} \cdot \ln \left(\frac{w_i - w_s}{w_i + w_s} \cdot \frac{w + w_s}{w - w_s} \right) \qquad (2/5\,a)$$

worin τ' die Zeit, vom Beginn der Auffüllung des Formhohlraums an gerechnet, bedeutet.

Die Einströmgeschwindigkeit in den Formhohlraum wird keine so hohen Initialwerte, wie rechnerisch ermittelt, erreichen, da während des Vorhubes die Reibungs- und Stoßverluste im Einguß einen erheblichen Teil der kinetischen Energie aufzehren (vgl. 2.213). Bei Kolbengießpumpen ist überdies noch der Einfluß der Metalleinlaßöffnungen zu berücksichtigen.

3. Druckverteilung bei stationärer Strömung

a) Bei reibungsfreier, wirbelfreier Strömung

In diesem Falle verläuft die Strömung in jeder von Stromlinien begrenzten „Stromröhre“ wie in einem Rohrstrang. Aus einem gegebenen Stromlinienbild (wie z. B. Abb. 6a oder 8 oder 15a) kann man mittels der Kontinuitätsgleichung (1/1) die Geschwindigkeitsverteilung, und hiernach mit Hilfe der Bernoullischen Gl. (1/2) die Druckverteilung berechnen.

Diejenigen Punkte, an denen die Strömungsgeschwindigkeit Null wird (z. B. Punkt 0 in Abb. 6, Punkte 2, 3 und 5 in Abb. 8) heißen „Staupunkte“; in diesen erreicht der Flüssigkeitsdruck seinen Maximalwert, den „Staudruck“.

Den Mittelwert des Druckes in einem bestimmten Flüssigkeitsbezirk erhält man durch Anwendung des Impulssatzes. So ergibt sich z. B. in dem in Abb. 15a dargestellten Falle (Umlenkung eines stationären Strahles in einem Sackhohlraum) der mittlere Druck in der gestauten Flüssigkeit aus Gl. (1/3) zu

$$p_h = \frac{P}{F_1} = \frac{\gamma}{g \cdot F_1} \cdot \left\{ \varphi \cdot w^2 + 2 \cdot \frac{\varphi}{2} \cdot w^2 \right\} = 4 \cdot \frac{\varphi}{F_1} \cdot \gamma \cdot \frac{w^2}{2g}\,. \qquad (3/1)$$

b) Für wirkliche Flüssigkeiten

Um den mittleren Flüssigkeitsdruck auch bei wirklicher Strömung (mit Reibung und Wirbeln) aus einer summarischen Impulsbetrachtung abzuleiten, muß man Näherungsannahmen einführen. Zur Behandlung des in Abb. 16 dargestellten Falles (quasistationäre Auffüllung eines Formhohlraumes) wird der Strömungsverlauf in einem vereinfachten

Bilde so vorgestellt, daß der gesamte vom Einlaufstrahl freigelassene Hohlraumquerschnitt $F_1 - \varphi$ von einer gleichförmigen Rückströmung erfüllt ist, deren Geschwindigkeit w_{st} formal aus der Kontinuitätsgleichung $(F_1 - \varphi) \cdot w_{st} = \varphi \cdot w$ ermittelt wird; ferner wird angenommen, daß die in Gl. (1/3) gegebene stationäre Fassung des Impulssatzes näherungsweise auch auf den vorliegenden Fall angewandt werden darf[1]. Diese Annahmen erscheinen reichlich roh, sie dürften jedoch den Rahmen des für eine rein qualitative Betrachtung Zulässigen nicht überschreiten. Man erhält so für den mittleren Flüssigkeitsdruck im gestauten Metall

$$p_h = \frac{P}{F_1} = \frac{\gamma}{g \cdot F_1} \cdot \{\varphi \cdot w^2 + (F_1 - \varphi) \cdot w_{st}^2\}$$

$$= 2 \cdot \frac{\varphi}{F_1 - \varphi} \cdot \gamma \cdot \frac{w^2}{2g}. \qquad (3/1\,a)$$

(Rein zahlenmäßig könnten die Endgleichungen (3/1) und (3/1a) noch vereinfacht werden; um die Herleitung besser verfolgen zu können, werden sie jedoch so beibehalten.)

c) Grenzbedingung für Möglichkeit stationärer Strömung in einem Sackhohlraum

Aus Gl. (3/1) bzw. (3/1a) folgt der Beweis für die in 2.121d, 2.122c und 2.122d ausgesprochene Behauptung, daß bei Einströmung eines Freistrahls in einen Sackhohlraum eine stationäre Strömung (bzw., bei wirklicher Flüssigkeit, eine „quasistationäre" Auffüllung) nur möglich ist, wenn bei idealer Strömung $\frac{\varphi}{F_1} < \frac{1}{4}$, bei wirklicher Strömung $\frac{\varphi}{F_1} < \frac{1}{3}$ ist.

Es kann nämlich bei stationärer Strömung der mittlere Druck p_h den Wert des „Staudruckes"

$$p_{\max} = \gamma \cdot \frac{w^2}{2g} \qquad (3/2)$$

niemals übersteigen[2]. Nun ist aber Gl. (3/2) bei idealer Strömung mit Gl. (3/1) unverträglich, wenn $\frac{\varphi}{F_1} > \frac{1}{4}$ ist; und bei wirklicher Strömung ist Gl. (3/2) mit Gl. (3/1a) unvereinbar, wenn $\frac{\varphi}{F_1} > \frac{1}{3}$ ist. Daher muß, wenn $\frac{\varphi}{F_1}$ oberhalb der angegebenen Werte liegt, der stationär ankommende Strahl den Sackhohlraum gleich während der „Stoßperiode", d. h. ehe sich noch ein stationärer oder quasistationärer Zustand einstellen kann, vollständig auffüllen.

[1] Durch diese Annahme wird von allen Ungleichmäßigkeiten der Geschwindigkeitsverteilung in der rückströmenden Flüssigkeit abstrahiert.

[2] Für die quasistationäre Strömung, die sich von der als nicht stationär zu behandelnden ja nur in quantitativer Hinsicht unterscheidet, hat Gl. (3/2) nur größenordnungsmäßige Bedeutung.

4. Die Bewegungsvorgänge in Kolbengießpumpen im quasistationären Strömungszustande

Die nachfolgenden Berechnungen enthalten die vereinfachende Annahme, daß der „Arbeitsdruck“ p dem „Betriebsdruck“ (Gießdruck p_g bzw. Nachdruck p_n) mit hinreichender Annäherung[1] gleichgesetzt werden darf (vgl. 2.111, sowie 4.221 und 4.313 in Bd. II).

a) Bei ideal dichter Kolbenpassung und reibungsfreier Strömung

1. Druckantrieb (vgl. 4.221 in Bd. II). Auf den Gießkolben wirke eine konstante Antriebskraft $K = p_g \cdot f_0$, dann ist nach Eintritt des quasistationären Strömungszustandes die Geschwindigkeit des Metallstrahls in dem (als Ausflußmündung wirkenden) Einströmquerschnitt f der Gießform nach Gl. (2/2)

$$w = \sqrt{2g\frac{p_g}{\gamma}} \tag{4/1}$$

und die ideale Kolbengeschwindigkeit nach Gl. (1/1) und (4/1)

$$w_g^{id} = \frac{f}{f_0} \cdot \sqrt{2g\frac{p_g}{\gamma}}. \tag{4/2}$$

2. Geschwindigkeitsantrieb (vgl. 4.221 und 4.233 in Bd. II). Wenn dem Gießkolben eine konstante Geschwindigkeit w_g aufgezwungen wird, so ist nach Gl. (1/1) die ideale Einströmgeschwindigkeit des Metalls in die Form

$$w_{id} = \frac{f_0}{f} \cdot w_g \tag{4/3}$$

und nach Gl. (2/2) der ideale Gießdruck

$$p_g^{id} = \gamma \cdot \frac{w_g^2}{2g} \cdot \left(\frac{f_0}{f}\right)^2. \tag{4/4}$$

b) Einfluß der Undichtheit der Kolbenpassung

In diesem Falle muß die Reibung, trotz ihrer sonstigen Außerachtlassung, insoweit berücksichtigt werden, als sie das *Verhältnis* der durch den Anschnitt (f) einerseits und den Ringspalt zwischen Kolben und Zylinder (f_{spalt}) andererseits ausströmenden Metallmengen beeinflußt. Es sind nämlich die Widerstandszahlen von Ringspalt und Anschnitt so überaus verschieden, daß bei Durchführung der Berechnung unter konsequenter Voraussetzung reibungsfreier Strömung Formeln erhalten werden, die hinsichtlich des Einflusses der Größe f_{spalt} ein Bild ergeben, das gegenüber der wirklichen Strömung in irreführender Weise verzerrt ist. Der Einfluß der Reibung auf die Wirkung der Ringspaltgröße wird folgendermaßen berücksichtigt:

---

[1] Diese vereinfachende Annahme dürfte am ehesten nur bei Warmkammer-Druckgießmaschinen zulässig sein.

Setzt man den Druckverlust im Anschnitt $\Delta p_a = \zeta_a \cdot \gamma \frac{w^2}{2g}$, den Druckverlust im Ringspalt $\Delta p_{spalt} = \zeta_{spalt} \cdot \gamma \frac{w_{spalt}^2}{2g}$, und vernachlässigt man alle anderen Verluste, so erhält man mittels der Bernoullischen Gleichung für Reibungsströmung die Beziehung[1]

$$w_{spalt} = w \cdot \sqrt{\frac{1+\zeta_a}{1+\zeta_{spalt}}}, \tag{4/5}$$

und mittels der Kontinuitätsgleichung (1/1)

$$w_g \cdot f_0 = w \cdot f + w_{spalt} \cdot f_{spalt} = w \cdot f + w \cdot f_{spalt} \sqrt{\frac{1+\zeta_a}{1+\zeta_{spalt}}}. \tag{4/6}$$

Aus Gl. (4/6) folgt, daß dasselbe Verhältnis der durch Anschnitt und Ringspalt ausströmenden Metallmengen wie bei der wirklichen Strömung sich bei einer reibungsfreien Strömung[1] dann einstellen würde, wenn der Spaltquerschnitt, anstatt der Größe f_{spalt}, die Größe

$$f_{sp} = f_{spalt} \cdot \sqrt{\frac{1+\zeta_a}{1+\zeta_{spalt}}} \tag{4/7}$$

haben würde[2]. Daher wird im folgenden an Stelle von f_{spalt} die Rechengröße f_{sp} gemäß Gl. (4/7) eingeführt, die im Text als „wirksamer" Spaltquerschnitt bezeichnet ist (vgl. 4.222 in Bd. II); im übrigen aber wird die Berechnung für reibungsfreie Flüssigkeit durchgeführt. Auf diese Art erhält man Resultate, in denen sich die Außerachtlassung der Reibung nur in derselben Art auswirkt wie in den vorangehenden Berechnungen[3], so daß sie der qualitativen Vergleichbarkeit der Resultate, auf die es hier vor allem ankommt, keinen Abbruch tut. In dieser Weise ergibt sich das Folgende:

1. Druckantrieb. Für die Einströmgeschwindigkeit des Metalls in die Form gilt wieder Gl. (4/1)[4]. Hieraus folgt in Verbindung mit G. (1/1)

---

[1] Es ist zu beachten, daß der außerhalb des Ringspaltes herrschende Gegendruck sich praktisch nicht nennenswert von dem außerhalb des Anschnittes herrschenden atmosph. Druck unterscheidet. Aus diesem Grunde würde bei *reibungsfreier* Strömung das Metall aus dem Ringspalt mit der gleichen Geschwindigkeit ausfließen wie aus dem Anschnitt.

[2] Es sei ausdrücklich darauf hingewiesen, daß Gl. (4/7) nicht explizite erkennen läßt, in welcher Art f_{sp} von f_{spalt} abhängt, da die Widerstandszahl ζ_{spalt} selbst sehr stark von der Spaltbreite und somit von f_{spalt} abhängig ist. Daher nimmt der „wirksame" Spaltquerschnitt f_{sp} mit wachsender Spaltbreite stärker zu, mit abnehmender Spaltbreite stärker ab als der tatsächliche, „geometrische" Spaltquerschnitt. Praktisch kann die Größe von f_{sp} in einem gegebenen Einzelfalle durch Messung von w_g und w_n bei konstantem Betriebsdruck mittels Gl. (4/11) unschwer ermittelt werden (vgl. 4.222 in Bd. II).

[3] Die so ermittelten Werte sind durchweg mit dem Fehler behaftet, der von der Vernachlässigung der Reibung in Gl. (2/2) bzw. (4/1) herrührt.

[4] s. Fußnote 1, (S. 498.)

die Kolbengeschwindigkeit während der Formauffüllung

$$w_g = \frac{f + f_{sp}}{f_0} \cdot w = \frac{f + f_{sp}}{f_0} \cdot \sqrt{2\,g\,\frac{p_g}{\gamma}} \tag{4/8}$$

und die Kolbengeschwindigkeit während des „Nachziehens" (vgl. 4.213 und 4.222 in Bd. II)

$$w_n = \frac{f_{sp}}{f_0} \cdot \sqrt{2\,g\,\frac{p_n}{\gamma}}\,. \tag{4/9}$$

Gl. (4/8) ergibt in Verbindung mit Gl. (4/2)

$$\frac{w_g}{w_g^{id}} = \frac{f + f_{sp}}{f}\,. \tag{4/10}$$

Ferner ist bei konstantem Betriebsdruck ($p_g = p_n$)

$$\frac{w_g}{w_n} = \frac{f + f_{sp}}{f_{sp}}\,. \tag{4/11}$$

2. Geschwindigkeitsantrieb. Aus Gl. (1/1) folgt

$$w = w_g \cdot \frac{f_0}{f + f_{sp}}\,. \tag{4/12}$$

Dies ergibt in Verbindung mit Gl. (2/2)

$$p_g = \gamma\,\frac{w^2}{2g} = \gamma\,\frac{w_g^2}{2g} \cdot \left(\frac{f_0}{f + f_{sp}}\right)^2. \tag{4/13}$$

Somit ist gemäß Gl. (4/3) und (4/4)

$$\frac{w}{w_{id}} = \frac{f}{f + f_{sp}}\,, \tag{4/14}$$

$$\frac{p_g}{p_g^{id}} = \left(\frac{f}{f + f_{sp}}\right)^2. \tag{4/15}$$

c) Hydraulischer Antrieb mit Drosselregulierung

(vgl. 4.232 in Bd. II)

Die in Abb. I/3 schematisch dargestellte Kolbengießpumpe mit hydraulischem Antrieb enthält in der Druckwasserleitung l_1 ein Drosselventil zur Regelung des Gießdruckes. Da die Wirkung dieser Regelung auf dem durch die Reibungsverluste im Drosselventil verursachten Druckverlust beruht[1], muß die Ventilreibung in der Berechnung berücksichtigt werden, während im übrigen die Reibungsverluste außer Betracht bleiben.

[1] Bei idealer reibungsfreier Strömung könnte natürlich durch Drosselung kein Druck*verlust* jenseits der Drosselstelle herbeigeführt werden.

Man setzt den durch das Drosselventil verursachten Druckverlust

$$\Delta p = \zeta_v \cdot \gamma_w \cdot \frac{w_g^2}{2g}, \tag{4/16}$$

worin ζ_v die Widerstandszahl[1] des Drosselventils bedeutet, deren Größe von der Einstellung desselben (von dem „Drosselungsgrade") abhängig ist.

Mittels Gl. (4/16) und der Bernoullischen Gleichung erhält man

$$\frac{p_z}{\gamma_w} = \frac{p_k}{\gamma_w} - \frac{w_g^2}{2g} \cdot (1 + \zeta_v), \tag{4/16a}$$

$$\frac{p_z}{\gamma} \cdot \frac{f_k}{f_0} = \frac{p_g}{\gamma} = \frac{w^2}{2g} \tag{4/16b}$$

und

$$p_g = \frac{p_k}{\frac{f_0}{f_k} + \frac{\gamma_w}{\gamma} \cdot \left(\frac{f + f_{sp}}{f_0}\right)^2 \cdot (1 + \zeta_v)}. \tag{4/17}$$

Da ζ_v durch Verstellen des Drosselventils willkürlich veränderlich ist, kann der während der quasistationären Formauffüllung herrschende Gießdruck p_g auf beliebige Werte unterhalb von $p_k \cdot \frac{f_k}{f_0}$ einreguliert werden. Bei gegebener Einstellung des Drosselventils ist p_g sehr stark von der Größe des Einströmquerschnittes f und von dem Dichtheitsgrade der Gießkolbenpassung abhängig[2].

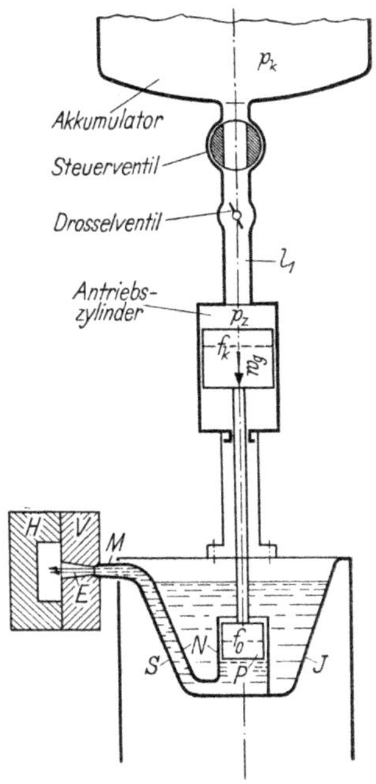

Abb. I/3. Schema einer hydraulisch betätigten Kolbengießpumpe mit Drosselregulierung des Gießdruckes. (Die Drosselung kann auch, anstatt durch ein besonderes Organ, durch das Steuerventil selbst bewirkt werden.)

5. Bremsdruck am Ende der Formauffüllung

Der Gieß- bzw. Druckkolben und die mit ihm verbundenen bewegten Massen üben am Ende der Formauffüllung infolge der Abbremsung einen Massendruck auf das Gießmetall aus, dessen Mittelwert sich aus folgendem Ansatz berechnet:

Bezeichnet M_0 die Masse des Kolbens samt den (sinngemäß auf die

[1] Bezogen auf die Geschwindigkeit im Antriebszylinder.

[2] Diese Abhängigkeit des Gießdruckes von f und f_{sp} sowie die plötzliche Drucksteigerung im Augenblicke der Vollfüllung der Form (die durch das Aufhören der Reibungsverluste verursacht wird), hat der Druckwasserantrieb mit Drosselregulierung mit den „Geschwindigkeitsantrieben" gemeinsam.

Kolbenachse reduzierten[1]) Massen der auf den Kolben einwirkenden beweglichen Teile, h_r den „Bremsweg", auf welchem nach Vollfüllung der Form die Kolbengeschwindigkeit von w_g auf w_n verringert wird, und p_r den Mittelwert des „Bremsdruckes" über h_r, so ist nach dem ersten Hauptsatz

$$f_0 \cdot p_r \cdot h_r = \frac{M_0}{2}(w_g^2 - w_n^2) = \frac{M_0 \cdot g}{\gamma} \cdot \left\{p_g \cdot \left(\frac{f + f_{sp}}{f_0}\right)^2 - p_n \left(\frac{f_{sp}}{f_0}\right)^2\right\}. \qquad (5/1)$$

Hieraus folgt[2] für konstanten Betriebsdruck p_b $(= p_g = p_n)$

$$p_r = \frac{1}{\gamma \cdot h_r} \cdot p_b \cdot \frac{M_0 \cdot g}{f_0} \cdot \left\{\left(\frac{f + f_{sp}}{f_0}\right)^2 - \left(\frac{f_{sp}}{f_0}\right)^2\right\}. \qquad (5/2)$$

Wenn man, entsprechend den praktischen Verhältnissen, beispielsweise $\gamma = 6200$ kp/m³, $p_b = 30$ kp/cm², $\frac{M_0 \cdot g}{f_0} = 1$ kp/cm², $\frac{f}{f_0} = \frac{1}{50}$ setzt und f_{sp} vernachlässigt, so ergibt sich bei Annahme eines Bremsweges $h_r = 3$ mm der mittlere Bremsdruck $p_r = 6{,}5$ kp/cm².

Für Kolbengießpumpen mit Kolbenantrieb durch Belastungsgewicht b_g (vgl. Abb. 397 in Bd. II) geht Gl. (5/2), wenn gegen $\frac{b_g}{g}$ alle übrigen Massen vernachlässigt werden, über in Gl. (61) bzw. (62) in 4.233, Bd. II.

6. Anlauf- und Gießvorgang in hydraulisch betätigten Kaltkammer-Druckgießmaschinen

Es werden zwei Abschnitte des Bewegungsvorganges betrachtet: der „Vorhub" (Kolbenweg h_v), währenddessen das Gießmetall aus der Ruhelage bis zum Einströmquerschnitt f der Gießform (vgl. Abb. I/4) gelangt, und der eigentliche Gießvorgang (Formauffüllung). In der näherungsweisen Berechnung werden alle zur Hubrichtung senkrechten Geschwindigkeitskomponenten vernachlässigt, ebenso die kinetische Energie der Druckflüssigkeit im Antriebszylinder und die des Gießmetalls in der Druckkammer vom Querschnitt f_0. Endlich wird die Reibung

---

[1] Diese Reduktion ist so vorzunehmen, daß man sich alle auf den Kolben einwirkenden Massen, die sich mit anderer als der Kolbengeschwindigkeit bewegen, ersetzt denkt durch an der Kolbenachse befestigte „reduzierte" Massen von solcher Größe, daß ihre kinetische Energie bei der Kolbenbewegung in jedem Augenblicke derjenigen der wirklichen Massen gleich ist. Diese Ersetzung ist natürlich bei Massen mit Drehbewegung (Hebeln) nur näherungsweise möglich; z. B. kann im Falle der Abb. 397c (Bd. II) die Masse $\frac{b_g}{g}$ durch eine an der Kolbenstange befestigte „reduzierte Masse" $\frac{b_g}{g} \cdot \left(\frac{d_k}{d_p}\right)^2$ ersetzt werden.

[2] Es sei ausdrücklich darauf hingewiesen, daß Gl. (5/2) die Form der Abhängigkeit des Bremsdruckes von f_{sp} nicht unmittelbar erkennen läßt. Da der Bremsweg h_r mit zunehmendem f_{sp} stark zunimmt, *sinkt der Bremsdruck mit wachsender Spaltgröße* f_{sp}.

durchweg außer acht gelassen, auch wird die Kolbenpassung als ideal dicht vorausgesetzt.

Werden die zu Beginn der eigentlichen Formauffüllung herrschenden Momentangeschwindigkeiten durch den Index i gekennzeichnet, so lautet die summarische Energiebilanz für den Vorhub:

$$h_v \cdot \frac{f_k}{q} p_k \cdot q = \frac{\gamma_w}{2g} \cdot q \cdot l_2 \cdot c_i^2 + \frac{G_0}{2g} \cdot w_0^{i2} + \frac{\gamma}{2g} \cdot \int_{x=0}^{x=l_1} f_x \cdot dx \cdot w_x^{i2}. \tag{6/1}$$

Hieraus ergibt sich nach einigen Umformungen und nach Durchführung der Integration der Initialwert der Einströmgeschwindigkeit des Metalls in die Form

$$w_i = \frac{f_0}{f} \cdot \sqrt{2g \cdot \frac{h_v \cdot f_k \cdot p_k}{G_0 + \gamma_w \cdot q \cdot l_2 \cdot \left(\frac{f_k}{q}\right)^2 + \gamma \cdot l_1 \cdot f_0 \cdot \sqrt{\frac{f_0}{f_1} \cdot \frac{f_0}{f}}}}. \tag{6/2}$$

Während des eigentlichen *Gießvorganges* nimmt, wenn w_i größer als

$$w_s = \sqrt{2g \frac{p_k}{\gamma} \cdot \frac{f_k}{f_0}} \tag{6/3}$$

ist, die Einströmgeschwindigkeit w zeitlich ab; im umgekehrten Falle nimmt sie zu. Praktisch liegt gewöhnlich der erste Fall vor, da die Größe des Vorhubes bei Kaltkammer-Druckgießmaschinen meistens nicht gering ist[1]. Daher können am Anfang der Formauffüllung sehr erhebliche Massendrücke auftreten, wie im folgenden gezeigt wird.

Für das Zeitelement $d\tau'$ des eigentlichen Gießvorganges gilt auf Grund der gleichen Überlegungen wie in 1 b (Anhang I) die Energiebilanz

$$p_k \cdot q \cdot c \cdot d\tau' = \frac{\gamma_w}{g} \cdot l_2 \cdot q \cdot c \frac{dc}{d\tau'} \cdot d\tau' + \frac{G_0}{g} \cdot w_0 \cdot \frac{dw_0}{d\tau'} \cdot d\tau' + \frac{\gamma}{g} \cdot \int_{x=0}^{x=l_1} f_x \cdot dx \cdot w_x \cdot \frac{dw_x}{d\tau'} \cdot d\tau' + \frac{\gamma}{2g} \cdot f \cdot w \cdot d\tau' \cdot (w^2 - w_0^2). \tag{6/4}$$

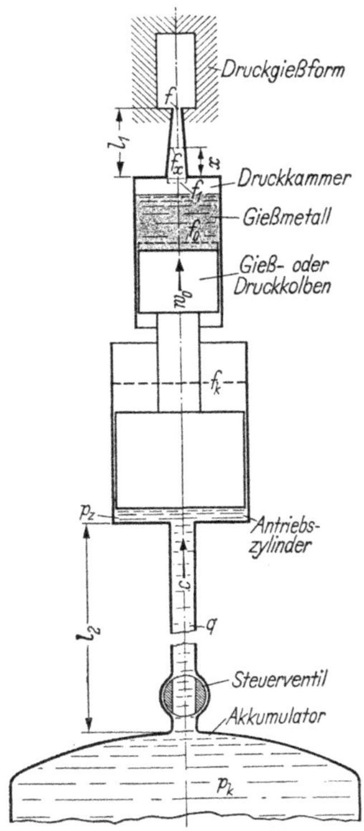

Abb. I/4. Schema einer Kaltkammer-Druckgießmaschine

[1] Ein Vorhubweg in der Größenordnung von einigen Zentimetern wird normalerweise schon dadurch bedingt, daß es praktisch nicht angängig ist, die Druckkammer bis zum Rande mit Metall vollzufüllen; bei waagrechter Druckkammer ist ein entsprechender Vorhub schon durch die Einfüllöffnung bedingt.

Aus Gl. (6/4) folgt nach einigen Umformungen und Einsetzung von Gl. (6/3)

$$\frac{dw}{d\tau'} = \frac{w_s^2 - w^2}{2 \cdot \frac{f}{\gamma \cdot f_0^2} \cdot \left\{\gamma_w \cdot q \cdot l_2 \cdot \left(\frac{f_k}{q}\right)^2 + G_0 + \gamma \cdot \frac{l_1 \cdot f_0^2}{\sqrt{f \cdot f_1}}\right\}}, \tag{6/5}$$

woraus sich durch Integration und Einsetzung der Grenzbedingungen ergibt

$$\tau' = \frac{\frac{f}{\gamma \cdot f_0^2} \cdot \left\{\gamma_w \cdot q \cdot l_2 \cdot \left(\frac{f_k}{q}\right)^2 + G_0 + \gamma \cdot \frac{l_1 \cdot f_0^2}{\sqrt{f \cdot f_1}}\right\}}{w_s} \cdot \ln\left(\frac{w_i - w_s}{w_i + w_s} \cdot \frac{w + w_s}{w - w_s}\right). \tag{6/6}$$

Der Momentanwert des während des Gießvorganges durch den Kolben auf das Gießmetall ausgeübten Gesamtdruckes berechnet sich aus der dynamischen Grundgleichung

$$p_{ges} = p_k \cdot \frac{f_k}{f_0} - \frac{dw}{d\tau'} \cdot \frac{f}{g \cdot f_0^2} \left\{\gamma_w \cdot q \cdot l_2 \cdot \left(\frac{f_k}{q}\right)^2 + G_0\right\}. \tag{6/7}$$

Zur Veranschaulichung der Größenordnungen werden diese Gleichungen auf ein Zahlenbeispiel angewandt. Es wird angenommen

$G_0 = 20$ kg, $f_0 = 20$ cm², $f_1 = 2$ cm², $f = 0{,}4$ cm²,
$l_1 = 10$ cm, $f_k = 80$ cm², $q = 10$ cm², $l_2 = 4$ m,
$p_k = 125$ kp/cm², $\gamma = 7500$ kp/m³, $\gamma_w = 1000$ kp/m³, $h_v = 5$ cm.

Mit diesen Zahlenwerten ergibt sich

$$w_i = 2{,}56\, w_s, \quad p_k \cdot \frac{f_k}{f_0} = 500 \text{ kp/cm}^2, \quad p_{ges}^i = 3000 \text{ kp/cm}^2.$$

Der auf das Gießmetall zu Beginn der Formauffüllung ausgeübte Gesamtdruck ist somit in diesem Falle 6 mal so groß wie der statische Druck $p_k \cdot \frac{f_k}{f_0}$. Das zeitliche Absinken des Gesamtdruckes und der Einströmgeschwindigkeit auf die stationären Werte erfolgt [im Gegensatze zu dem in 2b) Anhang I in Gl. (2/5) und (2/5a) behandelten Falle] verhältnismäßig langsam (vgl. Abb. I/5). Dies ist allein auf die Wasser- bzw. Flüssigkeitssäule in der vom Akkumulator zum Antriebszylinder führenden Hydraulikleitung zurückzuführen, welche den weitaus überwiegenden Teil der während des Vorhubes angesammelten kinetischen Energie enthält, von deren Abbremsung während des Gießvorganges der Überschuß des Gesamtdruckes p_{ges} über den statischen Druck $\frac{p_k \cdot f_k}{f_0}$ herrührt.

Daher sind Größe und zeitlicher Verlauf von Druck und Geschwindigkeit unter sonst gleichen Umständen sehr stark von den Abmessungen der Hydraulikleitung abhängig.[1] Dies wird durch Abb. I/5 veranschaulicht, die den zeitlichen Verlauf des Gesamtdruckes p_{ges} und der Kolbengeschwindigkeit w_0 für zwei Fälle darstellt, die sich lediglich im Querschnitt q der Hydraulikleitung unterscheiden. Und zwar gilt Abb. I/5a für die oben angegebenen Daten ($q = 10$ cm²); Abb. I/5b gilt für $q = 5$ cm² bei Gleichbleiben aller übrigen Konstruktionsdaten.

[1] Vgl. auch Abb. 50 und 7. Abschnitt dieses Anhangs. Eine wichtige Erkenntnis für die richtige Bauweise eines Druckgießaggregates.

Wenn zwischen Akkumulator und Steuerventil ein Windkessel (Ausgleichkessel) angeordnet ist, so kommen nur die Massenkräfte der Wasser-bzw. Flüssigkeitssäule zwischen Windkessel und Antriebszylinder zur Einwirkung; daher ist in diesem Falle für l_2 die Länge dieser Teilsäule in die Berechnung einzusetzen.

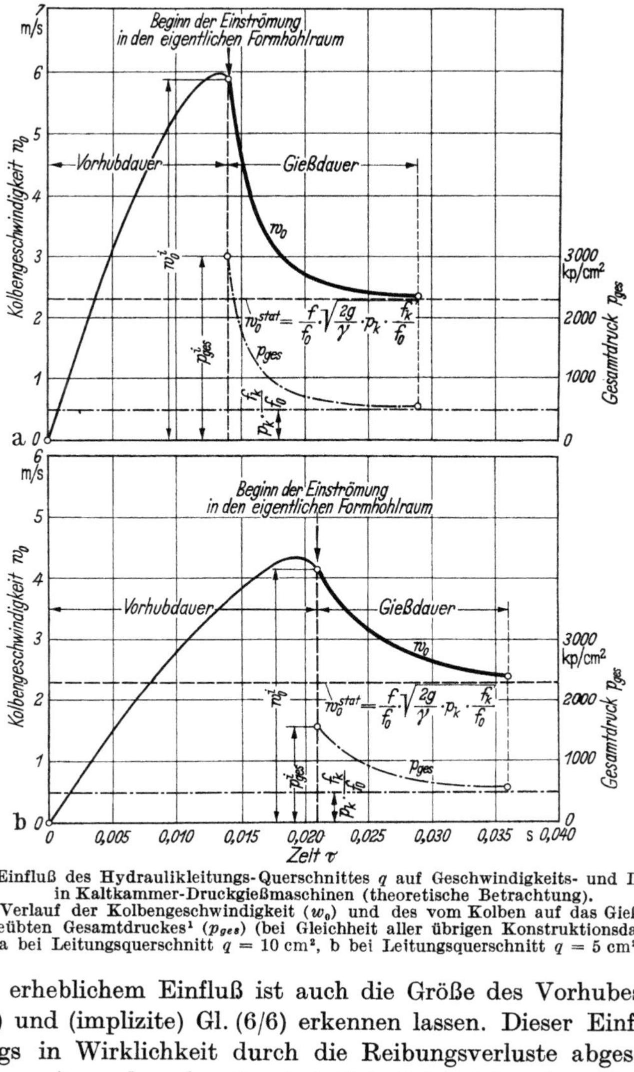

Abb. I/5. Einfluß des Hydraulikleitungs-Querschnittes q auf Geschwindigkeits- und Druckverlauf in Kaltkammer-Druckgießmaschinen (theoretische Betrachtung).
Zeitlicher Verlauf der Kolbengeschwindigkeit (w_0) und des vom Kolben auf das Gießmetall ausgeübten Gesamtdruckes[1] (p_{ges}) (bei Gleichheit aller übrigen Konstruktionsdaten) a bei Leitungsquerschnitt $q = 10\ \text{cm}^2$, b bei Leitungsquerschnitt $q = 5\ \text{cm}^2$.

Von erheblichem Einfluß ist auch die Größe des Vorhubes h_v, wie Gl. (6/2) und (implizite) Gl. (6/6) erkennen lassen. Dieser Einfluß wird allerdings in Wirklichkeit durch die Reibungsverluste abgeschwächt, und zwar mit wachsender Geschwindigkeit in steigendem Maße.

[1] Der Massenstoß am *Ende* der Formauffüllung (Bremsdruck) ist in Abb. I/5 nicht angedeutet.

7. Mathematische Beziehungen zwischen den veränderlichen Größen beim Druckgießvorgang

(nach B. SACHS)

Zeitabschnitt	Kolben-Druckgießmaschinen	Druckluft-Gießmaschinen mit unmittelb. Metallbeaufschlagg.
1. Zeitabschnitt $0 \leq x \leq x_1$ $0 \leq \tau \leq \tau_1$	Druck des Antriebkolbens $p_1 = P_0 (1 - \alpha x) - \varrho \frac{w_0^2}{2g} \left[1 + \zeta \left(\frac{f_k}{q}\right)^2 \frac{x_1}{x} - \left(\frac{f_k}{F}\right)^2\right] - \frac{\varrho}{g} \frac{d w_0}{d\tau} \left[\left(\frac{f_k}{q}\right) l_2 + x + \left(\frac{f_k}{F}\right)(L - L_0)\right]$	Metalldruck im Druckbehälter $p_0 = P_0 (1 - \alpha x - \varrho \frac{w_0^2}{2g} \left[1 + \zeta \left(\frac{f_0}{q}\right)^2 \frac{x_1}{x} - \left(\frac{f_0}{F}\right)^2\right] - \frac{\varrho}{g} \frac{d w_0}{d\tau} \left[\left(\frac{f_0}{q}\right) l_2 + x\right]$
	Rückzug-Kolbendruck $p_1' = \varrho \frac{w_0^2}{2g} \left[\left(\frac{f_k - f_0'}{q'}\right)^2 (1 + \zeta') \frac{x_1}{x} - 1\right] - \varrho h_2' + \frac{\varrho}{g} \frac{d w_0}{d\tau} \left[\left(\frac{f_k - f_0'}{q'}\right) l_2' + (l_4 - l_1 - x)\right]$	
	Kolbengeschwindigkeit $w_0 = \sqrt{\frac{(2/A_1)\, 0{,}97\, f_k P_0}{(2 C_1 x_1/A_1) + 1} x}$	Metallgeschwindigkeit im Druckbehälter $w_0 = \sqrt{\frac{(2/A_1)\, f_0 P_0}{(2 C_1 x_1/A_1) + 1} x}$
	Druckkolben-Beschleunigung $\frac{d w_0}{d\tau} = \frac{1}{A_1} \left[0{,}97\, f_k P_0 (1 - \alpha x) - C_1 x_1 \frac{1}{x} w_0^2\right]$	Metallbeschleunigg. im Druckbehälter $\frac{d w_0}{d\tau} = \frac{1}{A_1} \left[f_0 P_0 (1 - \alpha x) - C_1 x_1 \frac{1}{x} w_0^2\right]$
	Druckkolbengeschwindigkeit bei $x = x_1$ $w_{01} = \sqrt{\frac{(2/A_1)\, 0{,}97\, f_k P_0}{(2 C_1 x_1/A_1) + 1} x_1}$	Metallgeschwindigkeit im Druckbehälter bei $x = x_1$ $w_{01} = \sqrt{\frac{(2/A_1)\, f_0 P_0}{(2 C_1 x_1/A_1) + 1} x_1}$
	Dauer des 1. Zeitabschn. $\tau_1 = 2 \sqrt{\frac{(2 C_1 x_1/A_1) + 1}{(2/A_1)\, 0{,}97\, f_k P_0} x_1}$	Dauer des 1. Zeitabschn. $\tau_1 = 2 \sqrt{\frac{(2 C_1 x_1/A_1) + 1}{(2/A_1)\, f_0 P_0} x_1}$

2. Zeitabschnitt $x_1 \leq x \leq x_2$ $\tau_1 \leq \tau \leq \tau_2$	Die Gleichungen für den Druck des Antriebkolbens p_1 und Rückzug-Kolbendruck p_1' sind in ihrer Form gleich wie die des 1. Zeitabschnitts, nur mit der Ausnahme, daß der Faktor x_1/x (durch den variierenden Widerstand des Arbeitsventils) jetzt $x_1/x_1 = 1$ ist. Druckkolbengeschwindigkeit $w_0 = \sqrt{\frac{0{,}97\, f_k P_0}{C_1}\left[1 - \frac{e^{-(2C_1/A_1)(x - x_1)}}{(2C_1 x_1/A_1) + 1}\right]}$ Druckkolben-Beschleunigung $\frac{dw_0}{d\tau} = \frac{1}{A_1}[0{,}97\, f_k P_0 (1 - \alpha x) - C_1 w_0^2]$ Druckkolbengeschwindigkeit bei $x = x_2$ $w_{02} = \sqrt{\frac{0{,}97\, f_k P_0}{C_1}\left[1 - \frac{e^{-(2C_1/A_1)(x_2 - x_1)}}{(2C_1 x_1/A_1) + 1}\right]}$ Dauer des 2. Zeitabschn. $\tau_2 - \tau_1 = \sqrt{\frac{C_1}{0{,}97\, f_k P_0}} \times$ $\times \left[(x_2 - x_1) + \frac{A_1}{C_1}\ln \frac{1 + \sqrt{1 - \frac{e^{-(2C_1/A_1)(x_2 - x_1)}}{(2C_1 x_1/A_1) + 1}}}{1 + \sqrt{1 - \frac{1}{(2C_1 x_1/A_1) + 1}}}\right]$	Die Gleichung für den Metalldruck im Druckbehälter, p_0, ist in ihrer Form gleich wie die des 1. Zeitabschnitts, nur mit der Ausnahme, daß der Faktor x_1/x jetzt 1 ist. Metallgeschwindigkeit im Druckbehälter $w_0 = \sqrt{\frac{f_0 P_0}{C_1}\left[1 - \frac{e^{-(2C_1/A_1)(x - x_1)}}{(2C_1 x_1/A_1) + 1}\right]}$ Metallbeschleunigung im Druckbehälter $\frac{dw_0}{d\tau} = \frac{1}{A_1}[f_0 P_0 (1 - \alpha x) - C_1 w_0^2]$ Metallgeschwindigkeit im Druckbehälter bei $x = x_2$ $w_{02} = \sqrt{\frac{f_0 P_0}{C_1}\left[1 - \frac{e^{-(2C_1/A_1)(x_2 - x_1)}}{(2C_1 x_1/A_1) + 1}\right]}$ Dauer des 2. Zeitabschn. $\tau_2 - \tau_1 = \sqrt{\frac{C_1}{f_0 P_0}} \times$ $\times \left[(x_2 - x_1) + \frac{A_1}{C_1}\ln \frac{1 + \sqrt{1 - \frac{e^{-(2C_1/A_1)(x_2 - x_1)}}{(2C_1 x_1/A_1) + 1}}}{1 + \sqrt{1 - \frac{1}{(2C_1 x_1/A_1) + 1}}}\right]$
Tatsächlicher Formfüllungs-Zeitabschnitt $x_2 \leq x \leq x_3$ $\tau_2 \leq \tau \leq \tau_3$	Die Gleichungen für den Druck des Antriebkolbens p_1 und Rückzug-Kolbendruck p_1' sind in ihrer Form gleich wie die des 2. Zeitabschnitts. Gießkolbendruck in der Druckkammer	Metalldruck im Druckbehälter
	$p_0 = \gamma \frac{w_0^2}{2g}\left[\left(\frac{f_0}{f}\right)^2 + \zeta_0 - 1\right] + \frac{\gamma}{g}\frac{dw_0}{d\tau}\left[H - x + f_0 \int_0^{l_2} \frac{d\xi}{f_x}\right] + \gamma h_3 + p$ Luftdruck im Formhohlraum $p = p_{at}\left[\frac{1}{0{,}53}\left(\frac{x_3 - x_2}{x_3 - x}\right)^{(7/5)(1 - n)} - 1\right]$	

Zeitabschnitt	Kolben-Druckgießmaschinen	Druckluft-Gießmaschinen mit unmittelb. Metallbeaufschlagg.
Tatsächlicher Formfüllungs-Zeitabschnitt $x_2 \leq x \leq x_3$ $\tau_2 \leq \tau \leq \tau_3$	Entlüftungsfaktor $n = \frac{18{,}6\, f_{v\,0} \sqrt{T_1}}{f_0 w'_{0\,2}}$	
	Bestmögliche Gesamt-Entlüftungsfläche $f_{v\,0} = \frac{f_0 w'_{0\,2}}{20{,}6 \sqrt{T_1}}$	
	Druckkolbengeschwindigkeit	Metallgeschwindigkeit im Druckbehälter
	$w_0 = \sqrt{\frac{B}{C_2}\left\{1 + \left[\frac{C_2}{[1-(\alpha/2)(x_3+x_2)-\beta]\,C_1}\left(1 - \frac{e^{-(2\,C_1/A_1)\,(x_2-x_1)}}{(2\,C_1 x_1/A_1)+1}\right) - 1\right] e^{-(2\,C_2/A_2)\,(x-x_2)}\right\}}$	
	Metallgeschwindigkeit bei Eintritt in den Formhohlraum $w = \frac{f_0}{f} w_0$	
	Druckkolben-Verzögerung (Beschleunigung)	Metallverzögerung im Druckbehälter
	$\frac{d w_0}{d\tau} = \frac{1}{A_2}(B - C_2 w_0^2)$	
	Dauer des tatsächlichen Formfüllungs-Abschnitts	
	$\tau_3 - \tau_2 = \sqrt{\frac{C_2}{B}} \times \left\{(x_3 - x_2) + \frac{A_2}{C_2} \ln \frac{1 + \sqrt{1 + \left[\frac{C_2}{[1-(\alpha/2)(x_3+x_2)-\beta]\,C_1}\left(1 - \frac{e^{-(2\,C_1/A_1)\,(x_2-x_1)}}{(2\,C_1 x_1/A_1)+1}\right) - 1\right] e^{-(2\,C_2/A_2)\,(x_3-x_2)}}}{1 + \sqrt{1 + \left[\frac{C_2}{[1-(\alpha/2)(x_3+x_2)-\beta]\,C_1}\left(1 - \frac{e^{-(2\,C_1/A_1)\,(x_2-x_1)}}{(2\,C_1 x_1/A_1)+1}\right) - 1\right]}}\right\}$	
	Mittlere statische Kraft, die auf den Druckkolben wirkt	Mittlere statische Kraft, die auf das Metall im Druckbehälter wirkt
	$B = 0{,}97\, f_k P_0 \left[1 - \frac{\alpha}{2}(x_3 + x_2) - \beta\right]$	$B = f_0 P_0 \left[1 - \frac{\alpha}{2}(x_3 + x_2) - \beta\right]$

	Luftdruck-Faktor im Formhohlraum $\beta = \frac{1 - \alpha x_3}{(7/5)(1 - n) - 1} m - \frac{f_0 (1 + 1{,}15 \mu_0) p_{at}}{0{,}97 f_k (P_0 + p_{at})} \left[\frac{1}{0{,}53 [(7/5)(1 - n) - 1]} + 1 \right]$ Porosität $m = \left[\frac{1}{0{,}53} \frac{f_0 (1 + 1{,}15 \mu_0) p_{at}}{0{,}97 f_k [P_0 (1 - \alpha x_3) + p_{at}]} \right]^{\frac{1}{\frac{7}{5}(1-n)}}$	Luftdruck-Faktor im Formhohlraum $\beta = \frac{1 - \alpha x_3}{(7/5)(1 - n) - 1} m - \frac{p_{at}}{P_0 + p_{at}} \left[\frac{1}{0{,}53 [(7/5)(1 - n) - 1]} + 1 \right]$ Porosität $m = \left[\frac{1}{0{,}53} \frac{p_{at}}{P_0 (1 - \alpha x_3) + p_{at}} \right]^{\frac{1}{\frac{7}{5}(1-n)}}$
Weitere Funktionen	Maschinen-Charakteristiken $C_1 = \frac{\varrho}{2g} \frac{1}{q^2} [(1{,}03 f_k - 0{,}88 f_0')(f_k - f_0')^2 (1 + \zeta') + 0{,}97 f_k^3 \zeta]$ $A_1 = \frac{\varrho}{g} \frac{1}{q} [(1{,}03 f_k - 0{,}88 f_0')(f_k - f_0') l_2' + 0{,}97 f_k^2 l_2] + \frac{G}{g}$ Metall-System-Charakteristiken $C_0 = \frac{\gamma}{2g} f_0 (1 + 1{,}15 \mu_0) \left[\left(\frac{f_0}{f} \right)^2 + \zeta_0 - 1 \right]$ $A_0 = \frac{\gamma}{g} f_0 (1 + 1{,}15 \mu_0) \left[H + f_0 \int_0^{l_3} \frac{d\xi}{f_x} \right]$ Akkumulator (oder Tank)-Faktor $\alpha = \frac{1{,}4 f_k}{F L_0} \quad \left(\text{oder } \frac{1{,}4 f_k}{F L} \right)$ f_0 = Fläche des Gieß- bzw. Druckkolbens μ_0 = Kolbenreibungs-Koeff. P_0 = Spez. Druck im Akku bei Schußbeginn	Maschinen-Charakteristiken $C_1 = \frac{\varrho}{2g} \left(\frac{f_0^3}{q^2} \right) \zeta$ $A_1 = \frac{\varrho}{g} \frac{f_0^2}{q} l_2$ Metall-System-Charakteristiken $C_0 = \frac{\gamma}{2g} f_0 \left[\left(\frac{f_0}{f} \right)^2 + \zeta_0 - 1 \right]$ $A_0 = \frac{\gamma}{g} f_0 \left[H + f_0 \int_0^{l_3} \frac{d\xi}{f_x} \right]$ Druckluftspeicher-Faktor $\alpha = \frac{1{,}4 f_0}{F L}$ f_0 = Fläche im Druckbehälter P_0 = Spez. Druck im Druckluftspeicher bei Schußbeginn

Zeitabschnitt	Kolben-Druckgießmaschinen	Druckluft-Gießmaschinen mit unmittelb. Metallbeaufschlagg.
Weitere Funktionen	G = Gewicht von Kolben, Kolbenstange und Plunger	
	x = Kolbenhub bei Zeit τ gemessen von $x = 0$, $\tau = 0$	x = Metallverdrängung im Druckbehälter bei Zeit τ, gemessen von $x = 0$, $\tau = 0$
	ζ' = Summe der Widerstandskoeffizienten aller Widerstände im Rücklaufsystem, bezogen auf Geschwindigkeit c'	
	w'_{02} = Kolbengeschwindigkeit bei $x = x'_2$	w'_{02} = Metallgeschwindigkeit im Druckbehälter bei $x = x'_2$

$F, f_k, f'_0, f_1, f, f_{v0}, q, q', P, L, L_0, l_2, l'_2, l_1, l_3, l_4, h_2, h_3, H, C, c, c', w_1, w$ siehe Abb. 50

g = Erdbeschleunigung

e = Basis des natürlichen Logarithmus

ϱ = Wichte des Antriebsmittels (spez. Gewicht)

γ = Wichte des flüssigen Metalls (spez. Gewicht)

ζ = Summe aller Widerstands-Koeffizienten im Antriebssystem, bezogen auf Geschwindigkeit c

ζ_0 = Summe aller Widerstands-Koeffizienten im Metallsystem, bezogen auf Geschwindigkeit w_0

T_1 = Absolute Lufttemperatur für Pos. $x = x_1$ (zwischen der absoluten Metalltemperatur T_m und der absoluten Formtemperatur T_d)

f_x = Schnitt durch den Gießlauf zum Anschnitt im Abstand ξ vom Eintrittsquerschnitt (s. Abb. 53)

ξ = Abstand des Schnitts durch den Gießlauf f_x vom Eintrittsquerschnitt (s. Abb. 53)

$C_2 = C_1 + C_0$

$A_2 = A_1 + A_0$

8. Erstarrungsmodul M

Bereits N. CHVORINOV[1] führte zur Vereinfachung der Einguß- und Erstarrungszeit-Berechnung bei Gußstücken den Erstarrungsmodul M ein. Auch in der Anschnitt-Technik für Druckgußteile (vgl. 3.316c) dient diese wichtige Größe als Ausgangsmaß für die Berechnungsgrundlagen. Da nun die Bestimmung des Erstarrungsmoduls M bei verwickelten Druckgußteilen vielfach eine verhältnismäßig umfangreiche Rechenarbeit erfordert, sollen die nachfolgenden Untersuchungen auf eine Vereinfachung hinzielen.

Der Erstarrungsmodul ist allgemein

$$M = \frac{\text{Gußstückvolumen } V}{\text{abkühlende Oberfläche } F}$$

und stellt quasi eine Länge dar, denn

$\frac{V\ (\text{cm}^3)}{F\ (\text{cm}^2)}$ ergibt ein Längenmaß (cm).

a) Dünnwandige Platte. Mit den Bezeichnungen der Abb. I/6 ergibt sich die genaue Bestimmung des Erstarrungsmoduls zu

$$M = \frac{V}{F} = \frac{s_p\, a_p\, l_p}{2\, s_p\, a_p + 2\, s_p\, l_p + 2\, a_p\, l_p}$$

$$M = \frac{s_p\, a_p\, l_p}{2\,(s_p\, a_p + s_p\, l_p + a_p\, l_p)}\,. \qquad (8/1)$$

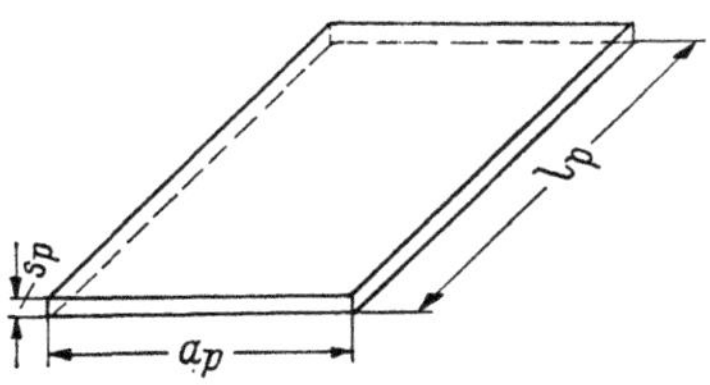

Abb. I/6. Dünnwandige Platte

Die allermeisten Druckgußteile besitzen jedoch eine Wanddicke $s_p < 0{,}5$ cm, so daß man zunächst den im Nenner stehenden Summanden $s_p\, a_p$, besonders bei $a_p > 5$ cm, als vernachlässigbar klein ansehen kann. Man erhält dann für die dünnwandige Platte

$$M = \frac{s_p\, a_p}{2\,(s_p + a_p)}\,. \qquad (8/2)$$

Man kann aber noch weiter gehen und die beiden im Nenner stehenden Summanden $s_p\, a_p$ sowie $s_p\, l_p$, besonders bei $a_p > 10$ cm (und der bereits aus Abb. I/6 hervorgehenden Annahme $a_p < l_p$) als vernachlässigbar klein ansehen und erhält dann für die dünnwandige Platte die stark vereinfachte Formel

$$M = \sim \frac{s_p}{2}\,. \qquad (8/3)$$

Berechnungsbeispiel:

angenommen $s_p = 0{,}3$ cm; $a_p = 5$ cm; $l_p = 10$ cm

Nach Gl. (8/1) $M = \frac{0{,}3 \cdot 5 \cdot 10}{2\,(0{,}3 \cdot 5 + 0{,}3 \cdot 10 + 5 \cdot 10)} = \frac{15}{109} = 0{,}138\,.$

---

[1] GIESSEREI 27 (1940), S. 177÷186, 201÷208 und 222÷225.

Nach Gl. (8/2) $M = \frac{0,3 \cdot 5}{2\,(0,3 + 5)} = 0,142\,.$

Nach Gl. (8/3) $M = \sim \frac{0,3}{2} = 0,15\,.$

Selbst die stark vereinfachte, überschlägige Formel (8/3) ist also für die Bestimmung des Erstarrungsmoduls ohne weiteres anwendbar.

b) Zylinder. Mit den Bezeichnungen der Abb. I/7 ergibt sich die genaue Bestimmung des Erstarrungsmoduls zu

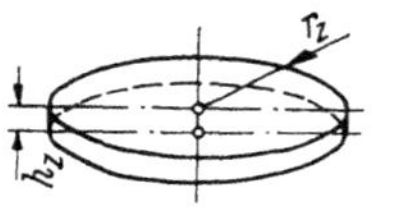

Abb. I/7. Zylinder

$$M = \frac{V}{F} = \frac{r_z^2 \pi h_z}{2 r_z^2 \pi + 2 r_z \pi h_z} = \frac{r_z^2 \pi h_z}{2 r_z \pi (r_z + h_z)}$$

$$M = \frac{r_z h_z}{2\,(r_z + h_z)}\,. \qquad (8/4)$$

Für eine dünnwandige, kreisförmige Platte mit $h_z < 0,5$ cm (besonders wenn $r_z > 5$ cm) kann man wieder den im Nenner stehenden Summanden $2 r_z \pi h_z$ als vernachlässigbar klein annehmen und erhält

$$M = \sim \frac{h_z}{2}\,. \qquad (8/5)$$

c) Hohlzylinder. Mit den Bezeichnungen der Abb. I/8 erhält man als genaue Bestimmung des Erstarrungsmoduls

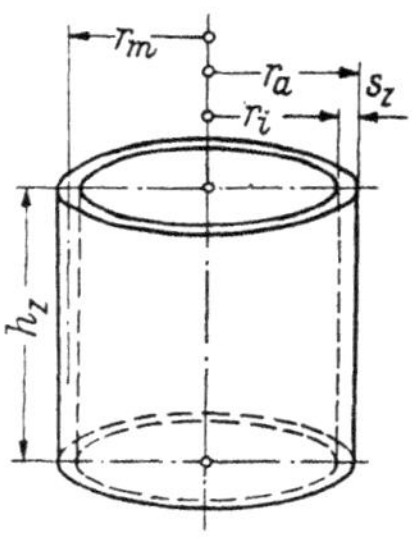

Abb. I/8. Hohlzylinder

$$M = \frac{V}{F} = \frac{2 r_m \pi s_z h_z}{2 r_a \pi h_z + 2 r_i \pi h_z + (2 r_a^2 \pi - 2 r_i^2 \pi)}$$

$$= \frac{2 r_m \pi s_z h_z}{2 h_z \pi (r_a + r_i) + 2 \pi (r_a^2 - r_i^2)}$$

$$= \frac{2 r_m \pi s_z h_z}{2 \pi [h_z (r_a + r_i) + (r_a^2 - r_i^2)]}$$

$$M = \frac{r_m s_z h_z}{h_z (r_a + r_i) + (r_a^2 - r_i^2)}\,. \qquad (8/6)$$

Für die Summanden des Nenners kann man aber als noch zulässig ansetzen

$$2 h_z \pi (r_a + r_i) = 4 r_m \pi h_z \quad \text{und für}$$
$$2 \pi (r_a^2 - r_i^2) = 4 r_m \pi s_z\,,$$

so daß sich ergibt

$$M = \frac{2 r_m \pi s_z h_z}{4 r_m \pi (s_z + h_z)}\,,$$

mit den möglichen Vereinfachungen erhält man schließlich

$$M = \frac{s_z h_z}{2\,(s_z + h_z)}\,. \qquad (8/7)$$

Darüber hinaus kann auch hier wieder $2 \pi (r_a^2 - r_i^2)$ bzw. $4 r_m \pi s_z$, besonders bei einem $s_z < 0,5$ cm, als vernachlässigbar klein angenommen werden, so daß sich für einen dünnwandigen Hohlzylinder wiederum eine stark vereinfachte Formel ableiten läßt:

$$M = \sim \frac{s_z}{2}. \qquad (8/8)$$

Berechnungsbeispiel:

angenommen: $s_z = 1{,}0$ cm; $h_z = 30$ cm;

$r_a = 16$ cm; $r_i = 15$ cm;

und damit $r_m = 15{,}5$ cm.

nach Gl. (8/6) $M = \frac{15{,}5 \cdot 1{,}0 \cdot 30}{30\,(16 + 15) + (16^2 - 15^2)} = \frac{465}{961} = 0{,}484$,

nach Gl. (8/7) $M = \frac{1{,}0 \cdot 30}{2\,(1{,}0 + 30)} = \frac{30}{62} = 0{,}484$,

nach Gl. (8/8) $M = \sim \frac{s_z}{2} = \frac{1{,}0}{2} = 0{,}5$.

Auch hier ist die stark vereinfachte, überschlägige Formel (8/8) als brauchbar anzusehen.

Allgemein ist der ähnliche Aufbau der Formeln für die verschiedenen Körper zu erkennen. Außerdem fällt auf, daß man bei den stark vereinfachten Formeln immer wieder auf den Wert der halben Wanddicke oder Schichtdicke als Maß für den Erstarrungsmodul stößt. Es zeigt sich damit ein weiterer interessanter Zusammenhang mit den Ausführungen in 2.333c und 3.316c.

In vielen Fällen kann man selbst die verwickelte Gestaltung eines Druckgußteiles auf einen kasten- oder napfförmigen Körper mit etwa gleichem Erstarrungsmodul zurückführen. Für diese beiden Körperarten sollen daher noch weitere Betrachtungen angestellt werden.

d) Kastenförmiges Druckgußteil. Mit einigen vereinfachten Annahmen und den Bezeichnungen der Abb. I/9 ergibt sich der Erstarrungsmodul zu

$$M = \frac{V}{F} = \frac{s_k\,a_k\,l_k + 2\,s_k\,t_k\,l_k + 2\,s_k\,t_k\,a_k}{2\,a_k\,l_k + 4\,t_k\,l_k + 4\,t_k\,a_k}$$

$$= \frac{s_k\,(a_k\,l_k + 2\,t_k\,l_k + 2\,t_k\,a_k)}{2\,(a_k\,l_k + 2\,t_k\,l_k + 2\,t_k\,a_k)}$$

$$= \frac{2\,s_k\,l_k\left(\frac{a_k}{2} + t_k + \frac{t_k\,a_k}{l_k}\right)}{2\,l_k\left(a_k + 2\,t_k + 2\,\frac{t_k\,a_k}{l_k}\right)}$$

$$M = \sim \frac{s_k\left(\frac{a_k}{2} + t_k + \frac{t_k\,a_k}{l_k}\right)}{a_k + 2\,t_k + 2\,\frac{t_k\,a_k}{l_k}}. \qquad (8/9)$$

Berechnungsbeispiel:

angenommen: $s_k = 0{,}5$ cm; $a_k = 20$ cm;

$l_k = 40$ cm; $t_k = 5$ cm

$$\text{nach Gl. (8/9)}\quad M = \frac{0{,}5 \cdot \left(\frac{20}{2} + 5 + \frac{5 \cdot 20}{40}\right)}{20 + 2 \cdot 5 + 2 \cdot \frac{5 \cdot 20}{40}} = \frac{8{,}75}{35} = 0{,}25$$

angenommen: $s_k = 1$ cm; $a_k = 10$ cm;

$l_k = 20$ cm; $t_k = 5$ cm.

$$\text{nach Gl. (8/9)}\quad M = \frac{1{,}0 \cdot \left(\frac{10}{2} + 5 + \frac{5 \cdot 10}{20}\right)}{10 + 2 \cdot 5 + 2 \cdot \frac{5 \cdot 10}{20}} = \frac{12{,}5}{25} = 0{,}25,$$

Auch bei weiteren Zahlenbeispielen mit $s_k \leqq 1$ cm findet man bei einem dünnwandigen, kastenförmigen Druckgußteil nach Abb. I/9 den Erstarrungsmodul zu

$$M = \sim \frac{s_k}{2}. \qquad (8/10)$$

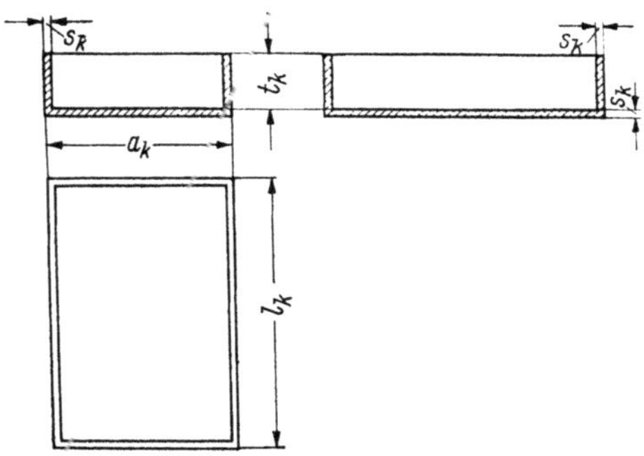

Abb. I/9. Kastenförmiges Druckgußteil

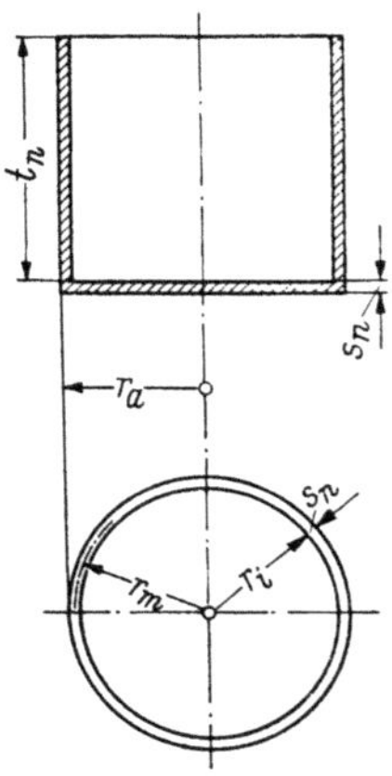

Abb. I/10. Napfförmiges Druckgußteil

e) **Napfförmiges Druckgußteil.** Mit den Bezeichnungen der Abb. I/10 ergibt sich der Erstarrungsmodul zu

$$M = \frac{V}{F} = \frac{2\, r_m \pi\, s_n\, t_n + r_a^2 \pi\, s_n}{2\, r_i \pi\, t_n + 2\, r_a \pi\, t_n + r_i^2 \pi + r_a^2 \pi + 2\, r_a \pi\, s_n}$$

$$= \frac{2\, r_m\, s_n\, t_n + r_a^2\, s_n}{2\, r_i\, t_n + 2\, r_a\, t_n + r_i^2 + r_a^2 + 2\, r_a\, s_n}$$

$$M = \frac{r_m\, s_n\, t_n + \frac{r_a^2\, s_n}{2}}{r_i\, t_n + r_a\, t_n + \frac{r_i^2}{2} + \frac{r_a^2}{2} + r_a\, s_n}. \qquad (8/11)$$

Berechnungsbeispiel:
angenommen: $s_n = 1{,}0$ cm; $r_m = 10{,}5$ cm; $t_n = 15$ cm.

$$M = \frac{10{,}5 \cdot 1{,}0 \cdot 15 + \frac{11^2 \cdot 1{,}0}{2}}{10 \cdot 15 + 11 \cdot 15 + \frac{10^2}{2} + \frac{11^2}{2} + 11 \cdot 1{,}0} = \frac{218}{436{,}5} = 0{,}499.$$

Weitere Zahlenbeispiele bis $s_n = 1$ cm ergeben ebenfalls für ein dünnwandiges, napfförmiges Druckgußteil einen Erstarrungsmodul zu

$$M = \sim \frac{s_n}{2}. \tag{8/12}$$

Aus diesen Betrachtungen folgert, daß man überschlägig für Druckgußteile beliebiger Gestalt mit einigermaßen überall gleichmäßig dünner Wanddicke (mindestens mit einer Wanddicke $s < 0{,}5$ cm) für Größen über 50 mm Raumdiagonale allgemein den Erstarrungsmodul ansetzen kann

$$\text{Erstarrungsmodul } M = \sim \frac{s}{2} \text{ (halbe Wanddicke cm)}$$

und somit eine sehr einfache Bestimmung erhalten hat. Für kleine, dickwandige Stücke, sowie Teile mit stark unterschiedlichen größeren Wanddicken (bei denen man nicht mit einer „mittleren" Wanddicke rechnen kann) sind je nach dem erforderlichen Genauigkeitsgrad die angeführten Formeln zur Berechnung des Erstarrungsmoduls zu verwenden.

9. Weitere Betrachtungen zum Füllvorgang

a) Konvektion

Der Wärmeübergang durch eine strömende Flüssigkeit (oder flüssiges Metall) erfolgt nicht nur durch Wärmeleitung, sondern auch durch Konvektion[1]. Aus den theoretischen Grundlagen des Wärmeaustausches [*1*] ist bekannt, daß je größer die Fließgeschwindigkeit ist, um so intensiver der Wärmeaustausch zwischen dem flüssigen Metall und der Formwand geschieht. In einer Arbeit[2] hat Čžu Soń-Juań diese interessanten Zusammenhänge untersucht. Nachstehend sollen daher die wichtigsten Ergebnisse hieraus angeführt werden.

Die Zeit der Umspülung des Bereiches 1 bis 4 (Abb. I/11) mit flüssigem Metall ist unterschiedlich, so daß im Moment der Beendigung der Metallbewegung jeder Abschnitt der Formwand verschiedene Temperatur-

[1] Konvektion oder „freie" Strömung, wodurch die Übertragung infolge Mitführung der an bewegte Flüssigkeitsteilchen gebundenen Wärme quasi durch den Auftrieb wärmerer, spezifisch leichterer Teilchen erfolgt.

[2] Čžu Soń-Juań: „Der Füllvorgang bei Druckgießformen und die Berechnung des Anschnittquerschnittes", Litejnoe Proizvodstvo in deutsch, Jg. 1961, H. 1, S. 39 bis 42.

felder aufweist. Die Oberflächentemperatur jedes Abschnittes kann nach der Formel der Erwärmung halbunendlicher Körper bei Wärmeübergang durch Konvektion errechnet werden zu

$$t_{g1} = t_{v1} + k_t\,(t_{2s} - t_{v1}) \tag{9/1}$$

wenn

t_{g1} = höchste in der äußeren Formwandschicht auftretende Temperatur in °C (Spitzentemperatur, vgl. 3.411);

t_{v1} = niederste Temperatur an der gleichen Stelle zwischen 2 Schüssen im Betriebszustand[1] in °C (genauer am Anfang und Ende der Formfüllung);

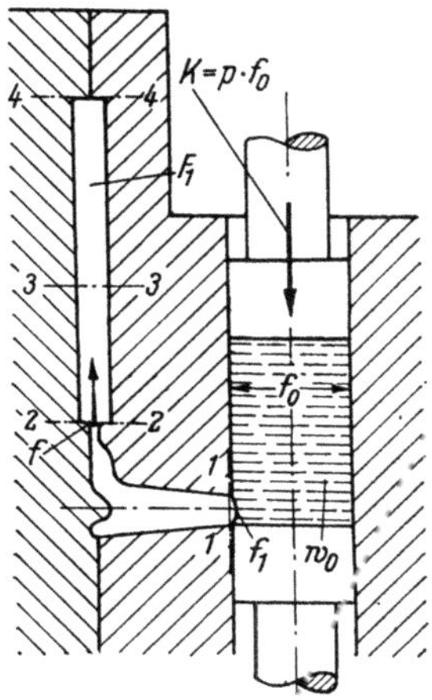

Abb. I/11. Bezeichnungen für Druckkammer, Einguß und Formhohlraum

k_t = Koeffizient für den Grad des Temperaturanstiegs während der Strömung des flüssigen Metalls;

t_{2s} = Temperatur des strömenden flüssigen Metalls, die für jeden Querschnitt während der Formfüllung als konstant angenommen wird, in °C

ist.

Der Koeffizient k_t kann mit der Formel

$$k_t = 1 - \frac{1}{\sqrt{\pi}}\left(\frac{1}{z} - \frac{1}{2\,z^3} + \frac{3}{4\,z^5} - \cdots\right) \tag{9/2}$$

bestimmt werden. Darin ist

$$z = \frac{\alpha_k}{\lambda_f}\sqrt{a_f \cdot \tau}$$

worin

λ_f = Wärmeleitzahl der Form $\left(\frac{\text{kcal}}{\text{m}^2\,\text{h}\,°\text{C}}\right)$

a_f = Koeffizient der Temperaturleitfähigkeit der Form $\left(\frac{\text{m}^2}{\text{s}}\right)$[2]

---

[1] Genaugenommen ist Konvektion nur während der Strömungsdauer und damit der sehr kurzen Formfüllungszeit vorhanden. Beim ruhenden Metall findet eine Art Wärmeleitung vom Druckgußwerkstoff zum Formbaustoff bis zur Erstarrung (Auswerftemperatur t_r des Druckgußteiles) statt. Bei der bei Druckguß üblichen raschen Schußfolge (schätzungsweise nur bei > 4 Schuß/min.) kann man t_{v1} in der Gleichung anerkennen, wenn es sich tatsächlich um eine Temperatur an der Formwand-Oberfläche handelt.

[2] Der Koeffizient der Temperatur-Leitfähigkeit ist $a_f = \frac{\lambda_f}{c_1\,\gamma}$ (alle Werte vom Formbaustoff genommen) und es ergibt sich als Dimension $\frac{\text{Fläche}}{\text{Zeit}}$. Um $\frac{\text{m}^2}{\text{s}}$ zu erhalten ist λ_f in $\frac{\text{kcal}}{\text{m}^2\,\text{s}\,°\text{C}}$ zur Bestimmung von a_f einzusetzen; nicht dagegen in dem Bruch $\frac{\alpha_k}{\lambda_f}$ (s. Gleichung für z), wo sich infolge derselben Dimensionen $\left(\frac{\text{kcal}}{\text{m}^2\,\text{h}\,°\text{C}}\right)$ das richtige Verhältnis einstellt.

α_k = Koeffizient des Wärmeübergangs durch Konvektion $\left(\frac{\text{kcal}}{\text{m}^2\,\text{h}\,°\text{C}}\right)$

τ = Fließdauer des flüssigen Metalls durch den Anschnittquerschnitt(s) ist.

Aus Formel (9/1) kann man ableiten, daß wenn k_t sich 1 nähert und z nach unendlich strebt $t_{g1} = t_{2s}$ wird (vgl. in diesem Zusammenhang 3.411, wo durch Versuche mit GD-Mg Al 9 auf einer Warmkammer-Druckgießmaschine an Stellen des Aufpralls des flüssigen Metalls in Eingußnähe sogar eine Erhöhung von t_{g1} über t_{2s} hinaus an der betreffenden Formwand-Oberfläche festgestellt wurde, was auf die zusätzliche Rei-

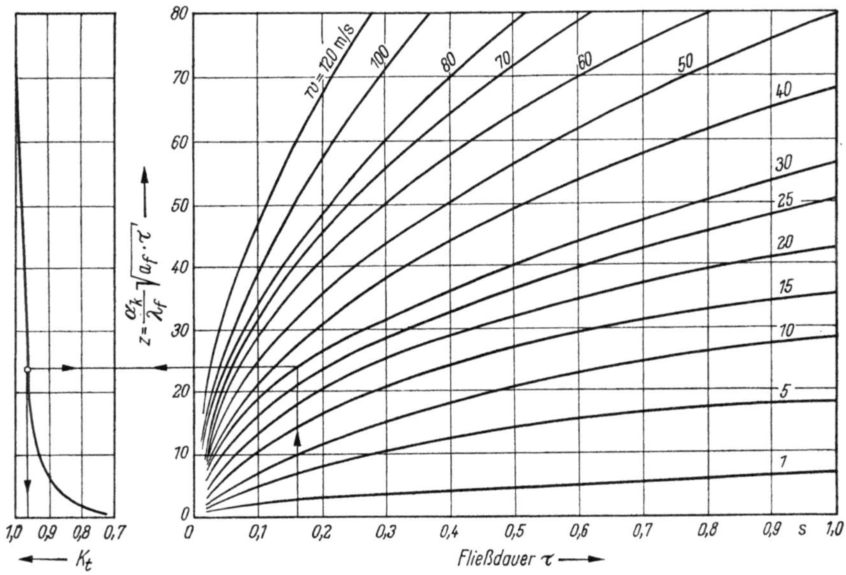

Abb. I/12. Nomogramm über die Zusammenhänge zwischen τ, w, z und k_t

bung und Abbremswucht zurückzuführen ist). In der Regel dürfte dies bei der Druckguß-Füllung des einfachen Formhohlraumes nach Abb. I/11 nicht eintreten. Aus dem Nomogramm Abb. I/12 sind die Zusammenhänge zwischen τ, w, z und k_t ersichtlich. Die Darstellung hat jedoch nur für Aluminiumlegierungen Gültigkeit. Ausgehend davon, daß die PRANDTLsche Kennzahl (P_r), welche die Ähnlichkeit der Temperatur- und Geschwindigkeitsfelder im Metallstrom bei Druckguß bestimmt, kleiner als 1 ist, kann man annähernd bei der Bestimmung der NUSSELTschen Kennzahl (N_u)[1] die Formel

$$N_u = 0{,}38\, P_r^{0{,}65}$$

[1] Die grundlegenden Arbeiten von NUSSELT sind z. B. in den Werken verarbeitet: TEN BOSCH: „Die Wärmeübertragung", J. S. CAMMERER: „Der Wärme- und Kälteschutz in der Industrie", GRÜNZWEIG und HARTMANN: „Wärme- und Kälteverluste isolierter Rohrleitungen und Wände", alle Berlin/Göttingen/Heidelberg, Springer-Verlag, neueste Auflage.

anwenden, die für die Berechnung einer Platte, welche von flüssigem Metall umspült wird, ermittelt wurde [2].

Da

$$N_u = \frac{\alpha_k\, l}{\lambda_m} \quad \text{so ist} \quad \alpha_k = \frac{\lambda_m}{l}\, 0{,}38\, P^{0,65}$$

oder

$$\alpha_k = \frac{\lambda_m}{l}\, 0{,}38 \left(\frac{w \cdot l}{a_m}\right)^{0,65} \tag{9/3}$$

darin sind, soweit noch nicht angegeben

λ_m = Wärmeleitzahl des flüssigen Metalls $\left(\frac{\text{kcal}}{\text{m}^2\,\text{h}\,{}^\circ\text{C}}\right)$

l = Länge des betreffenden Abschnittes (m)

w = mittlere Strömungsgeschwindigkeit des flüssigen Metalls in den betreffenden Abschnitten $\left(\frac{\text{m}}{\text{s}}\right)$

a_m = Koeffizient der Temperaturleitfähigkeit des flüssigen Metalls $\left(\frac{\text{m}^2}{\text{s}}\right)$.

Für Aluminiumlegierungen ist

$$\alpha_k = 75200\, w^{0,65} \qquad \left(\frac{\text{kcal}}{\text{m}^2\,\text{h}\,{}^\circ\text{C}}\right). \tag{9/4}$$

Es errechnet sich die Größe

$$z = \frac{\lambda_m \cdot 0{,}38\, P_\tau^{0,65}}{\lambda_f \cdot l} \sqrt{a_f \cdot \tau}\,. \tag{9/5}$$

Für Aluminiumlegierungen, unter der Annahme, daß l = 4 cm = 0,04 m ist, ergibt sich

$$z = 6{,}35 \cdot w^{0,65} \cdot \sqrt{\tau}\,. \tag{9/6}$$

Bei Druckguß ist die Speisung eines Gußstücks durch einen verhältnismäßig dünnen Anschnittquerschnitt hindurch vorherrschend. Es besteht daher die Gefahr des Erstarrungsbeginns am Anschnitt, wodurch das Druckgußteil selbst nicht mehr unter Druck erstarren kann und damit die Qualität des Erzeugnisses leidet. Mindestens eine gleichzeitige Erstarrung von Anschnitt und Gußstück wird als erforderlich angesehen.

Führt man

Index 2 für den Anschnittquerschnitt und

Index 3 für den Querschnitt des Gußstückes ein,

kann Gl. (9/1) auch geschrieben werden:

$$t_{g\,2} = t_{v\,1} + k_{t\,2}\,(t_{2\,s} - t_{v\,1})$$

$$t_{g\,3} = t_{v\,1} + k_{t\,3}\,(t_{2\,s} - t_{v\,1})$$

wobei $t_{g2} > t_{g3}$, da τ_2 und w_2 größer als τ_3 und w_3 und folglich $z_2 > z_3$, sowie $k_{t2} > k_{t3}$ ist. Hieraus kann man die Werte τ_2 und τ_3, w_2 und w_3 finden, bei denen t_{g2} größer als t_{g3} ist, was ein gleichzeitiges Erstarren des Anschnitts zusammen mit dem Druckgußteil gewährleistet.

Auf der Grundlage [3] der Gl. (9/3) ergibt sich die Formel für die Bestimmung des Anschnittquerschnittes zu

$$\frac{f}{u_a} = \frac{t_{2s} - t_{g2}}{t_{2s} - t_{g3}} \cdot \frac{V}{F} \tag{9/7}$$

darin sind in diesem Abschnitt neu:

f = Anschnittquerschnitt (cm^2)
u_a = Umfang des Anschnittquerschnitts (cm)
V = Volumen des Formhohlraums, das mit dem des Gußstücks gleichgesetzt werden kann (cm^3)
F = Oberfläche des Formhohlraumes bzw. Gußstücks (cm^2).

Gl. (9/7) kann man für den üblichen rechteckigen Anschnittquerschnitt auch schreiben

$$\frac{d \cdot e_a}{2\,(d + e_a)} = \frac{t_{2s} - t_{g2}}{t_{2s} - t_{g3}} \cdot \frac{V}{F}, \tag{9/7a}$$

worin

d = Anschnittdicke (cm)
e_a = Anschnittlänge (cm) wie bereits bekannt sind.

An anderer Stelle (2.333 b3) ist angeführt, daß das Verhältnis eines Durchgangs $\frac{\text{Querschnittfläche}}{\text{Umfang}} = r_h$, der hydraulische Radius bedeutet.

Daher ist

$\frac{f}{u_a}$ = der hydraulische Radius des Anschnitts r_{h2}
$\frac{V}{F}$ = der hydraulische Radius des Gußstücks r_{h3}

und man kann auch ansetzen

$$r_{h2} = \sim 0{,}5\,d, \quad \text{sowie} \quad r_{h3} = \sim 0{,}5\,s,$$

wenn s die Wanddicke des Gußstückes (cm) bedeutet (vgl. in diesem Zusammenhang auch Anhang I, 8. Abschnitt: Erstarrungsmodul). Da bei einem Anschnittquerschnitt e_a bedeutend größer als d ist und darüber hinaus die Anschnittdicke d in der Regel unter 1,5 mm liegt, kann der oben angeführte Ansatz auch für r_{h2} gewählt werden.

Setzt man für

$$\frac{t_{2s} - t_{g2}}{t_{2s} - t_{g3}} = k_n,$$

dann wird Gl. (9/7) zu der einfachen Beziehung

$$d = k_n \cdot s \tag{9/8}$$

d. h. bei Druckguß besteht zwischen der Wanddicke s des Gußstücks und der Anschnittdicke d ein Verhältnis, das durch k_n bestimmt wird und die hydrodynamischen und wärmetechnischen Zusammenhänge des Füllvorgangs ausdrückt.

b) Strömung im Anschnittquerschnitt

Auf den großen Einfluß der Strömungsgeschwindigkeit im Anschnittquerschnitt auf die Qualität des herzustellenden Druckgußteiles sei nochmals hingewiesen (vgl. 3.316c). ČŽU SOŃ-JUAŃ gibt nun in der bereits erwähnten Arbeit unter Zugrundelegung der Bernoullischen Gleichung folgende Formel [4] zur Bestimmung der Eintrittsgeschwindigkeit des Metalls in den Formhohlraum an

$$w_a = \varphi_w \, k_1 \sqrt{\frac{2\, g\, k_2\, p}{\gamma}} \,. \tag{9/9}$$

Darin sind

w_a = Strömungsgeschwindigkeit des Metalls im Anschnitt $\left(\frac{\mathrm{m}}{\mathrm{s}}\right)$

φ_w = Geschwindigkeitskoeffizient

$$\varphi_w = \frac{1}{\alpha_m + \sum \zeta} = 0{,}374$$

worin

α_m = Korrekturwert für die mittlere Geschwindigkeit bei der turbulenten Bewegung des Metallstromes im Anschnitt mit 1,1 angenommen werden kann,

$\sum \zeta$ = Koeffizient für alle hydraulischen Verluste im Eingußsystem darstellt, der nach einem Tabellenbuch [4] angenommen wird mit $\sum \zeta = 6{,}04$

k_1 = Korrekturwert für die übrigen Verluste

k_2 = Umrechnungs-Koeffizient für den maximalen, statischen, vom Druckkolben ausgeübten spezifischen Gießdruck (in der Druckkammer) auf die Verhältnisse im Anschnittquerschnitt während der Formfüllung

p = der maximale statische spezifische Gießdruck, welcher vom Druckkolben erzeugt wird $\left(\frac{\mathrm{kp}}{\mathrm{m}^2}\right)$

γ = Wichte der Druckgußlegierung $\left(\frac{\mathrm{kp}}{\mathrm{m}^3}\right)$

g = Erdbeschleunigung = $9{,}81 \frac{\mathrm{m}}{\mathrm{s}^2}$.

Die Einführung des Korrekturwertes k_1 wird mit ungleichmäßiger Strömung, verschiedenen Temperaturen im Gießsystem und unterschiedlichen Verhältnissen $\frac{f_1}{f}$ (vgl. Abb. I/11) begründet. Für Aluminiumlegierungen kann in Abhängigkeit der Druckkolbengeschwindigkeit[1] angenommen werden:

bei $w_{0\,(konst.)}$ groß (0,8 bis 1,1 m/s) . . . . $k_1 = 0{,}55$
bei $w_{0\,(konst.)}$ mittel (0,5 bis 0,8 m/s) . . . . $k_1 = 0{,}60$
bei $w_{0\,(konst.)}$ klein ($< 0{,}5$ m/s) . . . . $k_1 = 0{,}65$

[1] Die als groß bis klein angegebenen Druckkolben-Geschwindigkeiten dürften in dieser Größenordnung nur für Kaltkammer-Druckgießmaschinen, waagrechte Druckkammer, zutreffen und hier nur für Sonderfälle, da sie durchweg zu niedrig erscheinen.

Der Koeffizient k_2 dient zur Umrechnung des maximalen statischen, vom Druckkolben herrührenden spezifischen Gießdruckes auf den wirklich während der Formfüllung vorhandenen Druck. Seine Größe ist vom Verhältnis $\frac{f_1}{f}$ abhängig und wird angegeben mit

bei $\frac{f_1}{f} > 1$ . . . . $k_2 = 0{,}30 \div 0{,}34$

bei $\frac{f_1}{f} = 1$ . . . . $k_2 = 0{,}26 \div 0{,}28$

bei $\frac{f_1}{f} < 1$ . . . . $k_2 = 0{,}22 \div 0{,}24$

Das Verhältnis $\frac{f_1}{f} < 1$ sollte nicht auftreten, ist aber in der Praxis vorhanden. Die jeweils kleineren k_2-Werte sind den kleinen, die größeren k_2-Werte den großen Druckkolben-Geschwindigkeiten zugeordnet. Als Gang für die Anschnittberechnung wird folgende Reihenfolge vorgeschlagen:
Für ein bestimmtes Gußstückvolumen V (cm³) und Gußstückoberfläche F (cm²) wird nach Gl. (9/9) die Eintrittsgeschwindigkeit des Metalls in den Formhohlraum bestimmt. Dabei ist k_1 für die mittlere Geschwindigkeit $w_{0\,(konst.)}$ zu wählen und für k_2 wird der Fall $\frac{f_1}{f} > 1$ angenommen. Als Füllzeit τ wird vorgeschlagen zu wählen:

$\tau = 0{,}06$ s für kleine Teile
$\tau = 0{,}1$ s für mittlere Teile
$\tau = 0{,}12$ s für große Teile

Die Temperatur des flüssigen Metalls wird im Anschnittquerschnitt angenommen mit

$$t_{2s} = t_1 + \Delta t$$

worin

t_1 = die Temperatur des Schmelz- bzw. Liquiduspunktes der Metalllegierung ist und

Δt = eine notwendige Überhitzung darstellt, für Aluminiumlegierungen mit etwa 20 °C angegeben.

In Gl. (9/1) soll für t_{g_1} für Aluminiumlegierungen eine Temperatur von 180 °C angenommen werden, für $t_{g_2} = t_{g_3}$ 30 °C weniger, also 150 °C[1]; ferner wird k_t mit Hilfe des Nomogramms (Abb. I/12) bestimmt.

Schließlich kann mit Hilfe von Gl. (9/7a) der Anschnittquerschnitt errechnet werden. In vielen Fällen wird man die Anschnittbreite (bzw. -länge) e_a nach den Verhältnissen am herzustellenden Druckgußteil fest-

[1] Diese Temperaturangaben erscheinen allerdings als sehr niedrig gegriffen (vgl. 3.411).

legen müssen, so daß d (die Anschnittdicke) aus der Gleichung bestimmt werden kann[1].

c) Strömung im Formhohlraum

Beim Eintritt des flüssigen Metalls in den Formhohlraum und beim Ausfüllen der oft sehr verwickelten Formkonturen sollte durch die Metallströmung die dort vorhandene Luft zweckmäßig verdrängt werden[2]. Um gute, meist dünnwandige Druckgußstücke zu erhalten, hat zudem die Formfüllung in einem sehr kurzen Zeitabschnitt zu erfolgen. Dadurch besteht die Gefahr des Vorhandenseins von Lufteinschlüssen im Gußstück. Barton hat deshalb das Verhalten von Luftblasen im Metall-

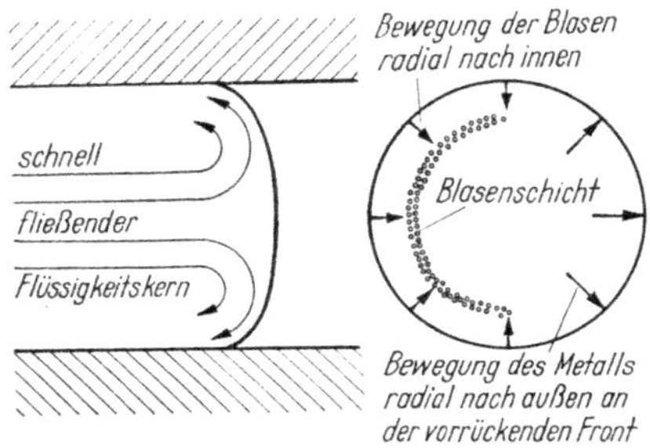

Abb. I/13. Metallfluß in einem zylindrischen Formhohlraum

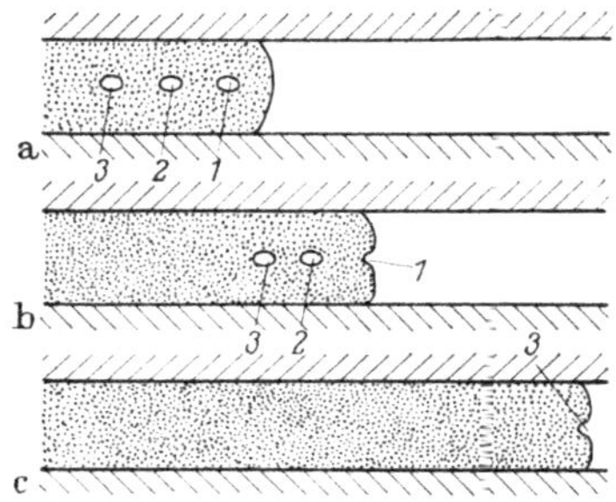

Abb. I/14. Austreibung von Luftblasen. Fortschreitende Strahlbewegung von a über b nach c. Die Luftblasen *1*, *2* und *3* entrinnen nach Berührung des Metalls an den Formwänden am Strahlende (siehe *3* in Abb. c)

strom, dessen Geschwindigkeit sich oft laufend ändert und der die verschiedensten Formhohlraum-Querschnitte durcheilt, sowie den mutmaßlichen Ablauf der Erstarrung in einer Arbeit behandelt[3]. Daraus werden nachfolgend einige Anschauungen, vor allem bildliche Darstellungen, gebracht.

In Abb. I/13 wird gezeigt, daß bei einem Metallfluß durch einen zylindrischen Formhohlraum eine Bewegung von Luftblasen nach innen stattfindet. Wie bereits bekannt, ist ein sehr rasch sich bewegender Flüssigkeitskern vorhanden.

---

[1] Also ein anderer Weg, wie im Abschnitt 3.316c vorgeschlagen, wo von d ausgegangen wird. Bei der Handhabung der Festlegung der Anschnittbreite e_a nur nach den Verhältnissen des Formhohlraumes besteht allerdings die große Gefahr, daß die Anschnittdicke d über das noch zulässige Maß hinausgehen kann, da d in erster Linie vom Erstarrungsmodul M (und damit der Wanddicke) abhängig ist.

[2] Da Vakuumanwendung vielfach nicht die Regel ist, dürfte dieses Problem nach wie vor wichtig sein.

[3] Barton, H. K.: „The Injection of Metal into Die Casting Die's, Thermal and Kinetic Effects of Entrained Air", Machinery, April 1962, S. 952 bis 960.

Beim fortschreitenden Metallstrom wird, sobald sich eine Berührung mit den Formwänden einstellt, durch den flüssigen Kern eingeschlossene Luft nach vorwärts getrieben. Wie aus Abb. I/14 ersichtlich, entweichen die Luftblasen 1, 2, 3 an der freien Oberfläche der Stromspitze.

In den Metallstrom eingedrungene Luftbläschen werden beschleunigt bei kleiner werdenden (Abb. I/15a) und abgebremst bei größer werdenden Formhohlraum-Querschnitten (Abb. I/15b). Dabei wird die Strecke $x - y$ der Abb. I/15 betrachtet.

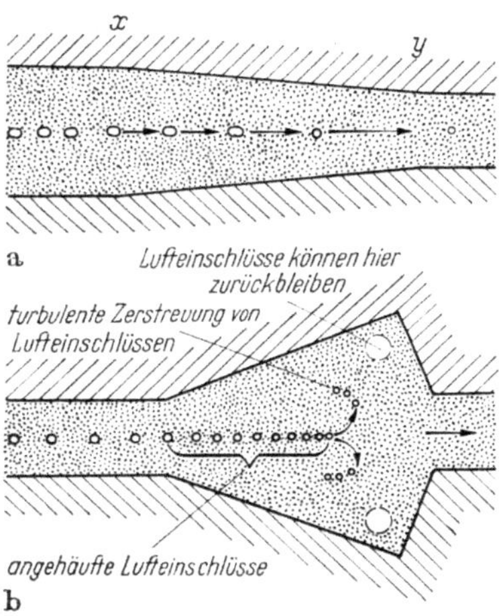

Abb. I/15. Luftblasen in veränderlichen Formhohlraum-Querschnitten (Metallfluß $x \to y$)

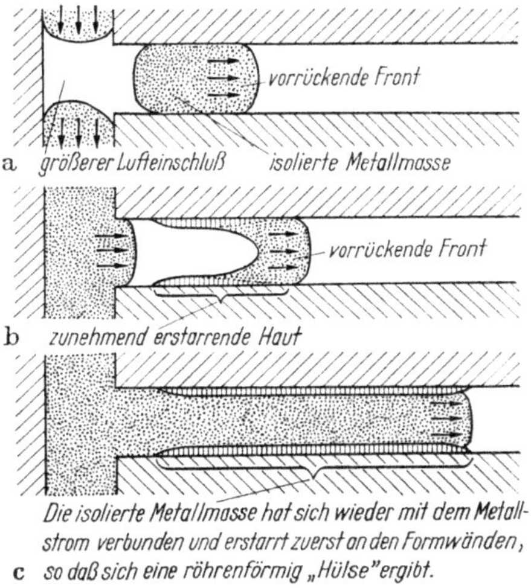

Abb. I/16. Ablösung und nachfolgende Verbindung mit dem Hauptstrom

Eine gewisse Metallmenge kann sich bei rechtwinklig in den Hauptstrom einmündenden, verhältnismäßig engen Formhohlraum-Querschnitten auch ablösen, wie aus Abb. I/16 zu ersehen ist. Die vom Hauptstrom kurze Zeit isolierte Metallmenge bildet an den Formwänden eine Schale, welche durch das nachfolgende Metall schließlich vorwärts getrieben wird (vgl. Abb. I/16c).

Der Metallfluß kann auch durch eine vorzeitige Außenerstarrung behindert werden, wie in Abb. I/17 dargestellt. Dadurch sind die Fließwege verringert. In solchen Fällen kann Abhilfe durch zusätzliche Beheizung der betreffenden Formpartie geschaffen werden.

In Abb. I/18 wird versucht, den Ablauf der Erstarrung darzustellen. Die verschiedenen Schichten im Augenblick der Beendigung der Formauffüllung gehen aus a hervor, während b die Änderungen bei der Auswirkung eines genügend hohen Nachdruckes zeigt. Die sogenannte „Blasenschicht" (die bei völliger Erstarrung als Mikroporen meist unter einer Oberflächenhaut im Druckgußquerschnitt vorhanden sein kann) verhindert eine Wärmeabführung sofort bei Schußende, wird aber später (unter dem Nachdruck) gewissermaßen ein „Energiespeicher" und eine Wärmequelle, welche eine teilweise oder vollständige Wiedererwärmung in den angrenzenden Schichten auslöst. Erst danach erfolgt die Erstarrung des gesamten Querschnitts.

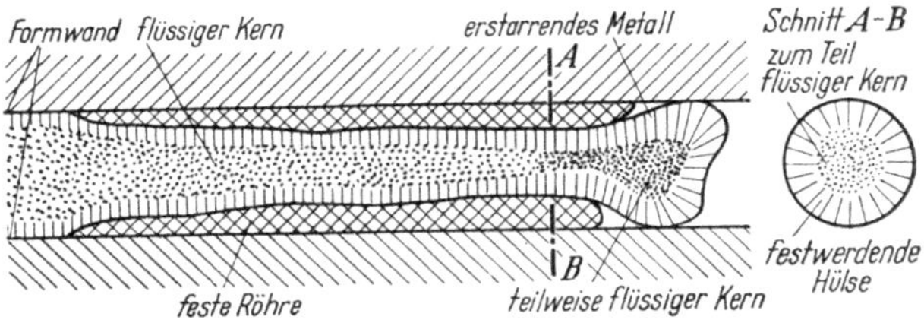

Abb. I/17. Metallfluß-Behinderung durch vorzeitige Außen-Erstarrung

Die Druckgußfertigung großer, dünner, glatter Platten aus einer Aluminiumlegierung mit guter Oberflächengüte ist eines der schwierigsten Probleme in der Druckgießtechnik. In den nachfolgenden Abbil-

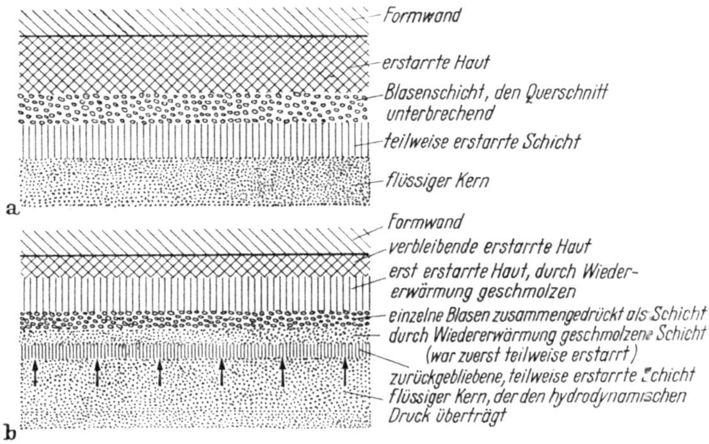

Abb. I/18. Mutmaßlicher Erstarrungs-Ablauf (von a nach b)

dungen[1] werden daher verschiedene Eingußarten bei Anwendung einer Kaltkammer-Druckgießmaschine mit waagrechter, außerhalb der Form liegender Druckkammer (nach Abb. 2e) mit den dabei sich einstellenden Fehlern gezeigt:

---

[1] Nach H. K. Barton: „Gating of Aluminium Die Castings", Machinery, 99 (1961), 2. Teil, S. 977 bis 989, (der 1. Teil ist in Machinery, 99, S. 209 bis 216 veröffentlicht).

Abb. I/19: a) Beginn der Füllung des Formhohlraumes;
b) Fortschreitende Füllung des Formhohlraumes;
c) Bei der gewählten Eingußart sich einstellende Fehler am Druckgußstück.

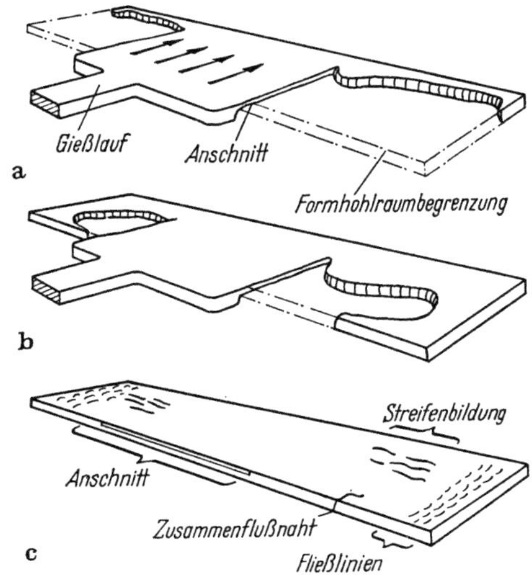

Abb. I/19. Füllung des Formhohlraumes einer dünnen Platte aus einer Aluminiumlegierung. Fluß in eine dünne, glatte Platte (als Formhohlraum); Aufeinanderfolge der Füllung a → b. Aus Bild c sind die kritischen Stellen für Fehler zu ersehen

Abb. I/20: Bei der vorgenommenen Verbreiterung des Anschnittes stellen sich die angeführten Fehler ein.

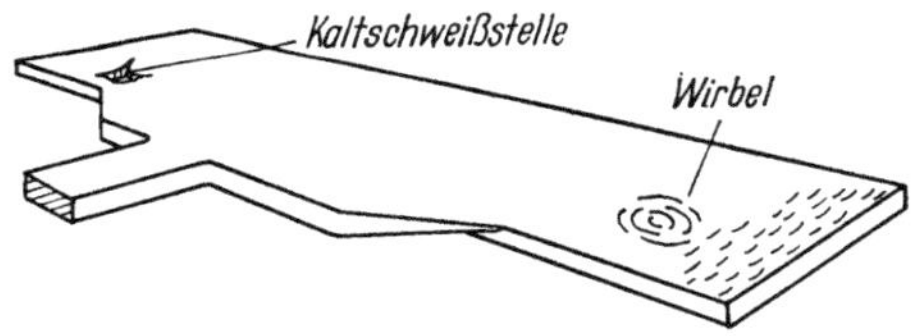

Abb. I/20. Ergebnis bei Verbreiterung des Anschnitts

Abb. I/21: a) Trotz Entlüftungs- bzw. Durchflußsäcken sind noch Fehler vorhanden;
b) Bei dem über die ganze Länge des Formhohlraumes vorgesehenen Anschnitt mit Durchflußsäcken wird die Gußbeschaffenheit verbessert. Diese Eingußart ist jedoch sehr empfindlich bei Schwankungen in der Gießtemperatur.

Abb. I/22: Eingußsystem mit dem besten Ergebnis. Von einem Hauptgießlauf aus wird der an dem einen Ende angebrachte Anschnittquerschnitt gespeist. Die Füllung des Formhohlraumes erfolgt von einer Seite her. Die Lage der Entlüftungs- bzw. Durchflußsäcke (Überläufe) ist zu beachten.

Aus den Untersuchungen der Druckguß-Forschungsgesellschaft in den USA über Anschnittechnik und Formfüllungsvorgänge[1] zeigen die beiden folgenden Bilder das Fließverhalten bei 3 verschiedenen An-

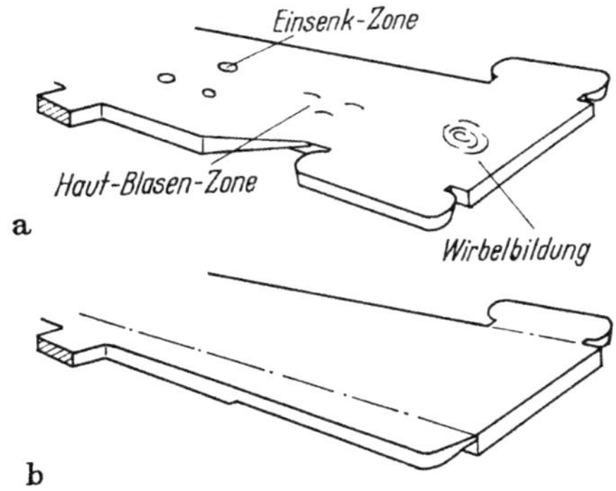

Abb. I/21. Weitere Änderungen am Eingußsystem.
mit Fehlerzonen, b Anschnitt empfindlich gegen Schwankungen der Gießtemperatur; ergibt allerdings bessere Druckgußstücke

schnittarten an einem becherförmigen Druckgußteil. Aus Abb. I/23 ist die Art der Porosität bei den 3 Anschnittarten bei vollständig abgelaufenem Druckgießvorgang ersichtlich. Abb. I/24 zeigt das Fließverhalten und die Art des Auslaufens bei gedrosselter Metallzufuhr, wobei ein nur

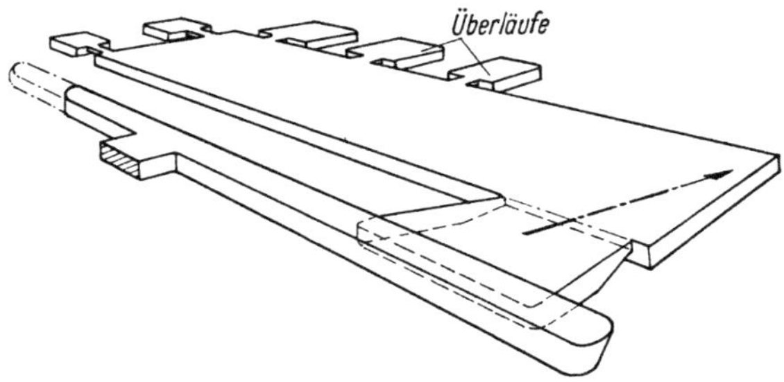

Abb. I/22. Günstiges Eingußsystem bei einer dünnen Platte aus einer Aluminium-Druckgußlegierung

teilweise gefülltes Gußstück entstanden ist. Man erkennt, daß sich vornehmlich Schwierigkeiten am Boden des Druckgußteiles einstellen und Anschnittart 3 als die günstigste anzusehen ist.

Zur Untersuchung des Füllvorgangs eines Probestab-Formhohlraumes bei einer bestimmten Anschnittlage wurde auch das dazugehörige

[1] Nach einem Vortrag von R. C. Cornell, Jackson, Michigan, USA, auf der Internationalen Druckgußtagung 1963 in München.

Druck-Zeit-Diagramm aufgenommen[1]. Aus Abb. I/25 können die interessanten Zusammenhänge bei den verschiedenen Zeitabschnitten a bis e der Hohlraum-Auffüllung entnommen werden, die im Kurvenverlauf (*f*) ebenfalls eingetragen sind. Hieraus sind Schlüsse über den Füllvorgang ähnlicher Formhohlräume möglich. Den Angaben liegt eine Kaltkammer-Druckgießmaschine mit waagrechter, außerhalb der Form liegender Druckkammer zugrunde (Abb. 2e) bei Verarbeitung einer Aluminiumlegierung.

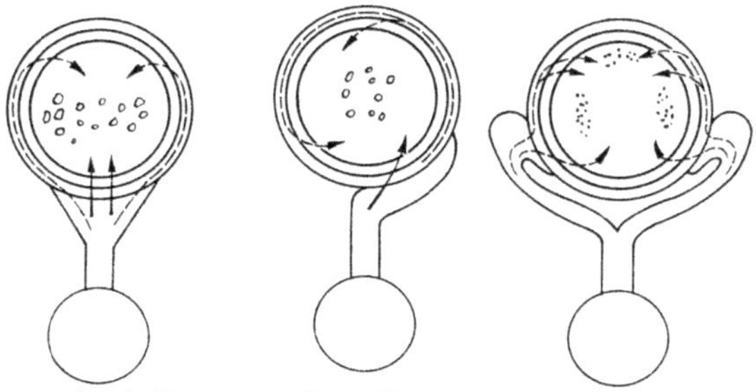

Abb. I/23. Fließverhalten und Art der Porosität bei vollständig gefülltem Formhohlraum

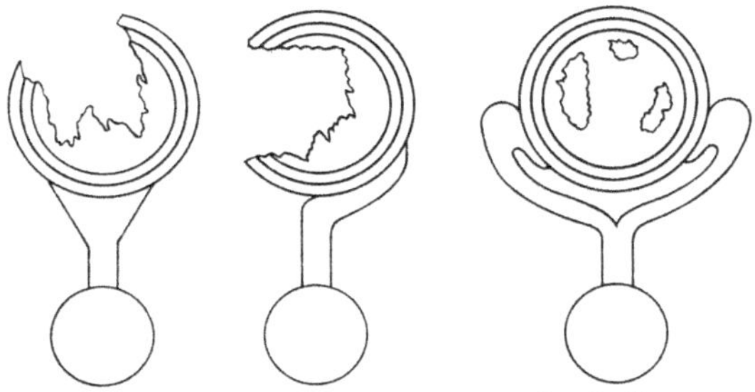

Abb. I/24. Fließverhalten und Ausbildung bei nur teilweise gefülltem Formhohlraum

d) Das „Zurückfließen"

In einer Arbeit[2] behandelt V. I. Vekšin das sogenannte „Zurückfließen" des Metalls beim Druckgießvorgang. Unter Zurückfließen sollen alle Bewegungen des Metallstromes nach der Formfüllung bezeichnet werden. Die Metallbewegung kann man in 2 Zeitabschnitte einteilen, und zwar

[1] Aus H. K. Barton: „Operational variables in the die casting process - their analysis and control" Machinery, Dez. 1962, S. 1479 bis 1488.

[2] Vekšin, V. I.: „Das Zurückfließen des Metalls beim Druckguß", Litejnoe Proizvodstvo in deutsch, Jg. 1961, Heft 9, S. 22 bis 24.

1. Die Formauffüllung mit einer Metallbewegung in Richtung des Formhohlraums;
2. nach der Formauffüllung, wobei sich das Metall aus dem Formhohlraum herausbewegen kann, das sogenannte „Zurückfließen".

Das gesamte zur Fertigung eines Druckgußteiles auf einer Kaltkammer-Druckgießmaschine mit senkrechter, außerhalb der Form

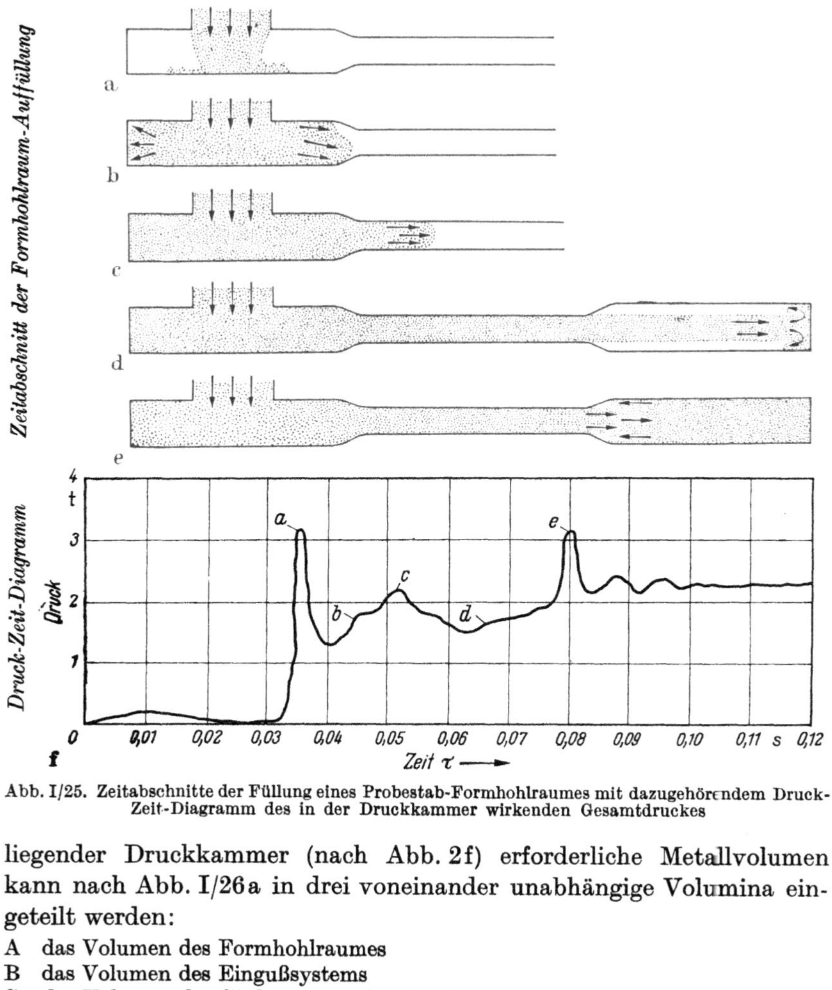

Abb. I/25. Zeitabschnitte der Füllung eines Probestab-Formhohlraumes mit dazugehörendem Druck-Zeit-Diagramm des in der Druckkammer wirkenden Gesamtdruckes

liegender Druckkammer (nach Abb. 2f) erforderliche Metallvolumen kann nach Abb. I/26a in drei voneinander unabhängige Volumina eingeteilt werden:

A das Volumen des Formhohlraumes
B das Volumen des Eingußsystems
C das Volumen des Gießrestes (in der Druckkammer)

Die gesamten Lufteinschlüsse sollen in gleichen Teilen (A_1, B_1, C_1) in den Volumina unter einem durch den Gießdruck hervorgerufenen inneren Überdruck vorhanden sein.

Nach der Füllung des Formhohlraumes beginnt die Erstarrung, wobei nach kurzer Zeit in allen drei Volumina eine bestimmte Menge Metall erstarrt sein wird. Die größte Menge erstarrten Metalls befindet sich jedoch in dem Volumen in welchem unter sonst gleichen Bedingungen die größte Berührungsfläche mit den Formwänden vorhanden ist. Die Kristallisation ist von einer Volumenverminderung begleitet, die sich durch eine Verringerung des Luftdrucks in den Bereichen A_1, B_1, C_1 kompensiert. In den Volumenbereichen werden nach einer bestimmten Zeit verschiedene Drücke herrschen. Beseitigt man nun die gedachten Scheidewände, dann wird das Metall aus einem Bereich mit hohem Druck in einen solchen mit niedrigerem Druck fließen.

Auch das Gußstück, bzw. der Formhohlraum, kann in gleiche Volumenanteile unterteilt werden (Abb. I/26b). Die Kristallisation wird in den Quadraten 1 bis 6 bedeutend intensiver sein (etwa doppelt so stark), als in den Quadraten, welche die Verdickung bilden. Die Quadrate 7, 8, 10 und 11 sind Bereiche, in denen größere Lufteinschlüsse vorhanden sein werden. Dadurch ergeben sich meist größere Druckunterschiede, wodurch das Zurückfließen durch derartige „Mikrokompressoren“ noch ausgeprägter ist und erhöhte Porosität im verdickten Teil des Gußstücks entsteht.

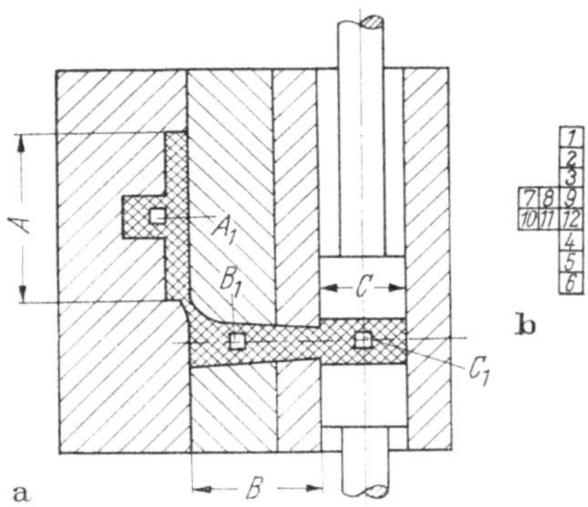

Abb. I/26. Erstarrungsbereiche bei der senkrechten, außerhalb der Form liegenden Druckkammer. a Gießsystem, b Formhohlraum

Aus diesem angenommenen Mechanismus kann man ableiten, daß die Anwesenheit von Lufteinschlüssen einen Einfluß auf den Verlauf der Kristallisation bei Druckgußteilen hat. Es besteht auch die Möglichkeit, an bestimmten Stellen des Gußstücks (die evtl. nachher entfernt werden) derartige „Mikrokompressoren“ anzuordnen, wodurch die Qualität der Druckgußteile verbessert werden könnte.

Bei Anwendung von Unterdruck oder gar Vakuum bei der Entlüftung des Formhohlraumes entfällt der geschilderte Mechanismus. Die Volumenverminderung bei der Erstarrung bleibt aber bestehen. Sie muß durch „Nachfließen“ von Metall aus dem Einguß oder evtl. sonstigen „Speichern“ wirksam bekämpft werden, um Lunker zu vermeiden.

Literatur zum Abschnitt 9a und b

[1] KUTATELADSE, S. S.: „Grundlagen des theoretischen Wärmeübergangs", Leningrad 1954
[2] KUTATELADSE, S. S., BORIŠANSKIJ, V. M., NOVIKOW, I. I., und FEDYNSKIJ, O. S.: „Flüssige Metalle als Wärmeträger", Moskau 1958
[3] VEJNIK, A. I.: „Die Theorie der besonderen Gußarten" Moskau 1958
[4] KISELEV, P. G.: „Handbuch für hydraulische Berechnungen" 1957

Weitere Literatur:

PLJACKIJ, V. M.: „Druckguß" Mašgiz 1954
PLJACKIJ, V. M.: „Technologie des Druckgusses", Mašgiz 1949
Journal of the japan institute of metals, Jahrg. 21, Nr. 12, 1957

Literatur zum Abschnitt 9d

BELOPUCHOV, A. K.: „Litejnoe proizvodstvo", 1958, Nr. 7
PLJACKIJ, V. M.: Lit'e pod davieniem (Druckguß), Oborongiz 1957
POLJANSKIJ, A. P., und MOSKVIN, P. P.: Lit'e pod davieniem (Druckguß), Oborongiz 1951
VEJNIK, A. I.: Lit'e pod davieniem (nekotorye rascety) (Druckguß — einige Berechnungen), Mašgiz 1954
NIKOLAI, E. L.: Teoreticeskaja mechanika (Theoretische Mechanik), Teil 2, Gostechizdat 1956
GULJAEV, B. B.: Litejnoe processy (Gießprozesse), Mašgiz 1960

10. Graphische Darstellung in der Anschnittechnik

(zu 3.316c)

Um die Zusammenhänge zwischen Füllzeit τ_g, Strömungsgeschwindigkeit im Anschnittquerschnitt w_a und Druckkolbengeschwindigkeit w_0 bei einem bestimmten Druckkolben-Durchmesser d_k für ein zu fertigendes Druckgußteil mit bekanntem Metallvolumen V_c, welches durch den Anschnittquerschnitt f fließt, besser übersehen zu können, wurden von Foster C. BENNETT[1] graphische Darstellungen benützt. Diese Darstellungsweise mit Hilfe eines Nomogramms wird in den nachfolgenden Betrachtungen ebenfalls angewandt. Sämtliche Zahlenangaben haben nur für eine Fertigung auf einer Kaltkammer-Druckgießmaschine, waagrechte Druckkammer (nach Abb. 2e), Gültigkeit.

Aus 3.316c, insbesondere Abb. 184 und den Tafeln 7 und 8, geht hervor, daß

a) dem Wärmeinhalt je Volumeneinheit entsprechend die Reihenfolge der hauptsächlichsten 3 Druckgußlegierungsgruppen in bezug auf die Füllzeit τ_g ist: Mg, Zn, Al, d. h. die Aluminiumlegierungen können die längste Füllzeit ertragen (vgl. Tab. 10, S. 289);
b) der Bernoullischen Gleichung entsprechend sich bei gleichem, spezifischen Gießdruck p_g bzw. p_a (kp/cm²) die Reihenfolge einstellt: Mg,

[1] In Foundry, 89, Nr. 11 (1961) S. 104 bis 107 und Nr. 12, S. 75 bis 79: Foster C. BENNETT: „Gating Magnesium Diecastings".

Al, Zn, d. h. bei den Zinklegierungen ist infolge der hohen Wichte keine so große Strömungsgeschwindigkeit[1] erzielbar. Dagegen kann bei Zn eine kleinere Anschnittdicke d wie bei Al gewählt werden und

c) schließlich noch eine Abhängigkeit entsprechend der Viskosität der verschiedenen Metallegierungen vorhanden sein könnte. Dies ist jedoch nicht ausgesprochen der Fall, da alle 3 Druckgußlegierungs-Gruppen nahe beieinander liegen. Die Werte betragen für die reinen Metalle (bei 50 °C über dem Schmelzpunkt)

für Zink	~3,5 cP
Aluminium	~2,4 cP
Magnesium	~1,1 cP

als dynamische Viskosität, gemessen in Poise $\left(1\ \mathrm{P} = \frac{\mathrm{g}}{\mathrm{cm} \cdot \mathrm{s}}\right.$ und $\left.0{,}01\ \mathrm{P} = 1\ \mathrm{cP}\right)$. Als Vergleiche diene, daß Wasser bei etwa 20 °C eine Viskosität von 1 cP, Motorenöl bei etwa 20 °C von ~ 100 cP und Rizinusöl (auch Glycerin) ebenfalls bei etwa 20 °C eine solche von ~ 1000 cP aufweist.

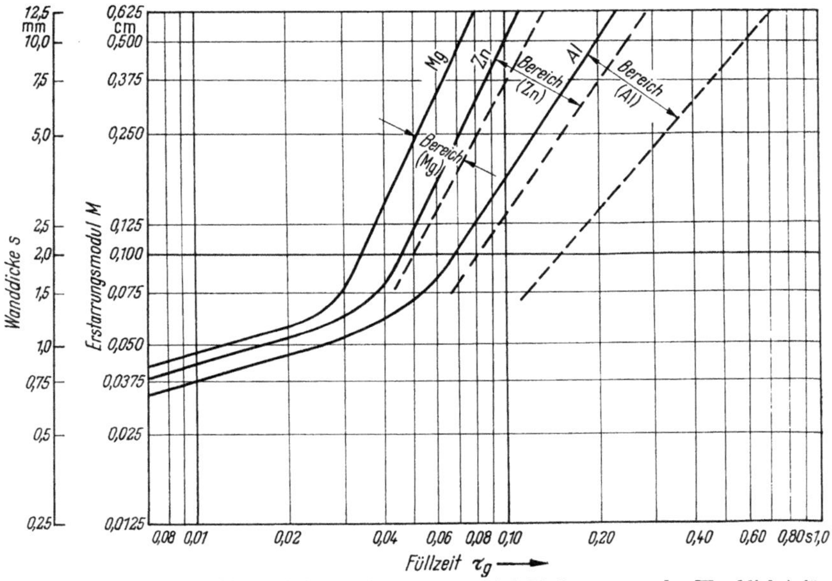

Abb. I/27. Füllzeiten in Abhängigkeit vom Erstarrungsmodul M (in ca. von der Wanddicke) für Druckgußteile auf einer Kaltkammer-Druckgießmaschine, waagerechte Druckkammer (Abb. 2e) und evtl. senkrechte Druckkammer innerhalb der Form (Abb. 2 h und i, S. 6) gefertigt.

In Abb. I/27 sind nun empfohlene Füllzeiten τ_g in Abhängigkeit vom Erstarrungsmodul M (bzw. in etwa von der Wanddicke s bei möglichst gleichmäßig dünnwandigen Druckgußstücken) angegeben, die als Ausgangspunkt für die Ermittlungen im Nomogramm Abb. I/28 dienen. Für

[1] vgl. dazu auch Gießerei 47 (1960), H. 9, S. 229 insbesondere Bild 3.

die 3 Legierungsgruppen sind Bereiche (durch die zugeordneten, gestrichelten Linien begrenzt) kenntlich gemacht. Innerhalb dieser Bereiche können die Füllzeiten gewählt werden, da diese in der Praxis nicht nur vom Erstarrungsmodul, sondern auch vom Fließweg, der Gießtemperatur und der Gestalt des Formhohlraumes und damit Druckgußteiles abhängig sind. Als Anhaltspunkte kann man annehmen, daß bei einer Gießtemperatur, die mindestens auf der Liquiduslinie der betreffenden Metallegierung liegt — besser noch etwas darüber, wenn möglich —, die zwischen dem ausgezogenen und gestrichelten Linienzug liegenden Werte für τ_g für Fließwege bis etwa 500 mm gelten, wobei einfachere Teile, besonders mit unterschiedlichen Wanddicken, zu den längeren Füllzeiten hin tendieren. Mit Rücksicht auf eine immer noch mögliche Vergrößerung des Anschnittquerschnitts ist es jedoch ratsam, in der Regel die Werte des ausgezogenen Linienzuges zu verwenden.

Für die Bestimmung des Anschnittquerschnitts mit Hilfe des Nomogramms sind noch die Angaben aus Tafel 8, nämlich empfehlenswerte, zulässige Strömungsgeschwindigkeiten[1] im Anschnitt, und zwar für

Zinklegierungen	$w_a =$	$40 \div 80$ m/s
Aluminiumlegierungen	$w_a =$	$70 \div 110$ m/s
Magnesiumlegierungen	$w_a =$	$100 \div 140$ m/s

erforderlich.

Durch das Nomogramm Abb. I/28 werden folgende Gleichungen gelöst:

$$\text{Füllmaß} \quad Q_f = f \cdot w_a; \quad Q_f = \frac{d_k^2 \pi}{4} \cdot w_0; \quad Q_f = \frac{V_c}{\tau_g}.$$

Bei der Handhabung kann statt V_c mit genügender Genauigkeit das Gewicht des herzustellenden Druckgußteiles zugrunde gelegt werden (d. h. also ohne etwaige gießtechnische Erfordernisse, die mit dem Formhohlraum nach dem Anschnitt in Verbindung stehen — wie beispielsweise Überläufe, Entlüftungssäcke — und ohne Berücksichtigung der Schwindung). Man erhält

$$G = \gamma V \quad \text{und daraus} \quad V = \frac{G}{\gamma}, \quad \text{d. h.} \quad V_c = \sim \frac{G}{\gamma}.$$

Der Gang zur Bestimmung des Anschnittquerschnittes mit Hilfe des Nomogramms ist folgender (siehe eingetragenes Beispiel Al, ausgezogener Linienzug):

Ein herzustellendes Druckgußteil aus einer Aluminiumlegierung besitzt ein Gewicht $G = 5{,}4$ kg; daraus $V = \frac{G}{\gamma} = \frac{5{,}4}{2{,}7} = 2$ dm³; sein Erstarrungsmodul ist $M = 0{,}2$; es soll mit einem Druckkolben-Durchmesser $d_k = 80$ mm $= 8$ cm gefertigt werden.

Aus Abb. I/27 kann nun die für einen Erstarrungsmodul $M = 0{,}2$ empfohlene Füllzeit τ_g mit 0,1 s entnommen werden. Damit ist die

[1] s. S. 249.

Gerade I bis zum Füllmaß Q_f gegeben. Man erhält ein Füllmaß von $Q_f = 20\ \mathrm{dm^3/s}$. Vom Füllmaß aus können dann die übrigen Geraden gezogen werden. Die Gerade II erhält man vom Füllmaß zu dem Druck-

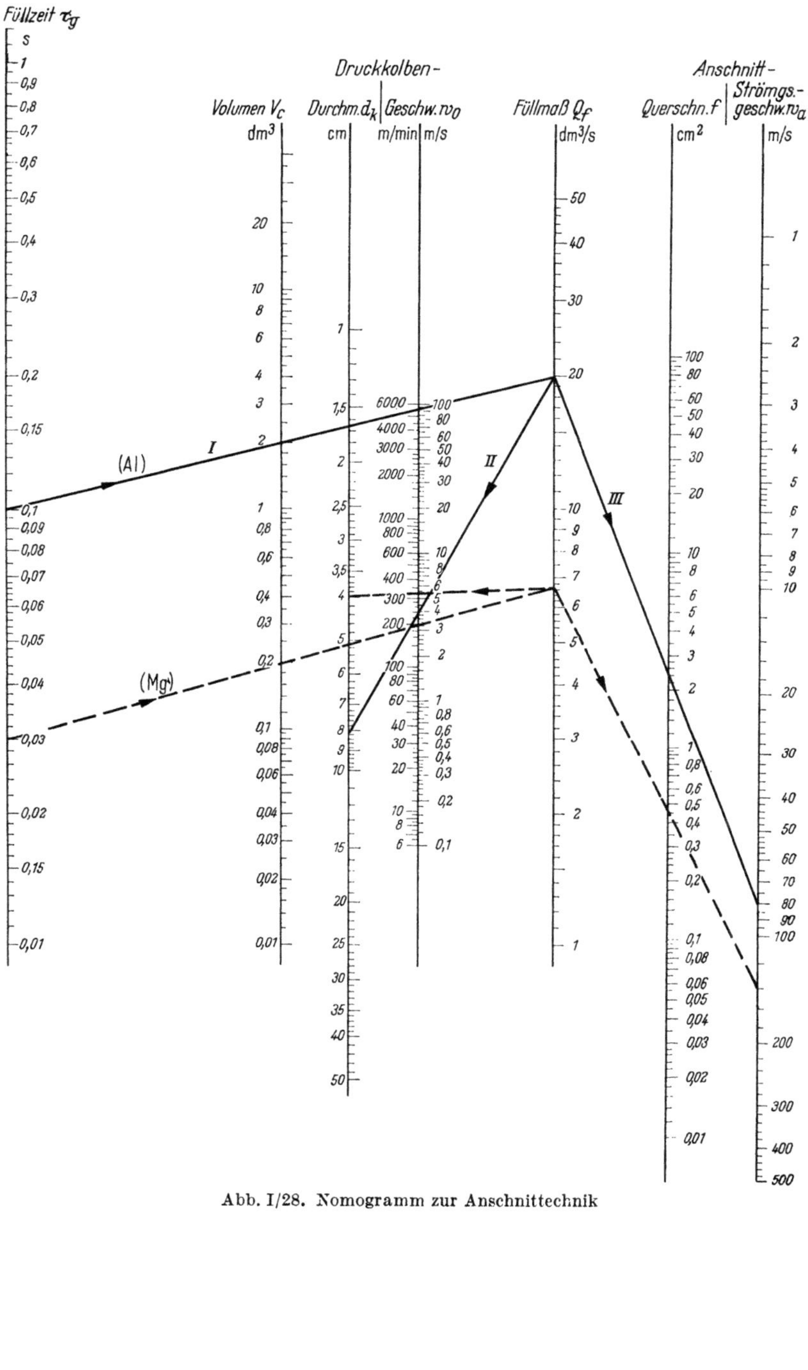

Abb. I/28. Nomogramm zur Anschnittechnik

kolben-Durchmesser d_k (8 cm), wobei sich eine erforderliche Druckkolben-Geschwindigkeit w_0 von 4 m/s ergibt. Die Gerade III ist vom Füllmaß aus zu der gewählten Strömungsgeschwindigkeit w_a im Anschnittquerschnitt zu ziehen (in diesem Falle $w_a = 80$ m/s); diese schneidet die Skala des Anschnittquerschnitts und man erhält $f = 2{,}4\ \text{cm}^2 = 240\ \text{mm}^2$.

Darüber hinaus kann aus Abb. 184 für $M = 0{,}2$ eine zweckmäßige Anschnittdicke $d = 1{,}2$ mm entnommen werden[1], so daß die Anschnittlänge $e_a = \frac{f}{d} = \frac{240}{1{,}2} = \sim 200$ mm ist.

In dem Nomogramm Abb. I/28 ist ein weiteres Beispiel (gestrichelter Linienzug) eingetragen, dem folgende Werte zugrunde liegen:

Druckgußteil aus einer Magnesiumlegierung mit $G = 360$ g, damit $V = 0{,}2\ \text{dm}^3$; Erstarrungsmodul $M = 0{,}075$ ergibt aus Abb. I/27 $\tau_g = 0{,}03$ s; Druckkolben-Durchmesser $d_k = 40$ mm; Strömungsgeschwindigkeit im Anschnittquerschnitt $w_a = 140$ m/s. Man erhält $Q_f = 6{,}6\ \text{dm}^3/\text{s}$; erforderliche Druckkolbengeschwindigkeit $w_0 = 5{,}4$ m/s; Anschnittquerschnitt $f = 0{,}45\ \text{cm}^2 = 45\ \text{mm}^2$. Bei einer gewählten Anschnittdicke $d = 0{,}5$ mm (siehe Abb. 184) ergibt sich die Anschnittlänge $e_a = \frac{45}{0{,}5} =$ 90 mm.

Bei Mehrfachformen (Druckgießformen mit mehreren Formhohlräumen) ist ein Volumen V_c für alle Formhohlräume zusammen und damit auch ein entsprechendes Füllmaß Q_f den Bestimmungen zugrunde zu legen.

In den in Abb. I/28 eingetragenen und vorstehend behandelten Beispielen sind Druckgußstücke ohne Überläufe zugrundegelegt. Durch Überläufe bzw. Entlüftungssäcke kann der Anschnittquerschnitt f für das gleiche Gußstück verkleinert werden (erleichterte Formfüllung durch geringeren Gegendruck im Formhohlraum, größeres Wärmeangebot an die Gießform, Verlängerung des Erstarrungsbeginns ohne Erhöhung der Gießtemperatur). Insbesondere eine Reduzierung der Anschnittlänge e_a ist dadurch möglich, wenn sich diese für ein Druckgußteil nach der Bestimmung aus dem Nomogramm und nachfolgender Errechnung an der für das Anschneiden vorgesehenen Partie (z. B. bei einem zentralen Einguß der nur zur Verfügung stehende Kreisumfang) als zu lang herausgestellt hätte.

Man kann nun die Auswirkung der Überläufe in dem Nomogramm berücksichtigen, indem ihr Volumenanteil vom Gußstückvolumen V_c abgezogen wird (also *nicht* hinzuzählen, wie man zunächst annehmen könnte). Angenommen bei dem Aluminium-Druckgußteil mit $V_c = 2\ \text{dm}^3$ betrage das Volumen der Überläufe bzw. Entlüftungssäcke $V_s = 0{,}5\ \text{dm}^3$, dann läuft Gerade *I* durch $V_c = 1{,}5\ \text{dm}^3$ hindurch und wird damit flacher, es ergibt sich ein vermindertes (reduziertes) Füllmaß Q_f und

[1] s. S. 246.

bei gleicher Strömungsgeschwindigkeit w_a ein kleinerer Anschnittquerschnitt f (vgl. Abb. I/28).

Grundsätzlich lassen sich kurz zusammengefaßt folgende Erkenntnisse ableiten:

1. Durch den Erstarrungsmodul M (und damit im gewissen Sinne durch die Wanddicke, falls diese einigermaßen gleichmäßig) ergibt sich die Abkühlungszeit bis zur beginnenden Erstarrung für ein bestimmtes Gußstück. Diese Erstarrungszeit ist damit theoretisch unabhängig von der Größe des Druckgußstücks. Die Zuführung des flüssigen Metalls in den Formhohlraum hat also mit zunehmender Gußstückabmessung in dem Maße schneller zu erfolgen, als der Formhohlraum größer geworden ist. Bei gleichem Erstarrungsmodul M ist also ein großer Formhohlraum in der nahezu gleichen Zeit zu füllen wie ein kleiner.
2. Die Volumenanteile für Einguß und Gießlauf bleiben unberücksichtigt. Diese vor dem Anschnitt liegenden Hohlräume können bei Schußbeginn wesentlich langsamer gefüllt werden als der Gußstück-Formhohlraum (Vorteil einer Zweiphasen-Druckgießeinrichtung).
3. Je kleiner der Erstarrungsmodul M des herzustellenden Druckgußstückes ist (oder in etwa je dünnwandiger das Teil, bei einigermaßen gleichbleibender Wanddicke), desto kleiner wird der erforderliche Anschnittquerschnitt f bei größerer Strömungsgeschwindigkeit[1] w_a.

11. Stähle für Druckgießformen und hochbeanspruchte Teile von Druckgießmaschinen

(Stahleinsatzliste 198—58 1. Ausgabe Sept. 1958)[2]

1. Diese Stahleinsatzliste ist vom Fachausschuß Druckguß des Vereins Deutscher Gießereifachleute und vom Verein Deutscher Eisenhüttenleute aufgestellt worden. Sie soll einen Überblick über die Stähle geben, die sich nach Betriebserfahrungen für Druckgießformen und hochbeanspruchte Teile von Druckgießmaschinen bewährt haben.
2. Die Liste enthält
   1. eine Zusammenstellung der gebräuchlichen Stähle für die mit dem zu vergießenden Metall in Berührung kommenden Teile von Druckgießmaschinen (Tafel 2),
   2. eine Zusammenstellung der gebräuchlichen Stähle für Formrahmen und für die mit dem vergossenen Metall in Berührung kommenden Teile von Druckgießformen (Tafel 3) und

[1] Wenn man von derselben Gestalt des herzustellenden Druckgußstückes ausgeht, d. h. V ist kleiner geworden. Allergings ist nach 3.316 c auch eine kleinere Anschnittdicke d erforderlich, wodurch sich relativ die Anschnittbreite e_a vergrößern kann.

[2]

3. Richtwerte für die chemische Zusammensetzung der in den Tafeln 2 und 3 erwähnten Stähle (Tafel 1).

3. Weitere Angaben, z. B. über die Eigenschaften, die Warmformung und die Wärmebehandlung der Stähle, sind den in Tafel 1 erwähnten, vom Verein Deutscher Eisenhüttenleute herausgegebenen Stahl-Eisen-Werkstoffblättern

150 — Unlegierte Stähle für Werkzeuge —,

200 — Legierte Kaltarbeitsstähle — und

250 — Legierte Warmarbeitsstähle —

zu entnehmen.

4. Die Stahleinsatzliste soll dazu beitragen, Fehlgriffe bei der Auswahl von Stählen für die in Tafel 2 und 3 erwähnten Teile von Druckgießmaschinen und Druckgießformen zu vermeiden. Infolge unterschiedlicher Gießbedingungen, z. B. infolge von Unterschieden in der Gestalt und Größe der Gußstücke oder in der Gießgeschwindigkeit, ergeben sich jedoch mitunter vom Üblichen abweichende Beanspruchungen, die besondere, im Rahmen einer Stahleinsatzliste nicht zu erfassende Überlegungen bei der Stahlauswahl erfordern. Deshalb und weil die Entwicklung der Stähle, besonders der für Druckgießformen zum Vergießen von Messing, weiter geht, kann und soll diese Liste die Zusammenarbeit zwischen den Verbrauchern und Herstellern von Stählen für Druckgießformen und Druckgießmaschinen nicht ersetzen.

Tafel 1. *Richtwerte für die chemische Zusammensetzung der in Tafel 2 und 3 aufgeführten Stähl*

Stahlsorte		Chemische Zusammensetzung (Richtwerte)								Weitere Angaben Stahl-Eisen-Werkstoffblatt[2]	Raum für Vermerke
Stoff-nummer	Kurzname	% C	% Si	% Mn	% Cr	% Mo	% V	% W	Sonst.		
1740	C 60 W 3	0,60	0,4	0,7[1]	—	—	—	—	—	150	
2082	X 20 Cr 13	0,20	0,4	0,3	13,0	—	—	—	—	250	
2083	X 40 Cr 13	0,40	0,4	0,3	13,0	—	—	—	—	200	
2311	40 Cr MnMo 7	0,40	0,3	1,5	2,0	0,2	—	—	—	250	
2323	45 CrMoV 6 7	0,45	0,3	0,7	1,5	0,7	0,3	—	—	250	
2341	X 6 CrMo 5	0,06	0,2	0,2	4,5	0,5	—	—	—	200	
2343	X 38 CrMoV 5 1	0,38	1,0	0,4	5,0	1,3	0,3	—	—	250	
2365	X 32 CrMoV 3 3	0,32	0,3	0,3	2,8	2,8	0,5	—	—	250	
2516	120 WV 4	1,20	0,2	0,3	0,2	—	0,1	1,0	—	200	
2567	X 30 WCrV 5 3	0,30	0,2	0,3	2,5	—	0,6	4,5	—	250	
2581	X 30 WCrV 9 3	0,30	0,2	0,3	2,5	—	0,4	9,0	—	250	
2606	X 37 CrMoW 5 1	0,37	0,9	0,6	4,8	1,5	0,2	1,4	—	250	
2662	X 30 WCrCoV 9 3	0,30	0,2	0,3	2,5	—	0,3	9,0	2,0 Co	250	
2852	33 AlCrMo 4	0,33	0,2	0,6	1,1	0,2	—	—	1,1 Al	250	

[1] Dazu höchstens 0,035% P und 0,035% S

[2] Zu beziehen vom Verlag Stahleisen m. b. H., Düsseldorf, Schließfach 8229.

Tafel 2. *Gebräuchliche Stähle für die mit dem zu vergießenden Metall in Berührung kommenden Teile von Druckgießmaschinen*[1]

Name des Maschinenteiles[2]	Druckgießverfahren	Verarbeitete Legierung	Stahlsorte Kurzname	Stahlsorte Stoff-nummer	Richtwerte für die Härte im Einbauzustand HB	Richtwerte für die Zugfestigkeit[3] im Einbauzustand kp/mm²	Raum für Vermerke
Druckkolben und Gegenkolben	Warmkammer-verfahren	Zn-, Sn-, Pb- und Leichtmetall-legierungen	45 CrMoV 6 7	2323	350 bis 405	120 bis 140	
			X 38 CrMoV 5 1	2343	350 bis 405	120 bis 140	
			Grauguß	—	—	—	
	Kaltkammer-verfahren	Zn-, Sn-, Pb- sowie Leicht-metallegierungen	X 38 CrMoV 5 1	2343	375 bis 430	130 bis 150	
			X 40 Cr 13	2083	375 bis 430	130 bis 150	
		Kupferlegierungen	X 32 CrMoV 3 3	2365	350 bis 430	120 bis 150	
			X 30 WCrV 9 3	2581	350 bis 430	120 bis 150	
			X 40 Cr 13	2083	350 bis 430	120 bis 150	
Druckkammer	Warmkammer-verfahren	Zn-, Sn-, Pb- und Leichtmetall-legierungen	X 38 CrMoV 5 1	2343	375 bis 430[6]	130 bis 150[6]	
			33 AlCrMo 4	2852	235 bis 290[7]	80 bis 100[7]	
	Kaltkammer-verfahren	Zn-, Sn-, Pb- sowie Leicht-metallegierungen	X 38 CrMoV 5 1	2343[4]	405 bis 480	140 bis 170	
			X 37 CrMoW 5 1	2606	405 bis 480	140 bis 170	
			33 AlCrMo 4	2852	235 bis 290[7]	80 bis 100[7]	
			X 40 Cr 13	2083[5]	405 bis 480	140 bis 170	
		Kupferlegierungen	X 32 CrMoV 3 3	2365	375 bis 455	130 bis 160	
			X 30 WCrV 9 3	2581	375 bis 455	130 bis 160	
			X 40 Cr 13	2083	375 bis 455	130 bis 160	
Mundstück	Warmkammer-verfahren	Zn-, Sn-, Pb-Legierungen	45 Cr MoV 6 7	2323	375 bis 430	130 bis 150	
			X 38 CrMoV 5 1	2343	375 bis 430	130 bis 150	
		Leichtmetall-legierungen	X 38 CrMoV 5 1	2343[4]	405 bis 455	140 bis 160	
			X 37 CrMoW 5 1	2606	405 bis 455	140 bis 160	
			X 30 WCrV 5 3	2567	405 bis 455	140 bis 160	
	Kaltkammer-verfahren	Zn-, Sn-, Pb-Legierungen	X 38 CrMoV 5 1	2343	405 bis 480	140 bis 170	
		Leichtmetall- und Kupferlegierungen	X 30 WCrV 9 3	2581	405 bis 480	140 bis 170	
			X 32 CrMoV 3 3	2365	405 bis 480	140 bis 170	
Eingußbüchse	Warmkammer-verfahren	Leichtmetall-legierungen	X 38 CrMoV 5 1	2343[4]	350 bis 430	120 bis 150	
			X 37 Cr MoW 5 1	2606	350 bis 430	120 bis 150	

[1] Bei größeren Teilen werden im allgemeinen einzeln geschmiedete Ausführungen bevorzugt. [2] Vgl. Abb. 2. [3] Die Zugfestigkeitswerte wurden durch Härtemessungen ermittelt. [4] Neben dem Stahl 2343 wird mitunter der Stahl X 40 CrMoV 5 1 (Stoffnummer 2344), der sich im wesentlichen nur durch seinen um rund 0,7 % höheren Vanadiumgehalt von dem Stahl 2343 unterscheidet, verwendet. [5] Aus dem Stahl 2083 werden im allgemeinen nur kleine Druckkammern hergestellt. [6] Der Stahl wird mitunter zusätzlich nitriert. [7] Druckkammern aus diesem Stahl werden nitriert. — Die angegebenen Härte- bzw. Festigkeitswerte gelten für den Kern.

Tafel 3. *Gebräuchliche Stähle für Formrahmen und für die mit dem vergossenen Metall in Berührung kommenden Teile von Druckgießformen*[1]

Name des Formteils[2]	Verarbeitete Legierung	Sonstige Bemerkungen	Stahlsorte Kurzname	Stahlsorte Stoffnummer	Richtwerte für die Härte im Einbauzustand HB	Richtwerte für die Zugfestigkeit[3] im Einbauzustand kp/mm²	Raum für Vermerke
Formrahmen		allgemein gebräuchlich	C 60 W 3	1740	205 bis 250	70 bis 85	
		bei höheren Beanspruchungen	40 Cr MnMo 7	2311	265 bis 320	90 bis 110	
Formplatten, Formeinsätze, Eingußbüchsen, Kerne, Schieber, Verteilerzapfen	Zink-, Zinn-, Blei-legierungen		45 CrMoV 6 7	2323	320 bis 455	110 bis 140	
			X 38 CrMoV 5 1	2343	320 bis 455	110 bis 140	
		für kalteinzusenkende Formen für dünne Kerne	X 6 CrMo 5	2341	235 bis 320	80 bis 110	
			X 30 WCrV 5 3	2567	375 bis 455	130 bis 160	
	Leichtmetall-legierungen		X 38 CrMoV 5 1	2343[4]	405 bis 455[5]	140 bis 160[5]	
			X 37 CrMoW 5 1	2606	405 bis 455[5]	140 bis 160[5]	
			X 30 WCrV 5 3	2567	375 bis 430[5]	130 bis 150[5]	
		auch für Kerne mit Durchmesser < 15 mm	X 32 CrMoV 3 3	2365	405 bis 455[5]	140 bis 160[5]	
		besonders für Kerne mit Durchmesser < 15 mm	X 30 WCrV 9 3	2581	375 bis 430[5]	130 bis 150[5]	
	Reinstaluminium		X 38 CrMoV 5 1	2343[4]	405 bis 455[5]	140 bis 160[5]	
			X 37CrMoW 5 1	2606	405 bis 455[5]	140 bis 160[5]	
			X 20 Cr 13	2082	375 bis 430[5]	130 bis 150[5]	
	Kupferlegierungen		X 30 WCrV 9 3	2581	290 bis 375[5]	100 bis 130[5]	
			X 30 WCrCoV 9 3	2662	290 bis 275[5]	100 bis 130[5]	
			X 32 CrMoV 3 3	2365	290 bis 375[5]	100 bis 130[5]	
Auswerfer	Zn-, Sn-, Pb-, Leichtmetall-legierungen[7]		X 30 WCrV 5 3	2567[7]	375 bis 455	130 bis 160	
			120 WV 4	2516	375 bis 455[6]	130 bis 160[6]	

[1] Bei größeren Teilen werden im allgemeinen einzeln geschmiedete Ausführungen bevorzugt. [2] Vgl. Abb. 57. [3] Die Zugfestigkeitswerte wurden durch Härtemessungen ermittelt. [4] Neben dem Stahl 2343 wird mitunter der Stahl X 40 CrMoV 5 1 (Stoffnummer 2344), der sich im wesentlichen nur durch seinen um rund 0,7% höheren Vanadiumgehalt von dem Stahl 2343 unterscheidet, verwendet. [5] Bei kleineren Einsätzen sowie bei Kernen, Schiebern, Verteilerzapfen und Eingußbüchsen werden an der oberen Grenze liegende Festigkeitswerte, bei sehr kleinen Kernen (Durchmesser < 15 mm) und Eingußbüchsen mitunter noch höhere Werte angestrebt. [6] Auswerfer aus diesem Stahl werden mitunter nur an den am höchsten beanspruchten Stellen gehärtet. [7] Auswerfer aus Stahl 2567 werden üblicherweise auch beim Druckgießen von Kupferlegierungen eingesetzt.

12. Weitere gebräuchliche Formbaustoffe

Die Frage, ob die Vielzahl der bisher in Deutschland eingeführten Warmarbeitsstähle für Druckgießformen zur Verarbeitung von Leichtmetallegierungen nach der Stahleinsatzliste 198-58 erforderlich sind, untersuchte H. M. HILLER in einer Arbeit[1]. Darin werden folgende Schlußfolgerungen gezogen:

Wolframstähle neigen auch bei zweckmäßigster Wärmebehandlung stärker zur Bildung von Temperaturwechselrissen als die Molybdänstähle.

Der Verschleißwiderstand der Wolframstähle ist eher größer als der der Molybdänstähle.

Die Beständigkeit der Wolfram- und Molybdänstähle bei Wärmebeanspruchung weist keinen entscheidenden Unterschied auf.

Die Molybdänstähle können besser durch eine entsprechende Wärmebehandlung den Betriebserfordernissen angepaßt werden, sind also vielseitiger verwendbar.

Die optimale Eignung ist bei den Molybdänstählen

X 40 CrMoV 5 1 (Werkstoffnummer 2344) und
X 38 CrMoV 5 1 (Werkstoffnummer 2343)

gegeben. Sämtliche weiteren in der Stahleinsatzliste 198-58 (vgl. Anhang I, 11. Abschnitt) enthaltenen Stähle stehen diesen beiden Sorten in ihren Gebrauchseigenschaften und hinsichtlich des Verhaltens in der Wärmebehandlung nach. Der Stahl X 40 CrMoV 5 1 (Werkstoffnummer 2344) kann noch einer differenzierten Wärmebehandlung unterzogen werden, so daß nach einer Vorvergütung auf die Verwendungsfestigkeit eine spangebende Bearbeitung möglich ist.

Nachfolgend wird ein Anwendungsvorschlag angeführt:

Formstähle und ihre Anwendung

(Vorschlag)

Druckgußmetall (Legierg. aus)	Werkstoffnummer						
	Formplatten	Einsätze	Kerne und Schieber	Führungsstifte	Führungsbüchs.	Auswerfer	Verteilerzapfen
Zn	2323 (2567)[2]	2323(2567)	2323(2567)	2201	2842	1550	4120
Al	2343/44	2343/44	2343/44	2201	2842	2842	2343/44
Mg	2343/44	2343/44	2343/44	2201	2842	2842	2343/44
Cu	2662	2662	2662	2201	2842	2550	2662

[1] HILLER, H. M.: „Weniger Stähle für Druckgießformen?“ Gießerei 50 (1963), Heft 1, S. 11 bis 18.

[2] Bei großen Stückzahlen und erhöhter Verschleißbeanspruchung (bei verwickelten Teilen mit feinen Gravuren) wird ausnahmsweise für die Druckgieß-Verarbeitung von Zinklegierungen der 4,5%ige Wolframstahl eingesetzt.

Werkstoff-Nummer	Richtanalyse (Gehalte in %)							
	C	Si	Mn	Cr	W	Mo	V	Co
1550	1,15	0,20	0,20	—	—	—	—	—
2201	1,65	0,30	0,30	12	—	—	0,1	—
2323	0,4	0,3	0,7	1,7	—	0,7	0,3	—
2343	0,38	1,0	0,4	5,5	—	1,5	0,4	—
2344	0,40	1,0	0,4	5,5	—	1,3	1,0	—
2550	0,60	1,0	0,30	1,20	2,0	—	0,20	—
2567	0,30	0,2	0,30	2,5	4,5	—	0,6	—
2662	0,30	—	—	2,60	9,0	—	0,40	2,0
2842	0,90	0,30	2,0	0,40	—	—	0,20	—
4120	0,20	0,40	—	13,00	—	1,0	0,50	—

Außer Warmarbeitsstählen wurden in USA auch andere Formbaustoffe untersucht. „Rene 41", eine Nickellegierung[1], die Kobalt, Chrom und Molybdän enthält, hat sich z. B. als guter Baustoff für Formplatten, Einsätze und Kerne für Druckgießformen zur Verarbeitung von Kupferlegierungen erwiesen.

Für hochbeanspruchte Kerne bei der Verarbeitung von Aluminium- sowie Magnesiumlegierungen und Formplatten bei der von Kupferlegierungen wird eine Nickellegierung mit folgender Richtanalyse empfohlen: 55% Ni; 18% Cr; 15% Co; 7% Mo und geringe Mengen von Ti und Al.

Bereits in Abschnitt 3.425 wurde darauf aufmerksam gemacht, daß als Formbaustoffe Molybdänlegierungen Vorteile aufweisen, von denen als Ergänzung noch die wesentlich höhere Warmstreckgrenze gegenüber den Warmarbeitsstählen und die durch einen Elastizitätsmodul von etwa 32000 kp/mm² vorhandene große Steifigkeit zu erwähnen sind.

Insbesondere für schlanke Kerne, die ohne Kühlung arbeiten müssen, haben sich bei der Verarbeitung von

Zinklegierungen die Mo-30 W-Molybdänlegierung[2] mit der Sollzusammensetzung 30% W, 0,02% C, Rest Mo und bei der von

Aluminiumlegierungen die TZM-Molybdänlegierung[2] mit der Sollzusammensetzung 0,40 bis 0,55% Ti, 0,06 bis 0,12% Zr, 0,01 bis 0,04% C, Rest Mo

bewährt.

---

[1] Die Nickellegierung „Rene 41" ist von der General Electric Company entwickelt worden.

[2] Bezeichnungen nach Angaben der CLIMAX MOLYBDÄN GESELLSCHAFT, Zürich/Schweiz.

13. Führungsstifte für Druckgießformen

a) Vorschlag des Fachausschusses Druckguß im Verein Deutscher Gießereifachleute

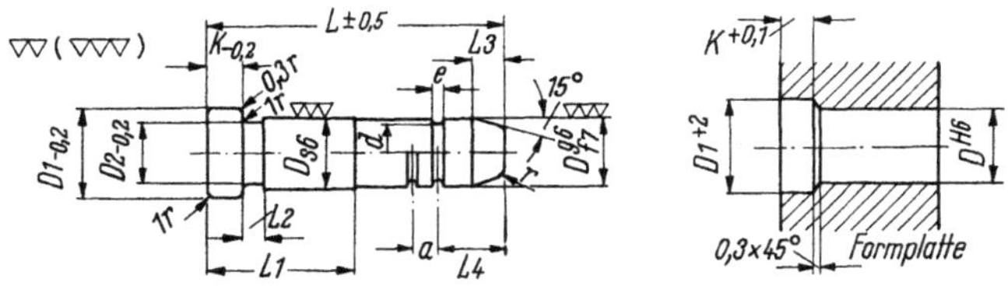

Die gewählte Toleranz zwischen Führungsstift und Führungsbüchse setzt gleiche Temperaturen der beiden Formhälften voraus. Bei Temperaturverschiedenheit der Formhälften ist die Ausdehnung ungleich, deshalb sind entsprechend größere Toleranzen zu wählen.

Verwendung für	Werkstoff	Ausführung
Zinklegierungen	CK 15 — Nr. 1141	im Einsatz gehärtet
Al-, Mg-, Cu-Legierungen	58 Cr V 4 Nr. 2242	ölgehärtet

Größe	1	2	3	4	5	6	7
D	10	12	16	20	25	30	40
	s6 +0,032 +0,023	s6 +0,039 +0,028	s6 +0,039 +0,028	s6 +0,048 +0,035	s6 +0,048 +0,035	s6 +0,048 +0,035	s6 +0,059 +0,043
	g6 —0,005 —0,014	g6 —0,006 —0,017	f7 —0,016 —0,034	f7 —0,020 —0,041	f7 —0,020 —0,041	f7 —0,020 —0,041	f7 —0,025 —0,050
D 1—0,2	14	16	20	25	30	36	46
D 2—0,2	9,5	11,5	15,5	19,5	24	29	39
d	8,8	10,8	14	18	22	27	37
k—0,2	6	6	8	8	12—0,5	12—0,5	15—0,5
L 1	26	28	44	52	58	78	78
L 2	3	3	4	4	4	4	4
L 3	5	5	10	10	10	10	10
L 4	11	11	20	20	20	22	22
a	ab L 100		14	18	30	40	50
e	1,2	1,2	2	2	3	3	3
r	2	3	3	5	5	5	5

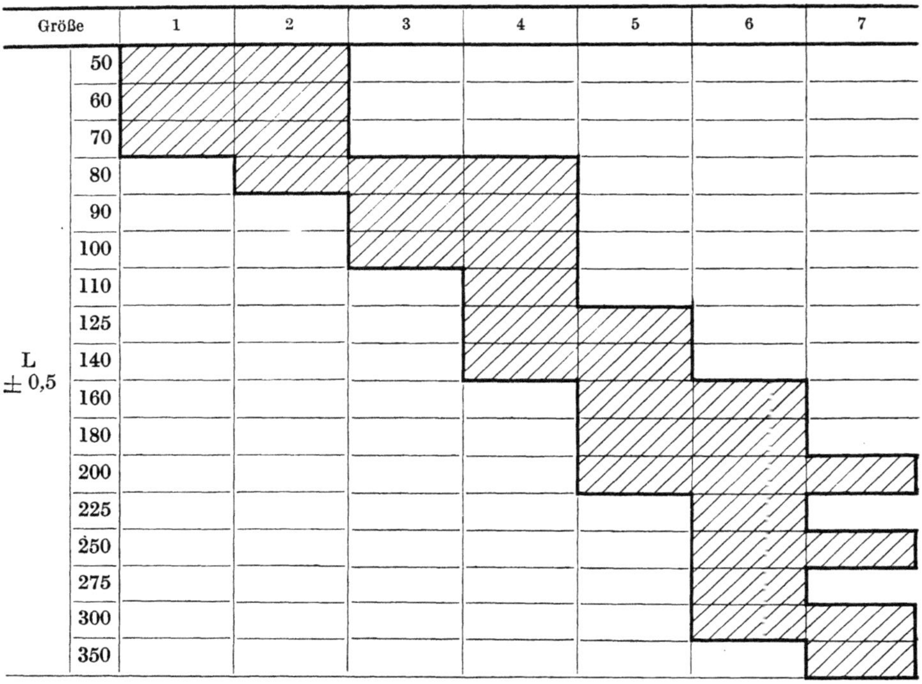

Bohrung in Formplatte

D H6	H6 + 0,009 0	H6 + 0,011 0	H6 + 0,011 0	H6 + 0,013 0	H6 + 0,013 0	H6 + 0,013 0	H6 + 0,016 0

Passungen: s6 = Preßsitz; g6 = enger Laufsitz
ISA f7 = Laufsitz;
H6 = Edelbohrung

Für den Einbau der Führungsstifte in die Formhälften (bzw. Formrahmen) sind die in Abschnitt 3.24 gegebenen Richtlinien zu beachten. Da die Führungsstifte ein gewisses Spiel besitzen müssen und einer laufenden Abnutzung unterliegen, dienen sie nur zur Vorführung der Auswerfformhälfte zur Eingußformhälfte. Führungsstifte ergeben jedoch zusammen mit Paßbolzen (s Anhang I, 18. Abschnitt) eine einwandfreie Fixierung der beweglichen Hauptelemente einer Druckgießform in der Gießstellung.

Als Größenauswahl der Führungsstifte (Mindestgröße) zu den verschiedenen Hauptabmessungen der Formrahmen (vgl. Anhang I, 20. Abschnitt b) Maß A × B) wird vorgeschlagen:

Hauptabmessungen des Formrahmens (A × B in mm)	zugehöriger Führungsstift (∅ in mm)	Hauptabmessungen des Formrahmens (A×B in mm)	zugehöriger Führungsstift (∅ in mm)
unter 80 × 100	10	320 × 400 bis 320 × 630	30
80 × 100 bis 100 × 125	12	400 × 400 bis 400 × 630	40
125 × 160 bis 160 × 200	16	500 × 500 bis 500 × 800	50 } Sondergrößen
200 × 200 bis 250 × 320	20	über 500 × 800	60 } Sondergrößen
250 × 400 bis 320 × 320	25		

Kleinere Führungsstift-Durchmesser bei den genannten Hauptabmessungen sind zu vermeiden, größere sind zulässig.

b) Weitere grundsätzliche Einbauten und Ausführungen von Führungsstiften

1 Kleiner Führungsstift aus gezogenem Material und angestauchtem Kopf.
Mat.-Vorschlag: Stift aus extra zähhartem Edelstahl (60 Rc)
Büchse aus Oel-Stahl (55 bis 58 Rc)

2 Führungsstift mit Bund
Führungsstift nach DIN 9825, Blatt 1 Form E
Führungsbüchse nach DIN 16716

3 Führungsstift mit Bund ohne Zentrierung (nach DIN 332)
Führungsbüchse ebenfalls ohne Zentrierung

4 Abgesetzter Führungsstift
Führungsstift nach DIN 9825, Blatt 1, Form F
Führungsbüchse nach DIN 16716

5 Führungsstift mit Kugel-Führungsbüchse;
Sonderausführung für genaue, leichtgehende Führungen;
Führungsstift kann nach DIN 9825, Blatt 1, Form F ausgeführt werden

6 Führungsstift mit Führungsbüchse in Auswerfformhälfte
Führungsbüchse durch Spreiz-Ring festgehalten.

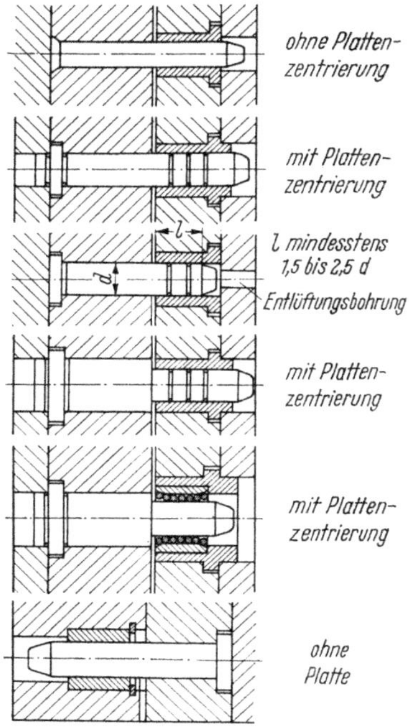

Außer den in a) vorgeschlagenen Führungsstift-Ausführungen und -Größen sind noch andere Ausführungsarten in Gebrauch, von denen oben grundsätzliche Einbauten dargestellt sind.

Vielfach findet man noch Führungsstifte mit konischem Kopf nach 1. Bei Verwendung des angeführten Materialvorschlages ergibt sich eine besonders billige Ausführung.

Um mit dem Führungsstift und der Führungsbüchse eine gleichzeitige Plattenzentrierung zu erreichen, ergibt die genormte Ausführung nach 2 eine günstige Gestaltung.

Ohne Plattenzentrierung ist die Ausführungsart nach 3 genormt.

Der in 4 dargestellte abgesetzte, genormte Führungsstift mit Plattenzentrierung hat den Vorteil, daß die Bohrungen für Führungsstift und Führungsbüchse (Außendurchmesser) in einem Arbeitsgang bearbeitet werden können, da sie den gleichen Nenndurchmesser besitzen.

Führungsstifte mit Kugelführungsbüchse nach 5 kommen für Druckguß nur in Sonderfällen — etwa bei weit auseinanderliegenden, größeren Führungsstiften — in Betracht.

In 6 ist ein in der Eingußformhälfte befestigter Führungsstift mit einfacher glatter Führungsbüchse gezeigt.

Bezüglich der Befestigung der Führungsstifte wird außer den in 3.24 erwähnten Gesichtspunkten noch folgende Richtlinie gegeben:

Bei Horizontal-Druckgießmaschinen (mit waagrechter oder nahezu waagrechter Formbewegung) erfolgt die Befestigung in der Regel in der Eingußformhälfte; bei Vertikal-Druckgießmaschinen (mit senkrechter oder nahezu senkrechter Formbewegung) in der Regel in der Auswerfformhälfte.

14. Führungsbüchsen für Druckgießformen

(nach dem Vorschlag des Fachausschusses Druckguß im Verein Deutscher Gießereifachleute)

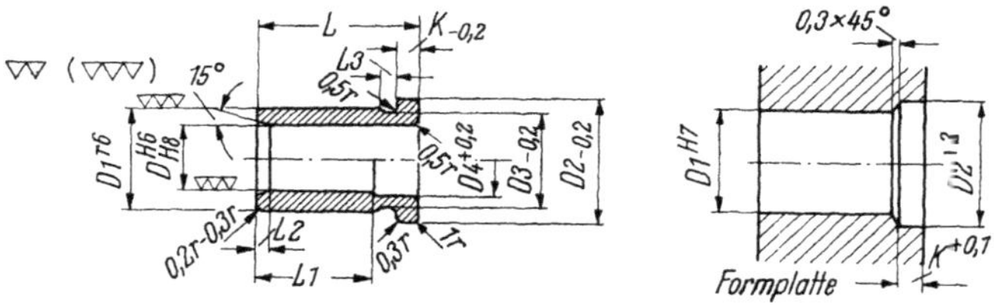

Die gewählte Toleranz zwischen Führungsstift und Führungsbüchse setzt gleiche Temperaturen der beiden Formhälften voraus. Bei Temperaturverschiedenheit der Formhälften ist die Ausdehnung ungleich, deshalb sind entsprechend größere Toleranzen zu wählen.

Verwendung für	Werkstoff	Ausführung
Zinklegierungen	C 15 — Nr. 0561	im Einsatz gehärtet
Al-, Mg-, Cu-Legierungen	165 Cr V 46 Nr. 2201	ölgehärtet

Größe	1	2	3	4	5	6	7
D	10 H6 +0,009 0	12 H6 +0,011 0	16 H8 +0,027 0	20 H8 +0,033 0	25 H8 +0,033 0	30 H8 +0,033 0	40 H8 +0,039 0
D 1	16 r6 +0,028 +0,019	18 r6 +0,034 +0,023	24 r6 +0,041 +0,028	30 r6 +0,041 +0,028	35 r6 +0,041 +0,028	42 r6 +0,050 +0,034	56 r6 +0,060 +0,041
D 2—0,2	20	22	28	36	42	49	63
K	4	4	8	8	12—0,5	12—0,5	15—0,5
D 3—0,2	15,5	17,5	23,5	29,5	34,5	41,5	55,2
D 4+0,2	10,5	12,5	16,5	20,5	26+0,5	31+0,5	41+0,5
L 1	20	20	25	30	38	45	60
L 2	2	2	2	3	3	4	4
L 3	3	3	3	4	4	4	4
L −0,2 −0,5: 27	x						
31	x	x					
36	x	x					
41		x	x				
46		x	x	x			
50		x	x	x	x		
55							
60			x	x	x	x	
80					x	x	x

Bohrung in Formplatte

Größe	1	2	3	4	5	6	7
D 1	16 H 7 + 0,015 0	18 H 7 + 0,018 0	24 H 7 + 0,021 0	30 H 7 + 0,021 0	35 H 7 + 0,021 0	42 H 7 + 0,021 0	56 H 7 + 0,030 0

Bei starken Formplatten sind Abstützbüchsen nach dem 15. Abschnitt dieses Anhangs zu verwenden!

Passungen: H 6 = Edelbohrung; H 7 = Feinbohrung
ISA r 6 = Preßsitz
H 8 = Schlichtbohrung

15. Abstützbüchsen für Druckgießformen

(nach dem Vorschlag des Fachausschusses Druckguß im Verein Deutscher Gießereifachleute)

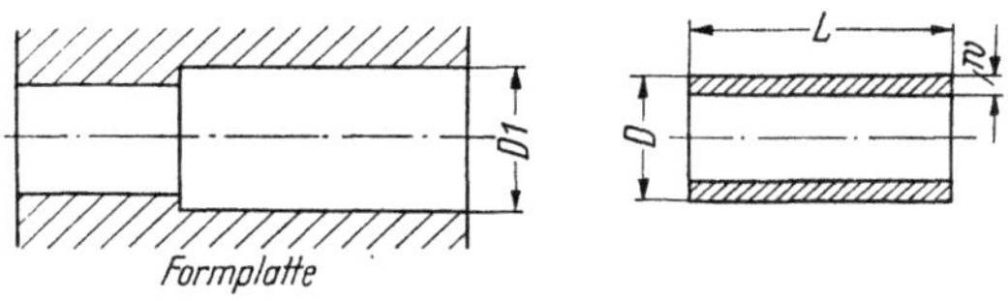

Werkstoff: Dampfrohr St. 00.29, DIN 2440

Größe	1	2	3	4	5	6	7
D	½'' 21,25	½'' 21,25	¾'' 26,75	1'' 33,5	1¼'' 42,25	1¼'' 42,25	2'' 60
w	2,75	3,25	3,5	4	4	4	4,5
L	nach Formkonstruktion						

Bohrung in Formplatte

D 1	22	24	28	38	44	50	62

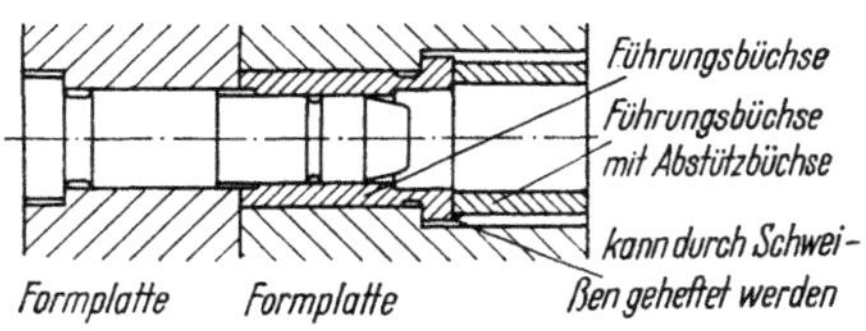

In den aufgeführten Tafeln des 13. bis 15. Abschnitts sind die Abmessungen der Führungsstifte, Führungsbüchsen und Abstützbüchsen festgelegt worden. Diese Festlegungen sollen nach einiger Zeit in VDG-Merkblättern ihren Niederschlag finden, die als Vorläufer für DIN-Normen gedacht sind.

16. Schmiedemaße von Warmarbeitsstählen, Flach- und Rundformaten für Druckgießformen

(nach dem Vorschlag des Fachausschusses Druckguß im Verein Deutscher Gießereifachleute)

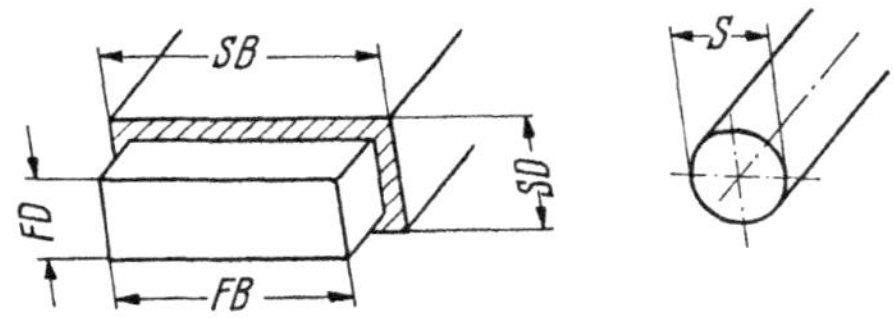

Schmiedemaße[1] Dicke SD		Breite SB	Angestrebte Fertigmaße Dicke FD		Breite FB
12	×	105	8	×	100
17	×	105	13	×	100
22	×	105	18	×	100
32	×	125 155	27	×	120 150
36	×	165	31	×	160
42	×	125 145 205	36	×	120 140 200
47	×	155 260 310	41	×	150 250 300
52	×	145 165	46	×	140 160
57	×	205 260 310	50	×	200 250 300
63	×	125 205 260	55	×	120 200 250
73	×	410	65	×	400
82	×	205 260 310	74	×	200 250 300
94	×	410	84	×	400
108	×	205 310 410	98	×	200 300 400
130	×	410 510	118	×	400 500
160	×	410 510	148	×	400 500

Schmiedemaße Dmr.-Werte S
5
6
8
10
13
16
18
21
24
27
30
33
37
40
43
45
47
50
55
60
65
70
75
80
90
100
105
115
125
145
165
185
205
255
305

[1] Die hier angegebenen Schmiedemaße sind nach den Richtlinien für die Ermittlung der Bearbeitungszugaben in dem Stahl-Eisen-Werkstoffblatt 250—58 — Legierte Warmarbeitsstähle —, Absatz 1,6 errechnet.

17. Auswerferstifte (Drückstifte)

mit zylindrischem Kopf

(nach DIN 1530, Blatt 1, Okt. 1962 — DK 621.747.31:621.746.58[1])

Throw out pins (press pins) with parallel head

Maße in mm

Geltungsbereich

Die in dieser Norm aufgeführten Auswerferstifte werden hauptsächlich für Druckgießformen, Preßwerkzeuge und Spritzgießwerkzeuge für Kunststoff-Formmassen verwendet.

Form A

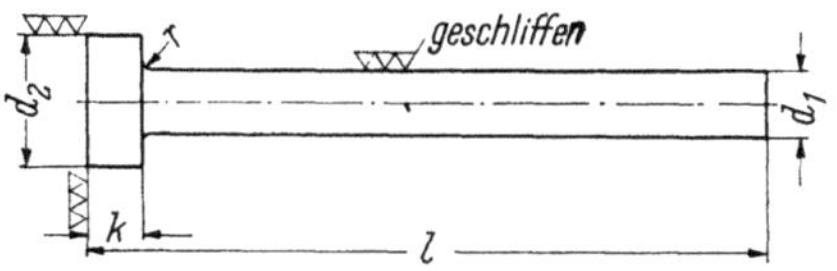

Bezeichnung eines Auswerferstiftes Form A von $d_1 = 6$ mm Durchmesser und $l = 150$ mm Länge:

Auswerferstift A 6×150 DIN 1530

d_1 g6	d_2 −0,2	k −0,05	r	$l+1$ 100	125	150	175	200	250	300	350	400
3	6	3	0,3									
4	8	3	0,3									
5	10	3	0,3									
6	12	5	0,5									
8	14	5	0,5									
10	17	5	0,5									
12	20	7	0,8									
14	22	7	0,8									
16	24	7	0,8									

Die schraffierten Fächer kennzeichnen die genormten Schaftdurchmesser und Längen.

Werkstoff:

Nitrierfähiger Warmarbeitsstahl mit einer Anlaßbeständigkeit von 500 bis 550 °C. Kern-Zugfestigkeit ungefähr 140 bis 150 kp/mm² entsprechend einer Vickers-Härte von 390 bis 450 kp/mm².

Verwendbare Stähle z. B. Stahl X 38 CrMoV 5 1 (Werkstoffnummer 1.2343) oder
Stahl X 40 CrMoV 5 1 (Werkstoffnummer 1.2344).

[1] Wiedergegeben mit Genehmigung des Deutschen Normenausschusses. Maßgebend ist die jeweils neueste Ausgabe des Normblattes im Normformat A 4, das bei der Beuth-Vertrieb GmbH., Berlin 15 und Köln erhältlich ist.

Ausführung: Kopf: warm gestaucht und geschliffen
Schaft: geschliffen und nitriert

Härte: Kopf: Vickers-Härte = 390 bis 450 kp/mm²
Schaft: Vickers-Härte mindestens = 950 kp/mm²

Die Härte am Schaft ist wegen der Nitrierschicht mit einer Prüflast von 0,3 kp zu prüfen.

Fachnormenausschuß Gießereiwesen im Deutschen Normenausschuß (DNA)
Fachnormenausschuß Kunststoffe im DNA

18. Paßbolzen (Vorschlag)

(auch Paßrollen benannt)

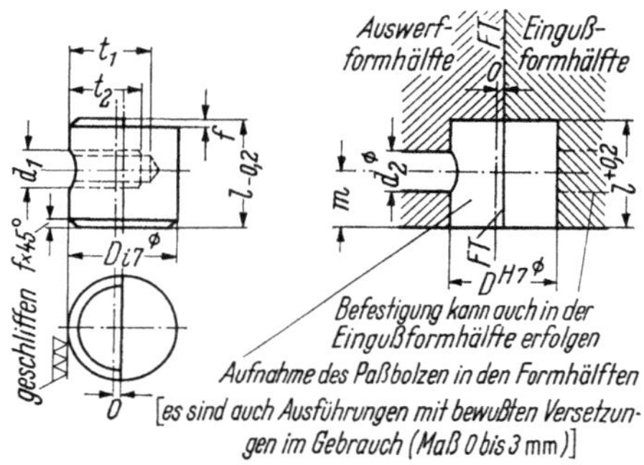

D mm	l	m	d_1	d_2	t_1	t_2	f
12	12	6	M 4	4,2	8	6	0,5
16	16	8	M 6	6,4	12	8	1
20	20	10	M 8	8,4	16	10	1
30	30	15	M 10	10,5	24	18	1,5
40	36	18	M 12	13	28	20	1,5
60	48	24	M 16	17	36	30	2
80	60	30	M 20	21	48	40	2

Werkstoff: 90 Cr 3, Nr. 2056
Ausführung: gehärtet, auf 50—60 RC angelassen

Beim Einbau von Führungsstiften und Paßbolzen in Druckgießformen können folgende Richtlinien angewandt werden:

Führungsstifte und Paßbolzen in der Eingußformhälfte
fest bei waagrechter Formbewegung

Führungsstifte und Paßbolzen in der Auswerfformhälfte
fest bei senkrechter Formbewegung

damit diese Elemente beim Schließen der Gießform gut beobachtet werden können. Dabei ist der Standort des Druckgießers maßgebend.

19. Hydraulisch betätigte Kernzug-Zylinder

a) Abmessungen und Drücke

(Norm-Vorschlag)

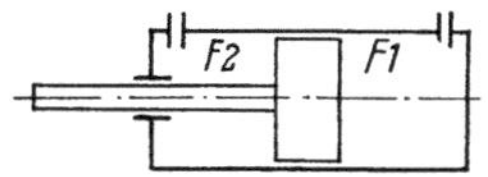

Typenreihe KZ

Grundform

Doppelwirkend, mit beiderseitigem Stirnflansch, für beliebige und selbst wählbare Befestigungsart

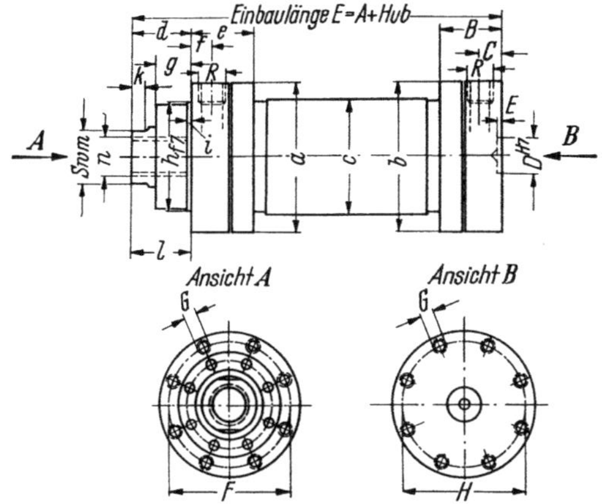

Bezeichnung	KZ/32	KZ/40	KZ/50	KZ/63	KZ/80	KZ/100	KZ/125	KZ/160	KZ/200
Kolben ∅ mm	32	40	50	63	80	100	125	160	200
Stangen ∅ mm	20	25	32	40	50	63	80	100	125
F 1 cm²	8,04	12,56	19,63	31,17	50,26	78,54	122,72	201,06	314,16
F 2 cm²	4,90	7,65	11,59	18,60	30,63	47,37	72,45	122,52	191,44
Gewindeanschlüsse	R 3/8″	R 3/8″	R 3/8″	R 1/2″	R 3/4″	R 1″	R 1 1/4″	R 1 1/2″	R 1 1/2″
A	174	174	220	241	274	293	327	387	473
B	46	49	55	62	72	91	104	120	145
C	15	15	17	20	24	27	34	38	47
D -Bodenzentrierung	20	20	20	30	30	35	40	50	75
E	3	3	4	4	4	4	5	5	6
F -Stirnflansch-Lkrs.	80	102	112	128	140	170	192	225	285
G (× Tiefe)	M 6× 15	M 8× 15	M 8× 15	M 10× 20	M 12× 22	M 14× 30	M 18× 30	M 20× 35	M 22× 52
H -Bodenflansch-Lkrs.	54*)	70*)	80	128	140	170	192	225	285*)

Bezeichnung	KZ/32	KZ/40	KZ/50	KZ/63	KZ/80	KZ/100	KZ/125	KZ/160	KZ/200
a	100	120	130	150	165	200	225	264	330
b	70	90	100	150	165	200	225	264	330
c	40	50	62	80	96	120	150	190	241
d	60	56	76	81	78	91	97	116	128
e	46	49	55	62	72	93	104	120	145
f	15	15	17	20	24	30	34	38	47
g	43	41	56	57	55	65	65	71	78
h -Stirnzentrierung	65	85	95	105	115	140	160	188	225
i	6	6	6	6	6	6	6	6	6
k	10	10	12	15	15	20	22	25	30
l -Einschraubtiefe	30	35	40	50	60	75	90	120	135
m	17	22	27	36	41	55	70	85	110
n -Stangengewinde	M 14× 1	M 17× 1	M 20× 1	M 30× 1,5	M 35× 1,5	M 45× 1,5	M 60× 2	M 70× 2	M 85× 2
Schließdruck (ca.)kp	1600	2500	4000	6000	10000	15000	25000	40000	60000
Kernzug-Druck (ca.) kp	1000	1500	2300	3700	6000	9000	15000	250000	40000

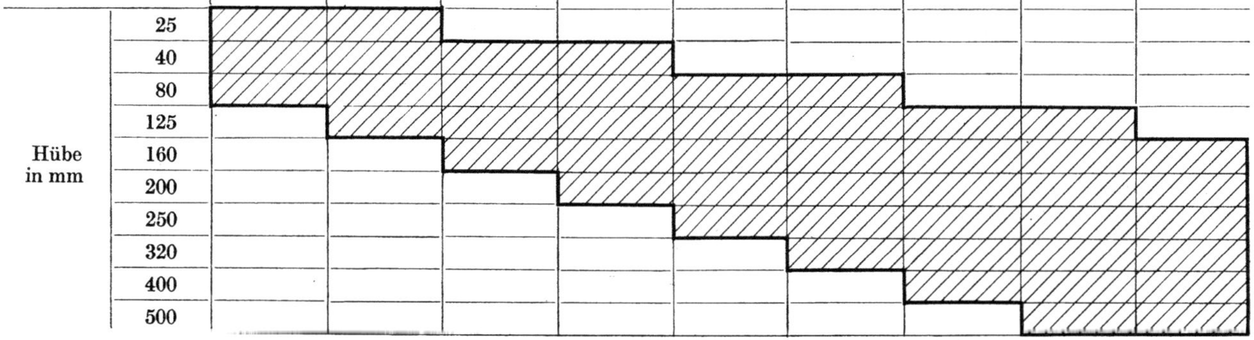

*) Anzahl und Lage der Befestigungslöcher G im Bodenflansch für Größen KZ/32, KZ 40 und KZ/200 nach besonderer Zeichnung.

Ausführung: In Ganzstahlausführung mit Spezialmanschetten-Abdichtung. Geeignet für Betriebsdrücke bis 200 atü-Prüfdruck 320 atü. Der Betriebsdruck von 200 kp/cm² liegt obigen Angaben zugrunde. Mit eingebauter hydraulischer Dämpfung. Bei Verwendung von Öl in Wasser- oder Wasser in Öl-Emulsionen werden hartverchromte Kolbenstangen und verlängerte Führungen empfohlen.

Dem obigen Norm-Vorschlag liegen die Abmessungen der URACA-Normzylinder, Schwere Reihe, Type N 1 zugrunde (Fa. Pumpen-

b) Anschlüsse

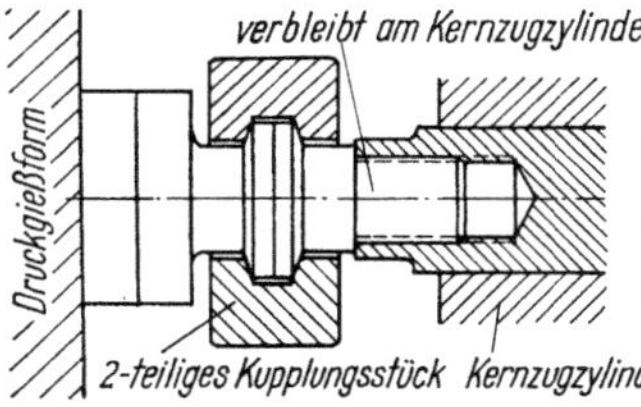

b_1

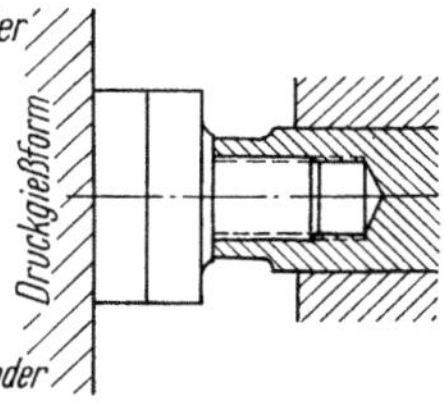

b_2

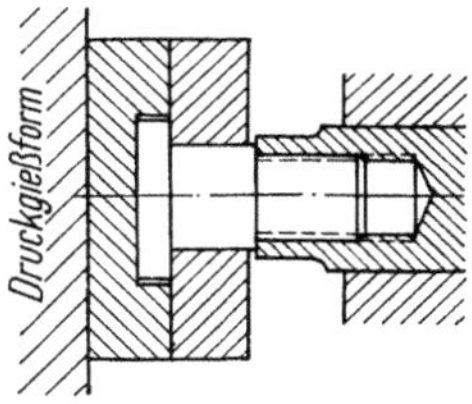

b_3

b_1. *Normalausführung mit Kupplungsstück* nach Abb. 316/3
b_2. *Sonderausführung mit einstückigem Gewindeanschluß*
b_3. *Sonderausführung mit Gewindestück*
Ausführungen b_2 und b_3 nur in Sonderfällen bei Platzmangel anwenden!

20. Einheits-Druckgießformen

(Vorschlag)

a) Formaufbau-Typen

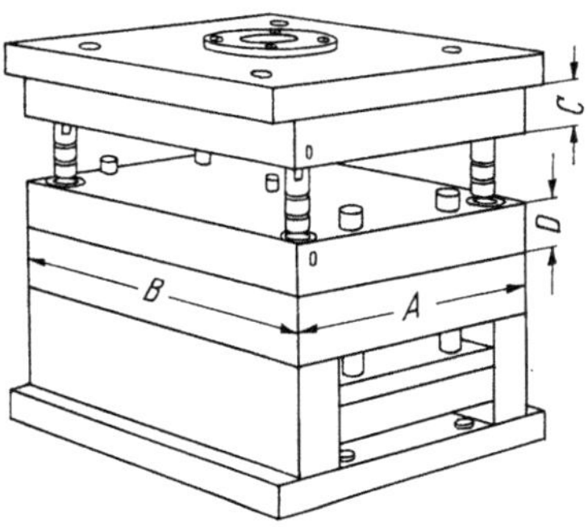

Formaufbau FI

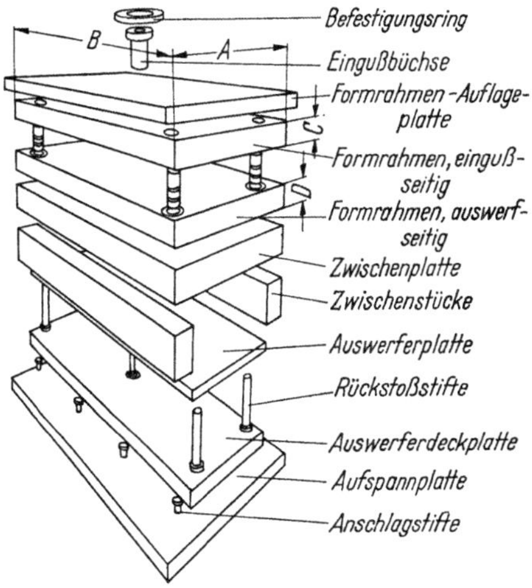

Formaufbau FIII

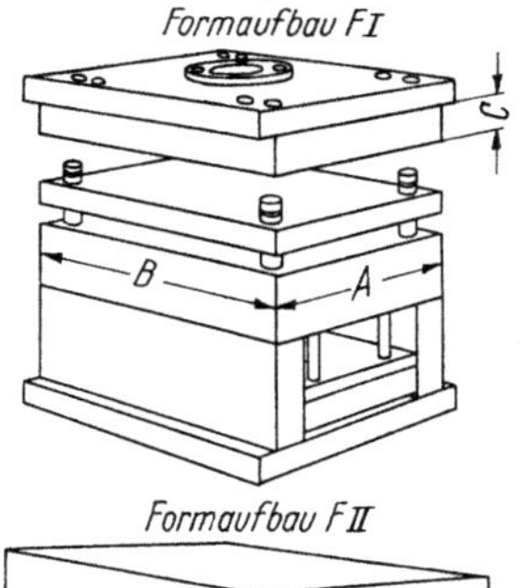

Formaufbau FII

Formplatten (ohne Führungsstifte)

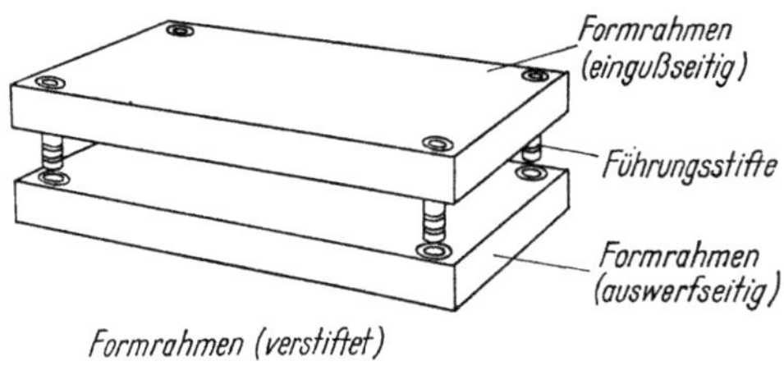

Formrahmen (verstiftet)

Formaufbau F I besitzt feste Führungsstifte in der Eingußformhälfte.

Formaufbau F II besitzt feste Führungsstifte in der Auswerfformhälfte. Außerdem ist eine bewegliche Zwischenplatte vorgesehen.

Formaufbau F III besitzt feste Führungsstifte in der Eingußformhälfte, ist jedoch noch nicht mit montierter Eingußbüchse versehen.

Sämtliche Formaufbauten besitzen Rückstoßstifte. Für die kleineren Abmessungen (Maß A bis 200 mm) können die Formrahmen auch aus Warmarbeitsstahl hergestellt sein, sonst nach Stahleinsatzliste, 11. Abschnitt dieses Anhangs. Formplatten sind aus Warmarbeitsstahl gefertigt.
Formrahmen (verstiftet) können außer nach der Stahleinsatzliste auch aus St 70.11, evtl. St 60.11 oder aus Stahl W.Nr. 2713 (vergütet auf ca. 90 kp/mm²) bestehen; die Formplatten werden in sie eingearbeitet.

b) Hauptabmessungen

Die nachfolgenden Hauptabmessungen stellen einen Vorschlag zur Normung dar:

Maß A × B (mm)	Maß *C* (mm)									
	25	32	40	50	60	80	100	125	160	200
80 × 100	///	///	///							
100 × 100		///	///	///						
100 × 125		///	///	///						
125 × 160			///	///	///					
160 × 160			///	///	///					
160 × 200			///	///	///					
200 × 200				///	///	///				
200 × 250				///	///	///				
250 × 320				///	///	///				
250 × 400				///	///	///				
250 × 500				///	///	///				
320 × 320					///	///	///			
320 × 400					///	///	///			
320 × 500					///	///	///			
320 × 630					///	///	///			
400 × 400					///	///	///			
400 × 500						///	///	///		
400 × 630						///	///	///		
500 × 500						///	///	///		
500 × 630							///	///	///	
500 × 800							///	///	///	
630 × 1000								///	///	///

Die schraffierten Fächer kennzeichnen die zu den betreffenden Hauptabmessungen A×B empfohlenen Stärkemaße C in mm.

Zu den Formaufbauten F I und F III mit den Stärkenmaßen C werden für Maß D (Stärkenmaß des Formrahmens, auswerfseitig) als Richtwerte folgende 3 Ausführungen empfohlen:

1. Ausführung D = C; 2. Ausführung D = ~ 1,5 C; 3. Ausführung D = 2 C;
jedoch auf Normmaße (DIN 3, Tafel 7) auf- oder abgerundet.

Die sogenannten „Wechselformen“, welche ein Auswechseln der Formplatten einschließlich Auswerfer (evtl. sogar mit kleinen Kernzügen) auf der Druckgießmaschine ermöglichen, sind im Hauptabschnitt „Druckgießpraxis“, Band II, behandelt.

Literaturverzeichnis

a) Bücher

BARTON, H. K.: The Diecasting Process. New York: Macmillan Co. 1956.
BRUNHUBER, E.: Moderne Druckgußfertigung. Berlin: Schiele u. Schön 1963.
DOEHLER, H. H.: Die casting. New York: McGraw Hill Book Comp. 1951.
GERBER, J.: Druckguß. Berlin: VEB Verlag Technik 1954.
HEINRICH, E.: Die Werkzeugstähle. Berlin/Göttingen/Heidelberg: Springer 1964.
HERB, Ch. O.: Die Casting. New York: Industrial Press 1952.
LIEBY, G.: Gestaltung von Druckgußteilen. Stuttgart: Franckh 1949.
—: Design of Die Castings. Des Plaines/Ill.: American Foundrymen's Soc.
LOWE, G. W.: Gravity Die Casting Technique. London 1946.
PENNY, F. D.: A Handbook on Die Casting. London: Her Majesty's Stat. Off. 1954.
RAPATZ, F.: Edelstähle. 5. Aufl. Berlin/Göttingen/Heidelberg: Springer 1962.
REIMER, V. v.: Druckguß. München: C. Hanser 1959.
ROLL, F.: Handbuch der Gießerei-Technik. I. Bd. 1. Teil: Werkstoffe I, Rohstoffe, Prüfung, Oberflächenbehandlung, Schweißen. 1959 — 2. Teil: Werkstoffe II, Stand und Probleme der Normung. 1960 — II. Bd. 2. Teil: Sonderform-Verfahren. Kernherstellung, Trocknung. Trockner. Penetration. Berlin/Göttingen/Heidelberg: Springer 1963.
Die Casting, P. 1—2. London: The Machinery Publ. Machinery's yellow back series Nr. 4
Die Casting Dies, P. 1—3. London: Machinery's yellow back series Nr. 4a, d, e.
Gravity Die Casting. London: Machinery's yellow back series Nr. 4c.
Die Casting for Engineers. New York 1953.
Kokillenguß und Druckguß. Vom deutschen Patentamt München in der Zeit von Juli 1950 bis April 1954 herausgegebene Patentschriften: Zusammengest. v. Jungbluth, H., Düsseldorf.
Die Entwicklung des Patentwesens auf den Fachgebieten des VDG. Aus der Statistik des Deutschen Patentamtes über Patente der Gießerei-Industrie. Zusammengest. v. Jungbluth, H.; Schneider Ph. Gießerei 48 (1961) Nr. 1. 8—10.
Zink- und Leichtmetall-Druckguß. OEEC-Studienbericht Nr. 155 (Deutsche Übersetzung Zinkberatung e. V. Düsseldorf 1956).
Aluminium-Taschenbuch. Herausgeber: Aluminium-Zentrale e. V. Düsseldorf: Verlag der Aluminium-Zentrale.
Magnesium-Taschenbuch von Dr. G. Schichtel. Berlin: VEB Verlag Technik 1954.
Zink-Taschenbuch. Herausgeber: Zinkberatung e. V. Berlin: Metall-Verlag GmbH 1959.
Magnesiumguß und seine Bedeutung für den Konstrukteur. (VDG/VDI-Tagung Essen 1961). Düsseldorf: VDI-Verlag 1962.

b) Zeitschriften-Aufsätze

Alphabetisch nach Verfasser

AJNBINDER, A. B., A. T. EREMENKO: Automatische Anlage zur Evakuierung des Formhohlraumes bei Druckguß. Litejnoe Proizvodstvo Deutsch 3 (1963) Nr. 8, 8/9.

AMBOS, E.: Die Vorausbestimmung des Auslaufquerschnittes beim Aluminiumdruckguß. Gießerei-Technik 8 (1962) Nr. 12, 369—71.

—: Druckgußanschnittechnik. Gießerei-Technik 10 (1964) Nr. 5, 140—145.

BARTON, H. K.: Bogenförmige Kernbewegungen in Druckgießformen. Toolmaker 1954, 32—39 nach Gießerei 44 (1957) Nr. 7. 175—78.

—: Entwicklung von vereinheitlichten Druckgießwerkzeugen. Tooling 13 (1959) Nr. 12, 41—43.

—: Verschleißuntersuchungen an Druckgießwerkzeugen. Machinery, London 96 (1960) Nr. 2472, 711—22 vgl. Gießerei 48 (1961) Nr. 8. 233—34.

—, S. SAKUI: Untersuchung des Einschießens von Metall in Druckgießformen. Machinery, London, 96 (1960) Nr. 2480, 1183—90 u. 2476, 937—52.

BARTON, L. C.: Einfluß von Formüberzügen u. Schmiermitteln auf die Oberfläche von Druckguß. Mech. World Eng. Rec. 140 (1960) 186—88.

BARTON, H. K.: Anschneiden von Aluminium-Druckgußstücken. Machinery, London 99 (1961) Nr. 2541, 209—16, Nr. 2554, S. 977—89.

—, L. C. BARTON: Anwendungsbeispiele für lose Modellteile bei Druckgießformen. Machinery, London 98 (1961) Nr. 2524, 725—34.

—: Gestaltung von Eingußkanal und Eingußdüse bei Warmkammer-Druckgießmaschinen mit Metallheber. Machinery, London 92 (1958) 727—35.

—: Metallströmung in dünnwandigen Druckgußstücken. Machinery, London 101 (1962) 201—11.

—: Das Eindrücken des Gießmetalls in Druckgießformen. Machinery, London 100 (1962) 952—60.

—: Eingußsysteme für große Druckgußteile. Foundry 90 (1962) Nr. 9, 120—22 u. 125—26.

—: Neueste Entwicklung in der Druckgießtechnik I-II. Machinery, New York 69 (1963) April, 98—103; Juni, 106—11.

—: Entlüftungen und Überläufe für Druckgießformen. Gieß.-Prax. 1963, Nr. 9, 153—58.

—: Strömungstechnische Probleme bei Druckgießformen mit mehreren Anschnitten. Machinery, London 102 (1963) 960—65.

—: Thermische Einflüsse bei der Druckgußherstellung. Machinery, London 102 (1963) 479—89.

—: Entlüftung von Druckgießformen. Foundry 91 (1963) Nr. 7, S. 52—59.

—: Strömungsprobleme bei Druckguß. Machinery, London 102 (1963) 1232—37.

—: Einfluß des Anschnittsystems auf die Beschaffenheit von Druckgußstücken. Métallurg. Constr. méc. 94 (1962) Nr. 10, 923, 925, 927, 929—31.

—: Luftabführung in Vakuum-Druckgießformen. Foundry 92 (1964) Nr. 1, 100—01 u. 104—06.

—: Entstehung eines Zwei-Phasen-Systems (Metall und Luft) beim Druckgießen. Foundry 92 (1964) Nr. 8, 101—103.

BAUER, A. F.: Herstellung und Verwendung von großen Aluminium-Druckgußteilen — Große Druckgießformen. Gießerei 44 (1957) 421—37.

—: Temperaturüberwachung beim Druckgießverfahren. Aluminium 34 (1958) 648—51.

BEETHAM, J. R., R. H. LAWRENSON: Neuzeitlicher Druckgießkokillenbau. Castings 7 (1961) Nr. 9, 11 u. 13.

BENGTSSON, K. I.: Druckgußformenstahl. Fonderie Nr. 140 (1957) 400—10.

BELOPUCHOV, A. K.: Füllen der Formen und Berechnung der Eingußsysteme beim Druckguß. Litejnoe Proizvodstvo 1958, Nr. 7, 3—6.

BENNETT, F.C.: Vakuumdruckgießverfahren. Brit. Foundrym. 54(1961) Nr. 2, 54—58.

—: Anschnittechnik für Magnesiumdruckguß. Foundry 89 (1961) Nr.12, 75—79.

BLACK, R. D.: Zweck und Verwendung von Schmiermitteln für Druckgießformen. Prec. Met. Mold. 16 (1958) Nr. 4, 37–39.

BONSACK, W.: Einfluß der Gießströmung auf die Gütebeschaffenheit von Druckgußerzeugnissen. Gieß.-Prax. 1962 Nr. 22, 429–34.

BOVENSMANN, W.: Druckgießwerkzeuge und Einrichtungen für zentral anzuschneidende Gußteile auf Horizontalkammer-Druckgießmaschinen. Gießerei 45 (1958) Nr. 9, 244–47.

BRAUN, H.: Metallisches Molybdän. Metall 16. Jg. (1962) H. 7 u. 10, 646–55 u. 990–97.

BRIEFS, H.: Härtbare Werkzeugstähle für Druckgießformen. Techn. Mitteilg. Essen 54 (1961) Nr. 10, 393–98.

—: Metallkundliche Überlegungen an Formenstählen für die Druckgußindustrie. Gießerei (1957) H. 20,588–93.

BRUNHUBER, E.: Der Füllvorgang in der Druckgießform. Gieß-Prax. 74 (1956) Nr. 5, 84–86.

—: Praktische Hinweise zur Messing-Druckgußfertigung. Gieß.-Prax. (1964) Nr. 4, 49–57.

BUCHMANN, S.: Auswahl von Werkstoffen für Druckgießformen. Gieß.-Technik 8 (1962) Nr. 10, 319/20.

BUDNEWITSCH, W. A.: Automatischer Hydroantrieb für die Versetzung von Kernen beim Druckguß. Litejnoe Proizvodstvo 1956, Nr. 9, 28.

BUNGARDT, K., H. PREISENDANZ, O. MÜLERS: Versuchseinrichtung zur Ermittlung der Warmrißbildung an metallischen Werkstoffen. Archiv f. d. Eisenhüttenwesen 32 (1961) 561–72.

CASTER, J.: Die Berechnung von Druckgießkokillen. First Nat. Die Casting Exp. & Congr. Detroit 1960, Pap. 1.

CENKNER, G.: Einheitliche Druckgießformen — Vorteil oder Notwendigkeit. Die Cast. Eng. 4 (1960) Nr. 3, 6/7 u. 24, Nr. 4, 20.

ČERNOBROVKIN, J. u. G., L. P. BELAVIN: Druckguß in der Kleinserienproduktion. Litejnoe Proizvodstvo in Deutsch 3 (1963) Nr. 8. 33/34 .

ČERVÁŠEK, J.: Das Nitrieren von Formen und Formenbestandteilen für Druckguß. Slévárenství 5 (1957) Nr. 7, 198–202.

CHEVALIER, M.: Herstellung kleiner Genaugußteile als Druckguß. Fonderie (1957) Nr. 141, 437–44.

CLAYTON, O.: Kernzugvorrichtungen bei Druckgießformen. Die Cast. Eng. 4 (1960) Nr. 3, 10/11 u. 23.

COMLEY, A. W. F.: Werkzeugstähle für Druckgießkokillen. Metal Ind. 100 (1962) Nr. 8, 142–46.

ČŽU, S.-J.: Der Füllvorgang von Druckgießformen und die Berechnung des Auslaufquerschnittes. Litejnoe Proizvodstvo in Deutsch 1 (1961) Nr. 1, 39–42.

DAUXOIS, P.: Anschnittechnik für Druckguß. Métallurg. Constr. Mèc. 95 (1963) Nr. 9, 733–35.

DAY, Ed. A.: Über die Anwendung von Schallwellen im Druckguß. Die Cast. Eng. 4 (1960) Nr. 4, 18/19, Metall 15 (1961) Nr. 8, 797/98.

DOLIWA, H.-U.: Badnitrieren zur Erhöhung der Dauerfestigkeit und des Verschleißwiderstandes von Eisenlegierungen. Ind.-Anz. 85 (1963) Nr. 32, 694–709.

DRAPER, A. B.: Grundlagen des Druckgießens. Trans. Amer. Foundrym. Soc. 69 (1961) 832–44 u. 908.

DROSCHA, H.: Elektronenstrahl als thermisches Werkzeug. VDI-Nachr. März 1961.

EDGERTON, D. R., N. O. KATES: Wärmebehandlung von Stählen für Druckgußkokillen und verwandte Probleme. Mod. Cast. 38 (1960) Nr. 5, 73–87.

ELIJAH, L. M.: Vermeidung des Anschweißens von Aluminiumdruckguß an die Druckgießform. Metal Progr. 82 (1962) Nr. 1, 111/12.

EVERHART, J. L.: Vakuum-Zinkdruckguß. Mater. Design. Engng. 47 (1958) Nr. 6, 110—12.

FIELD, E. N.: Abstrahlen von Druckgießformen mit Schleifmitteln. Machinery, London 96 (1960) Nr. 2466, 367/68.

FLICK, W.: Auswahl und Anwendung von Formentrenn- und Schmiermitteln sowie Hydraulikmedien in der Druckgießerei. Gießerei 47 (1960) Nr. 9, 241—44.

FOMITSCHEW, A. W.: Druckgießen in ungeteilten Matrizen. Litejnoe Proizvodstvo 1959, Nr. 8, 13/14.

FRANKLIN, Ch. M.: Design and Use of Die Casting Dies. Tool Eng. 24. Mai 1950, 24—27.

GERBER, J.: Druckguß, Technik 9 (1954) 135—42.

—: Anschnittechnik bei Druckgußteilen. Gieß.-Techn. 5 (1959) Nr. 12, 354—58.

GIRARD, R.: Betrachtungen über das Druckgießen. Métallurg. Constr. méc. 85 (1953) 703 u. 705, Nr. 10, 787 u. 789.

GLAZMAN, B. S., A. P. ELIŠEV: Feinguß aus 3 Ch 2 V 8-Stahl. Litejnoe Proizvodstvo Deutsch 1 (1961) Nr. 6, 55.

—: Faktoren, die auf die Qualität von Messingteilen aus Druckguß Einfluß haben. Litejnoe Proizvodstvo Deutsch 2 (1962) Nr. 8, 38.

GOODE, W.: Grundlagen der Konstruktion von Druckgießformen Die Design. Symposium, Birmingham (1961) 3—22.

GREEN, R. E.: Einheits-Druckgießformen. Machinery, London 104 (1964) Nr. 2680, 720—26.

GRUNBERG, R.: Temperatur der Formen und Formfüllung. Metallurgie et la Constr. méc. (Mai 1953) 369, 371, 373.

HALLIDAY, W. M.: Kostensenkung durch richtige Gestaltung von Druckgießformen und Druckgußteilen. Iron Age 169 (1952) Nr. 23, 138—41. Gießerei 40 (1953) 482—84.

—: Schwierigkeiten bei der Herstellung von Druckgußstücken. Foundry 81 (1953) Nr. 2, 86—91 u. 262/63. Gießerei 41 (1954) 488—91 u. 542—47.

—: Temperaturkontrolle in Druckgießformen. Prec. Met. Mold. Juli 1956, 47/48, 65/66, 72; Aug. 1956, 73, 75, Sept., Okt., Nov. 1956, 101/02, 104—07, 112; Dez. 1956, 79/80, 82/83.

—: Schmierung beweglicher Teile an Druckgießformen. Prec. Met. Mold. Febr. 1953, 40, 80—83.

—: Erprobung neuer Druckgießformen. Foundry Trade Journal (1953) 579—81.

—: Schutzüberzüge für Druckgießformen. Foundry Trade Journal (1953) 189—191.

—: Probleme und Verfahren bei Erprobung von Druckgießformen. Metallurgia 49. (1954) Nr. 295, 230—34.

HANNON, E. F.: Eine druckgießgerechte Konstruktion wirkt sich günstig auf die Formkosten aus. Prec. Metal. Mold 19 (1961) Nr. 5, 43/44. Techn. Mittlg. Zink-Druckguß Nr. 82 (1961) 6—8.

HAUFE, W.: Verhütung und Beseitigung häufig auftretender Härtefehler. Industrie-anzeiger 78. Jg. (1956) Nr. 26, 357—59.

—: Das Kalteinsenken als Herstellungsverfahren von Druckgießformen. Gießerei 46 (1959) Nr. 13, 353—61.

HEINEN, H.: Die Tenifer-Behandlung als verzugsarme Wärme- und Oberflächenbehandlung zum Erreichen optimaler Werkzeugleistung. Z. Wirtsch. Fertig. 59 (1964) Nr. 3, 110—15.

HILLER, H. M.: Neue Erfahrungen mit Druckguß-Formstählen. Gießerei 40 (1953) 16—24.

HILLER, H. M.: Formenbaustähle für Druckgießwerkzeuge und Kokillen. Gießerei 44 (1957) 141—49 u. 314.

—: Stähle für Druckgießformen — Alte Probleme und neue Erfahrungen. Gießerei 48 (1961) H. 20, 609—18.

HARVILL, H. L., P. R. JORDAN: Regeln für den Aufbau von Druckgießformen. Iron Age 156 (1945) Nr. 11, 48—54. Neue Gießerei 37 (1950) 346—48.

JVERSON, F. K.: Gute Zukunftsaussichten für Vakuum-Druckguß. Iron Age 178 (1956) Nr. 3, 120—22.

JOFFE, A. Ja.: Vakuumdruckguß. Litejnoe Proizvodstvo Deutsch 3 (1963) Nr. 8, 2—4.

JONSSON, W.: Löten und Schweißen in Druckgießformen, Aluminium 38 (1962) Nr. 12, S. A. 448.

KALIŠ, R. M.: Einfluß einer Evakuierung des Formhohlraumes auf die Eigenschaften von Druckgußteilen. Litejnoe Proizvodstvo in Deutsch 3 (1963) Nr. 8, 15—18.

KALISH, A.: Lichtbogenschweißen von Druckgießformen in Schutzgasatmosphäre. Die Cast. Eng. 6 (1962) Nr. 4, 8, 10 u. 26.

KASKIN, G. J.: Eine neue Druckgießform mit auswechselbaren Paketen. Litejnoe Proizvodstvo Deutsch 3 (1963) Nr. 10, 51/52.

KAYAMA, N., M. ICHIDA: Untersuchungen über das Druckgießverfahren — I. Größe des Anschnitts, II. Länge der Druckgießform. Rep. Cast. Res. Labor. Japan (1953) Nr. 4, 13—16.

KEE, H. L.: Eingegossene Rohrleitungen. Prod. Enging. 29 (1958) Nr. 19, 76—79.

KIPS, P.: Das funkenerosive Schleifen. technica, Basel, 12. Jg. (1963) 235—38.

KLEMENTOW, M. G.: Verbesserung der Ausstoßvorrichtung an Druckgießformen. Litejnoe Proizvodstvo (1955) Nr. 12, 29/30.

KÖSTER, W., K. GÖHRING: Über den Einström- und Füllvorgang bei Druckguß an Hand kinematographischer Aufnahmen. aus: Der Spritz- und Preßguß Düsseldorf: Gießerei-Verlag 1942.

KOMISSAROW, V. A.: Die Vibration von Metallkernen beim Kokillenguß. Litejnoe Proizvodstvo Deutsch 2 (1962) Nr. 8, 29—32.

KRIWOSCHEJEW, W. M.: Herstellung von Druckgießformen. Litejnoe Prozvodstvo (1959) Nr. 5, 15/16. Gießerei 47 (1960) Nr. 8, 219.

KRON, E. C.: Warum Warmrißbildung bei Druckgießformen? Druckguß, 3. Intern. Tagung Stresa 1960, Vortrag 4.

LAPIN, J., R. V. STUMPH: Beziehungen zwischen Formgebung und Anschnitttechnik bei Aluminiumdruckguß. First Nat. Die Casting Expos. & Congr. Detroit (1960) Pap. 2.

LAUE, K.: Kritische Betrachtungen über die Werkzeugfragen des Aluminium-Druckgusses. Metallkunde 48 (1957) Nr. 5, 250—52.

LEARCH, N. G.: Betrachtungen über die Formkonstruktion und ihren Einfluß auf die Gestaltung des Druckgußstückes Prec. Met. Mold. 18 (1960) Nr. 11, 35—39. Techn. Mittlg. Zink-Druckguß Nr. 82 (1961) 1—3.

LEBEDEV, E. A., V. N. GUDINA: Spritzmittel für Druckgießformen. Litejnoe Proizvodstvo Deutsch 1 (1961) Nr. 11, 47/48.

LEISSIG, G.: Das Schmieren von Druckgußpreßformen. Gieß.-Techn. 1 (1955) 127.

LIEBY, G.: Herstellung von Fernglasgehäusen in Leichtmetalldruckguß. Gießerei 38 (1951) 128—30.

—: Formauffüllung bei Druckguß. Gießerei 39 (1952) 311—15.

—: Druckguß. Gießerei 46 (1959) H. 22, 697—710.

—: Kennzeichnende Eigenschaften von Druckgußlegierungen. Gießerei 42 (1955) 357—61.

LIEBY, G.: Mängel und Fehlererscheinungen bei der Herstellung und im Betrieb von Druckgießformen. Gießerei 45 (1958) H. 3, 60—64.

—: Beanspruchungsprobleme bei Druckgießformen. Gießerei 45 (1958) H. 16, 437—43.

—: Druckguß aus dem leichtesten Nutzmetall. Gießerei (1960) H. 9, 232.

—: Gießtechnik bei Metallen und Kunststoffen. Gießerei 51 (1964) Nr. 9, 245—54.

LUNDGREN, A. P. G.: Betrachtungen über die Wärmebehandlung des Formstahls mit 0,40% C, 1% Si, 5% Cr, 1% V und 1,5% Mo. in: Druckguß 3. Intern. Tagung Stresa (1960) Vortr. 3.

LYČAGIN, Ja. Ja.: Druckguß in senkrecht geteilten Formen. Litejnoe Proizvodstvo 1959, Nr. 2, 43/44.

MARÉCHAL, K.: Formen und Material für Spritzguß. Gys-Maschinenbau 2 (1950) 421/22.

MCCULLOGH, H. M., N. W. CAULKINS: Im Lichtbogenofen erschmolzenes Molybdän als Kokillenwerkstoff für Druckguß. Prec. Met. Mold 18 (1960) Nr. 5, 54/55.

MICKEL, E.: Beanspruchungsprobleme der Druckgießformen im Betrieb. Z. Ver. Deutsch. Ing. 87 (1943) 341—45.

MISKE, J. C.: Verwendung von einheitlichen Druckgießformen. Foundry 91 (1963) Nr. 4, 106—08, 111/112 u. 114.

MORGENSTERN, D.: Vakuumdruckguß als neuartiges Herstellungsverfahren. Mod. Cast. 31 (1957) Nr. 5, 80—83.

—: Fortschritte im Vakuumdruckguß. Trans. Amerik. Foundrym. Soc. 66 (1958) 199—202 u. 611.

—: Praktische Erfahrungen mit dem Vakuum-Druckgießen. Vortrag auf d. Intern. Druckgußtagung 1963 in München.

MORTON, G. R.: Vakuumdruckguß von Aluminiumteilen. Prec. Met. Mold. 16 (1958) Nr. 6, 30 u. 32.

MOUNTAIN, K. L.: Neue Einrichtungen helfen bei der Druckgußqualität. Foundry 83 (1955) Nr. 6, 100—03.

MURRAY, T. E.: Kokillenschlichte in Druckgießformen. Tool. & Prod. (1957) 23. Aug., 91/92.

MUSIJAČENKO, A. S., E. S. STEBAKOV: Die Formfüllung beim Preßguß. Litejnoe Proizvodstvo Deutsch 2 (1962) Nr. 5, 46—48.

NYSELIUS, G.: Druckgießformen mit auswechselbaren Einsätzen. Fonderie Nr. 142 (1957) 516/17.

OHSE, Ch. W.: Planung eines einfachen, billigen Vakuumdruckgußsystems. Prec. Met. Mold. 16 (1958) Nr. 4, 42—45.

ORLOVA, O. P., L. P. PETROVA: Druckgießkokillen mit vielen Kernen. Litejnoe Proizvodstvo Deutsch 1 (1961) Nr. 6, 36/37.

OTTO, G.: Erfahrungen auf dem Gebiet des Nichteisenmetall-Druckgusses bezüglich der Lebensdauer der Formen. Trans. Amer. Foundrym. Soc., 66 (1958) 184—86 u. 611.

PATTERSON, W., R. KÜMMERLE: Über das Fließ- und Formfüllungsvermögen der Metalle. Gießerei 46 (1959) H. 23, 897—904.

—, R. DÖPPE: Gußeisen als Werkstoff für Formgußkokillen. Gießerei 50 (1963) H. 8, 226—34.

PLEINES, E. W.: Druckgußgerechtes Gestalten. Metallkundliche Berichte Bd. 17, Berlin 1952.

PLJACKIJ, V. M.: Neue Richtungen in der Konstruktion der Anschnittsysteme beim Druckguß. Litejnoe Proizvodstvo (1953) Nr. 8, 5—8 u. 29.

—: Die Beseitigung von Oberflächenfehlern beim Druckguß durch Regulierung der Wärmebilanz der Form. Litejnoe Proizvodstvo (1954) Nr. 7, 3—5.

PLJACKIJ, V.M.: Druckguß aus Kupferlegierungen. Litejnoe Proizvodstvo (1955) Nr. 9, 4—7.

—: Konstruktionsgrundlagen für Druckguß-Eingußsysteme. Litejnoe Proizvodstvo Deutsch 1 (1961) Nr. 1, 10—16.

PORTNOJ, A. P.: Die Wiederherstellung von Druckgießformen. Litejnoe Proizvodstvo (1955) Nr. 1, 28.

—: Druckgießformen zum Gießen von Statoren für Elektromotoren. Litejnoe Proizvodstvo Deutsch 2 (1962) Nr. 3, 49.

POTT, D. H.: Druckguß-Aluminiummodell-Ausrüstung. Foundry Trade J. 94 (1953) 659—66.

—: Druckguß-Aluminiummodell-Ausrüstung. Foundry Trade, J. 96 (1954) 159—61.

RADEHAUS, W.: Druckgießgerechte Formwerkzeuge. Ein Beitrag zur Werkstoffauswahl und Wärmebehandlung der Druckgießwerkzeuge. Gieß.-Techn. 4 (1958) Nr. 1, 7—10.

—: Druckgießgerechte Formwerkzeuge. Beitrag zum verfahrensgerechten Aufbau der Druckgießwerkzeuge. Gieß.-Techn. 4 (1958) Nr. 5, 102—06.

RAEDEKER, W.: Rißbildung in niedrig legierten Stählen durch schroffen Temperaturwechsel. Stahl u. Eisen 74 (1954) 929—43.

REARWIN, E. W.: Anschnittechnik für Aluminium-Druckguß. Foundry 88 (1960) Nr. 11, 106—13.

—: Anschnittechnik für Zink-Druckguß. Foundry 90 (1962) Nr. 9, 112—14, 116 u. 119.

REIMER, V. v.: Die Stahlwahl für Druckgießwerkzeuge und Druckgießmaschinenteile. in: Taschenbuch der Gießereipraxis 1964, 162—70.

REISS, J. L., E. C. KRON: Druckguß mit ungewöhnlich hohem Druck. Trans. Amer. Foundrym. Soc. 68 (1960) 89—96 u. 824.

RICHTER, F.: Zur Frage der Bedeutung des Preßdruckes in der Druckgußfertigung. Gießerei 43 (1956) 540—47.

ROSENBOIM, G. B., M. G. KRESIAN: Die Schmierung von Druckgießformen. Litejnoe Proizvodstvo (1954) Nr. 9, 29.

RUBISCH, W.: Der Punktanguß auch bei Aluminiumdruckguß. Gieß.-Techn. 3 (1957) Nr. 9, 198/99.

RÜEGG, W.: Druckguß. Techn. Rdsch., Bern 49 (1957) Nr. 39, 17—29.

SAASLAWSKI, M. L.: Günstige Konstruktion der Teile in Druckgießformen. Litejnoe Proizvodstvo (1956) Nr. 8, 31.

SACHS, B.: An Analytical Study of the Die-Casting-Process. ASTM Bulletin, Sept. 1953.

SANDERS, A.: Druckgießen — ein Weg zur guten Konstruktion. Metal Ind. 102 (1963) Nr. 1, 16—18.

SCHNEIDER, G.: Einfach- oder Mehrfachform bei Zinkdruckguß. Ind.-Anz. 84 (1962) Nr. 35, 730.

SCHNEIDER, PH., H. E. HILGER: Untersuchungen über den Druckaufbau und den Formfüllungsvorgang bei Druckgießmaschinen. Gießerei 48 (1961) Nr. 9, 245—56.

SCHÖNERT, K.: Wärmebehandlung der für Druckgießform gebräuchlichen Stähle. Gießerei 45 (1958) Nr. 6, 133—39.

—: Beitrag zur Verschleißbeanspruchung von Druckgießformen. Gießerei 48 (1961) Nr. 9, 257—60.

SCHOLZ, A. E.: Verwendung des amerikanischen Stahls H-13 für Druckgießformen. Die Casting Expos. & Congr., Detroit/Mich. 1960 Pap. Nr. 4. Foundry 89 (1961) Nr. 6, 76—79.

SCHUBIN, N. A.: Die Arbeit der Gießform beim Druckgießen. Litejnoe Proizvodstvo (1952) Nr. 3, 14/15.

SCHULTE, H.: Standard-Druckgießformen und ihre Anwendung. Gießerei 51 (1964) Nr. 13, 397—403.
SCHULZ, H. J.: Die Werkzeugherstellung mit Funkenerosionsmaschinen. Gießerei 45 (1958) 615—623.
SEBL, J.: Druckgießformen. Slévárenstvi 4 (1956) Nr. 6, 182—85.
SHARP, H. J.: Druckgießformen für Aluminium. Metal Industry 82 (1953) 141—43, 164—66 u. 181—84.
—: Aluminium-Druckguß. Metal Industry 81 (1952) 109—112, 123—125.
—: Die Güteüberwachung bei Druckgußstücken. Darin: Druckgießform. J. Inst. Metals 85 (1956/57) 330—38 u. 518—34.
SILVAGI, J., R. B. VERLAINE: Konstruktion von Druckgießformen für Stirnbänder. Die Cast. Eng. 4 (1960) Nr. 1, 9—12.
SIMPSON, W. M., R. B. BRYAN: Konstruktion von Druckgießformen. in: Die Design Symposium, Birmingham 1961, 47—62. Metal Ind. 99 (1961) Nr. 18, 354—57.
SLOANE, D. J.: Beziehung zwischen Schließkraft und Gußstückquerschnitt bei Aluminiumdruckguß. in: 29th. Intern. Foundry Congress and Expos. Detroit/Mich. 1962. Des Plaines/Ill. 1962, 442—48 (Pap. Nr. 13). Mod. Cast. 41 (1962) Nr. 6, 114—20.
SMITH, S.: Das Druckgießen mit automatischen Hochleistungsmaschinen. Gieß.-Prax. (1964) Nr. 11, 212—19.
SMITH, V. W.: Form-Schmiermittel. Prec. Met. Mold. (Okt. 1953) 102—08.
SPENCER, L. F.: Leistungssteigerung bei Druckgießformen. Iron Age 171 (1953) Nr. 2, 93—98.
ST. CLAIR, D. A.: Entwicklung eines neuen Stahles für Druckgießformen. Die Cast. Eng. 6 (1962) Nr. 4, 19—28.
SWISCHKOWA, Ss. B.: Die Verlängerung der Haltbarkeit von Preßformen und Anschnittstücken beim Druckguß. Litejnoe Proizvodstvo (1955) Nr. 7, 26.
TRAUBE, TH. G.: Herstellung von Formen durch elektroerosive Bearbeitung. Gießerei 51 (1964) Nr. 9, 255—60.
VASAN, K. S. S.: Druckgießverfahren. Proc. annu. Convention Inst. Indian Foundrym. (1961) 136—40.
VEKŠIN, V. I.: Das ‚Zurückfließen' des Metalls beim Druckguß. Litejnoe Proizvodstvo Deutsch 1 (1961) Nr. 9, 22—24.
WÄLTI, H.: Vakuumdruckguß. Gießerei 47 (1960) Nr. 9, 235—40.
WAGIN, W. J.: Konstruktionsverbesserung der Druckgießformen. Litejnoe Proizvodstvo (1955) Nr. 12, 13—15.
WATERS, B. H.: Hochdruck-Preßformen in Amerika. Foundry Trade J. 97 (1954) 67/68.
WENDELL, CH. R.: Werkzeugstähle für Druckgießformen. Metal Progr. 82 (1962) Nr. 5, 70—75.
WERNECKE, H. C.: Eingußsysteme bei Kaltkammer-Druckgießmaschinen. Die Cast. Eng. 4 (1960) Nr. 4, 9/10.
—: Messing-Druckguß in den Vereinigten Staaten von Amerika. Gieß.-Prax. (1964) Nr. 7, 121—23.
WILLIAMS, D. N., M. L. KOHN, R. M. EVANS, R. I. JAFFEE: Korrosionsermüdung bei zwei Warmarbeitsstählen für Druckgießformen. Mod. Cast. 37 (1960) Nr. 1, Trans. 19—25. Gießerei 47 (1960) 558—59.
WILCOX, R. L.: Die Anschnittechnik bei Zink-Druckgußstücken. in: Druckguß, 3. Intern. Tagung Stresa 1960, Vortr. 7. Gießerei 48 (1961) Nr. 12, 339—48.
WOLTERING, J. A.: Vakuumtechnik bei der Herstellung hochwertiger Aluminium- und Zinkdruckgußstücke. in: First Nat. Die Casting Expos. & Congr. Detroit, Mich. 1960 Pap. Nr. 27.

ZASLAVSKIJ, M. L., A. L. MAMOČKIN: Druckguß in Kleinserie. Litejnoe Proizvodstvo Deutsch 2 (1962) Nr. 4, 2—4.

ZIAR, R. L.: Hohle Druckgußteile erschließen neue Möglichkeiten. Metalwork. Prod. 104 (1960) Nr. 28, 67. Techn. Mittlg. Zink-Druckguß Nr. 77 (1961) 1—6.

ZINCOV, V. V.: Erfahrungen bei der Einführung der Gruppentechnologie. Litejnoe Proizvodstvo Deutsch 3 (1963) Nr. 7, 49/50.

Ohne Verfasser

1953

Leistungssteigerung durch geeigneten Druckguß-Formenbau. Iron Age 171 (1953) Nr. 2, 93—98. Gießerei 4 (1953) 640—43.

1956

Vakuum-Druckguß. Prec. Met. Mold 14 (1956) Nr. 1, 45/46. Gießerei 44 (1957) Nr. 11, 314—15.

Zentraler Einguß bei Druckgußteilen auf liegenden Kaltkammermaschinen. Foundry Nr. 126 (1956), 283—85.

1957

In den Vereinigten Staaten von Amerika für Druckgießformen gebräuchliche Stähle. Prec. Met. Mold. 15 (1957) Nr. 8, 42.

Das Vorheizen der Formen beim Druckguß. J. Inf. techn. Ind. Fond. Nr. 84 (1957) 7/8.

1958

Kostenersparnis durch gute Formenkonstruktion. Prec. Met. Mold. 16 (1958) Nr. 6, 51.

1959

Herstellung von Druckgießformen aus Molybdän. Prec. Met. Mold. 17 (1959) Nr. 7, 32, 52 u. 53.

Stähle für Kokillen- und Druckgießwerkzeuge. J. Inform. techn. Ind. Fond. (1959) Nr. 102, 8—12 und Nr. 106, 13.

1960

Druckkolbenschmierung bei Kaltkammer-Druckgießmaschinen. Machinery, London 97 (1960) Nr. 2498, 747—49.

Neues Vakuum-Druckgießverfahren. Metalwork. Prod. 104 (1960) Nr. 6, 257—60. Gießerei 48 (1961) Nr. 1, 14/15.

Vakuumdruckguß. Prec. Metal. Mold. 18 (1960) Nr. 12, 29/30.

1961

Bedeutung des Wärmegleichgewichtes beim Gießen in Kokillen. Fonderie Nr. 182 (1961) 122/23.

Beschaffenheit von Druckgußkokillen. Metal. Ind. 98 (1961) Nr. 12, 231.

Beseitigung der Porigkeit bei Druckguß. Metal Ind. 98 (1961) Nr. 8, 147/48.

Moderne Verfahren zur Herstellung von Druckgießformen. in: Gießereitechnik, Taschenbuch 1961, Leipzig 1960, 187—200.

Sicherheitsvorkehrungen beim Druckgießen. Machinery, London 98 (1961) Nr. 2519, 446—48.

1962

Größere Haltbarkeit von Druckgießformen aus Molybdänlegierungen. Foundry 90 (1962) Nr. 8, 99.

Vereinfachte Konstruktion von Druckgußstücken für den Automobilbau. Foundry 90 (1962) Nr. 5, 266—69.

1963

Druckgießen von nichtrostendem Stahl. Steel 153 (1963) Nr. 4, 20.

Ein Aluminium-Druckgußteil ermöglicht sicheres Abseilen. Mod. Metals 19 (1963) Nr. 9, 40.
Entlüftung von Druckgießformen. Metal Ind. 103 (1963) Nr. 18, 654.
Geschwindigkeitsmessung am Druckkolben von Druckgießmaschinen. Prec. Metal Mold. 21 (1963) Nr. 6, 66.
Hilfseinrichtungen für das Druckgießverfahren. Metal Ind. 103 (1963) Nr. 9, 288/89.
Kostensenkung durch Druckgießen eines Gehäuses. Metal Ind. 103 (1963) Nr. 7, 219.
Poliergerät aus Aluminiumdruckguß. Prec. Metal Mold. 21 (1963) Nr. 8, 25.
Verbesserte Legierung für Druckgießformen. Metal Ind. 102 (1963) Nr. 10, 325.

1964.

Druckgießformen. Financial Times 15 (1964) 17, 4., 8.
Gewichtsverringerung von Kettensägen durch Magnesiumguß. Mod. Cast. 45 (1964) Nr. 2, 38/39.
Moderne Druckgießtechnik. Machinery, London, 104 (1964) Nr. 2676, 488—92.
V8-Zylinderblock aus Aluminiumdruckguß. Metal Ind. 104 (1964) Nr. 25, 836.

Sachverzeichnis

III/18/97 721/3/64

GPSR Compliance

The European Union's (EU) General Product Safety Regulation (GPSR) is a set of rules that requires consumer products to be safe and our obligations to ensure this.

If you have any concerns about our products, you can contact us on ProductSafety@springernature.com

In case Publisher is established outside the EU, the EU authorized representative is:

Springer Nature Customer Service Center GmbH
Europaplatz 3
69115 Heidelberg, Germany

Batch number: 10682325

Printed by Printforce, the Netherlands